Chemical Reaction Engineering

Third Edition

Octave Levenspiel

제3판

레벤스필의

# 화학반응공학

| 신현재 옮김 |

WILEY

사이플러스 Science plus

**Chemical Reaction Engineering Third Edition**
**Octave Levenspiel**

# 옮긴이 머리말

*Preface*

이 책의 저자인 레벤스필(Octave Levenspiel, 1926~2017) 교수는 1926년 중국 상하이에서 태어나 일본의 진주만 침공이 있던 15세에 미국으로 이주하여 버클리 대학과 오레곤 주립대학(Oregon State University)에서 공부하였다. 그 후 박사학위를 받은 오레곤 주립대학의 화학공학과에서 1991년 퇴임할 때까지 오랜 시간 반응공학을 가르치고 연구하였다. 레벤스필 교수는 아주 간결한 문체와 알기 쉬운 그래픽 자료를 포함한 훌륭한 화학반응공학 교재를 출간하였다. 그의 교재는 30년 이상 대학이나 대학원에서 화학반응공학의 교재로 널리 사용되어 왔다. 그러나 이 책의 번역판은 어떤 측면에서 영어 원서보다 이해하기 어렵다는 독자들의 평가가 있어, 이번에 전면적으로 새로 번역을 하게 되었다. 다양한 번역시스템이 존재하고 ChatGPT를 이용하는 시대일지라도, 전공의 학습에 모국어로 쓰인 책을 활용하는 것의 중요성은 새삼 두말할 필요가 없다.

이번 번역은 레벤스필 교수의 반응공학 3판을 가지고 진행하였다. 3판은 2판이 가지고 있던 여러 단점을 보완하고, 바이오를 비롯한 첨단 분야의 내용을 첨가하여 많은 부분을 개정한 것이다. 아무쪼록 이 책을 읽은 많은 학생들이 좀 더 빠른 시간에 높은 이해도를 달성할 수 있었으면 하는 바람을 가져본다.

전공서적의 번역에는 여러 명의 역자들이 공동 작업하는 게 일반적인 데 반해, 이번 책의 번역은 처음부터 끝까지 혼자 진행하였다. 문장의 흐름을 통일하여 전체적으로 읽는 사람의 입장에서 쉽게 이해할 수 있는 어휘를 최대한 활용하였다. 정확성과 이해도라는 두 가지 목적을 효과적으로 달성하기 위해 책의 체계는 원서와 동일하게 유지하였으며 많은 전문용어는 전공 분야의 술어집을 참고하였다. 예를 들어 “system”라는 말을 “계”가 아닌 “시스템”으로 번역하여 현대적인 느낌을 가지도록 하였으며, “kinetics”라는 용어도 문맥에 따라 “속도론” 혹은 “반응속도”라는 말로 해석하였다. 한글의 의미를 잘못 해석할 수 있는 단어는 원어를 괄호 안에 명기함으로써 독자들의 이해에 도움을 주도록 하였다.

많은 노력에도 불구하고 역자 역량의 부족으로 오류가 있을 수 있으니, 번역의 실수가 발견되면 언제든지 연락을 주기 바란다. 아무쪼록 역자의 노력이 이 책을 교재로 하여 배우는 학생분들에게 화학반응공학을 좀 더 쉽게 이해하는 데 작은 도움이 되었으면 한다.

번역가는 이 세상에서 가장 느리게 책을 읽는 사람이라고 했는데, 그 말대로 반응공학의 번역을 위해 600쪽이 넘는 이 책의 문장을 읽고 또 읽는 50주의 시간은 즐거움이었고 고통이었다. 끝으로 이 고통과 즐거움을 동시에 느낄 수 있는 기회를 주신 ㈜사이플러스 박종성 대표님께 감사의 말씀을 드리고, 글자로 가득한 원고를 멋진 교과서의 형태로 만들기 위해 매력적인 편집을 해주신 편집부 직원분들에게 깊은 감사를 드린다.

2024년 5월 15일

신현재 적음

조선대학교 생명화학공학과

shinhj@chosun.ac.kr

# 지은이 머리말

*Preface*

화학반응공학(chemical reaction engineering)은 상업적 규모로 화학반응을 이용하는 것과 관련된 공학적 활동이다. 화학반응공학의 목표는 화학 반응기의 성공적인 설계와 조업이며, 다른 어떤 활동보다도 화학공학을 공학 분야의 고유한 분야로 차별화한다.

일반적인 상황에서 엔지니어는 문제를 해결하기 위해 어떤 정보가 필요한지, 어떻게 하면 가장 좋은 정보를 얻을 수 있는지, 그리고 여러 대안 중에서 합리적인 설계를 선택하는 방법은 무엇인지 등 여러 가지 질문에 직면하게 된다. 이 책의 목적은 이러한 질문에 안정적이고 현명하게 답하는 방법을 가르치는 것이다. 이를 위해 질적 논증, 간단한 설계 방법, 그래픽 프로세스, 주요 반응기 유형의 기능에 대한 직접적인 비교를 강조한다. 이러한 접근 방식은 좋은 디자인에 대한 강한 직관적 감각을 개발하는 데 도움이 될 것이며, 이는 공식적인 방법을 소개하고 강화할 수 있다.

이 책은 교재이므로, 간단한 아이디어를 먼저 다루고 그다음에 좀 더 복잡한 내용으로 확장한다. 또한 동종 및 서로 다른 모든 시스템에 공통적인 디자인 전략을 개발하는 데 중점을 두고 있다.

이 책은 입문서이다. 속도가 느리고, 필요한 경우 특정 가정이 왜 만들어졌는지 고려하고, 대안적인 접근 방식을 사용하지 않는 이유를 논의하고, 실제 상황에 적용했을 때 계산의 한계를 표시하는 데 많은 지면을 할애했다. 수학적인 내용은 특별히 어렵지 않지만(초등 미적분과 선형 일차 미분방정식만 알면 됨), 그렇다고 해서 가르치는 아이디어와 개념이 특별히 단순하다는 의미는 아니다. 새로운 사고방식과 새로운 직관을 개발하는 것은 쉽지 않다.

이 3판과 관련하여, 우선 기본 정신은 이전 판을 따르고 있으며 일을 단순하게 유지하려고 노력했다. 사실, 상급 교과서에서 다루어야 한다고 느꼈던 자료를 여기저기서 제거했다. 하지만 생화학 시스템, 유동층 고체 반응기, 기체/액체 반응기 등 비이상적 흐름에 관한 새로운 주제를 많이 추가했다. 그 이유는 학생들이 이러한 중요한 영역의 문제에 접근하는 방법에 대한 아이디어를 가질 수 있도록 최소한 이러한 주제를 소개해야 한다고 생각하기 때문이다.

나는 새로운 상황에 개념을 적용하는 문제 해결 과정이 학습에 필수적이라고 생각한다. 따라서 이번 개정판에는 80개 이상의 예제와 400개 이상의 문제(75%는 새로운 문제)가 포함되어 있어 학생들이 학습하는 개념을 이해하고 학습하는 데 도움이 될 것이다.

이번 개정판은 다섯 부분으로 나뉜다. 첫 번째 학부 과정의 경우, 제1부(1장과 2장은 빠르게 살펴보고), 시간이 남는다면 제2~5부 중 관심 있는 장으로 넘어간다. 내가 생각하는 중요한 부분은 촉매 시스템(18장)과 비이상적 흐름(11장과 12장)에 관한 부분이다.

대학원 또는 두 번째 과정의 경우 제2~5부의 자료가 적합할 것이다.

마지막으로, 유용하고 도움이 되는 의견을 주신 Keith Levien, Julio Ottino, Richard Turton 교수님과 Amos Avidan 박사님께 감사의 말씀을 전하고 싶다. 또한 출판사를 위해 이 원고를 준비하는 과정에서 무한정 타이핑하고 다시 타이핑해 준 Pam Wegner와 Peggy Blair에게도 감사의 마음을 전한다.

그리고 독자 여러분, 이 책에서 오류를 발견하거나 불명확한 부분을 발견하면 알려 주시기 바란다.

옥타브 레벤스필 Octave Levenspiel

*Chemical Engineering Department, Oregon State University*

*Corvallis, OR, 97331*

*Fax: (541) 737-4600*

# 차례

## Contents

# 표기법과 일러두기

## Notation

이 교과서에 널리 사용된 기호와 표기법을 아래에 나타내었다. 일부 상황에서 정의된 기호와 상수는 포함되지 않았다. 기호의 단위는 SI 단위계를 기준으로 표시하였다.

| | |
|---|---|
| $a$ | 탑의 단위 부피당 표면적($m^2/m^3$), 23장 참조 |
| **a** | 촉매의 활성, 식 (21.4) 참조 |
| $a, b, ..., r, s, ...$ | 반응물 A, B, ..., R, S의 양론 계수 |
| $A$ | 반응기의 단면적($m^2$), 20장 참조 |
| A, B, ... | 반응물 |
| **A**, **B**, **C**, **D** | 입자의 Geldart 분류, 20장 참조 |
| $C$ | 농도($mol/m^3$) |
| $C_M$ | Monod 상수($mol/m^3$), 28~30장 참조<br>Michaelis 상수($mol/m^3$), 27장 참조 |
| $C_p$ | 열용량($J/mol \cdot K$) |
| $\mathbf{C}'_{pA}$, $\mathbf{C}''_{pA}$ | 핵심 반응물의 몰수당 공급물의 평균 비열 혹은 완전히 전환된 생성물 흐름의 평균 비열(J/A와 그 밖의 모든 것) |
| $d$ | 지름(m) |
| $d$ | 불활성화 차수, 22장 참조 |
| $d^*$ | 무차원 입자 지름, 식 (20.1) 참조 |
| **D** | 흐르는 유체의 축방향 분산 계수($m^2/s$), 13장 참조 |
| $\mathscr{D}$ | 분자 확산 계수($m^2/s$) |
| $\mathscr{D}_e$ | 다공성 구조 내부의 유효 확산 계수($m^3/m\ solid \cdot s$) |
| ei(x) | 지수 적분, 표 16.1 참조 |
| $E$ | 반응이 있는 물질전달에서 향상 인자, 식 (23.6) 참조 |
| E | 효소의 농도(mol or gram/$m^3$), 27장 참조 |
| **E** | 박동 입력에 대한 무차원 출력, 11장의 출구 나이 분포 참조 |

| | |
|---|---|
| $\mathbf{E}$, $\mathbf{E}^*$, $\mathbf{E}^{**}$ | 대류 흐름의 머무름 시간 분포(RTD), 15장 참조 |
| $\mathbf{E}_{oo}$, $\mathbf{E}_{oc}$, $\mathbf{E}_{co}$, $\mathbf{E}_{cc}$ | 분산 모델의 RTD, 13장 참조 |
| Ei(x) | 지수 적분, 표 16.1 참조 |
| $\mathscr{E}$ | 유효 인자(−), 18장 참조 |
| $f$ | 고체의 분율($m^3$ solid/$m^3$ vessel), 20장 참조 |
| $f_{\mathrm{i}}$ | $i$ 상의 부피 분율(−), 22장 참조 |
| $F$ | 공급 속도(mol/s 혹은 kg/s) |
| $\mathbf{F}$ | 계단 입력에 대한 무차원 출력(−), 그림 11.12 참조 |
| $G_{\mathrm{A}}$ | 자유에너지(J/mol A) |
| $h$ | 열전달 계수($W/m^2 \cdot K$), 18장 참조 |
| $h$ | 흡수탑의 높이(m), 24장 참조 |
| $H$ | 유동층 반응기의 높이(m), 20장 참조 |
| $H$ | 상분포 계수 혹은 헨리법칙 상수; 기체상 시스템에서 $H = p/C$ ($Pa \cdot m^3/mol$), 23장 참조 |
| $\mathbf{H}_{\mathrm{A}}$ | 흐름 반응기에서 물질 A의 몰수당 유입 및 유출 흐름의 평균 엔탈피(J/A와 그 밖의 모든 것), 9장 참조 |
| $\mathbf{H}'_{\mathrm{A}}$, $\mathbf{H}''_{\mathrm{A}}$ | A의 몰당 비반응 유입 흐름의 엔탈피, 완전히 전환된 유출 흐름의 엔탈피(J/A와 그 밖의 모든 것), 19장 참조 |
| $\Delta H_r$ | 온도 T에서 양론에 따른 반응열(J) |
| $\Delta H_r$, $\Delta H_f$, $\Delta H_c$ | 반응열 혹은 엔탈피 변화, 생성열, 연소열(J 혹은 J/mol) |
| $k$ | 반응속도 상수$(mol/m^3)^{1-n}\ s^{-1}$, 식 (2.2) |
| $k$, $k'$, $k''$, $k'''$, $k''''$ | 반응속도 $r$, $r'$, $r''$, $r'''$, $r''''$에 포함된 속도 상수, 식 (18.14)~(18.18) |
| $k_d$ | 촉매의 불활성화 속도 상수, 21장 참조 |
| $k_{\mathrm{eff}}$ | 유효 열전도도($W/m \cdot K$), 18장 참조 |
| $k_g$ | 기체 경막의 물질전달 계수($mol/m^2 \cdot pa \cdot s$), 식 (23.2) |
| $k_l$ | 액체 경막의 물질전달 상수($m^3$ liquid/$m^2$ surface·s), 식 (23.3) |
| $K$ | 양론 계수로 표현된 화학 반응의 평형 상수(−), 9장 참조 |
| $K_{bc}$ | 유동층에서 기포-구름 상호교환 계수($s^{-1}$), 식 (20.13) |
| $K_{ce}$ | 유동층에서 구름-유화 상호교환 계수($s^{-1}$), 식 (20.14) |
| $L$ | 다공성 촉매 입자의 특성 크기(m), 식 (18.13) |
| $L$ | 평판 입자 두께의 1/2 (m), 표 25.1 참조 |
| $\dot{\mathbf{m}}$ | 질량 흐름 속도(kg/s), 식 (11.6) |
| $M$ | 질량(kg), 11장 참조 |

| | |
|---|---|
| $n$ | 반응 차수, 식 (2.2) |
| $N$ | 직렬로 연결된 동일 크기의 혼합 흐름 반응기 개수, 6장 참조 |
| $N_A$ | 성분 A의 몰수 |
| $p_A$ | 성분 A의 부분 압력(Pa) |
| $p_A^*$ | 액체($C_A$)와 평형에 있는 기체상 성분 A의 부분 압력; $p_A^* = H_A C_A$ (Pa) |
| $Q$ | 열량(J/s = W) |
| $r, r', r'', r''', r''''$ | 반응속도, 세기 척도, 식 (1.2~1.6) 참고 |
| $r_c$ | 반응하지 않는 중심의 반지름(m), 25장 참조 |
| $R$ | 입자의 반지름(m), 25장 참조 |
| R, S, ... | 반응 생성물 |
| **R** | 이상기체 상수<br>= 8.314 J/mol·K<br>= 1.987 cal/mol·K<br>= 0.08206 lit·atm/mol·K |
| ***R*** | 재순환 비, 식 (6.15) |
| $s$ | 공간 속도($s^{-1}$), 식 (5.7)과 식 (5.8) |
| $S$ | 표면($m^2$) |
| $t$ | 시간(s) |
| $\bar{t}$ | $= V/v$, 반응기 유지 시간, 흐름 반응기 내 유체의 평균 체류 시간(s), 식 (5.24) |
| $T$ | 온도(K 혹은 °C) |
| $u^*$ | 무차원 속도, 식 (20.2) |
| U | 상(phase) 내에 존재하는 담체 혹은 비활성 성분, 24장 참조 |
| $v$ | 부피 유속($m^3$/s) |
| $V$ | 부피($m^3$) |
| $W$ | 반응기 내 고체의 질량(kg) |
| $X_A$ | 전환된 물질 A의 분율, 전환율(−) |
| $\mathbf{X}_A$ | 액체에 존재하는 불활성 물질 중에 A의 몰수(−), 24장 참조 |
| $\mathbf{Y}_A$ | 기체에 존재하는 불활성 물질 중에 A의 몰수(−), 24장 참조 |

**그리스어 기호**

| | |
|---|---|
| $\alpha$ | 기포 중에 포함된 후류(웨이크) $m^3$ wake/$m^3$ bubble, 식 (20.9) |
| $\delta$ | 기포 유동층 반응기(BFB) 내 기포의 부피 분율 |
| $\delta$ | 디락 델타 함수, t = 0에서 발생하는 이상적인 펄스($s^{-1}$), 식 (11.14) |

| | |
|---|---|
| $\delta(t - t_0)$ | 디락 델타 함수, $t = t_0$에서 발생($s^{-1}$) |
| $\varepsilon_A$ | 팽창인자, 물질 A가 완전히 전환되었을 때 부피 변화율, 식 (3.64) |
| $\epsilon$ | 기체-고체 시스템에서 공극률, 20장 참조 |
| $\mathscr{E}$ | 유효인자, 식 (18.11) |
| $\theta = t/\bar{t}$ | 무차원 시간(−), 식 (11.5) |
| $K'''$ | 기포 유동층 반응기에서 총괄 반응속도 상수($m^3$ solid/$m^3$ gas·s), 20장 참조 |
| $\mu$ | 유체의 점도(kg/m·s) |
| $\mu$ | 추적자 출력 곡선의 평균(s), 15장 참조 |
| $\pi$ | 전압(Pa) |
| $\rho$ | 밀도 혹은 몰밀도(kg/$m^3$ 혹은 mol/$m^3$) |
| $\sigma^2$ | 추적자 곡선의 분산 혹은 분포 함수($s^2$), 식 (13.2) |
| $\tau$ | $V/v = C_{A0}V/F_{A0}$, 공간 시간(s), 식 (5.6)과 식 (5.8) |
| $\boldsymbol{\tau}$ | 반응 입자가 생성물로 완전히 전환하는 데 걸리는 시간(s) |
| $\tau'$ | $= C_{A0}W/F_{A0}$, 무게 시간(kg·s/$m^3$), 식 (15.23) |
| $\tau', \tau'', \tau''', \tau''''$ | 반응기 성능의 다양한 측정값, 식 (18.42)와 식 (18.43) |
| $\Phi$ | 총괄 수율, 식 (7.8) |
| $\phi$ | 구형도, 식 (20.6) |
| $\varphi$ | 순간 수율, 식 (7.7) |
| $\varphi$(M/N) = (**M/N**) | 물질 N에 대한 물질 M의 순간 수율, 생성된 M의 몰수/소모된 N의 몰수, 7장 참조 |

**기호와 약어**

| | |
|---|---|
| BFB | bubbling fluidized bed, 기포 유동층 (반응기), 20장 참조 |
| BR | batch reactor, 회분식 반응기, 3장과 5장 참조 |
| CFB | circulating fluidized bed, 순환 유동층 (반응기), 20장 참조 |
| FF | fast fluidized bed, 고속 유동층 (반응기), 20장 참조 |
| LFR | laminar flow reactor, 층류 반응기, 15장 참조 |
| MFR | mixed flow reactor, 혼합 흐름 반응기, 5장 참조 |
| M–M | Michaelis Menten, 미카엘리스 멘텐, 27장 참조 |
| (**M/N**) = $\varphi$(M/N) | 식 (28.1)에서 식 (28.4)까지 참조 |
| *mw* | molecular weight (kg/mol) 분자량 |
| PC | pneumatic conveying, 공기 이송, 20장 참조 |
| PCM | progressive conversion model, 진행 전환 모델, 25장 참조 |

| | |
|---|---|
| PFR | plug flow reactor, 평류(플러그 흐름) 반응기, 5장 참조 |
| RTD | residence time distribution, 머무름(체류, 체재) 시간 분포, 11장 참조 |
| SCM | shrinking-core model, 수축핵 모델, 25장 참조 |
| TB | turbulent fluidized bed, 난류 유동층 (반응기), 20장 참조 |

**아래 첨자**

| | |
|---|---|
| $b$ | bach 회분식의 |
| $b$ | bubble phase of a fluidized bed 유도층의 기포상에서 |
| $c$ | of combustion 연소의 |
| $c$ | cloud phase of a fluidized bed 유동층의 구름상에서 |
| $c$ | at unreacted core |
| $d$ | deactivation 불활성화 혹은 활성 저하 |
| $d$ | dead water, or stagnant fluid 괸물 혹은 정체된 유체 |
| $e$ | emulsion phase of a fluidized bed 유동층의 유화상 |
| $e$ | equilibrium conditions 평형 조건 |
| $f$ | leaving or final 떠나는 혹은 최종의 |
| $f$ | of formation 형성하는 |
| $g$ | of gas 가스의 |
| $i$ | entering 도입의 |
| $l$ | of liquid 액체의 |
| $m$ | mixed flow 혼합 흐름의 |
| $mf$ | at minimum fluidizing conditions 최소 유동 조건의 |
| $p$ | plug flow 평류(플러그 흐름) |
| $r$ | reactor or of reaction 반응기 혹은 반응의 |
| $s$ | solid or catalyst or surface conditions 고체 혹은 촉매 혹은 표면 조건 |
| $0$ | entering or reference 도입 혹은 기준의 |
| $\theta$ | using dimensionless time units 무차원 시간 단위의, 11장 참조 |

**위 첨자**

| | |
|---|---|
| a, b, . . . | order of reaction 반응 차수, 식 (2.2) |
| $n$ | order of reaction 반응 차수 |
| o | standard state 표준 조건 |

**무차원군**

| | |
|---|---|
| $\dfrac{\mathbf{D}}{uL}$ | 용기 분산 수, 13장 참조 |

| | |
|---|---|
| $\dfrac{\mathbf{D}}{ud}$ | 분산 수의 세기, 13장 참조 |
| $M_H$ | 하타 계수(Hatta modulus), 식 (23.8) 그리고 그림 23.4 |
| $M_T$ | 씨일레 계수(Thiele modulus), 식 (18.23) 혹은 식 (18.26) |
| $M_W$ | 바그너–바이즈–휠러 계수(Wagner–Weisz–Wheeler modulus), 식 (18.24) 혹은 식 (18.34) |
| $\mathrm{Re} = \dfrac{du\rho}{\mu}$ | 레이놀즈 수(Reynolds number) |
| $\mathrm{Sc} = \dfrac{\mu}{\rho\mathscr{D}}$ | 슈미트 수(Schmidt number) |

제 1 장

# 화학반응공학 개관

*Overview of Chemical Reaction Engineering*

모든 공업화학공정(industrial chemical process)을 설계하는 목적은 다양한 출발물질로부터 일련의 처리과정을 거쳐 원하는 제품을 경제적으로 생산하기 위한 것이다. 그림 1.1은 전형적인 화학공정의 예를 나타낸다.

우선 원료는 여러 물리적 처리과정을 거쳐 화학적으로 반응할 수 있는 형태로 변형된 다음 화학 반응기로 공급된다. 화학반응에 의해 얻은 생성물은 다시 분리·정제 등의 물리적 처리과정을 거쳐 비로소 원하는 최종적인 제품을 얻을 수 있다.

물리적 처리과정에 필요한 장치설계는 단위조작(unit operation)이라는 과목에서 공부하게 될 것이다. 이 책에서 우리는 공정의 화학적 처리단계에 대하여 집중하여 다룰 것이다. 경제적인 면에서 이 화학적 처리단계는 단순한 혼합탱크를 예를 들어서 생각한다면 하찮을 수도 있다. 그러나 이 화학적 처리과정은 종종 전체 공정의 경제성을 결정하여 주는 공정의 핵심이 되기도 한다.

반응기 설계는 틀에 박힌 일이 아니며 한 가지 공정에 대하여도 여러 가지 대안이 제시될 수 있다. 사실 최적 반응기 설계에 있어서 반응기의 비용을 최소화하는 것이 전부는 아니다. 어떤 설계에서 반응기의 제조비용은 저렴할지라도 다른 설계에서는 반응기를 떠나는 물질을 처리하는 비용이 다른 설계보다 훨씬 비싸질 수가 있다. 그러므로 중요한 것은 전체 공정에 대한 경제성이다.

반응기(reactor)의 설계를 위해서는 열역학, 반응속도론, 유체역학, 열전달, 물질전달 및 경제학 등 여러 분야로부터의 각종 정보, 지식 및 경험을 이용해야 한다. 화학반응공학(chemical reaction engineering)은 적절한 반응기를 설계하기 위해 위에 언급한 모든 인자들을 결합하는 것이다.

반응기가 무엇을 할 수 있는지 알기 위해서는 반응속도론(kinetics), 접촉 방식(contacting pattern) 및 성능 방정식(performance equation)을 알 필요가 있다. 이 내용은 그림 1.2에 도식적으로 나타나 있다.

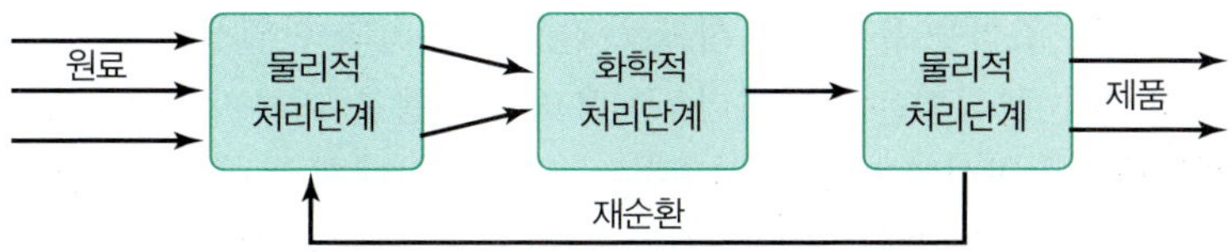


**그림 1.1** 전형적인 화학공정.

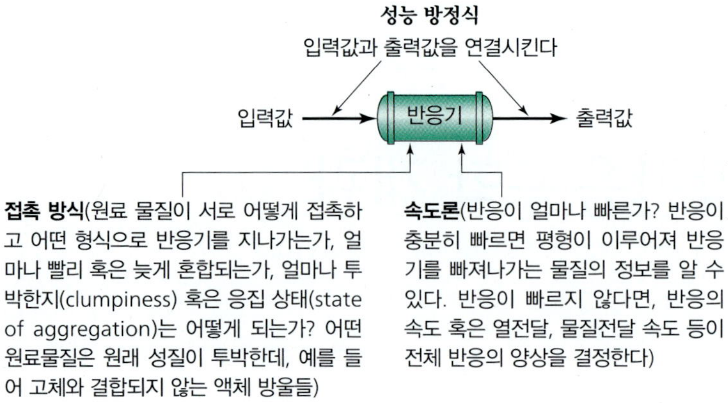


**그림 1.2** **반응기가 무엇을 할 수 있는지 예측하는 데 필요한 정보.**

이 책의 대부분은 여러 가지 반응속도론과 접촉 방식에 대하여 입력값(input)과 출력값(output)을 연관시키는 표현식인 성능 방정식(1)을 찾는 것을 다룰 것이다.

$$\text{출력값} = f[\text{입력값, 반응속도론, 접촉 방식}] \qquad (1)$$

식 (1)을 *성능 방정식*(performance equation)이라 부른다. 이 성능 방정식이 중요한 이유는 이 표현식을 가지고 다른 설계와 조건을 비교하고, 최적의 것을 발견하며 거대한 단위로 대형화할 수 있기 때문이다.

## ▶ 화학반응의 분류

화학반응을 분류하는 방법에는 여러 가지가 있다. 아마도 화학반응공학에서 가장 유용한 방법은 반응에 관하여는 상(phase)의 수와 종류에 따라 나누어 *균질계*(homogeneous system)와 *불균질계*(heterogeneous system)로 구분하는 것이다. 오직 단일한 상에서만 반응이 일어나는 경우가 균질계 반응이고, 적어도 두 개 이상의 상에서 반응이 그 속도로 진행되는 경우가 불균질계반응이다. 불균질계반응은 반응이 몇 개의 상에서 일어나는지, 계면에서 일어나는지, 혹은 반응물과 생성물이 상들 간에 어떻게 분포되어 있는지 또는 모두 단일상에 있는지 등이 중요한 것이 아니고, 다만 반응이 진행하기 위해서 적어도 두 개 이상의 상이 필요하다는 사실이 중요하다.

때로는 이러한 반응의 구분이 불명확한 경우가 있는데, 생물학적 반응 가운데 효소-기질반응(enzyme-substrate reaction)이 대표적이다. 이 반응에서 효소는 단백질과 다른 생성물의 제조에서 촉매로 작용한다. 효소는 그 자신이 대단히 복잡한 10~100나노미터(nm)의 콜로이드 크기의 거대 분자량을 가진 단백질이므로 효소함유 용액은 균질계인지 불균질계인지 명확하지 않다. 또 다른 예로는 연소하는 기체화염(gas flame)과 같은 반응속도가 무척 빠른 화학반응으로서 가스의 조성과 온도의 커다란 불균질성이 존재한다. 엄밀한 의미에서 단일상이란 상 전체를 통해 균질한 온도, 압력, 조성을 유지해야 하므로 진정한 의미의 단일상은 존재할 수 없다. 이와 같이 모호한 반응의 경우 분류법은 간단하다. 즉 우리가 반응을 다루기 위해 어떻게 상을 선택하는가에 달려 있다. 바꾸어 말하면 어떻게 설명하는 것이 우리에게 보다 유용한가의 관점에 달려 있다. 따라서 주어진 여건에서 애매모호한 반응을 어떻게 처리하는 것이 최선인지를 결정하면 된다.

상에 의한 분류가 수평적 분류라면, 반응물도 생성물도 아닌 물질인 촉매를 기준으로 수직적

**표 1.1 반응기 설계에 유용하게 사용하는 화학반응의 분류**

| | 무촉매 반응 | 촉매 반응 |
|---|---|---|
| 균질계 반응 | 대부분 기상 반응 | 대부분 액상 반응 |
| | 화염 연소 등의 빠른 반응 | 콜로이드 시스템 반응<br>효소와 미생물 반응 |
| 불균질계 반응 | 석탄 연소<br>광석 로스팅<br>산에 의한 고체 처리<br>반응을 포함한 기액 흡수<br>철광석을 철과 금속으로 환원 | 암모니아 합성<br>암모니아 산화로 질산 생성<br>원유의 크래킹<br>이산화황을 삼산화황으로 산화 |

으로 분류할 수도 있다. 반응의 속도를 조절하는 촉매(catalyst)라 부르는 물질은 대량으로 존재할 필요는 없으며, 촉매는 반응물이나 생성물에 비해 비교적 천천히 변형되면서 반응공정을 억제하거나 촉진시키는 매개체로 작용한다.

표 1.1에서 위에서 설명한 반응의 구분을 표시하였다.

## ▶ 반응속도에 영향을 미치는 변수

많은 변수들이 화학반응속도에 영향을 미친다. 균질계에서는 온도, 압력 및 조성이 핵심 변수들이다. 두 가지 이상의 상이 포함되어 있는 불균질계에서는 문제가 좀 더 복잡해진다. 반응 중에 물질이 상에서 상으로 움직이므로 물질전달속도(the rate of mass transfer)가 중요해진다. 예를 들면 석탄(조개탄)의 연소 시에 입자를 둘러싸고 있는 기체 경막(gas film)과 입자 표면에서 회분층(ash layer)을 통한 산소의 확산이 반응속도를 제한하는 데 중요한 역할을 한다.

그리고 열전달속도(the rate of heat transfer) 역시 주요 인자가 된다. 예를 들면 다공성 촉매 알갱이 혹은 입자(pellet)의 내부 표면에서 발열반응이 일어나는 경우를 고려하자. 만일 반응으로 생성된 열이 충분히 빨리 제거되지 않으면 알갱이 내에 상당히 불균질한 온도 분포가 생겨 알갱이의 각 지점에서의 반응속도가 다르게 된다. 이러한 열 및 물질전달 효과는 반응속도가 빨라질수록 점점 중요해지고, 특히 연소하는 화염처럼 대단히 급속한 반응에서는 물질전달과 열전달 효과가 반응속도의 중요한 결정인자가 된다. 따라서 열 및 물질전달은 불균질계 반응의 속도 결정에 중요한 역할을 하게 된다.

## ▶ 반응속도의 정의

다음으로 반응속도를 의미 있고 유용한 방법으로 *정의*하는 방법에 대해서 알아보자. 이 질문에 대답하기 위해서, 우선 여러 가지 반응속도의 정의에 대해 알아보고, 이 중에서 크기량(extensive measure)보다 오히려 세기량(intensive measure)을 이용한 반응속도의 정의를 채택하기로 하자. 그러나 고찰을 위하여 먼저 한 가지 반응성분(이 성분을 $i$라고 하자)을 선택하고, 이 성분 $i$로서 반응속도를 정의한다. 만일 반응에 의한 이 성분의 몰수 변화율을 $dN_i/dt$라고 하면 반응속도는 다음과 같이 정의된다. 우선, 반응하는 유체의 단위부피를 기준으로 하는 경우,

$$r_i = \frac{1}{V}\frac{dN_i}{dt} = \frac{\text{형성된 } i\text{의 몰수}}{(\text{유체의 부피})(\text{시간})} \qquad (2)$$

유체-고체 시스템에서 고체의 단위질량을 기준으로 하는 경우,

$$r_i' = \frac{1}{W}\frac{dN_i}{dt} = \frac{\text{형성된 } i\text{의 몰수}}{(\text{고체의 질량})(\text{시간})} \tag{3}$$

두 가지 유체 시스템에서 단위계의 면적 또는 기체-고체 시스템에서 고체의 단위표면적을 기준으로 하는 경우,

$$r_i'' = \frac{1}{S}\frac{dN_i}{dt} = \frac{\text{형성된 } i\text{의 몰수}}{(\text{표면})(\text{시간})} \tag{4}$$

기체-고체 시스템에서 고체의 단위부피를 기준으로 하는 경우,

$$r_i''' = \frac{1}{V_s}\frac{dN_i}{dt} = \frac{\text{형성된 } i\text{의 몰수}}{(\text{고체의 부피})(\text{시간})} \tag{5}$$

반응기의 단위부피를 기준으로, 유체의 단위부피와 다르게 정의한다.

$$r_i'''' = \frac{1}{V_r}\frac{dN_i}{dt} = \frac{\text{형성된 } i\text{의 몰수}}{(\text{반응기의 부피})(\text{시간})} \tag{6}$$

균질계에서 반응기 내의 유체의 부피는 종종 반응기의 부피와 같다. 이 경우 $V$와 $V_r$은 같고 식 (2)와 (6)은 상호 교차 사용할 수 있다. 한편, 불균질계에서는 위에서 정의된 모든 반응속도가 각각 사용될 수 있는데, 주어진 시스템에 따라 편리하게 사용하면 된다.

식 (2)~(6)으로부터 모든 세기량에 따른 정의는 다음 식으로 상호 연결되어 있다.

$$\begin{pmatrix}\text{유체의}\\\text{부피}\end{pmatrix} r_i = \begin{pmatrix}\text{고체의}\\\text{질량}\end{pmatrix} r_i' = \begin{pmatrix}\text{고체의}\\\text{표면}\end{pmatrix} r_i'' = \begin{pmatrix}\text{고체의}\\\text{부피}\end{pmatrix} r_i''' = \begin{pmatrix}\text{반응기의}\\\text{부피}\end{pmatrix} r_i''''$$

혹은

$$Vr_i = Wr_i' = Sr_i'' = V_s r_i''' = V_r r_i'''' \tag{7}$$

## ▶ 화학반응의 속도

어떤 반응들은 매우 빨리 일어나는 반면에 다른 반응들은 아주 아주 느리게 일어난다. 예를 들어 우리 일상에 아주 중요한 플라스틱 중의 하나인 폴리에틸렌의 생산 혹은 원유로부터 가솔린을 생산하는 경우의 반응은 1초 이내에 완결될 수 있는 반면, 폐수처리에 있어서 반응은 수일간에 걸쳐 일어날 수 있다.

그림 1.3은 반응이 일어나는 상대적인 속도를 나타낸다. 하수처리공장과 로켓엔진에서 일어나는 상대적인 반응속도의 비는 3년과 1초로 그 차이가 매우 크다. 이와 같이 큰 비율의 차이가

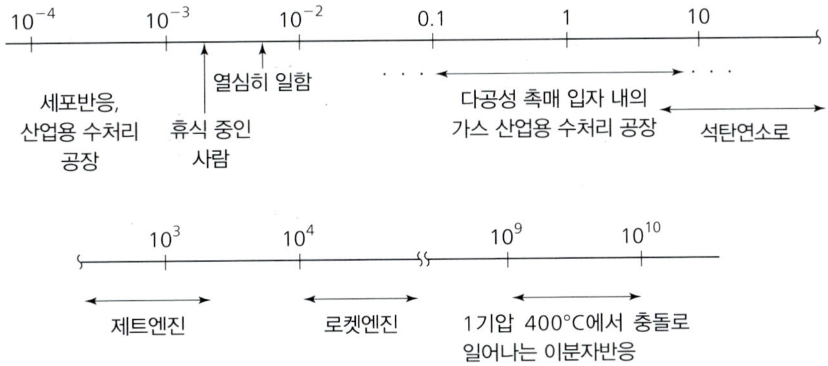


**그림 1.3** 반응속도 $-r'''_A = \dfrac{\text{사라지는 } A\text{의 몰수}}{\text{사물의 부피 } m^3 \cdot \text{시간 } s}$.

있는 경우 반응기 설계의 요령은 매우 다를 수밖에 없다.

## ▶ 전체 계획

반응기들은 여러 가지 반응에 사용되기에 적합한 다양한 종류의 색, 모양, 크기를 가지고 있다. 간단하게 예로서, 석유정제를 위한 거대한 접촉분해기(catalytic cracker), 제철용의 거대한 용광로(blast furnace), 하수처리를 위한 정교한 활성슬러지 연못(activated sludge pond), 플라스틱, 페인트 및 섬유를 생산하기 위한 놀랄 만한 중합탱크(polymerization tank), 아스피린, 페니실린 및 피임약을 생산하기 위한 매우 중요한 제약용 큰 용기(vat), 달빛 아래의 한가하게 놓인 발효용기 그리고 불쾌한 흡연(담배 피는 연소의 장면을 생각해 보라!) 등이 있다.

이러한 반응들은 반응속도와 유형이 매우 다르기 때문에 이 모두를 한 가지 방법으로 해석하는 것은 뻬쭘할 수 있다. 따라서 각각의 유형에 따라 이들에게 적절한 성능식 혹은 성능 방정식을 개발하는 것이 필요하며, 이 책에서는 유형별로 별도의 성능식을 다룰 예정이다.

## 예제 1.1 ▶ 로켓 엔진

로켓 엔진(rocket engine)은 그림 E1.1에 있는 바와 같이 연료(액체 수소)와 산화제(액체 산소)의 화학양론 혼합물을 연소시킨다. 연소실은 직경이 60 cm이고 길이가 75 cm인 원통으로 되어 있으며, 연소공정은 108 kg/s의 속도로 배기가스를 분출한다. 연소가 완결되었다고 가정하고 수소와 산소의 반응속도를 각각 구하라.

**〉풀이**

다음 식의 각 항을 계산해 보자.

$$-r_{H_2} = \frac{1}{V}\frac{dN_{H_2}}{dt} \quad \text{그리고} \quad -r_{O_2} = \frac{1}{V}\frac{dN_{O_2}}{dt}$$

반응기 부피와 반응이 일어나는 유체의 부피는 동일하다. 따라서

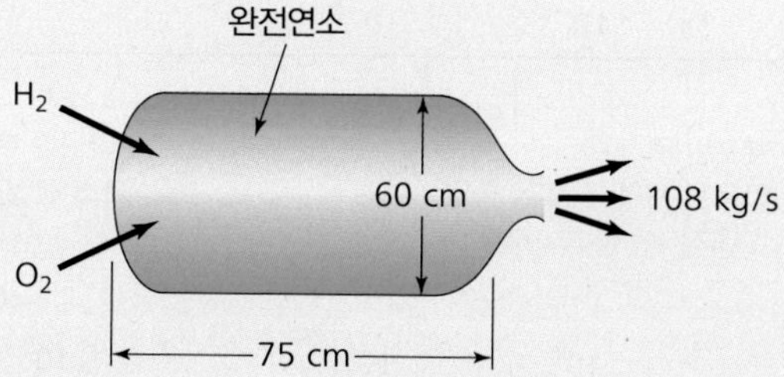


그림 E1.1

$$V = \frac{\pi}{4}(0.6)^2(0.75) = 0.2121\ \text{m}^3$$

이 된다. 다음의 반응을 살펴보자.

$$H_2 + \frac{1}{2}O_2 \rightarrow H_2O \qquad \text{(i)}$$

분자량: 2 g 16 g 18 g

그러므로

$$\text{생성된 } H_2O\text{의 몰수} = 108\ \text{kg/s}\left(\frac{1\ \text{kmol}}{18\ \text{kg}}\right) = 6\ \text{kmol/s}$$

이 되고, 식 (i)로부터 다음을 얻을 수 있다.

$$\text{사용된 } H_2\text{의 몰수} = 6\ \text{kmol/s}$$

$$\text{사용된 } O_2\text{의 몰수} = 3\ \text{kmol/s}$$

$$\underline{\underline{-r_{H_2}}} = -\frac{1}{0.2121\ \text{m}^3}\cdot\frac{6\ \text{kmol}}{\text{s}} = \underline{\underline{2.829\times10^4\ \frac{\text{mol used}}{(\text{m}^3\ \text{of rocket})\cdot\text{s}}}}$$

$$\underline{\underline{-r_{O_2}}} = -\frac{1}{0.2121\ \text{m}^3}\cdot 3\ \frac{\text{kmol}}{\text{s}} = \underline{\underline{1.415\times10^4\ \frac{\text{mol}}{\text{m}^3\cdot\text{s}}}}$$

***주의***: 계산하여 얻은 반응속도를 그림 1.3에 있는 반응속도와 비교해 보자.

## 예제 1.2 ▶ 살아 있는 사람

무게가 75 kg인 사람은 매일 6,000 kJ 열량의 음식을 소비한다. 음식은 모두 포도당(glucose)이고, 전체 반응은 다음과 같다고 가정한다.

$$C_6H_{12}O_6 + \underset{\text{공기로부터}}{6O_2} \rightarrow \underset{\text{호흡을 내뱉으며}}{6CO_2} + 6H_2O, \quad -\Delta H_r = 2816 \text{ kJ}$$

사람의 신진대사 속도를 1초당(s), 사람의 부피당($m^3$) 사람이 사용하는 산소 몰수로 구하라.

**풀이**

신진대사 속도식은 다음과 같으며

$$-r'''_{O_2} = -\frac{1}{V_{person}}\frac{dN_{O_2}}{dt} = \frac{\text{mol } O_2 \text{ used}}{(\text{m}^3 \text{ of person})\text{s}} \qquad \text{(i)}$$

우선 이 식에 있는 두 항을 계산하면 다음과 같다. 먼저 우리들의 경험으로부터 사람의 밀도는 다음과 같이 추정한다.

$$\rho = 1000 \frac{\text{kg}}{\text{m}^3}$$

그러므로 사람의 부피는

$$V_{person} = \frac{75 \text{ kg}}{1000 \text{ kg/m}^3} = 0.075 \text{ m}^3$$

이 된다. 다음에 포도당 1몰은 6몰의 산소를 소비하고 2816 kJ의 에너지를 방출함으로써 사람은 다음과 같은 산소를 필요로 하는 것을 알 수 있다.

$$\frac{dN_{O_2}}{dt} = \left(\frac{6000 \text{ kJ/day}}{2816 \text{ kJ/mol glucose}}\right)\left(\frac{6 \text{ mol } O_2}{1 \text{ mol glucose}}\right) = 12.8 \frac{\text{mol } O_2}{\text{day}}$$

이를 식 (i)에 대입하면 다음과 같은 반응속도를 얻을 수 있다.

$$-r'''_{O_2} = \frac{1}{0.075 \text{ m}^3} \cdot \frac{12.8 \text{ mol } O_2 \text{ used}}{\text{day}} \frac{1 \text{ day}}{24 \times 3600 \text{ s}} = \underline{\underline{0.002 \frac{\text{mol } O_2 \text{ used}}{\text{m}^3 \cdot \text{s}}}}$$

***주의***: 이 결과를 그림 1.3에 있는 반응속도와 비교해 보자.

## 연습 문제

**1.1** ***도시폐수 처리공장***(municipal waste water treatment plant). 작은 도시의 폐수처리 공장을 고려해 보자(그림 P1.1 참고). 폐수가 32,000 $m^3$/day의 유량으로 평균 체류 시간(mean residence) 8시간으로 이 처리 공장을 통과한다. 공기는 탱크에 기포의 형태로 공급된다. 탱크에 있는 미생물(microbe)은 유기물을 공격하여 분해시킨다.

$$\text{유기물} + O_2 \xrightarrow{\text{미생물}} CO_2 + H_2O$$

전형적으로 유입되는 공급물은 200 mg $O_2$/L의 BOD (biological oxygen demand)를 가진 반면에 처리 후 배출되는 유출수는 무시할 정도의 BOD를 가졌다. 처리탱크에서의 반응속도 혹은 BOD 감소속도를 구하라.

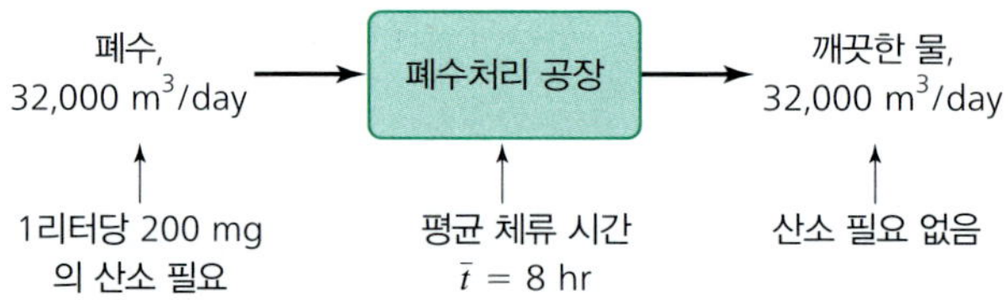


그림 P1.1

**1.2** ***석탄연소 화력발전소***(coal burning electrical power plant). 유동층 연소기를 사용하는 거대한 중앙 화력발전소(약 1,000 MW 용량)가 언젠가는 건립될지도 모른다(그림 P1.2 참고). 이 발전소는 석탄(90% C, 10% $H_2$)이 240 ton/hr의 속도로 공급되며, 석탄 중의 50%는 초기 유동층(battery) 10곳(10 units)에서 연소되고 나머지 50%는 다른 곳에서 연소된다. 한 가지 제안된 설계는 각각의 유동층이 길이가 10 m, 폭이 4 m, 깊이가 1 m인 형태를 포함하고 있으며, 초기 유동층에는 10개의 형태로 이루어져 있다. 사용된 산소를 기준으로 하여 유동층 내에서의 반응속도를 구하라.

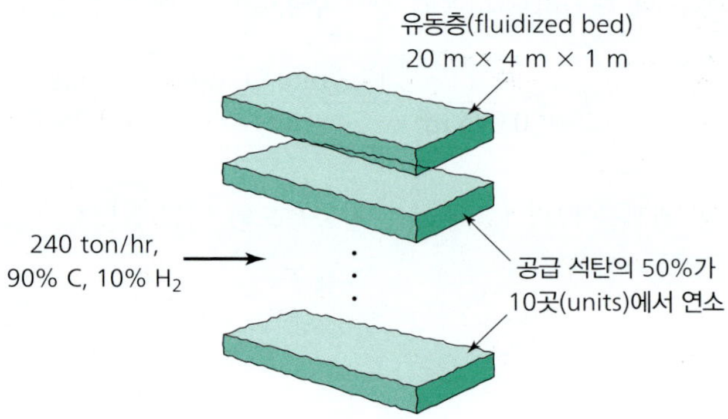


그림 P1.2

**1.3** ***유체 촉매 분해장치***(fluid catalytic cracker, FCC). FCC 반응기는 석유화학에서 사용되는 가장 큰 단위공정 중의 하나이다. 그림 P1.3은 이 단위공정의 예를 나타낸다. 전형적인 크기는 내경 4~10 m, 높이 10~20 m에 밀도가 800 kg/m$^3$인 다공성 촉매를 약 50톤 함유하고 있다. 원유가 38,000 barrel/day (밀도가 900 kg/m$^3$로 6,000 m$^3$/day의 부피유속으로 공급)의 속도로 공급되고 있으며, 긴 사슬을 가진 탄화수소가 짧은 사슬을 가진 분자로 열분해된다.

이러한 거대한 단위공정의 반응속도를 알기 위해 공급물은 탄소수가 20인 탄화수소만으로 구성되어 있다고 단순하게 가정하자.

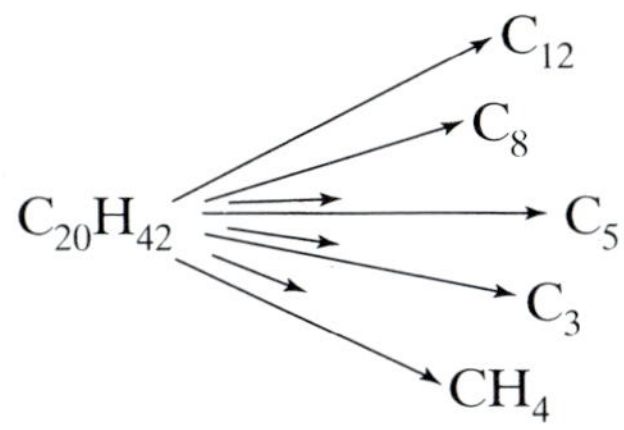


만약 기화된 공급물(feed)의 60%가 이 단위공정에서 열분해 된다면 반응속도는 $-r'$(mols reacted/kg cat·s) 및 $r'''$(mols reacted/m$^3$ cat·s)로 표현하여 얼마인가?

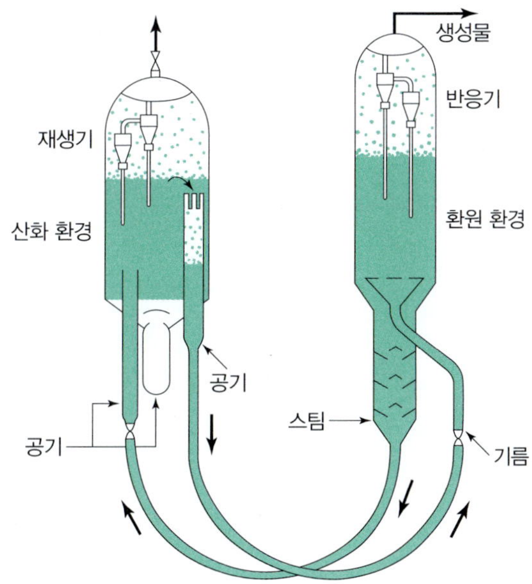


그림 P1.3 Exxon사의 Model IV FCC 단위공정.

제 1 부

*Chemical Reaction Engineering*

# 이상 반응기에서 균질계 반응

*Homegeneous Reaction in Ideal Reactor*

제 2 장

# 균질계 반응속도론

*Kinetics of Homogeneous Reactions*

## ▶ 단순한 반응기 종류

이상 반응기(ideal reactor)는 세 가지의 이상 흐름 혹은 이상 접촉 방식(회분, 플러그 흐름, 혼합 흐름)이 있다. 이상 반응기의 종류를 그림 2.1에 나타내었으며 실제 반응기 해석함에 있어 가능한 이상 반응기에 접근시키려고 노력할 예정이다.

이들 세 가지 이상 반응기는 성능식을 발견하기가 간단하여 다루기가 용이하고, 이들 중의 한 가지가 종종 가능한 반응기 중의 최적 반응기라고 할 수 있다. 추후에 순환 반응기(recycle reactor), 다단 반응기(staged reactor) 및 여러 다른 흐름 형태의 반응기를 언급할 예정이며, 이러한 실제 반응기는 이상 반응기로부터 편차(deviation)를 고려하여 해석할 것이다.

## ▶ 속도식

다음의 단일상 반응 $aA + bB \rightarrow rR + sS$를 고려하자. 반응물 A에 대한 가장 유용한 속도식(rate equation)은 다음과 같다.

성분 A의 실종 속도

$$-r_A = -\frac{1}{V}\frac{dN_A}{dt} = \frac{(\text{amount of A disappearing})}{(\text{volume})\ (\text{time})}, \quad \left[\frac{\text{mol}}{\text{m}^3 \cdot \text{s}}\right] \tag{1}$$

마이너스 부호는 사라진다는 것(실종)을 의미함

이 값은 세기값이라는 것에 유의

또한 모든 물질에 대한 반응속도는 다음의 상관관계가 있다.

$$\frac{-r_A}{a} = \frac{-r_B}{b} = \frac{r_R}{r} = \frac{r_S}{s}$$

경험에 의하면 반응속도는 물질의 조성과 물질의 에너지에 영향을 받는다. 여기서 에너지란 온도(분자들의 불규칙한 운동에너지), 계 혹은 시스템(system) 내에서의 빛의 강도(이는 원자 사이의 결합에너지에 영향을 미칠 수 있다) 및 자장의 세기 등을 의미한다. 일반적으로는 단지 온도만을 고려할 경우가 많으므로 이 인자에 초점을 맞추어 보면, 반응속도를 다음과 같이 쓸 수 있다.

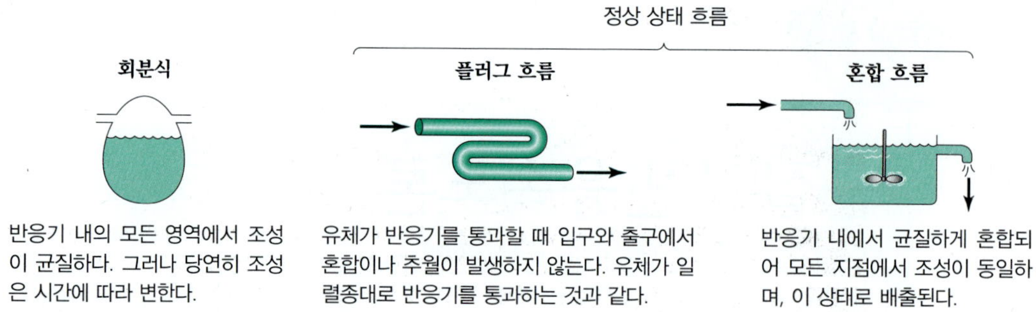


그림 2.1 이상 반응기의 종류.

여기서 반응속도의 온도 의존항(temperature-dependent term)과 농도 의존항(concentration-dependent term)이라는 단어가 사용되었다.

$$\underbrace{-r_A}_{\frac{\text{mol}}{\text{m}^3\cdot\text{s}}} = f\left[\begin{matrix}\text{온도에}\\ \text{의존하는 항}\end{matrix}, \begin{matrix}\text{농도에}\\ \text{의존하는 항}\end{matrix}\right] \underset{\text{example}}{\overset{\text{as an}}{=}} \overset{\left(\frac{\text{mol}}{\text{m}^3}\right)^{1-a}\text{s}^{-1}}{k}C_A^{\overset{\text{반응 차수}}{a}} = \underbrace{k_0 e^{-\overset{\text{활성화 에너지}}{\mathbf{E}}/\mathbf{R}T}}_{\text{온도에 의존하는 항}} C_A^a \qquad (2)$$

## 2.1 속도식의 농도 의존항

속도식에서 농도항의 형태를 정하기 전에 먼저 반응의 여러 가지 유형을 구분해야 한다. 이 구분은 반응의 진행을 나타내는 반응속도론 식의 수와 형태에 기준을 두고 있다. 그리고 속도식(rate equation)의 농도 의존항에 대해 언급하고자 하므로 계의 온도는 일정한 것으로 가정한다.

### ▶ 단일 반응과 복합 반응

먼저 물질이 반응하여 생성물을 형성할 때, 반응이 단일이든지 복합이든지간에 바람직하기는 두 가지 온도 이상에서 화학양론을 적용하는 것(양론계수를 확정하는 일)이 중요하다.

*단일 반응*(single reaction)이란 반응의 진행을 표현하는 데 단일한 화학양론식과 단일한 속도식을 이용하는 것이다. *복합 반응*(multiple reaction)은 관측 변화를 표현하기 위한 한 가지 이상의 화학양론식과 모든 성분의 조성 변화에 따라 한 가지 이상의 속도식이 필요하게 된다.

복합 반응의 종류는 다음과 같다.

*직렬 반응*(series reaction),

$$A \rightarrow R \rightarrow S$$

*병렬 반응*(parallel reaction), 여기에는 두 가지 유형이 있다.

경쟁반응 병행반응

그리고 복잡한 형태로는 다음과 같은 것이 있다.

$$A + B \rightarrow R$$
$$R + B \rightarrow S$$

이 경우에 반응은 B에 대해서는 평행하게 진행되지만, A, R, S에 대해서는 직렬 반응이다.

## 기초 반응과 비기초 반응

화학양론식이 다음과 같은 단일 반응을 고려해 보자.

$$A + B \rightarrow R$$

A의 단일분자와 B의 단일분자의 충돌이나 상호작용이 반응속도조절단계(rate-controlling mechanism)에 포함된다고 가정하면, A 분자와 B 분자의 충돌횟수는 반응속도에 비례한다. 주어진 온도에서 충돌횟수는 혼합물에 존재하는 반응물의 농도에 비례하므로 A가 소모되는 속도는 다음과 같다.

$$-r_A = kC_AC_B$$

이와 같이 속도식이 화학양론식에 대응하는 반응을 *기초 반응*(elementary reaction)이라 부른다.

한편 화학양론과 속도 사이에 아무런 대응관계가 없을 때는 *비기초 반응*(nonelementary reaction)이라고 한다. 비기초 반응의 전형적인 예는 수소와 브롬 간의 반응이다.

$$H_2 + Br_2 \rightarrow 2HBr$$

이때 속도식은 다음과 같다.[1]

$$r_{HBr} = \frac{k_1[H_2][Br_2]^{1/2}}{k_2 + [HBr]/[Br_2]} \tag{3}$$

실제로는 우리가 관측한 단일 반응은 일련의 기초 반응들의 총괄적 효과로 인해 나타나는 비기초 반응으로 설명할 수 있다. 둘 또는 그 이상의 기초 반응이 아닌 단일 반응이 흔히 관측되는 이유는 생성된 중간물질의 양이 무시할 정도로 적어 검출하기 어려운 정도이기 때문이다. 이에 관한 설명은 나중에 하겠다.

1 이 책에서는 농도를 표현하기 위해 대괄호 [ ]를 사용한다. 즉, $C_{HBr}$ = [HBr]이다.

## 반응분자도와 반응 차수

기초 반응의 *반응분자도*(molecularity)란 반응에 참여하는 분자의 수이고 그 값은 1, 2 또는 드물게는 3이다. 반응분자도는 기초 반응에만 국한되는 것에 유의해야 한다.

A, B, . . . , D라는 물질을 포함하고 있는 반응의 진척도(혹은 진행속도)는 대략 다음과 같은 형태의 식으로 근사할 수 있다.

$$-r_A = kC_A^a C_B^b \ldots C_D^d, \qquad a + b + \cdots + d = n \tag{4}$$

여기서 $a, b, \ldots, d$는 반드시 화학양론계수와 관련이 있는 것은 아니다(사실 실험값임). 여기서 표현된 농도의 멱수(power)를 *반응 차수*(reaction order)라고 말한다. 즉,

A에 대해 $a$차,

B에 대해 $b$차이고

전체에 대해서는 $n$차이다

반응 차수는 실험적으로 구하여 속도식을 설명하는 것이므로 그 값은 분수일 수도 있으며, 따라서 반드시 정수일 필요는 없다. 한편, 반응의 반응분자도는 반응 메카니즘에 대해 설명하는 것이므로 반드시 정수이어야 하고 기초 반응에만 적용할 수 있다.

속도식이 식 (4)의 형태가 아닌 식 (3)의 형태로 표현된다면 사실 반응 차수라는 용어의 사용이 무의미하다.

## 속도 상수 $k$

균질계 화학반응에 대한 속도식이 식 (4)와 같은 형태일 때 $n$차 반응에 대한 속도 상수(rate constant) $k$의 차원은

$$(\text{시간})^{-1}(\text{농도})^{1-n} \tag{5}$$

이고, 1차 반응인 경우에는 간단히

$$(\text{시간})^{-1} \tag{6}$$

이 된다.

## 기초 반응의 표현

반응속도를 표시할 때 농도와 동등한 어떤 단위도 사용할 수 있는데, 그 예로서 분압을 사용하면

$$-r_A = kp_A^a p_B^b \ldots p_D^d$$

이 된다. 반응 차수만 변화시키지 않는다면 어떤 단위도 무방하다. 그러나 농도가 분압으로 바뀌게 되면 속도 상수 $k$에 영향을 미치게 된다.

간단하게 기초 반응은 반응분자도와 속도 상수를 나타내어 표시한다. 예로서,

$$2A \xrightarrow{k_1} 2R \tag{7}$$

은 속도 상수 $k_1$인 2분자 비가역 2차 반응을 나타내며, 그 반응속도는

$$-r_A = r_R = k_1 C_A^2$$

이다. 한편 식 (7)을

$$A \xrightarrow{k_1} R$$

과 같이 쓰는 것은 부적절한데 이 경우에 속도식은

$$-r_A = r_R = k_1 C_A$$

이기 때문이다. 따라서 기초 반응을 표시하는 데 어떤 화학양론식을 사용할지 매우 조심해야 한다.

사실 식 (7)처럼 기초 반응을 속도 상수로 표시하는 것은 불분명한 점이 있을 수 있다. 때로는 반응에서 속도 상수가 나타내는 성분이 어느 것인가를 표시할 필요가 있다. 예로서 다음 반응을 생각하자.

$$B + 2D \rightarrow 3T \tag{8}$$

반응속도가 B에 대해 측정한 것이라면 속도식은

$$-r_B = k_B C_B C_D^2$$

이고, D에 대한 것이라면 속도식은

$$-r_D = k_D C_B C_D^2$$

이며, 또는 생성물 T에 대한 것이면

$$r_T = k_T C_B C_D^2$$

이 된다. 그런데 화학양론에서

$$-r_B = -\frac{1}{2} r_D = \frac{1}{3} r_T$$

이므로

$$k_B = \frac{1}{2} k_D = \frac{1}{3} k_T \tag{9}$$

가 된다. 식 (8)에서는 이상의 세 가지 속도 상수 중 어느 것을 나타내고 있을까 하는 것을 우리는 말할 수 없다. 따라서 여러 가지 성분이 서로 다른 분자수를 갖고 있는 화학양론일 때 모호함을 피하기 위해 반드시 고려하는 성분을 명기해야 한다.

요약하여 말하면 반응속도를 축약된 형태로 쓰는 것은 모호함을 피할 수 없다. 이와 같이 혼돈을 없애기 위해서는 완전한 속도식과 함께 화학양론식을 쓰고, 속도 상수의 단위를 동시에 표시하는 것이 좋다.

### ▶ 비기초 반응의 표현

비기초 반응은 화학양론이 반응속도와 일치하지 않는 반응이다. 예를 들면

화학양론: $N_2 + 3H_2 \rightleftarrows 2NH_3$

반응속도: $$r_{NH_3} = k_1 \frac{[N_2][H_2]^{3/2}}{[NH_3]^2} - k_2 \frac{[NH_3]}{[H_2]^{3/2}}$$

이다. 이러한 불일치는 반응속도를 설명할 수 있는 다단계 반응모델의 개발을 필요로 한다.

### ▶ 비기초 반응에 대한 속도론 모델

비기초 반응의 반응속도론을 설명하기 위해, 우리는 실제로는 일련의 기초 반응이 일어나지만 생성된 중간물질들이 단지 극소량만 존재하기 때문에 중간물질을 측정이나 관측할 수 없다고 가정한다. 따라서 초기 반응물과 최종 생성물만 관측되어 단일 반응이 일어난 것으로 간주한다. 예를 들어 다음 반응이 비기초 반응이라면,

$$A_2 + B_2 \rightarrow 2AB$$

다음과 같은 일련의 기초 반응을 반응속도론을 설명하는 데 사용할 수 있다.

$$A_2 \rightleftarrows 2A^*$$
$$A^* + B_2 \rightleftarrows AB + B^*$$
$$A^* + B^* \rightleftarrows AB$$

여기서 별표(*)는 관측되지 않는 중간물질을 나타낸다. 우리의 가정을 검증하기 위해서 예측된 속도식이 실험식과 일치하는지 확인해야 한다.

우리가 가정한 중간물질의 유형은 물질의 화학구조(the chemistry of the materials)에 의해 제안되며 다음과 같이 네 가지로 분류할 수 있다.

***자유라디칼*** 하나 또는 그 이상의 홀전자(unpaired electron, 짝짓지 않은 전자)를 함유하고 있는 안정된 분자들의 큰 단편(fragment) 혹은 자유전자(free atoms)를 자유라디칼(free radical)이라 한다. 짝짓지 않은 전자는 물질의 화학적 기호에서 점( · )으로 표시한다. 어떤 자유라디칼은 비교적 안정한데 예로 트리페닐메틸(triphenylmethyl)이 있다.

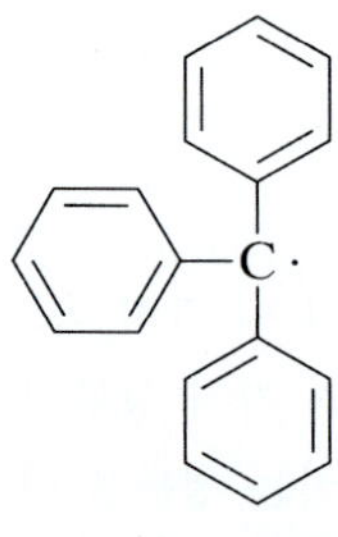

트리페닐메틸

그러나 이와 달리 대개 다른 물질은 대체로 불안정하고 대단히 반응성이 크다. 예로서 다음과 같은 것이 있다.

$$CH_3\cdot,\quad C_2H_5\cdot,\quad I\cdot,\quad H\cdot,\quad CCl_3\cdot$$

***이온과 극성물질*** 전기적으로 하전된 원자, 분자 또는 분자 단편으로서 다음과 같은 것이 있다.

$$N_3^-,\quad Na^+,\quad OH^-,\quad H_3O^+,\quad NH_4^+,\quad CH_3OH_2^+,\quad I^-$$

이 물질은 이온(ion)이라 불린다. 이들은 반응에서 활성 중간물질로 작용한다.

***분자*** 다음의 연속 반응을 생각하자.

$$A \rightarrow R \rightarrow S$$

일반적으로 이들은 복합 반응으로 취급된다. 그러나 만약 중간물질 R의 반응성이 매우 크다면(이 물질의 평균수명이 대단히 짧고 농도가 반응혼합물 내에서 측정할 수 없을 정도로 작은 경우) R은 관측이 불가능한 반응성 중간물질로 간주될 수 있다.

***전이 복합체*** 반응물 분자들 사이의 수많은 충돌은 각 분자 사이의 에너지의 넓은 분포를 초래한다. 이것은 분자들의 긴장된 결합, 분자의 불안정한 형태 또는 불안정한 만남(association)을 초래하고 다시 분해되어 생성물을 만들거나 또 다른 충돌로 정상 상태의 분자로 되돌아간다. 이러한 불안정한 형태를 전이 복합체(transition complex)이라 한다.

이들 네 가지 종류의 중간물질을 포함하는 예상 반응은 다음 두 가지 유형으로 나눠 볼 수 있다.

***비연쇄 반응*** 비연쇄 반응에서 중간물질이 첫 번째 반응에서 생성되고 생성된 중간물질은 더 반응하여 생성물이 된다.

반응물 → (중간물질)*

(중간물질)* → 생성물

***연쇄 반응*** 연쇄 반응에서 중간물질은 *개시단계*(chain initiation step)라고 부르는 첫 번째 반응에서 생성된다. 생성된 중간물질은 전파단계(chain propagation step)에서 반응물과 결합하여 더 많은 중간물질과 생성물질을 만든다. 때로 중간물질은 정지단계(chain termination step)에서 파괴되기도 한다. 즉 아래와 같이 표현할 수 있다.

| | |
|---|---|
| 반응물 → (중간물질)* | 개시단계 |
| (중간물질)* + 반응물 → (중간물질)* + 생성물 | 전파단계 |
| (중간물질)* → 생성물 | 정지단계 |

연쇄 반응에서 가장 중요한 부분은 전파단계이다. 이 단계에서 중간물질은 소모되지 않고 물질을 전환시키는 촉매로 작용한다. 따라서 각 중간물질은 최종적으로 파괴될 때까지 수천까지의 긴 사슬의 반응을 일으키는 촉매 역할을 한다.

다음은 각종 반응 메카니즘(mechanism)의 예이다.

**1. *자유 라디칼, 연쇄 반응 메카니즘*** 아래 반응의 실험적 반응속도는

$$H_2 + Br_2 \rightarrow 2HBr$$

$$r_{HBr} = \frac{k_1[H_2][Br_2]^{1/2}}{k_2 + [HBr]/[Br_2]}$$

이고 중간물질 H·와 Br·를 포함한 다음의 반응으로 설명된다.

| | |
|---|---|
| $Br_2 \rightleftarrows 2Br\cdot$ | 개시 및 정지단계 |
| $Br\cdot + H_2 \rightleftarrows HBr + H\cdot$ | 전파단계 |
| $H\cdot + Br_2 \rightarrow HBr + Br\cdot$ | 전파단계 |

**2. *분자 중간물질, 비연쇄 반응 메카니즘*** 일반적인 효소 촉매 발효반응은 다음과 같고,

$$A \xrightarrow[\text{enzyme}]{\text{with}} R$$

이를 실험적 속도식으로 적으면 다음과 같다.

$$r_R = \frac{k[A][E_0]}{[M] + [A]}$$

([M]: constant)

이때 중간물질[(A·효소)*]은 다음과 같은 반응을 진행한다고 가정한다.

$$A + 효소 \rightleftarrows (A\cdot 효소)^*$$

$$(A\cdot 효소)^* \rightarrow R + 효소$$

이 반응에서 중간물질의 농도가 무시할 만하지 않은 경우에 특별한 해석이 구해졌는데, 이 연구의 최초의 제안은 Michaelis와 Menten (1913)에 의해 이루어졌다(이 효소 반응식을 Michaelis–Menten equation이라고 부름).

**3. *전이 복합체, 비연쇄 반응 메카니즘*** 아조메탄(azomethane)의 자발적 분해반응

$$(CH_3)_2N_2 \rightarrow C_2H_6 + N_2 \quad 또는 \quad A \rightarrow R + S$$

은 여러 가지 조건에서 1차, 2차 또는 중간차수의 속도론 양상을 나타낸다. 이러한 유형의 거동은 반응물 A에 대해 에너지를 받아 불안정한 형태로 존재하는 A*라는 물질을 가정하면 설명할 수 있다.

| | |
|---|---|
| $A + A \rightarrow A^* + A$ | 에너지를 얻은 분자 A*의 생성 |
| $A^* + A \rightarrow A + A$ | 이 분자 A*가 다시 충돌에 의해 안정형으로 복귀 |
| $A^* \rightarrow R + S$ | 이 분자 A*가 생성물로 자발적 분해 |

이 반응 메카니즘의 설명은 Lindemann (1922)이 처음으로 이런 유형의 중간물질을 제안하였다.

## 속도식 모델의 탐색

두 가지 문제가 반응 메카니즘(reaction mechanism)을 올바로 탐색하는 것을 어렵게 한다. 첫째는, 화학반응이 하나 이상의 반응 메카니즘에 의해 진행될 수 있기 때문이다. 예로, 반응조건에 따라 변하는 상대 속도를 갖고 있는 자유 라디칼 및 이온을 들 수 있다. 둘째는, 반응속도 데이터와 일치하는 반응 메카니즘이 여러 개 있을 수 있기 때문이다. 이 문제를 해결하기는 대단히 어렵기 때문에, 반응에 관여하는 물질의 화학에 대한 광범위한 지식을 필요로 한다. 이제 이 문제는 잠시 보류해 두고, 일련의 기초 반응을 포함하고 있는 가정된 반응 메카니즘과 실험 데이터 사이의 상관관계를 검토해 보자.

이 기초 반응을 해석하기 위해 중간물질은 오직 두 가지 유형 중에 하나만 존재한다고 가정한다.

***유형 1.*** 관측할 수도 없고 측정하지도 못한 중간물질 X는 보통 아주 작은 농도로 존재하므로 혼합물에서 이의 농도 변화 속도는 0이라고 볼 수 있다. 따라서

$$[\mathrm{X}] = \text{아주 작거나} \quad \frac{d[\mathrm{X}]}{dt} \cong 0$$

으로 택할 수 있다. 이를 *정상 상태 근사 혹은 정상 상태 가정*(steady-state approximation)라고 부르며 위 반응 메카니즘 1과 2(mechanism type 1 and 2)가 이러한 유형의 중간물질을 가정하였다. 예제 2.1에서 이를 어떻게 사용하는지를 보여줄 것이다.

***유형 2.*** 초기농도가 $C_0$인 균질계 촉매가 두 가지 형태로 존재한다고 가정한다. 한 가지는 자유로운(free) 촉매 C이고, 다른 하나는 중간물질 X를 생성하기 위해 결합된(combined) 촉매 중의 하나로 존재하는 경우이다. 이때 촉매의 양은

$$[\mathrm{C_0}] = [\mathrm{C}] + [\mathrm{X}]$$

가 된다. 그러면

$$\frac{d\mathrm{X}}{dt} = 0$$

또는 중간물질은 반응물과 평행에 있다고 가정할 수 있다. 우리들은 이를 평형가정(equilibrium assumption)이라 부른다. 따라서

$$\begin{pmatrix}\text{reactant}\\ \mathrm{A}\end{pmatrix} + \begin{pmatrix}\text{catalyst}\\ \mathrm{C}\end{pmatrix} \underset{2}{\overset{1}{\rightleftarrows}} \begin{pmatrix}\text{intermediate}\\ \mathrm{X}\end{pmatrix}$$

이 되고, 여기에서 평형 상수 K는 다음과 같이 나타낸다.

$$\mathrm{K} = \frac{k_1}{k_2} = \frac{[\mathrm{X}]}{[\mathrm{A}][\mathrm{C}]}$$

예제 2.2와 연습 문제 2.23에서 이러한 유형의 중간물질에 대해 다룬다.

반응 메카니즘을 탐색하는 데는 시행착오법(trial and error procedure)이 이용되는데, 다음 두 개의 예제를 보자.

## 예제 2.1 ▶ 반응 메카니즘의 탐색

다음 비가역 반응

$$A + B = AB \tag{10}$$

의 반응속도론이 연구되어 생성물의 생성속도가 다음과 같은 속도식으로 잘 나타남을 알게 되었다.

$$r_{AB} = kC_B^2 \ . \ . \ . \ C_A \text{ 에는 무관함} \tag{11}$$

반응의 화학으로부터 중간물질이 반응물 분자의 회합(association)으로 이루어졌고 연쇄 반응이 일어나지 않는다고 가정한다면, 이 속도식으로부터 어떠한 반응 메카니즘이 제안될 수 있는가?

**› 풀이**

이 반응이 기초 반응이라면, 반응속도는

$$r_{AB} = kC_AC_B = k[A][B] \tag{12}$$

으로 주어진다. 그런데 식 (11)과 (12)는 동일 유형이 아니므로 이 반응은 확실히 비기초 반응이다. 따라서 여러 반응 메카니즘을 검토하여 어느 것이 실험 결과와 같은 형태인가를 알아보기로 하자. 먼저 간단한 2단계 모델로부터 시작하고 이것이 실패하면 더 복잡한 3, 4, 5단계 모델을 시도하기로 한다.

***모델 1.*** 2단계 가역 반응을 가정하고, 이때 실제로 볼 수 없고 따라서 소량만이 존재하는 중간물질 $A_2^*$이 포함되어 있다고 생각하자. 따라서

$$\begin{aligned} 2A &\underset{k_2}{\overset{k_1}{\rightleftarrows}} A_2^* \\ A_2^* + B &\underset{k_4}{\overset{k_3}{\rightleftarrows}} A + AB \end{aligned} \tag{13}$$

이고, 이것이 실제로는 다음 네 개의 기초 반응을 포함하고 있다.

$$2A \xrightarrow{k_1} A_2^* \tag{14}$$

$$A_2^* \xrightarrow{k_2} 2A \tag{15}$$

$$A_2^* + B \xrightarrow{k_3} A + AB \tag{16}$$

$$A + AB \xrightarrow{k_4} A_2^* + B \tag{17}$$

여기서 속도 상수 $k$는 반응물의 소모되는 속도이다. 즉 $k_1$는 A가 $k_2$는 $A_2^*$가 사라지는 속도이다.

이제 물질 AB의 생성속도를 표현하자. 이 성분은 식 (16)과 (17)에 포함되어 있으므로 이의 전체 변화속도는 각 변화속도의 합이다. 따라서

$$r_{AB} = k_3[A_2^*][B] - k_4[A][AB] \tag{18}$$

이다. 중간물질 $A_2^*$의 농도는 아주 낮아 측정할 수 없기 때문에 위의 속도식은 이대로의 형태로는 시험할 수 없다. 그러므로 $A_2^*$ 농도를 측정할 수 있는 A, B 또는 AB의 농도로 치환하여 진행한다. $A_2^*$를 포함하고 있는 네 개의 기초 반응으로부터

$$r_{A_2^*} = \frac{1}{2}k_1[A]^2 - k_2[A_2^*] - k_3[A_2^*][B] + k_4[A][AB] \tag{19}$$

임을 알 수 있다. $A_2^*$의 농도는 항상 아주 적으므로 이의 변화속도는 0이라고 가정할 수 있다.

$$r_{A_2^*} = 0 \tag{20}$$

이것이 정상 상태 가정이다. 식 (19)와 (20)을 결합하면

$$[A_2^*] = \frac{\frac{1}{2}k_1[A]^2 + k_4[A][AB]}{k_2 + k_3[B]} \tag{21}$$

을 얻을 수 있고, 이를 식 (18)에 대입하여 단순화하고 두 항을 삭제하면(옳게 풀면 두 항은 항상 삭제됨) AB의 생성속도를 측정 가능한 양들로 구할 수 있다.

$$r_{AB} = \frac{\frac{1}{2}k_1k_3[A]^2[B] - k_2k_4[A][AB]}{k_2 + k_3[B]} \tag{22}$$

관측된 반응속도와 일치하는 모델의 탐색을 위해 여러 가지 속도 상수의 크기를 임의로 선정하여 더욱 일반적인 모델을 제한할 수 있다. 식 (22)가 식 (11)과 부합되지 않으므로 식 (22)을 간단한 형태로 만들 수 있는지를 알아보자. 만일 $k_2$가 아주 작다면 이 속도식은

$$r_{AB} = \frac{1}{2}k_1[A]^2 \tag{23}$$

와 같이 간략화되고, 만일 $k_4$가 아주 작다면 반응속도는

$$r_{AB} = \frac{(k_1k_3/2k_2)[A]^2[B]}{1 + (k_3/k_2)[B]} \tag{24}$$

이 된다. 사실 식 (23)과 (24)와 같은 특별한 형태의 어느 식도 실험적으로 구한 속도식 (11)과 부합되지 않는다. 따라서 우리가 가정한 반응 메카니즘인 식 (13)은 오류가 있다고 보고 다른 반응 메카니즘을 시도할 필요가 있다.

***모델 2.*** 먼저 식 (10)은 물질 A와 B에 대해 대칭이므로(화학양론으로부터 보면) 모델 1에서 단

지 A와 B를 상호교환하고, $k_2 = 0$이라고 두면, $r_{AB} = k[B]^2$을 얻을 수 있다. 따라서 2차 속도식과 부합하는 반응 메카니즘은

$$\left.\begin{aligned} B + B &\xrightarrow{1} B_2^* \\ A + B_2^* &\underset{4}{\overset{3}{\rightleftarrows}} AB + B \end{aligned}\right\} \tag{25}$$

이 된다. 이 예제에서는 다행스럽게도 실험 데이터를 이론적 반응 메카니즘과 우연히도 일치하는 속도식으로 나타낼 수 있었다. 종종 속도식의 형태가 실험 데이터와 매우 잘 맞는 경우가 있는데, 특히 분산된(scattered) 실험 데이터가 그렇다. 따라서 옳은 반응 메카니즘을 거부하는 실수를 피하기 위해서는 단지 실험결과에 반응식을 맞추는 것에서 끝나기보다 가능한 한 통계적 방법을 이용하여 여러 가지로 유도된 이론식이 데이터와 맞는가를 시험해 보는 것이 바람직하다.

## 예제 2.2 ▶ 효소-기질반응에 대한 반응 메카니즘의 탐색

여기 *기질*(substrate)이라고 불리는 반응물이 효소(enzyme, 분자량 > 10,000인 거대 단백질)의 작용에 의해 생성물로 전환된다. 효소는 아주 선택적이어서 한 개의 특별한 반응이나 한 그룹의 반응만을 촉진시킨다. 따라서

$$A \xrightarrow{\text{효소}} R$$

이며, 많은 이 반응은 다음과 같은 거동을 특징으로 한다.

1. 반응속도는 혼합물에 도입된 효소의 초기농도 $[E_0]$에 비례한다.
2. 반응물의 농도가 낮을 때 반응속도는 반응물 농도 [A]에 비례한다.
3. 반응물의 농도가 높을 때 반응속도는 일정해지고(level off) 반응물 농도에 무관하다.

이러한 거동을 설명할 수 있는 반응 메카니즘을 제안하라.

**풀이**

1913년 미카엘리스(Michaelis)와 멘텐(Menten)은 이 문제를 최초로 풀었다(한편, Michaelis는 노벨화학상을 받았다). 이들은 반응이 다음과 같이 진행된다고 가정하였다.

$$\left.\begin{aligned} A + E &\underset{2}{\overset{1}{\rightleftarrows}} X \\ X &\xrightarrow{3} R + E \end{aligned}\right\} \tag{26}$$

또한 초기 효소농도는

$$[E_0] = [E] + [X] \tag{27}$$

$$\frac{d[\mathrm{X}]}{dt} \cong 0 \tag{28}$$

라는 두 가지 가정을 하였다. 먼저 식 (26)에 있는 관련된 성분들에 대한 속도식을 쓰면 다음과 같다.

$$\frac{d[\mathrm{R}]}{dt} = k_3[\mathrm{X}] \tag{29}$$

$$\frac{d[\mathrm{X}]}{dt} = k_1[\mathrm{A}][\mathrm{E}] - k_2[\mathrm{X}] - k_3[\mathrm{X}] = 0 \tag{30}$$

식 (27)과 (30)을 풀어 [E]를 제거하면

$$[\mathrm{X}] = \frac{k_1[\mathrm{A}][\mathrm{E}_0]}{(k_2 + k_3) + k_1[\mathrm{A}]} \tag{31}$$

이 되고, 이 식 (31)을 식 (29)에 대입하면 다음 식을 얻을 수 있다.

$$\frac{d[\mathrm{R}]}{dt} = \frac{k_1 k_3[\mathrm{A}][\mathrm{E}_0]}{(k_2 + k_3) + k_1[\mathrm{A}]} = \frac{k_3[\mathrm{A}][\mathrm{E}_0]}{[\mathrm{M}] + [\mathrm{A}]} \tag{32}$$

$[\mathrm{M}] = \left(\frac{k_2 + k_3}{k_1}\right)$을 미카엘리스 상수 (Michaelis constant)라고 함

실험과 비교해 보면 이 식은 위에서 언급한 세 가지 보고된 사실을 잘 만족시킴을 알 수 있다.

$$\frac{-d[\mathrm{A}]}{dt} = \frac{d[\mathrm{R}]}{dt} \begin{cases} \propto [\mathrm{E}_0] \\ \propto [\mathrm{A}] \quad \text{when} \quad [\mathrm{A}] \ll [\mathrm{M}] \\ \text{is independent of} \quad [\mathrm{A}] \quad \text{when} \quad [\mathrm{A}] \gg [\mathrm{M}] \end{cases}$$

이 반응에 대해 더욱 자세한 것은 연습 문제 2.23을 풀어 보기 바란다.

## 2.2 속도식의 온도 의존항

### ▶ 아레니우스 법칙으로 살펴본 온도 의존성

많은 반응들을 비롯하여 특별히 기초 반응에 대해서는 속도식을 온도 의존항과 조성(혹은 농도, composition) 의존항의 곱으로 나타낼 수 있다.

$$\begin{aligned} r_i &= f_1(\text{온도}) \cdot f_2(\text{조성}) \\ &= k \cdot f_2(\text{조성}) \end{aligned} \tag{33}$$

많은 반응들에 대해 온도 의존항, 즉 속도 상수(reaction rate constant)는 실제적으로 모든 경우에 다음의 아레니우스 법칙(Arrhenius's law)으로 잘 표시된다.

$$k = k_0 e^{-\mathbf{E}/\mathbf{R}T} \tag{34}$$

여기서 $k_0$는 빈도인자(frequency factor) 또는 사전 지수 인자(pre-exponential factor)이고 **E**는 반응의 활성화 에너지(activation energy)이다.[2] 이 표현은 넓은 온도범위에서 실험과 잘 부합되어 여러 관점으로부터 실제 온도 의존성에 대한 좋은 근사치가 될 수 있다.

동일한 농도를 가진 다른 두 가지 온도에서 활성화 에너지가 일정하다면 아레니우스 법칙은 다음과 같이 된다.

$$\ln\frac{r_2}{r_1} = \ln\frac{k_2}{k_1} = \frac{\mathbf{E}}{\mathbf{R}}\left(\frac{1}{T_1} - \frac{1}{T_2}\right) \tag{35}$$

## 아레니우스 법칙과 다른 이론의 비교

다음의 표현식

$$k = k_0' T^m e^{-\mathbf{E}/\mathbf{R}T}, \qquad 0 \le m \le 1 \tag{36}$$

은 속도 상수의 온도 의존성에 대한 충돌 이론(collision theory)과 전이 상태 이론(transition state theory)을 간단히 응용하여 요약한 것이다. 더욱 복잡한 변형에 대해 $m$은 3 또는 4 같은 큰 값이 될 수도 있다. 그러나 지수항($e^{-\mathbf{E}/\mathbf{R}T}$)이 멱수항($T^m$)보다 훨씬 더 온도에 민감하므로 멱수항의 온도에 따른 변화는 효과적으로 숨겨진다. 따라서 다음 식과 같다.

$$k = k_0 e^{-\mathbf{E}/\mathbf{R}T} \tag{34}$$

이는 아레니우스 법칙이 충돌 이론과 전이 상태 이론의 온도 의존성에 대해 좋은 근사라는 것을 보여주고 있다.

## 활성화 에너지와 온도 의존성

반응의 온도 의존성은 그림 2.2와 표 2.1에 예시한 바와 같이 반응의 활성화 에너지와 온도 준위에 의해 결정된다. 이와 관련된 내용은 다음과 같다.

1. 아레니우스 법칙으로부터 $k$대 $1/T$의 그래프는 직선이고, 큰 기울기는 큰 **E**에 대한 것이며 작은 기울기는 작은 **E**에 대한 것이다.
2. 높은 활성화 에너지를 갖는 반응은 온도에 대단히 민감하고, 낮은 활성화 에너지를 갖는 반응은 상대적으로 온도에 덜 민감하다.
3. 주어진 반응에서는 저온일 때가 고온일 때보다 온도에 더욱 민감하다.
4. 아레니우스 법칙에서 빈도인자는 반응의 온도 민감성에 영향을 미치지 않는다.

---

2 활성화 에너지를 보고하는 데 사용된 단위와 차원에는 의견이 일치하지 않는 것 같다. 일부 저자는 줄(joule)을 사용했고 다른 저자들은 몰당 줄(joule/mole)을 사용했다. 그러나 식 (34)에서는 명확하게 joule/mole이 사용된다.

그러나 활성화 에너지 **E**의 단위에서는 mole이 어떻게 될까? 이건 확실치 않은데, **E**와 **R**이 항상 같이 사용되기 때문에, 이 둘은 동일한 몰수를 기준으로 이해할 수 있어서 큰 문제가 없다. 이 질문은 **E/R**의 비율로 표시함으로써 문제가 없어질 수 있다.

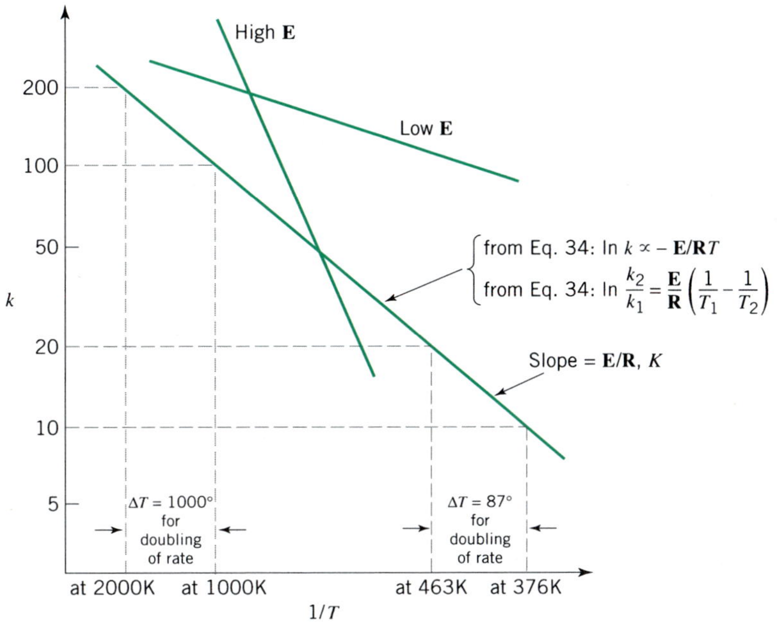


그림 2.2 반응속도의 온도의존성.

**표 2.1 반응속도를 두 배로 올리기 위해 필요한 온도 및 관련된 활성화 에너지와 평균온도[a]**

| Average Temperature | Actiation Energy E | | | |
|---|---|---|---|---|
| | 40 kJ/mol | 160 kJ/mol | 280 kJ/mol | 400 kJ/mol |
| 0°C | 11°C | 2.7°C | 1.5°C | 1.1°C |
| 400°C | 65 | 16 | 9.3 | 6.5 |
| 1000°C | 233 | 58 | 33 | 23 |
| 2000°C | 744 | 185 | 106 | 74 |

[a]반응의 온도 민감성을 나타낸다.

## 예제 2.3 ▶ 저온살균공정의 활성화 에너지 탐색

우유는 63°C에서 30분 동안 가열하면 살균이 된다. 그러나 우유를 74°C에서 가열하면 동일한 살균 효과를 얻는 데 단지 15초가 소요된다. 이러한 살균공정의 활성화 에너지를 구하라.

**› 풀이**

아레니우스 법칙의 온도 의존성을 가정하여 공정의 활성화 에너지를 구할 수 있다. 우리가 알 수 있는 정보는 다음과 같다.

$$T_1 = 336\text{ K에서 } t_1 = 30\text{분}$$

$$T_2 = 347\text{ K에서 } t_2 = 15\text{초}$$

반응속도는 반응시간에 반비례하기 때문에 식 (35)는

$$\ln\frac{r_2}{r_1}=\ln\frac{t_1}{t_2}=\frac{\mathbf{E}}{\mathbf{R}}\left(\frac{1}{T_1}-\frac{1}{T_2}\right)$$

또는

$$\ln\frac{30}{0.25}=\frac{\mathbf{E}}{8.314}\left(\frac{1}{336}-\frac{1}{347}\right)$$

이 되며, 이를 풀면 다음과 같은 활성화 에너지를 얻을 수 있다.

$$\underline{\underline{\mathbf{E}=422\,000\ \text{J/mol}}}$$

## 2.3 반응 메카니즘의 탐색

반응 중에 어떤 일이 일어나는지? 반응물질이 무엇인지? 그리고 그들이 어떻게 반응하는지? 에 대해 더 많이 알면 알수록 확실한 반응기 설계가 가능해진다. 이런 이유로 반응에 영향을 미치는 인자를 가능한 한 많이 알아내려고 노력한다. 물론 이것은 시간과 노력이라는 제한조건 아래서 공정의 경제적 최적화를 이루는 문제이기도 하다.

반응을 연구한다는 것은 *화학양론*(stoichiometry), *반응속도론*(kinetics), *반응 메카니즘론*(mechanism)의 세 가지 분야에서 접근이 가능하다. 일반적으로 화학양론을 먼저 충분히 연구하고 그 다음으로 반응속도론을 연구하게 된다. 실험적으로 속도식이 얻어지면 반응 메카니즘론을 연구한다. 어떠한 연구프로그램에서도 이 세 가지 분야에서 상호 간에 많은 정보의 피드백(feedback)이 발생하게 된다. 예를 들면 반응의 화학양론에 대한 개념은 얻어진 반응속도 데이터를 기초로 하여 바뀔 수 있고, 속도식의 형태는 반응 메카니즘 연구로부터 제안되기도 한다. 여러 인자들이 이런 상관관계를 갖고 있어 반응연구에 대한 실험계획이 간단하게 공식화될 수는 없다. 따라서 반응을 연구한다는 것은 유용한 모든 관련된 정보에 기초하여 제안되고 공식화된 경쟁적인 가정을 바탕으로 설계한 주의 깊은 실험계획을 하고, 이를 바탕으로 빈틈없는 과학적 탐색을 하는 일이다.

비록 우리가 화학반응과 관련된 문제의 모든 면을 연구할 수는 없을지라도 이러한 실험에 자주 이용되는 여러 가지 단서는 언급할 수 있다.

**1.** 화학양론에 의해 단일 반응인가 아닌가를 알 수 있게 된다. 다음과 같은 복잡한 화학양론인

$$\mathrm{A} \rightarrow 1.45\mathrm{R} + 0.85\mathrm{S}$$

이라든가 화학양론이 반응조건이나 반응정도에 따라 쉽게 변한다는 것은 복합 반응이라는 명확한 증거이다.

**2.** 화학양론은 단일 반응이 기초 반응인가 아닌가를 알려줄 수 있다. 왜냐하면 반응분

자도(molecularity)[3]가 3을 넘는 기초 반응이 오늘날까지 관찰된 바가 없기 때문이다. 예를 들면

$$N_2 + 3H_2 \rightarrow 2NH_3$$

와 같은 반응은 비기초 반응이다.

**3.** 화학양론식과 실험에 의한 속도식을 비교해서 우리가 취급하고 있는 화학반응이 기초 반응인가 아닌가를 알 수 있다.

**4.** 실험으로 구한 반응의 빈도인자(frequency factor)와 충돌 이론이나 전이 상태 이론으로 계산된 빈도인자 사이에 엄청난(order of magnitude) 차이가 있으면 그 화학반응은 비기초 반응이다. 그러나 이것은 반드시 옳은 것은 아닌데, 한 예로 어떤 이성질화 반응은 빈도인자가 대단히 낮음에도 여전히 기초 반응이다.

**5.** 간단한 가역 반응에 대해 두 가지 선택적인 경로를 생각해 보자. 만일 이 경로 중의 하나가 정반응에 대해 우선한다면(preferred) 역반응 경로 역시 우선해야 한다. 이것을 *미시적 가역성의 원리*(principle ofmicroscopic reversibility)라 부른다. 예를 들면

$$2NH_3 \rightleftarrows N_2 + 3H_2$$

의 정반응을 생각하자. 우선 이것은 암모니아 두 분자가 결합하여 생성물 네 분자를 얻는 2분자 기초 반응이다. 미시적 가역성의 원리에 의하면 역반응은 수소 세 분자와 질소 한 분자의 직접적 결합을 포함하는 기초 반응이 되어야 한다. 그러나 만일 이 역반응 과정이 불가능하다고 판단하여 받아들여지지 않는다면 2분자 정반응 반응 메카니즘 역시 받아들이면 안 된다.

**6.** 미시적 가역성의 원리는 결합의 파괴, 분자의 합성 또는 분리를 포함한 변화가 한 번에 하나씩 일어나는 것처럼 보인다. 그렇다면 각각은 반응 메카니즘의 입장에서는 기초 단계(elementary step)이다. 이러한 관점에서 복합물이 네 개의 생성물 분자로 동시에(하나씩이 아니라) 분리될 가능성은 매우 적다(다음 식).

$$2NH_3 \rightarrow (NH_3)_2^* \rightarrow N_2 + 3H_2$$

이 법칙은 분자를 따라 전자밀도의 이동이 단계적으로 일어나는 변화에는 적용되지 않는다. 예를 들면 반응

$$\underbrace{CH_2{=}CH-CH_2-O-CH{=}CH_2}_{\text{비닐알릴에테르}} \rightarrow \underbrace{CH_2{=}CH-CH_2-CH_2-CHO}_{n\text{-펜타알데히드-엔4}}$$

은 다음과 같은 전자밀도의 이동으로 설명된다.

---

3 어떤 반응(엄밀하게는 소반응)에 관여하는 분자의 수. 기상에서는 1분자 반응, 2분자 반응, 3분자 반응으로 구분된다. 용액 중의 반응에서는 용매도 반응에 관여하므로 엄밀하게는 반응분자도는 결정할 수 없으나 1분자적 치환반응, 2분자적 치환반응 등으로 분류된다. 반응 차수와는 의미가 다르다. (화학용어사전)

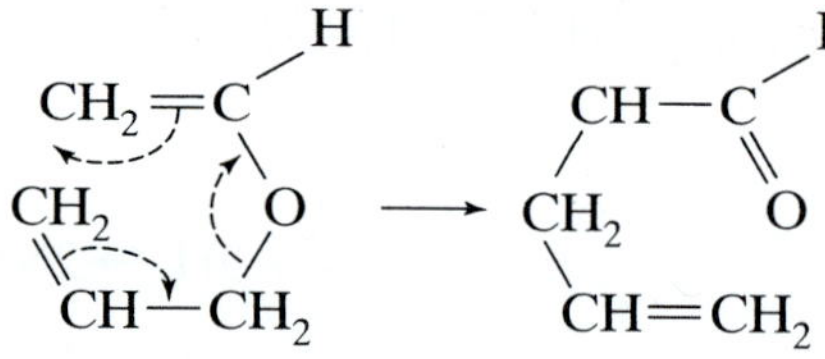

또는

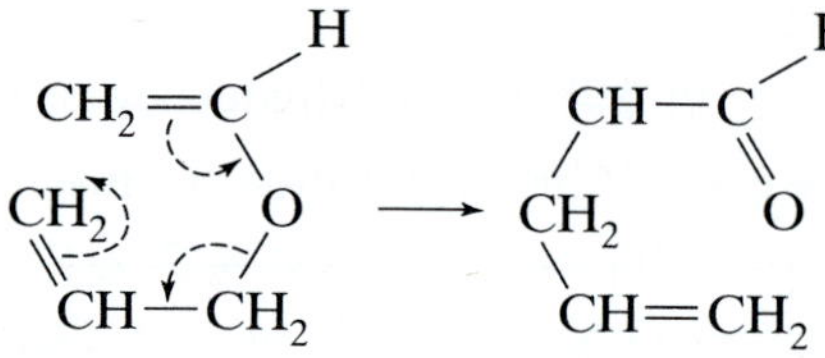

7. 복합 반응에서 온도에 따라 관측된 활성화 에너지의 변화는 반응 조절기구의 변화를 의미한다. 병렬 반응이나 병렬 단계에서는 온도의 상승에 따라 $\mathbf{E}_{obs}$가 상승하고, 직렬 반응이나 직렬 단계인 경우에 $\mathbf{E}_{obs}$는 온도의 증가에 따라 하락한다. 반대로 온도의 감소에 따라 병렬 반응에서는 $\mathbf{E}_{obs}$가 하락하는 반면에 직렬 반응에서는 $\mathbf{E}_{obs}$가 상승한다. 이 발견을 그림 2.3에 나타내었다.

## 2.4 이론으로부터 반응속도의 예측

### ▸ 농도 의존항

만일 어떤 반응이 여러 가지 경쟁적 경로(예, 비촉매 및 촉매)로 진행하는 것이 가능하다면, 이론적으로는 이들 모든 경로로 진행할 수 있다. 하지만 실제로는 당연히 저항이 적은 한 가지 경로로 진행한다. 이 경로가 보통 주경로이다. 이때 모든 가능한 중간물질의 에너지에 관한 지식만이 주경로와 그에 대응하는 속도식을 예측할 수 있다. 따라서 중간물질에 대한 정보는 현재 농도 의존항의 형태에 대한 정보만으로 예측할 수 없다. 실제로 실험으로 구한 속도식의 형태가 종종 반응 중간물질의 에너지를 연구하는 단서가 된다.

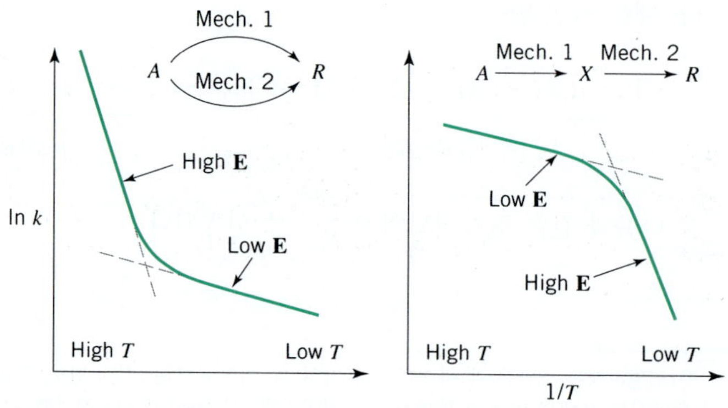


그림 2.3 활성화 에너지의 변화가 반응을 조정하는 메카니즘에 미치는 영향.

### 온도 의존항

만일 우리가 어떤 반응 메카니즘과 그 반응이 기초적인지 아닌지를 이미 알고 있다면, 속도 상수의 빈도인자와 활성화 에너지를 예측할 수가 있다. 충돌 이론이나 전이 상태 이론에서 예측한 빈도인자는 정확한 값의 100의 인수(factor) 범위 이내에 들어간다. 그러나 특별한 경우 이 예측은 훨씬 벗어날 수 있다. 비록 활성화 에너지가 전이 상태 이론에서 추산될 수 있다 하더라도 그 신뢰도는 빈약하다. 따라서 유사한 화합물의 반응에 대한 실험 결과에서 이들을 추산하는 것이 가장 최선일 수 있다. 예를 들어 다음과 같은 동족계열반응의 활성화 에너지는 모두 90과 98 kJ 사이에 있게 된다.

$$RI + C_6H_5ONa \xrightarrow{\text{ethanol}} C_6H_5OR + NaI$$

여기서 R은

| | | | |
|---|---|---|---|
| $CH_3$ | $C_7H_{15}$ | iso-$C_3H_7$ | *sec*-$C_4H_9$ |
| $C_2H_5$ | $C_8H_{17}$ | iso-$C_4H_9$ | *sec*-$C_6H_{13}$ |
| $C_3H_7$ | $C_{16}H_{33}$ | iso-$C_5H_{11}$ | *sec*-$C_8H_{17}$ |
| $C_4H_9$ | | | |

인데, 이 값은 위에서 언급한 90에서 98 kJ/mol 사이값임을 알 수 있다.

### 반응기 설계에 예측값의 사용

충돌 이론과 전이 상태 이론 값의 크기 혹은 자리수(order-of-magnitude)를 자주 예측함으로써 이론 간의 상관관계의 정확도를 확실히 하고, 각종 중간물질의 형태와 에너지를 알아내어 중간물질의 중간물질의 화학구조를 더 잘 알 수 있도록 한다. 그러나 이론적 예측치가 100배 이내로 실험치와 일치하기는 어렵다. 또한 예측된 반응속도가 실험값의 수백 배 혹은 $10^6$의 차이가 있는가를 미리 예측할 수도 없다. 따라서 공학적 설계에 있어서 이런 종류의 정보를 신뢰해서는 안되며, 모든 경우에 실험적으로 구한 반응속도를 이용해야 한다. 따라서 이론적 연구는 유사한 형태의 반응으로부터 주어진 반응의 온도 민감성을 제안할 수 있고, 반응속도의 상한을 제시하여 주는 등 보조적으로만 이용해야 한다. 반응기 설계는 항상 실험에 의해 측정된 반응속도에 의존한다.

### 관련 읽기

Jungers, J.C., et al., *Cinétique chimique appliquée*, Technip, Paris, 1958.

Laidler, K.J., *Chemical Kinetics*, 2nd ed., Harper and Row, New York, 1987.

Moore, W.J., *Basic Physical Chemistry*, Prentice-Hall, Upper Saddle River, NJ, 1983.

### 참고 문헌

Lindemann, F.A., *Trans. Faraday Soc.*, **17**, 598 (1922).

Michaelis, L., and Menten, M.L., *Biochem. Z.*, **49**, 333 (1913). This treatment is discussed by Laidler (1987), see Related Readings.

## ✕ 연습 문제

**2.1** 화학양론식이 A + B = 2R인 반응이 있다. 반응 차수는 얼마인가?

**2.2** 주어진 반응 $2NO_2 + \frac{1}{2}O_2 = N_2O_5$에서 세 가지 반응 성분의 생성속도 및 소모속도 사이에는 어떤 관계가 있는가?

**2.3** 화학양론식이 $\frac{1}{2}$ A + B = R + $\frac{1}{2}$인 반응의 속도식은 다음과 같다.

$$-r_A = 2C_A^{0.5}C_B$$

만일 화학양론식이 A + 2B = 2R + S로 변경된다면 이 반응에 대한 속도식은 무엇인가?

**2.4** 예제 2.2의 효소-기질반응에 대해 기질의 소모속도는 다음과 같이 주어진다.

$$-r_A = \frac{1760[A][E_0]}{6 + C_A}, \qquad mol/m^3 \cdot s$$

두 개의 상수(1760과 6)의 단위는 무엇인가?

**2.5** 화학양론식이 A + 3B → 2R + S인 복잡한 반응이 다음과 같은 2차 속도식으로 표현된다.

$$-r_A = k_1[A][B]$$

반응속도들은 $r_A = r_B = r_R$과 같이 상호 연관되어 있는가? 만일 이와 같이 연관되어 있지 않다면 그들은 어떻게 연관되어 있는가? 기호 +나 −를 적고, 설명하라.

**2.6** 어떤 반응의 속도식이 다음과 같이 주어졌다.

$$-r_A = 0.005C_A^2, \qquad mol/cm^3 \cdot min$$

만일 농도가 mol/liter로 표시되고 시간은 hr로 표현되었다면 속도 상수의 값은 얼마이고 단위는 무엇인가?

**2.7** 400 K에서 기체 반응에 대한 속도식은 다음과 같다.

$$-\frac{dp_A}{dt} = 3.66p_A^2, \qquad atm/hr$$

**(a)** 속도 상수의 단위는 무엇인가?
**(b)** 속도식이 다음과 같이 표시된다면 이 반응에 대한 속도 상수값은 무엇인가?

$$-r_A = -\frac{1}{V}\frac{dN_A}{dt} = kC_A^2, \qquad mol/m^3 \cdot s$$

**2.8** 아산화질소(nitrous oxide)의 분해는 다음과 같이 진행된다고 한다.

$$N_2O \rightarrow N_2 + \frac{1}{2}O_2, \qquad -r_{N_2O} = \frac{k_1[N_2O]^2}{1 + k_2[N_2O]}$$

이 반응의 차수는 $N_2O$에 대해 얼마이고, 전체 반응 차수는 어떻게 되는가?

**2.9** 에탄(ethane)의 열분해는 약 300 kJ/mol의 활성화 에너지를 가지고 진행된다. 650°C에서의 열분해는 500°C에서보다 얼마나 빨라지는가?

**2.10** 1100 K에서 *n*-노네인(nonane)은 1000 K에서보다 20배 빠르게 열분해된다(작은 분자로 부서짐). 이 분해에 대한 활성화 에너지를 구하라.

**2.11** 19세기 중엽에 곤충학자 파브르(Fabre)는 프랑스 개미가 더운 날에 바쁘게 움직이지만 추운 날에는 오히려 천천히 움직인다는 것을 알게 되었다. 오레곤 개미를 가지고 그의 결과를 점검하였더니, 다음과 같은 데이터를 얻었다.

| Running speed, m/hr | 150 | 160 | 230 | 295 | 370 |
|---|---|---|---|---|---|
| Temperature, °C | 13 | 16 | 22 | 24 | 28 |

이러한 바쁜 움직임에 대한 활성화 에너지는 얼마인가?

**2.12** 어떤 반응기에 대한 최대 허용온도는 800 K이다. 현재 설정점(setpoint)을 780 K로 하여 운전중이므로 20 K의 여유(안전 한계)가 있다. 이 여유는 공급물의 변동, 느린 제어 등에 따라 달라질 수 있다. 이제, 더욱 정교한 제어시스템을 이용하면 안전 한계를 고려하더라도 설정점을 792 K까지 올릴 수 있다. 만일 반응이 175 kJ/mol의 활성화 에너지를 가지고 반응기에서 일어난다면 이러한 변화로 반응속도 혹은 생산속도가 얼마만큼 증가할 수 있는가?

**2.13** 매년 5월 22일마다 나는 한 개의 수박 종자를 심고, 물을 주고, 벌레를 잡고, 기도하고, 성장하는 것을 관찰한다. 그리고 기다리던 어느 날 마침내 수박이 익어 수확하고 축하연을 벌였다. 물론 1980년에는 새들이 종자를 먹어치워 실망한 때도 있었다. 하여간 6번의 여름은 성공하였고, 수박이 성장하는 동안 성장일수와 평균 주간온도를 표로 만들었다. 온도가 성장속도에 영향을 미칠까? 만일 그렇다면 이를 활성화 에너지로 나타내어라.

| 연도 | 1976 | 1977 | 1982 | 1984 | 1985 | 1988 |
|---|---|---|---|---|---|---|
| 성장 일수 | 87 | 85 | 74 | 78 | 90 | 84 |
| 평균 온도,°C | 22.0 | 23.4 | 26.3 | 24.3 | 21.1 | 22.7 |

**2.14** 여름날에는 흔히 들판에 귀뚜라미들이 뛰어다니고, 갉아먹고, 울어댄다. 그러나 밤이 되면 수많은 무리의 귀뚜라미가 울어대는 소리가 매우 크고 울어대는 횟수는 한결같아진다. 1897년 A. E. Dolbear (*Am. Naturalist*, **31**, 970)는 다음과 같이 우는 횟수와 온도 의존성을 보고하였다.

$$(15\text{초 동안 우는 횟수}) + 40 = (\text{온도, °F})$$

우는 횟수(속도)를 신진대사속도에서 바로 측정할 수 있다고 가정하여 60~80°F의 온도범위에서 이들 귀뚜라미의 활성화 에너지를 kJ/mol의 단위로 구하라.

**2.15** 반응물의 농도를 2배로 늘리면, 반응속도는 3배가 된다고 할 때, 반응 차수를 구하라.

화학양론 A + B → (생성물)에 대해 다음과 같은 조건에서 A와 B에 대한 반응 차수를 구하라.

**2.16.**

| $C_A$ | 4 | 1 | 1 |
|---|---|---|---|
| $C_B$ | 1 | 1 | 8 |
| $-r_A$ | 2 | 1 | 4 |

**2.17.**

| $C_A$ | 2 | 2 | 3 |
|---|---|---|---|
| $C_B$ | 125 | 64 | 64 |
| $-r_A$ | 50 | 32 | 48 |

**2.18** 1947년 R. Ogg [*J. Chem. Phys.*, **15**, 337 (1947)]가 다음의 반응 메카니즘을 제안하였다.

$$N_2O_5 \underset{k_2}{\overset{k_1}{\rightleftarrows}} NO_2 + NO_3^*$$

$$NO_3^* \xrightarrow{k_3} NO^* + O_2$$

$$NO^* + NO_3^* \xrightarrow{k_4} 2NO_2$$

이 반응 메카니즘은 관측된 $N_2O_5$의 1차 분해반응속도와 일치했고, 이를 설명하였다. 이 사실을 증명하라.

**2.19** 400°C, 1~10기압에서 반응물 A의 분해가 1차 속도식을 따른다.

**(a)** 이 식이 교과서에서 설명한 아조메탄 분해반응과 유사한 반응 메카니즘을 가지는 것을 설명하라.

$$A + A \rightleftarrows A^* + A$$
$$A^* \rightarrow R + S$$

1차 반응속도를 설명하는 데 다른 반응 메카니즘을 제안하여 이 반응 메카니즘이 다른 반응 메카니즘들에 대해 옳다는 것을 증명하라.

**(b)** 이를 위해 어떤 실험이 더 필요한가를 제안하고 어떤 결과를 예상할 수 있는지 설명하라.

**2.20** 실험에 의하면 오존의 균질계 분해는 다음과 같은 반응속도를 가지고 진행된다.

$$-r_{O_3} = k[O_3]^2 [O_2]^{-1}$$

**(a)** 이 반응의 전체 반응 차수는 얼마인가?

**(b)** 이 반응속도를 설명할 수 있는 2단계 반응 메카니즘을 제시하고, 이 반응 메카니즘을 어떻게 검증할 수 있는지를 설명하라.

**2.21** 산화제의 작용에 의해, 하이포아인산($H_3PO_2$)은 아인산($H_3PO_3$)으로 변화된다.

$$H_3PO_2 \xrightarrow{\text{oxidizing agent}} H_3PO_3$$

이 변환의 반응속도론은 다음의 모양으로 표현된다. 산화제의 농도가 낮을 때는

$$r_{H_3PO_3} = k[\text{산화제}][H_3PO_2]$$

이고, 산화제의 농도가 높을 때는

$$r_{H_3PO_3} = k'[H^+][H_3PO_2]$$

이다. 관측된 반응속도론을 설명하기 위해 다음과 같이 가정한다. 즉, 수소 이온은 촉매로 작용하고, 정상적인 비반응성 하이포아인산($H_3PO_2$)은 가역적으로 활성 상태로 변하며, 이 활성 상태의 특성은 알려져 있지 않다. 이 활성 중간물질은 산화제와 반응하여 아인산($H_3PO_3$)을 생성한다. 이러한 반응과정이 관측된 반응속도론을 설명할 수 있음을 증명하라.

**2.22** 다음 반응에 대해 실험으로 구한 속도식과 일치하는 반응 메카니즘을 제안하라(추측하고 증명하라).

$$2A + B \rightarrow A_2B \quad \text{with} \quad +r_{A_2B} = k[A][B]$$

**2.23** *효소 촉매 반응에 대한 반응 메카니즘.* 효소-기질반응의 반응속도를 설명하기 위해 Michaelis와 Menten (1913)은 평형 가정을 이용한 다음과 같은 반응 메카니즘을 제안하였다.

$$\left.\begin{array}{l} A + E \underset{k_2}{\overset{k_1}{\rightleftharpoons}} X \\ X \xrightarrow{k_3} R + E \end{array}\right\} \text{with } K = \frac{[X]}{[A][E]} \text{이고,} \qquad [E_0] = [E] + [X]$$

여기에서 $[E_0]$는 총 효소(total enzyme)의 양 그리고 $[E]$는 결합되지 않은 자유로운 효소(free unattached enzyme)를 나타낸다.

한편, 1925년 G. E. Briggs와 J. B. S. Haldane [*Biochem. J.*, **19**, 338 (1925)]은 평형가정 대신에 정상 상태 가정(steady-state assumption)을 사용하였다.

$$\left.\begin{array}{l} A + E \underset{k_2}{\overset{k_1}{\rightleftharpoons}} X \\ X \xrightarrow{k_3} R + E \end{array}\right\} \text{with } \frac{d[X]}{dt} = 0 \text{이고,} \qquad [E_0] = [E] + [X]$$

다음 각각의 경우에 최종적인 반응속도 $-r_A$를 $[A]$, $[E_0]$, $k_1$, $k_2$, $k_3$에 대해 표현하라.

**(a)** Michaelis–Menten의 반응 메카니즘

**(b)** Briggs–Haldane의 반응 메카니즘

제 3 장

# 회분 반응기 자료의 해석

*Interpretation of Batch Reactor Data*

속도식은 반응속도의 특징을 묘사한다. 속도식의 형태는 이론적 고찰로 제안하거나 혹은 실험 결과를 단순히 곡선 맞추기(curve fitting)를 통해서 얻어진다. 이 두 경우 모두 속도식의 상수 값은 실험에 의해서만 구할 수 있고 이론에 의해 예측하는 방법은 현재로서는 부적절하다.

속도식을 결정하려면 대개 2단계 과정을 거치게 되는데, 처음에는 고정된 온도에서 농도 의존성을 구하고 다음에 속도 상수의 온도 의존성을 구하면 완전한 속도식을 얻을 수 있다.

실험적 정보를 얻는 장치는 *회분식*(batch)과 *흐름식*(flow) 반응기의 두 가지 유형으로 나눌 수 있다. 회분(혹은 회분식) 반응기는 단순히 내용물을 반응하는 동안 담아두는 용기이다(밥솥으로 밥을 1회, 2회 짓는다고 생각하면 됨). 이때 결정해야 할 사항은 시간에 따른 반응 진척도(extent of reaction)이고, 이것은 다음과 같은 여러 가지 방법으로 구할 수 있다.

**1.** 주어진 성분의 농도를 이용하는 방법
**2.** 전기전도도 혹은 굴절률과 같은 유체의 물성 변화를 활용하는 방법
**3.** 정용계(constant-volume system)의 전압 변화를 이용하는 방법
**4.** 정압계(constant-pressure system)의 부피 변화를 이용하는 방법

실험용 회분 반응기는 보통 등온 및 정용에서 조작하는데, 그 이유는 등온 및 정용 조작의 경우 결과를 해석하기가 쉽기 때문이다. 이 반응기는 소규모 실험실 제작에 적합한 비교적 간단한 장치이고 추가적인 장치나 계기가 거의 필요하지 않다. 따라서 이 반응기는 가능한 경우에 균질계 반응속도 데이터를 얻는 데 사용된다. 이 장에서는 회분 반응기를 취급하기로 한다.

흐름 반응기는 주로 불균질계 반응속도론 연구에 사용한다. 흐름 반응기에서 얻어지는 데이터의 해석이나 실험계획은 다음 장에서 고찰하기로 한다.

반응속도 데이터를 해석하는 방법에는 *적분법*(integral)*과 미분법*(differential)의 두 가지가 있다. 적분법에서는 속도식의 특별한 형태를 가정한 후 적절한 적분과 수학적 조작을 하고 이를 바탕으로 어떤 농도함수와 시간 사이의 상관관계가 그래프상에서 직선으로 나타나는가를 예측한다. 데이터가 그래프로 표현되고, 비교적 좋은 직선이 얻어지면 속도식이 데이터에 잘 부합한다고 볼 수 있다.

한편, 미분법에서는 적분하지 않고 속도식이 데이터에 잘 부합되는가를 직접 확인한다. 어쨌든 반응속도 표현식이 미분방정식이므로 곡선 맞추기를 시도하기 전에 먼저 데이터에서 미분값인 $(1/V)(dN/dt)$를 구해야 한다.

이 두 방법은 각기 장점과 단점을 지니고 있다. 적분법은 사용이 용이하며 특별한 반응 메카니즘이나 비교적 간단한 속도식을 시험할 때 또는 데이터가 분산되어 있어서 미분법에 필요한 도함수를 안정적으로 구할 수가 없을 때 사용한다. 미분법은 보다 복잡한 경우에 유용하지만 정확하고 많은 양의 데이터를 필요로 한다. 적분법은 어떤 특정의 반응 메카니즘의 속도 형태를 시험할 때 사용하고 미분법은 데이터에 잘 부합되는 속도식을 개발하고 이를 잘 구축하는 데 이용할 수 있다.

일반적으로 적분법을 먼저 시도해 보고 좋은 결과를 얻지 못하면 미분법을 시도해 보는 것이 바람직하다.

## 3.1 정용 회분 반응기

우리가 정용 회분 반응기(constant-volume batch reactor)라고 말할 때는 반응기의 물리적 부피가 아니고 반응기 내의 반응 혼합물의 부피가 일정한 경우를 의미한다. 따라서 이 말은 실제로 정용 또는 *정밀도 반응계*(constant-density reaction system)를 의미한다. 대부분의 액상 반응은 기상반응과 마찬가지로 일정한 부피의 용기(bomb) 안에서 일어난다.

정용계에서 성분 $i$의 반응속도는 다음과 같다.

$$r_i = \frac{1}{V}\frac{dN_i}{dt} = \frac{d(N_i/V)}{dt} = \frac{dC_i}{dt} \tag{1}$$

이때 농도 $C = p/\mathbf{R}T$로 표현되는 이상 기체에 대해서는

$$r_i = \frac{1}{\mathbf{R}T}\frac{dp_i}{dt} \tag{2}$$

이다. 따라서 어떤 성분의 반응속도는 그 성분의 농도나 분압의 변화 속도로 주어지고, 반응의 진행 혹은 반응속도를 알려면 결국은 반응의 진행을 농도나 분압과 관련지어야 한다.

몰수가 변하는 기체 반응에서 반응속도를 구하는 간단한 방법은 계의 전압(total pressure) $\pi$의 변화를 조사하는 것이다. 이것을 어떻게 진행하는지 알아보자.

**정용계에서 얻은 전압 데이터의 해석** 등온 기체 반응은 반응 중에 물질의 몰수가 변한다. 이 기체 반응에 대하여 어떤 반응 성분의 농도나 분압의 변화와 계의 전압 $\pi$의 변화를 관련지어주는 일반식을 만들어 보자.

일반적인 화학양론식을 쓰고 각 항의 아래에 그 성분의 몰수를 표시하면

| | $a\mathrm{A}$ | + | $b\mathrm{B}$ | $+\cdots=$ | $r\mathrm{R}$ | + | $s\mathrm{S}$ | $+\cdots$ |
|---|---|---|---|---|---|---|---|---|
| 시간 0에서: | $N_{A0}$ | | $N_{B0}$ | | $N_{R0}$ | | $N_{S0}$ | $N_{inert}$ |
| 시간 $t$에서: | $N_A = N_{A0} - ax$ | | $N_B = N_{B0} - bx$ | | $N_R = N_{R0} + rx$ | | $N_S = N_{S0} + sx$ | $N_{inert}$ |

이다. 초기에 계에 존재하는 총 몰수는

$$N_0 = N_{A0} + N_{B0} + \cdots + N_{R0} + N_{S0} + \cdots + N_{inert}$$

이며, 시간 $t$에서는

$$N = N_0 + x(r + s + \cdots - a - b - \cdots) = N_0 + x\,\Delta n \tag{3}$$

이 된다. 여기서 $\Delta n$은 다음과 같다.

$$\Delta n = r + s + \cdots - a - b - \cdots$$

이상 기체 법칙이 적용된다고 가정하면 부피가 $V$인 계에서 A라는 반응물에 대하여 다음과 같이 쓸 수 있다.

$$C_A = \frac{p_A}{\mathbf{R}T} = \frac{N_A}{V} = \frac{N_{A0} - ax}{V} \tag{4}$$

식 (3)과 (4)를 결합하면

$$C_A = \frac{N_{A0}}{V} - \frac{a}{\Delta n}\frac{N - N_0}{V}$$

또는 다음 식을 얻게 된다.

$$\boxed{p_A = C_A\mathbf{R}T = p_{A0} - \frac{a}{\Delta n}(\pi - \pi_0)} \tag{5}$$

식 (5)는 종속변수인 반응물 A의 농도나 분압을 독립변수인 시간 $t$에서의 전압 $\pi$, A의 초기 분압 $p_{A0}$ 및 계의 초기 전압 $\pi_0$의 함수로 표시할 수 있다.

같은 방법으로 반응물이 아닌 어떤 생성물 **R**에 대하여 다음 식을 구할 수 있다.

$$\boxed{p_R = C_R\mathbf{R}T = p_{R0} + \frac{r}{\Delta n}(\pi - \pi_0)} \tag{6}$$

식 (5)와 (6)은 계의 전압과 반응물의 분압 사이의 관계를 나타내는 식이다.

강조할 사항은 만일 정확한 화학양론식이 알려지지 않거나 반응을 표시하는 데 둘 이상의 화학양론식이 필요한 경우에는 이 "전압법(total pressure procedure)"이 사용될 수 없다는 것이다.

**전환율** 이제 또 다른 중요한 용어인 전환율(fractional conversion)을 소개한다. 이 용어는 어떤 반응물, 말하자면 A가 다른 물질로 전환(혹은 전화)되는 분율 혹은 A가 반응하여 사라진 분율을 의미한다. 우리는 이를 간단하게 A의 전환율(conversion)이라 부르고 기호 $X_A$로 표시한다.

만일 $N_{A0}$가 시간 $t = 0$에서 반응기 내에 있는 물질 A의 초기의 몰수이고 $N_A$가 시간 $t$에서 존재하는 물질 A의 몰수라면, 정용계에서 A의 전환율은

$$X_A = \frac{N_{A0} - N_A}{N_{A0}} = 1 - \frac{N_A/V}{N_{A0}/V} = 1 - \frac{C_A}{C_{A0}} \tag{7}$$

이다. 그리고 변화량 $dX_A$는

$$dX_A = -\frac{dC_A}{C_{A0}} \tag{8}$$

으로 주어진다. 이 장에서는 식을 다양하게 전개하여 반응 성분의 농도 및 전환율로 나타내려고 한다.

추후에는 $C_A$와 $X_A$를 관련지어 부피가 일정하지 않은 더욱 일반적인 시스템으로 확장할 것이다.

## ▶ 적분법에 의한 데이터의 해석

**일반절차** 적분법은 항상 선택된 특정한 속도식을 적분해서 얻어진 이론적 농도시간곡선(예측된 $C$와 $t$의 관계)과 실험에서 구한 농도시간곡선을 비교하는 방법이다. 만약 두 결과가 잘 부합되지 않으면 다른 속도식을 선택하여 다시 시험한다. 이 과정은 다음 사례에서 설명할 것이다. 적분법은 기초 반응에 대응하는 간단한 반응 유형을 맞추는 데 특히 유용하다. 이제 다양한 기초 반응 형태를 다루어 보기로 하자.

**비가역 단분자형 1차 반응** 다음의 반응

$$\text{A} \rightarrow \text{생성물} \tag{9}$$

이 1차 속도식을 따른다고 가정하면 속도식은 다음과 같다.

$$-r_A = -\frac{dC_A}{dt} = kC_A \tag{10}$$

이 식을 변수를 분리하고 적분하면

$$-\int_{C_{A0}}^{C_A} \frac{dC_A}{C_A} = k\int_0^t dt$$

이 되고, 최종적으로 다음 식을 얻게 된다.

$$-\ln\frac{C_A}{C_{A0}} = kt \tag{11}$$

전환율[식 (7)과 식 (8) 참고]로 표시하면 식 (10)의 속도식은

$$\frac{dX_A}{dt} = k(1 - X_A)$$

가 되고 재정리하여 적분하면

$$\int_0^{X_A} \frac{dX_A}{1 - X_A} = k\int_0^t dt$$

을 얻고 최종적으로 다음 식이 된다.

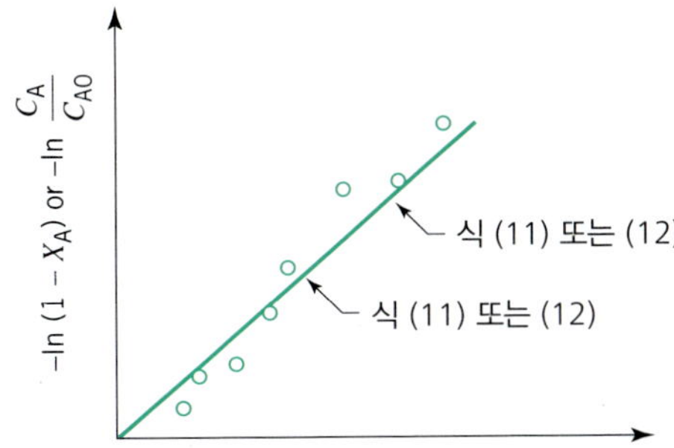


그림 3.1 식 (10)에서 언급된 1차 속도식의 검증.

$$\boxed{-\ln(1 - X_A) = kt} \tag{12}$$

그림 3.1에서 보는 바와 같이 $-\ln(1 - X_A)$ 또는 $-\ln(C_A/C_{A0})$를 $t$에 대하여 플롯하면 원점을 통과하는 직선이 얻어진다. 만일 실험 데이터가 직선보다 곡선에 의하여 더 잘 맞추어진다면 제안된 1차 반응은 데이터를 만족스럽게 맞추지 못하기 때문에 다른 속도식 형태를 시도해야 한다.

***주의.*** 다음과 같은 속도식은

$$-\frac{dC_A}{dt} = kC_A^{0.6}C_B^{0.4}$$

전체적으로는 1차 반응이지만 위에서 언급한 해석에는 적합하지 않다. 모든 1차 반응이 같은 방법으로 취급될 수는 없다.

**비가역 2분자형 2차 반응** 다음의 반응

$$A + B \rightarrow \text{생성물} \tag{13a}$$

은 속도식이

$$-r_A = -\frac{dC_A}{dt} = -\frac{dC_B}{dt} = kC_AC_B \tag{13b}$$

과 같이 표현된다. 시간 $t$에서 반응된 물질 A와 B의 양이 같으며 이는 $C_{A0}X_A$로 주어진다는 것에 유의하면 식 (13$a$, $b$)는 $X_A$항을 이용하여 다음과 같이 쓸 수 있다.

$$-r_A = C_{A0}\frac{dX_A}{dt} = k(C_{A0} - C_{A0}X_A)(C_{B0} - C_{A0}X_A)$$

초기 반응물의 몰비 $M$을 $M = C_{B0}/C_{A0}$라고 표시하면

$$-r_A = C_{A0}\frac{dX_A}{dt} = kC_{A0}^2(1 - X_A)(M - X_A)$$

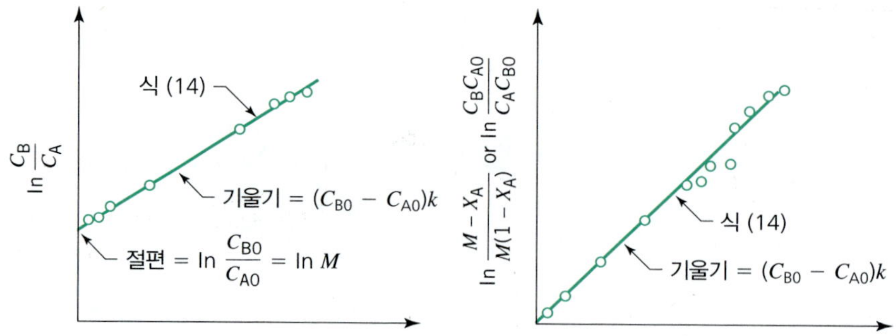


**그림 3.2** $C_{A0} \neq C_{B0}$인 경우에 A + B → R인 이분자 반응 메카니즘의 검증(왼쪽)과 식 (13)으로 나타낸 2차 반응의 검증(오른쪽).

이 되고, 변수분리하여 적분하면, 반응속도는

$$\int_0^{X_A} \frac{dX_A}{(1 - X_A)(M - X_A)} = C_{A0}k \int_0^t dt$$

가 된다. 이것을 부분분수로 나누고 적분하여 정리하면 최종 결과는 다음과 같은 여러 가지 형태로 구할 수 있다.

$$\ln \frac{1 - X_B}{1 - X_A} = \ln \frac{M - X_A}{M(1 - X_A)} = \ln \frac{C_B C_{A0}}{C_{B0} C_A} = \ln \frac{C_B}{M C_A} = C_{A0}(M - 1)kt = (C_{B0} - C_{A0})kt, \quad M \neq 1 \tag{14}$$

그림 3.2는 2차 반응에 대하여 농도함수와 시간 사이에 직선적 그림을 얻는 두 가지 동등한 방법을 보여준다.

만일 $C_{B0}$가 $C_{A0}$보다 훨씬 크면 $C_B$는 모든 시간에서 상수라고 볼 수 있어서 식 (14)는 1차 반응에 대한 식 (11) 또는 (12)와 같아진다. 따라서 2차 반응은 유사 1차 반응(pseudo first-order reaction)이 된다.

***주의 1.*** 특별한 경우로 반응물이 화학양론비로 도입되면 적분된 속도식은 부정(indeterminate)이 되어 이를 계산하기 위해서는 몫(quotient)의 극한을 취해야 한다. 이 어려움을 피하려면 초기의 미분속도식으로 돌아가서 이 식을 특별한 반응물비(reactant ratio)에 대하여 풀면 된다. 따라서 동일한 초기 농도를 가진 물질 A와 B로 이루어진 2차 반응은 다음과 같다.

$$2A \rightarrow \text{생성물} \tag{15a}$$

이 식에 대하여 정의된 미분방정식은 다음과 같이 되고

$$-r_A = -\frac{dC_A}{dt} = kC_A^2 = kC_{A0}^2(1 - X_A)^2 \tag{15b}$$

이 식을 적분하면 다음을 얻을 수 있다.

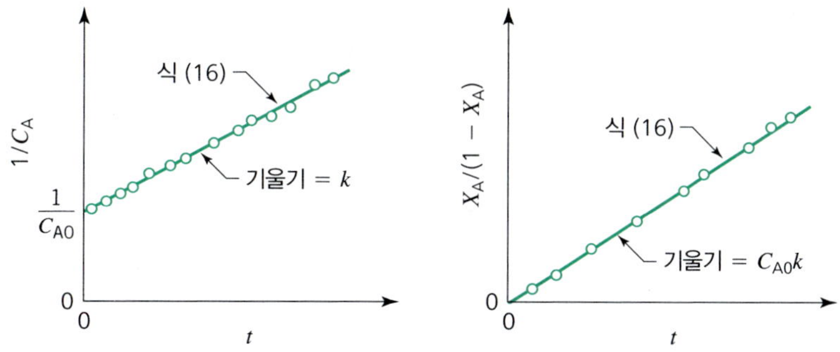


**그림 3.3** $C_{A0} = C_{B0}$**인 경우에** A + B → R**인 이분자 반응 메카니즘의 검증(*왼쪽*)과 식** (15)**으로 나타낸** 2 **차 반응의 검증(*오른쪽*).**

$$\boxed{\frac{1}{C_A} - \frac{1}{C_{A0}} = \frac{1}{C_{A0}}\frac{X_A}{1-X_A} = kt} \tag{16}$$

변수들을 플롯하면 그림 3.3과 같은 결과를 얻고, 이 속도식을 검증할 수 있다.

실제로 반응물비는 화학양론비와 같거나 아주 다르게 선택해야 한다.

***주의 2.*** 적분된 속도식은 속도론(kinetics)은 물론 화학양론(stoichiometry)에 의존한다. 이를 설명하기 위해 다음 식을 살펴보자.

$$\text{A} + 2\text{B} \rightarrow \text{생성물} \tag{17a}$$

이 반응이 A와 B에 대하여 각각 1차 반응이면 전체는 2차 반응이고

$$-r_A = -\frac{dC_A}{dt} = kC_AC_B = kC_{A0}^2(1-X_A)(M-2X_A) \tag{17b}$$

적분된 형태는 다음과 같다.

$$\boxed{\ln\frac{C_BC_{A0}}{C_{B0}C_A} = \ln\frac{M-2X_A}{M(1-X_A)} = C_{A0}(M-2)kt, \qquad M \neq 2} \tag{18}$$

반응물비가 화학양론적이면 적분된 형태는 다음으로 변형된다.

$$\boxed{\frac{1}{C_A} - \frac{1}{C_{A0}} = \frac{1}{C_{A0}}\frac{X_A}{1-X_A} = 2kt, \qquad M = 2} \tag{19}$$

이들 두 가지 주의사항은 모든 반응 유형에 적용된다. 따라서 이와 같은 적분식의 특별한 형태는 반응물이 화학양론비로 사용되거나 반응이 기초 반응이 아닐 때 나타난다.

**비가역 3분자형 3차 반응** 다음과 같은 반응이 있다고 하자.

$$\text{A} + \text{B} + \text{D} \rightarrow \text{생성물} \tag{20a}$$

이 반응의 속도식은

$$-r_A = -\frac{dC_A}{dt} = kC_AC_BC_D \tag{20b}$$

이 된다. 이를 $X_A$의 항으로 나타내면

$$C_{A0}\frac{dX_A}{dt} = kC_{A0}^3(1-X_A)\left(\frac{C_{B0}}{C_{A0}} - X_A\right)\left(\frac{C_{D0}}{C_{A0}} - X_A\right)$$

으로 표현된다. 변수분리한 후 부분분수로 나누고 다시 적분하면 다음 식을 얻게 된다.

$$\frac{1}{(C_{A0}-C_{B0})(C_{A0}-C_{D0})}\ln\frac{C_{A0}}{C_A} + \frac{1}{(C_{B0}-C_{D0})(C_{B0}-C_{A0})}\ln\frac{C_{B0}}{C_B} + \frac{1}{(C_{D0}-C_{A0})(C_{D0}-C_{B0})}\ln\frac{C_{D0}}{C_D} = kt \tag{21}$$

만일 $C_{D0}$가 $C_{A0}$와 $C_{B0}$보다 훨씬 크다면 반응은 2차 반응이 되고, 식 (21)은 식 (14)로 변한다.

지금까지 알려진 모든 3분자 반응은 식 (22)나 (25)의 형태이다.

$$A + 2B \rightarrow R, \quad -r_A = -\frac{dC_A}{dt} = kC_AC_B^2 \tag{22}$$

전환율로 표시한 반응속도는

$$\frac{dX_A}{dt} = kC_{A0}^2(1-X_A)(M-2X_A)^2$$

이 되고, 여기에서 $M = C_{B0}/C_{A0}$이다. 이 식을 적분하면

$$\boxed{\frac{(2C_{A0}-C_{B0})(C_{B0}-C_B)}{C_{B0}C_B} + \ln\frac{C_{A0}C_B}{C_AC_{B0}} = (2C_{A0}-C_{B0})^2kt, \qquad M \neq 2} \tag{23}$$

또는

$$\boxed{\frac{1}{C_A^2} - \frac{1}{C_{A0}^2} = 8kt, \qquad M = 2} \tag{24}$$

을 얻는다. 같은 방법으로

$$A + B \rightarrow R, \quad -r_A = -\frac{dC_A}{dt} = kC_AC_B^2 \tag{25}$$

인 반응에 대하여 적분 후에 각 항을 정리하면,

$$\frac{(C_{A0}-C_{B0})(C_{B0}-C_B)}{C_{B0}C_B}+\ln\frac{C_{A0}C_B}{C_{B0}C_A}=(C_{A0}-C_{B0})^2kt, \qquad M\neq 1 \tag{26}$$

또는

$$\frac{1}{C_A^2}-\frac{1}{C_{A0}^2}=2kt, \qquad M=1 \tag{27}$$

을 얻을 수 있다.

**실험에 의한 $n$차 속도식** 반응 메카니즘(reaction mechanism, 반응이 일어나는 방식)을 알 수 없을 때, 실험 결과와 일치시키기 위해 다음과 같은 형태의 $n$차 속도식을 시도할 수 있다.

$$-r_A=-\frac{dC_A}{dt}=kC_A^n \tag{28}$$

이 식을 변수분리하고 적분하면 다음 식을 얻을 수 있다.

$$C_A^{1-n}-C_{A0}^{1-n}=(n-1)kt, \qquad n\neq 1 \tag{29}$$

식 (29)로부터 반응 차수 $n$을 명시적으로(explicitly)으로 구할 수 없다. 그러므로 시행착오법(trial-and-error method)으로 해를 구해야 한다. 이것은 매우 어려운 일은 아니고 다양한 $n$ 값을 택하여 $k$를 구하면 된다. $k$ 값의 차이(variation)가 가장 작은(최소화) $n$ 값을 구하면 된다.

이런 형태를 가진 속도식의 재미있는 특징 중 한 가지는 $n > 1$인 경우에는 일정 시간에서 반응이 완전히 진행되지 않으며, 반대로 $n < 1$이면 반응물의 농도가 어떤 일정 시간에서 영(zero)이 된 후 음으로 변한다는 것이다. 식 (29)를 보면 이 내용을 알 수 있다. 그래서 다음이 얻어진다.

$$C_A=0 \quad \text{단,} \quad t\geq\frac{C_{A0}^{1-n}}{(1-n)k}$$

실제 농도는 0보다 적을 수 없으므로 $n < 1$인 경우 농도가 0이 되는 시간을 지나서 적분을 계속하면 안 된다. 따라서 실제 상황에서는 반응 차수를 관찰하면 반응물이 소모됨에 따라 1에 접근하게 된다.

**0차 반응** 0차 반응은 반응속도가 물질의 농도에 무관하다. 즉,

$$-r_A=-\frac{dC_A}{dt}=k \tag{30}$$

이고 이 식을 적분하면 다음 식을 얻고, $C_A$가 음이 될 수 없다는 것을 알 수 있다.

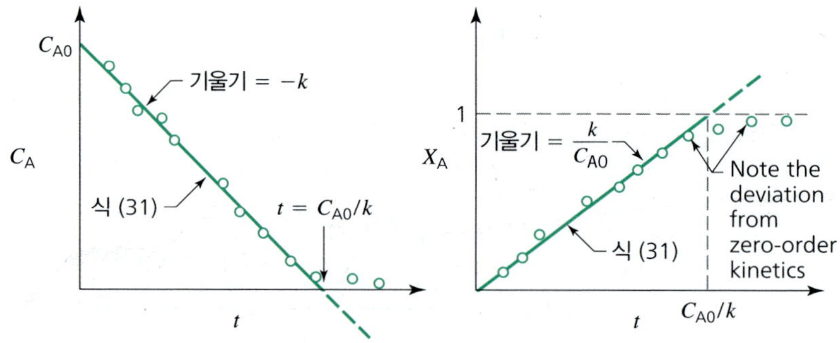


그림 3.4 0차 반응의 검증(왼쪽)과 식 (31)로 표현된 속도식(오른쪽).

$$\boxed{\begin{aligned} C_{A0} - C_A = C_{A0}X_A = kt \quad \text{for} \quad t < \frac{C_{A0}}{k} \\ C_A = 0 \quad \text{for} \quad t \geq \frac{C_{A0}}{k} \end{aligned}} \tag{31}$$

이것은 그림 3.4에서 나타낸 바와 같이 전환율이 시간에 비례한다는 것을 의미한다.

대체로 0차 반응은 농도가 고농도인 범위에서만 가능하며, 농도가 매우 낮아지면 반응은 농도 의존적이 되고, 이 경우 반응 차수는 0보다 커진다.

일반적으로 0차 반응은 반응속도가 반응물의 농도 이외의 다른 어떤 인자에 의해 결정된다. 예를 들어 광화학반응에서 용기 내 조사세기(intensity of radiation) 또는 고체 촉매 기체 반응에서 유효표면 등이 이 인자에 해당된다. 따라서 0차 반응의 반응속도를 정의하는 데 이런 인자들이 포함되고 중요하게 고려되어야 한다.

**반감기로부터 비가역 반응의 전체 반응 차수** 때때로 다음 비가역 반응

$$\alpha A + \beta B + \cdots \rightarrow \text{생성물}$$

에 대하여 반응속도는

$$-r_A = -\frac{dC_A}{dt} = kC_A^a C_B^b \cdots$$

와 같이 쓸 수 있다. 만일 반응물이 화학양론비로 존재한다면 이 반응 전체를 통해 그 비는 그대로 유지된다. 그러므로 반응물 A와 B는 어떤 시간에서도 $C_B/C_A = \beta/\alpha$이고, 반응속도는 아래와 같다.

$$-r_A = -\frac{dC_A}{dt} = kC_A^a\left(\frac{\beta}{\alpha}C_A\right)^b \cdots = \underbrace{k\left(\frac{\beta}{\alpha}\right)^b \cdots}_{\tilde{k}} \underbrace{C_A^{a+b+\cdots}}_{C_A^n}$$

또는

$$-\frac{dC_A}{dt} = \tilde{k}C_A^n \tag{32}$$

$n \neq 1$인 경우에, 적분하면 다음 식이 얻어진다.

$$C_A^{1-n} - C_{A0}^{1-n} = \tilde{k}(n-1)t$$

반감기(half life, $t_{1/2}$)를 반응물의 농도가 초기의 반으로 줄어드는 데 걸리는 시간이라고 정의하면 반감기는 다음과 같다.

$$\boxed{t_{1/2} = \frac{(0.5)^{1-n}-1}{\tilde{k}(n-1)}C_{A0}^{1-n}} \tag{33a}$$

이 식을 변형하여 $\log t_{1/2}$을 $\log C_{A0}$에 대하여 플롯하면 그림 3.5에서 보는 바와 같이 기울기가 $1 - n$인 직선이 구해진다.

반감기법은 각각 초기 농도를 달리하는 일련의 실험을 필요로 하며 주어진 시간에서 농도의 증가에 따라 전환율이 증가하면 반응 차수는 1보다 크고, 농도의 증가에 따라 감소하면 반응 차수는 1보다 작고, 1차 반응에 대해서는 초기 농도에 무관함을 나타낸다.

이 방법은 여러 가지 변형이 가능하다. 예를 들어 A 성분만 제외하고 모든 성분이 대단히 과잉으로 존재한다면, 한 가지 성분에 대한 반응 차수를 구할 수 있다. 이 경우 일반식은 다음과 같이 간단히 된다.

$$-\frac{dC_A}{dt} = \hat{k}C_A^a$$

여기서 각 항은 다음과 같다.

$$\hat{k} = k(C_{B0}^b \cdots) \quad \text{및} \quad C_B \cong C_{B0}$$

다음으로 반감기법의 또 다른 변형을 살펴보자.

**분수 수명법** 반감기법은 어떠한 분수 수명법(fractional life method)으로 변형할 수 있다. 분수 수명법에서 반응물의 농도는 시간 $t_F$에서 다음 분수 $F = C_A/C_{A0}$로 나타낸다. 이 식 유도는 반감기법과 동일하고(직접 해보라!), 이 결과는 다음과 같다.

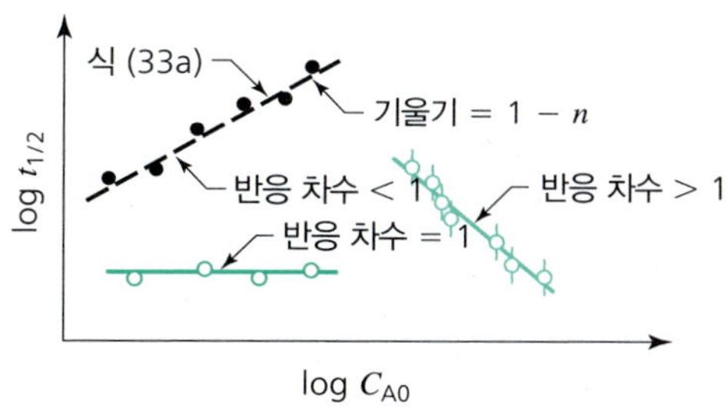


그림 3.5 반응물의 초기 농도가 각각 다른 일련의 반감기 실험에서 얻은 전체 반응 순서.

$$t_F = \frac{F^{1-n} - 1}{k(n-1)} C_{A0}^{1-n} \tag{33b}$$

따라서 이 식을 변형해서 log $t_F$를 log $C_{A0}$에 대하여 플롯하면 그림 3.5에서 나타낸 바와 같이 반응 차수를 구할 수 있다.

예제 3.1에서 이 풀이 방법을 알 수 있다.

**비가역 병렬 반응** 간단한 예로, 반응물 A가 두 가지 경쟁적 경로(각각은 기초 반응임)를 통해 분해되는 경우를 살펴보자.

$$\left.\begin{array}{l} A \xrightarrow{k_1} R \\ A \xrightarrow{k_2} S \end{array}\right\}$$

세 가지 성분(A, R, S)의 농도 변화는 다음 식으로 나타낸다.

$$-r_A = -\frac{dC_A}{dt} = k_1C_A + k_2C_A = (k_1 + k_2)C_A \tag{34}$$

$$r_R = \frac{dC_R}{dt} = k_1C_A \tag{35}$$

$$r_S = \frac{dC_S}{dt} = k_2C_A \tag{36}$$

이것은 우리가 접하는 첫째 복합 반응(multiple reaction)이다. 일반적으로 $N$개의 물질에 대한반응을 기술하기 위해서는 $N$개의 화학양론식이 필요하고 농도에 대한 속도식도 $N$개가 필요하다. 그러므로 이 시스템에서는 $C_A$, $C_R$, $C_S$ 중 한 가지만으로는 $k_1$과 $k_2$ 모두를 구할 수 없다. 변수가 3개라서 적어도 두 가지 성분을 검토해야 한다. 이렇게 되면 화학양론에서 세 가지 물질의 농도의 합인 $C_A + C_R + C_S$가 일정하므로 미지의 세 번째 성분의 농도를 구할 수 있다.

세 개의 미분속도식을 모두 이용하면 $k$ 값을 구할 수 있다. 먼저 식 (34)는 간단한 1차 미분방정식이므로 적분하면

$$-\ln\frac{C_A}{C_{A0}} = (k_1 + k_2)t \tag{37}$$

이 된다. 그림 3.6과 같이 플롯하면 그 기울기가 $k_1 + k_2$이다. 다음에 식 (35)를 식 (36)으로 나누면

$$\frac{r_R}{r_S} = \frac{dC_R}{dC_S} = \frac{k_1}{k_2}$$

이고, 이를 적분하면 다음이 된다.

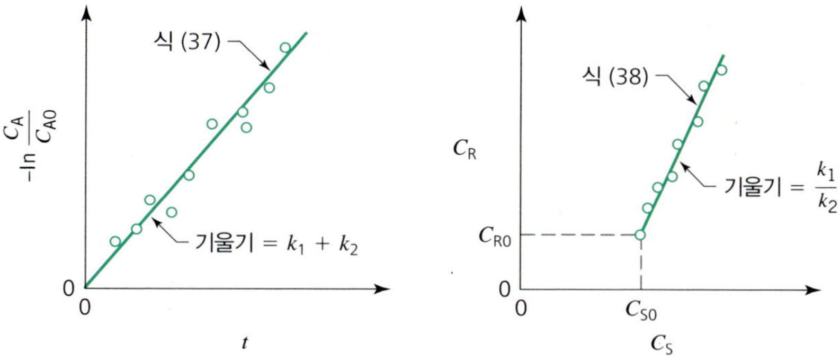


그림 3.6 유형 $A \begin{smallmatrix} \nearrow R \\ \searrow S \end{smallmatrix}$의 두 가지 경쟁하는 기본 1차 반응에 대한 속도 상수 평가.

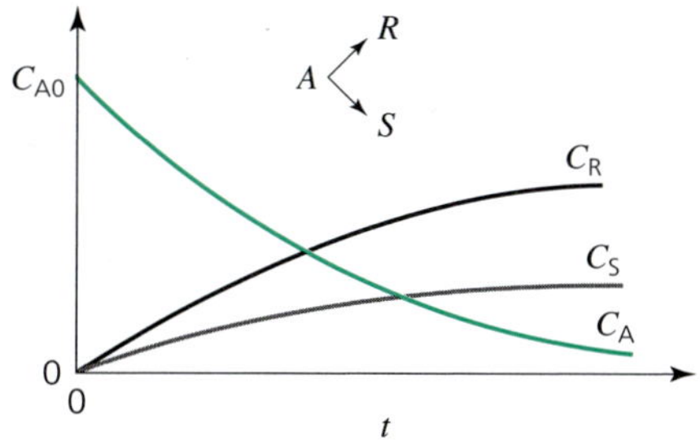


그림 3.7 경쟁 반응에 대한 일반적인 농도 시간 곡선.

$$\boxed{\frac{C_R - C_{R0}}{C_S - C_{S0}} = \frac{k_1}{k_2}} \tag{38}$$

이 결과를 그림 3.6에 나타내었다. 따라서 $C_R$을 $C_S$에 대하여 플롯하면 그 기울기는 $k_1/k_2$이므로, $k_1/k_2$와 $k_1 + k_2$를 알면 $k_1$과 $k_2$를 구할 수 있다. $C_{R0} = C_{S0} = 0$이고 $k_1 > k_2$인 경우 회분 반응기에서 세 성분의 전형적 농도 대 시간 곡선이 그림 3.7에 표시되어 있다.

병렬 반응에 대하여 7장에서 상세히 다룰 예정이다.

**균질계 촉매 반응** 어떤 균질계 촉매의 반응속도를 비촉매 반응 속도와 촉매 반응 속도(촉매를 C라고 표시)의 합이라고 가정하자.

$$\left. \begin{aligned} A &\xrightarrow{k_1} R \\ A + C &\xrightarrow{k_2} R + C \end{aligned} \right\}$$

이때 대응하는 물질의 반응속도는 다음과 같다.

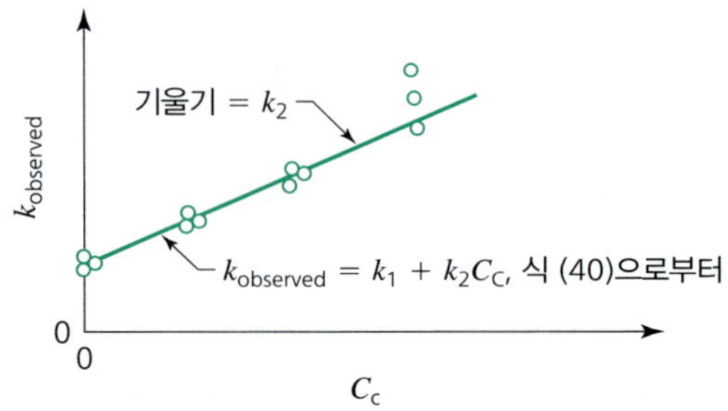


그림 3.8 촉매 농도가 다른 일련의 실험에서 균질 촉매 반응에 대한 속도 상수.

$$-\left(\frac{dC_A}{dt}\right)_1 = k_1C_A$$

$$-\left(\frac{dC_A}{dt}\right)_2 = k_2C_AC_C$$

비촉매 반응은 촉매가 존재하지 않아도 진행되고 촉매 반응의 속도는 촉매 농도에 직접 비례한다는 것을 의미한다. 그러면 반응물 A의 총괄 소모속도는

$$-\frac{dC_A}{dt} = k_1C_A + k_2C_AC_C = (k_1 + k_2C_C)C_A \tag{39}$$

이고, 촉매 농도는 변하지 않으므로 적분하면 다음이 얻어진다.

$$-\ln\frac{C_A}{C_{A0}} = -\ln(1 - X_A) = (k_1 + k_2C_C)t = k_{observed}\,t \tag{40}$$

촉매 농도($C_C$)를 변화시키며 일련의 실험을 수행하면 $k_1$과 $k_2$를 구할 수 있다. 이것은 관측된 $k$ 값($k_{observed}$)을 촉매 농도에 대하여 플롯하여(그림 3.8) 구할 수 있는데, 이 직선의 기울기가 $k_2$이고 절편은 $k_1$이다.

**자촉매 반응** 반응 생성물 중의 하나가 촉매로 작용하는 반응을 자촉매 반응(autocatalytic reaction)이라 한다. 이 반응의 가장 간단한 예는 다음 반응이다.

$$A + R \rightarrow R + R \tag{41a}$$

이때 속도식은 다음과 같다.

$$-r_A = -\frac{dC_A}{dt} = kC_AC_R \tag{41b}$$

A와 R를 합한 총 몰수는 A의 소모량에 무관하게 변하지 않으므로, 언제든지 다음 관계식이 성립한다.

$$C_0 = C_A + C_R = C_{A0} + C_{R0} = 상수$$

그러므로 속도식은 다음으로 변형된다.

$$-r_A = -\frac{dC_A}{dt} = kC_A(C_0 - C_A)$$

이 식을 재배열하고 부분분수로 나누면

$$-\frac{dC_A}{C_A(C_0 - C_A)} = -\frac{1}{C_0}\left(\frac{dC_A}{C_A} + \frac{dC_A}{C_0 - C_A}\right) = k\,dt$$

이 되고 적분하면 다음 식을 얻는다.

$$\ln\frac{C_{A0}(C_0 - C_A)}{C_A(C_0 - C_{A0})} = \ln\frac{C_R/C_{R0}}{C_A/C_{A0}} = C_0kt = (C_{A0} + C_{R0})\,kt \tag{42}$$

위 식을 초기 반응물의 비율 $M = C_{R0}/C_{A0}$와 A의 전환율 항으로 고쳐 쓰면 다음을 얻을 수 있다.

$$\ln\frac{M + X_A}{M(1 - X_A)} = C_{A0}(M + 1)kt = (C_{A0} + C_{R0})kt \tag{43}$$

회분 반응기 내에서 자촉매 반응 반응이 진행되려면 생성물 R이 반드시 존재해야 한다. 극소량의 R에 의해 반응이 시작되면 R이 추가적으로 생성됨에 따라 반응속도가 증가하는 양상을 볼 수 있다. 다른 극단적인 경우로 만일 A가 다 소모되면, 반응속도는 0으로 떨어져야 한다. 이 결과가 그림 3.9에 나타나 있는데, 이 그림에서 보면 반응속도는 A와 R의 농도가 같은 곳에서 최대값을 갖는 포물선(parabola) 모양을 따르고 있음을 알 수 있다.

자촉매 반응을 검증하기 위해서는 그림 3.10과 같이 농도와 시간에 대한 플롯을 하고[식 (42)와 식 (43)] 직선이 원점을 통과하는가를 알아보면 된다.

자촉매 반응은 6장에서 보다 상세하게 고찰하기로 한다.

**비가역 직렬 반응** 먼저 다음과 같이 연속적인 단분자형 1차 반응을 고려하자.

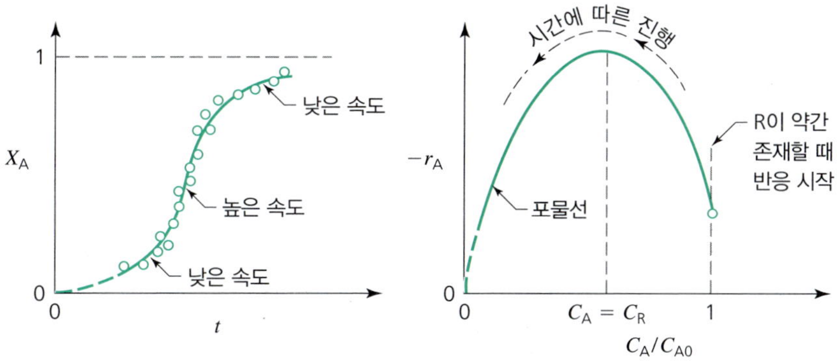


**그림 3.9** 식 (41)의 자촉매 반응에 대한 전환율-시간 및 속도-농도 곡선. 이 모양은 자촉매 반응의 전형적인 형태이다.

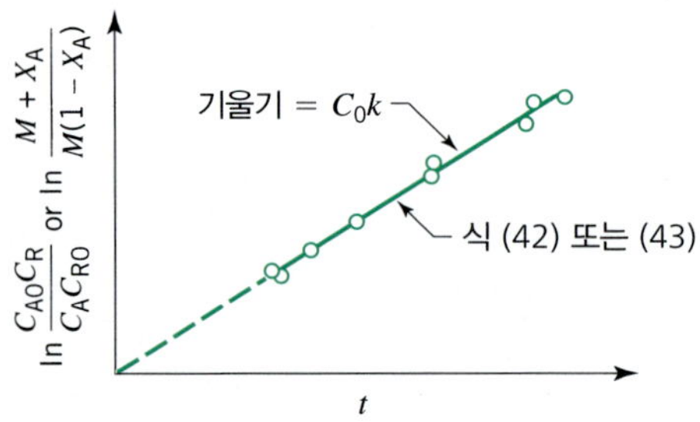


**그림 3.10** 식 (41)의 자촉매 반응의 검증.

$$A \xrightarrow{k_1} R \xrightarrow{k_2} S$$

세 가지 성분(A, R, S)에 대한 속도식은 다음과 같다.

$$r_A = \frac{dC_A}{dt} = -k_1 C_A \tag{44}$$

$$r_R = \frac{dC_R}{dt} = k_1 C_A - k_2 C_R \tag{45}$$

$$r_S = \frac{dC_S}{dt} = k_2 C_R \tag{46}$$

초기에 A가 $C_{A0}$ 농도로 존재하고, R과 S는 존재하지 않는다고 가정하고, 반응을 개시한다면 이 세 성분들의 농도가 시간에 따라 어떻게 변하는지를 알아보자. 우선 식 (44)를 적분하면 A의 농도는 다음과 같이 된다.

$$-\ln \frac{C_A}{C_{A0}} = k_1 t \quad \text{or} \quad C_A = C_{A0} e^{-k_1 t} \tag{47}$$

R의 농도 변화를 구하기 위해 식 (47)에서 구한 A의 농도를 R의 변화 속도를 지배하는 미분방정식인 식 (45)에 대입하면

$$\frac{dC_R}{dt} + k_2 C_R = k_1 C_{A0} e^{-k_1 t} \tag{48}$$

이 되는데, 이것은

$$\frac{dy}{dx} + Py = Q$$

의 형태를 가진 1차 선형미분방정식(first-order linear differential equation)이 된다. 일반적인 계산법을 적용하여, 적분인자 $e^{\int P\,dx}$를 곱하면 해는 다음과 같다.

$$ye^{\int P\,dx} = \int Qe^{\int P\,dx}\,dx + \text{constant}$$

식 (48)의 적분에 이러한 일반적 과정을 적용하면 적분인자는 $e^{k_2 t}$이다. 적분상수는 초기조건 $t = 0$에서 $C_{R0} = 0$로부터 $-k_1 C_{A0}/(k_2 - k_1)$임을 구할 수 있으므로, R의 농도 변화에 대한 최종식은 다음과 같이 된다.

$$C_R = C_{A0} k_1 \left( \frac{e^{-k_1 t}}{k_2 - k_1} + \frac{e^{-k_2 t}}{k_1 - k_2} \right) \tag{49}$$

한편, 존재하는 물질의 총 몰수에는 변화는 없으므로, 화학양론으로부터 반응 성분의 농도는 다음 식을 따른다.

$$C_{A0} = C_A + C_R + C_S$$

이 식과 식 (47) 및 (49)에서 다음을 얻을 수 있다.

$$C_S = C_{A0} \left( 1 + \frac{k_2}{k_1 - k_2} e^{-k_1 t} + \frac{k_1}{k_2 - k_1} e^{-k_2 t} \right) \tag{50}$$

따라서 성분 A, R, S가 시간에 따라 어떻게 변하는가를 알 수 있다.

이제 만일 $k_2$가 $k_1$보다 훨씬 크다면, 식 (50)은 다음 식으로 바뀐다.

$$C_S = C_{A0} (1 - e^{-k_1 t}), \qquad k_2 \gg k_1$$

바꾸어 말하면 반응속도는 2단계 반응의 첫 번째 단계(가장 속도가 느린)에 의해 결정된다.

만일 $k_1$이 $k_2$보다 훨씬 크면

$$C_S = C_{A0} (1 - e^{-k_2 t}), \qquad k_1 \gg k_2$$

가 되며, 1차 반응으로 $k_2$에 의해서 반응속도가 지배받는다. 따라서 직렬 반응에서는 가장 느린 단계가 전체 반응속도에 가장 큰 영향을 미치게 된다.

예상되는 바와 같이 $k_1$과 $k_2$는 R의 최대 농도와 그 위치(location)를 정해준다. 최대값은 식 (49)를 미분하여 $dC_R/dt = 0$으로 두어 구할 수 있다. R의 농도가 최대가 되는 시간은 다음과 같다.

$$t_{\max} = \frac{1}{k_{\text{log mean}}} = \frac{\ln (k_2/k_1)}{k_2 - k_1} \tag{51}$$

R의 최대 농도는 식 (49)와 (51)을 결합하여 구해진다.

$$\frac{C_{R,\max}}{C_{A0}} = \left( \frac{k_1}{k_2} \right)^{k_2/(k_2 - k_1)} \tag{52}$$

그림 3.11은 이들 세 가지 성분에 대한 농도 대 시간 곡선의 일반적 특성을 나타낸다. A는 지수적으로 감소하고 R은 최대점까지 증가하였다가 감소하며 S는 계속적으로 증가한다. R이 최대가 되는 곳에서 S의 증가율이 가장 크다. 특히 이 그림으로부터 중간체의 최대 농도와 이에 도달하

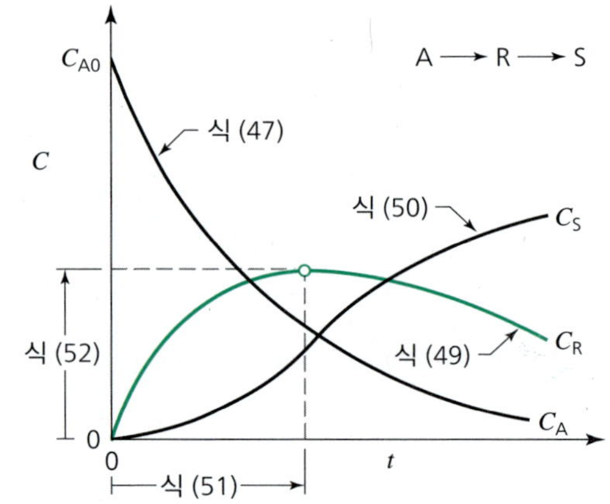


**그림 3.11** 연속적인 1차 반응에 대한 일반적인 농도-시간 곡선.

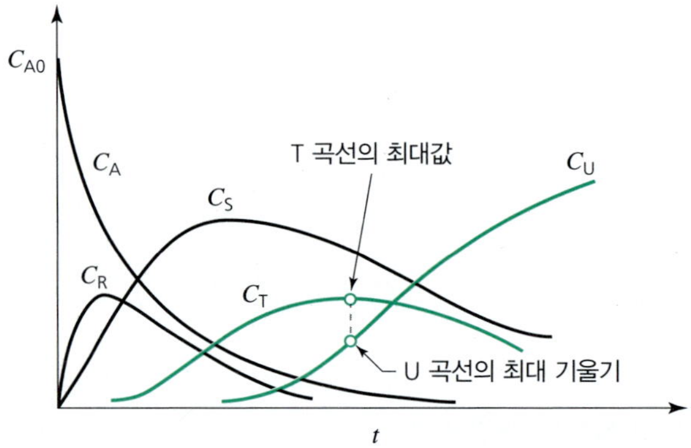


**그림 3.12** 연속적인 1차 연쇄 반응에 대한 농도-시간 곡선. 마지막 두 화합물에 대해서만 최대값과 변곡점이 동시에 발생.

는 시간을 구함으로써 $k_1$과 $k_2$를 계산할 수 있다. 직렬 반응에 대하여 8장에서 더욱 상세하게 다룰 예정이다.

한편 다음에서 언급한 것과 같은 더 긴 직렬 반응의 경우,

$$A \rightarrow R \rightarrow S \rightarrow T \rightarrow U$$

위에서 언급한 것과 같은 방법으로 취급하지만 방금 고려하였던 2단계 직렬 반응보다 훨씬 복잡하다. 그림 3.12는 이러한 경우의 농도 대 시간 곡선을 예로 나타내었다.

**가역 1차 반응** 반응이 완결되지 않더라도 평형 상수(equilibrium constant)가 대단히 크면 대부분의 반응은 본질적으로 비가역으로 생각할 수 있다. 지금까지는 이러한 경우를 고찰했다. 이제 완전한 전환(complete conversion)을 가정할 수 없는 경우를 고려하자. 가장 간단한 경우는 단분자형 가역 반응이다.

$$A \underset{k_2}{\overset{k_1}{\rightleftarrows}} R, \qquad K_C = K = \text{평형 상수} \tag{53a}$$

농도비 $M = C_{R0}/C_{A0}$라고 가정하면 속도식은 다음과 같이 쓸 수 있다.

$$\frac{dC_R}{dt} = -\frac{dC_A}{dt} = C_{A0}\frac{dX_A}{dt} = k_1C_A - k_2C_R$$
$$= k_1(C_{A0} - C_{A0}X_A) - k_2(MC_{A0} + C_{A0}X_A) \quad (53b)$$

평형에서 $dC_A/dt = 0$이므로 식 (53)으로부터 평형조건에서의 A의 전환율은

$$K_C = \frac{C_{Re}}{C_{Ae}} = \frac{M + X_{Ae}}{1 - X_{Ae}}$$

이고, 평형 상수는

$$K_C = \frac{k_1}{k_2}$$

가 된다. 이상의 세 식을 결합하여 물질 A의 평형전환율($X_{Ae}$)이 포함된 식으로 표시하면 다음과 같다.

$$\frac{dX_A}{dt} = \frac{k_1(M+1)}{M + X_{Ae}}(X_{Ae} - X_A)$$

$X_{Ae}$로 측정된 전환율에 의하면 이 반응은 유사 1차 비가역 반응(pseudo first-order irreversible reaction)으로 볼 수 있고 이 식을 적분하면 다음과 같다.

$$-\ln\left(1 - \frac{X_A}{X_{Ae}}\right) = -\ln\frac{C_A - C_{Ae}}{C_{A0} - C_{Ae}} = \frac{M+1}{M + X_{Ae}}k_1t \quad (54)$$

그림 3.13에서 보는 바와 같이 $-\ln(1 - X_A/X_{Ae})$를 $t$에 대하여 플롯하면 직선을 얻게 된다.

1차 비가역 반응과 가역 반응에 사이의 유사성은 식 (12)와 식 (54)를 비교하거나 그림 3.1과 그림 3.13의 비교해보면 명확하다. 따라서 비가역 반응은 가역 반응에서 $C_{Ae} = 0$이거나 $X_{Ae} = 1$ 혹은 $K_C = \infty$라고 하는 특별한 경우라고 볼 수 있다.

**2차 가역 반응** 다음의 2분자형 2차 반응을 고려하자.

$$A + B \underset{k_2}{\overset{k_1}{\rightleftarrows}} R + S \quad (55a)$$

$$2A \underset{k_2}{\overset{k_1}{\rightleftarrows}} R + S \quad (55b)$$

$$2A \underset{k_2}{\overset{k_1}{\rightleftarrows}} 2R \quad (55c)$$

$$A + B \underset{k_2}{\overset{k_1}{\rightleftarrows}} 2R \quad (55d)$$

이 식에서 $C_{A0} = C_{B0}$이고 $C_{R0} = C_{S0} = 0$인 경우에 A 및 B에 대하여 적분된 속도식은 다음과 같이 모두 동일하다.

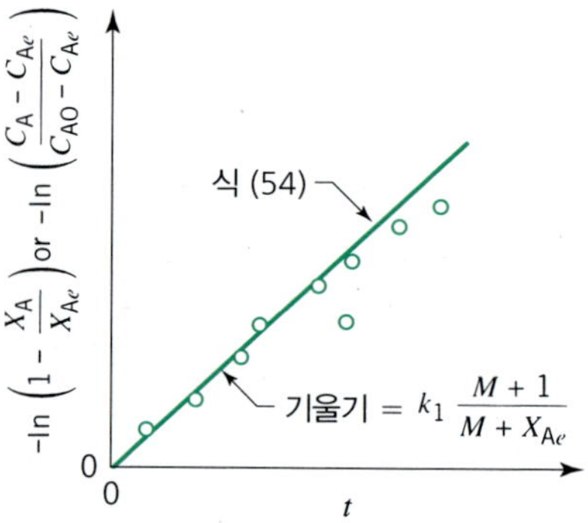


그림 3.13 식 (53)으로 나타낸 단분자형 가역 반응의 검증.

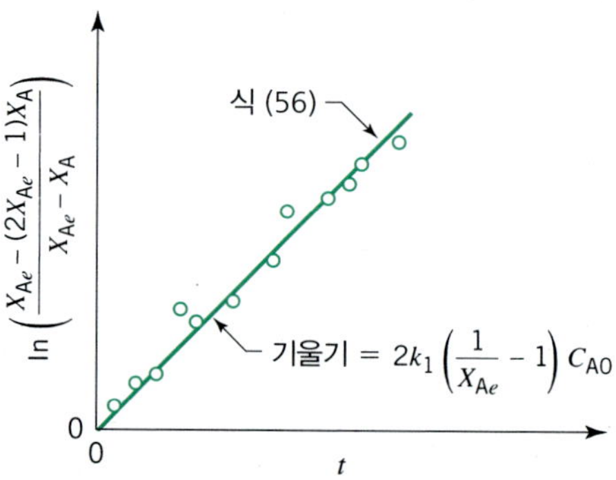


그림 3.14 식 (55)으로 나타낸 가역 이분자반응의 검증.

$$\ln\frac{X_{A_e}-(2X_{Ae}-1)X_A}{X_{Ae}-X_A}=2k_1\left(\frac{1}{X_{Ae}}-1\right)C_{A0}t \quad (56)$$

그림 3.14와 같이 플롯하면 이들 반응속도의 적합성을 검증할 수 있다.

**일반적인 가역 반응** 반응 차수가 1이나 2가 아닌 경우에는 속도식을 적분하기 곤란하다. 따라서 식 (54)나 (56)을 이용하여 실험 결과를 맞추기(fit) 어려우면 미분법을 이용하여 적합한 속도식을 구하는 것이 최선이다.

**반응 차수가 변동되는 반응** 속도식을 탐색함에 있어서 고농도에서는 데이터가 어떤 반응 차수에 잘 부합되는 데 저농도에서 고농도와 다른 반응 차수에 부합되는 경우를 볼 수 있다. 다음 반응을 생각해 보자.

$$A \rightarrow R \quad \text{with} \quad -r_A=-\frac{dC_A}{dt}=\frac{k_1C_A}{1+k_2C_A} \quad (57)$$

이 속도식에서 고농도의 $C_A$(또는 $k_2C_A \gg 1$)에서 이 반응은 속도 상수가 $k_1/k_2$인 0차 반응임을 알 수 있다. 반면에 저농도의 $C_A$(또는 $k_2C_A \ll 1$)에서는 이 반응이 속도 상수가 $k_1$인 1차 반응이 된다. 이 거동을 그림 3.15에 나타내었다.

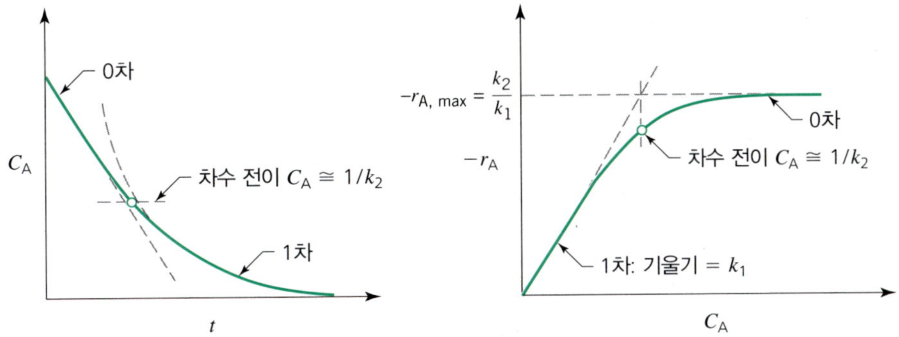


**그림 3.15** **식 (57)을 따르는 반응의 거동.**

적분법을 적용하기 위해 식 (57)을 변수분리하고 적분하면 다음 식이 얻어진다.

$$\ln \frac{C_{A0}}{C_A} + k_2 (C_{A0} - C_A) = k_1 t \tag{58a}$$

이 식을 선형화하기 위해 재배열하면

$$\frac{C_{A0} - C_A}{\ln (C_{A0}/C_A)} = -\frac{1}{k_2} + \frac{k_1}{k_2}\left(\frac{t}{\ln (C_{A0}/C_A)}\right) \tag{58b}$$

또는

$$\frac{\ln (C_{A0}/C_A)}{C_{A0} - C_A} = -k_2 + \frac{k_1 t}{C_{A0} - C_A} \tag{58c}$$

이 구해진다. 이 속도식을 검증하는 두 가지 방법을 그림 3.16에 나타내었다.

위와 같은 유사한 논리를 적용하면, 일반적 속도식이 다음과 같을 때,

$$-r_A = -\frac{dC_A}{dt} = \frac{k_1 C_A^m}{1 + k_2 C_A^n} \tag{59}$$

고농도에서는 $(m - n)$차이고 저농도일 때 $m$차로 이동된다. 이러한 이행 혹은 전이(transition)는 $k_2 C_A^n \cong 1$에서 일어난다. 이런 유형의 속도식은 반응 차수가 다른 데이터를 해석하는 데 사용할 수 있다.

이러한 반응 차수의 이동을 설명할 수 있는 다른 속도식도 있다.

$$-r_A = -\frac{dC_A}{dt} = \frac{k_1 C_A^m}{(1 + k_2 C_A)^n} \tag{60}$$

어떤 식을 이용하느냐 하는 것은 반응 메카니즘 연구를 통해 알 수 있다.

식 (57)과 이것을 일반화한 속도식들은 광범위한 여러 종류의 반응을 표현하는 데 사용되어

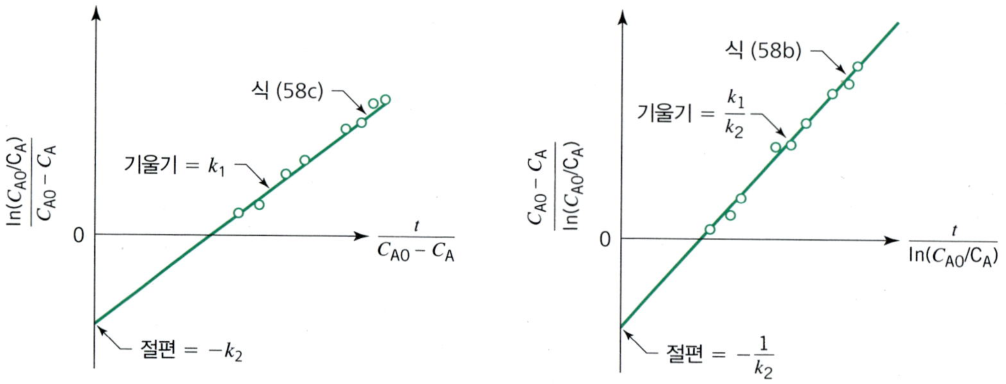


**그림 3.16** 적분분석법에 의한 식 (57)의 검증.

왔다. 예를 들면 균질계에서 이 식은 효소 촉매 반응(enzyme-catalyzed reaction)의 반응 메카니즘 연구(2장과 27장의 Michaelis–Menten 반응 메카니즘을 참고)에 이용된다. 또한 이 식은 표면 촉매 반응(surface-catalyzed reaction)의 반응속도론을 표현하는 데에도 이용된다.

반응 메카니즘 연구에서 이런 형태의 식이 나타나는 경우는 반응의 속도 조절 단계에서 반응물의 회합이 어느 정도 있는 경우이다. 예를 들어 반응물이 효소와의 화합으로 착화합물(complex)를 형성하거나, 촉매 표면에서 활성점(active site)과 기체 반응물이 만나는 경우이다.

## 예제 3.1 ▶ 적분법을 이용하여 속도식 찾기

반응물 A가 회분 반응기 내에서 분해된다.

$$A \rightarrow 생성물$$

반응기 내 A의 조성을 시간에 따라 측정하였고 이의 결과는 다음 표의 1열과 2열에 나타나 있다. 이들 실험 결과를 표현할 수 있는 속도식을 구하라.

| Column 1 | Column 2 | Column 3 | Column 4 |
|---|---|---|---|
| Time $t$, s | Concentration $C_A$, mol/liter | $\ln \frac{C_{A0}}{C_A}$ | $\frac{1}{C_A}$ |
| 0 | $C_{A0} = 10$ | ln 10/10 = 0 | 0.1 |
| 20 | 8 | ln 10/8 = 0.2231 | 0.125 |
| 40 | 6 | 0.511 | 0.167 |
| 60 | 5 | 0.6931 | 0.200 |
| 120 | 3 | 1.204 | 0.333 |
| 180 | 2 | 1.609 | 0.500 |
| 300 | 1 | 2.303 | 1.000 |
| 실험 결과 | | 계산값 | |

### › 풀이

***1차 속도식으로 가정.*** 가장 간단한 속도식의 형태 혹은 1차 속도식을 가정하여 시작하자. 이는 $\ln C_{A0}/C_A$를 $t$에 대하여 플롯하면 직선이 되어야 한다는 것을 의미한다. 따라서 위 표의 3열에 이를 계산하여 그림 E3.1*a*에 플롯하였다. 불행히도 이는 직선이 아니므로 1차 속도식은 합리적으로 실험 결과에 부합되지 않는다. 따라서 다른 속도식 형태를 추측해본다.

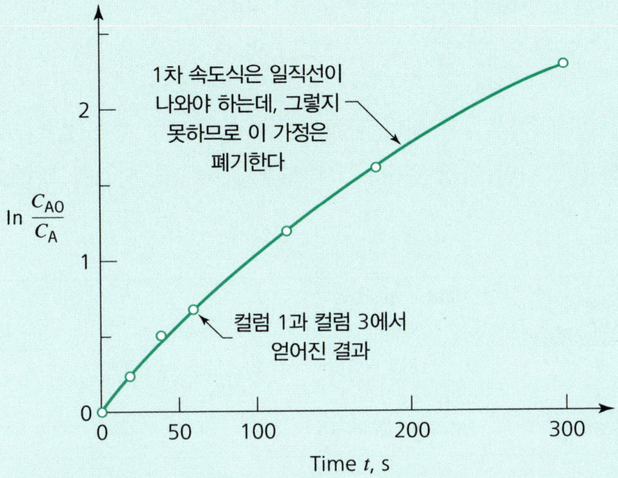


그림 E3.1*a*

***2차 속도식으로 가정.*** 2차 반응에 대한 식 (16)은 $1/C_A$를 $t$에 대하여 플롯하면 직선이 됨을 의미한다. 따라서 4열을 계산하여 그림 E3.1*b*와 같이 1열의 값을 4열의 값에 대하여 플롯하였다. 다시 한번, 이는 직선이 아니므로 2차 속도식은 폐기(혹은 기각)되어야 한다.

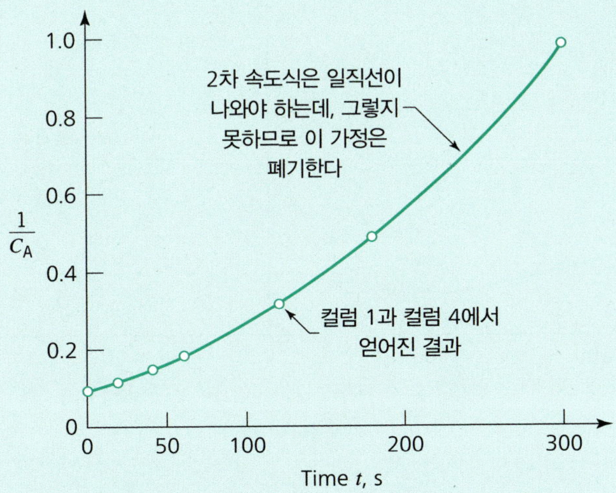


그림 E3.1*b*

***n차 속도식으로 가정.*** 다음으로 F = 80%인 분수 수명법(fractional life method)을 사용해 보자. 이때 식 (33*b*)는 다음과 같다.

$$t_F = \frac{(0.8)^{1-n} - 1}{k(n-1)} C_{A0}^{1-n} \qquad \text{(i)}$$

여기에 로그를 취하면 다음과 같다.

$$\underbrace{\log t_F}_{y} = \underbrace{\overbrace{\log\left(\frac{0.8^{1-n}-1}{k(n-1)}\right)}^{\text{a constant}}}_{a} + \underbrace{(1-n)\log C_{A0}}_{bx} \qquad \text{(ii)}$$

그 다음 과정은 다음과 같다. 먼저 $C_A$를 $t$에 대하여 정확하게 플롯하고 그림 E3.1*c*와 같이 실험 결과를 대표하는 완만한 곡선을 그린다(가장 중요). 그리고 $C_{A0}$ = 10, 5, 2를 택하고 이 그림으로부터 다음 표를 완성한다.

| $C_{A0}$ | $C_{A\,end}$ (= $0.8C_{A0}$) | Time needed $t_F$, s | $\log t_F$ | $\log C_{A0}$ |
|---|---|---|---|---|
| 10 | 8 | 0 → 18.5 = 18.5 | log 18.5 = 1.27 | 1.00 |
| 5 | 4 | 59 → 82 = 23 | 1.36 | 0.70 |
| 2 | 1.6 | 180 → 215 = 35 | 1.54 | 0.30 |

(35: From the curve, not the data)

다음에 $\log t_F$를 $\log C_{A0}$에 대하여 플롯하고(그림 E3.1*d*), 이로부터 기울기를 구한다.

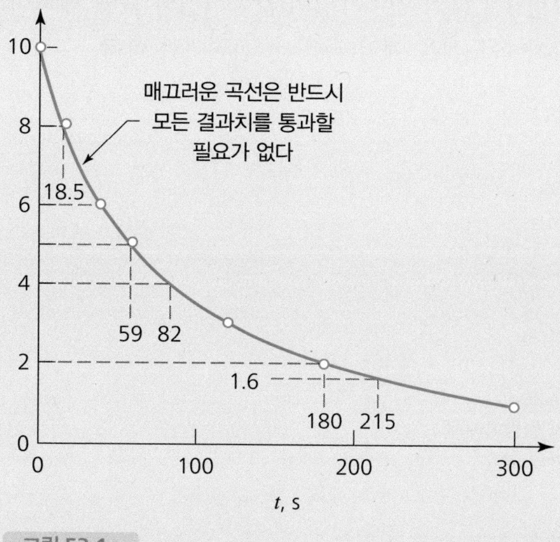

그림 E3.1*c*

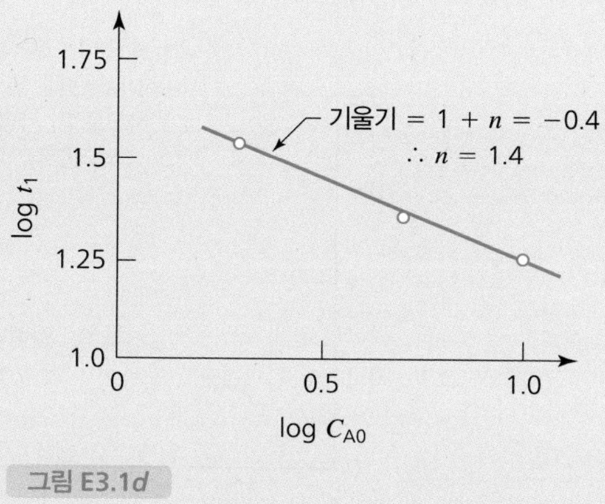

그림 E3.1*d*

반응 차수를 알고 있으므로 속도 상수를 결정하기 위해 농도 대 시간 곡선상에서 어느 한 점을 택한다. $C_{A0}$ = 0을 택하면 이에 대하여 $t_F$ = 18.5초이다. 모든 값들을 식 (i)에 대입하면

$$18.5 = \frac{(0.8)^{1-1.4} - 1}{k(1.4-1)} 10^{1-1.4}$$

이 되고 이로부터

$$k = 0.005$$

가 된다. 그러므로 이 반응을 대표하는 속도식은 다음과 같이 된다.

$$-r_A = \left(0.005 \frac{\text{liter}^{0.4}}{\text{mol}^{0.4}\cdot\text{s}}\right) C_A^{1.4}, \qquad \frac{\text{mol}}{\text{liter}\cdot\text{s}}$$

## ▶ 미분법에 의한 실험 결과의 해석

반응공학 자료를 해석하는 데 미분법을 사용하는 것은 미분속도식을 직접 사용해서 데이터를 해석하고, 도함수인 $dC_i/dt$를 포함하는 반응식의 각 항을 구한 후 이 식이 실험과 잘 부합되는지를 확인하는 것이다. 이 과정은 다음과 같다.

**1.** 농도와 시간에 대한 데이터($C_A$를 $t$에 대하여)를 그래프 형식으로 그리고(플롯하고), 데이터를 대표하는 매끄러운 곡선을 신중하게 그린다. 이 곡선은 아마도 실험에서 구한 모든 점을 통과하지 않을 수도 있다.

**2.** 적절히 선택된 직선 구간의 농도값 범위에서 이 곡선의 기울기를 구하면 $dC_A/dt = r_A$이므로 이들 기울기들이 그 조성에서의 반응속도가 된다.

**3.** 그러면 이 $r_A$ 대 $C_A$ 데이터를 대표할 수 있는 속도식을 선택한다. 선택의 방법은

**(a)** 그림 3.17과 같이 특별한 속도식 $-r_A = kf(C_A)$를 택하여 시험하거나,

**(b)** 그림 3.18과 같이 $n$차 속도식 $-r_A = kC_A^n$의 대수를 취하여 이들 속도식을 시험한다.

그러나 어떤 간단한 속도식은 수학적 조작을 통해 그래프를 이용한 시험법에 적합한 표현식을 얻을 수 있다. 예를 들면 한 세트의 시간에 대한 농도 데이터를 Michaelis–Menten 식으로 맞추기를 원하는 경우를 생각해 보자.

$$-r_A = -\frac{dC_A}{dt} = \frac{k_1 C_A}{1 + k_2 C_A} \tag{57}$$

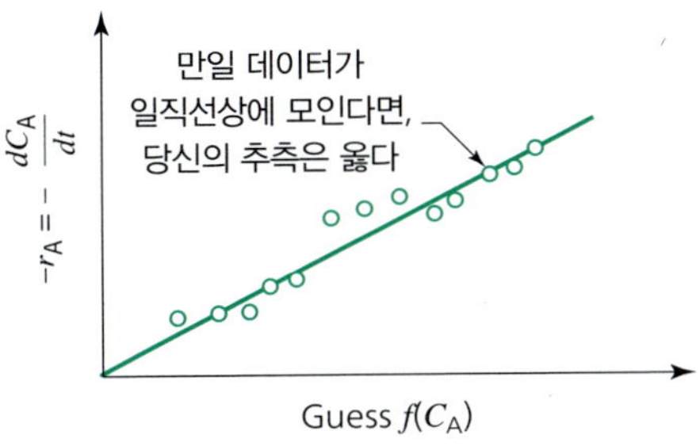


**그림 3.17** 미분법으로 특정 속도식 형태인 $-r_A = kf(C_A)$를 검증.

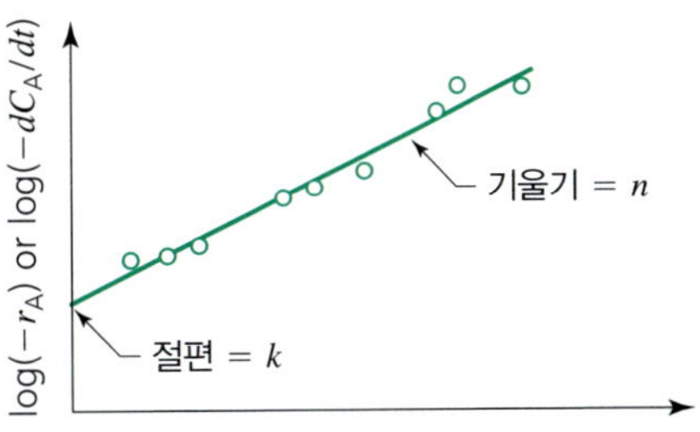


**그림 3.18** 미분법으로 $n$차 속도식 형태를 검증.

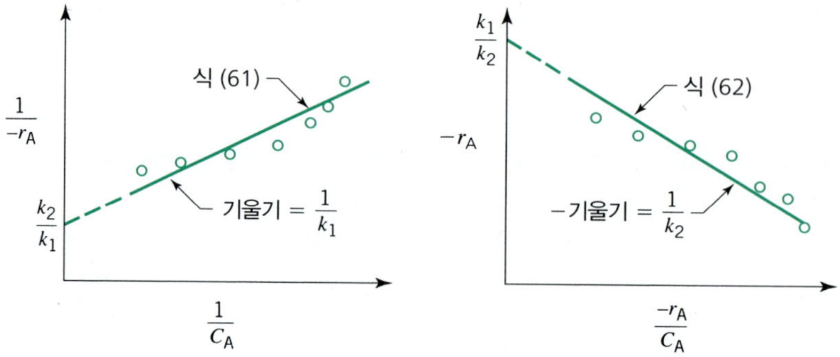


**그림 3.19** **미분법을 통해 M–M 속도식(Michaelis–Menten rate equation)을 검증하는 두 가지 방법.**

이 식은 앞에서 이미 적분법으로 해석하였다. 한편 미분법을 통해 $-r_A$를 $C_A$의 관계를 구할 수 있다. 그러나 어떻게 하면 직선 관계를 통해 $k_1$과 $k_2$를 구할 수 있을까? 수학적 조작이라고 말한 방법을 이용하여 더 유용한 표현식을 얻을 수 있다. 우선 식 (57)의 역수를 취하면

$$\frac{1}{(-r_A)} = \frac{1}{k_1 C_A} + \frac{k_2}{k_1} \tag{61}$$

이 되고, 이때 $1/(-r_A)$를 $1/C_A$에 대하여 플롯하면 직선이 된다(그림 3.19 *왼쪽*).

또 다른 방법으로 식 (61)에 $k_1(-r_A)/k_2$를 곱하면 역시 시험하기에 알맞은 다음 식이 얻어진다.

$$(-r_A) = \frac{k_1}{k_2} - \frac{1}{k_2}\left[\frac{(-r_A)}{C_A}\right] \tag{62}$$

여기서 $-r_A$를 $(-r_A)/C_A$에 대하여 플롯하면 그림 3.19의 오른쪽 그림에서 보는 바와 같은 직선이 된다.

속도식을 조작하여 직선을 얻는 플롯을 하면 언제든지 속도식을 시험하기 쉽다. 따라서 우리는 올바른 판단을 통해 실험계획을 세워야 한다.

## 예제 3.2 ▶ 미분법에 의해 한 세트의 데이터에 부합되는 속도식 찾기

$n$차 속도식을 이용하여 위에서 언급한 예제 3.1의 시간에 대한 농도 데이터를 맞추어라.

### 풀이

데이터가 다음 표의 1열과 2열에 나열되어 있고 이를 그림 E3.2*a*에 도시하였다.

데이터를 대표할 수 있는 매끄러운 곡선을 눈으로 신중하게 그리고, $C_A$ = 10, 8, 6, 5, 3, 2, 1에서 곡선에 접선을 그려 이의 값을 구한다(다음 표의 3열 참고).

다음으로 $n$차 속도식에 맞춰 본다.

$$-r_A = -\frac{dC_A}{dt} = kC_A^n$$

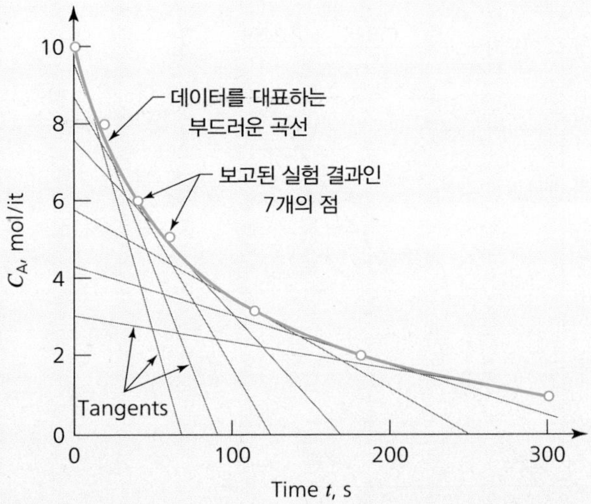


그림 E3.2*a*

| Column 1 | Column 2 | Column 3 | Column 4 | Column 5 |
|---|---|---|---|---|
| Time $t$, s | Concentration $C_A$, mol/liter | Slope, from 그림 E3.2*a* $(dC_A/dt)$ | $\log_{10}(dC_A/dt)$ | $\log C_{A0}$ |
| 0 | 10 | (10 − 0)/(0 − 75) = −0.1333 | −0.875 | 1.000 |
| 20 | 8 | (10 − 0)/(−3 − 94) = −0.1031 | −0.987 | 0.903 |
| 40 | 6 | (10 − 0)/(−21 − 131) = −0.0658 | −1.182 | 0.778 |
| 60 | 5 | (8 − 0)/(−15 − 180) = −0.0410 | −1.387 | 0.699 |
| 120 | 3 | (6 − 0)/(−10 − 252) = −0.0237 | −1.623 | 0.477 |
| 180 | 2 | (4 − 1)/(24 − 255) = −0.0108 | −1.967 | 0.301 |
| 300 | 1 | (3 − 1)/(−10 − 300) = −0.0065 | −2.187 | 0.000 |

위 식의 양변에 로그를 취하면 아래와 같다.

$$\underbrace{\log_{10}\left(-\frac{dC_A}{dt}\right)}_{y} = \underbrace{\log_{10}k}_{\text{절편}} + \underset{\text{기울기}}{n}\underbrace{\log_{10}C_A}_{x}$$

이를 그림 E3.2*b*에 플롯하였다. 최상의 직선 기울기와 절편이 각각 $n$과 $k$ 값이다(그림 E3.2*b* 참고). 따라서 속도식은 다음과 같이 된다.

$$-r_A = -\frac{dC_A}{dt} = \left(0.005\,\frac{\text{liter}^{0.43}}{\text{mol}^{0.43}\cdot\text{s}}\right)C_A^{1.43},\ \frac{\text{mol}}{\text{liter}\cdot\text{s}}$$

***경고.*** 1단계에서 데이터에 다항식을 맞추기 위해 컴퓨터를 사용한다면 이는 재앙이 될 수 있다. 예를 들면 7개 데이터에 6차 다항식을 맞추는 경우 혹은 $n$개 데이터에 $(n - 1)$차 다항식을 적용하는 경우를 고려해보자.

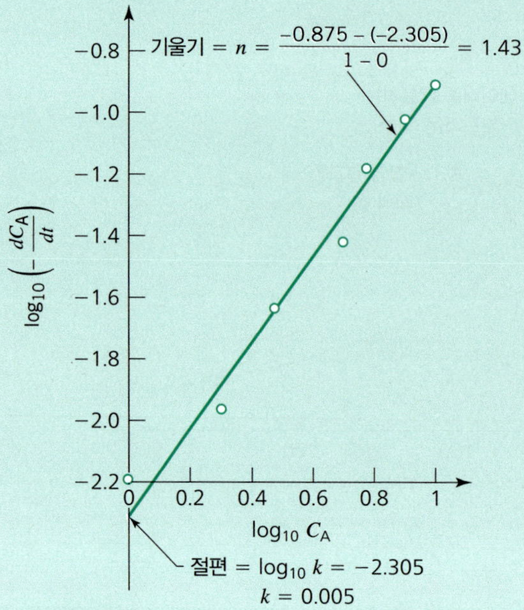


그림 E3.2*b*

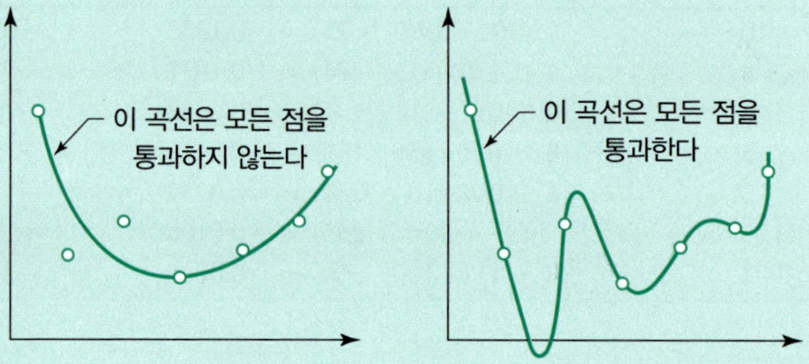


그림 E3.2*c*, *d* **같은 7개의 점들의 곡선 맞추기(curve fitting)의 두 가지 다른 방법.**

눈으로 맞추어 보아도 그림 E3.2*c*와 같은 매끄러운 곡선을 얻을 수 있다. 그러나 모든 점을 통과하는 다항식을 얻기 위해 컴퓨터를 사용한다면 그림 E3.2*d*와 같은 결과를 얻을 수 있다.

그러면 이들 곡선 중의 어느 것이 더욱 의미가 있으며 여러분들은 어느 것을 사용할 것인가? 이러한 이유로 "데이터를 대표할 수 있는 매끄러운 곡선을 눈으로 보고 그린다"가 중요한 이유이다. 그러나 이러한 곡선을 그리는 것은 생각보다 간단하지 않으므로 주의한다.

## 3.2 부피가 변하는 변용 회분 반응기

변용 회분 반응기는 부피가 일정한 정용 회분 반응기(constant-volume batch reactor)보다 훨씬 복잡하다. 이 반응기가 사용되는 주요 용도는 그림 3.20에 나타난 바와 같은 미세가공 분야로서 움직이는 구슬(bead)을 가진 모세관이 대표적이다.

반응의 진행은 시간에 따라서 구슬의 이동에 의해 알 수 있는데, 이는 특히 미소반응기(mi-

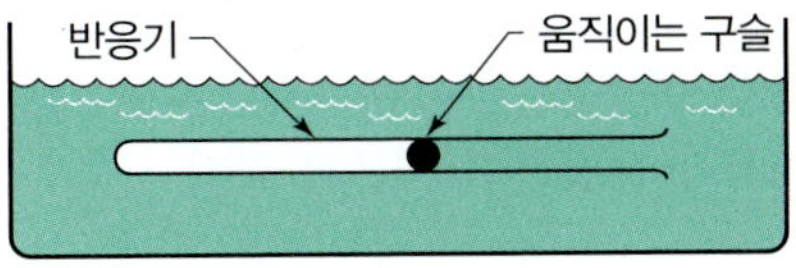


그림 3.20 변용 회분 반응기.

croreactor)에서 혼합물 조성을 측정하는 것보다 훨씬 쉽다. 따라서

$$V_0 = \text{초기 반응기의 부피}$$
$$V = \text{시간 } t\text{에서의 부피}$$

라고 할 수 있다. 이러한 종류의 반응기는 단일 화학양론을 가진 반응의 등온 및 등압조업에 이용될 수 있다. 이와 같은 시스템에서 부피가 전환율에 따라 선형적으로 변한다면

$$V = V_0(1 + \varepsilon_A X_A) \quad \text{or} \quad X_A = \frac{V - V_0}{V_0 \varepsilon_A} \tag{63a}$$

또는

$$dX_A = \frac{dV}{V_0 \varepsilon_A} \tag{63b}$$

이다. 여기서 $\varepsilon_A$는 반응물 A가 전혀 전환되지 않았을 때와 완전히 전환되었을 때 사이의 부피의 부분 변화(fractional change)이다. 따라서 다음과 같이 표현할 수 있다.

$$\boxed{\varepsilon_A = \frac{V_{X_A=1} - V_{X_A=0}}{V_{X_A=0}}} \tag{64}$$

$\varepsilon_A$를 사용하는 예로 등온 기상반응을 생각하자.

$$A \rightarrow 4R$$

순수한 반응물 A만으로 시작하면

$$\varepsilon_A = \frac{4 - 1}{1} = 3$$

이지만 처음에 50%의 불활성 물질이 존재하면 2부피의 반응물 혼합체가 완전 전환하면 5부피의 생성물 혼합체가 됨으로

$$\varepsilon_A = \frac{5 - 2}{2} = 1.5$$

이다. 따라서 $\varepsilon_A$는 반응양론과 불활성 물질의 존재를 모두 고려해야 한다는 것을 알 수 있다.

$$N_A = N_{A0}(1 - X_A) \tag{65}$$

이므로, 이를 식 (63)과 결합하면 다음과 같다.

$$C_A = \frac{N_A}{V} = \frac{N_{A0}(1 - X_A)}{V_0(1 + \varepsilon_A X_A)} = C_{A0}\frac{1 - X_A}{1 + \varepsilon_A X_A}$$

따라서 식 (63)의 직선성 가정을 만족하는 변용(또는 밀도가 변하는) 시스템의 전환율과 농도 간의 관계식은 다음과 같다.

$$\frac{C_A}{C_{A0}} = \frac{1 - X_A}{1 + \varepsilon_A X_A} \quad \text{또는} \quad X_A = \frac{1 - C_A/C_{A0}}{1 + \varepsilon_A C_A/C_{A0}} \tag{66}$$

일반적으로 반응속도(성분 A의 소모속도)는 다음과 같이 나타낼 수 있다.

$$-r_A = -\frac{1}{V}\frac{dN_A}{dt}$$

여기서 식 (63*a*)로부터 $V$를 그리고 식 (65)로부터 $N_A$를 치환하면 다음과 같이 반응속도를 전환율로 나타낼 수 있다.

$$-r_A = \frac{C_{A0}}{(1 + \varepsilon_A X_A)}\frac{dX_A}{dt}$$

부피의 항으로 속도식을 나타내면 다음과 같다.

$$-r_A = \frac{C_{A0}}{V\varepsilon_A}\cdot\frac{dV}{dt} = \frac{C_{A0}}{\varepsilon_A}\cdot\frac{d(\ln V)}{dt} \tag{67}$$

### ▶ 미분법에 의한 해석

등온 변용 반응기 데이터의 미분법에 의한 해석은 정용(혹은 등용) 반응기의 경우와 같으나, 다음 식에 나타낸 부분만 추가 고려해야 한다.

$$\frac{dC_A}{dt}, \quad \frac{C_{A0}}{V\varepsilon_A}\frac{dV}{dt} \quad \text{또는} \quad \frac{C_{A0}}{\varepsilon_A}\frac{d(\ln V)}{dt} \tag{68}$$

이는 ln $V$를 $t$에 대하여 플롯하고 이 그래프의 기울기를 구해야 한다.

### ▶ 적분법에 의한 해석

불행하게도 단지 몇 개의 간단한 속도식만이 적분하여 해석할 수 있는 형태의 $t$에 대한 $V$의 형태를 가진다. 이를 좀 더 자세히 살펴보자.

**0차 반응** 균질계 0차 반응에서 어떠한 반응물 A의 변화속도는 물질의 농도에 무관하므로

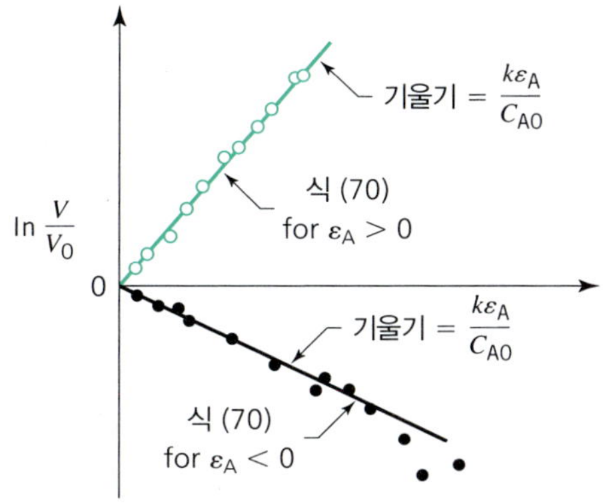


그림 3.21 **정압 변용 반응기에서 균질계 0차 반응 검증.**

$$-r_A = \frac{C_{A0}}{\varepsilon_A}\frac{d(\ln V)}{dt} = k \tag{69}$$

이다. 이를 적분하면 다음 식이 얻어진다.

$$\boxed{\frac{C_{A0}}{\varepsilon_A}\ln\frac{V}{V_0} = kt} \tag{70}$$

그림 3.21에 나타난 바와 같이 부피 변화 분율의 대수(log)를 시간에 대하여 플롯하면 기울기가 $k\varepsilon_A/C_{A0}$인 직선을 구할 수 있다.

**1차 반응** 단분자형 1차 반응에 대하여 반응물 A의 변화속도는 다음과 같다.

$$-r_A = \frac{C_{A0}}{\varepsilon_A}\frac{d(\ln V)}{dt} = kC_A = kC_{A0}\left(\frac{1 - X_A}{1 + \varepsilon_A X_A}\right) \tag{71}$$

식 (63)으로부터 $X_A$를 부피 $V$로 치환하고 적분하면 다음 식을 얻을 수 있다.

$$\boxed{-\ln\left(1 - \frac{\Delta V}{\varepsilon_A V_0}\right) = kt,\ \Delta V = V - V_0} \tag{72}$$

그림 3.22에 나타난 바와 같이 식 (72)를 세미로그(semi-log)로 플롯하면 기울기가 $k$인 직선을 얻게 된다.

**2차 반응** 2분자형 2차 반응

$$2A \rightarrow 생성물$$

또는

$$A + B \rightarrow 생성물,\ C_{A0} = C_{B0}$$

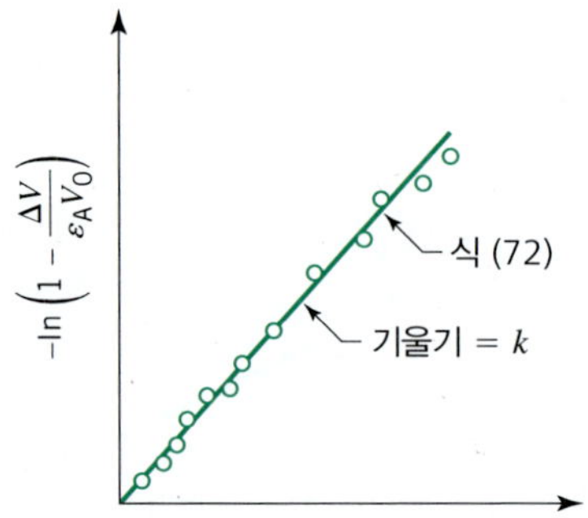


그림 3.22 정압 변용 반응기에서 1차 반응 검증.

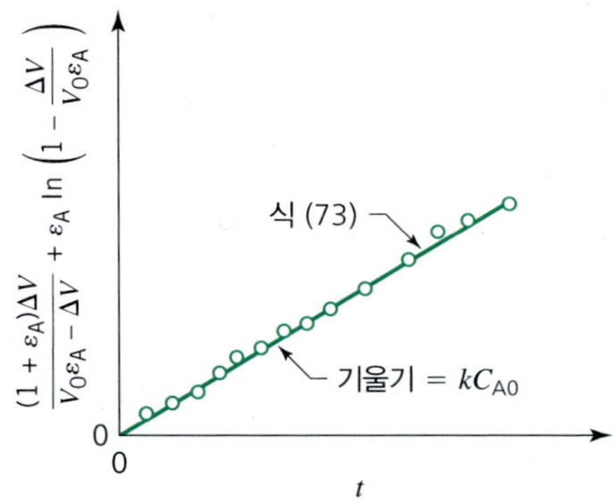


그림 3.23 정압 변용 반응기에서 2차 반응 검증.

에 대하여 반응속도는 다음과 같이 주어진다.

$$-r_A = \frac{C_{A0}}{\varepsilon_A}\frac{d\ln V}{dt} = kC_A^2 = kC_{A0}^2\left(\frac{1 - X_A}{1 + \varepsilon_A X_A}\right)^2$$

식 (63)로부터 $X_A$를 $V$로 대체하고 몇 번의 대수적 조작을 한 후에 적분하면 다음 식이 얻어진다.

$$\boxed{\frac{(1+\varepsilon_A)\,\Delta V}{V_0\varepsilon_A - \Delta V} + \varepsilon_A \ln\left(1 - \frac{\Delta V}{V_0\varepsilon_A}\right) = kC_{A0}t} \qquad (73)$$

그림 3.23에 이들 속도식을 어떻게 시험하는지를 보여주고 있다.

***n*차 및 기타 반응** 0차, 1차, 2차 반응 이외의 다른 속도식은 적분법으로 해석하는 것이 효율적이지 않다.

## 3.3 온도와 반응속도

지금까지 우리는 주어진 온도에서 반응속도에 미치는 반응물과 생성물 농도의 영향을 검토했다. 그리고 완전한 속도식을 알기 위해서는 반응속도에 미치는 온도의 영향도 알 필요가 있다. 전형적인 속도식은 다음과 같다.

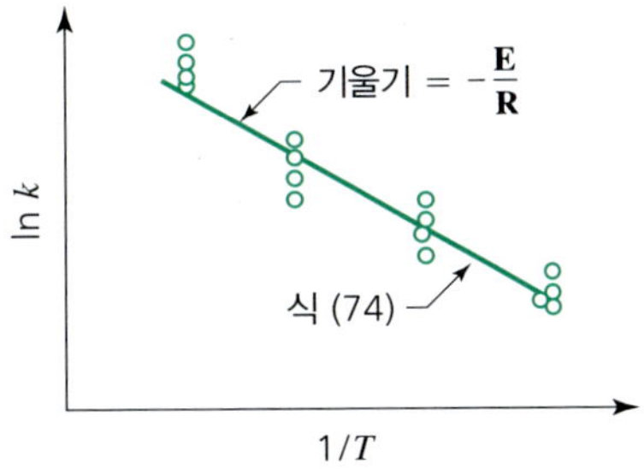


그림 3.24 아레니우스 법칙에 의한 반응의 온도 의존성.

$$-r_A = -\frac{1}{V}\frac{dN_A}{dt} = kf(C)$$

여기서 농도에 무관한 항인 속도 상수는 온도에 영향을 받는 반면에 농도의존항 $f(C)$는 보통 온도의 영향을 받지 않는다.

화학 이론은 속도 상수가 다음과 같이 온도에 의존한다고 예측한다.

$$k \propto T^m e^{-\mathbf{E}/\mathbf{R}T}$$

그러나 지수항(exponential)이 멱수항(power term)보다 온도에 훨씬 민감하기 때문에 합리적으로 생각하여 속도 상수는 근사적으로 $e^{-\mathbf{E}/\mathbf{R}T}$와 같이 변한다고 생각할 수 있다.

따라서 반응속도의 농도 의존성을 구하고, Arrhenius 관계식을 이용하여 온도에 따른 속도 상수의 변화를 조사할 수 있다.

$$k = k_0 e^{-\mathbf{E}/\mathbf{R}T}, \qquad \mathbf{E} = \left[\frac{\text{J}}{\text{mol}}\right] \qquad \textbf{(2.34)} \text{ 또는 } \textbf{(74)}$$

이는 그림 3.24에서와 같이 ln $k$를 $1/T$에 대하여 플롯하면 쉽게 결정할 수 있다.

만약 속도 상수가 두 가지 다른 온도에서 알려져 있다면, 2장에서 언급한 다음 식을 얻을 수 있다.

$$\ln\frac{k_2}{k_1} = \frac{\mathbf{E}}{\mathbf{R}}\left[\frac{1}{T_1} - \frac{1}{T_2}\right] \quad \text{또는} \quad \mathbf{E} = \frac{\mathbf{R}T_1T_2}{T_2 - T_1}\ln\frac{k_2}{k_1} \qquad \textbf{(2.35)} \text{ 또는 } \textbf{(75)}$$

마지막으로, 2장에서 언급한 바와 같이 온도에 따른 에너지 **E**의 변동은 반응 메카니즘의 변화를 반영한다. 이는 온도에 의해 농도 의존성이 변화할 수 있기 때문에, 이러한 가능성도 역시 조사해야 한다.

**압력측정 사용에 관한 경고** 기체를 다룰 때 공학자와 화학자는 종종 화학조성을 분압과 전압으로 측정하고 이를 속도식에 압력의 형태로 표현한다. 그러나 이 표현은 문제를 일으킬 수 있다. 그 이유는 이들 단위를 사용하여 계산한 활성화 에너지가 틀리기 때문이다. 이를 다음의 예제를 통해 살펴보자.

## 예제 3.3 ▶ 정확하고 부정확한 활성화 에너지(E) 값

회분 반응기에서 어떤 물질 A의 특별한 분해에 대한 실험적 연구(압력 단위를 이용하여 표시된)에 의하면, 다른 두 개의 온도에서 정확하게 똑같은 반응속도를 나타내었다.

$$\begin{array}{ll} 400\text{ K에서} & -r_A = 2.3\,p_A^2 \\ 500\text{ K에서} & -r_A = 2.3\,p_A^2 \end{array} \quad \text{여기서} \quad \begin{cases} -r_A = \left[\dfrac{\text{mol}}{\text{m}^3\cdot\text{s}}\right] \\ p_A = [\text{atm}] \end{cases}$$

**(a)** 이 압력단위를 사용하여 활성화 에너지를 구하라.

**(b)** 속도식을 농도단위로 환산하여 활성화 에너지를 구하라.

압력이 아주 높지 않으므로 이상 기체 방정식(ideal gas law)을 사용할 수 있다.

### 풀이

**(a)** ***압력단위 사용.*** 우리가 바로 확인할 수 있는 것은 온도 변화가 반응속도에 영향을 미치지 못하다는 것이다. 이는 활성화 에너지가 0이라는 것을 의미한다.

$$\underline{\underline{\mathbf{E} = 0}}$$

다른 방법으로 계산을 통해 **E**를 구할 수도 있다. 즉

$$\ln\frac{k_2}{k_1} = \ln\frac{2.3}{2.3} = 0$$

이다. 따라서 식 (75)에 대입하면

$$\underline{\underline{\mathbf{E} = 0}}$$

임을 보여준다.

**(b)** ***$p_A$를 $C_A$로 변환하고 나서 E를 구함.*** 먼저 보여준 모든 단위로 속도식을 쓴다.

$$-r_A,\ \frac{\text{mol}}{\text{m}^3\cdot\text{s}} = \left(2.3,\ \frac{\text{mol}}{\text{m}^3\cdot\text{s}\cdot\text{atm}^2}\right)(p_A^2,\ \text{atm}^2)$$

다음에 $P_A$를 $C_A$로 바꾸는 데 이상 기체 법칙으로부터

$$p_A = \frac{n_A}{V}\mathbf{R}T = C_A\mathbf{R}T$$

이고, 이들 두 식을 결합하면 다음과 같이 된다.

$$-r_A = 2.3C_A^2\mathbf{R}^2T^2$$

400 K에서

$$-r_{A1} = 2.3 \frac{\text{mol}}{\text{m}^3 \cdot \text{s} \cdot \text{atm}^2} \cdot C_A^2 \left(82.06 \times 10^{-6} \frac{\text{m}^3 \cdot \text{atm}}{\text{mol} \cdot \text{K}}\right)^2 (400\ \text{K})^2$$

$$= 0.0025 C_A^2 \quad \text{여기서} \quad k_1 = 0.0025 \frac{\text{m}^3}{\text{mol} \cdot \text{s}}$$

이고 마찬가지로 500 K에서는

$$-r_{A2} = 0.0039 C_A^2 \quad \text{여기서} \quad k_2 = 0.0039 \frac{\text{m}^3}{\text{mol} \cdot \text{s}}$$

이 된다. 여기서 농도단위로 나타내면 속도 상수는 온도에 무관하지 않다. 식 (75)를 이용하여 에너지를 계산하면

$$\mathbf{E} = \frac{(8.314)(400)(500)}{500 - 400} \ln \frac{0.0039}{0.0025}$$

또는

$$\mathbf{E} = 7394 \frac{\text{J}}{\text{mol}}$$

이다. 이 예제는 반응에서 어떤 물질의 농도를 측정하기 위해 압력 $p_A$나 농도 $C_A$를 사용할 때 **E** 값이 달라지는 예를 보여주고 있다.

## 마지막 주석

**1.** 화학(충돌 이론 혹은 전이 상태 이론)은 농도의 항으로 반응속도와 활성화 에너지에 대한 식을 발전시켰다.

**2.** 균질계 반응의 **E**와 $-r_A$에 대한 문헌상의 표는 보통 농도를 기준으로 한다. 이에 대한 단서는 속도 상수에 대한 단위가 이에 압력은 나타나지 않고 종종 $s^{-1}$, L/mol·s 등으로 표기되어 있기 때문이다.

**3.** 다른 온도에서 실험을 할 때 먼저 다음과 같은 관계식을 사용하여 모든 $p$ 값을 $C$ 값으로 바꾸고 문제를 푸는 것이 좋다.

이상 기체에 대해서 $\quad P_A = C_A \mathbf{R} T$

비이상 기체(혹은 실제기체)에 대해서 $\quad P_A = z C_A \mathbf{R} T$

이며, 여기에서 $z$는 압축 인자(compressibility factor)이다. 이 두 식을 이용하면 나중에 특히 반응이 가역 반응이거나 기체는 물론 액체 그리고(혹은) 고체를 포함한 반응인 경우에 단위에 대한 혼란을 피할 수 있다.

## 3.4 속도식의 탐색

한 세트의 실험 데이터에 맞는 반응속도와 반응 메카니즘을 찾는 데 있어서 두 가지 질문에 답해 보자.

1. 올바른 반응 메카니즘과 이에 대응하는 속도식의 형태(type)를 갖고 있는가?
2. 속도식의 올바른 형태가 있다면 그 식의 속도 상수에 대한 최선의 값을 갖고 있는가?

위의 두 가지 질문에서 답하기 어려운 질문은 첫 번째다. 왜 그럴까?

만일 한 세트의 데이터가 있고 곡선군(포물선, 3차 곡선, 쌍곡선, 지수곡선 등) 중의 어느 하나가 다른 것보다 정말로 이들 데이터에 부합되는지를 알고 싶다고 하자. 이 질문에 간단하게 대답하기는 어렵다. 그 이유는 어떠한 고차멱수의 수학적 또는 통계학적 방법도 이를 결정하는 데 도움이 안 되기 때문이다. 이러한 결론에 대한 한 가지 예외는 비교하는 그래프 중의 하나가 직선인 경우이다. 이런 경우에는 직선이 데이터에 합리적으로 부합되는지를 단순하면서 일관되고 아주 신뢰감 있게 말할 수 있어야 한다. 따라서 직선에 반하는 충분한 근거가 없을 때 이를 거부하기 위한 부정적인 시험도 해야 한다.

이 장에서 나오는 모든 속도식은 수학적 조작으로 직선 형태로 되었는데, 이는 직선군만이 시험되고 거부될 수 있다는 특별한 성질 때문이다.

한 세트의 점들에 대한 직선성을 시험하기 위해 보통 세 가지 방법이 사용된다.

**각각의 데이터 점에서 $k$의 계산** 당면한 속도식에서, 속도 상수는 각각의 실험 데이터를 이용하여 미분법이나 적분법으로 구할 수 있다. 속도 상수 $k$ 값의 경향성이 식별 가능하지 않으면, 이 속도식은 만족스럽고 $k$ 값은 평균으로 구할 수 있다.

이 방법으로 계산된 $k$ 값은 각 점에서 원점과 연결시킨 직선의 기울기들이다. 따라서 그래프에 같은 크기로 분산되면 원점 부근의 점들에 대해 계산된 $k$ 값은 크게 다르고, 반면에 원점에서 멀리 떨어진 점들에 대해 계산된 값들은 적은 변화를 보인다(그림 3.25 참고). 이러한 사실이 $k$가 상수인지를 결정하기 어렵게 만들고, 만약 상수라면 최선의 값이 얼마인지를 결정하는 것을 어렵게 한다.

**쌍으로 된 데이터 포인트에서 $k$의 계산** $k$ 값은 실험값의 연속하는 쌍에서 계산할 수 있다. 데이터가 많이 분산되어 있거나 또는 점들이 근접해 있을 때에도 $k$ 값들은 서로 매우 다르고 $k$의 평균값 $k_{mean}$는 구하기 어렵다. 실제로 $x$축에서 같은 간격에 있는 점들에 대하여 이 방법으로 $k_{mean}$

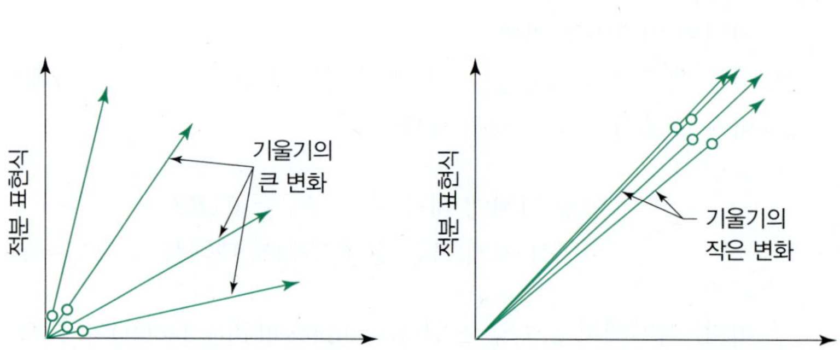


그림 3.25 실험 데이터 포인트의 위치가 계산된 $k$ 값의 산란에 어떤 영향을 미치는지 확인할 수 있다.

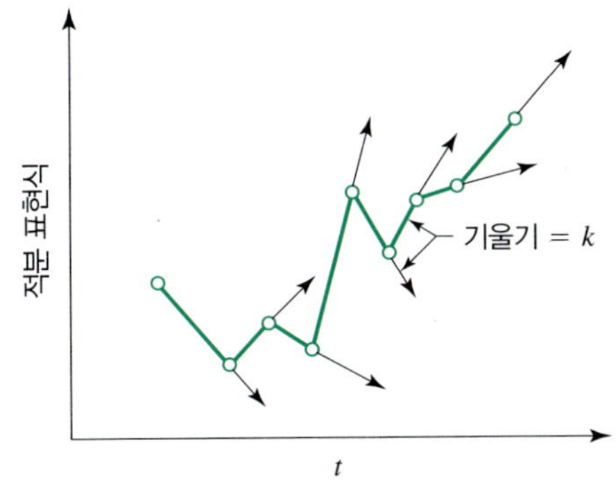


그림 3.26 연속적인 실험 지점에서 계산된 $k$ 값은 크게 변동될 수 있다.

을 구하는 것을 두 개의 양극단 값(two extreme data)만을 생각하고 그 사이의 점들을 무시한 경우와 같아진다. 이것은 쉽게 증명할 수 있다. 그림 3.26은 이 절차의 예를 보여준다. 이 방법은 모든 면에서 나쁜 방법이며 속도 상수의 평균값이나 데이터의 직선성을 구하는 데 추천되지 않는다.

**데이터 맞추기의 도식법** 실제로 앞선 방법들은 $k$ 값을 구하는 데 데이터의 플롯을 필요로 하지 않는다. 도식법(graphical method)에 의하면 데이터를 플롯한 후 직선성에서의 편차(deviation)를 조사한다. 직선과 같이 일치되는지의 여부를 결정하는 것이 데이터를 보고 직감적으로 잘 판단하는 것이다. 의심스러우면 더 많은 데이터를 고려해야 한다.

도식법은 데이터에 대한 속도식의 부합성을 평가하는 데 가장 안전하고 정상적이며 믿을 만한 방법이다. 따라서 가능하면 이 방법을 사용해야 하며, 이 장에서 이 방법을 강조하는 이유이다.

## 관련 읽기

Frost, A.A., and Pearson, R. G., *Kinetics and Mechanism*, 2nd ed., John Wiley & Sons, New York, 1961.
Laidler, K, J, *Chemical Kinetics*, 2nd ed., McGraw-Hill, New York, 1965.

## 연습 문제

**3.1** 만일 어떤 물질 A의 농도인 $C_A$가 1 mol/L일 때 $-r_A = -(dC_A/dt) = 0.2$ mol/L·s이면 $C_A$가 10 mol/L일 때 반응속도는 얼마인가?
*주의*: 반응 차수는 모른다.

**3.2** 액체 A가 1차 속도식에 따라서 분해된다. 회분 반응기에서 5분 동안에 50%의 A가 전환되었다. 얼마의 시간이 더 흘러야 75% 전환율(conversion)에 도달할까?

**3.3** 연습 문제 3.2를 2차 속도식이라고 가정하고 풀어라.

**3.4** 10분 동안의 실험으로 밝혀진 것은, 75%의 액체 반응물이 생성물로 전환되었고 반응는 ½차수(½-order rate)이다. 0.5시간 동안의 실험에서는 얼마의 분율이 전환(converted)되었는가?

**3.5** 등온의 균질계 액체중합에서, 초기의 단량체 농도가 0.04 및 0.08 mol/L인 경우 34분 동안에 20%의 단량체가 소모되었다. 단량체의 소모속도는 얼마인가?

**3.6** 회분 반응기에서 8분 후에 반응물($C_{A0}$ = 1 mol/L)의 80%가 전환되고, 18분 후에는 90%가 전환된다. 이 반응을 표시하는 속도식을 구하라.

**3.7** Snake-Eyes Magoo라는 남자는 습관이 있다. 예를 들어 그의 금요일 저녁의 일정은 항상 일정하다. $180의 주급을 받아서 "2-up"에서 2시간 동안 노름을 한 후 집에 올 때는 $45을 잃고 온다. Snake-Eyes Magoo의 노름 패턴은 예측할 수 있다. 그는 항상 그가 수중에 가지고 있는 현금에 비례하는 양으로 걸고, 또 잃는 돈 역시 수중의 현금에 비례한다. 금주에는 Snake-Eyes가 받은 주급이 올라서 3시간 도박을 하였으나 집에는 $135을 갖고 와서 평소와 같았다. 그의 주급은 얼마나 올랐을까?

**3.8** 다음 비가역 반응의 전체 반응 차수를 구하라.

$$2H_2 + 2NO \rightarrow N_2 + 2H_2O$$

같은 몰수의 수소와 일산화질소를 사용하여 정용 반응기에서 실험한 데이터는 다음과 같다.

| Total pressure, mm Hg | 200 | 240 | 280 | 320 | 360 |
|---|---|---|---|---|---|
| Half-life, sec | 265 | 186 | 115 | 104 | 67 |

**3.9** 회분 반응기에서 액체상의 가역 1차 반응이 일어난다.

$$A \rightleftarrows R, \quad C_{A0} = 0.5 \text{ mol/liter}, \quad C_{R0} = 0$$

8분 후에 A의 전환율(conversion)은 33.3%이고 평형전환율(equilibrium conversion)은 66.7%이다. 이 반응에 대한 속도식을 구하라.

**3.10** 수용액 A가 반응하여 R을 생성하고 (A → R), 회분 반응기에서 1분 동안에 A의 농도가 $C_{A0}$ = 2.03 mol/L로부터 $C_{Af}$ = 1.97 mol/L로 떨어진다. 반응속도가 A에 대하여 2차 반응이라면 이 반응에 대한 속도식을 구하라.

**3.11** 수용액 A의 농도가 $C_{A0}$ = 1 mol/L이고, 이 반응물이 회분 반응기에 도입되어 화학양론 A → R에 따라서 반응하여 생성물 R을 생성한다. 반응기에서의 A의 농도를 여러 가지 시간에서 아래와 같이 측정하였다.

| $t$, min | 0 | 100 | 200 | 300 | 400 |
|---|---|---|---|---|---|
| $C_A$, mol/m³ | 1000 | 500 | 333 | 250 | 200 |

$C_{A0}$ = 500 mol/m³에 대하여 회분 반응기에서 5시간 후에 반응물의 전환율을 구하라.

**3.12** 연습 문제 3.11에 대하여 반응속도(reaction rate)를 구하라.

**3.13** Betahundert Bashby는 심심풀이로 도박을 좋아한다. 그는 이기리라 기대하지도 않고 실제로 이기지도 않는다. 따라서 그는 건 돈의 아주 작은 부분만 잃는 게임을 선택한다. 그는 쉬지 않고 일정한 경기를 하며 거는 돈은 그가 가진 돈에 비례한다. “galloping dominoes” 게임에서 그가 가진 돈의 반을 잃는 데 4시간이 걸리고, “chuk-a-luck” 게임에서는 2시간이 걸린다면, 그가 $1000을 갖고 시작하여 간단한 식사를 하고 집으로 돌아가기에 충분한 돈인 $10이 남았을 때 끝낸다고 할 때, 두 가지 게임을 동시에 할 수 있는 시간은 얼마나 되겠는가?

**3.14** 다음의 기초적인 직렬 반응에 대하여 R 농도의 최대값, 그리고 이 값에 도달하는 시간을 구하라.

$$A \xrightarrow{k_1} R \xrightarrow{k_2} S, \quad k_1 = k_2, \quad \text{at } t = 0 \quad \begin{cases} C_A = C_{A0}, \\ C_{R0} = C_{S0} = 0 \end{cases}$$

**3.15** 실온에서 설탕(sucrose)은 효소(sucrase) 촉매에 의해 다음과 같이 가수분해된다.

$$\text{sucrose} \xrightarrow{\text{sucrase}} \text{products}$$

초기에 설탕의 농도는 $C_{A0}$ = 1.0 mmol/L이고 효소의 농도는 $C_{E0}$ = 0.01 mmol/L이다. 반응은 회분 반응기에서 진행하여 다음의 데이터를 얻었다(설탕의 농도는 광학적 회전 측정법으로 계산함).

| $C_A$, millimol/liter | 0.84 | 0.68 | 0.53 | 0.38 | 0.27 | 0.16 | 0.09 | 0.04 | 0.018 | 0.006 | 0.0025 |
|---|---|---|---|---|---|---|---|---|---|---|---|
| $t$, hr | 1 | 2 | 3 | 4 | 5 | 6 | 7 | 8 | 9 | 10 | 11 |

이들 데이터가 다음의 Michaelis–Menten형의 속도식에 잘 부합하는지 결정하라.

$$-r_A = \frac{k_3 C_A C_{E0}}{C_A + C_M} \quad \text{여기서} \quad C_M = \text{Michaelis constant}$$

만일 실험 데이터가 이 식에 잘 부합한다면. 적분법을 이용하여 상수 $k_3$와 $C_M$을 구하라.

**3.16** 연습 문제 3.15의 문제를 미분법으로 푸는 것 외에는 동일하게 반복하라.

**3.17** 방사성 물질인 Kr-89 (반감기 = 76분)의 앰플(ampoule)을 하루 동안 방치하였다. 이는 앰플의 활성에 어떠한 영향을 미치는가? 방사성 물질의 감소는 1차 반응 공정을 따른다는 것을 주의하라.

**3.18** 효소 E는 다음과 같이 반응물 A를 생성물 R로 전환시킨다.

$$A \xrightarrow{\text{enzyme}} R, \qquad -r_A = \frac{200 C_A C_{E0}}{2 + C_A} \frac{\text{mol}}{\text{liter} \cdot \text{min}}$$

만일 회분 반응기에 효소($C_{E0}$ = 0.001 mol/L) 및 반응물($C_{A0}$ = 10 mol/L)을 도입하고 반응을 진행시킨다면 반응물의 농도가 0.025 mol/L로 떨어지는 데 걸리는 시간을 구하라. 단, 반응 중에 효소의 농도는 변하지 않는다.

**3.19** 다음 반응에 대하여 회분 반응기에서 1시간 후의 전환율을 구하라.

$$A \rightarrow R, \quad -r_A = 3C_A^{0.5} \frac{\text{mol}}{\text{liter} \cdot \text{hr}}, \quad C_{A0} = 1 \text{ mol/liter}$$

**3.20** Hellin과 Jungers는 그들의 연구논문 *Bull. Soc. Chim. France*, **386** (1957)에서 22.9°C의 수용액에서 황산(sulfuric acid)과 디에틸황산염(diethylfulfate)과의 반응 결과를 발표하였다(표 P3.20).

$$H_2SO_4 + (C_2H_5)_2SO_4 \rightarrow 2C_2H_5SO_4H$$

황산과 디에틸황산염의 초기 농도가 각각 5.5 mol/L일 때 이 반응에 대한 속도식을 구하라.

**표 P3.20**

| *t*, min | $C_2H_5SO_4H$, mol/liter | *t*, min | $C_2H_5SO_4H$, mol/liter |
|---|---|---|---|
| 0 | 0 | 180 | 4.11 |
| 41 | 1.18 | 194 | 4.31 |
| 48 | 1.38 | 212 | 4.45 |
| 55 | 1.63 | 267 | 4.86 |
| 75 | 2.24 | 318 | 5.15 |
| 96 | 2.75 | 368 | 5.32 |
| 127 | 3.31 | 379 | 5.35 |
| 146 | 3.76 | 410 | 5.42 |
| 162 | 3.38 | ∞ | (5.80) |

**3.21** 민감한 압력측정 장치가 부착된 작은 반응기를 깨끗이 씻어내고 순수한 반응물 A를 1기압하에서 채웠다. 이 조작은 반응속도가 감지될 수 없는 정도로 낮은 온도 25°C에서 수행된다. 반응물을 채운 후 반응기를 끓는 물에 갑자기 넣어 온도를 가능한 한 급속히 100°C로 상승시켜 아래와 같은 데이터를 구했다. 반응의 화학양론식은 2A → B이고, 반응기를 수조에 주말 동안 넣어 둔 후 A의 양을 분석하였더니 A는 조금도 발견되지 않았다. 이 데이터에 잘 부합되는 속도식을 mol, L, min의 단위로 구하라.

**표 P3.21**

| *t*, min | $\pi$, atm | *t*, min | $\pi$, atm |
|---|---|---|---|
| 1 | 1.14 | 7 | 0.850 |
| 2 | 1.04 | 8 | 0.832 |
| 3 | 0.982 | 9 | 0.815 |
| 4 | 0.940 | 10 | 0.800 |
| 5 | 0.905 | 15 | 0.754 |
| 6 | 0.870 | 20 | 0.728 |

**3.22** 반응 A → R은 2차 속도식을 따르고 $C_{A0}$ = 1 mol/L이다. 회분 반응기에서 1시간 후에 50% 전환율을 얻었다. 만일 $C_{A0}$ = 10 mol/L라면 1시간 후에 A의 전환율과 농도는 얼마인가?

**3.23** 분해반응 A → R에 대하여 회분 반응기에서 $C_{A0}$ = 1 mol/L일 때 1시간 후에 전환율이 75%이고 2시간 후에 완전히 전환되었다. 이 속도식을 나타내는 반응식을 구하라.

**3.24** 특정한 농도의 균질계 촉매가 존재할 때, 수용액 반응물 A가 다음과 같은 반응속도로 생성물로 전환되고 $C_A$만으로 이의 반응속도를 알 수 있다.

| $C_A$, mol/liter | 1 | 2 | 4 | 6 | 7 | 9 | 12 |
|---|---|---|---|---|---|---|---|
| $-r_A$, mol/liter·hr | 0.06 | 0.1 | 0.25 | 1.0 | 2.0 | 1.0 | 0.5 |

이상의 데이터를 얻는 데 사용한 촉매 농도와 동일하게 회분 반응기에서 반응을 진행시키려고 한다. A의 농도가 $C_{A0}$ = 10 mol/L로부터 $C_{Af}$ = 2 mol/L로 감소하는 데 필요한 시간을 구하라.

**3.25** 순수한 기체 A를 0°C에서 정용 회분 반응기 내에 넣어 다음과 같은 데이터를 얻었다.

| Time, min | 0 | 2 | 4 | 6 | 8 | 10 | 12 | 14 | ∞ |
|---|---|---|---|---|---|---|---|---|---|
| Partial pressure of A, mm | 760 | 600 | 475 | 390 | 320 | 275 | 240 | 215 | 150 |

분해반응의 화학양론이 A → 2.5R라면, 이 반응을 잘 표현하는 속도식을 구하라.

**3.26** 예제 3.1*c*에서 F = 80%일 때 분수 수명법(fractional life method)을 사용하여 속도식을 구하는 방법을 설명했다. 이 예제 데이터를 이용하여 반감기법(half-life method)을 사용하여 속도식을 구하라. 한 가지 제안을 하자면, $C_{A0}$ = 10, 6, 2를 사용하라.

**3.27** 진한 요소(urea) 용액을 저장하면 요소는 서서히 응축되어 다음과 같은 기초 반응에 의해 뷰렛(biuret)이 된다.

$$2\,NH_2\text{–}CO\text{–}NH_2 \rightarrow NH_2\text{–}CO\text{–}NH\text{–}CO\text{–}NH_2 + NH_3$$

응축속도를 연구하기 위해 요소 샘플($C$ = 20 mol/L)을 100°C에서 저장한 다음 7시간 40분 후에 1 mol% 요소가 뷰렛으로 전환된 것을 알았다. 이 응축반응에 대한 속도식을 구하라. [Data from W.M. Butt, *Pak. I. Ch. E.*, **1**, 99 (1973).]

**3.28** 물질 *C*가 존재하면 A와 B의 반응 A + B → AB의 반응속도를 증가시키는 것같이 보인다. 우리는 *C*가 반응물 중의 하나와 결합하여 중간체를 생성하고 중간체가 더욱 반응하는 것에 의하여 *C*가 촉매로 작용한다고 추측한다. 표 P3.28에 있는 반응속도 데이터로부터 이 반응에 대한 반응 메카니즘과 속도식을 예측하라.

**표 P3.28**

| [A] | [B] | [C] | $r_{AB}$ |
|---|---|---|---|
| 1 | 3 | 0.02 | 9 |
| 3 | 1 | 0.02 | 5 |
| 4 | 4 | 0.04 | 32 |
| 2 | 2 | 0.01 | 6 |
| 2 | 4 | 0.03 | 20 |
| 1 | 2 | 0.05 | 12 |

**3.29** 기체 반응 2A → R에서 A의 소모에 대한 1차 속도 상수를 구하라. 이때 압력은 일정하고 반응 혼합물의 부피는 처음에 A가 80%였으며 3분 후에 20%가 감소한다.

**3.30** 기체 반응 A → 1.6R에서 A의 소모에 대한 1차 속도 상수를 구하라. 이때 반응 혼합물의 부피가 처음에는 순수한 A로 시작하여 4분 후에 50% 증가한다. 이 시스템의 전압은 1.2 atm으로 일정하고 온도는 25°C이다.

**3.31** 요오드화수소(hydrogen iodide)의 열분해는 아래와 같이 진행된다고 M. Bodenstein [*Z. phys. chem.*, **29**, 295 (1899)]이 보고하였다.

$$2HI \rightarrow H_2 + I_2$$

| $T$, °C | 508 | 427 | 393 | 356 | 283 |
|---|---|---|---|---|---|
| $k$, cm³/mol · s | 0.1059 | 0.003 10 | 0.000 588 | $80.9 \times 10^{-6}$ | $0.942 \times 10^{-6}$ |

이 반응에 대한 완전한 속도식을 구하라. 단위는 J, mol, cm$^3$, s를 사용하라.

제 4 장

# 반응기 설계 개론

*Introduction to Reactor Design*

## 4.1 일반 논의

지금까지 이 책에서는 균질계 반응의 진행을 묘사하는 *반응 속도식 혹은 속도식*(rate equation)이라는 수학적 표현을 사용하였다. 반응 성분 $i$에 대한 속도식은 세기량(intensive measure)로서 속도식이 반응과 관련된 주어진 조건의 함수로 성분 $i$가 얼마나 빨리 생성되고 소모되는가를 나타낸다. 즉, 다음과 같은 미분식으로 나타낼 수 있다.

$$r_i = \frac{1}{V}\left(\frac{dN_i}{dt}\right)_{\text{by reaction}} = f \text{ (반응부피 } V \text{ 영역 내의 조건들)}$$

반응기 설계에서 우리들이 알고자 하는 것은 주어진 작업에 가장 적합한 반응기 크기, 반응기 유형 및 조작 방법이다. 반응기 내의 다양한 조건들이 시간은 물론 위치에 따라 변하므로 각 조업마다 속도식의 적절한 적분을 통해 그 해답을 구할 수 있다. 반응기 설계가 어려운 이유는 반응 유체의 온도와 물질 조성이 반응의 발열이나 흡열 특성, 계(시스템)에서 제거되거나 가해지는 열의 속도 그리고 반응기를 통과하는 유체의 흐름 양식에 따라 각 지점에서 변화하기 때문이다. 그러므로 실제 반응기의 성능을 예측하는 데 고려되어야 할 인자들은 대단히 많다. 반응기 설계의 주요한 문제의 해결은 이러한 인자들을 어떻게 잘 고려하는가에 달려 있다.

균질계 반응이 일어나는 장치는 일반적으로 다음 세 가지 유형 중에 하나다: *회분식*(batch), *정상 상태 흐름*(steady-state flow), *비정상 상태 흐름*(unsteady-state flow) 혹은 *반회분식 반응기*(semi-batch). 마지막 부류인 비정상 상태 흐름 혹은 반회분식은 회분식과 정상 상태를 제외한 모든 반응기를 포함한다. 그림 4.1에 이들 반응기 유형을 나타내었다.

이제 이 반응기 유형들의 주요 특징과 응용 분야를 간단히 알아보자. 이러한 논의는 자연스럽게 본문에서 더욱 자세히 다룰 예정이다. 회분(식) 반응기는 간단하고 지원 장비가 거의 필요 없기 때문에 반응속도론에 관한 작은 규모의 실험실 연구에 안성맞춤이다. 공업적으로는 취급하는 물질이 비교적 소량인 경우에 사용한다. 정상 (상태) 흐름 반응기는 산업적 목적으로 적당한데, 다량의 물질을 처리하고 반응속도가 상당히 빠르거나 아주 빠른 경우에 사용한다. 지원장비(혹은 보조장치)가 많이 필요한 반면 제품의 품질관리를 대단히 잘 할 수 있다. 예상한 바대로 이 반응기는 석유산업에 널리 이용된다. 반회분(식) 반응기는 시스템이 유연한 반면 다른 형태의 반응기보다 해석(혹은 분석)이 어렵다. 이 반응기는 반응물이 첨가됨에 따라 반응이 진행되므로 반응속도의 조절이 아주 쉽다. 이 형태는 실험실에서의 칼로리 적정(calorimetric titration)에서부

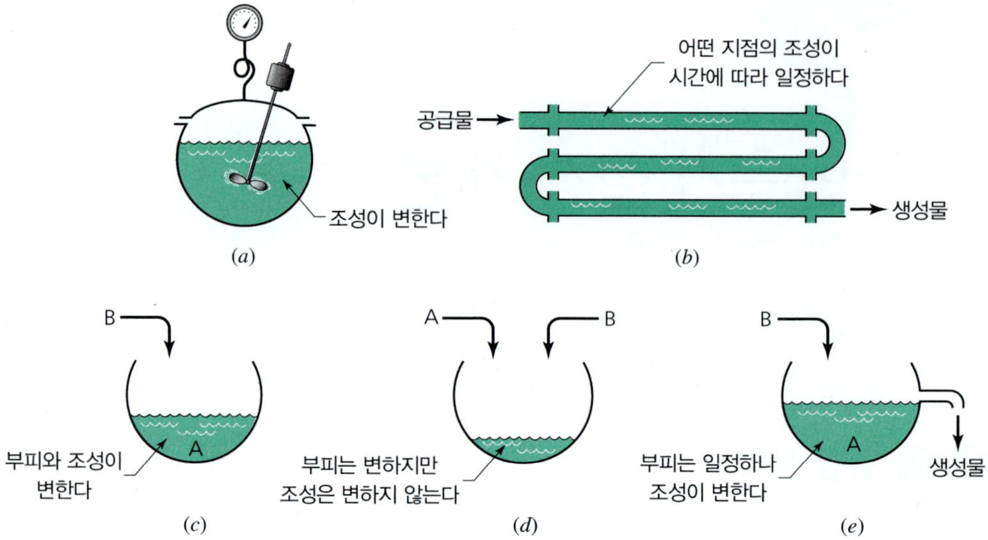


**그림 4.1** **광범위한 반응기 유형 분류.** (*a*) **회분식 반응기,** (*b*) **정상 상태 흐름 반응기,** (*c*), (*d*), (*e*)**는 다양한 형태의 반회분식 반응기.**

터 제강용 대규모 용광로 혹은 평로(hearth furnace)에까지 광범위하게 이용된다.

모든 반응기 설계는 반응물이나 생성물에 대한 *물질 수지*(material balance)에서 시작한다. 대표적인 물질 수지가 그림 4.2에서 예시되어 있다.

$$\begin{pmatrix}\text{부피 요소}\\\text{로 들어가}\\\text{는 반응물}\\\text{의 속도}\end{pmatrix} = \begin{pmatrix}\text{부피요소에}\\\text{서 나가는}\\\text{반응물의}\\\text{속도}\end{pmatrix} + \begin{pmatrix}\text{부피요소에서 화학}\\\text{반응으로 감소되는}\\\text{반응물의 속도}\end{pmatrix} + \begin{pmatrix}\text{부피요소에}\\\text{축적되는}\\\text{반응물의}\\\text{속도}\end{pmatrix} \quad \textbf{(1)}$$

반응기 내 물질 조성이 균질(위치에 무관)할 때는 반응기 전체에 대하여 계산한다. 한편 조성이 균질하지 않으면 미소 부피 요소에 대하여 식을 세워 적절한 흐름과 농도 조건에 대하여 반응기 전체에 대해 적분한다. 각종 유형의 반응기에 대하여 이 수지식은 어떤 식으로든 단순화되고, 적분한 결과식이 *기초적인 성능식 혹은 성능 방정식*(performance equation)이 된다. 따라서 회분 반응기에서 식 (1)의 앞의 두 항은 0이고, 정상 흐름 반응기에서는 식 (1)의 네 번째 항이 없어지

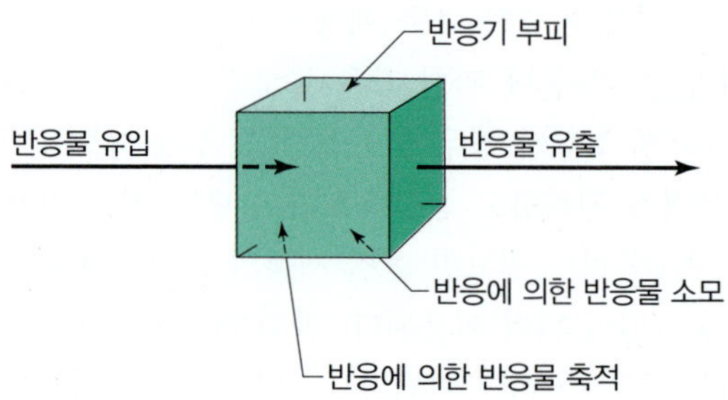


**그림 4.2** **반응기 부피 요소에 대한 물질 수지.**

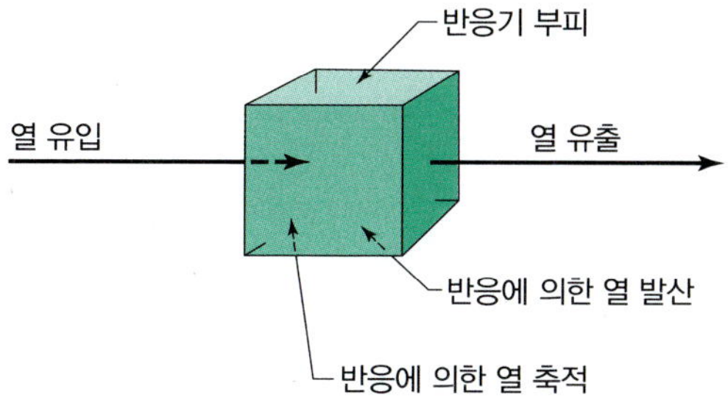


그림 4.3 **반응기 부피 요소에 대한 에너지 수지.**

며 반회분 반응기는 네 항을 모두 고려해야 한다.

등온조작이 아니면 물질 수지 이외에 *에너지 수지*(energy balance)를 고려해야 한다. 그림 4.3에서 예시한 바와 같이 에너지 수지는 다음과 같다.

$$\begin{pmatrix}\text{부피요소로}\\\text{들어오는 열}\\\text{흐름의 속도}\end{pmatrix} = \begin{pmatrix}\text{부피요소에}\\\text{서 나가는 열}\\\text{흐름의 속도}\end{pmatrix} + \begin{pmatrix}\text{부피요소에서}\\\text{반응으로 일어}\\\text{나는 열의 발산}\\\text{속도}\end{pmatrix} + \begin{pmatrix}\text{부피요소내의}\\\text{열의 축적}\\\text{속도}\end{pmatrix} \quad (2)$$

이 계산은 상황에 따라 반응기의 미분요소(미분적 해석)에 대해서 할 수도 있고 반응기 전체(적분적 해석)에 대해서 할 수도 있다.

물질 수지 식 (1)과 에너지 수지 식 (2)는 각 식의 세 번째 항에 의해 함께 연관되어 있다. 왜냐하면 열 효과는 반응 자체에 의해서 생기기 때문이다.

식 (1)과 (2)는 모든 설계에 대한 시발점이므로 다음 장들에서 더욱 복잡한 여러 경우에 적분을 검토해 보기로 한다.

조작조건의 변화에 대한 반응계의 응답(온도와 압력의 변화에 따른 반응속도와 평형전환율의 변화)을 예측할 수 있는 경우, 두 가지 상반되는 설계(단열조작과 등온조작, 단일 반응과 복합 반응, 흐름식과 회분식)에 대한 수율을 비교할 수 있는 경우, 그리고 여러 방법들의 경제성을 산출할 수 있을 경우에 한해 당면한 목적에 잘 부합되는 설계를 얻었다고 확신하게 된다. 그러나 불행하게도 실제로 간단한 계산으로 좋은 설계 결과가 나오는 경우는 거의 없다.

우리는 합당한 여러 설계 방법들을 모두 시도해 보아야 하는가? 우리의 해석은 얼마나 정교해야 하는가? 문제를 단순화하기 위한 가정들은 어떻게 세울까? 지금 어떤 지름길을 택해야 하는가? 무시해야 할 인자와 고려해야 할 인자는 무엇인가? 우리가 가지고 있는 데이터의 신뢰도와 완전성은 설계에 어떻게 영향을 미치는가? 훌륭한 공학적 판단은 오로지 경험에 의해 이루어지며, 이 판단은 우리가 어떤 길을 택해야 하는지를 제시할 것이다.

## ▶ 기호 그리고 $C_A$(농도)와 $X_A$(전환율)의 관계

불활성(inert)물질 $i$몰의 I 물질을 포함하는 반응 $a\mathrm{A} + b\mathrm{B} \rightarrow r\mathrm{R}$을 고려하자. 그림 4.4와 4.5는 회분 및 흐름 반응기에서 무엇이 일어나고 있는지를 말해줄 수 있는 기호를 나타낸다. 이 그림은

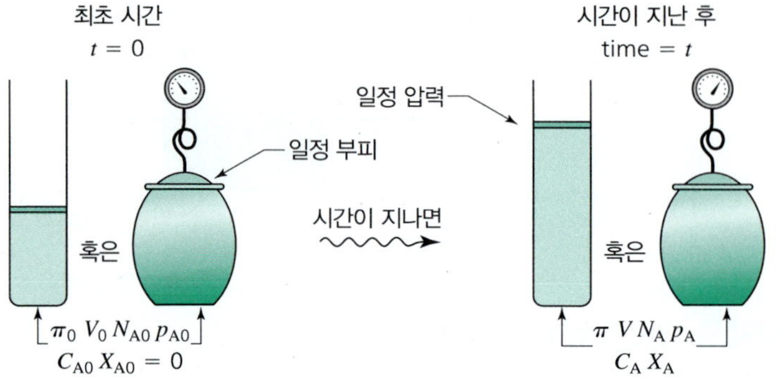


그림 4.4 회분 반응기 해석에 사용된 기호.

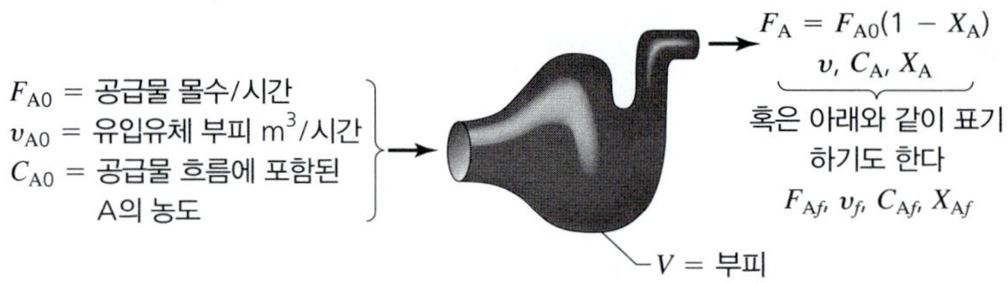


그림 4.5 흐름 반응기 해석에 사용된 기호.

반응 진척도(the extent of reaction)를 측정하는 두 가지 변수인 농도 $C_A$와 전환율 $X_A$가 연관되어 있다는 것을 나타낸다. $C_A$와 $X_A$ 사이의 관계는 분명하지 않지만 많은 인자에 의존한다. 이와 관련하여 다음 세 가지 특별한 경우를 살펴보자.

**특별한 경우 1. 밀도가 일정한 경우 회분 시스템과 흐름 시스템.** 대부분의 액체반응을 비롯하여 일정한 온도와 밀도에서 진행되는 기체 반응이 여기에 속한다. 여기서 $C_A$와 $X_A$는 다음과 같은 상관관계가 있다.

$$\left.\begin{aligned} X_A = 1 - \frac{C_A}{C_{A0}}, \quad dX_A = -\frac{dC_A}{C_{A0}} \\ \frac{C_A}{C_{A0}} = 1 - X_A, \quad dC_A = -C_{A0}dX_A \end{aligned}\right\} \quad \varepsilon_A = \frac{V_{X_A=1} - V_{X_A=0}}{V_{X_A=0}} = 0\text{인 경우} \tag{3}$$

물질 B와 물질 R의 농도 변화를 물질 A의 농도와 관련지으면 다음 식이 된다.

$$\frac{C_{A0} - C_A}{a} = \frac{C_{B0} - C_B}{b} = \frac{C_R - C_{R0}}{r} \quad \text{또는} \quad \frac{C_{A0}X_A}{a} = \frac{C_{B0}X_B}{b} \tag{4}$$

**특별한 경우 2. 밀도는 변하지만 온도(T)와 압력($\pi$)이 일정한 경우 기체의 회분 시스템과 흐름 시스템.** 반응 중에 몰수가 변하면 밀도가 변한다. 또한 유체 부피도 $V = V_0(1 + \varepsilon_A X_A)$ 식에 의해 전환율에 따라서 선형적으로 변한다.

$$\left.\begin{aligned} X_A &= \frac{C_{A0}-C_A}{C_{A0}+\varepsilon_A C_A}, & dX_A &= -\frac{C_{A0}(1+\varepsilon_A)}{(C_{A0}+\varepsilon_A C_A)^2}dC_A \\ \frac{C_A}{C_{A0}} &= \frac{1-X_A}{1+\varepsilon_A X_A}, & \frac{dC_A}{C_{A0}} &= -\frac{1+\varepsilon_A}{(1+\varepsilon_A X_A)^2}dX_A \end{aligned}\right\} \quad \varepsilon_A = \frac{V_{X_A=1}-V_{X_A=0}}{V_{X_A=0}} \neq 0 \text{인 경우} \quad \textbf{(5)}$$

다른 성분들에 대한 농도 변화는 다음 식으로 나타낸다.

$$\text{반응물}\begin{cases} \varepsilon_A X_A = \varepsilon_B X_B \\ \dfrac{a\varepsilon_A}{C_{A0}} = \dfrac{b\varepsilon_B}{C_{B0}} \end{cases} \qquad \begin{matrix}\text{생성물과} \\ \text{불활성물질}\end{matrix}\begin{cases} \dfrac{C_R}{C_{A0}} = \dfrac{(r/a)X_A + C_{R0}/C_{A0}}{1+\varepsilon_A X_A} \\ \dfrac{C_I}{C_{I0}} = \dfrac{1}{1+\varepsilon_A X_A} \end{cases} \quad \textbf{(6)}$$

**특별한 경우 3. 밀도, 온도, 압력이 모두 변하는 일반적인 경우 기체의 회분 시스템과 흐름 시스템.** 다음과 같은 반응식이 있다고 하자.

$$aA + bB \rightarrow rR, \qquad a+b \neq r$$

이 반응의 전환율을 결정하기 위해 한 가지 반응물을 기준(basis)으로 할 때, 이 물질을 *핵심반응물*(key reactant)이라 한다. A가 핵심 반응물이라면 *이상 기체*(ideal gas)에 대해 다음과 같은 관계가 성립한다.

$$X_A = \frac{1-\dfrac{C_A}{C_{A0}}\left(\dfrac{T\pi_0}{T_0\pi}\right)}{1+\varepsilon_A\dfrac{C_A}{C_{A0}}\left(\dfrac{T\pi_0}{T_0\pi}\right)} \quad \text{또는} \quad \frac{C_A}{C_{A0}} = \frac{1-X_A}{1+\varepsilon_A X_A}\left(\frac{T_0\pi}{T\pi_0}\right)$$

$$X_A = \frac{\dfrac{C_{B0}}{C_{A0}}-\dfrac{C_B}{C_{A0}}\left(\dfrac{T\pi_0}{T_0\pi}\right)}{\dfrac{b}{a}+\varepsilon_A\dfrac{C_B}{C_{A0}}\left(\dfrac{T\pi_0}{T_0\pi}\right)} \quad \text{또는} \quad \frac{C_B}{C_{A0}} = \frac{\dfrac{C_{B0}}{C_{A0}}-\dfrac{b}{a}X_A}{1+\varepsilon_A X_A}\left(\frac{T_0\pi}{T\pi_0}\right)$$

$$\frac{C_R}{C_{A0}} = \frac{\dfrac{C_{R0}}{C_{A0}}+\dfrac{r}{a}X_A}{1+\varepsilon_A X_A}\left(\frac{T_0\pi}{T\pi_0}\right)$$

압력이 높은 비이상 기체(혹은 실제 기체)에 대하여는 $\left(\dfrac{T_0\pi}{\tau_0\pi_0}\right)$를 $\left(\dfrac{z_0T_0\pi}{zT\pi}\right)$로 대체한다. 여기서 $z$는 압축 인자(compressibility 혹은 compressibility factor)이다. 한편, 핵심반응물을 B로 바꾸면 다음 식이 성립한다.

$$\frac{a\varepsilon_A}{C_{A0}} = \frac{b\varepsilon_B}{C_{B0}} \quad \text{및} \quad \frac{C_{A0}X_A}{a} = \frac{C_{B0}X_B}{b}$$

액체 또는 등압, 정압, 정밀도 조건에서 기체에 대해

$$\varepsilon_A \to 0 \quad \text{및} \quad \left(\frac{T_0\pi}{T\pi_0}\right) \to 1$$

이 되므로 앞에서 전개한 식은 매우 단순화된다.

## 예제 4.1 ▶ 화학양론으로부터의 수지

정상 흐름 반응기에 공급물(feed)이 $C_{A0} = 100$, $C_{B0} = 200$, $C_{i0} = 100$의 농도로 유입된다. 등온 기체 반응은 다음과 같다.

$$A + 3B \to 6R$$

만일 반응기 출구에서 $C_A = 40$이면, 이때 $C_B$, $X_A$, $X_B$는 각각 얼마인가?

› *풀이*

먼저 알고 있는 내용을 스케치하면 그림 E4.1과 같다.

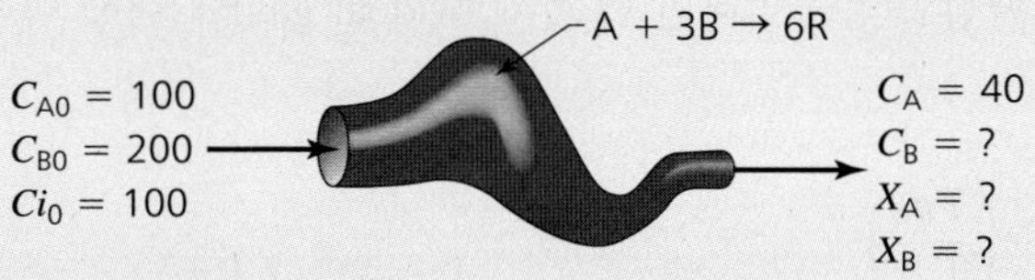


그림 E4.1

다음으로 이 문제는 위에서 언급한 특별한 경우 2에 해당한다는 것을 알 수 있다. 따라서 기체 400부피를 택하여 $\varepsilon_A$를 계산하면 다음과 같다.

$$\left.\begin{array}{ll} \text{at } X_A = 0 & V = 100A + 200B + 100i = 400 \\ \text{at } X_A = 1 & V = 0A - 100B + 600R + 100i = 600 \end{array}\right\} \quad \varepsilon_A = \frac{600 - 400}{400} = \frac{1}{2}$$

식 (6)을 비롯해 위에서 언급한 다양한 식으로부터 해를 얻을 수 있다.

$$\varepsilon_B = \frac{\varepsilon_A C_{B0}}{bC_{A0}} = \frac{(1/2)(200)}{3(100)} = \frac{1}{3}$$

$$X_A = \frac{C_{A0} - C_A}{C_{A0} + \varepsilon_A C_A} = \frac{100 - 40}{100 + (1/2)40} = \frac{60}{120} = \underline{\underline{0.5}}$$

$$X_B = \frac{bC_{A0}X_A}{C_{B0}} = \frac{3(100)(0.5)}{200} = \underline{\underline{0.75}}$$

$$C_B = C_{B0}\left(\frac{1 - X_B}{1 + \varepsilon_B X_B}\right) = \frac{200(1 - 0.75)}{1 + (1/3)(0.75)} = \underline{\underline{40}}$$

## ✕ 연습 문제

다음의 4개의 문제(4.1~4.4)는 정상 상태와 정압에서 운전되는 등온의 단일상 흐름 반응기(isothermal single-phase flow reactor operating at steady-state and constant pressure)를 대상으로 한다.

**4.1** 주어진 기체 공급물에 대하여, $C_{A0} = 100$, $C_{B0} = 200$, $A + B \rightarrow R + S$, $X_A = 0.8$이다. $X_B$, $C_A$, $C_B$를 구하라.

**4.2** 주어진 묽은 수용액 공급물에 대하여, $C_{A0} = C_{B0} = 100$, $A + 2B \rightarrow R + S$, $C_A = 20$이다. $X_A$, $X_B$, $C_B$를 구하라.

**4.3** 주어진 기체 공급물에 대하여, $C_{A0} = 200$, $C_{B0} = 200$, $A + B \rightarrow R$, $C_A = 50$이다. $X_A$, $X_B$, $C_B$를 구하라.

**4.4** 주어진 기체 공급물에 대하여, $C_{A0} = C_{B0} = 100$, $A + 2B \rightarrow R$, $C_{B0} = 20$이다. $X_A$, $X_B$, $C_A$를 구하라.

---

다음의 두 문제(4.5~4.6)는 유체의 연속적인 흐름이 반응기에 온도 $T_0$ 및 압력 $\pi_0$로 들어가서, 반응 후 온도 $T$와 압력 $\pi$로 반응기를 나온다.

**4.5** 주어진 기체 공급물에 대하여, $T_0 = 400$ K, $\pi_0 = 4$ atm, $C_{A0} = 100$, $C_{B0} = 200$, $A + B \rightarrow 2R$, $T = 300$ K, $\pi = 3$ atm, $C_A = 20$이다. $X_A$, $X_B$, $C_B$를 구하라.

**4.6** 주어진 기체 공급물에 대하여, $T_0 = 1000$ K, $\pi_0 = 5$ atm, $C_{A0} = 100$, $C_{B0} = 200$, $A + B \rightarrow 5R$, $T = 400$ K, $\pi = 4$ atm, $C_A = 20$이다. $X_A$, $X_B$, $C_B$를 구하라.

---

**4.7** *상업적 팝콘 제조기.* 정상 흐름에서 조업하는 1 L 용량의 팝콘 제조기(popcorn popper)를 설치하려고 한다. 시험운전 결과 1 L/min의 속도로 원료인 옥수수 공급물이 들어가서 28 L/min의 속도로 혼합물이 출구로 나왔다. 독립적인 여러 번의 시험을 통해 원료 옥수수가 터질 때 부피가 1에서 31로 증가하는 것을 알 수 있었다. 이 정보를 이용하여 원료 옥수수의 얼마(what fraction)가 팝콘으로 만들어지는지 결정하라.

제 5 장

# 단일 반응 이상 반응기

*Ideal Reactors for a Single Reaction*

이 장에서는 세 가지의 이상 반응기(ideal reactors)에서 반응하는 단일 유체에 대한 성능(방정)식(performance equation)을 작성할 예정이다(그림 5.1). 이 반응을 *균질계 반응*(homogeneous reaction)이라고 한다. 다양한 등온 및 비등온조작(혹은 조업)에 대한 이 성능식의 응용과 확장은 다음에 이어지는 네 개의 장에서 다루기로 한다.

그림 5.1*a*에 표현된 것은 *회분(식) 반응기*(batch reactor, BR)로, 반응물을 처음에 용기에 채우고 잘 혼합한 후 일정 시간 동안 반응시킨다. 반응의 결과로 생기는 혼합물은 한꺼번에 배출한다. 이 과정은 비정상 상태의 조업으로 시간에 따라 물질의 조성이 변한다. 그러나 어느 시점에서든 반응기 내의 모든 곳에서의 조성은 일정하다.

그림 5.1*b*에 표현된 것은 이상적 정상 상태 흐름 반응기로, 플러그 흐름 반응기(plug flow reactor), 슬러그 흐름 반응기(slug flow), 피스톤 흐름 반응기(piston flow), 이상적인 관형 반응기(ideal tubular), 비혼합 흐름(unmixed flow) 반응기 등으로 불린다. *플러그 흐름 반응기 혹은 평류 반응기*(plug flow reactor)는 PFR이라 부르며, 이러한 유형의 흐름을 *플러그 흐름*(plug flow)이라 한다. 플러그 흐름은 반응기 내 유체의 흐름이 마치 와인 병마개(plug)처럼 앞뒤의 어떠한 다른 요소를 추월하거나 혼합되는 일이 없이 질서정연하다는 것을 특징으로 한다. 실제로 플러그 흐름 반응기에서 축방향인 측면(혹은 수평)으로의 혼합(lateral mixing)이 있을 수도 있지만 흐름 경로를 따라서는 혼합이나 확산이 없다. 플러그 흐름에 대한 필요충분조건은 모든 유체

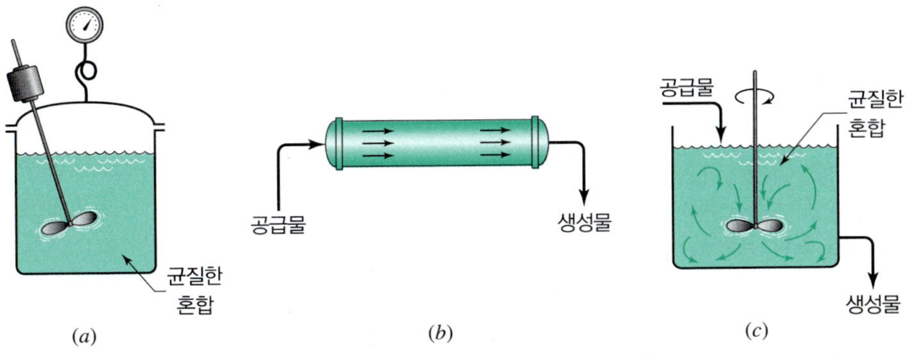


**그림 5.1** **세 가지 종류의 이상 반응기:** (*a*) **회분(식) 반응기 혹은** BR, (*b*) **플러그 흐름 반응기 혹은** PFR, (*c*) **혼합 흐름 반응기 혹은** MFR.

의 요소에 대하여 반응기 내 체류 시간이 동일해야 한다는 것이다.[1]

또 다른 이상적 정상 상태 흐름 반응기는 혼합 반응기(mixed reactor)로서 역혼합 반응기(backmix reactor), 이상 교반탱크 반응기(ideal stirred tank reactor), C*(C-star), 연속 혼합 흐름 반응기(continuous stirred tank reactor, CSTR) 또는 일정 흐름 교반 탱크 반응기(constant flow stirred tank reactor, CFSTR) 등으로 불린다. 이름이 나타내는 바와 같이 반응기의 내용물이 잘 혼합되어 반응기 내 물질의 조성이 균질한 반응기를 가리킨다. 따라서 이 반응기에서 나가는 흐름은 반응기 내의 유체와 동일한 물질 조성을 갖는다(uniformly mixed 혹은 perfect mixing). 이런 유형의 흐름을 *혼합 흐름*(mixed flow)이라고 부르고 이에 대응하는 반응기를 *혼합 흐름 반응기*(mixed flow reactor) 또는 MFR이라고 부르기로 한다.

이들 세 가지 유형의 이상 반응기는 비교적 해석이 용이하다. 적어도 이 중에 한 가지는 반응물질과 접촉하는 가장 좋은 방법이다. 따라서 실제 반응기를 설계할 때는 흐름이 이들 이상형에 근접하도록 하고, 이 책 대부분의 이론 전개는 이 점에 역점을 두고 있다.

다음 반응기 해석에서 반응기의 부피라고 말하는 $V$는 실제로는 반응기 내의 유체의 부피를 나타낸다. 만일 이것이 반응기의 내부 부피와 다르면 $V_r$을 반응기 내부의 부피, $V$를 반응유체의 부피로 표시한다. 공극률(voidage)이 $\varepsilon$인 고체 촉매 반응기의 경우,

$$V = \varepsilon V_r$$

이다. 단일상인 균질계 시스템에서는 부피를 $V$ 단독으로 사용한다.

## 5.1 이상(적) 회분 반응기

어떤 성분 A에 대한 물질 수지를 세워 보자. 이 계산에서는 우선 한정 성분 혹은 제한 성분(limiting component, 화학반응이 완료되면 완전히 소모되는 반응물)을 선택한다. 회분 반응기에서는 조성이 어떤 순간에 반응기 전체에 균질하므로 전체 반응기에 대하여 물질 수지를 세울 수 있다. 회분식이므로 반응 중 어떤 유체도 반응 혼합물에 들어가지도 나가지도 않는다는 점에 주목하면, 성분 A에 대한 식 (4.1)은 다음과 같다.

$$\underbrace{\text{입력량}}_{=0} = \underbrace{\text{출력량}}_{=0} + \text{반응에 의한 소모량} + \text{축적량}$$

또는

$$+\begin{pmatrix}\text{반응기 내에서 화학반응에}\\ \text{의한 반응물 A의 소모속도}\end{pmatrix} = -\begin{pmatrix}\text{반응기 내에서 반응물}\\ \text{A의 축적속도}\end{pmatrix} \tag{1}$$

이 된다. 식 (1)의 각 항을 계산하면 다음과 같다.

$$\begin{matrix}\text{반응에 의한 물질 A}\\ \text{의 소모량, 몰/시간}\end{matrix} = (-r_A)V = \left(\frac{\text{반응하는 물질 A}}{(\text{시간})(\text{부피})}\right)(\text{유체의 부피})$$

1 필요 조건은 플러그 흐름의 정의에서 바로 이어진다. 그러나 동일한 체류 시간이 플러그 흐름을 의미한다는 충분조건은 열역학 제2법칙을 통해서만 성립할 수 있다.

$$\begin{matrix}\text{A의 축적 속도,} \\ \text{몰/시간}\end{matrix} = \frac{dN_A}{dt} = \frac{d[N_{A0}(1 - X_A)]}{dt} = -N_{A0}\frac{dX_A}{dt}$$

이 위 식에서 두 항을 식 (1)에 대입하면 아래와 같다.

$$(-r_A)V = N_{A0}\frac{dX_A}{dt} \tag{2}$$

이를 정리하고 적분하면 다음 식 (3)을 얻을 수 있다.

$$t = N_{A0}\int_0^{X_A}\frac{dX_A}{(-r_A)V} \tag{3}$$

이 식은 등온이나 비등온 조업에서 전환율에 도달하는 데 필요한 시간을 나타내는 일반식이다. 반응하는 유체의 부피와 반응속도는 적분 기호 안에 남아 있는데, 이 값은 일반적으로 반응의 진행에 따라 변한다.

이 식을 단순화하여 다양한 경우에 적용할 수 있다. 만일 유체의 밀도가 일정하면 다음과 같이 된다.

$$\boxed{t = C_{A0}\int_0^{X_A}\frac{dX_A}{-r_A} = -\int_{C_{A0}}^{C_A}\frac{dC_A}{-r_A} \qquad \text{for } \varepsilon_A = 0} \tag{4}$$

밀도 변화가 심한 단일 기상반응에서와 같이 반응 혼합물의 부피가 전환율에 정비례하여 변하는 모든 반응에 대해서 식 (3)은 다음과 같이 바꾸어 쓸 수 있다.

$$t = N_{A0}\int_0^{X_A}\frac{dX_A}{(-r_A)V_0(1+\varepsilon_A X_A)} = C_{A0}\int_0^{X_A}\frac{dX_A}{(-r_A)(1+\varepsilon_A X_A)} \tag{5}$$

어떠한 형태든지 식 (2)~(5)까지는 이미 3장에서 언급된 것이다. 이들은 등온이나 비등온의 두 가지에 모두 적용할 수 있는데, 비등온의 경우 온도에 따른 반응속도의 변화와 전환율에 따른 온도의 변화를 미리 알아야 한다. 그림 5.2는 이들 식 중에서 두 가지를 그래프로 나타낸 것이다.

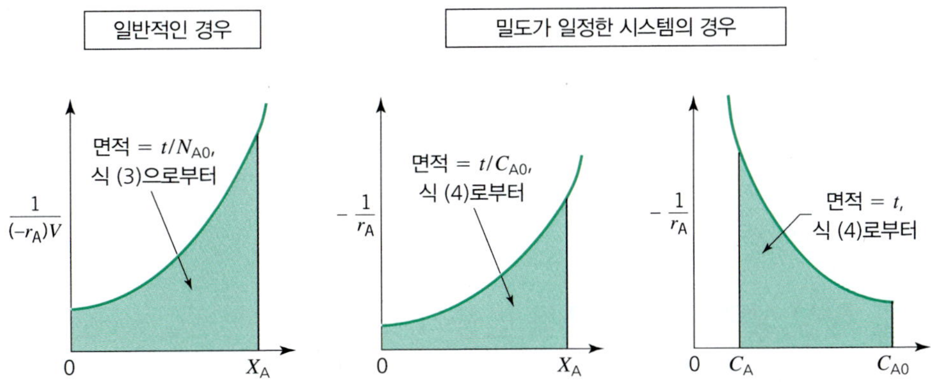


그림 5.2 **회분 반응기(등온 또는 비등온)의 성능 방정식을 그래프로 표현.**

### ▶ 공간 시간과 공간 속도

반응시간 $t$가 회분 반응기에서 자연적인 성능지표(performance measure)인 것과 같이(반응시간이 짧으면 당연히 좋은 반응기이기 때문에), 공간 시간(space time)과 공간 속도(space velocity)는 흐름 반응기에 대한 적합한 성능지표이다. 이들은 다음과 같이 정의된다.

공간 시간: $$\tau = \frac{1}{s} = \left(\begin{array}{c}\text{특정 조건에서 측정된 공급물의}\\ \text{한 반응기 부피를 처리하는 데}\\ \text{필요한 시간}\end{array}\right) = [\text{time}] \tag{6}$$

공간 속도: $$s = \frac{1}{\tau} = \left(\begin{array}{c}\text{단위 시간당 처리할 수 있는}\\ \text{특정 조건에서의 공급물의}\\ \text{반응기 부피 수}\end{array}\right) = [\text{time}^{-1}] \tag{7}$$

따라서 공간 속도가 5 $\text{hr}^{-1}$이라는 것은 주어진 조건하에서 1시간당 반응기 부피의 5배에 해당하는 양의 공급물이 반응기로 유입된다는 뜻이다. 공간 시간이 2분이라는 것은 주어진 조건하에서 매2분마다 반응기 부피만큼의 공급물이 반응기에서 처리된다는 의미이다.

이제 반응기에 유입되는 물질의 부피를 측정하기 위해 온도, 압력, 상태(state)(기체, 액체, 고체)를 임의로 선택할 수 있다. 그러면 공간 속도나 공간 시간의 값은 선택된 조건에 따라 결정된다. 만일 속도나 시간이 반응기로 들어가는 흐름의 값이라면 기타 관련 변수 사이의 관계는 다음과 같다.

$$\tau = \frac{1}{s} = \frac{C_{A0}V}{F_{A0}} = \frac{\left(\dfrac{\text{공급되는 A의 몰수}}{\text{공급물 부피}}\right)(\text{반응기 부피})}{\left(\dfrac{\text{공급되는 A의 몰수}}{\text{시간}}\right)} \tag{8}$$
$$= \frac{V}{v_0} = \frac{(\text{반응기 부피})}{(\text{부피 공급 속도})}$$

반응기를 여러 온도에서 조작하는 경우, 어떤 표준 상태에서의 공급물의 부피유량을 정하는 것이 편리할 수 있다. 예를 들어, 만일 물질이 고온에서 반응기에 공급될 때는 기체이지만 표준상태에서는 액체라면 어떤 것을 표준 상태로 선택할 것인가를 분명하게 지정해야 한다. 실제 공급물 조건[프라임 기호(′) 없음]과 표준 상태 조건(프라임 기호 있음)에서 공간 속도와 공간 시간의 관계는 다음과 같이 된다.

$$\tau' = \frac{1}{s'} = \frac{C'_{A0}V}{F_{A0}} = \tau\frac{C'_{A0}}{C_{A0}} = \frac{1}{s}\frac{C'_{A0}}{C_{A0}} \tag{9}$$

대부분의 경우에 실제 들어가는 조건에 있는 공급물을 기준으로 하면, 다른 기준으로 변경하는 것은 용이하다.

## 5.2 정상 상태의 혼합 흐름 반응기

혼합 흐름 반응기의 성능식은 4장의 식 (4.1)으로부터 구할 수 있다. 이 식은 시스템(계) 부피요소의 주어진 성분에 대해 계산한 것으로, 조성이 균질하므로 반응기 전체에 대하여 다음과 같이

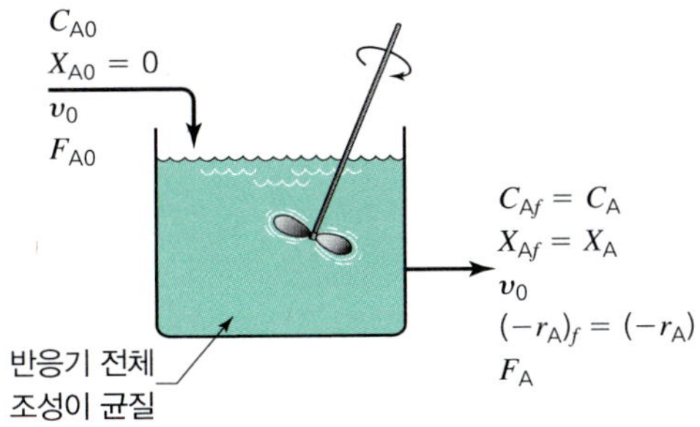


**그림 5.3 혼합 반응기에 대한 표기법.**

계산할 수 있다. 반응물 A를 택하여 식 (4.1)을 정상 상태 가정하에서(축적량 = 0) 적으면 다음과 같다.

$$\text{입력량} = \text{출력량} + \text{반응에 의한 소모량} + \underbrace{\text{축적량}}_{=0} \tag{10}$$

그림 5.3에 표시된 바와 같이 성분 A의 몰공급속도(molar feed rate)가 $F_{A0} = v_0 C_{A0}$라면 반응기 전체에 대하여 아래 식을 만족한다.

$$\text{A의 입력량, 몰/시간} = F_{A0}(1 - X_{A0}) = F_{A0}$$

$$\text{A의 출력량, 몰/시간} = F_A = F_{A0}(1 - X_A)$$

$$\begin{matrix}\text{반응에 의한 A의}\\ \text{소모 속도, 몰/시간}\end{matrix} = (-r_A)V = \left(\frac{\text{반응하는 A}}{(\text{시간})(\text{유체의 부피})}\right)(\text{반응기 부피})$$

위에서 언급한 입력량, 출력량, 반응에 의한 소모량을 식 (10)에 대입하면

$$F_{A0}X_A = (-r_A)V$$

이 되고, 이를 재배열하면 다음 식을 얻게 된다.

$$\frac{V}{F_{A0}} = \frac{\tau}{C_{A0}} = \frac{\Delta X_A}{-r_A} = \frac{X_A}{-r_A} \qquad \tau = \frac{1}{s} = \frac{V}{v_0} = \frac{VC_{A0}}{F_{A0}} = \frac{C_{A0}X_A}{-r_A} \qquad \text{임의의 } \varepsilon_A\text{에 대하여} \tag{11}$$

여기서 $X_A$와 $r_A$는 반응기 출구 흐름에서 측정되는 값으로(반응기 전체 조성이 균질하므로) 반응기 내 조건과 동일하다.

더욱 일반적인 논의로 발전시키기 위해 전환율의 기준이 되는 공급물을 하첨자 0로 표시하고, 일부 전환되어 반응기로 들어가는 공급물을 하첨자 $i$로 그리고 출구 흐름 조건을 하첨자 $f$로 표시하면 다음과 같이 쓸 수 있다.

$$\frac{V}{F_{A0}} = \frac{\Delta X_A}{(-r_A)_f} = \frac{X_{Af} - X_{Ai}}{(-r_A)_f}$$

$$\tau = \frac{VC_{A0}}{F_{A0}} = \frac{C_{A0}(X_{Af} - X_{Ai})}{(-r_A)_f} \tag{12}$$

특별한 경우로 밀도가 일정한 시스템에서는 $X_A = 1 - C_A/C_{A0}$이므로 혼합 흐름 반응기의 성능식을 다음과 같이 농도 항으로 표시할 수 있다.

$$\frac{V}{F_{A0}} = \frac{X_A}{-r_A} = \frac{C_{A0} - C_A}{C_{A0}(-r_A)}$$
$$\tau = \frac{V}{v} = \frac{C_{A0}X_A}{-r_A} = \frac{C_{A0} - C_A}{-r_A} \qquad \varepsilon_A = 0 \tag{13}$$

이 표현은 네 개의 항 $X_A$, $-r_A$, $V$, $F_{A0}$를 간단하게 연관시켜 놓았기 때문에, 네 가지 변수 중에서 세 가지를 알면 나머지 하나를 바로 구할 수 있다. 따라서 반응기 설계에서 주어진 업무에 필요한 반응기의 크기 혹은 주어진 크기의 반응기에서 반응 진척도를 바로 구할 수 있다. 반응속도론 연구에서 정상 상태 조업 결과가 주어지면 적분할 필요 없이 반응기 내 조건에 대한 반응속도를 구할 수 있다. 혼합 흐름 반응기에서 구한 데이터는 해석이 용이하므로 반응속도론 연구 중 특히 복잡한 반응(예, 복합 반응과 고체 촉매 반응) 연구에 매우 매력적이다.

그림 5.4는 혼합 흐름 반응기의 성능식을 성능식을 그래프로 표현한 것으로, 반응속도 형태가 주어지면 성능식을 바로 작성할 수 있다. 예를 들어, 밀도가 일정한 시스템에서 $C_A/C_{A0} = 1 - X_A$이므로 *1차 반응*(first order reaction)에 대한 성능식은 다음과 같이 바뀐다.

$$k\tau = \frac{X_A}{1 - X_A} = \frac{C_{A0} - C_A}{C_A} \qquad \text{for } \varepsilon_A = 0 \tag{14a}$$

한편으로 선형 확장(linear expansion)의 경우는

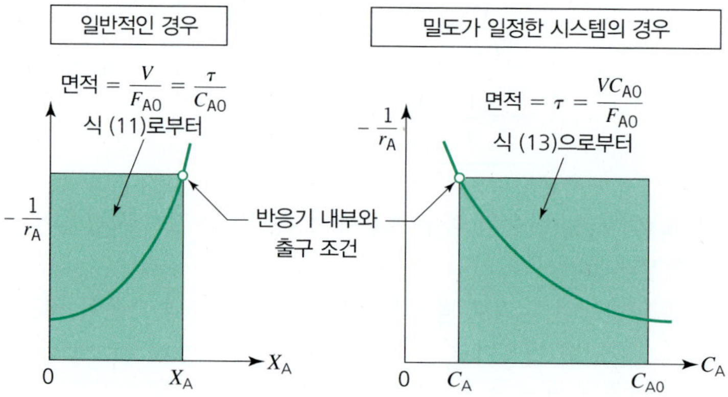


**그림 5.4** 혼합 흐름 반응기의 설계방정식을 그래픽으로 표현.

$$V = V_0(1 + \varepsilon_A X_A), \qquad \frac{C_A}{C_{A0}} = \frac{1 - X_A}{1 + \varepsilon_A X_A}$$

이므로 식 (11)로 표시된 *1차 반응*에 대한 성능식은 다음으로 변경된다.

$$k\tau = \frac{X_A(1 + \varepsilon_A X_A)}{1 - X_A} \quad \text{임의의 } \varepsilon_A\text{에 대하여} \tag{14b}$$

*2차 반응*(second-order reaction)은 A → 생성물, $-r_A = kC_A^2$, $\varepsilon_A = 0$에 대하여 식 (11)의 성능식은 다음과 같이 바뀐다.

$$k\tau = \frac{C_{A0} - C_A}{C_A^2} \quad \text{또는} \quad C_A = \frac{-1 + \sqrt{1 + 4k\tau C_{A0}}}{2k\tau} \tag{15}$$

유사하게 다른 형태의 속도식을 표현할 수 있다. 이 식은 농도나 전환율 중 어느 것으로도 표시할 수 있는데, 밀도가 변하는 시스템(계)에서는 전환율을 사용하는 것이 간단한 반면, 밀도가 일정한 경우는 어느 쪽을 사용해도 좋다.

## 예제 5.1 ▶ 혼합 흐름 반응기에서의 반응속도

물질 A와 B를 함유하는 액체($C_{A0}$ = 0.10 mol/L, $C_{B0}$ = 0.01 mol/L)가 1 L/min의 속도로 부피 $V$ = 1 L의 혼합 흐름 반응기로 유입된다. 이 반응물은 복잡한 방식으로 반응하여 화학양론식은 알 수 없다. 반응기 유출 흐름은 그림 E5.1과 같다($C_{Af}$ = 0.02 mol/L, $C_{Bf}$ = 0.03 mol/L, $C_{Cf}$ = 0.04 mol/L). 주어진 조건의 반응기에서 A, B, C의 반응속도를 구하라.

**› 풀이**

혼합 흐름 반응기에 있는 액체에 대하여 $\varepsilon_A$ = 0이고, 세 가지 성분에 식 (13)을 적용하면 소모속도는 다음과 같다.

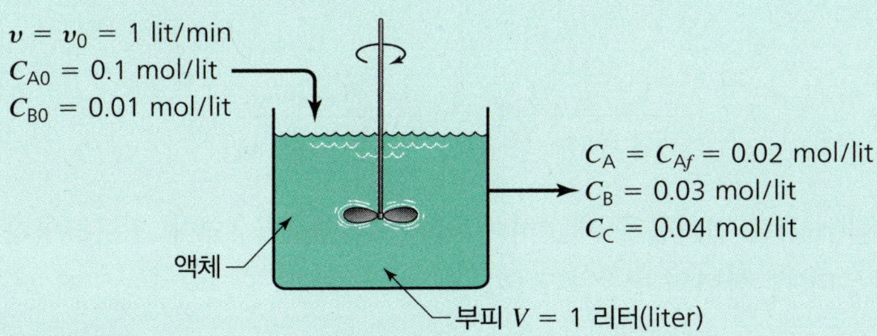


그림 E5.1

$$-r_A = \frac{C_{A0} - C_A}{\tau} = \frac{C_{A0} - C_A}{V/v} = \frac{0.10 - 0.02}{1/1} = \underline{\underline{0.08 \text{ mol/liter} \cdot \text{min}}}$$

$$-r_B = \frac{C_{B0} - C_B}{\tau} = \frac{0.01 - 0.03}{1} = \underline{\underline{-0.02 \text{ mol/liter} \cdot \text{min}}}$$

$$-r_C = \frac{C_{C0} - C_C}{\tau} = \frac{0 - 0.04}{1} = \underline{\underline{-0.04 \text{ mol/liter} \cdot \text{min}}}$$

따라서 A는 소모되고 B와 C는 생성된다.

## 예제 5.2 ▶ 혼합 흐름 반응기의 속도론

순수한 기체 반응물 A ($C_{A0}$ = 100 mmol/L)가 정상 속도로 혼합 흐름 반응기($V$ = 0.1 L)에 공급되고, 여기에서 중합체가 만들어진다(2A → R). 기체의 공급물 속도를 변화시켜 가면서 다음과 같은 결과 데이터를 얻었다.

| Run number | 1 | 2 | 3 | 4 |
|---|---|---|---|---|
| $v_0$, liter/hr | 10.0 | 3.0 | 1.2 | 0.5 |
| $C_{Af}$, millimol/liter | 85.7 | 66.7 | 50 | 33.4 |

이 반응의 속도식을 구하라.

> 풀이

이 화학양론 2A → R에서 팽창인자(expansion factor)는 $\varepsilon_A = \frac{1-2}{2} = -\frac{1}{2}$이고, 이 경우에 농도와 전환율 사이의 관계식은

$$\frac{C_A}{C_{A0}} = \frac{1 - X_A}{1 + \varepsilon_A X_A} = \frac{1 - X_A}{1 - \frac{1}{2} X_A}$$

또는

$$X_A = \frac{1 - C_A/C_{A0}}{1 + \varepsilon_A C_A/C_{A0}} = \frac{1 - C_A/C_{A0}}{1 - C_A/2C_{A0}}$$

이다. 다음으로 각 실험(run)의 전환율을 계산하여 이를 표 E5.2의 4열에 표시하였다.
식 (11)의 성능식으로부터 각 실험의 반응속도는

$$(-r_A) = \frac{v_0 C_{A0} X_A}{V}, \qquad \left[\frac{\text{millimol}}{\text{liter} \cdot \text{hr}}\right]$$

으로 주어지고, 이 값을 표 E5.2의 5열에 표시하였다.

표 E5.2에 있는 $r_A$과 $C_A$ 값을 쌍으로 표현하여 다양한 속도식을 시험(test)할 수 있다. 1차

### 표 E5.2

| Run | Given $v_0$ | Given $C_A$ | Calculated $X_A$ | Calculated $(-r_A) = \frac{v_0 C_{A0} X_A}{V}$ | Calculated $\log C_A$ | Calculated $\log(-r_A)$ |
|---|---|---|---|---|---|---|
| 1 | 10.0 | 85.7 | 0.25 | $\frac{(10)(100)(0.25)}{0.1} = 2500$ | 1.933 | 3.398 |
| 2 | 3.0 | 66.7 | 0.50 | 1500 | 1.824 | 3.176 |
| 3 | 1.2 | 50 | 0.667 | 800 | 1.699 | 2.903 |
| 4 | 0.5 | 33.3 | 0.80 | 400 | 1.522 | 2.602 |

반응($r_A$ 대 $C_A$ 플롯), 2차 반응($r_A$ 대 $C_A^2$ 플롯) 등을 개별적으로 시험하는 대신에 $n$차 반응을 직접 시험해 보자. $n$차 반응에 대하여 대수를 취하면 다음과 같다.

$$\log(-r_A) = \log k + n \log C_A$$

$n$차 반응이면 $\log(-r_A)$ 대 $\log C_A$의 플롯이 직선이 됨을 보여준다. 표 E5.2의 6열과 7열 그리고 그림 E5.2에서 보는 바와 같이 이 네 점은 기울기가 2일 직선을 나타낸다고 볼 수 있으므로 이 중합 반응에 대한 속도식을 아래와 같이 계산할 수 있다.

$$\underline{\underline{-r_A = \left(0.36 \frac{\text{liter}}{\text{hr} \cdot \text{millimol}}\right) C_A^2, \qquad \left[\frac{\text{millimol}}{\text{liter} \cdot \text{hr}}\right]}}$$

**논평**. 만일 밀도 변화를 무시하고 해석하면($\varepsilon_A = 0$으로 두고 $C_A/C_{A0} = 1 - X_A$를 사용) 반응차수가 $n \cong 1.6$인 잘못된 속도식을 얻게 되고, 이 값을 설계에 사용하면 반응기 성능 예측은 틀리게 된다.

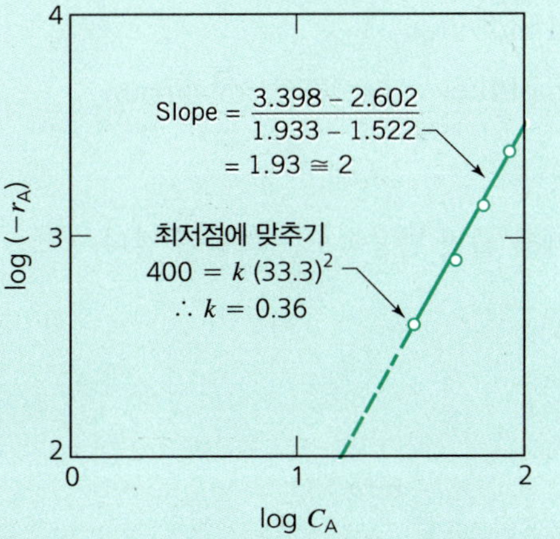


그림 E5.2

## 예제 5.3 ▶ 혼합 흐름 반응기 성능

다음 기초 액상반응(elementary liquid-phase reaction)이 있다.

$$A + 2B \underset{k_2}{\overset{k_1}{\rightleftarrows}} R$$

속도식은 다음과 같다.

$$-r_A = -\frac{1}{2}r_B = (12.5\ \text{liter}^2/\text{mol}^2\cdot\text{min})C_A C_B^2 - (1.5\ \text{min}^{-1})C_R, \qquad \left[\frac{\text{mol}}{\text{liter}\cdot\text{min}}\right]$$

반응은 6 L의 정상 상태 혼합 흐름 반응기에서 일어나고 있다. 2.8 mol A/L를 함유하는 흐름과 1.6 mol B/L를 함유하는 흐름의 두 가지 공급물이 반응기에 같은 유량으로 도입되고 있다. 한정 반응물의 75%가 전환되기를 원한다면(그림 E5.3 참고) 밀도가 일정하다고 가정하고 각 흐름의 유량을 구하라.

**풀이**

혼합된 유입 흐름 중 각 성분의 농도는 다음과 같다.

$$C_{A0} = 1.4\ \text{mol/liter}$$
$$C_{B0} = 0.8\ \text{mol/liter}$$
$$C_{R0} = 0$$

이 정보로부터 B가 한정 반응물임을 알 수 있고, 따라서 B의 75%가 전환하고 $\varepsilon = 0$이므로 반응기 내와 출구의 유출 흐름에서의 조성은 다음과 같다.

$$C_A = 1.4 - 0.6/2 = 1.1\ \text{mol/liter}$$
$$C_B = 0.8 - 0.6 = 0.2\ \text{mol/liter} \quad \text{또는 75\% conversion}$$
$$C_R = 0.3\ \text{mol/liter}$$

반응속도를 쓰고 B 농도를 기준으로 이 문제를 풀면 반응속도는 다음과 같다.

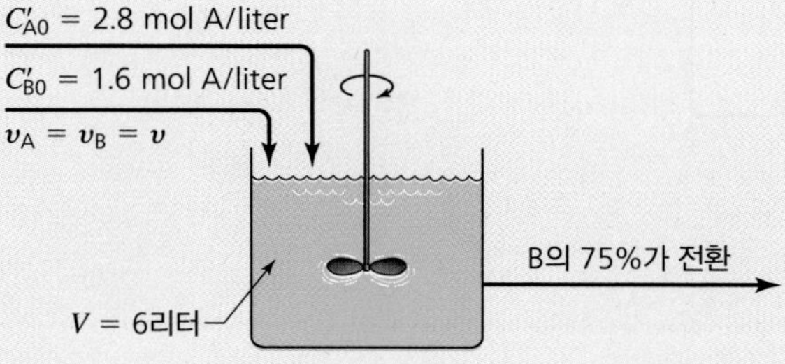


그림 E5.3

$$-r_B = 2(-r_A) = (2 \times 12.5)C_A C_B^2 - (2 \times 1.5)C_R$$

$$= \left(25 \frac{\text{liter}^2}{\text{mol}^2 \cdot \text{min}}\right)\left(1.1 \frac{\text{mol}}{\text{liter}}\right)\left(0.2 \frac{\text{mol}}{\text{liter}}\right)^2 - (3 \text{ min}^{-1})\left(0.3 \frac{\text{mol}}{\text{liter}}\right)$$

$$= (1.1 - 0.9)\frac{\text{mol}}{\text{liter} \cdot \text{min}} = 0.2 \frac{\text{mol}}{\text{liter} \cdot \text{min}}$$

밀도가 일정한 경우에 대하여 식 (13)의 성능식은 $\tau = \dfrac{V}{v} = \dfrac{C_{B0} - C_B}{-r_B}$이 된다. 따라서 반응기로 들어가고 나오는 유량은

$$v = \frac{V(-r_B)}{C_{B0} - C_B}$$

$$\underline{\underline{v}} = \frac{(6 \text{ liter})(0.2 \text{ mol/liter} \cdot \text{min})}{(0.8 - 0.2)\text{mol/liter}} = \underline{\underline{2 \text{ liter/min}}}$$

또는

<u>두 개의 공급물 흐름의 각각에 대하여 1 L/min이다.</u>

## 5.3 정상 상태의 플러그(마개) 흐름 반응기

플러그 흐름 반응기에서 유체의 조성은 흐름 경로를 따라 각 지점(위치)에서 변한다. 결국 반응 성분에 대한 물질 수지는 미소 부피요소 dV에 대하여 세워야 한다. 그러므로 반응물 A에 대한 4장의 식 (4.1)은 아래와 같다.

$$\text{입력량} = \text{출력량} + \text{반응에 의한 소모량} + \underbrace{\text{축적량}}_{=0} \qquad \textbf{(10)}$$

그림 5.5를 참고하여, 미소부피 $dV$에 대하여 각 항을 표현하면 다음과 같다.

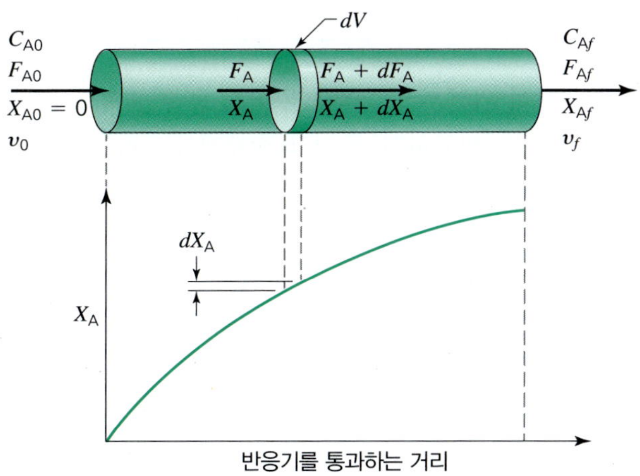


그림 5.5 **플러그 흐름 반응기에 대한 표기법.**

$$\text{A의 입력량, 몰/시간} = F_A$$
$$\text{A의 출력량, 몰/시간} = F_A + dF_A$$

$$\text{반응에 의한 A의 소모량, 몰/시간} = (-r_A)dV$$
$$= \left(\frac{\text{반응하는 A의 몰수}}{(\text{시간})(\text{유체의 부피})}\right)(\text{미소부피})$$

유입량, 유출량, 소모량에 대한 위 세 항을 식 (10)에 대입하면

$$F_A = (F_A + dF_A) + (-r_A)dV$$

이 되고, 이때

$$dF_A = d[F_{A0}(1 - X_A)] = -F_{A0}dX_A$$

이므로 이 식을 치환하면 다음 식을 얻을 수 있다.

$$F_{A0}dX_A = (-r_A)dV \tag{16}$$

이 식은 반응기의 미소부피 $dV$에서 물질 A에 대한 식이므로 반응기 전체 해석을 위해서는 이 미분형 식을 적분해야 한다. 공급물 속도 $F_{A0}$는 일정하지만 $r_A$는 반응물의 농도나 전환율에 따라 변하므로 이들 항을 따로 모으면

$$\int_0^V \frac{dV}{F_{A0}} = \int_0^{X_{Af}} \frac{dX_A}{-r_A}$$

이 되며 결국 이 식은 다음과 같이 변형된다.

임의의 $\varepsilon_A$에 대하여

$$\frac{V}{F_{A0}} = \frac{\tau}{C_{A0}} = \int_0^{X_{Af}} \frac{dX_A}{-r_A}$$
$$\tau = \frac{V}{v_0} = \frac{VC_{A0}}{F_{A0}} = C_{A0}\int_0^{X_{Af}} \frac{dX_A}{-r_A} \tag{17}$$

식 (17)을 이용하여 원하는 전환율과 주어진 공급물 속도에 대한 반응기의 크기를 결정할 수 있다. 식 (11)과 (17)을 비교하면, 플러그 흐름에서는 $r_A$가 변하지만 혼합 흐름에서는 $r_A$가 일정하다는 것을 알 수 있다.

플러그 흐름 반응기에 대한 일반식을 전개하기 위해 전환율의 기존이 되는 공급물(feed)의 유입 흐름을 하첨자 0으로 표시하고, 일부 전환되어 반응기로 들어가는 공급물을 하첨자 $i$, 그리고 반응기를 나가는 유출 흐름을 하첨자 $f$로 표시하면 다음과 같다.

$$\frac{V}{F_{A0}} = \int_{X_{Ai}}^{X_{Af}} \frac{dX_A}{-r_A}$$

또는

$$\tau = C_{A0}\int_{X_{Ai}}^{X_{Af}} \frac{dX_A}{-r_A} \tag{18}$$

특별히 *밀도가 일정한 시스템*의 경우

$$X_A = 1 - \frac{C_A}{C_{A0}}, \quad dX_A = -\frac{dC_A}{C_{A0}}$$

이므로 성능식을 농도의 함수로 표시하면 다음과 같다.

$$\frac{V}{F_{A0}} = \frac{\tau}{C_{A0}} = \int_0^{X_{Af}} \frac{dX_A}{-r_A} = -\frac{1}{C_{A0}}\int_{C_{A0}}^{C_{Af}} \frac{dC_A}{-r_A}$$
$$\tau = \frac{V}{v_0} = C_{A0}\int_0^{X_{Af}} \frac{dX_A}{-r_A} = -\int_{C_{A0}}^{C_{Af}} \frac{dC_A}{-r_A} \qquad \varepsilon_A = 0 \tag{19}$$

식 (17)~(19)까지의 성능(방정)식은 농도나 전환율 가운데 한 가지로 표시할 수 있고, 밀도가 변하는 경우는 전환율을 이용하는 것이 더 편리하다. 그러나 밀도가 일정한 시스템에서는 어느 쪽이 좋다고 말할 수는 없다(둘 다 사용이 가능함). 이 식의 형태와 무관하게 성능식은 *반응속도*(rate of reaction), *반응의 진척도*(extent of reaction), *반응기 부피*(reactor volume), *공급 속도*(feed rate)을 상호 연결할 수 있다. 이 4가지 변수 중 하나가 미지수라면 나머지 3개로부터 쉽게 구할 수 있다.

그림 5.6은 이들 성능식을 그래프로 나타낸 것으로 특정 작업에 필요한 공간 시간이 항상 수치적분(numerical integration)이나 도식적분(graphical integration)을 통해 계산할 수 있음을 나타낸다. 그러나 어떤 간단한 속도식은 편리한 해석적인(analytical) (계산) 적분으로 가능하다. 이 방법은 $r_A$에 대한 속도식을 식 (17)에 대입하고 적분하는 것으로서, 플러그 흐름 반응기에 적용 가능한 간단한 적분식은 다음과 같다.

*0차 균질 반응*(zero-order homogeneous reaction), 임의의 상수 $\varepsilon_A$에 대하여 다음과 같다.

$$k\tau = \frac{kC_{A0}V}{F_{A0}} = C_{A0}X_A \tag{20}$$

*1차 비가역 반응*(first-order irreversible reaction), A → 생성물, 임의의 상수 $\varepsilon_A$에 대하여 다음과 같다.

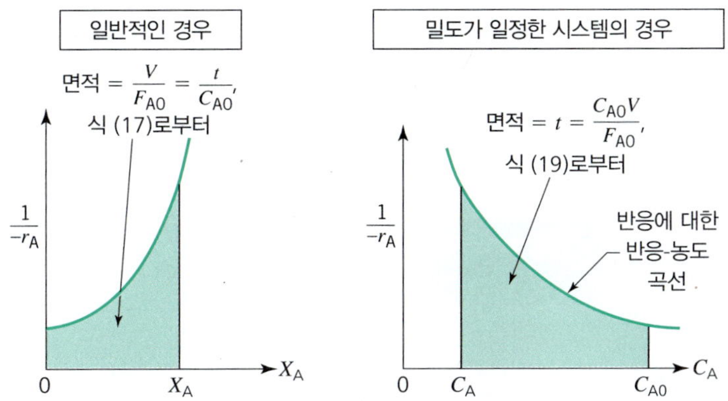


그림 5.6 **플러그 흐름 반응기의 성능 방정식을 그래픽으로 표현.**

$$k\tau = -(1+\varepsilon_A)\ln(1-X_A) - \varepsilon_A X_A \quad (21)$$

*1차 가역 반응*(first-order reversible reaction), $A \rightleftarrows rR$, $C_{R0}/C_{A0}$) $M$, 속도식은 $-r_A = k_1C_A - k_2C_R$에 부합되거나 근사적인 경우, 관측된 평형전환율 $X_{Ae}$와 임의의 상수 $\varepsilon_A$에 대해 다음과 같다.

$$k_1\tau = \frac{M + rX_{Ae}}{M + r}\left[-(1+\varepsilon_A X_{Ae})\ln\left(1 - \frac{X_A}{X_{Ae}}\right) - \varepsilon_A X_A\right] \quad (22)$$

*2차 비가역 반응*(second-order irreversible reaction), 공급물이 같은 몰수인 A + B → 생성물, 2A → 생성물인 반응, 임의의 상도 $\varepsilon_A$에 대하여 다음과 같다.

$$C_{A0}k\tau = 2\varepsilon_A(1+\varepsilon_A)\ln(1-X_A) + \varepsilon_A^2 X_A + (\varepsilon_A + 1)^2\frac{X_A}{1-X_A} \quad (23)$$

여기서 밀도가 일정하면 $\varepsilon_A = 0$로 두어 성능식을 간략화할 수 있다. 3장의 회분 반응기에 대한 식과 이 플러그 흐름 반응기에 대한 식을 비교하면 다음을 알 수 있다.

**(1)** *밀도가 일정한 시스템*(systems of constant density, 정용 회분 또는 정밀도 플러그 흐름 반응기)에 대해서 이 성능식이 동일하며 플러그 흐름 반응기에 대한 $\tau$는 회분 반응기의 $t$와 동일하고, 이 식은 서로 바꿔서 쓸 수 있다.

**(2)** *밀도가 변화는 시스템*(systems of changing density)에 대해서는 회분과 플러그 흐름의 식들 간에 직접적인 대응이 없으므로 각각의 특별한 경우에 대하여 정확한 식을 사용해야 한다. 이 경우에 이 성능식은 서로 바꿔서 사용할 수 없다.

다음 예를 통해 이들 식을 어떻게 사용하는지 알아보기로 한다.

## 예제 5.4 ▶ 플러그 흐름 반응기의 성능

균질계 기체 반응 A → 3R의 215°C에서 반응속도가 다음과 같이 알려져 있다.

$$-r_A = 10^{-2}C_A^{1/2}, \qquad [\text{mol/liter}\cdot\text{sec}]$$

215°C, 5 atm에서 작동되는 플러그 흐름 반응기에서 50% A–50% 불활성 물질을 갖는 공급물이 유입될 때, 80% 전환율을 달성하는 데 필요한 공간 시간을 구하라($C_{A0}$ = 0.0625 mol/L).

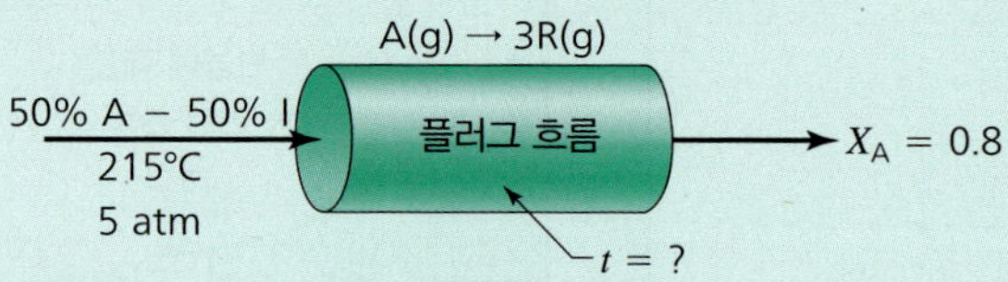


그림 E5.4a

**풀이**

주어진 화학양론식과 50% 불활성물질이라는 정보를 이용하면, 두 부피의 공급물 기체가 완전히 전환하면 네 부피의 생성물 기체를 얻을 수 있다. 따라서 $\varepsilon_A = \dfrac{4-2}{2} = 1$이고, 이 경우 플러그 흐름의 성능식 식 (17)은 다음과 같다.

$$\tau = C_{A0}\int_0^{X_{Af}} \frac{dX_A}{-r_A} = C_{A0}\int_0^{X_{Af}} \frac{dX_A}{kC_{A0}^{1/2}\left(\dfrac{1-X_A}{1+\varepsilon_A X_A}\right)^{1/2}} = \frac{C_{A0}^{1/2}}{k}\int_0^{0.8}\left(\frac{1+X_A}{1-X_A}\right)^{1/2} dX_A \quad \text{(i)}$$

이 적분은 도식적(그래프), 수치적(알고리즘) 혹은 해석적(계산)으로 구할 수 있고, 아래에 그 내용을 설명한다.

표 E5.4

| $X_A$ | $\dfrac{1+X_A}{1-X_A}$ | $\left(\dfrac{1+X_A}{1-X_A}\right)^{1/2}$ |
|---|---|---|
| 0 | 1 | 1 |
| 0.2 | $\dfrac{1.2}{0.8} = 1.5$ | 1.227 |
| 0.4 | 2.3 | 1.528 |
| 0.6 | 4 | 2 |
| 0.8 | 9 | 3 |

***도식적분.*** 먼저 몇 개의 값에서 적분할 함수를 계산하고(표 E5.4) 이 함수값을 플롯한다(그림 E5.4*b*).

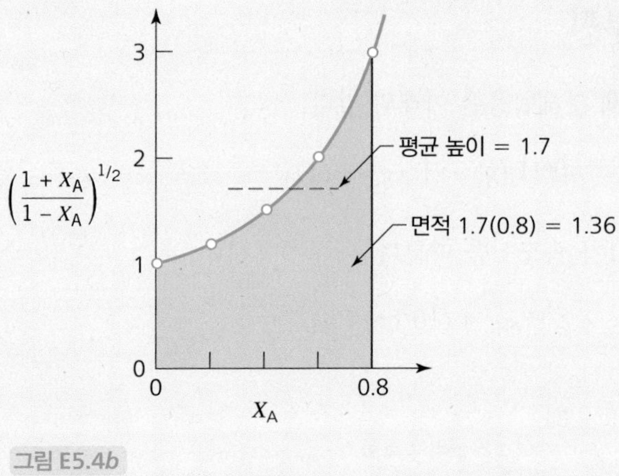


그림 E5.4*b*

정사각형의 개수를 세거나 눈으로 어림하여 다음 값을 구할 수 있다.

$$\text{Area} = \int_0^{0.8}\left(\frac{1+X_A}{1-X_A}\right)^{1/2} dX_A = (1.70)(0.8) = \underline{\underline{1.36}}$$

***수치적분.*** Simpson 법칙을 이용하여 $X_A$축에서 균등하게 분할한 짝수 개의 간격에 적용하여 다음 식과 같이 표 E5.4의 데이터를 구할 수 있다.

$$\int_0^{0.8}\left(\frac{1+X_A}{1-X_A}\right)^{1/2} dX_A = (\text{평균 높이})(\text{전체 너비})$$

$$= \left[\frac{1(1)+4(1.227)+2(1.528)+4(2)+1(3)}{12}\right](0.8)$$

$$= \underline{\underline{1.331}}$$

***해석적분.*** 적분식을 이용하여 계산하면 구하고자 하는 값은 다음과 같다.

$$\int_0^{0.8}\left(\frac{1+X_A}{1-X_A}\right)^{1/2} dX_A = \int_0^{0.8}\frac{1+X_A}{\sqrt{1-X_A^2}}\,dX_A$$

$$= \left(\arcsin X_A - \sqrt{1-X_A^2}\right)\Big|_0^{0.8} = \underline{\underline{1.328}}$$

적분법은 상황에 따라 적절히 선택한다. 이 문제에서는 아마도 수치적분이 제일 빠르고 간단하게 목적에 부합되는 충분한 값을 얻는 방법이다.

따라서 이 적분값을 식 (i)에 대입하면 다음의 해를 얻을 수 있다.

$$\underline{\underline{\tau}} = \frac{(0.0625\ \text{mol/liter})^{1/2}}{(10^{-2}\ \text{mol}^{1/2}/\text{liter}^{1/2}\cdot\text{sec})}(1.33) = \underline{\underline{33.2\ \text{sec}}}$$

## 예제 5.5 ▶ 플러그 흐름 반응기 부피

포스핀(phosphine)의 단일상 기체 분해반응은 아래와 같다.

$$4PH_3(g) \rightarrow P_4(g) + 6H_2$$

이 반응은 649°C에서 진행되며 1차 속도식을 따른다.

$$-r_{PH_3} = (10/\text{hr})\, C_{PH_3}$$

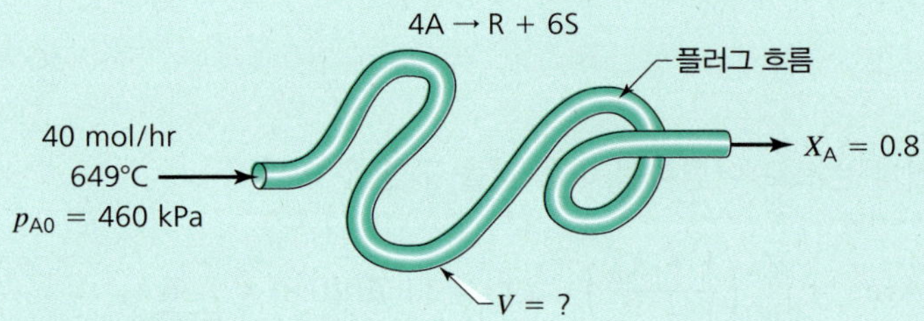


그림 E5.5

순수한 포스핀이 40 mol/hr의 속도로 공급될 때 80% 전환율을 얻기 위해 649°C, 460 kPa에서 운전하는 플러그 흐름 반응기의 크기를 구하라.

› 풀이

$A = PH_3$. $R = P_4$, $S = H_2$라 하면, 이 반응은 아래와 같이 쓸 수 있다.

$$4A \rightarrow R + 6S$$

이때 반응속도는 다음과 같다.

$$-r_A = (10/\text{hr})\ C_A$$

플러그 흐름 반응기의 부피는 식 (21)에 의해 다음과 같이 주어진다.

$$V = \frac{F_{A0}}{kC_{A0}}\left[(1+\varepsilon_A)\ln\frac{1}{1-X_A} - \varepsilon_A X_A\right]$$

이 식의 각 항을 아래와 같이 계산하면

$$F_{A0} = 40\ \text{mol/hr}$$

$$k = 10/\text{hr}$$

$$C_{A0} = \frac{p_{A0}}{\mathbf{R}T} = \frac{460\,000\ \text{Pa}}{(8.314\ \text{Pa}\cdot\text{m}^3/\text{mol}\cdot\text{K})(922\ \text{K})} = 60\ \text{mol/m}^3$$

$$\varepsilon_A = \frac{7-4}{4} = 0.75$$

$$X_A = 0.8$$

이므로 반응기의 부피를 계산하면 다음과 같다.

$$\underline{\underline{V}} = \frac{40\ \text{mol/hr}}{(10/\text{hr})(60\ \text{mol/m}^3)}\left[(1+0.75)\ln\frac{1}{0.2} - 0.75(0.8)\right] = 0.148\ \text{m}^3$$

$$= \underline{\underline{148\ \text{liters}}}$$

## 예제 5.6 ▶ 플러그 흐름 반응기 속도식의 평가

아래의 A, B 및 R 사이의 기체 반응이 기초 가역 반응(elementary reversible reaction)일지 아닐지 의심이 된다.

$$A + B \underset{k_2}{\overset{k_1}{\rightleftarrows}} R$$

따라서 등온 플러그 흐름 반응기에서 이를 평가하기 위해 다음과 같은 실험계획을 세웠다.

**(a)** A, B, R 및 불활성 물질로 된 공급물에 대하여 이들 반응속도론의 등온 성능식을 도출하라.
**(b)** 공급물 A와 B의 몰수가 같을 때 이 식을 평가하는 방법을 보여라.

**풀이**

**(a)** 공급물은 A, B, R, 불활성물질(inert)이다. 이 기초 반응에 대하여 반응속도는 다음과 같다.

$$-r_A = k_1 C_A C_B - k_2 C_R = k_1 \frac{N_A}{V}\frac{N_B}{V} - k_2 \frac{N_R}{V}$$

정압에서 물질 A에 대한 팽창인자와 전환율 관련 식을 적용하면 아래와 같다.

$$-r_A = k_1 \frac{N_{A0} - N_{A0}X_A}{V_0(1+\varepsilon_A X_A)}\frac{N_{B0} - N_{A0}X_A}{V_0(1+\varepsilon_A X_A)} - k_2 \frac{N_{R0} + N_{A0}X_A}{V_0(1+\varepsilon_A X_A)}$$

이때 $M = C_{B0}/C_{A0}$, $M' = C_{R0}/C_{A0}$로 두면 다음 식을 얻는다.

$$-r_A = k_1 C_{A0}^2 \frac{(1-X_A)(M-X_A)}{(1+\varepsilon_A X_A)^2} - k_2 C_{A0}\frac{M'+X_A}{1+\varepsilon_A X_A}$$

따라서 플러그 흐름에 대한 설계식인 식 (17)은 다음과 같다.

$$\tau = C_{A0}\int_0^{X_{Af}} \frac{dX_A}{-r_A} = \int_0^{X_{Af}} \frac{(1+\varepsilon_A X_A)^2 dX_A}{k_1 C_{A0}(1-X_A)(M-X_A) - k_2(M'+X_A)(1+\varepsilon_A X_A)}$$

이 표현에서, $\varepsilon_A$는 양론계수와 공급물 중에 존재하는 불활성물질 의미한다.

**(b)** 동일한 몰수의 A와 B가 공급된다. $C_{A0} = C_{B0}$, $C_{R0} = 0$이고 불활성물질은 없다. 그러므로 $M = 1$, $M' = 0$, $\varepsilon_A = -0.5$이고, 따라서 위 식은 다음과 같이 된다.

$$\tau = \int_0^{X_{Af}} \frac{(1-0.5X_A)^2\, dX_A}{k_1 C_{A0}(1-X_A)^2 - k_2 X_A(1-0.5X_A)} \underset{\text{this}}{\overset{\text{call}}{=}} \int_0^{X_{Af}} f(X_A)dX_A \qquad \text{(i)}$$

일련의 실험에서 $V$, $v_0$, $X_A$를 알면 식 (i)의 좌변과 우변을 각각 따로 계산할 수 있다. 우변에 대해서는 여러 가지 $X_A$에서 $f(X_A)$를 계산하고 $\int f(X_A)dX_A$를 구하기 위해 도식적분하여 그림 E 5.6

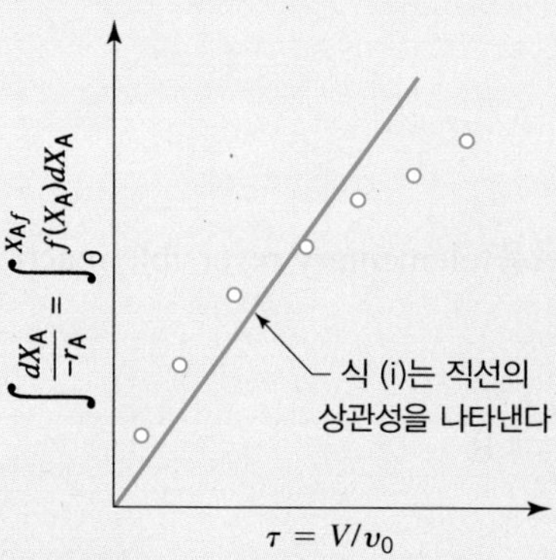


그림 E5.6

과 같은 플롯을 한다. 데이터가 직선에 잘 일치하면 제안된 속도식이 데이터에 부합되어 만족스럽다고 할 수 있다.

## ▶ 흐름 반응기의 유지시간과 공간 시간

우리는 유지시간(holding time 혹은 residence time)과 공간 시간(space time)의 차이점을 명확하게 알아야 한다. 이 두 시간의 정의는 다음과 같다.

$$\text{공간 시간 } \tau = \begin{pmatrix} \text{반응기 1부피 분량의} \\ \text{공급물을 처리하는} \\ \text{데 필요한 시간} \end{pmatrix} = \frac{V}{v_0} = \frac{C_{A0}V}{F_{A0}}, \quad [\text{hr}] \qquad \textbf{(6) 또는 (8)}$$

$$\text{유지시간 } \bar{t} = \begin{pmatrix} \text{반응기 내부를 흐르는} \\ \text{물질의 평균 체류} \\ \text{시간} \end{pmatrix} = C_{A0}\int_0^{X_A} \frac{dX_A}{(-r_A)(1+\varepsilon_A X_A)}, \quad [\text{hr}] \qquad \textbf{(24)}$$

밀도가 일정한 계(모든 액체 및 밀도가 일정한 기체)에 대해서는 다음 식이 성립한다.

$$\tau = \bar{t} = \frac{V}{v}$$

그러나 밀도가 변하는 계에서는 $\bar{t} \neq \tau$이고 $\bar{t} \neq V/v_0$이므로 이들 사이의 관계를 구하는 것은 어렵다.

$\bar{t}$와 $\tau$ 사이의 차이점을 간단하게 알아보기 위해 1 L/min의 속도로 옥수수 원료가 공급되고 28 L/min의 속도로 팝콘이 만들어지는 정상 상태의 팝콘 제조기 문제를 연습 문제 4.7을 통해 풀어 보자.

그림 5.7에서 나타낸 바와 같이 X, Y, Z의 세 가지 경우에 대해 생각해 보자. 첫 번째 경우(X)는 모든 옥수수가 반응기 뒤쪽에서 팝콘이 부풀어 오르고(pop and expand), 두 번째 경우(Y)는 반응기 앞쪽에서 부풀어 오르고, 세 번째 경우(Z)는 입구와 출구 사이의 어느 곳에서 부풀어 오른다고 가정하자. 이 세 가지 경우 모두에 부풀어 오르는 위치에 관계 없이 다음 식이 성립한다.

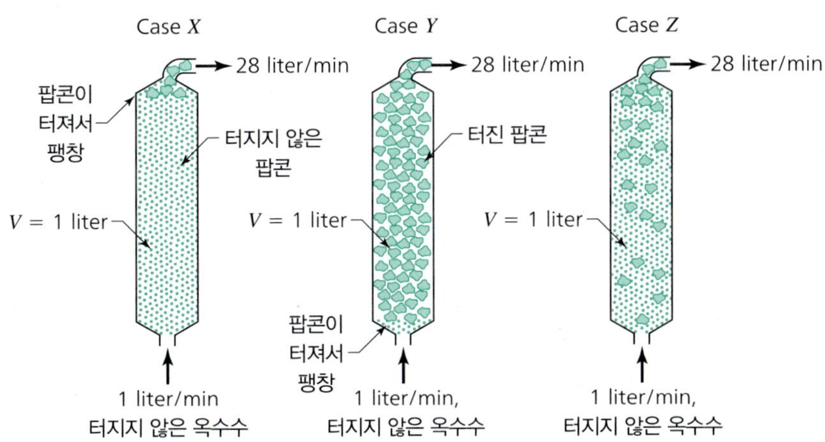


**그림 5.7** 이 3가지 경우에 $\tau$가 일정할 때 $\bar{t}$의 값 변화.

$$\tau_X = \tau_Y = \tau_Z = \frac{V}{v_0} = \frac{1 \text{ liter}}{1 \text{ liter/min}} = 1 \text{ min}$$

그러나 세 가지 경우에 체류 시간은 다음과 같이 매우 다르다.

$$\bar{t}_X = \frac{1 \text{ liter}}{1 \text{ liter/min}} = 1 \text{ min}$$

$$\bar{t}_Y = \frac{1 \text{ liter}}{28 \text{ liter/min}} \cong 2 \text{ sec}$$

$\bar{t}$ = 반응속도론에 따라서 2초에서 60초 사이값을가진다

$\bar{t}$ 값은 반응기에서 일어나는 일에 의존하는 반면에 $\tau$ 값은 반응기에서 일어나는 일과 무관하다.

이 예제를 통해 일반적으로 $\bar{t}$와 $\tau$가 일치하지 않음을 알 수 있다. 그러면 어느 것이 반응기의 자연스러운 성능을 측정하는 도구일까? 회분식 반응기에서는 반응시간이 성능도구인 반면에 이 장에서 언급한 흐름 시스템에서는 성능식 어디에도 유지시간(체류 시간, holding time)은 나타나 있지 않다. 그러나 공간 시간(space time) 혹은 $V/F_{A0}$는 자연적으로 나타나 있다. 따라서 $\tau$ 또는 $V/F_{A0}$가 흐름 시스템에 맞는 성능척도라고 할 수 있다.

위의 간단한 예제에서는 유체의 밀도가 하고 공간 시간과 체류 시간이 동일함을 알 수 있다. 따라서 이들은 서로 바꾸어 사용할 수 있다. 이 특별한 경우는 실제로 모든 액상반응에 적용된다. 그러나 밀도가 변하는 유체, 예를 들면 비등온 기체 반응이나 몰수가 변하는 기체 반응에 대해서는 $\tau$와 $\bar{t}$를 구별하여 각 경우에 따라 정확한 양을 사용해야 한다.

## ▶ 성능식의 요약

표 5.1과 5.2는 단일 이상 반응기(single ideal reactor)에 대한 적분형태의 성능식이다.

**표 5.1** ***n*차 반응에 대한 성능식($\varepsilon_A = 0$)**

| | 플러그 흐름 혹은 회분식 | | 혼합 흐름 | |
|---|---|---|---|---|
| $n = 0$<br>$-r_A = k$ | $\frac{k\tau}{C_{A0}} = \frac{C_{A0} - C_A}{C_{A0}} = X_A$ | (20) | $\frac{k\tau}{C_{A0}} = \frac{C_{A0} - C_A}{C_{A0}} = X_A$ | |
| $n = 1$<br>$-r_A = kC_A$ | $k\tau = \ln\frac{C_{A0}}{C_A} = \ln\frac{1}{1 - X_A}$ | (3.12) | $k\tau = \frac{C_{A0} - C_A}{C_A} = \frac{X_A}{1 - X_A}$ | (14*a*) |
| $n = 2$<br>$-r_A = kC_A^2$ | $k\tau C_{A0} = \frac{C_{A0} - C_A}{C_A} = \frac{X_A}{1 - X_A}$ | (3.16) | $k\tau = \frac{(C_{A0} - C_A)}{C_A^2} = \frac{X_A}{C_{A0}(1 - X_A)^2}$ | (15) |
| any $n$<br>$-r_A = kC_A^n$ | $(n-1)C_{A0}^{n-1}k\tau = \left(\frac{C_A}{C_{A0}}\right)^{1-n} - 1 = (1 - X_A)^{1-n} - 1$ | (3.29) | $k\tau = \frac{C_{A0} - C_A}{C_A^n} = \frac{X_A}{C_{A0}^{n-1}(1 - X_A)^n}$ | |
| $n = 1$<br>$A \underset{2}{\overset{1}{\rightleftarrows}} R$<br>$C_{R0} = 0$ | $k_1\tau = \left(1 - \frac{C_{Ae}}{C_{A0}}\right)\ln\left(\frac{C_{A0} - C_{Ae}}{C_A - C_{Ae}}\right) = X_{Ae}\ln\left(\frac{X_{Ae}}{X_{Ae} - X_A}\right)$ | | $k_1\tau = \frac{(C_{A0} - C_A)(C_{A0} - C_{Ae})}{C_{A0}(C_A - C_{Ae})} = \frac{X_A X_{Ae}}{X_{Ae} - X_A}$ | |
| General rate | $\tau = \int_{C_A}^{C_{A0}} \frac{dC_A}{-r_A} = C_{A0}\int_0^{X_A} \frac{dX_A}{-r_A}$ | (19) | $\tau = \frac{C_{A0} - C_A}{-r_{Af}} = \frac{C_{A0}X_A}{-r_{Af}}$ | (13) |

**표 5.2 $n$차 반응에 대한 성능식($\varepsilon_A \neq 0$)**

| | 플러그 흐름 | | 혼합 흐름 | |
|---|---|---|---|---|
| $n=0$<br>$-r_A = k$ | $\frac{k\tau}{C_{A0}} = X_A$ | (20) | $\frac{k\tau}{C_{A0}} = X_A$ | |
| $n=1$<br>$-r_A = kC_A$ | $k\tau = (1+\varepsilon_A)\ln\frac{1}{1-X_A} - \varepsilon_A X_A$ | (21) | $k\tau = \frac{X_A(1+\varepsilon_A X_A)}{1-X_A}$ | (14b) |
| $n=2$<br>$-r_A = kC_A^2$ | $k\tau C_{A0} = 2\varepsilon_A(1+\varepsilon_A)\ln(1-X_A) + \varepsilon_A^2 X_A + (\varepsilon_A+1)^2 \cdot \frac{X_A}{1-X_A}$ | (23) | $k\tau C_{A0} = \frac{X_A(1+\varepsilon_A X_A)^2}{(1-X_A)^2}$ | (15) |
| any $n$<br>$-r_A = kC_A^n$ | | | $k\tau C_{A0}^{n-1} = \frac{X_A(1+\varepsilon_A X_A)^n}{(1-X_A)^n}$ | |
| $n=1$<br>$A \underset{2}{\overset{1}{\rightleftarrows}} R$<br>$C_{R0}=0$ | $\frac{k\tau}{X_{Ae}} = (1+\varepsilon_A X_{Ae})\ln\frac{X_{Ae}}{X_{Ae}-X_A} - \varepsilon_A X_A$ | (22) | $\frac{k\tau}{X_{Ae}} = \frac{X_A(1+\varepsilon_A X_A)}{X_{Ae}-X_A}$ | |
| General expression | $\tau = C_{A0}\int_0^{X_A}\frac{dX_A}{-r_A}$ | (17) | $\tau = \frac{C_{A0}X_A}{-r_A}$ | (11) |

## 참고 문헌

Corcoran, W. H., and Lacey, W. N., *Introduction to Chemical Engineering Problems*, McGraw Hill, New York, 1970, p. 103.

Pease, R. N., *J. Am. Chem. Soc.*, **51**, 3470 (1929).

## 연습 문제

**5.1** 반응속도론을 알 수 없는 기상반응 2A → R + 2S를 고려하자. 만일 플러그 흐름 반응기에서 A의 90%를 진화하는 데 1/min의 공간 속도가 필요하다면 이 반응기에서 유체의 공간 시간(space time), 평균 체류 시간(residence time) 혹은 유지 시간(holding time)을 구하라.

**5.2** 등온 회분 반응기(isothermal batch reactor)에서 액상 반응물의 70%가 전환되는 데 13 min이 소요되었다. 플러그 흐름 반응기와 혼합 흐름 반응기에서 이 전환을 일으키는 데 필요한 공간 시간과 공간 속도(space velocity)는 얼마인가?

**5.3** 수용액 단량체 A(1 mol/L, 4 L/min)가 2 L의 혼합 흐름 반응기에 유입된 후, 반응기 안에서 복사반응으로 다음과 같이 중합된다.

$$A \xrightarrow{+A} R \xrightarrow{+A} S \xrightarrow{+A} T\ .\ .\ .$$

출구 흐름에서 $C_A$ = 0.01 mol/L이고 특별한 반응 생성물 W($C_W$ = 0.0002 mol/L)가 얻어진다면, A의 반응속도와 W의 생성 속도를 구하라.

**5.4** 현재 사용하고 있는 혼합 흐름 반응기를 부피가 2배인 것으로 교체하려고 한다. 동일한 수용액

공급물(10 mol A/L)과 공급속도에 대하여 새로운 반응기에서 전환율을 구하라. 반응속도는 다음과 같으며,

$$A \rightarrow R, \qquad -r_A = kC_A^{1.5}$$

현재 반응기의 전환율은 70%이다.

**5.5** 수용액 공급물 A와 B(400 L/min, 100 mmol A/L, 200 mmol B/L)가 플러그 흐름 반응기 내에서 생성물로 전환된다. 반응의 속도식은 다음과 같다.

$$A + B \rightarrow R, \qquad -r_A = 200\, C_A C_B \frac{\text{mol}}{\text{liter}\cdot\text{min}}$$

A의 99.9%가 생성물로 전환하는 데 필요한 반응기의 부피를 구하라.

**5.6** 2 $m^3$ 용적을 가진 플러그 흐름 반응기가 초기 농도 $C_{A0}$ = 100 mmol/L인 수용액 공급물 A(100 L/min)를 처리한다. 이 반응은 가역 반응으로 다음과 같이 나타낸다.

$$A \rightleftharpoons R, \qquad -r_A = (0.04\ \text{min}^{-1})C_A - (0.01\ \text{min}^{-1})C_R$$

반응기에서 A의 평형전환율(equilibrium conversion)과 실제 전환율(actural conversion)을 구하라.

**5.7** 끓는 물 원자력 발전로(boiling water nuclear power reactor)에서 발생하는 폐가스(off gas)는 다양한 종류의 방사능 폐기물을 함유하고 있으며, 그중에서 가장 문제가 되는 것 중의 하나가 Xe-133(반감기 = 5.2일)이다. 이 폐가스는 연속적으로 거대한 체류탱크를 통해 흐르고 여기에서의 평균 체류 시간은 30일이고 내용물은 잘 혼합된다. 탱크에서 제거되는 방사성 활성의 분율(fraction of activity)은 얼마인가?

**5.8** 혼합 흐름 반응기(2 $m^3$)가 반응물 A($C_{A0}$ = 100 mmol/L)를 함유한 수용액 공급물(100 L/min)을 처리한다. 이 반응은 가역 반응으로 다음과 같다.

$$A \rightleftharpoons R, \qquad -r_A = 0.04\ C_A - 0.01\ C_R \quad \frac{\text{mol}}{\text{liter}\cdot\text{min}}$$

반응기에서 평형전환율과 실제 전환율은 얼마인가?

**5.9** 특별한 효소(enzyme)가 반응물 A의 발효과정에서 촉매로 작용한다. 수용액 공급물 흐름(25 L/min)에서 주어진 효소의 농도에서 반응물 A ($C_{A0}$ = 2 mol/L)가 95% 전환하는 데 필요한 플러그 흐름 반응기의 부피를 구하라. 이 효소 농도에서 발효의 반응속도는 다음 주어진다.

$$A \xrightarrow{\text{효소}} R, \qquad -r_A = \frac{0.1\ C_A}{1 + 0.5\ C_A} \quad \frac{\text{mol}}{\text{liter}\cdot\text{min}}$$

**5.10** 순수한 A의 기체 공급물(2 mol/L, 100 mol/min)이 플러그 흐름 반응기에서 분해되어 다양한

생성물을 만든다. 이때 반응속도는 다음과 같이 표현된다.

$$A \rightarrow 2.5(\text{생성물}), \qquad -r_A = (10\ \text{min}^{-1})C_A$$

22-L 크기의 반응기에서 예측되는 전환율을 구하라.

**5.11** 효소 E가 반응물인 기질 A를 생성물 R로 발효시키는 데 촉매 역할을 한다. 반응물(2 mol/L)과 효소의 공급물 흐름(25 L/min)에서 반응물의 95% 전환율을 얻는 데 필요한 혼합 흐름 반응기의 크기를 구하라. 이 효소 농도에서 발효반응의 반응속도는 다음과 같이 주어진다.

$$A \xrightarrow{\text{효소}} R, \qquad -r_A = \frac{0.1\ C_A}{1 + 0.5\ C_A}\ \frac{\text{mol}}{\text{liter}\cdot\text{min}}$$

**5.12** A와 B의 수용액 공급물(400 L/min, 100 mmol A/L, 200 mmol B/L)이 혼합 흐름 반응기에서 생성물로 전환된다. 속도식은 다음과 같이 주어진다.

$$A + B \rightarrow R, \qquad -r_A = 200\ C_A C_B\ \frac{\text{mol}}{\text{liter}\cdot\text{min}}$$

A의 99.9%가 생성물로 전환하는 데 필요한 반응기의 크기를 구하라.

**5.13** 650°C에서 포스핀 증기(phosphine vapor)는 다음과 같이 분해된다.

$$4PH_3 \rightarrow P_4(g) + 6H_2, \qquad -r_{phos} = (10\ \text{hr}^{-1})C_{phos}$$

2/3 포스핀-1/3 불활성 물질로 이루어진 공급물에서 10 mol/hr의 속도로 공급되는 포스핀의 75%가 전환하는 데 필요한 플러그 흐름 반응기의 크기는 얼마인가? 운전조건은 649°C, 11.4 atm이다.

**5.14** 순수한 기체 반응물 A ($C_{A0}$ = 660 mmol/L)가 몰공급 속도 $F_{A0}$ = 540 mmol/L으로 플러그 흐름 반응기로 유입되어 다음 반응속도로 중합된다.

$$3A \rightarrow R, \qquad -r_A = 54\ \frac{\text{mmol}}{\text{liter}\cdot\text{min}}$$

출구에서의 A의 농도를 $C_{Af}$ = 330 mmol/L까지 낮추기 위해 필요한 반응기의 크기는 얼마인가?

**5.15** 순수한 A의 기체 공급물(1 mol/L)이 혼합 흐름 반응기(2 L)에 들어가 다음과 같이 반응한다.

$$2A \rightarrow R, \qquad -r_A = 0.05\ C_A^2\ \frac{\text{mol}}{\text{liter}\cdot\text{sec}}$$

출구에서의 농도가 $C_A$ = 0.5 mol/L이 되기 위해서 공급물의 속도(L/min)는 얼마여야 하는가?

**5.16** 기체 반응물 A가 다음 속도식으로 분해된다.

$$A \rightarrow 3R, \qquad -r_A = (0.6\ \text{min}^{-1})C_A$$

혼합 흐름 반응기(1 $m^3$)에서 50% A-50% 불활성 물질로 이루어진 공급물 ($v_0$ = 180 L/min, $C_{A0}$ = 300 mmol/L) 내에서 물질 A의 전환율을 구하라.

**5.17** 20% 오존-80% 공기의 혼합물이 93°C, 1.5 atm 조건에서 1 L/sec의 속도로 플러그 흐름 반응기를 통과한다. 이 조건에서 오존은 다음과 같이 균질계 반응에 의해 분해된다.

$$2O_3 \rightarrow 3O_2, \quad -r_{\text{ozone}} = kC_{\text{ozone}}^2, \quad k = 0.05\frac{\text{liter}}{\text{mol}\cdot\text{s}}$$

오존의 50%가 분해하는 데 필요한 반응기의 크기는 얼마인가? 이는 Corcoran과 Lacey (1970)에 의해 주어진 문제를 변경시킨 것이다.

**5.18** 물질 A를 포함한(1 mol/L) 수용액 공급물이 2 L의 플러그 흐름 반응기로 들어가 다음과 같이 반응한다($2A \rightarrow R$. $-r_A = 0.05\ C_A^2$ mol/L·s). 공급물 속도가 0.5 L/min인 경우에 출구에서의 A의 농도를 구하라.

**5.19** 순수한 기체 A(120 mmol/L)가 30°C, 3 atm 조건에서 1 L의 혼합 흐름 반응기에 여러 유량으로 유입되고 있다. 이는 분해되어 출구에서의 A의 농도를 각각의 유량에 대하여 측정하였다. 다음의 데이터로부터 A의 분해를 나타내는 속도식을 구하라. 오직 반응물 A만이 반응속도에 영향을 미친다고 가정한다.

| $v_0$, liter/min | 0.06 | 0.48 | 1.5 | 8.1 |
|---|---|---|---|---|
| $C_A$, mmol/liter | 30 | 60 | 80 | 105 |

$A \rightarrow 3R$

**5.20** 혼합 흐름 반응기가 화학양론이 $A \rightarrow R$인 반응의 반응속도론을 결정하기 위해 사용된다. 여러 유량으로 100 mmol A/L의 수용액을 1 L 반응기에 공급하고 A의 출구 농도를 각기 측정하였다. 다음의 데이터에 부합되는 속도식을 구하라. 이때 반응물만 반응속도에 영향을 미친다고 가정한다.

| $v$, liter/min | 1 | 6 | 24 |
|---|---|---|---|
| $C_A$, mmol/liter | 4 | 20 | 50 |

**5.21** 회분 반응기를 조작하여 물질 A를 R로 전환시키려고 한다. 액상반응이고 화학양론식은 $A \rightarrow R$이며 반응속도는 아래 표 P5.21에 주어져 있다. 농도가 $C_{A0}$ = 1.3 mol/L로부터 $C_{Af}$ = 0.3 mol/L로 감소시키기 위해 각 반응(batch)을 진행시키는 데 필요한 시간을 구하라.

**표 P5.21**

| $C_A$, mol/liter | $-r_A$, mol/liter · min |
|---|---|
| 0.1 | 0.1 |
| 0.2 | 0.3 |
| 0.3 | 0.5 |
| 0.4 | 0.6 |
| 0.5 | 0.5 |
| 0.6 | 0.25 |
| 0.7 | 0.10 |
| 0.8 | 0.06 |
| 1.0 | 0.05 |
| 1.3 | 0.045 |
| 2.0 | 0.042 |

**5.22** 연습 문제 5.21의 반응에 대하여, $C_{A0}$ = 1.5 mol/L인 공급물을 1,000 mol A/hr의 속도로 유입할 때 80%를 진화시키는 데 필요한 플러그 흐름 반응기의 크기는 얼마인가?

**5.23** **(a)** 연습 문제 5.21의 반응에 대하여 1,000 mol A/hr로 공급물을 유입할 때 75%를 전환시키는 데 필요한 혼합 흐름 반응기의 크기는 얼마인가?

**(b)** (a)에서 공급속도가 2배, 즉 $C_{A0}$ = 1.2 mol/L로 2,000 mol A/hr의 공급물을 처리하면 혼합 흐름 반응기의 크기는?

**(c)** (a)에서 $C_{A0}$ = 2.4 mol/L로 바꾸고 1,000 mol A/hr의 공급물을 유입하여 $C_{Af}$ = 0.3 mol/L까지 감소시킨다면 혼합 흐름 반응기의 크기는?

**5.24** 고분자 탄화수소 기체 A가 고온으로 가열된 혼합 흐름 반응기에 연속적으로 공급되어 화학양론식이 A → 5R인 균질계 기상반응에 의해 저분자량 물질인 R로 열분해된다. 이때 공급속도를 변화시켜 다음과 같이 다른 열분해 결과를 얻었다.

| $F_{A0}$, millimol/hr | 300 | 1000 | 3000 | 5000 |
|---|---|---|---|---|
| $C_{A,out}$, millimol/liter | 16 | 30 | 50 | 60 |

반응기 내부의 빈 공간 부피(internal void volume of the reactor)는 $V$ = 0.1 L이고 반응기 온도에서 공급물의 농도 $C_{A0}$ = 100 mmol/L이다. 열분해 반응을 나타내는 속도식을 구하라.

**5.25**. 실험용 혼합 흐름 반응기에서 물질 A의 수용액 분해를 연구하여, 정상 상태에서 표 P5.25와 같은 결과를 얻었다. 플러그 흐름 반응기에서 $C_{A0}$ = 0.8 mol/L인 공급물로부터 반응물의 75%를 전환시키기 위해 필요한 유지 시간은 얼마인가?

**표 P5.25**

| A의 농도, mol/liter | | 유지 시간, sec |
|---|---|---|
| 공급물 | 출구 | |
| 2.00 | 0.65 | 300 |
| 2.00 | 0.92 | 240 |
| 2.00 | 1.00 | 250 |
| 1.00 | 0.56 | 110 |
| 1.00 | 0.37 | 360 |
| 0.48 | 0.42 | 24 |
| 0.48 | 0.28 | 200 |
| 0.48 | 0.20 | 560 |

**5.26** 혼합 흐름 반응기라고 가정하고 연습 문제 5.25를 다시 풀어라.

**5.27** 홈즈: 그가 이 통을 돌보는 모습이 마지막으로 목격되었다고 하셨죠?

사장: "흘러넘치는 교반탱크 반응기"를 말하는 건가요, 홈즈씨.

홈즈: 사장님, 당신의 전문용어를 알지 못하는 무지를 용서해 주십시오.

사장: 괜찮습니다, 홈즈씨. 어쨌든 당신은 그 친구를 찾아야 합니다. Imbibit는 괴상한 놈이었죠. 항상 반응기를 지켜보고, 큰 숨을 쉬며 입술을 핥고 있었죠. 그러나 그는 대단히 우수한 기능공이었어요. 왜냐하면 그가 떠난 다음부터 googliox의 전환율이 80%에서 75%로 떨어졌단 말이죠.

홈즈(*통의 가장자리를 쓸데없이 두들겨보면서*): 그런데 이 통속에서 무엇이 일어나고 있는 겁니까?

사장: 에탄올과 googliox 간에 기초적 2차 반응이 일어나고 있죠. 당신이 내 말을 알아듣는다면 말이죠. 물론 알코올을 100대 1 정도 과잉으로 유지시킵니다. 그리고 ....

홈즈(*말을 중단시키며*): 흥미롭군요. 우리는 시내에서 문제 해결의 계기가 되는 가능한 모든 것을 조사해 보았지만, 단 하나의 단서도 찾지 못했습니다.

사장(*물기를 닦아내며*): 그 친구가 돌아오기만 하면 주당 2페니 정도 임금을 인상시켜 주어야겠어요.

왓슨: 실례지만 한 가지 물어보아도 괜찮습니까?

홈즈: 괜찮소, 왓슨 박사.

왓슨: 이 통의 용량은 얼마나 됩니까?

사장: 100영국갤런(A hundred Imperial gallon)이며, 우리는 항상 가득 채웁니다. 이것이 과잉으로 넘치는 반응기라고 부르는 이유입니다. 당신이 알고 있는 이익이 많은 조작, 즉 전용량으로 가동됩니다.

홈즈: 왓슨, 우리는 곤란한 처지에 있다는 것을 시인해야겠소. 왜냐하면 단서가 없으면 연역적 추론의 힘이라는 것은 쓸모가 없으니까.

왓슨: 아! 하지만 바로 그 점이 틀렸다는 거요.

(*경영자에게*) Imbibit는 몸무게가 18스톤(stone)쯤 나가는 큰 친구였지요?

사장: 예, 맞습니다. 어떻게 그것을 아셨습니까?

홈즈(*경외하며*): 놀랍군, 왓슨 박사!

왓슨(*겸손하게*): 그것은 기초적인 것이오, 홈즈. 우리는 그 행운아에게 무슨 일이 일어났는가를 추론하는 데 필요한 모든 단서를 갖고 있지. 그렇지만 먼저 누가 나에게 딜(dill)을 좀 가져다주면 좋겠는데.

셜록 홈즈와 사장은 조급하게 기다리고 있는데 왓슨 박사는 뜻밖에도 통에 기대어 그의 파이프를 천천히 조심성 있게 채우고 과장되게 불을 붙였다. 거기서 이야기는 끝났다.

**(a)** 왓슨 박사가 말하려고 하는 중대한 의외의 사실은 무엇이며, 그는 어떻게 이러한 결론을 얻었는가?

**(b)** 왜 그는 말하지 않았는가?

**5.28** 표 P5.28의 데이터는 100°C의 정용 회분 반응기에서 기체 반응물 A의 분해에 관한 것이다. 화학양론식은 2A → R + S이다. 100°C, 1 atm에서 20%의 불활성 물질을 함유하는 공급물을 100 mol A/hr의 속도로 처리하여 A의 95% 전환을 얻는 데 필요한 플러그 흐름 반응기의 크기를 L로 구하라.

**표 P5.28**

| $t$, sec | $p_A$, atm | $t$, sec | $p_A$, atm |
|---|---|---|---|
| 0 | 1.00 | 140 | 0.25 |
| 20 | 0.80 | 200 | 0.14 |
| 40 | 0.68 | 260 | 0.08 |
| 60 | 0.56 | 330 | 0.04 |
| 80 | 0.45 | 420 | 0.02 |
| 100 | 0.37 | | |

**5.29** 혼합 흐름 반응기에서 연습 문제 5.28을 다시 풀어라.

**5.30** A가 수용액상에서 분해여 R이 생성된다.

$$A \rightleftharpoons R$$

정상 상태 시험을 통해 다음 결과를 얻었으며, 각각의 시험에서 공급물 중에 R은 존재하지 않았다.

**표 P5.28**

| Space Time, $\tau$, sec | $C_{A0}$, In Feed, mol/liter | $C_{Af}$, In Exit Steam, mol/liter |
|---|---|---|
| 50 | 2.0 | 1.00 |
| 16 | 1.2 | 0.80 |
| 60 | 2.0 | 0.65 |
| 22 | 1.0 | 0.56 |
| 4.8 | 0.48 | 0.42 |
| 72 | 1.00 | 0.37 |
| 40 | 0.48 | 0.28 |
| 112 | 0.48 | 0.20 |

이 반응속도 정보로부터 $v$ = 1 L/sec이고 $C_{A0}$ = 0.8 mol/L인 공급물이 75% 전환하기 위해 필요한 반응기의 크기를 구하라. 반응기 종류는 다음 2가지이다.

**(a)** 플러그 흐름(plug flow)

**(b)** 혼합 흐름(mixed flow)

제 6 장

# 단일 반응 설계

*Design for Single Reactions*

유체(fluid)를 처리하는 방법에는 여러 가지가 있다. 단일 회분 또는 흐름 반응기, 단과 단 사이(interstage)의 공급물 주입과 가열이 가능한 연속 반응기, 공급물 비율과 조건을 변화시켜 생성물 흐름의 순환이 가능한 반응기 등이 여기에 해당한다. 그렇다면 반응기의 유체는 어떻게 처리하는 것이 좋을까? 불행하게도 이 문제에 답하기 위해서는 여러 가지 인자를 고려해야 한다. 예를 들면 반응의 형태, 예정된 생산규모, 장치 및 운전비용, 조업의 안정성과 융통성, 장치의 수명, 제품의 제조기간, 운전조건이나 새로운 다른 공정으로 전환의 용이성 등 고려해야 할 인자가 많다. 이와 같이 선택할 수 있는 가능한 반응기 시스템(reactor system)이 많고, 고려해야 할 인자들이 다양하기 때문에 최적 설계를 얻을 수 있는 깔끔한 방법을 쉽게 기대할 수는 없다. 훌륭한 설계를 위해서는 풍부한 경험과 공학적 판단을 비롯하여 각종 반응기 시스템의 특성에 대한 올바른 지식이 필요하며 마지막으로 전체 공정에 대한 경제성 분석이 필요하다.

어떤 반응기 시스템을 선택하느냐는(필요한 반응기 크기와 형성될 생성물의 비율에 따라) 공정의 경제성에 영향을 미치게 된다. 첫 번째 인자인 반응기 크기는 경쟁되는 설계에 따라서 100배나 변화될 수 있는 반면에 두 번째 인자인 생성물 분포는 고정시켜야 하는지 또는 변화시켜야 하는지를 먼저 고려해야 한다.

이 장에서는 *단일 반응*(single reaction)만을 다루기로 한다. 이는 반응의 서술을 화학양론 및 평형식을 포함하여 단지 하나의 속도식을 사용하여 기술할 수 있다는 것을 의미한다. 이 반응에서 생성물 분포는 고정되어 있으므로 설계를 비교하는 데 중요한 인자는 반응기 크기이다. 우선 여러 가지 이상적인 단일 및 다중 반응기 시스템의 크기를 비교한 다음, 순환 반응기를 살펴보고 이의 성능식을 개발할 예정이다. 마지막으로 독특한 유형의 반응인 자촉매 반응을 다루고 이 반응을 어떻게 응용하는지 보여줄 것이다.

복합 반응의 설계는 생성물 분포를 우선 고려해야 하므로, 다음 두 개의 장(7장과 8장)에서 다루기로 한다.

## 6.1 단일 반응기들의 크기 비교

### ▸ 회분 반응기

우선, 흐름 반응기를 비교하기 전에 먼저 회분 반응기에 대하여 간단히 언급하자. 회분 반응기는 장치비가 적게 들고 조업 융통성(운전정지가 쉽고 빠름)이 많다는 것이 장점이나 인건비와 처리

비용이 많이 들고, 반응기를 비우고 청소하고 다시 채우는 운전정지 시간이 길며, 제품의 품질관리가 상대적으로 어렵다는 것이 단점이다. 따라서 일반적으로 회분 반응기는 소량 생산과 하나의 장치에서 다품종의 제품을 생산하는 데 적합하다고 말할 수 있다. 반면에 물질의 대량 화학처리에는 경제적인 면에서 연속공정이 거의 항상 유리하다.

반응기의 크기는 주어진 업무와 $\varepsilon = 0$인 조건에서 비교하면, 식 (5.4)과 (5.19)에 나타낸 바와 같이 유체의 요소가 회분 반응기와 플러그 흐름 반응기에서 같은 시간 동안 반응함을 알 수 있다. 따라서 주어진 작업에 필요한 이들 두 반응기의 크기는 동일하다. 물론 장기적인 생산을 고려할 때는 각 회차(batch) 사이의 운전정지시간(shutdown time)을 고려하여 정확한 반응기 크기를 계산해야 한다. 이와 같이 회분 반응기와 플러그 흐름 반응기 간의 성능을 연관짓는 것은 쉽다.

## ▶ 1차 및 2차 반응에 대한 혼합 흐름 반응기와 플러그 흐름 반응기의 비교

주어진 작업에 대하여 혼합 흐름 반응기와 플러그 흐름 반응기 크기의 비율은 반응 진척도, 화학양론 및 속도식의 형태에 따라 변한다. 일반적인 경우에 식 (5.11)과 (5.17)을 비교하면 이 비율을 구할 수 있다. 여러 종류의 반응에 대하여 간단한 $n$차 반응으로 근사되는 이 값을 비교해 보자.

$$-r_A = -\frac{1}{V}\frac{dN_A}{dt} = kC_A^n$$

위의 식에서 $n$은 0부터 3까지 변한다. 혼합 흐름 반응기에 대하여 식 (5.11)은 아래와 같다.

$$\tau_m = \left(\frac{C_{A0}V}{F_{A0}}\right)_m = \frac{C_{A0}X_A}{-r_A} = \frac{1}{kC_{A0}^{n-1}}\frac{X_A(1+\varepsilon_A X_A)^n}{(1-X_A)^n}$$

반면에 플러그 흐름 반응기에 대한 식 (5.17)은 다음과 같이 표현된다.

$$\tau_p = \left(\frac{C_{A0}V}{F_{A0}}\right)_p = C_{A0}\int_0^{X_A}\frac{dX_A}{-r_A} = \frac{1}{kC_{A0}^{n-1}}\int_0^{X_A}\frac{(1+\varepsilon_A X_A)^n dX_A}{(1-X_A)^n}$$

위 두 식을 나누면 아래와 같이 반응기 크기의 비율을 알 수 있다.

$$\frac{(\tau C_{A0}^{n-1})_m}{(\tau C_{A0}^{n-1})_p} = \frac{\left(\dfrac{C_{A0}^n V}{F_{A0}}\right)_m}{\left(\dfrac{C_{A0}^n V}{F_{A0}}\right)_p} = \frac{\left[X_A\left(\dfrac{1+\varepsilon_A X_A}{1-X_A}\right)^n\right]_m}{\left[\displaystyle\int_0^{X_A}\left(\frac{1+\varepsilon_A X_A}{1-X_A}\right)^n dX_A\right]_p} \tag{1}$$

밀도가 일정하거나 $\varepsilon = 0$인 경우에는 위 식을 적분하면 다음 식이 된다.

$$\frac{(\tau C_{A0}^{n-1})_m}{(\tau C_{A0}^{n-1})_p} = \frac{\left[\dfrac{X_A}{(1-X_A)^n}\right]_m}{\left[\dfrac{(1-X_A)^{1-n}-1}{n-1}\right]_p}, \qquad n \neq 1$$

또는 (2)

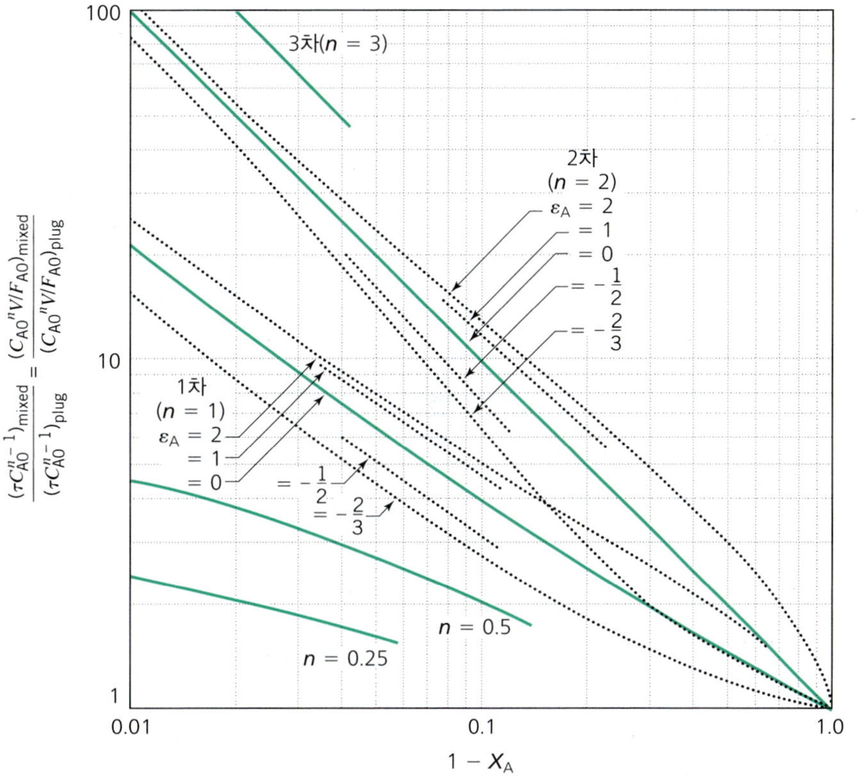


그림 6.1 $n$차 반응에 대한 단일 혼합 흐름 반응기와 플러그 흐름 반응기의 성능 비교.

$$\text{A} \rightarrow \text{products}, \ -r_A = kC_A^n$$

동량의 동일한 공급물이 사용될 경우, 세로축($y$축)은 부피비($V_m/V_p$) 혹은 공간 시간의 비율($\tau_m/\tau_p$)을 나타낸다.

$$\frac{(\tau C_{A0}^{n-1})_m}{(\tau C_{A0}^{n-1})_p} = \frac{\left(\dfrac{X_A}{1-X_A}\right)_m}{-\ln(1-X_A)_p}, \qquad n = 1$$

식 (1)과 (2)를 그림 6.1에 도식적으로 나타내면, 혼합 흐름 반응기와 플러그 흐름 반응기의 대략적인 성능을 비교할 수 있다. 공급물 조성 $C_{A0}$와 공급물 속도 $F_{A0}$가 일정하다고 가정할 때, 이 그래프의 세로축을 통해 특정 전환율을 얻는 데 필요한 부피비($V_m/V_p$) 혹은 공간 시간의 비율($\tau_m/\tau_p$)을 바로 알 수 있다. 그림 6.1로부터 다음 3가지 사실을 알 수 있다.

1. 특정한 작업($X_A$)과 양의 반응 차수($n > 0$)에 대하여 혼합 흐름 반응기의 크기는 항상 플러그 흐름 반응기보다 크다. 이 부피비는 반응 차수가 증가함에 따라서 커진다.
2. 전환율이 작을 때는 반응기 성능은 흐름 양식(혼합인지 플러그인지)에 의해 매우 조금만 영향을 받는다. 그러나 전환율이 클 때는 부피비가 급격히 증가하고, 따라서 흐름 양식이 매우 중요한 요인이 된다.
3. 반응 중의 밀도 변화는 설계에 영향을 미친다. 그러나 이는 보통 흐름 양식에 이은 두 번째로 중요한 요인(혹은 인자)이 된다.

그림 6.5와 6.6에 $\varepsilon = 0$인 경우에 1차 반응과 2차 반응에 대한 곡선을 나타내었으며, 이 그래프에서 점선(dash line)은 고정된 값을 가지는 무차원 반응속도군의 경우를 나타낸다. 이때 무차원군은 다음과 같이 정의된다.

1차 반응 $k\tau$

2차 반응 $kC_{A0}\tau$

이들 선으로부터 각종 반응기의 유형, 반응기의 크기 및 전환율의 수준을 비교할 수 있다.

예제 6.1에서는 도표 사용법을 다룬다.

## ▶ 2차 반응에서 반응물의 비율 변화

두 가지 성분으로 이루어진 다음과 같은 2차 반응을 생각해 보자.

$$A + B \rightarrow \text{생성물}, \qquad M = C_{B0}/C_{A0}$$
$$-r_A = -r_B = kC_AC_B \tag{3.13}$$

만일 반응물비(reactant ratio)가 1이면, 이 반응은 한 가지 성분으로 이루어진 2차 반응과 같이 거동한다.

$$-r_A = kC_AC_B = kC_A^2, \qquad M = 1\text{이면} \tag{3}$$

반면에 반응물 B가 과잉으로 사용되고 이 농도가 거의 변하지 않고($C_B \cong C_{B0}$) 일정하다면, 위의 반응은 한정 성분 A에 대한 1차 반응 결과와 비슷하다.

$$-r_A = kC_AC_B = (kC_{B0})C_A = k'C_A, \qquad M \gg 1\text{이면} \tag{4}$$

따라서 그림 6.1에서 한정 성분 A에 대하여 혼합 흐름 반응기와 플러그 흐름 반응기의 부피비는 1차 반응과 2차 반응 곡선 사이의 영역으로 표현된다.

## ▶ 일반 도식 비교

어떤 반응속도를 알고 있는 반응에 대하여 혼합 흐름 반응기와 플러그 흐름 반응기의 성능을 비교하는 것은 그림 6.2에 가장 잘 나타나 있다. 음영 처리된 면적(shaded area)과 빗금 친 부분의 면적(hatched area)의 비가 혼합 흐름 반응기와 플러그 흐름 반응기에 필요한 공간 시간의 비라고 할 수 있다.

그림 6.2에 그려진 반응속도 곡선(rate curve)은 반응속도가 계속적으로 감소하여 평형이 되는 많은 전형적인 반응 유형이다(이것은 $n > 0$인 모든 $n$차 반응을 포함함). 이러한 반응에 대해서는 주어진 작업을 수행하는 데 필요한 부피는 혼합 흐름 반응기가 플러그 흐름 반응기보다 항상 더 크다.

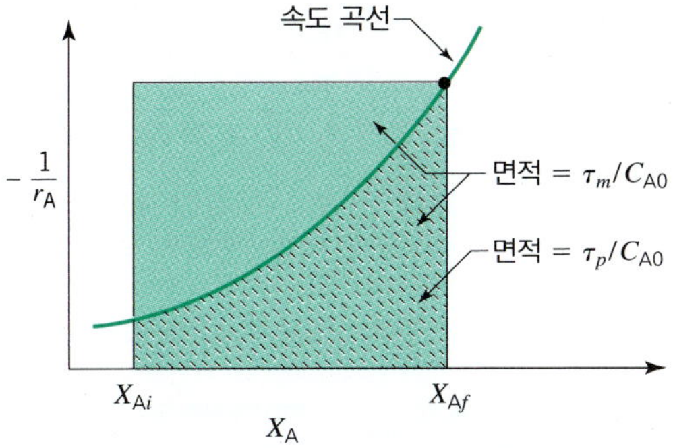


그림 6.2 모든 속도식에 대하여 혼합 흐름 반응기와 플러그 흐름 반응기의 성능 비교.

## 6.2 다중 반응기 시스템

### ▶ 직렬 및/또는 병렬로 연결된 플러그 흐름 반응기

$N$개의 플러그 흐름 반응기가 직렬로 연결된 경우를 고려하자. 이때 $X_1, X_2, ..., X_N$을 반응기 1, 2, ..., $N$을 떠나는 성분 A의 반응 전환율(fractional conversion)이라 한다. 첫 번째 반응기로 들어가는 성분 A의 공급 속도(feed rate)를 기초로 하여 $i$번째 반응기에 대한 물질 수지를 계산하면, 식 (5.18)로부터 다음을 알 수 있다.

$$\frac{V_i}{F_0} = \int_{X_{i-1}}^{X_i} \frac{dX}{-r}$$

직렬로 연결된 $N$개의 반응기의 경우는 다음과 같이 구할 수 있다.

$$\frac{V}{F_0} = \sum_{i=1}^{N} \frac{V_i}{F_0} = \frac{V_1 + V_2 + \cdot \cdot \cdot + V_N}{F_0}$$

$$= \int_{X_0=0}^{X_1} \frac{dX}{-r} + \int_{X_1}^{X_2} \frac{dX}{-r} + \cdot \cdot \cdot + \int_{X_{N-1}}^{X_N} \frac{dX}{-r} = \int_0^{X_N} \frac{dX}{-r}$$

따라서 총 부피가 $V$인 직렬로 연결된 $N$개의 플러그 흐름 반응기는 부피가 $V$가 되는 한 개의 플러그 흐름 반응기와 동일한 전환율을 나타낸다.

최적의 플러그 흐름 반응기의 병렬연결 혹은 직렬-병렬의 혼합된 형태의 연결을 위해, 전체 반응기 시스템을 각 단위의 총 부피와 같은 부피를 가진 한 개의 플러그 흐름 반응기로 취급할 수 있다. 직렬 혹은 병렬로 연결된 플러그 흐름 반응기에 대하여 유체 흐름이 동일한 조성을 갖고 만나도록 공급물을 분배시키는 경우에, 따라서 병렬로 연결된 반응기들에 대하여 $V/F$ 또는 $\tau$는 각각의 평행한 흐름에서 동일해야 한다. 다른 어떠한 방법의 공급물 유입도 덜 효과적이다.

## 예제 6.1 ▶ 여러 개의 플러그 흐름 반응기 운전

그림 E6.1에 표현된 반응기 설정은 세 개의 플러그 흐름 반응기가 두 개의 평행한 곁가지(branch)로 연결되어 있다. 곁가지 D는 50 L와 30 L의 반응기가 직렬로 연결되어 있고, 곁가지 E는 40 L의 반응기를 갖고 있다. 곁가지 D로 흐르는 공급물의 분율(what fraction of the feed)을 구하라.

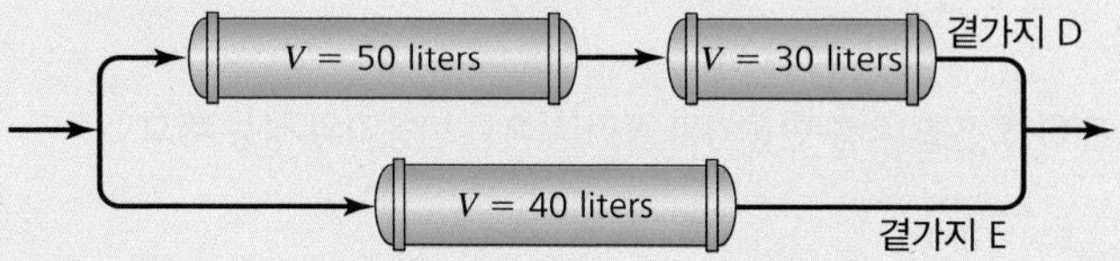


그림 E6.1

**풀이**

곁가지 D는 직렬의 두 반응기로 구성되어 있으므로 부피가 다음과 같은 단일 반응기로 볼 수 있다.

$$V_D = 50 + 30 = 80 \text{ liters}$$

병렬로 연결된 반응기에 대해서는 각 곁가지에서의 전환율이 동일하려면 $V/F$가 동일해야 한다. 따라서 다음 식이 성립한다.

$$\left(\frac{V}{F}\right)_D = \left(\frac{V}{F}\right)_E$$

또는

$$\frac{F_D}{F_E} = \frac{V_D}{V_E} = \frac{80}{40} = \underline{\underline{2}}$$

그러므로 곁가지 D에는 공급물의 2/3가 흐른다.

### 직렬로 연결된 동일한 크기의 혼합 흐름 반응기

플러그 흐름에서는 반응물의 농도가 시스템을 통과하면서 점차로 감소하는 반면, 혼합 흐름에서는 반응물의 농도가 순간적으로 매우 낮은 값으로 떨어진다. 이러한 사실 때문에, $n > 0$인 비가역 $n$차 반응과 같이 반응물의 농도가 증가함에 따라서 반응속도가 증가하는 반응에 대해서는 플러그 흐름 반응기가 혼합 흐름 반응기보다 더 효율적이다.

$N$개의 혼합 흐름 반응기가 직렬로 연결된 시스템을 고려하자. 각 반응기에서 농도가 균질하지만 반응기와 반응기 사이에서는 농도의 변화가 있다. 그림 6.3에 예시된 단계적 농도 감소를 보면 직렬로 연결된 반응기의 수가 증가할수록 플러그 흐름 반응기에 근접함을 알 수 있다. 그래프로 보면 이렇게 표시될 것이다.

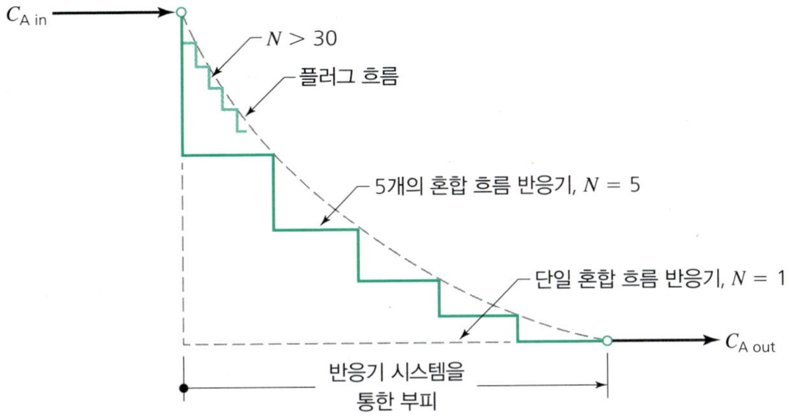


**그림 6.3** **단일 흐름 반응기와 비교한 *N*단 혼합 흐름 반응기 시스템을 통한 농도 프로파일.**

이제 직렬로 연결된 *N*개의 동일한 크기의 혼합 흐름 반응기를 정량적으로 평가해 보기로 하자. 밀도 변화가 무시할 만큼 작다면 $\varepsilon = 0$이고 $t = \tau$이다. 혼합 흐름 반응기에서 필요한 식을 유도하는 데 전환율보다 농도를 사용하는 것이 편리하므로 이 방법을 쓰기로 한다. 사용되는 기호는 그림 6.4에 표시되어 있으며 아래첨자 $i$는 $i$번째 반응기 순서를 나타낸다.

**1차 반응** 식 (5.12)에 의하면 반응기 $i$에 대한 성분 A의 물질 수지는 다음과 같다.

$$\tau_i = \frac{C_0 V_i}{F_0} = \frac{V_i}{v} = \frac{C_0(X_i - X_{i-1})}{-r_{Ai}}$$

$\varepsilon = 0$이므로 위 식을 농도로 표시하면 다음과 같다.

$$\tau_i = \frac{C_0[(1 - C_i/C_0) - (1 - C_{i-1}/C_0)]}{kC_i} = \frac{C_{i-1} - C_i}{kC_i}$$

또는

$$\frac{C_{i-1}}{C_i} = 1 + k\tau_i \tag{5}$$

가 된다. 이제 공간 시간 $\tau$(또는 평균 체류 시간 $t$)는 부피가 $V_i$인 크기가 동일한 모든 반응기에 대하여 같으므로 다음과 같이 구할 수 있다.

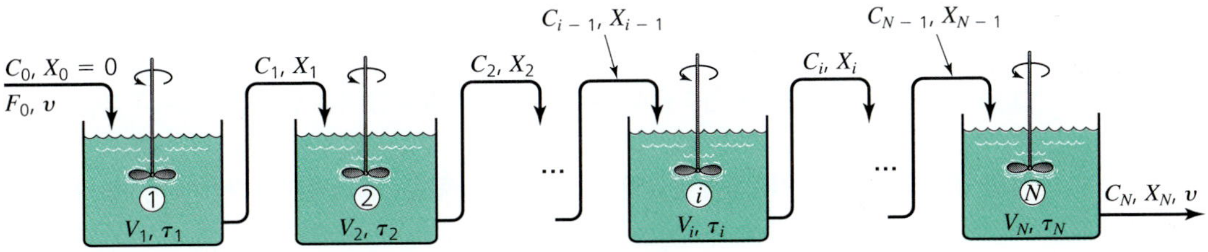


**그림 6.4** **동일한 크기의 혼합 반응기가 직렬로 연결된 *N*개의 시스템에 대한 명명법.**

$$\frac{C_0}{C_N} = \frac{1}{1 - X_N} = \frac{C_0}{C_1}\frac{C_1}{C_2} \cdots \frac{C_{N-1}}{C_N} = (1 + k\tau_i)^N \tag{6a}$$

이 식을 정리하면 전체 시스템에 대해 다음 식을 구할 수 있다.

$$\tau_{N\,\text{reactors}} = N\tau_i = \frac{N}{k}\left[\left(\frac{C_0}{C_N}\right)^{1/N} - 1\right] \tag{6b}$$

$N \to \infty$인 극한에 대해서, 이 식은 플러그 흐름에 대한 식으로 변한다.

$$\tau_p = \frac{1}{k}\ln\frac{C_0}{C} \tag{7}$$

식 (6*b*)와 식 (7)을 이용하면 직렬로 연결된 *N*개 반응기의 성능을 플러그 흐름 반응기나 단일의 혼합 흐름 반응기와 비교할 수 있다. 이 비교는 그림 6.5에 나타내었으며, 밀도 변화를 무시할 수 있는 1차 반응에 대해서이다.

**2차 반응** 직렬로 연결된 혼합 흐름 반응기의 성능을 평가함에 있어서, 어떠한 반응물의 과잉이 없는 2분자형 2차 반응에 대해 1차 반응에 대한 방법과 비슷한 과정을 통하여 평가할 수 있다. 그러므로 직렬로 연결된 *N*개의 반응기에 대하여 다음을 얻을 수 있다.

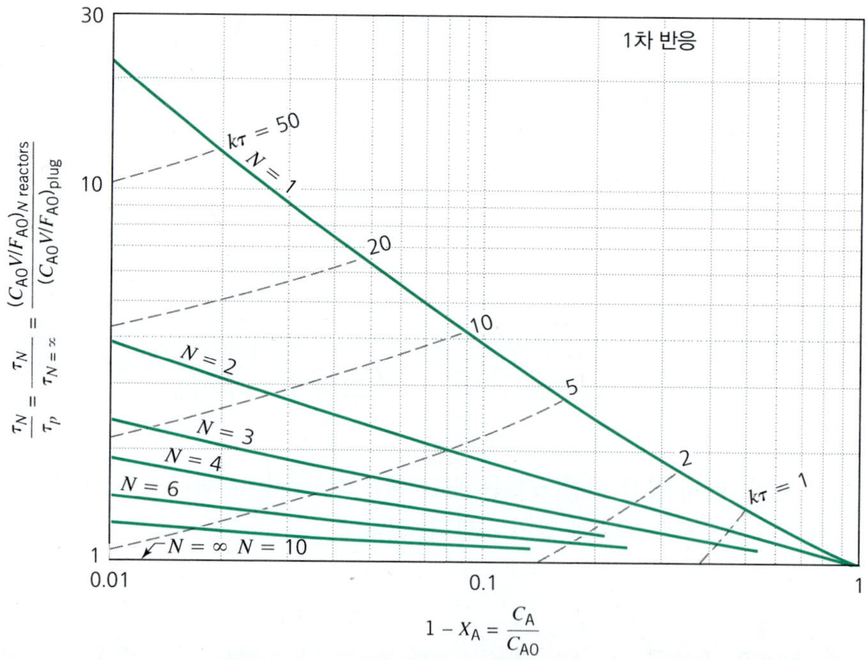


**그림 6.5** **1차 반응의 경우 연속된 *N*개의 동일한 크기의 혼합 흐름 반응기와 플러그 흐름 반응기의 성능 비교.**

$$A \rightarrow R, \qquad \varepsilon = 0$$

**동일한 공급물을 같은 처리속도로 공급할 경우, 세로축(*y*축)은 직접적인 부피비($V_N/V_p$)를 나타낸다.**

$$C_N = \frac{1}{4k\tau_i}\left(-2 + 2\sqrt{\overset{\vdots}{-1 \cdots + 2\sqrt{-1 + 2\sqrt{1 + 4C_0 k\tau_i}}}}\Big\}N\right) \quad \textbf{(8a)}$$

반면에 플러그 흐름에 대해서는 다음과 같은 식이 된다.

$$\frac{C_0}{C} = 1 + C_0 k\tau_p \quad \textbf{(8b)}$$

이들 반응기들의 성능비교를 그림 6.6에 나타내었다.

그림 6.5와 6.6에서 보는 바와 같이 직렬로 연결된 반응기의 수가 증가하면 주어진 전환율을 얻기 위한 이 시스템의 부피는 플러그 흐름 반응기의 부피에 접근함을 직관적으로 알 수 있다. 가장 큰 변화는 한 개의 반응기 시스템에 두 번째 반응기를 연결했을 경우에 일어난다.

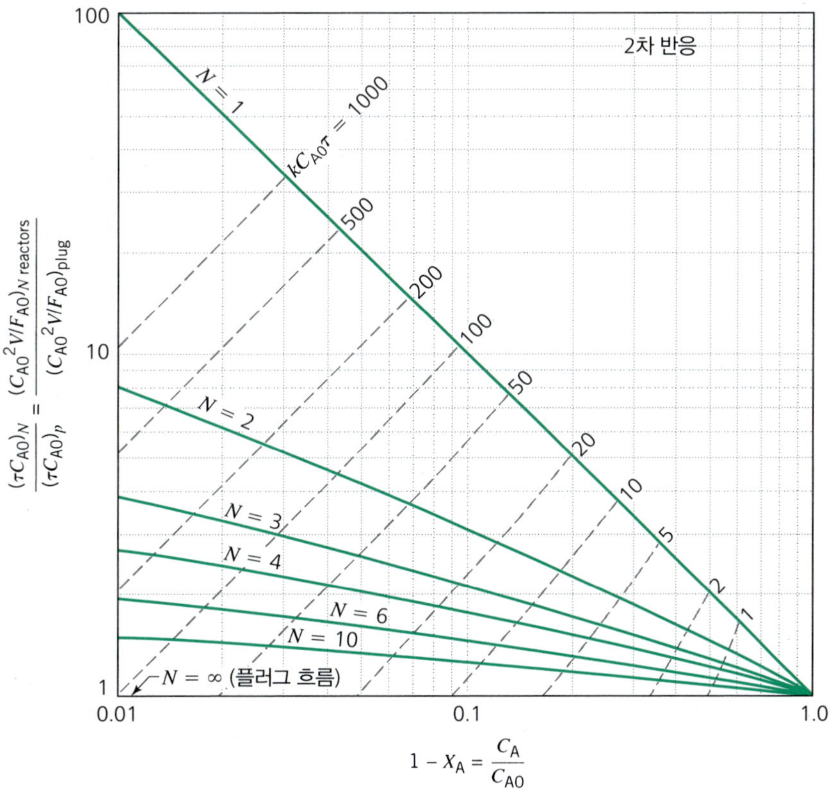


**그림 6.6** **부피 팽창이 없는 기초 2차 반응의 경우, 연속된 $N$개의 동일한 크기의 혼합 흐름 반응기와 플러그 흐름 반응기의 성능 비교.**

$$2A \rightarrow \text{생성물}$$

$$A + B \rightarrow \text{생성물}, \qquad C_{A0} = C_{B0}$$

**동일한 공급물을 같은 처리속도로 공급할 경우, 세로축($y$축)은 직접적인 부피비 $V_N/V_p$ 혹은 공간 시간비 $\tau_N/\tau_p$를 나타낸다.**

## 예제 6.2 ▶ 직렬로 연결된 혼합 흐름 반응기

현재 반응물 A의 90%가 단일 혼합 흐름 반응기에서 2차 반응을 통해 생성물로 변화하였다. 기존의 반응기와 동일한 반응기를 직렬로 하나 더 연결하고자 한다.

**(a)** 현재 반응기의 처리속도와 동일하게 유지할 때 추가되는 반응기로 반응물의 전환율은 어떻게 되겠는가?

**(b)** 전환율을 90%로 그냥 두면 처리속도는 얼마나 증가하는가?

### 풀이

그림 E6.2는 이 문제를 풀기 위해 그림 6.6의 성능도표가 어떻게 이용될 수 있는지를 보여주고 있다.

**(a)** ***동일한 처리속도에서 전환율의 계산.*** 90% 전환율을 나타내는 단일 반응기에 대해, 그림 6.6으로부터 다음을 알 수 있다.

$$kC_0\tau = 90$$

두 개의 반응기에 대해서는 공간 시간이나 체류 시간이 2배가 되므로 그림 6.6의 점선을 따라 간다.

$$kC_0\tau = 180$$

이 점선은 $N = 2$인 선과 전환율 $\underline{\underline{X = 97.4\%}}$에서 만난다($a$점).

**(b)** ***동일한 전환율에서 처리속도 계산.*** 전환율이 90%로 고정되므로 $N = 2$에 대하여 무차원군은 다음과 같이 구해진다.

$$kC_0\tau = 27.5\ (b\text{점})$$

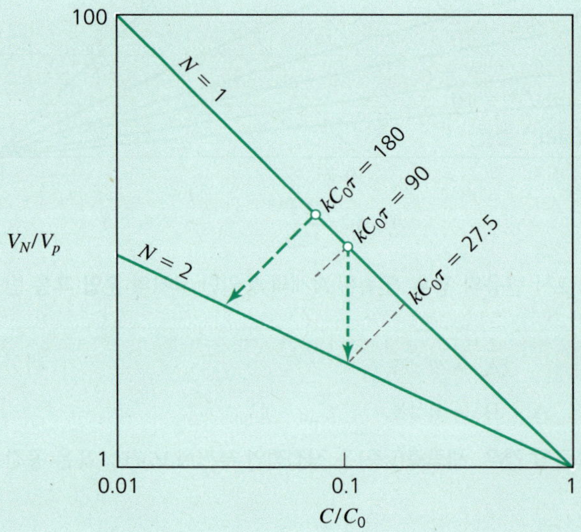


그림 E6.2

$N = 1$과 $N = 2$에 대한 무차원 속도군의 값을 비교하면 다음을 알 수 있다.

$$\frac{(kC_0\tau)_{N=2}}{(kC_0\tau)_{N=1}} = \frac{\tau_{N=2}}{\tau_{N=1}} = \frac{(V/v)_{N=2}}{(V/v)_{N=1}} = \frac{27.5}{90}$$

$V_{N=2} = 2V_{N=1}$이므로 유량의 비는 다음과 같이 계산된다.

$$\frac{v_{N=2}}{v_{N=1}} = \frac{90}{27.5}(2) = 6.6$$

따라서 처리속도는 처음의 6.6배로 증가한다.

***주의.*** 두 번째 반응기를 첫 번째 반응기에 병렬로 연결하여 조업하면 처리속도는 단지 2배가 된다. 따라서 두 개의 반응기를 직렬로 연결하는 것이 명백히 장점이 있다. 이러한 장점은 높은 전환율에서 더욱 두드러진다.

## ▶ 직렬로 연결된 다양한 크기의 혼합 흐름 반응기

크기가 다른 혼합 흐름 반응기에 있어서 임의의 반응속도론을 언급할 때, 두 가지 유형의 질문이 가능하다. 하나는 주어진 반응기 시스템에서 출구 전환율을 구하는 것이고 다른 하나는 주어진 전환율을 얻기 위해 반응기를 어떻게 구성하는 것이 좋은지를 알아내는 것이다. 이 두 가지 문제는 각각 다른 과정을 사용하여 취급할 수 있다.

**주어진 시스템에서 전환율 구하기** 밀도의 변화가 무시될 수 있는 반응에서 직렬로 연결된 크기가 다른 혼합 흐름 반응기의 출구에서의 조성을 구하는 도식적 방법이 알려져 있다(Jones, 1951). 전환율을 구하기 위해 필요한 것은 각 농도에서의 반응속도를 나타내는 $r$ 대 $C$의 곡선이다.

이 방법의 사용법을 보여주기 위해서 부피, 공급속도, 농도, 공간 시간($\varepsilon = 0$이므로 체류 시간과 동일함) 및 유량이 그림 6.7과 같은 직렬로 연결된 세 개의 혼합 흐름 반응기를 고려하자. 식 (5.11)에 나타낸 바와 같이, $\varepsilon = 0$이므로 첫번째 반응기에서 성분 A에 대하여 다음 식이 성립한다.

$$\tau_1 = \bar{t}_1 = \frac{V_1}{v} = \frac{C_0 - C_1}{(-r)_1}$$

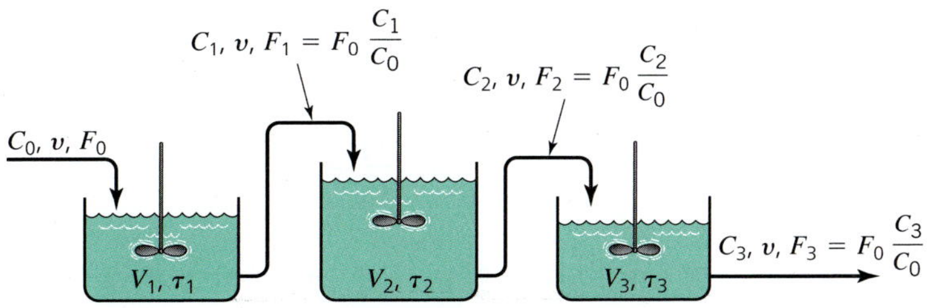


그림 6.7 크기가 같지 않은 일련의 혼합 흐름 반응기의 표기법.

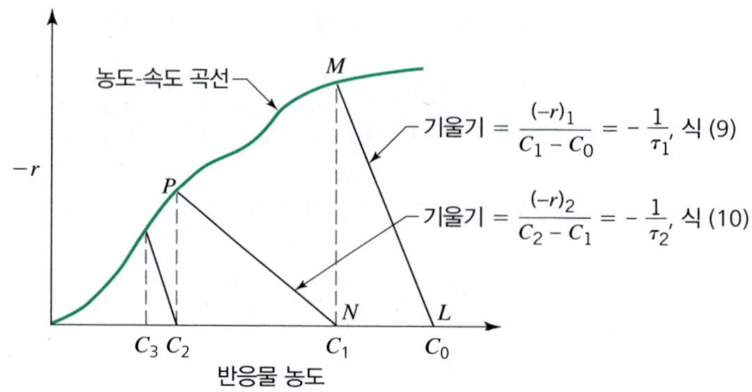


그림 6.8 일련의 혼합 흐름 반응기의 구성을 찾기 위한 그래프 방법.

또는

$$-\frac{1}{\tau_1} = \frac{(-r)_1}{C_1 - C_0} \tag{9}$$

마찬가지로, 식 (5.12)로부터 $i$번째 반응기에 대하여 다음 식을 쓸 수 있다.

$$-\frac{1}{\tau_i} = \frac{(-r)_i}{C_i - C_{i-1}} \tag{10}$$

성분 A에 대하여 $r$ 대 $C$ 곡선을 플롯하였을 때(그림 6.8), 첫 번째 반응기에서의 조건을 구하는 방법은 다음과 같다. 우선 입구에서의 농도 $C_0$($L$점)를 알고 있으므로 $C_0$에서 기울기가 $-(1/\tau_1)$ 직선을 그어 반응속도 곡선과 만나는 점을 구하면 이것이 $C_1$($M$점)이다. 식 (6.9)에서 $LM$의 기울기 = $MN/NL = (-r)_1/(C_1 - C_0) = -(1/\tau_1)$이므로 $M$점은 $C_1$과 $(-r)_1$이 대응하는 점이 된다. 같은 방법으로 식 (6.10)을 이용하여 $C_2$는 $N$점에서 기울기가 $(-1/\tau_2)$인 직선을 그어 반응속도 곡선과 만나는 $P$점을 구할 수 있다. 이 과정을 필요한 만큼 반복하면 된다. 이 도식적 방법은 조금만 변형하면 밀도의 변화가 큰 반응에 대해서도 적용할 수 있다.

**주어진 전환율에 대한 최선의 시스템 결정하기** 직렬로 연결된 두 개의 혼합 흐름 반응기의 크기를 최소로 하면서 반응속도를 알고 있는 시스템에서 공급물의 전환율을 달성하고자 한다. 기초적인 성능식인 (5.11)과 (5.12)으로부터 첫 번째 반응기 식은 다음과 같다.

$$\frac{\tau_1}{C_0} = \frac{X_1}{(-r)_1} \tag{11}$$

두 번째 반응기에 대해서는 다음과 같이 된다.

$$\frac{\tau_2}{C_0} = \frac{X_2 - X_1}{(-r)_2} \tag{12}$$

이들 관계식은 그림 6.9에 나타내었고, 최종 전환율이 $X_2$로 동인한 경우에 두 가지 다른 반응기 배열을 나타낸다. 중간 전환율 $X_1$이 변함에 따라 필요한 두 반응기의 총 부피(음영 부분의 총면

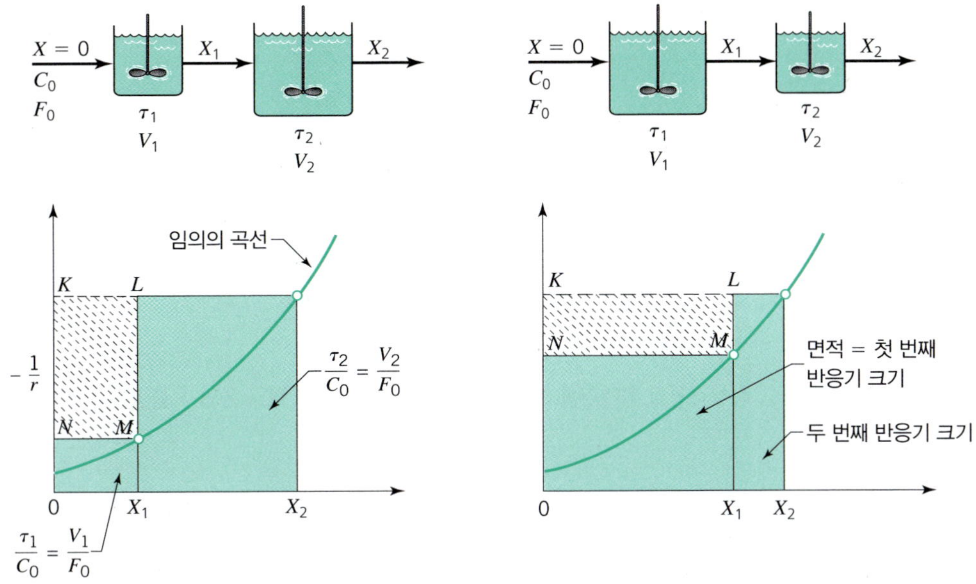


그림 6.9 직렬로 연결된 두 개의 혼합 흐름 반응기에 대한 변수를 그래픽으로 표현.

적)는 물론 각 반응기의 크기비(두 개의 음영 부분의 면적비)가 변화한다.

그림 6.9에서 보면 반응기의 총 부피는 음영 부분의 총 면적을 최소로 하면 작아지고, 이때 빗금 친 부분인 직사각형 *KLMN*의 면적은 최대로 된다. 이 사실을 이용하면 이직사각형의 면적을 최대로 하는 $X_1$(또는 곡선상의 *M*점)을 선택할 수 있다. 좀 더 일반적인 문제를 고려하자.

**직사각형 면적의 최대화** 그림 6.10에서와 같이 임의의 곡선 위의 점 $M(x, y)$에서 $x$-$y$축에 직사각형을 만들면 이 직사각형의 면적은 다음과 같다.

$$\mathrm{A} = xy \tag{13}$$

이 면적은 다음과 같은 조건에서 최대가 된다.

$$d\mathrm{A} = 0 = y\,dx + x\,dy$$

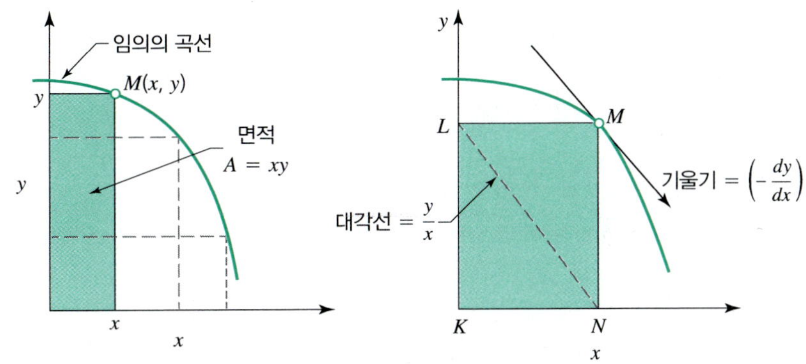


그림 6.10 직사각형의 면적을 최대화하기 위한 그래프 방법.

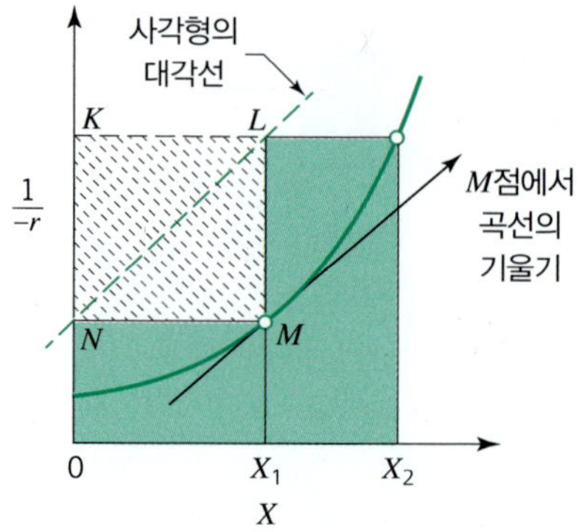


그림 6.11 직사각형의 최대화를 적용하여 직렬로 연결된 두 개의 혼합 흐름 반응기의 최적 중간 변환 및 최적 크기.

혹은 다음과 같은 조건이다.

$$-\frac{dy}{dx}=\frac{y}{x} \tag{14}$$

한 마디로 $M$점에서의 곡선의 기울기와 직사각형의 대각선 $NL$의 기울기가 같을 때 면적은 최대가 된다. 이 최적의 점은 곡선의 모양에 따라 1개 이상이 있거나 없을 수도 있는데, $n > 0$인 $n$차 반응에 대해서는 항상 1개의 최적점이 존재한다.

이러한 직사각형의 최대화 방법은 이후 장들에서 사용하기로 하자. 다시 본래의 문제로 돌아가 보자.

두 반응기 크기의 최적비는 $M$점에서의 곡선의 기울기와 대각선 $NL$의 기울기가 같을 때 얻어진다. 가장 좋은 $M$ 값이 그림 6.11에 나타나 있으며 이것으로부터 중간 전환율 $X_1$과 각 반응기의 크기가 결정된다.

직렬로 연결된 두 개의 혼합 흐름 반응기의 크기비는 일반적으로 반응속도론과 전환율에 의해 결정된다. 특별한 경우 1차 반응에서는 동일한 크기의 반응기가 최적이고, $n > 1$인 반응에서는 작은 반응기가 먼저 위치해야 하며, $n < 1$인 반응에서는 큰 반응기가 먼저 와야 한다(연습 문제 6.3 참고). 그러나 Szepe와 Levenspiel (1964)의 연구에 따르면, 최소 크기 시스템이 동일한 크기의 반응기 시스템과 비해 가지는 이점은 매우 작으며 단지 몇 % 정도이다. 전체적인 경제성을 고려할 때 대개 동일한 크기의 반응기 시스템이 권장된다.

이상의 과정은 다단조작(multistage operations)에 직접 응용될 수 있는데, 여기서는 주로 동일한 크기의 반응기 시스템에 대하여 검토하기로 한다.

## ▶ 직렬로 연결된 다른 유형의 반응기

그림 6.12와 같이 혼합 흐름 반응기, 플러그 흐름 반응기 및 기타 혼합 흐름 반응기가 직렬로 연결된 경우에, 이들 세 개의 반응기 식은 다음과 같다.

$$\frac{V_1}{F_0}=\frac{X_1-X_0}{(-r)_1},\quad \frac{V_2}{F_0}=\int_{X_1}^{X_2}\frac{dX}{-r},\quad \frac{V_3}{F_0}=\frac{X_3-X_2}{(-r)_3}$$

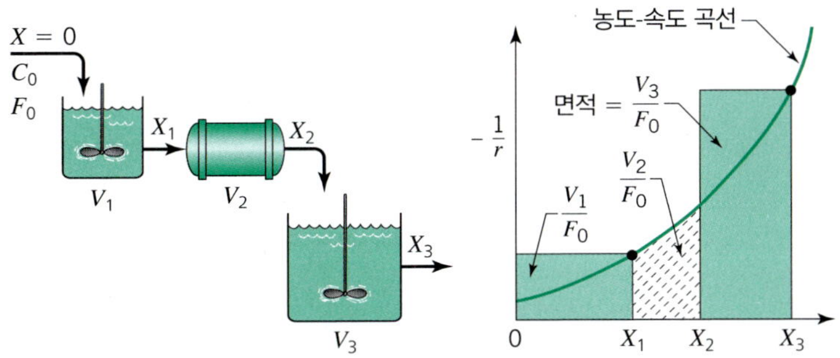


그림 6.12 직렬로 연결된 반응기에 대한 그래픽 설계 절차.

이 관계식은 그림 6.12에 도식적으로 표현되어 있다. 이 그래프를 이용하여 전체 전환율 또는 각 반응기 사이 중간 전환율을 예측할 수 있다. 중간 단계 열교환기의 용량(duty)를 결정하기 위해 중간 전환율이 필요할 수 있다.

**이상적인 반응기 세트의 최적 배열** 주어진 이상 반응기 세트를 가장 효과적으로 이용하기 위해서 다음과 같은 일반적인 규칙들이 있다.

1. 농도-속도 곡선이 증가하는 반응에 대해서는($n > 0$인 모든 $n$차 반응) 반응기들을 직렬로 연결해야 한다.
2. $n < 0$인 모든 $n$차 반응에서는 동일한 생성물을 만드는 반응기를 병렬로 연결한다.
3. 농도-속도 곡선이 최대점이나 최소점을 지나가는 반응에 대해서는 곡선의 실제 모양, 요구되는 전환율 및 가능한 반응기 등에 따라 배열이 정해진다. 이 경우에는 간단한 규칙이 없다.
4. 반응속도론과 반응기 시스템이 어떤 것이든 간에 $1/(-r_A)$ 대 $C_A$ 곡선을 조사해 보는 것은 최적의 반응기 배열을 얻는 데 좋은 방법이다.

이들에 대해서는 이 장의 마지막에 있는 연습 문제를 통해 알아볼 수 있다.

## 6.3 순환(형) 반응기(리사이클 반응기)

어떤 경우에는 플러그 흐름 반응기로부터 생성물 흐름을 분리하여 그 중의 일부를 반응기 입구로 순환시키는 것이 유리할 때가 있다. 이때 *순환비*(recycle ratio) $\boldsymbol{R}$은 다음과 같이 정의된다.

$$\boldsymbol{R} = \frac{\text{반응기 입구로 되돌아오는 유체의 부피}}{\text{시스템을 떠나는 부피}} \quad (15)$$

이 순환비는 0에서 무한대까지 변화시킬 수 있으며 순환비를 증가시키면 플러그 흐름($\boldsymbol{R} = 0$)에서 혼합 흐름($\boldsymbol{R} = \infty$)으로 변화한다. 따라서 순환을 이용하면 플러그 흐름 반응기로부터 여러 가지 수준의 역혼합(back mixing)을 나타낼 수 있다. 이제 순환 반응기(recycle reactor)의 성능식을 전개해보자.

그림 6.13에 순환 반응기와 관련된 표기법이 나타나 있다. 플러그 흐름에 대한 식 (5.18)을 전체 반응기에 대해 전개하면 다음과 같다.

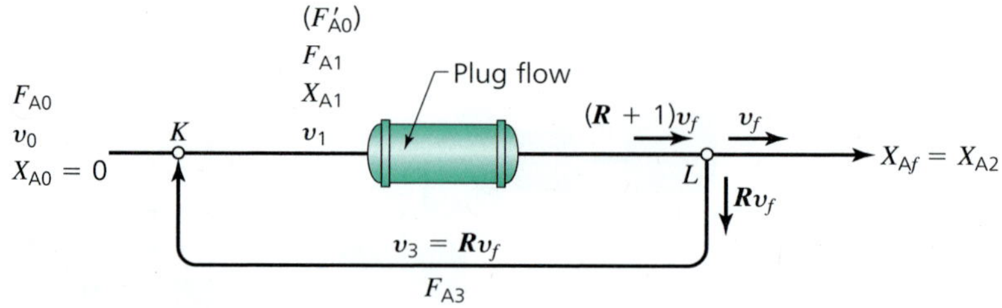


그림 6.13 순환형 반응기의 명명법.

$$\frac{V}{F'_{A0}} = \int_{X_{A1}}^{X_{A2}=X_{Af}} \frac{dX_A}{-r_A} \tag{16}$$

여기서 $F'_{A0}$는 반응기에 들어가는 흐름(원래의 공급물과 순환물의 합)을 나타내며, 전환되지 않은 공급물 A의 속도를 의미한다. 식 (16)을 사용하기 전에 $F'_{A0}$과 $X_{A1}$은 미지수이므로 이들을 알고 있는 양으로 고쳐야 한다. 이제 시작해 보자.

반응기에 들어가는 흐름은 신선한 공급 흐름과 순환 흐름을 함유하고 있으므로, $L$점에서 분리되는 흐름을 측정하면($\varepsilon \neq 0$이면 점 $K$는 사용할 수 없음) 다음과 같은 관계가 성립된다.

$$\begin{aligned} F'_{A0} &= \begin{pmatrix}\text{변환되지 않은 순환 흐름에} \\ \text{들어갈 수 있는 A}\end{pmatrix} + \begin{pmatrix}\text{신선한 공급 흐름에} \\ \text{들어가는 A}\end{pmatrix} \\ &= \boldsymbol{R}F_{A0} + F_{A0} = (\boldsymbol{R} + 1)F_{A0} \end{aligned} \tag{17}$$

이제 $X_{A1}$을 구하기 위해 식 (4.5)를 다음과 같이 고쳐 쓴다.

$$X_{A1} = \frac{1 - C_{A1}/C_{A0}}{1 + \varepsilon_A C_{A1}/C_{A0}} \tag{18}$$

압력이 일정하면 점 $K$에서 만나는 흐름을 직접 더할 수 있다.

$$C_{A1} = \frac{F_{A1}}{v_1} = \frac{F_{A0} + F_{A3}}{v_0 + \boldsymbol{R}v_f} = \frac{F_{A0} + \boldsymbol{R}F_{A0}(1 - X_{Af})}{v_0 + \boldsymbol{R}v_0(1 + \varepsilon_A X_{Af})} = C_{A0}\left(\frac{1 + \boldsymbol{R} - \boldsymbol{R}X_{Af}}{1 + \boldsymbol{R} + \boldsymbol{R}\varepsilon_A X_{Af}}\right) \tag{19}$$

식 (18)과 (19)를 결합하면 $X_{A1}$은 알고 있는 양으로 표현된다.

$$X_{A1} = \left(\frac{\boldsymbol{R}}{\boldsymbol{R} + 1}\right) X_{Af} \tag{20}$$

마지막으로 식 (17)과 식 (20)을 식 (16)에 대입하면, 어떠한 반응속도, $\varepsilon$ 값 및 $X_{A0} = 0$인 순환 반응기에 유용한 다음의 성능식이 얻어진다.

$$\boxed{\frac{V}{F_{A0}} = (\boldsymbol{R} + 1)\int_{\left(\frac{\boldsymbol{R}}{\boldsymbol{R}+1}\right)X_{Af}}^{X_{Af}} \frac{dX_A}{-r_A} \quad \ldots \text{임의의 } \varepsilon_A\text{에 대하여}} \tag{21}$$

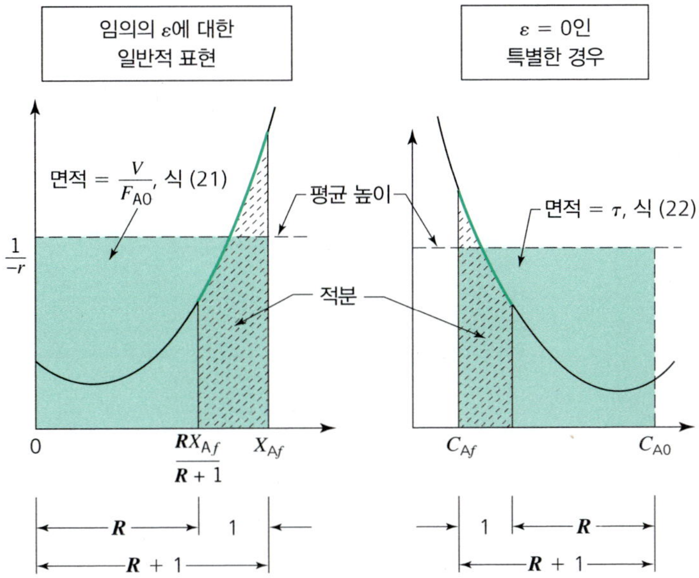


그림 6.14 **순환형 반응기의 성능 방정식 표현.**

밀도의 변화를 무시할 수 있는 특별한 경우에는 이 식을 농도의 항으로 고쳐 쓸 수 있다.

$$\tau = \frac{C_{A0}V}{F_{A0}} = -(\boldsymbol{R}+1)\int_{\frac{C_{A0}+\boldsymbol{R}C_{Af}}{\boldsymbol{R}+1}}^{C_{Af}} \frac{dC_A}{-r_A} \quad \ldots\ \varepsilon_A = 0 \tag{22}$$

이들 식을 도식적으로 표현하면 그림 6.14와 같다.

순환비를 무시할 수 있거나 또는 무한 순환 반응기는 플러그 흐름 반응기나 혼합 흐름 반응기에 접근한다.

$$\frac{V}{F_{A0}} = (\boldsymbol{R}+1)\int_{\frac{\boldsymbol{R}}{\boldsymbol{R}+1}X_{Af}}^{X_{Af}} \frac{dX_A}{-r_A}$$

$\boldsymbol{R} = 0$ ↓

$$\frac{V}{F_{A0}} = \int_A^{X_{Af}} \frac{dX_A}{-r_A}$$

플러그 흐름

$\boldsymbol{R} = \infty$ ↓

$$\frac{V}{F_{A0}} = \frac{X_{Af}}{-r_{Af}}$$

혼합 흐름

이는 그림 6.15에서도 알 수 있다.

***1차 반응*** A → 생성물, $\varepsilon_A = 0$의 경우에 순환 반응기의 식을 적분하면 다음과 같이 된다.

$$\frac{k\tau}{\boldsymbol{R}+1} = \ln\left[\frac{C_{A0}+\boldsymbol{R}C_{Af}}{(\boldsymbol{R}+1)C_{Af}}\right] \tag{23}$$

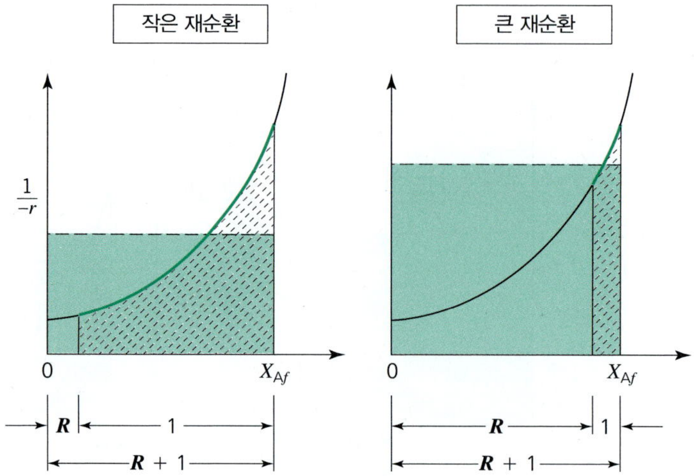


그림 6.15 순환의 극한은 플러그 흐름($R \to 0$) 혹은 혼합 흐름($R \to \infty$)이다.

***2차 반응*** 2A → 생성물, $-r_A = kC_A^2$, $\varepsilon_A = 0$의 경우에는 다음을 얻을 수 있다.

$$\boxed{\frac{kC_{A0}\tau}{\boldsymbol{R}+1} = \frac{C_{A0}(C_{A0}-C_{Af})}{C_{Af}(C_{A0}+\boldsymbol{R}C_{Af})}} \tag{24}$$

반응 차수 다르고 $\varepsilon_A \neq 0$인 경우, 관련 식을 유도할 수 있으나 다소 번거롭다.

그림 6.16과 6.17은 R이 증가함에 따라 플러그 흐름에서 혼합 흐름으로 변해가는 전이(transition)를 나타낸다. 이들 곡선과 직렬로 연결된 $N$개의 반응기에 대한 곡선(그림 6.5와 6.6)을 비교하면 동일한 성능에 대한 대략적인 비교를 할 수 있다.

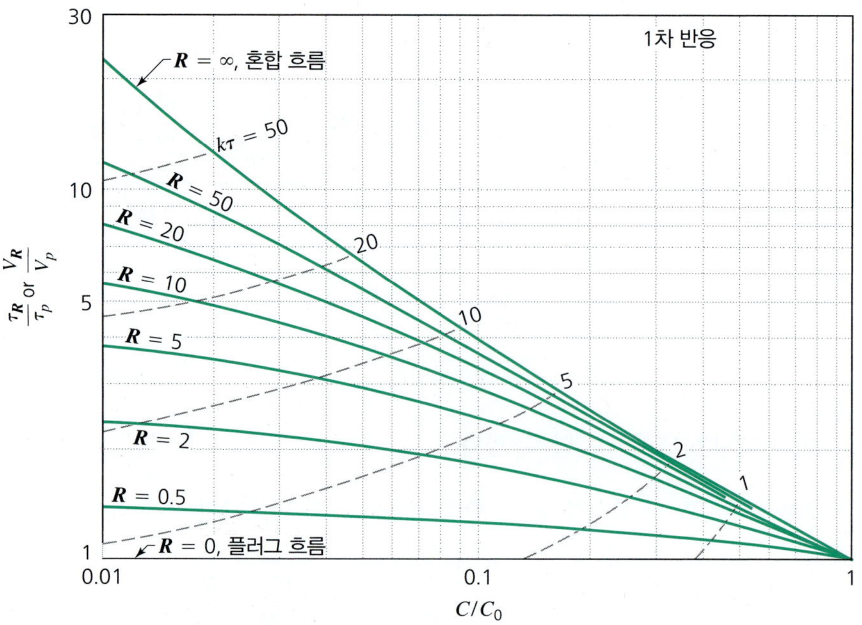


그림 6.16 1차 반응($A \to \boldsymbol{R}$, $\varepsilon = 0$)의 경우 플러그 흐름 반응기와 순환형 반응기의 성능 비교.

| No. of tanks | $R$ for first-order reaction at $X_A = 0.5$ | 0.90 | 0.99 | $R$ for second-order reaction at $X_A = 0.5$ | 0.90 | 0.99 |
|---|---|---|---|---|---|---|
| 1 | ∞ | ∞ | ∞ | ∞ | ∞ | ∞ |
| 2 | 1.0 | 2.2 | 5.4 | 1.0 | 2.8 | 7.5 |
| 3 | 0.5 | 1.1 | 2.1 | 0.5 | 1.4 | 2.9 |
| 4 | 0.33 | 0.68 | 1.3 | 0.33 | 0.90 | 1.7 |
| 10 | 0.11 | 0.22 | 0.36 | 0.11 | 0.29 | 0.5 |
| ∞ | 0 | 0 | 0 | 0 | 0 | 0 |

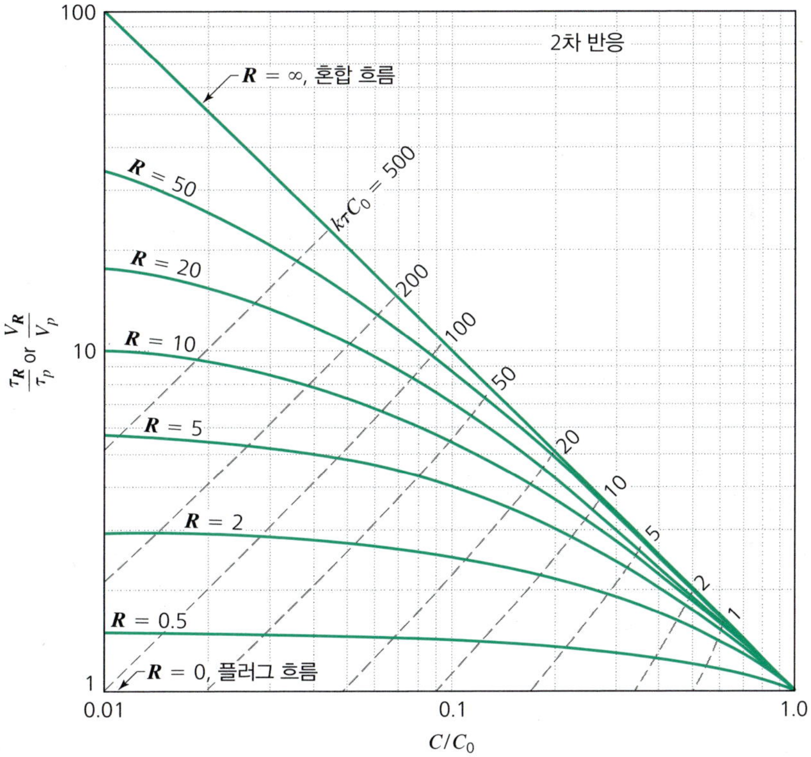


**그림 6.17** **기초 2차 반응(2A → 생성물, $\varepsilon = 0$ 혹은 A + B → 생성물, $C_{A0} = C_{B0}$, $\varepsilon = 0$)의 경우 플러그 흐름 반응기와 순환형 반응기의 성능 비교**(T. J. Fitzgerald와 P. Fillesi와의 개인 서신).

순환 반응기는 순환비를 변경하여 근본적인 플러그 흐름 반응기로부터 혼합 흐름 반응기로 접근시키는 편리한 방법이다. 이 형태는 특히 고정층 반응기(fixed bed contactor)에서의 고체 촉매 반응에 특히 유용하다. 이 예를 비롯한 다양한 순환 반응기의 응용은 다음 장들에서 다룰 것이다.

## 6.4 자촉매 반응

어떤 물질이 회분 반응기에서 $n$차 반응속도($n > 0$)로 반응할 때 소모될 때, 반응속도는 반응물의 농도가 높은 초기에서는 빠르나 반응물이 소비되면서 점차적으로 느려진다. 그러나 자촉매 반응에서는 처음에는 생성물이 거의 존재하지 않으므로 반응속도가 매우 느리나 생성물이 생기면

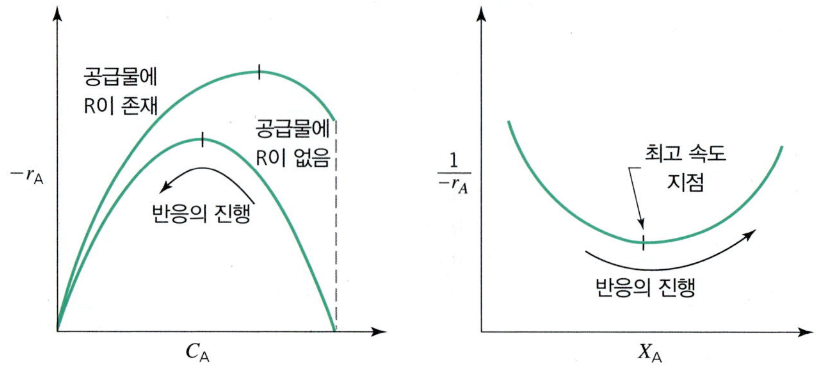


**그림 6.18** **자촉매 반응에서 전형적인 속도 농도 곡선. 예를 들어** $A + R \rightarrow R + R$, $-r_A = kC_A^a C_R^r$.

서 최대값까지 증가한 후 반응물이 소비되면서 다시 낮은 값으로 떨어진다. 그림 6.18은 대표적인 양상을 나타낸다.

이와 같은 반응속도-농도 곡선을 갖는 반응은 흥미 있는 최적화 문제를 이끌어낸다. 이 장에서 다른 일반적인 설계 방법을 잘 나타내고 있다. 또한 이 장에서 언급한 많은 일반 문제에 대해 좋은 사례를 제공한다. 이러한 이유에서 이 반응들을 상세하게 조사해 보기로 한다. 이 문제를 다루기 위해 그림 6.18에서 볼 수 있듯이 최소값을 갖는 $1/(-r_A)$ 대 $X_A$ 곡선에 대하여 다루기로 한다.

**순환이 없는 플러그 흐름과 혼합 흐름 반응기의 비교** 특정한 반응속도-농도 곡선에 대하여 그림 6.19에 있는 면적을 비교해 보면 주어진 작업에 대하여 가장 우수한 반응기(부피가 최소인)가 무엇인지 알 수 있다.

1. 전환율이 낮을 때는, 혼합 흐름 반응기가 플러그 흐름 반응기보다 우수하다.
2. 전환율이 충분히 높을 때는, 플러그 흐름 반응기가 더 우수하다.

이러한 사실은 플러그 흐름 반응기가 항상 혼합 흐름 반응기보다 효과적인 보통의 $n$차 반응($n > 0$)과는 다르다. 또한 플러그 흐름 반응기를 순수한 반응물의 공급물로는 운전할 수 없으며, 이러한 경우 공급물에 계속 생성물을 첨가시켜야 하므로 순환 반응기를 사용하는 것이 이상적이다.

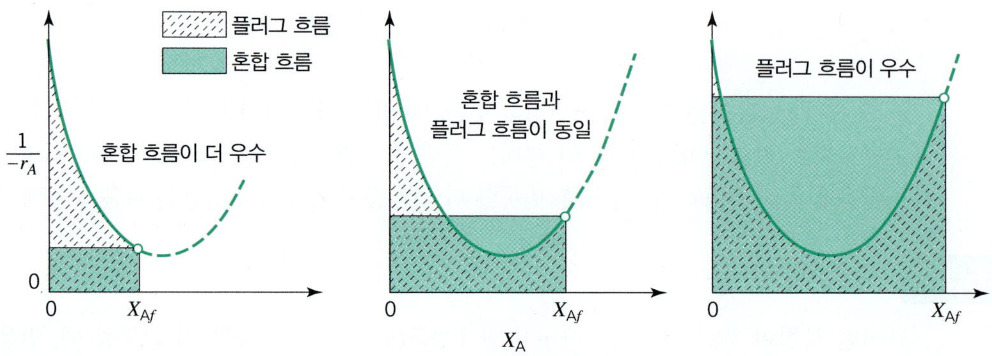


**그림 6.19** **자촉매 반응의 경우, 혼합 흐름 반응기는 낮은 전환율에서 매우 효과적이고, 플러그 흐름 반응기는 높은 전환율에서 매우 효과적이다.**

**최적의 순환 운전** 물질이 처리되어 순환 반응기에서 최종 전환율이 $X_{Af}$가 되기 위해서는, 반응기의 부피 또는 공간 시간을 최소로 하는 최적의 순환비 $\boldsymbol{R}$이 반드시 존재한다. 이제 이 $\boldsymbol{R}$ 값을 구해 보자.

*최적의 순환비*(optimum recycle ratio)는 식 (21)을 $\boldsymbol{R}$에 대하여 미분한 후 0으로 두면 된다.

$$\text{take} \quad \frac{d(\tau/C_{A0})}{d\boldsymbol{R}} = 0 \quad \text{for} \quad \frac{\tau}{C_{A0}} = \int_{X_{Ai}=\frac{\boldsymbol{R}X_{Af}}{\boldsymbol{R}+1}}^{X_{Af}} \frac{\boldsymbol{R}+1}{(-r_A)} dX_A \tag{25}$$

이는 적분기호로 된 식을 미분해야 한다. 미적분에 대한 정리로부터

$$F(\boldsymbol{R}) = \int_{a(\boldsymbol{R})}^{b(\boldsymbol{R})} f(x, \boldsymbol{R})\, dx \tag{26}$$

이면 이의 미분은 다음과 같이 된다.

$$\frac{dF}{d\boldsymbol{R}} = \int_{a(\boldsymbol{R})}^{b(\boldsymbol{R})} \frac{\partial f(x, \boldsymbol{R})}{\partial \boldsymbol{R}} dx + f(\mathrm{b}, \boldsymbol{R}) \frac{db}{d\boldsymbol{R}} - f(a, \boldsymbol{R}) \frac{da}{d\boldsymbol{R}} \tag{27}$$

이번 경우 식 (25)에 이 방법을 적용하면 다음을 얻게 된다.

$$\frac{d(\tau/C_{A0})}{d\boldsymbol{R}} = 0 = \int_{X_{Ai}}^{X_{Af}} \frac{dX_A}{(-r_A)} + 0 - \left.\frac{\boldsymbol{R}+1}{(-r_A)}\right|_{X_{Ai}} \frac{dX_{Ai}}{d\boldsymbol{R}}$$

여기서 미분항은 다음과 같다.

$$\frac{dX_{Ai}}{d\boldsymbol{R}} = \frac{X_{Af}}{(\boldsymbol{R}+1)^2}$$

이 식들을 결합하고 정리하면 최적조건이 다음과 같이 구해진다.

$$\boxed{\left.\frac{1}{-r_A}\right|_{X_{Ai}} = \frac{\displaystyle\int_{X_{Ai}}^{X_{Af}} \frac{dX_A}{-r_A}}{(X_{Af} - X_{Ai})}} \tag{28}$$

즉, 최적의 순환비는 공급물의 $1/(-r_A)$ 값(그림 6.20에서 $KL$)이 반응기 전체에서의 $1/(-r_A)$의 평균값(그림 6.20에서 $PQ$)과 같을 때이다. 그림 6.20은 순환비가 너무 크거나 또는 작은 경우를 이들 최적조건과 비교한 것이다.

**자촉매 반응의 발생** 자촉매 반응의 가장 중요한 예는 유기 공급물인 기질에 미생물이 작용하는 넓은 의미의 발효반응이다. 이 반응은 단일 반응으로 취급되며 이 장에서 다룬 방법이 직접 적용된다. 자촉매 반응의 다른 유형은 차가운 반응물이 계에 들어가 단열적으로 진행되는 발열반응(예로서 연료기체의 연소)이다. 이러한 반응은 *자열 반응*(autothermal)이라고 부르며, 여기에서 열은 반응을 지속시키는 생성물로 간주된다. 따라서 단순한 플러그 흐름으로는 반응이 정지해 버리고 역혼합에 의해 반응은 스스로 지속된다. 이것은 반응에 의해 생성된 열이 새로운 반응물을

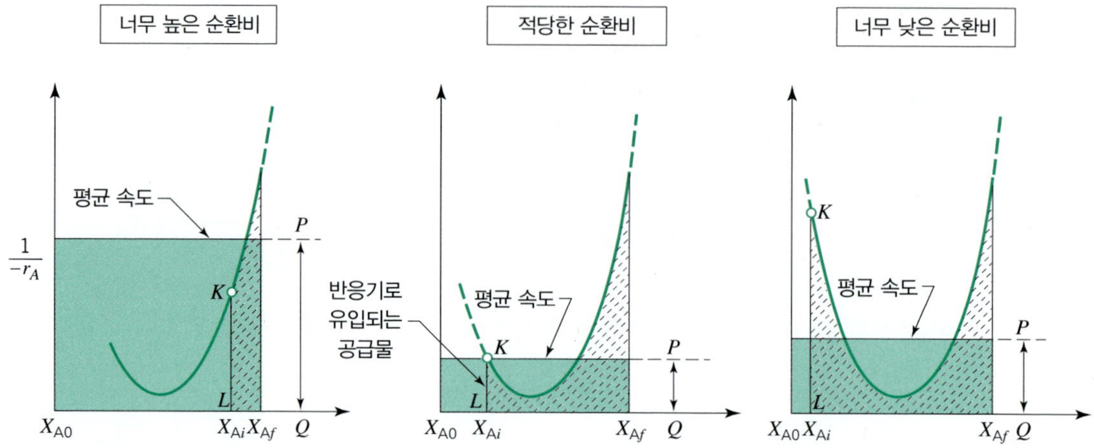


그림 6.20 **너무 높거나 낮은 순환비와 비교하여 자가 촉매 반응에 대한 올바른 순환비.**

그들이 반응될 수 있는 온도까지 올려주기 때문이다. 자열 반응은 고체 촉매 기상반응에 특히 중요하며 이에 대해서는 뒤에서 취급하도록 한다.

## 반응기 조합

자촉매 반응에 대하여, 생성물의 순환 또는 순환과 함께 생성물의 분리가 가능하다면 모든 종류의 반응기 조합(혹은 배열)을 생각할 수 있다. 일반적으로 그림 6.21과 같은 반응속도-농도 곡선에 대하여 항상 한 단계로 $M$점에 도달하고(단일 반응기에서 혼합 흐름을 사용) 다음에 플러그 흐름 또는 가능한 플러그 흐름에 가까운 과정을 따른다. 이는 그림 6.21$a$에 음영 부분의 면적으로 표시되어 있다.

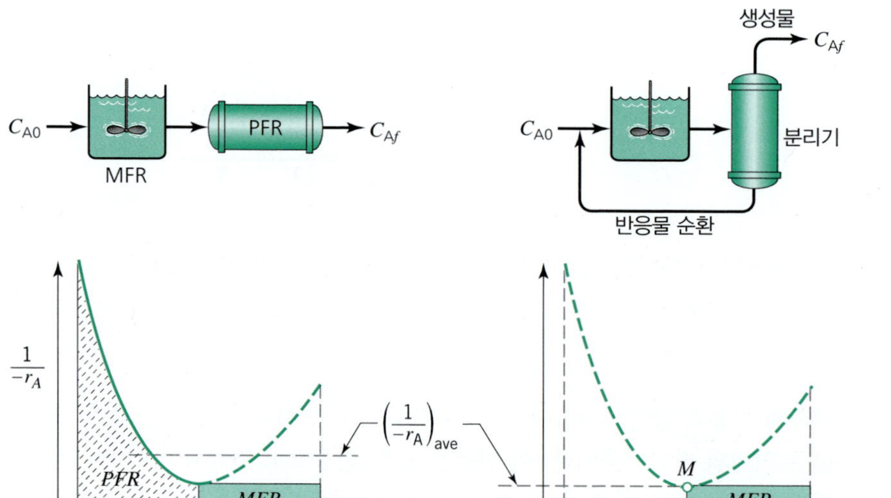


그림 6.21 **($a$) 최고의 다중 반응기 체계. ($b$) 미전환된 반응물이 분리되고 재순환될 경우 반응기 체계. PFR 플러그 흐름 반응기, MFR 혼합 흐름 반응기.**

미전환 반응물을 분리하고 재이용할 수 있다면 $M$점 영역에서 조업한다(그림 6.21*b* 참고).

필요한 부피는 이전의 어떠한 운전방법보다 작으며 최소가 된다. 그러나 분리와 순환비용을 포함한 전체적인 경제성이 최적 조합을 결정한다.

## 예제 6.3 ▶ 최상의 반응기 설정

균질계 촉매의 역할을 하는 특별한 효소 E가 산업폐수에 있는 유해한 유기물 A를 무해한 화학물질로 분해한다. 주어진 효소의 농도 $C_E$에서 실험실 규모의 혼합 흐름 반응기의 시험 결과 다음과 같은 결과 데이터를 얻었다.

| | | | | | | | | |
|---|---|---|---|---|---|---|---|---|
| $C_{A0}$, mmol/m$^3$ | 2 | 5 | 6 | 6 | 11 | 14 | 16 | 24 |
| $C_A$, mmol/m$^3$ | 0.5 | 3 | 1 | 2 | 6 | 10 | 8 | 4 |
| $\tau$, min | 30 | 1 | 50 | 8 | 4 | 20 | 20 | 4 |

농도가 $C_E$인 효소를 사용하여 유량이 0.1 m$^3$/min이고 농도가 $C_{A0}$ = 10 mmol/m$^3$인 폐수의 90%를 전환시키고자 한다.

**(a)** 한 가지 방법은 긴 관형 반응기(플러그 흐름으로 가정)의 출구 유체를 순환시키는 것이다. 어떠한 설계를 추천할 수 있는가? 반응기의 크기를 구하고 순환시켜야 하는지를 판단하라. 순환시킨다면 순환하는 유량을 m³/min으로 나타내고 추천하는 설계의 개략도를 그려라.

**(b)** 다른 방법은 한 개 또는 두 개의 혼합 흐름 반응기(이상 반응기로 가정)를 사용하는 것이다. 두 개의 탱크가 한 개의 탱크보다 얼마나 유리한가?

**(c)** 필요한 반응기의 총 부피를 최소화하기 위해 어떠한 배열의 플러그 흐름과 혼합 흐름 반응기를 사용해야 하는가? 추천하는 설계의 개략도를 그리고, 선택된 단위들의 크기를 구하라. 단, 생성물 흐름의 일부분을 분리하고 순환하는 것은 허용되지 않는다.

### 풀이

먼저 측정된 농도에서 $1/(-r_A)$ 값을 구하고 이를 표로 만든다. 다음에 그림 E6.3*a*, *b*, *c*와 같은 U자형의 $1/(-r_A)$대 $C_A$의 곡선을 그리고, 이로부터 자촉매 반응을 다루도록 한다.

**표 E6.3**

| | | | | | | | | |
|---|---|---|---|---|---|---|---|---|
| $C_{A0}$, mmol/m$^3$ | 2 | 5 | 6 | 6 | 11 | 14 | 16 | 24 |
| $C_A$, mmol/m$^3$ | 0.5 | 3 | 1 | 2 | 6 | 10 | 8 | 4 |
| $\tau$, min | 30 | 1 | 50 | 8 | 4 | 20 | 20 | 4 |
| $\dfrac{1}{-r_A} = \dfrac{\tau}{C_{A0}-C_A}, \dfrac{\text{m}^3\cdot\text{min}}{\text{mmol}}$ | 20 | 0.5 | 10 | 2 | 0.8 | 5 | 2.5 | 0.2 |

**(a)번 풀이.** 그림 E6.5*a*의 $1/(-r_A)$ 대 $C_A$의 곡선으로부터 순환이 있는 플러그 흐름 반응기를 사용해야 되며 다음의 값을 얻게 된다.

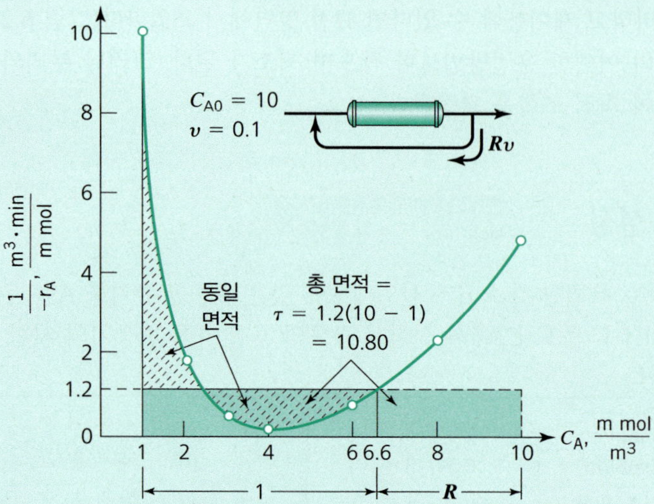


그림 E6.3a 순환이 있는 플러그 흐름 반응기.

$$C_{Ain} = 6.6\ \text{mmol/m}^3$$

$$\boldsymbol{R} = \frac{10 - 6.6}{6.6 - 1} = 0.607$$

$$V = \tau v_0 = \text{area}\ (v_0) = [(10 - 1)(1.2)](0.1) = \underline{\underline{1.08\ \text{m}^3}}$$

$$v_{\boldsymbol{R}} = v_0 \boldsymbol{R} = 0.1(0.607) = \underline{\underline{0.0607\ \text{m}^3/\text{min}}}$$

**(b)번 풀이.** 직사각형을 최대화하는 방법에 따라 기울기와 대각선을 그리면 그림 E6.3b와 같이 된다. 한 개의 탱크인 경우에 부피는 다음과 같다.

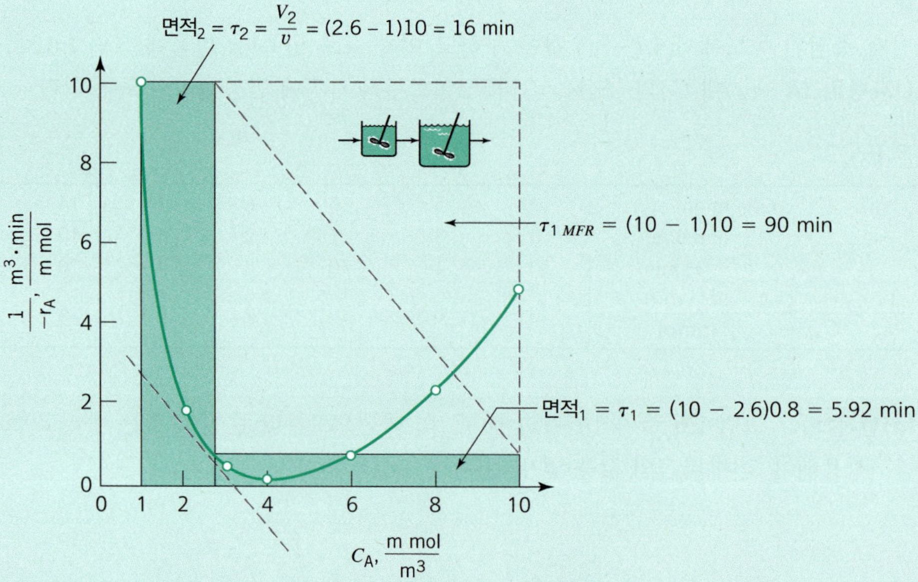


그림 E6.3b 직렬로 연결된 한 개 또는 두 개의 혼합 흐름 반응기.

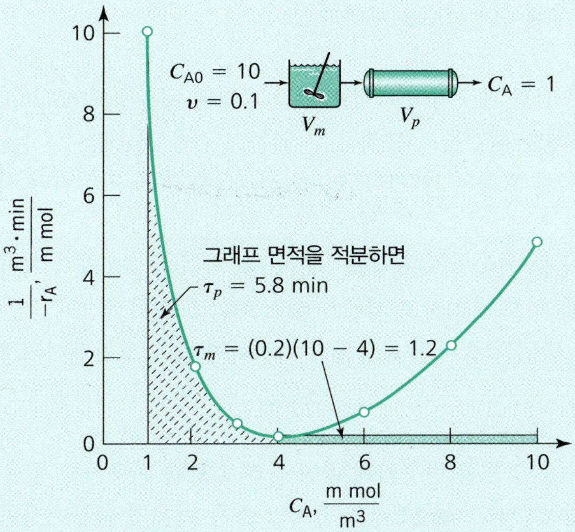


그림 E6.3c 최소 부피를 가진 반응기의 배열.

$$V = \tau v = 90(0.1) = \underline{\underline{9.0\ m^3}}$$

두 개의 탱크인 경우에 각각의 부피와 총 부피는 다음과 같이 구해진다.

$$\left.\begin{aligned} V_1 &= \tau_1 v = 5.92(0.1) = 0.59 \\ V_2 &= \tau_2 v = 16(0.1) = 1.6\ m^3 \end{aligned}\right\} V_{total} = \underline{\underline{2.19\ m^3}}$$

**(c)번 풀이.** 이 장에서 살펴본 바와 같이 혼합 흐름 반응기를 먼저 위치시키고 다음에 플러그 흐름 반응기를 연결해야 한다. 그림 E6.3c로부터 다음을 얻을 수 있다.

$$\left.\begin{aligned} &\text{MFR에 대한 부피} \quad V_m = v\tau_m = 0.1(1.2) = 0.12\ m^3 \\ &\text{PFR에 대한 부피} \quad V_p = v\tau_p = 0.1(5.8) = 0.58\ m^3 \end{aligned}\right\} V_{total} = \underline{\underline{0.7\ m^3}}$$

(a), (b), (c) 중에서 어느 것이 가장 작은 크기의 반응기인지 주목해야 한다.

## 참고 문헌


Jones, R. W., *Chem. Eng. Progr.*, **47**, 46 (1951).

Szepe, S., O. and Levenspiel, *Ind. Eng. Chem. Process Design Develop.*, **3**, 214 (1964).


## 연습 문제

**6.1** 액체 공급물(1 mol/L)이 직렬로 연결된 두 개의 혼합 흐름 반응기로 흘러들어간다. 첫 번째 반응기의 출구에서 A의 농도가 0.5 mol/L이다. 화학반응은 A에 대하여 2차 반응이고 $V_2/V_1 = 2$

인 경우에 두 번째 반응기 출구에서의 농도를 구하라.

**6.2** 수명이 짧은 방사성 물질을 포함한 폐수가 연속적으로 잘 혼합된 체류탱크(holdup tank)로 흘러간다. 이는 방사성 물질이 무해한 폐기물로 분해될 수 있는 시간을 제공한다. 지금 출구 흐름에서 방사성 물질의 활성은 공급물 흐름의 1/7이다. 이 정도도 나쁜 것은 아니지만 이 활성을 더욱 낮추기를 원한다.

사무실의 한 사람이 탱크의 중앙에 방해판(배플, baffle)을 끼워 체류탱크가 직렬로 연결된 두 개의 잘 혼합된 탱크의 역할을 하도록 하자고 제안하였다. 이는 도움이 될 수 있을까? 만일 그렇지 않다면 그 이유를 말하라. 만일 그렇다면 공급물과 비교하여 출구 흐름에서의 활성을 계산하라.

**6.3** 수용액 반응물(4 mol A/L)이 혼합 흐름 반응기에 이어 플러그 흐름 반응기를 통해 흘러간다. 혼합 흐름 반응기에서의 농도가 $C_A = 1$ mol/L라면 플러그 흐름 반응기 출구에서의 농도는 얼마인가? 물질 A에 대하여 2차 반응이고 플러그 흐름 반응기의 부피가 혼합 흐름 반응기 부피의 3배이다.

**6.4** 반응물 A(A → R, $C_{A0} = 26$ mol/m$^3$)가 일정하게 직렬로 연결된 동일한 크기의 네 개의 혼합 흐름 반응기를 통해 흘러간다($\tau_{total} = 2$ min). 정상 상태에 도달했을 때 네 개의 반응기에서의 A의 농도는 각각 11, 5, 2, 1 mol/m$^3$였다. 이 반응에 대하여 농도 $C_A$를 $C_{A0} = 26$ mol/m$^3$로부터 $C_{Af} = 1$ mol/m$^3$로 낮추기 위해 공간 시간 $\tau_{plug}$은 얼마인가?

**6.5** 방사성물질 Xe-138(반감기 = 14 min)을 포함한 기체 흐름의 활성을 낮추기 위해 혼합이 좋은 2개의 각 탱크를 직렬로 연결하여 통과시키도록 계획했다. 이때 평균 체류 시간은 2주이다. 한편, 두 개의 탱크를 하나의 긴 튜브(플러그 흐름을 가정)로 대체하자고 제안되었다. 최초 두 개로 이루어진 혼합탱크와 비교해 플러그 흐름을 가지는 튜브의 크기는 얼마여야 하는가? 동일한 방사성 물질의 감소를 얻기 위해 이 튜브에서의 기체의 평균 체류 시간은 얼마여야 하는가?

**6.6** 100°C에서 순수한 기체 A가 정용 회분 반응기에서 화학양론 2A → R + S로 반응하며 이때의 결과 데이터는 다음과 같다.

| $t$, sec | 0 | 20 | 40 | 60 | 80 | 100 | 120 | 140 | 160 |
|---|---|---|---|---|---|---|---|---|---|
| $p_A$, atm | 1.00 | 0.96 | 0.80 | 0.56 | 0.32 | 0.18 | 0.08 | 0.04 | 0.02 |

A의 95%가 전환되기 위해 20%의 불활성 물질을 포함한 공급물을 100 mol A/hr의 속도로 처리하는 데 100°C, 1 atm에서 운전하는 플러그 흐름 반응기의 크기는 얼마가 필요한가?

**6.7** 1 mol A/L를 포함한 액체 공급물을 10 L/min의 속도로 처리하여 99% 전환율을 얻고 싶다. 반응의 화학양론과 반응속도는 다음과 같다.

$$A \rightarrow R, \qquad -r_A = \frac{C_A}{0.2 + C_A} \frac{\text{mol}}{\text{liter} \cdot \text{min}}$$

두 개의 혼합 흐름 반응기를 사용하여 이를 수행하는 데 좋은 배열을 제안하고 필요한 두 개 반응기의 크기를 구하라. 또한 선택한 최종적인 설계의 개략도를 그려라.

**6.8** 혼합 흐름 반응기의 정상 상태에서의 반응속도 실험으로부터 반응 A → R에 대하여 다음과 같은 데이터를 얻었다.

| $\tau$, sec | $C_{A0}$, mmol/liter | $C_A$, mmol/liter |
|---|---|---|
| 60 | 50 | 20 |
| 35 | 100 | 40 |
| 11 | 100 | 60 |
| 20 | 200 | 80 |
| 11 | 200 | 100 |

$C_{A0}$ = 100 mmol/L인 공급물을 처리하여 80% 전환율을 얻는 데 필요한 공간 시간을 다음의 반응기에 대하여 구하라.

**(a)** 플러그 흐름 반응기

**(b)** 혼합 흐름 반응기

**6.9** 현재 순환비 $\boldsymbol{R}$ = 2인 순환 반응기에서 액체 공급물($n$ = 1, $C_{A0}$ = 10 mol/L)의 전환율이 90%이다. 순환 흐름을 정지시키면 동일한 90% 전환율을 얻기 위한 공급물의 처리속도가 얼마나 낮아지겠는가?

**6.10** 반응물 A($C_{A0}$ = 2 mol/L)를 포함한 수용액 공급물이 흐름의 일부를 순환시킬 수 있는 플러그 흐름 반응기(10 L)에 들어가고 있다. 화학양론과 반응속도는 다음과 같다.

$$A \rightarrow R, \qquad -r_A = 1C_AC_R \frac{\text{mol}}{\text{liter} \cdot \text{min}}$$

이에 대해 96% 전환율을 얻기 원한다면 흐름의 일부를 순화시켜야 하는가? 그렇다면 가장 높은 생산속도를 얻기 위해 순환 흐름 속도를 얼마로 유지해야 하는가? 그리고 반응기에서 이러한 전환율을 얻으려면 어느 정도의 유량을 처리해야 하는가?

**6.11** 자촉매 반응 A → R, $-r_A$ = 0.001 $C_AC_R$ mol/L·s을 고려하자. 네 개의 100 L짜리 혼합 흐름 반응기와 공급물 배열을 연결하여 가능한 최고의 전환율을 얻도록 $C_{A0}$ = 10 mol/L인 공급물을 1.5 L/sec의 속도로 처리하기를 원한다. 여러분이 추천하는 설계와 공급물의 배열을 개략적으로 그리고, 이때 $C_{Af}$를 구하라.

**6.12** 혼합 흐름 반응기에서 1차 액상 반응(first-order liquid-phase reaction)이 일어나 92% 전환율을 얻고 있다. 생성물 흐름의 일부를 추가적으로 처리하지 않고 순환시킨다고 할 때 공급속도가 일정하다면 이 순환은 전환율에 어떤 영향을 미치는가?

**6.13** 반감기가 20 hr인 방사성 유체를 각각 $V$ = 40,000 L인 두 개의 직렬 교반탱크를 100 L/hr의 속도로 통과하며 처리한다. 이 반응기 시스템을 통과함으로써 방사능의 활성이 얼마나 감소하는가?

**6.14** 현재 같은 몰수의 물질 A와 B가 플러그 흐름 반응기에서 액상 기초 반응 A + B → R + S이 일어나고 있다. 전환율이 96%이고 $C_{A0} = C_{B0} = 1$ mol/L이다. 플러그 흐름 반응기의 10배 크기를 갖는 혼합 흐름 반응기를 직렬로 연결한다면 어느 반응기를 먼저 배치해야 하며, 그때 증가하는 생산량의 비율을 구하라.

**6.15** 두 번째 반응기의 부피가 첫 번째 반응기 부피의 두 배인 두 개의 혼합 흐름 반응기를 직렬로 연결하여 물질 A의 액상분해속도를 연구한다. 정상 상태에서 공급물의 농도가 1 mol A/L이고 첫 번째 반응기에서의 평균 체류 시간이 96 sec이며, 첫 번째와 두 번째 반응기에서의 농도가 각각 0.5 mol A/L 및 0.25 mol A/L일 때 이 분해반응에 대한 속도식을 구하라.

**6.16** 물질 A의 농도가 0.1 mol/L 이하로 떨어질 때 색을 나타내는 지시약을 이용하여 A의 분해속도를 연구하는 다음의 방법을 고안하였다. 부피가 각각 400 $cm^3$인 두 개의 혼합 흐름 반응기를 직렬로 연결하여 첫 번째 반응기에 0.6 mol A/L의 공급물을 도입한다. 첫 번째 반응기에서는 10 $cm^3$/min의 정상 상태 공급물 속도일 때 색의 변화가 일어났고, 두 번째 반응기에서는 50 $cm^3$/min일 때 색 변화가 일어났다. 이 데이터로부터 A의 분해에 대한 속도식을 구하라.

**6.17** 비가역 액상 기초 반응 A + B → R + S가 등온에서 진행된다. 두 액체 흐름이 동일한 유량으로 4 L의 혼합탱크에 공급되며, 각각 0.020 mol A/L 및 1.400 mol B/L의 농도를 갖는다. 이 혼합된 흐름은 다음에 위치한 16 L의 플러그 흐름 반응기로 보내진다. 혼합 탱크에서 R이 일부 생기며 그 농도는 0.002 mol/L이다. 이 혼합탱크가 혼합 흐름 반응기로 작용한다고 가정하여 플러그 흐름 반응기 출구에서의 R의 농도와 계에서 전환한 A의 분율을 구하라.

**6.18** 순환비(recycle ratio)가 1인 등온 플러그 흐름 반응기에서 기초 액상 2차 반응 2A → 2R이 2/3의 전환을 일으킨다. 순환 흐름을 닫아버리면 전환율은 어떻게 되겠는가?

**6.19** A를 R로 전환시키는 여러 반응기를 연구하고자 한다. 공급물은 99%의 A와 1%의 R을 함유하고 있고 원하는 생성물은 10% A와 90% R이다. 이때 다음과 같은 기초 반응이 일어난다.

$$A + R \rightarrow R + R$$

화학물질의 농도는 항상 다음 식이 성립한다.

$$C_{A0} + C_{R0} = C_A + C_R = C_0 = 1 \text{ mol/liter}$$

다음의 반응기에서 $C_R = 0.9$ mol/L인 생성물을 얻기 위한 반응기의 유지 시간을 구하라.

**(a)** 플러그 흐름 반응기

**(b)** 혼합 흐름 반응기

**(c)** 최소 부피를 가진 순환 반응기

**6.20** 반응물 A의 화학양론은 A → R이고 반응속도는 단지 A에만 의존한다. 혼합 흐름 반응기에서 이의 수용액 분해반응에 대하여 다음과 같은 실험 결과를 얻었다.

| $\tau$, sec | $C_{A0}$ | $C_A$ |
|---|---|---|
| 14 | 200 | 100 |
| 25 | 190 | 90 |
| 29 | 180 | 80 |
| 30 | 170 | 70 |
| 29 | 160 | 60 |
| 27 | 150 | 50 |
| 24 | 140 | 40 |
| 19 | 130 | 30 |
| 15 | 120 | 20 |
| 12 | 110 | 10 |
| 20 | 101 | 1 |

$C_{A0} = 100$인 공급물이 90% 전환하는 데 최소의 $\tau$를 가지는 반응기를 플러그 흐름 반응기, 혼합 흐름 반응기 및 어떠한 형태로든지 연결된 두 개의 반응기 중에서 결정하라. 만일 두 개의 반응기가 최적이라면 반응기 사이에서의 농도 $C_A$와 각 반응기에서의 $\tau$를 구하라.

**6.21** 비가역 액상 1차 반응($C_{A0} = 10$ mol/L)에 대하여 플러그 흐름 반응기에서의 전환율이 90%이다. 반응기를 나가는 흐름의 2/3를 반응기 입구로 순환시키고 전체 반응기와 순환계에서의 처리량이 일정하다면 계를 떠나는 반응물의 농도는 어떻게 되겠는가?

**6.22** 실온에서 비가역 액상 2차 반응이 다음과 같이 진행된다.

$$2A \rightarrow \text{생성물}, \ -r_A = [0.005 \text{ L/(mol)(min)}]C_A^2, \ C_{A0} = 1 \text{ mol/L}$$

회분 반응기를 비우고 다시 채우는 데 18분이 소요된다. R의 일일 생산량(daily output)을 최대로 하기 위해 어느 정도의 전환율과 반응시간을 사용해야 하는가?

제 7 장

# 병렬 반응 설계

*Design for Parallel Reactions*

## 복합 반응에 대한 서론

앞 장의 단일 반응 설계에서 반응기의 성능(혹은 크기)은 용기 내의 흐름의 패턴에 영향을 받는다는 것을 알았다. 이 장과 다음 장에서는 이 설계 이론을 복합 반응으로 확대시켜, 필요로 하는 반응기의 크기와 생성물의 분포가 용기 내의 흐름 패턴에 따라 어떻게 변화하는지 알아보고자 한다. 여기에서 *단일* 반응(single reaction)과 *복합* 반응(multiple reaction)의 차이점을 상기하면, 단일 반응은 반응속도론을 나타내는 데 단지 하나의 속도식이 필요한 반면, 복합 반응은 두 개 이상의 속도식을 필요로 한다.

복합 반응은 유형이 다양하고 일반성이 없으므로 이 반응의 설계를 위한 일반적 법칙을 발견할 수 없을지도 모른다. 그러나 다행히 모든 복합 반응은 두 개의 기본적인 유형, 즉 *병렬* 반응과 *직렬* 반응의 결합으로 생각할 수 있으므로 절망적이진 않다.

이번 장에서 병렬 반응을 다루고 다음 장에서 직렬 반응과 모든 종류의 직렬-병렬 반응을 다루기로 한다.

이제 일반적인 접근법과 명명법을 살펴보자. 우선 전환율보다 농도를 다루는 것이 더 편리하다. 다음으로 생성물 분포를 조사하는 경우에는 한 속도식을 다른 속도식으로 나누어 시간변수를 소거한다. 어떤 성분의 변화속도를 시스템 내의 다른 성분의 변화속도와 연관하여 식을 구할 수 있다. 이 관계식들은 손쉽게 취급할 수 있다. 정리하면 이 장에서는 두 가지 다른 해석을 할 예정인데, 하나는 반응기 크기를 결정하는 것이고 다른 하나는 생성물 분포를 연구하는 것이다.

두 가지의 요구사항, 즉 반응기의 크기를 작게 하는 것과 원하는 생성물을 최대화하는 것은 서로 상반될 수 있다. 이런 경우에는 경제성 분석으로 양자의 타협이 가능하다. 이 장에서는 생성물 분포에 대한 최적화를 일차적으로 다루고 있으며, 생성물 분포는 단일 반응에서 아무런 역할도 하지 않는다.

마지막으로 우리는 이 장에서 팽창효과(expansion effect)를 무시하기로 한다. 따라서 $\varepsilon = 0$로 두며 이는 평균 체류 시간(mean residence time), 반응기 유지시간(reactor holding time), 공간 시간(space time) 및 공간 속도(space velocity)의 역수 등을 서로 교환하여 사용할 수 있음을 의미한다.

**생성물 분포에 대한 정성적 검토** 두 가지 경로 중의 하나의 경로에 의한 A의 분해반응을 고려하자.

$$A \overset{k_1}{\nearrow} R \quad \text{(원하는 생성물)} \qquad (1a)$$

$$A \overset{k_2}{\searrow} S \quad \text{(원하지 않는 생성물)} \qquad (1b)$$

이들의 속도식은 다음과 같다.

$$r_R = \frac{dC_R}{dt} = k_1 C_A^{a_1} \qquad (2a)$$

$$r_S = \frac{dC_S}{dt} = k_2 C_A^{a_2} \qquad (2b)$$

식 (2*a*)를 식 (2*b*)로 나누면 R과 S의 상대적인 생성속도의 비를 구할 수 있으며, 우리는 이 비를 가능한 한 크게 하고자 한다(R이 원하는 생성물이므로).

$$\frac{r_R}{r_S} = \frac{dC_R}{dC_S} = \frac{k_1}{k_2} C_A^{a_1 - a_2} \qquad (3)$$

주어진 온도에서 특정한 시스템에 대하여 $k_1$, $k_2$, $a_1$, $a_2$는 모두 상수이므로 이 식에서는 $C_A$가 조절 및 제어가 가능한 유일한 변수(인자)이다. 반응기 내에서 $C_A$를 낮게 유지시킬 수 있는 방법은 다음과 같다. 혼합 흐름 반응기를 사용할 수도 있고, 전환율을 높게 유지하고, 공급물에 불활성 물질을 증가시키고 혹은 기상계에서 압력을 감소시키면 된다. 한편 $C_A$를 높게 유지시킬 수 있는 방법도 있다. 회분식 반응기나 플러그 흐름 반응기를 사용하거나, 전환율을 낮게 유지시키거나, 공급물에서 불활성 물질을 제거하고 혹은 기상계에서 압력을 증가시키면 된다.

식 (1)로 표시된 반응에 대하여 A의 농도를 높게 유지해야 하는 게 좋은지 혹은 낮게 유지하는 게 좋은지 알아보자.

만일 $a_1 > a_2$이면, 즉 원하는 반응이 원하지 않는 반응보다 반응 차수가 크면 식 (3)에서 R/S의 비를 증가시키기 위해 반응물의 농도가 높아져야 함을 알 수 있다. 따라서 R을 생성하기 위해서는 회분 반응기나 플러그 흐름 반응기가 좋으며, 이때 반응기의 크기는 최소여야 한다.

한편 $a_1 < a_2$이면, 즉 원하는 반응이 원하지 않는 반응보다 반응 차수가 작으면 R을 생성하는 데 반응물의 농도가 낮아야 한다. 따라서 이는 큰 혼합 흐름 반응기를 사용하는 것이 좋다.

그리고 $a_1 = a_2$이면, 즉 두 반응의 반응 차수가 동일한 경우에 식 (3)은 다음과 같이 된다.

$$\frac{r_R}{r_S} = \frac{dC_R}{dC_S} = \frac{k_1}{k_2} = \text{상수}$$

따라서 생성물 분포는 단지 $k_2/k_1$에 의해 결정되고 사용하는 반응기의 유형에는 무관하다.

생성물 분포는 $k_2/k_1$을 변화시켜 조절할 수 있는데, 다음과 같은 두 가지 방법이 가능하다.

1. 반응기 운전온도 수준을 변화시키는 방법. 두 반응의 활성화 에너지가 서로 다르면 $k_2/k_1$을 변화시킬 수 있다. 이에 대한 문제들은 9장에서 다룰 예정이다.
2. 촉매를 사용하는 방법. 이것은 촉매가 어떤 특정반응에 대하여 반응을 억제하거나 촉진시킨다는 촉매의 중요한 특성 중의 하나인 선택도(selectivity)를 이용한 것이다. 이는 이제까지 다룬 어떤 방법보다 효과적으로 생성물 분포를 조절할 수 있다.

병렬 반응에 대하여 정성적인 발견은 다음과 같이 요약될 수 있다.

> *병렬 반응에 대하여 반응물의 농도는 생성물 분포를 조절하는 열쇠이다. 반응물의 농도가 높으면 고차 반응에 유리하고 반응물의 농도가 낮으면 저차 반응에 유리하다. 반면에 같은 차수의 반응에 대해서는 반응물의 농도가 생성물 분포에 아무런 영향을 미치지 못한다.* **(4)**

두 가지 이상의 반응물이 있을 때, 높고 낮은 반응물 농도의 조합을 이루기 위해서는 공급물 중의 어떤 성분을 과잉으로 하여 공급물의 농도를 조절하거나 반응유체의 올바른 접촉 방식을 사용한다. 그림 7.1과 7.2는 이들 성분의 농도를 둘 다 높게 혹은 둘 다 낮게 또는 하나는 높고 다른 것은 낮게 유지하는 연속 또는 불연속 운전에서 두 가지 유체를 접촉시키는 방법의 예를 보여준다. 일반적으로 가장 바람직한 접촉 방식을 달성하기 위해서는 반응유체의 개수, 순환의 가능성 및 가능한 대체 설비들에 대한 비용을 고려해야 한다.

어떤 경우에도 복합 반응에서 유리한 생성물 분포를 얻기 위해 적절한 접촉 방식을 사용하는 것이 매우 중요한 요인이다.

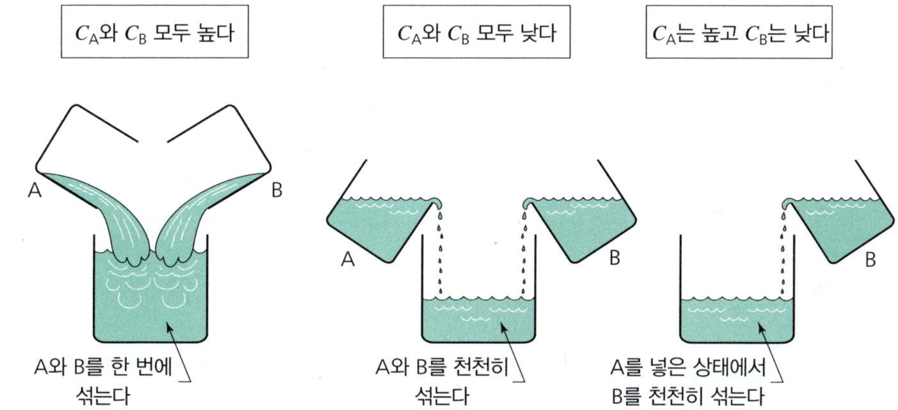


**그림 7.1** **불연속 운전에서 반응물의 농도를 높거나 낮게 유지시키는 접촉 방식.**

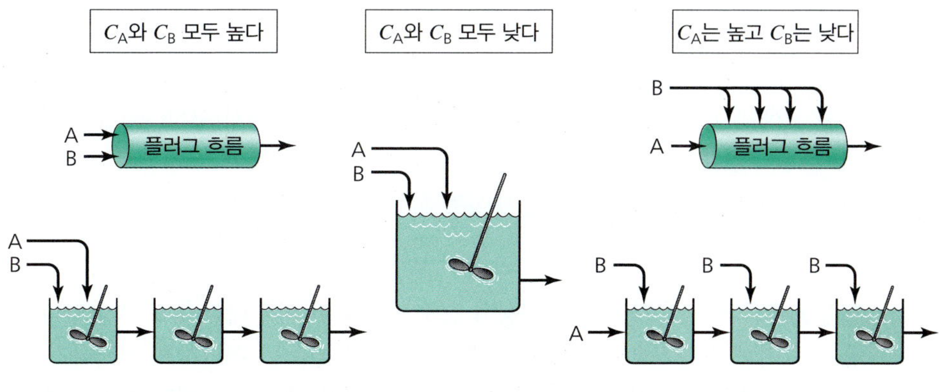


**그림 7.2** **연속 흐름 운전에서 반응물의 농도를 높거나 낮게 유지시키는 접촉 방식.**

## 예제 7.1 ▶ 병렬 반응에 대한 접촉 방식

원하는 액상 반응은 다음과 같이 진행된다고 하자.

$$A + B \xrightarrow{k_1} R + T \qquad \frac{dC_R}{dt} = \frac{dC_T}{dt} = k_1 C_A^{1.5} C_B^{0.3} \tag{5}$$

한편 원하지 않는 부반응(side reaction)은 아래와 같다.

$$A + B \xrightarrow{k_2} S + U \qquad \frac{dC_S}{dt} = \frac{dC_U}{dt} = k_2 C_A^{0.5} C_B^{1.8} \tag{6}$$

생성물 분포를 가장 유리하게 하는 접촉 양식부터 가장 불리하게 하는 접촉 양식을 그림 7.2를 참고하여 결정하라.

**풀이**

식 (5)를 식 (6)으로 나누어 비를 구한 후 그 값을 가능한 크게 유지해야 한다.

$$\frac{r_R}{r_S} = \frac{k_1}{k_2} C_A C_B^{-1.5}$$

병렬 반응에 대한 규칙을 따르면 $C_A$는 높게 그리고 $C_B$는 낮게 유지해야 하며, B의 농도의존성이 A보다 크므로 $C_A$를 높게 하는 것보다 $C_B$를 낮게 유지하는 것이 더 중요하다. 따라서 접촉 양식은 그림 E7.1에 나타난 순서와 같다.

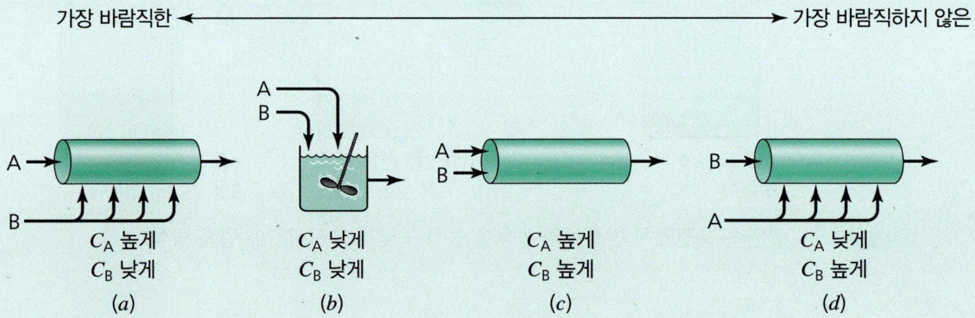


그림 E7.1

***논평***. 예제 7.2는 정성적인 내용을 증명한다. 이 예제에서 구한 것보다 더 좋은 접촉 양식이 아직 있다는 것을 주목해야 한다. 예를 들면 반응물을 과잉으로 사용하거나 미전환된 반응물을 분리하여 순환시키면 매우 개선된 생성물 분포를 얻을 수 있다.

**생성물 분포와 반응기 크기의 정량적 검토** 개별 반응에 대한 속도식을 안다면 생성물 분포와 반응기 크기를 정량적으로 결정할 수 있다. 생성물 분포를 편리하게 계산하기 위해 두 가지 종류의 수율 $\varphi$와 $\Phi$를 도입한다. 먼저 반응물 A의 분해를 생각하여 어떤 순간에 소모된 A가 원하는 생성물 R로 변환한 분율을 $\varphi$로 두고 이것을 R의 *순간 수율*(instantaneous fractional yield)이라 부른다. 따라서 어떤 농도 $C_A$에서 순간 수율은 다음과 같다.

$$\varphi = \left(\frac{\text{생성된 R의 몰수}}{\text{반응한 A의 몰수}}\right) = \frac{dC_R}{-dC_A} \tag{7}$$

어떤 일련의 반응과 속도식에 대하여 $\varphi$는 $C_A$의 함수이고, 일반적으로 $C_A$는 반응기를 통과하면서 변하므로 $\varphi$도 반응기의 각 점에서 변화한다. 따라서 반응한 모든 A 중에서 R로 전환한 분율을 $\Phi$로 정의하고, 이것을 R의 *총괄 수율*(overall fractional yield)이라 부른다. 이 총괄 수율은 반응기 내 모든 점에서의 순간 수율의 평균이 되며 다음과 같다.

$$\Phi = \left(\frac{\text{생성된 전체 R}}{\text{반응한 전체 A}}\right) = \frac{C_{R_f}}{C_{A0} - C_{Af}} = \frac{C_{R_f}}{(-\Delta C_A)} = \overline{\varphi}_{\text{in reactor}} \tag{8}$$

주요 관심사인 반응기 출구에서의 생성물 분포를 표현하는 것은 총괄 수율이다. 이제 반응기 내 흐름 양식에 따라 적절한 $\varphi$의 평균을 구하기로 한다. *플러그 흐름*에 대해서는 $C_A$가 반응기에서 점차적으로 변하므로 식 (7)로부터 다음을 알 수 있다.

$$\text{PFR:} \qquad \Phi_p = \frac{-1}{C_{A0} - C_{Af}} \int_{C_{A0}}^{C_{Af}} \varphi dC_A = \frac{1}{\Delta C_A} \int_{C_{A0}}^{C_{Af}} \varphi dC_A \tag{9}$$

*혼합 흐름*에 대해서는 어디에서나 조성이 $C_{Af}$이므로 $\varphi$는 반응기 내에서 일정하다. 따라서 다음과 같다고 할 수 있다.

$$\text{MFR:} \qquad \Phi_m = \varphi_{\text{evaluated at } C_{Af}}. \tag{10}$$

직렬로 연결된 혼합 흐름 반응기에서 총괄 수율은 $N$개의 각 용기의 순간 수율을 모두 더하고, 여기에 각 용기에서의 가중치를 곱해 구할 수 있다.

$$\varphi_1(C_{A0} - C_{A1}) + \cdots + \varphi_N(C_{A,N-1} - C_{AN}) = \Phi_{N\text{ mixed}}(C_{A0} - C_{AN}) \tag{11}$$

따라서 직렬로 연결된 $N$개 혼합 흐름 반응기에서의 총괄 수율은 다음과 같다.

$$\Phi_{N\text{ mixed}} = \frac{\varphi_1(C_{A0} - C_{A1}) + \varphi_2(C_{A1} - C_{A2}) + \cdots + \varphi_N(C_{A,N-1} - C_{AN})}{C_{A0} - C_{AN}} \tag{12}$$

어떤 유형의 반응기에 대해서 출구의 R의 농도는 식 (8)에서 직접 구할 수 있다.

$$C_{Rf} = \Phi(C_{A0} - C_{Af}) \tag{13}$$

그림 7.3은 각종 반응기에 대하여 $C_R$을 구하는 방법을 보여준다. 혼합 흐름 반응기나 직렬로 연결된 혼합 흐름 반응기에 대하여 $C_R$을 최대로 하는 가장 좋은 출구농도는 직사각형의 면적을 최대로 하여 구할 수 있다(6장 참고).

생성물 분포를 가장 좋게 하는 흐름 양식은 $\varphi$ 대 $C_A$ 곡선의 모양에 따라 결정되며, 그림 7.4

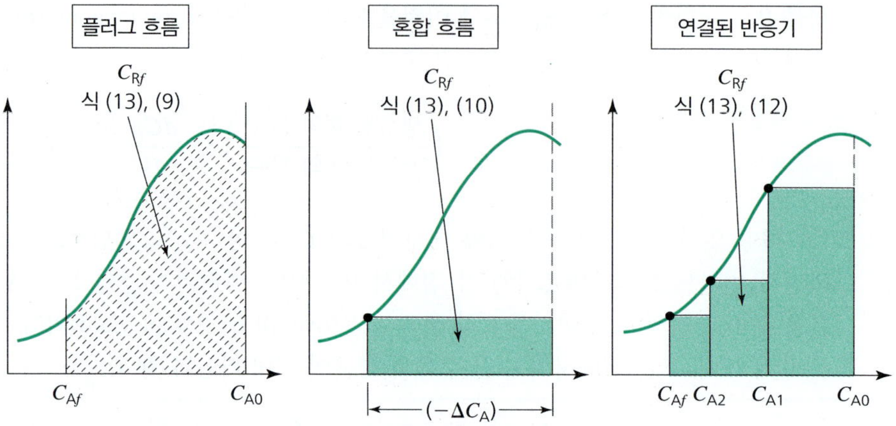


그림 7.3 **빗금 친 부분과 음영 부분의 면적은 생성된 전체 R을 나타낸다.**

에는 플러그 흐름, 혼합 흐름, 혼합 흐름과 플러그 흐름의 결합이 최적인 전형적인 곡선의 모양을 나타낸다.

이들 수율 표현식을 이용하여 다양한 반응기에서의 생성물 분포를 관계지을 수 있고 최적 접촉 양식도 구할 수 있다. 그러나 이들 관계식을 안전하게 사용하기 위해서는 먼저 한 가지 조건을 만족시켜야 한다. 즉 병렬 반응에서 생성물이 생성물 분포를 변화시키는 반응속도에 영향을 미쳐서는 안 된다. 이를 확인할 수 있는 가장 쉬운 방법은 생성물을 공급물에 첨가하여 생성물 분포에 변화가 없음을 증명하는 것이다.

이제까지는 생성물 R의 수율을 $C_A$만의 함수로 취급하여 이 성분의 소비된 양을 기준으로 정의하였다. 그러나 일반적으로 두 가지 이상의 반응물이 포함되어 있을 때는 이 수율을 소비된 반응물 중 하나를 기준으로 하거나, 소비된 모든 반응물을 기준으로 또는 생성된 생성물을 기준으로 계산할 수 있다. 이 중에서 어느 것을 사용할지는 편리함을 기준으로 하면 된다. 따라서 일반적으로 소비되거나 생성된 N에 기준한 M의 순간적 수율로 $\varphi(M/N)$을 정의한다.

병렬 반응의 생성물 분포를 결정하는 데 수율을 이용하는 방법은 Denbigh (1944, 1961)에 의해 개발되었다.

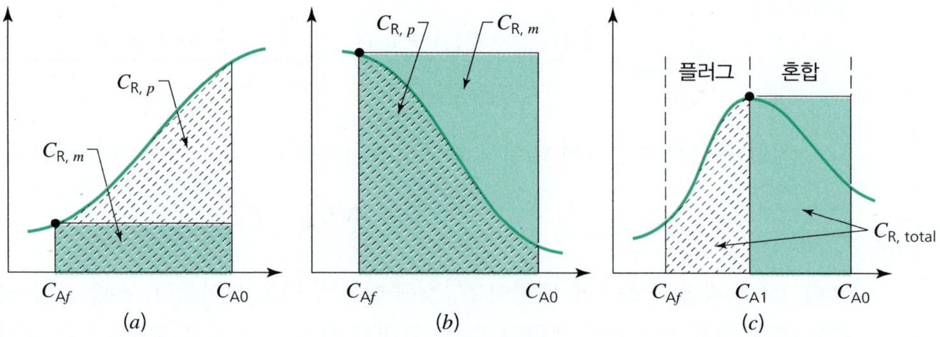


그림 7.4 **최대의 면적을 갖는 접촉 방식이 R을 최대로 생성한다. (a) 플러그 흐름이 최적, (b) 혼합 흐름이 최적, (c) $C_{A1}$까지는 혼합 흐름, 다음에는 플러그 흐름이 최적.**

**선택도** 또 다른 용어인 선택도(selectivity)는 수율 대신에 사용되는데, 이는 다음과 같이 정의된다.

$$\text{선택도} = \left(\frac{\text{형성된 원하는 생성물의 몰수}}{\text{형성된 원하지 않는 물질의 몰수}}\right)$$

이러한 정의는 다음과 같은 어려움을 초래할 수도 있는데, 예를 들면 다음과 같은 탄화수소의 부분산화의 경우이다.

$$\text{A(반응물)} \xrightarrow{+O_2} \text{R(원하는 생성물)} \begin{pmatrix} \text{원하지 않는 생성물} \\ (CO, CO_2, H_2O, CH_2OH \text{ 등}) \end{pmatrix}$$

여기서 선택도는 계산하기가 어려울뿐더러 유용하지도 않다. 따라서 선택도를 사용하지 않고 명확하게 정의되고 유용한 수율 $\varphi$(R/A)를 사용한다.

## 예제 7.2 ▶ 병렬 반응에 대한 생성물 분포

다음과 같은 수용액 반응을 고려하자.

$$A + B \begin{cases} \xrightarrow{k_1} \text{R, desired} & \dfrac{dC_R}{dt} = 1.0\, C_A^{1.5}\, C_B^{0.3}, \text{mol/liter·min} \\ \xrightarrow{k_2} \text{S, unwanted} & \dfrac{dC_S}{dt} = 1.0\, C_A^{0.5}\, C_B^{1.8}, \text{mol/liter·min} \end{cases}$$

A의 90%가 전환된다고 할 때, 생성물 흐름에서의 R의 농도를 구하라. A와 B 흐름의 유량은 동일하게 반응기에 공급되고 각 흐름의 농도는 반응물에 대하여 20 mol/L이다. 반응기 내에서의 흐름은 각각 다음과 같다.

**(a)** 플러그 흐름

**(b)** 혼합 흐름

**(c)** 예제 7.1의 네 가지 플러그 흐름 접촉 양식 중 최상의 흐름

**› 풀이**

주의할 것은 흐름을 혼합할 때 농도를 옳게 계산하는 일이다. 이 문제에 대하여 농도를 세 개의 개략도에 보여주고 있다. 원하는 성분의 순간 수율은 다음과 같이 계산된다.

$$\varphi\left(\frac{R}{A}\right) = \frac{dC_R}{dC_R + dC_S} = \frac{k_1 C_A^{1.5} C_B^{0.3}}{k_1 C_A^{1.5} C_B^{0.3} + k_2 C_A^{0.5} C_B^{1.8}} = \frac{C_A}{C_A + C_B^{1.5}}$$

**(a) *플러그 흐름***

그림 E7.2*a*를 참고하면 혼합된 공급물에서 각 성분의 농도는 $C_{A0} = C_{B0} = 10$ mol/L이고 반응기 어느 곳에서도 $C_A = C_B$이다. 따라서 식 (9)로부터 총괄 수율은 다음과 같다.

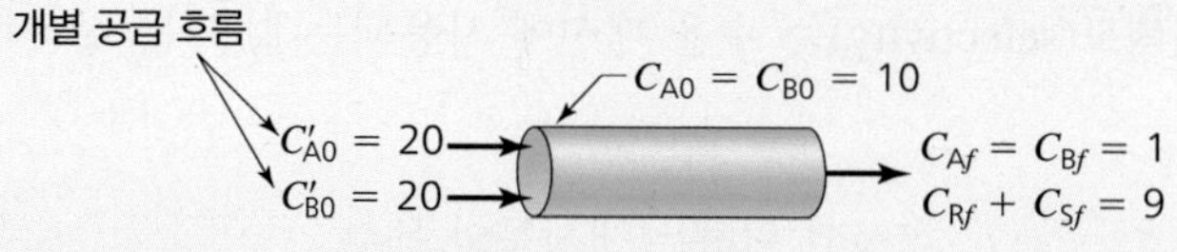


그림 E7.2a

$$\Phi_p = \frac{-1}{C_{A0} - C_{Af}} \int \varphi dC_A = \frac{-1}{10-1} \int_{10}^{1} \frac{C_A dC_A}{C_A + C_A^{1.5}} = \frac{1}{9} \int_1^{10} \frac{dC_A}{1 + C_A^{0.5}}$$

$C_A^{0.5} = x$라 두면 $C_A = x^2$이고 $dC_A = 2xdx$이므로 위 식에서 $C_A$를 $x$로 치환하면 다음과 같이 계산된다.

$$\Phi_p = \frac{1}{9} \int_1^{\sqrt{10}} \frac{2xdx}{1+x} = \frac{2}{9} \left[ \int_1^{\sqrt{10}} dx - \int_1^{\sqrt{10}} \frac{dx}{1+x} \right]$$

$$= 0.32$$

$$\therefore C_{Rf} = 9(0.32) = \underline{\underline{2.86}}$$

$$C_{Sf} = 9(1 - 0.32) = \underline{\underline{6.14}}$$

**(b) *혼합 흐름***

그림 E7.2*b*를 참고하고 $C_A = C_B$에 대하여 식 (10)은 다음과 같이 된다.

$$\Phi_m \left( \frac{R}{A} \right) = \varphi_{\text{at exit}} = \frac{1}{1 + C_A^{0.5}} = 0.5$$

그러므로 식 (13)은 다음과 같다.

$$C_{Rf} = 9(0.5) = \underline{\underline{4.5 \text{ mol/liter}}}$$

$$C_{Sf} = 9(1 - 0.5) = \underline{\underline{4.5 \text{ mol/liter}}}$$

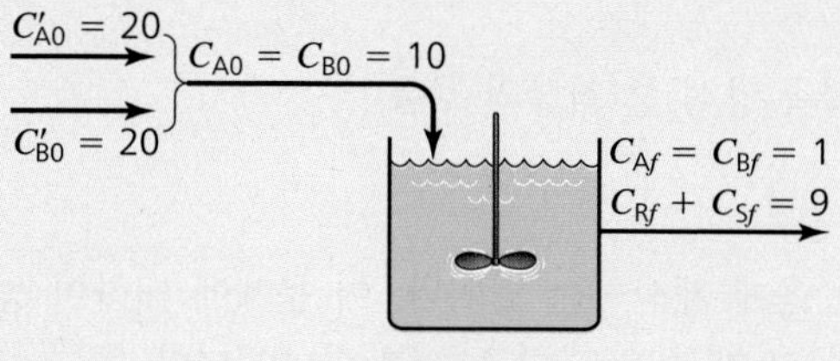


그림 E7.2b

**(c) *플러그 흐름 A–혼합 흐름 B***

B가 반응기 내에서 항상 $C_B = 1$ mol/L이 되도록 공급된다고 가정하면 다른 농도는 그림 E7.2*c*와 같다. 다음으로 반응기 전체에서 $C_A$의 변화를 계산하면 다음 식이 얻어진다.

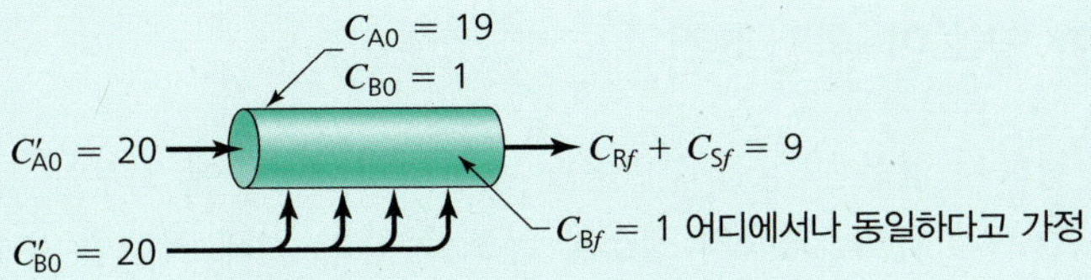


그림 E7.2c

$$\Phi\left(\frac{R}{A}\right) = \frac{-1}{C_{A0} - C_{Af}} \int_{C_{A0}}^{C_{Af}} \varphi dC_A = \frac{-1}{19-1} \int_{19}^{1} \frac{C_A dC_A}{C_A + (1)^{1.5}}$$

$$= \frac{1}{18}\left[\int_1^{19} dC_A - \int_1^{19} \frac{dC_A}{C_A + 1}\right] = \frac{1}{18}\left[(19-1) - \ln\frac{20}{2}\right] = 0.87$$

그러므로 출구 농도는 다음과 같다.

$$C_{Rf} = 9(0.87) = \underline{\underline{7.85 \text{ mol/liter}}}$$
$$C_{Sf} = 9(1 - 0.87) = \underline{\underline{1.15 \text{ mol/liter}}}$$

이를 요약하면 다음과 같이 나타낼 수 있다.

플러그 흐름: $\Phi\left(\frac{R}{A}\right) = 0.32, \quad C_{Rf} = 2.86 \text{ mol/liter}$

혼합 흐름: $\Phi\left(\frac{R}{A}\right) = 0.50, \quad C_{Rf} = 4.5 \text{ mol/liter}$

최적 흐름: $\Phi\left(\frac{R}{A}\right) = 0.87, \quad C_{Rf} = 7.85 \text{ mol/liter}$

***주의***. 이 결과는 예제 7.1의 정성적인 결과를 증명하고 있다.

## 측면공급 반응기

측면에서 도입되는 공급물을 어떻게 분배시키고 이에 해당하는 전환 방정식(conversion equation)을 계산하는 것은 매우 복잡한 문제이다. 이런 형태의 반응기 문제는 일반적으로 Westerterp 등(1984)을 참고하기 바란다.

실제로 대규모의 측면공급 반응기를 설치하는 것은 계산과는 또 다른 문제이다. *Chem. Eng. News* (1997)는 다공성 벽을 가진 튜브를 사용한 다관형(다관식) 열교환기(shell-and-tube heat exchanger)와 같은 형태의 반응기를 사용하면 이 문제를 현명하게 해결할 수 있다고 보도하였다.

반응물 A는 유체의 측면으로 유입되어 방해판(baffle)을 가진 튜브를 통해 흘러들어가 옆방향 혼합(lateral mixing)을 촉진시켜 플러그 흐름에 접근하도록 만든다. 튜브 내에서 반응물 B는 거의 일정하게 낮은 농도를 유지하도록 튜브 내보다 약간 높은 압력으로 쉘 쪽(shell side)을 통해 교환기로 들어간다. 따라서 B는 튜브의 전체 길이를 통해 튜브 쪽으로 확산되어 간다.

## 예제 7.3 ▶ 병렬 반응에 대한 양호한 운전조건

흔히 원하는 반응이 종종 원하지 않는 다양한 부반응을 수반하고, 이 중에 일부는 고차 반응, 또 다른 일부는 저차 반응인 경우가 있다. 최적의 생성물 분포를 얻기 위해 어떠한 유형의 단일 반응기가 적합한지를 알아보기 위해 가장 간단한 경우로 $C_{A0} = 2$인 A의 평형 반응을 고려하자.

$$A \rightarrow R \quad r_R = 1$$
$$A \rightarrow S \quad r_S = 2C_A$$
$$A \rightarrow T \quad r_T = C_A^2$$

등온에서 다음의 반응기에 대하여 예상되는 $C_S$의 최대값을 구하라.

**(a)** 혼합 흐름 반응기

**(b)** 플러그 흐름 반응기

**(c)** 미반응한 A가 생성물 흐름에서 분리되어 $C_{A0} = 2$인 공급물로 순환되는 반응기

### 풀이

S가 원하는 생성물이므로 S의 수율을 표시하면 다음과 같이 된다.

$$\varphi(S/A) = \frac{dC_S}{dC_R + dC_S + dC_T} = \frac{2C_A}{1 + 2C_A + C_A^2} = \frac{2C_A}{(1 + C_A)^2}$$

이를 플롯하면 그림 E7.3을 얻을 수 있고 최대값은 다음의 조건에서 구해진다.

$$\frac{d\varphi}{dC_A} = \frac{d}{dC_A}\left[\frac{2C_A}{(1 + C_A)^2}\right] = 0$$

이 식을 풀면 다음과 같다.

$$C_A = 1\text{에서 } \varphi = 0.5$$

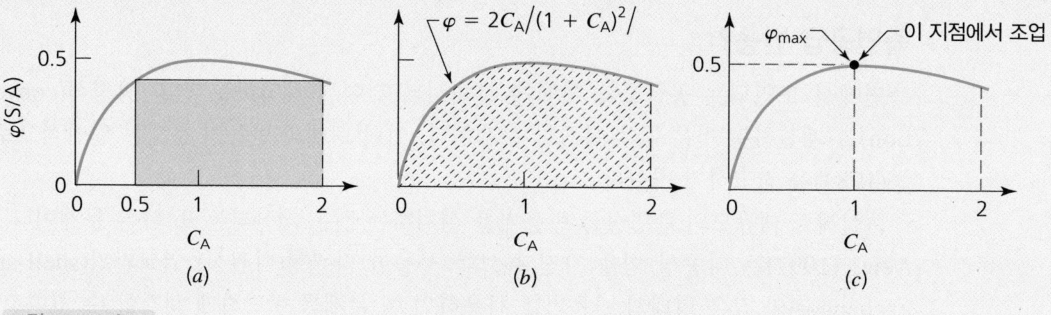


그림 E7.3a, b, c

**(a)** ***혼합 흐름 반응기.*** $\varphi$ 대 $C_A$를 나타내는 곡선 아랫부분의 직사각형이 최대의 면적일 때 생성되는 S값이 최대가 된다. 따라서 요구되는 조건은 직사각형을 도식적으로 최대로 하거나

또는 해석적으로 구할 수 있다. 이 문제에 대하여 간단한 명시적 표현이 유용하기 때문에 이 방법을 이용하기로 한다. 식 (10)과 (13)에서 직사각형의 넓이는 다음과 같다.

$$C_{Sf} = \varphi(S/A) \cdot (-\Delta C_A) = \frac{2C_A}{(1 + C_A)^2}(C_{A0} - C_A)$$

이를 미분하고 0으로 두면 최대 S를 생성하는 조건을 구할 수 있다.

$$\frac{dC_{Sf}}{dC_A} = \frac{d}{dC_A}\left[\frac{2C_A}{(1 + C_A)^2}(2 - C_A)\right] = 0$$

이 식을 풀면 혼합 흐름 반응기의 최적 조업조건은 다음과 같다.

$$C_{Af} = \frac{1}{2}\text{에서} \quad \underline{\underline{C_{Sf} = \frac{2}{3}}}$$

**(b)** ***플러그 흐름 반응기***. S의 생산량이 최대가 되는 것을 $\varphi$ 대 $C_A$ 곡선의 아랫부분 면적이 최대인 경우이며, 이는 A의 100% 전환율에서 일어난다. 따라서 식 (9)와 (13)으로부터 다음 식을 얻을 수 있다.

$$C_{Sf} = -\int_{C_{A0}}^{C_{Af}} \varphi(S/A)dC_A = \int_0^2 \frac{2C_A}{(1 + C_A)^2}dC_A$$

이 적분을 계산하면 플러그 흐름 반응기에서의 최적조건은 다음과 같다.

$$C_{Af} = 0\text{에서} \quad \underline{\underline{C_{Sf} = 0.867}}$$

**(c)** ***미반응 반응물의 분리 및 순환을 가진 반응기***. 전환되지 않은 반응물은 시스템을 떠나지 않으므로 이 경우 수율을 최대로 하는 조건에서 운전하는 것이 중요하다. 이것은 $C_A = 1$에서이고 그림 E7.3*c*에서 보여준 바와 같이 $\varphi(S/A) = 0.5$이다. 따라서 $C_A = 1$에서 운전되는 혼합 흐름 반응기를 사용해야 한다. 그러면 반응물 A는 50% 전환되어 생성물 S를 생성시킨다.

***논평***. 이상을 요약하면 다음과 같이 비교될 수 있다.

$$\text{수율 } \varphi = \left(\frac{\text{형성된 S의 몰수}}{\text{공급된 A의 몰수}}\right)$$

MFR: $\varphi(S/A) = 0.33$

PFR: $\varphi(S/A) = 0.43$

분리와 순환하는 MFR: $\varphi(S/A) = 0.50$

따라서 마사용 반응물을 분리하여 순환시키는 혼합 흐름 반응기에서 $\varphi$가 최대일 때 최적의 생성물 분포를 얻을 수 있다. 이 결과는 반응 차수가 다른 한 세트의 병렬 반응에서 매우 일반적이다.

## 예제 7.4 ▶ 병렬 반응에 대한 최상의 운전조건

예제 7.3의 반응에 대하여 미반응 공급물의 순환과 재농축이 허용되지 않은 흐름 시스템에서 최대의 S를 생성하는 반응기 배열을 결정하라. 이러한 배열의 반응기에 대하여 $C_{s,total}$을 구하라.

### 》풀이

그림 E7.4로부터 혼합 흐름 반응기 다음에 플러그 흐름 반응기가 위치하는 것이 최상임을 알았다.

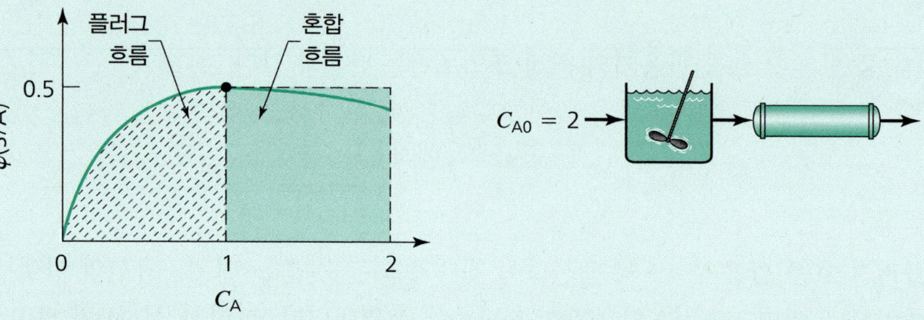


그림 E7.4

따라서 혼합 흐름 반응기에 대하여 예제 7.3으로부터 다음을 알 수 있다.

$$C_A = 1, \varphi = 0.5, \quad \text{따라서} \quad C_S = \varphi(\Delta C_A) = 0.5(2-1) = 0.5 \text{ mol/liter}$$

플러그 흐름 반응기에 대하여 예제 7.3으로부터 다음의 결과가 얻어진다.

$$C_S = -\int_1^0 \varphi dC_A = \int_0^1 \frac{2C_A}{(1+C_A)^2} dC_A = 0.386 \text{ mol/liter}$$

그러므로 생성된 $C_S$의 총량은 다음과 같다.

$$C_{S,\,total} = 0.5 + 0.386 = \underline{\underline{0.886 \text{ mol/liter}}}$$

이는 예제 7.3에서 계산된 플러그 흐름 반응기만 있는 경우의 $C_S = 0.867$ mol/L보다 약간 높은 값이다.

## ▶참고 문헌

*Chem. and Eng. News*, 51, April 7, 1997.

Denbigh, K. G., *Trans. Faraday Soc.*, **40**, 352 (1944).

Denbigh, K. G., *Chem. Eng. Sci.*, **14**, 25(1961).

Westerterp, K. R., van Swaaij, W. P. M., and Beenackers, A. A. C. M., *Chemical Reactor Design and Operation*, Wiley, New York, 1984.

## 연습 문제

**7.1** A의 농도가 $C_{A0}$인 공급물에 대하여 수율 $\varphi$(S/A)를 최대화하기를 원하면 PFR 또는 MFR 중 어떤 것을 사용해야 하는지? 그리고 출구에서의 전환율을 높게, 중간 혹은 낮게 유지해야 하는가? 이때의 화학반응은 다음과 같다.

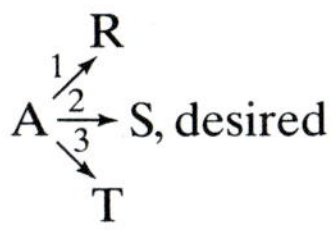


여기에서 $n_1$, $n_2$, $n_3$은 반응 1, 2, 3의 반응 차수이다.

**(a)** $n_1 = 1,\ n_2 = 2,\ n_3 = 3$

**(b)** $n_1 = 2,\ n_2 = 3,\ n_3 = 1$

**(c)** $n_1 = 3,\ n_2 = 1,\ n_3 = 2$

---

A와 B의 분리된 공급물에 대하여 다음과 같은 기초 반응 시스템에서 생성물 R이 가장 잘 생성되는 접촉 방식과 반응기의 조건을 개략적으로 그려라.

**7.2** $\left.\begin{array}{r} A + B \rightarrow R \\ A \rightarrow S \end{array}\right\}$ 흐름 시스템

**7.3** $\left.\begin{array}{r} A + B \rightarrow R \\ 2A \rightarrow S \\ 2B \rightarrow T \end{array}\right\}$ 회분 시스템

**7.4** $\left.\begin{array}{r} A + B \rightarrow R \\ A \rightarrow S \end{array}\right\}$ 회분 시스템

**7.5** $\left.\begin{array}{r} A + B \rightarrow R \\ 2A \rightarrow S \end{array}\right\}$ 흐름 시스템

---

**7.6** 액체 중에 존재하는 물질 A는 다음과 같이 반응하여 R과 S를 생성한다.

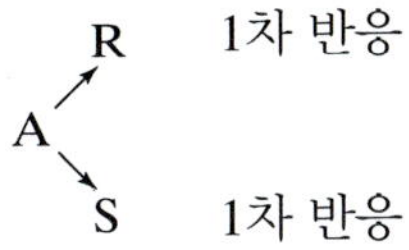


공급물($C_{A0} = 1$, $C_{R0} = 0$, $C_{S0} = 0$)이 직렬로 연결된 두 개의 혼합 흐름 반응기($\tau_1 = 2.5$ min, $\tau_2 = 5$ min)에 들어간다. 처음 반응기에서의 농도($C_{A1} = 0.4$, $C_{R1} = 0.4$, $C_{S1} = 0.2$)를 알고 있다면 두 번째 반응기를 나가는 농도를 구하라.

**7.7** 액상에 존재하는 물질 A가 다음과 같이 반응하여 R과 S를 생성한다.

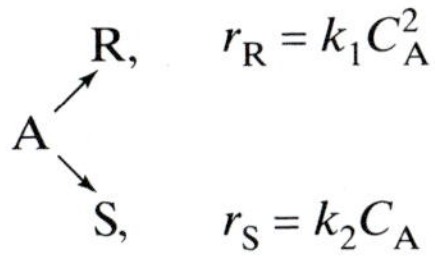

공급물($C_{A0} = 1.0$, $C_{R0} = 0$, $C_{S0} = 0.3$)이 직렬로 연결된 두 개의 혼합 흐름 반응기($\tau_1 = 2.5$ min, $\tau_2 = 10$ min)에 들어간다. 처음 반응기에서의 농도($C_{A1} = 0.4$, $C_{R1} = 0.2$, $C_{S1} = 0.7$)를 알고 있다면 두 번째 반응기를 나가는 농도를 구하라.

---

액체 반응물 A가 다음과 같이 분해된다.

$$A \nearrow R, \quad r_R = k_1 C_A^2, \quad k_1 = 0.4\ \text{m}^3/\text{mol}\cdot\text{min}$$
$$A \searrow S, \quad r_S = k_2 C_A, \quad k_2 = 2\ \text{min}^{-1}$$

수용액 A($C_{A0} = 40$ mol/m$^3$)를 함유한 공급물이 반응기에 들어가서 분해되고 A, R, S의 혼합물이 반응기를 나간다.

**7.8** 혼합 흐름 반응기에서 $X_A = 0.9$일 때 $C_R$, $C_S$, $\tau$를 구하라.

**7.9** 플러그 흐름 반응기에서 $X_A = 0.9$일 때 $C_R$, $C_S$, $\tau$를 구하라.

**7.10** 혼합 흐름 반응기에서 $C_S$를 최대화하는 운전조건($X_A$, $\tau$, $C_S$)를 구하라.

**7.11** 혼합 흐름 반응기에서 $C_R$을 최대화하는 운전조건($X_A$, $\tau$, $C_R$)을 구하라.

---

**7.12** 반응물 A는 액체 중에서 다음 반응을 통해 이성질화(isomerize)하거나 이합체화(dimerize)한다.

$$A \rightarrow R_{\text{desired}} \qquad r_R = k_1 C_A$$
$$A + A \rightarrow S_{\text{unwanted}} \qquad r_S = k_2 C_A^2$$

**(a)** $\varphi(R/A)$와 $\varphi[R/(R + S)]$를 구하라.

농도가 $C_{A0}$인 공급물에 대하여 다음과 같은 반응기에 대하여 $C_{R,max}$을 구하라.

**(b)** 플러그 흐름 반응기

**(c)** 혼합 흐름 반응기

초기 농도가 $C_{A0} = 1$ mol/L인 A가 회분 반응기에 공급되어 완전히 반응한다.

**(d)** 결과로 생긴 혼합물에 $C_S = 0.18$ mol/L가 존재한다면 이 반응의 속도식은 어떻게 되는가?

**7.13** 화학물질 A는 다음과 같이 분해한다.

$$A \nearrow R, \quad r_R = C_A\ \text{mol/liter}\cdot\text{s}$$
$$A \searrow S, \quad r_S = 1\ \text{mol/liter}\cdot\text{s}$$

$C_{A0} = 4$ mol/L인 공급물에 대하여 두 개의 혼합 흐름 반응기의 크기비가 얼마일 때 R의 생성 속도가 최대가 되겠는가? 또한 이들 두 반응기를 떠나는 A와 R의 농도도 구하라.

다음과 같이 반응 차수가 다른 병렬 반응을 고려하자.

$$A \rightarrow R, \quad r_R = 1$$
$$A \rightarrow S, \quad r_S = 2C_A$$
$$A \rightarrow T, \quad r_T = C_A^2$$

다음의 반응기에서 원하는 생성물의 최대 농도를 구하라.

**(a)** 플러그 흐름 반응기

**(b)** 혼합 흐름 반응기

**7.14** R이 원하는 생성물이고 $C_{A0} = 2$인 경우

**7.15** S가 원하는 생성물이고 $C_{A0} = 4$인 경우

**7.16** T가 원하는 생성물이고 $C_{A0} = 5$인 경우

---

자외선(ultraviolet) 복사를 받으면 공정 흐름($v$ = 1 $m^3$/min) 속의 반응물 A는 (농도 $C_{A0}$ = 10 kmol/$m^3$) 다음과 같이 분해된다.

$$A \rightarrow R, \quad r_R = 16C_A^{0.5} \quad \text{kmol/m}^3\cdot\text{min}$$
$$A \rightarrow S, \quad r_S = 12C_A \quad \text{kmol/m}^3\cdot\text{min}$$
$$A \rightarrow T, \quad r_T = C_A^2 \quad \text{kmol/m}^3\cdot\text{min}$$

특별한 작업을 위한 반응기를 설계하고 싶다. 선택된 반응기의 개략도를 그리고 공급물 중에서 원하는 생성물로 변환된 분율과 반응기 크기를 계산하라.

**7.17** R이 원하는 생성물인 경우

**7.18** S가 원하는 생성물인 경우

**7.19** T가 원하는 생성물인 경우

---

액상 분해반응의 화학양론이 다음과 같이 알려져 있다고 하자.

$$A \rightarrow R, \quad A \rightarrow S$$

실험실 규모의 혼합 흐름 반응기에서 일련의 정상 상태에서의 흐름 실험($C_{A0}$ = 100, $C_{R0}$ = $C_{S0}$ = 0)으로 다음의 결과를 얻었다.

| $C_A$ | 90 | 80 | 70 | 60 | 50 | 40 | 30 | 20 | 10 | 0 |
|---|---|---|---|---|---|---|---|---|---|---|
| $C_R$ | 7 | 13 | 18 | 22 | 25 | 27 | 28 | 28 | 27 | 25 |

추가된 실험에서 $C_R$과 $C_S$는 반응의 진행에 아무런 영향을 미치지 않는다는 것을 알았다.

**7.20** 공급물의 농도 $C_{A0} = 100$이고 출국에서의 농도 $C_{Af} = 20$이다. 플러그 흐름 반응기 출구에서의 농도 $C_R$을 구하라.

**7.21** $C_{A0} = 200$이고 $C_{Af} = 20$일 때 혼합 흐름 반응기 출구에서의 농도 $C_R$를 구하라.

**7.22** R의 생성량을 최대로 하기 위해 혼합 흐름 반응기를 어떻게 운전해야 하는가?

---

수용액 A와 B ($C_{A0} = C_{B0}$)를 접촉시키면 이들은 두 가지 가능한 방법으로 반응하며 활성 성분 (A, B, R, S, T, U)의 농도의 합이 $C_{total} = C_{A0} + C_{B0} = 60\ \text{mol/m}^3$인 혼합물을 생성한다.

$$A + B \nearrow R + T, \qquad r_R = 50C_A \ \frac{\text{mol}}{\text{m}^3\cdot\text{hr}}$$

$$A + B \searrow S + U, \qquad r_S = 100C_B \ \frac{\text{mol}}{\text{m}^3\cdot\text{hr}}$$

동등한 몰수의 공급물 속도 $F_{A0} = F_{B0} = 300$ mol/hr에 대하여 90% 전환율을 얻기 위해 필요한 반응기의 크기와 생성물의 R/S 비를 구하라.

**7.23** 혼합 흐름 반응기

**7.24** 플러그 흐름 반응기

**7.25** 가장 높은 $C_R$을 얻는 반응기. 이는 6장에서 A에 대하여 플러그 흐름이고 B에 대해서는 측면 공급이라고 살펴보았다. 이러한 반응기에서 $C_B$가 반응기 전체를 통하여 일정하도록 B를 도입한다.

---

**7.26**. 반응물 A가 등온 회분 반응기($C_{A0} = 100$)에서 분해하여 원하는 생성물 R과 원하지 않는 생성물 S를 생성한다. 실험을 통해 다음의 농도값을 얻었다.

| $C_A$ | (100) | 90 | 80 | 70 | 60 | 50 | 40 | 30 | 20 | 10 | (0) |
|---|---|---|---|---|---|---|---|---|---|---|---|
| $C_R$ | (0) | 1 | 4 | 9 | 16 | 25 | 35 | 45 | 55 | 64 | (71) |

추가의 실험에서 R이나 S는 생성물 분포에 영향을 미치지 않으며 단지 A가 영향을 미친다는 것을 알았다. A, R, S의 총 몰수는 일정하다.

**(a)** 이 반응에 대한 $\varphi$ 대 $C_A$ 곡선을 구하라.

$C_{A0} = 100$이고 $C_{Af} = 10$일 때 $C_R$을 다음의 경우에 대하여 구하라.

**(b)** 혼합 흐름 반응기

**(c)** 플러그 흐름 반응기

**(d), (e)** $C_{A0} = 70$으로 하여 (b)와 (c)를 반복하라.

**7.27** 역사적으로 트라팔가 해전(1805)으로 알려진 대해전이 이제 막 시작되려는 참이다. 프랑스의 빌뇌브 제독(Admiral Villeneuve)은 미풍 속에서 위풍당당하게 일렬로 항해하고 있는 그의 강대한 33척의 함대를 거만하게 감독하고 있다. 넬슨 제독 휘하의 27척의 영국함대가 이제 시야에 들어온다. 이제 전쟁이 시작되기에는 아직 두 시간 정도 남아 있다. 빌뇌브는 포도주병의 마개를 뽑으며 전략을 하나하나 면밀히 관찰한다. 그 당시 해전의 관습은 두 함대가 일렬로 평행하게 대치하여 그들의 대포를 미친 듯이 쏘아대는 것이다. 이러한 전쟁의 오랜 경험으로 함대가 파괴되는 비율은 적함대의 화력에 비례한다는 것이 잘 알려져 있다. 영국함대와 일대일로 비교하여 빌뇌브는 승리를 확신하였다. 그는 해시계(sundial)를 바라보며 이미 그의 낮잠 시간이 지났음을 알고 바람이 없는 것을 원망한다. "이것이 인생이다"라고 그는 탄식한다. 그는 다음날 조간신문의 제목에 "영국 함대는 전멸되고 빌뇌브는 … 대를 잃었다"는 기사를 읽을 수 있었으리라. 그가 잃을 전함의 수는 몇 대일까? 빌뇌브는 그의 병마개를 따는 부하인 Dubois지를 불러 이 질문을 하였다. 그의 대답은 무엇이었을까?

이 순간 넬슨은 빅토리호의 갑판에서 바닷바람을 즐기며 전쟁 계획을 수식화하는 것을 제하고는 준비가 완료되었음을 깨달았다. 그의 신임하는 제독 Archibald Forsythe-Smythe가 급히 회의에 불려간다. 화력의 법칙에 따르면 넬슨은 전체 프랑스 함대와 싸우기에는 힘겨웠다(그도 역시 신문에 실린 제목을 볼 수 있었다). 그가 전쟁에서 최선을 다하는 한 우세한 적에게 패배했다는 것은 결코 불명예는 아니다. 그러나 그는 한 가지 계획을 하고 있으며 그것이 공명정대한지 그렇지 않은지에 대한 생각을 버리고 이길 가능성을 연구하고 있다.

그 계획은 일렬을 깨뜨리는 것, 즉 프랑스 함대를 평행 상태에서 두 부분으로 깨뜨리는 것이다. 그리고는 포위하여 싸우는 것이다. 이제 남은 문제는 프랑스 함대를 과연 깨뜨릴 수 있는지와 깨뜨린다면 어디서 해야 하는가이다. Forsythe-Smythe 제독은 술병을 들며 이 문제에 동의하고, 어느 곳에서 프랑스 함대를 깨뜨리면 승률을 높일 수 있는가를 넬슨에게 제언하였다. 그는 이 전략을 이용한 전쟁의 결과를 예언하였다. 그는 무슨 방법을 도출해 낸 것인가?

**7.28** 공급물의 유량이 100 L/s이고, 반응속도는 mol/L·s의 단위로 주어졌을 때 예제 7.4(그림 E7.4 참고)에서 필요한 두 반응기의 크기를 구하라.

제 8 장

# 복합 반응 설계

*Potpourri of Multiple Reactions*

제7장에서 병렬 반응에 대하여 다루었다. 병렬 반응은 생성물이 더 이상 반응하지 않는 경우였다. 이번 장에서는 생성물이 계속 더 반응하는 여러 가지 경우를 고려한다. 아래에 다양한 예를 나타내었다.

$$A \rightarrow R \rightarrow S \rightarrow T$$

직렬 반응

$$\begin{aligned} A + B &\rightarrow R \\ R + B &\rightarrow S \\ S + B &\rightarrow T \end{aligned}$$

직렬-병렬 반응

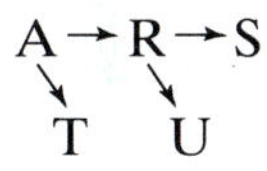

Denbigh 반응

$$A \rightleftarrows R \rightarrow S$$

가역과 비가역 반응

$$A \rightleftarrows R \rightleftarrows S$$

가역 반응

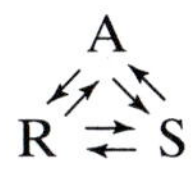

가역 반응망

이 장에서는 단순한 몇 개의 시스템에 대하여 성능식을 개발하고 중간체 농도의 최고값 등 특별한 성질을 설명할 것이다.

## 8.1 비가역 직렬 1차 반응

이 반응을 설명하기 위해 빛이 존재할 때만 반응이 진행되고 빛이 차단되는 순간에 반응이 정지되는 아래의 반응을 고려하자.

$$A \xrightarrow{k_1} R \xrightarrow{k_2} S \tag{1}$$

주어진 복사세기(intensity of radiation)에 다음과 같이 표현되는 반응과 반응속도를 검토하기로 한다.

$$r_A = -k_1 C_A \tag{2}$$

$$r_R = k_1 C_A - k_2 C_R \tag{3}$$

$$r_S = k_2 C_R \tag{4}$$

**생성물 분포에 대한 정성적 검토** 비이커에 담겨 있는 원료물질 A를 처리하는 두 가지 방법을 고

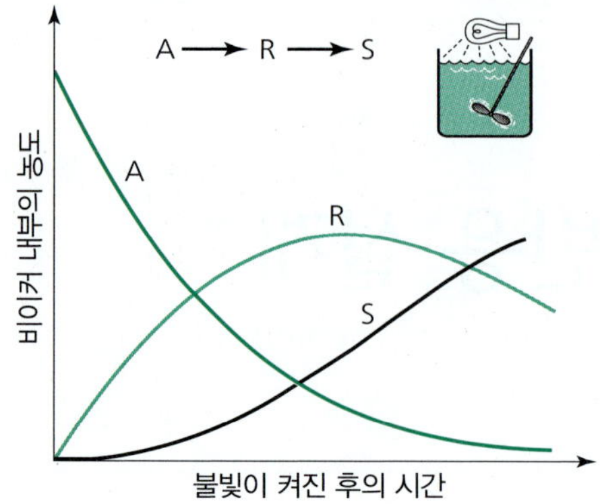


그림 8.1 **비이커의 내용물이 균질하게 복사되는 반응의 농도-시간 곡선.**

려하자. 우선 모든 내용물을 균질하게 복사하는 경우와 다른 한 가지는 비이커에서 내용물을 조금씩 계속해서 꺼내어 복사하고 다시 집어넣는 경우이다. 이 두 경우에 흡수되는 복사에너지의 속도는 동일하다고 가정한다. 그림 8.1과 8.2에 이 두 경우를 나타내었다. 이 두 과정 모두에서 A는 소모되어 생성물(R과 S)로 전환된다. 두 비이커에서 R과 S의 생성물 분포는 어떻게 다를 것인가? 모든 속도 상수의 값에 대하여 이 질문에 정성적으로 답할 수 있는가를 알아보자.

첫 번째 비이커에서 내용물이 동시에 복사 빛(에너지)에 노출되면 처음에 A만 존재하므로 빛이 A만 공격하여 R을 생성시킨다. 다음으로 빛은 A와 R을 공격하지만 A가 대단히 많이 존재하므로 이것이 분해되어 R을 더 많이 생성시킨다. 따라서 A의 농도는 감소하는 반면 R의 농도는 증가한다. 이 과정은 R의 농도가 복사에너지를 흡수함에 있어서 A와 경쟁할 수 있는 정도로 증가할 때까지 계속된다. 이 순간 R의 농도는 최대에 달한다. 이후로 R의 분해속도가 생성속도보다 더 빨라져서 농도는 감소한다. 이에 대한 전형적인 농도-시간곡선이 그림 8.1에 나타나 있다.

다음 방법으로 비이커 내용물의 일부가 연속적으로 빠져나가 복사반응 후 다시 비이커로 들어간다. 이 경우 빛의 전체 흡수속도는 동일하므로 유출된 유체가 받는 복사세기는 더욱 커진다. 만일 유속이 매우 빠르지 않다면 이 유체는 복사되어 완전히(R을 넘어 S로) 반응된다. 이 경우 A는 제거되고 생성된 S가 비이커로 되돌아온다. 따라서 시간의 경과에 따라 비이커에서 A의 농도는 천천히 감소하고 S는 증가하며 R은 존재하지 않는다. 이러한 점진적 변화는 그림 8.2에서 볼 수 있다.

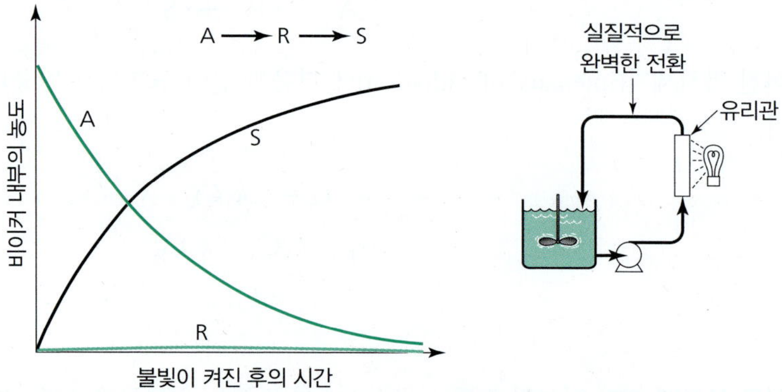


그림 8.2 **어떤 순간에 반응물의 작은 일부만을 복사시킬 때 비이커 내용물의 농도-시간 곡선.**

이 두 가지 방법으로 비이커의 내용물을 반응시키면 서로 다른 생성물 분포를 얻게 되며, 하나는 R의 최대 생성이 최대가 되고 다른 하나는 R의 생성이 최소가 되거나 전혀 생성하지 않는 두 가지 극한의 운전이 가능하다. 그렇다면 이 거동의 특성을 어떻게 설명할 수 있을까? 첫 번째 방법에서 비이커의 내용물은 균질하며 시간에 따라 천천히 변하는 반면, 두 번째 경우에서는 반응한 유체와 본래의 유체가 연속적으로 혼합된다. 즉 조성이 다른 두 개의 흐름이 혼합된다고 말할 수 있다. 이 관찰을 통해 직렬 반응의 생성물 분포를 지배하는 규칙을 구할 수 있다.

> *비가역 직렬 반응에서 다른 조성의 유체를 혼합하는 것이 중간체 생성의 열쇠이다. 조성이 다른 유체 혹은 전환율이 다른 유체를 혼합하지 않으면 어떤 중간체 또는 모든 중간체의 양을 가능하게 최대로 얻을 수 있다.* **(5)**

중간체가 원하는 생성물인 경우, 위의 규칙을 통해 각종 반응기 시스템의 효율성을 평가할 수 있다. 예를 들어 플러그 흐름이나 회분식 조업을 하면 서로 다른 조성의 유체가 혼합되지 않으므로 최대치의 R을 얻을 수 있다. 반면에 혼합 반응기를 사용하면 순수한 원료 A의 흐름이 반응기에서 이미 반응된 유체와 연속적으로 혼합되므로 R의 수율을 높일 수가 없다.

아래의 예제는 언급한 논점과 관련된 것으로, 정성적으로 발견된 내용을 정량적으로 다루게 된다.

## 예제 8.1 ▶ 단순히 A → R → S의 형태가 아닌 어떤 비가역 직렬 반응에서의 유용한 접촉 방식

그림 E8.1의 접촉 방식이 적절하게 운전되고 있을 때 중간체의 농도가 높게 되는 것은 이 중에서 어느 쪽(왼쪽 혹은 오른쪽)인가?

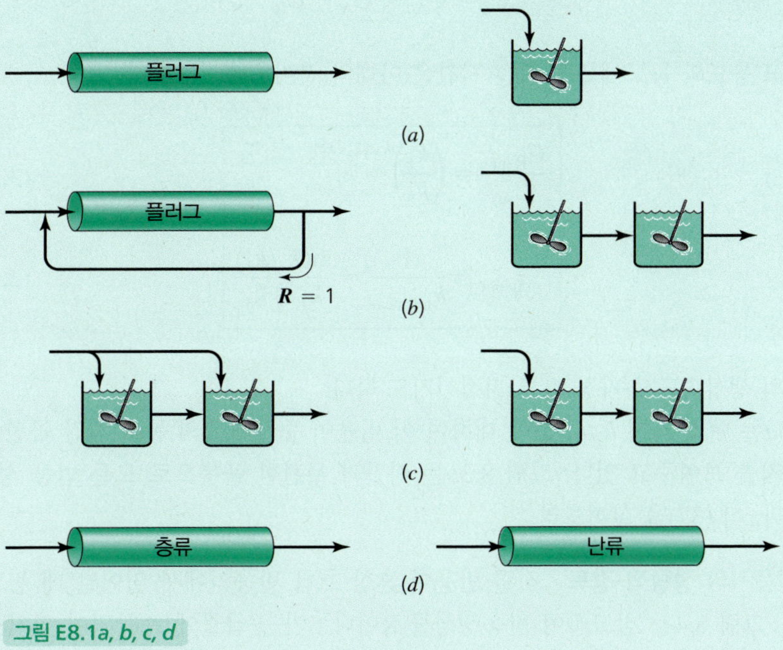


그림 E8.1*a*, *b*, *c*, *d*

**› 풀이**

직렬 반응에 대한 혼합 규칙(mixing rule)에 집중하여, 다른 조성을 가진 흐름의 혼합을 최소화해야 한다는 사실을 통해 아래의 결과를 얻을 수 있다.

**(a)** 부분: 왼쪽의 양식이 더 좋고 이는 사실상 가능한 최선의 흐름이다.

**(b)** 부분: 6장의 그림 6.5, 6.6, 6.16, 6.17을 보면 왼쪽이 1차 반응과 2차 반응 양쪽에 대하여 플러그 흐름에 근접한다. 이 원리는 어떠 양의 반응 차수를 가진 반응으로 일반화할 수 있다.

**(c)** 부분: 오른쪽 양식이 플러그 흐름에 가깝기 때문에 더욱 좋다.

**(d)** 부분: 난류가 다른 수명을 가진 유체를 덜 혼합하고 우회가 적으므로 오른쪽 형태가 더 좋다.

*주의*. 다음의 정량적 해석을 통해, 위의 정성적 해석이 일반적이고 중요한 규칙임을 증명하게 될 것이다.

**플러그 흐름이나 회분식 반응기의 정량적 해석** 3장에서 회분식 반응기 내 단분자형 반응의 모든 성분에 대한 농도-시간 관계식을 유도하였다.

$$\mathrm{A} \xrightarrow{k_1} \mathrm{R} \xrightarrow{k_2} \mathrm{S}$$

이때 공급물은 반응 생성물 R이나 S를 포함하고 있지 않다고 가정한다. 여기서 반응시간을 공간시간으로 치환하면 이 식은 플러그 흐름 반응기에 잘 적용된다.

$$\frac{C_\mathrm{A}}{C_\mathrm{A0}} = e^{-k_1\tau} \qquad \textbf{(3.47)} \text{ 또는 } \textbf{(6)}$$

$$\frac{C_\mathrm{R}}{C_\mathrm{A0}} = \frac{k_1}{k_2 - k_1}\left(e^{-k_1\tau} - e^{-k_2\tau}\right) \qquad \textbf{(3.49)} \text{ 또는 } \textbf{(7)}$$

$$C_\mathrm{S} = C_\mathrm{A0} - C_\mathrm{A} - C_\mathrm{R}$$

중간체의 최고 농도와 농도에 도달하는 시간은 아래와 같이 구할 수 있다.

$$\boxed{\frac{C_\mathrm{R,max}}{C_\mathrm{A0}} = \left(\frac{k_1}{k_2}\right)^{k_2/(k_2-k_1)}} \qquad \textbf{(3.52)} \text{ 또는 } \textbf{(8)}$$

$$\boxed{\tau_{p,\mathrm{opt}} = \frac{1}{k_\mathrm{log\ mean}} = \frac{\ln(k_2/k_1)}{k_2 - k_1}} \qquad \textbf{(3.51)} \text{ 또는 } \textbf{(9)}$$

이 시간은 S의 생성속도가 가장 빠른 지점이기도 하다.

그림 8.3*a*는 여러 가지 $k_2/k_1$ 값에 대하여 이 비율이 중간체 R의 농도-시간 곡선에 어떻게 영향을 미치는지를 보여주고 있다. 그림 8.3*b*는 시간과 무관한 플롯으로 모든 반응 성분의 농도와 관련지어 준다. 식 (37)을 살펴보라.

**혼합 흐름 반응기의 정량적 검토** 직렬 반응이 혼합 흐름 반응기에서 일어날 때 농도-시간 곡선을 구해보자. 그림 8.4를 참고하여 반응생성물 R이나 S가 공급물에 포함되어 있지 않은 경우에

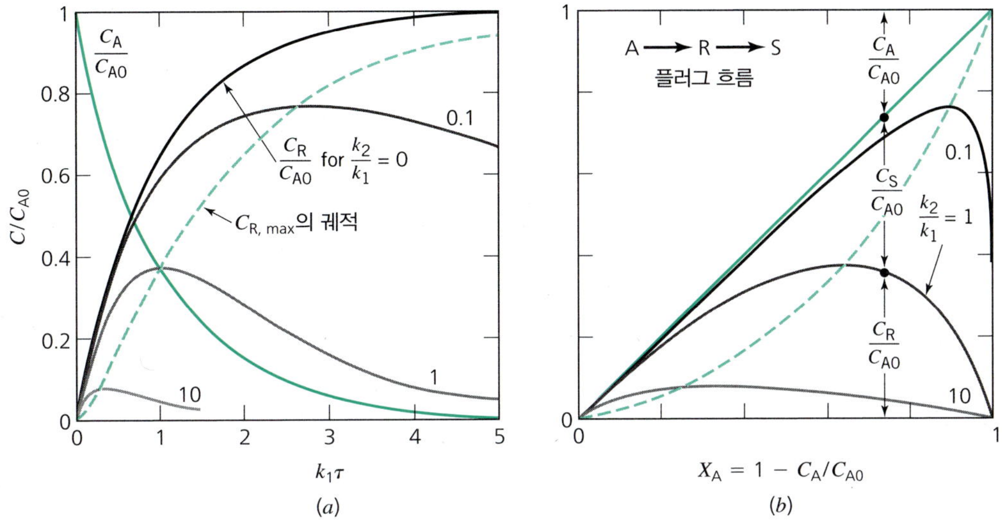


**그림 8.3a, b** 플러그 흐름 반응기에서 단분자형 직렬 반응의 거동. $A \xrightarrow{k_1} R \xrightarrow{k_2} S,\quad C_{R0} = C_{S0} = 0$ (a) 농도-시간 곡선 및 (b) 반응 성분들의 상대적 농도. 좀 더 자세한 내용은 그림 8.13을 참고하라.

한해 유도하기로 한다.

정상 상태의 물질 수지에 의하면 어떤 성분에 대하여 아래의 양론식을 얻을 수 있다.

$$\text{입력량} = \text{출력량} + \text{반응에 의한 소모량} \qquad \textbf{(4.1)} \text{ 또는 } \textbf{(10)}$$

반응물 A에 대해서

$$F_{A0} = F_A + (-r_A)V$$

또는

$$vC_{A0} = vC_A + k_1 C_A V$$

이 된다. 그런데

$$\frac{V}{v} = \tau_m = \bar{t} \qquad \textbf{(11)}$$

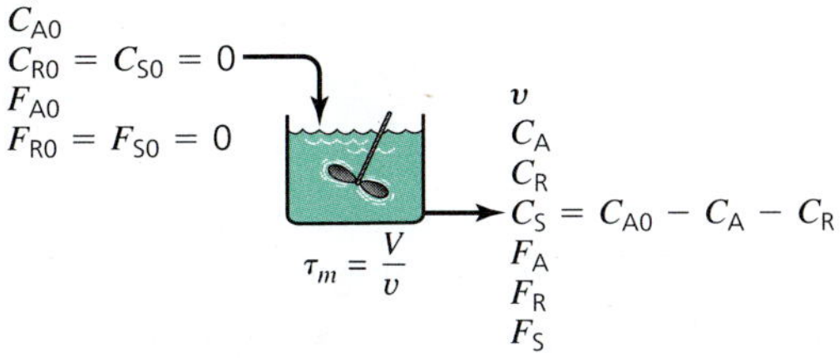


**그림 8.4** 혼합 흐름 반응기에서 직렬 반응(공급물에 R이나 S가 없는 경우)의 변수.

이므로 정리하면 아래 식을 얻을 수 있다.

$$\frac{C_A}{C_{A0}} = \frac{1}{1 + k_1\tau_m} \tag{12}$$

또한 성분 R에 대하여 물질 수지 식 (10)은

$$vC_{R0} = vC_R + (-r_R)V$$

또는

$$0 = vC_R + (-k_1C_A + k_2C_R)V$$

이 된다. 식 (11)과 (12)를 이용하여 정리하면 다음 식이 구해진다.

$$\frac{C_R}{C_{A0}} = \frac{k_1\tau_m}{(1 + k_1\tau_m)(1 + k_2\tau_m)} \tag{13}$$

한편, $C_S$는 어떤 시간에서도

$$C_A + C_R + C_S = C_{A0} = \text{일정}$$

이므로 이로부터 다음과 같이 쉽게 계산이 가능하다.

$$\frac{C_S}{C_{A0}} = \frac{k_1k_2\tau_m^2}{(1 + k_1\tau_m)(1 + k_2\tau_m)} \tag{14}$$

R의 최고 농도와 이때의 시간은 $dC_R/d\tau_m = 0$으로 두면 구할 수 있다.

$$\frac{dC_R}{d\tau_m} = 0 = \frac{C_{A0}k_1(1 + k_1\tau_m)(1 + k_2\tau_m) - C_{A0}k_1\tau_m[k_1(1 + k_2\tau_m) + (1 + k_1\tau_m)k_2]}{(1 + k_1\tau_m)^2(1 + k_2\tau_m)^2}$$

여기서 $\tau_m$을 구하면 다음과 같이 된다.

$$\boxed{\tau_{m,\text{opt}} = \frac{1}{\sqrt{k_1k_2}}} \tag{15}$$

이에 대응하는 R의 농도는 식 (15)를 식 (13)에 대입하여 정리하여 구할 수 있다.

$$\boxed{\frac{C_{R,\max}}{C_{A0}} = \frac{1}{[(k_2/k_1)^{1/2} + 1]^2}} \tag{16}$$

여러 가지 $k_2/k_1$ 값에 대한 전형적 농도-시간 곡선은 그림 8.5*a*에서 볼 수 있으며 시간에 무관한 반응물과 생성물 농도와의 관계가 그림 8.5*b*이다.

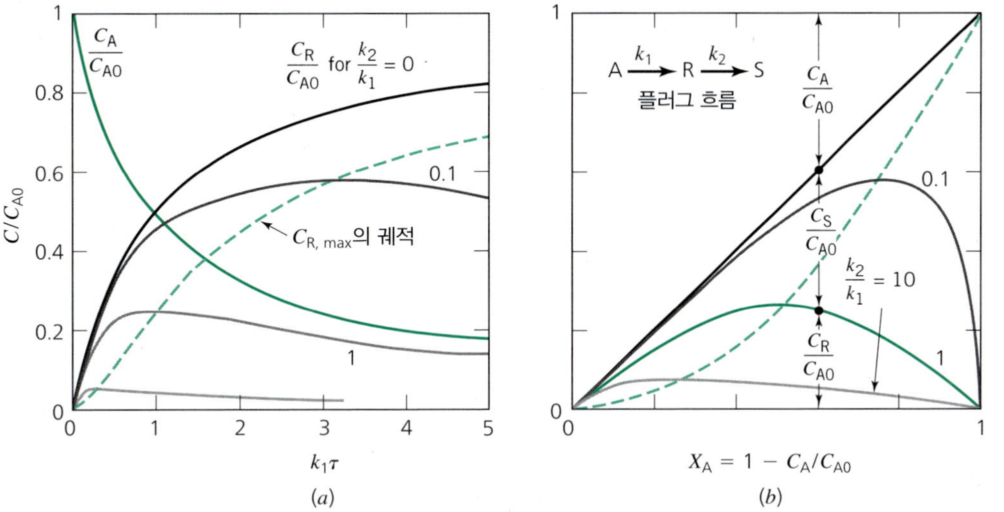


**그림 8.5a, b** **혼합 흐름 반응기에서 단분자형 직렬 반응 $A \xrightarrow{k_1} R \xrightarrow{k_2} S$의 거동: (*a*) 농도-시간 곡선 및 (*b*) 반응 성분의 상대거동. 좀 더 자세한 내용은 그림 8.14를 참고하라.**

**성능의 특성, 반응속도론 연구 및 설계에 대한 언급** 그림 8.3*a*와 8.5*a*는 플러그 흐름과 혼합 흐름 반응기에 대한 일반적인 시간-농도 거동을 통해 반응의 실제적 진행을 눈으로 볼 수 있게 도와준다. 이 그림을 비교해 보면 $k_1 = k_2$인 경우를 제외하고는 항상 플러그 흐름 반응기가 R의 최대 농도를 얻는 데 혼합 흐름 반응기보다 시간이 짧다. 이 시간차는 $k_2/k_1$이 1에서 멀어질수록 점차 커진다[식 (15)와 (9) 참고]. 또한 플러그 흐름 반응기에서 구해지는 R의 최고 농도는 혼합 흐름 반응기에서 얻어지는 값보다 항상 크다[식 (16)과 (8) 참고]. 이 사실은 정성적으로 도달한 결론을 정량적으로 증명한다.

한편 시간에 무관한 그래프인 그림 8.3*b*와 8.5*b*는 반응과정 중 물질의 분포를 보여준다. 이 그래프는 반응속도론 연구에 사용되는데, 그 이유는 실험에 의한 값들과 그래프상의 곡선 중의 하나와 짝지음으로써 $k_2/k_1$을 결정할 수 있기 때문이다. 그림 8.13과 8.14는 이들 두 개의 그림을 더 자세히 표현한 것이다. 그림에는 나타나 있지 않지만 $C_{A0}$와 $C_A + C_R$의 차에서 $C_S$를 구할 수 있다.

그림 8.6은 중간체 R의 수율을 전환율과 속도 상수 비율의 함수로 표시한 것이다. 이들 곡선이 보여주는 첫 번째 사실은 어떤 전환율에서도 플러그 흐름에서의 R의 수율이 혼합 흐름에서보다 항상 크다는 것을 분명하게 보여준다. 두 번째 중요한 관찰점은 이 그림이 우리가 계획하는 A의 전환율의 정도를 포함하고 있다는 것이다. 만일 반응의 $k_2/k_1$이 1보다 훨씬 작으면 A의 전환율을 높게 설계해야 하며, 이때는 미사용 반응물의 회수가 필요 없게 된다. 그러나 $k_2/k_1$이 1보다 크면 수율은 낮은 전환율에서조차도 급격히 떨어진다. 따라서 원하지 않는 S의 생성을 피하기 위해 한 번 통과할 때마다 A의 전환율이 대단히 작도록 설계해야 하며 R의 분리와 미사용 반응물의 회수가 필요하다. 이 경우 A-R 분리기에서 다량의 물질이 처리되고 순환되므로 이 부분에서 주요한 경제적인 고려가 필요하다.

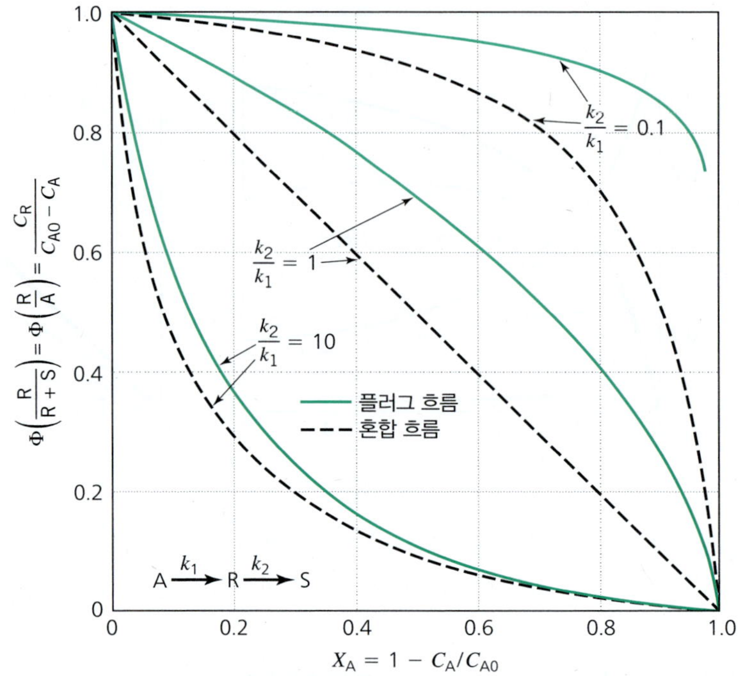


**그림 8.6** **혼합 흐름 및 플러그 흐름 반응기에서 단분자형 직렬 반응 ($A \xrightarrow{k_1} R \xrightarrow{k_2} S$)에 대한 R의 총괄 수율 비교.**

## 8.2 1차 반응에 이은 0차 반응

다음과 같은 직렬 반응을 생각해 보자.

$$A \xrightarrow[n_1=1]{k_1} R \xrightarrow[n_2=0]{k_2} S \qquad \left.\begin{aligned} -r_A &= k_1 C_A \\ r_R &= k_1 C_A - k_2 \end{aligned}\right\} \quad \text{여기서 } K = \frac{k_2/C_{A0}}{k_1} \tag{17}$$

$C_{R0} = C_{S0} = 0$인 *회분* 또는 *플러그 흐름* 반응기에 대하여 적분하면 $C_A$는 다음과 같이 된다.

$$\frac{C_A}{C_{A0}} = e^{-k_1 t} \tag{18}$$

마찬가지로 $C_R$은 다음과 같이 구해진다.

$$\frac{C_R}{C_{A0}} = 1 - e^{-k_1 t} - \frac{k_2}{C_{A0}} t \tag{19}$$

중간체의 최대 농도 $C_{R,max}$와 이 농도에 도달하는 시간은 다음과 같다.

$$\frac{C_{R,max}}{C_{A0}} = 1 - K(1 - \ln K) \tag{20}$$

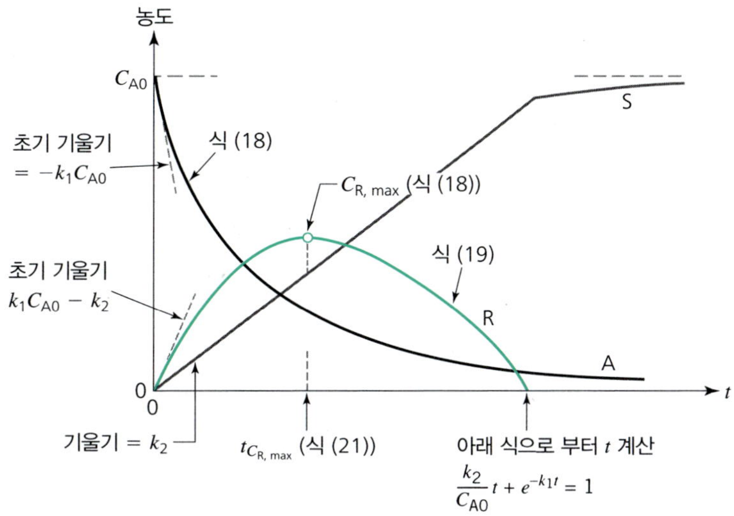


그림 8.7 **복합 반응 $A \xrightarrow{n=1} R \xrightarrow{n=0} S$에 대한 생성물 분포.**

$$t_{R,max} = \frac{1}{k_1}\ln\frac{1}{K} \tag{21}$$

이 발견은 그림 8.7에서 도식적으로 관찰할 수 있다.

## 8.3 0차 반응에 이은 1차 반응

다음과 같은 직렬 반응을 고려해 보자.

$$A \xrightarrow[n_1=0]{k_1} R \xrightarrow[n_2=1]{k_2} S \qquad \left.\begin{aligned} -r_A &= k_1 \\ r_R &\begin{cases} = k_1 - k_2C_R & \text{A가 있을 때} \\ = -k_2C_R & \text{A가 없을 때} \end{cases} \end{aligned}\right\} \quad K = \frac{k_2}{k_1/C_{A0}} \tag{22}$$

$C_{R0} = C_{S0} = 0$인 *회분* 또는 *플러그 흐름* 반응기에서 적분하면 $C_A$는 다음과 같다.

$$\frac{C_A}{C_{A0}} = 1 - \frac{k_1t}{C_{A0}} \tag{23}$$

이를 대입하여 적분하면 다음과 같은 $C_R$를 얻을 수 있다.

$$\frac{C_R}{C_{A0}} \begin{cases} = \dfrac{1}{K}(1 - e^{-k_2t}) & t < \dfrac{C_{A0}}{k_1} \quad (24) \\[2ex] = \dfrac{1}{K}(e^{K-k_2t} - e^{-k_2t}) & t > \dfrac{C_{A0}}{k_1} \quad (25) \end{cases}$$

중간체의 최고 농도 $C_{R,max}$과 이 농도에 도달하는 시간 $t_{R,max}$은 다음과 같다.

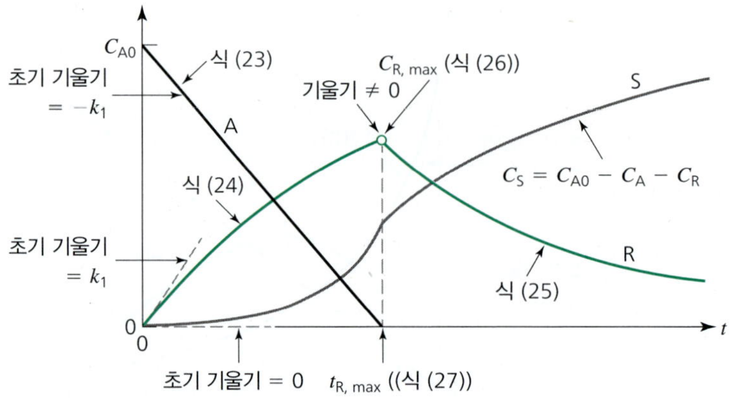


그림 8.8 직렬 반응 $A \xrightarrow{n=0} R \xrightarrow{n=1} S$에 대한 생성물 분포.

$$\boxed{\frac{C_{R,\max}}{C_{A0}} = \frac{1 - e^{-K}}{K}} \tag{26}$$

$$\boxed{t_{R,\max} = \frac{C_{A0}}{k_1}} \tag{27}$$

이 발견은 그림 8.8에 도식적으로 나타내었다.

## 8.4 반응 차수가 다른 순차적 비가역 반응

원칙적으로 반응 차수가 다른 순차적 반응에 대한 농도-시간 곡선을 만들 수 있다. 플러그 흐름 또는 회분식 반응기와 혼합 흐름 반응기에 대하여 명시적인(explicit) 답을 얻기가 어려우므로, 이 반응을 다루는 데는 수치해석법(numerical method)이 가장 최선의 방법이다.

이들 반응에 대한 농도-시간 곡선은 일반성이 거의 없다. 왜냐하면 이 곡선은 공급물에 존재하는 반응물 농도에 의존하기 때문이다. 병렬 반응이면 반응물의 농도 증가로 고차 반응이 유리해지고 반대로 반응물의 농도가 감소하면 저차 반응이 유리해진다. 이는 $C_{R,\max}$이 변화하도록 만들고 이것이 생성물 분포를 향상시키는 데 이용될 수 있다.

## 8.5 가역 반응

순차적 가역 반응식의 해법은 1차 반응의 경우에도 대단히 힘들기 때문에 몇 가지 전형적인 경우의 일반적인 특징을 예로 들기로 하자. 다음과 같은 가역 1차 반응이 있다고 하자.

$$A \rightleftharpoons R \rightleftharpoons S \tag{28}$$

그리고

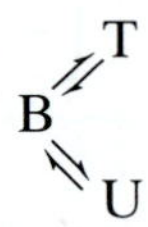


(29)

그림 8.9와 8.10은 속도 상수의 변화에 따른 회분식 또는 플러그 흐름에서의 성분들에 대한 농도-시간 곡선을 나타낸다.

그림 8.9에서 보면 순차적 가역 반응에서 중간체의 농도는 최대값을 나타내지 않는다. 그러나 그림 8.10에서 보면 비가역 병렬 반응에서 생성물의 농도는 중간체의 최고 농도를 통과할 수 있다. 이들 그림을 비교해 보면 여러 개의 곡선의 모양이 비슷하여 특히 반응속도 데이터가 분산되어 있는 경우 실험에 의한 정확한 반응 메카니즘의 선정이 어렵다. 병렬 반응과 직렬 반응을

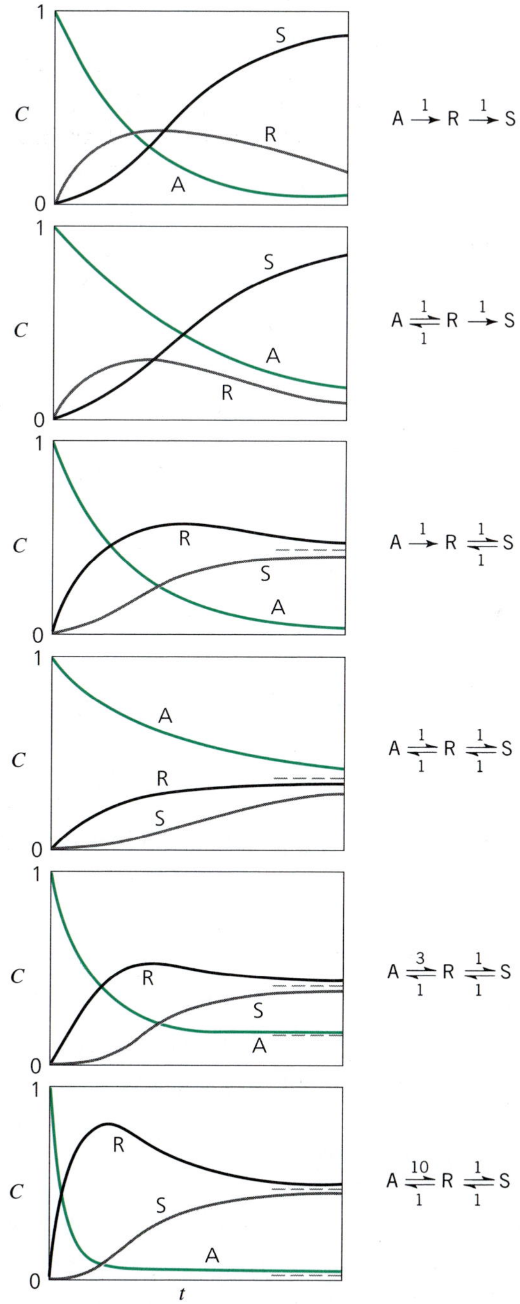


그림 8.9 순차적 가역 반응 $A \underset{k_2}{\overset{k_1}{\rightleftharpoons}} R \underset{k_4}{\overset{k_3}{\rightleftharpoons}} S$에 대한 농도-시간 곡선. Jungers et al. (1958), p. 207 참고.

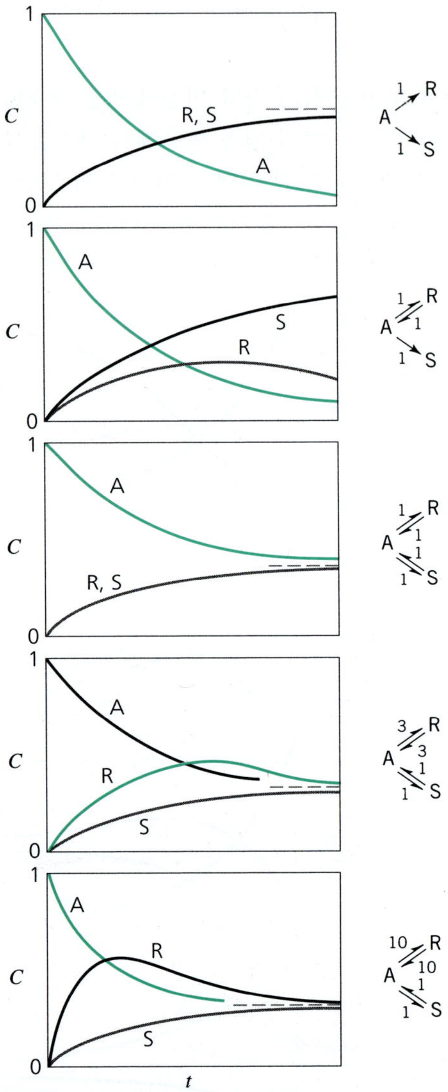


그림 8.10 **기초적 가역 병렬 반응** $R \underset{k_2}{\overset{k_1}{\rightleftharpoons}} A \underset{k_4}{\overset{k_3}{\rightleftharpoons}} S$**에 대한 농도-시간 곡선**. Jungers et al. (1958), p. 207 **참고**.

구분하는 단서가 되는 것은 초기속도 데이터, 즉 반응의 전환율이 대단히 낮을 때 얻은 실험 결과가 중요하다. 이때 직렬 반응에 대한 S의 농도-시간 곡선은 초기에서의 기울기가 0이고 병렬 반응에 대해서는 0이 아니므로 이 성질에서 병렬 반응과 직렬 반응을 구분할 수 있다.

## 8.6 비가역 직렬-병렬 반응

직렬 단계와 병렬 단계로 구성된 복합 반응을 직렬-병렬 반응(series-parallel reaction)이라 한다. 적절한 접촉의 관점에서 보면, 이 반응은 가능한 접촉의 선택도가 크고 생성물 분포에 큰 변화를 가져오므로 이제까지 고려한 간단한 반응들보다 훨씬 흥미롭다. 따라서 설계 기술자들은 신축성이 있는 계를 다루게 되며 광범위한 종류의 가능한 접촉 방식 중 가장 최선의 것을 고안함으로써 그들의 실력을 보여줄 기회를 갖게 된다. 이제 산업적으로 중요한 광범위한 반응들을 대표하는 반응에 대하여 아이디어를 발전시키자. 그리고 우리가 발견한 사실들을 다른 직렬-병렬 반응으로까지 일반화해 보기로 한다.

어떤 화합물을 반응성이 있는 물질로 연속적으로 공격하는 반응을 생각한다. 이 반응의 일반적 표현식은 다음과 같다.

$$\left.\begin{aligned} A + B &\xrightarrow{k_1} R \\ R + B &\xrightarrow{k_2} S \\ S + B &\xrightarrow{k_3} T \\ &\text{기타} \end{aligned}\right\} \tag{30}$$

또는

$$A \xrightarrow{+B,\,k_1} R \xrightarrow{+B,\,k_2} S \xrightarrow{+B,\,k_3} T$$

이다. 여기서 A는 공격받는 성분, B는 반응성이 있는 물질이며 R, S, T 등은 반응에서 생성되는 다중치환 물질이다. 이러한 반응의 예로는 벤젠이나 메탄 등의 탄화수소를 할로겐 혹은 질산으로 연속치환하여 모노할로(monohalo), 디할로(dihalo), 트리할로(trihalo) 등을 만드는 것을 들 수 있다. 여기서 생성된 유도체들은 다음과 같다.

$$C_6H_6 \xrightarrow{+Cl_2} C_6H_5Cl \xrightarrow{+Cl_2} \cdots \xrightarrow{+Cl_2} C_6Cl_6$$

$$C_6H_6 \xrightarrow{+HNO_3} C_6H_5NO_2 \xrightarrow{+HNO_3} \cdots \xrightarrow{+HNO_3} C_6H_3(NO_2)_3$$

$$CH_4 \xrightarrow{+Cl_2} CH_3Cl \xrightarrow{+Cl_2} \cdots \xrightarrow{+Cl_2} CCl_4$$

다른 중요한 예로는 아민, 알코올, 물, 히드라진 등 양성자 공급체(proton donor)의 화합물에 에틸렌옥사이드와 같은 알켄옥사이드를 첨가하여 모노알콕시(monoalkoxy), 디알콕시(dialkoxy), 트리알콕시(trialkoxy) 등의 유도체를 생성하는 반응이다.

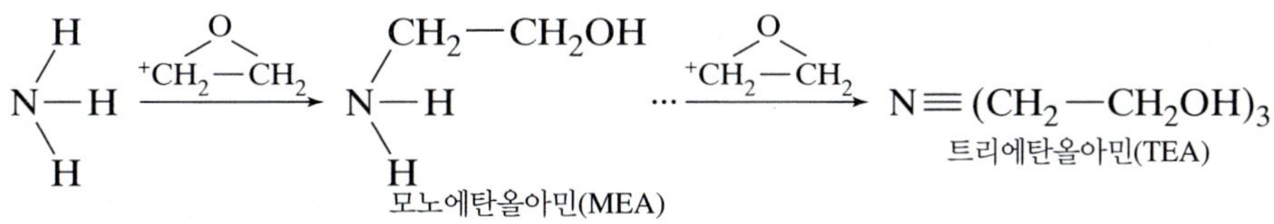


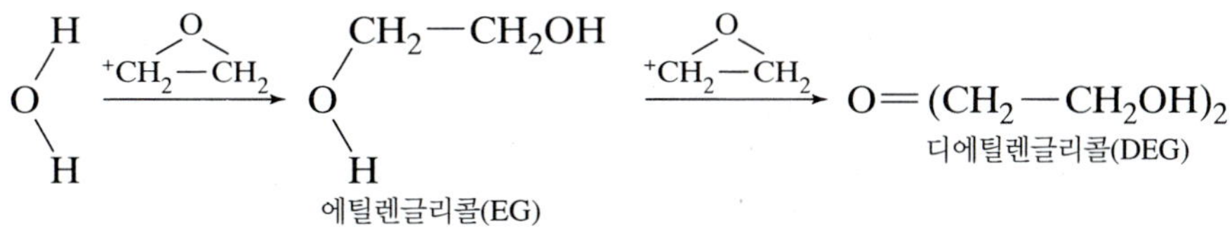


이러한 공정은 종종 2분자형 비가역 2차 반응이다. 이들이 액상에서 일어날 때는 근본적으로 밀도가 일정한 반응이다.

### ▶ 2단계 비가역 직렬-병렬 반응

먼저 2단계 반응 가운데 1차 치환된 생성물이 원하는 물질인 경우를 생각하자. 실제로 $n$단계반응에 대하여 A와 B의 몰비가 크면 세 번째 이후의 반응은 잘 일어나지 않으므로 무시할 수 있다(다음의 정성적 검토 참고). 따라서 고려하고자 하는 반응은 다음과 같다.

$$\left.\begin{aligned} A + B &\xrightarrow{k_1} R \\ R + B &\xrightarrow{k_2} S \end{aligned}\right\} \qquad (31)$$

반응이 비가역이고 2분자형이며 밀도가 일정하다고 가정하면 속도식은 다음과 같이 된다.

$$r_A = \frac{dC_A}{dt} = -k_1 C_A C_B \qquad (32)$$

$$r_B = \frac{dC_B}{dt} = -k_1 C_A C_B - k_2 C_R C_B \qquad (33)$$

$$r_R = \frac{dC_R}{dt} = k_1 C_A C_B - k_2 C_R C_B \qquad (34)$$

$$r_S = \frac{dC_S}{dt} = k_2 C_R C_B \qquad (35)$$

**생성물 분포에 대한 정성적 검토** A와 B를 각각 포함하는 두 개의 비이커가 있다고 하자. 이때 A와 B가 식 (31)에 따라 반응할 때 우선 어떤 일이 일어나는가를 개략적으로 알아보자. A와 B를 혼합하는 방법에 따라 생성물 분포가 달라질 것인가? 이에 대한 답을 구하기 위해 다음과 같이 반응물을 세 가지의 방법으로 혼합하자. 즉 (a) A를 B에 천천히 첨가, (b) B를 A에 천천히 첨가, (c) A와 B를 함께 빠르게 혼합하는 방법을 생각해 본다.

***(a) A를 B에 천천히 첨가*** 우선 B를 함유하고 있는 비이커에 한 번에 조금씩 A를 붓고 잘 교반하여 모든 A가 반응되었는가를 확인한 후 A를 다시 조금 첨가한다. 매번 첨가할 때마다 비이커에서 R이 조금 생성되지만 B가 과잉으로 존재하므로 다시 S를 생성한다. 이 결과 A와 R은 거의 남아 있을 시간이 없다. 따라서 혼합물은 S가 증가하고 B는 감소한다. 이러한 조작을 비이커에 S만 존재할 때까지 계속하면 그림 8.11과 같이 점진적으로 변화하는 것을 알 수 있다.

***(b) B를 A에 천천히 첨가*** 다음으로 A를 함유하고 있는 비이커에 B를 조금씩 붓고 잘 교반한다. 처음 첨가된 B는 A와 반응하여 R을 생성한다. 생성된 R은 더 이상 반응하지 않는데, 그 이유는 혼합물에 B가 존재하지 않기 때문이다. 다음 B를 다시 첨가하면 A와 R이 경쟁적으로 첨가된 B와 반응하려고 하지만 A가 대단히 많이 존재하므로 대부분의 B는 A와 반응하여 R을 더 많이 생성시킨다. 이러한 과정이 계속되면 R이 계속 증가하고 A는 점점 감소하여 A와 R이 첨가된 B와 대등하게 반응될 때까지 계속된다. 그러면 R의 농도는 최대가 되고 이때부터 R은 감소한다. A의 몰수의 2배로 B를 첨가하면 마침내 비이커에는 S만 존재하며 이것이 그림 8.12에 나타나 있다.

***(c) A와 B를 빠르게 혼합*** 세 번째로 두 비이커를 동시에 빠르게 혼합하는 경우 반응속도가 매우 느려서 혼합물이 균질해지기 전에는 거의 반응이 일어나지 않는다. 초기에 R이 증가하고 과잉의

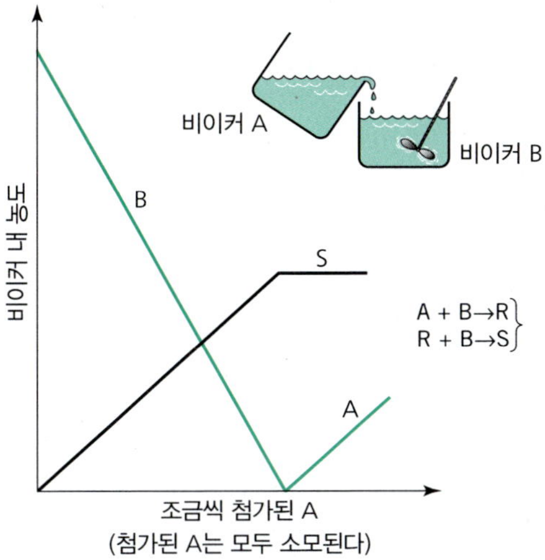


**그림 8.11** **A를 B에 천천히 첨가할 때 비이커 B의 생성물 분포.**

A와 경쟁적으로 반응하여 생성물 분포는 분포곡선도 B를 A에 천천히 첨가하는 경우와 같은 형태이며 이를 그림 8.12에서 볼 수 있다.

그림 8.11과 8.12의 생성물 분포는 완전히 다르다. 그림 8.12에서와 같이 A의 농도가 반응하면서 균질하면 R이 생성되지만 그림 8.11에서와 같이 새로운 A가 부분적으로 반응한 혼합물과 혼합되면 중간체 R은 생성되지 않는다. 따라서 이 사실은 A, R, S에 관해 식 (31)을 다음과 같다고 볼 수 있다.

$$A \xrightarrow{+B} R \xrightarrow{+B} S$$

이 반응은 직렬 반응의 거동과 일치한다. 다음으로 그림 8.12에서 B의 농도를 관찰하면 농도

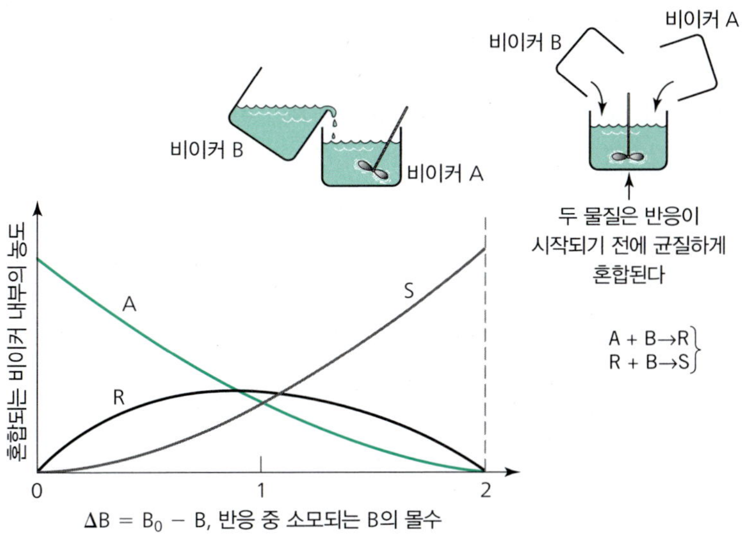


**그림 8.12** **다른 두 가지 혼합방법에 대하여 비이커에 있는 생성물 분포.**

가 크든 작든 반응의 경로와 생성물의 분포에 영향이 없다. 이것은 동일한 반응 차수의 병렬 반응의 기동과 동일하며 식 (31)은 B에 대하여 다음과 같이 볼 수 있다.

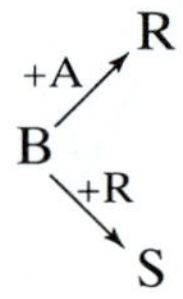


이상에서 다음과 같은 일반적인 규칙을 제안할 수 있다.

> *비가역 직렬-병렬 반응은 그들의 구성 성분인 직렬 반응과 병렬 반응으로 해석될 수 있으며, 생성물 분포에 대한 최적의 접촉 방식은 각 구성반응에 대한 것과 동일하다.*

식 (31)의 반응에서 원하는 물질이 R인 경우, 이 규칙에서부터 A와 B의 최적 접촉 방식은 균질하게 반응하는 A에 B를 (어떤 방법으로든 편리하게) 첨가하는 것이다.

이 방법은 이미 여러 경우에서 본 바와 같이 속도 상수에 대한 특정한 값을 알 필요 없이 적합한 접촉 방식을 구할 수 있는 절대적인 보편화한 방법이다. 반응의 화학양론과 속도식의 형태를 아는 데는 이것이 중요하다. 예제 8.6과 10장의 많은 연습 문제들은 이 원리의 적용에 관한 것이다.

**플러그 흐름이나 회분식 반응기에서의 정량적 검토** 중간체 R이 원하는 생성물이고, 반응이 대단히 느려 반응물의 혼합 중에 부분적인 반응이 일어나지 않는(혹은 무시할 수 있는) 경우 식 (31)의 반응을 정량적으로 검토해 보자.

일반적으로 두 속도식의 비를 이용하면 시간 변수가 소거되고 생성물 분포에 대한 정보를 얻게 되므로 식 (34)를 식 (32)로 나누면 선형 1계 상미분방정식을 얻게 된다.

$$\frac{r_R}{r_A} = \frac{dC_R}{dC_A} = -1 + \frac{k_2 C_R}{k_1 C_A} \tag{36}$$

이에 대한 해법은 3장에 있다. 공급물에 R이 존재하지 않으면 적분의 한계는 A에 대하여 $C_{A0}$에서 $C_A$이고, R에 대하여 $C_{R0} = 0$에서 $C_R$이며, 이 상미분방정식의 해는 다음과 같다.

$$\begin{aligned} \frac{C_R}{C_{A0}} &= \frac{1}{1 - k_2/k_1}\left[\left(\frac{C_A}{C_{A0}}\right)^{k_2/k_1} - \frac{C_A}{C_{A0}}\right], && \frac{k_2}{k_1} \neq 1 \\ \frac{C_R}{C_{A0}} &= \frac{C_A}{C_{A0}} \ln \frac{C_{A0}}{C_A}, && \frac{k_2}{k_1} = 1 \end{aligned} \tag{37}$$

그리고 R의 최대 농도 $C_{R,max}$는 다음과 같이 구해진다.

$$
\begin{aligned}
\frac{C_{R,max}}{C_{A0}} &= \left(\frac{k_1}{k_2}\right)^{k_2/(k_2-k_1)}, \qquad \frac{k_2}{k_1} \neq 1 \\
\frac{C_{R,max}}{C_{A0}} &= \frac{1}{e} = 0.368 \qquad \frac{k_2}{k_1} = 1
\end{aligned}
\tag{38}
$$

이는 회분식이나 플러그 흐름 반응기에서 $C_R$와 $C_A$의 관계식이다. 다른 성분들의 농도를 구하려면 간단한 물질 수지를 세운다. A에 대한 물질 수지는 다음과 같다.

$$C_{A0} + C_{S0} = C_A + C_R + C_S \tag{39}$$

또는

$$\Delta C_A + \Delta C_R + \Delta C_S = 0$$

이 된다. 이로부터 $C_S$는 $C_A$와 $C_R$의 함수로 구해진다. 마지막으로 B에 대한 물질 수지를 세우면

$$\Delta C_B + \Delta C_R + 2\Delta C_S = 0 \tag{40}$$

이 되고, 이로부터 $C_B$를 구할 수 있다.

**혼합 흐름 반응기에서의 정량적 검토** 혼합 흐름 반응기에 대한 설계식을 A와 B의 항으로 쓰면 다음과 같다.

$$\tau_m = \frac{C_{A0} - C_A}{-r_A} = \frac{-C_R}{-r_R}$$

또는

$$\tau_m = \frac{C_{A0} - C_A}{k_1 C_A C_B} = \frac{-C_R}{k_2 C_R C_B - k_1 C_A C_B}$$

이 된다. 이를 정리하면 다음을 얻게 된다.

$$\frac{-C_R}{C_{A0} - C_A} = -1 + \frac{k_2 C_R}{k_1 C_A}$$

이는 식 (36)의 미분방정식에 대응하는 차분방정식이다. $C_R$을 $C_A$로 나타내면 다음과 같이 구해진다.

$$
\begin{aligned}
C_R &= \frac{C_A(C_{A0} - C_A)}{C_A + (k_2/k_1)(C_{A0} - C_A)} \\
\frac{C_{R,max}}{C_{A0}} &= \frac{1}{[1 + (k_2/k_1)^{1/2}]^2}
\end{aligned}
\tag{41}
$$

식 (39)와 (40)은 플러그 흐름에서의 A와 B에 대한 물질 수지인데, 혼합 흐름에도 똑같이 적용되며 혼합 흐름 반응기에서 생성물 분포를 구하는 식의 집합을 나타낸다.

**도식적 표현** 그림 8.13과 8.14는 혼합 흐름과 플러그 흐름에서 생성물 분포를 나타내는 그래프로 시간에 무관하다. 이 그림은 식 (37)부터 식 (41)까지를 이용하여 만든 것이다. 이미 언급한 바와 같이 A, R, S는 1차 직렬 반응에서의 성분들과 같은 거동을 보인다. 그림 8.13, 8.14를 그림 8.3*b*, 8.5*b*와 비교해 보면 양쪽의 경우 이들 물질의 분포가 동일함을 알 수 있다. 플러그 흐름에서의 중간체의 농도는 혼합 흐름에서보다 크다. 이들 도표에서 기울기가 2인 직선은 B의 소비량을 나타내며 곡선상의 특정한 점에 도달한다. 이것은 회분 반응기에서 B가 한꺼번에 모두 첨가되는 경우와 반회분식 반응기에서 한 번에 조금씩 첨가되는 경우에 차이가 없다. 즉 소비된 B의 전체량이 같으면 도표에서 도달하는 점이 동일하다.

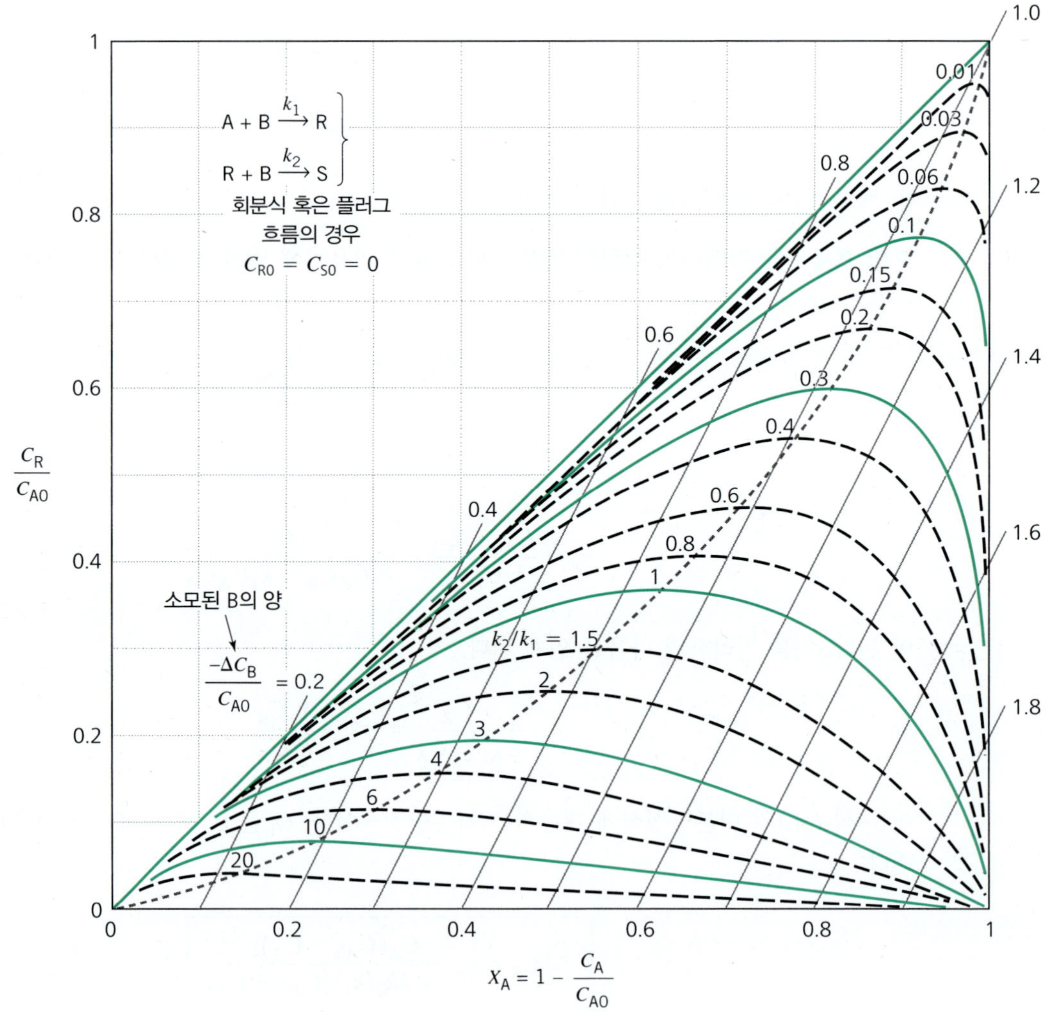


그림 8.13 회분이나 플러그 흐름 반응기에서 기초적 직렬-병렬 반응에 대한 생성물 분포.

$$A + B \xrightarrow{k_1} R$$

$$R + B \xrightarrow{k_2} S$$

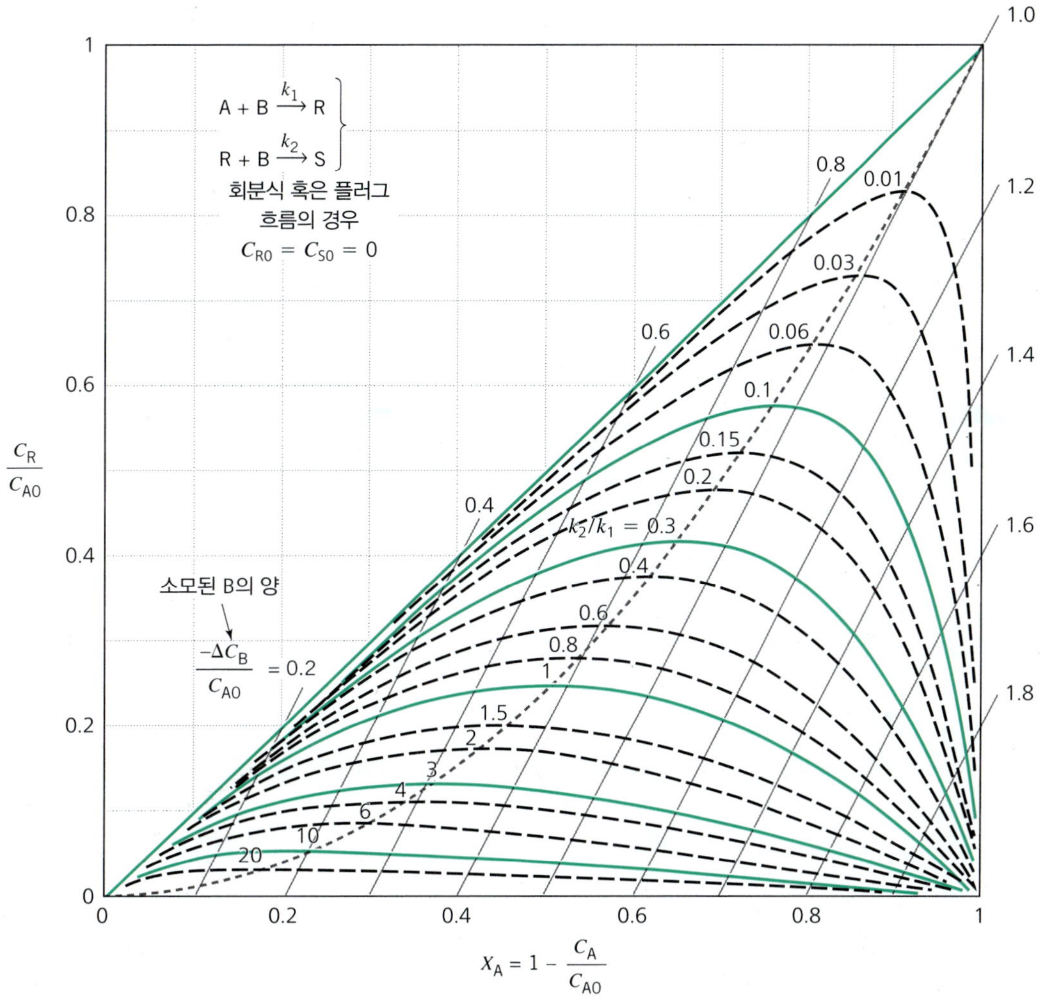


**그림 8.14** 혼합 흐름 반응기에서 기초적 직렬-병렬 반응에 대한 생성물 분포.

$$A + B \xrightarrow{k_1} R$$

$$R + B \xrightarrow{k_2} S$$

이 그림에서 보면 선택하는 반응기 시스템에 관계 없이 A의 전환율이 작으면 R의 수율이 커진다. 따라서 생성물 흐름에서 R을 값싸게 분리할 수 있다면 R을 생성하는 최적의 설치는 사용되지 않은 A의 순환과 R의 분리가 가능한 장치를 이용해서 전환율을 낮게 운전하는 것이다. 실제의 운전 형태는 시스템의 경제성에 따라 좌우된다.

**반응속도론의 실험실적 결정** 속도 상수의 비율 $k_2/k_1$은 실험에서 반응 생성물을 분석하고 적당한 설계도표에 대응하는 점을 확인함으로써 얻을 수 있다. 가장 간단한 방법은 회분 반응기에서 A에 대한 B의 비를 변화시키며 반응을 완결시켜 이 작업을 하는 것이다. 각 실험에서 $k_2/k_1$이 결정되며 사용하는 최적의 몰비는 상수 $k_2/k_1$의 직선들이 가장 멀리 떨어져 있는 경우, $-(\Delta B/A_0) \approx 1.0$인 경우 또는 몰비가 1에 접근하는 경우이다.

$k_2/k_1$을 알면 속도 실험을 통해 $k_1$을 구하면 된다. 가장 간단한 방법은 반응물 A의 소모 속도

가 1차 반응이면 반응물 B를 과잉으로 사용하는 것이다.

## 예제 8.2 ▶ 직렬-병렬 반응의 반응속도론

아래 반응이 수행된다고 할 때, 다음 복합 반응의 속도 상수는 얼마인가?

$$A + B \xrightarrow{k_1} R$$

$$R + B \xrightarrow{k_2} S$$

**(a)** 1몰의 A를 함유하는 플라스크에 0.5몰의 B를 조금씩 부어 넣으면서 잘 저어준다. 반응은 천천히 진행되며 B가 완전히 소비된 후 0.67몰의 A가 반응하지 않고 남았다.
**(b)** 1몰의 A와 1.25몰의 B가 급속히 혼합되고 반응이 대단히 느리며 반응이 완결된 이후 조성이 균질해진다. 반응 종결 후 혼합물에 0.5몰의 R이 존재한다.
**(c)** 1몰의 A와 1.25몰의 B를 급속히 함께 반응시킨다. 이 반응은 대단히 느려 반응이 완결된 이후 A와 B가 균질해진다. 0.9몰의 B가 소비되었을 때 혼합물에 0.3몰의 S가 존재한다.

› *풀이*

그림 8.13을 사용하여 필요한 정보가 있는 그림 E8.2를 얻었다.

$$\text{(a)}\ \underline{\underline{k_2/k_1 = 4}},\quad \text{(b)}\ \underline{\underline{k_2/k_1 = 0.4}},\quad \text{(c)}\ \underline{\underline{k_2/k_1 = 1.45}}$$

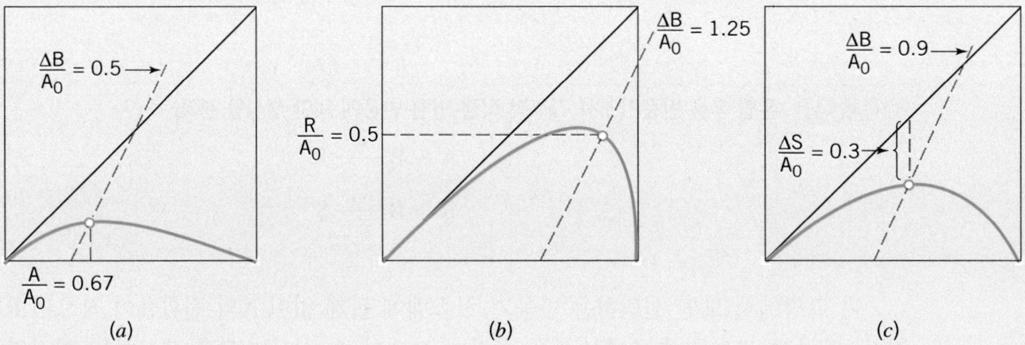


그림 E8.2

### ▶ 확장과 응용

**셋 혹은 그 이상의 반응** 셋 혹은 그 이상의 반응도 이제까지 살펴본 것과 유사하게 해석할 수 있다. 물론 수학은 보다 더 많이 포함되지만 언제나 두 반응만 고려하도록 실험조건을 잡으면 많은 부수적인 일들은 피할 수 있다. 그림 8.15는 이러한 반응 중의 하나인 벤젠의 연속적 염소화에 대한 생성물 분포곡선이다.

Catipovic과 Levenspiel (1979)은 $n$단계 반응에서 처음 세 단계를 나타내는 도표를 만들었

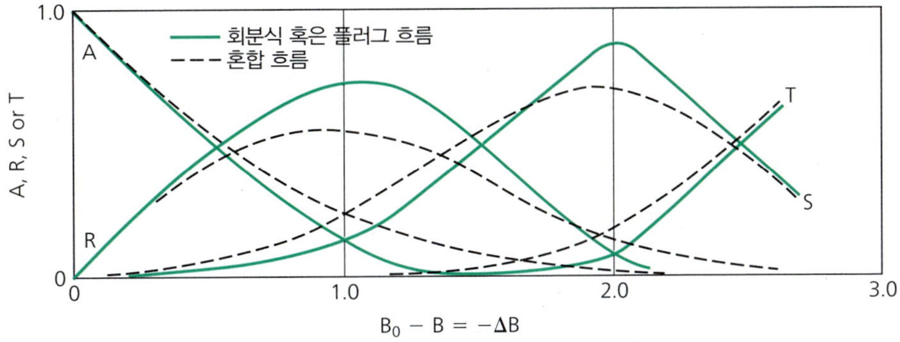


**그림 8.15** **벤젠의 연속적 염소화 반응에서 생성물 분포.**

$$A + B \xrightarrow{k_1} R + U \qquad C_6H_6 + Cl_2 \xrightarrow{k_1} C_6H_5Cl + HCl$$

$$R + B \xrightarrow{k_2} S + U \quad \text{또는} \quad C_6H_5Cl + Cl_2 \xrightarrow{k_2} C_6H_4Cl_2 + HCl$$

$$S + B \xrightarrow{k_3} T + U \qquad C_6H_4Cl_2 \xrightarrow{k_3} C_6H_3Cl_3 + HCl$$

**여기서** $k_2/k_1 = 1/8$. $k_3/k_1 = 1/2400$**이고**, MacMullin (1948)**을 참고하라.**

으며 세 단계를 초과하면 단순한 성능 도표를 준비할 수 없다.

다시 한번 두 개의 반응이 일어나는 플러그 흐름 반응기에서의 중간체 최대 농도가 혼합 흐름 반응기에서보다 더 크다는 것을 알았다.

**중합 반응** 중합 반응은 이 장에서 언급한 아이디어를 효과적으로 적용할 수 있는 분야이다. 고분자(polymer)의 생성에는 종종 수백이나 수천의 직렬 반응이 일어나며 이들 생성물의 가교결합 형태와 분자량 분포는 이들에게 용해도, 밀도, 유연성 등의 특별한 물리적 성질을 부여한다.

단량체와 이들 촉매의 혼합 형태가 생성물 분포에 큰 영향을 미치므로 원하는 물리적 및 화학적 성질을 갖는 생성물을 얻으려면 혼합 형태를 잘 다루어야 한다. Denbigh (1947, 1951)는 이 문제를 많이 연구하였으며, 그림 8.16은 반응기의 형태가 생성물의 분자량 분포에 어떻게 영향을 미치는가를 나타낸다.

## 8.7 Denbigh 반응과 특별한 경우

Denbigh (1958)는 처음으로 다음과 같은 매우 일반적인 반응을 다루었다.

$$\begin{array}{ccccc} A & \xrightarrow{1} & R & \xrightarrow{3} & S \\ \searrow^{2} & & \searrow^{4} & & \\ T & & U & & \end{array} \qquad \left.\begin{array}{l} -r_A = k_{12}C_A \\ r_R = k_1C_A - k_{34}C_R \\ r_S = k_3C_R \\ r_T = k_2C_A \\ r_U = k_4C_R \end{array}\right\} \begin{array}{l} k_{12} = k_1 + k_2 \\ k_{34} = k_3 + k_4 \end{array} \tag{42}$$

여기서

$$C_{A0} + C_{R0} + C_{S0} + C_{T0} + C_{U0} = C_A + C_R + C_S + C_T + C_U \tag{43}$$

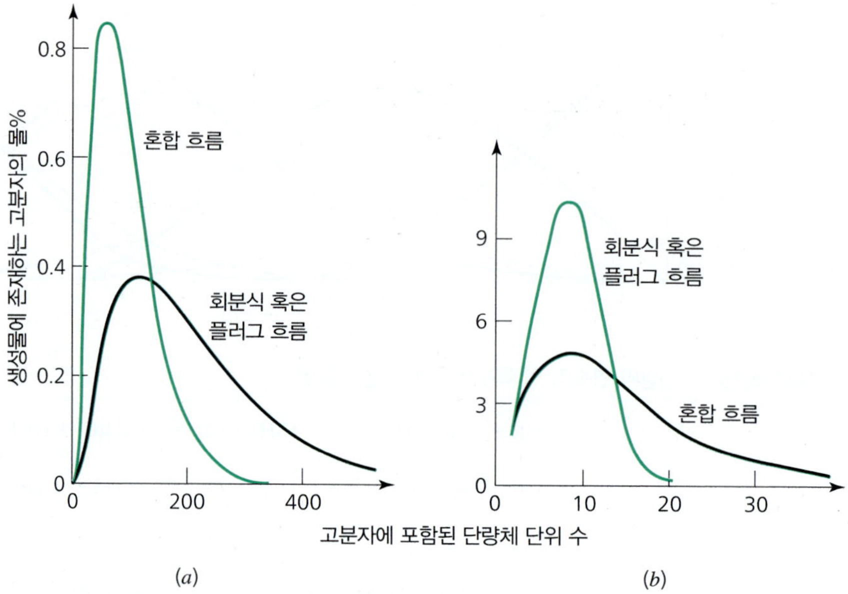


**그림 8.16** **고분자의 분자량 분포에 영향을 미치는 흐름의 종류와 반응속도론: (*a*) 중합 반응의 지속시간(duration, 활성 고분자의 수명)이 반응기 체류 시간(holding time)보다 짧은 경우, (*b*) 중합 반응의 지속시간이 반응기 체류 시간보다 긴 경우 또는 중합의 정지 반응이 없는 경우.** Denbigh (1947) **참고.**

이다. 이 반응에 대한 성능식은 다음과 같은 특별한 경우에 간단히 되고, 이들은 실제적인 반응계에 널리 이용된다.

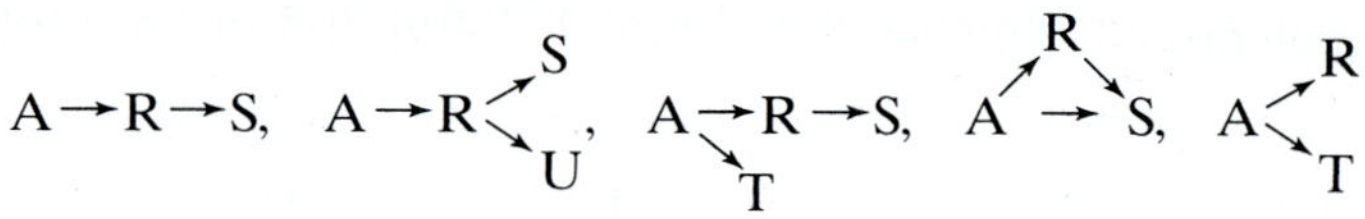

이들 속도식은 모두 1차 반응이고 성능식을 구하는 데 시간은 걸리지만 복잡한 수학이 포함되어 있지는 않다. 이의 과정에서 상세한 계산단계는 생략하고 단지 최종 결과만을 나타낼 것이다.

**회분식 혹은 플러그 흐름 반응기** 이 시스템에 대한 성능식은 적분에 의해 다음과 같이 구해진다.

$$\frac{C_A}{C_{A0}} = \exp(-k_{12}t) \tag{44}$$

$$\frac{C_R}{C_{A0}} = \frac{k_1}{k_{34}-k_{12}}[\exp(-k_{12}t)-\exp(-k_{34}t)] + \frac{C_{R0}}{C_{A0}}\exp(-k_{34}t) \tag{45}$$

$$\begin{aligned}\frac{C_S}{C_{A0}} &= \frac{k_1k_3}{k_{34}-k_{12}}\left[\frac{\exp(-k_{34}t)}{k_{34}} - \frac{\exp(-k_{12}t)}{k_{12}}\right] + \frac{k_1k_3}{k_{12}k_{34}} \\ &\quad + \frac{C_{R0}}{C_{A0}}\frac{k_3}{k_{34}}[1-\exp(-k_{34}t)] + \frac{C_{S0}}{C_{A0}}\end{aligned} \tag{46}$$

$$\frac{C_T}{C_{A0}} = \frac{k_2}{k_{12}}[1-\exp(-k_{12}t)] + \frac{C_{T0}}{C_{A0}} \tag{47}$$

$$\frac{C_U}{C_{A0}} \ldots \text{same as } \frac{C_S}{C_{A0}} \text{ but with } k_3 \leftrightarrow k_4 \text{ and } C_{S0} \leftrightarrow C_{U0}$$

$C_{R0} = C_{S0} = C_{T0} = C_{U0} = 0$인 특별한 경우에 위의 식은 단순화되고 $C_R = f(C_A)$인 것을 알 수 있으므로 다음과 같이 된다.

$$\frac{C_R}{C_{A0}} = \frac{k_1}{k_{12} - k_{34}} \left[ \left( \frac{C_A}{C_{A0}} \right)^{k_{34}/k_{12}} - \frac{C_A}{C_{A0}} \right] \tag{48}$$

$$\frac{C_{R,max}}{C_{A0}} = \frac{k_1}{k_{12}} \left( \frac{k_{12}}{k_{34}} \right)^{k_{34}/(k_{34}-k_{12})} \tag{49}$$

여기서 $C_R$이 최대가 되는 시간은 다음과 같이 표현된다.

$$t_{max} = \frac{\ln(k_{34}/k_{12})}{k_{34} - k_{12}} \tag{50}$$

이 경우에 시스템의 거동이 그림 8.17에 나타나 있고 이로부터 $C_{R,max}$과 $t_{R,max}$이 속도 상수로 표시되어 있다.

**혼합 흐름 반응기** 위에서 언급한 반응속도에 대하여 혼합 흐름 반응기에서의 성능식은 다음과 같다.

$$\frac{C_A}{C_{A0}} = \frac{1}{(1 + k_{12}\tau_m)} \tag{51}$$

$$\frac{C_R}{C_{A0}} = \frac{k_1\tau_m}{(1 + k_{12}\tau_m)(1 + k_{34}\tau_m)} + \frac{C_{R0}}{C_{A0}} \frac{1}{(1 + k_{34}\tau_m)} \tag{52}$$

$$\frac{C_S}{C_{A0}} = \frac{k_1 k_3 \tau_m^2}{(1 + k_{12}\tau_m)(1 + k_{34}\tau_m)} + \frac{C_{R0}}{C_{A0}} \frac{k_3\tau_m}{(1 + k_{34}\tau_m)} + \frac{C_{S0}}{C_{A0}} \tag{53}$$

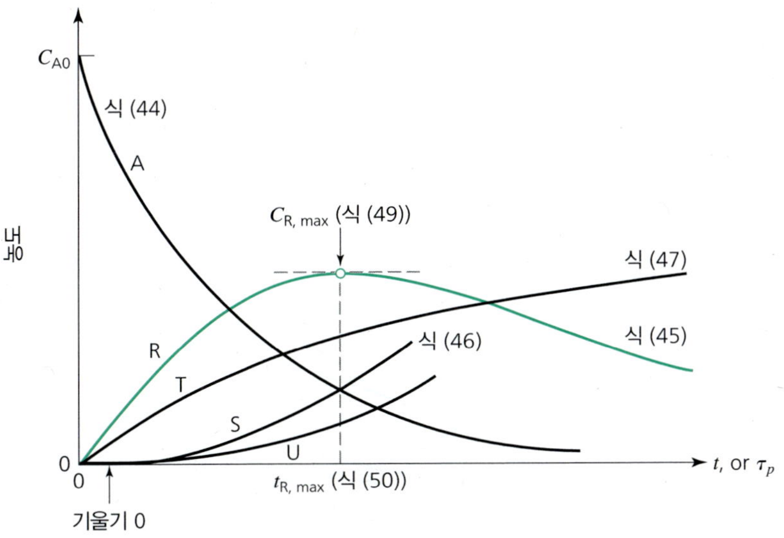


그림 8.17 $C_{R0} = C_{S0} = C_{T0} = C_{U0} = 0$인 경우에 플러그 흐름 반응기에서 Denigh 반응의 진행.

$$\frac{C_T}{C_{A0}} = \frac{k_2\tau_m}{(1+k_{12}\tau_m)} + \frac{C_{T0}}{C_{A0}} \tag{54}$$

$$\frac{C_U}{C_{A0}} \cdots \text{same as } \frac{C_S}{C_{A0}} \text{ but with } k_3 \leftrightarrow k_4 \text{ and } C_{S0} \leftrightarrow C_{U0} \tag{55}$$

R의 최대 농도와 이것이 일어나는 시간은 다음과 같다.

$$\frac{C_{R\max}}{C_{A0}} = \left(\frac{k_1}{k_{12}}\right) \cdot \frac{1}{[(k_{34}/k_{12})^{1/2}+1]^2} \tag{56}$$

$$\tau_{m,R\max} = \frac{1}{(k_{12}/k_{34})^{1/2}} \tag{57}$$

$C_{R0} = C_{S0} = C_{T0} = C_{U0} = 0$인 경우에 이 계의 거동이 그림 8.18에 도식적으로 나타나 있다.

## ▶ 논평, 제안, 확장

이 장의 식들은 다음과 같은 많은 반응들에 확장하여 응용할 수 있다.

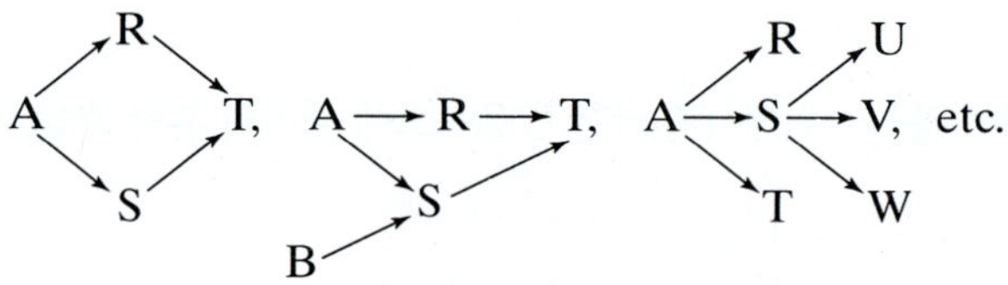


이와 같이 확장하는 경우에 몇 가지 문제점들은 이 장의 끝부분에서 다룰 것이다.

농도와 시간($C$ 대 $\tau$ 곡선)의 모양을 주의 깊게 관찰하면 속도 상수에 대한 매우 유용한 정보를 얻을 수 있다. 다음에 몇 가지 단서가 있다.

- 곡선의 초기 기울기를 확인한다. 기울기를 측정하여 생성물의 초기 기울기가 0인지 아닌지?

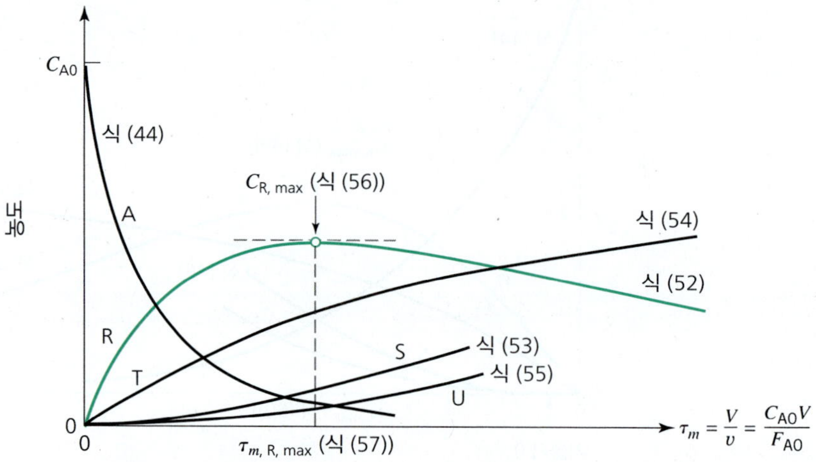


그림 8.18 $C_{R0} = C_{S0} = C_{T0} = C_{U0} = 0$인 경우에 혼합 흐름 반응기에서 Denbigh 반응의 진행.

- 모든 반응 성분들의 최종 농도를 측정한다.
- 중간체가 최대 농도에 도달하는 시간과 이때의 중간체 농도를 구한다.
- 반응에 대한 모델 또는 반응 메카니즘을 탐색하기 위해 다른 $C_{A0}$와 $C_{B0}/C_{A0}$에서 실험을 수행한다.
- 만일 가능하다면 중간체를 이용하여 실험한다. 예를 들면 직렬 반응 $A \rightarrow R \rightarrow S$에 대하여 R만으로 시작하여 이의 소모 양상을 조사한다.
- 두 단계의 1차 직렬 반응의 속도 상수의 값이 매우 다르면 전체적인 거동은 다음과 같이 근사될 수 있다.

$$A \xrightarrow{k_1=100} R \xrightarrow{k_2=1} S \Rightarrow A \xrightarrow{k} S, \quad \text{여기서} \quad k = \frac{1}{\dfrac{1}{k_1}+\dfrac{1}{k_2}} = 0.99$$

- 반응 차수가 다른 반응, 가역 반응, 중합 반응과 같은 매우 많은 단계를 가진 반응에 대한 해식은 복잡해진다.
- 복합 반응의 최적설계에서 핵심은 반응기 내에서 적절한 접촉 및 흐름 양식이다. 이들은 화학양론과 측정된 반응속도론에 의해 결정된다. 보통 정성적인 판단만으로도 올바른 접촉 양식을 결정할 수 있다. 이는 10장에서 더욱 자세히 살펴볼 것이다. 그러나 실제적으로 장치의 크기를 결정하는 데는 정량적인 검토가 필요하다.

## 예제 8.3 ▶ 회분식 실험으로부터 반응속도론의 평가

일본의 연구자들은 회분식 반응기에서 매우 신중하게 나트륨황화물(sodium sulfide)인 $Na_2S$ (A)를 나트륨 티오 황산염(sodium thiosulfate)인 $Na_2S_2O_3$ (R)로 산화시켰다. 중간체의 농도를 측정하였고 이의 결과를 그림 E8.3에 개략적으로 나타내었다.

**(a)** 모든 반응을 1차 반응이라고 가정하여 이 반응을 나타내는 간단한 반응망(reaction network)를 생각하라.

**(b)** 이 반응망의 속도 상수를 계산하라.

이 문제는 여러 가지 기법이 사용된다.

### 풀이

**(a)** ***그래프에서 단서 찾기.*** 먼저 R, S, T 곡선들의 초기 기울기가 0이 아니므로 이들 성분들이 A로부터 직접 생성되는 것을 의미한다.

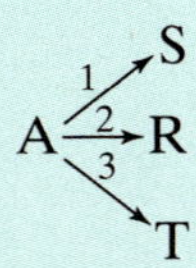

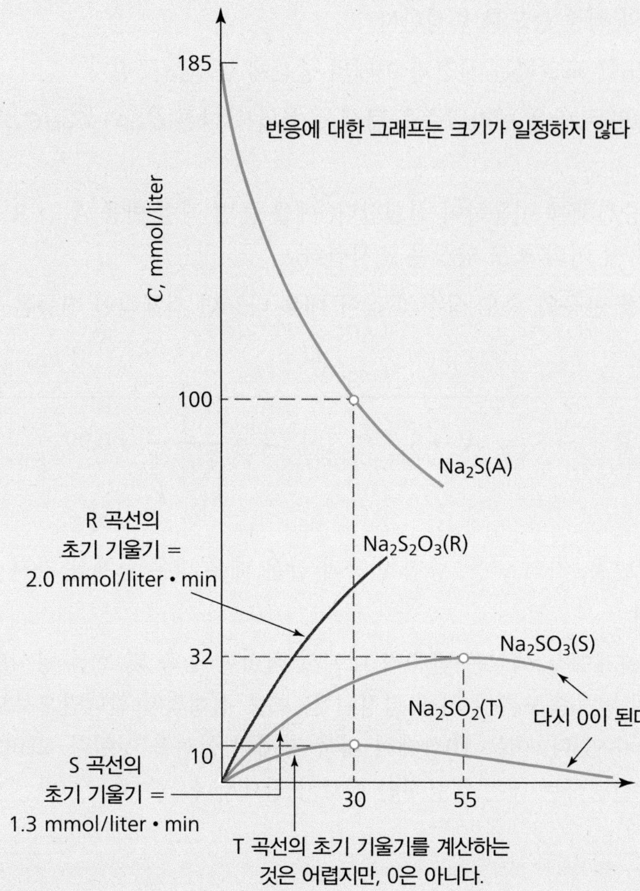


그림 E8.3

다음으로 최종 생성물에 S와 T는 존재하지 않으므로 다음과 같은 반응을 제안할 수 있다.

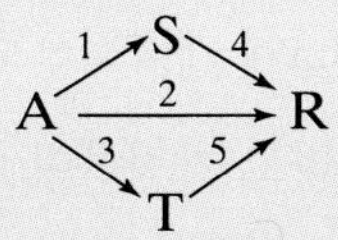


*(a)*

**(b) 속도 상수의 계산.** A는 1차 반응에 의해 소모됨으로 다음과 같은 식을 얻을 수 있다.

$$\ln\frac{C_{A0}}{C_A} = \ln\frac{185}{100} = (k_1 + k_2 + k_3)t = k_{123}t = k_{123}(30)$$

이로부터 속도 상수는 아래와 같이 구해진다.

$$k_{123} = \underline{\underline{0.0205 \text{ min}^{-1}}}$$

R의 초기 생성 속도로부터

$$\frac{dC_R}{dt} = k_2 C_{A0}$$

이고 속도 상수는 다음과 같이 얻어진다.

$$k_2 = \frac{dC_R/dt}{C_{A0}} = \frac{2.0}{185} = \underline{\underline{0.0108\ \text{min}^{-1}}}$$

마찬가지로 S에 대해 계산하여 상수값을 구하면 다음과 같다.

$$k_1 = \frac{dC_S/dt}{C_{A0}} = \frac{1.3}{185} = \underline{\underline{0.0070\ \text{min}^{-1}}}$$

따라서 이들의 차이를 택하면 $k_3$가 구해진다.

$$k_3 = k_{123} - k_1 - k_2 = 0.0205 - 0.0108 - 0.0070 = \underline{\underline{0.0027\ \text{min}^{-1}}}$$

S와 T 곡선들의 최대값을 보면 S에 대하여 식 (49)를 확장하면 다음 식을 얻을 수 있다.

$$\frac{C_{S\max}}{C_{A0}} = \frac{k_1}{k_{123}} \left(\frac{k_{123}}{k_4}\right)^{k_4/(k_4 - k_{123})}$$

이를 정리하면 다음과 같다.

$$\frac{32}{185} = \frac{0.0070}{0.0205} \left(\frac{0.0205}{k_4}\right)^{k_4/(k_4 - 0.0205)}$$

$k_4$를 구하기 위해 시행착오법(trial and error method)을 이용하면 다음의 결과가 구해진다.

$$\underline{\underline{k_4 = 0.0099\ \text{min}^{-1}}}$$

마찬가지로 T에 대하여 풀면 다음과 같이 된다.

$$\frac{10}{185} = \frac{0.0027}{0.0205} \left(\frac{0.0205}{k_5}\right)^{k_5/(k_5 - 0.0205)}$$

$$\underline{\underline{k_5 = 0.0163\ \text{min}^{-1}}}$$

따라서 다음과 같은 반응속도가 된다.

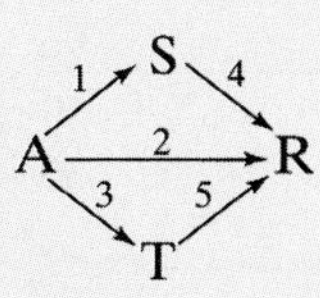


$k_1 = 0.0070\ \text{min}^{-1}$
$k_2 = 0.0108\ \text{min}^{-1}$
$k_3 = 0.0027\ \text{min}^{-1}$
$k_4 = 0.0099\ \text{min}^{-1}$
$k_5 = 0.0163\ \text{min}^{-1}$

(*b*)

## 참고 문헌

Catipovic, N., and Levenspiel, O., *Ind. Eng. Chem. Process Des. Dev.*, **18**, 558(1979).

Denbigh, K. G., *Trans. Faraday Soc.*, **43**, 648(1947). 왕립학회의 사용 허락이 있음.

Denbigh, K. G., *J. Appl. Chem.*, **1**, 227(1951).

Denbigh, K. G., *Chem. Eng. Sci.*, **8**, 125(1958).

Jungers, J. C., et al., *Cinétique Chimique Appliquée*, Technip, Paris, 1958.

MacMullin, R. B., *Chem. Eng. Prog.*, **44**, 183(1948).

## 연습 문제

**8.1** 다음과 같은 화학양론과 반응속도를 가진 직렬-병렬 반응에 대하여 주어진 농도(불활성 물질에 의한 희석은 일어나지 않음)의 분리된 반응물 A와 B의 공급물을 연속과 불연속 운전의 경우에 가장 잘 접촉시키는 방법을 개략적으로 그려라.

$$A + B \rightarrow R_{desired} \cdots r_1$$
$$R + B \rightarrow S_{unwanted} \cdots r_2$$

**(a)** $r_1 = k_1 C_A C_B^2$, $r_2 = k_2 C_R C_B$

**(b)** $r_1 = k_1 C_A C_B$, $r_2 = k_2 C_R C_B^2$

**(c)** $r_1 = k_1 C_A C_B$, $r_2 = k_2 C_R^2 C_B$

**(d)** $r_1 = k_1 C_A^2 C_B$, $r_2 = k_2 C_R C_B$

**8.2** 적당한 조건에서 A는 다음과 같이 분해한다.

$$A \xrightarrow{k_1=0.1/\text{min}} R \xrightarrow{k_2=0.1/\text{min}} S$$

$C_{A0} = 1$ mol/L, $C_{R0} = C_{S0} = 0$인 공급물이 1,000 L/hr의 속도로 유입되어 R이 생성된다.

**(a)** R의 농도를 최대로 하는 플러그 흐름 반응기의 크기를 구하고 이 반응기에서 유출되는 R의 농도를 계산하라.

**(b)** R의 농도를 최대로 하는 혼합 흐름 반응기의 크기를 구하고 이 반응기에서 유출되는 흐름의 $C_{R,max}$을 구하라.

---

순수한 물질 A ($C_{A0} = 100$)가 혼합 흐름 반응기에 공급되어 R과 S가 생성되고, 다음과 같이 출구농도가 기록되었다. 이 데이터에 부합되는 반응속도를 구하라.

**8.3**

| Run | $C_A$ | $C_R$ | $C_S$ |
|---|---|---|---|
| 1 | 75 | 15 | 10 |
| 2 | 25 | 45 | 30 |

**8.4**

| Run | $C_A$ | $C_R$ | $C_S$ |
|---|---|---|---|
| 1 | 50 | $33\frac{1}{3}$ | $16\frac{2}{3}$ |
| 2 | 25 | 30 | 45 |

**8.5**

| Run | $C_A$ | $C_R$ | $C_S$ | $t$, min |
|---|---|---|---|---|
| 1 | 50 | 40 | 10 | 5 |
| 2 | 20 | 40 | 40 | 20 |

**8.6** 페인트용 안료(pigment)를 연속적인 흐름에서 미분쇄할 때, 잘 혼합된 미분쇄기(grinder)로부터 너무 잘게 분쇄되거나 너무 크게 분쇄되는 경우가 많이 있다는 것을 알게 되었다. 플러그 흐름과 유사한 다단 미분쇄기를 사용할 수도 있었지만 사용하지는 않았다. 어쨌든, 어떤 형태의 미분쇄기를 이용해도 안료는 점차 더 작은 입자로 분쇄되었다.

현재 잘 혼합된 미분쇄기로부터 나가는 흐름에는 10%의 너무 큰 입자($d_p > 147\ \mu$m), 32%의 딱 맞는 입자($d_p = 38 - 147\ \mu$m) 및 58%의 너무 작은 입자($d_p < 38\ \mu$m)를 포함하고 있다.

**(a)** 현재 장치에 대하여 더 좋은 미분쇄 방법을 제안할 수 있는가? 그리고 이 제안의 결과는 무엇인가?

**(b)** 다단 미분쇄기는 어떠한가? 이 분쇄기는 어떤 결과를 낼 수 있는가?

여기에서 "더 좋은"이란 생성물 흐름에서 딱 맞는 입자가 더 많은 것을 의미한다.

**8.7** 다음과 같은 기초 반응을 고려하자.

$$A + B \xrightarrow{k_1} R$$

$$R + B \xrightarrow{k_2} S$$

**(a)** 1몰의 A와 3몰의 B가 급속히 혼합된다. 이 반응은 대단히 느려 각 시간에서 조성의 분석이 가능하다. 2.2몰의 B가 미반응 상태로 남아 있을 때 혼합물에 S가 0.2몰 존재한다. S의 존재량이 0.6몰일 때 혼합물(A, B, R, S)의 조성을 구하라.

**(b)** 1몰의 B에 1몰의 A를 잘 저어주며 조금씩 첨가한다. 밤새도록 그대로 둔 후 분석하였더니 S가 0.5몰 발견되었다. $k_2/k_1$은 어떻게 되겠는가?

**(c)** 1몰의 A와 1몰의 B를 플라스크에 함께 붓고 혼합한다. 이 반응은 대단히 빨라 속도를 측정하기도 전에 반응이 완결된다. 반응 생성물을 분석해 보니 0.25몰의 S가 존재함을 알았다. $k_2/k_1$은 어떻게 되겠는가?

**8.8** 아닐린과 에탄올의 액상반응 결과 원하는 모노에틸아닐린(monoethylaniline)과 원하지 않는 디에틸아닐린(diethylaniline)이 생성된다.

$$\left.\begin{aligned} C_6H_5NH_2 + C_2H_5OH &\xrightarrow[H_2SO_4]{k_1} C_6H_5NHC_2H_5 + H_2O \\ C_6H_5NHC_2H_5 + C_2H_5OH &\xrightarrow[H_2SO_4]{k_2} C_6H_5N(C_2H_5)_2 + H_2O \end{aligned}\right\} \quad k_1 = 1.25\,k_2$$

**(a)** 동등한 몰수를 가진 공급물이 회분 반응기에 도입되어 반응이 일어나고 완결되었다. 실험

의 끝에서 반응물과 생성물의 농도를 구하라.

**(b)** 알코올과 아닐린의 비가 2:1인 공급물에 대하여 70%의 알코올이 전환하였을 때 혼합 흐름 반응기에서 생성되는 모노에틸아닐린과 디에틸아닐린의 비를 구하라.

**(c)** 플러그 흐름 반응기에 동등한 몰수를 가진 공급물이 도입될 때 모노에틸아닐린의 농도가 최대일 경우에 두 반응물의 전환율을 구하라.

**8.9** 모노에틸아닐린은 천연 보크사이트(bauxite, 알루미늄원광)를 고체 촉매로 사용한 유동층의 기상에서도 생성될 수 있다. 기초 반응은 앞의 문제에서 이미 보여준 바 있다. 에탄올과 아닐린의 동등한 몰수를 가진 공급물을 사용하였더니 유동층에서 40%의 아닐린 전환율에 대하여 세 부분(3 parts)의 모노에틸아닐린에 대하여 두 부분(2 parts)의 디에틸아닐린이 생성되었다. 유동층에서 기체는 혼합 흐름이라고 가정하여 $k_2/k_1$의 값과 반응기 출구에서의 반응물과 생성물의 농도를 구하라.

---

혼합 효소의 작용으로 반응물 A가 다음과 같이 생성물로 전환된다.

$$A \xrightarrow[k_1]{+\text{ enzyme}} R \xrightarrow[k_2]{+\text{ enzyme}} S, \qquad n_1 = n_2 = 1$$

여기서 속도 상수는 시스템의 pH에 의존한다.

**(a)** 어떠한 종류의 반응기(플러그 흐름, 혼합 흐름 또는 다단 혼합 흐름 장치)와 어떠한 수준의 pH를 사용해야 되는가?

**(b)** 플러그 흐름 반응기를 따라서 또는 다단 혼합 흐름 장치의 단과 단 사이에서 pH를 변화시키는 것이 가능하다면 pH를 어떠한 방법으로 변화시켜야 하는가?

**8.10** $k_1 = \text{pH}^2 - 8\text{ pH} + 23 \quad 2 < \text{pH} < 6$, 여기서 R이 원하는 생성물
$k_2 = \text{pH} + 1$

**8.11** $k_1 = \text{pH} + 1 \quad 2 < \text{pH} < 6$, 여기서 S가 원하는 생성물
$k_2 = \text{pH}^2 - 8\text{ pH} + 23$

---

**8.12** *o*-디클로로벤젠(dichlorobenzene) 및 *p*-디클로로벤젠의 연속적인 염소화는 그림 P8.12에 나타낸 바와 같이 2차 반응이다.

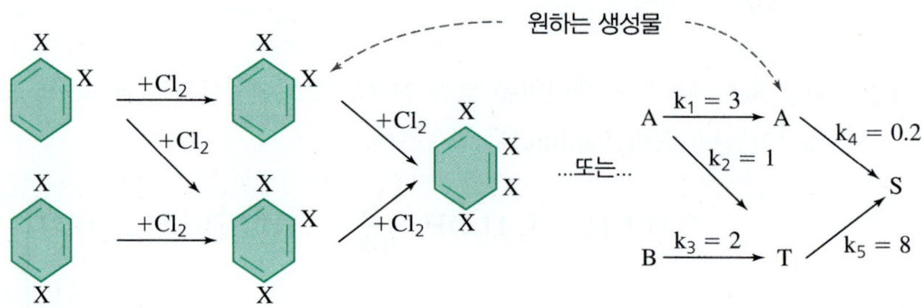


그림 P8.12

$C_{A0} = 2$, $C_{B0} = 1$인 공급물 흐름에 대하여 1, 2, 3-트리클로로벤젠이 원하는 생성물이다.

**(a)** 어떤 종류의 반응기가 최적인가?

**(b)** 이 반응기에 대하여 $C_{R,max}$을 구하라.

이 공정에 대한 토의는 Corrigan, *Chem. Eng.*, **201**, March(1956)을 참고하라.

**8.13** 다음과 같은 속도 상수를 가진 1차 분해반응을 생각한다.

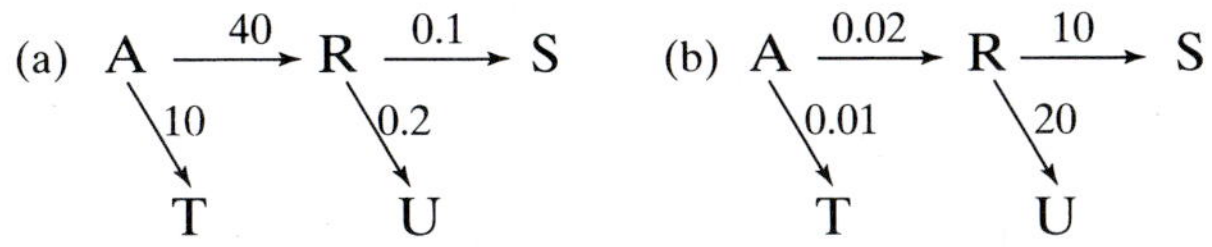


플러그 흐름 반응기의 출구 농도 $C_S = 0.2\ C_{A0}$이면, 다른 성분 A, R, T, U의 농도는 얼마인가?

**8.14** 화학물질 A와 B가 큰 용기에서 다음과 같은 기초 반응에 의해 진행된다.

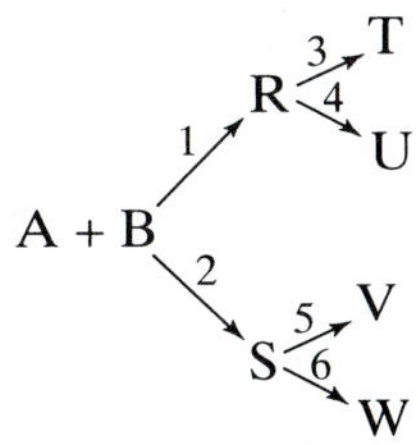


$C_{A0} = C_{B0}$

여기에서 $C_{A0} = C_{B0}$이다. 어느 시간에 혼합물을 분석한 결과 다음과 같은 농도를 얻었다면 6개(1~6번)의 속도 상수는 얼마인가?

$C_T = 5$ mol/liter  $C_U = 1$ mol/liter

$C_V = 9$ mol/liter  $C_W = 3$ mol/liter

**(a)** 반응이 완결되지 않은 경우

**(b)** 반응이 완결된 경우

**8.15** 주어진 온도에서 특별한 촉매를 사용하면 다음과 같이 나프탈렌(naphthalene)이 산화되어 무수프탈산(phthalic anhydride)이 된다.

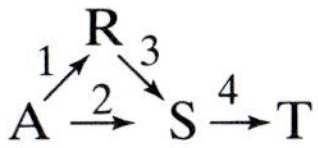


A = naphthalene  $k_1 = 0.21\ s^{-1}$

R = naphthaquinone  $k_2 = 0.20\ s^{-1}$

S = phthalic anhydride  $k_3 = 4.2\ s^{-1}$

T = oxidation products  $k_4 = 0.004\ s^{-1}$

어떠한 유형의 반응기를 사용하면 무수 프탈산의 수율이 최대가 되겠는가? 이러한 수율과 이때 나프탈렌의 전환율을 대략적으로 추산하라.

**8.16** 샌디 암석 및 자갈 회사(Sandy's Rock and Gravel Company)는 20,000 ton 정도의 많은 양의 자갈을 한 곳에서 다른 곳으로 옮기려고 한다. 이를 위해 동력삽으로 호퍼에 채우고, 이것을 다

시 벨트컨베이어에 넣어 새로운 곳으로 자갈을 수송하려고 한다.

처음의 삽은 많은 양의 자갈을 퍼 올리지만 자갈의 공급이 감소되면 호퍼의 짐을 적재하고 다시 비우는 데 필요한 시간이 증가하므로 삽의 운반능력은 감소된다. 개략적으로 삽의 자갈 운반속도는 운반해야 할 무더기의 양에 비례한다고 할 수 있으며 초기속도는 10 ton/min이다. 반면에 컨베이어는 5 ton/min의 일정한 속도로 자갈을 수송한다. 처음에 삽은 컨베이어보다 빠르게 작업하며 점차 느려진다. 따라서 저장소에서는 물질이 축적되었다가 비게 된다.

**(a)** 저장소에 자갈의 양의 최대는 얼마인가?

**(b)** 이것은 언제 일어나는가?

**(c)** 저장소에 자갈의 입하량과 출하량이 같아지는 시간은 언제인가?

**(d)** 저장소에 자갈이 완전히 없어지는 시간은 언제인가?

**8.17** 대규모의 전자동 도시 소각로를 설계하려고 한다. 쓰레기 부하량은 조사 결과 1,440 ton/day로 추산되었고, 이는 소형화 트럭(compaction truck) 등에 의해 수집된 후 지하에 있을 저장창고에 부어 넣는다. 그러면 컨베이어가 쓰레기를 소각로까지 운반한다.

매일의 수집 과정은 작업이 시작되는 오전 6시 정각에 비교적 많은 양의 쓰레기(약 6 ton/min)가 근처의 상업지역으로부터 들어온다. 그 후 공급량은 먼 교외 지역에서 수집함에 따라서 감소한다. 수집 속도는 수집해야 할 쓰레기의 양에 비례하고 초기의 수집 속도는 1 truckload/min이다. 반면에 컨베이어는 일정한 속도 1 ton/min로 쓰레기를 소각로에 이동시킨다. 작업을 시작할 때는 트럭이 컨베이어보다 빨리 작업하지만, 나중에는 늦어진다. 따라서 매일 창고는 쓰레기를 축적한 후 내보낸다.

**(a)** 트럭이 하루 중 언제쯤 하루 쓰레기의 95%를 수집하는가?

**(b)** 저장창고는 얼마만큼의 쓰레기를 저장하도록 설계되었는가?

**(c)** 창고는 언제 완전히 채워지는가?

**(d)** 창고는 언제 비게 되는가?

**8.18** 상류층 슬로보비안(Upper Slobbovians)과 하류층 슬로보비안(Lower Slobbovians)은 항상 두개골을 부수고 목을 베는 등의 일을 한다. 어떤 모임에서든 상류층 슬롭이 죽는 비율은 주변의 하류층 슬롭의 수와 정비례하며, 그 반대의 경우도 마찬가지다. 그리고 이 우호적인 사람들의 모임이 끝나면 상류층 슬롭이 떠나거나 하류층 슬롭이 떠나지만, 둘 다 떠나지는 않는다. 지난 주에는 10명의 상류층 슬롭이 3명의 하류층 슬롭을 우연히 만났고, 그 후 8명의 상류층 슬롭이 살아남아 짜릿한 승리를 거두었다.

**(a)** 이 만남에서 상류층 슬롭과 하류층 슬롭 전사의 비율은 어떻게 되는가? 예를 들어, 양쪽이 동등한가? 아니면 상류층 슬롭이 2.3명의 하층 슬롭과 동등한가?

**(b)** 10명의 상류층 슬롭과 10명의 하류층 슬롭이 만난 친절한 모임의 결과는 어떠하리라 예상하는가?

**8.19** 고체 분말 화학물질 X는 반시간 동안 잘 혼합된 물이 있는 큰 용기에 천천히 계속하여 공급되었다. 고체는 급격히 용해되어 Y로 가수분해되고, 다음에 생성된 Y는 천천히 다음 반응에서 Z로 분해된다.

$$\mathrm{Y} \rightarrow \mathrm{Z}, \quad -r_{\mathrm{Y}} = kC_{\mathrm{Y}}, \quad k = 1.5\ \mathrm{hr}^{-1}$$

용기 속의 액체의 부피는 반응 중에 3 $m^3$에 가깝게 유지되고 있으며, Y가 Z로의 분해반응이 일어나지 않는다면 X의 반시간 첨가 후 용기에서의 Y의 농도는 100 mol/$m^3$이다.

**(a)** 용기 내 Y의 최대 농도와 이것이 일어나는 시간을 구하라.

**(b)** 1시간 후의 용기 내 Z의 농도는 얼마인가?

**8.20** 산소가 고온의 회분 반응기에서 A를 함유한 액체를 통해 기포화되고 있을 때 A는 천천히 산화되어 중간체 X가 되고 이는 다시 천천히 분해하여 최종 생성물을 생성한다. 여기에 다음과 같은 실험 결과가 있다.

| t, min | $C_A$, mol/$m^3$ | $C_R$, mol/$m^3$ |
|---|---|---|
| 0 | 100 | 0 |
| 0.1 | 95.8 | 1.4 |
| 2.5 | 35 | 26 |
| 5 | 12 | 41 |
| 7.5 | 4.0 | 52 |
| 10 | 1.5 | 60 |
| 20 | 무시할 만함 | 80 |
| ∞ | 0 | 100 |

X를 분석하는 방법은 없으나 어느 시간에도 $C_A + C_R + C_X = C_{A0}$라고 가정할 수 있다. 이 산화반응의 반응속도론과 반응 메카니즘은 무엇인가? *힌트*: 데이터를 플롯하고 이를 검토하라.

**8.21** 화학물질 A는 반응하여 R을 생성하고($k_1 = 6\ hr^{-1}$) 생성된 R은 반응하여 S를 형성한다($k_2 = 3\ hr^{-1}$). 또한 R은 천천히 분해되어 T를 생성한다($k_3 = 1\ hr^{-1}$). 회분 반응기에 1.0 mol/L의 A를 함유한 용액이 공급된다면 R의 최대 농도에 도달하는 시간 $t_{max}$과 이때의 최대 농도 $C_{R,max}$은 얼마인가?

제 9 장

# 온도와 압력의 영향

*Temperature and Pressure Effects*

지금까지 반응의 최적조건을 검토하면서 반응기의 종류와 크기가 전환율과 생성물 분포에 어떻게 영향을 미치는지를 알아보았다. 반응기의 종류와 크기 외에 반응 온도와 반응 압력 역시 반응의 진행에 큰 영향을 미치므로, 이제 이 두 변수의 역할에 대해 검토하기로 한다.

변수의 역할에 대한 검토는 세 단계 과정으로 이루어진다. 첫째는 평균수율, 반응속도, 생성물 분포가 운전 온도와 압력의 변화에 따라 어떻게 변화하는지를 알아볼 것이다. 이 검토에서 최적의 온도 변화를 결정할 수 있다. 이 변화는 실제 설계에서 가정하는 이상적인 상태를 나타낸다. 둘째로 화학반응은 대개 열효과(heat effect)를 동반하므로, 이 효과가 반응 혼합물의 온도를 어떻게 변화시키는가를 알아야 한다. 이 정보를 이용하여 최적조건에 근접한 여러 적절한 반응기와 열교환기 시스템(heat exchange system)을 제안할 수 있다. 마지막 세 번째로 경제성 검토를 통해 가능한 시스템 가운데 최적의 것을 선정할 수 있다.

따라서 이 장에서는 어떤 특정한 반응기를 조사하기보다 조업의 최적조건을 구하고 실제 설계에서 어떻게 이 조건에 접근시킬 수 있는가를 알아보는 데 중점을 둘 것이다. 먼저 단일 반응을 살펴본 후에 복합 반응에 대해 고찰하기로 하자.

## 9.1 단일 반응

단일 반응을 고려할 때 주 관심 영역은 반응의 전환율과 반응기의 안정성(reactor stability)이다. 단일 반응에서는 생성물 분포 문제는 일어나지 않는다.

열역학은 두 가지 중요한 정보를 제공하는데, 첫째는 주어진 반응 진척도에서 열의 배출 또는 흡수량이고 둘째는 가능한 최대 전환율이다. 아래에 이 두 가지 내용을 간단히 요약하였다. 이 서술의 정당성은 화공열역학 교과서를 참고하면 된다.

### ▸ 열역학으로부터 반응열

어느 온도 $T_2$에서 반응 중에 발생되거나 흡수되는 열은 반응열 $\Delta H_r$로부터 계산할 수 있다. 이 반응열은 반응 시스템의 성질, 반응물의 양 및 반응계의 온도와 압력에 영향을 받는다. 반응열을 알지 못한다면, 대부분의 경우 반응물의 생성열 $\Delta H_f$나 연소열 $\Delta H_c$ 등의 열역학 데이터로부터 구할 수 있다. 열역학 자료는 표준온도 $T_1$(보통 25°C)에서 표로 만들어져 있다. 복습을 위해 다음 반응을 고려한다.

$$aA \rightarrow rR + sS$$

편의상 온도 $T$에서의 반응열은 $a$몰의 A가 소멸되어 $r$몰의 R과 $s$몰의 S를 생성할 때 주위(surroundings)에서 반응 시스템으로 이동한 열로 정의한다. 반응열은 반응전후의 온도와 압력을 일정하게 한 후 측정한다.

$$aA \rightarrow rR + sS, \qquad \Delta H_{rT} \begin{cases} \text{양수, 흡열반응} \\ \text{음수, 발열반응} \end{cases} \tag{1}$$

**반응열과 온도** 온도 $T_1$에서의 반응열을 알고 있을 때 온도 $T_2$에서의 반응열을 계산해 보자. 에너지 보존법칙을 이용하여 다음과 같이 구할 수 있다.

$$\begin{pmatrix} \text{온도 } T_2\text{의} \\ \text{반응과정에서} \\ \text{흡수된 열} \end{pmatrix} = \begin{pmatrix} \text{반응물의 온도} \\ \text{를 } T_2\text{에서 } T_1\text{으} \\ \text{로 변화시키는} \\ \text{데 가한 열} \end{pmatrix} + \begin{pmatrix} \text{온도 } T_1\text{의} \\ \text{(반응과정에서)} \\ \text{흡수된 열} \end{pmatrix} + \begin{pmatrix} \text{생성물의 온도} \\ \text{를 } T_1\text{에서 } T_2\text{로} \\ \text{되돌리는 데} \\ \text{가한 열} \end{pmatrix} \tag{2}$$

이 식을 반응물과 생성물의 엔탈피로 나타내면 다음과 같다. 여기에서 아래첨자 1과 2는 각각 온도 $T_1$과 $T_2$에서 측정된 양을 나타낸다.

$$\Delta H_{r2} = -(H_2 - H_1)_{\text{reactants}} + \Delta H_{r1} + (H_2 - H_1)_{\text{products}} \tag{3}$$

이 식을 비열(specific heat)로 나타내면 다음과 같다.

$$\Delta H_{r2} = \Delta H_{r1} + \int_{T_1}^{T_2} \nabla C_p \, dT \tag{4}$$

여기서

$$\nabla C_p = rC_{pR} + sC_{pS} - aC_{pA} \tag{5}$$

이다. 비열이 다음과 같이 온도의 함수이면

$$\begin{aligned} C_{pA} &= \alpha_A + \beta_A T + \gamma_A T^2 \\ C_{pR} &= \alpha_R + \beta_R T + \gamma_R T^2 \\ C_{pS} &= \alpha_S + \beta_S T + \gamma_S T^2 \end{aligned} \tag{6}$$

다음 식을 얻게 된다.

$$\begin{aligned} \Delta H_{r2} &= \Delta H_{r1} + \int_{T_1}^{T_2} (\nabla\alpha + \nabla\beta T + \nabla\gamma T^2)\, dT \\ &= \Delta H_{r1} + \nabla\alpha(T_2 - T_1) + \frac{\nabla\beta}{2}(T_2^2 - T_1^2) + \frac{\nabla\gamma}{3}(T_2^3 - T_1^3) \end{aligned} \tag{7}$$

여기서

$$\begin{aligned} \nabla\alpha &= r\alpha_R + s\alpha_S - a\alpha_A \\ \nabla\beta &= r\beta_R + s\beta_S - a\beta_A \\ \nabla\gamma &= r\gamma_R + s\gamma_S - a\gamma_A \end{aligned} \tag{8}$$

어떤 온도에서의 반응열과 관심이 있는 온도의 범위에서 반응물과 생성물의 비열을 알면 다른 온도에서의 반응열을 구할 수 있다. 이 식을 이용하여 반응에 미치는 열효과를 알 수 있다.

## 예제 9.1 ▶ 여러 온도에서의 $\Delta H_r$

$\Delta H_c$와 $\Delta H_f$에 대한 표를 이용하여, 25°C에서 다음과 같은 기상반응의 반응열을 아래와 같이 계산하였다.

$$A + B \rightarrow 2R \cdot\cdot\cdot \Delta H_{r,298K} = -50\,000\ J$$

이는 25°C에서 매우 큰 발열반응(exothermic)이다. 그러나 이 반응을 1,025°C에서 진행시키려고 계획하였으므로 별문제가 아니었다. 1,025°C에서의 반응열을 구하라. 이 반응은 아직도 발열반응일까?

***자료.*** 여러 가지 반응 성분에 대하여 25°C와 1,025°C 사이에서의 평균비열은 다음과 같다.

$$\overline{C_{pA}} = 35\ J/mol \cdot K \quad \overline{C_{pB}} = 45\ J/mol \cdot K \quad \overline{C_{pR}} = 70\ J/mol \cdot K$$

### 〉풀이

먼저 그림 E9.1에 나타낸 반응지도(reaction map)를 그린 후 1몰의 A, 1몰의 B, 2몰의 R에 대한 엔탈피 수지를 세운다.

$$\begin{aligned} \Delta H_1 &= \Delta H_2 + \Delta H_3 + \Delta H_4 \\ &= (n\overline{C}_p\Delta T)_{\substack{\text{reactants}\\ 1A+1B}} + \Delta H_{r,25°C} + (n\overline{C}_p\Delta T)_{\substack{\text{products}\\ 2R}} \\ &= 1(35)(25-1025) + 1(45)(25-1025) + (-50\,000) + 2(70)(1025-25) \end{aligned}$$

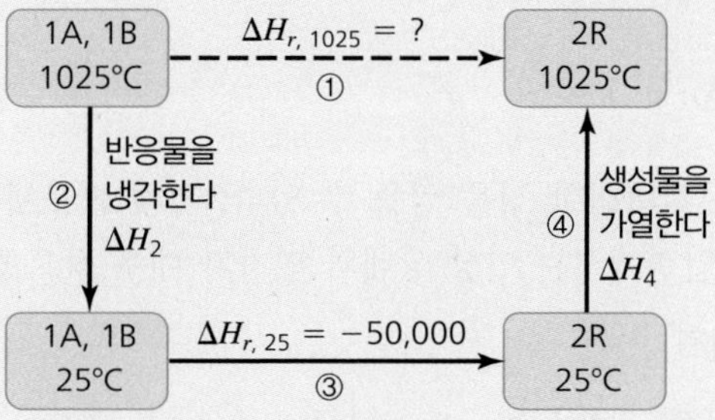


그림 E9.1

따라서 1,025°C에서의 반응열은 다음과 같이 구해진다.

$$\Delta H_{r,1025°C} = 10\,000 \text{ J}$$

그러므로 이 반응은 25°C에서 발열반응인 반면에 1,025°C에서는 흡열반응이다.

## ▶ 열역학으로부터 평형 상수

열역학 제2법칙을 이용하여 반응계의 평형조성인 평형 상수를 구할 수 있다. 그러나 반드시 기억해야 할 사실은 현실에서는 이 전환율을 달성할 수 없다는 사실이다. 열역학적으로 계산한 전환율은 단지 이론적으로 가능한 최대값일 뿐이다.

복습을 해보자. 온도 $T$에서 식 (1)의 반응에 대한 표준 자유에너지 $\Delta G^o$는 다음과 같다.

$$\Delta G^o = rG_R^o + sG_S^o - aG_A^o = -\mathbf{R}T\ln K = -\mathbf{R}T\ln \frac{\left(\frac{f}{f^o}\right)_R^r \left(\frac{f}{f^o}\right)_S^s}{\left(\frac{f}{f^o}\right)_A^a} \tag{9}$$

여기서 $f$는 평형조건에서 각성분의 휴개시티(fugacity)를 나타낸다. $f^o$는 온도 $T$에서 임의로 선택한 표준 상태에서 각성분의 휴개시티, $G^o$는 반응 성분의 표준 자유에너지로 많은 화합물에 대해 표로 만들어져 있다. $K$는 반응의 열역학적 평형 상수(equilibrium constant)이다. 한편, 주어진 온도에서 표준 상태는 일반적으로 다음과 같이 정의된다.

기체—1기압에서 순수한 성분으로 이 압력에서 이상 기체 법칙과 가깝게 근사한다.
고체—단위압력하에 있는 순수한 고체 성분
액체—증기압하에 있는 순수한 액체
액체의 용매—1몰 용액 또는 활동도가 1인 희박용액

간편하게 다음과 같이 여러 평형 상수를 정의한다.

$$K_f = \frac{f_R^r f_S^s}{f_A^a}, \quad K_p = \frac{p_R^r p_S^s}{p_A^a}, \quad K_y = \frac{y_R^r y_S^s}{y_A^a}, \quad K_C = \frac{C_R^r C_S^s}{C_A^a} \tag{10}$$

여기서 생성물과 반응 중의 몰수 차이는 다음과 같다.

$$\Delta n = r + s - a$$

여러 가지 시스템에 대하여 식 (9)를 간략화한 식을 얻을 수 있다. *기체 반응*에서 표준 상태는 보통 1기압으로 정한다. 이같이 낮은 압력에서는 이상 상태와 편차가 매우 작으므로 휴개시티와 압력은 동일하여 $f^o = p^o = 1$기압이 된다.

$$K = e^{-\Delta G^o/\mathbf{R}T} = K_p\{p^o = 1 \text{ atm}\}^{-\Delta n} \tag{11}$$

따라서 평형 상수는 아래와 같으며, 이 식과 다음의 식 (13)에 있는 중괄호 속의 항은 항상 1이며, 식의 차원 정확히 표현하기 위해서 표현을 그대로 유지하였다.

*이상 기체*(ideal gas)의 어떤 성분 $i$에 대하여 다음 식이 성립된다.

$$f_i = p_i = y_i \pi = C_i \mathbf{R} T \tag{12}$$

따라서

$$K_f = K_p$$

이고 평형 상수 사이의 관계는 다음과 같이 된다.

$$K = \frac{K_p}{\{p^{\circ} = 1 \text{ atm}\}^{\Delta n}} = \frac{K_y \pi^{\Delta n}}{\{p^{\circ} = 1 \text{ atm}\}^{\Delta n}} = \frac{K_c (\mathbf{R}T)^{\Delta n}}{\{p^{\circ} = 1 \text{ atm}\}^{\Delta n}} \tag{13}$$

*고체 성분*(solid component)이 반응에 참가하면 압력에 따른 휴개시티의 변화는 매우 작으므로 보통 무시할 수 있다. 따라서 다음 식이 성립된다.

$$\left(\frac{f}{f^{\circ}}\right)_{\text{solid component}} = 1 \tag{14}$$

**평형전환율** 평형 상수에 의해 결정되는 평형조성은 온도에 따라 변화하며, 열역학적으로 다음과 같이 표현된다.

$$\frac{d(\ln K)}{dT} = \frac{\Delta H_r}{\mathbf{R}T^2} \tag{15}$$

식 (15)를 적분하면 평형 상수가 온도에 따라서 어떻게 변하는지 알 수 있다. 온도의 구간에서 $\Delta H_r$이 상수라면 적분의 결과로 다음 식이 구해진다.

$$\boxed{\ln \frac{K_2}{K_1} = -\frac{\Delta H_r}{\mathbf{R}}\left(\frac{1}{T_2} - \frac{1}{T_1}\right)} \tag{16}$$

만일 $\Delta H_r$이 상수가 아닌 경우에 이를 고려하면 다음과 같이 된다.

$$\ln \frac{K_2}{K_1} = \frac{1}{\mathbf{R}} \int_{T_1}^{T_2} \frac{\Delta H_r}{T^2} dT \tag{17}$$

$\Delta H_r$이 식 (4)의 특별한 형태로 주어지고 아래첨자 0이 기준온도를 나타낸다면 이는 다음과 같다.

$$\Delta H_r = \Delta H_{r0} + \int_{T_0}^{T} \nabla C_p dT \tag{18}$$

$C_p$의 온도 의존성 식 (8)을 이용하여 식 (18)을 식 (17)에 대입하고 적분하면 다음 식이 나옴을 알 수 있다.

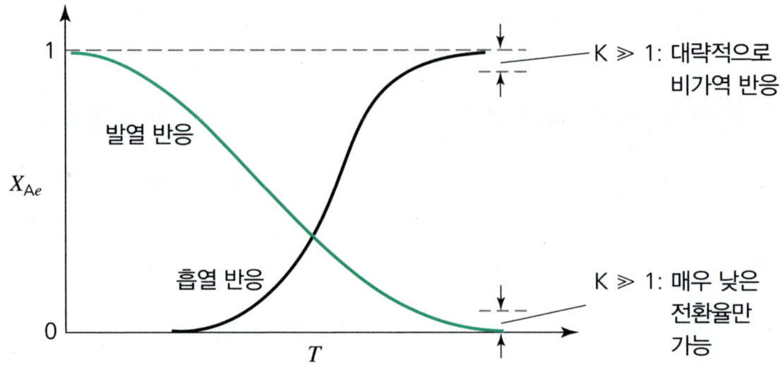


**그림 9.1** 열역학적으로 예상된 평형전환율에 미치는 온도의 영향(이때 압력은 일정).

$$\mathbf{R}\ln\frac{K_2}{K_1}=\nabla\alpha\ln\frac{T_2}{T_1}+\frac{\nabla\beta}{2}(T_2-T_1)+\frac{\nabla\gamma}{6}(T_2^2-T_1^2)$$
$$+\left(-\Delta H_{r0}+\nabla\alpha T_0+\frac{\nabla\beta}{2}T_0^2+\frac{\nabla\gamma}{3}T_0^3\right)\left(\frac{1}{T_2}-\frac{1}{T_1}\right) \qquad (19)$$

이 식으로부터 평형 상수(따라서 평형전환율) 온도에 따른 변화를 구할 수 있다.

열역학적으로 아래의 결론을 얻을 수 있으며, 그림 9.1에 부분적으로 예시되어 있다.

1. 열역학적 평형 상수는 시스템(계)의 압력, 불활성 물질의 존재 여부, 반응속도론에 의해 영향을 받지 않고, 시스템 온도에 의해 영향을 받는다.
2. 열역학적 평형 상수는 압력이나 불활성 물질에는 영향을 받지 않지만, 물질의 평형농도나 반응물의 평형전환율은 이 변수에 영향을 받는다.
3. 만일 $K \gg 1$이면 실제로 완전한 전환이 가능하여 반응을 비가역 반응으로 간주할 수 있다. 그러나 $K \ll 1$이면 반응은 많이 진행되지 않는다.
4. 온도가 증가하면 흡열반응의 평형전환율은 증가하고 발열반응의 평형전환율은 감소한다.
5. 기체 반응의 경우 압력이 증가하면 몰수가 감소하는 반응에서는 전환율이 증가하고 반면 몰수가 증가하는 반응에서는 전환율이 감소한다.
6. 모든 반응에서 불활성 물질의 감소는 기체 반응에서 압력이 증가하는 것과 동일한 작용을 한다.

## 예제 9.2 ▶ 다른 온도에서의 평형전환율

**(a)** 0°C와 100°C 사이에서 다음 기초 수용액 반응에 대한 평형전환율을 구하라.

$$A \rightleftarrows R \begin{cases}\Delta G_{298}^{\circ}=-14\,130\ \text{J/mol}\\ \Delta H_{298}^{\circ}=-75\,300\ \text{J/mol}\end{cases} \qquad C_{pA}=C_{pR}=\text{constant}$$

이 계산 결과를 전환율 대 온도로 플롯하라.

**(b)** 75% 이상의 전환율을 얻기 위해 등온으로 운전하는 반응기의 제한사항은 무엇인가?

> *풀이*

**(a)** 모든 비열이 같으므로 $\nabla C_P = 0$이다. 그러면 식 (4)에서 반응열은 온도에 무관하며 다음과 같다.

$$\Delta H_r = \Delta H_{r,298} = -75\,300\ \text{J/mol} \tag{i}$$

따라서 식 (9)로부터 25°C에서의 평형 상수는 다음과 같다.

$$\begin{aligned} K_{298} &= \exp(-\Delta G^0_{298}/\mathbf{R}T) \\ &= \exp\left(\frac{14\,130\ \text{J/mol}}{(8.314\ \text{J/mol}\cdot\text{K})\ (298\text{K})}\right) = 300 \end{aligned} \tag{ii}$$

반응열이 온도에 따라 변하지 않으므로 어떠한 온도 $T$에서의 평형 상수는 식 (16)으로부터 다음과 같이 구할 수 있다.

$$\ln\frac{K}{K_{298}} = -\frac{\Delta H_r}{8.314}\left(\frac{1}{T} - \frac{1}{298}\right)$$

이를 정리하면 다음과 같다.

$$K = K_{298}\exp\left[\frac{-\Delta H_r}{\mathbf{R}}\left(\frac{1}{T} - \frac{1}{298}\right)\right]$$

식 (i)과 (ii)로부터 $K_{298}$과 $\Delta H_r$를 치환하고 정리하면 아래 식을 얻을 수 있다.

$$K = \exp\left[\frac{75\,300}{\mathbf{R}T} - 24.7\right] \tag{iii}$$

그러나 평형에서는 다음 식이 성립된다.

$$K = \frac{C_R}{C_A} = \frac{C_{A0}X_{Ae}}{C_{A0}(1 - X_{Ae})} = \frac{X_{Ae}}{1 - X_{Ae}}$$

이를 정리하면 다음과 같다.

$$X_{Ae} = \frac{K}{K + 1} \tag{iv}$$

$T$ 값을 식 (iii)에 넣고 $K$를 구한 후, 이를 식 (iv)에 대입하면 표 E9.2에 나타난 바와 같이 0°C와 100°C의 구간에서 온도의 함수로 평형전환율의 변화를 구할 수 있다. 이 결과를 그림 E9.2에 나타내었다.

**표 E9.2** 식 (iii)과 (iv)로부터 평형전환율 $X_{Ae}(T)$의 계산

| Selected Temperature | | $K = \exp\left[\frac{75\,300}{\mathbf{R}T} - 24.7\right]$ | $X_{Ae}$ |
|---|---|---|---|
| °C | K | 식 (iii) | 식 (iv) |
| 5 | 278 | 2700 | 0.999+ |
| 15 | 288 | 860 | 0.999 |
| 25 | 298 | 300 | 0.993 |
| 35 | 308 | 110 | 0.991 |
| 45 | 318 | 44.2 | 0.978 |
| 55 | 328 | 18.4 | 0.949 |
| 65 | 338 | 8.17 | 0.892 |
| 75 | 348 | 3.79 | 0.791 |
| 85 | 358 | 1.84 | 0.648 |
| 95 | 368 | 0.923 | 0.480 |

**(b)** 그림 E9.2에서 보면 75% 이상의 전환율을 얻기 위해서는 온도를 78°C 이하로 유지해야 함을 알 수 있다.

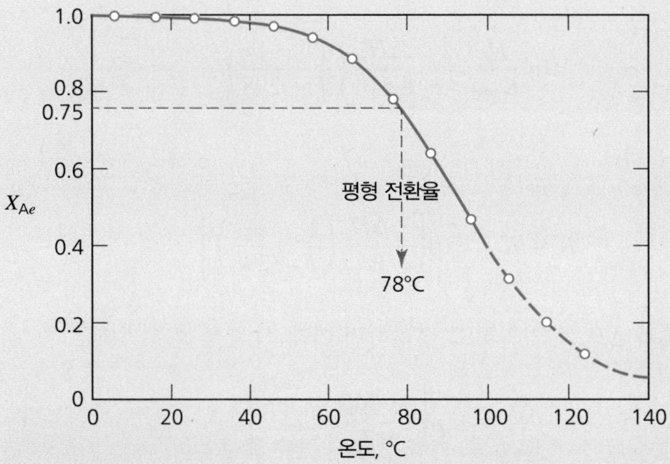


그림 E9.2

## ▸ 일반적인 도식설계 과정

단일 균질계반응(single homogeneous reaction)에 있어서 온도, 조성, 반응속도는 긴밀하게 관련되어 있다. 이 성질은 그림 9.2에 나타낸 세 가지 방법 중의 하나로 표시된다. 첫 번째는 조성-온도 곡선으로 가장 편리하며 데이터의 표현, 반응기 크기의 계산 및 여러 설계 대안의 비교에 사용된다.

주어진 공급물($C_{A0}$, $C_{B0}$, ...는 고정)에 대하여 주요 성분의 전환율을 조성과 반응 진행 정도를 측정하는 척도로 이용하면 $X_A$ 대 $T$ 곡선은 그림 9.3에 표현된 일반적인 형태를 보인다. 이 곡선은 어떤 반응에 대해 열역학적으로 합당한 속도식(평형에서 속도는 0이어야 함)을 이용하여

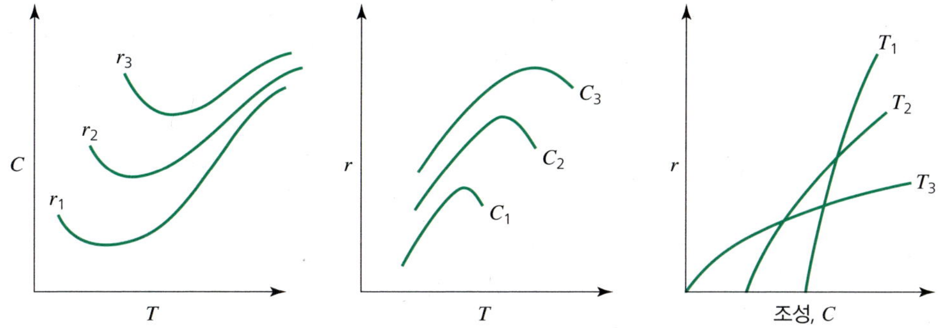


그림 9.2 단일 균질계반응에 대한 온도, 조성, 반응속도 사이의 관계를 표시하는 방법.

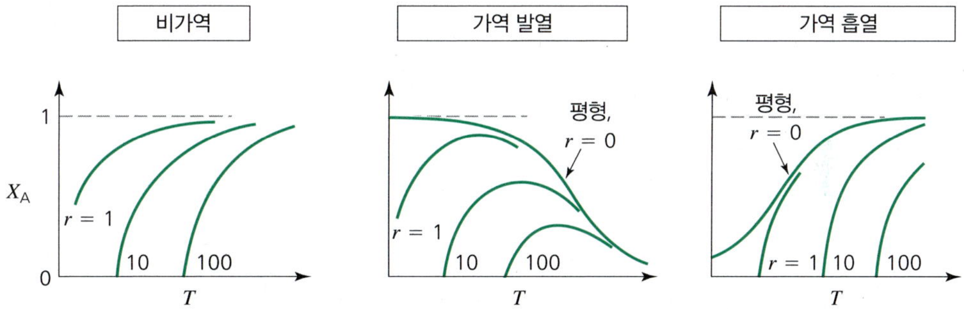


그림 9.3 여러 가지의 반응 유형에 대한 온도-전환율 곡선의 일반적인 모양.

구하거나 평형에서의 열역학적 정보와 관련한 주어진 실험의 반응속도 결과부터 내삽을 통해 구할 수 있다. 물론 모든 계산과 예측의 신뢰도는 이 도표의 정확성에 직접 관계된다. 따라서 이 도표를 만들기 위해서는 훌륭한 반응속도 데이터를 얻는 것이 필수적이다.

주어진 임무와 주어진 온도 변화를 위해 요구되는 반응기의 크기는 다음과 같이 구할 수 있다.

1. $X_A$ 대 $T$ 곡선에 반응경로(reaction path)를 표시한다. 이것이 운전에 대한 *조작선*(operating line)이다.
2. 이 반응경로를 따라 각 $X_A$에서 반응속도를 찾는다.
3. 이 경로에 대한 $1/(-r_A)$ 대 $X_A$ 곡선을 플롯한다.
4. 이 곡선의 아랫부분의 면적을 구하면 이것이 $V/F_{A0}$이다.

발열반응에 대하여 이 과정을 그림 9.4에 세 가지 경로로 나타내었다. 경로 AB는 임의의 온도분포를 가진 플러그 흐름에 대한 것이고, 경로 *CD*는 50% 순환되는 비등온 플러그 흐름에 대한 것이며 점 E는 혼합 흐름에 대한 것이다. 혼합 흐름에 대한 조작선은 하나의 점(single point)임을 주의하라.

이 과정은 대단히 일반적이라서 어떤 반응속도, 온도 변화, 반응기 유형 또는 직렬 반응기에도 적용된다. 따라서 조작선만 구하면 반응기의 크기를 구할 수 있다.

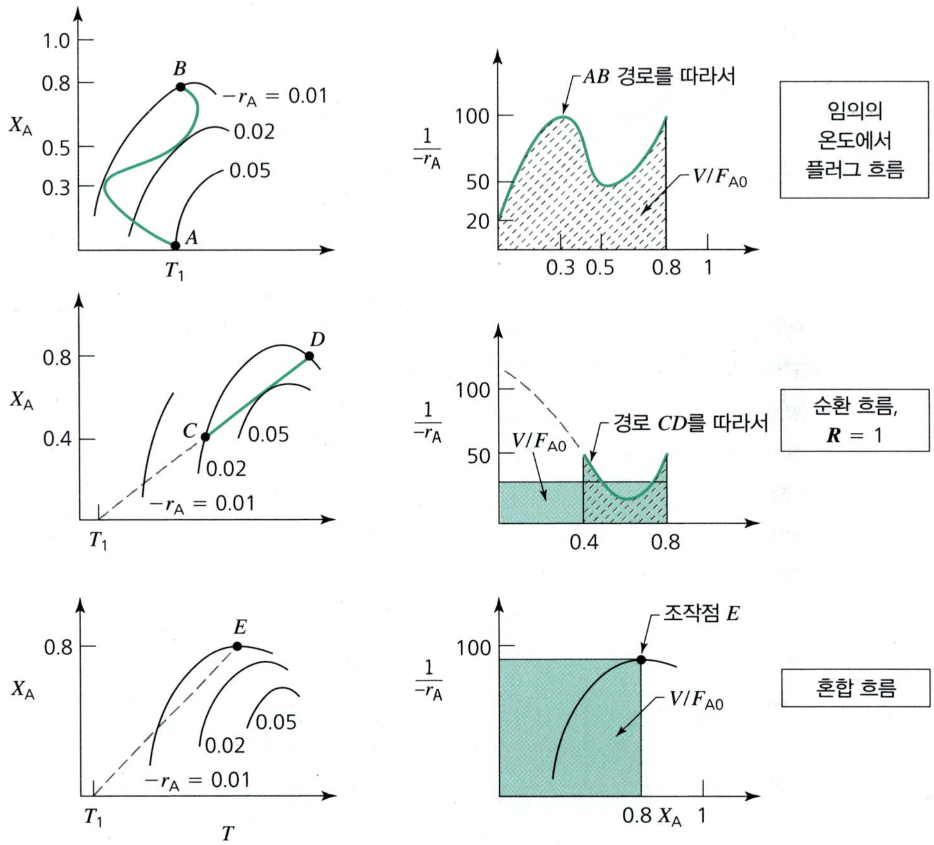


그림 9.4 공급물 온도 $T_1$에서 다른 유형의 흐름에 대한 반응기 크기 결정.

## 예제 9.3 ▶ 반응속도 데이터로부터 반응속도-전환율-온도 곡선 그리기

예제 9.2의 시스템에 대하여 R이 없는 용액을 이용하여 회분 반응기에서 실험한 결과, 65°C에서 1분에 58.1%의 전환율, 25°C에서는 10분에 60%의 전환율을 얻었다. 가역 1차 반응이라고 가정하여 이 반응에 대한 속도식을 구하고 반응속도를 매개변수로 하여 전환율-온도 곡선을 그려라.

**풀이**

***성능식의 적분.*** 가역 1차 반응에 대하여 회분 반응기의 성능식은 다음과 같다.

$$t = C_{A0}\int \frac{dX_A}{-r_A} = C_{A0}\int \frac{dX_A}{k_1C_A - k_2C_R} = \frac{1}{k_1}\int_0^{X_A} \frac{dX_A}{1 - X_A/X_{Ae}}$$

식 (3.54)에 의해 이 식을 적분하면 다음의 식을 얻을 수 있다.

$$\frac{k_1t}{X_{Ae}} = -\ln\left(1 - \frac{X_A}{X_{Ae}}\right) \quad \text{(i)}$$

***정속도 상수의 계산.*** 65°C에서의 회분 실험으로부터 예제 9.2의 $X_{Ae} = 0.89$를 적용하면 식 (i)

는 다음과 같다.

$$\frac{k_1\,(1\ \text{min})}{0.89} = -\ln\left(1 - \frac{0.581}{0.89}\right)$$

이를 풀면 속도 상수는 다음과 같다.

$$k_{1,\,338} = 0.942\ \text{min}^{-1} \tag{ii}$$

마찬가지로 25°C에서의 회분 실험으로부터 다음 값을 얻을 수 있다.

$$k_{1,\,298} = 0.0909\ \text{min}^{-1} \tag{iii}$$

Arrhenius 법칙의 온도 의존성을 이용하여 이 두 온도에서의 속도 상수의 비를 구하면 다음과 같다.

$$\frac{k_{1,\,338}}{k_{1,\,298}} = \frac{0.942}{0.0909} = \frac{k_{10}e^{-\mathbf{E}_1/\mathbf{R}(338)}}{k_{10}e^{-\mathbf{E}_1/\mathbf{R}(298)}} \tag{iv}$$

이로부터 정반응의 활성화 에너지는 다음과 같다.

$$\mathbf{E}_1 = 48\,900\ \text{J/mol}$$

이 반응에는 두 가지 활성화 에너지가 있다. 하나는 정반응에 대한 것이고 다른 하나는 역반응에 대한 것이다.

정반응에 대한 완전한 속도 상수를 구하기 위해 식 (iv)의 분자나 분모로부터 $k_{10}$를 계산하고 이를 이용하여 속도 상수를 구하면 다음과 같다.

$$k_1 = 34 \times 10^6 \exp\left[\frac{-48\,900}{\mathbf{R}T}\right] = \exp\left[17.34 - \frac{48\,900}{\mathbf{R}T}\right]$$

$K = \dfrac{k_1}{k_2}$이므로 $k_2 = \dfrac{k_1}{K}$이고 $K$는 예제 9.2의 식 (iii)으로부터 구할 수 있으므로 $k_2$를 계산할 수 있다.

***요약.*** 예제 9.2의 가역 1차 반응에 대하여 다음과 같은 결과를 얻을 수 있었다.

$$\mathrm{A} \underset{2}{\overset{1}{\rightleftarrows}} \mathrm{R}; \qquad K = \frac{C_{\mathrm{R}e}}{C_{\mathrm{A}e}}; \quad -r_\mathrm{A} = r_\mathrm{R} = k_1C_\mathrm{A} - k_2C_\mathrm{R}$$

$$\text{평형:}\quad K = \exp\left[\frac{75\,300}{\mathbf{R}T} - 24.7\right]$$

$$\text{속도 상수:}\quad k_1 = \exp\left[17.34 - \frac{48\,900}{\mathbf{R}T}\right],\quad \text{min}^{-1}$$

$$k_2 = \exp\left[42.04 - \frac{124\,200}{\mathbf{R}T}\right],\quad \text{min}^{-1}$$

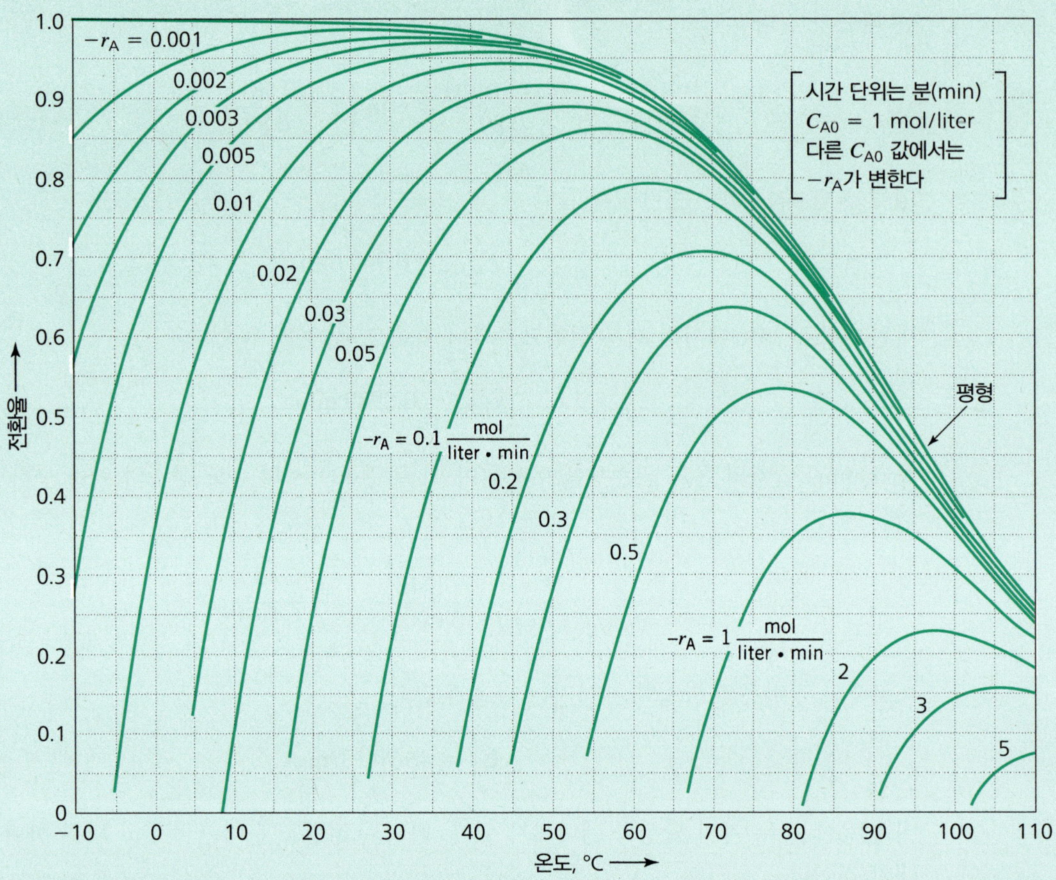


그림 E9.3

이로부터 특별한 $C_{A0}$에 대하여 $X_A$ vs. $T$ 도표를 그릴 수 있다. 컴퓨터를 이용해 그린다면 시간이 절약될 것이다. 그림 E9.3이 $C_{A0}$ = 1 mol/L이고 $C_{R0}$ = 0인 경우의 $X_A$ vs. $T$ 플롯이다.

1차 반응을 다루고 있으므로 이 플롯은 반응속도 곡선을 적절하게 다시 라벨링함으로써 어떠한 $C_{A0}$에 대하여도 사용할 수 있다. 따라서 $C_{A0}$ = 10 mol/L인 경우에는 이 도표에 있는 모든 반응속도의 값을 단지 10배 하면 된다.

## ▶ 최적의 온도 변화

최적의 온도 변화는 주어진 반응물의 전환율에 대하여 $V/F_{A0}$(시간)를 최소로 하는 과정으로 정의한다. 이러한 최적조건은 등온 또는 변화하는 온도일 수도 있는데, 회분 반응기는 시간에 따라 플러그 흐름 반응기는 길이에 따라 그리고 직렬로 연결된 혼합 흐름 반응기는 단에서 단으로 온도가 변한다. 이 진행 과정을 이해함으로써 실제 현실 시스템을 좀 더 이상적으로 만들 수 있다. 이 계산을 통해 현실 시스템이 이상적인 상태에서 얼마나 벗어나 있는가를 추산할 수도 있다.

어떤 형태의 반응기 유형에서도 최적 온도 변화는 다음과 같다. 어떠한 조성에서도 최적의 온도는 항상 반응속도가 최대인 온도이다. 최대 반응속도의 궤적은 그림 9.4의 $r(T, C)$ 곡선을 조

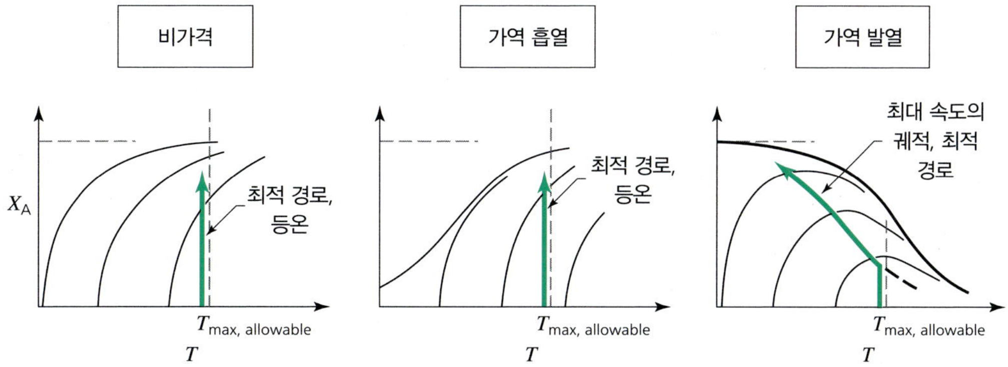


그림 9.5 **최소의 반응기 크기에 대한 조작선.**

사하면 구할 수 있고 그림 9.5에서 이 온도 변화를 볼 수 있다.

비가역 반응에서 반응속도는 어떠한 조성에서도 온도의 증가에 비례한다. 따라서 최대 반응속도는 허용 가능한 최고의 온도에서 일어난다. 온도는 만들고자 하는 반응기 설비재료 혹은 중요한 부반응을 증가시키는 가능성에 의해 결정된다.

흡열반응에서는 온도를 올리면 평형전환율과 반응속도가 모두 증가한다. 그러므로 비가역 반응의 경우에 같이 허용 가능한 최고온도를 사용해야 한다.

한편, 가역 발열반응의 경우는 상황이 다르다. 온도가 상승하면 정반응의 속도는 빨라지나 최대 전환율은 낮아지는 상반되는 인자가 존재하게 된다. 따라서 시스템이 평형에서 멀리 떨어져 있으면 온도를 고온으로 하여 반응속도가 높은 이점을 취하고, 반대로 시스템이 평형에 접근하면 온도를 낮추어 평형을 더욱 유리한 값으로 이동시킨다. 즉 일반적으로 가역발열반응의 경우 초기에는 고온에서 시작하고 전환율이 증가하면 온도를 감소시킨다. 그림 9.5에서 이 진행을 볼 수 있으며 정확한 값은 각각의 반응속도 곡선의 극대점을 연결하여 구할 수 있다. 이 선을 *최대 속도의 궤적*(locus of maximum rate)이라 부른다.

## ▸ 열효과

반응에 의해 열이 흡수되거나 방출되면 반응기 내 유체의 온도를 크게 변화시키므로 설계 시 이 인자를 고려해야 한다. 따라서 5장부터 8장까지의 등온조작의 모든 분석의 경우 시발점이 되는 물질 수지만 다루지 말고 4장의 식 (4.1)과 (4.2)의 물질 수지식 및 에너지 수지식을 모두 사용해야 한다.

먼저 반응이 발열이고 열전달을 통해 방출된 모든 열을 제거할 수 없다면 반응유체의 온도는 전환율이 증가함에 따라 증가한다. 같은 방법으로 흡열반응에 대해서는 전환율이 증가하면 유체의 온도는 감소한다. 이제 전환율의 증가에 따른 온도의 변화를 알아보자.

우선 단열조작을 살펴보고 다음으로 주위와의 열교환이 경우를 고려하기로 한다.

## ▸ 단열조작

전환율이 $X_A$인 혼합 흐름 반응기, 플러그 흐름 반응기 또는 플러그 흐름 반응기의 일부분을 고려하자(그림 9.6). 5장과 6장에서 모든 물질 수지 계산을 위한 기준으로 보통 한정 반응물의 한 성분을 선택하였는데, 여기서도 마찬가지로 한정 반응물 A를 기준으로 한다.

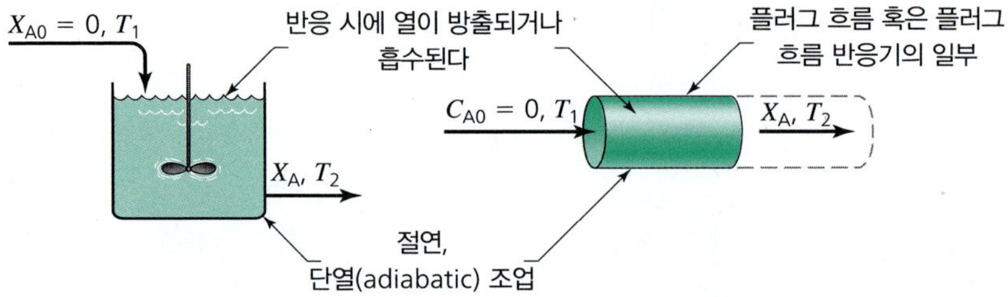


**그림 9.6** **반응유체의 온도를 증가(발열반응)시키거나 감소(흡열반응)시키는 큰 열효과를 가지는 경우의 단열 조업.**

아래첨자 1, 2는 유입과 유출 흐름의 온도를 나타낸다.

$\mathbf{C}_\mathbf{p}'$, $\mathbf{C}_\mathbf{p}''$ = 유입되는 반응물 A 1몰에 대한 미반응 공급물 흐름과 *완전히* 전환된 생성물 흐름의 평균비열

$\mathbf{H}'$, $\mathbf{H}''$ = 유입되는 반응물 A 1몰에 대한 미반응 공급물 흐름과 *완전히* 전환된 생성물 흐름의 엔탈피

$\Delta H_{ri}$ = 유입되는 반응물 A 1몰에 대한 온도 $T_i$에서의 반응열

엔탈피와 반응열의 기준온도를 $T_1$이라 하면, 각각의 엔탈피는 아래와 같이 요약된다.

유입되는 공급물의 엔탈피:

$$\mathbf{H}_1' = \mathbf{C}_\mathbf{p}' (T_1 - T_1) = 0 \text{ J/mol A}$$

유출되는 흐름의 엔탈피:

$$\mathbf{H}_2'' X_A + \mathbf{H}_2'(1 - X_A) = \mathbf{C}_\mathbf{p}'' (T_2 - T_1) X_A + \mathbf{C}_\mathbf{p}'(T_2 - T_1)(1 - X_A) \text{ J/mol A}$$

반응에 의해 흡수된 에너지:

$$\Delta H_{r1} X_A \text{ J/mol A}$$

이들 양들을 에너지 수지에 대입하면 다음과 같이 된다.

$$\text{입력량} = \text{출력량} + \text{축적량} + \text{반응에 의한 소모량} \tag{4.2}$$

정상 상태에서 다음 식을 얻게 된다.

$$0 = [\mathbf{C}_\mathbf{p}'' (T_2 - T_1) X_A + \mathbf{C}_\mathbf{p}' (T_2 - T_1)(1 - X_A)] + \Delta H_{r1} X_A \tag{20}$$

이를 정리하면 다음과 같이 된다.

$$X_A = \frac{\mathbf{C}_\mathbf{p}' (T_2 - T_1)}{-\Delta H_{r1} - (\mathbf{C}_\mathbf{p}'' - \mathbf{C}_\mathbf{p}') (T_2 - T_1)} = \frac{\mathbf{C}_\mathbf{p}' \Delta T}{-\Delta H_{r1} - (\mathbf{C}_\mathbf{p}'' - \mathbf{C}_\mathbf{p}') \Delta T} \tag{21}$$

식 (18)를 이용하면 다음과 같이 간략화된다.

$$X_A = \frac{\mathbf{C}_p'\Delta T}{-\Delta H_{r2}} = \left( \frac{\text{공급물을 } T_2\text{까지 올리는 데 필요한 열}}{T_2\text{에서 반응에 의해 방출되는 열}} \right) \tag{22}$$

완전히 전환되면 $X_A = 1$이므로 다음의 식이 구해진다.

$$-\Delta H_{r2} = \mathbf{C}_p'\Delta H_T, \qquad X_A = 1\text{인 경우} \tag{23}$$

이 식으로부터 반응에 의해 방출된 열과 반응물을 $T_1$에서 $T_2$로 올리는 데 필요한 열이 평형을 이루고 있다는 사실을 알 수 있다.

온도와 전환율의 관계는 에너지 수지 식 (21)이나 (22)로 나타낼 수 있다(그림 9.7). 이 식에서 분모의 변화가 상대적으로 적어 결과적으로 선의 모양은 실제로 직선이 된다. 만일 $\mathbf{C}_p'' - \mathbf{C}_p' = 0$이면 반응열은 온도에 무관하게 됨으로 식 (21)과 (22)는 다음과 같이 되며, 그림 9.7에 나타낸 바와 같이 직선이다.

$$X_A = \frac{\mathbf{C}_p\Delta T}{-\Delta \mathrm{H}_r} \tag{24}$$

이 그림은 혼합 흐름 반응기와 플러그 흐름 반응기에서 흡열 및 발열반응이 일어날 경우의 에너지 수지 곡선의 모양을 보여준다. 반응기 내 어떤 한 점에 전환율이 무엇이든지 온도는 곡선상의 대응되는 값을 갖는다. 플러그 흐름에 대하여 반응기 내 유체는 곡선을 따라 점차로 움직이며, 혼합 흐름에서는 순간적으로 곡선상의 최종값에 도달한다. 이 선들이 반응기에 대한 *단열 조작선*(adiabatic operating line)이다. 불활성 물질의 첨가로 $\mathbf{C}_p$가 증가하면 이들 곡선은 수직선에

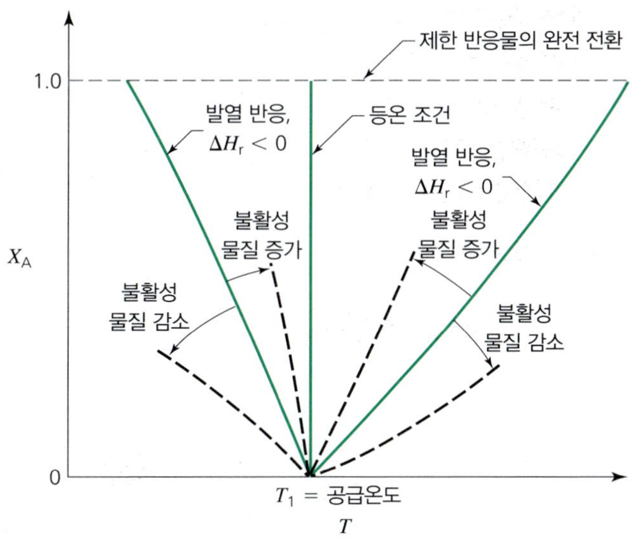


**그림 9.7** **단열조작에서 에너지 수지의 도식적 표현. 이 선은 단열 조작선이다.**

가까워지며, 이 수직선은 반응의 진행에 대하여 온도가 불변임을 시사한다. 이는 5장부터 7장까지 다룬 등온반응의 특별한 경우라고 할 수 있다.

주어진 작업에 필요한 *반응기의 크기*는 다음과 같이 구한다. 플러그 흐름의 경우 이 단열 조작선을 따라 여러 가지 $X_A$의 값에 대한 반응속도를 표로 작성하여 $1/(-r_A)$ 대 $X_A$ 곡선을 플롯하고 적분한다. 혼합 흐름에 대해서는 단순히 반응기 내 조건에서 반응속도를 이용한다. 그림 9.8은 이 과정을 나타내었다.

단일 플러그 흐름 반응기의 *최적 단열조작*은 반응속도가 최대 평균값(the highest mean value)을 갖는 곳까지 조작선을 이동하면서(공급 온도를 변화시킴) 구한다. 흡열조작에서 이것은 최대 허용온도에서 시작함을 의미한다. 발열반응에 대해서 이것은 최대 속도의 궤적이 그림 9.9에서와 같이 넓게 걸쳐 있는 것을 의미한다. 최소의 $V/F_{A0}$를 갖는 최선의 공급 온도를 결정하기 위해 몇 번의 시도가 필요하다. 혼합 흐름 반응기에 대해서는 그림 9.9와 같이 최대의 반응속도 궤적에서 운전해야 한다.

$V/F_{A0}$를 최소로 하는 *최적 반응기의 유형*(best reactor type)은 $X_A$ 대 $T$ 그래프에서 직접 구한다. 만일 반응속도가 전환율에 따라 점차적으로 감소하면 플러그 흐름을 이용한다. 이 경우는 흡열반응(그림 9.8*a*)이거나 등온 발열반응에 가깝다. 반응 중에 온도가 많이 증가하는 발열반응의 경우 반응속도는 대단히 낮은 값에서 증가해서 중간 정도의 $X_A$에서 최대값으로 되었다가 다시 떨어진다. 이 거동은 자촉매 반응의 특성이므로 순환 조작이 최선이다. 그림 9.10에 플러그 흐름이 최선인 경우와 대규모 순환이나 혼합 흐름이 최선인 경우가 예시되어 있다. 조작선의 기울기가 $\mathbf{C_p}/-\Delta H_r$인 경우의 사례는 다음과 같다.

1. $\mathbf{C_p}/-\Delta H_r$이 작은 경우(순수한 기체 반응물)는 혼합 흐름 반응기가 최선이다.
2. $\mathbf{C_p}/-\Delta H_r$이 큰 경우(불활성 물질을 대량 포함하는 기체 또는 액체계)는 플러그 흐름이 최선이다.

## ▶ 비단열조작 Nonadiabatic Operations

그림 9.7의 단열조작선이 그림 9.5의 이상적인 것에 더욱 근접할 경우, 우리는 의도적으로 반응기에 열을 공급하거나 제거할 수 있다. 또한 반응기에서 주위와 열교환에 의한 열손실이 있으므로 이를 고려해야 한다. 이런 형태의 열교환이 단열조작선의 모양을 어떻게 변화시키는지 알아보자.

*유입되는 반응물 A 1몰에 대하여 반응기에 가해지는 총 열량을 Q*라 하고, 주위로의 열손실도 여기에 포함된다고 한다. 그러면 시스템에 대한 에너지 수지인 식 (20)은 다음과 같이 변형된다.

$$Q = \mathbf{C''_p}(T_2 - T_1)X_A + \mathbf{C'_p}(T_2 - T_1)(1 - X_A) + \Delta H_{r1} X_A$$

이를 정리하고 식 (18)을 이용하면 다음 식이 얻어진다.

$$X_A = \frac{\mathbf{C'_p}\Delta T - Q}{-\Delta H_{r2}} = \left(\frac{\text{공급물을 } T_2\text{까지 올리기 위한 열전달 후에도 필요한 순수한 열}}{T_2\text{에서의 반응 시 발생한 열}}\right) \tag{25}$$

$\mathbf{C''_p} = \mathbf{C'_p}$인 경우, 이는 종종 합리적인 근사로 이때는 다음과 같이 된다.

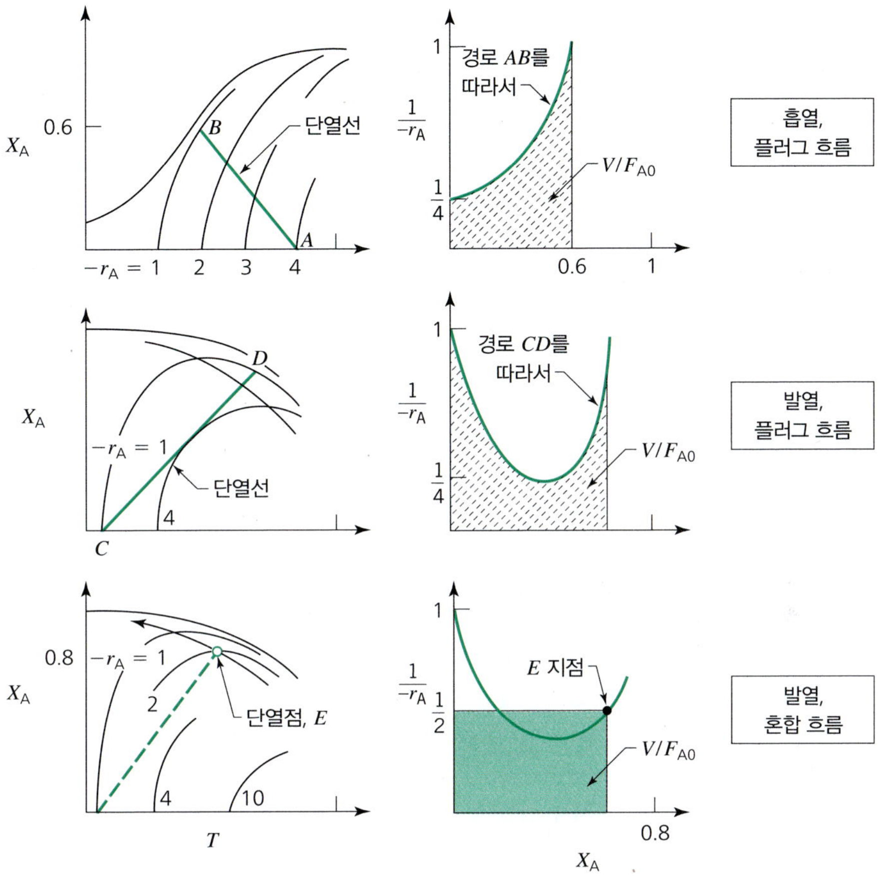


그림 9.8 플러그 흐름과 혼합 흐름 반응기의 단열조작에 대한 반응기 크기의 계산.

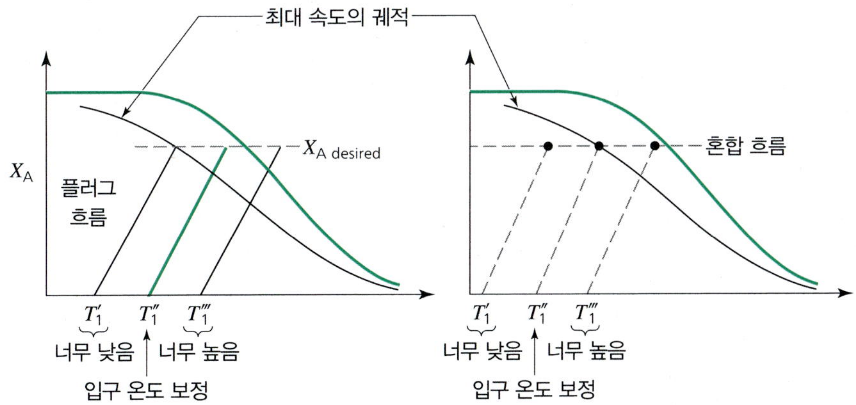


그림 9.9 단열조작선의 최적 위치. 플러그 흐름에서는 이를 구하기 위해 시행착오법이 필요하나 혼합 흐름 반응기에서는 이와 같은 탐색이 필요 없다.

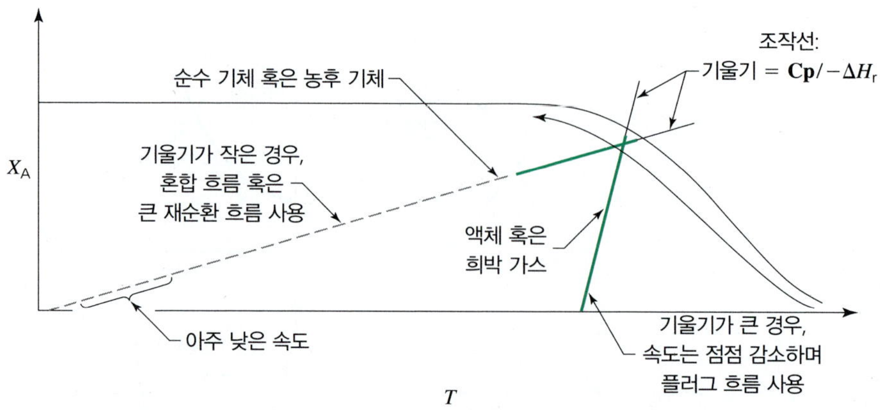


**그림 9.10** 발열반응에서 온도 상승이 크면 혼합 흐름이 최선인 반면, 등온에 가까운 경우에는 플러그 흐름이 최선이다.

$$\boxed{X_A = \frac{\mathbf{C_p}\Delta T - Q}{-\Delta H_r}} \tag{26}$$

열의 입력량이 온도차 $\Delta T = T_2 - T_1$에 비례하면 에너지 수지선은 $T_1$에서 회전한다. 이러한 변화는 그림 9.11에서 볼 수 있다. 다른 형태로 된 열의 첨가나 제거인 경우 이에 대응하는 에너지 수지선의 변동이 있게 된다.

이와 같이 변경된 조작선을 이용할 경우, 반응기 크기와 최적조업을 구하는 과정은 단열조작에서 검토한 것을 그대로 따르면 된다.

## 추가 의견 및 확장

발열반응의 단열조작에 있어서 전환율이 증가함에 따라 온도가 상승한다. 그러나 원하는 바는 반응의 진행에 따라 온도를 떨어뜨리는 것이다. 따라서 조작선이 이상적인 것에 접근하려면 과감한

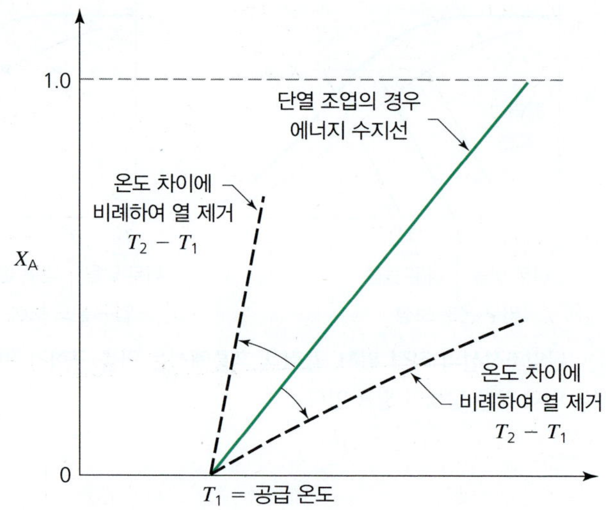


**그림 9.11** 주위와의 열교환에 의해 단열조작선의 변동을 보여주는 에너지 수지식의 개략도.

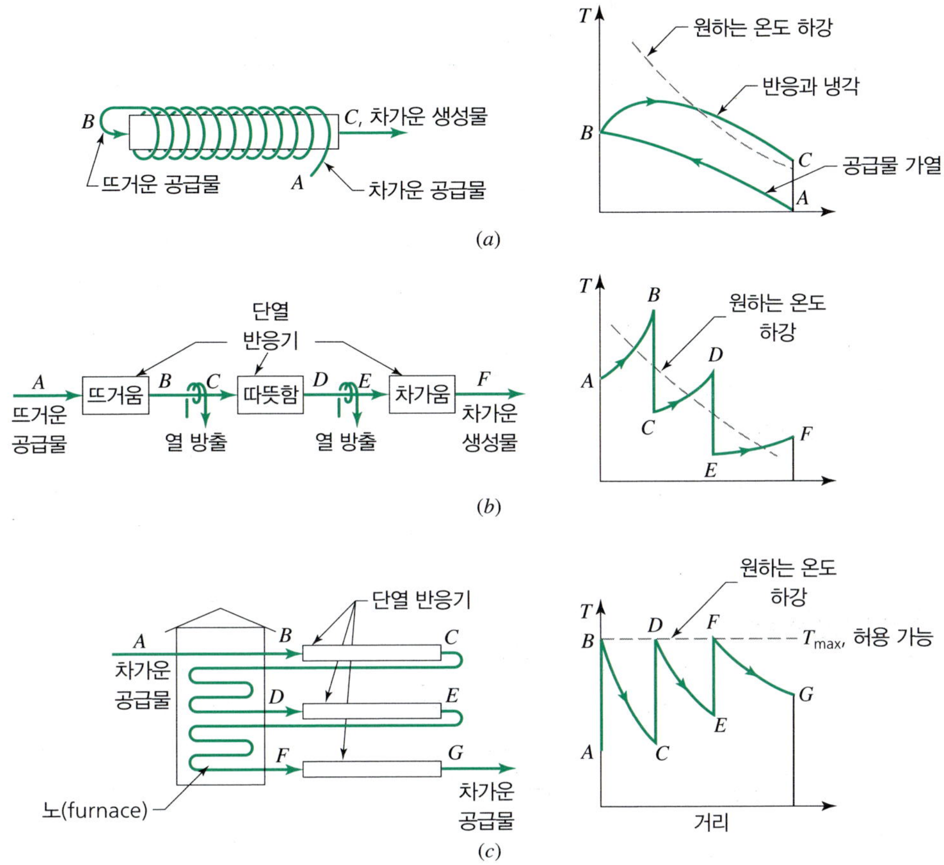


**그림 9.12** **열교환에 의한 이상적인 온도 분포로의 접근법: (*a*)와 (*b*) 발열반응, (*c*) 흡열반응.**

열의 제거가 필요하며 이에 대한 많은 방법이 제안되었다. 하나의 예로 공급되는 유체와의 열교환(그림 9.12*a* 참고)을 생각할 수 있으며 이 문제는 van Heerden (1953, 1958)이 다루었다. 다른 한 가지 예는 단열 부분 사이에서 중간냉각(interstage cooling)하는 다단조작이다(그림 9.12*b* 참고). 일반적으로 다단조작은 반응기 내에서 필요한 열교환이 실질적으로 이루어지지 못한 경우에 사용된다. 이는 비교적 열전달 특성이 좋지 못한 기상반응의 경우이다. 흡열반응에서 단사이의 재가열(reheat)에 의한 다단조작은 온도가 너무 낮게 떨어지는 것을 방지한다(그림 9.12*c* 참고).

이들 방법과 다른 많은 형태의 다단조작은 주로 고체 촉매 기상반응에 이용되므로 19장에서 검토하기로 한다. 균질계 반응의 설계는 촉매 반응의 경우와 같으므로 19장을 참고하기 바란다.

## 혼합 흐름 반응기에서의 발열반응 – 특별한 문제

혼합 흐름(또는 혼합 흐름에 근사한) 반응기에서의 발열반응이 대단히 흥미로운 이유는 한 반응기 내에서 물질 및 에너지 수지식을 만족시키는 반응기 조성이 한 개 이상 있을 수 있기 때문이다. 이것은 어느 것이 기대되는 전환율인가를 알지 못할 수도 있다는 말이다. van Heerden (1953, 1958)은 가장 먼저 이 문제를 다루었다. 이제 이 문제를 살펴보자.

먼저 반응유체가 주어진 속도($\tau$나 $V/F_{A0}$는 고정)로 혼합 흐름 반응기에 공급된다고 생각한

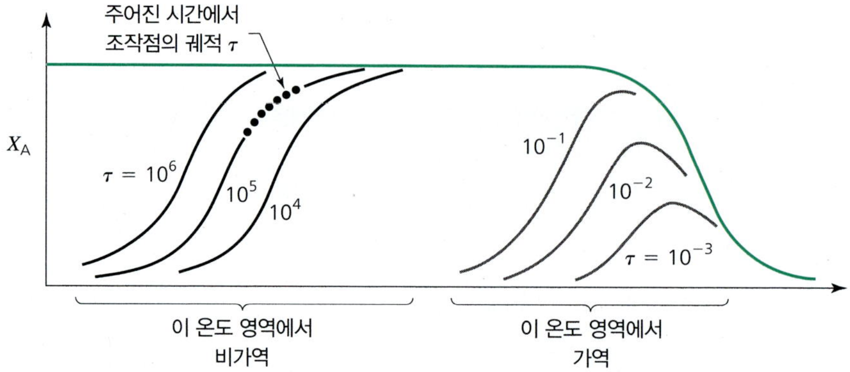


**그림 9.13 물질 수지 식 (5.11)로부터 $T$와 $\tau$의 함수로 나타낸 혼합 흐름 반응기의 전환율.**

다. 각 반응기 온도에서 물질 수지인 식 (5.11)을 만족시키는 어떤 특정한 전환율이 존재한다. 저온에서 반응속도는 낮으므로 전환율도 낮다. 고온에서는 전환율이 증가하여 평형에 접근한다. 온도가 더 올라가면 평형전환율이 저하되므로 주어진 $\tau$에 대하여 전환율이 유사하게 내려간다. 그림 9.13은 서로 다른 $t$ 값에서의 거동을 나타낸다. 이 선들은 조작선이나 반응경로가 아니며 이들 곡선상의 각 점들은 물질 수지식의 특수한 해를 나타내므로 혼합 흐름 반응기의 조작점(operating point)을 나타낸다.

이제 주어진 공급물 온도 $T_1$에서 운전되는 $\tau$에 대한 S자형 물질 수지선과 에너지 수지선이 교차하는 곳이 반응기 내 조건들을 결정한다. 여기 세 가지 경우가 나타나며 *비가역 반응*(irreversible reaction)에 대한 예가 그림 9.14에 나타나 있다.

먼저 에너지 수지선 $T_1A$는 반응으로 발생한 열이 반응을 스스로 유지시키기에 불충분한 경우를 나타낸다. 따라서 이 경우 전환율은 무시할 수 있다. 다른 극한의 경우 충분한 것 이상의 열을 발생시키면 유체는 가열되고 완전히 전환되며 이것이 직선 $T_1B$이다. 마지막으로 직선 $T_1C$는 중간의 경우로서 물질 및 에너지 수지식에 대해 $M'$, $M''$, $M'''$의 세 가지 해를 갖는다. 그러나 점 $M''$는 온도를 조금만 올리면 생성된 열(물질 수지 곡선이 급격히 상승)이 반응 혼합물에 의해 소비된 열(에너지 수지 곡선)보다 크므로 불안정하다. 과잉으로 생성된 열은 점 $M'''$까지 온도가 증가하도록 한다. 같은 이유에서 $M''$에서 온도를 조금 낮추면 $M'$까지 감소된다. 따라서 우리는 $M''$ 점을 발화점(ignition point)이라 부른다. 만일 혼합물의 온도를 이 이상으로 올리면 반응은 스스

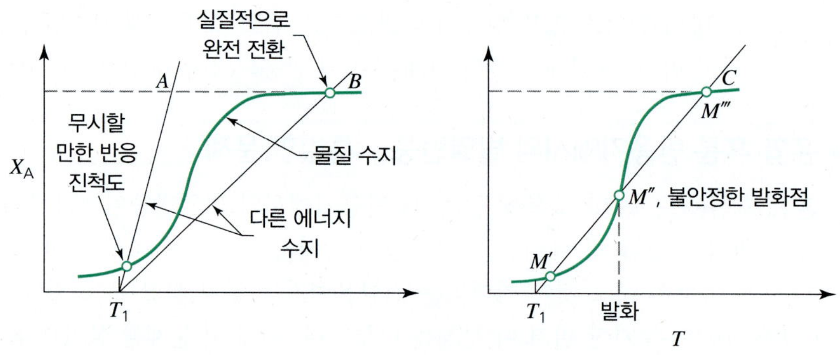


**그림 9.14 발열 비가역 반응에서 에너지 및 물질 수지에 대한 세 가지 유형의 해.**

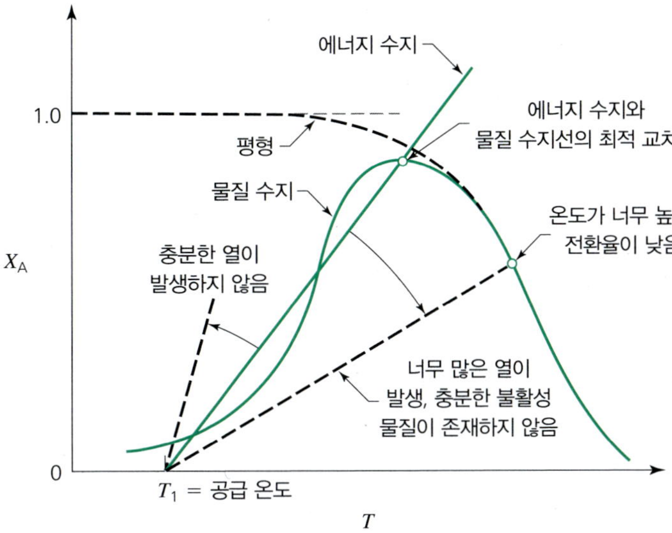


**그림 9.15** 가역 발열반응에 대한 에너지 및 물질 수지의 해.

로 유지된다.

*가역발열반응*(reversible exothermic reaction)에 대하여도 그림 9.15에서 볼 수 있는 바와 같이 세 가지 경우가 생긴다. 그러나 여기에서는 주어진 $\tau$에 대하여 전환율을 최대로 하는 최적의 조작온도가 있음을 알 수 있다. 이 온도 이상이나 이하이면 전환율이 떨어지므로 열 제거 시에 적절한 조절이 중요하다.

여기에 기술한 거동은 에너지 수지선의 기울기 $\mathbf{C_p}/-\Delta H_r$이 작은 경우의 시스템에서 일어나므로 열의 발생이 크고 순수한 반응물이면 등온조작과는 거리가 멀다. 이 유형의 반응계에 대한 검토와 예제는 van Heerden (1953, 1958)이 다루었다. 추가적으로 훨씬 더 복잡한 경우인 기체 화염(gas flame)은 위에서 검토한 미반응 상태, 반응된 상태 및 발화점의 세 가지 다중 해를 잘 나타낸다.

반응기 동력학, 안정성, 시동과정은 이들과 같은 자동유도반응에서 특히 중요하다. 그 예로서 공급물의 유입 속도($\tau$값), 공급물의 조성과 농도 또는 열전달속도에 조금만 변화가 오면 반응기 유출 흐름은 한 운전조건에서 다른 운전조건으로 급격히 변화한다.

## 예제 9.4 ▶ 최적 온도 변화에 대한 성능

예제 9.2와 9.3의 반응에 대하여 플러그 흐름 반응기의 최적 온도 변화를 이용하여

**(a)** $C_{A0}$ = 4 mol/L인 공급물의 유입속도 $F_{A0}$ = 1,000 mol/min인 경우에 80% 전환율을 얻는데 필요한 공간 시간과 부피를 계산하라.

**(b)** 반응기의 길이에 따른 온도와 전환율 분포를 플롯하라.

최대로 허용되는 운전온도는 95°C이고, 그림 E9.3은 $C_{A0}$ = 4 mol/L가 아니고 $C_{A0}$ = 1 mol/L인 경우에 대하여 플롯한 것이다.

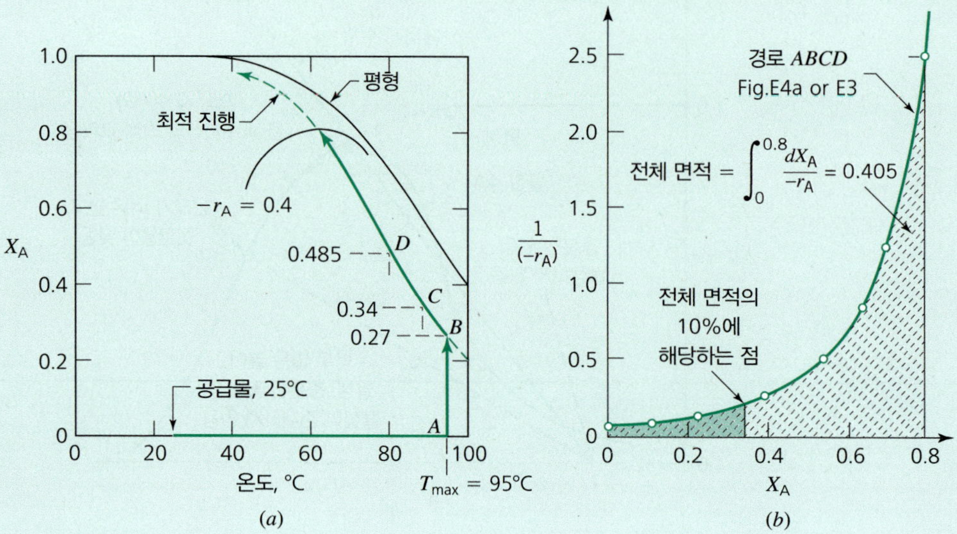


그림 E9.4a

그림 E9.4b

### 풀이

**(a)** ***최소 공간 시간.*** 전환율-온도 그래프(그림 E9.3)에서 최대 속도의 궤적을 그린 후 온도의 제약을 고려하여 이 시스템에 대한 최적경로(그림 E9.4*a*에서 *ABCDE*선)를 그리고, 다음에 이 경로를 따라서 도식적분(graphical integration)을 하면 다음을 얻게 된다.

$$\frac{\tau}{C_{A0}} = \frac{V}{F_{A0}} = \int_0^{0.8} \frac{dX_A}{(-r_A)_{\text{optimum path ABCDE}}} = \left(\begin{array}{c}\text{그림 E9.4}b\text{의}\\ \text{음영처리된 부분}\end{array}\right) = 0.405 \text{ lit.} \cdot \text{min/mol}$$

그러므로 공간 시간

$$\underline{\underline{\tau}} = C_{A0}\,(\text{area}) = (4 \text{ mol/liter})\,(0.405 \text{ liter} \cdot \text{min/mol}) = \underline{\underline{1.62 \text{ min}}}$$

이 되고 부피는 다음과 같다.

$$\underline{\underline{V}} = F_{A0}\,(\text{area}) = (1000 \text{ mol/min})\,(0.405 \text{ liter} \cdot \text{min/mol}) = \underline{\underline{405 \text{ liters}}}$$

**(b)** ***반응기 전체의 T 및 $X_A$ 분포.*** 그림 E9.4*b* 곡선 아래 부분의 면적을 10% 증분(increment)으로 택함으로써 반응기 전체를 10% 간격으로 나눈다. 이러한 과정의 결과로 10%에서 $X_A = 0.34$이고 20%에서 $X_A = 0.485$ 등을 얻을 수 있다. 이에 대응하는 온도는 $X_A = 0.341$(점 *C*)에서 362 K, $X_A = 0.485$(점 *D*)에서 354 K 등이다.

또한 시작 온도는 95°C이고 $X_A = 0.27$(점 *B*)에서 온도는 감소한다. 그림 E9.4*b*에서 면적

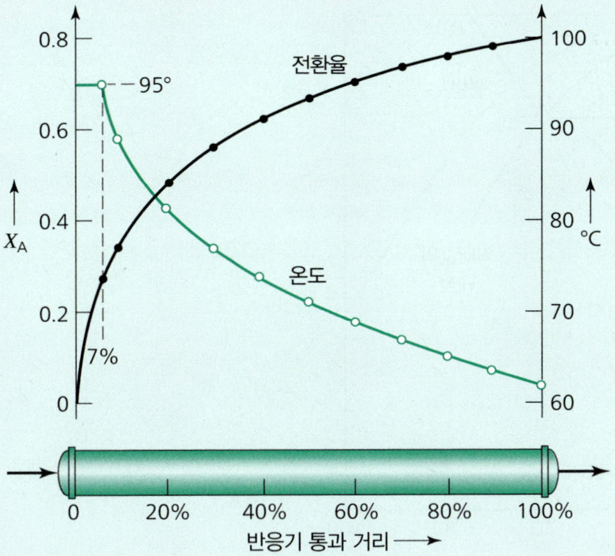


그림 E9.4c

을 측정하면 이는 유체가 반응기를 7% 통과하였을 때이다. 이러한 방법으로 온도와 전환율 분포가 구해지며 그 결과가 그림 E9.4*c*에 나타나 있다.

## 예제 9.5 ▶ 최적의 혼합 흐름 반응기의 성능

앞 예제의 농축 수용액 A($C_{A0}$ = 4 mol/L, $F_{A0}$ = 1,000 mol/min)가 혼합 흐름 반응기에서 80%가 전환되었다.

**(a)** 어느 정도 크기의 반응기가 필요한가?

**(b)** 만일 공급물이 25°C에서 유입되고 생성물이 같은 온도에서 나온다면 필요한 열소요량(heat duty)은 얼마인가? 여기에서 비열은 다음과 같다.

$$\mathbf{C_{pA}} = \frac{1000 \text{ cal}}{\text{kg} \cdot \text{K}} \cdot \frac{1 \text{ kg}}{1 \text{ liter}} \cdot \frac{1 \text{ liter}}{4 \text{ mol A}} = 250 \frac{\text{cal}}{\text{mol A} \cdot \text{K}}$$

### › 풀이

**(a)** ***반응기 부피.*** $C_{A0}$ = 4 mol/L이므로 그림 E9.3의 $X_A$ 대 $T$ 도표에서 모든 반응속도의 값을 4배 하여 사용한다.

그림 9.9를 따라서 혼합 흐름 반응기의 조작점은 최적조건의 궤적과 80% 전환율 직선이 만나는 점(그림 E9.5*a*에서 점 *C*)에 위치해야 한다. 여기에서 반응속도는 다음과 같이 얻어진다.

$$-r_A = 0.4 \text{ mol A converted/min} \cdot \text{liter}$$

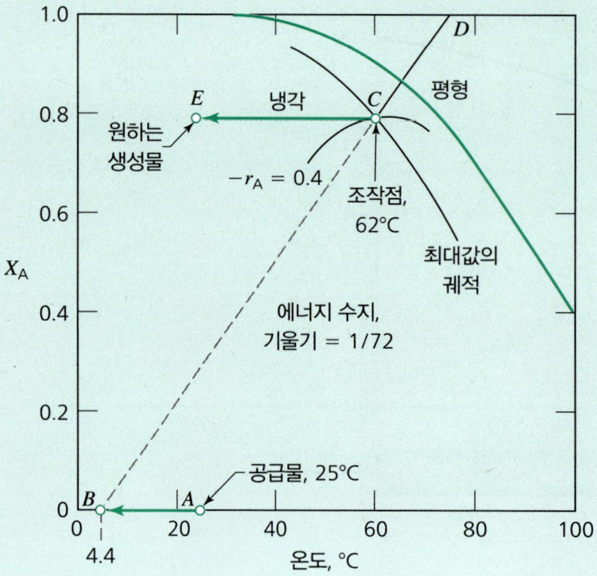


그림 E9.5*a*

혼합 흐름 반응기의 성능식인 식 (5.11)에서 요구되는 부피는 다음과 같이 계산된다.

$$\underline{\underline{V}} = \frac{F_{A0}X_A}{(-r_A)} = \frac{(1000 \text{ mol/min})(0.80)}{0.4 \text{ mol/min}\cdot\text{liter}} = \underline{\underline{2000 \text{ liters}}}$$

**(b)** ***열 소요량.*** 물론 계산에서 줄(joule)을 사용할 수도 있지만 수용액을 다루고 있으므로 칼로리(calorie)를 사용하는 것이 더 간단하다. 그러면 에너지 수지식의 기울기는 다음과 같다.

$$\text{기울기} = \frac{\mathbf{C_p}}{-\Delta H_r,} = \frac{(250 \text{ cal/mol A}\cdot\text{K})}{(18\,000 \text{ cal/mol A})} = \frac{1}{72}\text{K}^{-1}$$

점 *C*를 통과하는 이러한 직선(*BCD*)을 그으면 공급물이 유입되어 단열적으로 반응하기 전에 이를 20°C로 냉각(점 *A*에서 점 *B*로 이동)시켜야 한다는 것을 알 수 있다. 또한 생성물은 37°C로 냉각(점 *C*에서 점 *E*로 이동)되어야 한다. 따라서 열소요량은 다음과 같이 된다.

$$\begin{aligned}\underline{\underline{\text{앞의 냉각기:}}}\ Q_{AB} &= (250 \text{ cal/mol A}\cdot\text{K})(20 \text{ K}) = 5000 \text{ cal/mol A fed}\\ &= (5000 \text{ cal/mol A})(1000 \text{ molA/min}) = 5000\,000 \text{ cal/min}\\ &= \underline{\underline{348.7 \text{ kW}}}\\ \underline{\underline{\text{뒤의 냉각기:}}}\ Q_{CE} &= (250)(37) = 9250 \text{ cal/mol A fed}\\ &= (9250)(1000) = 9250\,000 \text{ cal/min}\\ &= \underline{\underline{645.0 \text{ kW}}}\end{aligned}$$

그림 E9.5*b*에 합리적인 두 가지 냉각기의 배열을 나타내었다.

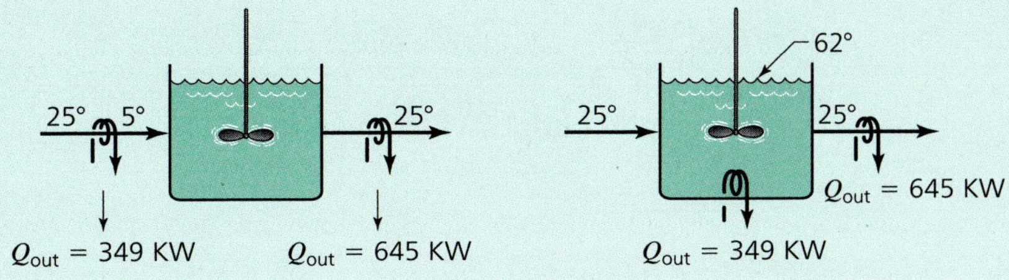


그림 E9.5b

## 예제 9.6 ▶▶ 단열 플러그 흐름 반응기의 성능

예제 9.5의 공급물($C_{A0}$ = 4 mol/L, $F_{A0}$ = 1,000 mol/min)을 80% 전환시키는 데 필요한 단열 플러그 흐름 반응기의 크기를 구하라.

### 풀이

그림 9.9의 과정을 따라서 기울기가 1/72(예제 9.5 참고)인 시행조작선(trial operating lines)을 그리고(그림 E9.6*a* 참고) 각 조작선에 대하여 다음의 적분값 $\int_0^{0.8} \frac{dX_A}{-r_A}$을 구한 다음, 이 값이 최소가 되는 경우를 찾는다.

그림 E9.6*a*와 *b*는 선 *AB*와 *CD*에 대한 이 과정을 나타낸다. 선 *CD*가 더 작은 면적을 가지며 실제로 최소값에 근접하므로 이것이 원하는 조작선이다. 따라서 반응기 크기는 다음과 같이 계산된다.

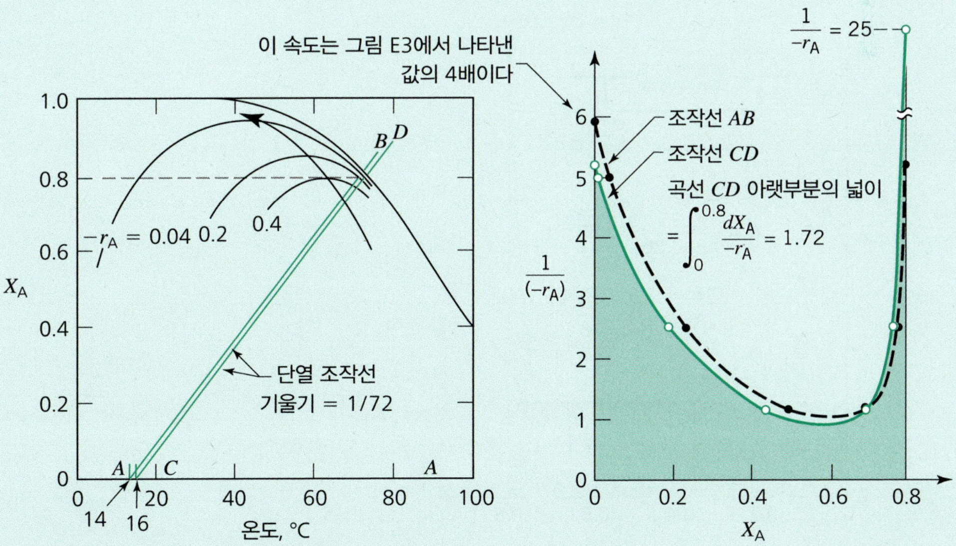


그림 E9.6

$$\underline{\underline{V}} = F_{A0}\int_0^{0.8}\frac{dX_A}{-r_A} = F_{A0}\,(\text{area under curve } CD)$$

$$= (1000\ \text{mol/min})(1.72\ \text{liter}\cdot\text{min/mol})$$

$$= \underline{\underline{1720\ \text{liters}}}$$

이 부피는 혼합 흐름 반응기의 부피보다 약간 작으나(예제 9.5 참고) 아직 가능한 최소 부피(예제 9.4에서 405 L)보다는 4배가 크다.

온도에 관한 고려: 그림 E9.6*a*에서 공급물은 먼저 16.0°C까지 냉각하고 다음에 단열 반응기를 통과하여 73.6°C, 80% 전환율로 반응기를 떠난다.

## 예제 9.7 ▶ 순환이 있는 단열 플러그 흐름 반응기

지금 생성물 흐름의 순환이 있는 경우에 예제 9.6을 반복하라.

### 풀이

예제 9.6의 조작선 *CD*에 대하여 그림 E9.7에 표시한 바와 같이 직사각형 *EFGH*로 대표되는 최적의 순환면적(recycle area)을 구할 수 있다.

$$\text{Area} = (0.8 - 0)(15\ \text{liter}\cdot\text{min/mol}) = 1.2\ \text{liter}\cdot\text{min/mol}$$

$$\underline{\underline{V}} = F_{A0}\,(\text{area}) = (1000\ \text{mol/min})(1.2\ \text{liter/mol}\cdot\text{min}) = \underline{\underline{1200\ \text{liter}}}$$

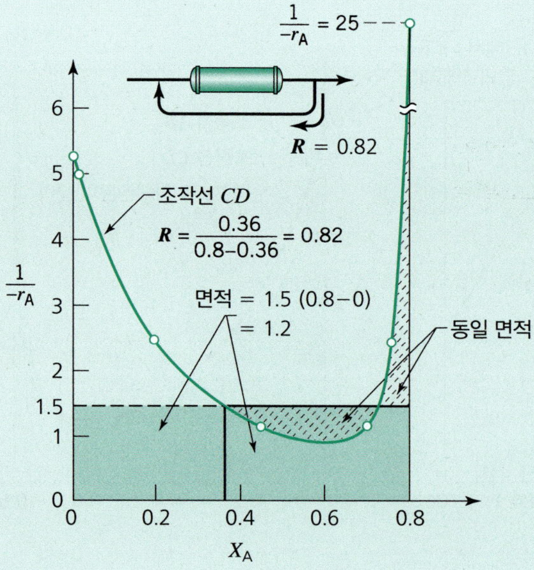


그림 E9.7

지금까지 살펴본 이 네 가지 예제의 결과를 종합하면 같은 공급물을 사용하여 동일한 작업을 수행하는 데 필요한 반응기의 크기는 다음과 같이 요약된다.

| | |
|---|---|
| 최적의 온도 변화를 동반한 플러그 흐름 반응기 | $V$ = 405 L (예제 9.4) |
| 혼합 흐름 반응기 | $V$ = 2,000 L (예제 9.5) |
| 단열 플러그 흐름 반응기 | $V$ = 1,720 L (예제 9.6) |
| 단열 순환 반응기 | $V$ = 1,200 L (예제 9.7) |

## 9.2 복합 반응

이미 7장의 서론에서 지적한 바와 같이 복합 반응에서 반응기 크기나 생성물 분포는 모두 운전조건에 영향을 받는다. 반응기 크기에 대한 문제는 원칙적으로 단일 반응에 대한 경우와 별 차이가 없고 원하는 생성물을 얻는 것과 관련된 문제보다 덜 중요하므로 생성물 분포 문제에 대해 중점적으로 다루기로 한다. 따라서 온도를 어떻게 조작하면 원하는 생성물 분포를 얻고, 다음으로 공간 시간이 고정인 반응기에서 어떻게 원하는 생성물의 생산을 최대로 할 수 있는가를 살펴보기로 한다.

이에 대해 경쟁적인 반응들이 모두 같은 반응 차수라고 가정하여 농도의 효과를 무시한다. 이에 대한 영향은 7장에서 검토하였다.

### ▶ 생성물 분포와 온도

만일 복합 반응을 이루는 경쟁적인 두 단계의 속도 상수가 $k_1$과 $k_2$라면 이들 단계들의 상대적 반응속도는 다음과 같다.

$$\frac{k_1}{k_2} = \frac{k_{10}e^{-\mathbf{E}_1/\mathbf{R}T}}{k_{20}e^{-\mathbf{E}_2/\mathbf{R}T}} = \frac{k_{10}}{k_{20}}e^{(\mathbf{E}_2-\mathbf{E}_1)/\mathbf{R}T} \propto e^{(\mathbf{E}_2-\mathbf{E}_1)/\mathbf{R}T} \tag{27}$$

이 비는 $\mathbf{E}_1$이 $\mathbf{E}_2$보다 크거나 작은 것에 따라서 다음과 같이 변화된다.

$$\text{온도가 상승할 때} \begin{cases} \mathbf{E}_1 > \mathbf{E}_2\text{이면 } k_1/k_2\text{는 증가} \\ \mathbf{E}_1 < \mathbf{E}_2\text{이면 } k_1/k_2\text{는 감소} \end{cases}$$

따라서 활성화 에너지가 큰 반응이 온도에 더욱 민감하다. 이 사실에서 경쟁적인 반응이 상대적 반응속도에 미치는 온도의 영향은 다음과 같은 일반적인 규칙을 따른다.

> *활성화 에너지가 크면 고온이 적합하고,*
> *활성화 에너지가 작으면 저온이 적합하다.*

이 규칙을 여러 가지 유형의 복합 반응에 있어서 적절한 조작온도를 구하는 데 적용할 수 있다.

*병렬 반응에 있어서,*

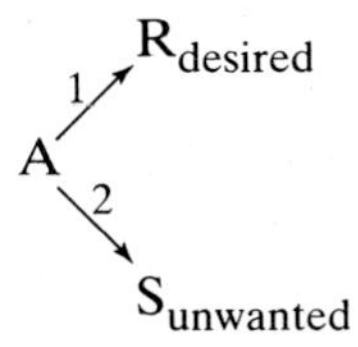

단계 1은 촉진시키고 단계 2는 억제함으로 $k_1/k_2$의 값이 커진다. 따라서 위의 규칙으로부터 다음의 결과를 얻을 수 있다.

$$\left.\begin{array}{l}\mathbf{E}_1 > \mathbf{E}_2\text{이면, 고온을 사용}\\ \mathbf{E}_1 < \mathbf{E}_2\text{이면, 저온을 사용}\end{array}\right\} \tag{28}$$

*직렬 반응에 있어서,*

$$\mathrm{A} \xrightarrow{1} \mathrm{R}_{\text{desired}} \xrightarrow{2} \mathrm{S} \tag{29}$$

에 대하여 $k_1/k_2$를 증가시키면 R의 생산이 증가한다. 따라서 다음과 같이 온도를 조절한다.

$$\left.\begin{array}{l}\mathbf{E}_1 > \mathbf{E}_2\text{이면, 고온을 사용}\\ \mathbf{E}_1 < \mathbf{E}_2\text{이면, 저온을 사용}\end{array}\right\} \tag{30}$$

일반적인 직렬-병렬 반응에 대해서는 두 가지를 더 고려해야 한다. 먼저 *병렬 단계*(parallel step)에서 한쪽은 고온이 유리하고 다른 쪽은 저온이 유리하면 생성물 분포를 가장 유리하게 하는 특정한 중간의 온도가 최선이다. 예로서 다음 반응을 생각해 보자.

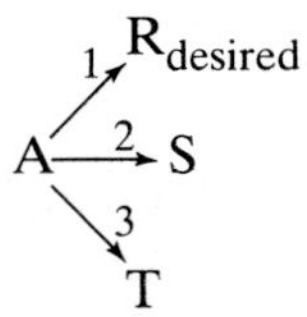

여기서 $\mathbf{E}_1 > \mathbf{E}_2, \mathbf{E}_1 < \mathbf{E}_3$ (31)

지금 $\mathbf{E}_1 > \mathbf{E}_2$이면 고온을 요구하고, $\mathbf{E}_1 < \mathbf{E}_3$이면 저온을 요구하므로 가장 유리한 생성물 분포를 얻는 온도는 아래 식을 만족시키는 경우라 할 수 있다.

$$\frac{1}{T_{\text{opt}}} = \frac{\mathbf{R}}{\mathbf{E}_3 - \mathbf{E}_2} \ln\left[\frac{\mathbf{E}_3 - \mathbf{E}_1}{\mathbf{E}_1 - \mathbf{E}_2}\frac{k_{30}}{k_{20}}\right] \tag{32}$$

다음으로 *직렬 단계*(steps in series)에서 앞의 단계는 고온이 필요하고, 다음 단계는 저온이 필요하다면, 온도를 떨어뜨려야 한다. 이와 같은 유사한 논리가 다른 진행(혹은 변화)에도 적용된다.

이 장의 끝에 있는 연습 문제는 최적온도 $T_{\text{opt}}$에 대한 정성적인 사실을 증명하고, 이의 가능한 이론의 확장을 보여준다.

## 논평

복합 반응에 대한 이러한 논의는 7장에서 어떤 농도와 혼합 상태가 최선인지를 살펴보았던 것처럼 활성화 에너지의 상대적인 크기가 어떠한 온도와 온도 변화에서 최적인지 보여줄 것이다. 저온, 고온, 온도 상승, 온도 강하에 대한 일반적인 패턴은 보통 쉽게 결정할 수 있을지라도 최적조건을 계산하는 것은 쉽지 않다.

실험에서는 여기서 검토한 이론적 경우와 정반대인 경우를 접하게 된다. 실험을 통해 생성물 분포를 측정하고, 이로부터 화학양론, 반응속도론 및 가장 유용한 조건을 구할 수 있다. 이 장에서 검토한 사실의 일반화가 실험적 탐색에 도움이 될 것이다.

마지막으로 반응 차수와 활성화 에너지가 다른 반응의 경우에는 7장, 8장, 9장의 방법들을 모두 결합시켜야 한다. Jackson 등(1971)은 이러한 유형의 특별한 시스템에 대하여 온도와 농도의 두 인자 중에서 한 인자를 극한값에 유지하고 다른 하나를 맞춤으로써 최적 조건을 구하였다. 어떠한 인자를 맞추어야 하는 것은 생성물 분포가 온도에 더 의존하는지 아니면 농도에 더 의존하는지에 달려 있다. 이 사실이 일반적 결론을 대표하는지를 알아보는 것도 흥미로운 일이다.

## 참고 문헌

Jackson, R., Obando, R., and Senior, M. G., *Chem. Eng. Sci.*, **26**, 853 (1971).
van Heerden, C., *Ind. Eng. Chem.*, **45**, 1242 (1953).
van Heerden, C., *Chem. Eng. Sci.*, **8**, 133 (1958).

## 연습 문제

예제 9.4부터 9.7까지는 비등온 반응기를 다루는 방법을 예시하였다. 19장에서는 이 접근법을 고체 촉매 반응의 다단조작에 이용할 것이다.

이 개념을 확실히 하기 위해 연습 문제 9.1부터 9.9까지는 앞 예제에서 한두 개만 바꿔 다시 풀어볼 것이다. 이들 연습 문제에서는 전체적으로 모든 문제를 다시 풀 필요는 없고 단지 바뀐 부분만 확인하면 된다.

**9.1** 예제 9.4의 반응에 대하여
- **(a)** 플러그 흐름 반응기에서 최적 온도 변화를 따를 때 반응물의 60% 전환율을 얻는 데 필요한 공간 시간 $\tau$를 구하라.
- **(b)** 반응기 출구에서 유체의 온도를 구하라.

**9.2** 예제 9.5의 혼합 흐름 반응기에 대하여 가장 작은 반응기에서 70% 전환율을 얻고자 한다. 추천하는 시스템에 대하여 개략도를 그리고, 반응기에 들어가고 나가는 흐름의 온도는 물론 공간 시간 $\tau$를 표시하라.

**9.3** 예제 9.4의 플러그 흐름 반응기의 최적 온도 변화 ($C_{A0}$ = 4 mol/L, $F_{A0}$ = 1,000 molA/min, $X_A$ = 0.8, $T_{min}$ = 5°C, $T_{max}$ = 95°C)과 25°C에 있는 공급물과 생성물에 대하여 얼마의 가열과 냉각이 필요한가?

(a) 공급물 흐름의 경우

(b) 반응기 자체 내에

(c) 반응기를 떠나는 흐름의 경우

**9.4** 전체가 40°C로 유지되고 있는 플러그 흐름 반응기에서 90% 전환율을 얻기 위해 예제 9.4의 반응($C_{A0}$ = 4 mol/L, $F_{A0}$ = 1,000 mol/min)을 진행시키려 한다. 필요한 반응기의 부피를 구하라.

**9.5** 예제 9.4를 다시 풀어라. $C_{A0}$의 농도가 1 아니고 4인 경우, $F_{A0}$ = 1,000 mol A/min

**9.6** 예제 9.5를 다시 풀어라. $C_{A0}$의 농도가 1 아니고 4인 경우, $F_{A0}$ = 1,000 mol A/min

**9.7** 예제 9.6을 다시 풀어라. $C_{A0}$의 농도가 1 아니고 4인 경우, $F_{A0}$ = 1,000 mol A/min

**9.8** 예제 9.7을 다시 풀어라. $C_{A0}$의 농도가 1 아니고 4인 경우, $F_{A0}$ = 1,000 mol A/min

**9.9** 예제 9.4의 반응에 대하여 혼합 흐름 반응기에서 $C_{A0}$ = 10 mol/L, $\upsilon$ = 100 L/min인 공급물에 대하여 95% 전환율을 얻기를 원한다. 어느 정도 크기의 반응기가 필요한가?

**9.10** 다음의 반응에 대하여 $C_S$를 최대로 하는 최적 온도 변화(혹은 진행)를 구하라.

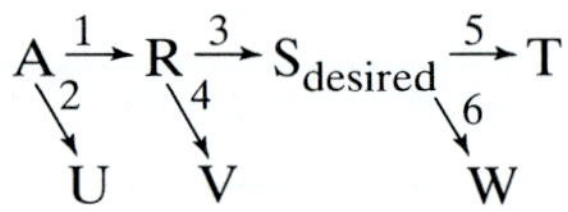


*자료*: $\mathbf{E}_1$ = 10, $\mathbf{E}_2$ = 25, $\mathbf{E}_3$ = 15, $\mathbf{E}_4$ = 10, $\mathbf{E}_5$ = 20, $\mathbf{E}_6$ = 25

**9.11** 다음과 같은 1차 반응을 10°C와 90°C 사이에서 직렬로 연결된 두 개의 혼합 흐름 반응기에서 반응시키고자 한다. 두 반응기의 온도를 다르게 유지시킨다면 S의 최대 수율을 얻기 위한 온도는 얼마이고, 이때의 수율은 어떻게 되는가?

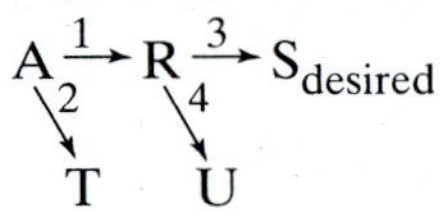


$$k_1 = 10^9 e^{-6000/T}$$
$$k_2 = 10^7 e^{-4000/T}$$
$$k_3 = 10^8 e^{-9000/T}$$
$$k_4 = 10^{12} e^{-12,000/T}$$

**9.12** 다음과 같은 기상의 가역 1차 반응이 혼합 흐름 반응기에서 일어난다.

$$A \underset{2}{\overset{1}{\rightleftarrows}} R$$

300 K에서 A의 60%를 전환시키는 데 필요한 반응기의 부피는 100 L이다. 공급물의 공급속도

와 전환율을 그대로 유지하고 온도가 400 K로 증가되면 반응기의 부피는 얼마인가? 이때 공급물을 순수한 A로 되어 있고 전압은 일정하다고 가정한다.

자료: $k_1 = 10^3 \exp[-2416/T] \text{ min}^{-1}$

$\Delta C_p = C_{pR} - C_{pA} = 0$

$\Delta H_r = -8000$ cal/mol at 300 K

$K = 10$ at 300 K

공급물은 순수한 A로 이루어져 있다.

전압은 일정하다.

제 10 장

# 올바른 반응기 선택

*Choosing the Right Kind of Reactor*

지금까지 다음과 같은 이유로 이상 반응기를 이용한 균질 시스템(균질계) 반응을 주로 다루었다. 첫째, 이 시스템은 해석하기에 가장 간단하며 이해하기 쉽고 숙달하기 편하기 때문이다. 둘째, 균질계에서 도출한 최적 반응기의 거동에 대한 규칙들은 종종 불균질 시스템(불균질계)에 직접 적용될 수 있기 때문이다.

이 책의 처음 아홉 개의 장에 언급된 중요한 사실들은 약간의 계산으로 최적의 반응기 시스템이 뭔지 알 수 있게 한다. 지금까지 학습한 일반적인 여섯 가지의 규칙 다시 복습하자.

## ▸ 규칙 1. 단일 반응

반응기 부피를 최소화하기 위해 반응 차수가 $n > 0$인 반응물은 반응물의 농도를 가능한 한 높게 유지하고, 반응 차수가 $n < 0$인 반응물은 농도를 가능한 한 낮게 유지한다.

## ▸ 규칙 2. 직렬 반응

다음과 같은 직렬 반응

$$A \rightarrow R \rightarrow S \rightarrow \cdots Y \rightarrow Z$$

에서 어떤 중간체의 농도를 최대화하기 위해서는 활성 성분의 농도가 다른 유체를 반응물이나 중간체와 혼합해서는 안 된다(그림 10.1 참고).

## ▸ 규칙 3. 병렬 반응

반응 차수가 각각 $n_i$인 다음과 같은 병렬 반응에 대하여

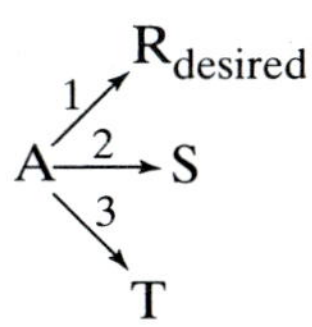

$n_1$ … 낮은 반응 차수
$n_2$ … 중간 반응 차수
$n_3$ … 높은 반응 차수

최상의 생성물 분포를 얻기 위한 조건은 다음과 같다.

- 낮은 $C_A$ 농도는 반응 차수가 낮은 반응에 유리하다.

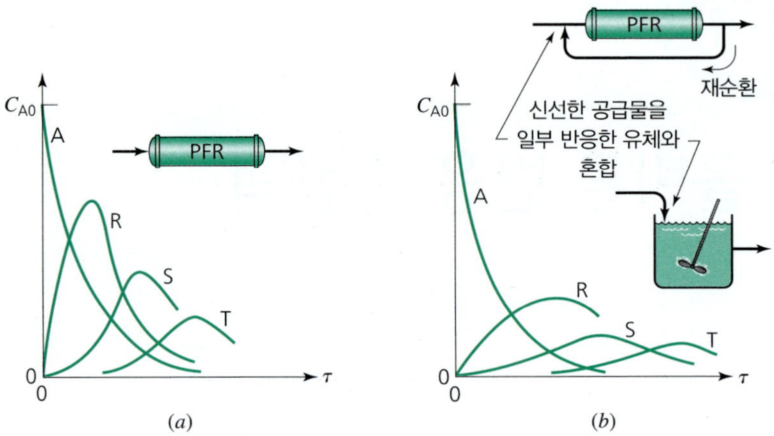


**그림 10.1** (*a*) 플러그 흐름(상호혼합이 없음)은 대부분 모든 중간체를 생성하고, (*b*) 상호혼합은 모든 중간체의 생성을 억제한다.

- 높은 $C_A$ 농도는 반응 차수가 높은 반응에 유리하다.
- 원하는 반응이 중간 수준의 반응 차수라면 중간 농도의 $C_A$에서 최적의 생성물 분포를 얻을 수 있다.
- 모든 반응의 반응 차수가 같으면 농도가 생성물 분포에 미치는 영향은 없다.

## ▶ 규칙 4. 복잡한 반응

복잡한 반응망(혹은 네트워크)은 간단한 직렬 반응과 병렬 반응으로 분해하여 해석한다. 예를 들어 R이 원하는 생성물인 다음과 같은 기초 반응은 아래의 간단한 반응으로 분해한다.

$$\left.\begin{array}{l} A + B \rightarrow R \\ R + B \rightarrow S \end{array}\right\} \rightarrow \quad \begin{array}{l} A \rightarrow R \rightarrow S \\ B \begin{array}{l} \nearrow R \\ \searrow S \end{array} \end{array}$$

이렇게 분해하면 A와 R은 어떠한 순환도 없는 플러그 흐름이어야 하고 B는 생성물 분포에 영향을 미치지 않기 때문에 우리가 원하는 농도로 도입할 수 있다.

## ▶ 규칙 5. 연속 조업 혹은 불연속 조업

정상 상태에서 연속적인 흐름 조업을 통해 얻을 수 있는 생성물 분포는 비흐름 조업에서도 얻을 수 있고 이의 역도 성립된다. 그림 10.2에 이를 나타내었다.

## ▶ 규칙 6. 생성물 분포에 미치는 온도의 영향

다음과 같은 반응을 고려하자.

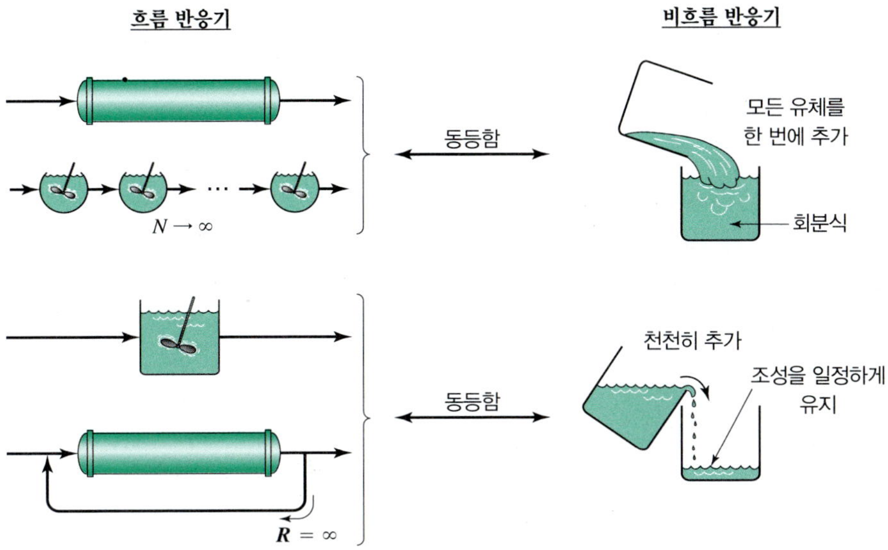


그림 10.2 **정상 상태 흐름과 이에 대응하는 비흐름 회분 또는 반회분 시스템의 체류 시간 분포.**

$$A \xrightarrow{1} R \xrightarrow{2} S \qquad A \begin{cases} \xrightarrow{1} R & k_1 = k_{10}e^{-\mathbf{E}_1/\mathbf{R}T} \\ \xrightarrow{2} S & k_2 = k_{20}e^{-\mathbf{E}_2/\mathbf{R}T} \end{cases}$$

높은 활성화 에너지를 가진 반응에는 고온이 유리한 반면에 낮은 활성화 에너지를 가진 반응에서는 저온이 유리하다.

다음으로 지금까지 살펴본 6가지 규칙이 최적조건을 찾는 데 어떻게 이용될 수 있는지를 살펴보자.

## ▸ 반응기의 최적조업(혹은 최적운전)

반응기 조업에서 "최적"이라는 단어는 다른 의미를 가지고 있다. 어떤 측면에서 다른 유용한 의미를 갖는지 살펴보자.

반응물 A를 포함한 흐름이 반응기에 공급되고 R, S, T, ... 등이 생성될 때, R이 원하는 생성물이라면, 이때 최적이라는 의미는

**1.** R의 총괄 수율이 최대이거나

$$\Phi\left(\frac{\mathrm{R}}{\mathrm{A}}\right) = \left(\frac{\text{생성된 R의 몰수}}{\text{소비된 A의 몰수}}\right)_{\max} \tag{1}$$

**2.** R의 생성량이 최대인 것을 의미한다.

$$(\mathrm{Prod\ R})_{\max} = \left(\frac{\text{생성된 R의 몰수}}{\text{계 혹은 시스템에 공급된 A의 몰수}}\right)_{\max} \tag{2}$$

직렬 반응에 대하여 8장에서 살펴본 바와 같이, R의 최대 생성 속도를 직접 계산할 수 있다. 그러나 병렬 반응의 경우에는 먼저 R의 순간 수율을 계산하는 것이 더 유용하다.

$$\varphi\left(\frac{R}{A}\right) = \left(\frac{\text{생성된 R의 몰수}}{\text{소비된 A의 몰수}}\right) \tag{3}$$

그 다음 최적조건을 구해야 하며 이러한 과정은 7장에서 설명한 바 있다.

만일 미사용된 반응물이 출구 흐름에서 분리될 수 있다면 공급물을 농축시키고 재순환시켜야 한다.

$$(\text{Prod R})_{max} = \Phi(R/A)_{opt} \tag{4}$$

## 예제 10.1 ▶ Trambouze 반응(1959)

다음과 같은 기초 반응이 동일한 크기의 네 개의 혼합 흐름 반응기(mixed flow reactor, MFR)에서 일어나며, 반응기는 원하는 대로 연결할 수 있다. 공급물의 농도 $C_{A0} = 1$이고 공급물의 유량 $v = 100$ L/min이다.

$$A \xrightarrow{0} R, \quad A \xrightarrow{1} S_{desired}, \quad A \xrightarrow{2} T$$

$$r_R = k_0 \qquad k_0 = 0.025$$
$$r_S = k_1 C_A \qquad k_1 = 0.2\ \text{min}^{-1}$$
$$r_T = k_2 C_A^2 \qquad k_2 = 0.4\ \text{liter/mol·min}$$

목표는 S의 총괄 수율 Φ(S/A)을 최대화하는 것으로 컴퓨터 계산 결과를 그림 E10.1*a*와 같이 나타났다[연습 문제 10.6 참고, *Chem, Eng. Sci.*, **45**, 595-614(1990)].

**(a)** 4개의 MFR을 어떻게 배열하는 게 최적배열인가?

**(b)** 이때 배열된 4개 반응기의 부피는 각각 얼마인가?

### 풀이

**(a)** 컴퓨터에 의한 해는 먼저 공학적인 관점에서는 약간 복잡하게 보일 수 있다. 그러나 개의치 말고 계산을 하면, 순간 수율은 다음과 같이 된다.

$$\varphi(S/A) = \frac{k_1 C_A}{k_0 + k_1 C_A + k_2 C_A^2} = \frac{0.2\, C_A}{0.025 + 0.2\, C_A + 0.4\, C_A^2} \tag{i}$$

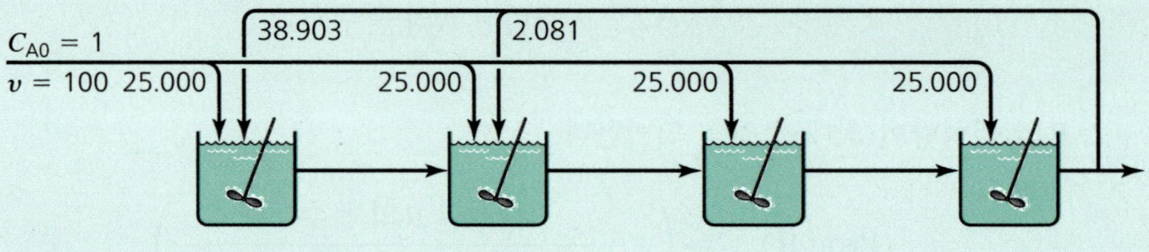


그림 E10.1*a*

$\Phi(S/A)$를 최대로 만들기 위해 미분값을 0으로 둔다.

$$\frac{d\varphi}{dC_A} = 0 = \frac{0.2(0.025 + 0.2\,C_A + 0.4\,C_A^2) - 0.2\,C_A\,(0.2 + 0.8\,C_A)}{(---)^2}$$

이를 풀면

$$\underline{\underline{C_{A\,opt}}} = \underline{\underline{0.25}}$$

이 되고 $C_{A\,opt}$ 값을 식 (i)에 대입하여 다음을 얻을 수 있다.

$$\underline{\underline{C_{S\,opt}}} = \Phi(S/A)(C_{A0} - C_{A\,opt}) = 0.5(1 - 0.25) = \underline{\underline{0.375}}$$

따라서 이들 네 개의 반응기를 조업하는 최적의 방법은 모든 네 개 반응기의 최적조건을 유지하는 것이다. 이러한 설계 중의 하나가 그림 E10.1*b*에 주어져 있고 다른 설계는 연습 문제 10.20에 나타나 있으며 그림 E10.1*a*도 이러한 설계 중의 하나이다.

**(b)** 각 MFR의 부피는 성능식으로부터 구할 수 있다.

$$\tau = \frac{V}{v} = \frac{C_{A0} - C_A}{-r_A}$$

또는 다음과 같다.

$$V = \frac{v(C_{A0} - C_A)}{-r_A} = \frac{(100/4)(1.00 - 0.25)}{0.025 + 0.2(0.25) + 0.4(0.25)^2}$$
$$= 187.5 \text{ liters}$$

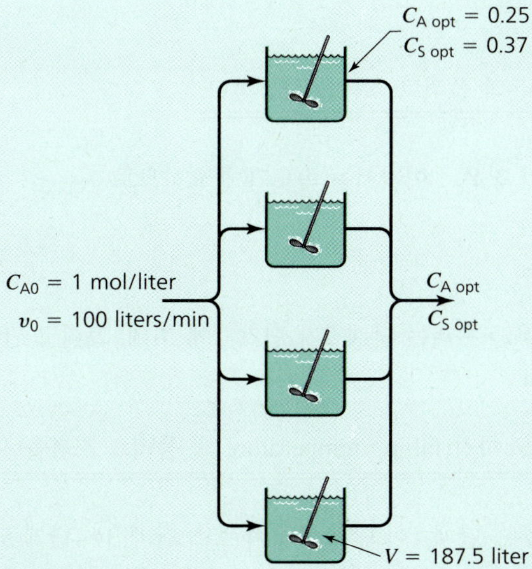


그림 E10.1*b*

그러므로 네 개 반응기의 총(전체) 부피는 다음과 같다.

$$\underline{\underline{V}}_{\text{total}} = 187.5 \times 4 = \underline{\underline{750 \text{ liters}}}$$

## 예제 10.2 ▶ 복합 반응에 대한 온도 변화

아래와 같은 기초 반응을 생각한다.

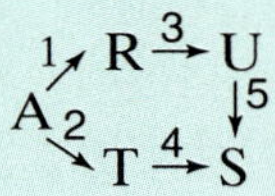

$$\begin{cases} \mathbf{E}_1 = 79 \text{ kJ/mol} \\ \mathbf{E}_2 = 113 \text{ kJ/mol} \\ \mathbf{E}_3 = 126 \text{ kJ/mol} \\ \mathbf{E}_4 = 151 \text{ kJ/mol} \\ \mathbf{E}_5 = 0 \end{cases}$$

원하는 생성물이 아래와 같고 반응기 크기가 중요하지 않다면 어떠한 온도 변화를 추천할 수 있겠는가?

**(a)** R, **(b)** S, **(c)** T, **(d)** U

이와 같이 공업적으로 중요한 반응은 Binns 등(1969)에 의해 제안되었고, 나중에 Husain과 Gangiah (1976, p. 245)이 사용하였다. 이 문제를 더욱 재미있게 만들기 위해, 기존에 보고된 값에서 두 개의 **E** 값을 서로 바꾸었다.

### 풀이

**(a)** ***원하는 생성물이 중간체 R인 경우.*** 우리는 단계 1이 단계 2에 비해, 그리고 단계 1이 단계 3에 비해 빠르기를 원한다.

$\mathbf{E}_1 < \mathbf{E}_2$이고 $\mathbf{E}_1 < \mathbf{E}_3$이므로 저온과 플러그 흐름을 사용한다.

**(b)** ***원하는 생성물이 최종 생성물 S인 경우.*** 여기서는 속도가 중요하므로

고온과 플러그 흐름을 사용한다.

**(c)** ***원하는 생성물이 중간체 T인 경우.*** 우리는 단계 2가 단계 1에 비해, 그리고 단계 2가 단계 4보다 빠르기를 원한다.

$\mathbf{E}_2 > \mathbf{E}_1$이고 $\mathbf{E}_2 > \mathbf{E}_4$이므로 온도 하강(falling temperature)과 플러그 흐름을 사용한다.

**(d)** ***원하는 생성물이 중간체 U인 경우.*** 단계 1이 단계 2에 빠르고, 단계 3이 단계 5보다 빠르기를 원한다.

$\mathbf{E}_1 < \mathbf{E}_2$이고 $\mathbf{E}_3 > \mathbf{E}_5$이므로 온도 상승(rising temperature)과 플러그 흐름을 사용한다.

## 참고 문헌

Binns, D.T., Kantyka, T.A., and Welland, R.C., *Trans. I. Chem. E.*, **47**, T53 (1969).

Husain, A., and Gangiah, K., *Optimization Techniques for Chemical Engineers*, Macmillan of India, Delhi (1976).

Trambouze, P.J., and Piret, E.L., *AIChE J.*, **5**, 384 (1959).

van der Vusse, J.G., *Chem. Eng. Sci.*, 19, 994 (1964).

## 연습 문제

**10.1** 아래와 같은 두 반응에서 원하는 생성물인 R을 최대화하고자 한다.

$$A + B \xrightarrow{1} R \qquad -r_1 = k_1 C_A C_B$$
$$R + B \xrightarrow{2} S \qquad -r_2 = k_2 C_R C_B$$

다음의 네 가지 방법 가운데 "좋은 것"과 "좋지 않은 것"을 구분하라. 복잡한 계산은 필요 없고 단지 구분한 이유만 서술하라.

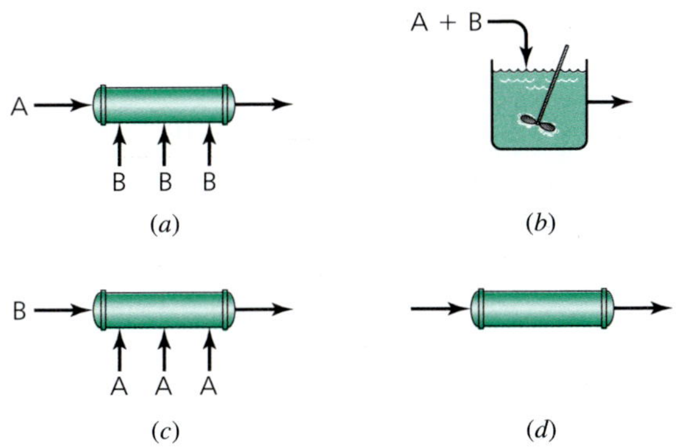


그림 P10.1

**10.2** 문제 10.1에서 단지 다음 반응식이 바뀐 경우에 대해 풀이를 반복하라.

$$-r_2 = k_2 C_R C_B^2$$

**10.3** 문제 10.1에서 단지 다음 반응식이 바뀐 경우에 대해 풀이를 반복하라.

$$-r_2 = k_1 C_R^2 C_B$$

**10.4** 원하는 생성물이 R인 다음의 반응을 고려하자.

$$A + B \rightarrow R \qquad -r_1 = k_1 C_A C_B$$
$$R + B \rightarrow S \qquad -r_2 = k_2 C_R C_B^2$$

그림 P10.4와 같은 회분 반응기에서 진행시킬 때 유용 또는 유용하지 않은 방법은 각각 어느 것인가?

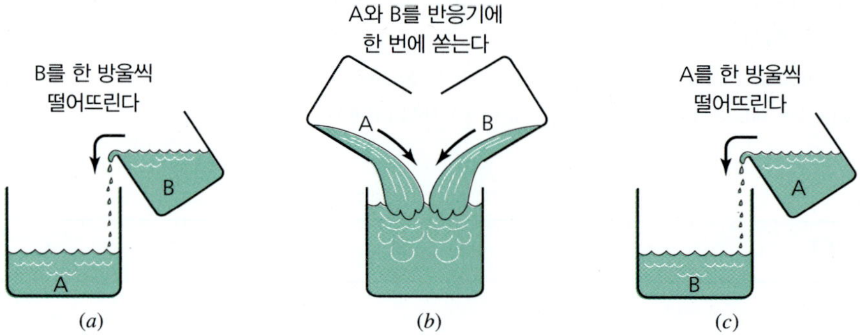


그림 P10.4

**10.5** ***자일렌의 산화.*** 자일렌(xylene)이 격렬하게 산화되면 단순하게 $CO_2$와 $H_2O$를 생성하지만 산화 과정을 부드럽고 주의 깊게 제어하면 그림 P10.5에 나타낸 바와 같이 무수 프탈산(phthalic anhydride) 같은 유용한 물질을 생성할 수 있다. 또한 폭발의 위험성 때문에 반응 혼합물에 있는 자일렌은 1% 이하로 유지해야 한다. 이 공정의 문제점은 유용한 물질 생성을 위한 분포를 얻는 것이다.

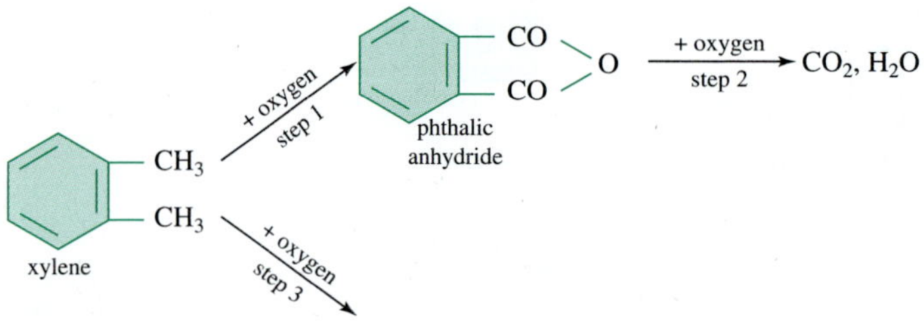


그림 P10.5

**(a)** 플러그 흐름 반응기에서 최고 허용온도에서 운전하기 위해 세 반응의 활성화 에너지의 값은?

**(b)** 플러그 흐름 반응기는 어떠한 경우에 온도를 내려서 진행해야 하는가?

**10.6** ***Trambouze 반응.*** $C_{A0} = 1$ mol/L이고 $v = 100$ L/min 인 공급물에 대하여 다음 기초 반응에서 선택한 반응기 배열을 이용하여 S의 생성량이 아닌 S의 수율을 최대화하고자 한다.

$$A \xrightarrow{0} R_{\text{desired}} \quad \cdots \quad r_R = k_0 \qquad k_0 = 0.025 \text{ mol/liter·min}$$

$$A \xrightarrow{1} S \quad \cdots \quad r_S = k_1 C_A \qquad k_1 = 0.2 \text{ min}^{-1}$$

$$A \xrightarrow{2} T \quad \cdots \quad r_T = k_2 C_A^2 \qquad k_2 = 0.4 \text{ liter/mol·min}$$

컴퓨터를 이용한 다변수 탐색(multidimesional search)을 한 결과[*Chem. Eng. Sci.*, **45**, 595-614 (1990) 참고] 그림 P10.6과 같은 배열을 얻었고 이는 국소적인 최적점(local optimum) 또

는 정체점(stationary point)이라고 저자는 주장하고 있다. 문제는 국소적인 최적점이 아니라 총괄 최적점(global optimum)을 찾는 것이다. 이를 명심하자.

**(a)** 그림 P10.6의 배열은 최상의 방법인가를 판단하라.

**(b)** 그렇지 않다면 더 좋은 방법의 개략도를 그리고, 이에 사용되는 반응기의 부피를 계산하라.

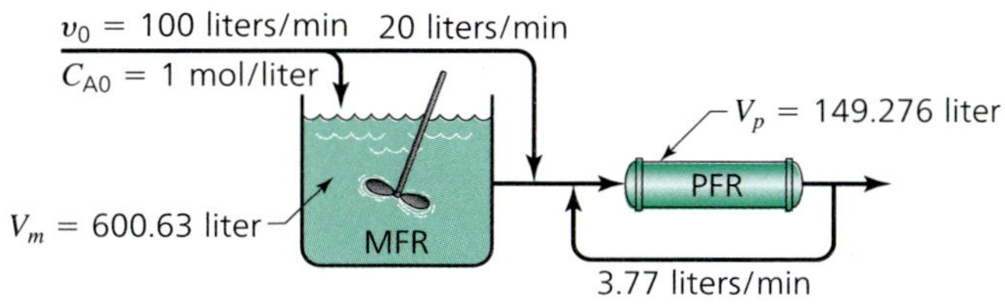


그림 P10.6

**10.7** $C_{A0}$ = 1 mol/L이고 $v$ = 100 L/min인 공급물을 가진 문제 10.6의 기초 반응에 대하여 선택한 배열에서 중간체 S의 생산속도(수율이 아님)를 최대화하려고 한다. 선택한 반응기의 개략도를 그리고 얻을 수 있는 $C_{S,max}$를 결정하라.

**10.8** ***자동차 부동액.*** 에틸렌글리콜(ethylene glycol)과 디에틸렌글리콜(diethylene glycol)이 자동차 부동액으로 사용되며, 이 두 물질은 에틸렌옥사이드(ethylene oxide)와 물의 반응으로 생성된다.

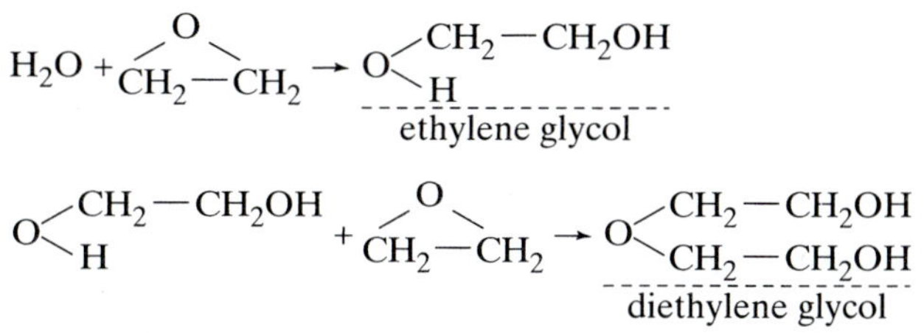


두 글리콜(EtOx) 모두 물에 1 mole이 녹아 있으면 물의 응고점을 낮추는 효과가 있다. 디에틸렌글리콜의 가격이 에틸렌글리콜보다 2배 비싸다. 그래서 에틸렌글리콜을 최대화하고 디에틸렌글리콜을 최소화하고자 한다.

미국에서 가장 큰 생산회사 중의 하나는 그림 P10.8*a*와 같은 반응기에서 매년 수백만 킬로그램의 부동액을 생산한다. 이 회사의 한 엔지니어가 반응기를 그림 P10.8*b*와 같은 유형으로 대체하자고 제안하였다. 이를 어떻게 생각하는가?

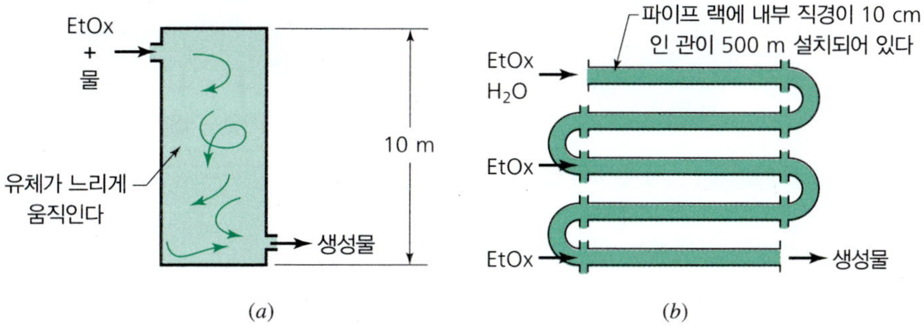


그림 P10.8*a* & P10.8*b*

**10.9** ***균질계 촉매 반응.*** 다음과 같은 기초 반응을 고려하자.

$$A + B \xrightarrow{k} 2B, \quad -r_A = kC_AC_B, \quad k = 0.4\ \text{liter/mol}\cdot\text{min}$$

아래와 같은 공급물과 공간 시간에서 생성물 흐름의 B의 농도를 최대화하기를 원한다.

유속(flow rate) $v = 100\ \text{liters/min}$

공급물 조성(feed composition) $\begin{cases} C_{A0} = 0.45\ \text{mol/liter} \\ C_{B0} = 0.55\ \text{mol/liter} \end{cases}$

공간 시간(space time) $\tau = 1\ \text{min}$

컴퓨터는 그림 P10.9와 같은 설계를 최선의 것으로 계산하였다[*Chem. Eng. Sci.*, **45**, 595-614 (1990) 참고].

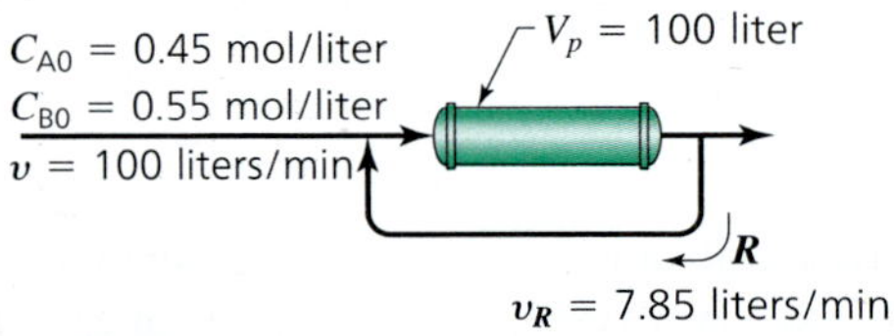


그림 P10.9

이 설계가 이 반응에 대해 최선이라고 생각하는가? 그렇지 않다면 더욱 좋은 방법을 제안하고 반응기 크기와 순환속도 등은 계산하지 말고 단지 더 좋은 방법을 표시해 보라.

**10.10** ***콜라음료에 색을 더하다.*** 점성이 있는 투명한 옥수수 시럽(corn syrup)을 가열하면 짙은 흑갈색으로 변한다(캐러멜화, caramelization). 그러나 이 시럽을 약간 더 가열하면 탄소가 된다.

$$\text{corn syrup} \xrightarrow{\text{heat}} \text{caramel} \xrightarrow[\text{heat}]{\text{more}} \text{carbon particles}$$

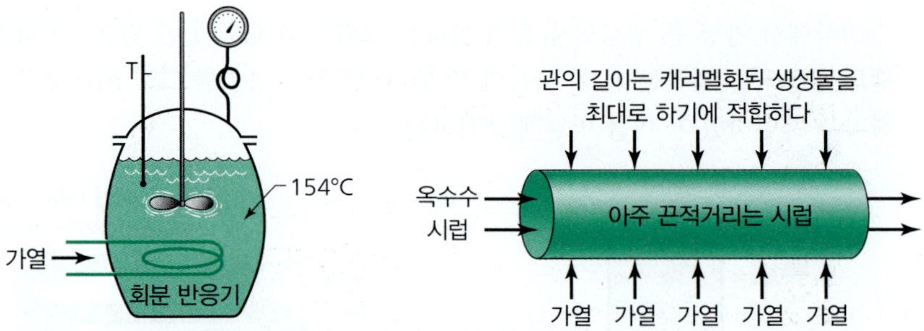


그림 P10.10 (*a*) 현재의 반응기 및 (*b*) 제안된 설계.

캐러멜화된 액체는 탱크가 실린 화물기차를 이용해 콜라 시럽 혼합기로 보내 용액의 질을 확인한다. 색깔이 너무 얕으면 벌금을 물고, 단위부피당 탄소 입자가 너무 많으면 탱크차 전체가 거절된다. 따라서 과소반응(under-reacting)과 과대반응(over-reacting) 사이에 미묘한 균형이 필요하다.

현재 옥수수 시럽은 큰 용기에서 154°C로 일정 시간 동안 가열 후 급냉시킨다. 용기는 아주 깨끗이 청소하고(많은 노동력이 소요됨) 다시 충전시킨다.

회사는 이처럼 노동력이 많이 필요한 고비용의 회분식 운전을 변경하여 연속적 흐름으로 교체하고자 한다. 물론 이는 관형 반응기(규칙 2)이어야 하는데 이를 어떻게 생각하는가? 콜라를 마시면서 이야기해보라.

**10.11** ***Denbigh* 반응.** 다음과 같은 반응을 고려하자.

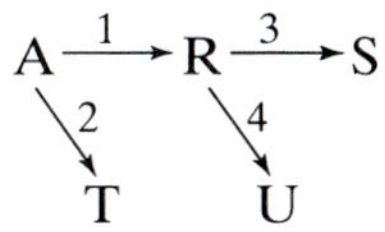


| | |
|---|---|
| $k_1 = 1.0$ liter/mol·s | 2nd order |
| $k_2 = k_3 = 0.6\ \text{s}^{-1}$ | 1st order |
| $k_4 = 0.1$ liter/mol·s | 2nd order |

아래와 같은 조건으로 흐름 시스템를 이용하여 반응한다.

공급물 유속(feed flow rate) $\quad v = 100$ liters/s

공급물 조성(feed composition) $\quad \begin{cases} C_{A0} = 6\ \text{mol/liter} \\ C_{R0} = 0.6\ \text{mol/liter} \end{cases}$

생성물 흐름에서 농도 $C_R/C_T$의 비를 최대화하고자 한다.

이미 보고된 바와 같이[*Chem. Eng. Sci.*, **45**, 595-614 (1990)] 이 문제를 풀기 위해 2,077개의 연속 변수, 204개의 정수 변수, 2,018개의 제한조건을 사용하였으며, 최적의 결과(optimal solution)는 그림 P10.11과 같다.

**(a)** 당신은 이보다 더 잘 할 수 있다고 생각하는가? 그렇다면 어떠한 반응기 설계를 제안하고 이로부터 얼마의 $C_R/C_T$ 비를 얻을 수 있을까?

**(b)** 농도 $C_R/C_T$ 비를 최소화하기 원한다면, 그 방법은 무엇인가?

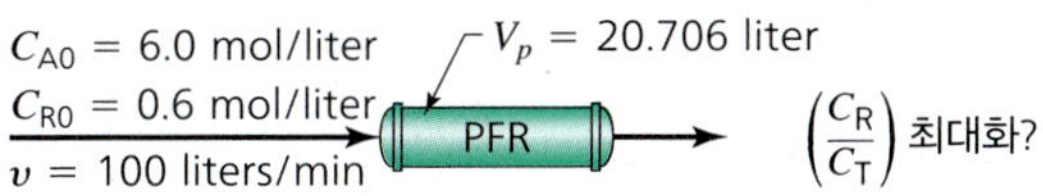


**그림 P10.11**

**10.12** 다음과 같은 균질계 촉매 반응에서 $C_{A0} = 90\ \text{mol/m}^3$이고 $C_{B0} = 10\ \text{mol/m}^3$인 공급물에 대해 44% 전환된 반응물 A를 얻고 싶다.

$$A + B \rightarrow B + B, \qquad -r_A = kC_AC_B$$

반응기의 총 부피가 최소가 되는 흐름 반응기 또는 흐름 반응기의 조합은 무엇인가? 필요한 반응기의 크기를 계산할 필요는 없으며, 단지 최선의 반응기 시스템의 유형과 사용해야 하는 흐름의 유형만을 결정하라.

**10.13** 문제 10.12에서 원하는 반응물 A의 전환율이 90%일 때 이 문제를 반복하라.

**10.14** 문제 10.12에서 원하는 반응물 A의 전환율이 20%일 때 이 문제를 반복하라.

**10.15** 회분 반응기에서 A로부터 R을 생성하기 위한 반응온도가 5°C에서 90°C 사이이며, 반응시간은 2시간 이내이기를 원한다. 이러한 액상 1차 반응의 속도론은 다음과 같다.

$$A \xrightarrow{1} R \xrightarrow{2} S, \begin{cases} k_1 = 30\, e^{-20\,000/\mathbf{R}T} & k = [\text{min}^{-1}] \\ k_2 = 1.9\, e^{-15\,000/\mathbf{R}T} & \mathbf{R} = 8.314 \text{ J/mol} \cdot \text{K} \end{cases}$$

$C_{R,max}$을 얻기 위한 최적온도, 반응시간 그리고 A의 R로의 전환율을 결정하라.

**10.16** ***반응기-분리기-순환시스템에서 벤젠의 염소화.*** 다음과 같은 기초 반응이 있다.

$$C_6H_6 + Cl_2 \xrightarrow{1} C_6H_5Cl + HCl \qquad k_1 = 0.412 \text{ liter/kmol} \cdot \text{hr}$$
$$C_6H_5Cl + Cl_2 \xrightarrow{2} C_6H_4Cl_2 + HCl \qquad k_2 = 0.055 \text{ liter/kmol} \cdot \text{hr}$$

여기서 원하는 생성물은 모노클로로벤젠(monochlorobenzene, $C_6H_5Cl$)이며 생성물 흐름에 있는 미반응한 벤젠은 분리하여 필요할 때 다시 사용한다.

필요조건은 최소한 세 개의 PFR 반응기와, 미사용 반응물을 위한 분리기 및 순환 흐름을 사용하는 것이다. 컴퓨터는 이 사항을 만족하는 최선의 방법을 결정하였다[*Chem. Eng. Sci.*, **46**, 1361-1383 (1991)]. 이 결과는 그림 P10.16에 나타내었다.

이보다 좋은 방법이 있다면 부피와 유량을 계산하지 말고 단지 개략도를 그려라.

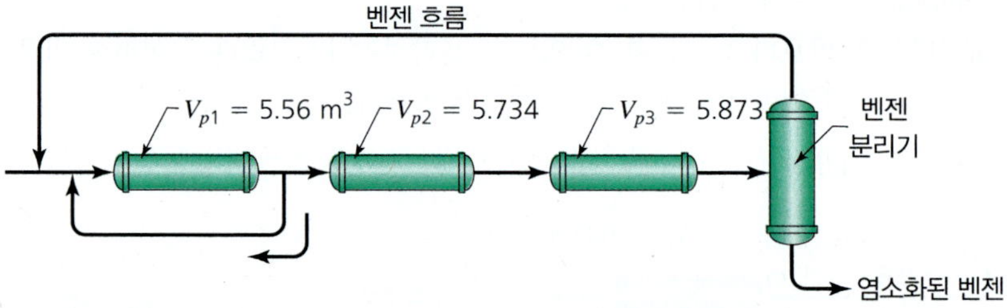


그림 P10.16

**10.17** ***아크로라인(Acrolein) 생산.*** Adams 등은 비스머스몰리브데이트(bismuth molybdate) 촉매를 이용하여 아크로라인(acrolein)을 생성하기 위한 프로필렌의 촉매산화에 대하여 연구하였다[*J. Catalyis*, 3, 379 (1964)]. 프로필렌과 산소 공급물을 460°C에서 반응시키면 다음과 같은 세 개의 반응이 일어난다.

$$C_3H_6 + O_2 \xrightarrow{1} C_3H_4O + H_2O$$
$$C_3H_6 + 4.5O_2 \xrightarrow{2} 3CO_2 + 3H_2O$$
$$C_3H_4O + 3.5O_2 \xrightarrow{3} 3CO_2 + 2H_2O$$

모든 반응은 올레핀에 대하여 1차 반응이고 산소와 반응 생성물과는 무관하며 속도 상수의 비는 다음과 같다.

$$\frac{k_2}{k_1} = 0.1, \qquad \frac{k_3}{k_1} = 0.25$$

반응을 460°C 부근에서 유지하기 위해 냉각은 필요 없고, 미반응 프로필렌을 분리하여 순환하는 것이 허용되지 않는다면 어떠한 종류의 접촉기를 사용하는 것이 좋은지 제안하고 이 반응기로부터 예상되는 아크로라인의 최대 생성 속도를 예측하라.

**10.18** ***비등온 van der Vusse 반응(1964).*** 아래와 같은 반응을 고려하자. 여기에서 활성화 에너지는 J/mol의 단위이며 $C_{A0}$ = 1 mol/L일 때 $C_R$를 최대화하고자 한다.

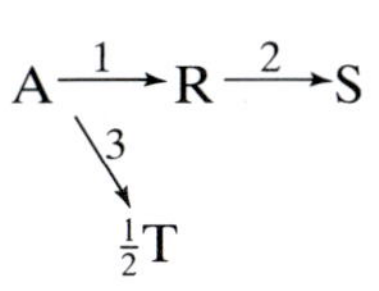


with
$$\begin{cases} k_1 = 5.4 \times 10^8 \exp(-66275/\mathbf{R}T) & [\mathrm{s}^{-1}] \\ k_2 = 3.6 \times 10^3 \exp(-33137/\mathbf{R}T) & [\mathrm{s}^{-1}] \\ k_3 = 1.6 \times 10^{10} \exp(-99412/\mathbf{R}T) & [\mathrm{liter/mol \cdot s}] \end{cases}$$

단과 단 사이에 냉각이 가능하며 온도가 360 K와 396 K 사이의 범위에서 공간 시간 $\tau_1$가 0.1~20초인 세 개의 MFR을 사용하여 [*AIChE J.*, **40**, 849 (1994)] 컴퓨터에 의해 계산된 최적의 방법이 그림 P10.18에 나타나 있다.

**(a)** 이 설계가 마음에 드는가? 그렇지 않다면 이 세 개의 반응기를 가지고 할 수 있는 방법을 제안하라. 단, 세 개의 MFR은 유지하라.

**(b)** 최선의 반응기(플러그 흐름, 혼합 흐름 또는 두 가지 흐름의 결합) $C_R/C_{A0}$은 얼마이며, 이때 $\tau$는 얼마가 되는가?

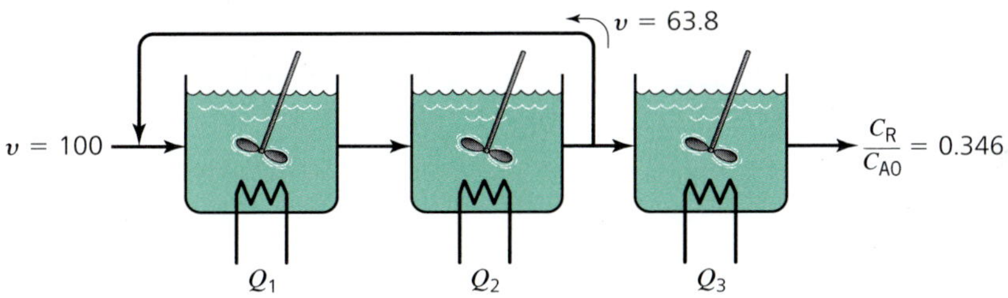


그림 P10.18

**10.19** ***나프탈렌으로부터 무수 프탈산의 생산.*** 나프탈렌(naphthalene)에서 무수 프탈산(phthalic anhydride)을 생산하기 위한 고체 촉매 산화반응은 발열반응으로서 반응 메카니즘은 다음과 같다.

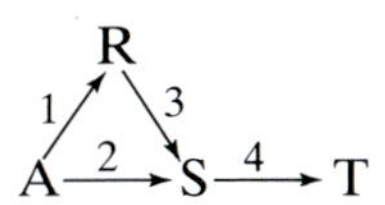


여기서
$$\begin{cases} k_1 = k_2 = 2 \times 10^{13} \exp(-159000/\mathbf{R}T) & [\mathrm{hr}^{-1}] \\ k_3 = 8.15 \times 10^{17} \exp(-209000/\mathbf{R}T) & [\mathrm{hr}^{-1}] \\ k_4 = 2.1 \times 10^5 \exp(-83600/\mathbf{R}T) & [\mathrm{hr}^{-1}] \end{cases}$$

여기서 각 약자는 다음과 같다.

A = 나프탈렌 naphthalene (반응물)

R = 나프타퀴논 naphthaquinone (예상하는 중간체)

S = 무수 프탈란 phthalic anhydride (원하는 제품)

T = 이산화탄소와 물 $CO_2$ + $H_2O$ (폐기물)

활성화 에너지는 J/mol 단위로 주어졌고, 이 반응은 900 K와 1,200 K 사이의 온도 범위에서 진행된다.

컴퓨터 계산으로 알아낸 국소적인 최적의 반응기[*Chem. Eng. Sci.*, **49**, 1037-1051 (1994)]는 그림 P10.19에 나타내었다.

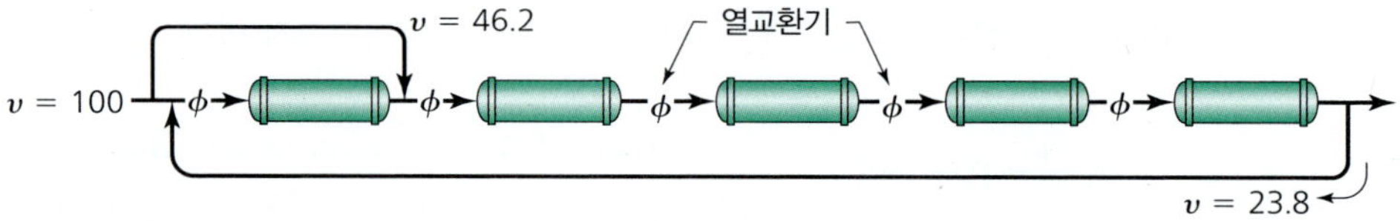


그림 P10.19

**(a)** 이 설계가 마음에 드는가? 더 나은 설계가 가능한가? 만약 가능하다면, 어떻게?

**(b)** 반응기 전체를 다양한 온도와 공간 시간에서 운용할 수 있다고 가정하고, 순환이 허용된다면 반응하는 나프탈렌 1몰에 대하여 어느 정도의 무수 프탈산을 생산할 수 있는가?

***제안***: 양쪽 극한의 온도에 대하여 $k_1$, $k_2$, $k_3$, $k_4$의 값을 결정하고 이들을 검토한 다음에 해를 찾는다.

**10.20** Turton 교수는 반응기를 병렬로 사용하는 것을 좋아하지 않는다. 그는 반응기를 연속으로 연결하여 사용하는 것을 더 좋아하며, 따라서 예제 10.1에서 *유체의 어떠한 순환도 없는* 그림 E10.1a의 설계를 사용하는 것을 제안하였다.

Turton 설계에서 얻을 수 있는 S의 수율(fractional yields)인 Φ (S/A)을 결정하고 이것이 예제 10.1에서 구한 것과 일치하는지를 판단하라.

# 흐름 양식, 접촉 및 비이상적 흐름

*Flow Pattern, Contacting, and Non-Ideal Flow*

제 11 장

# 비이상적 흐름의 기초

*Basic of Non-Ideal Flow*

지금까지 플러그 흐름과 혼합 흐름의 두 가지 흐름 양식을 다루었다. 이 두 유형은 매우 상이한 거동(반응기 크기와 생성물 분포)을 나타낸다. 우리는 이 흐름 양식을 선호하고, 대부분의 경우에 아래와 같은 이유로 이 둘 중 하나에 접근하도록(플러그 혹은 혼합) 장치를 설계하려고 한다.

- 우리가 무엇을 설계할지라도 종종 이 둘 중의 하나가 최적이 된다.
- 이 두 가지 흐름 양식은 다루기에 용이하다.

그러나 실제 장치는 항상 이러한 이상적인 상태에서 벗어나며, 이를 어떻게 고려하는지에 대한 것이 이 장과 다음 장들에서 다룰 내용이다.

전체적으로 상호 관련이 있는 다음의 세 가지 인자가 접촉 또는 흐름 양식을 결정한다.

1. 용기를 통해 흘러가는 물질의 체류 시간 분포(residence time distribution) 또는 **RTD**
2. 흐르는 물질의 **응집 상태**(state of aggregation), 덩어리가 되려는 경향 및 분자 집단이 함께 이동하려는 성향
3. 용기 내 물질 혼합의 **빠름 혹은 늦음**(earliness or lateness of mixing)

우선, 이들 세 가지 인자를 정성적으로 논의한다. 다음으로, 이 장과 다음 몇 장에서 이들이 어떻게 반응기의 거동에 어떤 영향을 미치는지를 정량적으로 보여줄 것이다.

## 체류 시간 분포

두 가지 이상적인 흐름의 유형으로부터의 벗어나는 이유는 유체의 편류(channeling), 유체의 순환(recycling) 및 용기 내 정체구역(stagnant region)의 형성 때문이다. 그림 11.1에서 이러한 비이상적 거동을 볼 수 있다. 열교환기, 충전탑, 반응기와 같은 모든 유형의 단위 공정 장치에 있어서, 이러한 비이상적 형태의 흐름은 늘 단위공정의 성능을 떨어뜨리기 때문에 이를 피해야 한다.

용기 내에서 무슨 일이 일어나는가를 정확히 알고 유체의 완전한 속도 분포를 알 수 있다면 반응기로서의 용기의 거동을 예측할 수 있다. 그러나 불행하게도 현재와 같은 컴퓨터 시대에도 이 접근법은 실용적이라 볼 수 없다.

반응기 내 유체 흐름에 관한 완전한 이해는 잠시 놓아 두고(너무 어려우니까), 조금 덜 이상적인(즉, 현실적인) 내용, 즉 실제로 우리가 꼭 알아야 하는 것이 무엇인지를 먼저 살펴보자. 많은 경우에 우리는 너무 많은 것을 알 필요가 없다. 단지 반응기 내 각 분자들이 용기 내에서 얼마

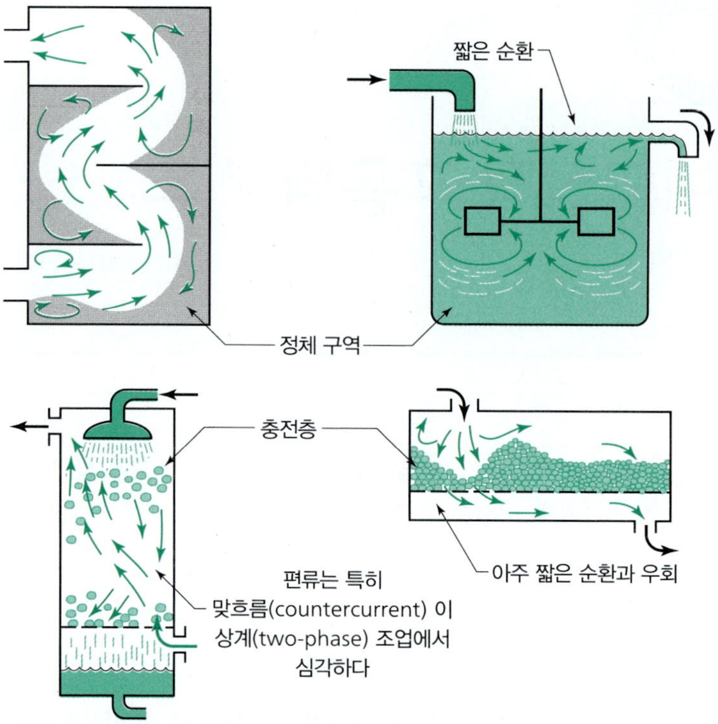


**그림 11.1** 단위 공정장치에서 발생할 수 있는 비이상 흐름의 양상.

나 오래 머무는지 다시 말하면 유체의 체류 시간 분포만 알면 된다. 이 정보는 널리 사용되는 방법인 자극 응답(stimulus response) 실험으로 쉽게 알 수 있다.

이 장에서는 대부분 비이상적 흐름(혹은 비이상 흐름)을 알기 위한 체류 시간 분포(RTD)에 대해 설명할 것이다. 이 방법은 언제 합리적으로 사용될 수 있으며, 사용 방법, 이 방법의 적용이 불가능한 경우에 사용할 수 있는 다른 방법에 대해 알아볼 것이다.

비이상적 흐름을 해석하기 위한 "용어"를 개발함에 있어(Danckwerts, 1953 참고), 우리는 반응이 일어나지 않고 밀도 변화가 없는 정상 상태 흐름을 가진 단일유체에 대해서만 고려한다.

## ▶ 흐름에서의 응집 상태

흐르는 물질은 그 성질에 따라서 특별한 응집 상태를 가지며 극한적인 경우로 그림 11.2에 나타난 바와 같이 *미시유체*(microfluid)와 *거시유체*(macrofluid)로 나눌 수 있다.

**단일상 시스템** 단일상 시스템 혹은 단상계(single phase system)는 미시유체와 거시유체의 중간 어디쯤에 위치한다.

**이상계** 고체 흐름은 항상 거시유체로 거동하지만, 액체와 반응하는 기체는 접촉 양식에 따라 미시유체 또는 거시유체로 간주될 수 있다. 그림 11.3의 개략도는 완전히 정반대의 경우를 보여주고 있으며, 이상계(two phase system) 반응기는 다음 장들에서 다룰 것이다.

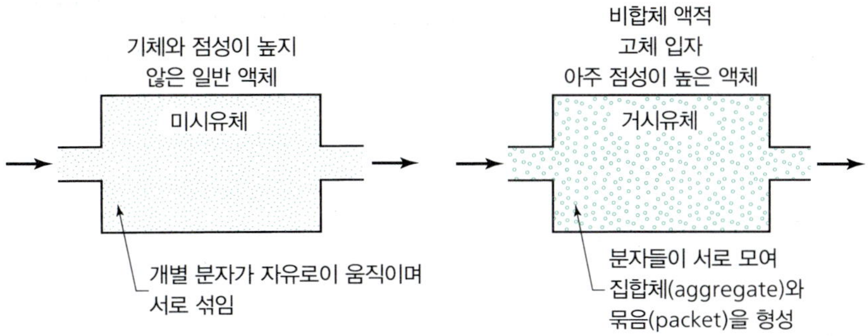


그림 11.2 **유체 응집의 두 가지 극한.**

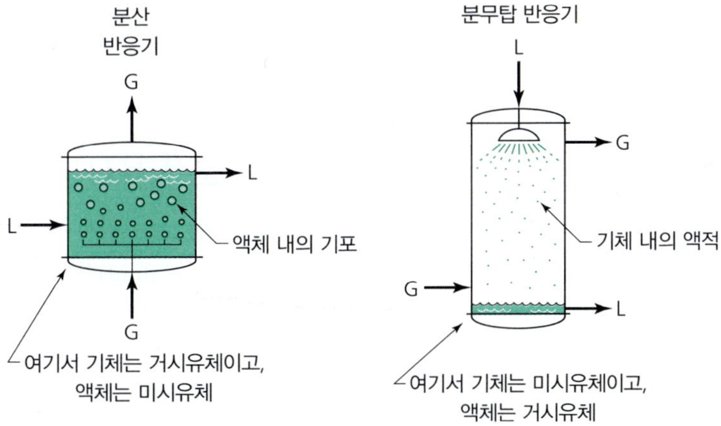


그림 11.3 **미시유체와 거시유체의 거동.**

## ▸ 혼합의 빠름

유체의 단일 흐름은 용기를 흘러가면서 빠르게 또는 늦게 서로 혼합될 수 있다. 한 예로 그림 11.4를 참고하기 바란다.

보통 이 인자는 유체의 전체적인 단일 흐름 거동에 거의 영향을 미치지 못한다. 그러나 두 개의 유입되는 반응물 흐름을 가진 시스템에서는 이 현상이 매우 중요하며 그림 11.5를 참고하면 이를 알 수 있다.

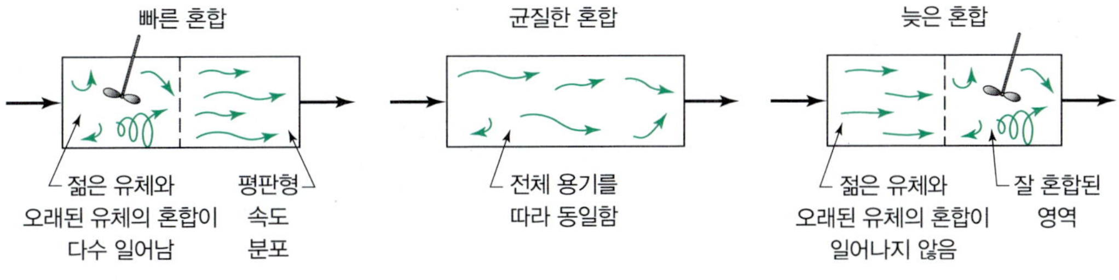


그림 11.4 **단일 흐름 유체의 빠른 혼합과 늦은 혼합.**

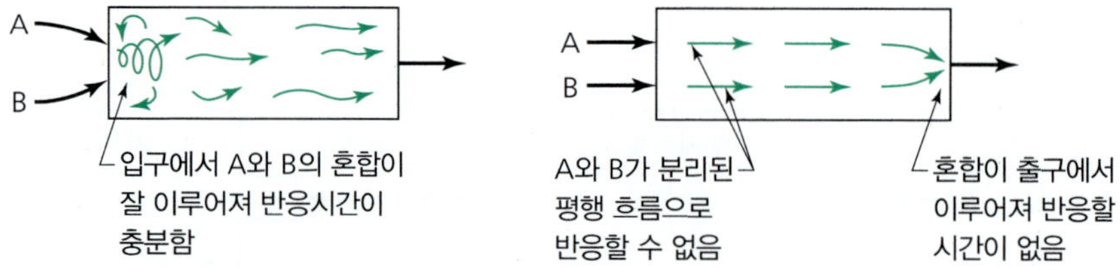


**그림 11.5** 반응기 거동에 영향을 미치는 빠른 혼합 또는 늦은 혼합.

### ▶ 반응기 거동을 결정하는 체류 시간 분포, 응집 상태 및 빠른 혼합

어떨 때는 이 세 가지 인자 중 하나를 무시할 수 있지만, 또 다른 경우에는 이 세 가지 중의 하나가 결정적인 변수가 될 수 있다. 흔히, 많은 인자가 반응시간 $\bar{t}_{rx}$, 혼합시간 $\bar{t}_{\text{mix}}$, 반응기에서의 체류 시간 $\bar{t}_{\text{stay}}$에 의존한다. 대부분의 경우 $\bar{t}_{\text{stay}}$은 $\bar{t}_{\text{mix}}$와 유사한 의미로 사용하지만 체류 시간의 의미는 좀 더 넓다.

## 11.1 유체의 연령 분포 E 또는 체류 시간 분포 RTD

반응기를 통과할 때 각기 다른 경로를 따라 움직이는 요소들은 분명히 반응기 통과 시간이 다르다. 반응기를 떠나는 유체의 흐름 혹은 유선(stream of fluid)에 대한 시간의 분포를 출구 연령분포(exit age distribution) **E** 또는 유체의 체류 시간 분포(residence time distribution) RTD라 부른다. **E**의 단위는 시간$^{-1}$이다.

체류 시간 분포는 이 곡선 아래의 면적값을 1로 하여(E를 적분한 값이 1) 나타낼 수 있다.

$$\int_0^\infty \mathbf{E}\,dt = 1 \qquad [-]$$

이 과정을 정규화(normalization)라고 부르며 그림 11.6에 표현되어 있다

**E** 곡선에 대한 한 가지 제한조건은, 해당 유체는 단 한 번만 용기에 들어갔다 나간다는 사실이다. 이는 용기의 입구나 출구에서 흐름, 확산 혹은 상류로의 소용돌이 혹은 맴돌이(eddy)가 없다는 것을 의미한다. 이를 *닫힌 용기*(closed vessel)의 경계조건(boundary condition)이라 한다. 유체의 요소가 한 번 이상 용기의 경계를 통과하는 경우는 *열린 용기*(open vessel)의 경계조건이라 한다.

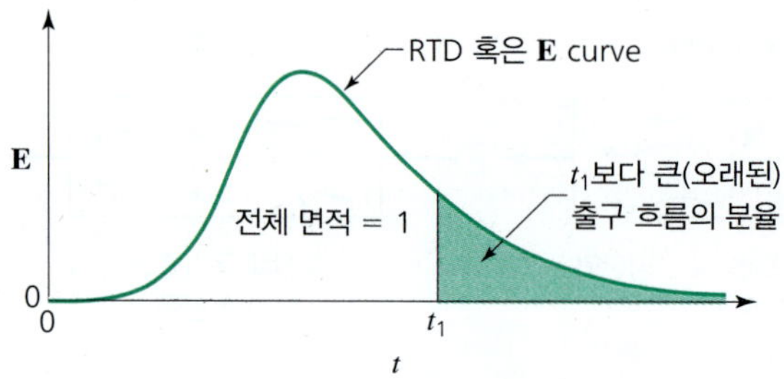


**그림 11.6** 반응 용기를 통해 흐르는 유체의 출구 연령 분포 E. 이는 체류 시간 분포(RTD)라고도 한다.

시간 $t$와 매우 작은 시간변화의 차이인 $t + dt$ 사이의 연령[1]을 갖는 출구 유선의 분율은 다음과 같이 표현할 수 있다.

$t_1$보다 짧은 수명을 가진 유선의 분율은 다음과 같다.

$$\int_0^{t_1} \mathbf{E}\, dt \qquad [-] \tag{1}$$

여기서 보다 수명이 긴 물질의 분율은 그림 11.6에서 음영 부분의 면적으로 표시되어 있다.

$$\int_{t_1}^{\infty} \mathbf{E}\, dt = 1 - \int_0^{t_1} \mathbf{E}\, dt \qquad [-] \tag{2}$$

**E** 곡선은 비이상적 흐름(nonideal flow)을 설명하기 위한 분포이다.

## ▶ E를 찾는 실험 방법(비화학적 방법)

**E** 곡선을 찾는 가장 간단하고 직접적인 방법은 물리적 또는 반응성이 없는 표지 물질 혹은 추적자(tracer)를 사용하는 것이다. 그러나 특별한 목적을 위해 반응성이 있는 추적자를 사용할 수도 있다. 이 장에서는 반응성이 없는 추적자를 이용한 모든 종류의 실험을 상세히 다룰 것이다. 그림 11.7에 이 실험의 일부를 나타내었다. 박동실험(pulse experiment)과 계단실험(step experiment)은 해석하기에 쉬운 반면, 주기(periodic) 실험과 무작위적(random) 실험은 해석이 어렵다. 이 장에서는 박동실험과 계단실험만을 다룰 것이다.

다음으로 이 두 실험을 이용해 **E** 곡선을 구하는 방법에 대해 논하고, 어떤 반응기의 **E** 곡선을 아는 경우에 어떻게 반응 거동을 찾을 수 있는지를 설명할 것이다.

## ▶ 박동실험

부피가 $V$ $m^3$인 용기에 유체가 $v$ $m^3/s$의 유량으로 흘러갈 때, **E** 곡선을 구해 보자. 용기에 들어가는 유체에 순간적으로 $M$ 단위(kg 또는 mole)의 표지 물질 혹은 추적자를 펄스 형태로 도입한 후 용기를 떠나는 추적자의 농도를 시간에 대하여 기록한다. 이것이 $C_{pulse}$ 곡선이다. 용기에 대한 물질 수지로부터 다음 식을 얻을 수 있으며, 그림 11.8에 이 내용을 나타내었다.

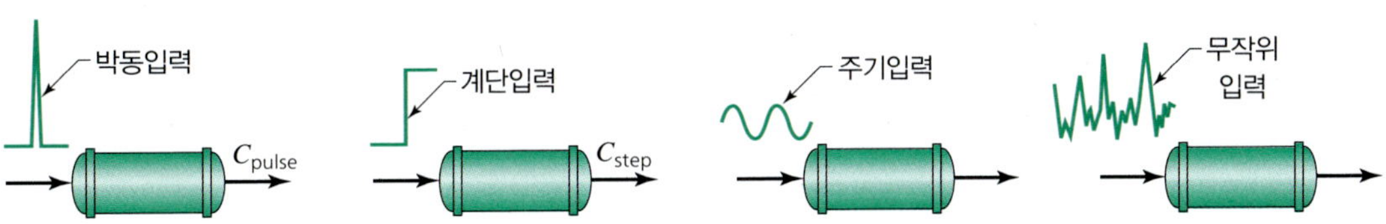


그림 11.7 용기에서 흐름 양식을 연구하는 여러 가지 방법.

[1] 출구 흐름에서 "연령"이란 유체가 반응기 용기 내에서 머무른 시간을 의미한다.

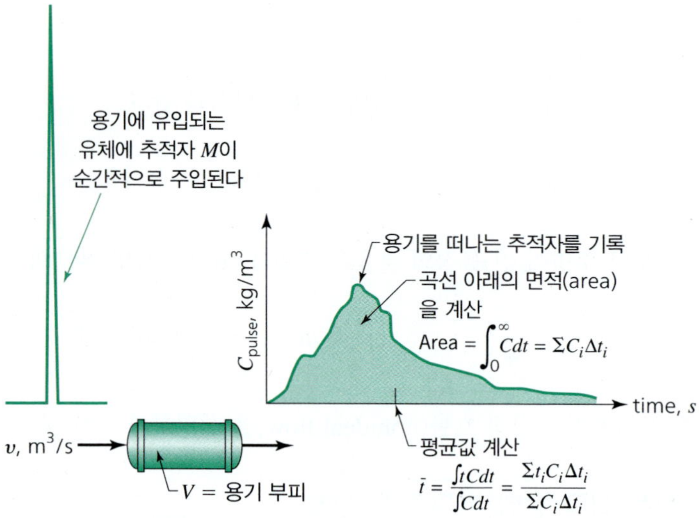


그림 11.8 **추적자의 박동실험으로부터 얻을 수 있는 정보.**

$$\begin{pmatrix} C_{\text{pulse}} \\ \text{곡선 아래의 면적} \end{pmatrix}: \quad \text{A} = \int_0^\infty C\,dt \cong \sum_i C_i \Delta t_i = \frac{M}{v} \qquad \left[\frac{\text{kg}\cdot\text{s}}{\text{m}^3}\right] \tag{3}$$

$$\begin{pmatrix} C_{\text{pulse}} \\ \text{곡선의 평균값} \end{pmatrix}: \quad \bar{t} = \frac{\int_0^\infty tC\,dt}{\int_0^\infty C\,dt} \cong \frac{\sum_i t_i C_i \Delta t_i}{\sum_i C_i \Delta t_i} = \frac{V}{v} \qquad [\text{s}] \tag{4}$$

$C_{\text{pulse}}$ 곡선으로부터 **E** 곡선을 구하는 것은 곡선 아래의 면적값이 1이 되도록 농도 눈금의 값(scale)을 변화시키면 된다. 따라서 농도값을 $M/v$로 나누면 그림 11.9에 보여준 것처럼 된다.

$$\mathbf{E} = \frac{C_{\text{pulse}}}{M/v} \tag{5a}$$

한편, 다른 RTD 함수인 $\mathbf{E}_\theta$가 있다. 여기서 시간은 평균 체류 시간으로 측정한 무차원 시간 $\theta = \frac{t}{\bar{t}}$이다. 따라서 $\mathbf{E}_\theta$는 아래와 같이 표현된다.

$$\mathbf{E}_\theta = \bar{t}\mathbf{E} = \frac{V}{v} \cdot \frac{C_{\text{pulse}}}{M/v} = \frac{V}{M} C_{\text{pulse}} \tag{5b}$$

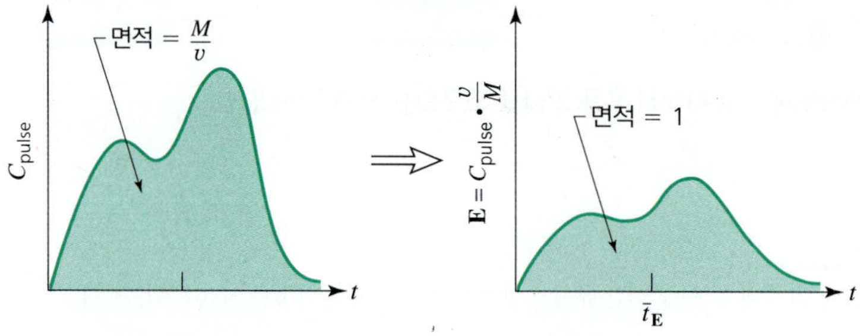


그림 11.9 **실험적 $C_{\text{pulse}}$ 곡선을 E 곡선으로 변환.**

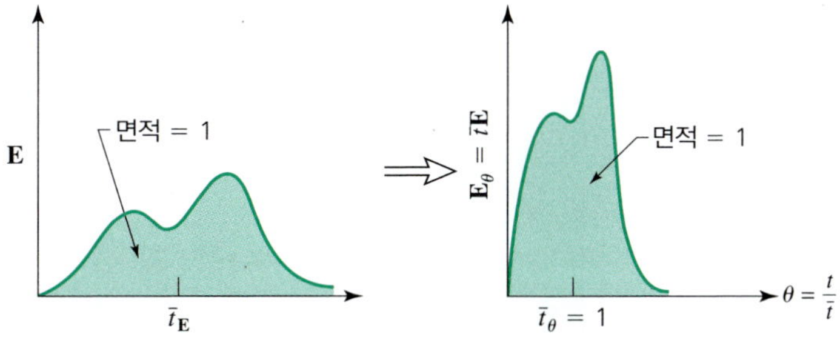


그림 11.10 **E 곡선으로부터 $E_\theta$ 곡선으로의 변환.**

$\mathbf{E}_\theta$는 앞으로 13장, 14장, 15장에서 다룰 흐름모델에서 유용한 도구로서 사용될 것이다. 그림 11.10에 어떻게 **E**를 $\mathbf{E}_\theta$로 변환시키는지가 나타나 있다.

마지막으로 $C_{pulse}$와 **E** 곡선 사이의 관계식은 오직 *닫힌* 경계조건을 가진 용기에만 적용된다는 것을 명심하라.

## ▶ 계단실험

부피가 $V\ m^3$인 용기에 유체가 $v\ m^3/s$의 유량으로 흘러가는 경우를 생각해보자. 이제 시간 $t = 0$에서 정상적인 유체로부터 농도가 $C_{max} = \left[\frac{\text{kg 또는 mol}}{m^3}\right]$인 추적자로 계단 형태로 바꾸고 그림 11.11에 나타난 바와 같이 시간에 대하여 출구에서의 추적자 농도 $C_{step}$를 측정한다.

계단입력에 대한 출력 곡선의 다른 측정량 사이의 관계는 물질 수지를 이용하여 계산할 수 있다.

$$C_{max} = \frac{\dot{m}}{v}\left[\frac{kg}{m^3}\right]$$

$$\begin{pmatrix}\text{그림 11.11의}\\ \text{음영 부분 면적}\end{pmatrix} = C_{max}\bar{t} = \frac{\dot{m}V}{v^2}\left[\frac{kg \cdot s}{m^3}\right] \tag{6}$$

$$\bar{t} = \frac{\int_0^{C_{max}} t\,dC_{step}}{\int_0^{C_{max}} dC_{step}} = \frac{1}{C_{max}}\int_0^{C_{max}} t\,dC_{step}$$

여기에서 $\dot{m}$[kg/s]은 유입되는 유체에 존재하는 표지 물질 혹은 추적자의 질량유속을 나타낸다.

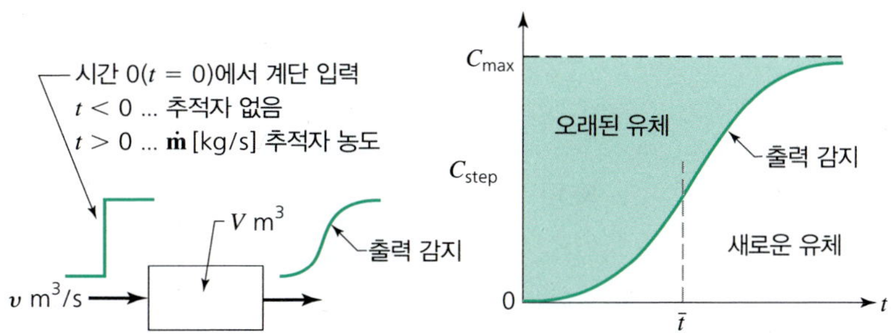


그림 11.11 **추적자 계단실험으로부터 얻을 수 있는 정보.**

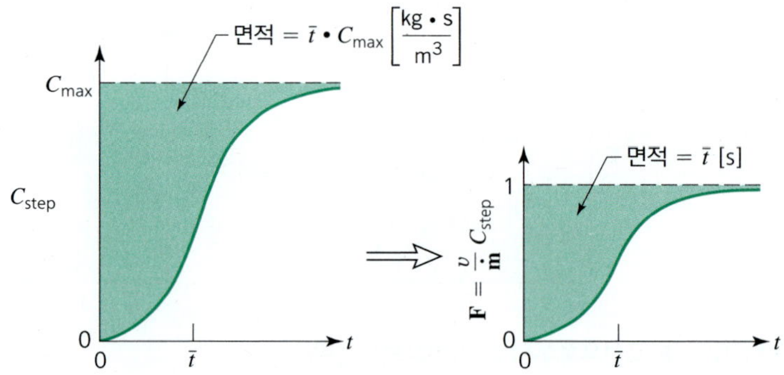


그림 11.12 실험적 $C_{step}$ 곡선으로부터 **F** 곡선으로의 변환.

$C_{step}$ 곡선의 무차원 형태를 **F** 곡선이라 부르며 이는 그림 11.12에 보인 바와 같이 추적자의 농도를 0으로부터 1로 급격히 증가시킴으로써 구해진다.

## ▶ E 곡선과 F 곡선의 관련성

**E**와 **F** 사이의 관계를 구하기 위해 흰색 유체의 흐름을 생각해 보자. 시간 $t = 0$에서 적색 유체로 바꾸고 출구 흐름에서 적색 유체의 농도를 기록한다. 이것은 곡선의 형태를 가지며 $t > 0$인 어떠한 시간에 출구 흐름에서 발견되는 적색 유체는 수명이 $t$보다 짧다. 따라서 다음 식이 성립된다.

$$\left(\begin{array}{c}\text{출구 흐름에서의}\\ \text{적색 유체의 분율}\end{array}\right) = \left(\begin{array}{c}\text{수명이 } t\text{보다 짧은}\\ \text{출구 흐름의 분율}\end{array}\right)$$

그러나 위의 식에서 좌측 항은 바로 **F** 값은 나타내고, 우측 항은 식 (1)에 주어져 있다. 따라서 시간 $t$에서 다음이 성립한다.

$$\mathbf{F} = \int_0^t \mathbf{E}\, dt \tag{7}$$

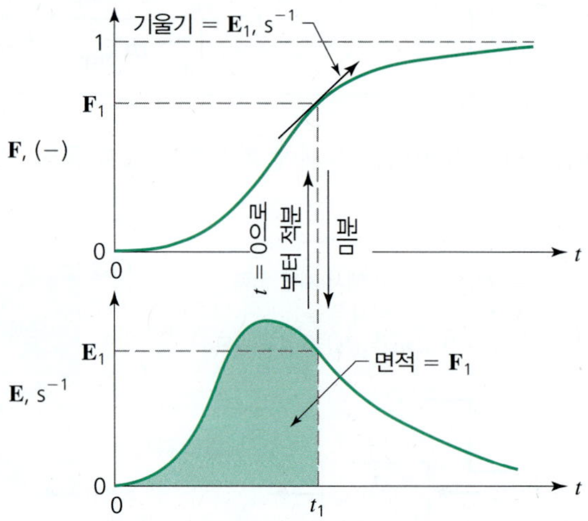


그림 11.13 **E** 곡선과 **F** 곡선의 관련성.

이를 미분하면 다음 식을 얻을 수 있다.

$$\frac{d\mathbf{F}}{dt} = \mathbf{E} \tag{8}$$

이 관계를 그림 11.13에 도식적으로 나타내었다.

이 관계식을 통해 계단입력 또는 박동입력을 사용하는 자극-응답 실험(stimulus-response experiment)에서 용기 내 유체의 체류 시간 분포와 평균유속을 편리하게 구할 수 있다. 이들 관계식은 반드시 오직 닫힌 용기에만 적용된다. 이러한 경계조건이 성립하지 않으면 $C_{\text{pulse}}$와 **E** 곡선은 달라진다. 대류모델(15장 참고)의 경우 $C_{\text{pulse}}$ 곡선은 다르다.

그림 11.14는 여러 가지 유형의 흐름에 대한 **E** 곡선과 **F** 곡선의 모양을 보여준다.

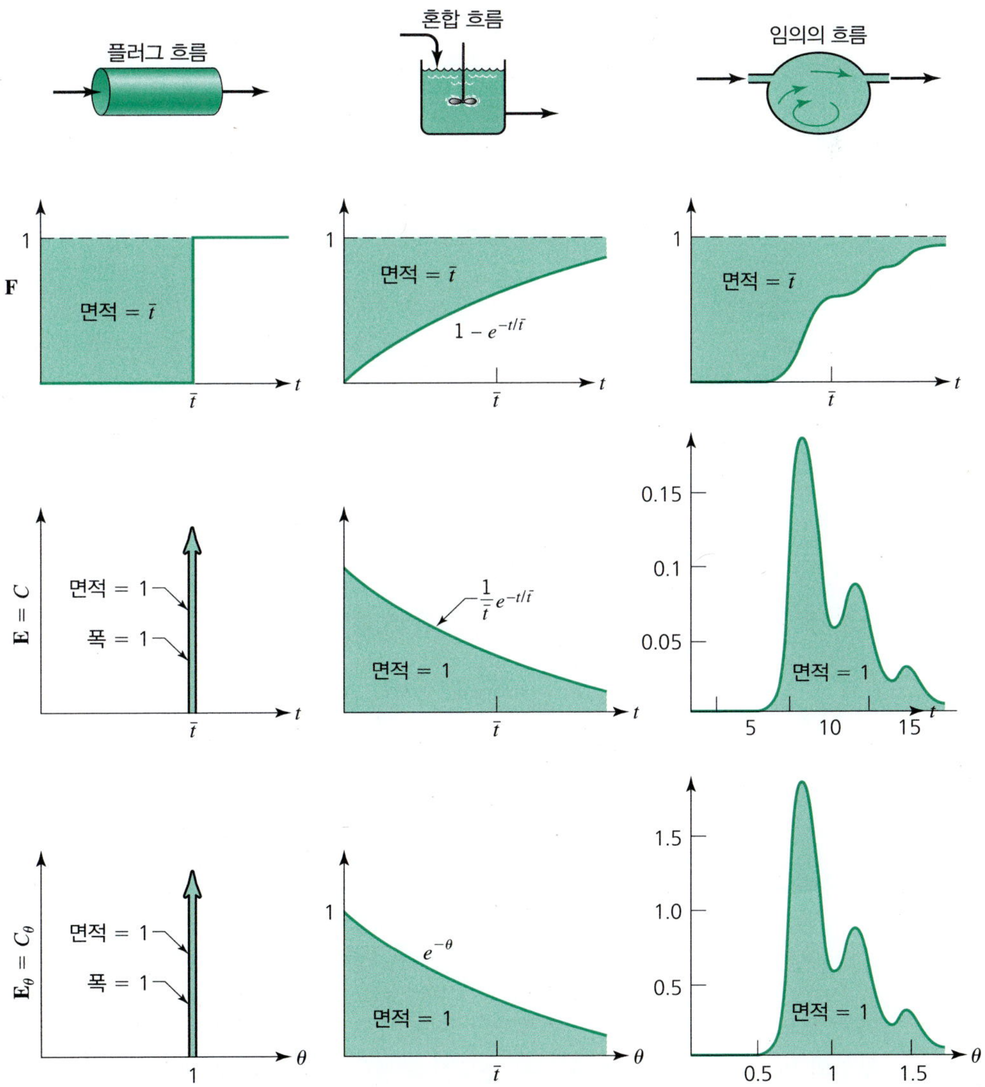


**그림 11.14** 여러 가지 흐름에 대한 E 곡선과 F 곡선의 성질, 곡선은 정상적인 시간과 무차원 시간의 단위로 그려져 있고 이들 사이의 관계식은 식 (7)과 식 (8)로 주어졌다.

어느 시간에서 이들 곡선들의 관계식은 다음과 같다.

$$\mathrm{E} = \frac{v}{M}\cdot C_{\text{pulse}},\quad \mathbf{F} = \frac{v}{\dot{\mathbf{m}}}\cdot C_{\text{step}},\quad \mathbf{E} = \frac{d\mathbf{F}}{dt},$$

$$\bar{t} = \frac{V}{v},\quad \theta = \frac{t}{\bar{t}},\quad \bar{\theta}_{\mathbf{E}} = 1,\quad \mathbf{E}_\theta = \bar{t}\mathbf{E} \tag{9}$$

$\theta$, $\mathbf{E}_\theta$, $\mathbf{F}$ . . . 모두 무차원이다, $\mathbf{E} = [\text{time}^{-1}]$

## 예제 11.1 ▶ 실험으로 RTD를 구하는 법

표 E11.1은 화학 반응기로 사용되는 닫힌 용기에서의 박동입력에 대한 연속적인 응답(혹은 출력 농도)을 나타낸다. 용기에서 유체의 평균 체류 시간 $t$를 계산하고 출구 연령 분포 **E**를 그려라.

**표 E11.1**

| 시간 $t$, min | 추적자의 출구 농도, $C_{\text{pulse}}$ gm/liter fluid |
|---|---|
| 0 | 0 |
| 5 | 3 |
| 10 | 5 |
| 15 | 5 |
| 20 | 4 |
| 25 | 2 |
| 30 | 1 |
| 35 | 0 |

### 풀이

식 (4)로부터 평균 체류 시간을 구하면 다음과 같다.

$$\bar{t} = \frac{\sum t_i C_i \Delta t_i}{\sum C_i \Delta t_i} \overset{\Delta t\,=\,\text{constant}}{=\!=\!=\!=} \frac{\sum t_i C_i}{\sum C_i}$$

$$= \frac{5\times 3 + 10\times 5 + 15\times 5 + 20\times 4 + 25\times 2 + 30\times 1}{3+5+5+4+2+1} = 15\text{ min}$$

농도-시간 곡선 아랫부분의 면적은 다음과 같다.

$$\text{Area} = \sum C\,\Delta t = (3+5+5+4+2+1)5 = 100\text{ gm}\cdot\text{min/liter}$$

이는 도입된 표지 물질 혹은 추적자의 전체 양을 나타낸다. **E** 곡선을 구하기 위해 이 곡선 아랫부분의 면적은 1이 되어야 하므로, 농도값을 전체 면적으로 나누면 다음과 같다.

$$\mathbf{E} = \frac{C}{\text{area}}$$

따라서 **E**는 다음과 같이 된다.

| $t$, min | 0 | 5 | 10 | 15 | 20 | 25 | 30 |
|---|---|---|---|---|---|---|---|
| $\mathbf{E} = \dfrac{C}{\text{area}}$, $\text{min}^{-1}$ | 0 | 0.03 | 0.05 | 0.05 | 0.04 | 0.02 | 0.01 |

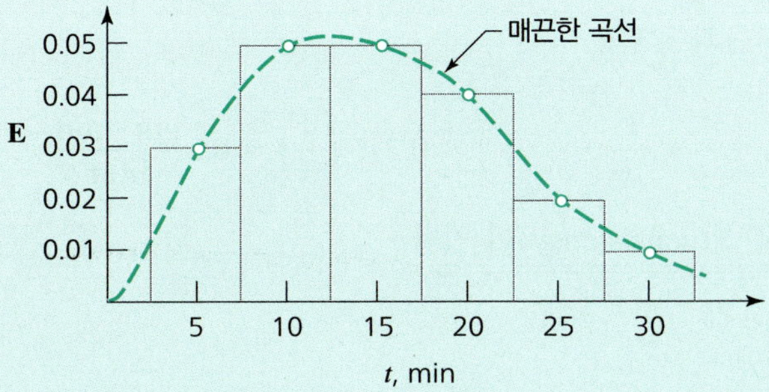


그림 E11.1

그림 E11.1이 이 분포를 그린 것이다.

## 예제 11.2 ▶ 용기 내부를 통과하는 액체의 E 곡선 구하기

큰 탱크(860 L)가 기체-액체의 접촉기로 사용된다. 기체는 용기를 통해 위로 기포화되고 액체는 한쪽 부분에서 유입되어 다른 쪽으로 5 L/s의 속도로 유출된다. 이 탱크에서의 액체 흐름 양식을 알기 위해 박동 형식으로 추적자($M$ = 150 g)를 입구에서 주입하고 출구에서의 농도를 측정하였다(그림 E11.2*a*).

**(a)** 이 실험은 적절하게 수행되고 있는가?

**(b)** 그렇다면 용기에서 액체의 분율을 구하라.

**(c)** 액체에 대한 **E** 곡선을 결정하라.

**(d)** 정성적으로 용기에서 무슨 일이 일어나고 있다고 생각하는가?

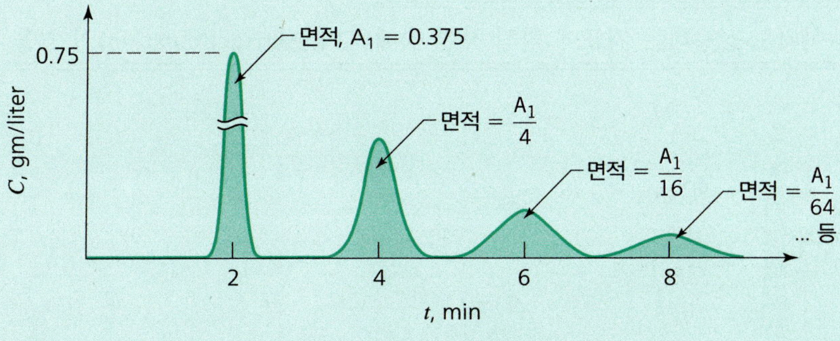


그림 E11.2*a*

> 풀이

**(a)** 추적자 곡선에 대하여 물질 수지를 점검한다. 식 (3)의 물질 수지로부터 다음을 얻을 수 있다.

$$\text{Area} = \frac{M}{v} = \frac{150\ \text{gm}}{5\ \text{liters/s}} = 30\ \frac{\text{gm}\cdot\text{s}}{\text{liter}} = 0.5\ \frac{\text{gm}\cdot\text{min}}{\text{liter}}$$

추적자 곡선으로부터 면적은 다음과 같다.

$$\text{Area} = A_1\left(1 + \frac{1}{4} + \frac{1}{16} + \cdots\right) = 0.375\left(\frac{4}{3}\right) = 0.5\ \frac{\text{gm}\cdot\text{min}}{\text{liter}}$$

두 값은 일치하므로 결과는 일관성(consistency)이 있다. *(a)*

**(b)** 액체에 대하여 식 (4)는 다음과 같다.

$$\bar{t}_l = \frac{\int tC\,dt}{\int C\,dt} = \frac{1}{0.5}\left[2A_1 + 4\times\frac{A_1}{4} + 6\times\frac{A_1}{16} + 8\times\frac{A_1}{64} + \cdots\right] = 2.67\ \text{min}$$

따라서 용기 속의 액체의 부피는 다음과 같다.

$$V_l = \bar{t}_l v_l = 2.67(5\times 60) = 800\ \text{liters}$$

이때, 기체의 부피 분율은 다음과 같이 구해진다.

$$\left.\begin{aligned}\text{Fraction of liquid} &= \frac{800}{860} = 93\%\\ \text{Fraction of gas} &= 7\%\end{aligned}\right\} \qquad (b)$$

**(c)** 마지막으로 식 (5)로부터 **E** 곡선을 구한다.

$$\text{E} = \frac{C_{\text{pulse}}}{M/v} = \frac{1}{0.5}\text{C} = 2\ \text{C}$$

따라서 액체에 대한 **E** 곡선은 그림 E11.2*b*와 같다. *(c)*

**(d)** 용기는 아마도 상승하는 기포에 의해 강한 액체의 재순환(recirculation)이 있을 것이다. *(d)*

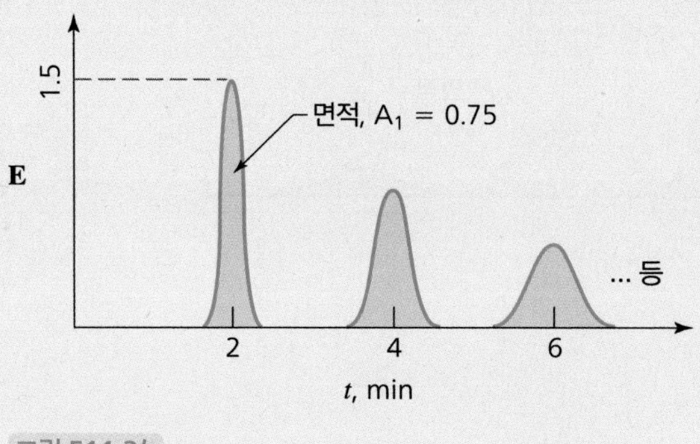


그림 E11.2*b*

## ▸ 합성곱 적분

우리가 그림 11.15에서와 같이 시간 $t$에 대하여 추적자의 신호 $C_{in}$을 용기에 한 번 주입한(one-shot)다고 가정하자. 이 신호는 용기를 통과하면서 변화되어 시간 $t$에 대한 출력신호 $C_{out}$를 나타낸다. 특별한 RTD를 갖는 흐름이 이러한 변형을 일으키므로 $C_{in}$, $\mathbf{E}$, $C_{out}$ 사이의 관계를 구해 보자.

시간 $t$에서 용기를 빠져나가는 추적자를 생각하면, 이는 그림 11.15에 표시된 좁은 직사각형 $B$와 같다. 이 그림을 참고로 하여 다음과 같은 관계식을 적을 수 있다.

$$\begin{pmatrix}\text{직사각형 } B\text{에서} \\ \text{나가는 추적자}\end{pmatrix} = \begin{pmatrix} t\text{보다 } t'\text{초 먼저 유입되어 용기에서} \\ t\text{초 체류하는 모든 추적자}\end{pmatrix}$$

여기에서 $t$보다 $t'$초 먼저 유입되는 추적자는 좁은 직사각형 $A$이고, 이를 식으로 나타내면 다음과 같다.

$$\begin{pmatrix}\text{직사각형 } B\text{에서} \\ \text{나가는 추적자}\end{pmatrix} \sum_{\substack{\text{시간 } t\text{보다} \\ \text{먼저 들어가는} \\ \text{모든 직사각형}}} \begin{pmatrix}\text{직사각형} \\ A\text{에 있는} \\ \text{추적자}\end{pmatrix}\begin{pmatrix} A\text{ 중에서 용기에} \\ t'\text{초 정도 체류하는} \\ \text{추적자의 분율}\end{pmatrix}$$

이를 부호로 표시하고 극한을 취하면(직사각형의 크기가 아주 작아진다) 합성곱적분(convolution integral)이라고 불리는, 원하는 식을 얻을 수 있다.

$$C_{out}(t) = \int_0^t C_{in}(t - t')\mathbf{E}(t')dt' \tag{10a}$$

같은 형태로 다음 식도 성립한다.

$$C_{out}(t) = \int_0^t C_{in}(t')\mathbf{E}(t - t')dt' \tag{10b}$$

$C_{out}$은 $C_{in}$과 $\mathbf{E}$의 *합성곱*(컨볼루션, convolution)이라 부르며 간단하게 다음과 같이 쓴다.

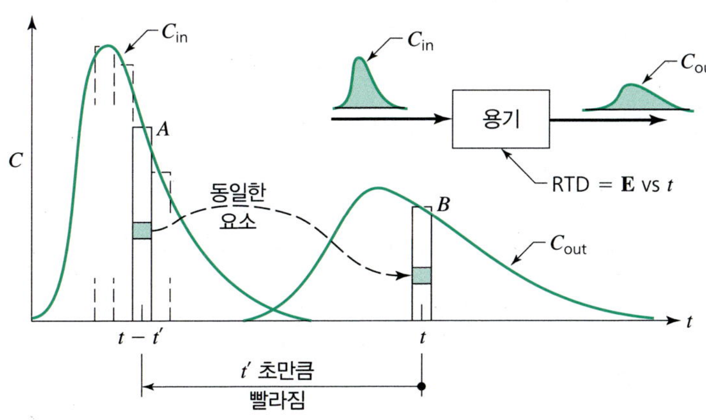


**그림 11.15** 합성곱 적분을 유도하는 과정의 개략도.

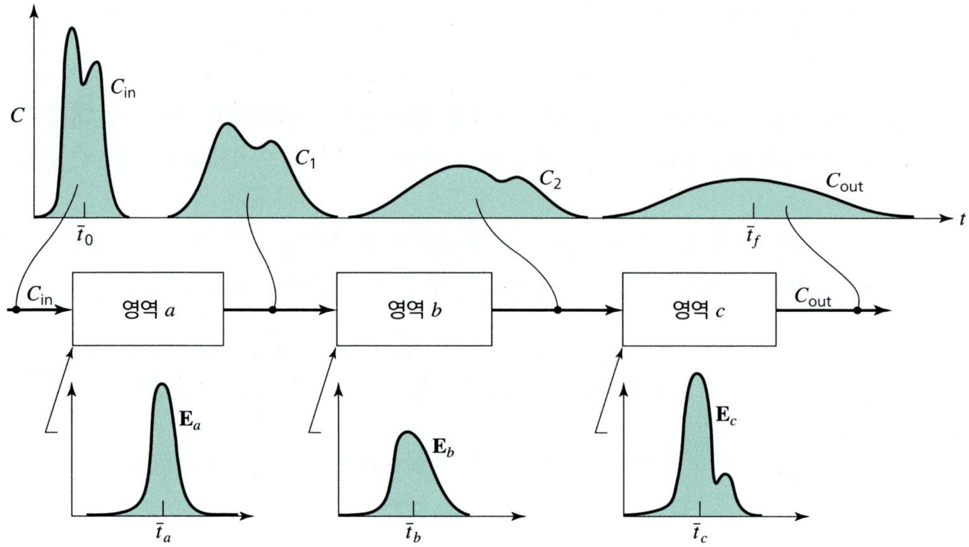


그림 11.16 **세 개의 연속된 구역을 통과하면서 변형되는 추적자의 입력신호 $C_{in}$.**

$$C_{out} = \mathbf{E} * C_{in} \quad 또는 \quad C_{out} = C_{in} * \mathbf{E} \tag{10c}$$

**이 도구의 응용** 합성곱이라는 수학적 도구를 응용하는 예로서, 닫히고 직렬로 연결된 독립적인[2] 세 개의 흐름단위 $a$, $b$, $c$를 생각할 수 있다(그림 11.16 참고).

***문제 1.*** 만일 입력신호 $C_{in}$을 측정하고 출구 연령 분포 $\mathbf{E}_a$, $\mathbf{E}_b$, $\mathbf{E}_c$을 알고 있다면 $C_1$은 $C_{in}$과 $\mathbf{E}_a$의 합성곱이다. 이를 계속하면 다음 식을 얻을 수 있다.

$$C_1 = C_{in} * \mathbf{E}_a, \qquad C_2 = C_1 * \mathbf{E}_b, \qquad C_{out} = C_2 * \mathbf{E}_c$$

이를 결합하면 아래와 같고, 이로부터 다중영역을 가진 흐름단위에서 출력량을 결정할 수 있다.

$$C_{out} = C_{in} * \mathbf{E}_a * \mathbf{E}_b * \mathbf{E}_c \tag{11}$$

***문제 2.*** 우리가 $C_{in}$과 $C_{out}$을 측정하고 $\mathbf{E}_a$와 $\mathbf{E}_c$를 알고 있다면 미지의 $\mathbf{E}_b$를 구할 수 있다. 이러한 유형의 문제는 추적자의 입구영역과 추적자를 수집하는 영역 모두가 실험 부분보다 큰 경우에 특히 중요하다.

합성곱을 만드는 것은 직접적인 일이지만 *역합성곱*(deconvolution) 계산을 하여 적분 안에 있는 분포함수(distribution function)를 구하는 것은 매우 어렵다. 따라서 문제 2는 문제 1보다 다루기 무척 어려워 컴퓨터를 이용해야 한다.

그러나 어떤 경우에는 필연적으로 역합성곱을 해야 한다. 이같이 특별한 경우는 14장의 끝에서 다루고 예제를 설명할 예정이다.

---

2 독립성이란 유체가 반응 용기에서 용기로 이동할 때 기억을 잃는다는 의미이다. 따라서 한 용기에서 더 빠르게 움직이는 유체 요소는 다음 용기에서 이 사실을 기억하지 못하고 우선적으로 더 빠르게(또는 더 느리게) 흐르지 않는다. 층류 흐름은 종종 이러한 독립성 요건을 충족하지 못하지만, 장치 간에 유체가 완전히(또는 측면적으로) 혼합되면 이 조건이 충족된다.

예제 11.3은 합성곱의 예제이고, 예제 11.4는 역합성곱의 예제이다.

## 예제 11.3 ▶ 합성곱

합성곱적분을 사용한 예를 살펴보자. 그림 E11.3*a*에 나타난 바와 같이, 보여준 바와 같이 $C_{in}$과 **E**를 알고 있을 때 $C_{out}$을 구할 수 있다[식 (10)].

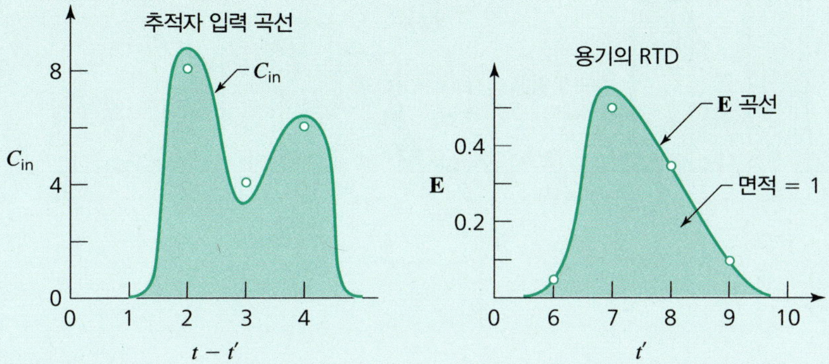


그림 E11.3*a*

### 풀이

먼저 1분 간격으로 나누어, 주어진 그래프로부터 데이터를 읽는다.

| $t' - t'$ | $C_{in}$ |
|---|---|
| 0 | 0 |
| 1 | 0 |
| 2 | 8 |
| 3 | 4 |
| 4 | 6 |
| 5 | 0 |

| $t' - t'$ | **E** |
|---|---|
| 5 | 0 |
| 6 | 0.05 |
| 7 | 0.50 |
| 8 | 0.35 |
| 9 | 0.10 |
| 10 | 0 |

*주석*: **E** 곡선 아래의 면적은 1이다.

첫 번째 표지 물질인 추적자는 8분에, 그리고 마지막 추적자는 13분에 용기를 떠났다. 따라서 불연속 형태(discrete form)로 합성곱적분을 하면 다음을 얻을 수 있다.

| $t$ | $C_{out}$ | |
|---|---|---|
| 7 | 0 | = 0 |
| 8 | 8 × 0.05 | = 0.4 |
| 9 | 8 × 0.5 + 4 × 0.05 | = 4.2 |
| 10 | 8 × 0.35 + 4 × 0.5 + 6 × 0.05 | = 5.1 |
| 11 | 8 × 0.10 + 4 × 0.35 + 6 × 0.5 | = 5.2 |
| 12 | 4 × 0.10 + 6 × 0.35 | = 2.5 |
| 13 | 6 × 0.10 | = 0.6 |
| 14 | | = 0 |

$C_{in}$, **E**, $C_{out}$ 곡선이 불연속과 연속 형태로 그림 E11.3*b*에 나타나 있다. $C_{out}$ 곡선 아래의 면적은 $C_{in}$ 곡선 아래의 면적과 동일함에 유의하라.

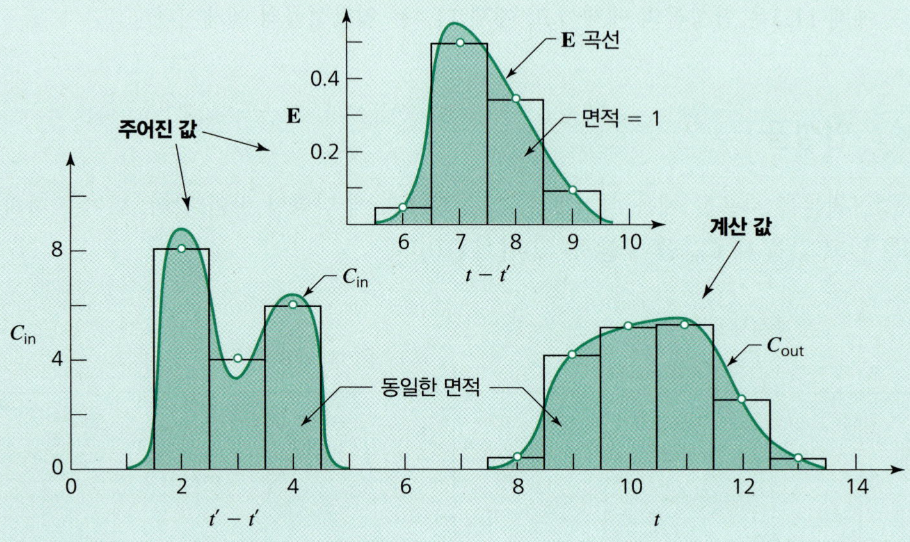


그림 E11.3*b*

## 11.2 비이상적 흐름 반응기에서 전환율

일반적으로 반응기의 거동을 알기 파악하기 위해 아래의 네 가지 인자가 필요하다.

1. 반응속도론
2. 반응기 내 유체의 RTD
3. 반응기에서 유체 혼합의 빠름 또는 늦음 정도
4. 미시유체인지 혹은 거시유체인지의 여부

플러그 흐름 또는 혼합 흐름에서의 *미시유체*에 관한 식은 앞 장에서 유도하였다. 한편, 중간 흐름에 대해서는 12장, 13장, 14장에서 이에 적합한 모델을 개발할 것이다.

미시유체의 *빠른 혼합과 늦은 혼합*을 고려하기 위해, 2차 반응이 일어나는 반응기에서 두 가지 흐름 양식을 검토하자(그림 11.17). 두 가지 가운에 우선 (*a*)에서는 반응물이 높은 농도에서 출발하나 반응 차수는 $n > 1$이므로 급격히 반응하여 농도가 낮아진다. 다음 (*b*)에서는 유체가 반응 즉시 낮은 농도로 떨어진다. 반응속도가 반응기 내 농도보다 빠르게 떨어지므로 전환율이 낮게 된다. 따라서 미시유체에 대해서는 다음과 같은 결론을 내릴 수 있다.

| 늦은 혼합은 $n > 1$인 반응에 유리하다.<br>빠른 혼합은 $n < 1$인 반응에 유리하다. | **(12)** |
|---|---|

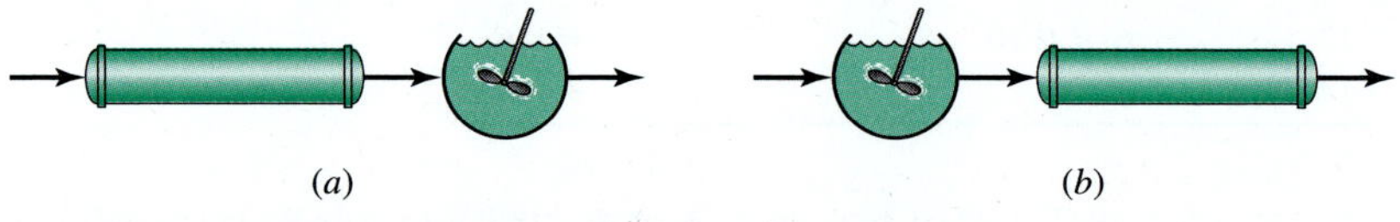


그림 11.17 주어진 RTD에 대한 늦은 혼합과 빠른 혼합.

*거시유체*의 경우, 반응기에서 다른 시간 길이를 가지는(**E** 함수로 주어짐) 작은 유체의 덩어리들을 상상해 보자. 각 덩어리는 하나의 작은 회분 반응기처럼 작용하므로 유체 요소들은 서로 다른 조성을 가질 것이다. 따라서 출구 흐름에서의 평균조성은 두 가지 인자인 반응속도론과 RTD를 고려해야 한다. 다시 말하면 다음 식과 같다.

$$\left(\begin{array}{c}\text{출구 흐름에서}\\ \text{반응물의 평균 농도}\end{array}\right) = \sum_{\substack{\text{출구 흐름의}\\ \text{모든 원소}}} \left(\begin{array}{c} t\text{와 } t+dt \text{ 사이의}\\ \text{수명으로 남아 있는}\\ \text{반응물의 농도}\end{array}\right)\left(\begin{array}{c} t\text{와 } t+dt\\ \text{사이의 수명을 갖는}\\ \text{출구 흐름의 분율}\end{array}\right)$$

이를 평균농도, 전환율 및 수치적분에 적합한 형태로 기호화하여 나타내면 다음과 같다.

$$\left(\frac{\overline{C}_A}{C_{A0}}\right)_{\text{at exit}} = \int_0^\infty \left(\frac{C_A}{C_{A0}}\right)_{\substack{\text{for an element or little}\\ \text{batch of fluid of age } t}} \cdot \mathbf{E}\, dt$$

전환율 형태

$$\overline{X}_A = \int_0^\infty (X_A)_{\text{element}} \cdot \mathbf{E}\, dt \qquad \textbf{(13)}$$

수치적분에 적합한 형태

$$\frac{\overline{C}_A}{C_{A0}} = \sum_{\substack{\text{all age}\\ \text{intervals}}} \left(\frac{C_A}{C_{A0}}\right)_{\text{element}} \cdot \mathbf{E}\, \Delta t$$

3장의 회분 반응기 식으로부터 다음을 알 수 있다.

- 1차 반응의 경우 $$\left(\frac{C_A}{C_{A0}}\right)_{\text{element}} = e^{-kt} \qquad \textbf{(14)}$$
- 2차 반응의 경우 $$\left(\frac{C_A}{C_{A0}}\right)_{\text{element}} = \frac{1}{1 + kC_{A0}t} \qquad \textbf{(15)}$$
- $n$차 반응의 경우 $$\left(\frac{C_A}{C_{A0}}\right)_{\text{element}} = [1 + (n-1)C_{A0}^{n-1}kt]^{1/1-n} \qquad \textbf{(16)}$$

이 식은 성능식인 식 (13)에 대입할 항들이다. 또한 이 장 후반부의 논의를 통해 1차 반응에 대하

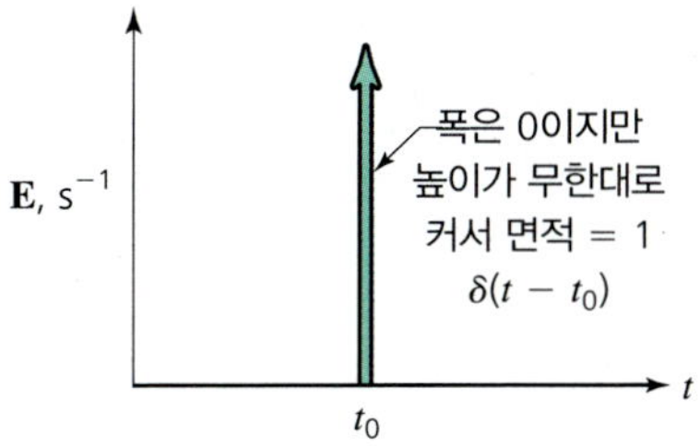


**그림 11.18** 플러그 흐름에 대한 **E** 함수.

여 거시유체에 대한 식은 회분 반응기 또는 미시유체에 대한 식과 동일함을 알 수 있게 된다. 이 논의는 16장에서 계속 이어질 것이다.

**디락 델타 함수, $\delta(t - t_0)$** 우리를 어리둥절하게 하는 **E** 곡선은 플러그 흐름을 나타내는 **E** 곡선이다. 이 곡선을 디락 델타 함수(Dirac delta function)라 부르고, 기호로는 다음과 같이 나타낸다.

$$\delta(t - t_0) \tag{17}$$

이는 그림 11.18에 나타난 바와 같이 $t = t_0$에서 박동이 발생하는 것을 말한다.

이 함수에 대하여 알 필요가 있는 두 가지 성질은 다음과 같다.

$$\text{곡선 아래의 면적:} \quad \int_0^\infty \delta(t - t_0)dt = 1 \tag{18}$$

$$\text{델타 함수를 가진 적분:} \quad \int_0^\infty \delta(t - t_0)f(t)dt = f(t_0) \tag{19}$$

이 함수는 이해하기만 하면 어떤 다른 것보다 적분이 쉽다. 예를 들면 다음과 같다.

$$\int_0^\infty \delta(t-5)t^6dt = 5^6 \qquad (\text{단지 } t_0\text{를 5로 대체})$$

$$\int_0^3 \delta(t-5)t^6dt = 0$$

## 예제 11.4 ▶ 비이상적 흐름을 가진 반응기에서의 전환율

예제 11.1에서 언급한 용기가 다음과 같은 반응속도를 가진 액체 분해용 반응기로 사용된다. 실제 반응기 내에서 전환되지 않은 반응물의 분율을 구하고, 이 값을 동일한 크기의 플러그 흐름 반응기 내에서 전환되지 않은 분율과 비교하라.

$$-r_A = kC_A, \qquad k = 0.307 \text{ min}^{-1}$$

**› *풀이***

밀도 변화가 없는 *플러그 흐름 반응기*에 대한 식은 다음과 같다.

$$\tau = C_{A0}\int_0^{X_A}\frac{dX_A}{-r_A} = -\frac{1}{k}\int_{C_{A0}}^{C_A}\frac{dC_A}{C_A} = \frac{1}{k}\ln\frac{C_{A0}}{C_A}$$

예제 11.1에서 구한 $\tau$를 이용하면 분율은 다음과 같다.

$$\frac{C_A}{C_{A0}} = e^{-k\tau} = e^{-(0.307)(15)} = e^{-4.6} = \underline{\underline{0.01}}$$

따라서 플러그 흐름 반응기에서 전환되지 않은 반응물의 분율은 1.0%이다.

한편, *실제 반응기*에서 전환되지 않은 분율은 거시유체에 대한 식 (13)에 주어져 있다. 계산 결과가 표 E11.4에 나타나 있다. 실제 반응기에서 전환되지 않은 분율은 다음과 같다.

**표 E11.4**

| $t$ | $\mathbf{E}$ | $kt$ | $e^{-kt}$ | $e^{-kt}\mathbf{E}\,\Delta t$ |
|---|---|---|---|---|
| 5 | 0.03 | 1.53 | 0.2154 | (0.2154)(0.03)(5) = 0.0323 |
| 10 | 0.05 | 3.07 | 0.0464 | 0.0116 |
| 15 | 0.05 | 4.60 | 0.0100 | 0.0025 |
| 20 | 0.04 | 6.14 | 0.0021 | 0.0004 |
| 25 | 0.02 | 7.68 | 0.005 | 0.0001 |
| 30 | 0.01 | 9.21 | 0.0001 | 0 |
| given (t, E) | | | | $\dfrac{C_A}{C_{A0}} = \sum e^{-kt}\mathbf{E}\,\Delta t = \underline{\underline{0.0469}}$ |

표 E11.4에서 보면 전환되지 않은 물질은 대부분 **E** 곡선의 앞부분에서 유래함을 알 수 있다. 이는 편류와 단락 흐름(short-circuiting)이 반응기에서 높은 전환율을 얻는 데 심각한 방해가 됨을 암시한다.

이 반응은 1차 반응이므로 우리가 원하는 대로 미세유체 또는 거시유체로 취급할 수 있다. 이 문제에서는 플러그 흐름의 경우를 미시유체로 풀었고, 이상적이지 않은 경우는 거시유체로 풀었다.

## 예제 11.5 ▶ 거시유체의 반응

분산되어 합체되지 않은 액적($C_{A0}$ = 2 mol/L)이 접촉기를 통과하면서 다음 속도식으로 반응한다(A → R, $-r_A = kC_A^2$, $k$ = 0.5 L/mol·min). 만일 이 액체 방울의 RTD가 그림 E11.5에 있는 것처럼 계단식으로 주어진다면 접촉기를 떠나는 액적(액체 방울) 속에 남아 있는 A의 평균 농도를 구하라.

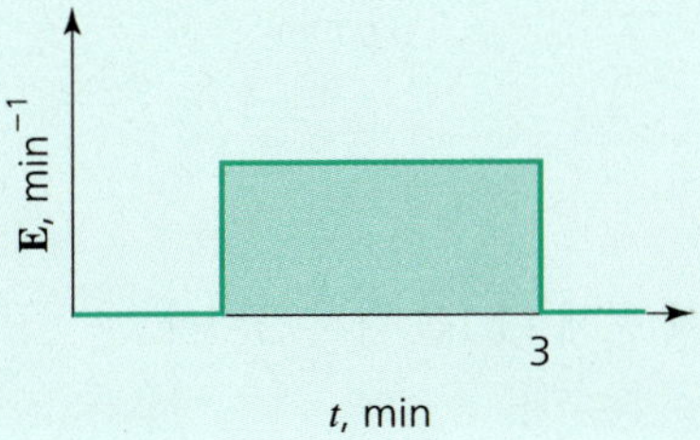


그림 E11.5

### 풀이

식 (13)은 적절한 성능식이다. 이 식에서 각 항을 계산하면 된다. 다음과 같은 반응에 대하여

$$-r_A = kC_A^2, \qquad k = 0.5\ \text{liter/mol}\cdot\text{min}$$

회분 반응기에서의 식은 다음과 같다.

$$\frac{C_A}{C_{A0}} = \frac{1}{1 + kC_{A0}t} = \frac{1}{1 + 0.5(2)t} = \frac{1}{1 + t}$$

$1 < t < 3$에 대하여 $\mathbf{E} = 0.5$이므로, 식 (13)은 다음과 같다.

$$\frac{\overline{C}_A}{C_{A0}} = \int_0^\infty \left(\frac{C_A}{C_{A0}}\right)_{batch} \mathbf{E}\,dt = \int_1^3 \frac{1}{1 + t} \cdot (0.5)dt = 0.5 \ln 2 = 0.347$$

따라서 다음과 같은 결과를 얻을 수 있다.

$$\overline{X}_A = 1 - 0.347 = 0.653, \qquad \text{또는} \qquad \underline{\underline{65\%}}$$

## 참고 문헌

Danckwerts, P. V., *Chem. Eng. Sci.*, **2**, 1(1953).

## 연습 문제

**11.1** 용기에 박동 입력을 주었더니 그림 P11.1과 같은 결과를 얻을 수 있었다.

**(a)** 이 결과가 일관성이 있는지를 알아보기 위해, 추적자 곡선에 대한 물질 수지를 점검하라.

**(b)** 결과가 일관성이 있다면 $\bar{t}$와 $V$를 결정하고 **E** 곡선의 개략도를 그려라.

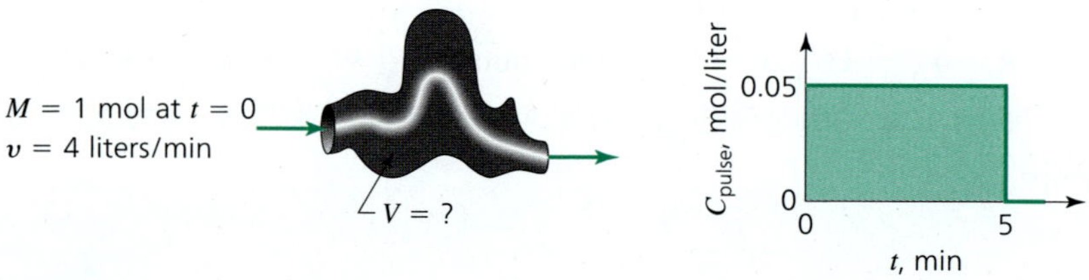


그림 P11.1

**11.2** 위 문제에서 추적자 곡선이 그림 P11.2와 같을 때 문제 11.1을 다시 풀어라.

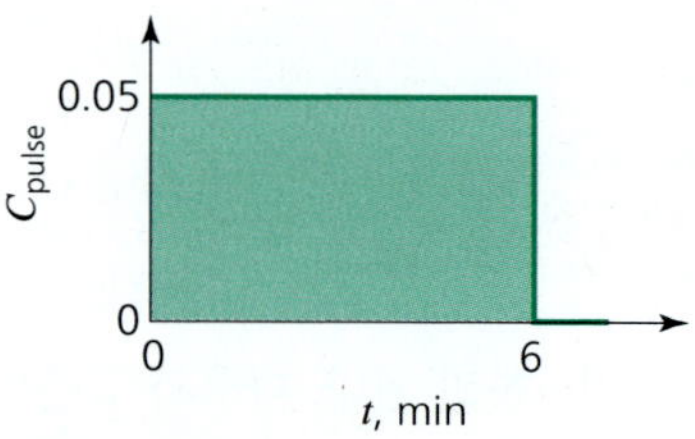


그림 P11.2

**11.3** 어떤 용기에 박동 입력이 주어졌더니, 그림 P11.3과 같은 결과를 얻을 수 있었다.

**(a)** 이 결과가 일관성이 있는가? (실험적인 추적자 곡선에 대하여 물질 수지를 점검하라.)

**(b)** 결과가 일관성이 있다면 도입된 추적자의 양 $M$과 **E** 곡선을 결정하라.

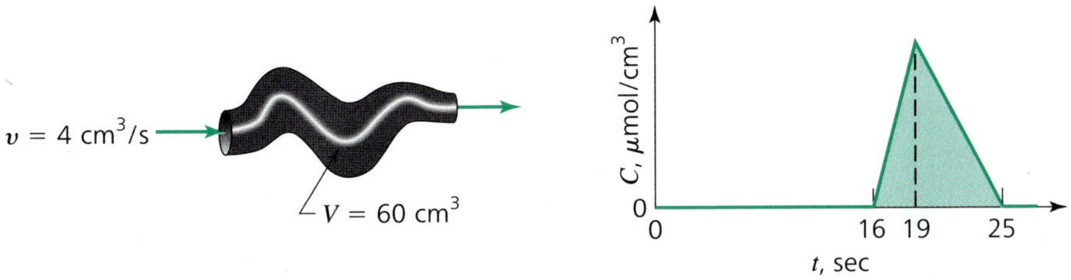


그림 P11.3

**11.4** 어떤 반응기에 대하여 계단 실험을 시행하여 그림 P11.4와 같은 결과를 얻었다.

**(a)** 물질 수지와 추적자 곡선이 일관성이 있는가?

**(b)** 그렇다면 $V$, $\bar{t}$, **F** 곡선, **E** 곡선을 결정하라.

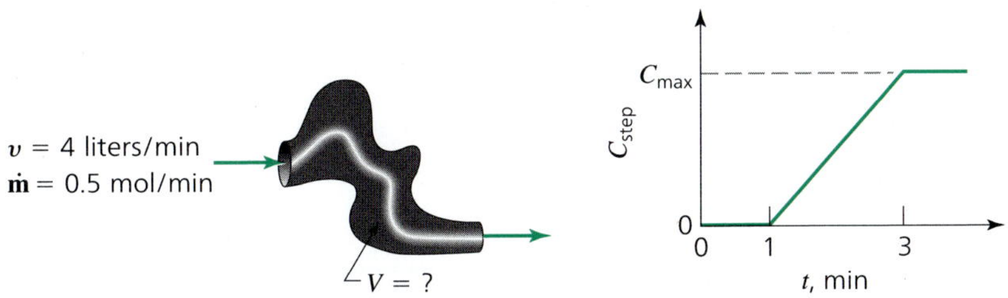


그림 P11.4

**11.5** 한 회분의 방사성 물질이 워싱톤주 Hanford시의 콜롬비아 강에 방류되었다. 이 강의 하류 400 km 지점에 있는 보네빌(Bonnevile) 댐에서 흐르는 물(6,000 $m^3$/s)을 모니터링한 결과, 특별한 방사성 동위원소($t_{1/2} > 10$ yr)에 대하여 그림 P11.5와 같은 데이터를 얻었다.

**(a)** 강에 어느 정도 양의 이러한 추적자가 도입되었을까?

**(b)** 보네빌 댐과 추적자를 도입한 지점과의 사이에 콜롬비아 강물의 부피는 얼마인가?

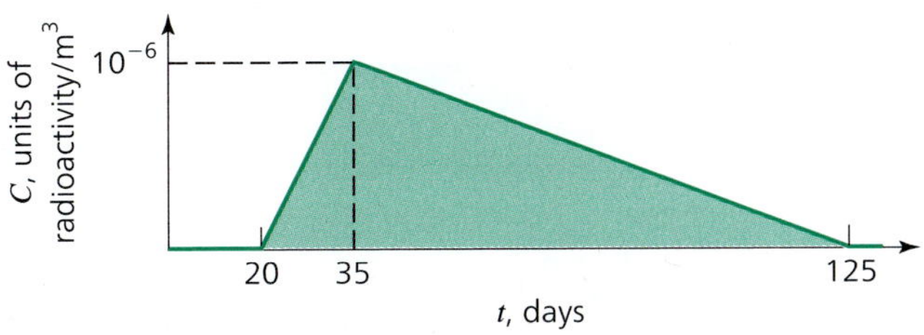


그림 P11.5

**11.6** 어떤 파이프 배관(내경 10 cm I.D., 길이 19.1 m)이 기체와 액체를 동시에 운반하는 데 사용된다. 이때 기체와 액체의 유량은 각각 60,000 $cm^3$/sec, 300 $cm^3$/sec이다. 관을 통해 흐르는 유체

의 박동 추적자 실험 결과 그림 P11.6과 같은 결과를 얻었다. 관에서 기체와 액체가 차지하는 분율은 각각 얼마인가?

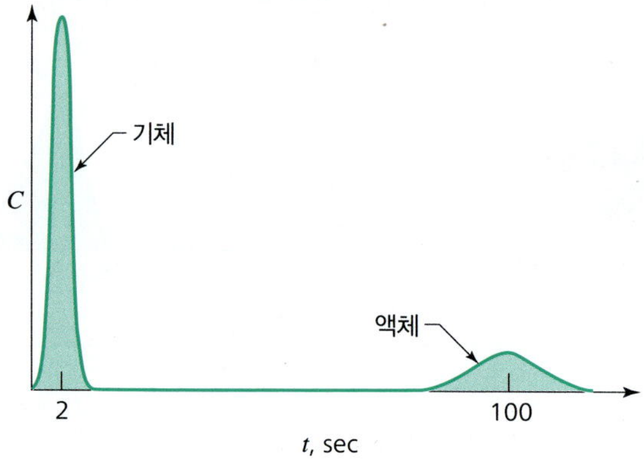


그림 P11.6

어떤 액체 거시유체가 용기를 흘러가면서 A → R의 반응식으로 표현되는 반응을 한다. 흐름 양상이 그림 P11.7부터 P11.11와 같다고 하고, 반응속도가 아래과 같이 주어졌을 때 물질 A의 전환율을 구하라.

**11.7** $C_{A0} = 1$ mol/liter

$-r_A = kC_A^{0.5}$

$k = 2\ \text{mol}^{0.5}/\text{liter}^{0.5}\cdot\text{min}$

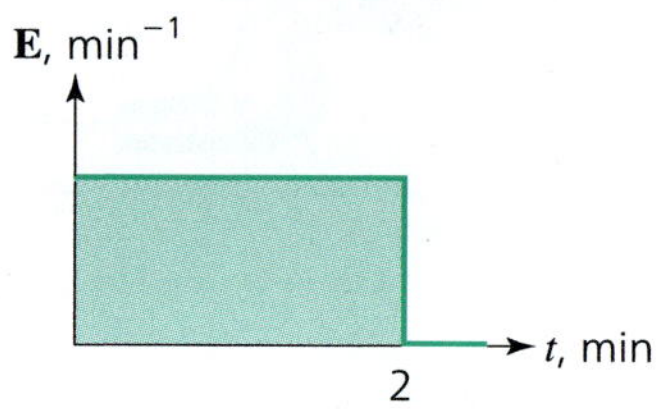


**11.8** $C_{A0} = 2$ mol/liter

$-r_A = kC_A^2$

$k = 2$ liter/mol·min

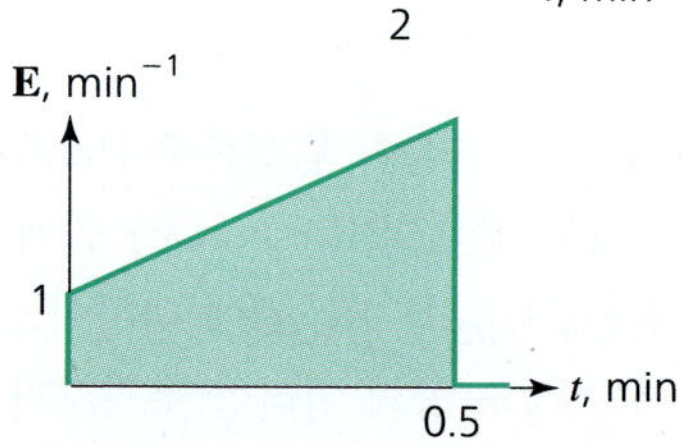


**11.9** $C_{A0} = 6$ mol/liter

$-r_A = k$

$k = 3$ mol/liter·min

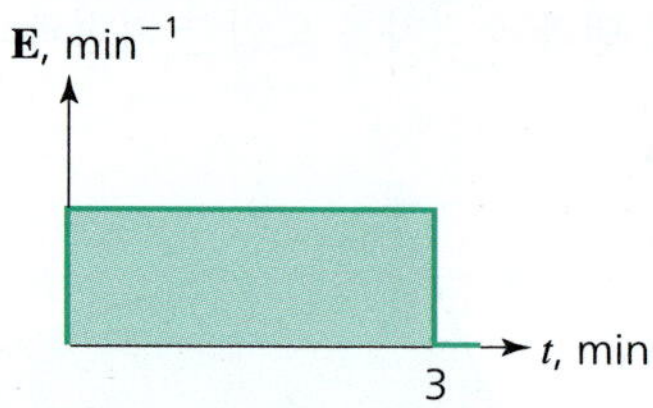


**11.10** $C_{A0} = 4$ mol/liter

$-r_A = k$

$k = 1$ mol/liter·min

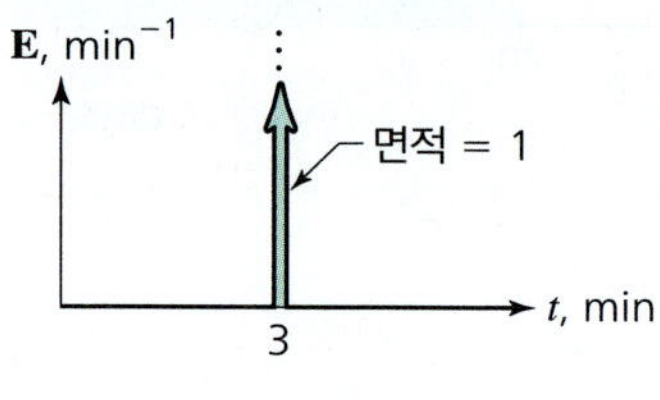

**11.11** $C_{A0} = 0.1$ mol/liter

$-r_A = k$

$k = 0.03$ mol/liter·min

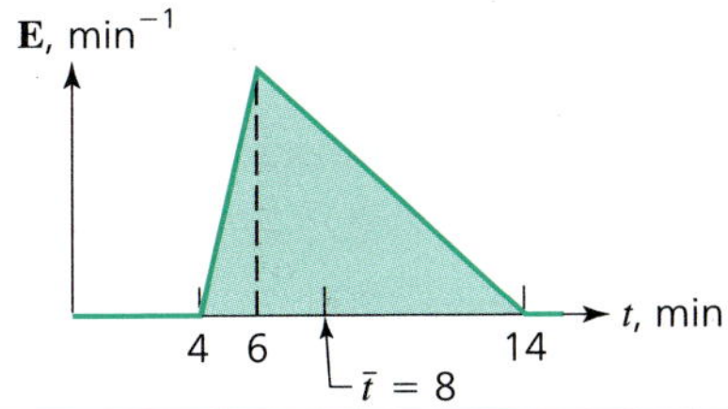


그림 P11.7, P11.8, P11.9, P11.10, P11.11

---

**11.12~11.14** 석탄가스에 포함된 황화수소(hydrogen sulfide)는 이동층 반응기를 이용하여 산화철(iron oxide) 입자와 접촉시켜 제거하는데, 이때 산화철은 다음과 같이 황화합물(sulfide)로 전환된다.

$$Fe_2O_3 \rightarrow FeS$$

반응기의 어떤 입자 내에서 전환되는 산화물의 분율은, 입자의 체류 시간 $t$와 입자가 완전히 전환하는 데 걸리는 시간 $\tau$에 의해 결정되고 다음과 같은 식으로 주어진다.

$$1 - X = \left(1 - \frac{t}{\tau}\right)^3 \quad \text{when } t < 1 \text{ hr}, \quad \text{and with } \tau = 1 \text{ hr}$$

만일 접촉기에서 고체의 체류 시간이 그림 P11.12, P11.13, P11.14의 곡선으로 유사하게 표현될 수 있는 경우에 산화철이 황화합물로 전환되는 전환율을 구하라.

$$X = 1 \qquad \text{when } t \geq 1 \text{ hr}$$

**11.12**

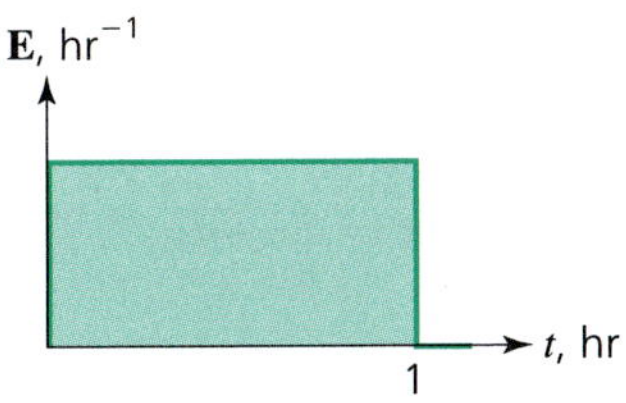


**11.13**

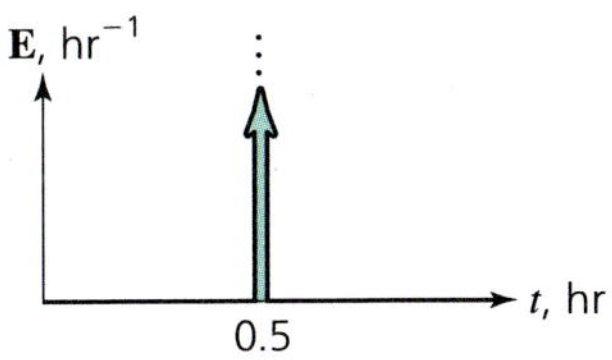


**11.14**

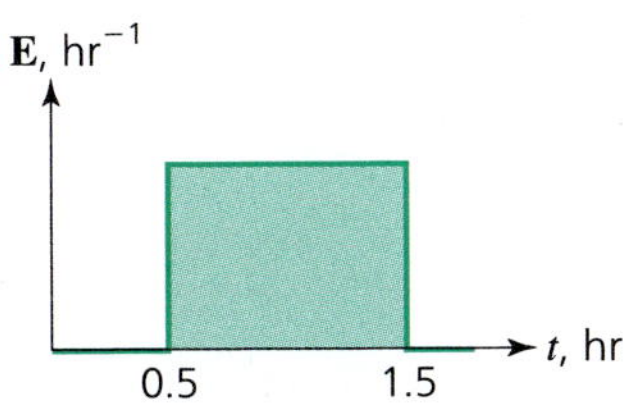


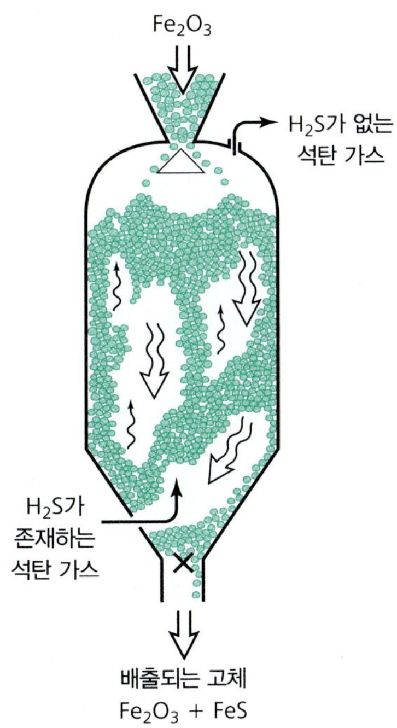


그림 P11.12, P11.13, P11.14

**11.15** 차가운 고체가 연속적으로 유동층에 흘러 들어오고, 유동층 내에서 이 고체들은 빠르게 분산되어 잘 혼합된 상태로 간주된다. 다음 이들은 가열되고 천천히 액화되어 유동층을 떠난다. 가열에 의한 액화(devolatilization)는 기체 A를 발생시키고, 이 기체는 유동층을 통과하면서 1차 반응으로 분해된다. 기체가 유동층을 떠나면 기체 A의 분해는 멈춘다. 다음의 정보로부터 기체 A가 분해된 분율을 구하라.

*자료*: 이는 구름이 없는 기포(cloudless bubble)를 함유한 큰 입자가 존재하는 유동층(large-particle fluidized bed)이기 때문에 유동층을 통한 기체는 플러그 흐름으로 가정한다. 또한 고체에 의해 방출되는 기체의 부피는 층을 통과하는 운반기체(carrier gas)의 부피에 비해 작다고 가정한다.

층 내부의 평균 체류 시간:

$\bar{t}_s = 15$ min, $\bar{t}_g = 2$ s for carrier gas

반응식: A → products, $-r_A = kC_A$, $k = 1\ s^{-1}$

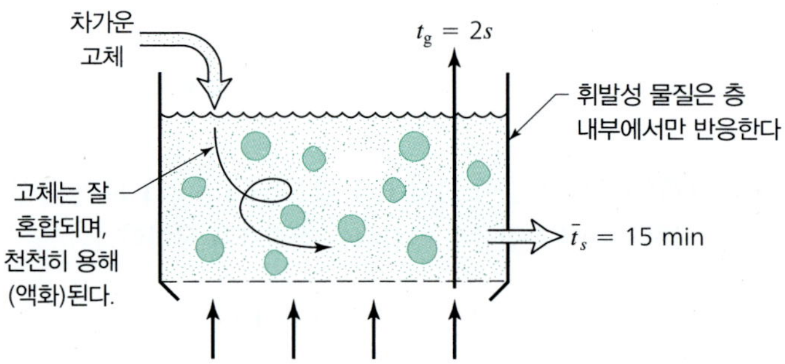


그림 P11.15

**11.16** 반응물 $A$ ($C_{A0} = 64$ mol/$m_3$)가 플러그 흐름 반응기($\tau = 50$ s)를 통해 흐르면서 다음과 같은 속도론으로 반응한다.

$$A \rightarrow R, \qquad -r_A = 0.005\, C_A^{1.5},\ mol/m^3 \cdot s$$

만일 유체 흐름이 다음과 같은 경우에 A의 전환율을 구하라.

**(a)** 미시유체

**(b)** 거시유체

제 12 장

# 구획모델

*Compartment Models*

흐름모델들은 복잡함의 수준이 다르다. 플러그 흐름과 혼합 흐름으로 대표되는 가장 단순한 모델의 다음 단계가 이 장에서 다루려고 하는 구획모델(compartment model)이다. 구획모델에서는 용기와 용기를 통과하는 흐름을 다음과 같이 고려한다.

$$\text{총 부피 } V \quad \cdots \begin{cases} \left.\begin{array}{l} V_p\text{—플러그 흐름 영역} \\ V_m\text{—혼합 흐름 영역} \end{array}\right\} V_a\text{—활성 영역} \\ V_d\text{—용기 내 사각지대 또는 정체 영역} \end{cases}$$

$$\text{총 유출 흐름 } v \quad \cdots \begin{cases} v_a\text{—플러그 흐름과 혼합 흐름 영역을 통한 활성 흐름} \\ v_b\text{—우회 흐름} \\ v_r\text{—순환 흐름} \end{cases}$$

실제 용기의 **E** 곡선과 여러 가지 구획과 유출 흐름의 결합에 대한 이론적인 곡선을 비교하여 실제 용기에 가장 잘 맞는 모델을 찾는다. 물론 이러한 곡선 맞추기(curve fitting)는 완벽한 수 없지만 종종 실제 용기에 대한 합리적인 근사치가 될 수 있다.

다음 페이지의 그림 12.1은 위에서 서술한 여러 가지 요소의 조합에 의한(모든 요소의 조합은 아닐지라도) **E** 곡선의 모양을 나타내고 있다.

## ▸ 힌트, 제안 및 가능한 응용

**(a)** 만일 우리가 $M$ 값[펄스에서 도입된 표지 물질(추적자)의 kg]을 알고 있다면 물질 수지를 확인할 수 있다. $M = v$ (곡선의 면적)이다. 그러나 출력 $C$를 임의의 눈금에서 측정하는 것만으로는 $M$ 값을 구할 수 없을 뿐만 아니라 물질 수지를 확인할 수도 없다.

**(b)** 사각지대(dead space)을 포함하여 모델의 모든 원소를 계산하고자 한다면, $V$나 $v$를 모두 알아야 한다. 만약 단지 $\bar{t}_{\text{obs}}$만을 측정한다면, 이 정체 영역의 크기를 알 수 없으므로 모델을 세우는 데 이 부분은 무시해야 한다. 따라서 다음의 관계가 성립된다.

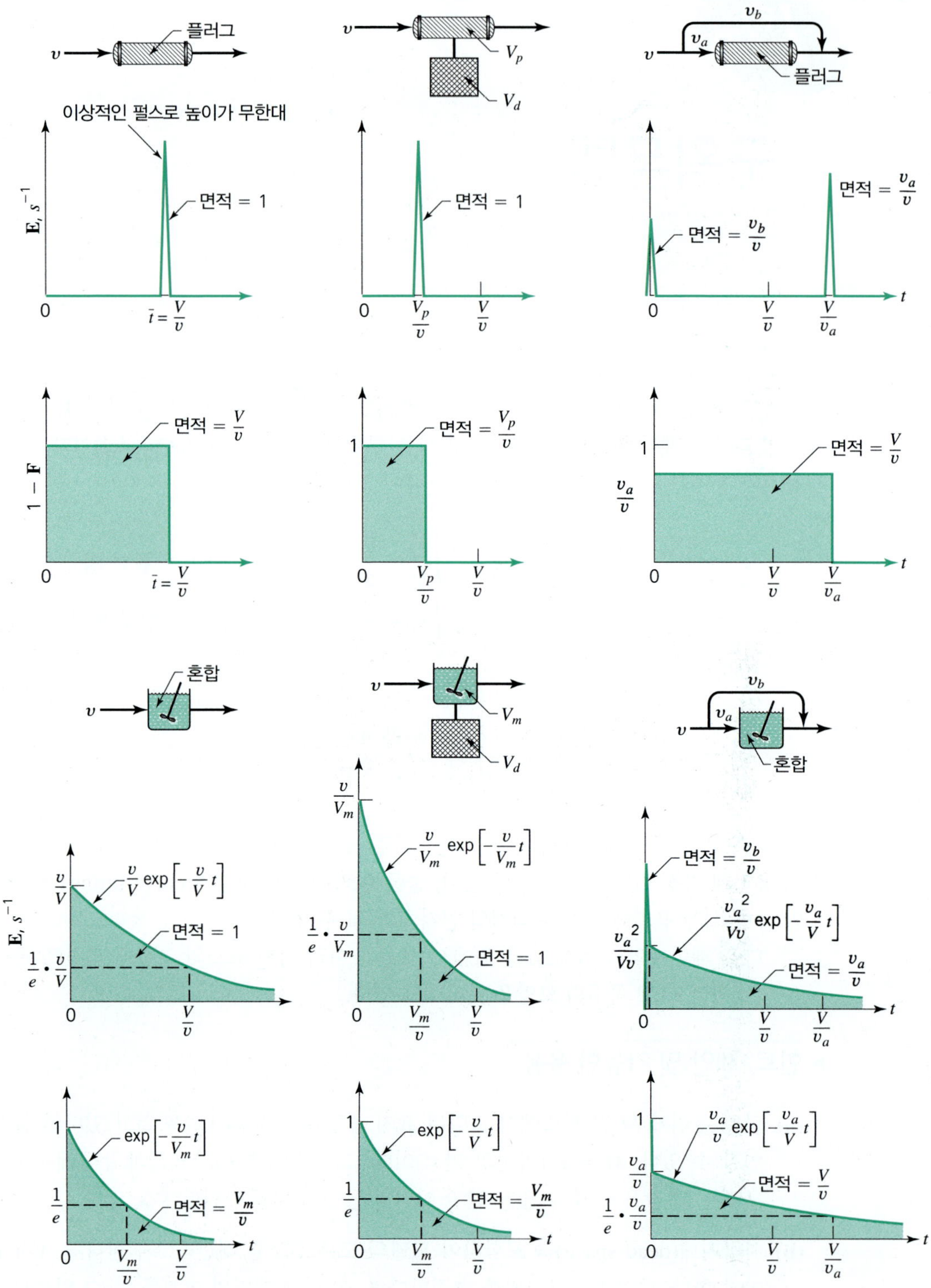


그림 12.1 이상 반응기의 종류.

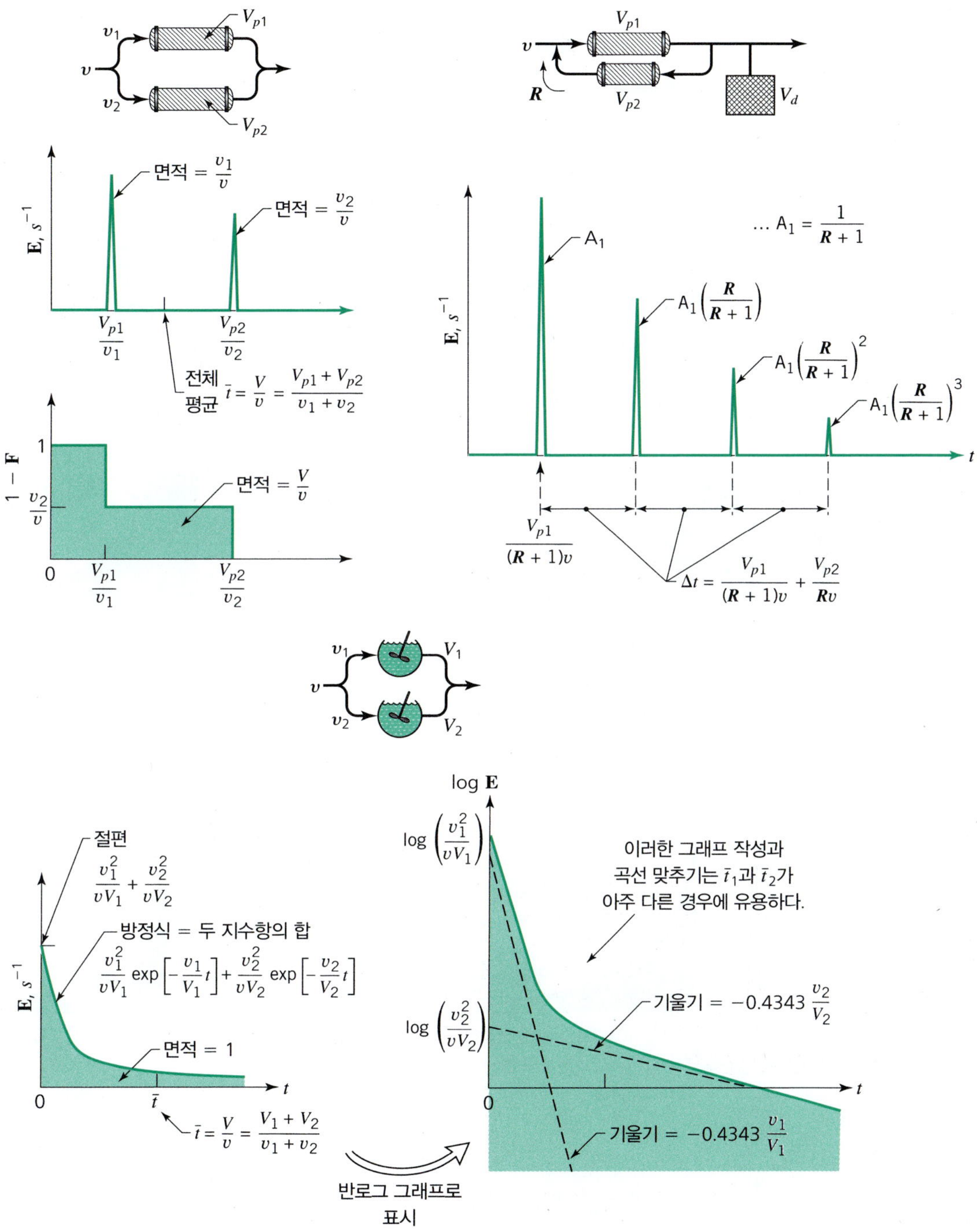

면적 = v1/v
면적 = v2/v
E, s−1
Vp1/v1
Vp2/v2
전체 평균 t̄ = V/v = (Vp1 + Vp2)/(v1 + v2)
1 − F
면적 = V/v
A1
... A1 = 1/(R + 1)
A1(R/(R + 1))
A1(R/(R + 1))2
A1(R/(R + 1))3
Vp1/((R + 1)v)
Δt = Vp1/((R + 1)v) + Vp2/(Rv)
절편 v1²/(vV1) + v2²/(vV2)
방정식 = 두 지수항의 합
v1²/(vV1) exp[−(v1/V1)t] + v2²/(vV2) exp[−(v2/V2)t]
면적 = 1
t̄ = V/v = (V1 + V2)/(v1 + v2)
반로그 그래프로 표시
log E
log (v1²/(vV1))
log (v2²/(vV2))
이러한 그래프 작성과 곡선 맞추기는 t̄1과 t̄2가 아주 다른 경우에 유용하다.
기울기 = −0.4343 v2/V2
기울기 = −0.4343 v1/V1


**그림 12.1** (계속)

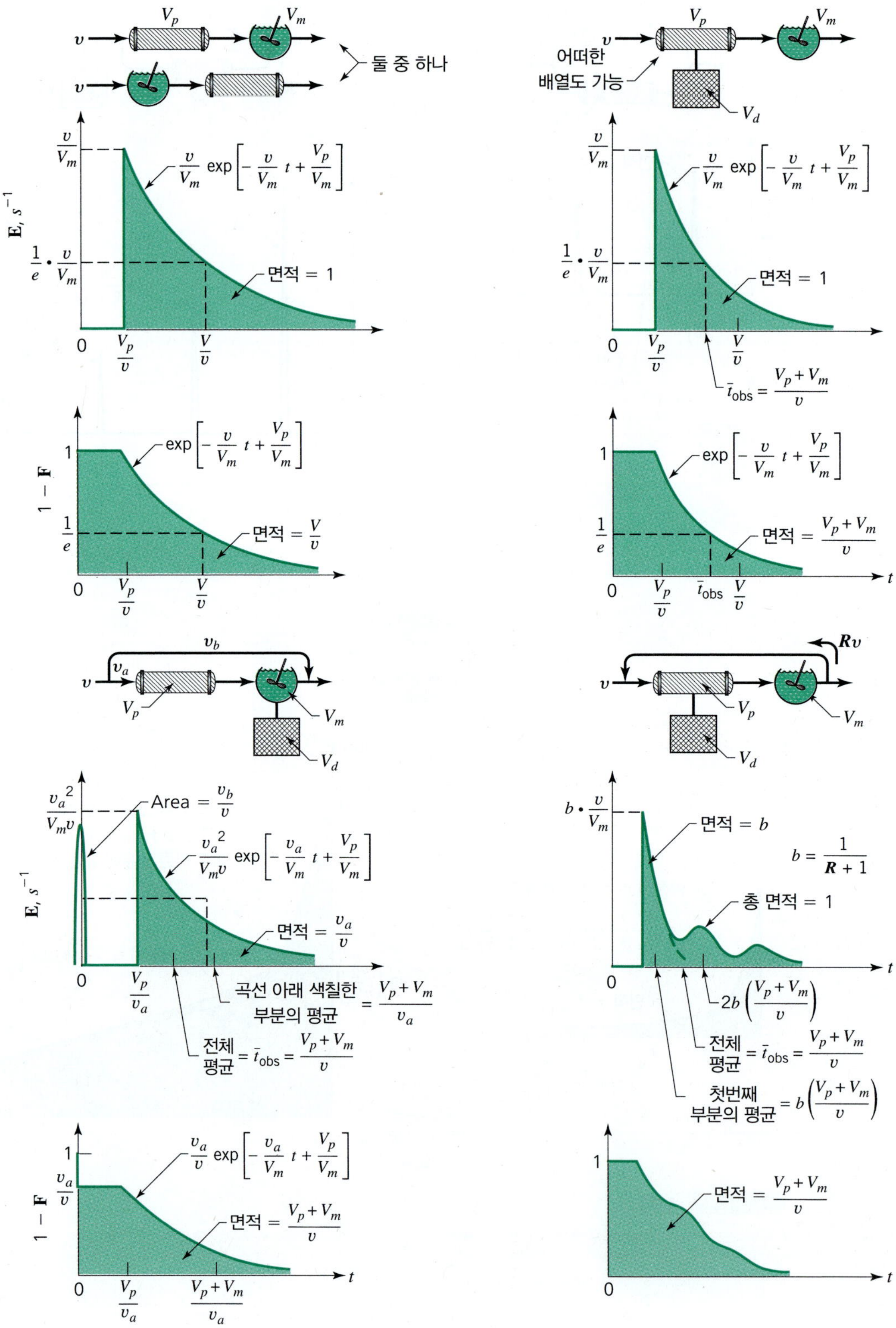

둘 중 하나
어떠한 배열도 가능
면적 = 1
면적 = V/v
Area = $v_b/v$
면적 = $v_a/v$
곡선 아래 색칠한 부분의 평균 = $\frac{V_p+V_m}{v_a}$
전체 평균 = $\bar{t}_{obs} = \frac{V_p+V_m}{v}$
면적 = $\frac{V_p+V_m}{v}$
면적 = b
$b = \frac{1}{R+1}$
총 면적 = 1
첫번째 부분의 평균 = $b\left(\frac{V_p+V_m}{v}\right)$


그림 12.1 (계속)

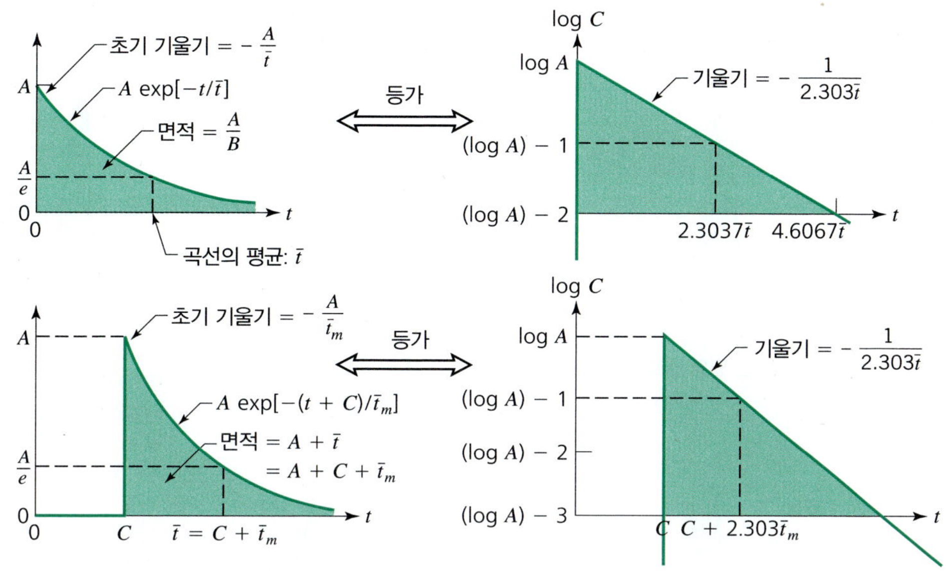


그림 12.2 **지수감소하는 추적자 곡선의 성질.**

$$
\left.\begin{array}{ll}
\text{만일 실제 용기에 사각지대가 있으면} & \bar{t}_{obs} < \bar{t} \\
\text{반면에 실제 용기에 사각 공간이 없으면} & \bar{t}_{obs} = \bar{t}
\end{array}\right\} \cdots \text{여기서} \left\{\begin{array}{l}
\bar{t} = \dfrac{V}{v} \\
\bar{t}_{obs} = \dfrac{V_{active}}{v}
\end{array}\right.
$$

**(c)** 반로그 그래프(semilog plot)는 혼합 흐름 구획의 흐름 매개변수를 추산하는 데 편리한 방법이다. 이 플롯에 표지 물질의 응답곡선(response curve)을 그리고 기울기와 절편을 구하면, 그림 12.2에 보여준 것처럼 *A*, *B*, *C*의 값을 알 수 있다.

## ▶ 반응기의 이상을 진단

이 결합모델은 잘못된 흐름을 가려내고 이 원인을 찾는 데 유용하다. 예를 들어 플러그 흐름이 예상되고 $\bar{t} = \dfrac{V}{v}$를 알고 있다면, 그림 12.3에 나타난 결과를 찾을 수 있다.

한편, 혼합 흐름을 예상하는 경우에는 그림 12.4와 같은 결과를 알아낼 수 있다.

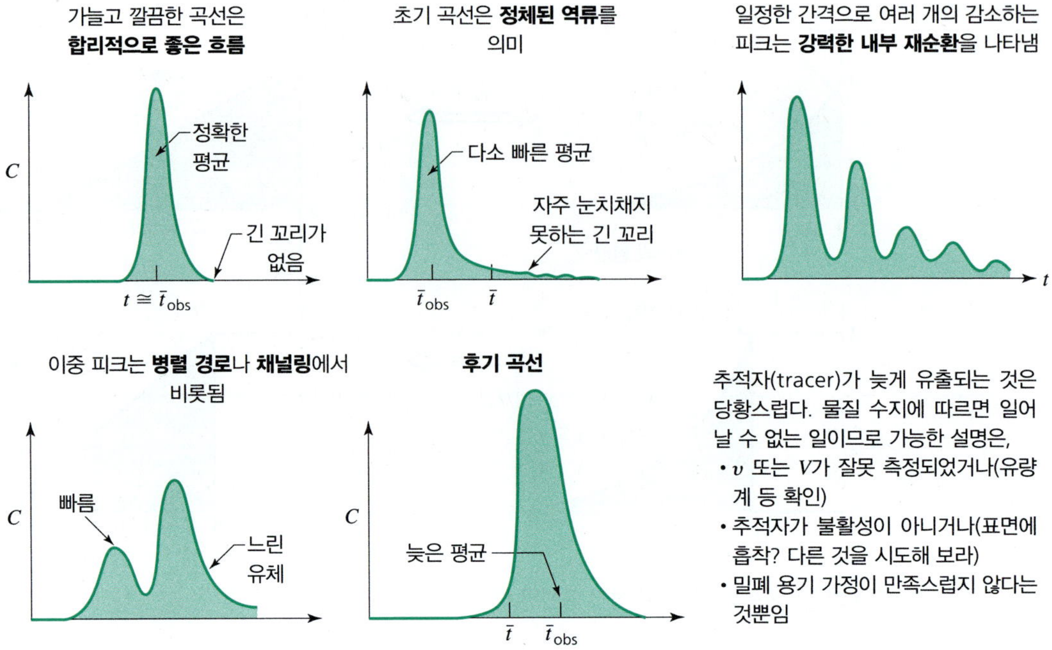


그림 12.3 잘못 운영되는 플러그 흐름 반응기.

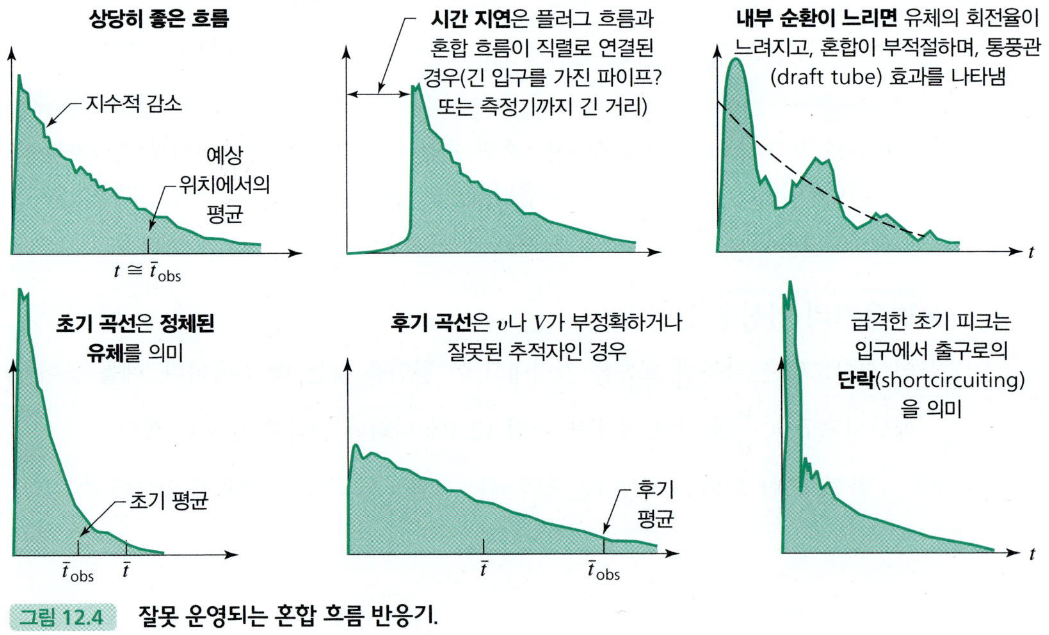


그림 12.4 잘못 운영되는 혼합 흐름 반응기.

## 예제 12.1 ▶ G/L 접촉기의 거동

펄스 표지 물질의 측정된 응답곡선(다음 그림 참고)을 이용하여 그림 E12.1과 같은 기체-액체 접촉기에서 기체, 액체 및 정체된 액체의 분율을 구하라.

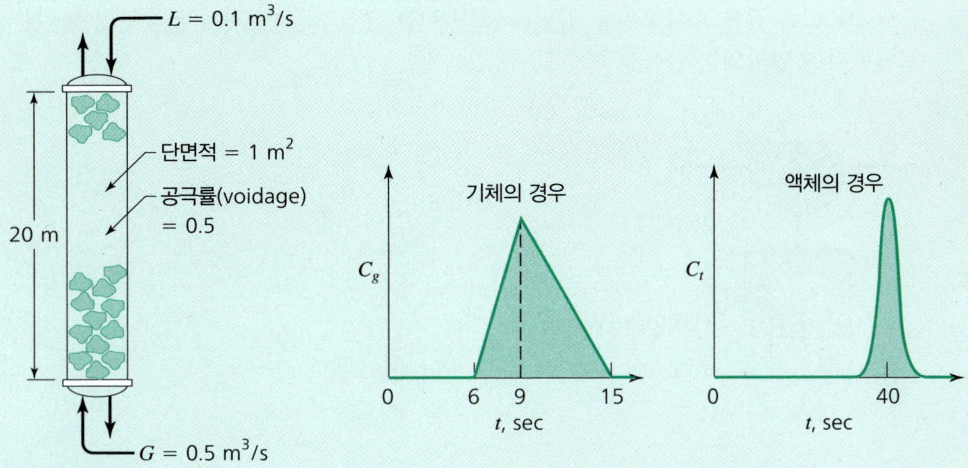


그림 E12.1

### 풀이

$V_g$, $V_l$, $V_{stag}$을 구하기 위해, 먼저 표지 물질 곡선으로부터 $\bar{t}_g$와 $\bar{t}_l$을 계산한다. 그림 E12.1로부터

$$\bar{t}_g = \frac{\sum tC}{\sum C} = \frac{8\,(9-6)(h/2) + 11(15-9)(h/2)}{(15-6)(h/2)} = 10\ \text{s}$$

이고

$$\bar{t}_l = 40\ \text{s}$$

을 얻을 수 있다. 그러므로 부피는 다음과 같다.

$$V_g = \bar{t}_g v_g = (10)(0.5) = 5\text{m}^3$$
$$V_l = \bar{t}_l v_l = 40(0.1) = 4\text{m}^3$$

공극부피(void volume)의 항으로 표시하면 다음과 같다.

$$\left.\begin{aligned} \%\,\text{G} &= 50\% \\ \%\,\text{L} &= 40\% \\ \%\,\text{stagnant} &= 10\% \end{aligned}\right\} \leftarrow$$

## 예제 12.2 ▶ 잘못 조업되는 반응기의 수리

현재 6 $m^3$의 탱크 반응기에서 1차 반응 A → R이 일어나 75%의 전환율을 보이고 있다. 그러나 반응기가 필요량보다 낮은 동력을 가진 패들터빈에 의해 혼합되기 때문에 용기에서 불완전한 혼합과 불량한 흐름이 발생할 수도 있다. 펄스 표지 물질의 결과에 의하면 이러한 현상이 일어나고 그림 E12.2와 같은 흐름모델을 얻었다. 교반기를 혼합 흐름이 되기에 충분한 동력을 가진 것으로 교체한다면 얼마의 전환율을 예상할 수 있는가?

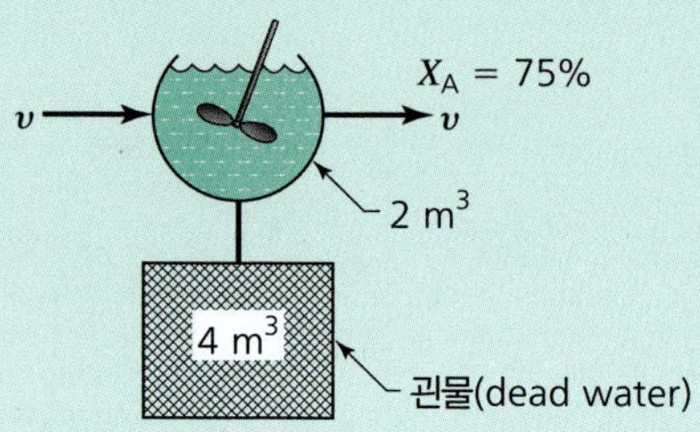


그림 E12.2

### ❯ 풀이

아래첨자 1과 2를 각각 현재 반응기와 수리된 반응기를 나타낸다고 하자. 현재 MFR에 대하여 5장으로부터 다음 식을 얻을 수 있다.

$$k\tau_1 = \frac{C_{A0} - C_A}{C_A} = \frac{C_{A0}}{C_A} - 1 = \frac{1}{0.25} - 1 = 3$$

그러나 $k\tau_2 = 3\ k\tau_1 = 3 \times 3 = 9$이 되고, 그러므로

$$\frac{C_{A2}}{C_{A0}} = \frac{1}{k\tau_2 + 1} = \frac{1}{9+1} = 0.1$$

이 되고, 이로부터 다음을 알 수 있다.

$$\underline{\underline{X_{A2} = 90\%}}$$

## ⁙ 연습 문제

**12.1~12.6** 농축된 염화나트륨(NaCl) 용액이 표지 물질로서 용기($V$ = 1 $m^3$, $v$ = 1 $m^3$/min)에 유입되는 유체에 펄스로 도입되었고, 용기를 떠나는 유체 속의 추적자 농도를 측정하였다. 그림 P12.1부터 P12.6까지에 도시된 표지 물질의 출력 데이터로부터 용기를 표현하는 흐름모델을 개발하라.

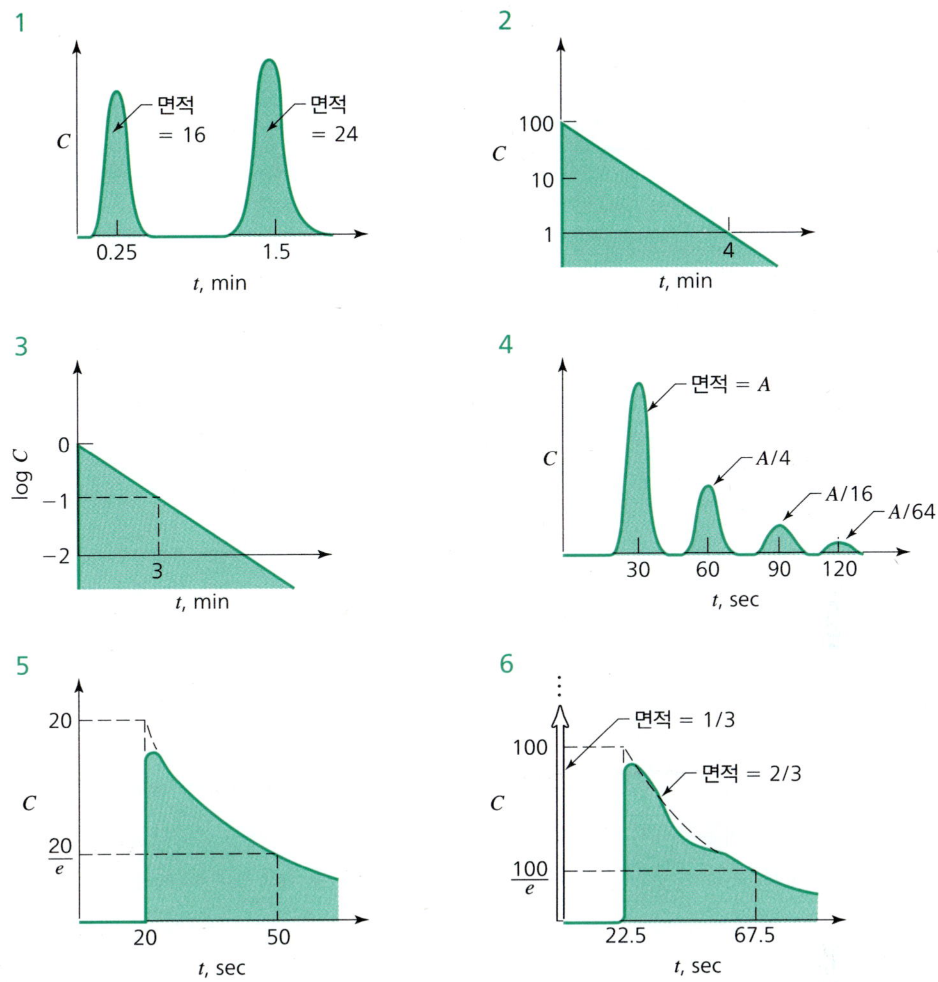


그림 P12.1~P12.6

**12.7~12.10** 계단입력의 추적자 시험(수돗물로부터 염수로 바꾸고 용기를 떠나는 유체의 전도도를 측정)을 사용하여 용기를 통한 유체의 흐름 양식($V$ = 1 $m^3$, $v$ = 1 $m^3$/min)을 관찰하였다. 그림 P12.7~P12.10까지의 데이터로부터 용기를 표현하는 흐름모델을 고려하라.

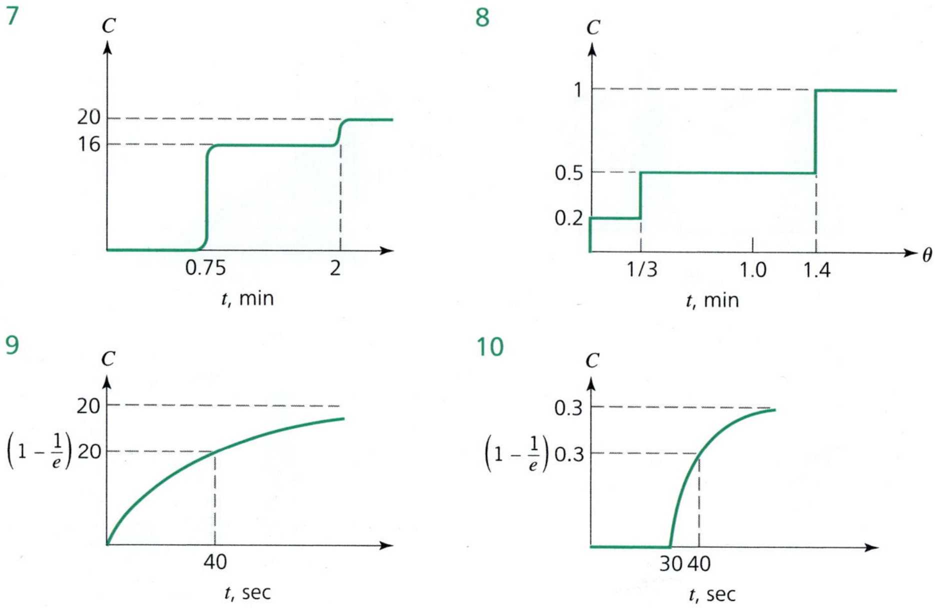


그림 P12.7~P12.10

**12.11** 수용액의 2차 반응 A + B → R + S이 큰 탱크 반응기($V$ = 6 $m^3$)에서 일어나고 같은 몰수의 공급물 흐름($C_{A0}$ = $C_{B0}$)에 대하여 반응물의 60%가 전환되었다. 불행히도 반응기에서의 교반이 적절히 이루어지지 못하여 반응기 내에서 흐름의 추적자 시험의 결과 그림 P12.11과 같은 흐름모델을 얻었다. 현재 장치의 성능과 같은 혼합 흐름 반응기의 크기는 얼마나 되겠는가?

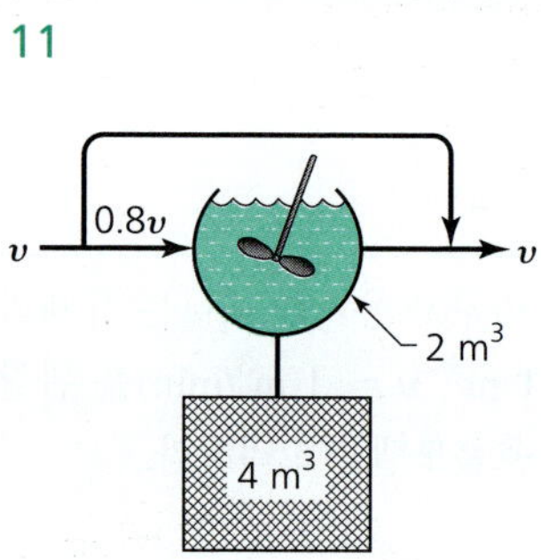


그림 P12.11

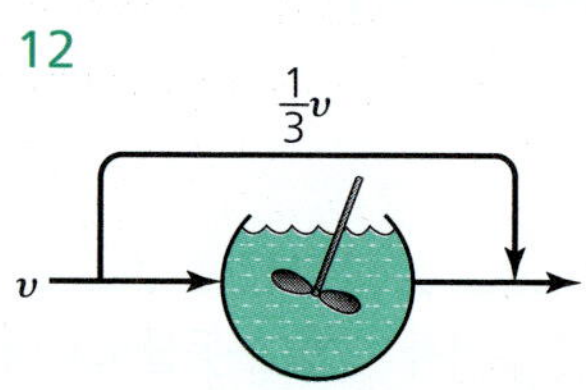


그림 P12.12

**12.12** 예제 12.2에서 한 가지 변화, 즉 흐름에 대한 모델이 그림 P12.12와 같을 때 이 문제를 반복해서 계산하라.

제 13 장

# 분산모델

*The Dispersion Model*

### 반응기 모델의 선택

반응기 모델(또는 모형)은 실제 용기에서의 흐름을 표현하고, 반응기 크기를 대형화(scale-up)하고, 반응기 내 불량한 흐름을 진단하는 데 매우 유용하다. 흐름의 종류에 따라(플러그 흐름, 혼합 흐름 또는 중간적인 어느 흐름에 가까운 것인가에) 여러 가지 종류의 모델이 있다.

13장과 14장은 주로 플러그 흐름과 이로부터 약간 벗어난 흐름을 다루고, 이를 위해서 **분산모델**(dispersion model)과 **직렬탱크모델**(tanks-in-series model)을 사용한다. 둘 중에 편리한 것을 사용하면 된다. 이 둘은 유사한 결과를 나타낸다. 이 두 모델은 파이프에서의 난류 흐름, 매우 긴 튜브에서의 층류 흐름, 충전탑(packed bed)에서의 흐름, 세로 형태의 축가마(shaft kiln), 긴 유로(channel) 및 나사형 콘베이어(screw conveyor) 등에 적용된다.

짧은 관로(튜브)에서의 층류 흐름 또는 점성 물질의 층류 흐름에 대해서는 이들 모델을 적용할 수 없는데, 포물선 형태의 속도 분포가 플러그 흐름과 다르기 때문이다. 이 경우에는 15장의 **순수한 대류모델**(convection model) 혹은 층류 흐름의 대류모델을 이용할 것이다.

만일 어떤 모델을 사용하는 것이 좋은지에 대한 확신이 없다면, 15장의 맨 앞에 언급된 차트를 이용하라. 이 차트는 어떤 모델이 사용하기 좋은지 알려준다.

## 13.1 축방향 분산

이상적인 추적자 물질의 박동이 반응기로 흘러들어와 유체에 도입되는 경우를 상상해 보자. 박동은 유체가 용기를 통과하면서 그 내부에서 퍼지고 이러한 퍼짐현상(spreading)은 분산모델로 해석할 수 있다(그림 13.1 참고). 확산과 유사한 과정이 플러그 흐름하에서 일어난다고 가정한다. 이 현상을 분자 확산(molecular diffusion)과 구별하기 위해 **분산**(dispersion) 또는 축방향(또는 길이 방향) 분산(longitudinal dispersion)이라 부른다. 분산계수(dispersion coefficient) **D** ($m^2$/s)는 이러한 퍼지고 확대되는 과정을 표현하는 매개변수이다. 따라서 다음과 같은 결론에 도달할 수 있다.

- 큰 **D**는 추적자 곡선이 빠르게 퍼지는 것을 의미한다.
- 작은 **D**는 늦게 퍼짐을 의미한다.
- **D** = 0는 퍼짐이 없으므로 플러그 흐름을 의미한다.

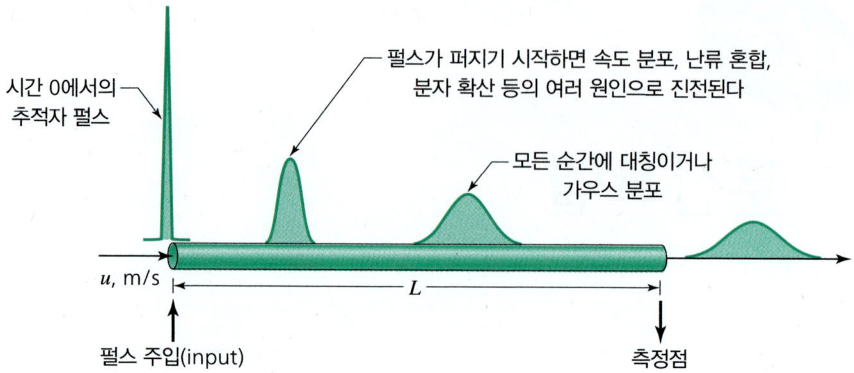


그림 13.1 **분산모델에 따른 표지 물질(추적자)의 퍼짐.**

또한 $\left(\dfrac{\mathbf{D}}{uL}\right)$는 전체 용기에서 퍼짐을 나타내는 무차원군(dimensionless group)이다.

추적자가 용기의 출구를 통과할 때 추적자 곡선의 모양을 바탕으로 **D** 또는 **D**/$uL$를 추산할 수 있다. 특히 다음의 두 가지를 측정할 수 있다.

$\bar{t}$ = 통과 평균시간(mean time) 또는 추적자 곡선이 출구를 통과하는 시간
$\sigma^2$ = 분산(variance), 가변도 또는 곡선의 퍼짐 정도

$\bar{t}$와 $\sigma^2$은 이론에 의하면 **D** 및 **D**/$uL$와 직접 연관되어 있다. 연속적 또는 불연속적인 데이터에 대한 평균시간은 다음과 같이 정의된다.

$$\bar{t} = \frac{\int_0^\infty t\,C\,dt}{\int_0^\infty C\,dt} = \frac{\sum t_i C_i \Delta t_i}{\sum C_i \Delta t_i} \tag{1}$$

분산의 경우 연속적인 변수의 경우 아래와 같이 정의한다.

$$\sigma^2 = \frac{\int_0^\infty (t-\bar{t})^2\,C\,dt}{\int_0^\infty C\,dt} = \frac{\int_0^\infty t^2 C\,dt}{\int_0^\infty C\,dt} - \bar{t}^2 \tag{2}$$

한편, 불연속적인 변수에 대해서는 다음과 같다.

$$\sigma^2 \cong \frac{\sum (t_i-\bar{t})^2\,C_i \Delta t_i}{\sum C_i \Delta t_i} = \frac{\sum t_i^2 C_i \Delta t_i}{\sum C_i \Delta t_i} - \bar{t}^2 \tag{3}$$

분산은 용기 출구를 통과할 때 분포의 퍼짐을 제곱한 것으로 (시간)$^2$의 단위를 가지고 있다. 분산은 실험곡선과 이론곡선을 매칭시키는 데 매우 유용하다. 그림 13.2에서 큰 분산과 작은 분산의 예를 나타내었다.

어떤 유체가 플러그 흐름으로 움직이는 경우에는 어느 정도의 역혼합(back mixing)이 중첩된다고 할 때, 그 역혼합의 크기는 용기 내의 위치에 무관하다. 이 조건은 용기 내에 유체의 정체, 우회 또는 단락 흐름이 없다는 것을 의미한다. 이를 분산된 플러그 흐름모델 또는 간단히 **분산모**

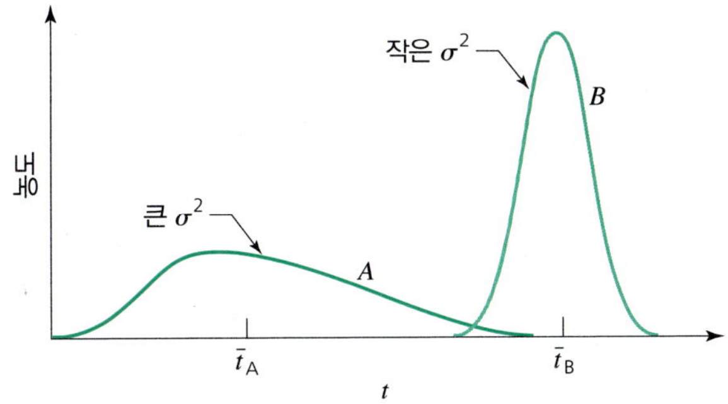


그림 13.2 **분포의 평균과 분산.**

**델**이라 부른다. 그림 13.3에 이 조건을 도식적으로 나타냈다. 난류나 상호혼합의 세기가 변함에 따라 이 모델은 한쪽 극한의 플러그 흐름으로부터 다른 쪽 극한의 혼합 흐름 사이의 범위에서 어떤 흐름인지 예측할 수 있다. 따라서 이 모델에서의 반응기 부피는 플러그 흐름과 혼합 흐름에 대하여 계산한 부피 사이의 값을 가진다.

혼합공정에서는 미끄러짐(slippage)이나 에디 또는 맴돌이(eddy)에 의해 물질의 재분포나 섞임이 일어나고 이러한 일이 유체가 반응기를 통과하면서 여러 차례 반복되기 때문에 이 교란은 분자 확산처럼 통계학적으로 다루어야 한다. $x$ 방향으로의 분자 확산을 지배하는 미분방정식은 Fick의 법칙(Fick's law)으로 주어진다.

$$\frac{\partial C}{\partial t} = \mathscr{D}\frac{\partial^2 C}{\partial x^2} \tag{4}$$

여기서 $\mathscr{D}$는 공정을 유일하게 특성화시켜주는 매개변수인 분자 확산계수이다. 지금까지 고려한 것과 유사한 방법으로 $x$ 방향으로 흐르는 유체의 상호혼합에 기여하는 모든 것을 고려하면 식 (4)와 유사한 표현식으로 표현할 수 있다.

$$\frac{\partial C}{\partial t} = \mathbf{D}\frac{\partial^2 C}{\partial x^2} \tag{5}$$

여기서 매개변수 **D**는 흐름 중에 역혼합의 정도를 유일하게 특정 짓는 *길이방향* 또는 *축방향 분산계수*(longitudinal 또는 axial dispersion coefficient)라 부른다. 우리가 *길이* 또는 *축*이라는 용어를 사용하는 것은 흐름 방향의 혼합을 측면(lateral)이나 반지름(radial) 방향의 혼합과 구별하기 위함이다. 측면이나 반지름 방향 혼합은 우리의 주된 관심사가 아니다. 축 방향과 반지름 방향

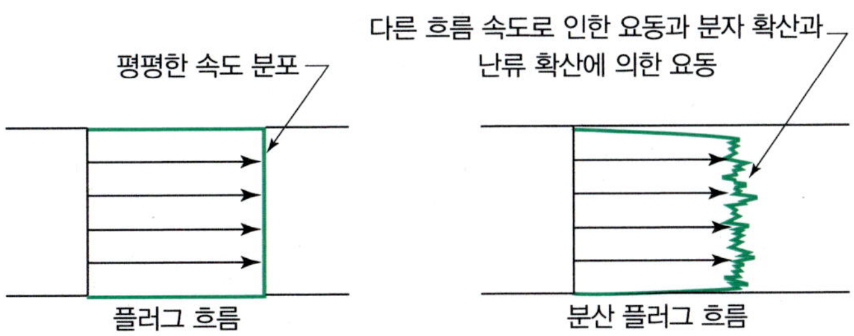


그림 13.3 **분산모델(분산 플러그 흐름모델)의 표현.**

값의 크기는 매우 다르다. 예를 들면 파이프를 통한 유체의 유선 흐름(streamline flow)에서 축방향 혼합은 주로 유체의 속도 기울기(velocity gradient)에 의한 반면, 반지름(반경) 방향의 혼합은 단지 분자 확산에 기인한다.

분산모델을 $z = (ut + x)/L$이고 $\theta = t/\bar{t} = tu/L$인 무차원군으로 나타내면, 기본 미분방정식은 다음과 같다.

$$\frac{\partial C}{\partial \theta} = \left(\frac{\mathbf{D}}{uL}\right)\frac{\partial^2 C}{\partial z^2} - \frac{\partial C}{\partial z} \tag{6}$$

여기서 무차원군 $\left(\frac{\mathbf{D}}{uL}\right)$은 축방향의 분산의 정도를 측정하는 매개변수로서, 용기분산수(vessel dispersion number)라 부른다. 이 무차원군은 다음과 같은 극한을 가진다.

$\frac{\mathbf{D}}{uL} \to 0$ 분산이 무시되므로 플러그 흐름

$\frac{\mathbf{D}}{uL} \to \infty$ 분산이 매우 크므로 혼합 흐름

분산모델은 보통 플러그 흐름으로부터 크게 벗어나지 않은 흐름, 즉 실제의 충전층과 튜브(유선형 흐름인 경우에는 길이가 긴 것)를 통한 흐름을 매우 잘 설명한다.

## ▶ 분산이 작은 경우에 분산모델의 맞춤, $\mathbf{D}/uL < 0.01$

흐르는 유체에 이상적인 박동을 가하면 분산에 의해 박동은 그림 13.1과 같이 변형된다. 분산이 작은 경우($\mathbf{D}/uL$가 작음) 박동이 측정 지점을 통과할 때 추적자 곡선 모양의 퍼짐 변화가 별로 크지 않다. 이 조건에서 식 (6)의 해를 구하는 것은 어렵지 않으며, 그림 13.1과 13.4에 나타난 바와 같이 식 (7)로 표현되는 대칭곡선이 된다.

$$C = \frac{1}{2\sqrt{\pi(\mathbf{D}/uL)}}\exp\left[-\frac{(1-\theta)^2}{4(\mathbf{D}/uL)}\right] \tag{7}$$

이 분포는 가우스 분포(Gaussian distribution), 정규 분포(normal distribution) 또는 오차 분포(error distribution)라고 한다. 이 분포를 식으로 나타내면 다음과 같다.

$$\mathbf{E}_\theta = \bar{t}\cdot\mathbf{E} = \frac{1}{\sqrt{4\pi(\mathbf{D}/uL)}}\exp\left[-\frac{(1-\theta)^2}{4(\mathbf{D}/uL)}\right]$$

$$\mathbf{E} = \sqrt{\frac{u^3}{4\pi\mathbf{D}L}}\exp\left[-\frac{(L-ut)^2}{4\mathbf{D}L/u}\right]$$

$$\bar{t}_\mathbf{E} = \frac{V}{v} = \frac{L}{u} \quad \text{or} \quad \bar{\theta}_\mathbf{E} = 1 \tag{8}$$

($\bar{\theta}_\mathbf{E}$: **E** 곡선의 평균)

$$\sigma_\theta^2 = \frac{\sigma_t^2}{\bar{t}^2} = 2\left(\frac{\mathbf{D}}{uL}\right) \quad \text{or} \quad \sigma^2 = 2\left(\frac{\mathbf{D}L}{u^3}\right)$$

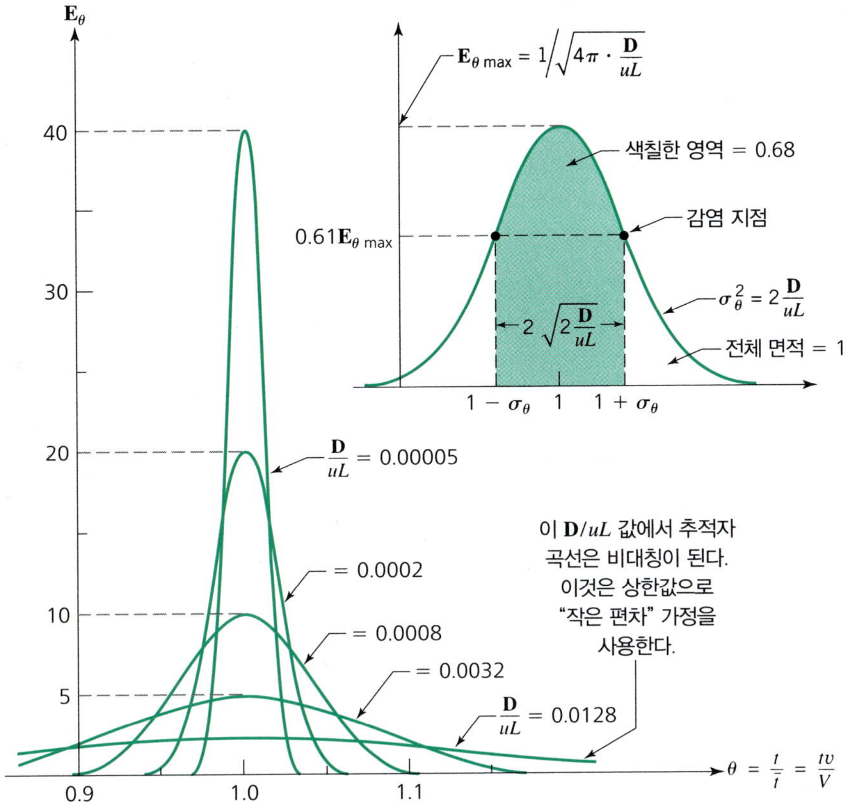


**그림 13.4** 식 (7)에서 언급된 작은 분산의 경우에 $\mathbf{D}/uL$와 $\mathbf{E}_\theta$ 곡선과의 관계.

$\mathbf{D}/uL$가 이 곡선의 한 매개변수임을 주목하라. 그림 13.4는 실험적인 곡선으로부터 이 매개변수를 구하는 여러 가지 방법을 보여주고 있다. 이 방법을 이용하여 분산을 계산하거나, 최대 높이를 측정하거나, 변곡점에서의 폭을 측정하거나 또는 면적의 68%가 되는 폭을 구한다.

추적자가 용기를 이동하면서 어떻게 퍼져나가는지를 주목하라. 식 (8)의 분산으로부터 다음을 알 수 있다.

$$\sigma^2 \propto L \qquad \text{또는} \qquad \left(\begin{matrix}\text{추적자 곡선의} \\ \text{폭}\end{matrix}\right)^2 \propto L$$

다행히 분산이 작을 경우에는 추적자 곡선을 해석하는 데 많은 단순화와 근사가 가능하다. 첫째, 닫힌 용기 또는 열린 용기에서의 추적자 곡선의 모양은 경계조건에 민감하지 않다. 따라서 닫히고 열린 용기 양자에 대하여 $C_{\text{pulse}} = \mathbf{E}$이고 $C_{\text{step}} = F$이다.

*직렬로 연결된 용기*에서 각 용기의 $\bar{t}$와 $\sigma^2$은 가산적(additive)이다. 따라서 그림 13.5와 같은 경우에 다음과 같은 식이 성립한다.

$$\bar{t}_{\text{overall}} = \bar{t}_a + \bar{t}_b + \cdots = \frac{V_a}{v} + \frac{V_b}{v} + \cdots = \left(\frac{L}{u}\right)_a + \left(\frac{L}{u}\right)_b + \cdots \tag{9}$$

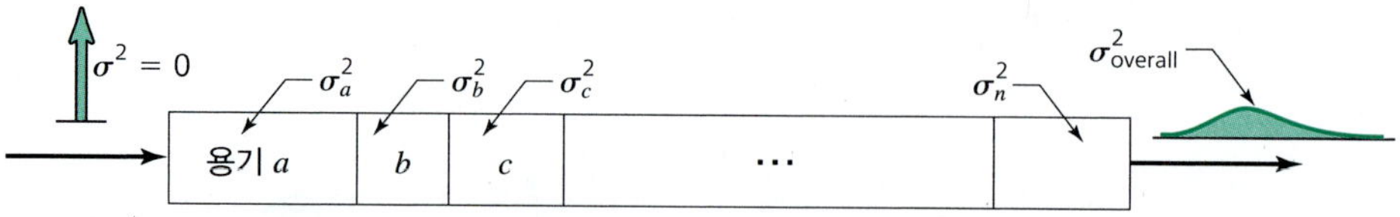


**그림 13.5** 용기 $a, b, ..., n$의 **E** 곡선에 대한 평균과 분산의 가산성 예시.

그리고 아래와 같은 관계식을 얻을 수 있다.

$$\sigma_{overall}^2 = \sigma_a^2 + \sigma_b^2 + \cdots = 2\left(\frac{\mathbf{D}L}{u^3}\right)_a + 2\left(\frac{\mathbf{D}L}{u^3}\right)_b + \cdots \tag{10}$$

시간의 가산성은 예상되지만 일반적으로 분산의 가산성은 예상할 수 없다. 이 성질이 유용한 이유는 측정된 곡선에서 입력에 의한 변형과 긴 측정으로 오차 등을 제거할 수 있기 때문이다.

이러한 분산의 가산성을 이용하면 어떠한 형태를 가진 한번 발사한 추적자의 입력도 다룰 수 있고 용기의 **E** 곡선의 분산을 구할 수 있다. 따라서 그림 13.6을 참고하여, 한 번 주입한 입력에 대하여

$$\Delta\sigma^2 = \sigma_{out}^2 - \sigma_{in}^2 \tag{11}$$

라고 쓸 수 있다면, Aris (1959)가 설명한 바와 같이 작은 분산에 대해 다음과 같다.

$$\frac{\sigma_{out}^2 - \sigma_{in}^2}{(\bar{t}_{out} - \bar{t}_{in})^2} = \frac{\Delta\sigma^2}{(\Delta\bar{t})^2} = \Delta\sigma_\theta^2 = 2\left(\frac{\mathbf{D}}{uL}\right) \tag{12}$$

그러므로 입력곡선의 모양에 상관없이 반응 용기에 대한 $\mathbf{D}/uL$ 값을 구할 수 있다.

이 간단한 처리에 의한 곡선 맞추기(curve fitting)의 성공 여부는 매우 정확한 해법과 비교함으로써 평가할 수 있다. 비교를 통해 $\mathbf{D}/uL$을 추정하는 데 있어 최대 오차는 다음과 같다.

$$\text{오차} < 5\%, \quad \frac{\mathbf{D}}{uL} < 0.01\text{일 때}$$

## ▶ 플러그 흐름에서 많이 벗어난 경우, D/uL > 0.01

여기서 박동응답은 넓고 그 박동은 측정함에 따라 응답곡선의 모양이 변하기에 충분할 정도로 느리게 반응 용기를 통과한다. 따라서 박동응답은 비대칭형태의 **E** 곡선을 나타낸다.

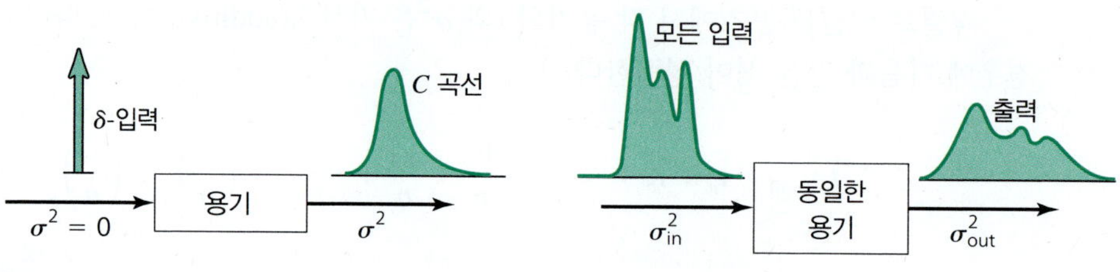


**그림 13.6** 분산의 증가는 두 경우에 동일하다. $\sigma^2 = \sigma_{out}^2 - \sigma_{in}^2 = \Delta\sigma^2$.

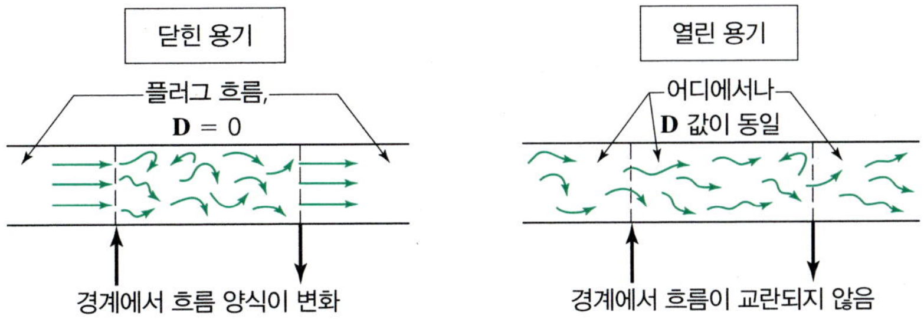


**그림 13.7** 분산모델에 사용되는 여러 경계조건.

**D**/*uL*가 큰 경우에는 좀 더 복잡해진다. 용기의 입구와 출구에서 일어난 일이 추적자 곡선의 모양은 물론 곡선의 매개변수인 **D**/*uL* 사이의 관계에 커다란 영향을 미친다.

두 가지 유형의 경계조건을 고려해 보자. 흐름이 입구를 들어갈 때와 출구 경계를 통과할 때 교란을 받지 않는 경우(우리들은 이를 열린 경계조건이라 부른다, 그림 13.7의 오른쪽)와 용기의 바깥으로부터 경계까지 플러그 흐름인 경우(우리들은 이를 닫힌 경계조건이라 부른다, 그림 13.7의 왼쪽)이다. 이 경우, 닫힘-닫힘, 열림-열림, 닫힘-열림, 열림-닫힘의 네 가지 경계조건이 가능하다. 그림 13.7에 닫힘과 열림의 극한의 경우를 보여주고 있으며 이의 **E** 곡선을 $\mathbf{E}_{cc}$와 $\mathbf{E}_{oo}$로 나타내고 있다.

이제 단 하나의 경계조건만이 **E** 함수와 동일하고 11장에서 유도한 모든 수학적 표현에 적합하다면, 이는 닫힌 용기를 의미한다. 다른 모든 경계조건에서는 적당한 머무름(체류) 시간 분포(RTD)를 얻을 수 없다.

모든 경우에 추적자 곡선의 매개변수로부터 **D**/*uL*를 추산할 수 있다. 그러나 각각의 곡선은 자신만의 수식이 있다. 닫힌 경계조건과 열린 경계조건에 대해 추적자 곡선을 살펴보자.

**닫힌 용기** 여기서 **E** 곡선에 대한 해석적 표현식은 이용할 수 없지만 수치해법에 의해 그림 13.8과 같은 곡선을 구하거나 또는 van der Laan (1958)이 처음으로 시도한 것처럼 **E** 곡선에 대한 평균과 분산을 정확히 계산할 수 있다.

$$\bar{t}_{\mathbf{E}} = \bar{t} = \frac{V}{v} \quad . . . \text{ or } . . . \quad \bar{\theta}_{\mathbf{E}} = \frac{\bar{t}_{\mathbf{E}}}{\bar{t}} = \frac{\bar{t}_{\mathbf{E}}\, v}{V} = 1$$

$$\sigma_\theta^2 = \frac{\sigma_t^2}{\bar{t}^2} = 2\left(\frac{\mathbf{D}}{uL}\right) - 2\left(\frac{\mathbf{D}}{uL}\right)^2 \left[1 - e^{-uL/\mathbf{D}}\right] \tag{13}$$

**열린 용기** 열린 용기는 편리하고 흔히 사용되는 실험장치로서, 긴 파이프의 일부분이라 할 수 있다(그림 13.9 참고). 이는 또한 **E** 곡선에 대한 해석적 표현식이 매우 복잡하지 않는 유일한 경우이다(**D**/*uL*이 작은 경우 제외). 이 결과가 그림 13.10에 보여준 응답곡선으로 나타나 있으며, 동시에 Levenspiel과 Smith (1957)가 처음 유도한 식으로 나타나 있다.

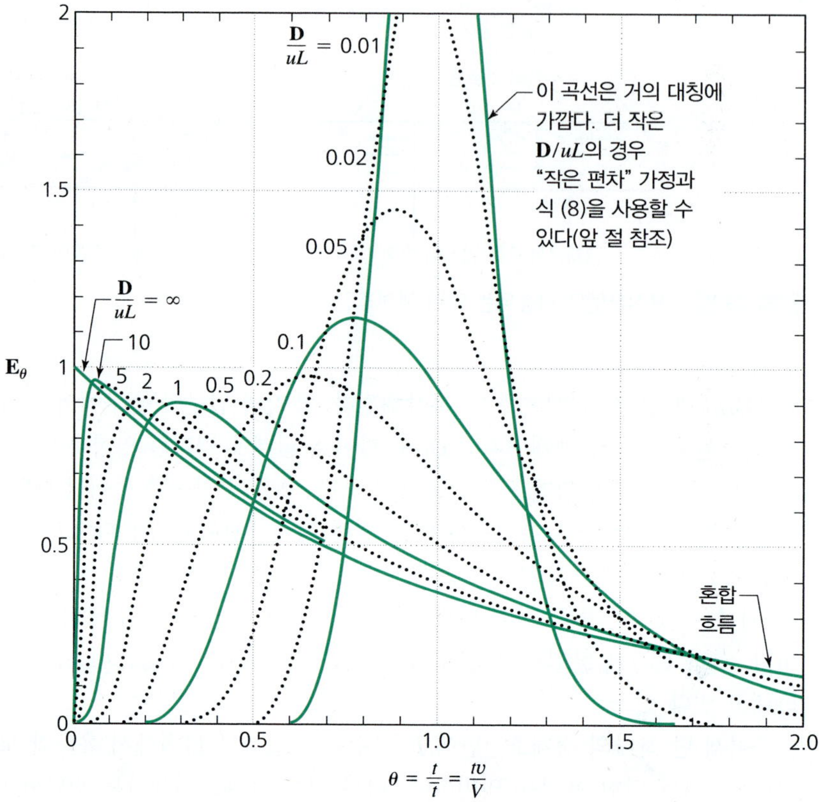


그림 13.8 플러그 흐름으로부터 크게 벗어나 있는 닫힌 용기에서 추적자의 응답곡선.

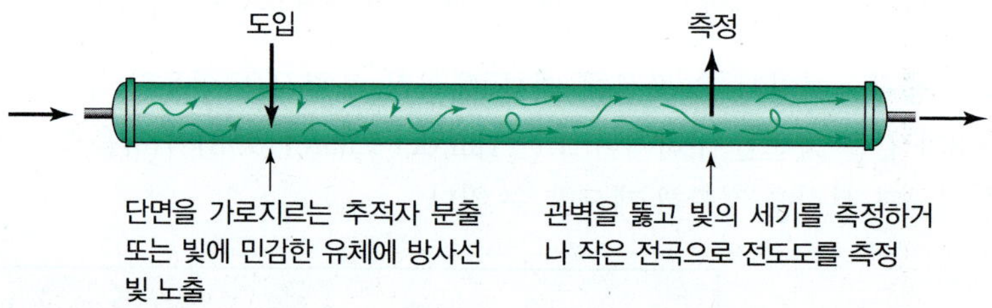


그림 13.9 (입구)열린-(출구)열린(open-open) 용기의 경계조건.

$$\mathbf{E}_{\theta,\text{oo}} = \frac{1}{\sqrt{4\pi(\mathbf{D}/uL)\theta}}\exp\left[-\frac{(1-\theta)^2}{4\theta(\mathbf{D}/uL)}\right] \tag{14}$$

$$\mathbf{E}_{t,\text{oo}} = \frac{u}{\sqrt{4\pi\mathbf{D}t}}\exp\left[-\frac{(L-ut)^2}{4\mathbf{D}t}\right]$$

$$\bar{\theta}_{\mathbf{E},\text{oo}} = \frac{\bar{t}_{\mathbf{E}\text{oo}}}{\bar{t}} = 1 + 2\left(\frac{\mathbf{D}}{uL}\right) \quad \text{...or...} \quad \bar{t}_{\mathbf{E}\text{oo}} = \frac{V}{v}\left(1 + 2\frac{\mathbf{D}}{uL}\right) \tag{15}$$

열린-열린 용기

$$\sigma^2_{\theta,\text{oo}} = \frac{\sigma^2_{t,\text{oo}}}{\bar{t}^2} = 2\frac{\mathbf{D}}{uL} + 8\left(\frac{\mathbf{D}}{uL}\right)^2$$

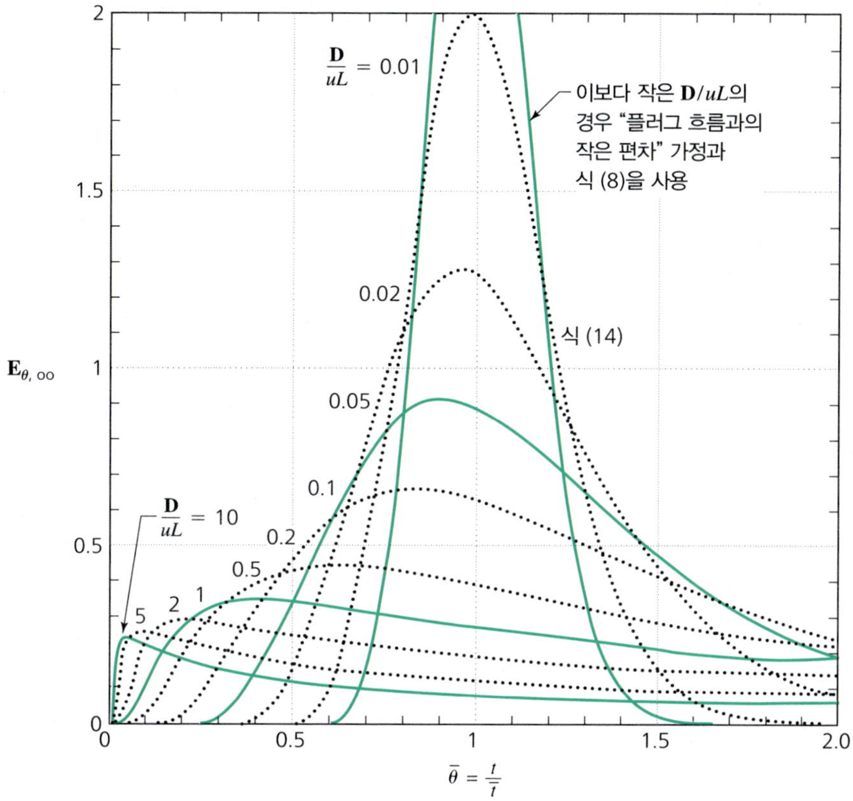


그림 13.10 **플러그 흐름으로부터 큰 편차가 있는 열린 용기에 대한 추적자 응답곡선.**

## ▶ 논평

**(a)** 작은 **D**/*uL*의 경우, 다른 경계조건들에 대한 모든 곡선은 모두 식 (8)과 같은 "작은 편차"를 나타내는 곡선에 접근한다. 그러나 큰 **D**/*uL*에서는 곡선들은 서로 점점 달라진다.

**(b)** **D**/*uL*을 추산하기 위해 측정된 추적자 곡선이나 측정된 $\sigma^2$을 이론과 일치시킬 수 있다. 이 중에서 $\sigma^2$을 일치시키는 것이 가장 간단하다. 물론 최선의 방법은 아닐지라도 이 방법이 종종 사용된다. 이때 경계조건을 올바르게 잘 사용해야 한다.

**(c)** 흐름이 플러그 흐름으로부터 크게 벗어나면(큰 **D**/*uL*), 실제 용기가 모델의 가정을 만족시키지 않을 가능성이 높다. 이 경우 모델을 사용해야 되는지조차 의심될 수 있다. **D**/*uL* > 1인 경우에는 모델을 사용하는 것을 주의해야 한다.

**(d)** 당신은 항상 모델을 사용해야 하는가에 대해 질문해야 한다. 항상 $\sigma^2$ 값을 일치시킬 수 있지만 만일 그래프의 모양이 아래의 개략도처럼 이상하게 보이면 이 모델은 사용하지 말고 다른 모델을 사용해야 한다.

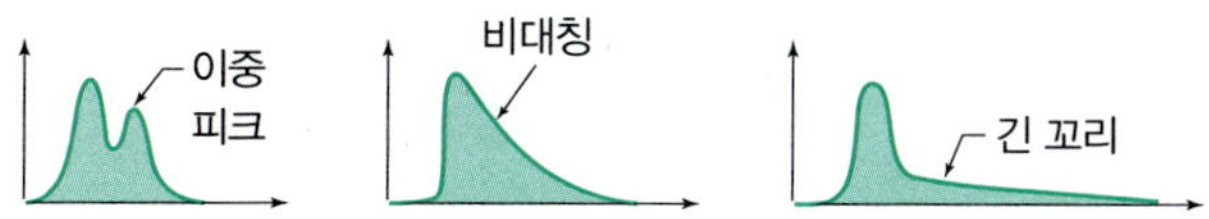


**(e)** **D**/*uL* 값이 큰 경우, 이 분야에 대한 문헌은 풍부하지만 그 결과가 다른 경우가 많다. 그 이유

는 용기의 경계에서 일어나는 현상에 대하여 언급하지 않았거나 불분명한 가정 때문이다. 위에서 언급된 바와 같이 말단(end) 조건의 수학적 처리는 미묘하여, 분산의 가산성도 의심된다. 따라서 이러한 모든 이유로 역혼합이 크고, 특히 닫힌계가 아닌 경우에는 분산모델을 사용함에 있어 매우 신중해야 한다.

**(f)** 여기서 열림-닫힘 그리고 닫힘-열림 경계조건에 대한 식과 곡선은 다루지 않을 것이다. 이 내용은 Levenspiel (1996)의 책을 참고하라.

## 추적자의 계단입력

출력 **F** 곡선은 S자 모양이고, 이 값은 대응하는 **E** 곡선을 적분하여 얻을 수 있다. 그러므로 어떤 시간 $t$나 $\theta$에서 다음 식이 성립한다.

$$\mathbf{F} = \int_0^\theta \mathbf{E}_\theta \, d\theta = \int_0^t \mathbf{E} \, dt \tag{16}$$

**F** 곡선의 모양은 **D**/$uL$와 반응 용기의 경계조건에 의존한다. 어떠한 **F** 곡선에 대한 해석적인 표현식을 구할 수는 없으나, 이 그래프는 그릴 수 있다. 그래프의 두 가지 전형적인 경우를 그림 13.11과 13.13에 표현하였다.

**플러그 흐름으로부터 작은 편차, D/$uL$ < 0.01** 식 (8)과 식 (16)으로부터 그림 13.11과 같은 곡선을 구할 수 있다. 이처럼 플러그 흐름으로부터 작은 편차가 있는 경우에는 실험 데이터를 그림 13.12에 나타낸 바와 같은 확률 그래프용지(probability graph paper)에 그림으로써 **D**/$uL$을 직접 구할 수 있다. 예제 13.2에서 이를 어떻게 수행하는지 자세하게 설명할 예정이다.

**플러그 흐름으로부터 큰 편차, D/$uL$ > 0.01** 플러그 흐름으로부터 큰 편차가 있는 경우에는 경계조건의 문제를 고려해야 하고, S자 곡선은 대칭이 아니며 관련된 식도 구할 수 없다. 따라서 먼저 곡선을 미분하고 대응하는 $C_{\text{pulse}}$ 곡선을 구하여 해석하는 것이 최선의 방법이다. 그림 13.13에서 이 예를 보여주고 있다.

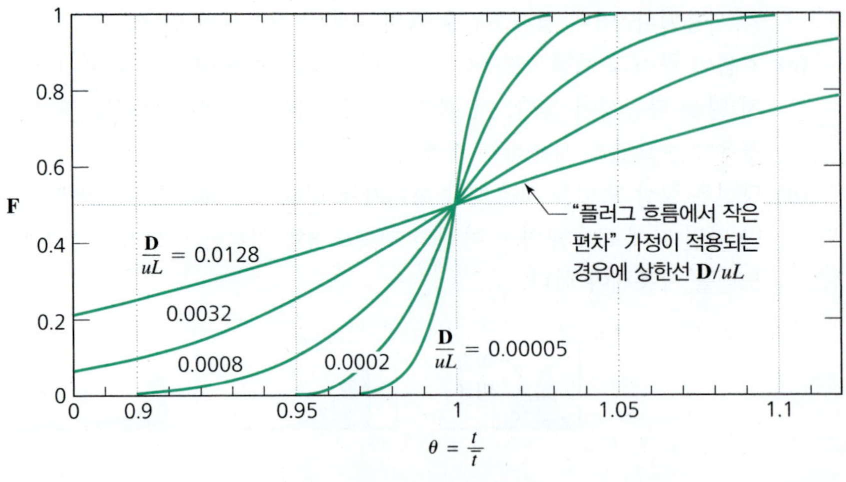


그림 13.11 플러그 흐름으로부터 작은 편차가 있는 계단응답 곡선.

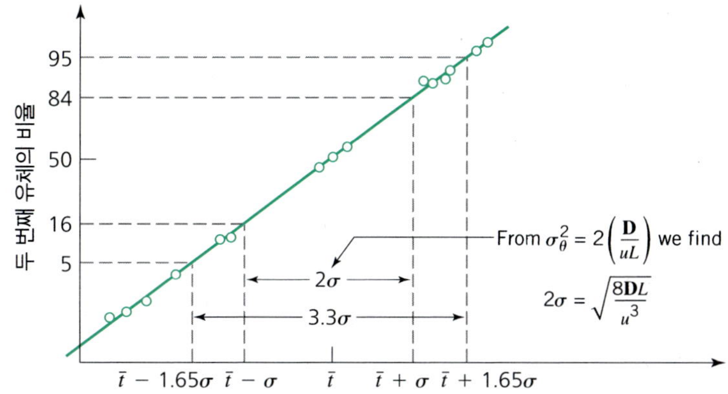


그림 13.12 **계단응답의 확률 그래프. 이 그래프로부터 $\mathbf{D}/uL$을 직접 구할 수 있다.**

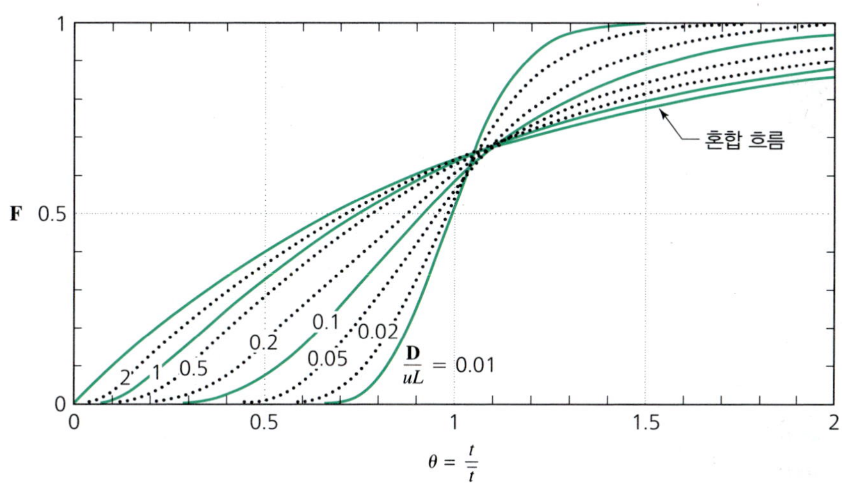


그림 13.13 **닫힌 용기에서 플러그 흐름으로부터 큰 편차 있는 계단응답 곡선.**

## ▶ 논평

**(a)** 계단실험을 현실적으로 응용하는 분야 중 하나는 상호혼합의 영역, 즉 오염 너비(contaminated width)를 찾는 일이다. 이 영역은 긴 배관(pipeline)에서 번갈아 흐르는 유사한 성질을 가진 두 가지 유체 사이에 존재한다. 즉, 주어진 $\mathbf{D}/uL$에 대하여 그림 13.12의 확률그래프로부터 이를 구한다. 계산을 용이하게 하는 설계도표는 Levenspiel (1958a)이 제시하였다.

**(b)** 박동신호 주입실험과 계단신호 주입실험을 반드시 해야 하는가? 종종 둘 중 한 가지 실험이 여러 이유로 더 편리할 수 있다. 그러나 편리함이 비슷할지라도 둘 중 하나를 우리가 선택해야 하는 경우에는 박동실험(**E** 곡선)이 더욱 "정직한 결과"를 주기 때문에 선호된다. 반대로 **F** 곡선은 다양한 영향 등을 합쳐서 표현하므로, 곡선이 매끄럽고 그럴듯하게 보이지만 실제 영향을 표현하지는 못한다. 예를 들면 그림 13.14는 주어진 용기에 대한 대응하는 **E** 곡선과 **F** 곡선이다.

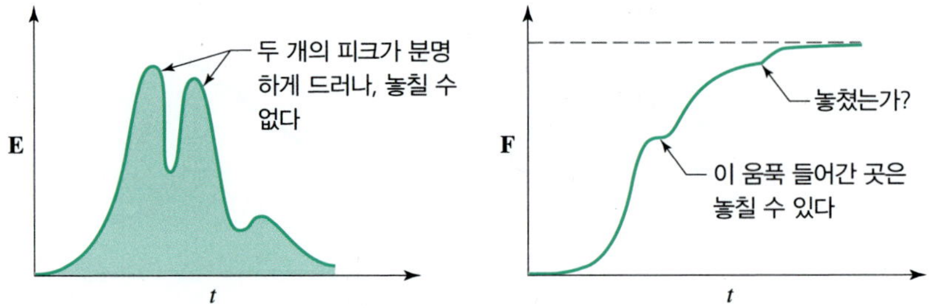


그림 13.14 동일한 흐름에 대한 E 곡선와 F 곡선의 민감도.

## 예제 13.1 ▶ $C_{pulse}$ 곡선으로부터 D/uL 계산

예제 11.1의 닫힌 반응용기가 분산모델로 잘 표현된다고 가정할 때, 용기의 분산수 **D**/*uL*을 계산하라. 이 용기의 *C* 대 *t* 추적자 응답 결과는 다음과 같다.

| *t*, min | 0 | 5 | 10 | 15 | 20 | 25 | 30 | 35 |
|---|---|---|---|---|---|---|---|---|
| $C_{pulse}$, gm/liter | 0 | 3 | 5 | 5 | 4 | 2 | 1 | 0 |

### 풀이

이 반응용기에 대한 *C* 곡선은 넓게 퍼지고 비대칭이므로 분산이 너무 커서(그림 11.E1 참고) 그림 13.4와 같은 단순화를 사용할 수 없다. 따라서 식 (18)에서 나타낸 분산을 일치시키는 과정부터 시작한다. 유한한 개수의 동일 간격의 위치에서 측정한 연속적인 분포의 평균과 분산은 식 (3)과 식 (4)로 아래와 같이 주어진다.

$$\bar{t} = \frac{\sum t_i C_i}{\sum C_i}$$

그리고 분산은 다음과 같다.

$$\sigma^2 = \frac{\sum t_i^2 C_i}{\sum C_i} - \bar{t}^2 = \frac{\sum t_i^2 C_i}{\sum C_i} - \left[\frac{\sum t_i C_i}{\sum C_i}\right]^2$$

한편, 주어진 추적자 농도-시간 데이터를 사용하면 다음 식을 얻을 수 있다.

$$\sum C_i = 3 + 5 + 5 + 4 + 2 + 1 = 20$$

$$\sum t_i C_i = (5 \times 3) + (10 \times 5) + \cdots + (30 \times 1) = 300 \text{ min}$$

$$\sum t_i^2 C_i = (25 \times 3) + (100 \times 5) + \cdots + (900 \times 1) = 5450 \text{ min}^2$$

그러므로

$$\bar{t} = \frac{300}{20} = 15 \text{ min}$$

$$\sigma^2 = \frac{5450}{20} - \left(\frac{300}{20}\right)^2 = 47.5 \text{ min}^2$$

이고

$$\sigma_\theta^2 = \frac{\sigma^2}{\bar{t}^2} = \frac{47.5}{(15)^2} = 0.211$$

이 된다. 이제 닫힌 용기에 대하여 식 (13)은 분산과 분산수 **D**/$uL$을 다음과 같은 관계로 연결시킨다.

$$\sigma_\theta^2 = 0.211 = 2\frac{\mathbf{D}}{uL} - 2\left(\frac{\mathbf{D}}{uL}\right)^2 (1 - e^{-uL/\mathbf{D}})$$

오른쪽에 있는 두 번째 항을 무시하면 1차 근사식을 얻을 수 있다.

$$\frac{\mathbf{D}}{uL} \cong 0.106$$

무시한 두 번째 항을 보정하기 위해 시행착오법으로 정확하게 구하면 다음과 같다.

$$\frac{\mathbf{D}}{uL} = \underline{\underline{0.120}}$$

이 결과 추측한 근사값이 어느 정도 올바른 것이었다. 이 **D**/$uL$ 값은 단순한 Gauss 근사치를 사용해야 하는 한계를 뛰어넘는 것이다.

## 예제 13.2 ▶ F 곡선으로부터 D/$uL$ 계산

von Rosenberg (1956)는 직경이 38 mm이고 길이가 1,219 mm인 충전탑에서, *n*-부티레이트(*n*-butyrate)에 의한 벤젠(benzene)의 치환을 연구하였다. 이 연구는 출구 흐름에 있는 *n*-부티레이트의 분율을 굴절률법으로 측정하였다. 이 결과를 그래프로 나타내 보니 *n*-부티레이트의 분율 vs 시간이 S자 모양을 나타내는 것을 알았다. 이는 **F** 곡선이고 매우 낮은 유속인 $u$ = 0.0067 mm/sec(약 0.5 m/day에 상당)에서 이루어졌다. von Rosenberg의 시험 결과는 그림 E13.2*a*에 나타나 있다. 이에 대한 반응 용기의 분산수를 구하라.

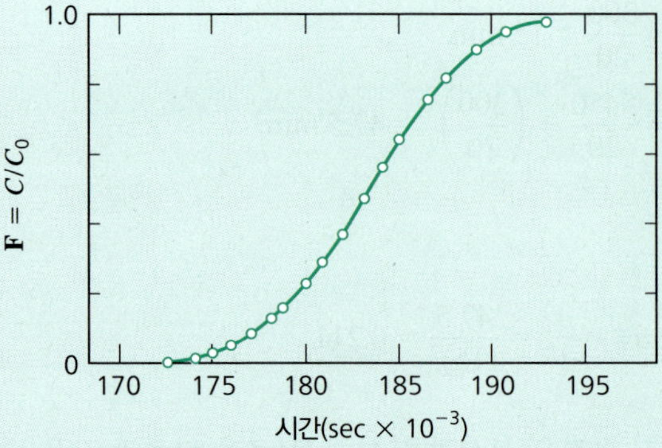


(*a*)

그림 E13.2*a* von Rosenberg (1956)

### 풀이

보통 사용하는 방법인 **F** 곡선의 기울기를 구한 후 **E** 곡선을 구하여 곡선의 퍼짐을 결정하는 대신에, 여기서는 확률 종이법(probability paper method)을 사용하자. 따라서 데이터를 이 용지 위에 플롯하면 그림 E13.2*b*에 보여주는 바와 같이 거의 직선으로 나타난다.

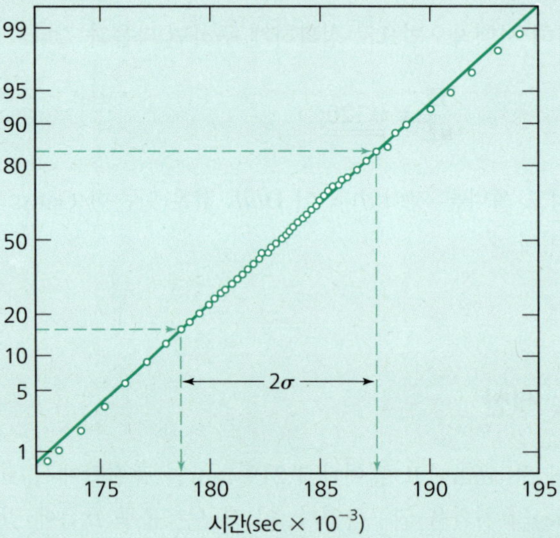


(*b*)

그림 E13.2*b*

이 확률 그래프로부터 분산과 **D**/*uL*을 구하는 것은 간단하다. 그림 13.12에 예시된 과정만을 따라가면 된다. 따라서 그림 E13.2*b*로부터 다음을 구할 수 있다.

16번째 백분위 수 $t = 178\ 550$ s
84번째 백분위 수 $t = 187\ 750$ s

이 시간 간격은 $2\sigma$를 나타내므로 표준편차(standard deviation)는 다음과 같다.

$$\sigma = \frac{187\,750 - 178\,500}{2} = 4600\ \text{s}$$

이때 **D**를 결정하기 위해서는 이 표준편차가 무차원 시간 단위로 표시되어야 한다. 따라서 다음 식을 계산할 수 있다.

$$\sigma_\theta = \frac{\sigma}{\bar{t}} = (4600\ \text{s})\left(\frac{0.0067\ \text{mm/s}}{1219\ \text{mm}}\right) = 0.0252$$

그러므로 분산은 다음과 같다.

$$\sigma_\theta^2 = (0.0252)^2 = 0.00064$$

식 (8)로부터 **D**/$uL$은 다음과 같다.

$$\frac{\mathbf{D}}{uL} = \frac{\sigma_\theta^2}{2} = \underline{\underline{0.00032}}$$

**D**/$uL$ 값은 0.01보다 매우 작으므로 추적자 곡선에서 가우스 분포의 근사를 사용하는 이러한 전체 과정은 올바르다고 할 수 있다.

## 예제 13.3 ▶ 한 번 주입한 입력으로부터 D/uL 계산

입자 크기가 0.625 cm인 촉매가 충전된 고정층(fixed bed) 반응 용기에서 분산수를 구하라. 이를 위해 추적자 실험을 그림 E13.3과 같은 장치를 이용하여 수행하였다.

촉매는 체(screen) 위에 임의의 방법으로 충전시켜 높이가 120 cm가 되었고, 이 충전층을 통해 유체가 아래 방향으로 흐른다. 방사능(radioactive) 추적자의 엉성한(sloppy) 박동을 충전층 위에서 직접 한번 주입하였고, 출력 신호는 충전층에서 90 cm 떨어져 있는 두 지점(위와 아래의 측정점)에서 가이거계수기(Geiger counter)를 이용하여 기록하였다.

다음 결과는 특별히 고안된 실험에 의해 구하였다. 충전층의 공극률(bed voidage)은 0.4, 빈 튜브 기준으로 유체의 공탑속도(superficial velocity)는 1.2 cm/sec, 출력 신호의 분산 $\sigma_1^2 = 39$ sec$^2$과 $\sigma_2^2 = 64$ sec$^2$이다. 이때 **D**/$uL$을 구하라.

> *풀이*

Bischoff과 Levenspiel (1962)은 충전층 안으로 적어도 2~3개의 입자 직경의 위치에서 측정하면 열린 경계조건을 따른다는 것을 증명하였다. 그래서 이 실험의 경우 충전층에서 아래 혹은 위로 15 cm 위치에서 측정하였다. 따라서 이 실험은 식 (12)이 적용되는 열린 용기에 대한 한 번 주입한 입력식에 대응한다. 따라서

$$\Delta\sigma^2 = \sigma_2^2 - \sigma_1^2 = 64 - 39 = 25\ \text{sec}^2$$

또는 무차원군으로

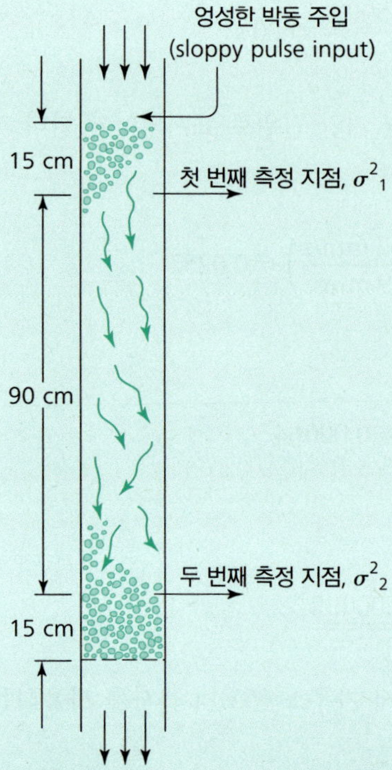


그림 E13.3

$$\Delta\sigma_\theta^2 = \Delta\sigma^2\left(\frac{v}{V}\right)^2 = (25\ \text{sec}^2)\left[\frac{1.2\ \text{cm/sec}}{(90\ \text{cm})(0.4)}\right]^2 = \frac{1}{36}$$

이 되고 이로부터 분산수는 다음과 같이 된다.

$$\frac{\mathbf{D}}{uL} = \frac{\Delta\sigma_\theta^2}{2} = \underline{\underline{\frac{1}{72}}}$$

## 13.2 축방향 분산의 상관관계

용기의 분산수 $\mathbf{D}/uL$는 분산의 세기(intensity of dispersion)와 기하학적 인자(geometric factor)의 곱이다.

$$\frac{\mathbf{D}}{uL} = \begin{pmatrix}\text{intensity of}\\ \text{dispersion}\end{pmatrix}\begin{pmatrix}\text{geometric}\\ \text{factor}\end{pmatrix} = \left(\frac{\mathbf{D}}{ud}\right)\left(\frac{d}{L}\right)$$

여기서

$$\frac{\mathbf{D}}{ud} = f\begin{pmatrix}\text{유체의}\\ \text{성질}\end{pmatrix}\begin{pmatrix}\text{흐름}\\ \text{동역학}\end{pmatrix} = f\left[\begin{pmatrix}\text{슈미트}\\ \text{수}\end{pmatrix}\begin{pmatrix}\text{레이놀즈}\\ \text{수}\end{pmatrix}\right]$$

이며, $d$는 특성길이(characteristic length)로서 튜브의 직경($d_{\text{tube}}$) 또는 입자의 직경($d_p$)을 의미한다.

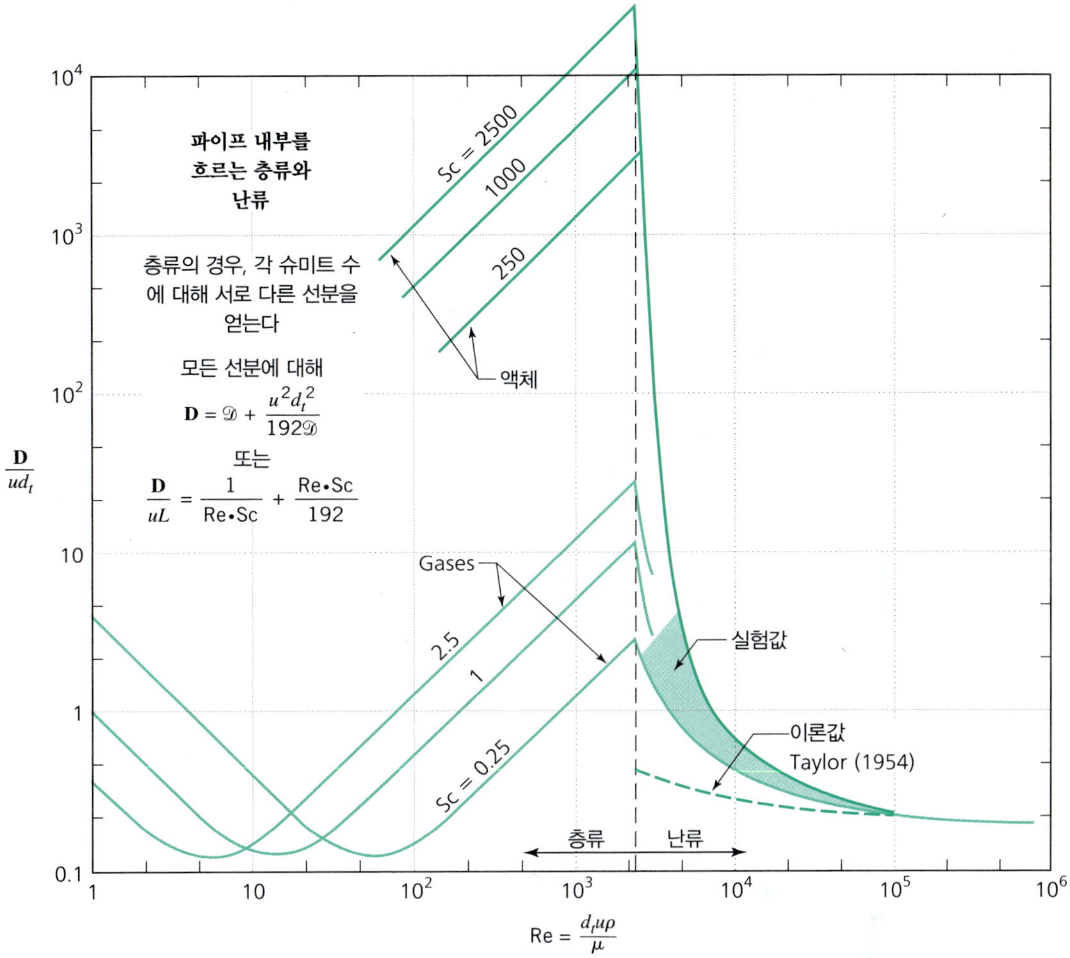


그림 13.15 **파이프를 흐르는 유체의 분산에 관한 상관관계**, Levenspiel (1958b)**로부터 인용하였다**.

실험에 따르면 분산모델은 충전층이나 파이프에서의 흐름을 잘 표현하는 것으로 알려져 있다. 따라서 이들 용기에 대한 이론과 실험으로부터 **D**/$ud$를 구할 수 있다. 다음 세 개의 도표에 이 내용을 요약하였다.

그림 13.15, 13.16은 파이프를 통한 흐름에 대한 결과를 나타낸다. 이 모델은 난류를 대표하지만 추적자의 박동이 반지름 방향으로 균질하게 퍼지기에 충분한 긴 파이프 내에서의 유선 흐름도 나타낸다. 액체의 경우 매우 긴 파이프가 필요하고, 그림 13.16에 이 결과가 나타나 있다. 분자 확산은 층류 흐름에서 분산속도에 커다란 영향을 미친다는 사실을 주목해야 한다. 낮은 유속에서 분자 확산은 분산을 촉진시키지만 높은 유속에서는 반대의 효과를 나타낸다.

이와 유사한 상관관계는 다공성 및/또는 흡착하는 고체층, 구부러진 튜브 및 유연성 있는 수로 흐름, 맥동(pulsating) 흐름, 비뉴턴성 유체의 흐름 등에 대하여 만들 수 있다. 이들은 Levenspiel (1996)의 64장에 나타나 있다.

그림 13.17에 충전층에 대한 결과를 나타내었다.

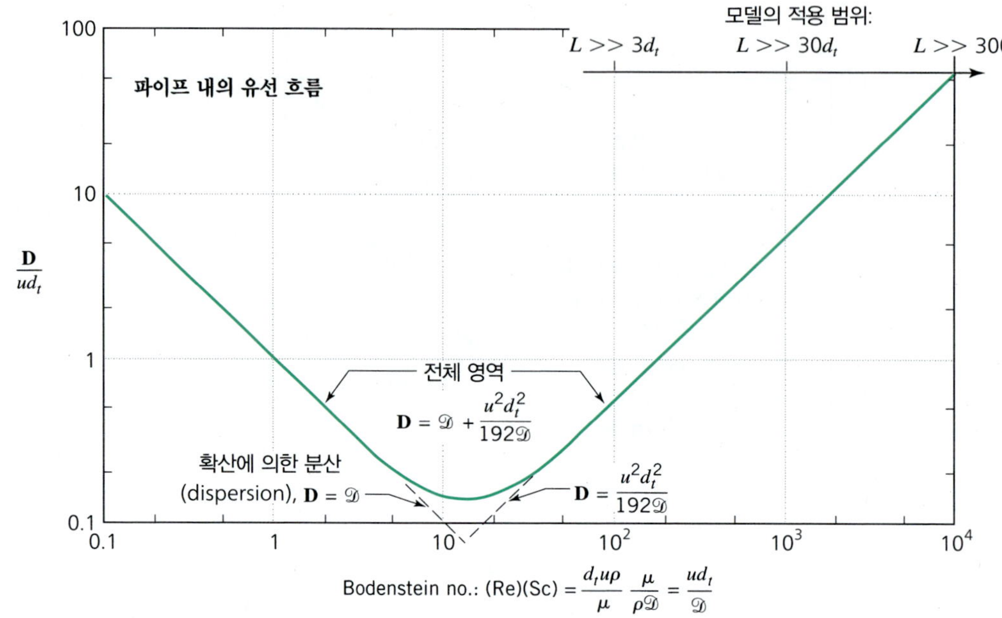


**그림 13.16 파이프를 통한 유선 흐름에 대한 분산의 상관관계.** Taylor (1953, 1954a)**와** Aris (1956)**로부터 인용하였다.**

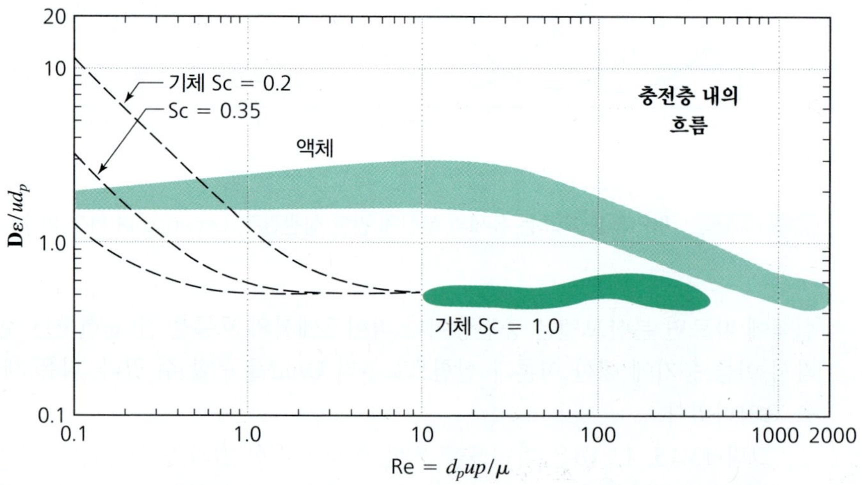


**그림 13.17 충전층에서 축방향으로 평균속도 $u$로 흐르는 유체의 분산에 대한 실험적 결과. 부분적으로** Bischoff (1961)**으로부터 인용하였다.**

## 13.3 화학반응과 분산

이상의 고찰을 통해 분산(dispersion)을 무차원군 $\mathbf{D}/uL$로 측정하였다. 이제 분산이 반응기에서의 전환율에 어떻게 영향을 미치는지를 알아보자.

어떤 유체가 일정한 속도 $u$로 흐르고 물질이 분산계수 $\mathbf{D}$를 가지고 축방향으로 혼합되는 길이가 $L$인 정상 흐름의 화학반응기를 고려하자. 다음과 같은 $n$차 반응이 반응기에서 일어난다고 가정하자.

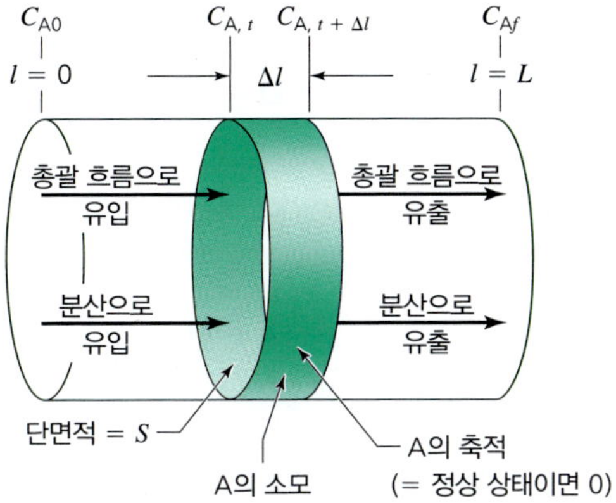


**그림 13.18** **반응과 분산이 일어나는 닫힌 용기에 대한 변수.**

$$A \rightarrow \text{생성물}, \qquad -r_A = kC_A^n$$

그림 13.18에 보인 바와 같이 반응기의 요소 부분을 대상으로 반응 성분에 대한 물질 수지를 세우면

$$\text{입력량(유입)} = \text{출력량(유출)} + \text{반응에 의한 소모량} + \text{축적량} \tag{4.1}$$

이 되고 정상 상태에서 물질 A에 대해서 다음 식이 성립한다.

$$(\text{출력량} - \text{입력량})_{\text{bulk flow}} + (\text{출력량} - \text{입력량})_{\text{axial dipersion}} + \begin{matrix}\text{반응에 의한}\\ \text{소모량}\end{matrix} + \text{축적량} = 0 \tag{17}$$

식 (17)의 각 항을 A 몰/시간으로 나타내면 다음과 같이 된다.

$$\text{총괄 흐름에 의한 입력량} = \left(\frac{\text{moles A}}{\text{volume}}\right)\left(\begin{matrix}\text{flow}\\ \text{velocity}\end{matrix}\right)\left(\begin{matrix}\text{cross-sectional}\\ \text{area}\end{matrix}\right)$$

$$= C_{A,l}uS, \quad [\text{mol/s}]$$

$$\text{총괄 흐름에 의한 출력량} = C_{A,l+\Delta l}uS$$

$$\text{축분산에 의한 입력량} = \frac{dN_A}{dt} = -\left(\mathbf{D}S\frac{dC_A}{dl}\right)_l$$

$$\text{축분산에 의한 출력량} = \frac{dN_A}{dt} = -\left(\mathbf{D}S\frac{dC_A}{dl}\right)_{l+\Delta l}$$

$$\text{반응에 의한 소모량} = (-r_A)\,V = (-r_A)S\,\Delta l, \quad [\text{mol/s}]$$

이 물질 수지와 5장에서 다룬 이상적인 플러그 흐름 반응기의 물질 수지와의 차이점은 두 개의 분산(dispersion)을 나타내는 항을 포함한다는 것이다. 이는 물질이 미분요소 부분을 들어오고 나갈 때 총괄 흐름뿐만 아니라 분산에 의해 움직이기 때문이다. 이들 모든 항을 식 (17)에 대입하고 $S\,\Delta l$로 나누면 다음과 같은 식이 얻어진다.

$$u\frac{(C_{A,l+\Delta l}-C_{A,l})}{\Delta l}-\mathbf{D}\frac{\left[\left(\frac{dC_A}{dl}\right)_{l+\Delta l}-\left(\frac{dC_A}{dl}\right)_{l}\right]}{\Delta l}+(-r_A)=0$$

이제 대수학의 기초적인 극한에 의하면 매끄러운 연속함수인 어떠한 양 $Q$에 대하여 다음 식이 성립하고

$$\lim_{l_2\to l_1}\frac{Q_2-Q_1}{l_2-l_1}=\lim_{\Delta l\to 0}\frac{\Delta Q}{\Delta l}=\frac{dQ}{dl}$$

$\Delta l \to 0$의 극한을 취하면 다음과 같이 된다.

$$u\frac{dC_A}{dl}-\mathbf{D}\frac{d^2C_A}{dl^2}+kC_A^n=0 \tag{18a}$$

이를 $z = l/L$, $\tau = \bar{t} = L/u = V/v$라는 무차원군을 도입하여 다시 쓰면

$$\frac{\mathbf{D}}{uL}\frac{d^2C_A}{dz^2}-\frac{dC_A}{dz}-k\tau C_A^n=0 \tag{18b}$$

이 되고, 위 식에서 농도 $C_A$를 전환율 $X_A$로 바꾸면 아래와 같은 식을 얻을 수 있다.

$$\frac{\mathbf{D}}{uL}\frac{d^2X_A}{dz^2}-\frac{dX_A}{dz}+k\tau C_{A0}^{n-1}(1-X_A)^n=0 \tag{18c}$$

이 식에 의하면 반응기를 통과하는 반응물 A의 전환율은 세 가지 무차원군, 즉 (1) 반응속도군 $k\tau C_{A0}^{n-1}$, (2) 분산군인 $\mathbf{D}/uL$, (3) 반응 차수 $n$에 의해 결정된다.

**1차 반응** 식 (18)은 1차 반응에 대하여 Wehner와 Wilhelm (1956)이 해석적 해를 구하였다. 어떠한 종류의 입구 조건과 출구 조건을 가진 용기에 대한 해석적 해는 다음과 같다.

$$\frac{C_A}{C_{A0}}=1-X_A=\frac{4a\exp\left(\frac{1}{2}\frac{uL}{\mathbf{D}}\right)}{(1+a)^2\exp\left(\frac{a}{2}\frac{uL}{\mathbf{D}}\right)-(1-a)^2\exp\left(-\frac{a}{2}\frac{uL}{\mathbf{D}}\right)} \tag{19}$$

$$a=\sqrt{1+4k\tau(\mathbf{D}/uL)}$$

그림 13.19는 이 결과를 유용한 그래프로 표현한 것으로, 식 (19)와 5장의 식 (5.17)을 결합하여 작성하였다. 플러그 흐름과 분산된 플러그 흐름 반응기를 비교할 때 사용한다.

*플러그 흐름으로부터 작은 편차를 가진 경우* $\mathbf{D}/uL$는 작고, $\mathbf{E}$ 곡선은 가우스 분포에 접근한다. 따라서 지수항을 전개하고 고차항을 무시하면 식 (19)는 다음과 같이 간략화된다.

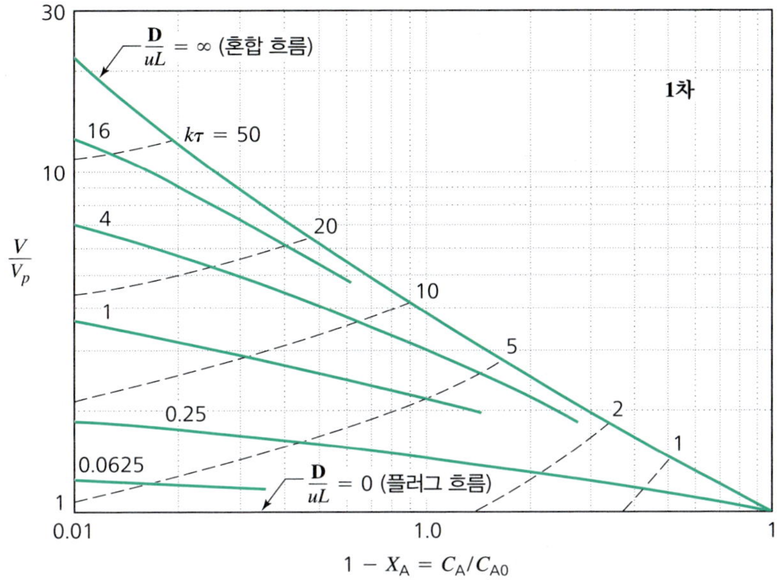


그림 13.19 **팽창을 무시한 1차 반응 "A → 생성물"에 대한 실제 반응기와 플러그 흐름 반응기의 비교.** Levenspiel과 Bischoff (1959, 1961)으로부터 인용하였다.

$$\frac{C_A}{C_{A0}} = \exp\left[-k\tau + (k\tau)^2 \frac{\mathbf{D}}{uL}\right] \tag{20}$$

$$= \exp\left[-k\tau + \frac{k^2\sigma^2}{2}\right] \tag{21}$$ [1]

식 (20)과 5장의 식 (5.17)을 비교하면 플러그 흐름에 가까운 실제의 반응기의 성능과 이상적인 플러그 흐름 반응기의 성능을 비교할 수 있다. 따라서 동일한 전환율에 필요한 반응기 크기의 비율은 다음과 같다.

$$\frac{L}{L_p} = \frac{V}{V_p} = 1 + (k\tau)\frac{\mathbf{D}}{uL} \qquad \text{동일한 } C_{A\,out} \tag{22}$$

반면, 동일한 크기의 반응기에 대한 출구에서의 농도비는 다음과 같다.

$$\frac{C_A}{C_{Ap}} = 1 + (k\tau)^2\frac{\mathbf{D}}{uL} \qquad \text{동일한 } V \text{ 또는 } \tau \tag{23}$$

**$n$차 반응** 닫힌 용기에서 2차 반응에 대한 식 (18)의 해를 그림 13.20에 그래프로 나타내었다. 이는 1차 반응에 대한 도표와 유사한 방법으로 활용할 수 있다. 1차 및 2차와 다른 반응 차수에 대한 반응기 성능을 추산하기 위해서는 그림 13.19와 13.20 사이에서 내삽과 외삽을 할 수 있다.

1 식 (21)은 분산(variance) $\sigma^2$을 가진 어떠한 가우스 분포의 RTD에 적용된다.

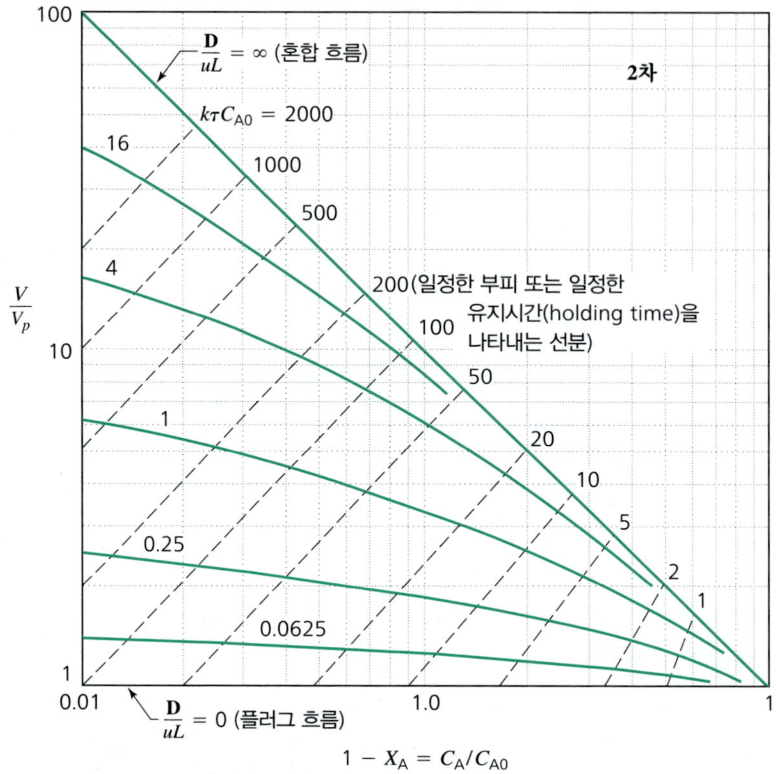


그림 13.20 **팽창을 무시한 다음과 같은 2차 반응에 대한 실제 반응기와 플러그 흐름 반응기의 비교**, Levenspiel**과** Bischoff (1959, 1961)**으로부터 인용하였다.**

$$A + B \rightarrow \text{생성물}, \quad C_{A0} = C_{B0}$$

$$\text{또는} \quad 2A \rightarrow \text{생성물}$$

## 예제 13.4 ▶ 분산모델로 전환율 구하기

분산모델이 반응기에서의 흐름에 대한 좋은 표현식이라고 가정하고 11장의 예제 11.3을 다시 풀어보라. 두 가지 방법에 의해 계산된 전환율을 비교하고 이에 대하여 논평하라.

### › 풀이

실험에서 구한 통계적 분산(variance)과 분산모델(dispersion)에서의 분산을 비교하면 예제 13.1로부터 다음을 알 수 있다.

$$\frac{\mathbf{D}}{uL} = 0.12$$

실제 반응기에서의 전환율은 그림 13.19부터 구할 수 있다. 따라서 $k\tau = (0.307)(15) = 4.6$의 선을 따라서 $C/C_0 = 0.01$로부터 $\mathbf{D}/uL = 0.12$까지 이동하면 미전환된 반응물의 분율은 다음과 같이 근사적으로 구할 수 있다.

$$\frac{C}{C_0} = 0.035, \qquad \text{or} \qquad \underline{\underline{3.5\%}}$$

**논평.** 그림 E13.4에서 긴 꼬리를 제외하고는 분산모델이 실제 곡선보다 대부분 중심에 밀집된 경향을 보인다. 반면 실제 곡선은 반응기를 떠나는 물질의 머무름 시간이 더욱 짧은 것이 많다.

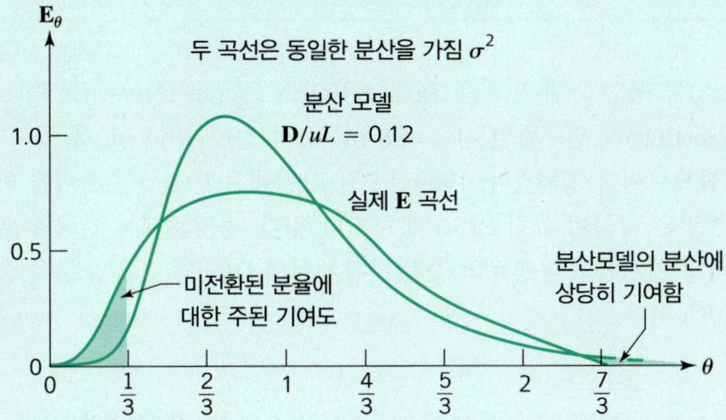


그림 E13.4

이것이 반응물이 미전환된 상태로 남아 있는 데 많은 기여를 한다. 따라서

$$\left(\frac{C}{C_0}\right)_{\text{actual}} = 4.7\% > \left(\frac{C}{C_0}\right)_{\substack{\text{dispersion}\\ \text{model}}} = 3.5\%$$

이 예상된다.

## 확장

Levenspiel (1996)의 64장에서 이러한 문제처리에 대한 여러 가지 확장과 다양한 성능식을 검토하였다. 이 주제에 관한 좀 더 자세한 내용은 Westerterp 등(1984)의 4장에 설명되어 있다.

## 참고 문헌

Aris, R., *Proc. Roy. Soc.* (London), **A235**, 67 (1956). 왕립학회의 사용 허락이 있음.

Aris, R., *Chem, Eng. Sci.*, **9**, 266 (1959).

Bischoff, K. B., *Ph.D. Thesis*, Chemical Engineering Department, Illinois Institute of Technology (1961).

Bischoff, K. B., and Levenspiel, O., *Chem. Eng. Sci.*, **17**, 245 (1962).

Levenspiel, O., *Petroleum Refiner*, March (1958a).

Levenspiel, O., *Ind. Eng. Chem.*, **50**, 343 (1958b). 1958년 미국화학회 저작권.

Levenspiel, O., *The Chemical Reactor Omnibook*, Chap. 64, OSU Bookstores, Corvallis, OR 97339, 1996.

Levenspiel, O., and Bischoff, K. B., *Ind. Eng. Chem.*, **51**, 1431 (1959); **53**, 313 (1961). 미국화학회 저작권.

Levenspiel, O., and Smith, W. K., *Chem. Eng. Sci.*, **6**, 227 (1957). 엘스비어 출판사의 사용 허락이 있음.

Taylor, G. I., Proc. *Roy. Soc.* (London), **219A**, 186 (1953); **225A**, 473 (1954). 왕립학회의 사용 허락이 있음.

van der Laan, E. T., *Chem. Eng. Sci.*, **7**, 187 (1958).

von Rosenberg, D. U., *AIChE J.*, **2**, 55 (1956). 와일리 출판사의 사용 허락이 있음.

Wehner, J. F., and Wilhelm, R. H., *Chem. Eng. Sci.*, **6**, 89 (1956).

Westerterp, K.R., van Swaaij, W.P.M., and Bennackers, A.A.C.M., *Chemical Reactor Design and Operations*, John Wiley, New York, 1984.

## 연습 문제

**13.1** 용광로(blast furnace)를 통한 기체의 흐름 형태는 VDEh (Veren Deutscher Eisenhüttenleute Betriebsfarschungsinstitut)가 연구하였는데, 688 $m^3$ 노의 송풍기(tuyere)에 들어가는 공기 흐름에 Kr-85를 주입함으로써 진행되었다. 1969년 9월 12일에서 10월 5일 사이에 이루어진 시험에 대한 개략도와 관련된 값들이 그림 P13.1에 나타나 있다. 용광로에서 기체의 흐름에 분산모델이 적용될 수 있다고 가정하고 용광로의 중간 부분에서의 **D**/$ud$의 값을 보통의 충전층에서 예상되는 **D**/$ud$ 값과 비교하라.

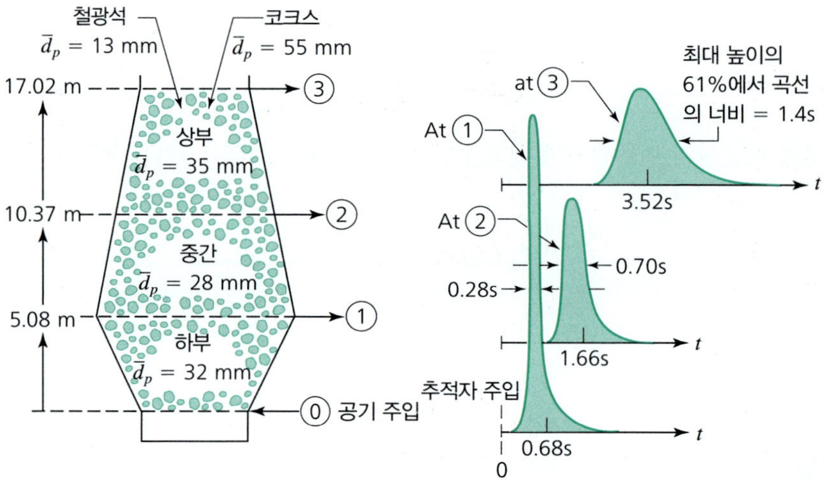


그림 P13.1

Standish and Polthier, *Blast Furnace Aerodynamics*, p. 99, N. Standish, ed. Australian I.M.M. Symp., Wollongong, 1975로부터 인용하였다.

**13.2** 덴마크의 가장 길고 큰 강인 Gudenaa 강은 연구할 가치가 있다. 따라서 방사성 물질 Br-82를 사용하여 강의 여러 가지 지류에서 추적자를 이용한 박동실험을 수행하였다. 다음의 측정으로부터 강의 상류에 있는 지류에서 8.7 km 떨어져 있는 Tørring과 Udlum 사이에서의 축방향 분산계수를 구하라.

| $t$, hr | $C$, arbitrary | $t$, hr | $C$, arbitrary |
|---|---|---|---|
| 3.5 | 0 | 5.75 | 440 |
| 3.75 | 3 | 6 | 250 |
| 4 | 25 | 6.25 | 122 |
| 4.25 | 102 | 6.5 | 51 |
| 4.5 | 281 | 6.75 | 20 |
| 4.75 | 535 | 7 | 9 |
| 5 | 740 | 7.25 | 3 |
| 5.25 | 780 | 7.5 | 0 |
| 5.5 | 650 | | |

Data from Danish Isotope Center, report of November 1976.

**13.3** Jagadeesh와 Satyanarayana [IEC/PDD, **11**, 520(1972) 참고]는 내경이 35 mm, 깊이가 1.21 m인 관형 반응기를 이용하여 RTD 연구를 하였다. NaCl (5 N) 용액을 반응기 입구에서 빠르게 주입시키고 출구에서 혼합컵 측정(mixing cup measurement)을 수행하였다. 다음의 결과로부터 용기의 분산수(dispersion number) 및 방해판(baffle)이 차지하는 반응기 부피의 분율을 구하라.

| $t$, sec | NaCl in sample |
|---|---|
| 0–20 | 0 |
| 20–25 | 60 |
| 25–30 | 210 |
| 30–35 | 170 |
| 35–40 | 75 |
| 40–45 | 35 |
| 45–50 | 10 |
| 50–55 | 5 |
| 55–70 | 0 |

($v$ = 1300 ml/min)

**13.4** 콜로라도주의 Rangely로부터 유타주의 Salt Lake까지 사용되는 석유제품($u$ = 81.7 cm/s, Re = 24,000)에 방사성 물질(추적자) Ba-140의 박동을 내경이 25.5 cm (10 inch에 상당)이고 길이가 293 km인 파이프라인에 주입하였다. 추적자의 농도가 1/2 $C_{max}$ 이상이 되는 유체의 통과시간을 추산하고, 이를 다섯 번의 시험에서 평균한 보고된 시간 895 sec와 비교하라. 가우스 분포 표로부터 $C > C_{max}/2$은 $\bar{\theta} \pm 1.18\ \sigma_\theta$ 사이에서 일어난다. 이는 유용한 정보가 될 수 있다. 데이터는 Hull and Kent, *Ind. Eng. Chem*, **44**, 2745 (1952)로부터 인용하였다.

**13.5** 추적자 물질의 주입된 슬러그(slug)가 길고 직선인 파이프를 통해 운반유체(carrier fluid)와 함께 분산된 플러그 흐름(dispersed plug flow)으로 흘러간다. 관내의 점 $A$에서 추적자의 퍼짐은 16 m이고 A로부터 1 km 떨어진 하류 흐름(down stream) 지점인 점 $B$에서 추적자의 퍼짐은 32 m이다. 점 A로부터 2 km 떨어진 하류 흐름 지점인 점 $C$에서 추적자의 퍼짐은 얼마로 추산할 수 있는가?

**13.6** 정유공장에서 내경이 10 cm이고 길이가 1,000 km인 파이프라인을 통해 거리가 100 km 떨어져 있는 저장소(receiving station)로 계속적으로 제품 A와 B를 운송한다. A와 B의 평균 물성치는 $\rho$ = 850 kg/m$^3$ $\mu$ = 1.7 × 10$^{-3}$ kg/m·s, $\mathscr{D}$ = 10$^{-9}$ m$^2$/s이고, 유체는 $u$ = 20 cm/s의 속도로 흘러가고, 별도의 저장용기(reservoir)는 없다. 100 km 하류 흐름에서 16~84% 오염된 폭을 추산하라. 이는 *Petroleum Refiner*, **37**, 191(March 1958) *Pipe Line Industry*, pg. 51 (May 1958)로부터 인용하였다.

**13.7** 등유와 휘발유가 내경이 25.5 cm인 파이프라인을 통해 1.1 m/s의 속도로 계속적으로 운송된다. 등유와 휘발유의 50/50% 혼합물의 동점도가 아래와 같은 경우, 파이프 출구에서 5/95~95/5%로 오염된 물질의 폭을 추산하라.

$$\mu/\rho = 0.9 \times 10^{-6}\ \text{m}^2/\text{s}$$

이 문제와 데이터는 Sjenitzer, *Pipeline Engineer*, December (1958)에서 인용하였다.

**13.8** 호수에서 퍼 올린 물이 펌프를 통해 긴 파이프 내를 난류로 흐른다. 호수의 취수선으로 들어가는 추적자 슬러그는 $L$ m 떨어진 파이프 내의 두 지점에서 기록된다. 두 기록점 사이에서 유체의 평균 체류 시간은 100 sec이고, 두 기록된 신호의 분산은 다음과 같다.

$$\sigma_1^2 = 800\ \text{sec}^2$$
$$\sigma_2^2 = 900\ \text{sec}^2$$

이 파이프 이동구간에서 말단 효과를 무시하고 길이가 $L$/5일 때 이상 추적자 응답의 퍼짐은 어떻게 되겠는가?

**13.9** 누군가가 대단히 유독한 물질을 강에 방류하여 오하이오강 연안에서 물고기들을 대량으로 폐사한다는 항의가 들어 왔다. 신시내티(Cincinnati)와 오하이오주 포츠머스(Portsmouth, 119 mile 떨어져 있음)에 있는 수질감시 측정소의 보고에 의하면 대량의 페놀 슬러그가 강에 흐르고 있으며, 이것이 공해를 유발한다고 생각한다. 이 슬러그가 포츠머스 측정소를 통과하는 데 9시간이 걸리며, 월요일 오전 8시에 슬러그의 농도가 최대가 된다. 신시내티에서는 이보다 12시간 늦게 슬러그의 농도가 최대가 생기며, 측정소를 통과하는 데 12시간이 걸린다.

오하이오강의 여러 곳에서 페놀이 사용되며, 신시내티로부터 상류에 있는 이들 지점까지의 거리는 다음과 같다.

| | |
|---|---|
| Ashland, KY—150 miles upstream | Marietta, OH—303 |
| Huntington, WV—168 | Wheeling, WV—385 |
| Pomeroy, OH—222 | Steubenville, OH—425 |
| Parkersburg, WV—290 | Pittsburgh, PA—500 |

공해를 유발하는 근원지인 유발원으로 생각되는 곳은 어디일까?

**13.10** 2 mm의 물질이 1 m, 1 cm의 물질이 9 m, 4 mm의 물질이 2 m 충전된 12 m 길이의 파이프가 있다. 이 충전층을 유체가 통과하는 데 2 min이 걸린다고 가정하고, 박동입력이 이 충전층에

도입될 때 출력 곡선의 분산을 구하라. $\mathbf{D}/ud_p$ = 2로 주어지는 일정한 분산세기와 일정한 공극률을 가정하라.

**13.11** 흐름 반응기에서 균질계 액체 반응의 속도론을 연구한다. 플러그 흐름을 가정하기 위해 48 cm의 긴 반응기에 5 mm의 비다공성 입자를 충전시켰다. 평균 체류 시간 1 sec에 대하여 전환율이 99%일 때 1차 반응에 대한 속도 상수를 구하라.

**(a)** 액체는 플러그 흐름으로 반응기를 통과한다고 가정한 경우

**(b)** 실제 흐름이 플러그 흐름으로부터의 편차를 고려한 경우

**(c)** 플러그 흐름으로부터의 편차를 관련하지 않았을 때 계산된 $k$의 오차를 구하라.

*자료*: 충전층의 공극도 $\varepsilon$ = 0.4

입자의 레이놀즈 수 $\mathrm{Re_p}$ = 200

**13.12** 플러그 흐름 가정하에 열분해반응을 위한 관형 반응기를 설계한다. 무시해왔던 비이상 흐름이 중요한 인자일 수도 있다고 생각해서, 이 비이상 흐름의 역할을 대략적으로 추산해 보려고 한다. 이를 위해 흐르는 유체의 레이놀즈수가 10,000인 2.5 cm 내경의 관형 반응기에서 등온조작을 가정한다. 열분해 반응은 근사적으로 1차 반응이다. 3 m 길이의 플러그 흐름 반응기에서 계산 결과 99%의 분해가 일어났다면, 비이상 흐름을 고려하는 경우 반응기의 길이는 얼마나 더 길어야 하는가?

**13.13** 플러그 흐름 반응기를 가정한 계산에 의하면 수용액 반응물의 99.9%가 전환되었다. 그러나 우리 반응기는 그림 P13.13와 같은 RTD을 나타내고 있다고 하자. 만일 $C_{A0}$ = 1,000이라면 1차 반응의 경우에 반응기 출구에서의 농도는 얼마로 예상되는가? 공학에서 밑변이 a이고 대칭형의 삼각형이 무게 중심에 대해 회전하는 경우, $\sigma^2 = a^2/24$이다.

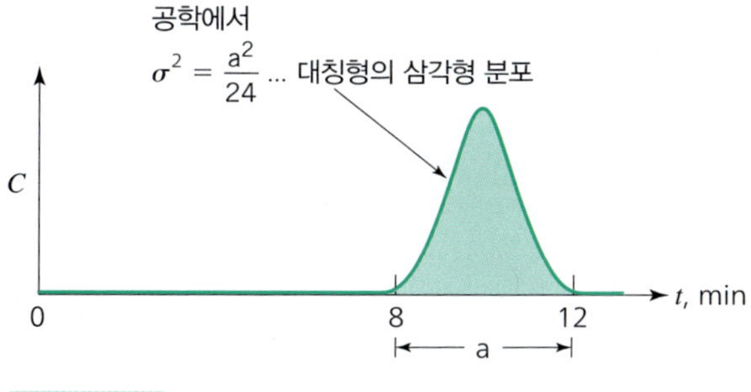


그림 P13.13

제 14 장

# 직렬탱크모델

*The Tanks-In Series Model*

직렬탱크모델은 분산모델(dispersion model)이 사용될 수 있는 경우에 언제든 사용할 수 있다. 따라서 플러그 흐름으로부터 너무 큰 편차가 없는 경우에 두 가지 모델은 동일한 결과를 얻는다. 실제로 둘 중에 어느 모델을 사용해야 하는가는 당신의 기분과 취향에 따라 결정된다.

분산모델은 실제 반응기에서 흐름에 대한 모든 상관관계가 변함없이 사용된다는 것이 장점인 반면, 직렬탱크모델(tanks-in-series model)은 단순하고 어떠한 반응속도에 대하여 사용할 수 있으며 순환이 있거나 없는 어떠한 배열의 격실에 대해서도 큰 어려움이 없이 사용범위를 확장할 수 있다.

## 14.1 펄스응답 실험 및 RTD

그림 14.1에 검토하고자 하는 시스템이 나타나 있다. 여기서 두 가지 무차원 시간 $\theta_i$와 $\theta$을 아래와 같이 정의한다.

$$\theta_i = \frac{t}{\bar{t}_i} = \text{한 탱크에서의 평균 체류 시간 } \bar{t}_i\text{에 기준한 무차원 시간}$$

$$\theta = \frac{t}{\bar{t}} = \text{모든 } N \text{ 탱크에서의 평균 체류 시간 } \bar{t}\text{에 기준한 무차원 시간}$$

따라서

$$\theta_i = N\theta \quad \ldots \quad \text{및} \quad \ldots \quad \bar{\theta}_i = 1, \quad \bar{\theta} = 1$$

이고, 특별한 시간에 대하여 11장에서 언급한 식 (11)에 의해 다음 식이 성립된다.

$$\mathbf{E}_\theta = \bar{t}\mathbf{E}$$

**첫 번째 탱크** 직렬로 연결된 이상적인 혼합 흐름 반응기 시스템에서 첫 번째 반응기(부피가 $V_1$)에 어떤 유체가 $v$ m$^3$/s의 정상 흐름 속도로 유입 유출된다고 가정하자. 시간 $t$ = 0에서 모든 성분이 균질하게 분포된 용기에 표지 물질인 추적자의 박동을 용기에 주입할 때, 최종 농도가 $C_0$라 하자.

추적자를 도입한 후 어떤 시간 $t$에서 물질 수지는 다음과 같다.

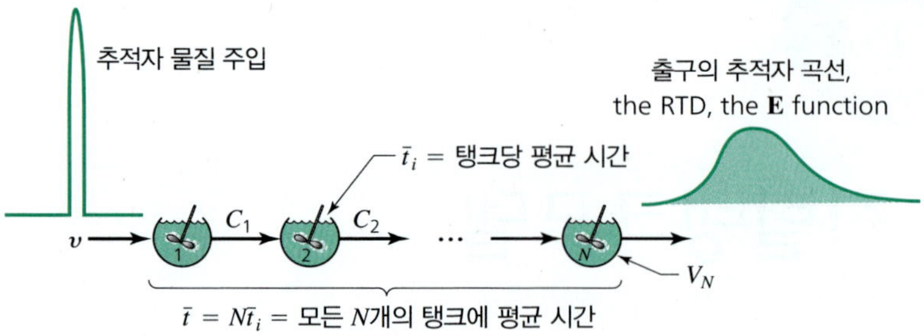


그림 14.1 **직렬탱크모델.**

(추적자의 소모속도) = (입력속도) − (출력속도)

이 식을 기호로 나타내면 다음과 같다.

$$V_1 \frac{dC_1}{dt} = 0 - vC_1 \qquad \left[\frac{\text{mol tracer}}{\text{s}}\right]$$

여기서 $C_1$은 탱크 "1번"에서의 농도이다. 이를 변수분리하고 적분하면 다음과 같다.

$$\int_{C_0}^{C_1} \frac{dC_1}{C_1} = -\frac{1}{\bar{t}_1}\int_0^t dt$$

또는

$$\frac{C_1}{C_0} = e^{-t/\bar{t}_1}$$

이고 $C/C_0$ 대 $t$ 곡선 아래의 면적은 $\bar{t}_1$이므로 이로부터 **E** 곡선을 구할 수 있다. 그러므로 다음과 같이 쓸 수 있다.

$$\bar{t}_1 \mathbf{E}_1 = e^{-t/\bar{t}_1} \qquad [-] \qquad N = 1 \tag{1}$$

**두 번째 탱크**에서는 농도 $C_1$으로 들어가서 농도 $C_2$로 나오므로 물질 수지는 다음과 같다.

$$V_2 \frac{dC_2}{dt} = v \cdot \frac{C_0}{C_1} e^{-t/\bar{t}_1} - vC_2 \qquad \left[\frac{\text{mol tracer}}{\text{s}}\right]$$

변수분리하여 이를 적분하면 다음과 같다.

$$\bar{t}_2 \mathbf{E}_2 = \frac{t}{\bar{t}_2} e^{-t/\bar{t}_2} \qquad [-] \qquad N = 2 \tag{2}$$

***N*번째 탱크** 위와 같은 방법으로 세 번째, 네 번째, ..., $N$번째 탱크에 대하여 적분하면 식이 더욱 복잡해진다. 이 미분방정식의 적분은 라플라스(Laplace) 변환을 이용하면 좀 더 간단해진다.

MacMullin과 Weber (1935)이 최초로 시간과 무차원 시간으로 표현된 RTD, 평균(mean) 및 분산(variance)을 유도하였다. 이를 요약하면 식 (3)과 같다.

$$
\begin{aligned}
\bar{t}\,\mathbf{E} &= \left(\frac{t}{\bar{t}}\right)^{N-1} \frac{N^N}{(N-1)!}\, e^{-tN/\bar{t}} && \cdots\ \bar{t} = N\bar{t}_i \cdots\ \sigma^2 = \frac{\bar{t}^2}{N} \\
\bar{t}_i\,\mathbf{E} &= \left(\frac{t}{\bar{t}_i}\right)^{N-1} \frac{1}{(N-1)!}\, e^{-t/\bar{t}_i} && \cdots\ \bar{t}_i = \frac{\bar{t}}{N} \cdots\ \sigma^2 = N\bar{t}_i^2 \\
\mathbf{E}_{\theta i} &= \bar{t}_i\,\mathbf{E} = \frac{\theta_i^{N-1}}{(N-1)!}\, e^{-\theta_i} && \cdots\ \sigma^2_{\theta i} = N \\
\mathbf{E}_{\theta} &= (N\bar{t}_i)\,\mathbf{E} = N\frac{(N\theta)^{N-1}}{(N-1)!}\, e^{-N\theta} && \cdots\ \sigma^2_{\theta} = \frac{1}{N}
\end{aligned}
\qquad (3)
$$

이들 식을 도식적으로 나타낸 것이 그림 14.2이다. RTD 곡선의 성질은 그림 14.3에 개략적으로 나타나 있다.

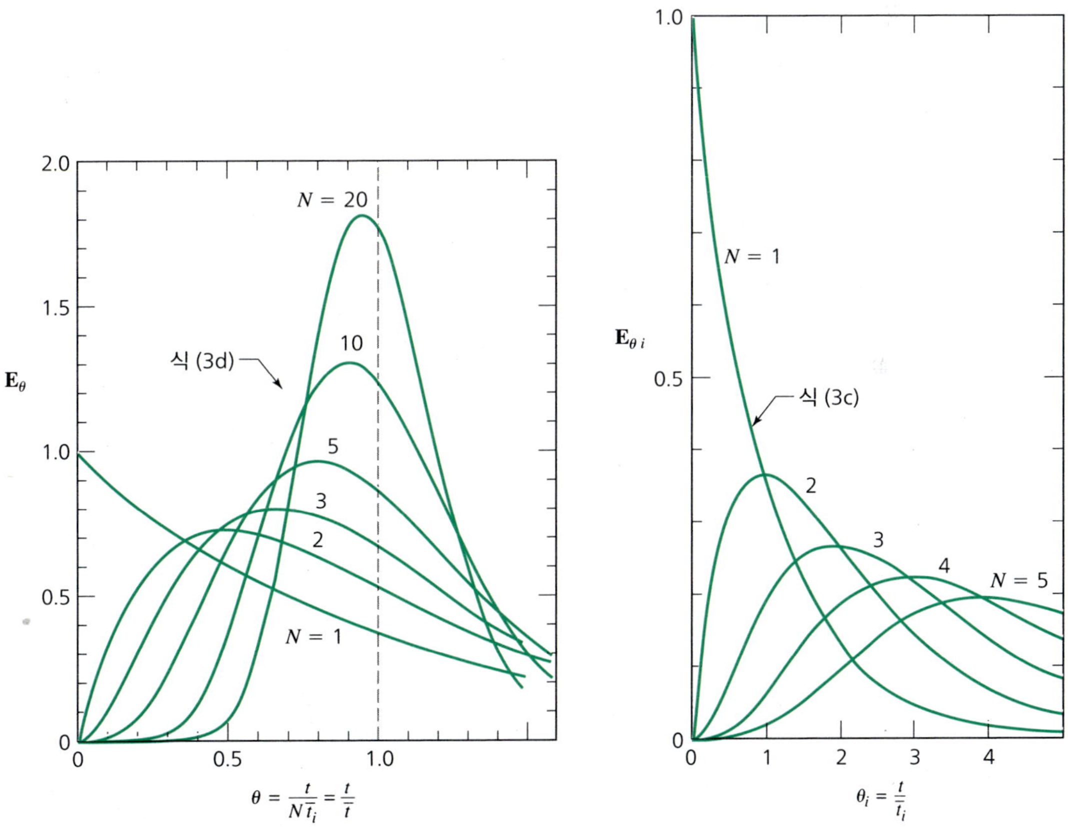


**그림 14.2** 직렬탱크모델의 RTD 곡선.

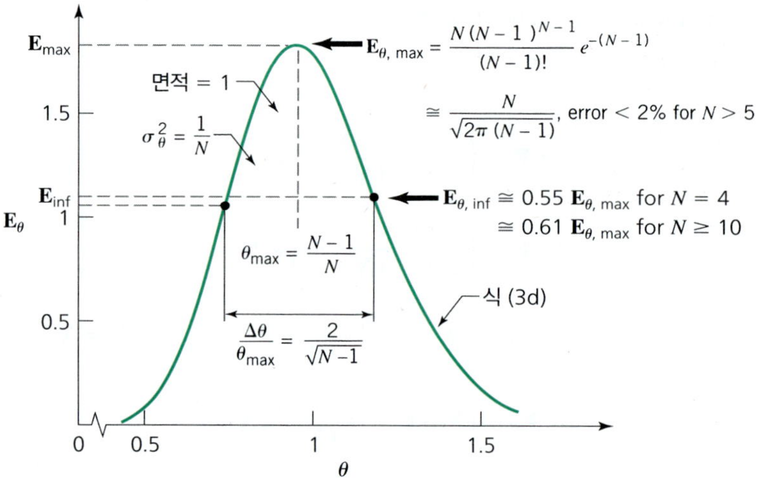


그림 14.3 직렬탱크모델의 RTD 곡선과 그 성질.

## ▸ 논평 및 확장

**독립성**[1] 만약 $M$개의 탱크에 $N$개의 탱크를 연결하면(모두 동일한 크기) 각 탱크의 평균과 분산은 가산적이라고 할 수 있다. 즉 아래 식과 같이 쓸 수 있다.

$$\bar{t}_{M+N} = \bar{t}_M + \bar{t}_N \ldots \quad \text{및} \quad \ldots \sigma^2_{M+N} = \sigma^2_M + \sigma^2_N \tag{4}$$

이 성질로 인해 들어오는 흐름과 순환되는 흐름을 결합할 수 있게 된다.

**한 번 주입한 추적자** 그림 14.4에 보인 바와 같은 $N$개의 탱크에 추적자를 한 번 주입하면 식 (3)과 식 (4)로부터 다음 식을 쓸 수 있다.

$$\Delta\sigma^2 = \sigma^2_{out} - \sigma^2_{in} = \frac{(\Delta\bar{t})^2}{N} \tag{5}$$

각 단은 독립적이기 때문에, 탱크를 더하든지 빼든지 $C$ 곡선에 무슨 일이 일어날지 쉽게 알 수

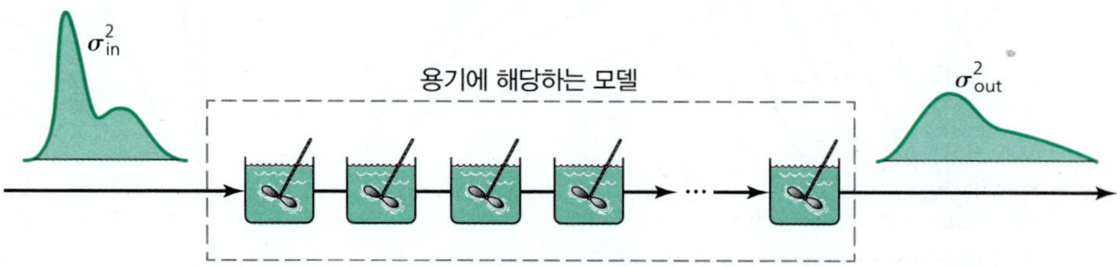


그림 14.4 한 번 주입한 추적자 입력에 대한 입력, 출력 및 탱크수의 상관관계[식 (4)].

1 독립성이란 유체가 반응기 용기에서 용기로 이동할 때 (흐름의) 기억을 잃는다는 의미이다. 따라서 한 용기에서 더 빠르게 움직이는 유체요소는 다음 용기에서 이 사실을 기억하지 못하므로 우선적으로 더 빠르게(또는 더 느리게) 흐르지 않는다. 층류 흐름은 종종 이러한 독립성 요건을 충족하지 못하지만, 장치 간 유체의 완전한(또는 측면) 혼합은 이 조건을 충족한다.

있다. 따라서 이 모델은 순환 흐름과 닫힌 재순환을 가진 시스템을 다루는 데 유용하다. 이들 응용에 대하여 간략하게 살펴보자.

**닫힌 재순환을 가진 시스템** 그림 14.5와 같은 $N$단으로 된 계에 $\delta$ 신호를 박동으로 도입하면 기록계는 추적자가 첫 번째 용기, 두 번째 용기로 흘러나가는 흐름에서 이 농도를 측정한다. 즉 기록계는 $N$ 탱크, $2N$ 탱크 등을 통과하는 추적자를 측정한다. 사실상 기록계는 모든 추적자 농도 신호의 중첩을 측정하는 셈이 된다.

이 시스템에서 출력신호를 얻기 위해서는 단순히 첫 번째, 두 번째 그리고 연속된 결과로부터의 얻어진 신호를 합치면 된다. 만일 $m$이 통과횟수(number of pass)라면 식 (3)으로부터 다음 식을 얻을 수 있다.

$$\bar{t}_i C_{\text{pulse}} = e^{-t/\bar{t}_i} \sum_{m=1}^{\infty} \frac{(t/\bar{t}_i)^{mN-1}}{(mN-1)!} \tag{6a}$$

$$C_{\theta i,\, \text{pulse}} = e^{-\theta_i} \sum_{m=1}^{\infty} \frac{\theta_i^{mN-1}}{(mN-1)!} \tag{6b}$$

$$C_{\theta,\, \text{pulse}} = N e^{-N\theta} \sum_{m=1}^{\infty} \frac{(N\theta)^{mN-1}}{(mN-1)!} \tag{6c}$$

이 중첩을 고려한 최종 결과는 그림 14.5에 나타낸 $C$ 곡선이다. 식 (6)의 확장된 형태의 예로써 직렬로 연결된 다섯 개의 탱크에 대한 식은 다음과 같다.

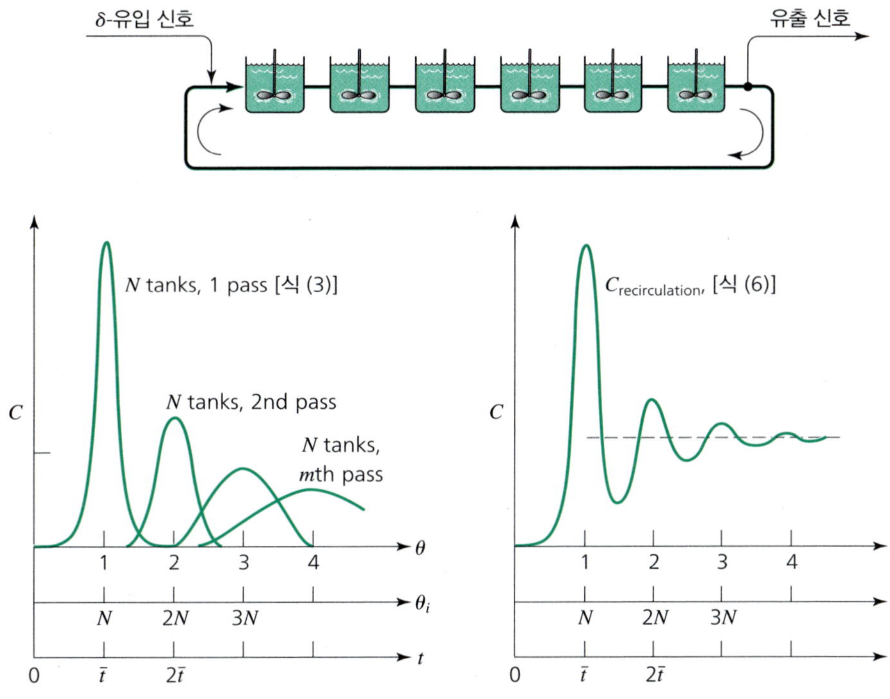


그림 14.5 **재순환 시스템에서 추적자 신호.**

$$C_{\text{pulse}} = \frac{5}{\bar{t}} e^{-5t/\bar{t}_i} \left[ \frac{(5t/\bar{t})^4}{4!} + \frac{(5t/\bar{t})^9}{9!} + \cdots \right] \tag{7a}$$

$$C_{\theta i,\,\text{pulse}} = e^{-\theta_i} \left[ \frac{\theta_i^4}{4!} + \frac{\theta_i^9}{9!} + \frac{\theta_i^{14}}{14!} + \cdots \right] \tag{7b}$$

$$C_{\theta,\,\text{pulse}} = 5e^{-5\theta} \left[ \frac{(5\theta)^4}{4!} + \frac{(5\theta)^9}{9!} + \cdots \right] \tag{7c}$$

여기서 대괄호 안의 항은 첫 번째, 두 번째 그리고 연속된 탱크의 통과 흐름에서 측정된 추적자 신호를 나타낸다.

재순환계(recirculation system)는 분산모델로도 잘 표현할 수 있다[van der Vusse (1962), Voncken 등(1964), Harrell과 Perona (1968) 참고]. 어떠한 접근법을 택하는지는 직관(취향 + 기분)에 따라 달라진다.

**통과 흐름을 가진 재순환** 상대적으로 빠른 재순환은 통과 흐름과 비교할 때, 전체적으로 커다란 하나의 교반탱크로 간주할 수 있다. 따라서 관측된 추적자 신호는 단순한 재순환의 결과 패턴과 이상적인 교반탱크의 지수함수적인 감소 패턴의 중첩이다. 그림 14.6에 나타낸 느린 통과 흐름을 갖는 경우의 $C_0$는 추적자가 시스템 내에 균질하게 분포되었을 때의 농도이다.

이 곡선 형태는 추적자가 1차 반응에 의해 분해 후 제거되는 닫힌 재순환계 혹은 방사성 물질을 추적자로 사용하는 시스템에서 관찰할 수 있다. 살아있는 유기체에 약(drug)을 주입하면, 약은 유기체(organism)에 의해 계속적으로 제거되기 때문에 이 종류의 중첩 패턴을 나타낸다.

**계단응답 실험과 F 곡선** 직렬로 연결된 $N$개의 이상적인 교반탱크로부터의 출력 **F** 곡선은 식 (8)에 나타낸 것처럼 여러 형태로 주어져 있다.

$$\mathbf{F} = 1 - e^{-N\theta} \left[ 1 + N\theta + \frac{(N\theta)^2}{2!} + \cdots + \frac{(N\theta)^{N-1}}{(N-1)!} + \cdots \right]$$

$$\mathbf{F} = 1 - e^{-\theta_i} \left[ 1 + \theta_i + \frac{\theta_i^2}{2!} + \cdots + \frac{\theta_i^{N-1}}{(N-1)!} + \cdots \right] \tag{8}$$

탱크의 숫자
- For one tank use the first term
- For $N$ = 2
- For $N$ = 3
- For $N$ tanks

이 식은 그림 14.7에 도식적으로 나타나 있다.

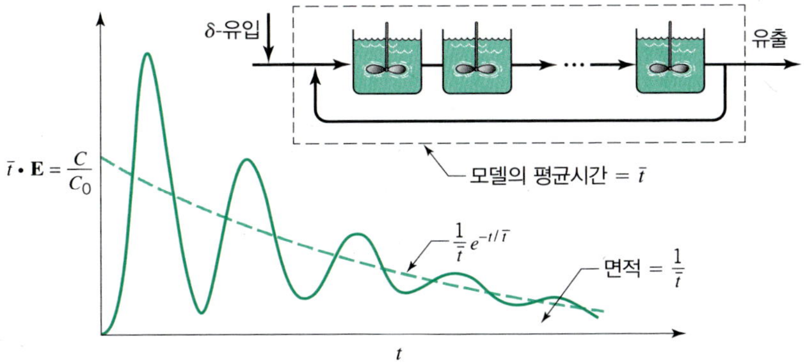


그림 14.6 **느린 통과 흐름을 가진 재순환.**

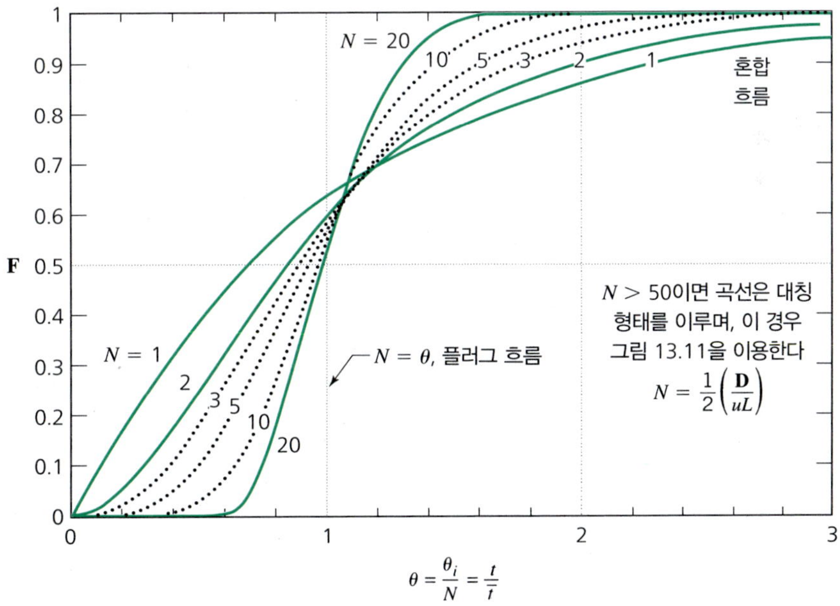


그림 14.7 **직렬탱크모델에 대한 F 곡선**[MacMullin과 Weber (1935)**로부터 인용**].

# 14.2 화학반응 전환율

## ▶ 1차 반응

전환율에 관한 식은 6장에서 이미 개발하였다. 한 개의 탱크에서 일어나는 1차 반응에 대하여 다음 식이 성립함을 알 수 있다.

$$\frac{C_A}{C_{A0}} = \frac{1}{1 + k\bar{t}_i} = \frac{1}{1 + k\bar{t}}$$

직렬로 연결된 $N$개의 탱크에 대해 다음 식이 성립한다.

$$\frac{C_A}{C_{A0}} = \frac{1}{(1+k\bar{t}_i)^N} = \frac{1}{\left(1+\dfrac{k\bar{t}}{N}\right)^N} \tag{9}$$

플러그 흐름 반응기의 성능식과의 비교는 그림 6.5에 나타나 있다.

플러그 흐름으로부터 작은 편차가 있는 경우는(큰 값의 $N$), 그렇지 않은 플러그 흐름과 비교하여 다음 식을 얻을 수 있다.

$$\text{동일한 } C_{A\,\text{final}}: \quad \frac{V_{N\,\text{tanks}}}{V_p} = 1 + k\bar{t}_i = 1 + \frac{k\bar{t}}{2N}$$

$$\text{동일한 부피 } V: \quad \frac{C_{A,N\text{tanks}}}{C_{Ap}} = 1 + \frac{(k\bar{t})^2}{2N}$$

이 식은 미시유체와 거시유체 모두에 적용할 수 있다.

## ▶ 미시유체의 2차 반응, A → R 또는 A + B → R, $C_{A0} = C_{B0}$

직렬로 연결된 $N$개의 탱크를 흐르는 미시유체의 흐름에 대하여 6장의 식 (6.8)은 다음과 같다.

$$C_N = \frac{1}{4k\tau_i}\left(-2 + 2\sqrt{\overset{\vdots}{-1 \cdots + 2\sqrt{-1 + 2\sqrt{1 + 4C_0 k\tau_i}}}}\;\right\}N\Bigg) \tag{10}$$

그리고 그림 6.6은 이 미시유체 2차 반응의 성능과 플러그 흐름에 대한 성능과의 비교를 나타낸다.

## ▶ 미시유체에 대한 다른 모든 반응속도론

각 탱크에 대하여 혼합 흐름 방정식을 푸는 것은 매우 지루한 일이지만, 컴퓨터를 이용하면 쉽게 해결할 수 있다.

$$\bar{t}_i = \frac{C_{Ai-1} - C_{Ai}}{-r_i}$$

한편, 그림 14.8과 같은 그래프 방법을 이용할 수 있다.

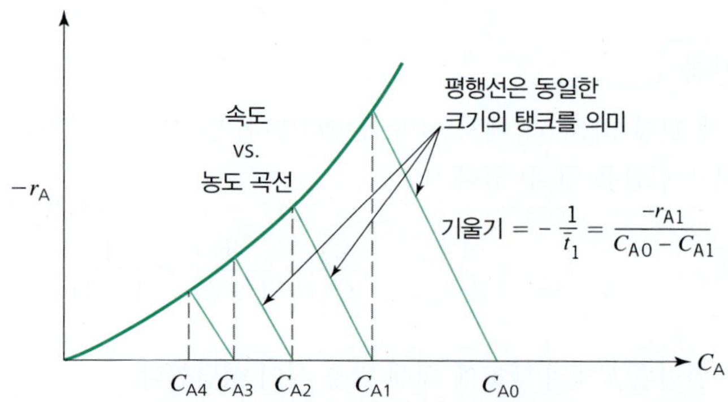


그림 14.8 어떠한 반응속도론에 대하여 직렬로 연결된 $N$개 탱크의 성능을 평가를 위한 도식적 방법.

### ▶ 거시유체의 전환율

균질계 반응에 대한 거시유체 방정식은 거의 사용하지 않는다. 그러나 직렬로 연결된 $N$개의 탱크에 대하여 11장의 식 (11.3)을 식 (3)과 결합하면 다음과 같이 된다.

$$\frac{C_A}{C_{A0}} = \frac{N^N}{(N-1)! \cdot \bar{t}_N} \int_0^\infty \left(\frac{C_A}{C_{A0}}\right)_{batch} \cdot t^{N-1} e^{-tN/\bar{t}}\, dt \tag{11}$$

이 식은 균질계에 대하여 실제적으로 유용하지는 않지만 불균질계 특히 기체-고체 시스템에서 매우 중요하다.

## 예제 14.1 ▶ 와인 공장의 변경

와인 공장의 발효실로부터 병을 채우는 지하 저장실까지, 작은 직경을 가진 파이프가 32 m 길이로 연결되어 있다. 어떤 경우는 레드 와인이 파이프로 이송되고, 또 다른 경우는 화이트 와인이 이 관을 통해 이송된다. 두 와인을 이송하는 밸브를 동작시킬 때는 두 와인의 성분이 서로 섞여 언제나 적은 양의 혼합 와인인 로제 와인이 생산된다(8병). 와인 공장에서 건설을 새로 하는 과정에서 파이프의 길이가 50 m로 증가되었다면, 와인의 동일한 유량에 대하여 흐름을 교환할 때마다 몇 병의 로제 와인을 얻을 수 있을까?

**풀이**

그림 E14.1에 문제를 개략적으로 나타내었다. 만들어지는 로제 와인의 수, 즉 퍼짐은 $\sigma$와 연관되어 있다.

원래의 파이프: $L_1 = 32\text{ m} \quad \sigma_1 = 8 \quad \sigma_1^2 = 64$

길어진 파이프: $L_2 = 50\text{ m} \quad \sigma_2 = ? \quad \sigma_2^2 = ?$

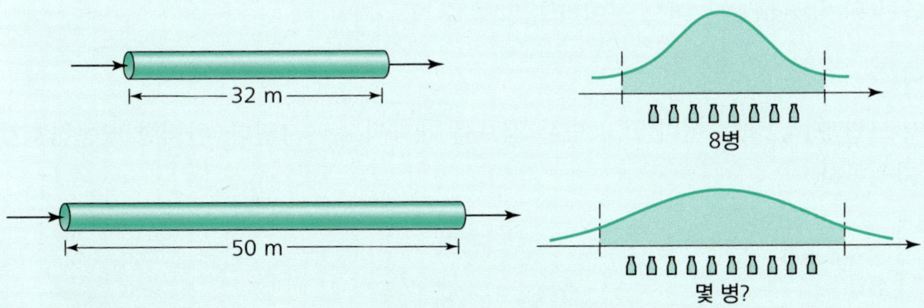


그림 E14.1

플러그 흐름으로부터 작은 편차가 있는 경우에 식 (3)으로부터 $\sigma^2 \propto N$ 혹은 $\sigma^2 \propto L$이다.

$$\therefore \frac{\sigma_2^2}{\sigma_1^2} = \frac{L_2}{L_1} = \frac{50}{32}$$

$$\therefore \sigma_2^2 = \frac{50}{32}(64) = 100$$

$$\therefore \sigma_2 = 10\,.\,.\,.$$

따라서 10병의 로제 와인을 예상할 수 있다.

## 예제 14.2 ▶ 강의 오염과 연관된 우화

지난 봄 우리 사무실에 어떤 사람이 매우 유독한 물질을 오하이오(Ohio) 강에 방류하여 강 연안에 있는 물고기가 대량으로 폐사하였다는 불평이 접수되었다. 서로 119 mile 떨어져 있는 신시네티(Cincinnati)와 오하이오주 포트머스(Portsmouth)에 있는 수질감시국(monitoring station)은 많은 페놀의 슬러그(slug)가 강 하류로 이동하고 있으며, 이것이 오염의 원인이라고 강하게 의심하고 있었다. 슬러그가 포트머스 감시국을 통과하는 데 10.5시간이 걸리며, 슬러그의 농도는 월요일 오전 8시에 최대가 된다. 26시간 후에 신시네티에서는 슬러그의 농도가 최고가 되며, 이 감시국을 통과하는 데는 14시간이 소요된다.

페놀은 오하이오 강의 많은 지점에서 사용되고 있으며, 신시네티로부터 상류의 거리는 다음과 같다.

| | |
|---|---|
| Ashland, KY—150 miles upstream | Marietta, OH—303 |
| Huntington, WV—168 | Wheeling, WV—385 |
| Pomeroy, OH—222 | Steubenville, OH—425 |
| Parkersburg, WV—290 | Pittsburgh, PA—500 |

오염의 원천(source)은 어느 곳이라고 말할 수 있는가?

### ❯ 풀이

먼저 그림 E14.2처럼 이미 알고 있는 정보를 개략적으로 그린다. 완벽한 박동신호가 주입되었다고 가정한다.

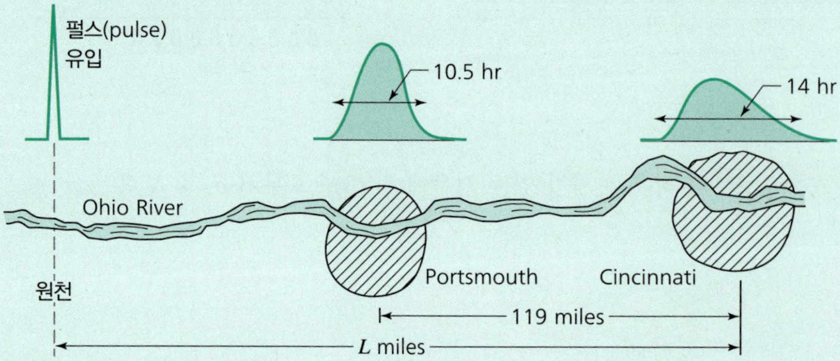


그림 E14.2

그 다음, 분산모델이나 직렬탱크모델 같은 합리적인 모델에 의하면 다음 식이 성립된다.

$$\sigma^2_{\text{tracer curve}} \propto \left(\begin{array}{c}\text{원점으로부터의} \\ \text{거리}\end{array}\right)$$

또는 다음과 같다.

$$\left(\begin{array}{c}\text{곡선의} \\ \text{퍼짐}\end{array}\right) \propto \sqrt{\begin{array}{c}\text{원점으로부터의} \\ \text{거리}\end{array}}$$

그러므로

$$\left.\begin{array}{ll}\therefore \text{Cincinnati로부터:} & 14 = \text{k}\, L^{1/2} \\ \therefore \text{Portsmouth로부터:} & 10.5 = \text{k}(L - 119)^{1/2}\end{array}\right\}$$

이 된다. 따라서 전자를 후자로 나누면 다음의 결과를 얻게 된다.

$$\frac{14}{10.5} = \sqrt{\frac{L}{L - 119}} \qquad \ldots \underline{\underline{L = 272 \text{ miles}}}$$

***논평.*** 유독물질인 폐놀을 버리는 곳(dumping)은 순간적으로 일어나지 않기 때문에 $L \leq 272$ m인 다음의 어떤 지점도 의심이 간다.

$$\left.\begin{array}{l}\underline{\underline{\text{Ashland}}} \\ \underline{\underline{\text{Huntington}}} \\ \underline{\underline{\text{Pomeroy}}}\end{array}\right\} \leftarrow$$

이 해답이 가정하는 바는 오하이오강의 다른 지점들에서 동일한 흐름과 분산 특성을 가지고 있고, 어떠한 의심 가는 지류도 신시네티에서 272 mile 내에서는 합류하지 않는다는 것이다. 이는 불합리한 가정으로, 지도에서 Kanawah River의 Charleston, WV 부근을 살펴보면 잘 알 수 있다.

## 예제 14.3 ▶ RTD 곡선으로부터 흐름모델

그림 E14.3*a*에 있는 RTD에 맞는 직렬탱크모델을 개발하라.

**풀이**

첫 번째 가정으로 모든 추적자 곡선이 이상적인 펄스라고 하자. 그러나 나중에 이러한 가정을 해제할 것이다. 다음으로 첫 번째 펄스는 먼저 나타나고, 이 내용은 그림 E14.3*b*와 같다. 여기서 $v = 1$이고 $V_1 + V_2 + V_d = 1$이다. 12장에서 이러한 모델의 특성을 살펴보았으므로 이 모델에 맞추어 보자. 여러 가지 접근 방법이 있으나 여기서는 이 중 한 가지를 이용한다.

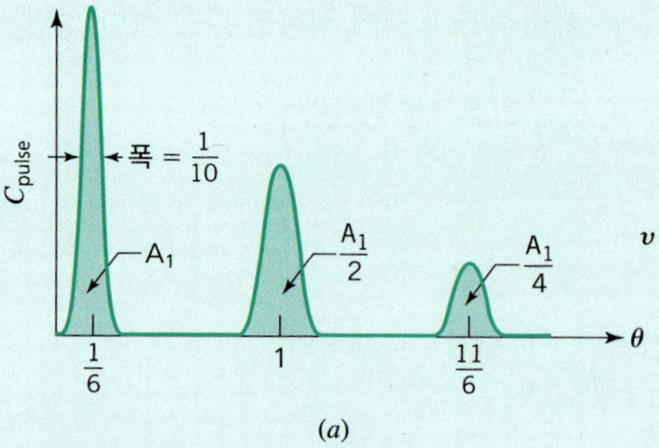


그림 E14.3a

- 처음 두 피크의 면적비를 살펴본다.

$$\frac{A_2}{A_1}=\frac{1}{2}=\frac{\boldsymbol{R}}{\boldsymbol{R}+1} \qquad \cdots \underline{\underline{\boldsymbol{R}=1}}$$

- 첫 번째 피크의 위치로부터 다음을 얻을 수 있다.

$$\frac{V_1}{(\boldsymbol{R}+1)v}=\frac{V_1}{(1+1)}=\frac{1}{6} \qquad \cdots \underline{\underline{V_1=\frac{1}{3}}}$$

- 피크 사이의 시간으로부터 다음 식이 성립된다.

$$\Delta t=\frac{5}{6}=\frac{(1/3)}{(1+1)1}+\frac{V_2}{1(1)} \qquad \cdots \underline{\underline{V_2=\frac{2}{3}}}$$

$V_1 + V_2 = 1$이고 무용부피(dead volume)가 없기 때문에 모델은 그림 E14.3$c$와 같다. 이제 플러그 흐름 가정을 해제하고, 직렬탱크모델을 이용하면 그림 14.3으로부터 다음 식을 얻을 수 있다.

$$\frac{\Delta\theta}{\theta_{\max}}=\frac{1/10}{1/6}=\frac{2}{\sqrt{N-1}} \qquad \cdots \underline{\underline{N=12}}$$

따라서 우리가 개발하려는 모델은 결과적으로 그림 E14.3$d$와 같이 된다.

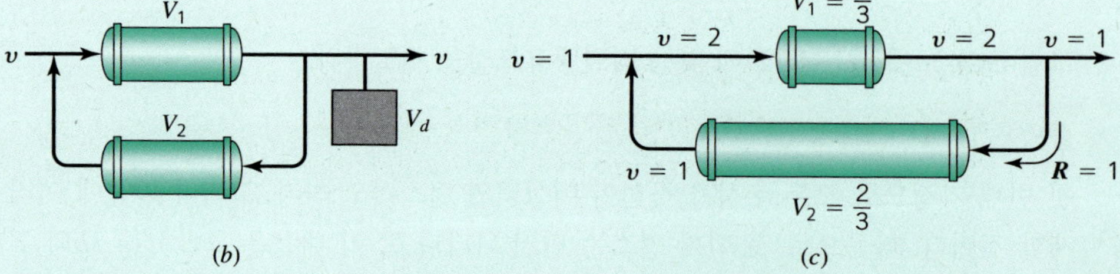


그림 E14.3$b$, $c$

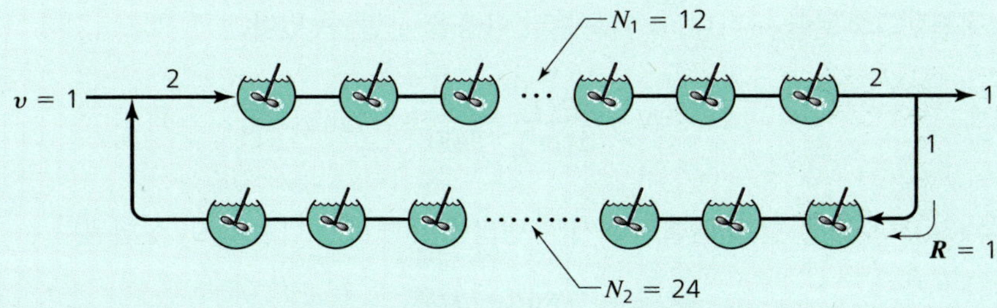


(d)

그림 E14.3d

## ▶ 복잡한 역합성곱 과정 우회하기

용기를 통과하는 흐름을 연구하기 위해 공정 용기에 대한 엉성한 입력 및 출력 추적자 곡선을 측정하여 용기의 **E** 곡선을 구한다고 가정해 보자. 일반적으로는 역합성곱(deconvolution)이 필요하지만(11장 참조), 매개변수가 분산(variance)과 일대일 관계를 갖는 흐름모델을 염두에 두고 있다면 매우 간단한 지름길을 사용하여 용기에 대한 **E** 곡선을 구할 수 있다.

예제 14.4는 이 방법을 보여준다.

## 예제 14.4 ▶ 묽은 농도의 추적자 입력을 이용하여 용기의 E 곡선 찾기

그림 E14.4*a*와 같이 추적자 곡선의 위치 및 퍼짐은 물론 $C_{in}$과 $C_{out}$이 주어진 경우, 용기의 **E** 곡선을 예측하라. 의심되는 점은 직렬탱크모델이 용기에서의 흐름을 합리적으로 나타낼 수 있는가 아닌가이다.

### ❯ 풀이

그림 E14.4*a*로부터 용기에 대하여 다음 식을 얻을 수 있다.

$$\Delta\bar{t} = 280 - 220 = 60 \text{ s}$$

$$\Delta(\sigma^2) = 1000 - 100 = 900 \text{ s}^2$$

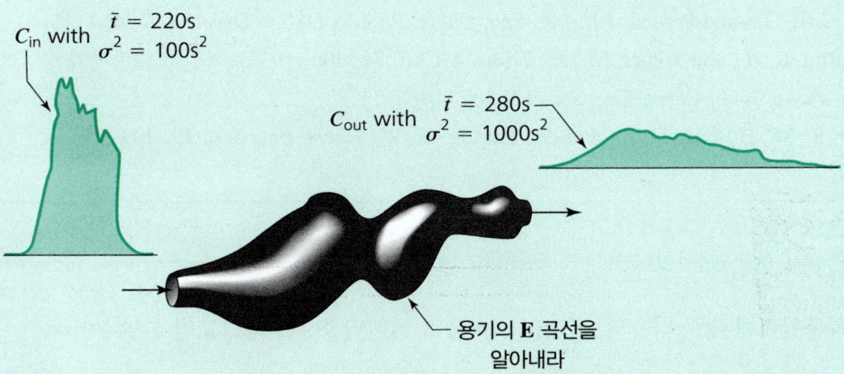


(a)

그림 E14.4a

식 (3)은 직렬탱크모델을 나타내고, 이로부터 다음을 구할 수 있다.

$$N = \frac{(\Delta \bar{t})^2}{\Delta(\sigma^2)} = \frac{60^2}{900} = 4 \text{ tanks}$$

따라서 식 (3*a*)로부터 직렬로 연결된 *N*개의 탱크에 대해서는 다음 식이 성립된다.

$$\mathbf{E} = \frac{t^{N-1}}{\bar{t}^N} \cdot \frac{N^N}{(N-1)!} e^{-tN/\bar{t}}$$

그리고 $N = 4$에 대하여 아래의 결과를 얻을 수 있다.

$$\mathbf{E} = \frac{t^3}{60^4} \cdot \frac{4^4}{3 \times 2} e^{-4t/60}$$

$$\underline{\underline{\mathbf{E} = 3.2922 \times 10^{-6}\, t^3\, e^{-0.0667t}}}$$

그림 E14.4*b*는 **E** 곡선의 모양을 보여주고 있다.

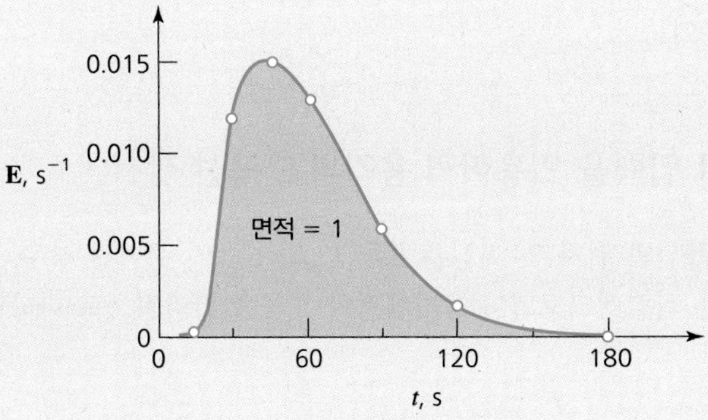


(*b*)

그림 E14.4*b*

## 참고 문헌

Harrell, J. E., Jr., and Perona, J.J., *Ind. Eng. Chem. Process Design Develop.*, **7**, 464 (1968).

MacMullin, R. B., and Weber, M., Jr., *Trans. AIChE*, **31**, 409 (1935). 와일리 출판사의 승인으로 재인쇄.

van der Vusse, J. G., *Chem. Eng. Sci.*, **17**, 507 (1962).

Vonken, R. M., Holmes, D. B., and den Hartog, H. W., *Chem. Eng. Sci.*, **19**, 209 (1964).

## 연습 문제

**14.1** 박동입력에 대한 다음의 mixing cup 출력 데이터를 직렬탱크모델에 맞추어라.

| $t$ | 0–2 | 2–4 | 4–6 | 6–8 | 8–10 | 10–12 |
|---|---|---|---|---|---|---|
| $C$ | 2 | 10 | 8 | 4 | 2 | 0 |

**14.2** 잘 작동하는 10개의 직렬 연결 탱크를 통해 어떤 유체가 정상 상태의 속도로 흘러가고 있다. 추적자의 박동입력을 첫 번째 탱크에 도입하였고, 이 추적자가 시스템을 떠나는 시간에 아래와 같은 결과를 얻었다.

$$\text{최대 농도} = 100 \text{ mmol}$$
$$\text{추적자 퍼짐} = 1 \text{ min}$$

만일 처음 열 개의 탱크에 열 개의 탱크를 더 연결한다면 다음 값들은 얼마가 되겠는가?

**(a)** 마지막 탱크를 떠나는 추적자의 최대 농도는 얼마인가?

**(b)** 추적자 퍼짐(tracer spread)은?

**(c)** 탱크 수에 따르는 상대적인 퍼짐의 변화는 어떠한가?

**14.3** 1955년 12월 25일자 *New York Times Magazine*으로부터 우리는 "미국 재무성(United States Treasury)은 1달러 지폐를 인쇄하는 데 0.8센트가 소요된다. 그리고 지금 12.5억 장의 지폐가 순환되고 있는데 매년 10억 장은 교체해야 한다."라는 내용의 기사를 읽었다. 지폐를 일정한 속도로 연속적으로 순환시키고, 이 지폐들의 상태에 관계 없이 무작위로 이 순환에서 제거한다고 가정한다.

어떤 순간에 원래의 지폐를 대신하여 새로운 지폐를 연속적으로 순환시킨다고 가정하면,

(a) 얼마나 많은 새로운 지폐를 어떤 시간에 순환시켜야 하는가?

**(b)** 21년 후에 얼마나 많은 낡은 지폐가 아직도 순환되고 있는가?

**14.4** 앞의 문제에서, 어떤 근무일에 위조범 갱단들이 위조한 1달러 지폐 백만 달러를 순환시켰다.

**(a)** 들키지 않았다면 순환수(number of circulation)를 시간의 함수로 나타내라.

**(b)** 10년 후에 이들 지폐 중 얼마가 아직도 순환되고 있을까?

**14.5** 13장의 연습 문제 13.13을 분산모델 대신에 직렬탱크모델을 사용하여 풀어라.

**14.6** 완전히 분산된 미세 고체의 흐름($v = 1 \text{ m}^3/\text{min}$)이 각각 $1 \text{ m}^3$의 슬러리(slurry)를 함유하고 있는 반응기 두 개가 직렬로 연결된 혼합 흐름 반응기를 통과하고 있다. 입자가 반응기에 들어가자마자 생성물로의 전환이 시작되고 2분 후에는 반응이 완결된다. 입자가 반응기를 떠나면 반응은 정지된다. 이 시스템에서 입자의 얼마만큼이 생성물로 완전히 전환되는가?

**14.7** 그림 P14.7의 RTD를 직렬탱크모델로 맞추어라.

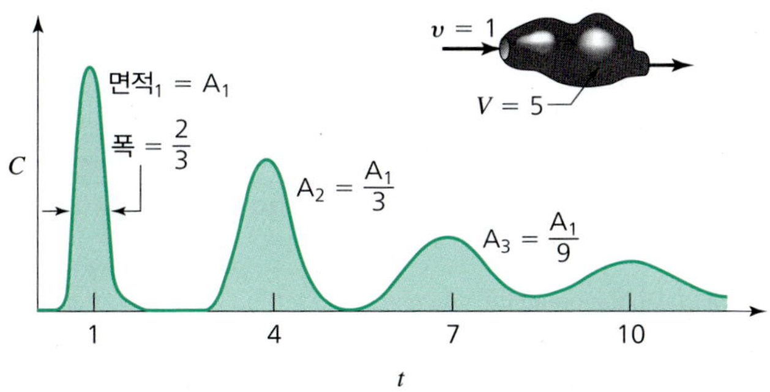


그림 P14.7

**14.8** 박동입력을 용기에 도입시켰을 때 다음과 같은 출력신호를 얻었다고 하자.

| Time, min | 1 | 3 | 5 | 7 | 9 | 11 | 13 | 15 |
|---|---|---|---|---|---|---|---|---|
| Concentration (arbitrary) | 0 | 0 | 10 | 10 | 10 | 10 | 0 | 0 |

용기를 통과하는 흐름을 직렬탱크모델로 나타내려고 한다. 사용하는 탱크의 개수를 결정하라.

**14.9** 방사성이 강한 폐기된 유체를 "안전탱크(safe tanks)"에 저장한다. 이 탱크는 약간 경사지며 길이가 길고 지름이 작은 파이프(예를 들어 길이가 20 m이고 지름이 10 cm) 형태이다. 침전과 국소적인 고온지대(hot spot)를 피하기 위해, 그리고 내용물의 표본추출에 균질성을 확보하기 위해 이들 파이프에서 유체를 재순환시킨다.

이 탱크에서의 흐름에 대한 모델을 설정하기 위해 추적자 박동을 도입하여 그림 14.9와 같은 곡선을 얻었다. 이 시스템에 적당한 모델을 개발하고 매개변수를 구하라.

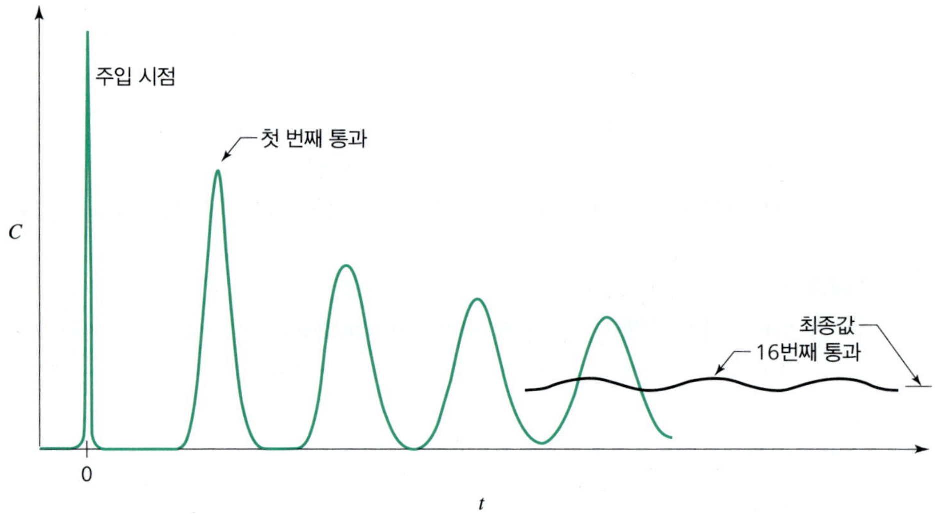


그림 P14.9 **닫힌 재순환 시스템의 RTD 곡선.**

**14.10** 많은 분리 방해판(dividing baffle)을 가진 반응기가 다음과 같은 1차 반응을 일으키기 위해 사용되고 있다.

$$A \rightarrow R \qquad -r_A = 0.05\, C_A \text{ mol/liter}\cdot\text{min}$$

추적자의 박동실험은 다음과 같은 출력곡선 결과를 보여준다.

| Time, min | 0 | 10 | 20 | 30 | 40 | 50 | 60 | 70 |
|---|---|---|---|---|---|---|---|---|
| Concentration reading | 35 | 38 | 40 | 40 | 39 | 37 | 36 | 35 |

**(a)** $C$ 대 $t$ 곡선 아래의 면적을 구하라.

**(b)** **E** 대 $t$ 곡선을 구하라.

**(c)** **E** 곡선의 분산(variance)을 구하라.
**(d)** 이 용기는 직렬로 연결된 몇 개의 탱크와 동등한가?
**(e)** 플러그 흐름을 가정하여 $X_A$를 계산하라.
**(f)** 혼합 흐름을 가정하여 $X_A$를 계산하라.
**(g)** 직렬탱크모델을 가정하여 $X_A$를 계산하라.
**(h)** 데이터로부터 직접 $X_A$를 계산하라.

**14.11** 반응기의 흐름 특성이 표 P14.11의 비정규 *C* 곡선으로 주어지고, 이 곡선의 모양에서 반응기 내 흐름을 잘 표현하는 모델은 분산모델이나 직렬탱크모델임을 알 수 있다.

**표 P14.11**

| 시간 | 추적자 농도 | 시간 | 추적자 농도 |
|---|---|---|---|
| 0 | 0 | 10 | 67 |
| 1 | 9 | 15 | 47 |
| 2 | 57 | 20 | 32 |
| 3 | 81 | 30 | 15 |
| 4 | 90 | 41 | 7 |
| 5 | 90 | 52 | 3 |
| 6 | 86 | 67 | 1 |
| 8 | 77 | 70 | 0 |

**(a)** 분산모델이 적용된다고 가정하여 이 반응기에서 예상되는 전환율을 구하라.
**(b)** 이 반응기를 나타내는 직렬탱크의 수를 구하고 예상되는 전환율을 구하라. 직렬탱크모델이 적용된다고 가정하라.
**(c)** 추적자 곡선을 직접 이용하여 전환율을 구하라.
**(d)** 이들 결과의 차이를 논평하고 어느 것이 가장 믿을 만한가를 말하라.

***자료.*** 기초적 액상반응은 "A + B → 생성물"에 따르며, B의 양은 충분히 과잉으로 이 반응은 본질적으로 1차 반응이다. 플러그 흐름이 존재하면 반응기에서의 전환율은 99%가 된다.

제 15 장

# 층류 흐름의 대류모델

*The Covection Model for Laminar Flow*

파이프(혹은 관)나 튜브가 충분히 길고 유체의 점도가 크지 않은 경우, 분산모델이나 직렬탱크모델을 이용하여 관 흐름을 표현할 수 있다. 한편 점도가 큰 유체는 포물선 형태의 속도 분포를 가지는 층류 흐름으로 표현이 가능하다. 점도가 큰 유체의 경우 약간의 반지름 방향의 확산이 존재하며, 이 확산은 빠르고 느린 유체의 요소 사이에서 발생한다. 이 극한의 경우를 *순수 대류모델*(pure convection model)이라 한다. 이 모델에서는 유체의 각 요소가 분자 확산에 의한 상호 작용 없이 이웃 영역을 통과해 미끄러진다. 따라서 체류 시간의 퍼짐은 단지 속도의 차이에 의해 일어난다. 이 흐름이 그림 15.1에 나타나 있다. 이번 15장에서는 층류 흐름의 대류모델을 다룰 예정이다.

## 15.1 대류모델과 체류 시간 분포

### ▸ 이론으로부터 모델 선정

첫 번째 질문은 "주어진 조건에서 어떤 모델을 사용해야 하는가?"이다. 다음의 도표는 Ananthakrishnan 등(1965)으로부터 인용한 것으로, 유체가 특정 영역에 있을 때 이를 해석하기 위해 어떤 모델을 사용해야 하는지를 말해주고 있다. 그림 15.2의 도표 내에 어떤 한 위치를 잡으면, 이 지점에서 사용하는 유체(Schmidt number), 흐름 조건(Reynolds number), 용기의 기하학($L/d_t$) 등을 알 수 있다. 그러나 이 시스템에 난류(turbulent flow)가 없다는 것을 반드시 확인해야 한다. 다시 강조하지만, 이 도표는 층류에서만 의미가 있다. 여기서 말하는 $\mathscr{D}/ud_t$는 Bodenstein 수(Bodenstein number)의 역수이다. 이 수는 분자 확산에 의해 생성되는 흐름의 기여도를 반영한다. 이는 순수한 확산영역(pure diffusion regime) 이외에서 축 방향의 분산수인 $\mathbf{D}/ud_t$와는 다르

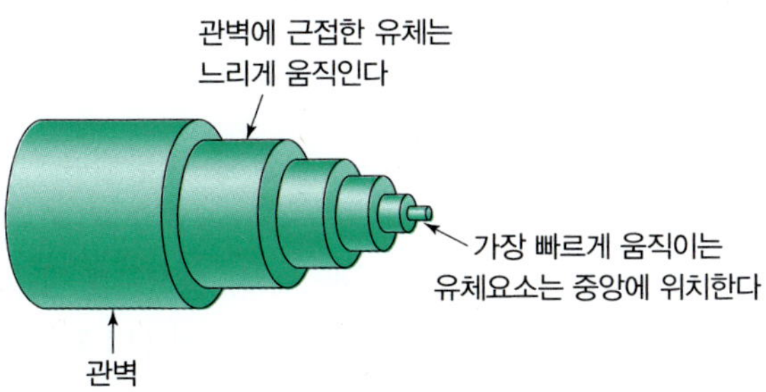


그림 15.1 대류모델에 따른 유체의 흐름.

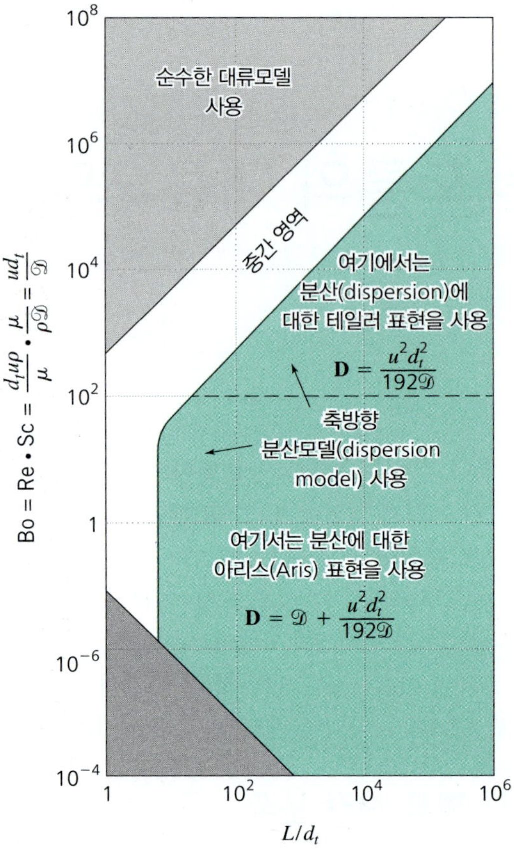


**그림 15.2** 주어진 조건에서 어떤 모델을 사용해야 하는지를 보여주는 도표.

다. 순수한 확산영역은 매우 느린 흐름을 나타내기 때문에 이 장에서 우리의 관심 영역이 아니다.

기체는 분산영역 내에 존재하고 순수한 대류영역(convection regime)에는 존재하지 않는 것으로 간주된다. 액체는 분산영역 또는 대류영역 모두에 있을 수 있다. 고분자처럼 매우 점도가 높은 액체는 순수한 대류영역에 존재할 수 있다. 만일 어떤 유체 시스템이 두 영역 사이의 독립적인 영역에 있다면, 반응기의 거동은 두 개의 경계영역에서 계산한 값을 평균하여 처리한다. 이 경우 수치해석 방법은 현실적으로 사용하기에 복잡하다.

마지막으로 정확한 유형의 모델을 사용하는 것이 매우 중요하다. 그 이유는 서로 다른 영역에서 체류 시간 분포(residence time distribution, RTD) 곡선이 매우 다르기 때문이다. 예로서 그림 15.3에 세 가지 모델에서 전형적인 RTD 곡선을 나타내었다.

## ▸ 실험에 의한 모델 선정

실험에 의해 모델을 구별하고 선정하는 가장 좋은 방법은 입력으로 넣어준 펄스 또는 낮은 농도의 입력이 흐름 통로를 거쳐 하류 흐름으로 이동하면서 어떻게 퍼지는지 확인하는 것이다. 예를 들면 그림 15.4에 나타난 흐름을 고려해 보자. 분산모델 또는 직렬탱크모델은 모두 확률적 모델(stochastic model)이다. 따라서 식 (13.8) 또는 식 (14.3)으로부터 *분산은 거리에 따라서 선형적으로 증가한다*는 것을 알 수 있다.

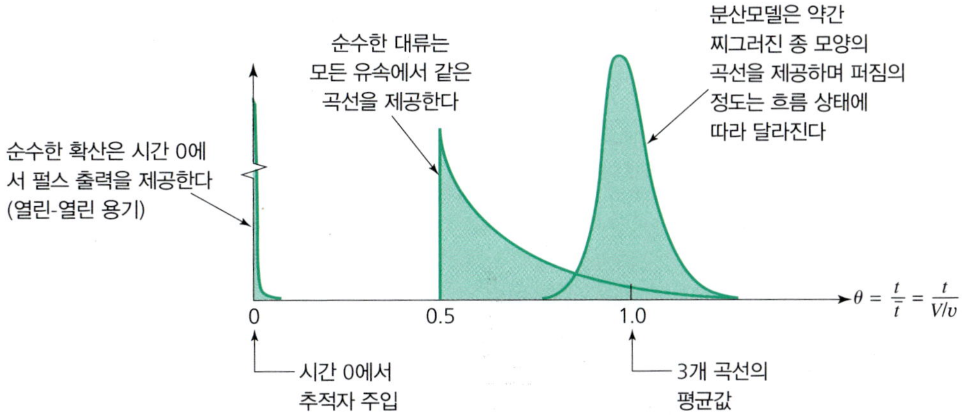


**그림 15.3** **세 가지 모델의 RTD 곡선의 비교.**

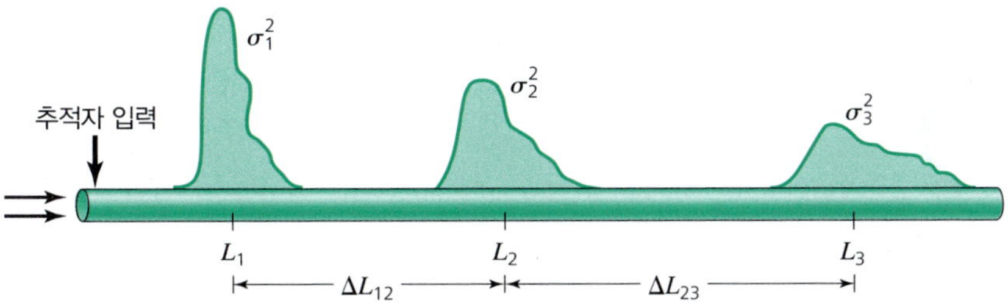


**그림 15.4** **추적자 곡선의 퍼짐이 변화하는 양상이 어떤 모델이 사용하는 게 좋은지 알려준다.**

$$\sigma^2 \propto L \tag{1}$$

대류모델은 확정적 모델(deterministic model)이다. 따라서 표지 물질(추적자)의 *퍼짐은 거리에 따라서 선형적으로 증가한다.*

$$\sigma \propto L \tag{2}$$

세 점에서 분산($\sigma$)를 측정할 때는 언제나 이러한 실험을 통해 어떤 모델을 사용할지 정할 수 있다. 그림 15.4를 통해 아래 식이 유효한지 확인한다.

$$\frac{\Delta\sigma_{12}^2}{\Delta L_{12}} = \frac{\Delta\sigma_{23}^2}{\Delta L_{23}} \quad \text{또는} \quad \frac{\Delta\sigma_{12}}{\Delta L_{12}} = \frac{\Delta\sigma_{23}}{\Delta L_{12}} \tag{3}$$

## ▶ 파이프를 통한 층류의 경우 펄스응답 실험 및 E 곡선

응답곡선의 모양은 표지 물질(혹은 추적자)이 흐르는 유체에 어떻게 도입되고, 이를 어떻게 측정하는지에 따라 많은 영향을 받는다. 그림 15.5에 나타난 바와 같이 표지 물질을 두 가지 방법으로 도입하고 측정할 수 있다. 그러므로 그림 15.6에서와 같이 경계조건의 네 가지 결합이 있고, 이 각각은 자신만의 특별한 **E** 곡선을 갖는다. 이 **E** 곡선을 그림 15.7에 나타내었다.

그림 15.7에 나타낸 바와 같이 **E**, **E***, **E**** 곡선은 서로 매우 다르다.

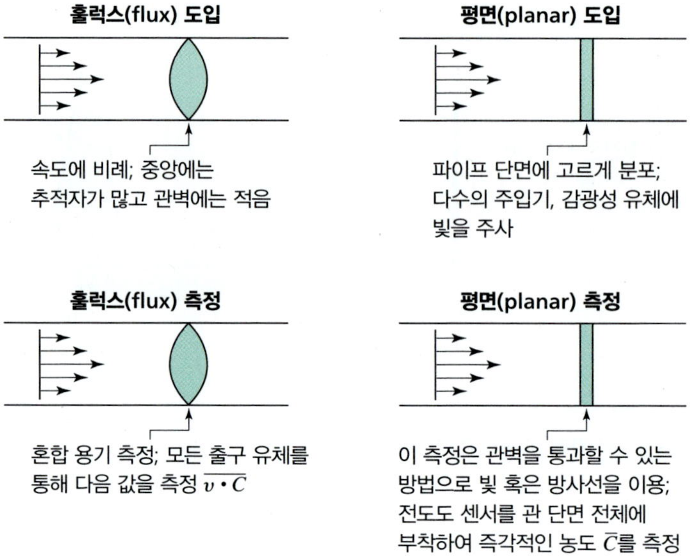


**그림 15.5** **표지 물질을 넣고 측정하는 여러 방법.**

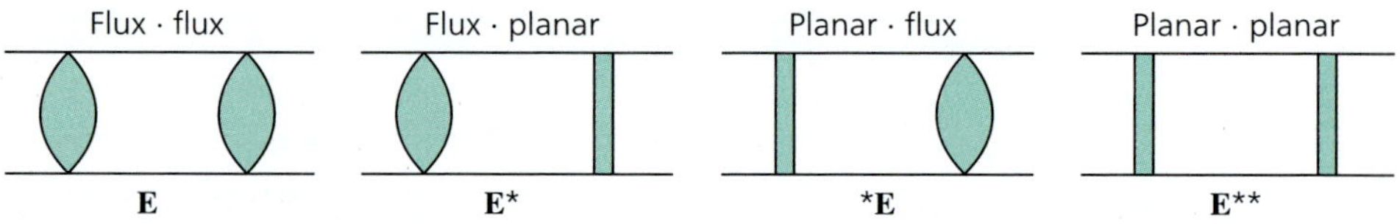


**그림 15.6** **입력과 출력의 여러 가지 결합 방법.**

- **E** 곡선이 반응기의 목적에 따라 적합한 응답곡선이며, 이는 11장에서 다루었고 반응기 용기에서의 RTD를 나타낸다.
- **E***와 ***E** 곡선은 항상 동일하므로 앞으로는 이를 **E*** 곡선으로 부른다. 평면의 경계조건(planer boundary condition)에 대해 한 가지만 수정하면 이 곡선을 적합한 RTD로 변형할 수 있다.
- **E**** 곡선은 이를 적합한 RTD로 변형하기 위해 입구와 출구에서 두 가지 수정을 해야 한다.

**E**보다는 **E*** 또는 **E****을 결정하는 것이 더 간단하다. 이 방법은 아주 정확하다. 그러나 측정된 표지 물질 곡선(혹은 추적자 곡선)을 RTD라고 부르기 전에 반드시 이를 **E** 곡선으로 변형해야 한다. 이 변형을 어떻게 하는지 알아보기로 하자.

포물선 형태의 속도 분포를 가진 파이프와 튜브에서 발견된 다양한 펄스응답 곡선들은 다음과 같다.

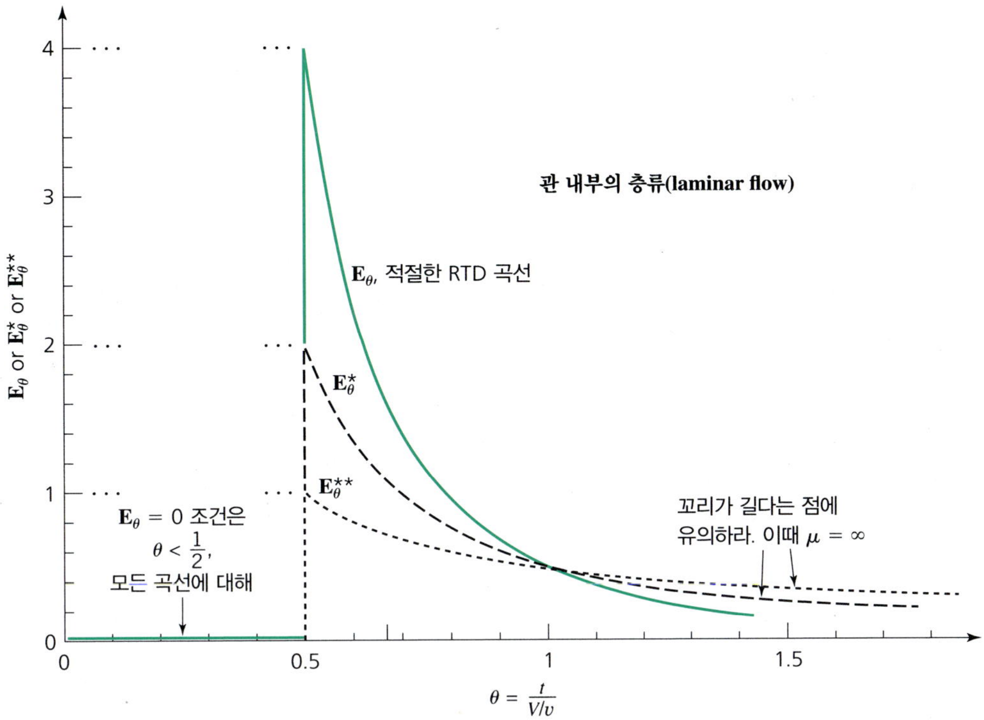


그림 15.7 표지 물질(추적자)을 어떻게 도입하고 측정하는가에 따라서 출력곡선의 변화 양상을 나타내는 곡선.

$$\left.\begin{aligned}\mathbf{E} &= \frac{\bar{t}^2}{2t^3} \quad \text{for} \quad t \ge \frac{\bar{t}}{2} \\ \mathbf{E}_\theta &= \frac{1}{2\theta^3} \quad \text{for} \quad \theta \ge \frac{1}{2}\end{aligned} \quad \text{및} \quad \begin{aligned}\mu_t &= \bar{t} = \frac{V}{v} \\ \mu_\theta &= 1\end{aligned}\right\}$$

$$\left.\begin{aligned}\mathbf{E}^* &= \frac{\bar{t}}{2t^2} \quad \text{for} \quad t \ge \frac{\bar{t}}{2} \\ \mathbf{E}_\theta^* &= \frac{1}{2\theta^2} \quad \text{for} \quad \theta \ge \frac{1}{2}\end{aligned} \quad \text{및} \quad \begin{aligned}\mu^* &= \infty \\ \bar{t} &= \frac{V}{v} \\ \theta &= t\Big/\frac{V}{v}\end{aligned}\right\} \qquad (4)$$

$$\left.\begin{aligned}\mathbf{E}^{**} &= \frac{1}{2t} \quad \text{for} \quad t \ge \frac{\bar{t}}{2} \\ \mathbf{E}_\theta^{**} &= \frac{1}{2\theta} \quad \text{for} \quad \theta \ge \frac{1}{2}\end{aligned} \quad \text{및} \quad \begin{aligned}\mu^{**} &= \infty \\ \bar{t} &= \frac{V}{v} \\ \theta &= t\Big/\frac{V}{v}\end{aligned}\right\}$$

여기서 $\mu$, $\mu^*$, $\mu^{**}$는 측정된 곡선의 평균값이다.

**E**, **E***, **E**** 곡선 사이에는 어느 시간에서 다음과 같은 간단한 관계식이 성립한다.

or

$$\left.\begin{aligned}\mathbf{E}_\theta^{**} &= \theta\,\mathbf{E}_\theta^{*} = \theta^2\,\mathbf{E}_\theta \\ \mathbf{E}^{**} &= \frac{t}{\bar{t}}\,\mathbf{E}^{*} = \frac{t^2}{\bar{t}^2}\,\mathbf{E}\end{aligned}\right\}\quad \text{여기서}\quad \bar{t} = \frac{V}{v} \tag{5}$$

### ▶ 파이프 내 층류에 대한 계단응답 실험과 F 곡선

어떤 한 유체로부터 다른 유체로 갑자기 농도의 계단적 변화가 있으면 $C_{\text{step}}$ 곡선을 얻을 수 있고 (11장 참고) 이로부터 **F** 곡선을 알아낼 수 있다. 그러나 이 입력은 항상 훌럭스(flux) 혹은 선속 입력을 나타내는 반면, 출력은 평면 또는 훌럭스의 두 가지일 수 있다. 따라서 그림 15.8에 나타난 바와 같이 출력곡선을 측정하는 두 가지 방법이 있다. 이 두 경계조건의 결합에 대하여 관련된 식과 그래프는 식 (6)과 그림 15.9에 나타나 있다.

$$\left.\begin{aligned}\mathbf{F} &= 1 - \frac{1}{4\theta^2} \quad \text{for} \quad \theta \ge \frac{1}{2} \\ \mathbf{F}^* &= 1 - \frac{1}{2\theta} \quad \text{for} \quad \theta \ge \frac{1}{2}\end{aligned}\right\}\quad \text{여기서}\quad \theta = t\Big/\frac{V}{v} \tag{6}$$

또한 각각의 **F** 곡선은 대응하는 **E** 곡선과 관계를 갖고 있으며, 어느 시간 $t_1$ 혹은 $\theta_1$에서 다음의 관계식이 성립한다.

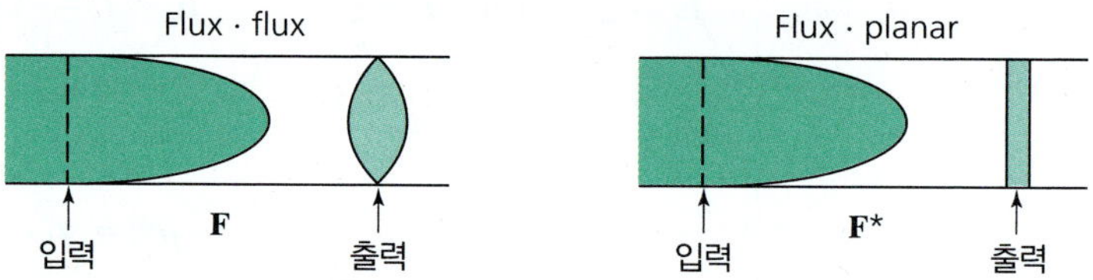


그림 15.8 출력곡선을 측정하는 두 가지 방법.

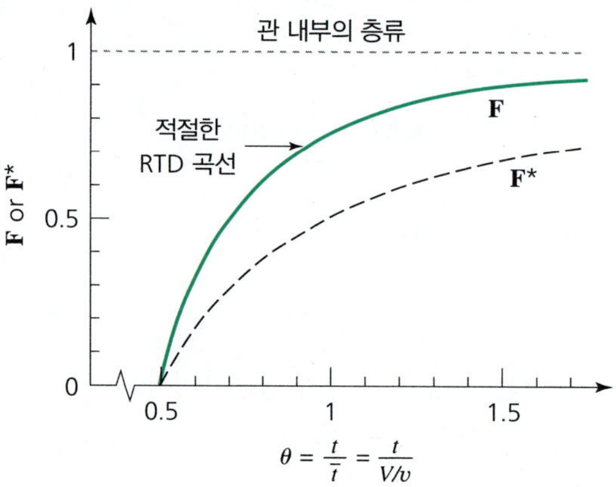


그림 15.9 출력을 측정하는 방법이 다르면 결과적으로 다른 F 곡선을 나타낸다.

$$\mathbf{F}^* = \int_0^{t_1} \mathbf{E}_t^* \, dt = \int_0^{\theta_1} \mathbf{E}_\theta^* \, d\theta \quad \text{및} \quad \mathbf{E}_t^* = \left.\frac{d\mathbf{F}^*}{dt}\right|_{t_1} \quad \text{또는} \quad \mathbf{E}_\theta^* = \left.\frac{d\mathbf{F}^*}{d\theta}\right|_{\theta_1} \tag{7}$$

**E**와 **F** 사이의 관계도 유사하다.

### ▶ 비뉴턴 유체와 비원형 통로에 대한 E 곡선

플라스틱과 비뉴턴 유체는 점성이 매우 높기 때문에, 이들은 보통 이번 장에서 다루는 대류모델로 다룰 수 있다. 원형 파이프에서의 뉴턴 유체 이외의 여러 가지 경우에 **E**, **E***, **E**** 곡선이 개발되었다. 예를 들면,

- 멱수법칙 유체(power-law fluid)
- 빙햄 플라스틱(Bingham plastic)

이며, 또한 다음과 같은 경우에도 **E** 곡선을 발견하였다.

- 낙하하는 필름(falling film)
- 평행판(parallel plate) 사이의 흐름
- 전체 용기 단면을 가로지는 것이 아니라 선(line)으로 측정

**E** 식과 이에 대응하는 도표들은 Levenspiel (1996)의 책을 참고하기 바란다.

## 15.2 층류 흐름 반응기에서 화학전환율

### ▶ 단일 *n*차 반응

순수한 대류영역(분자 확산은 무시)에서 유체의 각 요소는 이웃한 다른 요소와 상호혼합되지 않고 자신의 유선(streamline)을 유지하면서 흐른다. 이는 결국 거시유체의 거동으로 나타난다. 11장에서 전환율은 다음과 같이 표현된다.

$$\frac{C_A}{C_{A0}} = \int_0^\infty \left(\frac{C_A}{C_{A0}}\right)_{\text{유체의 요소}} \cdot \mathbf{E}\, dt \tag{8}$$

0차 반응에 대해 $\quad \dfrac{C_A}{C_{A0}} = 1 - \dfrac{kt}{C_{A0}} \quad \text{for } t \le \dfrac{C_{A0}}{k}$

1차 반응에 대해 $\quad \dfrac{C_A}{C_{A0}} = e^{-kt}$

2차 반응에 대해 $\quad \dfrac{C_A}{C_{A0}} = \dfrac{1}{1 + kC_{A0}t}$

파이프를 통한 층류 흐름에서 뉴턴 유체의 *0차 반응*(zero-order reaction)에 대하여 식 (8)을 적분하면 다음과 같다.

$$\frac{C_A}{C_{A0}} = \left(1 - \frac{k\bar{t}}{2C_{A0}}\right)^2 \tag{9}$$

또한 파이프를 통한 층류에서 뉴턴 유체의 *1차 반응*에 대해서는 다음 식을 얻을 수 있다.

$$\frac{C_A}{C_{A0}} = \frac{\bar{t}^2}{2}\int_{\bar{t}/2}^{\infty} \frac{e^{-kt}}{t^3}dt = y^2\,\mathrm{ei}(y) + (1-y)e^{-y}, \qquad y = \frac{k\bar{t}}{2} \tag{10}$$

여기서 ei($y$)는 지수적분이며, 이에 대해서는 16장을 참고하라.

파이프를 통한 층류에서 뉴턴 유체의 *2차 반응*에 대해서는 다음과 같다.

$$\frac{C_A}{C_{A0}} = 1 - kC_{A0}\bar{t}\left[1 - \frac{kC_{A0}\bar{t}}{2}\ln\left(1 + \frac{2}{kC_{A0}\bar{t}}\right)\right] \tag{11}$$

이 성능식 중 0차 반응에 대하여 Bosworth (1948), 1차 반응에 대해서는 Cleland 및 Wilhelm (1956), 2차 반응에 대해서는 Denbigh (1951)에 의해 관련 식이 처음 개발되었다. 다른 반응속도, 통로 모양 또는 유체의 유형에 대해서는 일반적인 성능식에 적합한 항을 삽입하여 적분하면 된다.

## ▶ 논평

**(a)** *RTD 곡선에 대한 시험.* 적합한 RTD 곡선은 물질 수지를 만족시켜야 한다[계산된 0차 및 1차 모멘트(운동량)가 측정된 모멘트와 일치해야 한다].

$$\int_0^{\infty} \mathbf{E}_\theta\, d\theta = 1 \qquad \text{및} \qquad \int_0^{\infty} \theta\mathbf{E}_\theta\, d\theta = 1 \tag{12}$$

비뉴턴 유체와 모든 모양의 통로에 대하여 이 장의 **E** 곡선들은 위 조건을 만족시킨다. 그러나 이 장의 모든 **E*** 및 **E**** 곡선들은 이를 만족시키지 못하며, 만일 이 곡선들을 **E** 곡선으로 변환시키면 만족시킬 수 있다.

**(b)** *분산 및 다른 RTD 묘사법.* 이 장의 모든 **E** 곡선의 분산은 유한하다. 그러나 모든 **E*** 및 **E**** 곡선에 대해서는 무한대가 된다. 따라서 어떤 곡선을 다루고 있는지 잘 확인해야 한다.

일반적으로 대류모델에서 **E** 곡선은 긴 꼬리를 가지고 있다. 이것이 분산을 측정하는 데 어려움을 준다. 따라서 대류모델에서는 $\sigma^2$이 유용한 매개변수가 아니다. 따라서 여기서는 이 내용을 설명하지 않는다.

돌파시간(breakthrough time) $\theta_0$가 대류모델에서 가장 유용한 매개변수로 널리 사용된다.

**(c)** $n$차 반응에 대하여 플러그 흐름과의 비교가 그림 15.10에 나타나 있다.

이 그래프는 높은 전환율을 가지는 대류 흐름이 반응기의 성능을 매우 낮추지 않는다는 것을 보여주고 있다. 이 결과는 분산모델 및 직렬탱크모델과는 다르다(13장과 14장 참고).

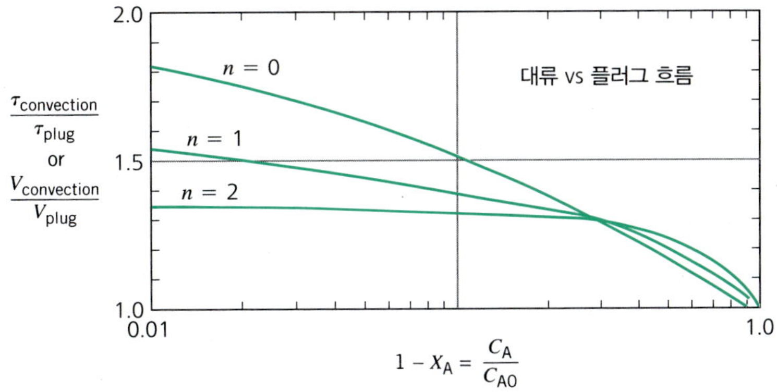


그림 15.10 대류 흐름이 플러그 흐름과 비교하여 전환율을 낮춘다.

## ▶ 층류에서 복합 반응

다음과 같은 2단계 1차 비가역 직렬 반응을 생각해 보자.

$$A \xrightarrow{k_1} R \xrightarrow{k_2} S$$

층류는 플러그 흐름으로부터의 오차를 나타내기 때문에, 생성된 중간체의 양은 플러그 흐름보다 약간 적을 것이다. 이 경우를 검토하자.

물질 A의 소모는 식 (10)에 의해 다소 복잡하게 나타나며, 물질 R의 생성과 소모는 더욱 복잡한 식으로 표현된다. 생성물 분포에 관한 식을 세운 후 수치 해석적으로 풀어, 그 결과를 플러그 흐름과 혼합 흐름의 경우와 비교한 것이 그림 15.11이다[Johnson (1970), Levien과 Leven-

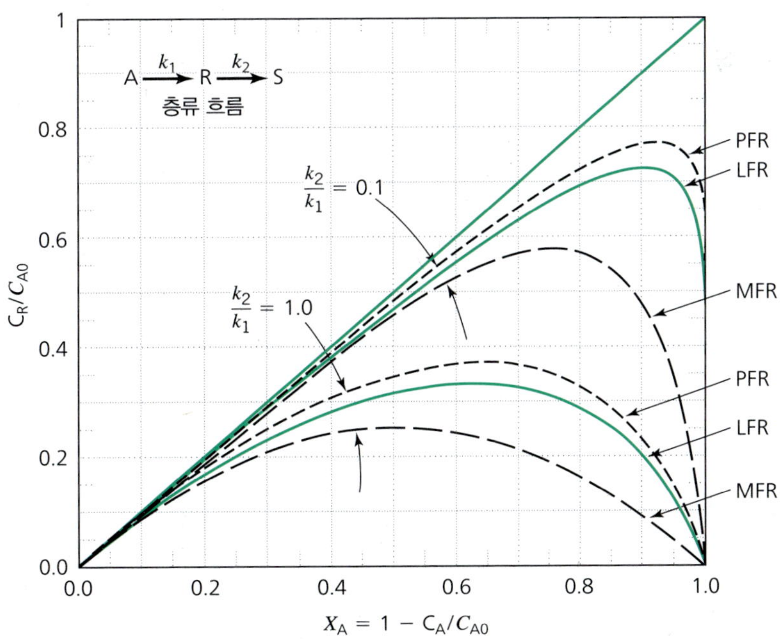


그림 15.11 플러그 흐름(PFR, 그림 8.13)과 혼합 흐름(MFR, 그림 8.14)을 층류(LFR)의 생성물 분포와 비교.

spiel (1998) 참고].

이 그래프를 보면, 층류 반응기(LFR)가 플러그 흐름 반응기(PFR)보다 중간체 생성이 약간 적고 LFR은 PFR로부터 혼합 흐름 반응기(MFR) 쪽으로 20% 정도 떨어져 있다.

이 결과를 그 성분의 다단계 반응, 중합 반응, 비뉴턴 멱수법칙 유체같은 더욱 복잡한 반응에 대하여 일반화할 수 있다.

## 참고 문헌

Ananthakrishnan, V., Gill, W. N., and Barduhn, A. J., *AIChE J.*, **11**, 1063 (1965).
Bosworth, R. C. L., *Phil. Mag.*, **39**, 847 (1948).
Cleland, F. A., and Wilhelm, R. H., *AIChE J.*, **2**, 489 (1956).
Denbigh, K. G., *J. Appl. Chem.*, **1**, 227 (1951).
Johnson, M. M., *Ind. Eng. Chem. Fundamentals*, **9**, 681 (1970).
Levenspiel, O., *Chemical Reactor Omnibook*, Chap. 68, OSU Bookstores, Corvallis, OR 97339, 1996.
Levien, K. L., and Levenspiel, O., *Chem. Eng. Sci.*, **54**, 2453 (1999).

## 연습 문제

점성이 있는 액체가 관형 용기를 통해 흘러가면서 반응이 일어나고, 이때 용기를 통한 흐름은 대류모델을 따른다고 하자. 만일 플러그 흐름 반응기에서 80%의 전환율을 얻는다면 이 반응기에서 다음과 같은 반응 차수에 대하여 전환율은 얼마로 예상되는가?

**15.1** 0차 반응

**15.2** 2차 반응

---

**15.3** 플러그 흐름을 가정하여 계산한 결과, 길이가 12 m인 관형 반응기에서 2차 반응 A → R이 일어나는 경우에 A의 96% 전환율을 얻었다. 그러나 유체가 매우 점성이 있어 흐름이 층류라고 하자. 따라서 흐름을 적절히 표현하기 위해서는 플러그 흐름모델이 아닌 대류모델을 사용해야 한다. A의 96% 전환율을 얻기 위한 반응기의 길이는 얼마가 필요한가?

**15.4** 물리적 성질이 물($\rho$ = 1,000 kg/m$^3$, $\mathscr{D}$ = $10^{-9}$ m$^2$/s)과 유사한 수용액 A ($C_{A0}$ 1 mol/L)가 내경 $d_t$가 50 mm이고 길이 $L$이 5 m인 관형 반응기를 통해 100 mm/s의 속도로 흘러가면서 균질계 1차 반응 A → R, $k$ = 0.2 s$^{-1}$이 일어난다. 이 반응기를 떠나는 유체 속에 있는 A의 전환율을 구하라.

**15.5** 물리적 성질이 물($\rho$ = 1,000 kg/m$^3$, $\mathscr{D}$ = $10^{-9}$ m$^2$/s)과 유사한 수용액 A ($C_{A0}$ 50 mol/m$^3$)가 내경 $d_t$가 10 mm이고 길이 $L$이 20 mm인 관형 반응기를 통해 10 mm/s의 속도로 흘러가면서 2차 반응 A → R, $k$ = $10^{-3}$ m$^3$/mol·s이 일어난다. 이 반응기로부터 나오는 흐름 속에 있는 반응물 A의 전환율을 구하라.

**15.6** 당신은 흐름 통로에서 유체의 흐름을 수학적으로 모델링하기를 원한다. 이를 위해 100 m씩 떨

어진 측정지점 $A$, $B$, $C$를 정하고 점 $A$의 상류에서 표지 물질(추적자, tracer)을 도입하고, $A$, $B$, $C$ 점을 통과하는 유체를 측정하여 다음과 같은 결과를 얻었다.

$A$ 지점에서 표지 물질의 폭은 2 m

$B$ 지점에서 표지 물질의 폭은 10 m

$C$ 지점에서 표지 물질의 폭은 14 m

이 흐름을 나타내기 위해 분산모델, 대류모델, 직렬탱크모델 중에서 어떤 것을 사용하는 것이 좋은가? 당신의 답에 대한 합당한 이유를 설명하라.

제 16 장

# 혼합의 빠름, 분리 및 RTD

*Earliness of Mixing, Segregation, and RTD*

모든 균질계는 물론 불균질계에서 매우 빠른 화학반응이 일어난다면 유체의 혼합과 관련된 문제가 중요하다. 이 문제는 두 가지 중복되는 측면을 가지고 있다. 첫째는 *유체의 분리도*(degree of segregation)이다. 이는 혼합이 미시적 수준(개개 분자들의 혼합)에서 일어나는지 아니면 거시적 수준(분자 덩어리, 분자 그룹 및 분자 집합체의 혼합)에서 일어나는지를 의미한다. 둘째는 *혼합의 빠름*(earliness of mixing)이다. 이는 유체가 반응 용기를 통해 흘러가면서 혼합이 빨리 일어나는가? 혹은 늦게 일어나는가?라는 문제다.

이들 두 가지 개념은 머무름 시간 분포(혹은 체류 시간 분포, residence time distribution, RTD)와 얽혀 있다. 따라서 이들의 상호작용을 이해하는 것은 매우 어렵다. 이 개념을 도입하고 토의한 11장의 처음 몇 페이지를 다시 읽어보기 바란다.

이 16장에서는 먼저 단일유체가 반응하는 시스템(계)을 다룬 후 두 유체가 접촉하고 반응하는 시스템을 다룰 것이다.

## 16.1 단일유체의 자가 혼합

### ▸ 분리도

일반적으로 액체 또는 기체의 상태는 미시유체 상태이다. 균질계 반응에 대한 지금까지의 모든 검토는 이 미세유체 상태 가정에 근거하였다. 이제 단일의 거시유체가 회분 반응기, 플러그 흐름, 혼합 흐름 반응기에서 반응하는 경우에 대해 차례로 고려하자. 또한 이와 같은 거시유체의 응집 상태(state of aggregation)가 어떻게 미시유체와 다른 거동을 나타내는지를 알아보자.

**회분(식) 반응기** 회분(식) 반응기가 반응물 A를 포함한 거시유체로 채워져 있다. 거시유체의 응집이나 다발은 스스로 작은 회분 반응기처럼 작용하기 때문에 전환율은 모든 응집물 내에서 동일하고 사실상 미시유체 가정에서 얻은 값과 같다. 따라서 회분식 작동에서는 분리도가 전환율이나 생성물 분포에 아무런 영향을 미치지 못한다.

**플러그 흐름 반응기** 플러그 흐름은 용기를 통해 연속적으로 통과하는 작은 회분 반응기 흐름으로 볼 수 있기 때문에, 거시유체와 미시유체는 유사하게 작용한다. 따라서 분리도는 전환율이나 생성물 분포에 영향을 미치지 못한다.

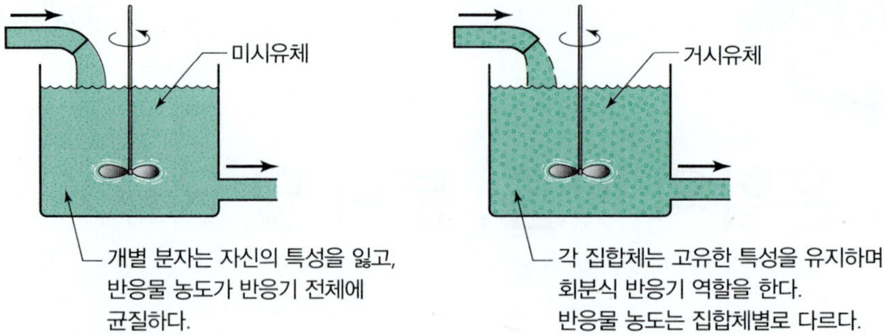


**그림 16.1** 혼합 흐름 반응기에서 미시유체와 거시유체의 움직임 차이.

**혼합 흐름 반응기–미시유체** 반응물 A를 포함한 미시유체가 그림 16.1과 같이 처리되면, 반응물의 농도는 반응기 어디에서나 낮은 값으로 내려간다. 어떤 분자 덩어리도 높은 A의 초기 농도를 유지 할 수 없다. 이 분자들은 독자성을 잃고 과거의 경험(혹은 역사)을 알 수 없다. 다시 말하면 주변의 분자를 점검한다고 해서 이 반응기에 새로운 분자가 들어온 것인지 예전부터 있던 분자인지 구분할 수 없다.

이 시스템에서 반응물의 전환율은 균질계 반응에 대한 일반적인 방법으로 구할 수 있다.

$$X_A = \frac{(-r_A)V}{F_{A0}} \tag{5.11}$$

밀도가 변화가 없으면 위의 식은 다음과 같다.

$$\frac{C_A}{C_{A0}} = 1 - \frac{(-r_A)\bar{t}}{C_{A0}} \tag{1}$$

여기서 $\bar{t}$는 반응기에서 유체의 평균 체류 시간이다.

**혼합 흐름 반응기–거시유체** 거시유체가 혼합 흐름 반응기에 들어가면 응집물 내에 있는 반응물의 농도는 즉시 낮은 값으로 떨어지지 않고 회분 반응기에서와 같이 서서히 감소한다. 따라서 거시유체에 있는 분자는 독자성을 잃지 않고, 이의 과거 경험이 미지의 것이 아니고, 분자의 수명을 인접한 분자들을 점검함으로써 추산할 수 있다.

혼합 흐름 반응기에서 거시유체에 대한 성능식은 (11.13)에 의해 다음과 같다.

$$1 - \overline{X}_A = \frac{\overline{C}_A}{C_{A0}} = \int_0^\infty \left(\frac{C_A}{C_{A0}}\right)_{\text{batch}} \mathbf{E}\,dt \qquad \text{(11.13) 또는 (2)}$$

여기서 $\mathbf{E}\,dt$는 다음과 같다.

$$\mathbf{E}\,dt = \frac{v}{V}e^{-vt/V}\,dt = \frac{e^{-t/\bar{t}}}{\bar{t}}\,dt \tag{3}$$

식 (3)을 식 (2)에 대입하면 다음 식이 얻어진다.

$$1-\overline{X}_A=\frac{\overline{C}_A}{C_{A0}}=\int_0^\infty\left(\frac{C_A}{C_{A0}}\right)_{batch}\frac{e^{-t/\bar{t}}}{\bar{t}}\,dt \tag{4}$$

이것이 혼합 흐름 반응기에서 거시유체에 대하여 전환율을 구하는 성능식이고, 반응속도가 주어지기만 하면 이 식을 풀 수 있다. 이제 여러 가지 반응 차수를 가진 반응을 고려하자.

회분 반응기에서 *0차 반응*에 대하여, 3장에서 아래의 식을 다루었다.

$$\left(\frac{C_A}{C_{A0}}\right)_{batch}=1-\frac{kt}{C_{A0}} \tag{3.31}$$

이를 식 (4)에 대입하고 적분하면 다음과 같다.

$$\boxed{\frac{\overline{C}_A}{C_{A0}}=1-\frac{kt}{C_{A0}}\left(1-e^{-C_{A0}/kt}\right)} \tag{5}$$

회분 반응기에서 *1차 반응*에 대하여, 3장에서 다음 식을 구하였다.

$$\left(\frac{C_A}{C_{A0}}\right)_{batch}=e^{-kt} \tag{3.11}$$

이 식을 식 (4)에 대입하고 정리하면 아래 식을 얻는다.

$$\frac{\overline{C}_A}{C_{A0}}=\frac{1}{\bar{t}}\int_0^\infty e^{-kt}\,e^{-t/\bar{t}}\,dt$$

이를 적분하면 혼합 흐름 반응기에서 거시유체의 전환율을 구하는 표현식을 얻을 수 있다.

$$\boxed{\frac{\overline{C}_A}{C_{A0}}=\frac{1}{1+k\bar{t}}} \tag{6}$$

이 식은 미시유체에 대하여 얻은 식과 동일하다. 한 예로 식 (5.14a)를 보라. 따라서 1차 반응의 경우, 분리도는 전환율에 아무런 영향을 미치지 못한다고 결론지을 수 있다.

회분 반응기에서 단일 반응물의 *2차 반응*에 대하여 식 (3.16)은 다음과 같다.

$$\left(\frac{C_A}{C_{A0}}\right)_{batch}=\frac{1}{1+C_{A0}kt} \tag{7}$$

이를 식 (4)에 대입하면 다음 식을 얻을 수 있다.

$$\frac{\overline{C}_A}{C_{A0}}=\frac{1}{\bar{t}}\int_0^\infty\frac{e^{-t/\bar{t}}}{1+C_{A0}kt}\,dt$$

여기서 $\alpha=1/C_{A0}k\bar{t}$라 두고, 이를 무차원 시간 $\theta=t/\bar{t}$로 전환하면 다음 식이 얻어진다.

**표 16.1** 두 종류의 지수적분에 대한 값

유용한 지수적분식

$$\begin{cases} \mathrm{Ei}(x) = \int_{-\infty}^{x} \frac{e^u}{u}\,du = 0.577\,21 + \ln x + x + \frac{x^2}{2\cdot 2!} + \frac{x^3}{3\cdot 3} + \cdots \\ \mathrm{ei}(x) = \int_{x}^{\infty} \frac{e^{-u}}{u}\,du = -0.577\,21 - \ln x + x - \frac{x^2}{2\cdot 2!} + \frac{x^3}{3\cdot 3!} - \cdots \end{cases}$$

| $x$ | Ei($x$) | ei($x$) | $x$ | Ei($x$) | ei($x$) | $x$ | Ei($x$) | ei($x$) |
|---|---|---|---|---|---|---|---|---|
| 0 | $-\infty$ | $+\infty$ | 0.2 | −0.8218 | 1.2227 | 2.0 | 4.9542 | 0.048 90 |
| 0.01 | −4.0179 | 4.0379 | 0.3 | −0.3027 | 0.9057 | 2.5 | 7.0738 | 0.024 91 |
| 0.02 | −3.3147 | 3.3547 | 0.5 | 0.4542 | 0.5598 | 3.0 | 9.9338 | 0.013 05 |
| 0.05 | −2.3679 | 2.4679 | 1.0 | 1.8951 | 0.2194 | 5.0 | 40.185 | 0.001 15 |
| 0.1 | −1.6228 | 1.8229 | 1.4 | 3.0072 | 0.1162 | 7.0 | 191.50 | 0.000 12 |

$$\text{for } x \ge 10 \begin{cases} \mathrm{Ei}(x) = e^x\left[\frac{1}{x} + \frac{1}{x^2} + \frac{2!}{x^3} + \frac{3!}{x^4} + \cdots\right] \\ \mathrm{ei}(x) = e^{-x}\left[\frac{1}{x} - \frac{1}{x^2} + \frac{2!}{x^3} - \frac{3!}{x^4} + \cdots\right] \end{cases}$$

Reference: "Tables of Sines, Cosines and Exponential Integrals," Vols. I and II, by WPA, for NBS (1940).

$$\frac{\overline{C}_A}{C_{A0}} = \alpha e^{\alpha} \int_{\alpha}^{\infty} \frac{e^{-(\alpha+\theta)}}{\alpha+\theta}\,d(\alpha+\theta) = \alpha e^{\alpha}\,\mathrm{ei}(\alpha) \tag{8}$$

이 식이 혼합 흐름 반응기에서 거시유체의 2차 반응에 대한 전환율의 표현식이다. ei($\alpha$)로 대표되는 적분은 *지수적분*이라 불린다. 지수적분은 $\alpha$만의 함수이고 이의 값은 여러 적분표에 나타나 있다. 표 16.1은 매우 작은 세트의 값에 대한 ei($x$)와 Ei($x$) 값을 나타내고 있다. 우리는 이 표를 이 책의 후반부에서 언급할 예정이다.

식 (8)은 미시유체에 해당하는 식인 (5.14)와 비교할 수 있다.

$$\frac{C_A}{C_{A0}} = \frac{-1 + \sqrt{1 + 4C_{A0}k\bar{t}}}{2C_{A0}k\bar{t}} \tag{9}$$

회분 반응기에서 *n차 반응*에 대한 전환율은 3장에서 언급한 방법에 의해 다음과 같이 구해진다.

$$\left(\frac{C_A}{C_{A0}}\right)_{\text{batch}} = [1 - (n-1)C_{A0}^{n-1}kt]^{1/(1-n)} \tag{10}$$

이를 식 (4)에 대입하면 거시유체의 $n$차 반응에 대한 전환율을 구할 수 있다.

## ▶ 빠른 또는 늦은 혼합, 미시유체 또는 거시유체, PFR 또는 MFR의 성능 차이

그림 16.2는 혼합 흐름 반응기에서 미시유체와 기시유체의 성능 차이를 예시하고 있다. 반응 차수가 1보다 큰 반응에 대해서는 분리도의 증가가 반응기 성능을 향상시키는 반면 반응 차수가 1

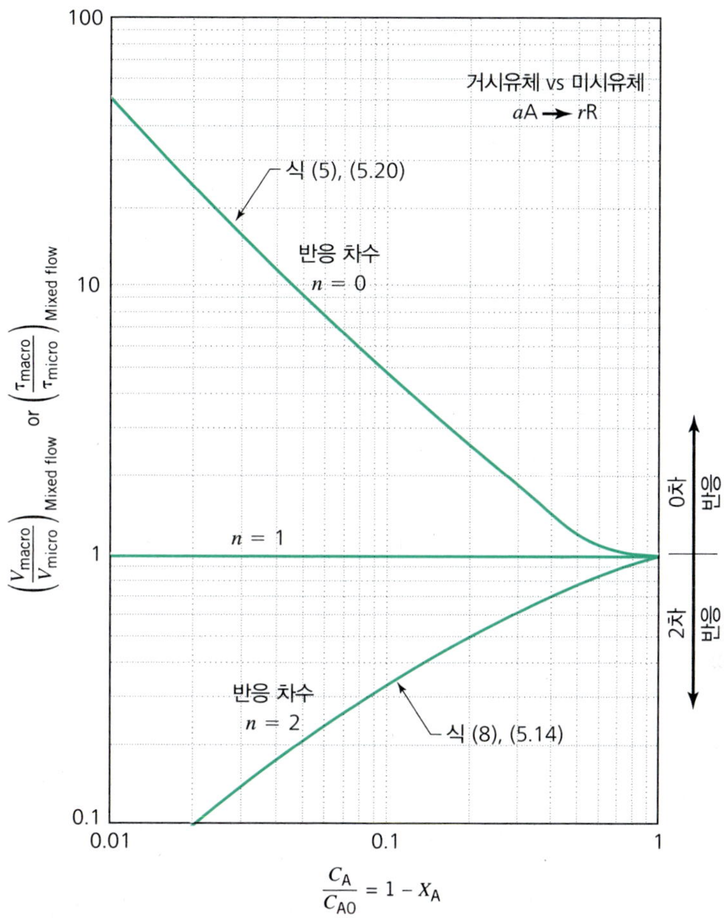


**그림 16.2** **0차 및 2차 반응($\varepsilon_A = 0$)에 대하여 미시유체와 거시유체를 다루는 혼합 흐름 반응기 성능 비교.**

보다 작은 반응에 대해서는 분리도의 증가가 반응기 성능을 떨어뜨린다. 표 16.2를 이용하여 이 도표를 작성하였다.

## 유체의 빠른 혼합과 늦은 혼합

용기를 통과하는 유체의 흐름 양식은 분명하고 확실하게 정의된 체류 시간 분포(RTD) 또는 출구수명분포함수 **E**와 관련되어 있다. 그러나 이의 역은 사실이 아니다. 즉 각각의 RTD는 특별한 흐름 양식을 정의하지 않는다. 그러므로 약간 빠른 혼합을 가진 흐름과 늦은 혼합을 가진 흐름 양식은 동일한 RTD를 가질 수 있다.

**이상적인 펄스 RTD** 이와 같은 RTD와 일치하는 유일한 흐름은 다른 수명을 가진 유체와의 상호혼합이 없을 때 일어난다. 즉, 플러그 흐름 양식이다. 따라서 미시유체인지 거시유체인지는 중요하지 않다. 또한 다른 수명을 가진 유체와의 혼합이 없기 때문에 유체의 빠른 혹은 늦은 혼합과 관련된 질문은 의미가 없다.

**지수감소 RTD** 혼합 흐름 반응기가 이 RTD를 가진다. 그러나 다른 흐름 양식도 지수적으로 감소하는 RTD를 가질 수 있다. 예를 들면 적당한 길이를 가진 한 세트의 평행한 플러그 흐름 반응

**표 16.2** 이상적인 반응기에서 $\varepsilon = 0$인 경우 미시유체와 거시유체의 전환율 방정식

| | 플러그 흐름 | 혼합 흐름 | |
|---|---|---|---|
| | 미세 혹은 거시 유체 | 미세유체 | 거시유체 |
| 일반 속도식 | $\tau = \int_{C_0}^{C} \frac{dC}{-r}$ | $\tau = \frac{C_0 - C}{-r}$ | $\frac{\overline{C}}{C_0} = \frac{1}{\tau}\int_0^\infty \left(\frac{C}{C_0}\right)_{\text{batch}} e^{-t/\tau}\, dt$ |
| $n$차 반응<br>$(R = C_0^{n-1}k\tau)$ | $\frac{C}{C_0} = [1 + (n-1)R]^{1/(1-n)}$<br>$R = \frac{1}{n-1}\left[\left(\frac{C}{C_0}\right)^{1-n} - 1\right]$ | $\left(\frac{C}{C_0}\right)^n R + \frac{C}{C_0} - 1 = 0$<br>$R = \left(1 - \frac{C}{C_0}\right)\left(\frac{C_0}{C}\right)^n$ | $\frac{\overline{C}}{C_0} = \frac{1}{\tau}\int_0^\infty [1 + (n-1)C_0^{n-1}kt]^{1/(1-n)} e^{-t/\tau}\, dt$ |
| 0차 반응<br>$\left(R = \frac{k\tau}{C_0}\right)$ | $\frac{C}{C_0} = 1 - R, \quad R \le 1$<br>$C = 0, \quad R \ge 1$ | $\frac{C}{C_0} = 1 - R, \quad R \le 1$<br>$C = 0, \quad R \ge 1$ | $\frac{\overline{C}}{C_0} = 1 - R + Re^{-1/R}$ |
| 1차 반응<br>$(R = k\tau)$ | $\frac{C}{C_0} = e^{-R}$<br>$R = \ln\frac{C_0}{C}$ | $\frac{C}{C_0} = \frac{1}{1+R}$<br>$R = \frac{C_0}{C} - 1$ | $\frac{\overline{C}}{C_0} = \frac{1}{1+R}$<br>$R = \frac{C_0}{C} - 1$ |
| 2차 반응<br>$(R = C_0k\tau)$ | $\frac{C}{C_0} = \frac{1}{1+R}$<br>$R = \frac{C_0}{C} - 1$ | $\frac{C}{C_0} = \frac{-1 + \sqrt{1+4R}}{2R}$<br>$R = \left(\frac{C_0}{C} - 1\right)\frac{C_0}{C}$ | $\frac{\overline{C}}{C_0} = \frac{e^{1/R}}{R}\,\mathrm{ei}\left(\frac{1}{R}\right)$ |

$R = C_0^{n-1}k\tau$, $n$차 반응에서 반응속도 그룹, 시간 혹은 용량 인자, $\tau = \bar{t}$ 모든 $\varepsilon = 0$이므로

기나 측류(sidestream)을 가진 플러그 흐름 반응기 혹은 이 둘이 결합된 경우이다. 그림 16.3은 이 흐름 양식의 여러 패턴을 보여주고 있다. 흐름 양식 (*a*)와 (*b*)에서는 들어가는 유체요소가 다른 수명을 가진 물질과 즉시 혼합되는 반면에 흐름 양식 (*c*)와 (*d*)에서는 이와 같은 혼합이 일어나지 않는다. 따라서 흐름 양식 (*a*)와 (*b*)는 미시유체를 나타내는 반면에 흐름 양식 (*c*)와 (*d*)는 거시유체를 의미한다.

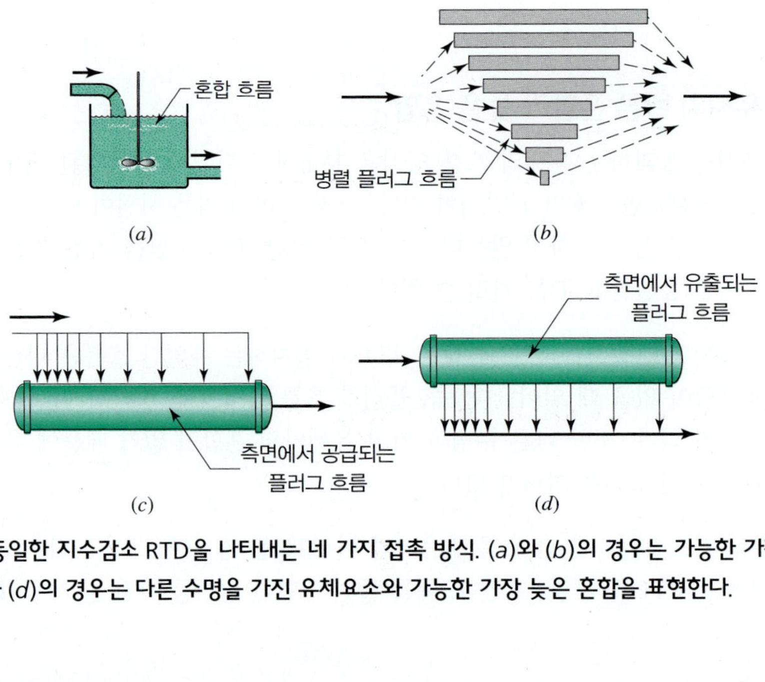


**그림 16.3** 동일한 지수감소 RTD을 나타내는 네 가지 접촉 방식. (*a*)와 (*b*)의 경우는 가능한 가장 빠른 혼합을 나타내고, (*c*)와 (*d*)의 경우는 다른 수명을 가진 유체요소와 가능한 가장 늦은 혼합을 표현한다.

**임의의 RTD** 이 토의를 확장하면 RTD가 플러그 흐름의 RTD에 근접하면 유체의 빠른 혹은 늦은 혼합은 물론 유체의 분리 상태가 전환율에 거의 영향을 미치지 못한다. 그러나 RTD가 혼합 흐름의 지수감소를 보이면 분리 상태와 혼합의 빠름이 무척 중요하게 된다.

어떤 RTD에 대하여 한 극단적인 거동은 거시유체와 미시유체의 매우 늦은 혼합에 의해서 나타나며, 식 (2)는 이 경우에 대한 성능 표현식이다. 또 다른 극한적 거동은 미시 유체의 가장 빠른 혼합에서 나타난다. 이 경우에 대한 성능 표현식은 Zwietering (1959)에 의해 개발되었지만 사용하기에는 어렵다는 단점이 있다. 이들 양쪽 극한은 실제 용기에서 예상되는 전환율에 대한 상한과 하한을 나타냄에도 자주 사용된다. 그 이유는 실제 용기를 합리적인 선에서 근사적으로 표현하여 간단하게 전환율을 계산할 수 있기 때문이다. 실제로 이 방법은 축분산을 가진 2차 반응에 대하여 그림 13.20을 개발하는 데 사용되었다. 이때 전체 용기를 따라서 같은 정도의 혼합이 일어난다고 가정하였다.

## 단일유체에 대한 결과의 요약

**1.** *반응기의 성능에 영향을 주는 인자.* 일반식은 다음과 같다.

$$\text{성능식: } X_A \text{ 또는 } \varphi\left(\frac{R}{A}\right) = f\left(\begin{matrix}\text{kinetics, RTD, degree of segregation,}\\ \text{earliness of mixing}\end{matrix}\right) \quad (11)$$

**2.** *반응속도론 또는 반응 차수의 영향.* 분리 및 혼합의 빠름은 반응물의 전환율에 영향을 준다.

$$n > 1 \text{ 반응에 대하여, } \ldots X_{\text{macro}} \text{ 및 } X_{\text{micro, late}} > X_{\text{micro, early}}$$

$n < 1$인 반응에 대해서는 부등호가 거꾸로 되고, $n = 1$인 반응에 대해서는 전환율이 이들 인자에 의해 영향을 받지 않는다. 이 결과는 $n > 1$인 반응에 대하여 분리와 늦은 혼합은 전환율을 증가시키는 반면에 $n < 1$인 반응에 대해서는 분리와 늦은 혼합이 전환율을 감소시킨다.

**3.** *1차 반응이 아닌 반응에 대하여 혼합의 영향.* 플러그 흐름에서는 분리가 아무런 역할도 못한다. 그러나 RTD가 플러그 흐름으로부터 혼합 흐름으로 변화됨에 따라 분리는 반응기 성능에 점점 영향을 미친다.

**4.** *전환율의 영향.* 낮은 전환율에서는 $X_A$가 RTD, 혼합의 빠름 및 분리에 민감하지 않지만 중간 전환율에서는 RTD가 전환율에 영향을 미치기 시작한다. 그러나 이 단계에서는 혼합의 빠름과 분리는 거의 영향을 미치지 못한다. 이것이 예제 16.1의 경우이다. 마지막으로 높은 전환율에서는 모든 인자가 중요한 역할을 한다.

**5.** *생성물 분포에 미치는 영향.* 단일 반응에 대하여 분리와 혼합의 빠름은 무시할 수 있다. 그러나 복합 반응의 경우 낮은 전환율에서도 혼합의 빠름이나 분리, RTD가 생성물 분포에 미치는 영향이 크고 중요하다.

한 가지 예로 자유 라디칼 중합을 생각해 보자. 반응기의 여러 곳에서 종종 자유 라디칼이 형성되면 이 라디칼은 몇 분의 일 초 동안에 수천 단계 매우 빠르게 진행하는 연쇄 반응을 촉발시킨다. 따라서 국부적으로 반응속도와 전환율이 매우 높아진다. 이 상황에서는 반응하고 성장하는 분자들이 서로를 포위하여 유체의 응집 상태를 형성하며, 형성되는 고분자 물질의 종류에 큰 영향을 미친다.

## 예제 16.1 ▶ 전환율에 미치는 분리와 빠른 혼합의 영향

반응기에서 2차 반응이 일어나고 있고, 이때 RTD가 그림 E16.1로 주어져 있다. 이 그림에서 나타난 흐름 방식에 대하여 전환율을 계산하라. 단순화하기 위해 각 단위에는 $C_0 = 1$, $k = 1$, $\tau = 1$로 하자.

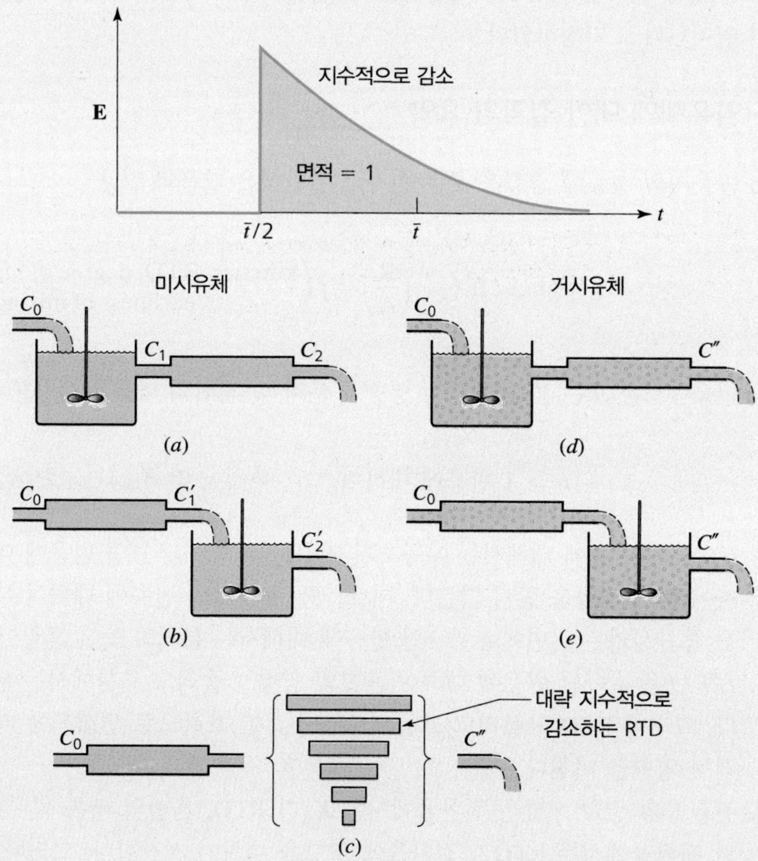


그림 E16.1 (a) 분자 수준에서 미시유체이고 빠른 혼합, (b) 분자 수준에게 미시유체이고 약간 늦은 혼합, (c) 분자 수준에서 미시유체이고 늦은 혼합, (d) 요소들이 거시유체이고 빠른 혼합, (e) 요소들이 거시유체이고 늦은 혼합.

### 〉풀이

***방식 A.*** 그림 E16.1$a$를 참고하면 혼합 흐름 반응기에 대하여 다음 식이 성립한다.

$$\tau = 1 = \frac{C_0 - C_1}{kC_1^2} = \frac{1 - C_1}{C_1^2}$$

또는 다음과 같다.

$$C_1 = \frac{-1 + \sqrt{1+4}}{2} = 0.618$$

다음으로 플러그 흐름 반응기에 대하여 아래 식을 얻게 된다.

$$\tau = 1 = -\int_{C_1}^{C_2} \frac{dC}{kC^2} = \frac{1}{k}\left(\frac{1}{C_2} - \frac{1}{C_1}\right)$$

또는 다음과 같다.

$$\underline{\underline{\text{Micro-early: } C_2}} = \frac{C_1}{C_1 + 1} = \frac{0.618}{1.168} = \underline{\underline{0.382}}$$

***방식 B.*** 그림 E16.1*b*를 참고하면 첫 번째 플러그 흐름 반응기에 대하여

$$\tau = 1 = -\int_{C_0}^{C_1'} \frac{dC}{kC^2} = \frac{1}{C_1'} - 1$$

또는 다음과 같다.

$$C_1' = 0.5$$

두 번째 혼합 흐름 반응기에 대해서는 아래 식이 성립한다.

$$\tau = 1 = \frac{C_1' - C_2'}{kC_2'^2} = \frac{0.5 - C_2'}{C_2'^2}$$

또는 다음과 같다.

$$\underline{\underline{\text{Micro-fairly late: } C_2' = 0.366}}$$

***방식 C, D, E.*** 그림 12.1로부터 두 개의 동일한 크기의 플러그 흐름-혼합 흐름 반응기 시스템에 대한 출구수명 분포는 다음과 같다.

$$\mathbf{E} = \frac{2}{\bar{t}} e^{1-2t/\bar{t}}, \qquad \frac{t}{\bar{t}} > \frac{1}{2} \text{일 때}$$

$$= 0, \qquad \frac{t}{\bar{t}} < \frac{1}{2} \text{일 때}$$

따라서 식 (3)은 다음 식으로 변환이 가능하다.

$$C'' = \int_{\bar{t}/2}^{\infty} \frac{1}{1 + C_0kt} \cdot \frac{2}{\bar{t}} e^{1-2t/\bar{t}} \, dt$$

두 개의 용기로 이루어진 시스템에서 평균 체류 시간 $\bar{t}$ = 2 min이므로, 이 식은 다음과 같다.

$$C'' = \int_1^\infty \frac{e^{1-t}}{1+t}\,dt$$

여기서 (1 + $t$)를 $x$로 치환하면 지수적분을 얻을 수 있다.

$$C'' = \int_2^\infty \frac{e^{2-x}}{x}\,dx = e^2 \int_2^\infty \frac{e^{-x}}{x}\,dx = e^2\,\mathrm{ei}(2)$$

표 16.1의 적분표로부터 ei(2) = 0.04890을 얻고, 이로부터 다음과 같은 결과를 얻는다.

Micro-late, and macro-late or early: $C'' = 0.362$

이 예제의 결과로부터 위에서 언급한 내용을 확인할 수 있다. 즉, 반응 차수가 1보다 큰 경우($n > 1$) 거시유체와 미시유체의 늦은 혼합이 미시유체의 빠른 혼합보다 큰 전환율을 나타낸다. 여기서는 전환율이 낮으므로 그 차이는 작지만, 전환율이 1에 접근함에 따라 그 차이는 점점 커지게 된다.

## 단일유체에 대한 확장

**부분분리** 중간 정도의 분리를 다루는 여러 가지 모델이 있는데, 예를 들면 다음과 같다.

분리세기 모델(Intensity of segregation) — Danckwerts (1958)

합체 모델(Coalescence model) — Curl (1963), Spielman와 Levenspiel (1965)

두 개의 환경 및 입방체 얼음 융해 모델(Two environment and melting ice cube model) — Ng와 Rippin (1965), Suzuki (1970)

위의 모델에 대한 접근법은 Levenspiel (1972)이 검토하였다.

**유체요소의 수명** 유체요소가 그 독자성을 얼마나 오랫동안 유지할 수 있는지 예측해 보자. 먼저 모든 큰 요소들은 늘어남(stretching)이나 접힘(folding, 층류의 행동 양식) 또는 방해판과 교반기 등에 발생되는 난류에 의해 작은 요소로 파괴되며, 파괴되는 데 걸리는 시간은 혼합 이론에 의해 추산할 수 있다.

작은 요소는 분자 확산에 의해 그 독자성을 잃으며, Einstein의 불규칙 보행 해석(random walk analysis)에 의해 이 시간을 다음과 같이 추산할 수 있다.

$$t = \frac{(\text{size of element})^2}{\begin{pmatrix}\text{diffusion}\\ \text{coefficient}\end{pmatrix}} = \frac{d^2_{\text{element}}}{\mathscr{D}} \tag{12}$$

따라서 크기가 1 $\mu$m인 유체(예: 물)의 한 요소는 매우 짧은 시간에 독자성을 잃는다. 근사적으로 계산하면 다음과 같다.

$$t = \frac{(10^{-4}\ \text{cm})^2}{10^{-5}\ \text{cm}^2/\text{sec}} = 10^{-3}\ \text{sec} \quad (13a)$$

반면 크기가 1 mm이고 점도가 물(실온에서 10~30 W 모터오일)의 100배가 되는 점성이 있는 고분자의 요소는 긴 시간 동안 독자성을 유지할 수 있다. 대략적으로 다음과 같다.

$$t = \frac{(10^{-1}\ \text{cm})^2}{10^{-7}\ \text{cm}^2/\text{sec}} = 10^5\ \text{sec} \approx 30\ \text{hr} \quad (13b)$$

일반적으로 점성이 큰 물질과 매우 빠른 반응이 일어나는 시스템을 제외한 정상유체(ordinary fluid)는 미시유체로 거동한다.

미시유체와 거시유체의 개념은 불균질계에서 특히 중요한데, 그 이유는 이 시스템에서 두 상 중의 하나는 보통 거시유체로 근사할 수 있기 때문이다. 예를 들어 유체-고체로 이루어진 시스템에서 고체상은 고체 입자 각각이 다른 분자들의 응집체이기 때문에 확실히 거시유체로 취급한다. 이 같은 시스템에서 적합한 속도식을 포함한 식 (2)가 설계를 위한 출발점이 된다.

다음 장에서 여러 가지 종류의 불균질 시스템에 미시유체와 거시유체의 개념을 적용할 것이다.

## 16.2 두 가지 혼화성 유체의 혼합

여기서 우리는 두 가지 완전히 섞이는(혼화성의) 유체 A와 B를 함께 흘려보내는 혼합공정의 역할을 고려한다. 섞이지 않는 두 유체의 혼합은 불균질 반응에 대한 장에서 연구할 과제이므로, 이에 대한 검토는 다음 장으로 미루기로 한다. 두 가지 혼화성 유체 A와 B가 혼합될 때 대개 처음에는 두 혼합물이 먼저 균질한 혼합물을 형성한 후 그 다음 반응한다고 가정한다. 그러나 A와 B가 균질해지는 데 필요한 시간이 반응이 일어나는 데 필요한 시간보다 짧지 않은 경우에는, 혼합 과정 중에 반응이 일어나게 되고 이 경우 혼합의 문제가 중요해진다. 이것은 반응이 대단히 빠른 경우이거나 점성이 대단히 큰 반응물 유체가 존재하는 경우이다.

무엇이 일어나는가를 이해하는 데 도움이 되기 위해 유체 A와 유체 B가 이용 가능하고, 이 두 물질은 처음에는 미시유체이고 다음에는 거시유체인 경우를 가정한다. 한쪽 비이커에는 미시유체 B에 미시유체 A를 혼합하고 다른 비이커에는 거시유체 B에 거시유체 A를 섞어 이들을 반응시킨다. 무엇을 발견할 수 있을까? 미시유체 A와 B는 예상한 대로 거동하고 반응이 일어난다. 그러나 거시유체들의 혼합에서는 A 분자와 B 분자가 접촉할 수 없으므로 반응이 일어나지 않는다. 이 두 경우를 그림 16.4에 예시하였으며, 두 가지의 극한적 거동을 보이는 유체는 많이 다루어 왔다.

그림 16.5에 A가 많은 유체와 B가 많은 유체가 작용하는 실제 시스템의 작용이 나타나 있다.

부분분리는 반응기의 크기를 증가시키는 데 그치지 않는다. 예를 들어 반응물이 점성이 큰 유체라면 교반탱크나 회분 반응기에서의 혼합은 유체와 인접한 다른 유체 사이의 층(layer) 혹은 "줄(streak)"에서 일어난다. 이 결과 유체의 각 지점에서의 반응속도는 달라지고, 반응기 내에서는 우리가 상업적으로 받아들일 수 없는 불균질한 제품이 생성된다. 이것은 단량체가 촉매와 함께 혼합되어야 하는 중합 반응에서 일어난다. 이 반응의 경우 적절한 혼합이 가장 중요하고, 때로는 반응속도와 생성물의 균질성이 유체에 입력되는 혼합에너지와 관련되어 있다.

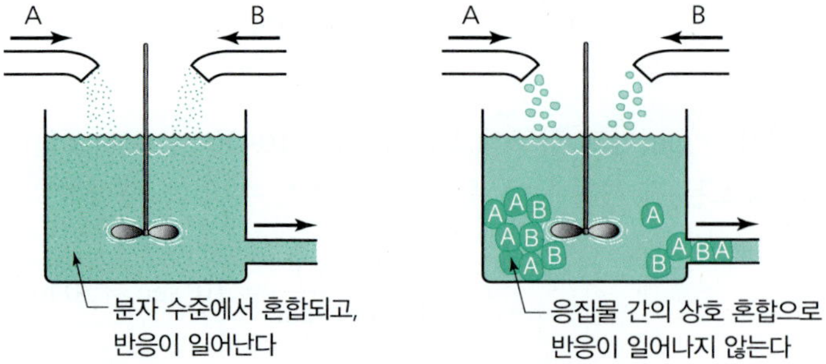


그림 16.4 물질 A와 B의 반응에서 미시유체와 거시유체 거동의 차이.

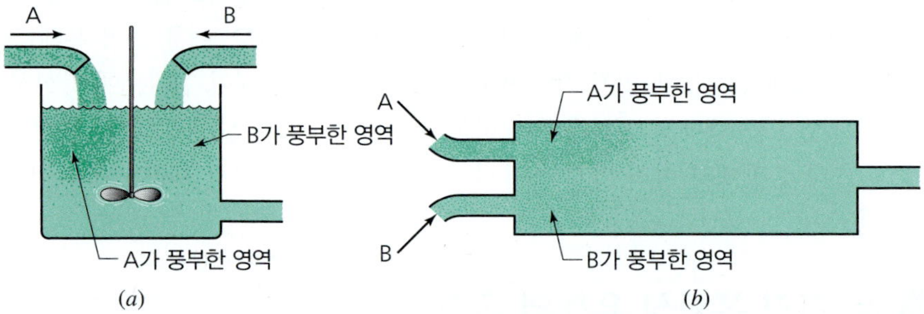


그림 16.5 반응기 내에서 두 가지 혼화성 유체를 혼합할 때 발생하는 부분 분리.

빠른 반응에 대하여 분리 때문에 필요한 반응기 크기가 증가하는 문제는 별로 중요하지 않지만 또 다른 큰 부작용이 존재한다. 예를 들면 생성물이 고체 침전물이면 침전 입자의 크기는 반응물의 혼합속도에 영향을 받는다. 이 사실은 분석실험실에서 잘 알려진 사실이다. 다른 예로 고온의 기체 반응 혼합물이 원하는 화합물의 양에 비교될 정도로 함유될 수도 있는데, 이것은 그 온도에서 발생하는 열역학적 평형 때문이다. 이 성분을 제거하려면 기체를 냉각시켜야 한다. 그러나 종종 온도를 낮추면 평형이 바라지 않는 쪽으로 이동하여 원하는 물질이 완전히 사라지는 경우가 있다. 이것을 피하고 뜨거운 기체 성분을 냉동하기 위해서는 급속 냉각해야 한다. 급냉법을 이용하면 뜨거운 기체와 찬 불활성 기체의 혼합이 일어나는데, 이러한 과정의 성공 여부는 분리를 얼마나 빠르게 파괴할 수 있느냐에 달려 있다. 연소불꽃의 길이, 형태 및 온도, 생성된 연소생성물, 제트엔진의 소음 정도, 고분자의 물리적 성질들은 물질의 분자량 분포에 의해 영향을 받으며, 이 결과는 유체 혼합의 속도와 친밀도에 밀접하게 영향을 받는 현상이다.

## ▶ 복합 반응에서 생성물 분포

두 반응 유체의 혼합을 통해 복합 반응이 일어나 어느 정도 반응이 진행된 후 시스템이 균질해질 때, 분리가 중요하며, 이 분리는 생성물 분포에 영향을 미칠 수 있다. A와 B를 회분 반응기에 쏟아 넣었을 때 일어나는 균질계의 경쟁적 직렬 반응을 고려하자.

$$\begin{aligned} A + B &\xrightarrow{k_1} R \\ R + B &\xrightarrow{k_2} S \end{aligned} \qquad (14)$$

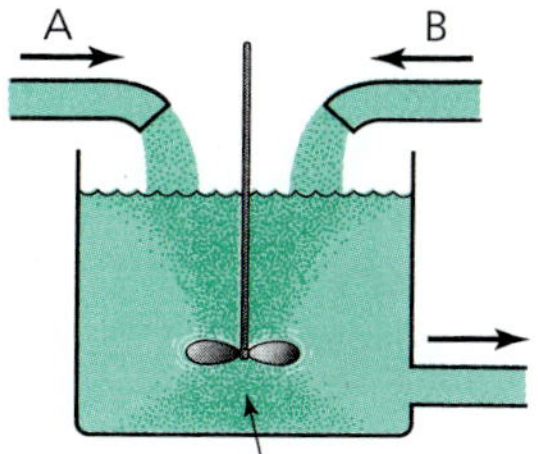


**그림 16.6** **반응속도가 매우 빠르면 반응기에서 불균질한 영역이 존재한다. 이 영역은 다음과 같은 반응에서 중간체 R의 높은 수율을 얻는 데 불리하다.**

$$A + B \rightarrow R$$
$$R + B \rightarrow S$$

반응이 충분히 느리면 반응이 일어나기 전에 용기의 내용물들은 균질해지고, 생성되는 R의 최대량은 $k_2/k_1$의 비에 의해 지배받는다. 8장에서 취급한 것은 이 경우를 미시적 유체의 거동으로 가정한 것이다. 그러나 유체의 점성이 크거나 반응이 충분히 빠르면, 반응은 A의 농도가 큰 영역과 B의 농도가 큰 영역 사이의 좁은 영역에서 일어난다. 이것을 그림 16.6에 나타냈으며, 이때 반응속도가 높은 영역은 주위의 유체보다 높은 농도의 R을 함유한다. 그러나 우리는 이미 이 반응에 대한 8장에서의 정성적 처리를 통해 A와 R에 불균질성이 존재하면 R의 생성이 억제됨을 알고 있다. 따라서 반응물의 부분적 분리는 중간체의 생성을 억제시킨다.

반응속도가 증대하면 반응영역은 좁아지고 극한의 경우로 무한히 빠른 반응에 대해서, 반응영역은 높은 A 농도 영역과 높은 B 농도가 큰 영역 사이의 경계면에 존재한다. 이때 R은 이 경계면의 표면에서만 생성된다. 이제 어떤 일이 일어날까? 반응표면에서 생성된 R의 단일분자를 생각하자. 이 분자는 처음에 임의로 움직여 A 영역으로 들어가고(확산) 다시는 B 영역으로 돌아올 수 없고 그 이상 반응하지 않는다. 그러나 처음부터 B 영역으로 들어가거나 움직이면서 반응표면을 통과하여 B 영역으로 들어가면 B의 공격을 받아 S를 생성시킨다. 흥미롭게도 Feller (1957)의 카드 게임의 확률 연구로부터, 우리는 B 영역에서 빠져나가는 R 분자에 거는 확률은 점점 줄어들고, 분자 확산은 점점 증가한다는 것을 알 수 있다. 이 경우 R 분자의 움직임은 어떤 방식이라도 무방하다. 따라서 우리는 R은 생성되지 않는다고 결론을 내릴 수 있다. 8장의 관점에서 보면 무한히 빠른 반응이면 혼합물에서 A와 R의 최대 불균질성이 나타나고 이 결과로 R은 생성되지 않는다. 그림 16.7은 전형적인 반응계면에서 물질의 농도를 예시하고 있다.

이 복합 반응의 양상은 균질계에서 발생하는 부분적인 분리 현상을 연구하는 강력한 도구를 제공하였다. 이 방법을 Paul과 Treybal (1971)이 사용하였는데, 그들은 A가 들어 있는 비이커에 반응물 B를 부어 넣고 식 (14)의 대단히 빠른 반응에 대하여 생성된 R의 양을 측정하였다.

Ottino (1989, 1994)는 유체 A와 유체 B의 혼합에 대한 전체 문제를 늘임, 접힘, 세선화와 유체요소의 확산에 의한 혼합 등으로 설명하였다. 그림 16.8은 이 메카니즘을 설명하고 있다. 하지만 이제 이 흥미로운 주제에서 벗어나야 한다.

이러한 반응의 극한에 대한 관찰은 대단히 빠른 반응에서 중간체의 생성에 적합한 장치를 선택하고 설계하는 데 길잡이가 된다. 가장 중요한 점은 반응이 어느 정도 일어나기 전에 반응물 내에서 A와 B의 균질성을 달성하는 것이다. 이것은 다음과 같은 방법으로 달성이 가능하다.

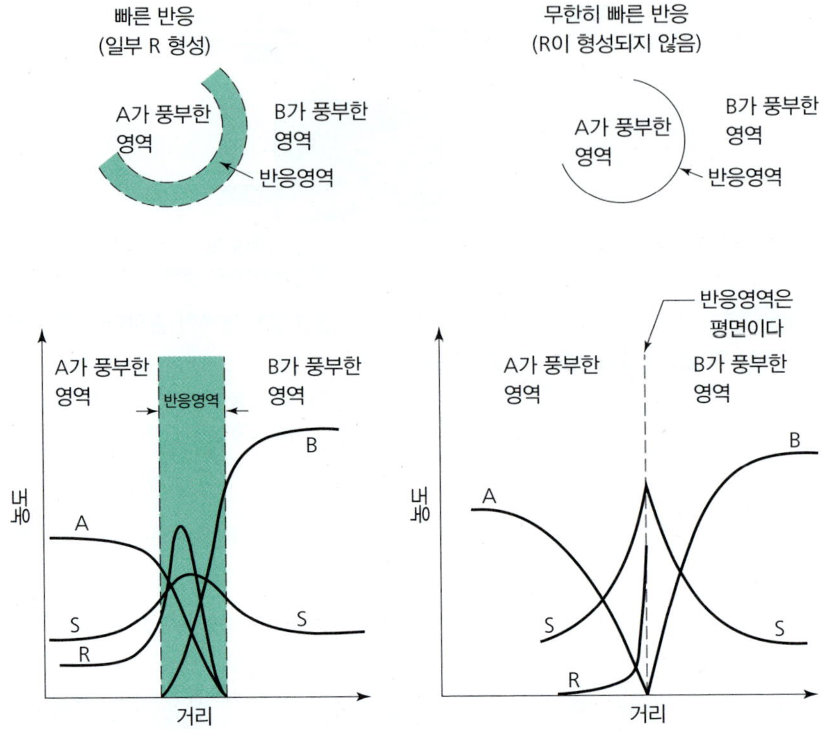


**그림 16.7** 대단히 빠르며 무한히 빠른 반응에 대하여 A가 많고 B가 많은 유체 사이에서 반응기 각 점에서 다음과 같은 반응에 대한 농도 분포.

$$A + B \rightarrow R$$
$$R + B \rightarrow S$$

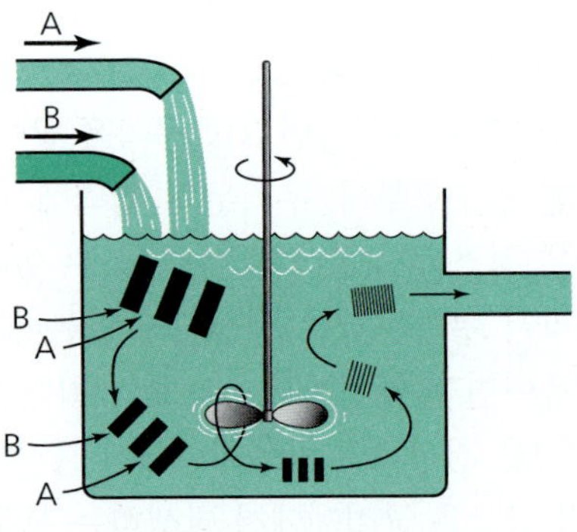


**그림 16.8** 매우 점성이 큰 물질인 A판과 물질 B판의 **늘임**(stretching), **접힘**(folding), **세선화**(thinning).

**(a)** 활발한 혼합에 의해 반응영역을 가능한 한 크게 만든다.

**(b)** A를 B에 분산시키기보다는 B를 A에 가능한 한 미세한 형태로 분산시킨다.

**(c)** 반응을 느리게 만든다.

## 참고 문헌

Curl, R. L., *AIChE J.*, **9**, 175(1963).

Danckwerts, P. V., *Chem. Eng. Sci.*, **8**. 93(1958).

Feller, W., *An Introduction to Probability Theory and its Applications*, Vol I, 2nd ed., John Wiley & Sons, New York, 1957, p. 254.

Levenspiel, O., *Chemical Reaction Engineering*, 2nd ed., Chap. 10, John Wiley & Sons, New York, 1972.

Ng, D. Y. C., and Rippin, D. W. T., *Third Symposium on Chemical Reaction Engineering*, Pergamon Press, Oxford, 1965.

Ottino, J. M., *Scientific American*, **56**, Jan. 1989.

_______, *Chem, Eng. Sci.*, **49**, 4005 (1994).

Paul, E. L., and Treybal, R. E., *AIChE J.*, **17**, 718 (1971).

Spielman, L. A., and Levenspiel, O., *Chem. Eng. Sci.*, **20**, 247 (1965).

Suzuki, M., personal communication, 1970.

Zweitering, Th. N., *Chem. Eng. Sci.*, **11**, 1 (1959).

제 3 부

Chemical Reaction Engineering

# 고체에 의한 촉매 반응

*Reactions Catalyzed by Solids*

제 17 장

# 불균질계 반응 – 개요

*Heterogeneous Reaction – Introduction*

이 책의 후반부에서는 다양한 불균질계(균질계와 불균질계에 관한 논의는 1장 참고) 반응에 대한 속도론과 반응기 설계를 서술한다. 불균질계에서는 균질계에서 고려하지 않았던 두 가지 복잡한 요소를 고려해야 한다. 첫째는 속도식의 복잡성이고 둘째는 2상계(two-phase system)에 대한 접촉 방식의 복잡성이다. 이에 대해 간단히 살펴보자.

**속도식의 복잡성** 상(phase, 고체, 액체, 기체 등)이 두 개 이상 존재하므로, 속도식 내에 한 상에서 다른 상으로의 물질이동(혹은 물질전달)을 고려해야 한다. 따라서 일반적인 속도식에 물질전달의 항을 포함시켜야 한다. 이 물질전달은 불균질계의 종류에 따라 유형과 항수가 다르므로, 일반적으로 적용할 수 있는 단일한 속도식은 없다. 다음 몇 가지 예제를 살펴보자.

## 예제 17.1 ▶ 공기 중에서 탄소 입자의 연소

아래 화학반응식에 포함된 속도단계를 말하라. CO의 생성 가능성은 무시한다.

$$C + O_2 \rightarrow CO_2$$

**› 풀이**

그림 E17.1에 나타낸 바와 같이 산소의 탄소 입자 표면까지의 이동(물질전달)과 탄소 표면에서의 화학반응의 두 단계가 있다.

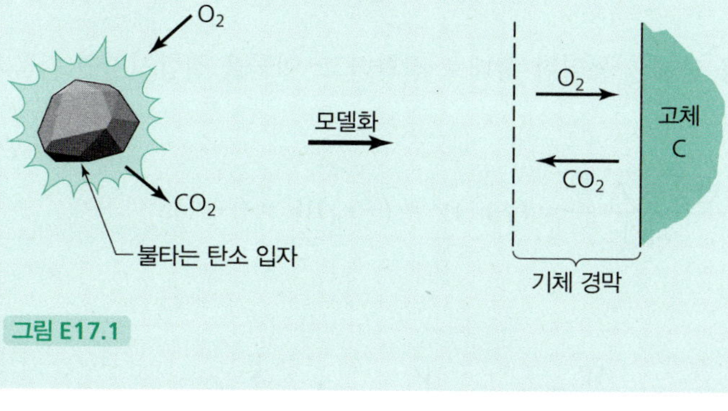


그림 E17.1

## 예제 17.2 ▶ 호기성 발효

미생물이 포함된 발효기에 기포 형태의 공기가 주입되고, 주입된 산소는 미생물이 섭취하여 생성물을 생산할 때 포함된 속도단계를 말하라.

### 풀이

그림 E17.2와 같이 미생물 내에서의 반응을 포함하여 총 일곱 단계의 저항이 존재한다. 이 중에서 어떤 단계를 얼마나 고려할 것인지는 여건에 따라 다르다.

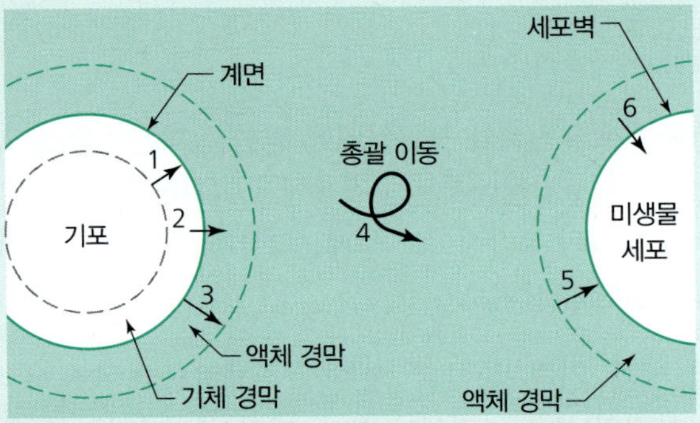


그림 E17.2

전체 속도식을 유도하기 위해 동일한 기준하에서 각 속도단계를 기술하면 다음과 같다.

$$-r_A = -\frac{1}{V}\frac{dN_A}{dt} = \frac{\text{반응한 A 몰}}{\text{반응유체 부피 시간}}$$

또는

$$-r'_A = -\frac{1}{W}\frac{dN_A}{dt} = \frac{\text{반응한 A 몰}}{\text{고체 질량 시간}}$$

또는

$$-r''_A = -\frac{1}{S}\frac{dN_A}{dt} = \frac{\text{반응한 A 몰}}{\text{표면적 시간}}$$

모든 물질전달과 반응 단계를 동일한 형태로 전환하고, 이들을 결합시키면 다음과 같이 정리할 수 있다.

$$\frac{\text{반응한 A 몰}}{\text{시간}} = (-r_A)V = (-r'_A)W = (-r''_A)S$$

또는

$$r_A = \frac{W}{V}r'_A, \quad r''_A = \frac{V}{S}r_A, \quad r'_A = \frac{S}{W}r''_A$$

만일 각 단계가 예제 17.1과 17.2와 같이 연속적으로 일어난다면 다음과 같은 표현이 가능하다.

$$r_{\text{overall}} = r_1 = r_2 = r_3$$

이 반응이 병렬로 일어난다면 다음과 같다.

$$r_{\text{overall}} = r_1 + r_2$$

각 속도단계가 연속적이고 모든 단계가 농도에 대하여 선형적이라면, 전체 반응속도를 쉽게 구할 수 있다. 그러나 어떤 한 단계라도 비선형이라면 전체 속도식은 매우 복잡한 형태를 가지게 된다. 따라서 여러 가지 방법을 통해 비선형식을 회피하는 노력을 해야 한다. 속도식을 농도에 관한 1차 식으로 근사하는 것이 가장 유용한 방법이 될 수 있다.

또한, 대개 중간 상태에 있는 물질의 농도를 알 수 없기 때문에, 이 농도는 전체 속도식에서 제거되어야 한다. 예제 17.3은 이 예를 보여준다.

## 예제 17.3 ▶ 어떤 선형공정의 전체 속도식

희박한 농도의 물질 A가 정지된 액체 경막(liquid film)을 통해 B로 구성된 표면으로 확산하고 반응에 의해 생성된 R은 주 흐름으로 확산되어 나온다.

$$A(l) + B(s) \rightarrow R(l)$$

그림 E17.3과 같이 평면에서 일어나는 액-고(L/S) 반응의 전체 속도식을 유도하라.

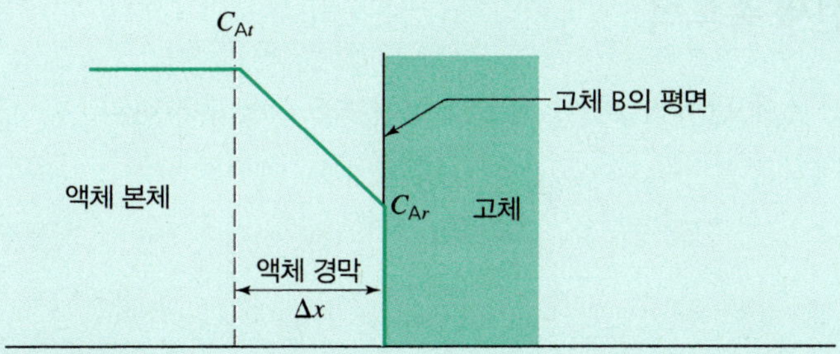


그림 E17.3

### 풀이

확산에 의한 표면으로의 A의 흘럭스(flux)는 다음과 같다.

$$r''_{A1} = \frac{\mathscr{D}}{\Delta x}(C_{Al} - C_{As}) = k_l(C_{Al} - C_{As}) \qquad \text{(i)}$$

화학반응은 A에 관해서 1차이며, 이를 단위면적당으로 표시하면 다음과 같다.

$$r''_{A2} = \frac{1}{S}\frac{dN_A}{dt} = k''C_{As} \qquad \text{(ii)}$$

정상 상태에서는 표면으로의 확산속도는 표면에서의 반응속도와 같다(각 단계가 연속적). 따라서

$$r''_{A1} = r''_{A2}$$

이고 식 (i)과 (ii)로부터

$$k_l\,(C_{Al} - C_{As}) = k''\,C_{As}$$

이다. 그러므로

$$C_{As} = \frac{k_l}{k_l + k''}C_{Al} \tag{iii}$$

이 되며 식 (iii)을 식 (i) 또는 식 (ii)에 대입하여 측정할 수 없는 $C_{As}$를 소거하면 다음과 같다.

$$r''_{A1} = r''_{A2} = r''_A = -\frac{1}{\dfrac{1}{k_l} + \dfrac{1}{k''}}C_{Al} = -k_{\text{overall}}\,C_{Al}, \qquad \left[\frac{\text{mol}}{\text{m}^2\cdot\text{s}}\right]$$

***논평.*** 이 결과를 보면 $1/k_l$과 $1/k''$은 부가 저항(additive resistance)이다. 이렇게 각각의 저항을 더해서 전체 저항을 구할 수 있는 경우는, 반응속도가 구동력(driving force)의 일차함수이고 과정이 연속으로 일어날 때만 가능하다.

## 예제 17.4 ▶ 비선형공정의 전체 속도식

예제 17.3에서 반응단계가 A에 관하여 2차인 경우에 전체 속도식을 유도하라.

$$r''_{A2} = -k''C_A^2$$

> 풀이

예제 17.3에서 했던 것처럼 반응단계에서 $C_{As}$를 소거하면 아래와 같이 다소 복잡한 식이 얻어진다.

$$-r''_A = -r''_{A1} = -r''_{A2} = \frac{k_l}{2\,k''}\left(2\,k''\,C_{Al} + k_l - \sqrt{k_l^2 + 4\,k''k_lC_{Al}}\right), \qquad \left[\frac{\text{mol}}{\text{m}^2\cdot\text{s}}\right]$$

### ▶ 2상계의 접촉 방식

두 상이 접촉하는 방법은 다양하며 그 각각에 대한 독자적인 속도식이 존재한다. 이상적인 흐름 양식에 대한 속도식은 큰 어려움 없이 유도가 가능하다. 그러나 실제 흐름이 이상 흐름과 상당한 차이를 나타낼 때는 실제 흐름을 유사하게 반영할 수 있는 모델을 선택하거나, 실제 흐름을 포괄할 수 있는 이상적인 흐름에 대한 성능을 계산해야 한다. 다행히 불균질계에 대한 실제 반응기의

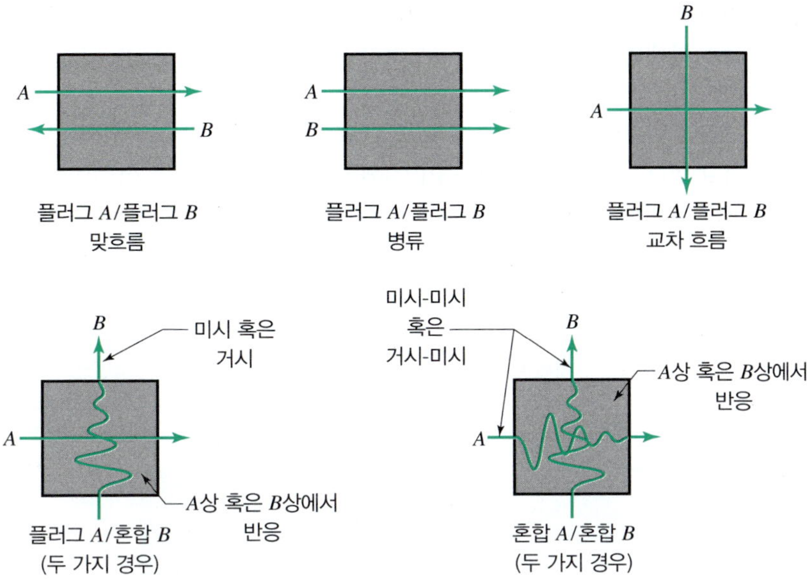


그림 17.1 두 가지 흐르는 유체의 이상적인 접촉 방식.

대부분은 그림 17.1에 표현된 5가지 이상 흐름 양식 중의 하나로 충분히 근사할 수 있다. 그러나 유동층에서 일어나는 반응에 관해서는 예외이다. 유동층 반응 모델은 따로 개발해야 한다.

## 흐름모델링에 대한 마지막 생각

반응기 설계 및 대형화를 위해서는, 반응기 및 부가 장치의 설치를 고려한 흐름모델을 선택하는 것은 필수적이다. 종종 이 측면을 충분히 고려하지 않고 부주의하게 잘못된 모델을 선택하면, $n$차의 정확도를 가지는 컴퓨터 계산을 수행하고도 설계된 반응기와 대형화의 결과가 예측과 일치하지 않아서 놀라게 된다. 접촉 방식을 적절히 나타내지 못하는 복잡한 모델보다는 차라리 단순하고 합리적인 모델이 훨씬 좋다. 때때로 좋은 흐름모델의 선정과 대형화에 따른 흐름 양식의 변화에 대한 지식이 성공과 실패를 가르기도 한다.

앞에서 언급한 내용은 이 책의 나머지 부분에서 고려할 불균질계 반응에 대한 접근법을 제시할 것이다.

## 연습 문제

**17.1** 기체 반응물 A가 기체 경막을 통해 확산되어 고체의 표면에서 다음과 같은 가역 1차 반응을 일으킨다.

$$-r''_A = k''(C_{As} - C_{Ae})$$

$C_{Ae}$는 고체 표면에서 평형 상태의 A의 농도이다. 물질전달과 반응단계를 모두 고려한 속도식을 유도하라.

**17.2** 예제 17.4에서 경막을 통한 물질전달과 평평한 표면에서의 2차의 반응속도에 대한 최종 속도식을 나타내었다. 이 속도식을 유도하고 이 식이 옳음을 보여라.

**17.3** 슬러리 반응기에서 순수한 반응물 기체가 촉매 입자가 분산되어 있는 액체를 기포 형태로 통과하고 있다. 이 속도론은 그림 P17.3에 나타낸 것처럼 경막 이론으로 설명이 가능하다. 따라서 고체의 표면에 도달하기 위해서는 액상으로 들어간 반응물이 액체 경막을 통해 액체의 중심부로 확산된 후 다시 액체 경막을 통해 고체 촉매 입자 표면으로 확산되어야 한다. 입자의 표면에서 반응물은 1차 반응하여 생성물을 만든다. 전체 속도식을 이들 저항의 항으로 유도하라.

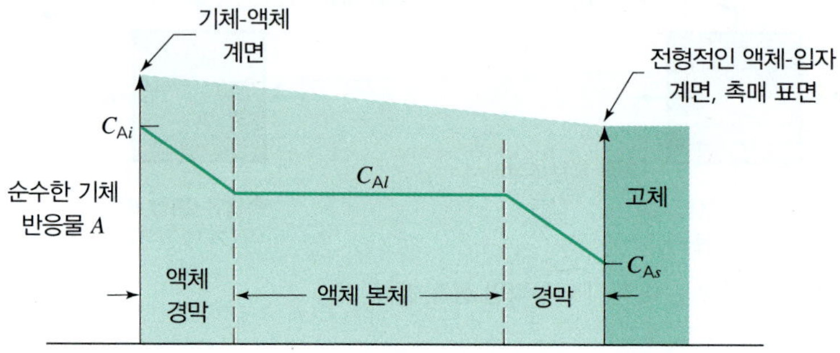


그림 P17.3

제 18 장

# 고체 촉매 반응

## Solid Catalyzed Reactions

많은 화학반응에서 반응속도는 반응물도 생성물도 아닌 물질에 의해 영향을 받는다. *촉매*(catalyst)라 불리는 이 물질은 백만 배 혹은 그 이상으로 반응을 빠르게 하거나 반응을 느리게(부촉매) 할 수 있다.

촉매는 크게 두 가지로 분류할 수 있다. 생화학적 시스템과 같이 상온 근처에서 작용하는 천연(생화학)촉매와 고온에서 작용하는 합성촉매(혹은 화학촉매)가 있다.

*효소*(enzyme)라고 불리는 생화학적 촉매(혹은 생촉매)는 모든 생화학적 세계와 살아 있는 생물에서 발견되며, 이 효소의 작용이 없으면 생명이 존재할 수 없다. 더욱이 우리의 인체 내에는 수많은 효소와 다른 촉매들이 우리의 삶을 지속하기 위하여 항상 바쁘게 움직이고 있다. 이 생화학적 촉매에 관해서는 27장에서 좀 더 자세히 다룰 것이다.

합성 촉매는 대개 고체이며 고온에서 물질의 분해 혹은 합성을 목적으로 한다. 촉매 반응은 메탄올, 황산, 암모니아의 합성과 고분자, 페인트, 플라스틱 등 여러 가지 석유화학제품의 생산과 같은 많은 산업공정에서 중요한 역할을 한다. 오늘날 생산되는 모든 화학제품의 50% 이상은 촉매의 사용으로 제조되고 있다고 추정되고 있다. 촉매, 반응속도 및 반응기 설계는 이 장과 19~22장에서 다룰 것이다.

석유를 생각해 보자. 석유는 주로 탄화수소로 이루어진 여러 화합물들이 혼합되어 있기 때문에, 극한 조건에서 처리하면 여러 가지 변화가 동시에 일어나서 원하거나 원하지 않는 많은 화합물들이 생성된다. 촉매는 반응속도를 천 배 또는 백만 배라도 촉진시킬 수 있으며, 여러 종류의 반응이 일어나는 경우 촉매에서 가장 중요시되는 특성은 *선택도*(selectivity)이다. 선택도에 의해서 촉매는 다른 반응에는 영향을 주지 않으면서 특정 반응 혹은 단일 반응의 속도만을 변화시킨다. 따라서 적절한 촉매를 사용하면 주어진 원료로부터 원하는 물질이 주로 함유된 생성물을 얻을 수 있다.

일반적으로 관찰되는 내용은 아래와 같다.

**1.** 반응을 촉진하는 촉매의 선정에 관해서는 충분히 알려져 있지 않으므로 만족스러운 촉매를 제조하려면 실질적으로 수많은 시행착오를 거쳐야 한다.

**2.** 우수한 촉매의 화학적 조성을 그대로 복제하여 제조된 촉매라고 할지라도 그 촉매활성을 보장하지 못한다. 즉, 촉매의 물리적 혹은 결정 구조가 물질의 촉매활성에 관여한다는 것을 말해준다. 이 관점은 촉매를 어떤 임계온도 이상 가열하게 되면 일시적 혹은 영구적으로 촉매활성을 잃는다는 사실에 의해 뒷받침되고 있다. 따라서 현대 촉매 연구는 고체의

표면구조에 집중되어 있다.

3. 촉매의 작용을 설명하기 위해, 촉매 표면 부근에서 반응물 분자들이 에너지를 공급받거나 다른 영향을 받아 중간체를 형성한다는 여러 이론이 제안되었다. 그중 첫 번째 이론은 반응물 분자와 촉매 표면 일부와 연합(association)하여 중간체라는 형태로 분자들이 표면에 부착되어 있다고 생각한다. 두 번째 이론은 분자들이 표면 가까운 주위로 이동하여 표면력의 영향을 받게 된다고 생각하는 것으로서, 이때 분자들은 여전히 움직일 수 있음에도 불구하고 변화되었다고 본다. 세 번째 이론은 촉매 표면에서 활성 복합체인 자유 라디칼이 생성된다고 생각하는 것이다. 생성된 자유 라디칼은 촉매 주변 기체의 주 흐름으로 복귀하여 파괴될 때까지 새로운 분자들과 연속적으로 반응한다. 반응이 표면 주위에서 일어난다는 앞의 두 이론과는 달리 촉매 표면은 단지 자유 라디칼의 발생원이며 반응은 기체의 본체에서 일어난다고 생각한다.
4. 전이 상태 이론(transition-state theory)에 의하면 촉매는 반응물이 생성물로 변할 때 통과해야 하는 위치에너지 장벽을 감소시킨다. 이 에너지 장벽의 감소는 그림 18.1에 나타나 있다.
5. 촉매는 반응속도를 빠르게 할 수는 있어도 반응의 평형이나 반응의 끝점을 결정하지는 못한다. 평형은 열역학에 의해서 정해지며 촉매 유무에 관계없이 반응의 평형 상수는 언제나 동일하다(물론 주어진 온도와 압력에서).
6. 고체 표면이 촉매의 활성과 관련이 있기 때문에, 반응물이 접근 가능한 넓은 가용한 표면적이 필요하다. 여러 방법에 의하면, 촉매 1 $cm^3$이면 축구장 크기의 활성 표면적을 얻을 수 있다.

고체 촉매와 관련된 많은 문제들이 있지만, 여기에서는 고체 촉매의 설계에 필요한 속도식의 전개에 필요한 것만 다루기로 한다. 그리고 간단히 특정 반응을 촉진시킬 수 있는 촉매가 있다고 가정한다. 고체 촉매 존재하에서 반응물의 속도식을 검토하고 이 결과를 반응기 설계에 이용하고자 한다.

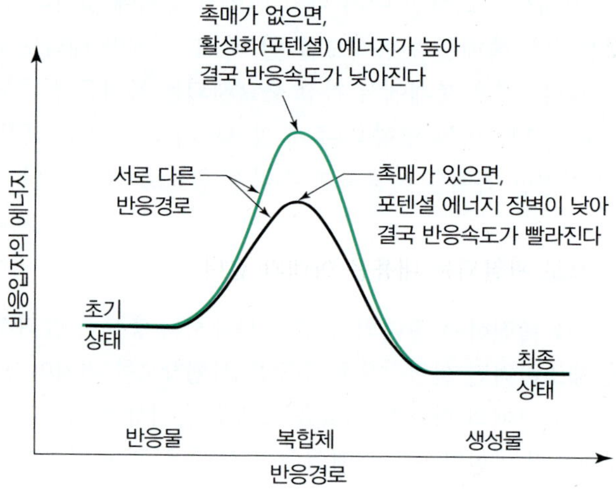


그림 18.1 촉매의 작용에 대한 표현.

### ▶ 다양한 속도론의 스펙트럼

반응물 A에 둘러싸인 다공성 촉매 입자를 생각하자. 전체적으로 입자에 대한 A의 반응속도는 다음에 의해 좌우된다.

① 입자의 표면, 내부 혹은 외부에서 일어나는 표면속도론(surface kinetics). 이는 촉매 입자 표면에서 일어나는 반응물 A의 흡착, 표면에서의 반응 또는 생성물이 기상 흐름으로 탈착되는 것을 포함한다.
② 반응물이 입자 내부로 도달하지 못하게 하는 기공 확산 저항(pore diffusion resistance).
③ 입자 내부의 온도 기울기(particle $\Delta T$). 이것은 반응 중에 발생되거나 흡수된 높은 열에 의해 발생한다.
④ 입자의 외부 표면과 기체 주 흐름 사이의 경막 온도 기울기(film $\Delta T$).
⑤ 입자 주위에 존재하는 기체의 경막 확산 저항 또는 농도 기울기(concentration gradient).

기체/다공성 고체 촉매 시스템에서 반응속도가 느릴 때는 ①에 의해서만 영향을 받으며, 빠른 반응에서는 ②에 의해 반응속도가 느려지며, ③ 또는 ④를 고려할 수 있다. ⑤가 전체 반응속도를 제한할 가능성은 거의 없다. 액체 시스템에서는 ①, ②, ⑤의 순서로 주로 영향을 미치며 ③, ④는 크게 영향을 주지 않는다.

다른 응용 분야(촉매 반응속도론 이외)에서는 이 다섯 가지의 요소가 다른 조합으로 응용된다. 표 18.1은 우리가 일반적으로 직면하는 상황을 보여준다.

여기서 반응속도에 영향을 주는 모든 현상을 소개했음에도 불구하고, 실제 상황에서는 동시에 다섯 가지의 모든 요소들을 고려해야 하는 경우는 결코 없다. 실제로 다공성 촉매 입자를 사용하는 대부분의 상황에서 ①과 ②만을 고려한다.

여기서는 주로 ①과 ②에 대해서 다루며, ③과 ④에 대해서는 간략히 다룰 것이다.

## 18.1 표면속도론에 대한 속도식

촉매 반응은 그 산업적 중요성 때문에 합리적으로 유도된 속도식으로부터 속도식 이론들을 개발하기 위해 상당한 노력을 기울여 왔다. 가장 유용한 한 가지는, 반응이 촉매 표면에 존재하는 활성점(활성점, active site)에서 일어난다고 가정하는 것이다. 따라서 아래의 세 가지 과정이 표면에서 순차적으로 일어난다고 볼 수 있다.

***1단계.*** 한 분자가 촉매 표면에 흡착되어 활성점과 부착한다.

***2단계.*** 다음으로 이 분자는 근접한 활성점에 존재하는 다른 분자와 반응하거나(2중위치 메카니

**표 18.1 입자의 반응속도에 영향을 주는 인자**

| 속도에 영향을 주는 인자 | 다공성 촉매 입자 | 촉매가 코팅된 표면 | 연료 방울의 연소 | 세포와 간단한 생명체 |
|---|---|---|---|---|
| ① 표면 반응 | Yes | Yes | No | Yes |
| ② 기공 확산 | Yes | No | No | Maybe |
| ③ 입자 $\Delta T$ | Not too likely | No | No | No |
| ④ 경막 $\Delta T$ | Sometimes | Rare | All important | No |
| ⑤ 경막 물질전달 | No | Yes | All important | Could be |

즘) 기체 주 흐름에 존재하는 분자와 반응하거나(단일위치 메카니즘) 또는 활성점에서 간단히 분해된다(단일위치 메카니즘).

***3단계.*** 생성물이 표면으로부터 탈착되어 나오고 활성점은 자유로워진다.

또한 이러한 세 과정에 포함된 활성점에 부착된 반응물, 중간생성물, 생성물뿐만 아니라 기체 주 흐름에 존재하는 모든 분자와 반응물 및 생성물은 평형 상태에 존재한다고 가정한다.

제안된 여러 가지 반응 메카니즘으로부터 유도된 속도식은 모두 아래와 같은 형태를 가지고 있다.

$$\text{반응속도} = \frac{(\text{속도항})(\text{구동력 혹은 평형으로부터의 이동})}{(\text{저항항})} \tag{1}$$

예를 들어, 다음과 반응이 불활성 기체 U의 존재하에서 벌어진다고 생각해보자.

$$A + B \leftrightarrows R + S, \qquad K$$

물질 A의 흡착이 속도 결정 단계(rate-controlling step)인 경우의 속도식은 다음과 같다.

$$-r''_A = \frac{k(p_A - p_R p_S / K p_B)}{(1 + K_A p_R p_S / K p_B + K_B p_B + K_R p_R + K_S p_S + K_U p_U)^2}$$

인접 자리에 부착된 A와 B의 분자들의 화학반응이 속도 결정 단계의 경우, 속도식은 아래와 같다.

$$-r''_A = \frac{k(p_A p_B - p_R p_S / K)}{(1 + K_A p_A + K_B p_B + K_R p_R + K_S p_S + K_U p_U)^2}$$

한편 R의 탈착이 속도 결정 단계인 경우는 다음과 같이 표현할 수 있다.

$$-r''_A = \frac{k(p_A p_B / p_S - p_R / K)}{1 + K_A p_A + K_B p_B + K K_R p_A p_B / p_S + K_S p_S + K_U p_U}$$

반응을 조절하는 인자를 갖는 반응의 상세한 메카니즘에는 각기 대응하는 속도식이 존재하며, 위 식에서 언급한 $K$ 값($K_A$부터 $K_U$까지)이 3~7개의 임의의 값을 가질 수 있다. 명확히, 이 책에서는 이 식들을 이 형태 그대로 사용하지 않을 예정이다. 따라서 이 식을 유도하지 않을 것이다. 이에 대해서는 Hougen과 Watson (1947), Corrigan (1954, 1955), Walas (1959) 등을 참고하면 된다.

이제 접촉시간 또는 공간 시간을 이용하여, 대부분의 촉매를 이용한 반응 혹은 전환에 대한 실험 결과를 비교적 간단한 1차 또는 $n$차 속도식으로 잘 피팅할 수 있다[Prater과 Lago (1956) 참고]. 그렇다면 왜 실험 결과와 잘 맞는 간단한 실험적인 속도식을 쓰지 않고 이론적 반응 메카니즘에 의하여 제시된 복잡한 속도식들 중에서 하나를 골라서 사용해야 할까?

아래에 간단한 실험적 속도식의 사용에 대한 찬반의 논쟁을 요약하였다.

**진실과 예측 가능성** 실제 반응 메카니즘을 찾아야 하는 가장 큰 이유 혹은 주장은, 실제 일어나고 있는 상황을 표현하는 반응 메카니즘을 발견하면 새롭고 더 바람직한 조업조건에의 예측을 보다 안전하게 할 수 있기 때문이다. 이것은 매우 강력한 논거이다. 반대의 주장을 예로 들어보자. 촉매작용에 관한 반응 메카니즘의 지식이 장래에 더 우수한 촉매를 제조할 수 있다는 최종의 목표를 이룰 수 있게 한다는 주장은 지금 현재 특별한 촉매를 갖고 있는 설계 엔지니어에게는 관련이 없다.

**반응 메카니즘을 찾는 문제** 우리가 가지고 있는 반응 메카니즘이 옳다는 것을 증명하려면 *우리 반응 메카니즘의 속도식을 나타내는 곡선들이 실험 결과를 훨씬 잘 표현할 수 있기 때문에 다른 모든 반응 메카니즘을 거부할 수 있어야 한다.* 그러나 각 속도론적 지배 반응 메카니즘에 대하여 임의로 선택할 수 있는 매개변수의 수가 3~7개로 많아서 광범위한 실험을 해야 하며, 실험 결과의 정밀도와 재현성이 요구되는 것이 자체가 큰 문제점이다. 실험 결과와 잘 부합하거나 또는 최고로 잘 맞는 반응 메카니즘이라고 할지라도, 이것이 충분하다고 생각해서는 안 된다. 곡선 맞추기(이론과 실험의 차이)에서의 차이가 매우 작으면 이 차이는 전적으로 실험 오차에 기인한다고 말할 수도 있다. 한편 그 차이가 통계적으로 중요하지 않을 수도 있다. 불행히도 여러 반응 메카니즘이 한 가지 실험 결과와 동등하게 잘 맞는 경우라면 여러 식 중에서 어떤 식도 실제 반응을 잘 표현한다고 볼 수 없다. 그렇다면 실험 결과와 잘 맞는 식 중에서 가장 간단하고 취급하기 쉬운 식을 이용하면 된다. 실제로 두 가지 식 중에서 더 복잡한 식을 사용할 어떤 이유가 없는 한, 두 가지 식 모두 실험 결과에 동등하게 잘 맞는다면 더 간편한 식을 사용해야 한다. Hougen과 Watson (1947)의 사례에 대한 Chou (1958)의 통계적인 분석과 논평에서 18개의 반응 메카니즘을 검토했다. 이 설명에 의하면 반응속도 실험 결과로부터 정확한 반응 메카니즘을 발견하기는 어려우며, 가장 주의깊게 실시한 일련의 실험에서도 실험 오차로 인해 여러 반응 메카니즘에서 예상되는 차이점이 은폐되기 쉽다는 점이 밝혀졌다.

따라서 어떤 메카니즘이 올바른지 합리적인 확신만으로 판단하는 것은 거의 불가능하다.

**저항을 결합하는 문제점** 표면 현상에 대한 올바른 반응 메카니즘과 그 속도식을 구했다고 가정하자. 이 단계와 기공 저항 또는 경막 저항과 같은 다른 저항 단계를 결합시키는 것은 다소 비실용적이다. 이 저항을 결합시키려면 여러 상수를 가진 속도식을 동등한 1차 식으로 바꾼 다음, 다른 반응 단계와 결합하여 총괄 속도식을 구하는 방법이 제일 좋다.

**표면속도론 요약** 지금까지의 검토를 통해 실험 결과와 만족스럽게 맞는 1차 식 혹은 $n$차의 가장 간단한 속도식을 사용하면 충분하다는 결론을 얻었다.

추가적으로 Weller (1956)과 Boudart (1956)은 활성점 이론의 타당성에 의심을 가지고 반응기 설계에 이용되는 속도식의 형태를 제안하였고, 한편 활성점 이론의 유용성이 과연 무엇인가에 관하여 상반되는 관점을 제시하였다.

## 18.2 표면속도론과 결합된 기공 확산 저항

### ▶ 단일 원주형 기공, 1차 반응

먼저 길이가 $L$인 단일 원주형 기공(single cylindrical pore)을 고려하자. 반응물 A가 원주형 기

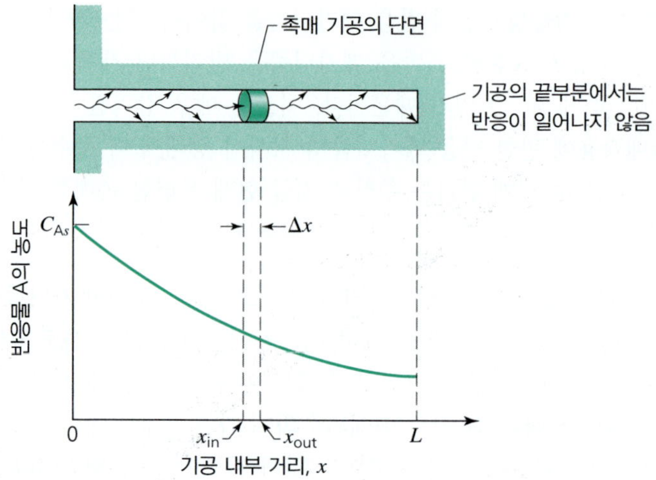


그림 18.2 **원주형 촉매 기공의 표현.**

공 내로 확산되어 들어가고, 내분 표면에서 아래와 같은 1차 반응이 일어난다.

$$A \rightarrow \text{생성물} \qquad \text{및} \qquad -r''_A = -\frac{1}{S}\frac{dN_A}{dt} = k''C_A \tag{2}$$

반응은 기공의 벽에서 일어나고 생성물은 그림 18.2에 나타난 것처럼 확산되어 빠져나간다. 이 단순한 모델은 추후에 좀 더 확장시킬 예정이다.

기공의 한 부분에서 물질의 출입 흐름은 그림 18.3과 같으며, 이 단위 부분에 대해 정상 상태에서 반응물에 대한 물질 수지는 다음과 같다.

$$\text{출력량} - \text{입력량} + \text{반응에 의한 소모량} = 0 \tag{4.1}$$

또는 그림 18.3에 언급된 양으로 표시하면 아래와 같다.

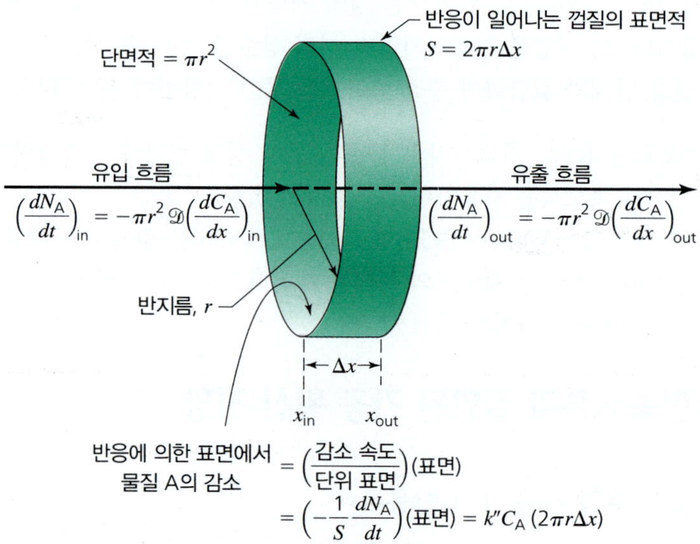


그림 18.3 **촉매 기공의 기본 조각에 대한 물질 수지 세우기.**

$$-\pi r^2 \mathscr{D}\left(\frac{dC_A}{dx}\right)_{out} + \pi r^2 \mathscr{D}\left(\frac{dC_A}{dx}\right)_{in} + k''C_A(2\pi r\Delta x) = 0$$

이를 다시 정리하면 다음과 같이 나타낼 수 있다.

$$\frac{\left(\frac{dC_A}{dx}\right)_{out} - \left(\frac{dC_A}{dx}\right)_{in}}{\Delta x} - \frac{2k''}{\mathscr{D}r}C_A = 0$$

이 식에서 $\Delta x$가 0이 되는 극한을 취하면 위의 식은 다음과 같이 변형된다.

$$\frac{d^2C_A}{dx^2} - \frac{2k''}{\mathscr{D}r}C_A = 0 \tag{3}$$

1차 반응은 촉매 기공 벽의 단위 표면적을 기준으로 하여 표시되었으므로 $k''$의 단위는 시간당의 길이($L/t$)이다. 일반적으로 기준이 다른 경우 속도 상수 간의 관계는 다음과 같다.

$$kV = k'W = k''S \tag{4}$$

따라서 원주형의 촉매 기공에 대해 다음 식이 성립한다.

$$k = k''\left(\frac{\text{표면}}{\text{부피}}\right) = k''\left(\frac{2\pi rL}{\pi r^2 L}\right) = \frac{2k''}{r} \tag{5}$$

식 (3)을 부피 단위로 나타내면 다음과 같다.

$$\frac{d^2C_A}{dx^2} - \frac{k}{\mathscr{D}}C_A = 0 \tag{6}$$

이 식은 자주 보는 선형 미분방정식으로서 아래와 같은 일반해로 표현할 수 있다.

$$C_A = M_1e^{mx} + M_2e^{-mx} \tag{7}$$

여기서 지수 위의 $m$ 값은 다음과 같고, $M_1$과 $M_2$는 상수이다.

$$m = \sqrt{\frac{k}{\mathscr{D}}} = \sqrt{\frac{2k''}{\mathscr{D}r}}$$

이 시스템에 맞는 해를 구하려면 이 두 상수를 구하면 된다. 이 값은 본 모델에 특정한 제한을 부여하는 것으로, 이 값에 의하여 모델이 표현하는 한계가 명백해진다. 이 사양을 문제의 경계 조건이라고 한다. 상수 2개를 알아야 하므로 2개의 경계조건을 기술해야 한다. 개념적 기공의 물리적인 한 시스템을 검토하면 다음과 같은 서술이 가능하다. 첫째, 기공 입구에서의 조건은 다음과 같다.

$$C_A = C_{As}, \qquad x = 0\text{에서} \tag{8a}$$

둘째, 기공의 안쪽 끝에서는 물질의 이동, 즉 흘럭스가 없으므로 다음 식이 가능하다.

$$\frac{dC_A}{dx} = 0, \qquad x = L\text{에서} \tag{8b}$$

이제 식 (7)과 식 (8)에 적절한 수학적 조작을 하면 다음 식을 얻을 수 있다.

$$M_1 = \frac{C_{As}e^{-mL}}{e^{mL} + e^{-mL}}, \qquad M_2 = \frac{C_{As}e^{mL}}{e^{mL} + e^{-mL}} \tag{9}$$

따라서 기공 내에서 반응물의 농도는 다음과 같이 된다.

$$\frac{C_A}{C_{As}} = \frac{e^{m(L-x)} + e^{-m(L-x)}}{e^{mL} + e^{-mL}} = \frac{\cosh m(L-x)}{\cosh mL} \tag{10}$$

그림 18.4는 기공 내부로 이동함에 따라 반응물의 농도가 점차 떨어짐을 보여주는데, 이 경향은 *씨일레 계수*(Thiele modulus)라고 불리는 무차원량 $mL$ 혹은 $M_T$에 의존함을 볼 수 있다.

기공 확산 저항에 따른 반응속도의 저하를 측정하기 위하여 다음과 같은 유효인자(effectiveness factor) $\mathscr{E}$를 정의한다.

$$\text{Effectiveness factor, } \mathscr{E} = \frac{(\text{기공 내에서 실제 평균 반응속도})}{(\text{기공확산이 없을 경우의 반응속도})} = \frac{\bar{r}_{\text{A, with diffusion}}}{r_{\text{A, without diffusion resistance}}} \tag{11}$$

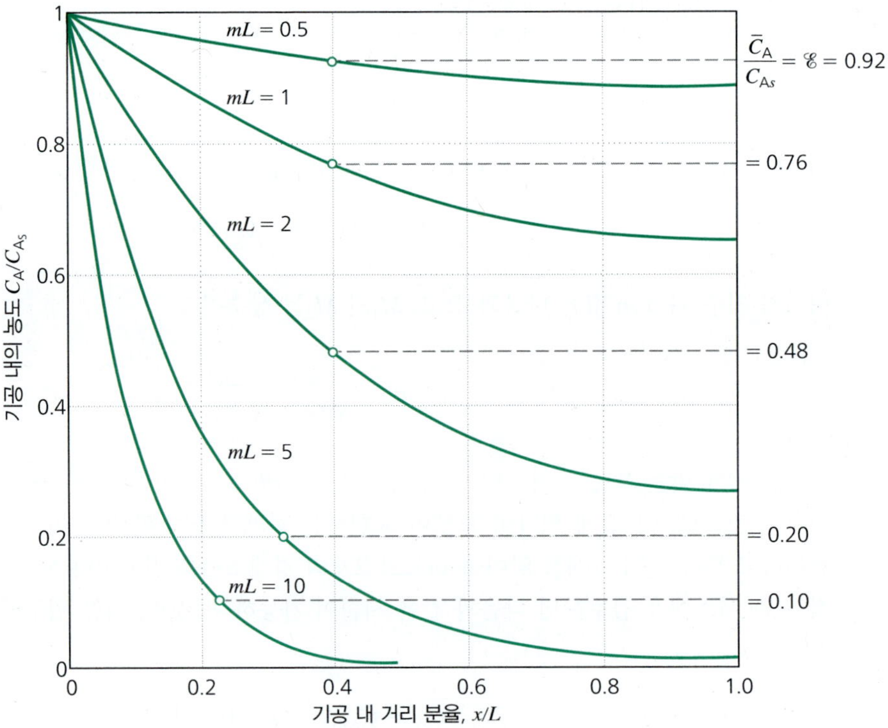


그림 18.4 매개변수 $mL = L\sqrt{k/\mathscr{D}}$의 함수로서 촉매 기공 내에서 반응물 농도의 분포와 평균값.

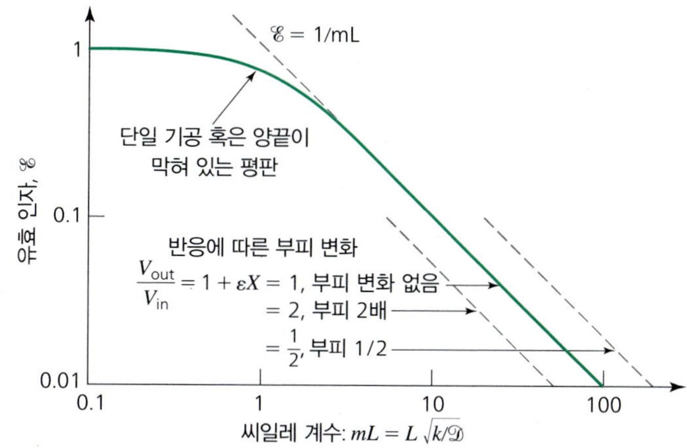


**그림 18.5** $mL$ **또는** $M_T$**의 함수로 표현되는 씨일레 계수**(Thiele modulus). Aris (1957)**와** Thiele (1939)**이 구하였다.**

특히 1차 반응에서는 반응속도가 농도에 비례하므로 $\mathscr{E} = C_A/C_{As}$이다. 식 (10)으로부터 기공 내에서의 평균 반응속도를 구하면 다음의 관계식이 얻어진다.

$$\mathscr{E}_{\text{first order}} = \frac{\overline{C}_A}{C_{As}} = \frac{\tanh mL}{mL} \tag{12}$$

이것은 그림 18.5에서 실선으로 표시된다. 그림을 보면 기공 확산이 반응속도를 조절하는 것을 알 수 있고, 이것은 $mL$의 값이 크냐 작으냐에 좌우됨을 알 수 있다.

$mL < 0.4$의 작은 $mL$ 값의 경우 $\mathscr{E} \cong 1$로 반응물의 농도가 기공 내에서 그다지 떨어지지 않기 때문에 기공 확산에 의한 저항은 무시할 수 있다. 이 사실은 $L\sqrt{k/\mathscr{D}}$ 값이 작으면 기공이 짧거나, 반응속도가 느리거나 확산이 빠르다는 것을 의미한다. 이 세 가지 요소($L$, $l$, $D$)는 모두 확산에 대한 저항을 낮추는 경향이 있다.

한편 $mL > 4$로 그 값이 큰 경우는 $\mathscr{E} = 1/mL$로서 반응물의 농도가 기공 내부를 따라 영으로 급격히 떨어지기 때문에 확산이 반응속도에 미치는 영향이 크다고 할 수 있다. 이 경우를 *기공 확산 저항이 크다*고 말한다.

## 18.3 다공성 촉매 입자

단일 기공에 대한 결과는 다양한 형태(구형, 원주형 등)에 대한 반응의 움직임을 예측할 수 있다. 이 시스템에서는 아래 사항을 적용할 수 있다.

1. ***적절한 확산계수의 사용.*** 분자확산계수(molecular diffusion coefficient) $\mathscr{D}$를 다공성 구조 내에서 유체의 유효확산계수(effective diffusion coefficient) $\mathscr{D}_e$로 치환한다. 다공성 고체 내에서 기체와 액체에 대한 대표적인 $\mathscr{D}_e$ 값은 Weize (1959)가 제안하였다.
2. ***입자 크기의 정확한 측정.*** 기체에 의해 모든 내부 표면에 도달할 수 있도록 침투할 수 있는 유효거리를 구하기 위해 우리는 입자의 특성 크기(characteristic size)를 다음과 같이 정의한다.

$$L\begin{cases} = \left(\dfrac{\text{volume of particle}}{\begin{array}{c}\text{exterior surface available}\\ \text{for reactant penetration}\end{array}}\right), \text{any particle shape} \\ = \dfrac{\text{thickness}}{2}, \text{for flat plates} \\ = \dfrac{R}{2}, \text{for cylinders} \\ = \dfrac{R}{3}, \text{for spheres} \end{cases} \tag{13}$$

3. ***반응속도의 측정.*** 촉매에서 속도식은 여러 가지 방법 중 하나로 표현할 수 있다. 예를 들어 1차 반응에 대해서는 아래와 같다.

$$-r_A = -\frac{1}{V}\frac{dN_A}{dt} = kC_A, \left[\frac{\text{mols reacted}}{\text{m}^3\,\text{voids}\cdot\text{s}}\right] \tag{14}$$

$$-r'_A = -\frac{1}{W}\frac{dN_A}{dt} = k'C_A, \left[\frac{\text{mol reacted}}{\text{kg cat}\cdot\text{s}}\right] \tag{15}$$

$$-r''_A = -\frac{1}{S}\frac{dN_A}{dt} = k''C_A, \left[\frac{\text{mol reacted}}{\text{m}^2\,\text{cat. surf.}\cdot\text{s}}\right] \tag{16}$$

$$-r'''_A = -\frac{1}{V_p}\frac{dN_A}{dt} = k'''C_A, \left[\frac{\text{mol reacted}}{\text{m}^3\,\text{solid}\cdot\text{s}}\right] \tag{17}$$

$$-r''''_A = -\frac{1}{V_r}\frac{dN_A}{dt} = k''''C_A, \left[\frac{\text{mol reacted}}{\text{m}^3\,\text{reactor}\cdot\text{s}}\right] \tag{18}$$

이 중에서 편리한 정의를 사용하면 된다. 그러나 다공성 촉매 입자에 대해서는 입자의 단위질량과 단위부피에 대한 속도식 $r'$과 $r''$이 유용하다. $n$차 반응에 대해서는 다음과 같다.

$$\begin{aligned} -r'_A\left[\frac{\text{mol A}}{(\text{kg cat})\cdot\text{s}}\right] &= k'C_A^n \quad \text{여기서} \quad k' = \left[\frac{(\text{m}^3\,\text{gas})^n}{(\text{mol A})^{n-1}\,(\text{kg cat})\cdot\text{s}}\right] \\ -r'''_A\left[\frac{\text{mol A}}{(\text{m}^3\,\text{cat})\cdot\text{s}}\right] &= k'''C_A^n \quad \text{여기서} \quad k''' = \left[\frac{(\text{m}^3\,\text{gas})^n}{(\text{mol A})^{n-1}\,(\text{m}^3\,\text{cat})\cdot\text{s}}\right] \end{aligned} \tag{19}$$

4. 단일 원주형 기공 해석과 유사한 방법으로 Thiele (1939)과 Aris (1957)는 다음과 같이 여러 가지 입자 형태에 대하여 $\mathscr{E}$와 $M_T$의 관계를 설명하였다.

$$\left.\begin{aligned} &A \rightarrow R \\ &-r'''_A = k'''C_A\mathscr{E} \end{aligned}\right\} \ldots \text{여기서} \quad \mathscr{E} \begin{cases} = \dfrac{1}{M_T}\cdot \tanh M_T & (20) \\ = \dfrac{1}{M_T}\cdot \dfrac{I_1(2M_T)}{I_0(2M_T)} & (21) \\ = \dfrac{1}{M_T}\cdot\left(\dfrac{1}{\tanh 3M_T}-\dfrac{1}{3M_T}\right) & (22) \end{cases}$$

($-r'''_A$: $\text{mol/m}^3\ \text{cat}\cdot\text{s}$; $I_1$, $I_0$: Bessel function)

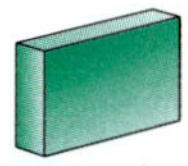

여기서 관계식은 다음과 같다.

$$M_T = L\sqrt{k'''/\mathscr{D}_e} \tag{23}$$

그림 18.6에 이 관계식을 나타내었다. 만일 $\mathscr{D}_e$, $k'''$와 L을 알고 있다면 그림 18.6과 $M_T$로부터 반응속도를 구할 수 있다. 반대로 이 값이 확실하지 않은 경우 만일 확산 저항에 의해 감소되는 반응속도를 측정하는 실험을 통해 $k'''$를 구하기를 원한다면?

5. ***실험을 통한 기공 저항 효과 찾기.*** 여기서 우리는 간단한 조작을 통해 관찰 가능하고, 측정 가능한 양으로 이루어진 새로운 계수(modulus)를 정의한다. 이것은 Wagner-Weisz-Wheeler 계수, $M_W$로 알려져 있다(이 문제를 처음 다룬 세 사람의 성이 같은 철자인 *W*로 시작되어 아래첨자를 하나로 쓸 수 있다).

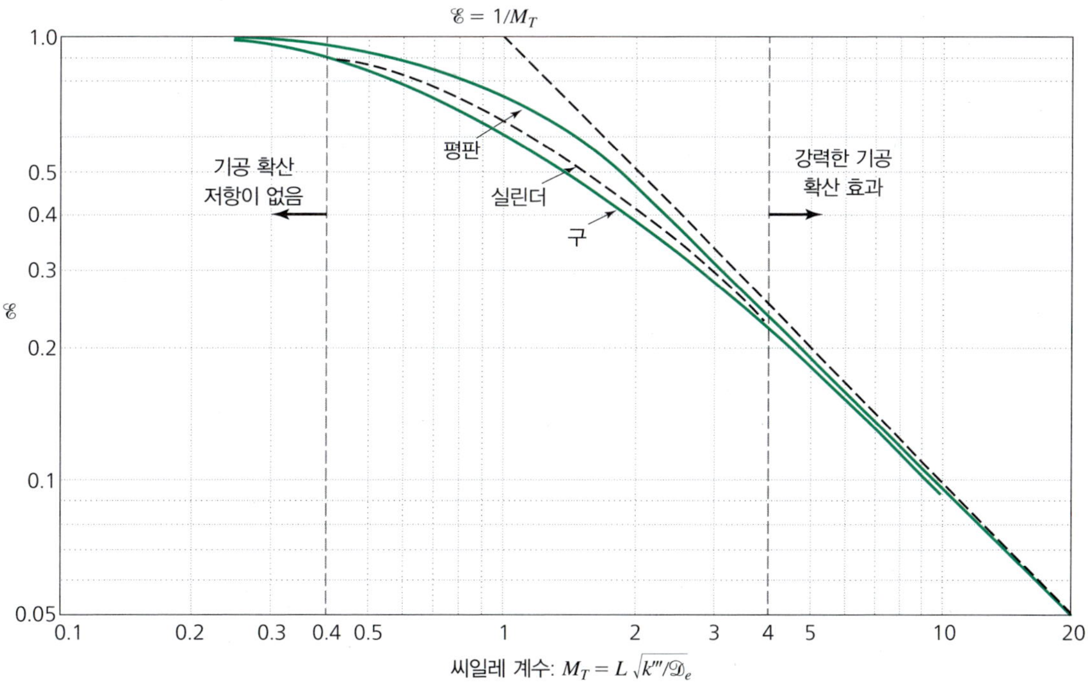


**그림 18.6** **다양한 형태의 다공성 입자에 대한 유효인자와 $M_T$.**

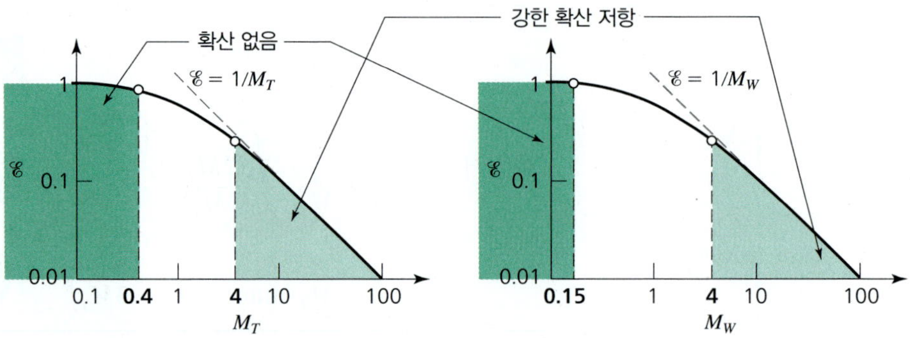


그림 18.7 기공 확산 저항의 두 가지 극한.

$$M_W = M_T^2\,\mathscr{E} = L^2\,\frac{(-r'''_A/C_A)_{obs}}{\mathscr{D}_e} \tag{24}$$

우리는 이 값을 바그너 계수(Wagner modulus)라 부른다.

6. ***기공 저항 한계.*** 반응물이 입자를 관통하여 모든 내부 표면에 스며들면 입자는 확산이 없는 영역에 있게 된다. 이것은 $M_T < 0.4$이거나 $M_W < 0.15$일 경우이다.

   반대로 입자 중앙에서 반응물이 고갈되면, 입자는 강한 기공 저항 영역에 있게 된다. 이것은 $M_T > 4$이거나 $M_W > 4$일 때이다. 그림 18.6과 18.7에서 이런 극한을 보여 준다.

7. ***다른 크기를 가진 입자.*** 크기 $R_1$과 $R_2$를 가진 입자의 거동을 비교하기 위하여 확산에 무관한 영역을 고려하자.

$$\frac{r'_{A1}}{r'_{A2}} = \frac{\mathscr{E}_1 k' C_A}{\mathscr{E}_2 k' C_A} = \frac{\mathscr{E}_1}{\mathscr{E}_2} = 1$$

강한 확산 저항 영역에서는 다음 식이 성립한다.

$$\frac{r'_{A1}}{r'_{A2}} = \frac{\mathscr{E}_1}{\mathscr{E}_2} = \frac{M_{T2}}{M_{T1}} = \frac{R_2}{R_1} \tag{25}$$

따라서 반응속도는 입자의 크기와 반비례한다.

## ▶ 확장

이러한 기초적인 해석을 통해 더 다양하게 확장할 수 있다. 여기서 이 중에서 단지 몇 가지만 언급한다.

**다양한 형태와 크기를 가진 입자의 혼합물** 다양한 형태와 크기를 가진 입자들로 구성된 촉매층에 대해서 Aris (1957)가 보정 평균유효인자(correct mean effectiveness factor)를 구했다.

$$\overline{\mathscr{E}} = \mathscr{E}_1 f'_1 + \mathscr{E}_2 f'_2 + \cdots$$

여기서 $f_1', f_2', \ldots$는 크기 1, 2, ...를 가지는 입자의 부피 분율이다.

**몰부피 변화** 반응 중 유체의 밀도가 감소(팽창을 의미)하면 기공 내에서 분자들의 유출이 증가하고 반응물의 기공으로의 확산이 어려워져 $\mathscr{E}$가 낮아진다. 반면 부피가 줄어들면(수축) 기공으로의 순유입이 생겨 $\mathscr{E}$이 증가한다. Thiele (1939)는 1차 반응에서 이 흐름이 $\mathscr{E}$ 대 $M_T$ 곡선이 단순히 이동된다는 것을 발견하였다(그림 18.5).

**임의의 반응속도론** 씨일레 계수를 다음과 같이 일반화시키면[Froment and Bischoff (1962) 참고]

$$M_T = \frac{(-r'''_{As})L}{\left[2\mathscr{D}_e \int_{C_{Ae}}^{C_{As}} (-r'''_A)\, dC_A\right]^{1/2}}, \qquad C_{Ae} = (\text{평형 농도}) \tag{26}$$

$M_T$에 대한 곡선 $\mathscr{E}$는 모든 형태의 반응속도에서 1차 반응의 곡선과 유사한 양상을 가지고 있다. 이 일반화된 씨일레 계수는

가역 1차 반응인 경우는 다음과 같다.

$$M_T = L\sqrt{\frac{k'''}{\mathscr{D}_e X_{Ae}}} \tag{27}$$

비가역 $n$차 반응인 경우는 아래과 같다.

$$M_T = L\sqrt{\frac{(n+1)k''' C_{As}^{n-1}}{2\mathscr{D}_e}} \tag{28}$$

$n$차 반응은 강한 기공 저항 영역에서는 예측하지 못한 방향으로 행동한다. 식 (28)의 일반화된 씨일레 계수와 $n$차 반응속도를 결합하면 다음 식을 얻을 수 있다.

$$\begin{aligned} -r'''_A &= k''' C_{As}^n \mathscr{E} = k''' C_{As}^n \cdot \frac{1}{M_T} = k''' C_{As}^n \cdot \frac{1}{L}\sqrt{\frac{2\mathscr{D}_e}{(n+1)k''' C_{As}^{n-1}}} \\ &= \left(\frac{2}{n+1} \cdot \frac{k'''\mathscr{D}_e}{L^2}\right)^{1/2} C_{As}^{(n+1)/2} \end{aligned} \tag{29}$$

따라서 강한 기공 확산 영역에서, $n$차 반응은 $(n + 1)/2$차 반응과 유사한 거동을 보인다. 즉 강한 기공 확산 영역에서는 반응의 양상이 다음과 같이 변형된다.

0차 반응 → $\frac{1}{2}$차 반응
1차 반응 → 1차 반응
2차 반응 → 1.5차 반응
3차 반응 → 2차 반응 **(30)**

또한 반응의 온도의 존성은 강한 기공 저항에 의해 영향을 받는다. 식 (29)로부터 관측된 $n$차 반응의 속도 상수는 다음과 같다.

$$k'''_{\text{obs}} = \left( \frac{2}{n+1} \cdot \frac{k''' \mathscr{D}_e}{L^2} \right)^{1/2}$$

여기에 로그를 취하고 온도에 관하여 미분하면 반응속도와 확산 과정의 온도 의존 방정식은 다음과 같이 변형된다.

$$\frac{d(\ln k'''_{\text{obs}})}{dT} = \frac{1}{2} \left[ \frac{d(\ln k''')}{dT} + \frac{d(\ln \mathscr{D}_e)}{dT} \right] \tag{31}$$

반응속도와 확산에 대하여 아레니우스(Arrhenius) 온도 의존성을 적용하면 아래와 같다.

$$k''' = k'''_0 e^{-\mathbf{E}_{\text{true}}/\mathbf{R}T} \quad \text{및} \quad \mathscr{D}_e = \mathscr{D}_{e0} e^{-\mathbf{E}_{\text{diff}}/\mathbf{R}T}$$

이 값을 식 (31)에 치환하면 다음과 같이 된다.

$$\boxed{\mathbf{E}_{\text{obs}} = \frac{\mathbf{E}_{\text{true}} + \mathbf{E}_{\text{diff}}}{2}} \tag{32}$$

일반적으로 기상반응의 활성화 에너지는 약 80~240 kJ로 매우 높고, 확산의 활성화 에너지는 상온에서 5 kJ, 1,000°C에서는 15 kJ로 매우 낮으므로 아래와 같이 근사할 수 있다.

$$\mathbf{E}_{\text{obs}} \cong \frac{\mathbf{E}_{\text{true}}}{2} \tag{33}$$

이 결과는 강한 기공 저항에 영향을 받는 반응의 경우, 관측된 활성화 에너지는 근사적으로 실제 활성화 에너지의 1/2과 같다는 것을 보여준다.

## ▶ 요약 – 기공 내에서 확산 저항

1차 표면반응에 대해서 지금까지 설명한 결과를 식 (34)로 요약할 수 있다.

$$-r'''_{\text{A}} = k''' C_{\text{As}} \mathscr{E} \quad \ldots \text{with} \ldots \quad \mathscr{E} = \frac{\tanh M_T}{M_T} \tag{34}$$

$$\text{where} \quad M_T = L \sqrt{\frac{k'''}{\mathscr{D}_e}} \quad \ldots \text{and also} \ldots \quad M_W = M_T^2 \mathscr{E} = \frac{L^2(-r'''_{\text{A,obs}})}{C_{\text{A,obs}} \mathscr{D}_e}$$

$k''' C_{\text{As}}$ = rate without any diffusion effects

$\mathscr{E}$ = 1 for no diffusion resistance

$\mathscr{E} = \tanh M_T / M_T$: this flat plate expression is a good approximation for all particle shapes

$L$ = characteristic length

$\mathscr{D}_e$ = effective diffusion coefficient in porous solids; m³ gas/m solid·s

$\mathscr{E}$ = effectiveness factor, a fudge factor which varies betwen 0 and 1, and which accounts for the resistance to pore diffusion

$M_T$ = Thiele modulus, useful for predicting reactor behavior from known kinetic information, thus known k'''

$M_W$ = Weisz modulus, useful for interpreting experiments since it only includes observables

기공 저항이 반응속도에 얼마나 영향을 미치는지 알아보기 위하여 $M_T$나 $M_W$를 구하고, 앞서 언급한 방정식과 그림으로부터 $\mathscr{E}$를 구하여 이것을 속도식에 대입한다.

바람직한 운전 범위: 미세한 고체는 기공 확산 저항에 무관하지만, 충전층에서는 압력강하로 인해 사용하기 어렵다. 반면에 큰 입자를 충전했을 경우는 충전층의 압력강하는 작지만 강한 기공 저항으로 인해 입자 내부의 대부분은 사용되지 못한다.

많은 효과적인 공정에서 우리가 원하는 것은 기공 저항에 무관하면서 가장 큰 입자를 사용하는 것이다. 즉, 다음과 같은 조건이다.

$$M_T \cong 0.4 \qquad \text{또는} \qquad M_W \cong 0.15 \tag{35}$$

## 18.4 화학반응 중의 열효과

반응속도가 매우 빨라 촉매 입자에서 방출(또는 흡수)된 열이 충분히 빠르게 제거되지 않으면 촉매 입자의 온도가 유체의 온도와 다른 비등온(성) 효과가 생긴다. 이때 두 가지 온도 효과가 존재한다.

입자 내 $\Delta T$: 입자 내에 온도의 변화가 있다.

경막 $\Delta T$: 입자와 주위 유체의 온도 차이가 있다. 뜨겁거나 차다.

발열반응의 경우 열이 외부로 방출되어 입자가 주변 유체보다 뜨거워진다. 따라서 비등온적 반응속도는 항상 총괄 흐름 조건(bulk streaming condition)에서 측정된 등온 반응속도보다 빠르다. 반면에 흡열반응인 경우 비등온 반응속도는 입자의 온도가 주변 유체보다 낮기 때문에 반응속도는 등온 반응속도보다 느리다.

따라서 첫 번째 결론은 다음과 같다. 만약 열충격에 의한 악영향으로 촉매 표면의 소결 또는 선택도의 감소가 뜨거운 입자에서 일어나지 않는다면, 발열반응의 비등온적 특성은 유리하게 작용하는 반면에 흡열반응에 있어서는 비등온성을 감소시켜야 원하는 결과를 얻을 수 있다.

그렇다면 비등온성이 어떤 효과를 나타내는지 다음의 간단한 계산을 통해 알아보자.

*경막* $\Delta T$에 대해서, 경막을 통한 열의 제거 속도와 입자 내에서 반응에 의한 열생성속도가 같다면 다음과 같이 쓸 수 있다.

$$Q_{\text{generated}} = (V_{\text{pellet}})(-r'''_{\text{A, obs}})(-\Delta H_r)$$
$$Q_{\text{removed}} = hS_{\text{pellet}}(T_g - T_s)$$

이 두 식을 결합하면 다음 식을 얻을 수 있다.

$$\boxed{\Delta T_{\text{film}} = (T_g - T_s) = \frac{L(-r'''_{\text{A, obs}})(-\Delta H_r)}{h}} \tag{36}$$

여기서 $L$은 입자의 특성길이다.

*입자 내* $\Delta T$는 입자의 구조와 반응속도론에 대한 Prater (1958)의 분석을 이용하여 간단히 구할 수 있다. 입자 내의 온도와 농도가 같은 형태의 미분방정식(Laplace 방정식)으로 주어지므

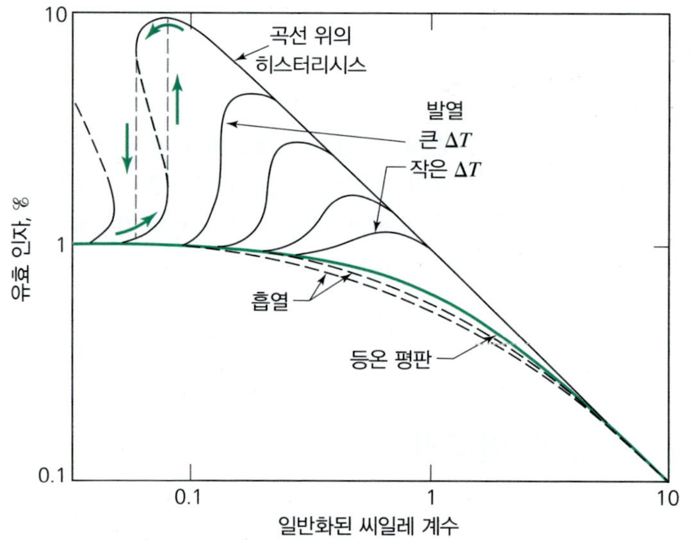


그림 18.8 **입자 내의 온도 변화에 대한 비등온 유효인자 곡선**[Bischoff (1967)].

로 Prater는 $T$와 $C_A$의 분포가 같은 모양을 가져야 하며, 따라서 입자의 어느 지점 $x$에서는 다음과 같은 식으로 표현하였다.

$$-k_{eff}\frac{dT}{dx} = \mathscr{D}_e \frac{dC_A}{dx}(-\Delta H_r) \tag{37}$$

이를 입자 전체에 대해 적분하면 다음 식이 된다.

$$\Delta T_{particle} = (T_{center} - T_s) = \frac{\mathscr{D}_e(C_{As} - C_{A,center})(-\Delta H_r)}{k_{eff}} \tag{38}$$

여기서 $k_{eff}$는 입자 내에서의 유효 열전도도(effective thermal conductivity)이다.

입자 내 온도 기울기에 대해서는 Carberry (1961), Weisz과 Hicks (1962) 등이 비등온 유효인자 곡선을 계산한 바 있다[참고 문헌: Bischoff (1967)]. 그림 18.8은 이 유효인자 곡선을 무차원군으로 나타낸 것으로서, 모양이 그림 18.6의 등온곡선과 매우 유사하지만 다음과 같은 예외도 있다. 발열반응에서는 기공 저항이 영향을 미치기 시작하는 곳에서 유효인자가 1보다 클 수 있는데, 위의 논의에 비추어 볼 때 이 결과는 예상할 수 있다.

그러나 Hutchings와 Carberry (1966), McGreavy 등(1969, 1970)은 기체-고체 시스템에서 반응이 빨라 비등온 효과가 생기면 온도 기울기가 입자 내부에서가 아니라 기체 경막에서 먼저 일어남을 밝혔다. 따라서 경막에서의 $\Delta T$가 뚜렷해지고 나서 입자 내의 $\Delta T$가 발생할 것이다.

그림 18.8에 자세한 비등온 유효인자 곡선의 결과를 나타내었다. 이와 함께 비등온 반응기의 결과를 나타내었다. 이외 다른 문제의 세부적인 내용은 Levenspiel (1996)의 제22장을 참고하라.

## 18.5 다공성 촉매 입자가 포함된 반응기의 성능 방정식

**플러그 흐름** 플러그 흐름 반응기의 얇은 조각을 고려하자. 균질계 반응에 대하여 5장에서 수행

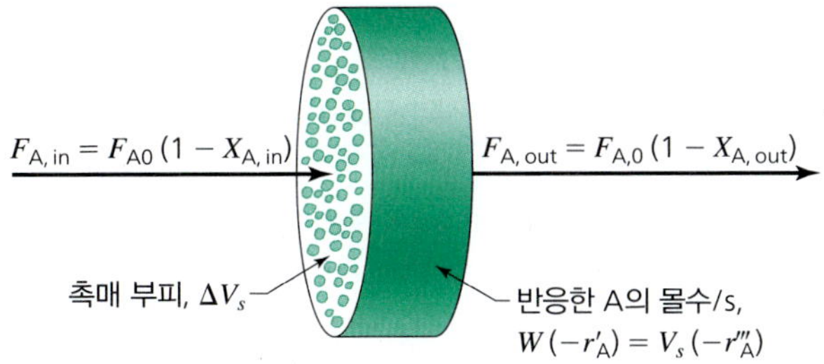


그림 18.9 **고체 촉매 플러그 흐름 반응기의 기본 조각.**

한 분석과정을 다시 수행할 것이다(그림 18.9). 정상 상태에서 반응물 A에 대한 물질 수지는 다음과 같다.

$$\text{입력량} = \text{출력량} + \text{반응에 의한 소모량}\cdots\left[\frac{\text{mol A}}{\text{s}}\right] \tag{39}$$

이를 기호로 표시하면 아래와 같다.

$$F_{A0} - F_{A0}X_{A\,in} = F_{A0} - F_{A0}X_{A\,out} + (-r'_A)\,\Delta W$$

이 식을 미분형으로는 변경하여 식을 다시 쓰면 다음과 같다.

$$F_{A0}\,dX_A = (-r'_A)\,dW = (-r'''_A)\,dV_s \tag{40}$$

전체 반응기에 대해서 적분을 하면 다음 식을 얻을 수 있다.

$$\boxed{\frac{W}{F_{A0}} = \int_0^{X_{Aout}} \frac{dX_A}{-r'_A} \quad \text{또는} \quad \frac{V_s}{F_{A0}} = \int_0^{X_{Aout}} \frac{dX_A}{-r'''_A}} \tag{41}$$

이 식은 5장의 식 (5.13)과 매우 유사하다. 유사성을 좀 더 부여하기 위하여 다음과 같이 정의한다.

$$\frac{WC_{A0}}{F_{A0}} = \tau' \qquad \left[\frac{\text{kg}\cdot\text{s}}{\text{m}^3}\right] \tag{42}$$

$$\frac{V_sC_{A0}}{F_{A0}} = \tau''' \qquad \left[\frac{\text{m}^3\text{s}\cdot\text{s}}{\text{m}^3}\right] \tag{43}$$

이 두 값에 대한 별도의 명칭은 없지만 각각 *무게-시간* 및 *부피-시간*으로 부를 수 있다. 1차 촉매 반응에 대해서 식 (41)은 다음과 같이 변형할 수 있다.

$$k'\tau' = k'''\tau''' = (1 + \varepsilon_A)\ln\frac{1}{1 - X_{Aout}} - \varepsilon_A X_{Aout} \quad [-] \tag{44}$$

**혼합 흐름** 5장의 분석을 따라 진행하면, 임의의 $\varepsilon_A$에 대해서 다음의 식을 얻을 수 있다.

$$\frac{W}{F_{A0}} = \frac{X_{Aout} - X_{Ain}}{(-r'_{Aout})} \quad \text{또는} \quad \frac{V_s}{F_{A0}} = \frac{X_{Aout} - X_{Ain}}{(-r'''_{Aout})} \tag{45}$$

$C_{Ain} = C_{A0}$, $\varepsilon_A \neq 0$인 1차 반응에 대해서 다음 식이 성립함을 알 수 있다.

$$k'\tau' = k'''\tau''' = \frac{X_{Aout}(1 + \varepsilon_A X_{Aout})}{1 - X_{Aout}} \tag{46}$$

## ▶ 한 묶음의 촉매와 가스를 포함한 반응기

$$\frac{t}{C_{A0}} = \frac{V}{W_s}\int\frac{dX_A}{-r'_A} \quad \text{또는} \quad \frac{t}{C_{A0}} = \frac{V}{V_s}\int\frac{dX_A}{-r'''_A} \quad \left[\frac{m^3 \cdot s}{mol}\right] \tag{47}$$

**간단한 성능(방정)식의 확장** 고체의 분율 $f$가 반응기의 높이 $z$에 따라 변하는 촉매 반응은 응용 분야가 넓다(그림 18.10 참고).

이 상황에서는 성능식을 미분형으로 표현하는 것이 보다 유용하다. 수직 반응기를 통한 기체의 공탑속도(고체가 존재하지 않을 때의 속도) $u_0$를 사용하여 반응기 내의 얇은 조각에서 일어나는 현상을 도식화하였다(그림 18.11).

정상 상태에서의 물질 수지는

$$A\text{의 입력량} = A\text{의 출력량} + A\text{의 소모량}$$

이고, 이를 기호로 나타내면 아래와 같다.

$$u_0AC_{A0}(1 - X_{Ain}) = u_0AC_{A0}(1 - X_{Aout}) + (-r'''_A)fA\,\Delta z$$

이 식을 미분형으로 쓰면 다음과 같다.

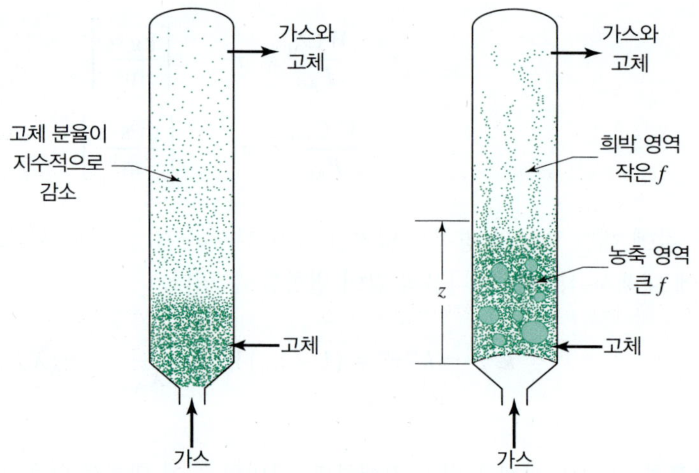


그림 18.10 고체 분율 $f$가 높이에 따라 변하는 촉매 반응기.

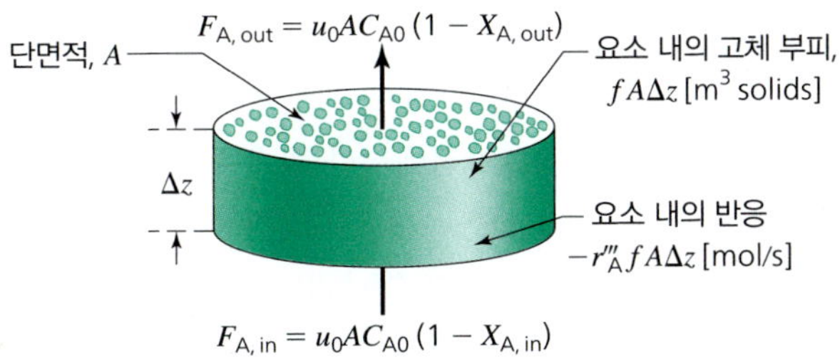


**그림 18.11 고체 분율 $f$를 가지는 촉매 반응기의 단면.**

$$\frac{C_{A0}\,dX_A}{-r'''_A} = \frac{f\,dz}{u_0} \tag{48}$$

이 미분식을 적분하면 다음 식을 얻을 수 있다.

$$\boxed{C_{A0}\int_0^{X_A}\frac{dX_A}{(-r'''_A)} = \frac{1}{u_0}\int_0^H f\,dz} \tag{49}$$

1차 반응의 경우 위의 식은 다음과 같이 축소된다.

$$(1+\varepsilon_A)\ln\frac{1}{1-X_A} - \varepsilon_A X_A = \frac{k'''}{u_0}\int_0^H f\,dz \tag{50}$$

$\varepsilon_A = 0$인 특별한 경우에 $f$는 상수이고, 촉매층의 높이가 $H$라면 다음과 같이 쓸 수 있다.

$$-\frac{dC_A}{dz} = f\frac{k'''C_A}{u_0} \qquad \text{또는} \qquad \ln\frac{C_{A0}}{C_A} = \frac{k'''fH}{u_0} \tag{51}$$

식 (40)에서 식 (47)까지 유도한 내용은 다음 장의 충전층 해석에서 사용된다. 식 (48)에서 식 (51)까지의 확장은 20장에서 분산 고체 반응기를 다룰 때 사용된다.

## 18.6 반응속도를 구하는 실험적 방법

접촉 형식이 알려져 있는 다양한 유형의 반응기가 촉매 반응속도론 연구에 이용될 수 있다. 촉매 반응의 경우 존재하는 유체의 상(phase)이 하나로 단일하기 때문에 반응속도는 균질계 반응과 동일한 방법으로 구할 수 있다. 단지 특별하게 주의할 점은 사용하는 성능식의 차원이 옳게 작성되었는지, 그리고 성능식의 각 항들이 주의 깊고 정확하게 정의되었는지를 확인하는 일이다.

촉매 반응속도론을 연구하는 실험전략으로는 보통 한 회분의 고체 촉매가 채워진 반응기를 이용하여 정상 상태 조건에서 기체의 전환율을 측정한다. 이때 어떤 흐름 형식도 사용될 수 있으나, 어떤 흐름 양식인지 모른다면 *반응속도를 알 수 없다*. 따라서 회분식 반응기도 사용할 수 있다. 이제 차례대로 다음 실험 장치들을 검토하기로 한다.

미분(흐름) 반응기
적분(플러그 흐름) 반응기

혼합 흐름 반응기
회분식 반응기(기체 혹은 고체)

**미분 반응기** 반응기 내의 어느 지점에서나 반응속도가 일정하다고 간주할 수 있다면 미분 흐름 반응기(differential flow reactor)를 이용한다. 반응속도는 농도에 의존하기 때문에, 위의 가정은 보통 전환율이 낮거나 얕은 소형 반응기(shallow small reactor)에 적절하다. 그러나 반드시 그런 것은 아니다. 예를 들어 반응기가 크고 반응속도가 느리거나 조성변화가 큰 0차 반응의 경우도 미분 반응기를 사용할 수 있다.

미분 반응기에서의 각 실행(혹은 조업)마다, 플러그 흐름 성능식은 알려진 각 실행의 평균 반응속도로부터 얻을 수 있다.

$$\frac{W}{F_{A0}} = \int_{X_{Ain}}^{X_{Aout}} \frac{dX_A}{-r'_A} = \frac{1}{(-r'_A)_{ave}} \int_{X_{Ain}}^{X_{Aout}} dX_A = \frac{X_{Aout} - X_{Ain}}{(-r'_A)_{ave}} \tag{52}$$

따라서 각 조업마다 반응기 내 평균농도에서의 반응속도 값을 구하고, 일련의 조업을 통해 속도식 분석에 이용되는 반응속도-농도 실험 결과를 구할 수 있다.

예제 18.2는 이 과정을 예로 설명하고 있다.

**적분 반응기** 반응기를 분석할 때 반응기 내부의 반응속도 변화가 크다면 적분 반응기(integral reactor)를 사용한다. 반응속도는 농도에 좌우되므로 이러한 큰 반응속도 변화는 반응기를 통과함에 따라 반응물의 조성이 상당히 변하는 경우에 해당한다. 속도식을 구하려면 아래 두 가지 방법 중의 하나를 택한다.

***적분해석*** 식 (5.17)과 유사한 아래의 기본적인 성능식을 적분하여 이에 대응되는 속도식(특수한 반응 메카니즘을)을 시험하는 것이다.

$$\frac{W}{F_{A0}} = \int_0^{X_A} \frac{dX_A}{-r'_A} \tag{53}$$

식 (5.20)과 식 (5.23)은 간단한 반응속도 식인 식 (5.17)의 적분형이다. 예제 18.3*a*에서 이 과정을 예로 설명하였다.

***미분해석*** 적분해석은 간단한 속도식 형태를 시험하는 빠른 방법이지만, 적분형 식은 취급하기 어려운 복잡한 속도식이 된다. 이럴 경우에는 해당 곡선을 미분하여 직접 반응속도를 구하는 미분해석이 더 편리하다. 이 방법은 3장에 기술된 미분식 방법과 유사하다. 따라서 식 (53)을 미분하면 아래의 식을 얻을 수 있다.

$$-r'_A = \frac{dX_A}{dW/F_{A0}} = \frac{dX_A}{d(W/F_{A0})} \tag{54}$$

예제 18.3*b*에서 이 방법의 예를 설명하였다.

**혼합 흐름 반응기** 혼합 흐름 반응기에서는 유체 전체의 조성이 동일해야 한다. 사실 기체-고체 시스템을 이러한 이상적인 상태에 접근시키기는 어려울 것 같아 보이지만 현실적으로 이와 같

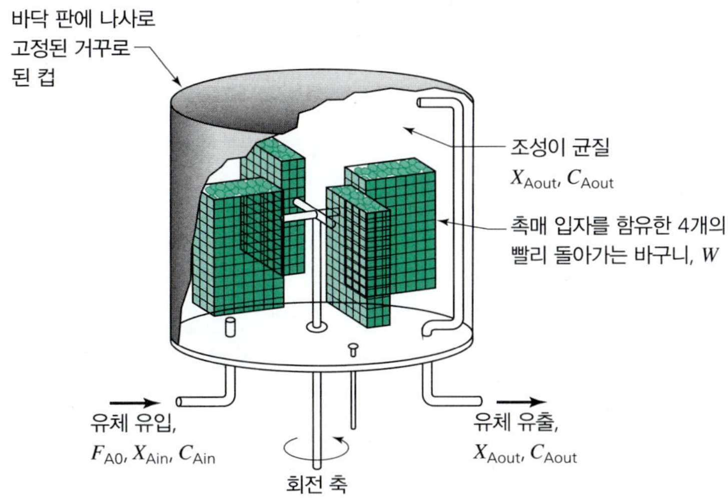


그림 18.12 Carberry의 바구니형(basket-type) 실험용 혼합 흐름 반응기의 개략도.

은 접촉을 가정하는 것이 가능하다(미분 접촉인 경우는 예외). 이러한 이상적인 상태에 가까운 간단한 실험장치를 Carberry (1964)가 고안하였다. 이 장치를 *바구니형 혼합 흐름 반응기*(basket-type mixed flow reactor)라고 부른다(그림 18.12). 설계상의 변경과 바구니형 반응기의 용도에 관해서는 Carberry (1969)를 참조하라. 혼합 흐름에 가까운 다른 장치로는 Berty (1974)가 고안한 것으로 그림 18.13에 나타내었다. 또 다른 장치로는 $\boldsymbol{R} = \infty$인 순환 반응기로서 다음 절에서 다룰 예정이다.

혼합 흐름 반응기에 대한 성능식은 다음과 같다.

$$\frac{W}{F_{A0}} = \frac{X_{Aout}}{-r'_{Aout}}$$

여기서 반응속도는 아래와 같다.

$$-r'_{Aout} = \frac{F_{A0}X_{Aout}}{W} \tag{55}$$

따라서 각 실행으로 유출유체의 조성에서 반응속도 값을 직접 구할 수 있다.

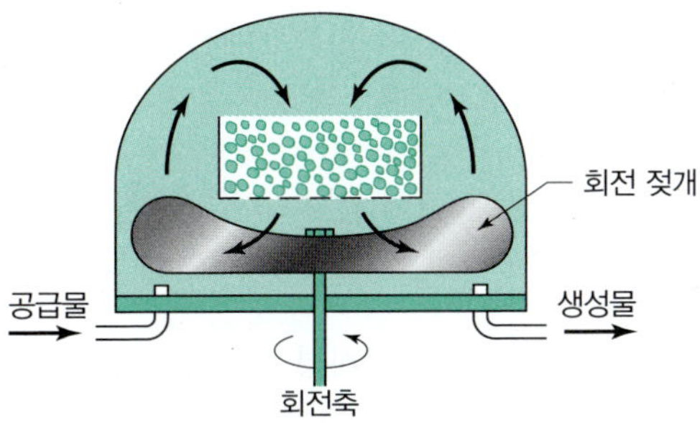


그림 18.13 Berty의 실험용 혼합 흐름 반응기의 원리.

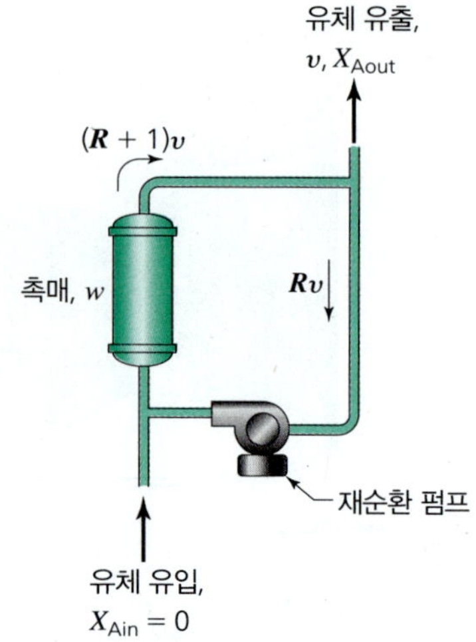


**그림 18.14** **실험용 순환 반응기, 순환비가 충분히 크면 혼합 흐름에 근접하게 된다.**

예제 5.1, 5.2, 5.3, 18.6에서 이러한 실험 결과의 처리 방법을 예시하였다.

**순환 반응기** 적분 반응기를 분석할 때 적분해석을 이용하는 것처럼, 순환 반응기를 분석하기 위해서는 특정한 속도식을 이용해야 한다. 순환 반응기의 성능식에 속도식을 대입하여 적분하면 다음과 같다.

$$\frac{W}{F_{A0}} = (\boldsymbol{R}+1)\int_{(\boldsymbol{R}/\boldsymbol{R}+1)X_{Af}}^{X_{Af}} \frac{dX_A}{-r'_A} \tag{6.21}$$

적분한 후 식의 좌변 대 우변을 $x$축과 $y$축으로 하여 그래프를 그린 후 선형성을 검토한다. 그림 18.14는 실험용 순환 반응기의 결과를 나타낸다.

불행하게도 순환비가 낮거나 중간값을 가질 때 해석이 어렵다는 결과를 얻게 된다. 따라서 이 영역은 무시해야 한다. 그러나 충분히 높은 순환비를 사용하면 혼합 흐름에 가까워져서 혼합 흐름 반응기의 방법(각 시행으로부터 반응속도를 직접계산)을 그대로 이용할 수 있다. 따라서 순환비가 크면 본래 플러그 흐름 장치를 혼합 흐름 장치로 근사시킬 수 있다. 그러나 중요한 점은 얼마나 크고 충분한 순환 비를 가지는지를 결정하는 것이다. Wedel과 Villadsen (1983), Broucek (1983)이 이러한 반응기의 한계에 관해 논의하였다.

**회분 반응기** 그림 18.15에 한 회분(batch)의 촉매와 유체를 사용하는 실험용 반응기의 주요한 특징을 개략적으로 나타내었다. 이 시스템에서는 시간에 따라 조성이 변하며 그 결과 회분식 반응기의 성능식으로 해석할 수 있다.

$$\frac{t}{C_{A0}} = \int_0^{X_A} \frac{dX_A}{-r_A} = \frac{V}{W}\int \frac{dX_A}{-r'_A} \qquad V = \begin{pmatrix}\text{가스의}\\\text{부피}\end{pmatrix} \tag{56}$$

이 과정은 균질 회분 반응기와 유사하다. 의미 있는 결과를 얻으려면 어느 순간에나 시스템 전체에서 유체의 조성이 균질해야 한다. 그러기 위해서는 촉매층을 한 번 통과할 때 전환율이 낮아야

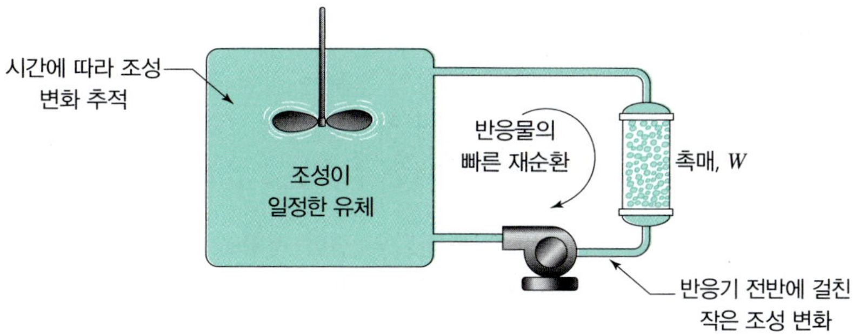


**그림 18.15** **촉매 반응에 대한 회분 반응기(회분식 촉매 및 회분식 유체).**

한다.

통과 흐름이 없는 순환 반응기는 회분 반응기가 된다. 이러한 유형의 회분 반응기는 Butt 등(1962)이 사용하였다.

## 실험용 반응기들의 비교

1. 적분 반응기, 특히 기체-고체 시스템에서는 반응기 벽을 통한 냉각을 사용해도 각 지점 간의 온도 변화가 상당히 크다. 속도식을 구하고자 할 경우 완전히 쓸모없는 반응기로부터 반응속도론을 측정할 수 있다. 이러한 관점에서는 바구니형 반응기가 가장 좋다.
2. 특히 공급물 및 생성물이 여러 가지 물질로 구성되어 있는 시스템에서 열과 물질전달의 영향이 있는 큰 충전탑의 운전을 모델링할 때는 적분 반응기가 유용하다.
3. 미분 및 혼합 흐름 반응기는 반응속도를 직접 얻을 수 있어 복잡한 반응 시스템의 분석에 유용하다. 적분 반응기로는 간단한 반응속도론의 실행 이외에는 불편하고 비실용적이다.
4. 미분 반응기에서는 전환율이 낮으므로 다른 반응기들보다는 정확한 조성의 측정이 중요하다.
5. 순환 반응기는 순환이 크면 혼합 흐름 반응기처럼 작동하며 그 장점을 공유한다. 실제 열효과를 최소화하려면 촉매가 한 곳에 몰리지 아니하고 순환회로에 분산되어 있을 필요가 있다.
6. 열 및 물질전달의 물리적 인자를 알아내기 위해서는 적분 반응기가 큰 고정층을 가장 잘 모사할 수 있다. 그러나 열효과의 한계를 알아내고, 열의 영향이 미치는 구간을 회피하고 이 현상의 영향을 받지 않는 반응속도론을 연구하기 위해서 바구니, 순환 및 회분식 기체/고체(*G*/*S*) 반응기들이 적합하다.
7. 회분식 *G*/*S* 반응기는 적분 반응기처럼 누적된 효과를 나타내며, 따라서 복합 반응의 진행을 추적하는 데 유용하다. 이 반응기에서는 열 및 물질전달 저항이 없는 반응(순환속도만 증가시킴)의 연구가 적당하며, 반응의 진행을 지연시키기 쉽다(큰 배치의 유체를 사용하거나 촉매를 소량 사용). 그러나 충전탑이 가진 모든 복잡성을 모델링하는 것은 적분 흐름 반응기가 가장 좋다.
8. 혼합 흐름 반응기는 결과를 해석하기 용이하기 때문에, 고체 촉매 반응의 반응속도론 연구에 가장 적당한 장치이다.

## ▶ 지배 저항과 속도식의 결정

반응속도를 지배하는 저항이 둘 이상인 경우는 실험 결과의 해석이 어렵다. 이 문제점을 극복하기 위해서는 우선 예비실험에서 여러 저항을 함께 고려해야 하는 운전의 한계를 파악해야 한다. 이를 통해 지배 저항을 개별적으로 다룰 수 있는 조업조건을 선택할 수 있다.

**경막 저항** 먼저 물질전달 또는 열전달의 경막 저항을 고려해야 하는지 그렇지 않은지를 결정하는 것이 중요하다. 이것은 다음 몇 가지 방법으로 알아볼 수 있다.

1. 무게-시간은 같고 기체 속도가 다를 때 전환율의 변화가 있는지를 알아본다. 동일한 무게-시간에서 적분 또는 미분 반응기에서 촉매의 양을 달리하고, 바구니형 반응기에서는 회전속도를 변경하며, 순환 또는 회분 반응기에서는 순환속도를 변경한다.
2. 실험 결과가 있는 경우에는 식 (36)으로 열전달에 대한 경막 저항의 중요성 여부를 계산할 수 있다. 이 유형의 흐름에 따른 물질전달계수와 입자 부피에 기준한 1차 속도 상수의 측정값을 비교하여 물질전달에 대한 경막 저항의 영향을 알 수 있다.

상대속도 $u$로 단일 입자를 지나는 유체에 대하여 Froessling (1938)이 다음과 같은 식을 제안하였다.

$$\frac{k_g d_p}{\mathscr{D}} = 2 + 0.6\,\mathrm{Re}^{1/2}\mathrm{Sc}^{1/3} = 2 + 0.6\left(\frac{d_p u \rho}{\mu}\right)^{1/2}\left(\frac{\mu}{\rho \mathscr{D}}\right)^{1/3}$$

입자의 충전층을 지나는 유체에 대해서는 Ranz (1952)에 의해 다음 식이 제안되었다.

$$\frac{k_g d_p}{\mathscr{D}} = 2 + 1.8\,\mathrm{Re}^{1/2}\mathrm{Sc}^{1/3}, \qquad \mathrm{Re} > 80$$

따라서 대략적으로 다음 관계식을 알 수 있다.

$$\left.\begin{aligned} k_g &\sim \frac{1}{d_p} && \text{작은 } d_p \text{ 및 } u \\ k_g &\sim \frac{u^{1/2}}{d_p^{1/2}} && \text{큰 } d_p \text{ 및 } u \end{aligned}\right\} \tag{57}$$

물질전달에 대한 경막 저항의 중요성을 알아보기 위하여 다음을 비교하는 것이 중요하다.

$$k'''_{\mathrm{obs}} V_p \ \text{ vs. } \ k_g S_{\mathrm{ex}} \tag{58}$$

두 항의 멱수 크기가 같으면 기체 경막 저항이 영향을 주고 있다고 볼 수 있다. 반면에 $k_{\mathrm{obs}} V_p$가 $k_g S_{\mathrm{ex}}$보다 매우 적으면 경막에서의 물질전달 저항을 무시할 수 있다. 예제 18.1에서 이 계산을 예로 설명하였다. 예제의 결과는 다공성 촉매에서는 경막 물질전달 저항이 중요한 역할을 하지 않는다는 것을 보여준다.

**비등온 효과** 기체 경막이나 입자 내부에서 온도 기울기가 생길 수 있으나 앞서 설명한 바에 의하면 기체-고체 시스템에서 반응속도에 가장 쉽게 영향을 주는 것은 기체 경막에서의 온도 기울기다. 따라서 실험적으로 기체 경막 저항이 없으면 입자의 온도는 주위 유체와 같다고 볼 수 있어 등온이라고 가정하게 된다. 다시 예제 18.1을 참고하라.

**기공 저항** 유효인자는 이러한 저항을 고려하는 것이다. 따라서 촉매 단위질량을 기준으로 표현하면 아래와 같다.

$$-r_A''' = k'''C_A^n\mathscr{E} \qquad \text{여기서} \qquad \mathscr{E} = \frac{1}{M_T}$$

기공 저항의 존재 유무는 다음에 의해 결정될 수 있다.

1. $\mathscr{D}_e$를 알고 있다면 계산한다.
2. 다른 크기의 입자에 대해서는 반응속도를 비교한다.
3. 반응 차수의 변화와 함께 온도 증가에 따른 반응의 활성화 에너지 감소에 주목한다.

## 18.7 복합 반응에서 생성물 분포

종종 고체 촉매 반응은 복합 반응(multiple reaction)이다. 여러 가지 생성물이 형성되며, 대개 이 생성물 중에서 한 가지가 우리가 원하는 생성물로 이 물질의 수율을 극대화시켜야 한다. 이 경우 생성물 분포 문제가 가장 중요하다.

여기서 우리는 여러 가지 반응에 있어서 강한 기공 확산 저항이 순간 수율에 미치는 영향을 검토하고자 한다. 그러나 특정한 유체의 흐름 양식에 따른 반응기의 총괄 수율은 이미 7장에서 다루었다. 또한 물질전달에 대한 경막 저항은 반응속도에 영향을 줄 것 같지 않으므로 이번 검토에서는 고려하지 않는다.

### ▶ 두 경로에 의한 단일 반응물의 분해

*기공 확산 저항이 없는 경우.* 다음과 같은 병렬 분해 반응을 고려하자.

$$A \begin{cases} \nearrow R \text{ (desired)}, & r_R = k_1 C_A^{a_1} \\ \searrow S \text{ (unwanted)}, & r_S = k_2 C_A^{a_2} \end{cases} \qquad (59)$$

여기서 촉매 표면의 어떤 부분에서의 순간 수율은 아래와 같다.

$$\varphi_{\text{true}}\left(\frac{R}{R+S}\right) = \frac{r_R}{r_R + r_S} = \frac{1}{1 + (k_2/k_1)C_A^{a_2-a_1}} \qquad (60)$$

1차 반응이면 이 식은 아래와 같이 변형된다.

$$\varphi_{\text{true}} = \frac{1}{1 + (k_2/k_1)} \qquad (61)$$

*강한 기공 확산 저항이 있는 경우.* 이 조건에서 반응속도는 다음과 같다.

$$r_{\mathrm{R}} = k_1 C_{\mathrm{A}g}^{a_1} \cdot \mathscr{E}_1 = k_1 C_{\mathrm{A}g}^{a_1} \cdot \frac{1}{M_T}$$

식 (29)로부터 다음과 같이 된다.

$$r_{\mathrm{R}} \cong k_1 C_{\mathrm{A}g}^{a_1} \cdot \frac{1}{L}\left[\frac{4\mathscr{D}_e}{(a_1+a_2+2)(k_1+k_2)C_{\mathrm{A}g}^{a_1-1}}\right]^{1/2}$$

$r_{\mathrm{S}}$에 대해서도 유사한 식을 사용하여 이들 두 식을 $\varphi$의 정의식에 대입하면 아래와 같다.

$$\varphi_{\mathrm{obs}} = \frac{r_{\mathrm{R}}}{r_{\mathrm{R}} + r_{\mathrm{S}}} \cong \frac{1}{1 + (k_2/k_1)C_{\mathrm{A}g}^{(a_2-a_1)/2}} \tag{62}$$

동일 차수(equal-order)나 1차 반응에 대해 위의 식은 아래와 같이 정리된다.

$$\varphi_{\mathrm{obs}} = \frac{1}{1 + (k_2/k_1)} \tag{63}$$

이러한 결과는 이미 예견되었는데, 그 이유는 7장의 규칙에서 동일한 차수의 병렬 반응에 대해서 생성물 분포는 기공이나 반응기 내에서 반응물 A의 농도 변화에 무관하다는 것을 언급했기 때문이다.

## ▶ 직렬 반응

원하는 생성물이 그 이상으로 분해되는 특성을 가진 1차 직렬 반응을 고려하자.

$$\mathrm{A} \rightarrow \mathrm{R} \rightarrow \mathrm{S}$$

$C_{\mathrm{A}}$는 촉매 입자의 내부에서 감소되지 않는다면, 실제 반응속도를 관측할 수 있다.

$$\varphi_{\mathrm{obs}} = \varphi_{\mathrm{true}} \qquad \text{또는} \qquad \left(\frac{k_2}{k_1}\right)_{\mathrm{obs}} = \left(\frac{k_2}{k_1}\right)_{\mathrm{true}} \tag{64}$$

*강한 기공 확산 저항이 있는 경우.* 적절한 속도식을 이용하여 식 (2)로 시작하는 유사한 해석을 하면 반응기 내의 어떤 점에서 주된 기체 흐름(main gas stream) 또는 기공 입구(pore mouth)에서의 물질의 농도비를 구할 수 있다. 따라서 미분형의 식은 다음과 같다[상세한 내용은 Wheeler (1951) 참고].

$$\frac{dC_{\mathrm{R}g}}{dC_{\mathrm{A}g}} = -\frac{1}{1+\gamma} + \gamma\frac{C_{\mathrm{R}g}}{C_{\mathrm{A}g}}, \qquad \gamma = \left(\frac{k_2}{k_1}\right)^{1/2} \tag{65}$$

$C_{\mathrm{A}}$가 $C_{\mathrm{A0}}$에서 $C_{\mathrm{A}g}$로 변하는 혼합 흐름에 대해서 $C_{\mathrm{R0}} = 0$로 하고 적분하면 식 (65)는 아래와 같다.

$$C_{\mathrm{R}g} = \frac{1}{1+\gamma} \cdot \frac{C_{\mathrm{A}g}(C_{\mathrm{A0}} - C_{\mathrm{A}g})}{C_{\mathrm{A}g} + \gamma(C_{\mathrm{A0}} - C_{\mathrm{A}g})} \tag{66}$$

플러그 흐름에 대하여 $C_{R0} = 0$로 하고 적분하면 다음과 같다.

$$\frac{C_{Rg}}{C_{A0}} = \frac{1}{1+\gamma} \cdot \frac{1}{1-\gamma}\left[\left(\frac{C_{Ag}}{C_{A0}}\right)^{\gamma} - \frac{C_{Ag}}{C_{A0}}\right] \tag{67}$$

식 (66)과 식 (67)을 기공 저항이 없는 경우와 비교하면 식 (8.41)과 식 (8.37)에서 A와 R의 분포는 실제 $k$ 비율의 제곱근을 갖는 반응과 $C_{Rg}$를 $1 + \gamma$로 나눈 것으로 구할 수 있다. R의 최대 수율도 같은 방식으로 영향을 받는다. 따라서 플러그 흐름에 대하여 식 (8.8)이나 식 (8.38)을 아래와 같이 변형시킬 수 있다.

$$\frac{C_{Rg,\,max}}{C_{A0}} = \frac{\gamma^{\gamma/(1-\gamma)}}{1+\gamma}, \qquad \gamma = \left(\frac{k_2}{k_1}\right)^{1/2} \tag{68}$$

혼합 흐름에 대하여 식 (8.15)나 식 (8.41)은 다음과 같이 변형된다.

$$\frac{C_{Rg,\,max}}{C_{A0}} = \frac{1}{(1+\gamma)(\gamma^{1/2}+1)^2} \tag{69}$$

표 18.2를 보면 R의 수율은 기공에서의 확산 저항이 큰 경우에 대략 반이 됨을 알 수 있다. 확산의 영향에 의해 발생하는 생성물 분포의 변동에 대한 전반적인 문제점은 Wheeler (1951)의 문헌을 참고하라.

## 실제 촉매로의 확장

지금까지 우리는 기공의 크기가 일정한 촉매 입자만 다루었는데, 실제 촉매는 기공의 크기가 다양하다. 일례로 다공성 분말을 압축해서 입자를 만든 경우를 고려하자. 이때 각 분말 입자의 내부에 작은 기공이 존재할 뿐만 아니라 분말 입자들의 사이에도 큰 공간이 존재한다. 일차적인 근사로서 이 구조를 그림 18.16에서 두 가지 크기의 기공으로 나타내었다. 기공구조의 가지도(degree of branching) $\alpha$를 아래와 같이 정의하면 실제의 모든 다공성 입자의 특성은 $\alpha$ 값으로 나타낼 수 있다.

$\alpha = 0$ 비다공성 입자
$\alpha = 1$ 기공의 크기가 동일한 입자
$\alpha = 2$ 기공의 크기가 두 가지인 입자

**표 18.2 직렬 1차 반응에 대한 기공 내부 확산의 역할**

| | $C_{Rg,max}/C_{A0}$ 플러그 흐름의 경우 | | | $C_{Rg,max}/C_{A0}$ 혼합 흐름의 경우 | | |
|---|---|---|---|---|---|---|
| $k_2/k_1$ | 저항 없음 | 강한 저항 | 감소율 | 저항 없음 | 강한 저항 | 감소율 |
| 1/64 | 0.936 | 0.650 | 30.6 | 0.790 | 0.486 | 38.5 |
| 1/16 | 0.831 | 0.504 | 39.3 | 0.640 | 0.356 | 44.5 |
| 1/4 | 0.630 | 0.333 | 47.6 | 0.444 | 0.229 | 48.5 |
| 1 | 0.368 | 0.184 | 50.0 | 0.250 | 0.125 | 50.0 |
| 4 | 0.157 | 0.083 | 47.2 | 0.111 | 0.057 | 48.5 |
| 16 | 0.051 | 0.031 | 38.2 | 0.040 | 0.022 | 44.5 |

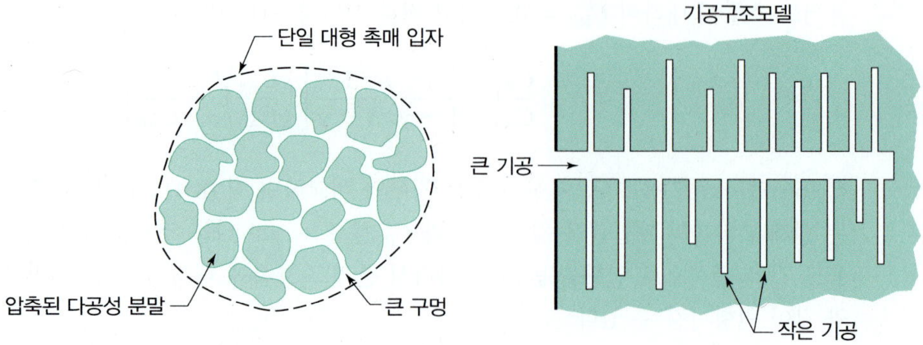


그림 18.16 **압축된 다공성 분말에 대한 모델로서 두 가지 크기의 기공을 가진 다공성 구조.**

이제 동일한 한 가지 크기의 기공 내에서 기공 확산이 큰 경우는 관측된 반응 차수, 활성화 에너지 및 복합 반응에서의 $k$의 비율이 실제와 다르다는 것을 이미 알고 있다. 따라서 식 (30)과 식 (32)로부터 다음을 알 수 있다.

$$\text{for } \alpha = 1 \begin{cases} \mathbf{E}_{obs} = \frac{1}{2}\mathbf{E}_{diff} + \frac{1}{2}\mathbf{E} \\ n_{obs} = 1 + \frac{n-1}{2} \\ \left(\frac{k_2}{k_1}\right)_{obs} = \left(\frac{k_2}{k_1}\right)^{1/2} \cdots \text{나란한 반응(동행 반응)} \end{cases} \tag{70}$$

Carberry (1962a, b)와 Tarltarelli (1968) 등은 다른 $\alpha$ 값을 갖는 경우와 가역 반응에 대해서 다양한 분석을 하였다. 따라서 기공의 크기가 두 가지인 경우에 반응은 주로 작은 기공에서 일어나는(면적이 넓어서) 반면, 두 가지의 기공 모두에서 기공 확산 저항이 클 경우에는 아래 식을 구할 수 있다.

$$\text{for } \alpha = 2 \begin{cases} \mathbf{E}_{obs} = \frac{3}{4}\mathbf{E}_{diff} + \frac{1}{4}\mathbf{E} \\ n_{obs} = 1 + \frac{n-1}{4} \\ \left(\frac{k_2}{k_1}\right)_{obs} = \left(\frac{k_2}{k_1}\right)^{1/4} \cdots \text{나란한 반응} \end{cases} \tag{71}$$

더욱 일반적인 임의의 기공구조에 대해서는 다음과 같이 된다.

$$\text{for any } \alpha \begin{cases} \mathbf{E}_{obs} = \left(1 - \frac{1}{2^\alpha}\right)\mathbf{E}_{diff} + \frac{1}{2^\alpha}\mathbf{E} \\ n_{obs} = 1 + \frac{n-1}{2^\alpha} \\ \left(\frac{k_2}{k_1}\right)_{obs} = \left(\frac{k_2}{k_1}\right)^{1/2^\alpha} \cdots \text{나란한 반응} \end{cases} \tag{72}$$

여기서 $\alpha$가 크면 확산의 역할이 더 커지며 관측된 활성화 에너지는 감소하여 확산 활성화 에너지 값으로 내려가고 반응 차수는 1에 접근한다. 따라서 주어진 기공구조에서 $\alpha$를 모르면 실제 $k$의 추정값은 기공 확산이 중요하지 않은 조건하에서 실험해야만 신뢰성이 있다. 반면 기공 저항이 크거나 또는 무시되는 양쪽에서의 실험적 $k$ 값의 비로부터 $\alpha$ 값을 구할 수 있다. 이는 차례로 촉매 기공구조의 형상에 대한 단서를 제공한다.

## 예제 18.1 ▶ 속도 지배 단계 반응 메카니즘의 탐색

특정 촉매를 사용하여 물질 A의 분해에 대한 반응속도를 실험적으로 측정하였다(다음 실험 결과 참고).

**(a)** 물질전달에 대한 경막 저항이 반응속도에 영향을 미칠 가능성이 있는가?
**(b)** 기공 확산이 큰 영역에서 이 실행이 가능한가?
**(c)** 입자 내부 또는 기체 경막 전체에 걸쳐 온도 변화가 있다고 생각하는가?

***자료.***
구형 입자의 경우의 자료:

$$d_p = 2.4\ \text{mm 또는 } L = R/3 = 0.4\ \text{mm} = 4 \times 10^{-4}\ \text{m cat}$$
$$\mathscr{D}_e = 5 \times 10^{-5}\ \text{m}^3/\text{hr} \cdot \text{m cat (유효 물질확산계수)}$$
$$k_{\text{eff}} = 1.6\ \text{kJ/hr} \cdot \text{m cat} \cdot \text{K (유효 열전도도)}$$

입자를 둘러싼 기체 경막(문헌의 관계식으로부터)의 자료:

$$h = 160\ \text{kJ/hr} \cdot \text{m}^2\ \text{cat} \cdot \text{K (열전달계수)}$$
$$k_g = 300\ \text{m}^3/\text{hr} \cdot \text{m}^2\ \text{cat (물질전달계수)}$$

화학반응 자료:

$$\Delta H_r = -160\ \text{kJ/mol A (발열반응)}$$
$$C_{\text{Ag}} = 20\ \text{mol/m}^3\ \text{(1기압, 336°C)}$$
$$-r'''_{\text{A, obs}} = 10^5\ \text{mol/hr} \cdot \text{m}^3\ \text{cat}$$

여기서는 1차 반응으로 가정한다.

**› *풀이***

**(a) *경막 물질전달.*** 식 (58)에 관련 수치를 대입하면 아래 값을 구할 수 있다.

$$\frac{\text{측정된 속도}}{\text{경막저항이 반응을 지배할 경우 속도}} = \frac{k'''_{\text{obs}} V_p}{k_g S_{\text{ex}}} = \frac{(-r'''_{\text{A, obs}}/C_{\text{Ag}})(\pi d_p^3/6)}{k_g(\pi d_p^2)} = \frac{-r'''_{\text{A, obs}}}{C_{\text{Ag}} k_g} \cdot \frac{d_p}{6}$$
$$= \frac{10^5\ \text{mol/hr} \cdot \text{m}^3\ \text{cat}}{(20\ \text{mol/m}^3)(300\ \text{m}^3/\text{hr} \cdot \text{m}^2\ \text{cat})} \cdot \frac{2.4 \times 10^{-3}\ \text{m cat}}{6}$$
$$= \frac{1}{150}$$

관측된 반응속도는 극한의 경막 물질전달 반응속도보다 매우 낮으므로 경막 물질전달에 대한 저항은 반응속도에 영향을 미치지 않음을 알 수 있다.

**(b)** ***기공 확산 저항이 큰 경우.*** 식 (24)와 그림 18.7를 이용하여 기공 확산 저항이 큰 경우를 시험하면 다음과 같다.

$$M_W = \frac{(-r'''_A)_{obs} L^2}{\mathscr{D}_e C_{Ag}} = \frac{(10^5\ \text{mol/hr}\cdot\text{m}^3\ \text{cat})(4\times10^{-4}\ \text{m cat})^2}{(5\times10^{-5}\ \text{m}^3/\text{hr}\cdot\text{m cat})(20\ \text{mol/m}^3)} = 16$$

이때 $M_w$는 4보다 크므로 기공 확산이 영향을 미치며 반응속도가 느려진다.

**(c)** ***비등온 조작.*** 식 (38)과 식 (36)에 의해 온도 변화의 상한을 추정하게 되는데 입자 내부의 온도 차이는 아래와 같다.

$$\begin{aligned}\Delta T_{\text{max, pellet}} &= \frac{\mathscr{D}_e(C_{Ag}-0)(-\Delta H_r)}{k_{\text{eff}}}\\ &= \frac{(5\times10^{-5}\ \text{m}^3/\text{hr}\cdot\text{m cat})(20\ \text{mol/m}^3)(160\ \text{kJ/mol})}{(1.6\ \text{kJ/hr}\cdot\text{m cat}\cdot\text{K})}\\ &= 0.1°\text{C}\end{aligned}$$

한편, 경막에서의 온도 차이는 다음과 같다.

$$\begin{aligned}\Delta T_{\text{max, film}} &= \frac{L(-r'''_{\text{A, obs}})(-\Delta H_r)}{h}\\ &= \frac{(4\times10^{-4}\ \text{m})(10^5\ \text{mol/hr}\cdot\text{m}^3)(160\ \text{kJ/mol})}{(160\ \text{kJ/hr}\cdot\text{m}^2\cdot\text{K})}\\ &= 40°\text{C}\end{aligned}$$

즉 입자의 온도가 비교적 일정하고 주변 유체 온도보다는 높을 수 있다.

이러한 예는 실제의 기체-고체 시스템에서 관측된 것에 근접한 계수들을 사용하였으며, 그 결과는 이 장에서 검토한 내용을 확인시켜 주고 있다.

## 예제 18.2 ▶ 미분 반응기로부터의 속도식

다음 촉매 반응이 플러그 흐름 반응기에서 3.2기압, 117°C 조건에서 일어난다. 촉매는 0.01 kg이 사용되며 미반응 한 순수 반응물 A를 부분적으로 전환시킨 생성물이 20 liters/hr 속도로 공급된다.

$$\text{A} \rightarrow 4\text{R}$$

조업 결과는 다음과 같다.

| Run | 1 | 2 | 3 | 4 |
|---|---|---|---|---|
| $C_{Ain}$, mol/liter | 0.100 | 0.080 | 0.060 | 0.040 |
| $C_{Aout}$, mol/liter | 0.084 | 0.070 | 0.055 | 0.038 |

이 반응을 나타내는 속도식을 구하라.

**풀이**

평균농도에 대한 최대 변화가 8%(첫 번째 실행)이므로 이 반응기는 미분 반응기라고 볼 수 있다. 식 (52)를 이용하여 반응속도를 구한다.

모든 실행에서 기준을 3.2기압, 117°C의 순수한 A로 잡으면 A의 초기 농도와 공급속도는 아래와 같다.

$$C_{A0} = \frac{N_{A0}}{V} = \frac{p_{A0}}{RT} = \frac{3.2\text{ atm}}{(0.082\text{ liter}\cdot\text{atm/mol}\cdot\text{K})(390\text{ K})} = 0.1\,\frac{\text{mol}}{\text{liter}}$$

$$F_{A0} = C_{A0}\,v = \left(0.1\,\frac{\text{mol A}}{\text{liter}}\right)\left(20\,\frac{\text{liters}}{\text{hr}}\right) = 2\,\frac{\text{mol}}{\text{hr}}$$

반응 중에 밀도가 변하기 때문에 농도와 전환율의 관계는 다음과 같다.

$$\frac{C_A}{C_{A0}} = \frac{1 - X_A}{1 + \varepsilon_A X_A} \qquad \text{또는} \qquad X_A = \frac{1 - C_A/C_{A0}}{1 + \varepsilon_A(C_A/C_{A0})}$$

여기서 $\varepsilon_A = 3$(선정된 기준인 순수 A에 대해)이다.

표 E18.2에 자세한 계산 내용을 표기하였다. $-r'_A$ 대 $C_A$를 플롯하면 원점을 지나는 직선이 되는데(그림 E18.2), 이는 1차 분해 반응임을 나타낸다. 반응한 A의 몰수/hr·kg cat로 표시한 반응속도는 이 그림을 통해 다음과 같이 구해진다.

$$\underline{\underline{-r'_A}} = -\frac{1}{W}\frac{dN_A}{dt} = \underline{\underline{\left(96\,\frac{\text{liters}}{\text{hr}\cdot\text{kg cat}}\right)\left(C_A\,\frac{\text{mol}}{\text{liter}}\right)}}$$

**표 E18.2**

| $\frac{C_{Ain}}{C_{A0}}$ | $\frac{C_{Aout}}{C_{A0}}$ | $C_{Aav}$ mol/liter | $X_{Ain} = \dfrac{1 - \frac{C_{Ain}}{C_{A0}}}{1 + \varepsilon_A \frac{C_{Ain}}{C_{A0}}}$ | $X_{Aout} = \dfrac{1 - \frac{C_{Aout}}{C_{A0}}}{1 + \varepsilon_A \frac{C_{Aout}}{C_{A0}}}$ | $\Delta X_A = X_{Aout} - X_{Ain}$ | $r'_A = \frac{\Delta X_A}{W/F_{A0}}$ |
|---|---|---|---|---|---|---|
| 1 | 0.84 | 0.092 | $\frac{1-1}{1+3} = 0$ | $\frac{1-0.84}{1+3(0.84)} = 0.0455$ | 0.0455 | $\frac{0.0455}{0.01/2} = 9.1$ |
| 0.8 | 0.70 | 0.075 | 0.0588 | 0.0968 | 0.0380 | 7.6 |
| 0.6 | 0.55 | 0.0575 | 0.1429 | 0.1698 | 0.0269 | 5.4 |
| 0.4 | 0.38 | 0.039 | 0.2727 | 0.2897 | 0.0171 | 3.4 |

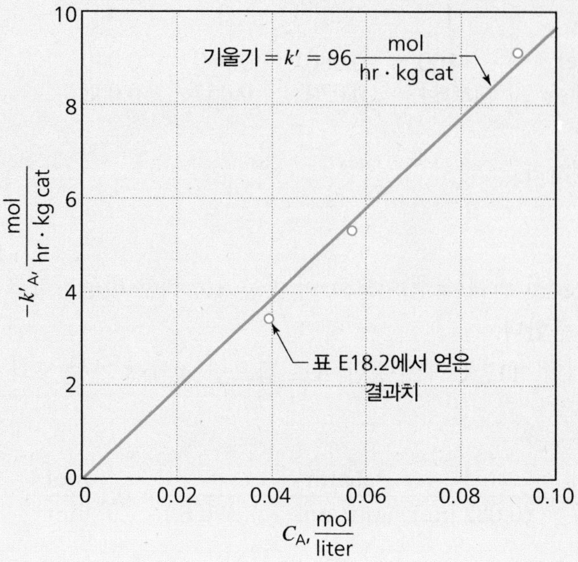


그림 E18.2

## 예제 18.3 ▶ 적분 반응기로부터의 속도식

아래 촉매 반응이 여러 가지 양의 촉매를 이용하여 3.2기압, 117°C 조건에서 이루어지고, 순수한 공급물 A는 20 liter/hr의 속도로 공급된다. 이 반응이 플러그 흐름 반응기에서 연구되었다.

$$A \rightarrow 4R$$

유출 흐름에서의 A의 농도는 각각의 실행에 대해서 다음과 같이 기록되었다.

| Run | 1 | 2 | 3 | 4 |
|---|---|---|---|---|
| Catalyst used, kg | 0.020 | 0.040 | 0.080 | 0.160 |
| $C_{A\text{out}}$, mol/liter | 0.074 | 0.060 | 0.044 | 0.029 |

**(a)** 적분해석을 이용하여 이 반응의 속도식을 구하라.

**(b)** 미분해석을 이용하여 이 반응의 속도식을 구하라.

› *풀이*

**(a)** ***적분해석.*** 예제 18.2로부터 모든 실험에 대하여 다음 값을 알고 있다.

$$C_{A0} = 0.1 \text{ mol/liter}, \qquad F_{A0} = 2 \text{ mol/hr}, \qquad \varepsilon_A = 3$$

실행 중에 농도가 상당히 변하기 때문에 실험 반응기는 적분 반응기로 해석할 수 있다.

우선 1차 속도식을 시도한다. 식 (44)의 플러그 흐름의 성능식은 아래와 같다.

$$k'\frac{C_{A0}W}{F_{A0}} = (1+\varepsilon_A)\ln\frac{1}{1-X_A} - \varepsilon_A X_A$$

여기에 $\varepsilon_A$, $C_{A0}$, $F_{A0}$에 수치를 대입하면 다음과 같다.

$$\left(4\ln\frac{1}{1-X_A} - 3X_A\right) = k'\left(\frac{W}{20}\right) \quad \text{(i)}$$

괄호 안의 두 항은 각각 비례상수 $k'$와 비례해야 한다.

**표 E18.3*a* 식 (i)의 부합을 시험하기 위한 계산; 적분해석**

| $X = \frac{C_{A0}-C_A}{C_{A0}+3C_A}$ | $4\ln\frac{1}{1-X_A}$ | $3X_A$ | $\left(4\ln\frac{1}{1-X_A} - 3X_A\right)$ | $W$, kg | $\frac{W}{20}$ |
|---|---|---|---|---|---|
| 0.0808 | 0.3372 | 0.2424 | 0.0748 | 0.02 | 0.001 |
| 0.1429 | 0.6160 | 0.4287 | 0.1873 | 0.04 | 0.002 |
| 0.2415 | 1.1080 | 0.7245 | 0.3835 | 0.08 | 0.004 |
| 0.379 | 1.908 | 1.137 | 0.771 | 0.16 | 0.008 |

표 E18.3*a*의 각 항을 실험 결과를 이용하여 구하고, 이를 그림 E18.3*a*처럼 플롯하면 선형임을 알 수 있다. 따라서 1차 속도식이 실험 결과와 만족스럽게 맞는다고 결론지을 수 있다. 그림 E18.3*a*로부터 얻어진 $k'$ 값을 이용하면 다음 값을 구할 수 있다.

$$-r'_A = \left(95\frac{\text{liters}}{\text{hr}\cdot\text{kg cat}}\right)\left(C_A, \frac{\text{mol}}{\text{liter}}\right)$$

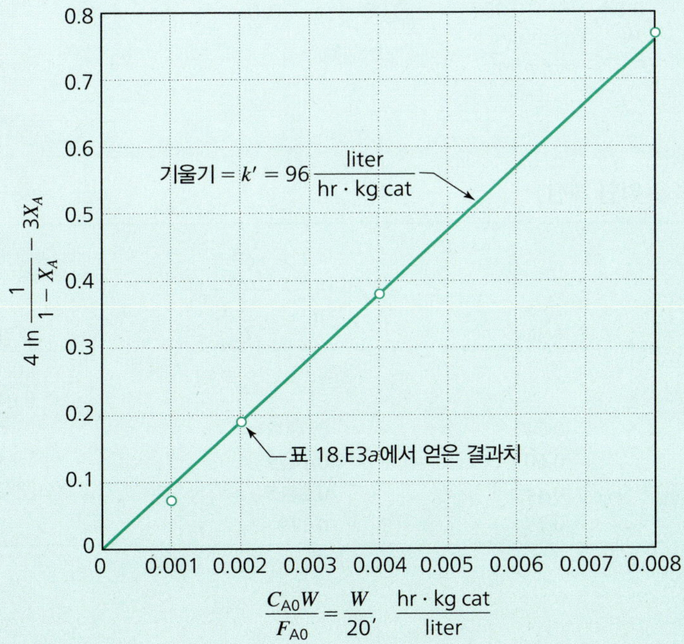


그림 E18.3*a*

**(b)** ***미분해석.*** 식 (54)는 반응속도가 $X_A$ 대 $W/F_{A0}$ 곡선의 기울기로부터 구할 수 있음을 보여준다. 그림 E18.3$b$에서 측정된 기울기를 기준한 표 E18.3$b$는 여러 가지 $C_A$에서 반응속도를 구하는 방법을 보여준다. $-r'_A$와 $C_A$ 간의 선형관계를 그림 E18.3$c$에 나타내었으며 속도식은 다음과 같다.

$$\underline{\underline{-r'_A = \left(93\,\frac{\text{liters}}{\text{hr}\cdot\text{kg cat}}\right)\left(C_A,\frac{\text{mol}}{\text{liter}}\right)}}$$

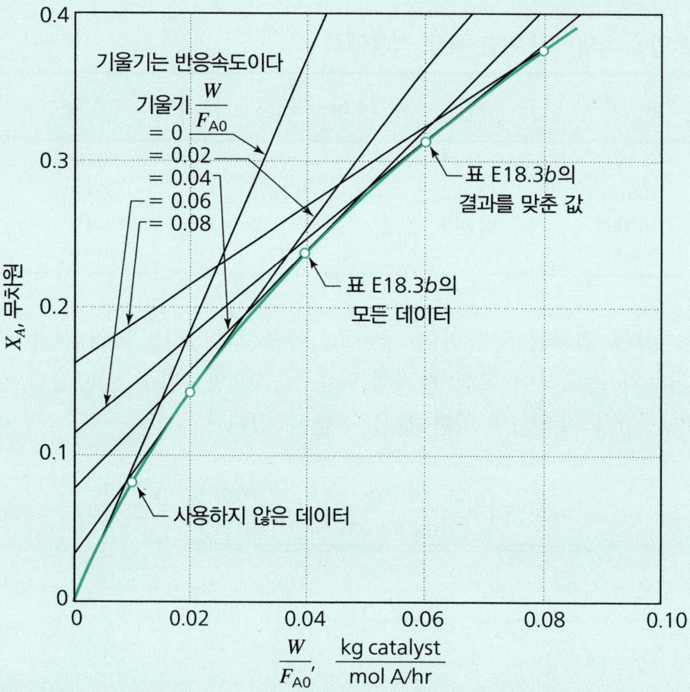


그림 E18.3$b$

**표 E18.3$b$ 미분적 해석을 위한 계산**

| $W$ | $\frac{W}{F_{A0}}$ | $\frac{C_{Aout}}{C_{A0}}$ | $X_A = \frac{1-\frac{C_A}{C_{A0}}}{1+\varepsilon_A\frac{C_A}{C_{A0}}}$ | $-r'_A = \frac{dX_A}{d\left(\frac{W}{F_{A0}}\right)}$ (그림 E18.3$b$) |
|---|---|---|---|---|
| 0 | 0 | 1 | 1 | $\frac{0.4}{0.043} = 9.3$ |
| 0.02 | 0.01 | 0.74 | 0.0808 | 미사용 |
| 0.04 | 0.02 | 0.60 | 0.1429 | 5.62 |
| 0.08 | 0.04 | 0.44 | 0.2415 | 4.13 |
| 0.16 | 0.08 | 0.29 | 0.379 | 2.715 |

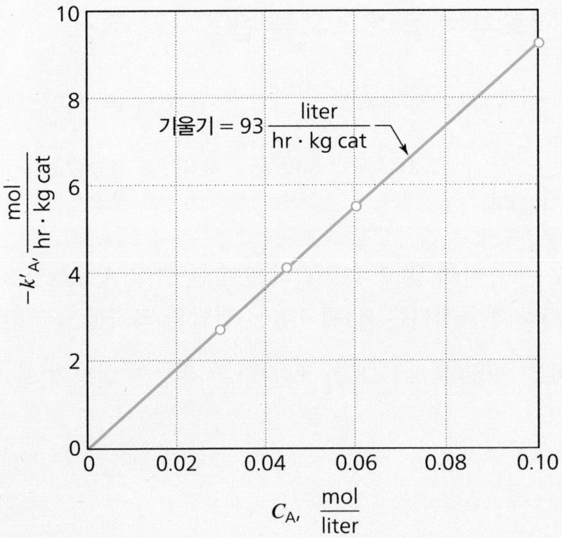


그림 E18.3c

## 예제 18.4 ▶ 속도식으로부터 플러그 흐름 반응기의 크기

예제 18.2의 촉매 반응을 고려하자. 이 반응에 대해서 계산한 속도식을 사용하여 충전층 반응기에 필요한 촉매의 양을 계산한다. 이때 흐름은 플러그 흐름으로 가정하며 3.2기압, 117°C에서 순수한 물질 A가 2,000 mol/hr로 유입되는 공급물에 대한 A의 R로의 전환율은 35%이다.

**풀이**

요구되는 촉매의 양은 식 (44)의 플러그 흐름에 대한 성능식에 1차 속도식을 도입하여 구할 수 있다.

$$W = \frac{F_{A0}}{kC_{A0}}\left[(1+\varepsilon_A)\ln\frac{1}{1-X_A} - \varepsilon_A X_A\right]$$

예제 18.2로부터 알고 있는 모든 값을 식에 대입하면 아래의 최종 결과를 구할 수 있다.

$$W = \frac{2000\,\frac{\text{mol A}}{\text{hr}}}{\left(96\,\frac{\text{liter}}{\text{hr}\cdot\text{kg cat}}\right)\left(0.1\,\frac{\text{mol A}}{\text{liter}}\right)}\left(4\ln\frac{1}{0.65} - 1.05\right)$$

$$= \underline{\underline{140\ \text{kg catalyst}}}$$

## 예제 18.5 ▶ 반응속도-농도 실험 결과로부터 플러그 흐름 반응기의 크기

예제 18.2의 반응에 대하여 다음의 반응속도-농도 실험 결과를 알고 있다고 가정한다.

| $C_A$, mol/liter | 0.039 | 0.0575 | 0.075 | 0.092 |
|---|---|---|---|---|
| $-r'_A$, mol A/hr·kg cat | 3.4 | 5.4 | 7.6 | 9.1 |

이 실험 결과를 이용하여 속도식을 사용하지 않고 117°C의 순수한 물질 A 2,000 mol/hr (또는 $C_{A0}$ = 0.1 mol/liter, $\varepsilon_A$ = 3)을 35% 전환시키는 데 필요한 충전탑의 크기를 구하라.

***주석:*** 이러한 반응속도 자료는 미분 반응기(표 E18.2) 또는 다른 유형의 실험 반응기 조업 결과에서 얻을 수 있다.

### 풀이

반응속도-농도 관계에 대한 해석적인 관계식을 사용하지 않고 촉매의 양을 구하려면 다음과 같은 플러그 흐름 성능식의 도식적 적분이 필요하다.

$$\frac{W}{F_{A0}} = \int_0^{0.35} \frac{dX_A}{-r'_A}$$

**표 E18.5**

| $-r'_A$ (given) | $\dfrac{1}{-r'_A}$ | $C_A$ (given) | $X_A = \dfrac{1 - C_A/0.1}{1 + 3C_A/0.1}$ |
|---|---|---|---|
| 3.4 | 0.294 | 0.039 | 0.2812 |
| 5.4 | 0.186 | 0.0575 | 0.1563 |
| 7.6 | 0.1316 | 0.075 | 0.0778 |
| 9.1 | 0.110 | 0.092 | 0.02275 |

표 E18.5에서 필요한 $1/-r'_A$ 대 $X_A$ 실험 결과가 구해지며 이를 그림 E18.5에 플롯한다. 도식 적분을 하면 아래와 같다.

$$\int_0^{0.35} \frac{dX_A}{-r'_A} = 0.0735$$

따라서 필요한 촉매의 양을 계산하면 다음과 같다.

$$\underline{\underline{W}} = \left(2000\,\frac{\text{mol A}}{\text{hr}}\right)\left(0.0735\,\frac{\text{hr}\cdot\text{kg cat}}{\text{mol A}}\right) = \underline{\underline{147\ \text{kg cat}}}$$

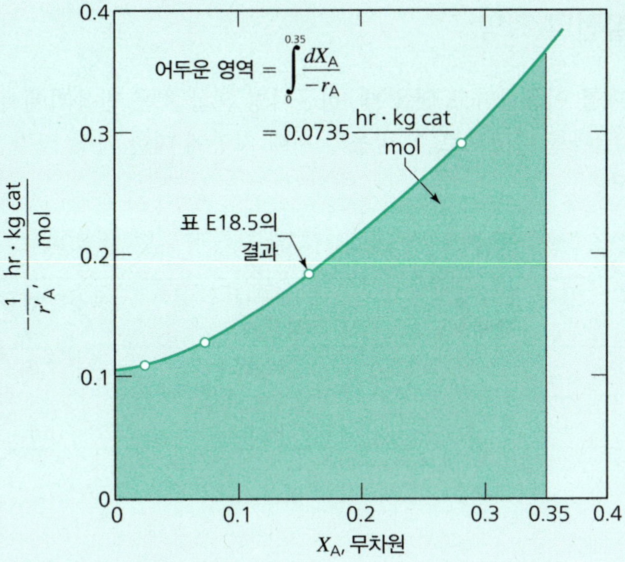


그림 E18.5

## 예제 18.6 ▶ 혼합 흐름 반응기의 크기

예제 18.2의 반응에 대해서 3.2기압, 117°C에서 2,000 mol/hr의 순수한 A가 공급되고 A의 R로의 전환율이 35%일 때 매우 큰 순환비(혼합 흐름으로 가정)를 가진 충전층 반응기에서 요구되는 촉매의 양을 결정하라. 이 온도에서 반응은 다음과 같다.

$$A \rightarrow 4R, \quad -r'_A = 96\, C_A, \quad \text{mol/kg cat} \cdot \text{hr}$$

예제 18.2로부터 $C_{A0} = 0.1$ mol/liter, $\varepsilon_A = 3$이다.

**› *풀이***

35% 전환율에서 반응물의 농도를 계산하면 아래와 같다.

$$C_A = C_{A0}\left(\frac{1 - X_A}{1 + \varepsilon_A X_A}\right) = 0.1\left(\frac{1 - 0.35}{1 + 3(0.35)}\right) = 0.0317$$

혼합 흐름에 대해서는 식 (45)로부터 다음 식이 성립함을 알 수 있다.

$$\frac{W}{F_{A0}} = \frac{X_{\text{Aout}} - X_{\text{Ain}}}{-r'_{\text{Aout}}} = \frac{X_{\text{Aout}} - X_{\text{Ain}}}{k' C_{\text{Aout}}}$$

그러므로 필요한 촉매의 양을 계산하면 아래와 같다.

$$\underline{\underline{W}} = 2000\left(\frac{0.35 - 0}{96(0.0317)}\right) = \underline{\underline{230\ \text{kg}}}$$

***주석:*** 예상했던 바와 같이 혼합 흐름 반응기는 플러그 흐름 반응기보다 더 많은 촉매가 필요하다.

## 예제 18.7 ▶ 물질전달 저항

다공성 촉매를 이용한다고 했을 때, 바구니형 혼합 흐름 반응기에서 얻어진 표 E18.7의 반응속도론적 실험 결과를 바탕으로 이 반응의 지배 저항에 대한 가장 적절한 해석은 무엇인가? 등온거동을 가정하라.

**표 E18.7**

| 입자 지름 | 반응물의 잔여 농도 | 바구니 회전 속도 | 측정된 반응속도, $-r'_A$ |
|---|---|---|---|
| 1 | 1 | high | 3 |
| 3 | 1 | low | 1 |
| 3 | 1 | high | 1 |

### 풀이

경막 저항이나 기공 저항이 반응속도를 느리게 할 수 있는지 알아보자.

실행 2와 3은 다른 회전속도를 사용하였으나 동일한 반응속도를 나타내었다. 그러므로 경막 저항은 큰 입자의 경우 제외할 수 있다. 한편 식 (57)은 경막 저항이 큰 입자에 대해서 중요하지 않다면 작은 입자에 대해서도 중요치 않음을 보여준다. 그러므로 경막 저항은 반응속도에 영향을 주지 않는다.

다음으로 실행 1과 실행 2 또는 3의 비교를 통하여 아래 관계식이 성립함을 알 수 있다.

$$-r'_A \propto \frac{1}{R}$$

식 (25)를 통하여 강한 기공 저항 영역에 있음을 알 수 있다. 따라서 최종 결론은 다음과 같다.

- 무시 가능한 경막 저항
- 강한 기공 확산 저항

## 참고 문헌

Aris, R., *Chem. Eng. Sci.*, **6**, 262 (1957). Elsevier사에서 사용 승인

Berty, J., *Chem. Eng. Prog.*, **70** (5), 78 (1974).

Bischoff, K. B., *Chem. Eng. Sci.*, **22**, 525 (1967). Elsevier사에서 사용 승인

Boudart, M., *AIChE J.*, **2**, 62 (1956).

Broucek, R., *Chem. Eng. Sci.*, **38**, 1349 (1983).

Butt, J. B., Bliss, H., and Walker, C. A., *AIChE J.*, **8**, 42 (1962).

Carberry, J. J., *AIChE J.*, **7**, 350 (1961).

________, *AIChE J.*, **8**, 557 (1962a).

________, *Chem. Eng. Sci.*, **17**, 675 (1926b).

________, *Ind. Eng. Chem.*, **56**, 39 (Nov. 1964).

________, *Catalysis Reviews*, **3**, 61 (1969).

Chou, C. H., *Ind. Eng. Chem.*, **50**, 799(1958).

Corrigan, T. E., *Chem. Eng.*, **61**, 236(November 1954); **61**, 198 (December 1954); **62**, 199 (January 1955); **62**, 195 (February 1955); **62**, 203 (May 1955); **62**, 227 (July 1955).

Froessling, N., *Gerland Beitr. Geophys.*, **52**, 170 (1938).

Froment, G. F., and Bischoff, K. B., *Chemical Reactor Analysis and Design*, p. 162, John Wiley and Sons, New York, 1990.

Hougen, O. A., and Watson, K. M., *Chemical Process Principles*, Part III, John Willey & Sons, New York, 1947.

Hutchings, J., and Carberry, J. J., *AIChE J.*, **12**, 20 (1966).

Levenspiel, O., *Chemical Reactor Omnibook*, Chap. 22, OSU Bookstore, Corvallis, OR, 1996.

McGreavy, C., and Cresswell, D. L., *Can. J. Ch. E.*, **47**, 583 (1969a).

________, and ________, *Chem. Eng. Sci.*, **24**, 608 (1969b).

McGreavy, C., and Thornton, J. M., *Can. J. Ch. E.*, **48**, 187 (1970a).

________, *Chem. Eng. Sci.*, **25**, 303 (1970b)

Prater, C. C. *Chem, Eng. Sci.*, **8**, 284 (1958).

________, and Lago. R. M., *Advances in Catalysis*, **8**, 293 (1956).

Ranz, W. E. *Chem. Eng. Prog.*, **48**, 247 (1952).

Satterfield, C. N., *Mass Transfer in Heterogeneous Catalysis*, M.I.T. Press, 1970.

Tartarelli, R., *Chim. Ind. (Milan)*, **50**, 556 (1968).

Thiele. E. W., *Ind, Eng. Chem.*, **31**, 916 (1939). American Chemical Society.

Walas, S., *Reaction Kinetics for Chemical Engineers*, McGraw-Hill, New York, 1959.

Wedel, S., and Villadsen, J., *Chem. Eng. Sci.*, **38**, 1346 (1983).

Weisz, P. B., *Chem. Eng. Prog. Symp. Series*, No. 25, **55**, 29 (1959).

________, and Hicks, J. S., *Chem, Eng. Sci.*, **17**, 265 (1962).

Weller, S., *AIChE J.*, **2**, 59 (1956).

Wheeler, A., *Advances in Catalysis*, **3**, 250 (1951).

## 연습 문제

다음의 문제들은 대략 아래와 같이 구분된다.

*문제 1~19*: 제일 먼저 시도해봐야 하는 성능식의 직접 응용
*문제 20~30*: 기공 확산 반응속도론
*문제 31~40*: 반응기 크기 + 기공 확산

**18.1** 럼프헤드 연구소(Lumphead Laboratories)를 둘러보는 동안, 반응속도 실험 결과를 얻는 데 사용되는 반응기를 관찰하였다. 반응기는 내경이 5 cm인 유리관에 30 cm의 높이의 활성적인 촉매로 충전되어 있다. 이 반응기는 미분 반응기인가 아니면 적분 반응기인가?

**18.2** 바구니형 혼합 흐름 반응기에서 $\varepsilon = 0$인 고체 촉매를 이용하는 조건에서 1차 반응이 일어나며 전환율은 50%이다. 온도, 촉매의 양, 공급물의 조성 및 유량 등은 변하지 않고 반응기의 크기만 3배로 된다면 전환율은 얼마인가?

**18.3** 반응 A → R에 대해서 실험용 충전탑 반응기 $F_{A0}$ = 10 kmol/hr의 일정한 공급물 속도에서 촉매의 양을 여러 가지로 변화시켜 다음의 반응속도론적 실험 결과를 얻었다.

| $W$, kg cat | 1 | 2 | 3 | 4 | 5 | 6 | 7 |
|---|---|---|---|---|---|---|---|
| $X_A$ | 0.12 | 0.20 | 0.27 | 0.33 | 0.37 | 0.41 | 0.44 |

**(a)** 전환율이 40%일 때 반응속도를 구하라.

**(b)** 공급물속도 $F_{A0}$ = 400 kmol/hr의 대형 충전탑 반응기를 설계할 때 40%의 전환율을 얻기에 필요한 촉매의 양을 구하라.

**(c)** (b)의 경우 생성물 흐름의 대규모 회수가 가능한 반응기를 사용한다면 필요한 촉매의 양은 얼마나 되겠는가?

---

부피 0.02 m$^3$, 촉매 3 kg의 순환 고리(loop)를 가진 플러그 흐름 반응기에 물질 A (2 mol/m$^3$)를 포함한 기체 흐름이 1 m$^3$/hr로 유입되고 반응기의 출구 조성이 0.5 mol A/m$^3$으로 측정되었다. 다음의 각 경우에 대하여 A의 분해에 대한 속도식을 구하라. 최종식에서 $-r'_A$, $C_A$, $k'$의 단위를 명시하라.

**18.4** 아주 큰 순환, A → R, $n$ = 1/2

**18.5** 아주 큰 순환, A → 3R, $n$ = 1, 50% A-50% 불활성 기체

**18.6** 순환 없음, A → 3R, $n$ = 2, 25% A-75% 불활성 기체

---

실험용 반응기에서 기체 A가 A → R로 반응한다. 여러 가지 조건에서 얻은 다음의 전환율 실험 결과로부터 반응을 나타낼 수 있는 속도식을 구하라.

**18.7**

| $v_0$, m$^3$/hr | 3 | 2 | 1.2 | Mixed flow, $C_{A0}$ = 10 mol/m$^3$ |
|---|---|---|---|---|
| $X_A$ | 0.2 | 0.3 | 0.5 | $W$ = 4 gm |

**18.8**

| $W$, gm | 0.5 | 1.0 | 2.5 | Plug flow, $C_{A0}$ = 60 mol/m$^3$ |
|---|---|---|---|---|
| $C_A$ | 30 | 20 | 10 | $v$ = 3 liter/min |

---

다음의 반응속도론 실험 결과는 100 gm의 촉매를 사용하여 실험용 Carberry 바구니형 반응기에서 매번 유량을 다르게 하여 얻은 것이다.

A → R, $C_{A0}$ = 10 mol/m$^3$

| $F_{A0}$, mol/min | 0.14 | 0.42 | 1.67 | 2.5 | 1.25 |
|---|---|---|---|---|---|
| $C_A$, mol/m$^3$ | 8 | 6 | 4 | 2 | 1 |

**18.9** $C_{A0}$ = 8 mol/m$^3$인 공급물이 1,000 mol A/min로 유입될 때 75%의 전환율을 얻기 위하여 충전탑 반응기에서 요구되는 촉매의 양을 결정하라.

**18.10** $X_A = 0.90$, $C_{A0} = 10\ \text{mol/m}^3$, $F_{A0} = 1{,}000\ \text{mol/min}$일 때 혼합 흐름에 대해 $W$를 구하라.

---

아래와 같은 양론식과 반응속도가 주어졌을 때, 순수한 기체 A($C_{A0} = 100\ \text{mol/m}^3$)가 1,000 $\text{m}^3$/hr의 유량으로 공급될 때 전환율이 80%가 되기 위해서 충전탑 반응기에 요구되는 촉매량은 얼마인가?

**18.11**
$$A \rightarrow R,\ -r'_A = \frac{50C_A}{1 + 0.02C_A}\ \frac{\text{mol}}{\text{kg}\cdot\text{hr}}$$

**18.12**
$$A \rightarrow R,\ -r'_A = 8C_A^2\ \frac{\text{mol}}{\text{kg}\cdot\text{hr}}$$

---

**18.13** A와 B의 기체 공급물($v_0 = 10\ \text{m}^3$/hr)이 촉매($W = 4$ kg)로 충전된 실험용 반응기를 통해 지나간다. 아래와 같은 반응이 일어난다고 가정하자.

$$A + B \rightarrow R + S, \qquad -r'_A = 0.6C_AC_B\frac{\text{mol}}{\text{kg}\cdot\text{hr}}$$

공급물이 $C_{A0} = 0.1\ \text{mol/m}^3$, $C_{B0} = 10\ \text{mol/m}^3$이라면 반응물의 전환율을 구하라.

**18.14** 실리카-알루미나 크래킹 촉매가 충전된 관형 반응기에서 서부 텍사스 가스오일이 크래킹(cracking)되고 있다. 액체 공급물($mw = 0.255$)은 기화 및 가열되어 630°C, 1기압의 반응기로 유입되며, 적절한 온도 조절기에 의하여 반응기 내부의 온도와 유사하게 조절된다. 크래킹 반응은 1차 반응이며 평균 분자량 $mw = 0.070$을 갖는 다양한 생성물이 생성된다. 공급물의 절반은 60 $\text{m}^3$ liquid/$\text{m}^3$ reactor·hr의 공급속도로 크래킹되고 있다. 공업적으로 이러한 유입속도의 측정을 *액체 시간 공간 속도*(liquid hourly space velocity, LHSV)라 부른다. LHSV = 60 $\text{hr}^{-1}$일 때 이러한 크래킹 반응의 1차 속도 상수 $k'$과 $k'''$을 구하라.

*실험 결과*: Density of liquid feed: $\rho_l = 869\ \text{kg/m}^3$

Bulk density of packed bed: $\rho_b = 700\ \text{kg/m}^3$

Density of catalyst particles: $\rho_s = 950\ \text{kg/m}^3$

이 문제는 Satterfield (1970)에서 인용하였다.

**18.15** 고체 촉매 반응 A → 3R에 대한 반응속도론적 실험이 8기압, 700°C에서 시행되었다. 사용된 바구니형 혼합 반응기는 입경 $d_p = 3$ mm인 촉매 입자 1 그램(gm)을 포함하고 부피가 960 $\text{cm}^3$이다. 순수한 A로 구성된 공급물이 반응기 내로 여러 가지 속도로 유입되고 유출 흐름에서 A의 분압은 각 유입속도에 대하여 측정되었다. 이의 결과는 아래와 같다.

| Feed rate, liters/hr | 100 | 22 | 4 | 1 | 0.6 |
|---|---|---|---|---|---|
| $p_{\text{Aout}}/p_{\text{Ain}}$ | 0.8 | 0.5 | 0.2 | 0.1 | 0.05 |

이 크기의 촉매에 대한 반응속도를 나타낼 수 있는 속도식을 구하라.

**18.16** 최고책임자인 "엘 제페"는 고체 촉매를 사용한 1차의 액상반응에 대한 낮은 전환율($X_A$ =

0.80)을 향상시키고자 무엇인가를 실행하기로 했다. 반응기의 비어 있는 절반의 공간에 채울 값비싼 촉매를 주문하는 것 대신에, 현재의 수직 충전층 반응기에 적절한 관을 설치하여 비용을 절약하기로 결정했다. 내가 그와 함께 장치의 구성(그림 P18.16 참고)을 보았을 때 잘못된 것처럼 보인다고 "엘 제페"에게 말했다. 나는 이런 말이 그를 난처하게 할 것으로 생각했다. 그러나 그는 단지 "좋아요. 이러한 구성에서 예측할 수 있는 전환율을 내게 말해줄 수 있겠소?"라고 말했다. 여기서 말한 전환율을 구하라.

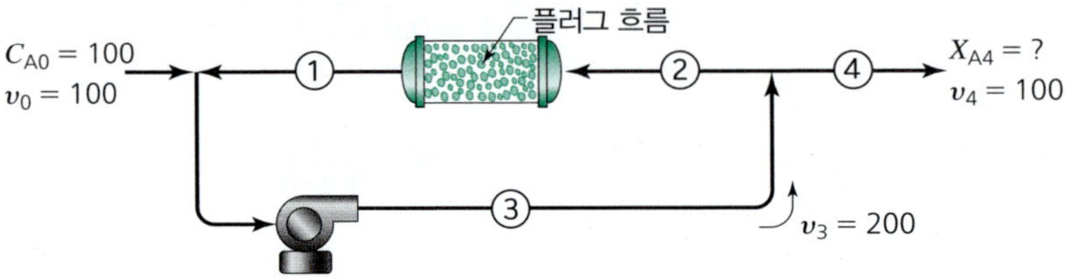


그림 P18.16

**18.17** 2차 반응 A → R이 아주 큰 순환비를 가지고 순환 반응기에서 연구되어 다음의 실험 결과를 얻었다.

반응기의 공극부피: 1 liter

사용된 촉매의 무게: 3 gm

반응기 공급물: $C_{A0} = 2$ mol/liter

$v_0 = 1$ liter/hr

유출 흐름 조성: $C_{Aout} = 0.5$ mol/liter

**(a)** 이 반응에 대한 속도 상수를 구하라(단위 명시).

**(b)** $C_{A0} = 1$ mol/liter의 농도로 공급되는 공급물 1,000 liter/hr에 대하여 80%의 전환율을 얻기 위해 충전탑 반응기에 요구되는 촉매의 양을 구하라. 단, 순환은 없다.

**(c)** 반응기 전체의 1/4이 불활성 고체로 이루어진 촉매로 충전되었을 때 문제 (b)를 다시 풀어라. 이러한 불활성 물질의 첨가는 등온조건을 유지시키며, 국소고온점(hot spot)의 생성 가능성을 감소시킨다.

***주석***: 전체적으로 등온조건을 가정하라.

**18.18** 생성물 흐름의 매우 큰 순환비를 가진 작은 실험용 충전탑 반응기($W$ = 1 kg)로 아래와 같은 반응속도론적 실험 결과를 얻었다.

| A → R, $C_{A0} = 10$ mol/m$^3$ | | | | | | |
|---|---|---|---|---|---|---|
| | $C_A$, mol/m$^3$ | 1 | 2 | 3 | 6 | 9 |
| | $v_0$, liter/hr | 5 | 20 | 65 | 133 | 540 |

$C_{A0} = 8$ mol/m$^3$의 공급물 흐름이 1,000 mol A/hr의 유량으로 도입될 때 75%의 전환율을 얻기 위해 필요한 촉매의 양을 구하라.

**(a)** 유출 흐름의 순환이 없는 충전탑 반응기

**(b)** 매우 큰 순환비를 가진 충전탑 반응기

**18.19** 촉매 반응속도론을 연구하기 위하여 폐쇄 고리 회분 G/S 반응기가 사용되었다(그림 P18.19 참고). 이 목적을 위하여 반응물을 포함한 공급물 기체는 시스템으로 도입되고 빠르게 촉매층을 통과하여 순환된다. 다음의 조성-시간 실험 결과로부터 이 반응을 나타내는 속도식을 mol/gm·min의 단위로 나타내어라.

| $t$, min | 0 | 4 | 8 | 16 | 36 | Pure A at 609 K |
|---|---|---|---|---|---|---|
| $\pi_0$ atm | 1 | 0.75 | 0.67 | 0.6 | 0.55 | $2A \rightarrow R$ |

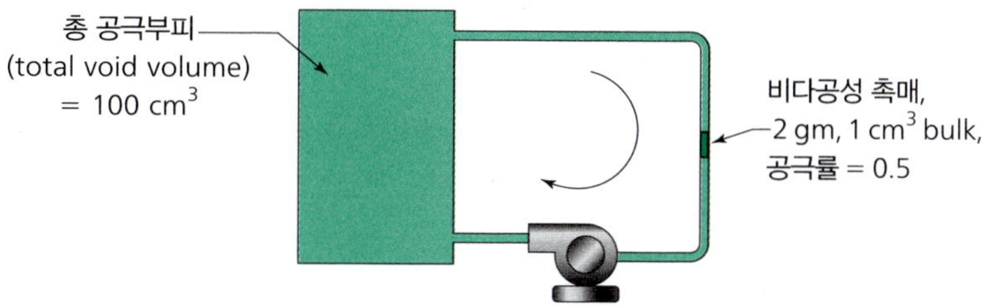


그림 P18.19

**18.20** 우리가 가지고 있는 충전탑 반응기는 10기압, 336°C에서 A → R로의 기상반응이 수행되고 순수한 공급물 A에 대해 90%의 전환율을 나타내었다. 그러나 촉매 판매원은 어떠한 기공 확산 저항이 없을 때 이 반응이 기존에 사용했던 촉매에 비해 훨씬 좋은 아래의 반응속도에 의해 진행된다고 장담하였다.

$$-r_A''' = 0.88C_A \frac{\text{mol}}{\text{m}^3\,\text{cat}\cdot\text{s}}$$

그 촉매는 압축된 물총새의 배설물로 이루어져 다소 비싸고 무게 단위로 판매된다. 아직 우리는 다음 촉매교환 때도 그 촉매를 사용하려고 한다. 입경이 얼마인 촉매 입자를 주문해야 하는가?

**18.21** 반응 A → R이 다공성 촉매 입자($d_p$ = 6 mm, $\mathscr{D}_e = 10^{-6}$ m$^3$/m cat·s)상에서 일어난다. 촉매 입자 내에서 반응물의 농도가 100 mol/m$^3$이고 확산이 없을 때 반응속도가 아래와 같이 주어진다면 기공 확산 저항에 의해 반응속도는 얼마나 감소하는가?

$$-r_A''' = 0.1C_A^2 \frac{\text{mol}}{\text{m}^3\,\text{cat}\cdot\text{s}}$$

**18.22** 기공 확산 저항이 없을 때 특별한 1차의 기상반응은 아래의 자료대로 진행된다.

$$-r_A''' = 10^{-6}\ \text{mol/cm}^3\,\text{cat}\cdot\text{s}$$

$$C_A = 10^{-5}\ \text{mol/cm}^3, \qquad \text{1기압, 400°C에서}$$

기공 저항 효과가 반응속도를 저하시키지 않는 구형의 촉매 입자의 크기는 얼마인가?

실험용 혼합 흐름 반응기에서 A의 1차 분해 반응이 진행된다. 각 실행에서 기공 확산에 의한 역할을 알아보아라. 각 실행이 확산이 없을 때, 강한 저항일 때 혹은 중간 상태 조건일 때인지를 효과적으로 결정하라.

**18.23**

| $d_p$ | $W$ | $C_{A0}$ | $v$ | $X_A$ | |
|---|---|---|---|---|---|
| 3 | 1 | 100 | 9 | 0.4 | $A \rightarrow R$ |
| 12 | 4 | 300 | 8 | 0.6 | |

**18.24**

| $d_p$ | $W$ | $C_{A0}$ | $v$ | $X_A$ | |
|---|---|---|---|---|---|
| 4 | 1 | 300 | 60 | 0.8 | $A \rightarrow R$ |
| 8 | 3 | 100 | 160 | 0.6 | |

**18.25**

| $d_p$ | $W$ | $C_{A0}$ | $v$ | $X_A$ | |
|---|---|---|---|---|---|
| 2 | 4 | 75 | 10 | 0.2 | $A \rightarrow R$ |
| 1 | 6 | 100 | 5 | 0.6 | |

**18.26** 다음 실험 결과로부터 1차 반응에 대한 활성화 에너지를 구하라.

| $d_p$ | $C_A$ | $-r'_A$ | $T$, K | |
|---|---|---|---|---|
| 1 | 20 | 1 | 480 | $A \rightarrow R$ |
| 2 | 40 | 1 | 480 | $C_{A0} = 50$ |
| 2 | 40 | 3 | 500 | |

**18.27** 순환식 혼합 흐름 반응기에서 구한 실험 결과로부터(표 P18.27) 지배 저항과 촉매 다공성을 설명하라. 모든 실험에서 나가는 흐름의 조성은 동일하며 전체적으로 등온조건이다.

**표 P18.27**

| 촉매의 양 | 입자 지름 | 주어진 공급물의 유속 | 바구니 회전 속도 | 측정된 반응속도, $-r'_A$ |
|---|---|---|---|---|
| 1 | 1 | 1 | High | 4 |
| 4 | 1 | 4 | Higher still | 4 |
| 1 | 2 | 1 | Higher still | 3 |
| 4 | 2 | 4 | High | 3 |

**18.28** 매우 큰 순환비를 가진 충전층 반응기에서 300°C 실험을 통하여 1차의 촉매 분해 반응 A→R→S에 대하여 아래와 같은 결과를 얻었다. 최상의 가능한 조건(항상 300°C)하에서 예측되는 $C_{R,max}/C_{A0}$는 얼마인가? 그리고 이 값을 얻기 위해서 어떻게 해야 하는가(흐름 양식은 어떠해야 하며, 입자의 크기는 큰지 혹은 작은지)?

| $d_p$ | $W/F_{A0}$ | $C_{R,\,max}/C_{A0}$ | |
|---|---|---|---|
| 4 | 1 | 0.5 | No recycle |
| 8 | 2 | 0.5 | |

**18.29** 바구니형 혼합 반응기에서 고체 촉매의 분해 반응 A → R → S에 대한 실험 결과를 표 P18.29에 요약하였다. 최상의 가능한 조건(항상 300°C)하에서 예측할 수 있는 R의 최대 농도는 얼마인가? 어떠한 경우에 이 값이 얻어지는가?

**표 P18.29**

| 다공성 입자의 크기 | 온도 | $W/F_{A0}$ | $C_{Rmax}/C_{A0}$ |
|---|---|---|---|
| 6 mm | 300°C | 25 | 23% |
| 12 mm | 300°C | 30 | 23% |

**18.30** 충전층 촉매 반응기를 통하여 $C_{A0} = 10\ \text{mol/m}^3$의 반응물 A가 R 혹은 S로 분해된다. R의 생성을 최대로 하고 A의 90%를 분해하기 위하여 다음을 결정하라.

- 조업조건이 강한 기공 확산 영역인가? 혹은 확산이 없는 영역인가?
- 플러그 흐름을 사용할 것인가? 혹은 혼합 흐름(순환비가 높은)을 사용할 것인가?
- 유출 흐름에서 예측되는 $C_R$은 얼마인가?

기공 확산 저항이 없을 때 분해 반응은 다음의 반응속도론을 따른다.

$$A \nearrow R \quad r'_R = 2C_A$$
$$A \searrow S \quad r'_S = 3C_A$$

**18.31** 충전탑 반응기에서 A에서 R로의 전환을 위한 1차 촉매 반응 A →R이 일어난다. 9-mm 입자를 사용하여 강한 기공 확산 저항 영역에서 반응이 수행되었을 때 63.2%의 전환율을 나타내었다. 만일 18-mm 입자로 대체하면(압력강하를 낮춤) 전환율에는 어떤 영향을 줄 것인가?

**18.32** 336°C, 1기압에서 기체 공급물(1/3 A, 1/3 B, 1/3 불활성 기체)을 처리 속도 1 $m^3$/s로 1.2-cm 다공성 촉매 입자($\rho_s = 2{,}000\ \text{kg/m}^3$, $\mathscr{D}_e = 2 \times 10^{-6}\ \text{m}^3/\text{m cat}\cdot\text{s}$)를 통과하도록 처리하여 A에 대하여 80%의 전환율을 얻는 반응기를 제작하고자 한다. 확산 저항에 없는 미세한 촉매 입자를 사용하여 얻은 결과는 아래와 같다.

$$A + B \rightarrow R + S, \quad n = 2, \quad k' = 0.01\ \text{m}^6/\text{mol}\cdot\text{kg}\cdot\text{s}$$

이때 사용해야 할 촉매의 양은 얼마인가?

**18.33** 실험용 혼합 흐름 반응기에서 1.2-mm 촉매 입자 10 gm과 순수한 A인 공급물 4 $cm^3$/s를 1기압, 336°C에서 1차 반응을 통하여 80%의 전환율을 얻었다.

$$A \rightarrow R, \qquad \Delta H_r = 0$$

위의 온도와 압력에서 많은 양의 공급물을 80%의 전환율로 처리할 수 있는 상업적 크기의 반응기를 설계하고자 한다. 선택 가능한 것은 1-mm 입자로 채워진 유동층과 1.5-cm 입자로 채워진 충전층이 있다. 어떤 것을 선택해야 사용되는 촉매의 양을 최소로 할 수 있는가? 또한 이러한 선택에 어떤 이점이 있는가?

*추가 자료*: 촉매 입자의 자료

$$\rho_s = 2000\ \text{kg/m}^3 \qquad \mathscr{D}_e = 10^{-6}\ \text{m}^3/\text{m cat}\cdot\text{s}$$

---

수용액에서 촉매와 반응물 A가 접촉하여 생성물 R로 전환되며 기초 반응은 A → 2R로 나타낼 수 있다. $C_{A0} = 10^3\ \text{mol/m}^3$인 공급물 $10^4$ mol A/hr을 90%의 전환율을 얻기 위하여 충전탑 반응기에 사용할 수 있는 촉매의 양을 구하라. 이 반응에 대한 속도 상수는 다음과 같다.

**18.34** $k'''' = 8 \times 10^{-4}\ \text{m}^3/\text{m}^3\ \text{bed}\cdot\text{s}$

**18.35** $k'''' = 2\ \text{m}^3/\text{m}^3\ \text{bed}\cdot\text{s}$

*추가 자료*:

다공성 촉매 입자의 지름 = 6 mm

입자내에서 물질 A의 유효 확산 계수 = $4 \times 10^{-8}\ \text{m}^3/\text{m cat}\cdot\text{s}$

충전층의 공극(voidage) = 0.5

충전층의 총괄 밀도 = $2000\ \text{kg/m}^3$ of bed

---

**18.36** 1차 촉매 반응 A($l$) → R($l$)이 길고 좁은 수직의 반응기 내에서 액체가 촉매 입자의 유동층을 통해 흘러가면서 진행된다. 직경이 5 mm인 촉매 입자를 사용할 때 운전 초기의 전환율은 95%였다. 그러나 촉매가 부서지거나 서서히 닳아서 입자의 크기가 줄어들고 일부 미세한 입자는 반응기 밖으로 빠져나간다. 몇 달 후 5 mm의 구형 입자들은 각각 3 mm의 입자로 줄어들었다. 이때 전환율은 얼마인가? 액체의 흐름은 플러그 흐름으로 가정한다.

**(a)** 입자는 다공성이며 쉽게 반응물을 흡수할 수 있다(기공 확산 저항이 없음).

**(b)** 입자는 다공성이며 모든 크기에 대해서 강한 기공 확산 저항이 있다.

**18.37** 충전탑 반응기를 사용하여서 강한 기공 확산 영역에서 1차 촉매 반응을 수행하고 있다. 이 충전탑은 현재 6-mm로 균질한 입경을 가진 입자에 백금을 담지한 촉매로 채워져 있다. 촉매 제조회사는 촉매를 0.06-mm의 미세한 입자로 구성된 6-mm 입자로 교체할 것을 권고했다. 입자 내의 미세 입자 사이의 공극률은 약 25%였다. 새로운 입자를 사용할 때 미세 입자 사이의 큰 공극 내에서는 기공 확산 저항에 무관하지만, 미세 입자는 여전히 강한 확산 저항 영역에 있게 된다면 사용된 촉매의 양과 반응기의 부피에는 어떻게 영향을 미치겠는가?

**18.38** 전체적으로 다공성 입자에 백금을 고르게 함침하는(연습 문제 18.37 참고) 대신에 구형 입자의 외부에만 0.3 mm의 두께로 함침(impregnating)한다고 가정하자. 이 변화로 백금을 얼마나 절약할 수 있는가? 전체적으로 강한 기공 확산 영역에 있다고 가정한다.

**18.39** 촉매 반응 A → R은 높은 발열반응이고 반응속도는 온도 의존성이 높아 등온 속도론 실험 결과를 얻기 위하여 그림 P18.39와 같이 물속에 잠긴 긴 관형 흐름 반응기를 사용한다. 0°C와 1기압에서 순수한 A를 이 관에 10 cm$^3$/sec의 속도로 통과시키며 각 지점에서 흐름의 조성을 분

석하였다.

| Distance from feed input, meters | 0 | 12 | 24 | 36 | 48 | 60 | 72 | 84 | (∞) |
|---|---|---|---|---|---|---|---|---|---|
| Partial pressure of A, mm Hg | 760 | 600 | 475 | 390 | 320 | 275 | 240 | 215 | 150 |

순수한 A가 100 kmol/hr의 속도로 유입될 때 A가 R로 50% 전환하는 데 필요한 플러그 흐름 반응기의 크기를 구하라. 이 반응기는 0°C, 1기압에서 조작된다.

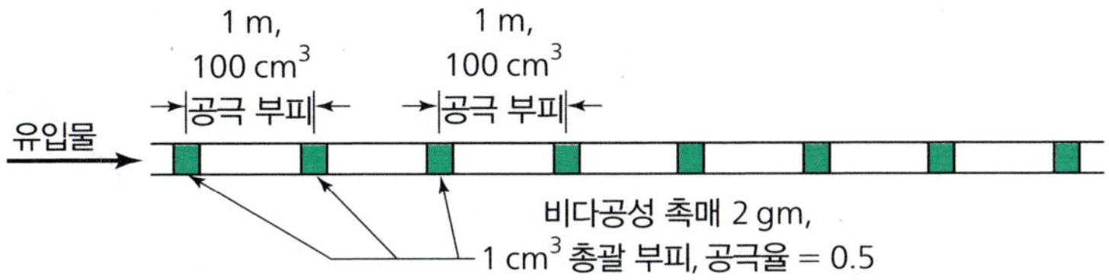


그림 P18.39

**18.40** 그림 P18.19에서 보는 바와 같이 촉매 반응 A → R의 반응속도론을 연구하기 위하여 폐쇄 고리 *G/S* 배치시스템이 이용된다. 순수한 A가 시스템에 공급되며 0°C, 1기압에서 100 cm$^3$/sec로 순환된다. 여러 시간에서 흐름을 분석하여 다음의 결과를 얻었다.

| Time, min | 0 | 2 | 4 | 6 | 8 | 10 | 12 | 14 | (∞) |
|---|---|---|---|---|---|---|---|---|---|
| Partial pressure of A, mm Hg | 760 | 600 | 475 | 290 | 320 | 275 | 240 | 215 | 150 |

**(a)** 공급속도가 100 kmol A/hr일 때 A가 R로 50% 전환하는 데 필요한 0°C, 1기압에서 조작되는 플러그 흐름 반응기의 크기를 구하라.

**(b)** 시동 시 전체 압력이 2기압이 되도록 폐쇄 고리에 분압 1기압의 불활성 물질이 존재한다고 가정하여 (a)를 다시 풀어라.

제 19 장

# 충전층 촉매 반응기

*Packed Bed Catalytic Reactor*

기체 반응물을 고체 촉매와 접촉시키는 방법은 다양하며, 각기 장단점이 있다. 그림 19.1에 여러 접촉 방식을 예시하였다. 접촉 방식은 크게 두 가지로 나뉘는데, 그림 19.1*a*, 19.1*b*, 19.3*c*로 나타낸 고정층 반응기(fixed-bed reactor)와 그림 19.1*d*, 19.2*e*, 19.3*f*로 표현되는 유동층 반응기(fluidized-bed reactor)이다. 그림 19.1*g*의 이동층 반응기(moving-bed reactor)는 중간적인 성격으로 고정층과 유동층의 장단점들을 몇 가지씩 가지고 있다. 이 반응기들의 장점을 비교하면 다음과 같다.

1. 고정층에서 통과하는 기체는 대개 플러그 흐름을 보인다. 기포 유동층(bubbling fluidized bed)은 흐름이 복잡하고 잘 알려져 있지 않으며, 플러그 흐름이 아니고, 우회가 많다. 이러한 거동은 효과적인 접촉이라는 관점에서는 만족스럽지 못하며 기체의 전환율을 높이려면 많은 양의 촉매가 필요하고, 직렬 반응에서 생성되는 중간체의 양이 무척 적다. 따라서 반응기에서 효과적인 접촉이 가장 중요할 경우에는 고정층을 사용하는 것이 좋다.
2. 넓은 고정층은 열전도도가 낮아서 효과적인 온도제어가 어렵다. 따라서 격렬한 발열반응에서는 국소 고온 부분(hot spot) 또는 이동하는 고온전면(hot front)이 발생하여 촉매를 망가뜨릴 수 있다. 반면에 유동층에서는 고체가 급속히 혼합되어 제어가 용이하여 실제로 등온이 잘 유지된다. 반응이 폭발적이거나 생성물 분포 때문에 온도제어 범위가 좁은 경우에는 유동층의 운전성이 좋다.
3. 고정층은 크기가 매우 작은 촉매를 사용하면 막히거나 압력강하가 매우 커서 사용이 불가능하지만, 유동층은 작은 크기의 입자를 사용하는 것이 가능하다. 따라서 기공과 경막에서의 확산이 반응속도에 영향을 미치는 빠른 반응에 있어서는 기체-고체의 접촉이 격렬하며, 작은 입자를 사용하는 유동층이 촉매의 이용효율성이 높다.
4. 촉매가 급속히 불활성화되어 자주 처리할(재생시킬) 필요가 있을 경우에는 액상 같은 유동 상태로 장치 사이에 급송(pumping)이 가능하다. 이러한 유동성 고체에 한하여 유동층은 고정층에 비해 압도적인 장점을 가지고 있다.

위에서 언급한 내용을 염두에 두고 그림 19.1을 살펴보자. 그림 19.1*a*는 모든 장단점을 포함하는 전형적인 충전층 반응기를 나타낸다. 그림 19.1*b*는 냉각 표면을 증가시켜 국소 고온점 문제를 상당히 줄일 수 있음을 보여준다. 그림 19.1*c*는 중간냉각(intercooling)을 통해 추가적인 온도제어가 가능함을 나타낸다. 주의해서 봐야 할 것은 반응이 가장 빠른 1단계에 촉매를 다른 단계

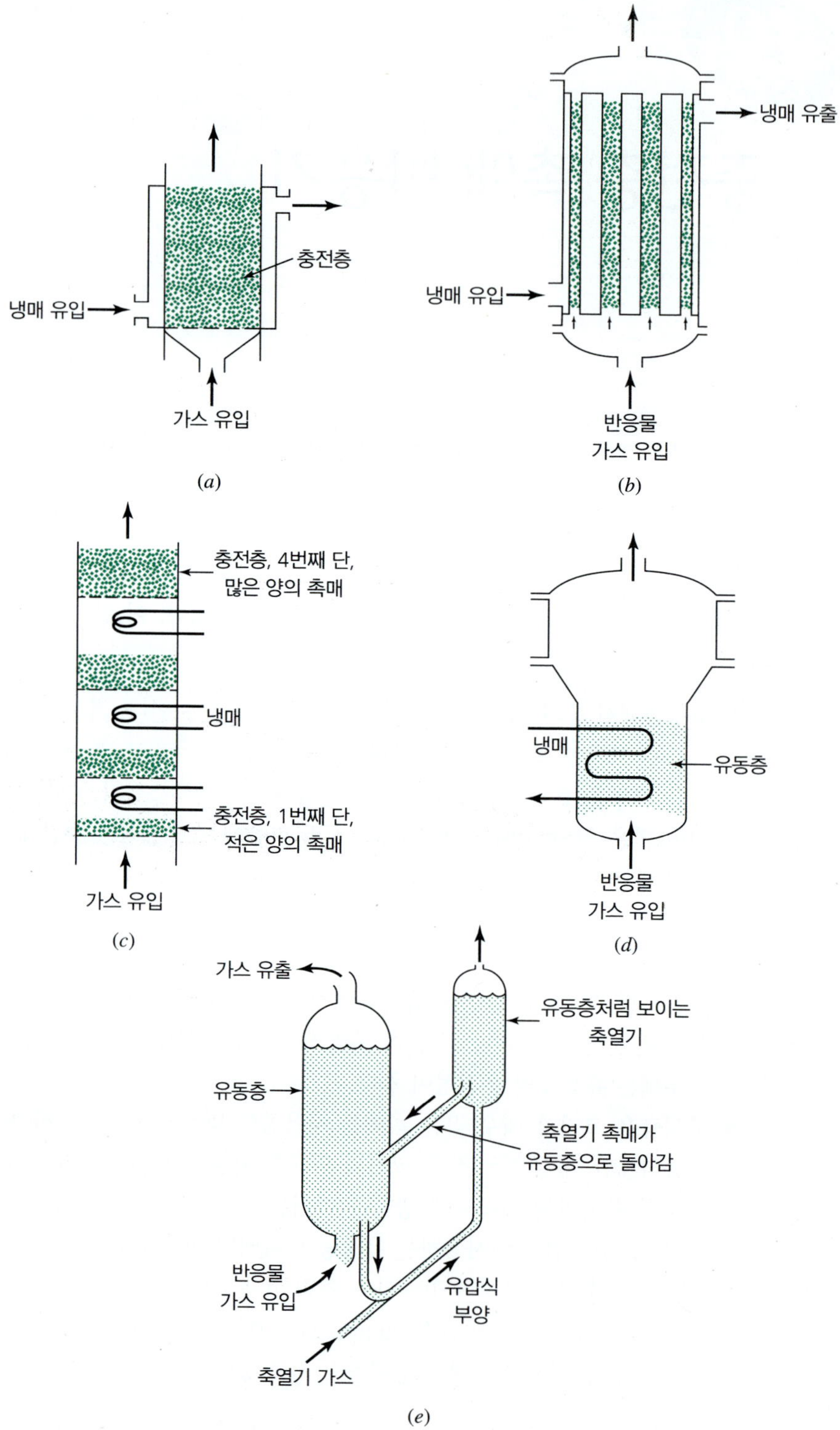


그림 19.1 여러 유형의 촉매 반응기.

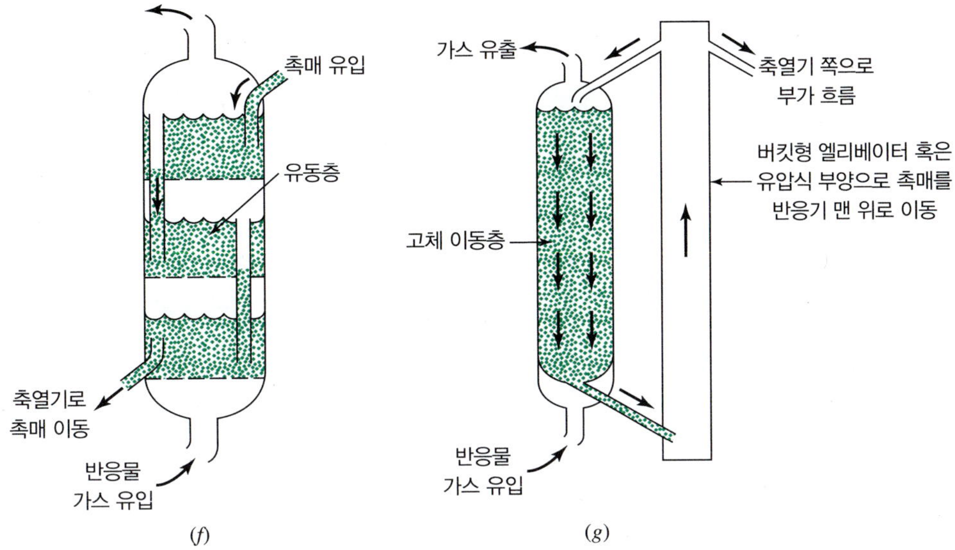


**그림 19.1** (*계속*) **여러 유형의 촉매 반응기.**

보다 적게 넣어서 전환율을 낮게 유지하는 것이다. 이 단위장치는 단일 장치(single shell) 내에 포함시킬 수도 있고, 별도로 분리하여 단과 단 사이에 열교환장치를 설치할 수도 있다.

그림 19.1*d*는 재생시킬 필요가 없는 안정한 촉매를 사용한 유동층 반응기이다. 열교환 튜브를 층 안에 넣어 열을 가하거나 제거함으로써 온도를 제어한다. 그림 19.1*e*는 불활성 촉매를 처리하는 조업으로 연속적으로 제거하거나 재생하는 내용을 담고 있다. 그림 19.1*f*는 3단으로 된 향류장치 혹은 맞흐름장치(countercurrent unit)로서 접촉이 좋지 않은 유동층의 단점을 보완하기 위해 고안된 것이다. 그림 19.1*g*는 이동층 반응기로서, 플러그 흐름의 장점과 입자 크기가 큰 고정층의 단점과 촉매 처리 비용이 저렴한 유동층의 특징을 모두 지니고 있다.

최적설계를 하려면 많은 요소들의 경중을 고려해야 하지만 두 개의 서로 다른 유형의 반응기를 직렬로 연결함으로써 최고의 설계 결과를 얻을 수도 있다. 예를 들면 발열량이 많은 반응의 경우 높은 전환율을 얻기 위해 유동층 반응기 다음에 고정층 반응기를 사용하는 경우이다.

촉매 반응기를 설계하는 데 겪는 주된 어려움은 다음의 두 질문으로 귀결된다. 그 질문은 바로 "(1) 충전층의 비등온적인 거동을 어떻게 설명할까? (2) 유동층에서 발생하는 비이상적 기체 흐름을 어떻게 설명할까?"이다.

열교환기를 가진 충전층을 고려하자(그림 19.1*a*와 *b*). 발열반응에서 그림 19.2는 충전층의 벽을 냉각시킬 때 발생하는 열과 물질 이동의 유형을 나타낸다. 중심선(centerline)이 벽보다 뜨거워 반응이 빨리 일어나고 반응물의 소모가 크다. 따라서 모든 종류의 온도 *기울기*가 반지름 방향으로 생긴다.

이 경우를 자세히 분석하려면 반지름 방향의 열과 물질의 분산과 함께 축방향 분산(axial dispersion)도 동시에 고려해야 한다. 분석을 위한 수학적 모델을 세울 때 고려해야 할 것은 다음과 같다. 어떻게 단순화시키는 것이 합리적이며, 모델링의 결과가 실제 상황과 잘 맞으며, 모델의 해답을 통해 불안정한 특성과 국소 고온점을 알아낼 수 있는가? 이 문제점들은 수많은 연구자들이 다루었고, 다양한 정밀한 해답들이 있으나 예측과 설계라는 관점으로 보면 아직 우리가 바라는 정도에 이르지 못하고 있다. 이 문제를 다루는 것은 매우 어려우며 여기서는 취급하지 않겠다.

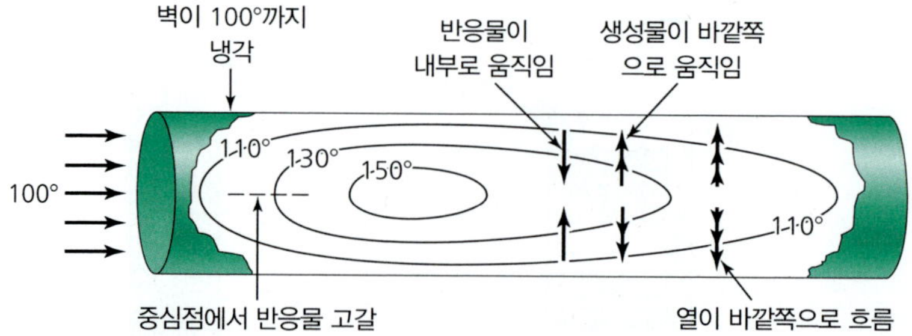


**그림 19.2** **발열반응에 대하여 충전층 반응기 내의 온도 분포는 열과 물질의 이동이 반지름 방향으로 생성된다.**

이에 관한 기법의 우수한 총설은 Froment (1970), Froment와 Bischoff (1990) 등의 저자가 작성하였다.

그림 19.1*c*에 나타낸 다단 단열 충전층 반응기(staged adiabatic packed bed reactor)는 상황이 다르다. 반응영역에서 열전달이 없기 때문에 온도와 전환율은 간단히 연관지을 수 있어서 9장의 방법을 직접 적용할 수 있다. 단과 열전달의 다양한 변형을 통해 최적 상태에 가장 근접시킬 수 있는 다양한 방법을 고려할 수 있다.

유동층 반응기와 다른 분산 고체 반응기 유형에 대해서는 다음 장에서 검토한다.

## ▶ 다단 단열 충전층 반응기

다단 단열 충전층 반응기는 적절한 열교환과 원활한 기체 흐름을 통해 실제적으로 원하는 온도 진행을 이룰 수 있는 유용한 시스템이 될 수 있다. 이 시스템의 계산과 설계는 간단하고, 실제 운전은 이 예측과 부합한다고 기대할 수 있다.

속도론에 관계없이 단일 반응 A → R에 대한 설계과정을 예시한다. 이 과정은 다른 반응 유형에도 쉽게 적용할 수 있다. 먼저 이 반응기의 여러 가지 운전방법을 검토하고, 비교한 후 언제 어느 방법이 적합한지를 찾는다.

**중간냉각되는 다단의 충전층(플러그 흐름)**[1] 9장에서 반응조건은 최적온도 진행을 따르는 것이 좋은 이유를 밝힌 바 있다. 여러 단을 사용하면 그림 19.3에서 보는 바와 같이 더욱 최적조건에 근접시킬 수 있다.

미리 단수를 정하고 나면, 최적조업이란 주어진 전환율을 얻는 데 필요한 촉매의 총량을 최소화하는 일이 된다. *가역발열반응*(reversible exothermic reaction)의 2단 운전인 경우를 예로 들어 그 해결 방법을 살펴보면 그림 19.4와 같다. 이 그림에서 $X_A = 0$에서 $X_{A2}$ = 임의의 고정된 혹은 요구되는 전환율까지 $1/-r'_A$ 대 $X_A$ 곡선 아래의 전체 면적을 최소화시키려고 한다. 이렇게 최적조건을 구하는 데 임의로 정할 수 있는 변수가 공급 온도($T_a$), 첫 번째 단에서 사용된 촉매의 양(단열선을 따라 $b$점에 위치) 및 중간냉각량($bc$선을 따라 $c$점에 위치)의 세 가지이다. 다행히도 이 3차원(3단인 경우는 5차원) 문제는 1차원 탐색법으로 줄일 수 있어 $T_a$만을 가정하면 된다. 이 과정은 다음과 같다.

1 이 절은 9장의 뒷부분인 복합 반응(multiple reaction) 부분에서 이어진 내용이다. 따라서 독자들이 9장의 관련 부분을 먼저 읽고 19장의 내용을 학습하기를 권장한다.

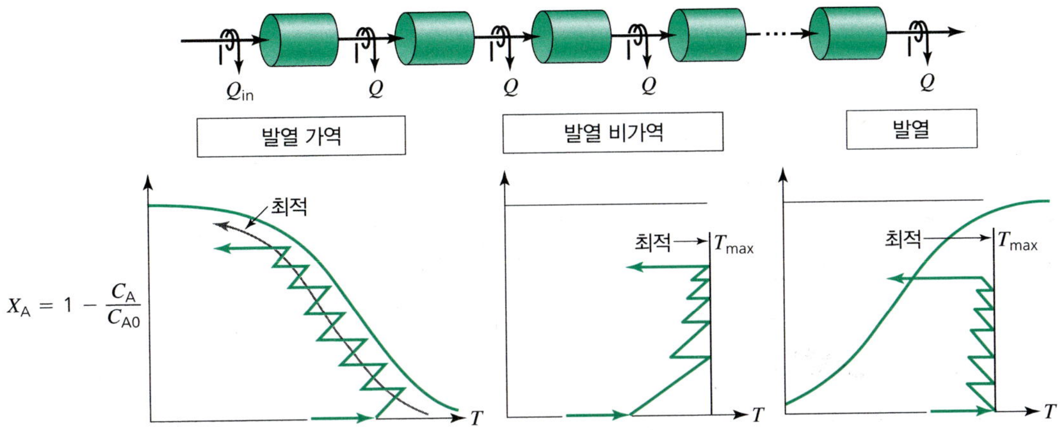


그림 19.3 다단의 충전층 반응기가 최적온도 진행으로 어떻게 접근하는지를 나타낸 개략도.

1. $T_a$를 가정한다.
2. 단열선을 따라서 아래의 조건이 만족될 때까지 이동한다.

$$\int_{\text{in}}^{\text{out}} \frac{\partial}{\partial T}\left(\frac{1}{-r'_{\text{A}}}\right) dX_{\text{A}} = 0 \tag{1}$$

이것은 그림 19.4에서 $b$점이 되고, 따라서 첫 번째 단에서 필요한 촉매의 양과 이 단의 출구온도를 구할 수 있다. 특히 예비설계 시에는 식 (1)로 판별하는 방법이 편리하지 않을 수도 있어서 간편한 시행착오법을 이용하기도 한다. 보통 낮은 반응속도 조건을 피하면서 2~3회 정도로 주의 깊게 예측값을 넣어 계산하면 시행착오를 통해 최적조건에 가까운 우수한 설계를 할 수 있다.

3. $b$점과 같은 반응속도를 가진 $c$점으로 냉각시킨다.

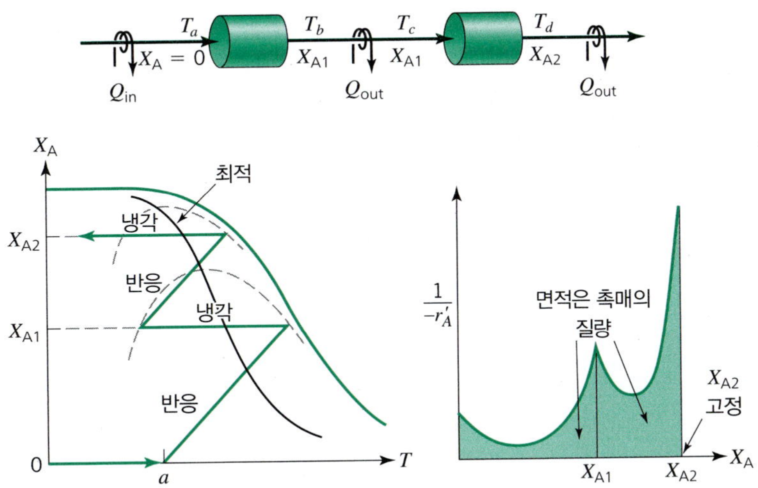


그림 19.4 2단 충전층 반응기의 최적조건.

$$(-r'_A)_{\text{leaving a reactor}} = (-r'_A)_{\text{entering the next reactor}} \quad \textbf{(2)}$$

**4.** 식 (1)의 기준이 만족될 때까지 $c$점에서부터 단열선을 따라서 이동하면 $d$점이 구해진다.
**5a.** 만약 $d$점에서 원하는 전환율이 이루어지면 $T_a$의 가정은 올바른 것이 된다.
**5b.** 만약 $d$점에서도 원하는 전환율에 이르지 못하면 $T_a$의 온도를 달리하여 시행을 반복한다. 보통 계산을 3번 반복하면 최적 상태에 접근할 수 있다.

3단 이상인 경우는 이 방법을 그대로 확장하면 되고 이것 역시 1차원 탐색법이다. 이 과정은 Konoki (1956a)가 최초로 개발하였으며 그 후에 Horn (1961a)이 독립적으로 개발하였다.

전체 비용을 고려하여 단수를 결정하는데 실제로는 1단, 2단 등을 차례로 시행하여 최소 비용이 구해질 때까지 반복한다.

다음으로 그림 19.3에 표현된 두 가지 다른 경우를 생각해보자. *비가역 발열반응*의 최적조업 기준에 대해서는 Konoki (1956b)가 제안한 바 있으며, *흡열반응*(endothermic reaction)에 대한 최적 기준은 아직 개발 중에 있고, 어느 경우나 반응속도가 낮은 영역과 멀리 떨어진 곳에서 시행착오법을 사용하는 것이 좋다.

**다단 혼합 흐름 반응기** 다단 순환 반응기에서 순환비가 크면 혼합 흐름에 근접한다. 그림 19.5에서처럼 이 반응기는 최적온도 진행을 따라서 운전해야 하며, 단 사이에서 촉매의 최적 분포는 직사각형의 넓이를 최대로 하여 구해진다(그림 6.9~6.11 참고). 사실상 그림 19.5에서 KLMN의 면적을 최대화하고 음영 부분의 면적이 최소가 되도록 촉매를 분포시킬 필요가 있다.

**순환이 있는 다단 충전층** 여기서 우리는 혼합 흐름에 접근시킬 수 있는 가변적인 시스템으로 낮은 반응속도 영역을 피할 수 있는 시스템을 생각한다. 그림 19.6에서는 순환비(recycle ratio) $\boldsymbol{R}$ = 1이고 공급물 온도가 $T_f$인 2단 운전을 보여주고 있으며 3단 이상으로 확장도 가능하다.

Konoki (1961)는 최적조업 기준을 제안하였으나 예비설계에서는 몇 번만 가정해도 충분히 최적조업에 근접할 수 있다.

순환조업(recycle operation)의 경우 열교환기는 반응기에서 일어나는 일에 영향을 미치지

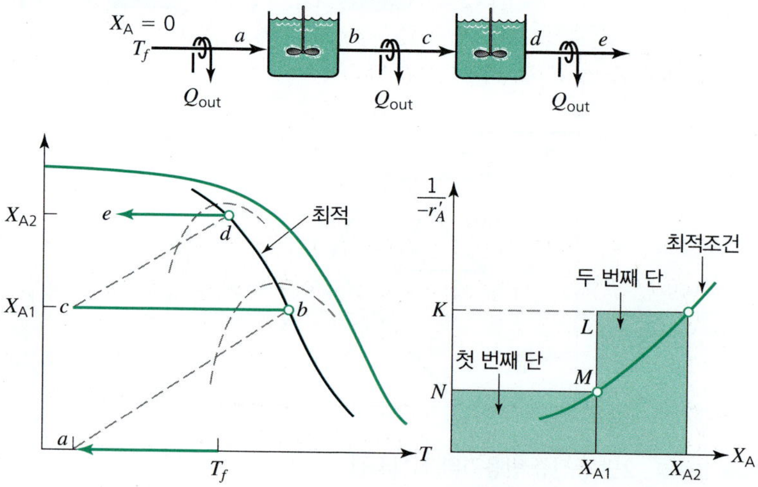


**그림 19.5** 최적의 2단 혼합 흐름 반응기(다단의 충전층 반응기에서는 순환비가 무한임).

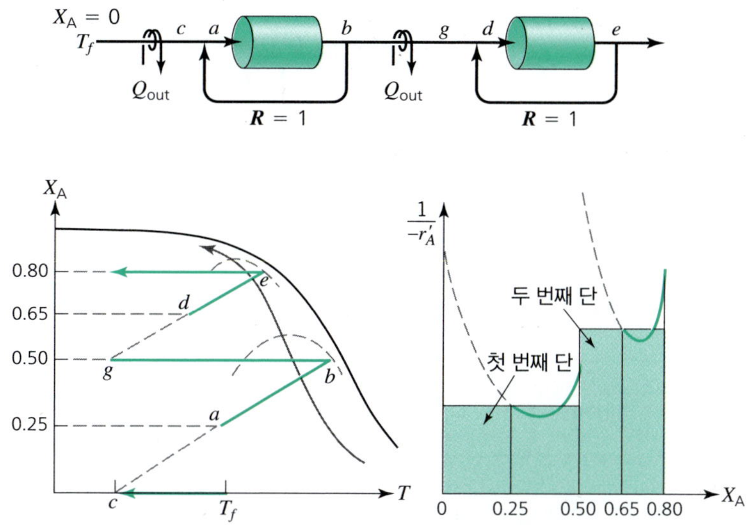


그림 19.6 순환이 있는 최적의 2단 충전층 반응기, 전환율은 두 단에서 순환비 $\boldsymbol{R}$ = 1일 때를 나타낸다.

않으면서 여러 곳에 설치할 수 있다. 그림 19.6과 19.7은 각각 다른 예를 보여준다. 최적 위치는 운전을 시작할 때의 편리함과 높은 열교환 계수(그림 19.7*b*의 열교환기 배열보다는 그림 19.7*a*의 배열이 유체의 통과 흐름이 큼)에 의해 좌우된다.

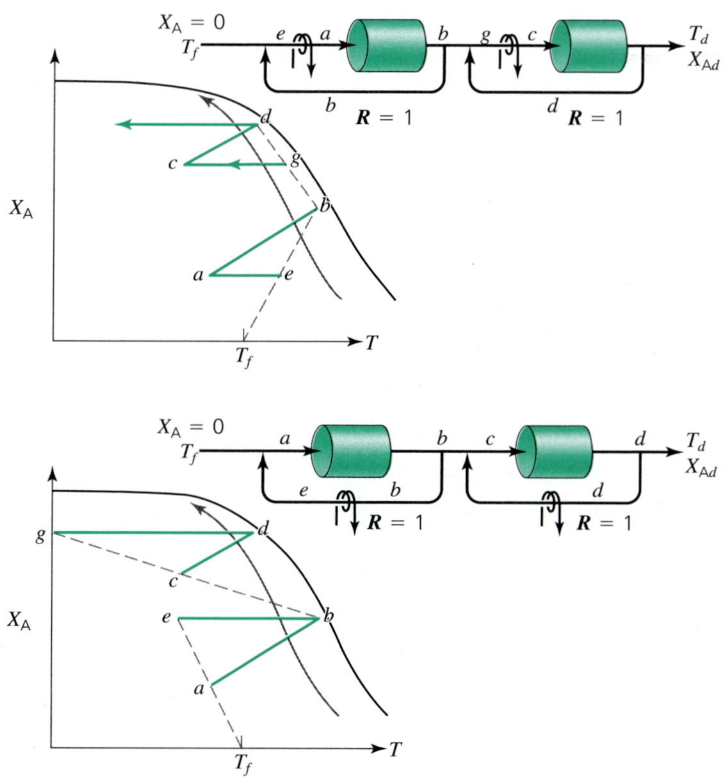


그림 19.7 그림 19.6에서와 동일한 반응기 조건에서 열교환기의 다른 배열법.

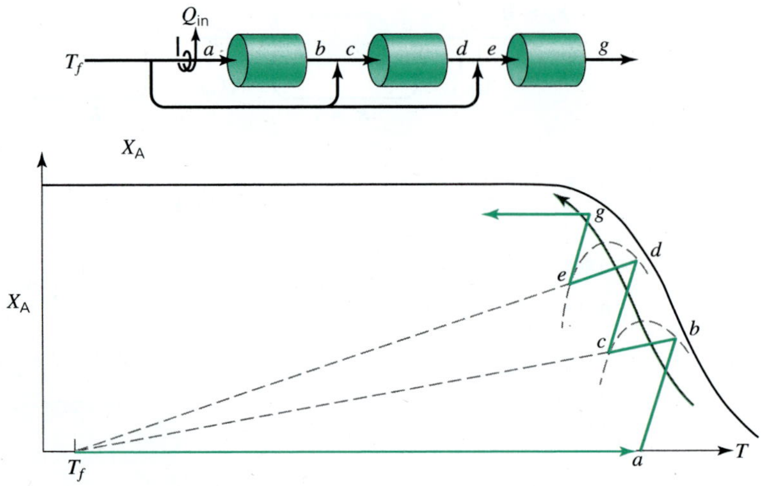


그림 19.8 단 사이에 열교환기가 필요 없는 콜드 샷 냉각.

**콜드 샷 냉각** 단 사이에 열교환을 제거하는 한 가지 방법은 찬 원료(cold feed)를 반응기의 두 번째 또는 그 이상의 단에 적절하게 직접 유입(콜드 샷 냉각)시키는 것이다. 이 방법은 그림 19.8에 예시하였다. 이 배열에 대한 최적조업 판별은 Konoki (1960)가 제안하였으며, 이와는 조금 다른 형태로 Horn (1961b)이 제안한 것도 있다. 이들은 중간냉각 정도가 여전히 식 (2)로 주어짐을 발견하였으며 이를 그림 19.8에 나타냈다.

찬 원료를 공급하여 냉각하는 콜드 샷 냉각(cold shot cooling)에서는 $1/-r'_A$ 대 $X_A$ 곡선에 의한 반응기 부피의 계산이 더욱 복잡한데, 이는 각 단에서 공급물의 양이 다르기 때문이다. 불활성 유체로 냉각시킬 수도 있는데, 이는 $1/-r'_A$ 대 $X_A$ 곡선 및 $T$ 대 $X_A$ 곡선 모두에 영향을 미칠 것이다.

**접촉 시스템의 선정** 여러 가지 접촉 형태 가운데 어떤 형태가 가장 많이 이용되는지 살펴보자.

1. 흡열반응에서는 반응이 진행됨에 따라서 반응속도가 느려지므로 순환이 없는 플러그 흐름을 이용하는 것이 좋다(제9장 참고). 발열반응에서는 단열선의 기울기에 의해 최적 접촉 형태가 정해진다. 아래의 내용들은 발열반응의 경우에 관한 것이다.
2. 다른 조건이 같다면 콜드 샷 냉각법이 단 사이의 열교환이 필요 없기 때문에 비용이 저렴하다는 장점이 있다. 그러나 이 방법은 반응온도보다 공급물의 온도가 매우 낮고 반응 중에 온도가 그다지 변하지 않을 때만 실용적이다. 이 조건은 다음과 같이 요약할 수 있다.

   콜드 샷 냉각법이 실용적일 때는 다음과 같은 경우이다.

$$T_{\text{reaction}} - T_f > \frac{-\Delta H_r}{\mathbf{C}_p}$$

   콜드 샷 냉각법이 실용적인 경우와 그렇지 않은 경우를 그림 19.9에 나타내었다.
3. 발열반응에서 단열선의 기울기가 완만하면(반응 중에 온도가 크게 올라가는 경우) 반응속도가 낮은 저온 영역을 피하는 것이 좋다. 따라서 순환을 많이 시켜 혼합 흐름에 근접시킨다. 반면 기울기가 가파른 경우(반응 중에 온도 증가가 적은 경우)에는 전환이 진행

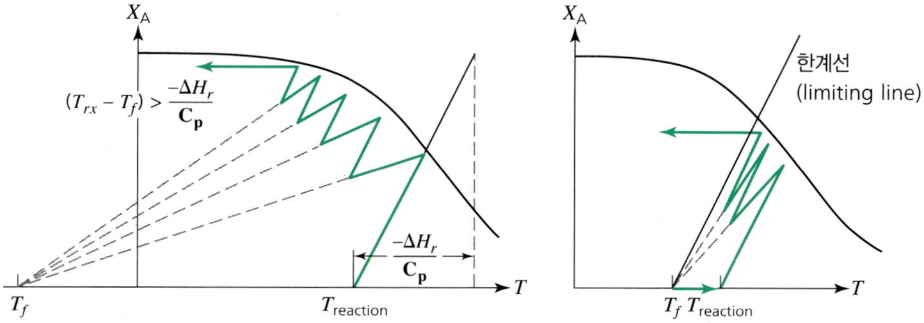


그림 19.9 원료 공급 냉각방법이 유용한 경우(왼쪽)와 유용하지 못한 경우(오른쪽).

됨에 따라서 반응속도가 감소되므로 플러그 흐름을 이용해야 한다. 특히 반응물이 순수한 기체이면 단열선의 기울기가 작고, 희박한 기체나 액체에서는 기울기가 크다. 예로써 $C_p = 40$ J/mol·K이고 $\Delta H_r = -120{,}000$ J/mol인 반응물과 $C_p = 40$ J/mol·K인 반응물에 대하여 알아보자.

불활성 물질에 대해서는 다음과 같다.

$$\text{기울기} = \frac{\mathbf{C}_p}{-\Delta H_r} = \frac{40}{120\,000} = \frac{1}{3000}$$

희박한 1% 반응물 기체 흐름에 대해서는 다음과 같다.

$$\text{기울기} = \frac{\mathbf{C}_p}{-\Delta H_r} = \frac{4000}{120\,000} = \frac{1}{30}$$

1몰의 액체 용액에 대해서는 다음과 같다.

$$\text{기울기} = \frac{\mathbf{C}_p}{-\Delta H_r} = \frac{4000}{120\,000} = \frac{1}{30}$$

그림 19.10에 이들의 단열선을 나타내었다.

**4.** 다단 반응기에서 일어나는 발열반응에 대한 고찰은 다음과 같이 요약할 수 있다.

> 순수한 기체의 경우 순환비가 크면 혼합 흐름에 가까워진다.
> 희박한 기체(또는 액체)에 있어서 공급물의 예열이 크게 필요하지 않으면 플러그 흐름을 이용한다.
> 희박한 기체(또는 액체)에서 공급물의 예열로 반응온도까지 올려야 하는 경우에는 콜드 샷 냉각법을 이용한다. **(3)**

## ▸ 단일의 중진증 반응기를 다루는 일련의 문제에 대한 예시

단일 촉매 충전층 반응기는 100 mol/s의 반응물 A를 처리하고 생성물 R을 생산하도록 설계되었

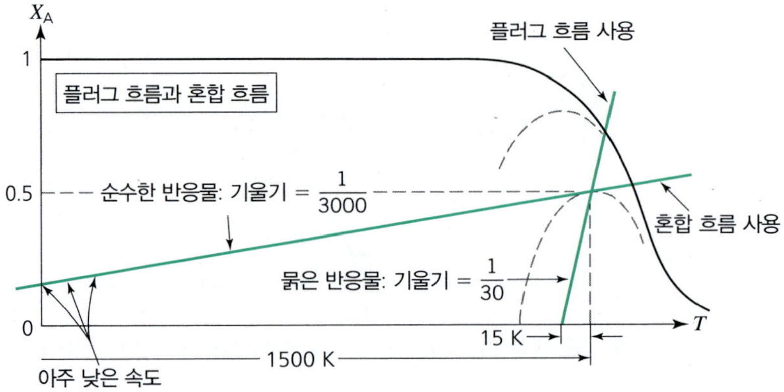


그림 19.10 단열선의 기울기가 가파른 경우에는 플러그 흐름이 사용되며 단열선의 기울기가 완만하면 혼합 흐름(순환비가 큰 충전층)을 이용한다.

다. 공급물 기체는 2.49 MPa, 300 K로 유입되고 다른 언급이 없다면 최대 허용온도는 900 K이다. 생성물 흐름이 300 K가 되길 원하고 발열반응의 열역학과 반응속도론은 그림 19.11에 주어져 있다. 사용하기를 원하는 시스템의 세부 사항을 보여주는 개략도를 그려라.

- 반응기 유형: 플러그 흐름, 순환 또는 혼합(무한의 순환)
- 필요한 촉매량
- 반응기 앞단, 반응기 자체 및 반응기 뒷부분의 열량(heat duty)
- 모든 흐름의 온도

예제 19.1에서 한 가지 경우를 다루고 연습 문제 19.13에서 19.16까지 다른 네 가지 경우에 대해 다룬다. 모든 문제에서 다음을 사항을 가정한다.

- 모든 기체는 이상 기체로 취급
- 모든 물질, 모든 온도에서 $C_p$ = 40 J/mol·K. 이것은(예제 19.1 참고) $\Delta H_r$은 모든 온도에서 동일한 값을 갖는다.

## 예제 19.1 ▶ 단일 단열 충전층 반응기의 설계

1몰 A와 7몰 불활성 기체로 이루어진 공급물이 80%의 전환율을 이루기 위한 반응기를 설계하라.

**풀이**

먼저 단열선의 기울기를 결정한다. 이 문제에서 A의 단위 mol당 총 8 mol이 유입된다는 것을 유의하라.

$$\mathbf{C}_p = (40\ \text{J/mol}\cdot\text{K})\ (8) = 320\ \text{J/(mol of A + inerts)}\cdot\text{K}$$

따라서 단열선의 기울기는 아래와 같다.

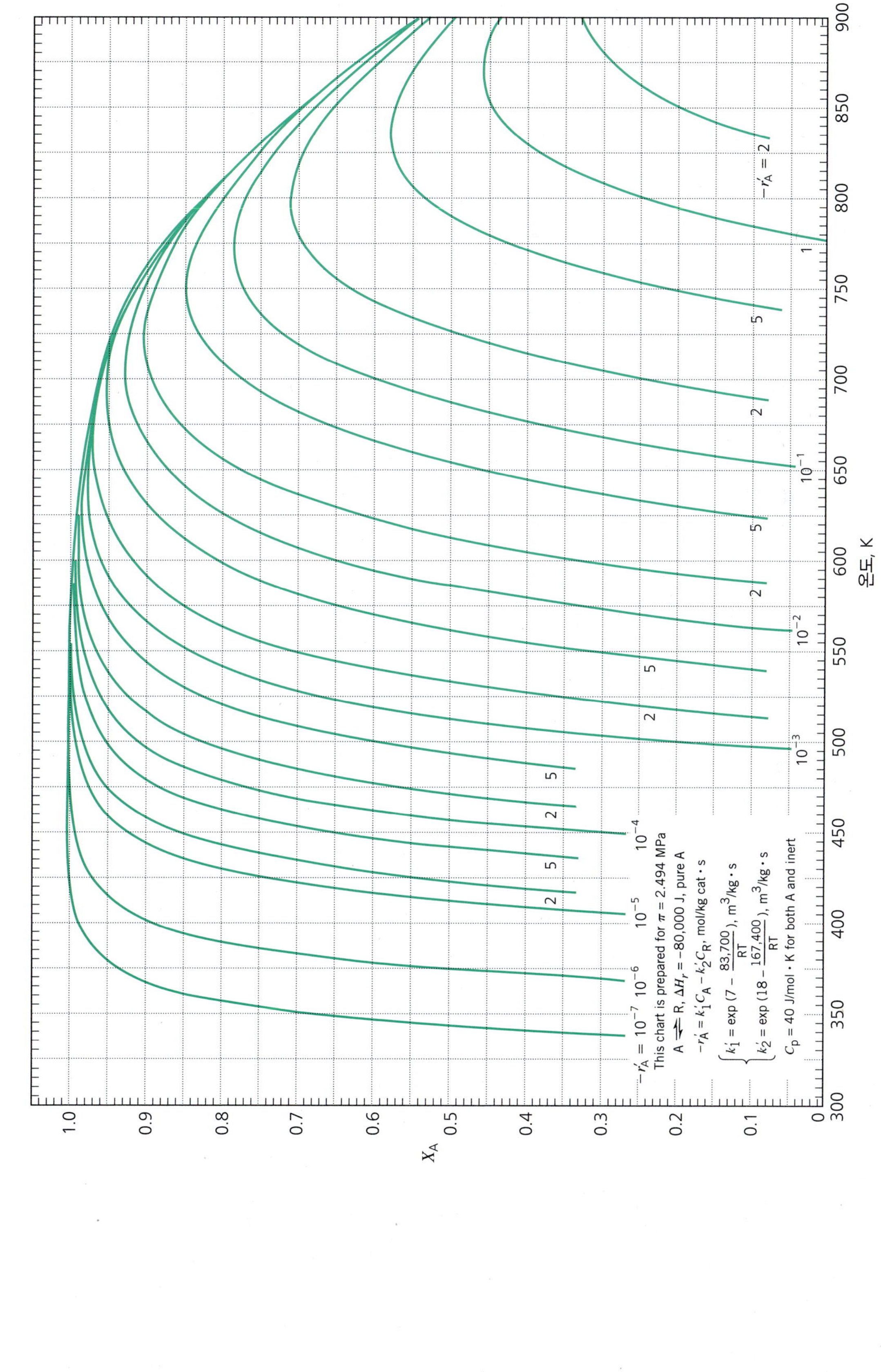
$-r'_A = 10^{-7}$
This chart is prepared for $\pi$ = 2.494 MPa
A ⇌ R, $\Delta H_r$ = −80,000 J, pure A
$-r'_A = k'_1 C_A - k'_2 C_R$, mol/kg cat · s
$k'_1 = \exp\left(7 - \frac{83,700}{RT}\right)$, m$^3$/kg · s
$k'_2 = \exp\left(18 - \frac{167,400}{RT}\right)$, m$^3$/kg · s
$C_p$ = 40 J/mol · K for both A and inert
$10^{-6}$
$10^{-5}$
2
5
$10^{-4}$
2
5
$10^{-3}$
2
5
$10^{-2}$
2
5
$10^{-1}$
2
5
1
$-r'_A = 2$
$X_A$
1.0
0.9
0.8
0.7
0.6
0.5
0.4
0.3
0.2
0.1
0
300
350
400
450
500
550
600
650
700
750
800
850
900
온도, K
그림 19.11

$$\frac{\mathbf{C}_p}{-\Delta H_r} = \frac{320}{80\,000} = 0.004 = \frac{1}{250}$$

그림 19.11에 나타낸 여러 단열선 중에서 그림 E19.1*a*가 가장 적합한 것으로 보인다. 따라서 그림 19.11로부터 $X_A$ 대 $1/(-r'_A)$를 표로 나타내면 아래와 같다.

| $X_A$ | $-r'_A$ | | $1/(-r'_A)$ | |
|---|---|---|---|---|
| 0.8 | 0.05 | ÷ 8 | 20 | × 8 |
| 0.78 | 0.1 | | 10 | |
| 0.70 | 0.2 | | 5 | |
| 0.60 | 0.225 | | 4.4 | |
| 0.50 | 0.2 | | 5 | |
| 0.26 | 0.1 | | 10 | |
| 0.10 | 0.05 | | 20 | |
| 0 | 0.03 | | 33 | |

$1/(-r'_A)$ 대 $X_A$를 플롯한 결과를 그림 E19.1*b*에 나타내었다. 이것은 순환 반응기를 사용하는 것이 적합함을 말해준다. 따라서 아래 식이 성립한다.

$$\frac{W}{F_{A0}} = \frac{X_A}{-\bar{r}'_A} = 0.8(6 \times 8) = 38.4 \text{ kg}\cdot\text{s/mol}$$

또한 다음 결과를 얻을 수 있다.

$$W = F_{A0}(38.4) = (100)(38.4) = \underline{\underline{3840 \text{ kg}}}$$

그림 E19.1*b*로부터 순환비는 $\underline{\underline{\boldsymbol{R} = 1}}$이다.

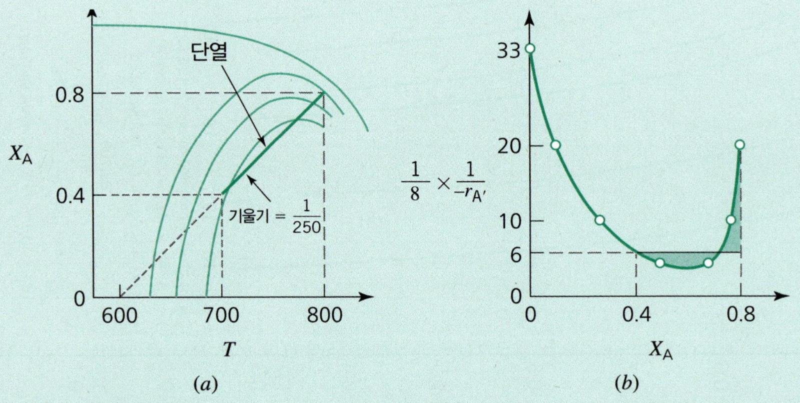


그림 E19.1*a, b*

공급물은 300 K이지만, 반응기 내로는 600 K로 도입되어야 하므로 공급물은 예열되어야 한다(그림 E19.1*a*). 따라서 필요한 열량은 아래와 같다.

$$Q_1 = n\,C_p\,\Delta T = (800\ \text{mol/s})(40\ \text{J/mol}\cdot\text{K})(600 - 300\ \text{K}) = 9.6 \times 10^6\ \text{J/s}$$
$$= \underline{\underline{9.6\ \text{MW}}}$$

반응기에서 유출되는 생성물은 800 K이므로 300 K까지 냉각되어야 한다. 따라서 냉각열량은 다음과 같다.

$$Q_2 = n\,C_p\,\Delta T = (800\ \text{mol/s})(40\ \text{J/mol}\cdot\text{K})(300\text{–}800\ \text{K}) = -16 \times 10^6\ \text{J/s}$$
$$= \underline{\underline{-16\ \text{MW}}}$$

추천할 만한 이상의 결과를 보여주는 설계를 그림 E19.1*c*에 나타내었다.

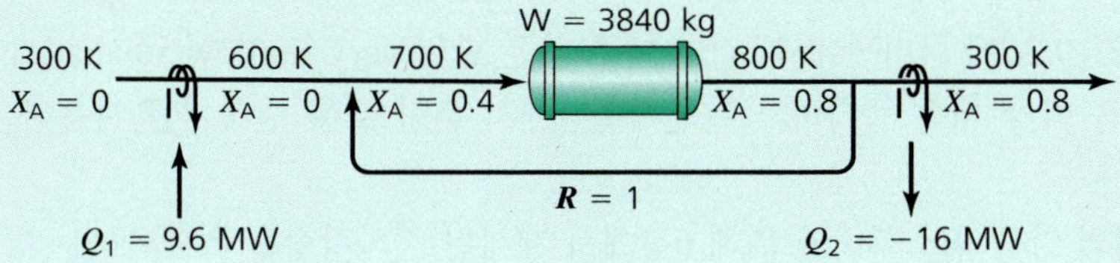


그림 E19.1*c*

### ▶ 직렬로 연결된 두 개의 충전층 반응기를 다루는 일련의 문제에 대한 예시

촉매로 채워진 두 개의 충전층 반응기가 반응물 A를 100 mol/s로 처리하여 생성물 R을 생산하도록 설계되었다. 공급물 기체는 2.49 MPa, 300 K로 유입되고, 다른 언급이 없다면 최대 허용온도 $T_{max}$는 900 K이다. 생성물 흐름이 300 K가 되길 원하고 발열반응의 열역학과 속도론이 그림 19.11에 주어져 있다. 추천하는 설계를 표현하는 개략도를 그려라.

- 흐름 배열의 선택: 플러그, 순환(***R*** 값을 정하기), 혼합(언제나 ***R*** > 5). 문제에서 허락되지 않는 한 단 사이에 찬 원료의 유입은 생각하지 않는다.
- 각 단에서 필요한 촉매의 양
- 열교환기의 위치와 열량
- 모든 흐름의 온도

## 예제 19.2 ▶ 두 개의 단열 충전층 반응기의 설계

두 개의 충전층 반응기에 대하여 순순한 반응물 A의 85% 전환율을 얻기 위한 설계를 수행하라.

**› *풀이***

먼저 단열선의 기울기를 결정하고 이를 그림 19.11에 가볍게 그려준다.

$$\text{기울기} = \frac{\mathbf{C}_p}{-\Delta H_r} = \frac{40}{80\,000} = \frac{1}{2000}$$

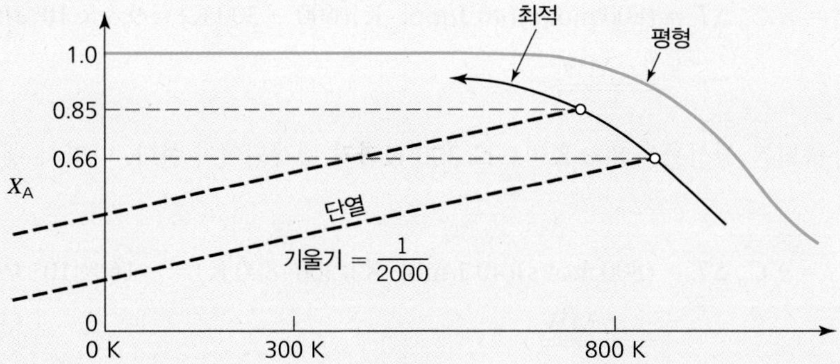


(*a*)

그림 E19.2*a*

이 결과는 그림 E19.2*a*에 나타난 것과 같이 아주 얕은 단열(very shallow adiabatic)이다. 반응속도는 이 단열선을 따라 계속 증가하므로 최적조건에서 혼합 흐름 반응기를 사용하는 것이 적합하다.

필요한 촉매의 양을 최소화하기 위해 6장에서 제시된 직사각형을 최대화하는 방법을 사용한다. $X_A$ 대 $1/(-r'_A)_{opt}$를 표로 나타내면 다음과 같다.

| $X_A$ | $(-r'_A)_{opt}$ | $1/(-r'_A)_{opt}$ |
|---|---|---|
| 0.85 | 0.05 | 20 |
| 0.785 | 0.1 | 10 |
| 0.715 | 0.2 | 5 |
| 0.66 | 0.28 | 3.6 |
| 0.58 | 0.5 | 2 |
| 0.46 | 1.0 | 1 |

그림 E19.2*b*에 보여준 것처럼 직사각형 최대화 방법을 사용하면, 성능식을 이용하여 다음을 얻을 수 있다.

$$\frac{W}{F_0} = (X_A)\frac{1}{(-r_A)_{opt}} = \left(\begin{array}{c}\text{그림 E19.2}b\text{의}\\ \text{음영 부분}\end{array}\right)$$

$$W_1 = F_{A0}\,(\text{area})_1 = 100\,(2.376) = \underline{\underline{237.6\ \text{kg}}}$$

$$W_2 = F_{A0}\,(\text{area})_2 = 100\,(3.819) = \underline{\underline{381.9\ \text{kg}}}$$

열교환기에 있어서 다음 결과를 얻을 수 있다.

***첫 번째 반응기.*** 만일 공급물을 첫 번째 반응기에 도입하기 전에 냉각하길 원한다면 다음의 온도까지 냉각시켜야 한다.

$$820 - 2000(0.6) = -380\ \text{K}$$

이것은 불가능한 일이다. 따라서 그림 E19.2*c*에서 나타난 것처럼 순환 반응기 고리 내의 어느 근처까지 냉각시켜야 한다. 그러나 열교환기를 어느 곳에 설치하던지 가열 혹은 냉각할 양은 동일하다.

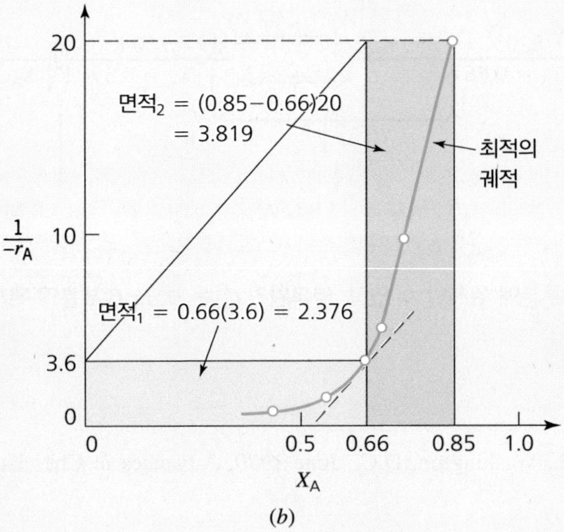


그림 E19.2*b*

따라서 820°C에서 66%의 전환율을 얻기 위해 반응물 A의 단위 mol당 필요한 열량은

$$\underbrace{(820-300)40}_{\text{heat in}} + \underbrace{0.66(-80000)}_{\text{heat out}} = -32\,000 \text{ J/mol}$$

이 되므로, 따라서 공급물 100 mol/s에 대해서는 다음과 같다.

$$Q_1 = (32\,000 \text{ J/mol})(100 \text{ mol/s}) = \underline{\underline{-3.2 \text{ MW}}} \text{ (cooling)}$$

***두 번째 반응기.*** 820 K, $X_A = 0.66$에서 750 K, $X_A = 0.85$까지 진행되기 위해 단위 mol당 요구되는 열량은 다음과 같다.

$$(750 - 820)\,40 + (0.85 - 0.66)\,(-80\,000) = -18\,000 \text{ mol}$$

공급물 100 mol/s에 대해서는 아래와 같다.

$$Q_2 = (-18\,000)(100) = \underline{\underline{-1.8 \text{ MW}}} \text{ (cooling)}$$

이와 유사하게 750 K에서 300 K까지 냉각시켜야 하는 유출 흐름에 필요한 열교환 양은 다음과 같다.

$$Q_3 = 100(40)(300 - 750) = \underline{\underline{-1.8 \text{ MW}}}$$

이상의 결과로부터 유추할 수 있는 설계의 개략도를 그림 E19.2*c*에 나타내었다.

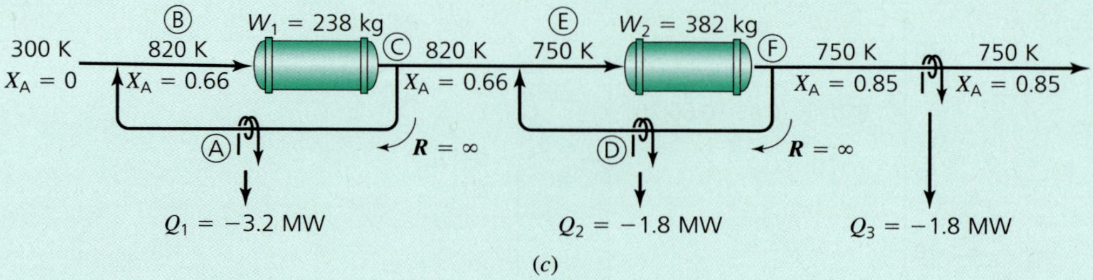


그림 E19.2c 열교환기 $Q_1$은 A, B, C 부분에 위치할 수 있고, 열교환기 $Q_2$는 $D$, $E$, $F$ 부분에 위치할 수 있다.

## 참고 문헌

Froment, G. F., First Symp. on C.R.E., Washington, D.C., June 1970, Advances in Chemistry Series No. 109, A.C.S., 1972.

________ and Bischoff, K. B., *Chemical Reactor Analysis and Design*, 2nd ed., John Wiley and Sons, 1990.

Horn, F., Z. *Electrochemie*, **65**, 295 (1961a).

________, *Chem. Eng. Sci.*, **14**, 20 (1961b).

Konoki, K. K., *Chem. Eng.* (Japan)**, 21**, 408 (1956a).

________, *Chem. Eng.* (Japan), **21**, 780 (19566).

________, *Chem. Eng.* (Japan), **24**, 569 (1960).

________, *Chem. Eng.* (Japan), **25**, 31 (1961).

## 연습 문제

**19.1~19.8.** 그림 P.19.1에서 그림 P.19.8까지 $X_A$ 대 $T$ 도표로 나타낸 두 개의 반응기를 가진 시스템의 흐름도를 그리고 흐름도 상에 다음을 표시하라.

- 유입유체 100 mol에 대하여 모든 흐름의 유량과 적절한 순환비
- 열교환기의 위치와 냉각인지 가열인지를 표시

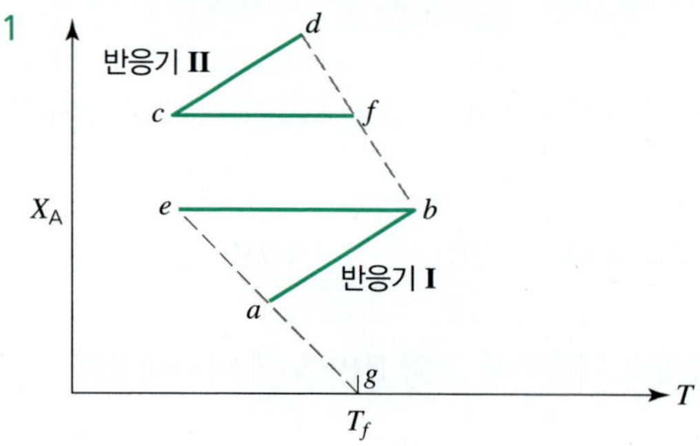


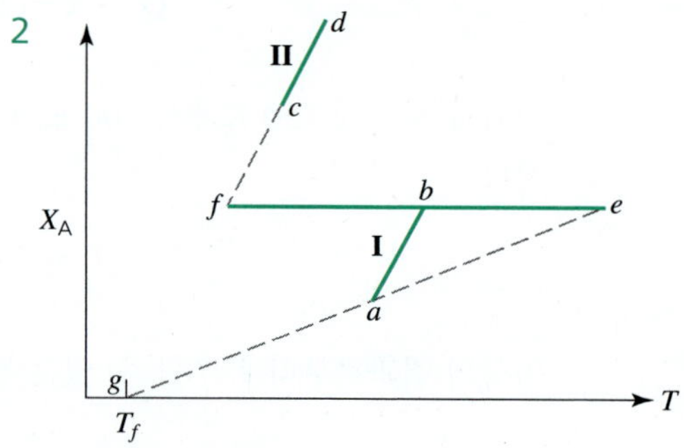

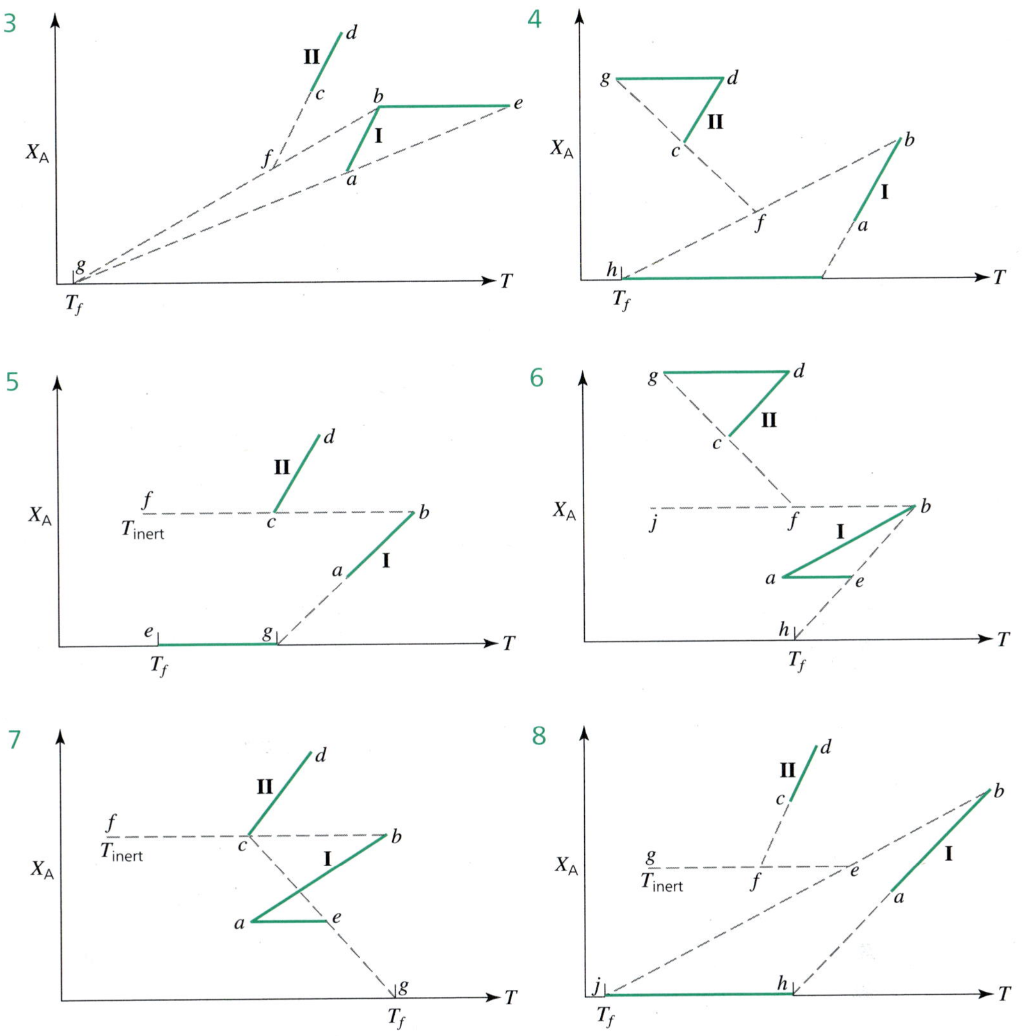


그림 P19.1~P19.8

**19.9~19.12** 그림 P19.9에서 P19.12에 나타낸 두 충전층 반응 시스템에 대하여 아래와 같은 발열반응의 $X_A$ 대 $T$ 도표를 그려라.

- 전환율: $X_{A1} = 0.6$, $X_{A2} = 0.9$.
- 순환비: $\boldsymbol{R}_1 = 2$, $\boldsymbol{R}_2 = 1$
- 모든 열교환기는 반응유체의 냉각에 사용된다.

9

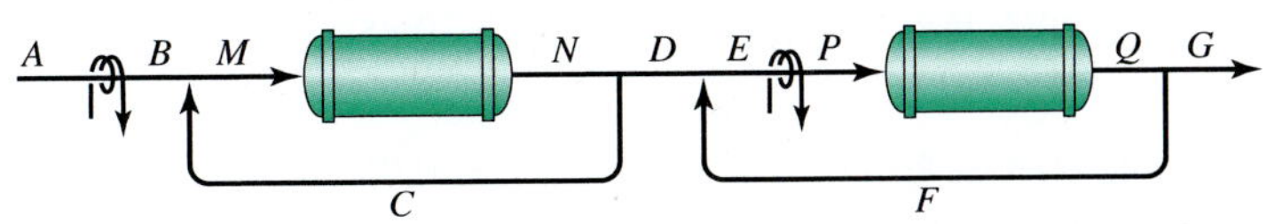

10
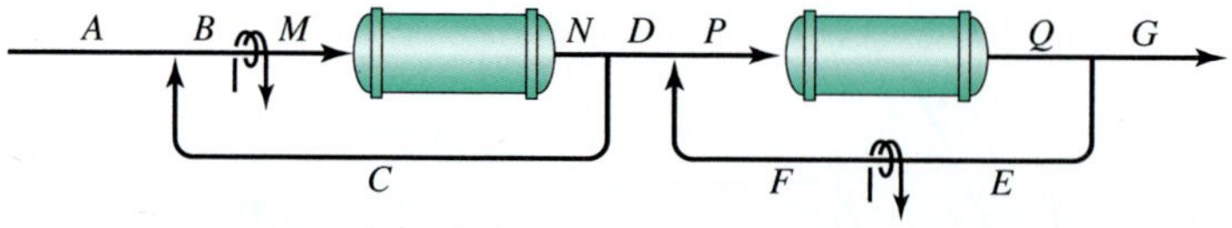


11
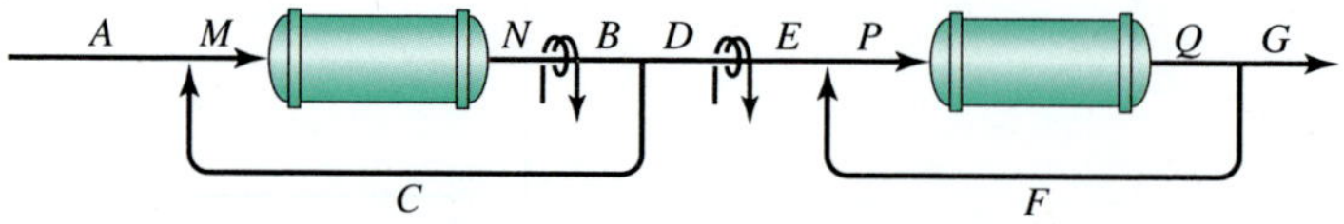


12
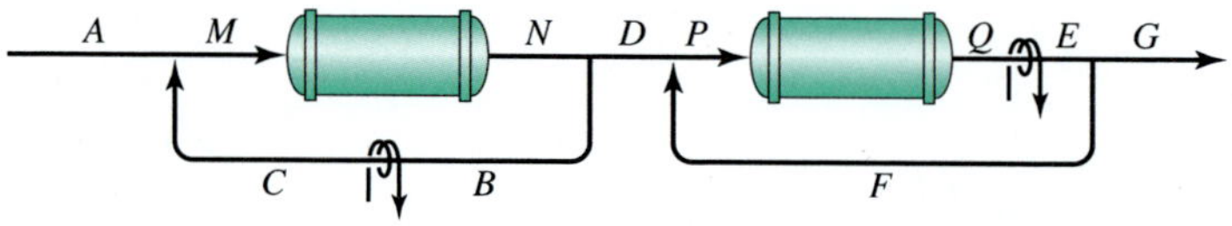


그림 P19.9~P19.12

---

예제 19.1에 기술한 단일 반응계의 4가지 다른 상황에 대해서 생각해보자. 우리의 계획은 다음과 같다.

**19.13** 최적온도 진행을 따라 반응기 내에서 순수한 공급물 A의 전환율 $X_A = 0.85$.

**19.14** 선택된 단열 반응기 내에서 반응물 A 50%와 불활성 기체 50%의 공급물의 전환율 $X_A = 0.70$.

**19.15** 유출물의 온도 $T = 825$ K이고 전환율 $X_A = 0.75$인 선택된 단열 반응기에 반응물 A 20%와 불활성 기체 80%의 공급물.

**19.16** 선택된 단열 반응기 내에서 반응물 A 5%와 불활성 기체 95%의 공급물.

---

예제 19.2에서 기술한 두 반응기 시스템에 대하여 다음의 5가지 상황을 고려하자.

**19.17** 순수한 공급물 A, 전환율 $X_A = 0.85$

**19.18** 순수한 공급물 A, 전환율 $X_A = 0.85$, $T_{max} = 550$ K. 이 문제에서는 불안정한 운전 조건의 가능성에 대해서는 우려하지 않아도 된다. 그러나 (실제로) 이와 같은 장치를 설계하기 전에 이 점을 점검해보는 것이 좋다. 만약 그렇지 않으면 문제가 발생할 수도 있다.

**19.19** 20% 반응물 A, 80% 불활성 공급물, 전환율 $X_A = 0.85$

**19.20** 40% 반응물 A, 60% 불활성 공급물, 전환율 $X_A = 0.95$

**19.21** 5% 반응물 A, 95% 불활성 공급물, 전환율 $X_A = 0.95$ (차가운 원료를 공급할 수 있다.)

제 20 장

# 다양한 분산 고체 촉매 반응기 및 유동층 반응기

Reactors with Suspended Solid Catalyst, Fluidized Reactors of Various Types

무수 프탈산(phthalic anhydride) 합성 반응은 발열이 심해서 아무리 주의를 기울여 설계한 충전층 반응기라 하더라도 이 반응기로부터 열을 제거하기 어렵다. 따라서 온도가 급격히 상승하고, 반응기 내부의 용융(meltdown)이 발생하며 심지어는 반응기의 폭발을 야기할 수 있다. 만일 반응기를 운전하는 중에 공장장이 반응기 위에 (실제로) 앉아 있어야 한다면 반응기 위에 앉을 공장장은 거의 없을 것이다.[1]

분산되어 쉽게 혼합될 수 있는 고체 입자를 포함한 유동층 반응기(fluidized bed)가 개발되어 위에서 언급한 위험한 상황을 완벽하게 극복할 수 있었다. 반응기를 안전하게 조업하게 된 이유는, 반응기 내의 분산 고체가 빠르게 혼합되고 다량의 열을 흡수하여 반응기의 온도 변화를 느리게 하여 결국 반응열을 쉽게 제어할 수 있었기 때문이다.

그리고 촉매 설계자들은(거의 마술사 수준) 보다 더 우수한 촉매를 성공적으로 개발하여 보다 빠른 반응속도를 가능케 하였다. 그러나 촉매의 전체 부피를 효과적으로 사용하기 위해서는 아래의 씨일레 계수(혹은 씨일레 수, Thiele modulus)를 만족시켜야 한다.

$$M_T = L\sqrt{\frac{k'''}{\mathscr{D}_e}} < 0.4$$

이것은 속도 상수 $k'''$가 커질수록 입자가 작아야 한다는 것을 의미한다.

이러한 이유로 분산 고체 촉매를 널리 사용하게 되었다. 이 촉매는 반응기체에 대해 요구되는 체류 시간을 매우 효과적으로 줄일 수 있었다. 예를 들어 30 m 높이의 반응기의 경우 몇 초면 된다.

그림 20.1은 고정층 반응기에서 다양한 유동층 반응기(기포 유동층 BFB, 난류 유동층 TF, 빠른 유동층 FF, 기송 유동층 PC)로의 전환 과정을 나타낸다.

## 20.1 분산 고체 반응기의 배경 정보

분산 고체 반응기는 매우 방대한 주제이므로 여기서 우리는 중요한 내용만 간략히 다룰 것이다. 보다 완벽한 설명을 원한다면 Kunii와 Levenspiel(1991)을 참고하라.

먼저 Geldart(1973), Geldart와 Abrahamson(1978)은 서로 다른 고체 입자들이 유동화되었을 때 반응기 내에서 어떻게 움직이는지 살펴보았고, 현재 우리가 Geldart 분류(Geldart classifi-

1 "They ought to give medals for making phthalic," *Chem. Week*, **70**, 40 (1952).

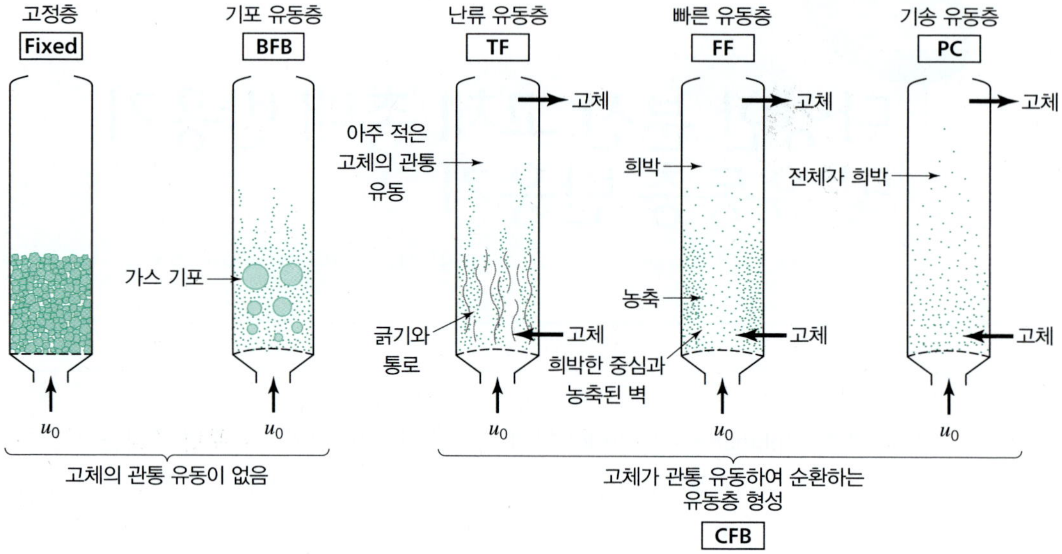


**그림 20.1** 기체 속도의 증가에 따른 기체-고체($G/S$) 접촉영역.

cation)라고 부르는 간단한 분류법을 제시하였다. 이 분류법은 Geldart A, B, C, D로 나뉘며 그림 20.2에 설명과 함께 나타내었다.

다음으로 수직 용기에서 고체의 분포를 생각하자. 용기의 높이 $z$에서 고체의 부피 분율을 $f$라 하면, 그림 20.3에 나타난 것과 같이 기체의 속도가 빨라짐에 따라 고체는 용기 내에서 점점 더 분산된다.

**기체-고체($G/S$) 접촉 영역** 접촉 영역을 설명하는 용어를 발전시키기 위해서 그림 20.4에 나타낸 것처럼 기체가 단면적 $A$인 탑에서 공탑속도 $u_0$로 공급되고 크기 $d_p$인 고체 입자가 채워져 있

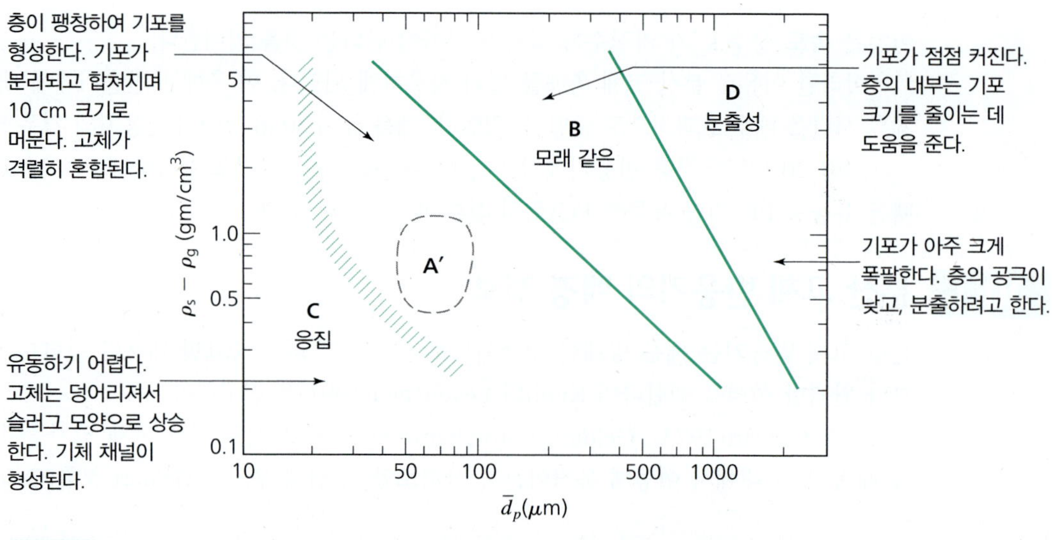


**그림 20.2** 기포 유동층 반응기(bubbling fluidized bed, BFB)에서 고체의 Geldart 분류.

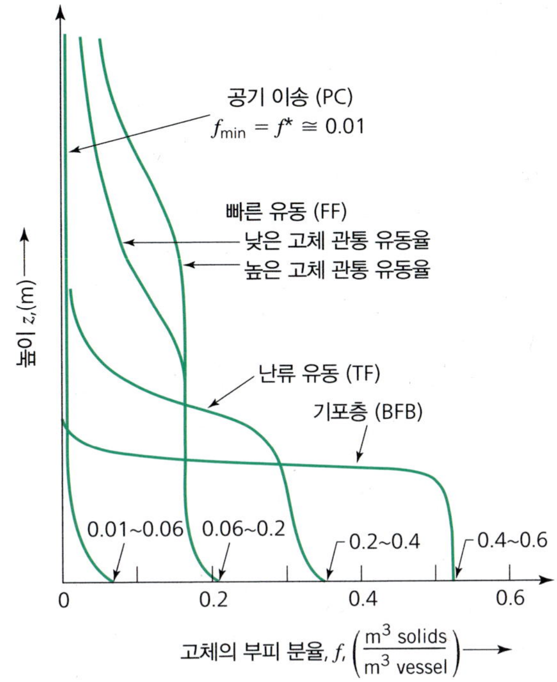


**그림 20.3** **다양한 접촉영역에서 고체 입자의 분포.**

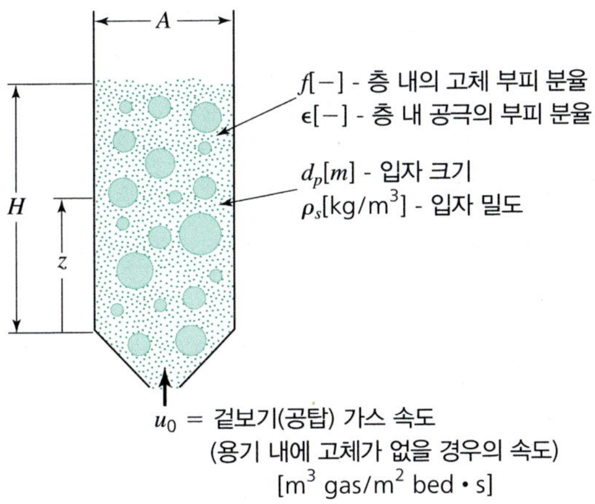


**그림 20.4** **분산 고체 반응기에 대한 표기법.**

는 경우를 생각하자. 식을 단순화하기 위하여 우선 두 개의 무차원량을 아래와 같이 정의한다.

$$d_p^* = d_p \left[\frac{\rho_g(\rho_s - \rho_g)g}{\mu^2}\right]^{1/3} \tag{1}$$

$$u^* = u \left[\frac{\rho_g^2}{\mu(\rho_s - \rho_g)g}\right]^{1/3} = \frac{(\mathrm{Re}_p)}{d_p^*} \tag{2}$$

$$\mathrm{Re}_p = u^* d_p^*$$

**최소 유동화 속도** 압력강하가 고체의 무게를 넘어서게 되면 개별 입자는 충전층 밖으로 날아가

버린다. 이 현상은 기체의 속도가 최소 유동화 속도(minimum fluidizing velocity) $u_{mf}$를 넘어서게 될 때 일어난다. 이 속도는 Ergun (1952)이 아래의 무차원 형태로 제안하였다.

$$150(1-\epsilon_{mf})u^*_{mf} + 1.75(u^*_{mf})^2\, d^*_p = \epsilon^3_{mf}(d^*_p)^2 \tag{3}$$

**종말속도 $u_t$** 기체속도가 종말속도(terminal velocity) $u_t$를 넘어서면 각각의 입자들은 충전층 밖으로 빠져나가게 된다. Haider와 Levenspiel (1989)은 *구형의 입자*에 대해 종말속도를 다음과 같이 제안하였다.

$$u^*_t = \left[\frac{18}{(d^*_p)^2} + \frac{0.591}{(d^*_p)^{1/2}}\right]^{-1} \tag{4}$$

입자가 *불규칙적인 형태*인 경우에 제안된 식은 다음과 같다.

$$u^*_t = \left[\frac{18}{(d^*_p)^2} + \frac{2.335 - 1.744\,\phi_s}{(d^*_p)^{1/2}}\right]^{-1} \tag{5}$$

여기서 입자의 구형도(sphericity) $\phi_s$는 다음과 같이 정의된다.

$$\phi_s = \left(\frac{\text{구의 표면}}{\text{입자의 표면}}\right)_{\text{같은 부피}} \tag{6}$$

미세한 입자의 크기는 체분석(screen analysis)을 통해 구할 수 있고, 이렇게 구한 크기를 $d_{scr}$라 한다. 안타깝게도 $d_{scr}$과 $d_p$ 사이의 일반 관계식은 존재하지 않는다. 입자의 형태에 따른 압력강하 발생은 다음과 같다.

- $d_p = \phi_s\, d_{scr}$ 불규칙적인 입자로 특정 방향으로 길거나 짧지 않은 경우
- $d_p \cong d_{scr}$ 불규칙적인 입자로 한쪽 방향이 다소 길지만 그 길이의 비가 2:1 이하인 경우(예, 달걀)
- $d_p = \phi_s^2\, d_{scr}$ 불규칙적인 입자로 한쪽 방향이 다소 짧지만 길이의 비가 1:2 이상인 경우(예, 베개)

단일 입자는 $u_t$보다 빠른 기체 흐름에 의해 끌려갈 수 있지만, 이 경우는 유동층으로 확장되지는 않는다. 즉, 기포 유동층 반응기(BFB)에서 기체의 속도는 $u_t$보다 몇 배 더 크지만, 기체 흐름에 의해 끌려나오는 고체는 거의 없다. 따라서 단일 입자의 종말속도는 고체의 비말 동반(entrainment)의 감지를 판단하는 데는 유용하지 않다.

**고체-기체(*G/S*) 접촉영역을 나타내는 일반적인 도표** Grace (1986)는 기포 유동층(BFB)에서 분출층(spouted bed)과 순환 유동층(circulating fluidized bed, CFB)까지 모든 기체-고체(*G/S*) 시스템을 예측할 수 있는 거동에 대한 도표를 제작하였다. 그림 20.5는 이 도표의 다소 변형된 형태를 보여준다. 이 그림을 통해 반응기가 유동화되는 시점과 고체가 용기로부터 유출되기 시작하는 시점을 나타내는 식 (3)~(5)를 이해할 수 있다.

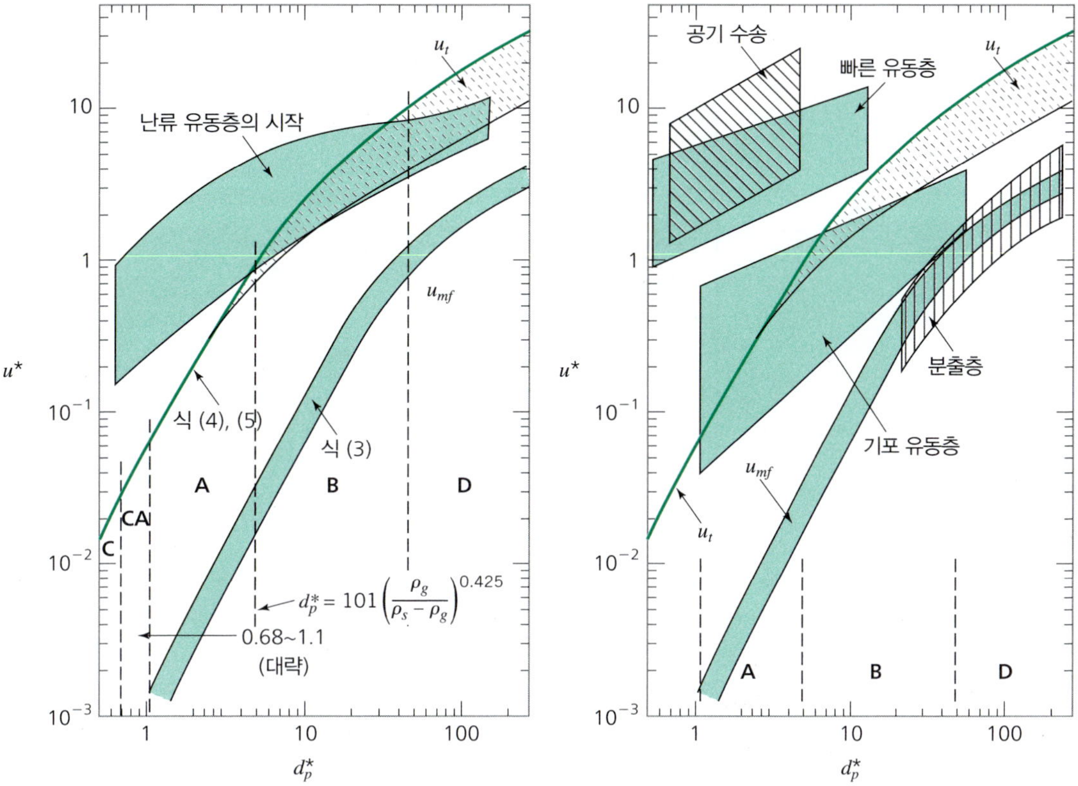


그림 20.5 **기체-고체($G/S$) 접촉의 전 범위에 대한 일반적인 흐름 영역 도표.**

이제부터는 다양한 접촉영역을 상세하게 살펴보고 각 반응기의 거동이 어떻게 예측 가능한지 살펴볼 것이다.

## 20.2 기포 유동층

기체가 최소값보다 매우 큰 공탑속도(혹은 유입 속도) $u_0$로 미세한 입자층을 흐를 때, 많은 양의 기포가 입자층을 통과하면서 동반 상승하는데, 이 입자층은 마치 끓는 액체처럼 보인다. 이러한 흐름 상태를 *기포 유동층*(BFB)이라 한다. 상업적 공정, 특히 고체 촉매 기상반응은 종종 기체속도가 $u_0 = 5\text{~}30\ u_{mf}$인 기포 유동층 조건에서 조업한다.

기포 유동층 조건에서 전환율을 플러그 흐름과 혼합 흐름의 값과 비교하고 계산하여 그림 20.6에 나타내었다. 유동층 결과와 점선으로 표시한 플러그 및 혼합 흐름 계산값의 차이가 심한 것을 알 수 있다. 기포 유동층의 이러한 곤란함과 난처함으로 인하여 오랫동안 새로운 상황에서의 추산이나 예측에 신뢰성을 갖지 못하였고, 특히 대형화의 경우에 조심스럽고 불확실한 요소가 많으므로 다른 유동층을 이용하는 것이 바람직하다.

지금까지 연구로 알게 된 중요한 사실은 이 계산과 대형화 등의 어려움이 기포 유동층 내에서 접촉과 흐름 양식에 대한 지식의 부족으로부터 발생했다는 것이다. 실제로 상승하는 기체 기포에 의해서 많은 고체의 우회(bypassing)가 일어나게 된다. 이것으로부터 기포 유동층의 거동을 예측하기 위해서는 먼저 기포 유동층에 적합한 흐름 모델을 선정해야 한다.

기포 유동층은 이상적인 접촉 반응기와는 많이 달라서, 단일유체 반응기(충전층, 튜브 등)의

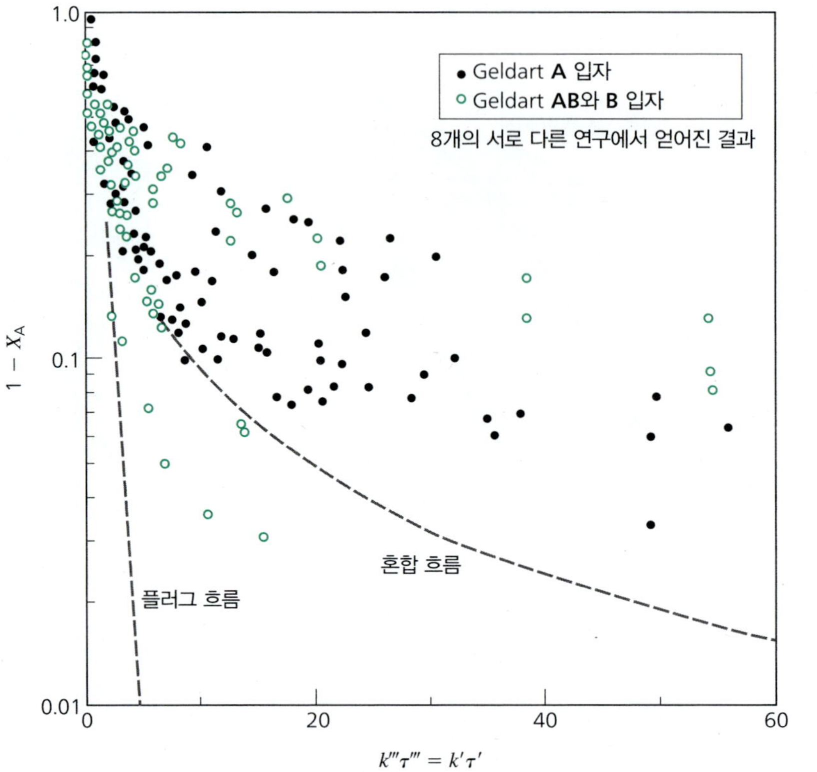


**그림 20.6** BFB에서 반응물의 전환율은 플러그 흐름과 혼합 흐름보다 낮다. Kunii와 Levenspiel (1991)로부터 인용하였다.

해석과는 차별화되는 흐름 특성을 고려해야 한다. 지금까지 여러 다양한 접근 방법이 시도되었으며, 여기서는 이 내용을 차례로 알아볼 것이다.

**분산모델과 직렬탱크모델** 모델 선정에 있어서 처음 시도해야 할 것은 당연히 가장 간단한 단일 매개변수 모델이다. 그러나 관측된 전환율이 혼합 흐름보다 훨씬 낮아 이 모델로는 설명하기 어렵다. 따라서 이 접근 방법은 많이 사용되지 않는다.

**RTD 모델** 그 다음의 분류에 속하는 모델은 전환율을 계산하기 위하여 머무름(체류) 시간 분포(RTD)를 이용하는 것이다. 그러나 기체요소의 촉매 반응속도는 그 주변에 존재하는 고체 입자의 양에 의존하므로, 유효속도 상수는 기포에 대해서는 작고 유화기체에 대해서는 크다. 따라서 RTD를 이용하여 전환율을 계산하는 모델은 고정된 속도 상수를 가정한다. 즉, 모든 기체의 요소가 느리거나 빠르게 움직이거나 상관없이 각 상에서 같은 시간 분율을 가진다고 가정한다. 그러나 우리의 본론인 유동층에서 접촉하는 기체를 취급할 경우에는 이 가정이 흔들린다. 따라서 전환율을 구하기 위하여 11장에서 개발한 선형 시스템의 RTD를 직접적으로 이용하는 것은 적합하지 않다.

**접촉시간 분포모델** 이 어려움을 극복하고 RTD에서 얻은 정보를 사용하기 위하여, 여러 모델이 제안되었다. 이 모델은 빠르게 움직이는 기체는 주로 기포상에 존재하고, 느리게 움직이는 기체는 유화상에 존재한다고 가정하였다. Gilliland와 Knudsen (1971)은 이 접근 방법을 이용하여 유효 속도 상수(effective rate constant)가 층 내부에 존재하는 기체 요소의 머무름 시간에 의존한다고 제안하였다. 즉, 식으로 표현하면 다음과 같다.

$$\left.\begin{array}{l}\text{짧게 머무름은 작은 } k\text{를 의미}\\ \text{길게 머무름은 큰 } k\text{를 의미}\end{array}\right\}\quad \text{또는 } k = \mathrm{k}_0 t^m$$

이 식에서 $m$은 곡선 맞추기로 얻어진 매개변수이다. 11장의 식 (11.13)과 결합하면 전환율에 대하여 다음 식을 얻을 수 있다.

$$\frac{\overline{C}_{\mathrm{A}}}{C_{\mathrm{A0}}} = \int_0^\infty e^{-kt}\,\mathbf{E}\,dt = \int_0^\infty e^{-k_0 t^{(m+1)}}\,\mathbf{E}\,dt \tag{7}$$

이 접근 방법이 갖는 문제는 측정된 C-곡선으로부터 함수 **E**를 구해야만 식 (7)을 이용할 수 있다는 것이다. 이 접근법 역시 폐기되었다.

**두 영역 모델** 기포층이 기포상과 유화상의 두 개의 영역으로 구성되어 있음을 인식한 후, 실험자들은 이 사실에 근거한 모델(two-regions model)을 개발하기 위해 많은 노력을 기울였다. 이 모델은 그림 20.7과 같이 6개의 매개변수를 포함하고 있어서, 이를 간략화하여 특별한 경우에 적용하기 위해 탐구해왔다(1962년까지 8개, 1972년까지 15개, 현재까지 24개 이상), 그림 20.7에 나타난 6개의 복잡한 매개변수 모두를 사용한 경우도 있다. 이러한 모델을 사용하는 사람들은 유체 촉매 분해장치(fluid catalytic cracking, FCC) 반응기를 다루는 사람들처럼 이 모델이 자신의 데이터와 매우 잘 일치한다고 주장한다. 그러나 각 FCC 반응기에서는 서로 다른 원유 원료를 사용할 때 각각 다른 매개변수의 조합을 사용해야 한다. 또한 선택된 매개변수 값 중에서 일부는 음의 $V_1$이나 $\boldsymbol{v}_2$ 값을 갖는 등 물리적으로 의미가 없는 것도 있다.

이처럼 자료와 완벽히 일치하는 피팅을 보이지만 물리적으로 아무런 의미가 없는 이런 형태의 모델은 포기해야 한다. 따라서 이 모델은 단지 곡선 맞추기에 불과하며 새로운 상황에서 변수들을 어떻게 정해야 하는지 알 수 없다. 따라서 보다 나은 방법을 찾아야 한다.

**유체역학적 흐름모델** 앞에서 설명한 접근 방법으로 실망스러운 결과를 얻었기 때문에, 흐름층

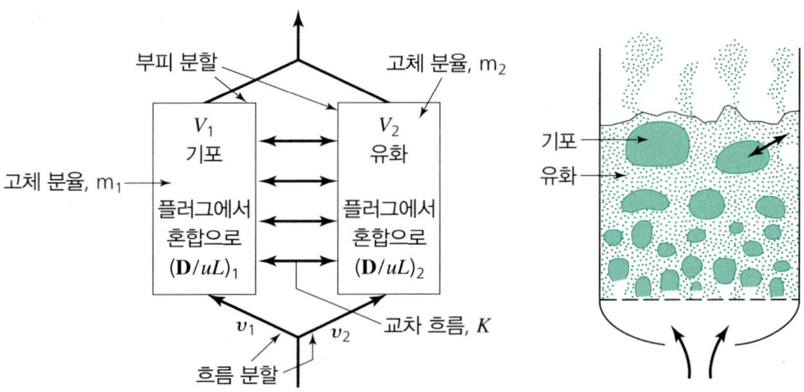


**그림 20.7** 6개의 조정 가능한 변수($v_1$, $V_1$, $(\mathbf{D}/uL)_1$, $(\mathbf{D}/uL)_2$. $m_1$, $K$)가 포함된 기포 유동층에 대한 두 영역 모델.

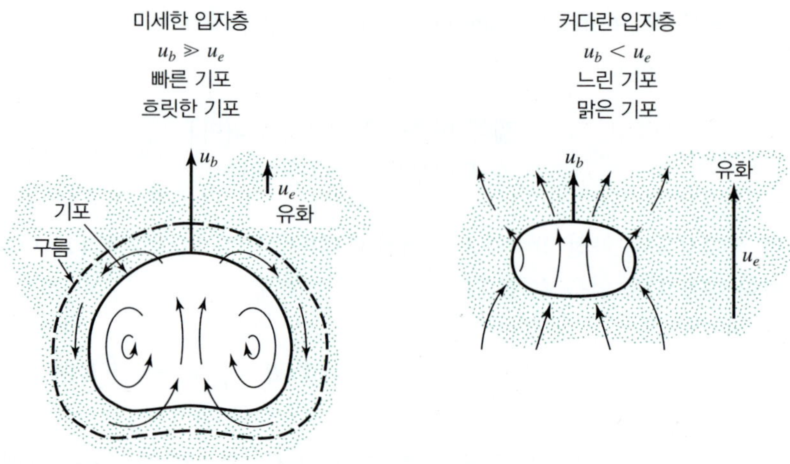


그림 20.8 BFB에서 상승하는 기체 기포의 근처에서 기체 흐름의 극한.

내에서 일어나는 현상을 이해하여 보다 합리적인 흐름모델의 개발이 필요하다. 특히 상승하는 기포는 다루기 힘들기 때문에 이 기포의 거동에 대하여 더 많이 알아야 한다.

이와 관련하여 특히 중요한 두 가지 발견이 있다. 첫째는 Davidson이 유동층에서 상승하는 단일 기포의 근처에서의 흐름(최소 유동화 조건에서는 다름)에 대하여 뛰어난 이론을 개발하고 실험적으로 확인한 것이다[자세한 내용은 Davidson과 Harrison (1963) 참고]. 그가 발견한 것은 기포의 상승속도($u_{br}$)는 오직 기포의 크기에만 좌우되며, 기포 근처에서 기체의 거동은 오직 상승하는 기포와 유화 상 내에서 상승하는 기체의 상대속도($u_e$)에만 의존한다는 것이다. 그림 20.8에서 보듯이 입자 크기의 양쪽 극한(미세하거나 큰)에서는 완전히 다른 거동을 보인다는 것을 발견하였다. 촉매 반응에서는 오직 미세한 입자층에만 관심이 있으므로 지금부터 큰 입자의 극한은 무시하기로 하자.

미세한 입자층에 대해서 기체는 기포와 기포 주위를 둘러싼 얇은 구름(cloud) 내를 순환한다. 따라서 기포기체는 소용돌이 고리(vortex ring)를 형성하고, 반응기 내의 다른 기체와 분리된 상태로 존재한다. 이론에 근거하면 다음과 같다.

$$\left(\frac{\text{구름의 두께}}{\text{기포의 직경}}\right) \cong \frac{u_e}{u_{br}} \tag{8}$$

예를 들어 만일 기포가 유화기체의 상승에 비해 25배 빠르다고 하면(사실 상업적 공정에서는 그 차이가 100배 혹은 그 이상이므로 이 가정은 비정상적임), 기포 주위의 구름의 두께는 기포 직경의 약 2%에 불과하다. 여기가 바로 우리가 관심을 가지는 영역이다.

단일 기포에 대한 두 번째 발견은 모든 상승하는 기포는 고체의 웨이크(wake, 단류 혹은 반류)를 위쪽으로 당긴다는 것이다. 이러한 웨이크를 $\alpha$로 나타내면 다음과 같이 정의한다.

$$\alpha = \left(\frac{\text{웨이크의 부피}}{\text{기포의 부피}}\right) \cdots \begin{cases} \alpha\text{의 값은 연구자에 따라 0.2~2.0} \\ \text{사이의 값을 가진다} \end{cases} \tag{9}$$

이 현상과 관련된 원본 연구 결과는 Row와 Patridge (1962, 1965)를 참고하라.

## 20.3 BFB에 대한 K–L 모델

위에서 언급한 두 가지 간단해 보이는 발견에 기초를 두고 유체역학적 흐름모델(hydrodynamic flow model)을 BFB를 설명하는 모델로 발전시킬 수 있다. 이 중에서 가장 간단한 형태로 발전시킨 것이 K–L BFB 모델(K–L BFB model)이다.

미세한 입자층을 통과하여 위로 상승하는 기체를 고려하자. 충분히 직경이 큰 반응기를 사용하면 빠른 기포들이 자유롭게 기포를 만들어내는 기포 유동층을 얻을 수 있다. 단순화를 위하여 다음을 가정하자.

- 모든 기포는 구형이고 기포 직경은 동일한 $d_b$이며, Davidson의 모델을 따른다. 따라서 반응기는 유화 상태로 상승하는 얇은 구름에 의해 둘러싸인 기포를 포함한다. 구름의 부피는 기포에 비해 매우 작으므로 이 구름을 통한 기체의 상승 흐름은 무시한다. 이것은 $u_b \gg u_e$인 영역이다(그림 20.8 참고).
- 유화상은 최소 유동화 조건하에서 머물러 있다. 따라서 유화 상 내에서 기체/고체 상대속도는 일정하다.
- 각 기포는 고체의 웨이크를 위쪽으로 끌어당긴다. 이것은 반응기 내에서 고체의 순환, 즉 기포를 따른 상향 흐름(upflow)과 반응기 내의 다른 하향 흐름(downflow)을 유도한다. 이러한 고체의 하향 흐름이 충분히 빠르기 때문에 유화 상 내의 기체의 상향 흐름을 방해하고, 실제로는 멈추게 하거나 반대로 흐르게 할 수 있다. 이 기체의 하향 흐름을 관찰해 본 결과 다음과 같은 조건에서 발생하였다.

$$u_0 > (3 \text{ to } 11)\, u_{mf}$$

따라서 유화 상 내에서 기체의 상향 혹은 하향 흐름은 무시한다. 그림 20.9에 이 모델을 나타내었다. 다음과 같이

$u_0$ = 층에서 공탑속도, $\text{m}^3$ gas/$\text{m}^2$ bed·s
$d$ = 입경, m
$\epsilon$ = 층 내의 공극률
이라고 정의한다. 아래 첨자 $b$, $c$, $e$, $w$는 각각 기포, 구름, 유화 상, 웨이크를 나타내고 아래 첨자 $m$, $mf$, $f$는 각각 충전층(packed bed condition), 최소 유동화 조건(minimum fluidization condition), 기포 유동층 조건(bubbling fluidized bed condition)을 나타낸다.

본질적으로 $u_{mf}$, $\epsilon_{mf}$, $u_0$, $\alpha$ 및 반응기 내의 유효기포 크기 $d_b$가 주어진다면, 이 모델은 다른 모든 성질, 즉 흐름, 유효부피, 교환속도, 반응기의 거동 등을 말해준다.

### ▶ 기체와 고체에 대한 물질 수지

Kunii와 Levenspiel (1991)에 의하면 층 내의 물질 수지는 다음과 같다.

$$u_{br} = 0.711(gd_b)^{1/2} \qquad \text{m/s ... 층 내부에 존재하는 단일 기포의 상승속도. 그렇지 않다면 } u_{mf} \tag{10}$$

(↑ $g$: acceleration of gravity = $9.8\text{m/s}^2$)

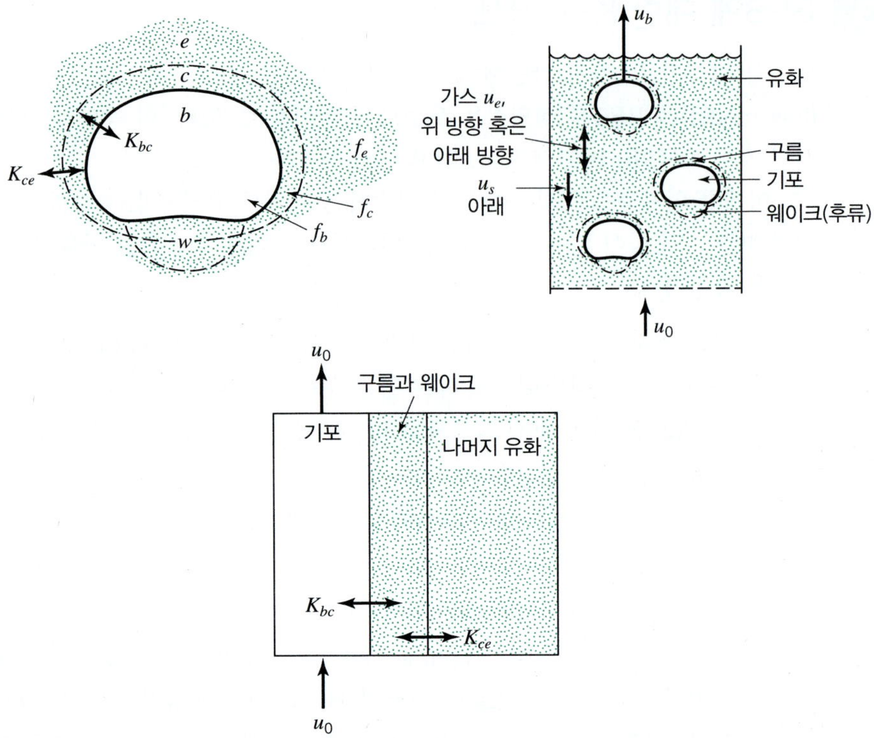


그림 20.9 K–L **기포 기체 유동층**(K–L bubbling gas fluidized bed)**을 설명하는 데 사용되는 모델과 기호**.

$$u_b = u_0 - u_{mf} + u_{br},\ \text{m/s} \qquad \text{기포층 내부의 기포의 상승 속도} \tag{11}$$

$$\delta = \text{기포층 내의 기포 분율},\ \frac{\text{m}^3\ \text{bubbles}}{\text{m}^3\ \text{bed}} \tag{12}$$

$$\delta = \frac{u_0 - u_{mf}}{u_b} = 1 - \frac{u_{br}}{u_b}, \quad \text{만일 } u_b \gg u_{mf}\text{이면 } \delta \cong \frac{u_0}{u_b}$$

유용한 관계식 :

$$H_m(1-\epsilon_m) = H_{mf}(1-\epsilon_{mf}) = H_f(1-\epsilon_f)$$

$$1 - \delta = \frac{1-\epsilon_f}{1-\epsilon_{mf}} = \frac{H_{mf}}{H_f} \cdots H = \text{높이}$$

$$u_s = \frac{\alpha\delta u_b}{1-\delta-\alpha\delta},\ \text{m/s} \quad \ldots \text{유화 고체의 하강 흐름}$$

$$u_e = \frac{u_{mf}}{\epsilon_{mf}} - u_s,\ \text{m/s} \quad \ldots \text{유화 고체의 상승 속도}(+ \text{ 혹은 } -)$$

기포-구름 순환(bubble-cloud circulation)에 대한 Davidson의 이론과 구름-유화 확산(cloud-emulsion diffusion)에 대한 Higbie 이론을 사용하면 기포와 구름 사이의 기체의 교환은 다음 식으로 표현된다.

$$K_{bc} = 4.50\left(\frac{u_{mf}}{d_b}\right) + 5.85\left(\frac{\mathscr{D}^{1/2} g^{1/4}}{d_b^{5/4}}\right) = \frac{(b\text{와 } c \text{ 사이의 교환 부피})/\text{s}}{\text{기포의 부피}}, \text{s}^{-1} \tag{13}$$

구름 웨이크와 유화(cloud-wake and emulsion) 사이에서는 아래와 같은 관계가 성립된다.

$$K_{ce} = 6.77\left(\frac{\epsilon_{mf}\mathscr{D} u_{br}}{d_b^3}\right)^{1/2} = \frac{\text{교환 부피/s}}{\text{기포의 부피}}, \text{s}^{-1} \tag{14}$$

$$f_b = 0.001 \sim 0.01 = \frac{\text{기포 내 고체의 부피}}{\text{층의 부피}} \ldots \text{실험으로 값 예측} \tag{15}$$

$$f_c = \delta(1-\epsilon_{mf})\left[\frac{3u_{mf}/\epsilon_{mf}}{u_{br} - u_{mf}/\epsilon_{mf}} + \alpha\right] = \frac{\text{구름과 케익 내 고체의 부피}}{\text{층의 부피}} \tag{16}$$

$$f_e = \overbrace{(1-\epsilon_{mf})(1-\delta)}^{(1-\epsilon_f)} - f_c - f_b = \frac{\text{유화의 나머지 영역 내 고체의 부피}}{\text{층의 부피}} \tag{17}$$

$$f_b + f_c + f_e = f_{\text{total}} = 1 - \epsilon_f \tag{18}$$

$$H_{\text{BFB}} = H_f = W/\rho_s A(1-\epsilon_f) \tag{19}$$

## ▶ 촉매 반응에 응용

지금까지 관련 식을 개발하는 데 다음의 두 가지 의심스러운 가정을 하였다.

- 빠른 기포에 대해서 구름의 부피는 매우 작으므로 구름을 통한 기체의 흐름은 무시
- 유화상에서의 위쪽 혹은 아래쪽으로의 기체의 흐름은 기포를 통한 흐름에 비해 매우 작기 때문에 무시

실제로 유화 기체는 정체되었다고 간주하였다. 물론 기포가 두꺼운 구름(너무 두껍지는 않아서 빠른 기포 상승은 가능)을 가지거나, 혹은 유화상을 통한 흐름이 중요한($u_0$가 $u_{mf}$와 근사하여 $u_0 \cong 1\text{~}2\ u_{mf}$) 층에 대해서는 보다 일반적인 표현이 개발될 수도 있다. 그러나 미세한 입자층 내에서 격렬한 기포를 발생하는 빠른 기포에 대해서는 위의 가정은 합리적이다.

다음에는 이 입자층의 성능을 어떻게 계산하는지를 살펴보자.

**1차 반응** 다음 반응을 생각하자.

$$\text{A} \rightarrow \text{R}, \quad r_\text{A}''' = k''' C_\text{A}, \quad \frac{\text{mol}}{\text{m}^3\,\text{s}\cdot\text{s}} \tag{20}$$

($k'''$: $\text{m}^3/\text{m}^3\,\text{s}\cdot\text{s}$)

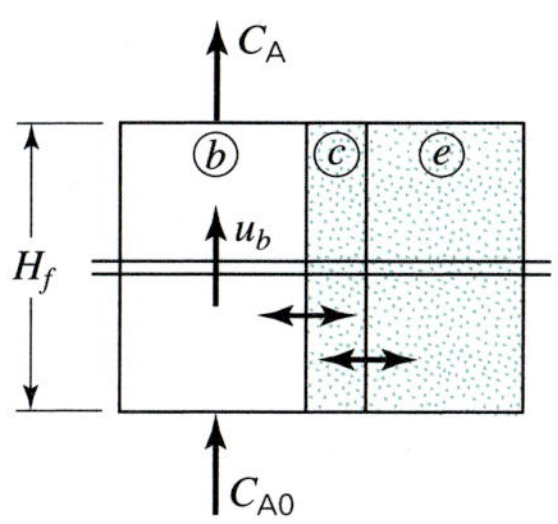

따라서 입자층 내의 임의의 얇은 조각에 대해서 아래의 관계가 성립한다.

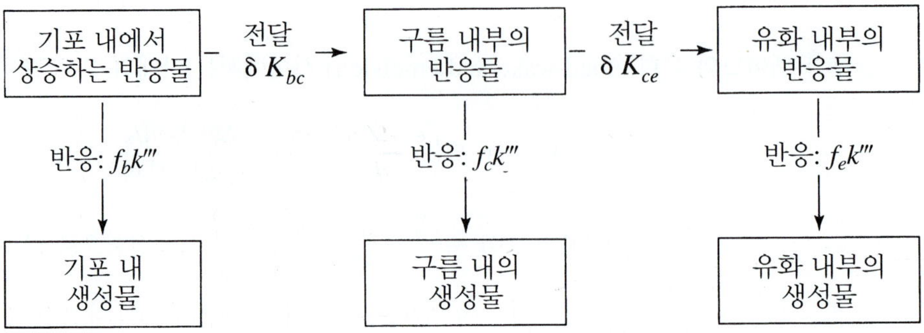


이러한 직렬–병렬의 5가지 저항(resistance)에 의해 구름과 유화상의 농도를 소거하고 유동층의 입구에서 출구까지 적분하면 다음과 같다.

$$\ln\frac{C_{A0}}{C_A} = \mathrm{K}'''\tau''' = \underbrace{\frac{\left[f_b k''' + \cfrac{1}{\cfrac{1}{\delta\cdot K_{bc}} + \cfrac{1}{f_c k''' + \cfrac{1}{\cfrac{1}{\delta\cdot K_{ce}} + \cfrac{1}{f_e k'''}}}}\right]}{f_{\text{total}}}}_{\mathrm{K}''',\ \text{effective rate constant for the fluidized bed, m}^3/\text{m}^3\,\text{s}\cdot\text{s}} \cdot \underbrace{\frac{f_{\text{total}} H_{\text{BFB}}}{u_0}}_{\tau''',\ \text{m}^3\,\text{s}\cdot\text{s/m}^3} \tag{21}$$

five resistances (the bracketed term)

고체 부근의 평균기체 조성은 근사적으로 표현할 수 있다.

$$\overline{C}_{\text{A, bathing the solids}} = \frac{C_{A0}-C_A}{\mathrm{K}'''\tau'''} = \frac{C_{A0}X_A v_0}{\mathrm{K}'''V_s} = \frac{C_{A0}X_A v_0}{\mathrm{K}'W} \tag{22}$$

($V_s$: of solids alone, $W/\rho_s$)

이 값은 비촉매 기체/고체 반응(noncatalytic $G/S$ reaction)에서 중요한데, 그 이유는 고체와 접촉하고 반응을 일으키는 것이 $C_A$이기 때문이다.

이제 충전층 반응기에 대해서 살펴보자. $K_{bc}\to\infty$, $K_{ce}\to\infty$인 플러그 흐름을 가정하면 식 (21)은 다음 식으로 간략화된다.

플러그 흐름

$$\ln\frac{C_{A0}}{C_{Ap}} = k'''\tau''' = \frac{k''' H_p(1-\epsilon_p)}{u_0} = k'\tau' = \frac{k'W}{u_0 A_t} \tag{23}$$

$$\overline{C}_{Ap} = \frac{C_{A0}-C_{Ap}}{k'''\tau'''} \tag{24}$$

식 (21), (23)과 식 (22), (24)의 비교를 통하여 K‴를 $k'''$로 치환할 수 있다면, 유동층 반응기는 플러그 흐름 반응기로 다루어질 수 있다.

**논평** 성능식인 식 (21)의 괄호 안에 있는 5개의 항은 물질전달과 화학반응에 대한 복합적인 직렬–병렬 저항을 나타낸다.

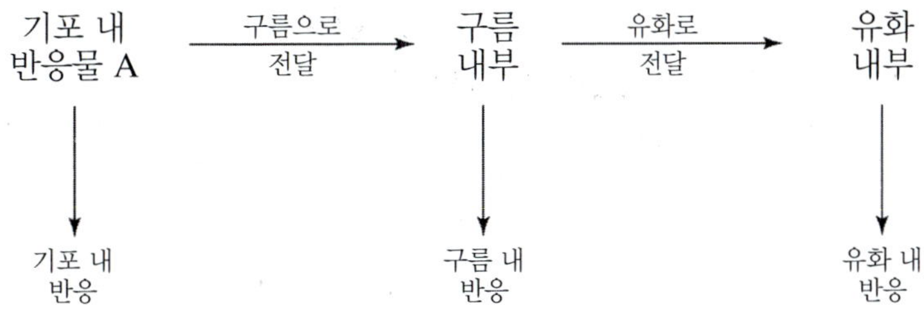


매우 빠른 반응에 대해(큰 $k'''$ 값) A는 유화상까지 거의 도달하지 못하여 처음 두 항이 지배하게 된다. 느린 반응인 경우 괄호 안의 마지막 항들의 중요성이 커진다.

기포의 크기는 모든 반응속도의 크기에 관계하는 양이므로($k'''$ 값은 제외), 유동층의 성능은 그림 20.10에 나타낸 바와 같이 $d_b$의 함수로 나타낼 수 있다. $d_b$가 커지면 우회가 커져서 성능이 나빠지므로 층의 효율이 혼합 흐름보다 상당히 낮아질 수 있다.

복합 반응에서 이 흐름의 영향은 더욱 크다. 따라서 직렬 반응인 경우 형성된 중간체의 양의 감소는 매우 심하다.

마지막으로 여기서는 매우 간단한 소개만을 다루었으므로, 이 식들을 어떻게 사용하는지 알아보기 위하여 아래의 예제를 살펴보자.

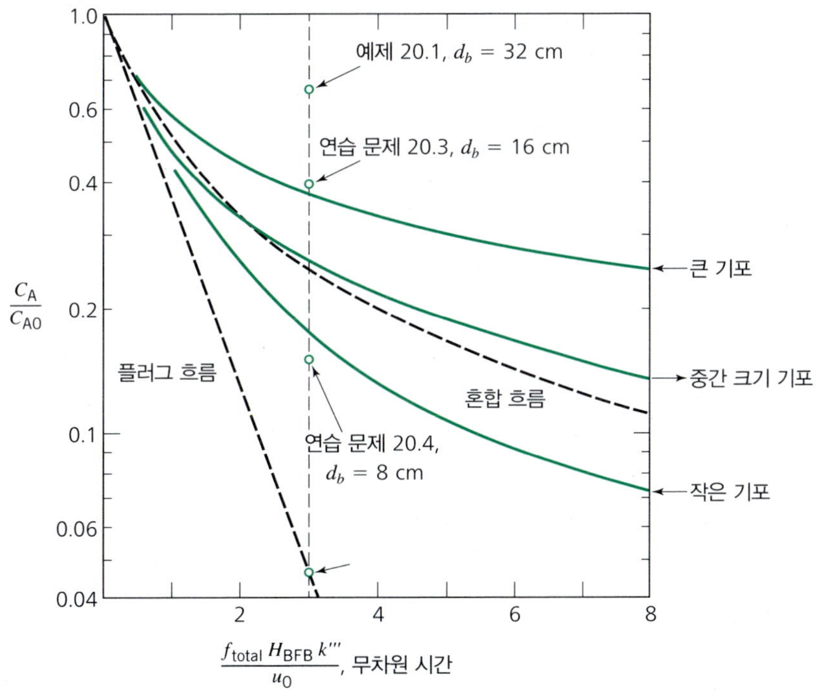


**그림 20.10** **식 (21)에 따라 결정된 유동층 반응기의 성능은 기포 크기의 함수로서 나타낼 수 있으며, 이를 플러그 흐름 및 혼합 흐름 예측과 비교하라.**

## 예제 20.1 ▶ BFB에서 1차 촉매 반응

반응기체($u_0$ = 0.3 m/s, $v_0$ = 0.3 $\pi$ $m^3$/s)가 촉매($W$ = 7000 kg, $\rho_s$ = 2000 kg/$m^3$)를 포함하고 있는 2 m 직경의 유동층 반응기($u_{mf}$ = 0.03 m/s, $\epsilon_{mf}$ = 0.5)를 통과하여 위의 방향으로 흐르고 있다. 화학반응은 아래와 같이 진행된다.

$$\mathrm{A} \rightarrow \mathrm{R}, \qquad -r_{\mathrm{A}}''' = k''' C_{\mathrm{A}} \ . \ . \ . \ k''' = 0.8 \frac{\mathrm{m}^3}{\mathrm{m}^3 \mathrm{s} \cdot \mathrm{s}}$$

**(a)** 반응물의 전환율을 계산하라.

**(b)** 고체 부근에 나타난 반응물 A의 평균농도를 구하라.

**(c)** 기체가 충전된 고체를 통해 위 방향이 아니라 아래 방향으로 흐르게 된다면 기체의 흐름을 플러그 흐름으로 가정하고 이 상황에서 반응물의 전환율을 구하라.

***추가 자료***

$C_{A0}$ = 100 mol/$m^3$, $\mathscr{D}$ = 20 × $10^{-6}$ $m^2$/s, $\alpha$ = 0.33

입자층 내의 추산한 기포 크기: $d_b$ = 0.32 m

이 시스템은 그림 E20.1에 나타내었다.

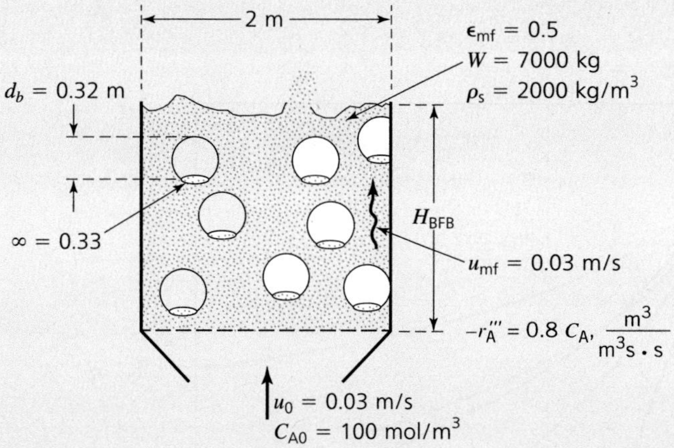


그림 E20.1

› ***풀이***

***예비 계산.*** 기포의 상승속도를 결정하자.

$$u_{br} = 0.711\ (9.8 \times 0.32)^{1/2} = 1.26\ \mathrm{m/s}$$

$$u_b = 0.30 - 0.03 + 1.26 = 1.53\ \mathrm{m/s}$$

이제 이 장에서 살펴본 빠른 기포모델을 적용할 수 있는지 알아보자.

- 슬러깅(slugging, slagging)에 대한 조사: 기포의 크기(32 cm)는 입자층의 크기(200 cm)에 비해 매우 작다. 따라서 슬러깅은 없다.

- 빠른 기포 가정에 대한 조사: 속도의 비를 취하면 다음과 같다.

$$\frac{u_b}{u_f} = \frac{u_b}{u_{mf}/\varepsilon_{mf}} = \frac{1.53}{0.03/0.5} = 25.5$$

기포는 유화상에 비해 약 ~25배 빠르게 상승하므로, 1 cm 이내의 얇은 구름을 가진 빠른 기포로 가정할 수 있다.

따라서 이 장에서 다룬 **기포 유동층 모델**을 안전하게 사용할 수 있다.

**(a)** ***전환율 $X_A$ 계산.*** 모델식에 차례로 수치를 대입하여 다음 계산을 수행한다.

$$\delta = \frac{0.30}{1.53} = 0.196$$

$$\epsilon_f = 1 - (1 - \epsilon_{mf})(1 - \delta) = 1 - 0.5(1 - 0.196) = 0.60$$

$$K_{bc} = 4.50\left(\frac{0.03}{0.32}\right) + 5.85\left(\frac{(20 \times 10^{-6})^{1/2}(9.8)^{1/4}}{(0.32)^{5/4}}\right) = 0.614\ \mathrm{s}^{-1}$$

$$K_{ce} = 6.77\left(\frac{0.5(20 \times 10^{-6})\,1.26}{(0.32)^3}\right)^{1/2} = 0.133\ \mathrm{s}^{-1}$$

$$\left.\begin{aligned} &f_b = 0.001 \sim 0.01,\ \text{choose it to be } 0.001 \\ &f_c = 0.196(1 - 0.5)\left(\frac{3 \times 0.03/0.5}{1.26 - 0.03/0.5} + 0.33\right) = 0.047 \\ &f_e = (1 - 0.6) - 0.047 - 0.001 = 0.352 \end{aligned}\right\} f_b + f_c + f_e = (1 - \epsilon_f) = 0.4$$

$$H_{\mathrm{BFB}} = \frac{7000}{2000(\pi)(1 - 0.6)} = 2.785\ \mathrm{m}$$

$$\ln\frac{C_{A0}}{C_A} = \frac{\left[0.001(0.8) + \dfrac{1}{\dfrac{1}{0.196(0.614)} + \dfrac{1}{0.047(0.8) + \dfrac{1}{\dfrac{1}{0.196(0.133)} + \dfrac{1}{0.354(0.8)}}}}\right]}{(0.001 + 0.047 + 0.352)} \cdot \frac{2.785(0.4)}{0.3}$$

$$= [0.0415] \cdot (9.284) = 0.385$$

그러므로 전환율은 다음과 같다.

$$\frac{C_A}{C_{A0}} = 0.68\ldots \text{ 또는 } \underline{\underline{X_A = 32\%}} \text{ (그림 20.10 참고)}$$

**(b)** ***고체상에서의 $\overline{C}_A$.*** 모든 입자에서의 농도는 입자층 내의 모든 기체를 통해 알 수 있으므로 $\tau''' = (C_{A0} - C_A)/-r'''_A$이 성립한다. 따라서 아래와 같다.

$$\overline{C}_A = \frac{(C_{A0} - C_A)\,v_0}{k'''\,V_s} = \frac{(100 - 68)\,0.3\,\pi}{(0.8)(3.5)} = \underline{\underline{11\ \mathrm{mol/m^3}}}$$

**(c)** ***고정층에 대한 $X_A$ 계산.*** 식 (11.44) 혹은 식 (11.51)로부터 플러그 흐름에 대하여 다음의 식이 성립한다.

$$\ln \frac{C_{A0}}{C_{Ap}} = k''' \tau''' = k''' \frac{f_{total} H_{BFB}}{u_0} = k''' \frac{V_s}{v_0} = (0.8)\left(\frac{3.5}{0.3\pi}\right) = 2.97$$

$$\frac{C_{Ap}}{C_{A0}} = 0.05 \qquad \ldots \text{또는} \qquad \underline{\underline{X_A = 95\%}}$$

이 값은 그림 20.10에 표시되어 있다.

## ▶ 논평

- 유동층에서의 전환율은 고정층 반응기에 비해 매우 낮고(32% 대 95%) 심지어는 혼합 흐름(75%)에 비해서도 낮다. 이러한 값의 차이는 큰 기포 내에 존재하는 반응기체의 심각한 우회이동 때문이다. 입자층 내의 기포 크기를 줄이면 전환율이 급격히 상승할 수 있다.
- 기체는 $C_{A0} = 100$으로 유입되어 $C_A = 68$로 유출된다. 그러나 고체 부근의 A의 농도 $C_A = 11$로 매우 낮다. 그 이유는 고체가 대부분 유화상에 존재하므로 기체 반응물과 접촉하기 어렵기 때문이다. 이 현상은 기체/고체 반응에서는 매우 중요하며, 빠른 기포층에서는 매우 일반적이다. 따라서 미세한 고체의 연소나 로스팅에서 산소가 결핍될 수 있다. 이 결핍은 유동층 내에 상당량의 산소를 포함하고 있더라도 발생할 수 있다.
- 예제 20.1과 이 장의 끝에 있는 연습 문제 20.1과 20.2를 풀면 K-L 모델에 의하여 기포 크기가 전환율에 어떻게 영향을 미치는지를 알 수 있다. 이 결과를 그림 20.11에 나타내었다. 네 가지 경우 모두에서 속도 상수는 동일하고 촉매의 양은 7톤으로 고정되어 있다. 따라서 $k''' \tau''' = f_{total} H_{BFB} k'''/u_0 = 2.97$이다.

## ▶ 유동층 반응기에서 복합 반응과 생성물 분포

아래의 Denbigh 반응 시스템에 적용 가능한 단일 1차 반응에 대한 식과 유사하게 유도할 수 있다.

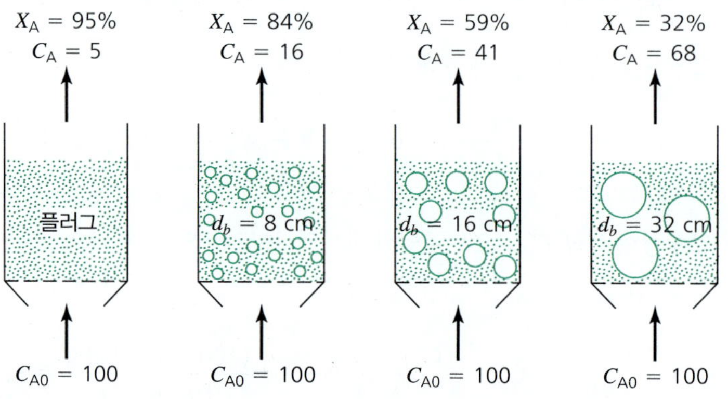


**그림 20.11** 다른 기포 크기는 다른 반응기 성능을 나타낸다. 예제 20.1, 연습 문제 20.3과 20.4의 자료.

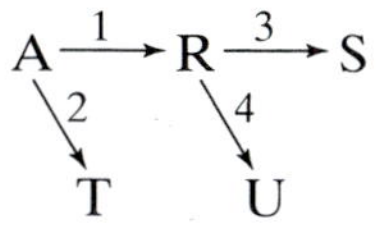

아래의 몇 가지 특수한 경우에 대해서도 유사한 반응식을 유도하였다.

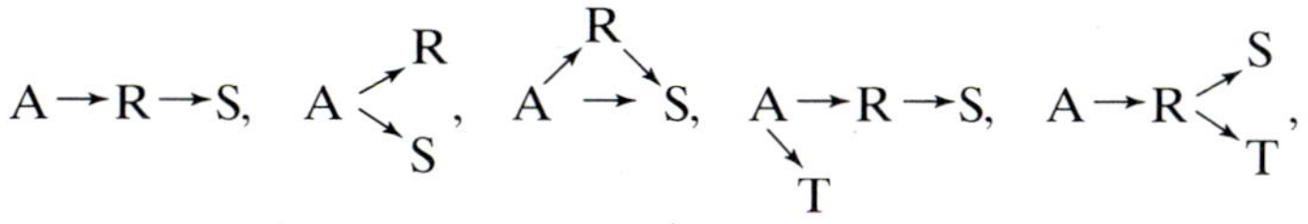

이러한 유도는 매우 지루한 작업이므로 여기서는 언급하지 않을 것이다. 자세한 내용은 Levenspiel (1996)의 25장을 참고하라. 여기서는 일반적인 유도 방법을 살펴보기 위하여 아래의 예를 살펴보자.

$$A \xrightarrow{k_1'''} R \xrightarrow{k_1'''} S \qquad \begin{cases} k_1''' = 0.8\ \mathrm{m^3/(m\ solid)^3 \cdot s} \\ k_3''' = 0.025\ \mathrm{m^3/(m\ solid)^3 \cdot s} \end{cases}$$

이 반응이 예제 20.1과 유사한 기체 흐름속도를 갖는 BFB 반응기에서 일어난다고 가정하자.

BFB 반응기에서 서로 다른 크기의 기포에 의하여 $C_{R,max}$를 달성하기 위해 필요한 촉매의 양은 얼마인지 살펴보자. 결과는 그림 20.12에 나타내었다.

계산의 결과는 기포 유동층 반응기에 대한 다음의 일반적인 발견 내용을 알려준다.

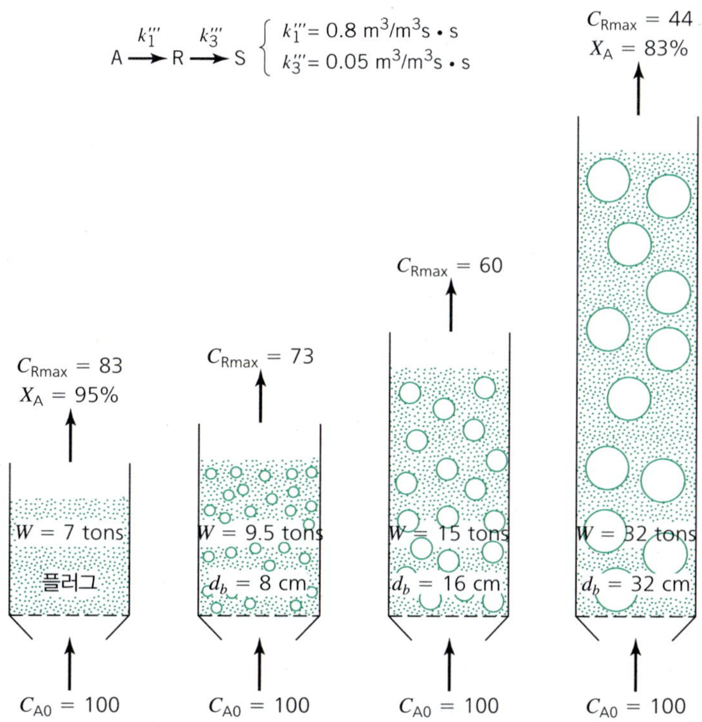


**그림 20.12** 기포 크기가 다르면 중간체 생산을 최대화할 수 있는 다양한 입자층의 크기가 제공된다.

- 주어진 전환율을 이루거나 $C_{R,max}$에 도달하기 위하여 BFB는 고정층 반응기에 비해 항상 더 많은 양의 촉매가 요구된다.
- 직렬 반응의 경우 BFB는 고정층 반응기보다 중간체의 수율이 항상 더 낮다.
- 동일한 반응 차수의 병렬 반응에 대해서 생성물 분포는 BFB와 고정층 반응기에서 동일하다.

### ▶ BFB에 대한 최종 언급

이 장에서 개발된 식이 의미하는 내용은 다음과 같다. 만일 $\epsilon_{mf}$를 알고, $\alpha$를 추정하고, $u_{mf}$와 $u_0$를 측정하면, 모든 흐름양(flow quantity)과 국소적인 부피(regional volume)는 한 개의 매개변수, 즉 기포의 크기로 결정될 수 있다. 그림 20.9는 이 모델을 시각적으로 나타낸 것이다. 화학 반응기의 거동을 계산하기 위해서는 쉽고 직접적으로 이 모델을 사용할 수 있다. 이 모델의 독특한 특징은 하나의 측정 가능하고 관찰 가능한 변수에 대해서 하나의 매개변수를 검증할 수 있다는 것이다.

최근에는 아래와 같은 가정의 서로 다른 조합을 사용하여, 더욱 다양한 유체역학적 모델이 제시되었다.

층의 높이에 따른 기포 크기의 변화
기포-구름 사이의 저항 무시
구름-유화 저항 무시
구형이 아닌 형태의 기포

모든 경우 이 유체역학적 모델에 깔려 있는 근본적인 논리는 동일한 고체와 기체 흐름속도를 가진 반응층이 큰 기포 혹은 작은 기포를 생성시킨다는 관찰에 근거한다. 기포의 크기는 반응층의 직경, 분산기의 설계, 방해판의 배열 등에 따라서 달라진다. 따라서 기포의 크기는 모델에서 가장 중요한 매개변수로 고려되어야 한다. 이 논의의 결과는 "*주어진 층의 조건에서 다양한 기포 크기를 고려하지 않는 모델은 확실히 부적합하다*"는 것이다.

이런 종류의 모델이 가지는 강점은 명백하다. 예를 들어, 여기서 고려했던 것 중 가장 간단한 모델조차도 반응기 내의 대부분의 기체가 아래 방향으로 흐르고 있다는 예기치 않은 결과를 나타낼 수 있다(그 결과는 후에 확인될 수 있음). 그러나 여전히 이 모델이 중요한 이유는 기포 크기라는 하나의 매개변수를 이용한 실험을 통해 비교가 가능하고, 쉽게 검토하고 잘못된 결과를 나타내면 바로 배제할 수 있다는 데 있다.

## 20.4 순환 유동층 반응기

기포 유동층(BFB)에서 사용되는 것보다 높은 기체 속도에서는 난류 유동화(TF), 빠른 유동화(FF), 공기수송(PC) 영역으로 전환된다. 이 접촉 영역에서 고체는 반응기 외부로 유출되기 때문에 반드시 회수해야 한다. 연속적인 조작을 하는 순환 유동층 반응기(circulating fluidized bed, CFB)를 그림 20.1에 나타내었다.

흐름모델은 이 흐름 영역을 매우 개략적으로 묘사할 수 있다. 지금까지 알려진 내용을 살펴보자.

## ▶ 난류 유동층

높은 기체속도에서 기포 유동층(BFB)은 난류 유동층(turbulent bed, TB)으로 전환된다. 이때 뚜렷이 구별되는 기포가 사라지고, 교동(churning)이 커지며,[2] 고체의 움직임이 격렬해진다. 조밀한 입자층의 표면이 사라지고 고체는 그 위의 영역인 고체가 희박한 지역으로 점차 이동하게 된다.

상부의 희박 영역에서 고체의 농도는 낮은 영역의 농도 $f_d$에서 시작하여 무한히 높은 용기의 극한값 $f^*$까지 감소하는 지수감소함수로 나타낼 수 있다. 이것이 공기수송(pneumatic conveying, PC) 값이다.

조밀한 영역에서의 기체 흐름은 BFB와 플러그 흐름의 중간 상태를 나타낸다. TB는 그림 20.13에 나타내었다.

불행히도 TB의 조밀한 영역에서 적용 가능한 흐름 모델은 아직 개발되지 않았으며 이에 대한 연구가 필요하다.

굵은 고체와 미세한 고체의 입자층 모두에서 높이에 따라 다소 상이한 고체 분포, 즉 그림 20.14에서 나타낸 밀집영역(dense region), 희박영역(lean region) 및 날카롭고 밀도가 높은 상표면(sharp dense phase surface)이 관찰된다. 이러한 거동은 촉매 반응계에서는 나타나지 않으며 일반적으로 유동화 연소기에서 나타난다.

## ▶ 빠른 유동층

기체속도가 더 빨라지면(그림 20.5 참고) 입자층은 빠른 유동층(fast fluidizing, FF) 영역으로 전환된다. 이 전환의 한 가지 특징은 이 시점에서 고체의 유출이 급격히 증가한다는 것이다. Bi 등 (1995)은 이 전환이 다음 속도에서 일어난다는 것을 알아냈다.

$$u_{\text{TB-FF}} = 1.53\sqrt{\frac{(\rho_s - \rho_g) g\, d_p}{\rho_g}}$$

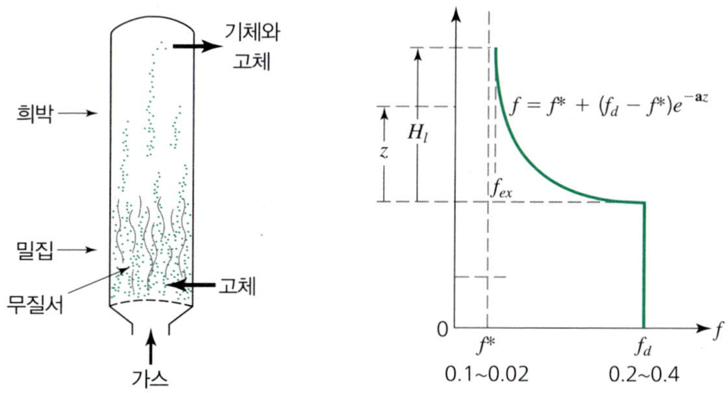


**그림 20.13 순환 유동층 반응기(TF)와 반응기의 고체 분포.**

2 Churning은 교동 혹은 처닝이라고도 한다. 다음은 동일 크림 중에 있는 지방구가 뭉쳐져서 버터의 작은 과립(butter granule)을 형성하고 버터밀크(butter milk)와 분리되도록 일정한 속도로 크림을 휘저어서 기계적으로 지방구에 충격을 주는 것이다.

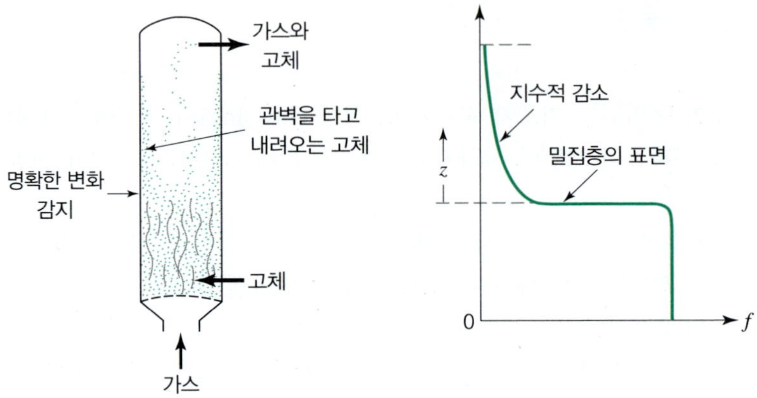


**그림 20.14** 크고 작은 입자를 가진 TB에서의 거동.

FF 영역에서 용기의 하부에 있는 고체의 움직임은 덜 무질서하고 가라앉아 엷은 핵(lean core)을 이룬다. 이 엷은 핵은 밀도가 높은 고리(annulus) 또는 벽 영역으로 둘러싸여 있다.

용기의 상부는 여전히 지수감소 거동을 나타낸다.

그림 20.15는 FF 입자층의 단면과 전체에 대한 고체 분포를 보여주고 있다. FF 입자층을 나타내는 모델은 그림 20.16에 나타내었다. FF 반응기의 거동을 예측하는 데 필요한 변수는 "**a**", $K_{cw}$, $f^*$, $f_d$이다. 실험을 통해 다음의 값을 얻을 수 있다.

$$\begin{aligned} &\text{Geldart } \mathbf{A} \text{ 고체의 경우,} \quad && u_0\mathbf{a} = 2\text{~}4\ \text{s}^{-1} \\ &\text{Geldart } \mathbf{AB} \text{ 고체의 경우,} && \quad\ \ = 5\ \text{s}^{-1} \\ &\text{Geldart } \mathbf{B} \text{ 고체의 경우,} && \quad\ \ = 7\ \text{s}^{-1} \end{aligned}$$

$f^*$와 $f_d$의 측정값은 Kunii와 Levenspiel (1995)이 요약하였다. $K_{cw}$에 대한 값은 아직까지 측정되지 않았다. 현재 할 수 있는 가장 좋은 방법은 BFB의 $K_{bc}$와 $K_{ce}$로부터 자릿수(order of magnitude)를 추정하는 것이다. 따라서 현재로서는 반응기의 거동을 예측할 수 없다. 그러나 물질 수지와 전환율 계산을 어떻게 하는지를 알아보고자 한다면 Knuii와 Levenspiel (1997)에서 주어진

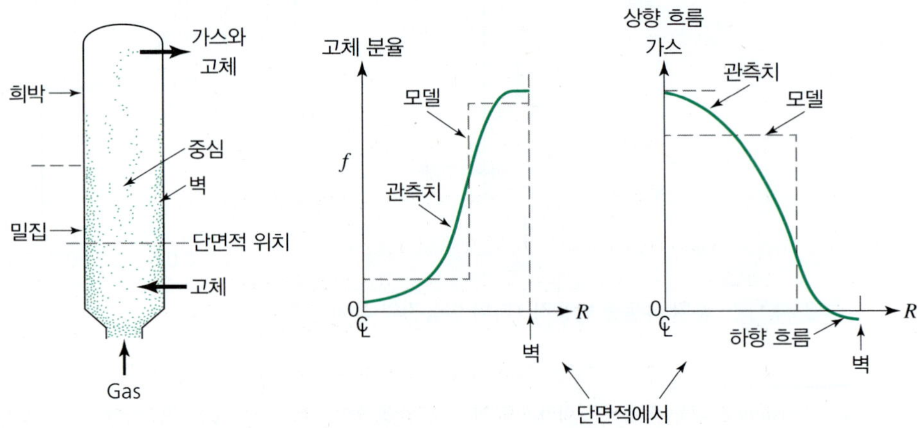


**그림 20.15** FF 반응기의 거동.

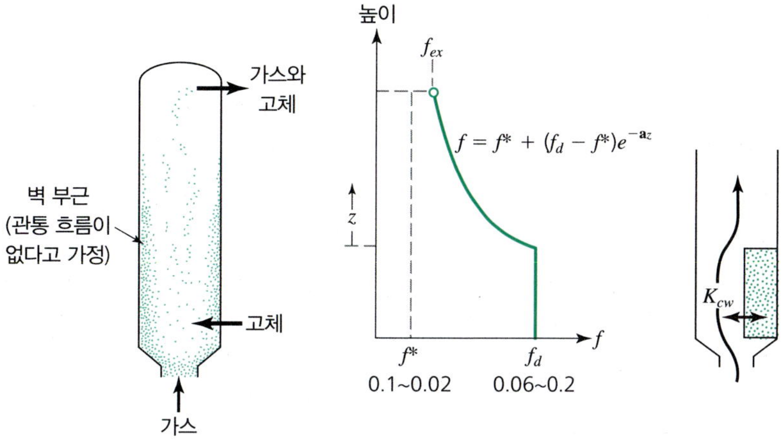


그림 20.16 FF 반응기에 대한 모델.

수치 예제를 참고하는 것이 좋다.

## 공기 수송

마지막으로 기체의 속도가 가장 높을 때로, *질식속도*(choking velocity)라고 불리는 속도를 넘어서는 경우이다. 이 이상에서는 입자층은 공기수송 상태에 있게 된다. 이 전환 속도는 고체의 유량에 의존하며 Bi와 Fan (1991)에 의하면 다음 조건에서 발생한다.

$$\frac{u_{FF-PC}}{\sqrt{g\, d_p}} = 21.6\left(\frac{G_s}{\rho_g\, u_{FF-PC}}\right)^{0.542}(d_p^*)^{0.315}$$

공기 수송(PC) 영역에서는 입자들은 벽에 붙어 있거나 하향 흐름 없이 반응기 내에 고르게 분포하고, 높이에 따라 다소간의 고체 분율의 감소가 있다. 따라서 고체와 가스가 용기 내에서 플러그 흐름을 갖는다고 가정할 수 있다(그림 20.17).

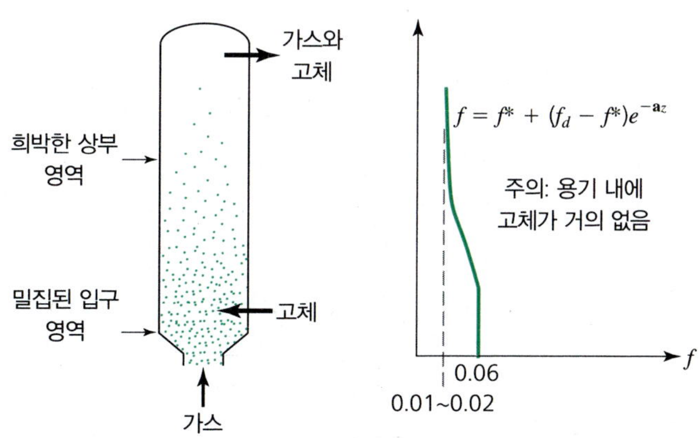


그림 20.17 PC 반응기 모델.

## ▶ 하향 흐름

유동층 접촉분해기 혹은 FCC(별명으로 cat cracker 혹은 고양이 과자로 불림)로 불리는 반응기는 사회에서 가장 중요한 상업용 반응기 중의 하나이다. 평균적으로 이 단위공정은 현재 사용되는 엔진에 공급되는 휘발유, 경유, 항공기 연료 등을 생산하기 위하여 평균적으로 약 6000 $m^3$/day(40000 barrels/day)의 원유를 처리한다. 현재 전 세계적으로 약 420개의 FCC 반응기가 있으며 만족할 줄 모르는 우리 사회를 위해 주야로 운전되고 있다.

이러한 분해 반응기는 긴 사슬을 가진 탄화수소를 짧은 탄화수소로 이루어진 생성물을 생산한다. 반응경로를 간략히 아래와 같이 나타낼 수 있다.

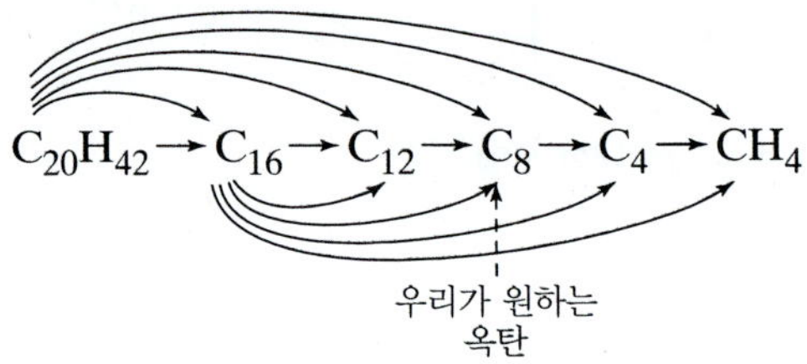


최초의 '고양이 과자'는 1940년대 초에 개발되었으며 화학공학자가 2차 세계대전에 가장 크게 기여한 기술 중 하나였다. 그러나 초기 장치에 사용된 촉매는 선택도가 낮았으며, 플러그 흐름으로부터 많은 편차를 가지고 있어 원하는 중간체를 거의 만들지 못했다.

1960년대에는 선택도가 우수하고 활성이 뛰어난 촉매가 개발되었으며, 그 결과 원유 증기를 분해하는 데 필요한 반응시간도 수초 단위로 줄어드는 상향흐름식 FF 반응기가 개발되었다. 플러그 흐름에 근접한 조작을 통하여 엔지니어들은 생성물 분포의 조절을 보다 용이하게 하였으며 원하는 생성물, 예를 들어 자동차 연료로서 옥탄의 비율이 높은 제품을 생산할 수 있게 되었다.

이 반응기 개발로 인하여 세계에서 사용되는 대부분의 BFB들은 고철로 폐기되고 상향흐름식 FF 반응기로 대체되었다.

2000년대인 오늘날에도 엔지니어들은 보다 나은 촉매를 개발하고자 노력하고 있다. 이것은 원하는 제품의 생산량을 1%만 높이더라도 반응기당 연간 백만 불에서 200만 달러까지 이익을 증가시킬 수 있기 때문이다. 그림 20.16에서 볼 수 있듯이 상향 흐름 FF 반응기에는 촉매와 기체가 정체하여 있거나 아래로 흐르는 반응기 벽 부근이 존재하며, 이것이 플러그 흐름으로부터의 편차를 발생시킨다.

어떻게 하면 이 편차를 줄이고 이탈을 피할 수 있을까? 명확한 해답은 하향흐름식 FF 반응기를 사용하는 것이다. 이 반응기를 통해 매우 빠른 기체속도로 조업할 수 있으며 플러그 흐름과 근접한 상태를 유지하게 된다.

현재 많은 연구자들이 이 분야에 대해 연구를 수행하고 있으며, 그리 멀지 않은 미래의 어느 날 짧은 접촉시간을 가진 많은 상향 흐름 FCC 반응기가 하향 흐름 장치로 대체되는 것을 보게 될 것이다. 물론 이 반응기의 수익률은 엄청날 것이다.

## ▶ CFB에 대한 언급

여기서는 CFB의 세 가지 영역과 일반적인 거동에 대하여 간단히 설명하였다. 그러나 CFB 반응기의 성능식을 제시하지는 않았다. 그 이유는 이 반응기 모델에 대한 적합한 매개변수가 아직까지 불명확하기 때문이다. 따라서 이 불명확한 모델에 기초를 둔 예측은 마찬가지로 불명확하게 될 것이다. Kunii와 Levenspiel (1991, 1997)을 참고하면 여전히 일반적인 물질 수지와 성능식이 유용함을 알 수 있다.

## 20.5 제트 충격 반응기

이 반응기의 착안점은 두 흐름인 반응물과 고온의 열전달체(혹은 촉매)를 매우 빠른 속도로 충돌(jet impact reactor)시켜 격렬히 혼합되게 한 후 고온에서 반응이 일어나도록 하는 것이다.

생성물이 모두 기체일 때는 생성물 흐름은 빠르게 냉각되고, 기체-고체 생성물에 대해서는 기체를 빠르게 냉각시킨 후에 싸이클론(cyclone)을 통해 분리한다. 여기서 "빠르게"라는 말을 사용한 것은 모든 과정, 즉 혼합, 반응 및 분리와 냉각이 0.1초에서 0.3초 사이에 이루어지기 때문이다.

이러한 형태의 반응기로는 석유의 접촉분해를 위한 주반응기로서 1초에서 10초 정도의 체류시간을 가지는 빠른 유동층을 검토할 수 있다. 높은 분해온도와 짧은 체류 시간은 매우 다르고 더 우수한 반응 생성물 분포라는 결과를 나타낸다.

또 다른 응용은 셀룰로오스(cellulose)와 다른 바이오매스(biomass) 폐기물의 초열분해 반응이다. 상업적인 시험을 통하여 나무의 약 75% 및 톱밥의 70%를 엔진유와 동일한 성질을 가지는 유용한 기름으로 전환할 수 있다는 것이 알려졌다. 이 분야에 대하여 많은 연구가 진행되고 있다(Bergougnou, 1998).

### 참고 문헌

Bergougnou, M. A. private communication, 1998.

Bi, H. T., and Fan, L. S., Paper 10le, A.I.Ch.E. Annual Meeting, Los Angeles, 1991.

Bi, H. T., Grace, J. R., and Zhu, J. X., *Trans. I. Chem. E.*, **73**, 154 (1995).

Davidson, J. F., and Harrison, D., *Fluidized Particles*, Cambridge Univ. Press, New York, 1963.

Ergun, S., *Chem. Eng. Prog.*, **48**, 89 (1952).

Geldart, D., *Powder Technol.*, **7**, 285 (1973). Elsevier사의 승인 허가

________, and Abrahamson, A. A., *Powder Technol.*, **19**, 133 (1978).

Gilliland, E. R., and Knudsen, C. W., *Chem. Eng. Prog. Symp. Ser.* **67 (116)**, 168 (1971).

Grace, J. R., *Can, J. Chem, Eng.*, **64**, 353 (1986).

Haider, A., and Levenspiel, O., *Powder Technol.*, **58**, 63 (1989).

Kunii, D., and Levenspiel, O., *Fluidization Engineering*, 2nd ed., Butterworth-Heinemann, Boston, MA, 1991. Elsevier사의 승인 허가

________, in *Fludization VIII*, Tours, p. 17 (1995).

________, *Chem. Eng. Sci.*, **52**, 2471 (1997).

Levenspiel, O., *Chemical Reactor Omnibook*, OSU Bookstores, Corvallis, OR, 1996.

Rowe, P. N., and Partridge, B. A., *Proc. Symp. on Interaction Between Fluids and Particles*, p. 135, I. Chem. E. (1962); *Trans. I. Chem. E.*, **43**, 157 (1965).

## 연습 문제

예제 20.1에서 전환율을 높이는 방법으로 더 많은 고체를 사용하는 것을 제안하였다. 따라서 동일한 입자층 직경(2 m)과 동일한 평균 기포크기(0.32 m)에 대해서 아래의 각 경우에 전환율($X_A$)과 고체 부근 기체의 평균농도($C_A$)를 구하라.

**20.1** 촉매 14톤

**20.2** 촉매 21톤

---

예제 20.1에서 전환율이 너무 낮아 만족스럽지 못했다. 이를 향상시키기 위한 한 가지 방법으로 입자층 내부에 방해판을 설치하여 유효입자 크기를 낮추는 방법이 제안되었다. 아래의 각 경우에 대하여 전환율($X_A$)을 구하라.

**20.3** $d_b = 16$ cm

**20.4** $d_b = 8$ cm

---

예제 20.1에서 성능을 향상시키기 위한 또 다른 제안으로 W를 변함없이 유지하고, 얇은 입자층을 사용하여 기체의 공탑속도를 감소시키는 방법이다. 입자층의 단면적이 두 배로 되었을 때($u_0 = 15$ cm/s) 아래의 각 경우에 대하여 전환율($X_A$)을 구하라.

**20.5** $d_b = 32$ cm로 변화시키지 않고 유지

**20.6** 적절한 방해판을 사용하여 $d_b = 8$ cm로 변환

---

**20.7** 여전히 예제 20.1에서 W를 변치 않게 유지하고, 길고 가는 입자층을 사용하는 것이 제안되었다. 이 제안을 따라 입자층의 단면적을 반으로 줄이고($u_0 = 60$ cm/s), $d_b = 32$ cm로 유지할 때 전환율 $X_A$를 구하라.

**20.8** 예제 20.1은 32 cm 크기의 기포를 가진 7톤의 입자층에서 32%의 전환율을 나타낸다는 것을 보여주었다. 촉매를 불활성 고체와 1:1의 비로 희석하여 14톤의 입자층을 사용한다고 가정하자. 이것이 반응물에 어떠한 영향을 주는가? 전환율은 32%보다 높은가? 혹은 낮은가?

**20.9** Mathis와 Watson [*AIChE J.*, **2**, 518 (1956) 참고]은 촉매의 유동층 반응기와 충전층 반응기에 대하여 cumene의 촉매 전환을 보고하였다.

$$\underset{\text{cumene}}{C_9H_{12}} + O_2 \xrightarrow{\text{catalyst}} \underset{\text{phenol}}{C_6H_5OH} + \underset{\text{acetone}}{(CH_3)_2O} + C$$

매우 희석된 cumene-공기 혼합물에 대해서 평형전환율(equilibrium conversion)은 94%이고 cumene에 대해서 가역 1차 반응이다.

기체의 하향 흐름($u_0$ = 64 mm/s)을 사용한 충전층 반응기 실험($H_m$ = 76.2 mm)에서 cumene의 전환율은 60%가 되는 것으로 나타났다. 그러나 동일한 유량과 동일한 입자층에서 기체의 상향 흐름에 대하여 실험을 수행하면 고체는 유동화되고($u_{mf}$ = 6.1 mm/s), 기체 기포의 입경은 대략 13.5 mm이 되는 것으로 관찰되었다. 이 조건에서 예상되는 전환율은 얼마인가?

추정 값(estimated value):

$$\epsilon_m = 0.4, \qquad D_{\text{cumene-air}} = 2 \times 10^{-5}\ \text{m}^2/\text{s}$$
$$\epsilon_{mf} = 0.5, \qquad \alpha = 0.33$$

**20.10** 니트로벤젠을 아날린으로 전환하기 위한 촉매 수소화 반응이 유동층 반응기에서 진행되고 있다. 이때 전환율을 계산하라.

$$\underset{\text{(A)}}{C_6H_5NO_2(g)} + 3\,H_2(g) \xrightarrow[270°\text{C}]{\text{catalyst}} \underset{\text{(R)}}{C_6H_5NH_2(g)} + 2\,H_2O(g)$$

자료: $H_m = 1.4$ m, $\rho_c = 2.2$ g/cm³, $d_b = 10$ cm
$d_t = 3.55$ m, $\mathscr{D}_{\text{eff}} = 0.9$ cm²/s, $\alpha = 0.33$
$T = 270°$C, $u_{mf} = 2$ cm/s, $\epsilon_m = 0.4071$
$u_0 = 30$ cm/s, $\epsilon_{mf} = 0.60$

반응에서는 수소를 과량으로 사용하고, 이때 팽창을 무시할 수 있다. 반응은 간단한 1차 반응으로 가정할 수 있다.

$$A \rightarrow R \qquad -r'''_A = k''' C_A \qquad k''' = 1.2\ \text{cm}^3/\text{cm}^3\,\text{cat}\cdot\text{s}$$

**20.11** 실험용 충전층 반응기($H_m$ = 10 cm, $u_0$ = 2 cm/s)를 이용한 1차 반응 A → R에 대해 97%의 전환율을 나타낸다.

**(a)** 이 반응에 대하여 속도 상수 k'''를 결정하라.

**(b)** 기포의 크기를 8 cm로 추정할 수 있는 파일럿 공장 크기의 유동층 반응기($H_m$ = 100 cm, $u_0$ = 20 cm/s)를 이용할 경우 전환율은 얼마인가?

**(c)** 문제 (b)의 조건에서 유동층이 아닌 충전층 반응기를 이용한다면 전환율은 얼마인가?

자료: 실험치, $u_{mf} = 3.2$ cm/s, $\epsilon_{mf} \cong \epsilon_m = 0.5$
문헌 조사값, $\mathscr{D} \cong \mathscr{D}_e = 3 \times 10^{-5}$ cm²/s, $\alpha = 0.34$

제 21 장

# 촉매의 불활성화

## *Deactivating Catalysts*

앞 장에서 정촉매 반응이 진행될 때 촉매의 유효성(effectiveness)이 시간에 따라 변하지 않는다고 가정하였다. 물론 이 가정은 실제의 경우 유효하지 않고, 일반적으로는 촉매의 활성이 촉매를 사용함에 따라 감소한다. 때로는 촉매의 활성이 초 단위로 감소하기도 하고, 어떨 때는 활성의 감소가 매우 느려 수개월 동안 사용한 후 재생하거나 교환할 필요가 있는 경우도 있다. 어떤 경우든 불활성화된 촉매는 재생 또는 교환을 해야 한다.

촉매의 불활성화가 빨리 일어나고, 불활성화의 이유가 표면의 침적이나 물리적인 차단에 기인할 경우 이 과정을 *오염*(fouling)이라고 부른다. 이 침적된 고체를 제거하는 것을 *재생*(regeneration)이라 한다. 아래는 접촉분해(catalytic cracking) 과정 중에 발생하는 탄소의 침적으로 인한 오염의 일반적인 예이다.

$$C_{10}H_{22} \rightarrow C_5H_{12} + C_4H_{10} + C\downarrow_{\text{on catalyst}}$$

쉽게 제거되지 않는 물질이 촉매의 활성자리에 화학적으로 흡착되어 촉매의 표면이 서서히 변화되는 현상을 보통 *피독*(poisoning)이라고 한다. 반면 촉매활성을 가능한 다시 회복시키는 것을 *재활성화*(reactivation)라고 한다. 흡착이 가역적인 경우는 운전조건의 변경만으로 재활성화가 가능하지만 비가역적 흡착인 경우는 *영구적*으로 피독된다. 이때는 사용한 촉매의 표면을 화학적으로 처리하거나 사용한 촉매를 완전히 교환해야 한다.

불활성화는 촉매의 모든 활성자리에 *균질하게* 혹은 *선택적*으로 발생할 수 있다. 촉매에서 활성이 높은 자리가 대부분의 촉매활성을 제공하며 또한 이 자리가 먼저 공격을 받아서 불활성화된다.

앞으로 모든 종류의 촉매활성 감소를 *불활성화*(deactivation)라고 부르고, 촉매 표면에 침적하여 활성을 저하시키는 모든 물질을 *촉매독*(poison)이라고 부르기로 한다.

이 장에서는 촉매를 불활성화시키는 다양한 화학공정의 조작에 관해 간단히 소개할 것이다.

- 촉매활성 감소의 반응 메카니즘
- 촉매활성 감소에 대한 다양한 형태의 속도식
- 실험을 통한 적절한 속도식의 개발
- 실험을 통한 반응 메카니즘의 발견
- 반응기 설계를 위한 몇 가지 중요한 결과

이들은 비록 다소 복잡한 주제이지만 실질적으로도 매우 중요하므로 적어도 간단하게 다룰 필요가 있다.

## 21.1 촉매의 불활성화 메카니즘

관측된 다공성 촉매 입자의 불활성화는 여러 요인에 좌우된다. 실제적인 활성감소 반응, 기공 확산에 의한 속도 저하의 유무 및 촉매독이 촉매 표면에서의 작용하는 방식 등이며, 이 내용들에 대해 차례로 다룰 것이다.

**활성감소 반응** 대략적으로 촉매활성의 감소는 크게 4가지 방식으로 일어난다. 먼저, 반응물에서 부산물이 생성되어 이것이 촉매에 침적되어 표면을 불활성화시키는데, 이것을 *병렬 불활성화*(parallel deactivation)라 한다. 둘째, 반응생성물이 분해하거나 더 반응하여 생성된 물질이 침적되어 표면을 불활성화시키는 것을 *직렬 불활성화*(series deactivation)라 한다. 셋째, 공급물 중에서 불순물이 침적되어 표면을 불활성화시키는 것으로 *병행 불활성화*(side-by-side deactivation)라 한다.

P가 침적되어서 표면을 불활성화시킨다면 화학반응은 아래와 같다.

병렬 불활성화:

$$A \rightarrow R + P\downarrow \quad \text{또는} \quad A \begin{matrix} \nearrow R \\ \searrow P\downarrow \end{matrix} \tag{1}$$

직렬 불활성화:

$$A \rightarrow R \rightarrow P\downarrow \tag{2}$$

병행 불활성화:

$$\left.\begin{matrix} A \rightarrow R \\ P \rightarrow R\downarrow \end{matrix}\right\} \tag{3}$$

언급한 이 세 가지 활성감소 반응의 주요 차이점은 침적이 각각 반응물, 생성물, 공급물 중의 어떤 불순물의 농도에 좌우되는가 하는 점이다. 이 세 가지 물질의 분포가 촉매 입자의 위치에 따라 다르므로 중요한 것은 활성감소 반응이 촉매 입자의 어느 위치에서 일어나는가에 달려 있다.

넷째, 촉매활성 감소 과정은 촉매가 극한 상황에 노출되어 그 표면이 소결(sintering)되거나 촉매의 물리적인 구조에 변화가 생기는 경우이다. 이는 촉매가 고온에서 사용된 시간에 좌우되며 기체 흐름에 있는 물질에 영향을 받지 않으므로 *독립적 불활성화*(independent deactivation)라 부른다.

**기공 확산** 입자의 경우, 기공 확산(pore diffusion)이 촉매의 활성감소에 큰 영향을 미친다. 먼저 평행적 불활성화를 살펴보자. 18장에서 본 바와 같이, 반응물은 촉매 입자 전체에 고르게 분포되거나($M_T < 0.4$, $\mathscr{E} = 1$) 외표면 가까이에 존재한다($M_T > 4$, $\mathscr{E} < 1$)는 것을 알 수 있다. 따

라서 촉매독도 같은 방법으로 침적되어 기공 저항이 없으면 고르게 분포되고, 기공 저항이 크면 외부에 분포된다. 확산 저항이 지극히 큰 경우에는 입자 바깥쪽의 얇은 껍질이 피독되는데, 이 껍질은 시간이 지남에 따라서 두꺼워지며 그 불활성화된 부위는 점점 내부로 이동한다. 이것을 피독에 대한 *껍질모델*(shell model)이라고 한다.

반면 연속적 불활성화의 경우, 기공 저항이 큰 영역에서는 입자 내부가 외부보다 생성물 R의 농도가 높다. 피독의 원인 물질인 R이 입자 내부에 많이 침적되고 결과적으로는 내부에서 외부를 향해 피독이 진행된다.

끝으로 병행적 불활성화의 경우, 반응물과 생성물의 농도에 관계 없이 원료 중의 촉매독과 표면과의 반응속도가 침적 위치를 좌우한다. 속도 상수가 작은 경우는 촉매독이 입자 내부에 고르게 퍼지며 촉매 전 표면에 걸쳐 불활성화를 일으키는 반면, 속도 상수가 크면 촉매독이 표면에 이르는 순간 외표면에서 피독이 발생한다.

위에서 말한 바와 같이 활성감소 반응의 형태와 기공 확산에 의해 서로 다른 방식으로 불활성화가 진행된다. 평행 및 연속적 피독에서 주반응의 씨일레 계수(Thiele modulus)는 기공 확산에 좌우되며, 병행적 피독에 있어서는 불활성화의 씨일레 계수가 주요 매개변수가 된다.

촉매 내부의 온도가 균질하지 않으면(nonisothermal effect) 위치에 따라서 불활성화가 달라지는데, 특히 고온으로 인해 표면이 변화되어 불활성화되는 경우가 대표적이다.

**활성감소에 영향을 미치는 다른 인자** 촉매활성의 변화에는 여러 가지 요인이 영향을 미친다. 이 중에는 침적된 고체가 기공입구(pore mouth)를 막는 경우, 약간의 활성이 남아 있는 평형 또는 가역피독 현상, 재생작용(이로써 촉매 내부는 비활성이면서 외부는 활성인 촉매가 됨) 등이 포함된다.

무엇보다 중요한 것은 촉매의 불활성화가 여러 가지 과정이 동시에 작용해서 일어나는 현상이라는 점이다. 예를 들어, 가장 활성이 높은 자리가 촉매독 $P_1$에 의하여 신속히 불활성화되고, 나머지 자리들은 촉매독 $P_2$에 의해서 천천히 공격받을 수 있다.

실제로는 이 모든 인자의 영향을 고려해야 하지만 개략적으로 처음 두 인자인 활성감소 반응과 기공 확산을 중점적으로 다룰 것이다. 여기서는 충분한 사례를 통해 이 복잡한 문제를 어떻게 접근할지 다룬다.

## 21.2 속도식과 성능식

특정한 시간에서 촉매 입자의 활성(activity)은 아래와 같이 정의된다.

$$\mathbf{a} = \frac{\text{입자가 반응물 A를 전환시키는 반응속도}}{\text{새로운 입자에 의한 반응물 A의 반응속도}} = \frac{-r'_{\mathrm{A}}}{-r'_{\mathrm{A0}}} \quad (4)$$

또한 촉매 입자를 함유하는 유체에 대하여 A의 반응속도는 아래의 형태로 표시되어야 한다.

$$\begin{pmatrix}\text{반응}\\ \text{속도}\end{pmatrix} = f_1\begin{pmatrix}\text{주 흐름}\\ \text{온도}\end{pmatrix}\cdot f_3\begin{pmatrix}\text{주 흐름}\\ \text{농도}\end{pmatrix} \cdot f_5\begin{pmatrix}\text{촉매 입자의}\\ \text{현재 활성}\end{pmatrix} \quad (5)$$

같은 방법으로, 불활성화되는 촉매 입자에 대해서는 다음과 같이 쓸 수 있다.

$$\begin{pmatrix}\text{불활성화}\\\text{속도}\end{pmatrix} = f_2\begin{pmatrix}\text{주 흐름}\\\text{온도}\end{pmatrix}\cdot f_4\begin{pmatrix}\text{주 흐름}\\\text{농도}\end{pmatrix}\cdot f_6\begin{pmatrix}\text{촉매 입자의}\\\text{현재 상태}\end{pmatrix} \tag{6}$$

$n$차 반응속도에 대하여 온도는 아레니우스(Arrhenius) 온도식을 따르고, 이때 촉매 입자가 등온이면 주반응에 대한 식 (5)는 다음과 같이 표시된다.

$$-r'_A = k'\cdot C_A^n \cdot \mathbf{a} = k'_0 e^{-\mathbf{E}/\mathbf{R}T}\cdot C_A^n\cdot\mathbf{a} \tag{7}$$

일반적으로 기체상의 성분 $i$의 농도에 의존하는 불활성화의 경우 식 (6)은 다음과 같이 표시된다.

$$-\frac{d\mathbf{a}}{dt} = k_d\cdot C_i^m\cdot\mathbf{a}^d = k_{d0}e^{-\mathbf{E}_d/\mathbf{R}T}\cdot C_i^m\cdot\mathbf{a}^d \tag{8}$$

여기서 $d$는 *불활성화 차수*(order of deactivation)라고 불리며, $m$은 농도 의존성을 의미하고, $\mathbf{E}_d$는 불활성화의 온도 의존도 또는 활성화 에너지이다.

다른 활성감소 반응에서는 위의 식은 다른 형태로 나타낼 수 있다.

병렬 불활성화 (A → R; A → P↓)
$$\left.\begin{aligned}-r'_A &= k'C_A^n\mathbf{a}\\ -\frac{d\mathbf{a}}{dt} &= k_dC_A^m\mathbf{a}^d\end{aligned}\right\} \tag{9}$$

직렬 불활성화 (A → R → P↓)
$$\left.\begin{aligned}-r'_A &= k'C_A^n\mathbf{a}\\ -\frac{d\mathbf{a}}{dt} &= k_dC_R^m\mathbf{a}^d\end{aligned}\right\} \tag{10}$$

병행 불활성화 (A → R; P → P↓)
$$\left.\begin{aligned}-r'_A &= k'C_A^n\mathbf{a}\\ -\frac{d\mathbf{a}}{dt} &= k_dC_P^m\mathbf{a}^d\end{aligned}\right\} \tag{11}$$

독립적 불활성화 (농도에 무관)
$$\left.\begin{aligned}-r'_A &= k'C_A^n\mathbf{a}\\ -\frac{d\mathbf{a}}{dt} &= k_d\mathbf{a}^d\end{aligned}\right\} \tag{12}$$

이성질화반응(isomerization)과 접촉분해(cracking)와 같은 화학반응에서는 반응물과 생성물 둘 다 촉매의 불활성화에 관여한다.

$$\begin{aligned}&A\rightarrow R\\&A\rightarrow P\downarrow\\&R\rightarrow P\downarrow\end{aligned}\qquad \text{및}\qquad -\frac{d\mathbf{a}}{dt} = k_d(C_A + C_R)^m\mathbf{a}^d \tag{13}$$

특정한 공급물의 경우 $C_A + C_R$이 일정하다면, 이런 유형의 불활성화는 다루기 쉬워 식 (12)의 독립적 불활성화로 간주하여 계산할 수 있다.

위의 $n$차 식은 매우 간단한 형태임에도 현재 이용되는 많은 활성감소 식을 다루기에 충분하다[Szepe와 Levenspiel (1968) 참고].

## ▶ 실험에 의한 속도식 결정

촉매의 불활성화를 연구하는 실험 장치는 두 가지 종류로 나눌 수 있다. 즉 회분식으로 고체를 사용하는 경우와 고체의 통과 흐름을 이용하는 장치가 있다. 그림 21.1은 몇 가지 장치를 보여준다.

회분식 고체 장치는 실험하기 용이하여 무척 선호되지만, 불활성화가 상당히 늦은 경우에만 사용이 가능하다. 즉, 분 단위 또는 그 이상의 시간 동안 변화하는 유체의 조성에 관한 충분한 데이터를 얻을 수 있어야 한다. 불활성화가 매우 빠른(초 단위 또는 그 이하) 경우, 고체의 이동을 동반한 시스템을 사용해야 한다. 이런 경우에 해당하는 경우로는 촉매의 활성 반감기가 0.1초 정도로 짧은 열분해 촉매가 있다.

속도식을 찾는 방법은 균질계 반응에서와 유사하다. 먼저 가장 간단한 반응속도론의 형태에서 시작해서 실험데이터가 반응식과 일치하는지 확인한다. 제안된 반응식이 맞지 않으면 다른 반응속도론을 적용시킨다. 촉매의 불활성화에서 주요 쟁점은 활성이라는 인자를 잘 다루어야 한다는 것이다. 이 경우에도 같은 방법으로, 항상 가장 간단한 속도식을 이용하여 우선 시작하면 된다.

다음 절에서 회분식 고체 장치를 좀 더 상세히 다루고, 그 다음으로 흐름식 고체시스템을 간단히 취급할 것이다.

사용하기에 편리한 회분식 고체, 흐름식 유체 반응기 유형의 사용 여부는 불활성화 식 $d\mathbf{a}/dt$가 농도에 좌우되는지 그렇지 않은지에 달려 있다. 농도에 독립적이면 어떤 형태의 회분 식 고체 반응기도 사용할 수 있어 분석이 간단하지만, 농도에 의존하는 경우는 특별한 유형의 반응기를 사용하지 않으면 실험 결과의 분석이 매우 어렵고 불편해진다. 이 두 종류의 실험 장치를 차례로 다루어보자.

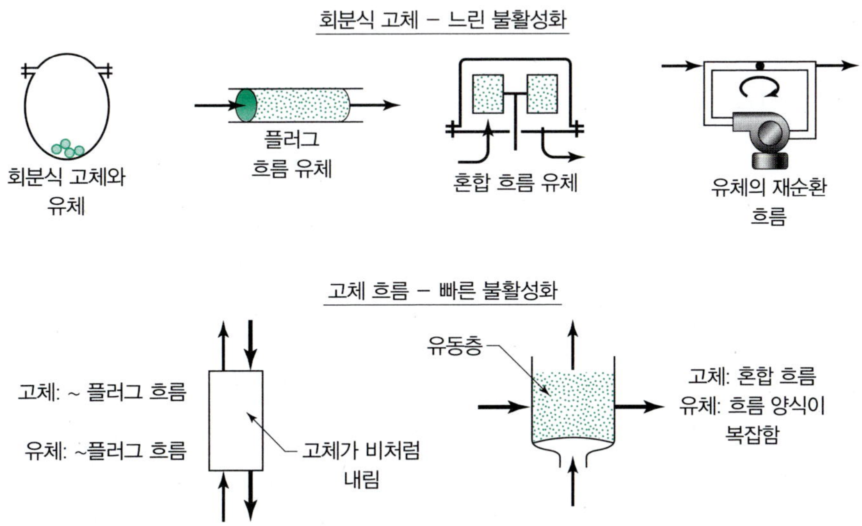


그림 21.1 느린 불활성화는 실험에서 회분식 고체를 사용하는 반면, 빠른 불활성화는 고체의 흐름이 필요하다.

### ▶ 회분식-고체: 독립적인 불활성화에 대한 반응속도의 결정

그림 21.1에서 여러 가지 회분식 고체(batch-solid) 반응기의 실험 결과를 해석하는 방법을 예시하였다. 독립적 불활성화에 대한 가장 간단한 속도식의 형태로 적합성을 시험하고 반응기에 대한 기본 성능식을 만드는 방법을 나타내었다.

$$\left.\begin{aligned} -r'_A &= k'C_A\mathbf{a} \quad \varepsilon_A = 0 \qquad (14a)\\ -\frac{d\mathbf{a}}{dt} &= k_d\mathbf{a} \qquad (14b)\end{aligned}\right\}$$

이것은 1차 속도식(14$a$)과 농도에 무관한 1차 불활성화 식(14$b$)을 나타낸다.

**회분식-고체, 회분식-유체** 여기서는 기체 농도와 시간과의 관계를 표현할 필요가 있다. 시간을 하나의 독립변수로 하면 식 (14)의 반응식은 아래와 같이 쓸 수 있다.

$$-\frac{dC_A}{dt} = \frac{W}{V}\left(-\frac{1}{W}\frac{dN_A}{dt}\right) = \frac{W}{V}(-r'_A) = \frac{W}{V}k'C_A\mathbf{a} \qquad (15)$$

$$-\frac{d\mathbf{a}}{dt} = k_d\mathbf{a} \qquad (16)$$

위의 식 (16)을 적분하면 다음을 얻을 수 있다.

$$\mathbf{a} = \mathbf{a}_0 e^{-k_d t} \qquad (17)$$

단위 초기 활성 혹은 $\mathbf{a}_0 = 1$에 대하여 식 (17)은 다음과 같이 변형된다.

$$\mathbf{a} = e^{-k_d t} \qquad (18)$$

식 (15)에 식 (18)을 치환하면 최종식은 다음과 같다.

$$-\frac{dC_A}{dt} = \frac{Wk'}{V}e^{-k_d t}C_A \qquad (19)$$

이 식을 변수분리 후에 적분을 하면 아래의 식을 얻을 수 있다.

$$\ln\frac{C_{A0}}{C_A} = \frac{Wk'}{Vk_d}(1 - e^{-k_d t}) \qquad (20)$$

이 식은 비가역 반응에서 무한시간 후에 반응물의 농도가 0으로 떨어지지 않고, 반응속도와 불활성화 속도에 좌우된다는 것을 보여준다. 이 식은 아래와 같이 쓸 수도 있다.

$$\ln\frac{C_{A0}}{C_{A\infty}} = \frac{Wk'}{Vk_d} \qquad (21)$$

위의 두 식을 결합하여 정리하면 다음 식을 구할 수 있다.

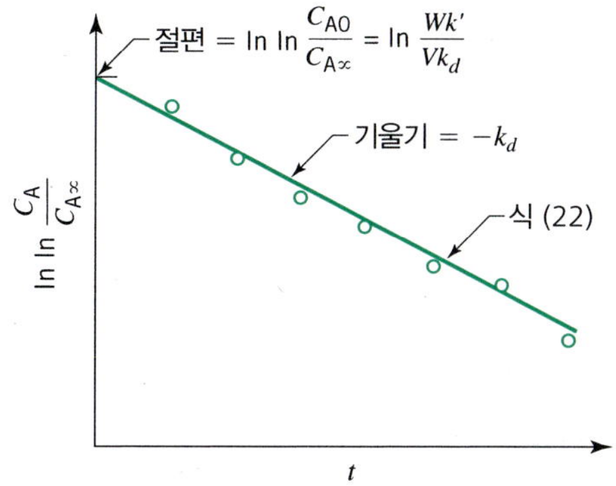


**그림 21.2** 회분식-고체 및 회분식-유체 반응기를 사용한 식 (14)의 반응속도론의 검증.

$$\ln \ln \frac{C_A}{C_{A\infty}} = \ln \frac{Wk'}{Vk_d} - k_d t \tag{22}$$

그림 21.2와 같이 플롯하여 이 식이 맞는지 검증한다.

회분식-회분식 반응기는 반응과 불활성화에 대해서 특성 시간의 자릿수(order of magnitude)가 같을 때 실제적인 측정 장치가 된다. 만일 그렇지 않고 불활성화가 매우 느리다면 $C_{A\infty}$가 매우 낮아져서 정확하게 측정하기 어려워진다. 다행히 이 비율은 실험에서 적절한 $W/V$를 선택함으로써 조절할 수 있다.

**회분식-고체, 혼합된 일정 흐름 유체** 혼합 흐름에 대한 성능식에 식 (14*a*)의 속도식을 대입하면 다음과 같다.

$$\tau' = \frac{WC_{A0}}{F_{A0}} = \frac{W}{v} = \frac{C_{A0} - C_A}{k'\mathbf{a}C_A} \tag{23}$$

이 식을 다시 정리하면 아래 식을 얻을 수 있다.

$$\frac{C_{A0}}{C_A} = 1 + k'\mathbf{a}\tau' \tag{24}$$

식 (24)에 따르면 활성은 시간에 따라 변한다. 불활성화 항 **a**를 소거하기 위하여 식 (14*b*)[식 (18) 참고]를 적분하여 식 (24)에 대입하면 다음 식을 얻는다.

$$\frac{C_{A0}}{C_A} = 1 + k'e^{-k_d t}\tau' \tag{25}$$

정리하면 아래의 유용한 형태의 식이 구해진다.

$$\ln\left(\frac{C_{A0}}{C_A} - 1\right) = \ln(k'\tau') - k_d t \tag{26}$$

이 표현식은 출구에서 반응물 농도의 시간에 따른 변화를 보여주며, 그림 21.3은 이 반응식의 적

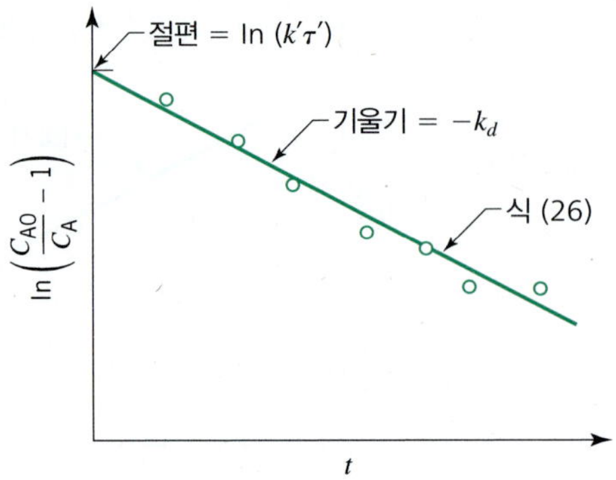


**그림 21.3** 회분식-고체 및 정상 상태의 혼합 흐름 유체를 사용하여 식 (14)로 표현된 반응속도론의 검증.

합함을 나타낸다. 실험 데이터가 직선상에 있으면 기울기와 절편으로부터 식 (14)에서 언급된 속도 상수 2개를 구할 수 있다.

이 식과 일련의 회분식-고체 표현식들은 유사 정상 상태 근사법(pseudo steady-state approximation)에 기반한 것임을 밝혀둔다. 시스템의 상태는 시간에 따라 매우 천천히 변하여 항상 정상 상태로 된다고 가정한다. 따라서 회분식-고체는 이런 가정을 할 수 있는 불활성화가 그다지 빠르지 않은 경우에만 사용할 수 있다.

**회분식-고체, 혼합된 변화 흐름 유체($C_A$는 일정)** 혼합 흐름 반응기에서 정상 상태 흐름이면, 다음과 같은 관계가 성립한다.

$$\frac{C_{A0}}{C_A} = 1 + k'e^{-k_d t}\tau' \tag{25}$$

$C_A$를 일정하게 하려면 유속을 시간에 따라서 천천히 변화시켜야 한다. 실제로 촉매가 불활성화되므로 유속은 낮추는 것이 좋다. 이때 변수는 $\tau'$와 $t$이므로 정리하면 다음 식이 구해진다.

$$\boxed{\ln \tau' = k_d t + \ln\left(\frac{C_{A0}-C_A}{k'C_A}\right)} \tag{27}$$

그림 21.4는 이 순서에 따라 식 (14)의 반응속도론을 검증하는 방법을 나타낸다.

실제로 식 (14)의 반응속도론이나 다른 독립적 불활성화에 있어서 변하는 흐름이 일정 흐름보다 적합성 확인에 있어 특별히 더 나은 점이 없다. 그러나 다른 불활성화 과정에서는 이 반응기 시스템이 $C$, $T$, $\mathbf{a}$의 세 인자를 분리시키고, 시간에 따라 2개의 변수쌍을 연구할 수 있어서 가장 편리하다.

**회분식-고체, 일정 플러그 흐름 유체** 식 (14$a$)의 속도식에 플러그 흐름 성능식을 대입하면 아래와 같은 식이 얻어진다.

$$\frac{W}{F_{A0}} = \int \frac{dX_A}{-r'_A} = \int \frac{dX_A}{k'\mathbf{a}C_A} = \frac{1}{k'\mathbf{a}}\int \frac{dX_A}{C_A} \tag{28}$$

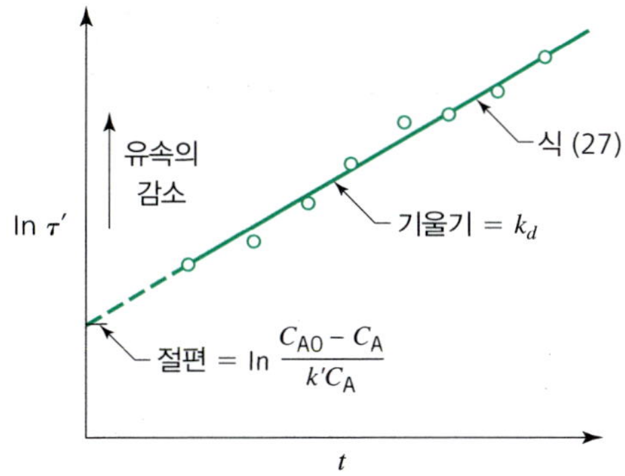


그림 21.4 $C_A$를 일정하게 유지하기 위하여 혼합 반응기에서 회분식 고체와 변하는 유체 흐름을 사용하여 식 (14)의 반응속도론 표현을 검증.

이 적분하고 식 (18)의 **a** 값을 대입하면 다음과 같다.

$$\frac{WC_{A0}}{F_{A0}} = \tau' = \frac{1}{k'\mathbf{a}} \ln \frac{C_{A0}}{C_A} = \frac{1}{k'e^{-k_d t}} \ln \frac{C_{A0}}{C_A} \tag{29}$$

다시 정리하면 다음 식이 얻어진다.

$$\boxed{\ln \ln \frac{C_{A0}}{C_A} = \ln(k'\tau') - k_d t} \tag{30}$$

그림 21.5는 식 (14)의 반응속도론을 검증하는 방법과 이 반응기에서의 얻어진 실험 데이터로부터 속도 상수를 구하는 방법을 나타낸다.

**회분식-고체, 변하는 플러그 흐름-유체($C_{A,out}$는 일정)** 어느 경우에나 플러그 흐름 반응기에서는 식 (29)를 사용한다. $\tau'$와 $t$는 얻어진 두 개의 변수이므로 정리하면 다음과 같다.

$$\ln \tau' = k_d t + \ln\left(\frac{1}{k'} \ln \frac{C_{A0}}{C_A}\right) \tag{31}$$

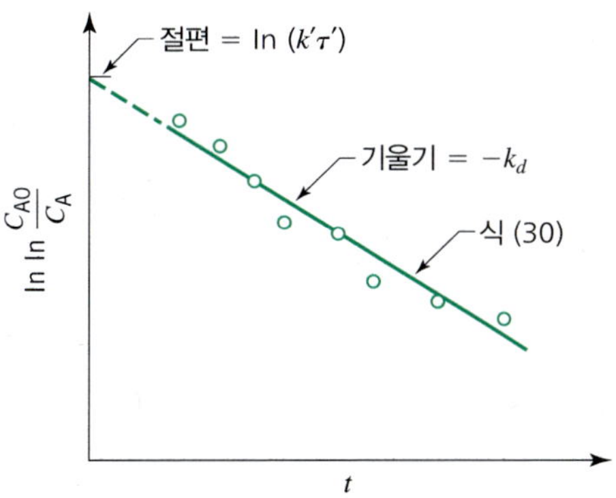


그림 21.5 회분식-고체 및 정상 상태 플러그 흐름-유체를 사용하여 식 (14)의 반응속도론 표현을 검증.

그림 21.4에서 한 가지를 변경시키면[절편은 식 (31)의 끝 항] 이 방법으로 식 (14)의 반응속도론을 검증할 수 있다.

지금까지 특정 형태의 속도식인 식 (14)의 속도 상수를 구하기 위하여 유체의 회분, 플러그 흐름 및 혼합 흐름을 어떻게 사용할지 살펴보았다.

불활성화가 농도에 관계 없다면 농도와 활성의 영향을 분리시킬 수 있으며, 위에서 말한 어떤 실험장치로도 그 결과를 해석할 수 있다. 따라서 $m = 0$이기만 하면 위의 분석은 어려움 없이 어떠한 $n$차 화학반응과 $d$차 불활성화에도 적용시킬 수 있다.

$$\left.\begin{aligned} -r'_A &= k' C_A^n \mathbf{a} \\ -\frac{d\mathbf{a}}{dt} &= k_d \mathbf{a}^d \end{aligned}\right\} \qquad (32)$$

반면에 불활성화가 농도에 유관하여 $m \neq 0$이면 농도와 활성의 영향을 분리시킬 수 없다. 따라서 적절한 실험장치를 사용하지 않으면 분석이 어려워지므로 이들 인자를 분리시킬 수 있는 장치를 선정해야 한다. 위에서 다루었던 것처럼 공급물의 흐름속도를 늦추어 $C_A$를 일정하게 유지하는 반응기와 같은 장치가 바로 그것이다.

$$\left.\begin{aligned} -r'_A &= k' C_A^n \mathbf{a} \\ -\frac{d\mathbf{a}}{dt} &= k_d C_A^m \mathbf{a}^d \end{aligned}\right\} \qquad (33)$$

반응에 대한 속도 상수를 구하기 위하여 병렬적, 직렬적, 병행적 불활성화에 대해서도 사용될 수 있다[Levenspiel (1972, 1996) 참고].

## ▶ 기공 확산 저항이 불활성화 촉매의 반응속도론에 미치는 영향

구형 입자 위에서 다음 반응이 일어난다고 하자.

$$\left.\begin{aligned} -r'_A &= k' C_A \mathbf{a} \\ -\frac{d\mathbf{a}}{dt} &= k_d \mathbf{a}^d \end{aligned}\right\} \text{여기서 } k' \rho_s = k''' \qquad (34)$$

*불활성화가 없고* 기공 확산 저항이 존재하거나 그렇지 않을 때, 속도식은 다음과 같다.

$$\left.\begin{aligned} -r'_A &= k' C_A \mathscr{E} \\ \mathbf{a} &= 1 \end{aligned}\right\} \qquad (35)$$

여기서 두 가지 경우에 기공 확산 저항을 나타내는 $\mathscr{E}$는 다음과 같다.

$$\left.\begin{aligned} &\mathscr{E} = 1 \quad \text{확산에 의한 느려짐이 없을 때} \\ &\mathscr{E} = \frac{1}{M_T}, \quad M_T = L\sqrt{\frac{k'''}{\mathscr{D}_e}}, \quad \text{강한 확산 저항이 있을 때} \end{aligned}\right\} \qquad (36)$$

촉매의 *불활성화가 존재할 때* 앞의 식 (34)는 다음과 같이 된다.

$$\left.\begin{aligned} -r'_A &= k'\mathbf{a}C_A\mathscr{E} \\ -\frac{d\mathbf{a}}{dt} &= k_d\mathbf{a}^d \end{aligned}\right\} \tag{37}$$

여기서 두 가지 경우에 기공 확산 저항을 나타내는 $\mathscr{E}$는 다음과 같다.

$$\left.\begin{aligned} &\mathscr{E} = 1 \quad \text{확산에 의한 느려짐이 없을 때} \\ &\mathscr{E} = \frac{1}{M_{Td}}, \quad M_{Td} = L\sqrt{\frac{k'''\mathbf{a}}{\mathscr{D}_e}} = M_T\mathbf{a}^{1/2}, \quad \text{강한 확산 저항이 있을 때} \end{aligned}\right\} \tag{38}$$

또한 시간이 지남에 따라 식 (37)로부터 다음의 식을 얻을 수 있다.

$$\left.\begin{aligned} &\mathbf{a} = \exp(-k_dt) \qquad d = 1 \\ &\mathbf{a} = [1 + (d-1)k_dt]^{1/(1-d)} \qquad d \neq 1 \end{aligned}\right\} \tag{39}$$

이 식은 강한 기공 확산 저항 영역에서 **a**가 감소하고 이에 따라 $M_{Td}$도 감소함을 나타낸다[식 (39) 참고]. 이것은 그림 21.6과 같이 시간에 따라 $\mathscr{E}$가 증가함을 의미한다. 그러나 **a**의 감소가 $\mathscr{E}$의 증가보다 빠르므로 반응속도는 시간이 지남에 따라 감소한다.

## ▶ 강한 기공 확산 저항 영역에서 성능식

불활성화 속도식은 매우 다양한 형태로 표현할 수 있으므로, 그 성능식을 표현하려는 노력은 시간을 들일 만한 일이 아니다. 이제 가장 간단한 속도식에 대하여 살펴보자.

$$\left.\begin{aligned} -r'_A &= k'C_A\mathbf{a} \\ -\frac{d\mathbf{a}}{dt} &= k_d\mathbf{a} \end{aligned}\right\} \tag{14}$$

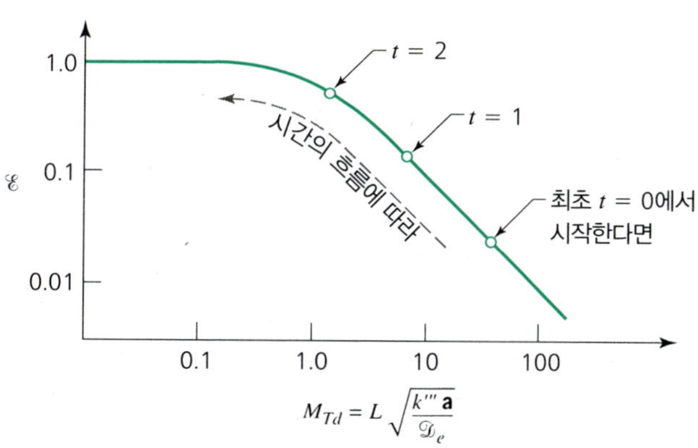


**그림 21.6** **유효인자(effectiveness factor)는 촉매가 불활성화되면 시간에 따라 증가한다. 회분식 *S*/플러그 흐름 *G*.**

**표 21.1** 식 (14)의 간단한 1차 식을 갖는 플러그 흐름 기체/회분식 고체에 대한 성능식

| | 기공 확산 저항 없음 | 강한 기공 확산 저항 |
|---|---|---|
| 불활성화 없음 | $\ln \frac{C_{A0}}{C_A} = k'\tau'$ · · · (40) (5, 18장) | $\ln \frac{C_{A0}}{C_A} = \frac{k'\tau'}{M_T}$ · · · (41) (18장) |
| 불활성화 있음 | $\ln \frac{C_{A0}}{C_A} = (k'\mathbf{a})\tau' = k'\tau' \cdot \exp(-k_d t)$ · · · (42) | $\ln \frac{C_{A0}}{C_A} = \frac{(k'\mathbf{a})\tau'}{M_{Td}} = \frac{k'\tau'}{M_T} \cdot \exp\left(-\frac{k_d t}{2}\right)$ · · · (43) |

회분식 고체($S$)/플러그 흐름 기체($G$)에 대하여 다양한 확산 불활성화 영역(diffusion deactivation regime)의 적분을 표 21.1에 나타내었다.

주어진 $k'\ \tau'$에 대해, 즉 주어진 처리속도에 대해서 그림 21.7은 출구의 $C_A$가 시간에 따라 증가하거나 혹은 전환율이 시간에 따라 감소하는 경향을 보여준다.

## ▶ 논평

**(a)** 혼합 흐름에 대하여 위와 동일한 방정식과 도표를 얻는다. 단, 아래와 같은 변화는 제외한다.

$$\ln \frac{C_{A0}}{C_A} \Rightarrow \frac{C_{A0} - C_A}{C_A}$$

**(b)** 다른 반응 차수와 불활성화 차수에 대해서 유사한 방정식을 위의 네 가지 반응속도 영역에서 유도하였다. 예를 들어, 2차 반응의 회분식 고체/혼합 흐름 기체 계에서는 식 (18.28)로부터 얻어진다.

$$\tau''' = \frac{C_{A0} - C_A}{k''' \mathbf{a} C_A^2 \mathscr{E}} \text{ with } \mathbf{a} = e^{-k_d t} \cdot \cdot \cdot \ M_T = L\sqrt{\frac{3}{2}\frac{k'''\mathbf{C}_{A0}}{\mathscr{D}_e}}$$

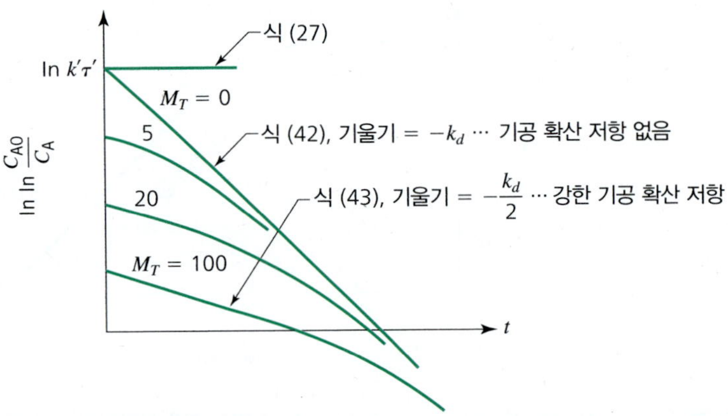


**그림 21.7** 불활성화가 있고 기공 확산 저항이 있는 반응기의 성능은 시간에 따라 감소한다.

**(c)** 1차 반응계에 대한 그림 21.7은 확산 저항이 존재하지 않을 때보다 강한 기공 확산 저항이 존재할 때 전환율이 더 느리게 감소하는 것을 보여준다. 이 결과는 일반적으로 모든 형태의 반응기와 반응속도론에 적용될 수 있다.

## 예제 21.1 ▶ 기공 확산 저항과 불활성화가 존재할 때 반응속도 데이터의 해석

촉매에 의한 반응물의 분해(A → R)가 2.4 mm의 입자로 채워진 충전층 반응기에서 진행된다. 생성물 기체의 매우 큰 순환비(혼합 흐름으로 가정)를 사용하였다. 반응시간에 따른 결과와 추가적인 데이터를 아래에 나타내었다.

| $t$, hr | 0 | 2 | 4 | 6 |
|---|---|---|---|---|
| $X_A$ | 0.75 | 0.64 | 0.52 | 0.39 |

$\mathscr{D}_e = 5 \times 10^{-10}\ \text{m}^3/\text{m cat}\cdot\text{s}$
$\rho_s = 1500\ \text{kg/m}^3\ \text{cat}$
$\tau' = 4000\ \text{kg}\cdot\text{s/m}^3$

속도식과 불활성화 속도식을 찾아라. 두 경우 모두 확산이 없는 경우와 강한 기공 확산 저항이 있는 경우에 대하여 고려하라.

**❯ 풀이**

먼저 불활성화는 반응 중에 일어난다는 것을 기억하고, 이 상황에서 주어진 데이터에 잘 맞는 가장 간단한 형태의 속도식을 추정한다.

$$\left.\begin{aligned} -r'_A &= k' C_A \mathbf{a} \\ -\frac{d\mathbf{a}}{dt} &= k_d \mathbf{a} \end{aligned}\right\}$$

이 형태의 속도식과 혼합 흐름에 대한 성능식은 표 21.1에 나타난 것과 같이 플러그 흐름과 유사하다.

확산이 없는 영역에서 $\cdots \left(\frac{C_{A0}}{C_A} - 1\right) = k'\tau'\mathbf{a} = k'\tau' e^{-k_d t}$ (i)

강한 확산이 있는 영역에서 $\cdots \left(\frac{C_{A0}}{C_A} - 1\right) = k'\tau'\mathbf{a}\mathscr{E} = \frac{k'\tau'}{M_{Td}}\mathbf{a} = \frac{k'\tau'}{M_T} \cdot e^{-k_d t/2}$ (ii)

(여기서 $\mathbf{a} = e^{-k_d t}$, $M_{Td}$: 식 (38) 참고, $e^{-k_d t/2} = \mathbf{a}^{1/2}$)

만일 이 형태의 속도식이 옳다면 기공 저항이 강할 때와 기공 저항이 없을 때의 효과에 대해서 $\ln\left(\frac{C_{A0}}{C_A} - 1\right)$ 대 $t$를 도시하면 직선을 나타낸다. 그림 E21.1에 이것을 도표화하고 그래프로 나타내었으며, 위의 속도식이 주어진 자료와 잘 일치함을 보여주고 있다.

다음으로 확산이 없는 영역과 강한 확산 영역에서 운전되고 있는 반응기에 대해 살펴보자.

***확산 저항의 영향이 없다고 가정.*** 식 (i)로부터 다음 식을 얻을 수 있다.

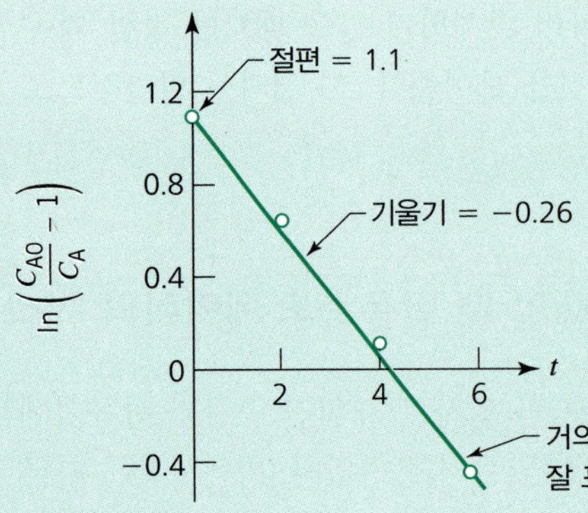


| $t$ | $X_A$ | $\frac{C_{A0}}{C_A}-1$ | $\ln\left(\frac{C_{A0}}{C_A}-1\right)$ |
|---|---|---|---|
| 0 | 0.75 | 3 | 1.10 |
| 2 | 0.64 | 1.78 | 0.58 |
| 4 | 0.52 | 1.08 | 0.08 |
| 6 | 0.39 | 0.64 | −0.45 |

그림 E21.1

$$\ln\left(\frac{C_{A0}}{C_A}-1\right)=\ln(k'\tau')-k_d t$$

그림 E21.1로부터 기울기와 절편을 구하면 아래와 같다.

$$\left.\begin{aligned}\text{절편}&=1.1\\ \text{기울기}&=-0.26\end{aligned}\right\}\text{이므로,}\begin{cases}k'=7.5\times10^{-4}\dfrac{\text{m}^3}{\text{kg}\cdot\text{s}}\\ k_d=0.26\ \text{hr}^{-1}\end{cases}$$

실제로 이 반응기가 확산 저항이 없는 곳에서 운전되고 있는지 확인하기 위하여 씨일레 계수를 살펴보자.

$$M_T=L\sqrt{\frac{k'''}{\mathscr{D}_e}}=\frac{2.4\times10^{-3}}{6}\sqrt{\frac{(7.5\times10^{-4})(1500)}{5\times10^{-10}}}=18.9!!!$$

불행히도 이 값은 강한 기공 확산 영역에 있음을 나타낸다. 이것은 처음 가정과 상반되므로 원래의 가정이 잘못되었음을 의미한다.

***강한 기공 확산 영역에서 운전한 것으로 가정.*** 식 (ii)를 사용하면 다음 식이 얻어진다.

$$\ln\left(\frac{C_{A0}}{C_A}-1\right)=\ln\left(\frac{k'\tau'}{M_T}\right)-\frac{k_d}{2}t$$

그림 E21.1로부터 기울기와 절편을 구하면 아래와 같다.

$$\left.\begin{aligned}\text{절편}&=1.1\\ \text{기울기}&=-0.26\end{aligned}\right\}\text{이므로,}\begin{cases}\ln\left(\dfrac{k'\tau'}{M_T}\right)=1.1\\ k_d=0.52\ \text{hr}^{-1}\end{cases}$$

절편으로부터 다음 값을 구할 수 있다.

$$\frac{k'\tau'}{M_T}=3.0$$

이로부터 다음을 구할 수 있다.

$$k' = 9\frac{L^2\rho_s}{(\tau')^2\mathscr{D}_e} = (9)\cdot\frac{(2.4\times10^{-3}/6)^2(1500)}{(4000)^2\,(5\times10^{-10})} = 0.27\,\frac{\text{m}^3}{\text{kg}\cdot\text{s}}$$

$t = 0$에서 씨일레 계수를 살펴보면 다음과 같다.

$$M_T = L\sqrt{\frac{k'\rho_s}{\mathscr{D}_e}} = \frac{2.4\times10^{-3}}{6}\sqrt{\frac{(0.27)(1500)}{5\times10^{-10}}} = 360$$

씨일레 계수의 이러한 값은 강한 기공 확산 저항을 나타내는 값이므로 가정이 옳았음을 알 수 있다. 이로부터 최종 속도식은 아래와 같다.

**(a) *불활성화가 기공 확산 저항이 없는 영역(매우 작은 $d_p$)***

$$-r'_A = 0.27\,C_A\mathbf{a},\quad \frac{\text{mol}}{\text{kg}\cdot\text{s}}\cdot\cdot\cdot -\frac{d\mathbf{a}}{dt} = 0.52\,\mathbf{a},\ \text{hr}^{-1}$$

**(b) *불활성화가 강한 기공 확산 저항이 있는 영역(매우 큰 $d_p$)***

$$-r'_A = 0.27\,C_A\mathbf{a}\mathscr{E}\quad \ldots \quad -\frac{d\mathbf{a}}{dt} = 0.52\,\mathbf{a}$$

$$\mathscr{E} = \frac{1}{M_{TD}} = \frac{1}{L}\sqrt{\frac{5\times10^{-10}}{0.27(1500)\mathbf{a}}} = \frac{1.11\times10^{-6}}{L\mathbf{a}^{1/2}}$$

이상의 결과를 종합하면 최종 식은 다음과 같다.

$$-r'_A = \frac{3\times10^{-7}}{L}C_A\mathbf{a}^{1/2},\quad \frac{\text{mol}}{\text{kg}\cdot\text{s}}\cdot\cdot\cdot -\frac{d\mathbf{a}}{dt} = 0.52\,\mathbf{a},\ \text{hr}^{-1}$$

*주석*: 강한 기공 확산 저항 영역에서는 반응속도가 더 낮지만 촉매의 불활성화는 더 느리다. 실제로 여기서 사용된 촉매에 대하여 확산 저항이 없다는 가정을 할 수 있다면 반응속도는 측정된 것보다 360배가 더 빠름을 알 수 있다.

이 예제를 통하여 가장 간단한 형태의 속도식만으로도 분석 결과를 잘 설명할 수 있다. 일반적인 교재에서 이보다 더 복잡한 속도식을 다루고 설명하는 것은 사실 가치가 없다.

## 21.3 설계

반응유체가 한 회분의 불활성화되는 촉매를 통과한다면 시간이 지남에 따라 전환율이 점차로 떨어지며 정상 상태 조건이 유지될 수 없다. 시간에 따른 변화가 작으면 시험의 평균전환율은 여러 시간에서의 정상 상태 전환율을 계산하고 이를 시간에 대하여 합산함으로써 구할 수 있다.

$$\overline{X}_A = \frac{\int_0^{t_{run}} X_A(t)\,dt}{t_{run}} \tag{40}$$

전환율이 너무 낮으면 반응을 중단시켜 촉매를 버리고(새 것을 채우거나) 이를 재생시킨 후 반응을 반복한다. 예제 21.2에서 이 예를 보여준다.

불활성화되는 촉매에는 두 가지 중요한 실질적인 문제점이 있다.

*조업상의 문제점:* 조업 중 반응기의 최적 조작 방법이다. 반응과 불활성화에 있어서 온도가 가장 중요한 변수이므로 이 문제는 조업 중의 최적 온도 진행을 찾는 문제로 귀결된다.

*재생 문제:* 조업을 언제 끝내고 촉매를 버리거나 재생시킬 것인가? 이 문제는 조업시간과 최종 촉매활성의 범위에 관한 문제가 해결되기만 하면 처리하기가 쉬워진다. (*주의*: 한 쌍의 조업시간과 최종활성의 값은 대응하는 평균전환율을 나타낸다.)

매우 일반적인 속도식에 대해서 조업상의 문제점은 해석적으로 계산할 수 있다.

$$-r'_A = k' C_A^n \mathbf{a} = (k'_0 e^{-\mathbf{E}/\mathbf{R}T}) C_A^n \mathbf{a} \tag{41}$$

$$-\frac{d\mathbf{a}}{dt} = k_d \mathbf{a}^d = (k_{d0} e^{-\mathbf{E}_d/\mathbf{R}T})\mathbf{a}^d \tag{42}$$

여기서 불활성화가 농도와 무관하다는 것을 주의하라.

조업상의 문제를 생각하면 촉매를 회분식으로 사용하고 반응기의 조업 선택은 그림 21.8에 나타난 세 가지 방법 중 하나를 선택할 수 있다. 어떤 방법을 선택하더라도 식 (41)과 식 (42)의 반응속도에 대한 성능식을 계산하여 얻을 수 있다.

$$\frac{W}{F_{A0}} = \int_0^{X_A} \frac{dX_A}{k_0 e^{\mathbf{E}/\mathbf{R}T} C_A^n \mathbf{a}} \tag{43}$$

$$\int_1^{\mathbf{a}} \frac{d\mathbf{a}}{\mathbf{a}^d} = k \int_0^t dt \tag{44}$$

적분된 성능식은 아래와 같은 다양한 형태로 존재한다.

- 플러그 흐름 혹은 혼합 흐름인 경우
- $n$ = 1, 2, ...인 경우

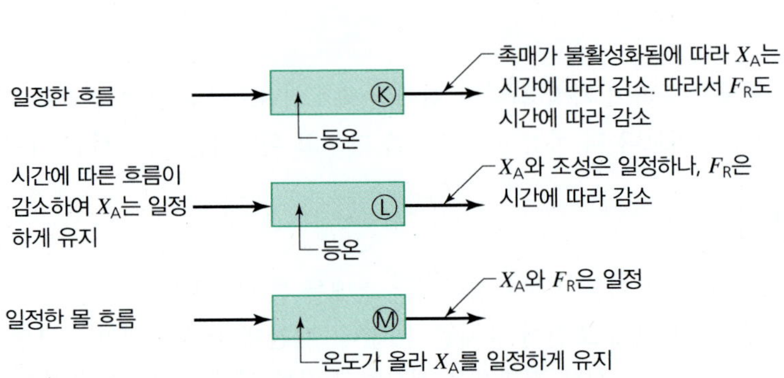


**그림 21.8** 한 회분의 불활성화되는 촉매에 대한 세 가지의 가능한 반응기 형태.

- $d = 0, 1, 2, 3$인 경우

이 식 중의 일부는 Levenspiel (1996)의 32장에 주어져 있으므로 여기서는 다루지 않는다.

일반적으로, 식 (43)과 (44)를 사용하여 식 (40)을 풀면 $\overline{X}_A$를 구할 수 있다. 그림 21.8에 의하면 Ⓚ 경우에 **a**는 시간에 따라 감소하고 $X_A$도 감소함을 알 수 있다. Ⓛ의 경우에 **a**는 시간에 따라 감소하므로, 공급물 속도는 낮아져야 한다. 따라서 언제든지 다음 식이 유효하다.

$$\frac{F_{A0}}{\mathbf{a}} = f_{A0,\ \text{initial}} \tag{45}$$

거의 모든 경우에 Ⓜ의 경우가 최적이며, 여기서 식 (43)은 아래와 같이 된다.

$$\underbrace{\frac{W}{F_{A0}}}_{\text{일정}} = \frac{1}{k'\mathbf{a}C_{A0}} \underbrace{\int_0^{X_A} \frac{dX_A}{(1-X_A)^n}}_{\text{일정}} \tag{46}$$

따라서 $k'\mathbf{a}C_{A0}$는 온도가 올라가도 변하지 않고 일정하다. 이것은 *기공 확산 저항이 없는 영역*(no pore diffusion resistance)에서는 시간에 따라 아래와 같이 온도를 변화시켜야 한다는 것을 의미한다.

$$k'\mathbf{a} = \text{일정, 모든 액체 시스템에서} \tag{47}$$

$$\frac{k'\mathbf{a}}{T^n} = \text{일정, } n\text{차 반응을 가지는 이상기체의 경우} \tag{48}$$

*강한 기공 확산 저항*(strong resistance to pore diffusion)이 있는 영역에서는 시간에 따라 아래와 같이 온도를 변화시켜야 한다.

$$k'\mathbf{a}\mathscr{D}_e = \text{일정, 모든 액체 시스템에서} \tag{49}$$

$$\frac{k'\mathbf{a}\mathscr{D}_e}{T^{n+1}} = \text{일정, } n\text{차 반응을 가지는 이상기체의 경우} \tag{50}$$

## ▶ 고찰

가장 중요한 문제는 Ⓚ Ⓛ Ⓜ 중에서 어느 것이 최선인지를 찾는 것이다. 지금까지 알고 있는 내용은 다음과 같다.

**(a)** 주어진 $\overline{X}_A$에 대하여 조업시간이 길고, 주어진 $\mathbf{a}_{\text{final}}$에 대하여 불활성화가 반응에 비해 매우 민감하다면, 최적의 방법은 시간에 따라 온도를 증가시켜 *반응기의 전환율을 변하지 않게 유지하는 것*이다. 따라서 Ⓜ 방법을 선택하여 그림 21.9에 나타낸 것처럼 허용 가능한 최대 온도 $T^*$에서 조업을 마치는 것이다. Szepe (1966, 1968 1971)를 참고하라.

**(b)** *불활성화가 반응에 비해 덜 민감하다면* 보다 편리한 Ⓚ 혹은 Ⓛ 방법을 사용하는 것이 좋으며, 허용 가능한 최대 온도 $T^*$에서 반응을 수행하라.

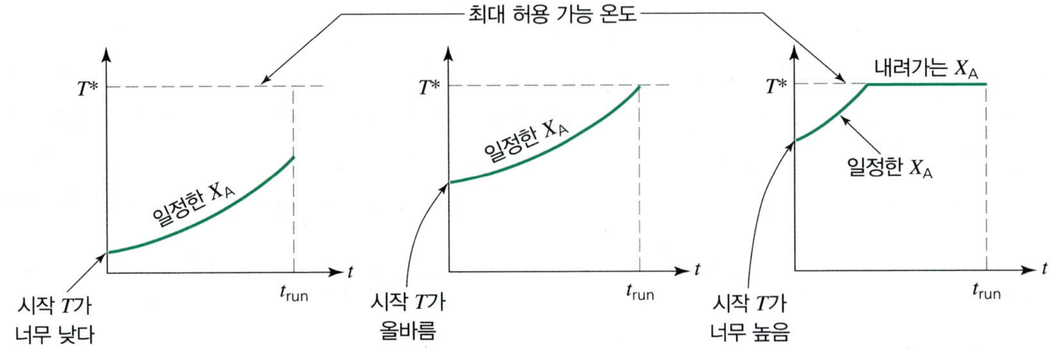


**그림 21.9** Ⓜ 방법의 경우 출발온도의 옳고 그름을 나타내는 개략도.

**(c)** *불활성화가 농도에 좌우된다면* 촉매활성은 반응기의 위치에 따라 변한다. 최적의 조건은 시간과 위치에 따라 반응기 온도를 변화시키는 것이다. 그러나 이것은 분석하기 어렵다.

**(d)** 매우 빠르게 불활성화되는 촉매에 대해 충전층 반응기는 비현실적이며 고체-흐름 시스템을 사용해야 한다. 여기서는 이 반응계에 대하여 다루지 않을 것이다. Levenspiel (1996)의 제 33장을 참고하라.

## 예제 21.2 ▶ 충전층 반응기에서의 불활성화

충전층 반응기(순수한 A의 공급물, $F_{A0}$ = 5 kmol/hr, $W$ = 1-ton catalyst, $\pi$ = 3 atm, $T$ = 730 K)에서 A에서 R로의 이성질화 반응을 수행하고자 한다. 촉매는 120일 동안 반응을 수행하는 동안 불활성화되고 그 후에 재생된다.

**(a)** 각 시험에서 전환율과 활성을 시간에 대하여 플롯하라.

**(b)** 120일의 시험에 대한 $\overline{X}_A$를 구하라.

$C_A$(mol/m$^3$의 단위로)에 대한 반응속도는

$$-r'_A = 0.2\, C_A^2 \mathbf{a} \frac{\text{mol A}}{\text{kg cat} \cdot \text{hr}}$$

로 표시되며, 불활성화 속도는 아래와 같이 설명할 수 있다.

**(a)** . . . $-\dfrac{d\mathbf{a}}{dt} = 8.3125 \times 10^{-3}, \qquad \text{day}^{-1}$

이 식은 공급물 내의 불순물에 의한 피독을 의미한다.

**(b)** . . . $-\dfrac{d\mathbf{a}}{dt} = 10^{-3}(C_A + C_R)\mathbf{a}, \qquad \text{day}^{-1}$

이 식은 반응물과 생성물 모두에 의한 피독을 의미하고 기공 확산 저항은 불활성화 속도에 영향을 미치지 않는다.

**(c)** . . . $-\dfrac{d\mathbf{a}}{dt} = 3.325\,\mathbf{a}^2, \qquad \text{day}^{-1}$

이 식은 상당히 강한 기공 저항을 의미한다.

**(d)** . . . $-\dfrac{d\mathbf{a}}{dt} = 666.5\,\mathbf{a}^3, \qquad \text{day}^{-1}$

이 식은 매우 강한 기공 저항을 의미한다.

**❯ 풀이**

일반적으로 (a)~(d)에 대해 각각 다음과 같이 쓸 수 있다.

$$-r'_A = 0.2\,C_A^2\mathbf{a}\,\frac{\text{mol A}}{\text{kg cat}\cdot\text{hr}}$$

$$C_{A0} = \frac{p_{A0}}{\mathbf{R}T} = \frac{3\text{ atm}}{\left(82.06\times10^{-6}\,\dfrac{\text{m}^3\cdot\text{atm}}{\text{mol}\cdot\text{K}}\right)(730\text{ K})} = 50\,\frac{\text{mol}}{\text{m}^3}$$

$$\tau' = \frac{WC_{A0}}{F_{A0}} = \frac{(1000\text{ kg})\left(50\,\dfrac{\text{mol}}{\text{m}^3}\right)}{\left(5000\,\dfrac{\text{mol}}{\text{hr}}\right)} = 10\,\frac{\text{kg}\cdot\text{hr}}{\text{m}^3}$$

$$= \int_{C_{A0}}^{C_A}\frac{dC_A}{0.2\,C_A^2\mathbf{a}} = \frac{1}{0.2\mathbf{a}}\left(\frac{1}{C_A} - \frac{1}{C_{A0}}\right)$$

이 식을 다시 정리하면 아래와 같다.

$$X_A = 1 - \frac{C_A}{C_{A0}} = \frac{100\,\mathbf{a}}{1 + 100\,\mathbf{a}} \qquad \text{(i)}$$

이제 식 (i)에 활성항 $\mathbf{a}$를 치환하자.

***(a) 부분***

$$-\int_1^{\mathbf{a}} d\mathbf{a} = 8.3125\times10^{-3}\int_0^t dt$$

혹은

$$\mathbf{a} = 1 - 8.3125\times10^{-3}\,t \qquad \text{(ii)}$$

가 된다. 식 (i)에 식 (ii)를 치환하고 여러 시간 $t$에 대해 $X_A$를 계산하면, 그림 E21.2에 나타난 가장 꼭대기에 위치한 곡선을 얻을 수 있다.

***(b) 부분*** $-\dfrac{d\mathbf{a}}{dt} = 10^{-3}(C_A + C_R)\mathbf{a}$ 식을 변수분리하고 적분하면 다음과 같다.

$$\int_a^1 \frac{d\mathbf{a}}{\mathbf{a}} = 0.05 \int_0^t dt$$

$$\mathbf{a} = e^{-0.05\,t} \qquad \text{(iii)}$$

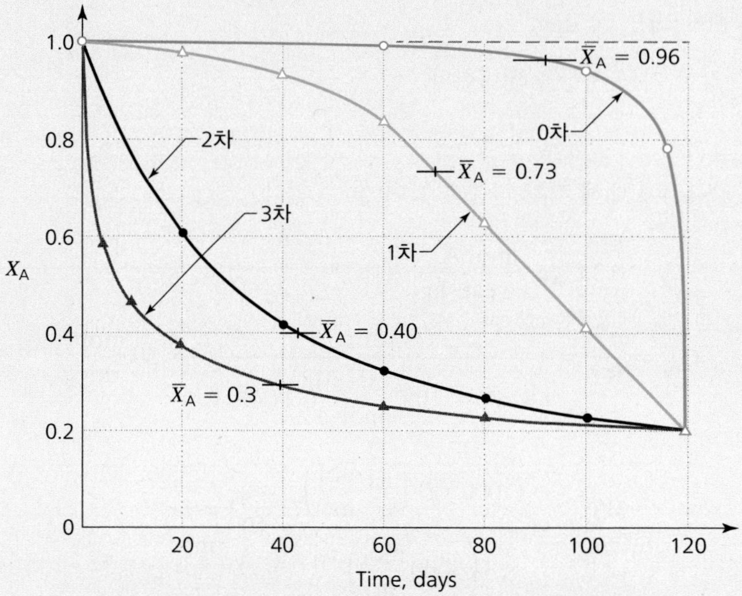


그림 E21.2 **다양한 비활성화 차수에 대한 시간에 따른 전환율 감소**

식 (i)에 식 (iii)를 치환하고 여러 가지 시간 $t$의 변화에 대하여 $X_A$를 계산하면 그림 E21.2에 나타난 해당 곡선을 얻을 수 있다.

***(c) 부분*** $-\dfrac{d\mathbf{a}}{dt} = 3.325\,\mathbf{a}^2$ 식을 변수분리하고 적분하면 다음과 같다.

$$\int_1^a \frac{d\mathbf{a}}{\mathbf{a}^2} = 3.325 \int_0^t dt$$

또는

$$\mathbf{a} = \frac{1}{1 + 3.325\,t} \qquad \text{(iv)}$$

다시 식 (i)에 식 (iv)를 치환하면 그림 E21.2에 해당되는 곡선을 얻을 수 있다.

***(d) 부분*** $-\dfrac{d\mathbf{a}}{dt} = 666.5\,\mathbf{a}^3$ 식을 변수분리하고 적분하면 다음과 같다.

$$\mathbf{a} = \frac{1}{\sqrt{1 + 1333\,t}} \qquad \text{(v)}$$

식 (i)에 식 (v)를 치환하면 그림 E21.2에 나타난 바닥에 위치한 곡선을 얻을 수 있다.

그림 E21.2로부터 120일 동안 $X_{A,\text{start}} = 0.99$, $X_{A,\text{end}} = 0.20$에 대해서 도식적분법으로 계산하면 다음과 같다.

$d = 0$ 평균전환율 $\overline{X}_A = 0.96$

$d = 1$ 평균전환율 $\overline{X}_A = 0.73$

$d = 2$ 평균전환율 $\overline{X}_A = 0.40$

$d = 3$ 평균전환율 $\overline{X}_A = 0.30$

이 예제는 앞서 본 바와 같이 불활성화에 대하여 다른 차수를 가진 반응이 어떻게 다르게 진행되는지 보여준다.

## 참고 문헌

Levenspiel, 0., *J. Catal.*, **25**, 265 (1972).

________, *Chemical Reactor Omnibook*, OSU Bookstores, Corvallis, OR, 1996.

Szepe, S., Ph.D. Thesis, Illinois Institute of Technology, 1966; also see Szepe, S., and O. Levenspiel, *Chem. Eng. Sci.*, **23**, 881 (1968); "Catalyst Deactivation," P. 265, Fourth European Symposium on Chemical Reaction Engineering, Brussels, September 1968, Pergamon, London, 1971.

## 연습 문제

어떤 특정 촉매 반응 A → R의 반응이 일정한 온도 $T$에서 바구니 반응기(회분식 고체, 혼합 흐름 기체)에서 일어나고 있다. 반응기 내의 기체 조성은 변하지 않고, 촉매의 불활성화가 일어난다. 다음 시험 결과로부터 반응속도와 불활성화속도에 대해 어떤 말을 할 수 있는가? 반응기 내의 기체 농도를 변하지 않게 유지하기 위해서는 반응물의 유량이 초기값 대비 약 5% 정도 낮아져야 한다는 것을 주의하라.

**21.1** Run 1

$C_{A0} = 1$ mol/liter, $X_A = 0.5$

| | | | | |
|---|---|---|---|---|
| $t$, time from start of run, hr | 0 | 1 | 2 | 3 |
| $\tau'$, gm cat · min/liter | 1 | e | $e^2$ | $e^3$ |

Run 2

$C_{A0} = 2$ mol/liter, $X_A = 0.667$

| | | | | |
|---|---|---|---|---|
| $t$, hr | 0 | 1 | 2 | 3 |
| $\tau'$, gm cat · min/liter | 2 | 2e | $2e^2$ | $2e^3$ |

**21.2** Run 2

$C_{A0} = 20$ mol/liter, $X_A = 0.8$

| | | | | |
|---|---|---|---|---|
| $t$, hr | 0 | 0.5 | 1 | 1.5 |
| $\tau'$, gm · min/liter | 1 | e | $e^2$ | $e^3$ |

Run 1

$C_{A0} = 2$ mol/liter, $X_A = 0.5$

| | | | | |
|---|---|---|---|---|
| $t$, hr | 0 | 1 | 2 | 3 |
| $\tau'$, gm · min/liter | 1 | e | $e^2$ | $e^3$ |

**21.3** 자동차의 촉매 전환기에서는 배출기체 중에 존재하는 일산화탄소(CO)와 탄화수소가 산화된다. 불행히도 이 장치의 효율은 사용할수록 감소한다. 이러한 현상은 Summers와 Hegedus에 의해 팔라듐이 담지된 촉매 입자가 충전된 전환기에 대해 가속 숙성(accelerated aging)이라는

시험을 통해 연구되었다[*J. Catalysis*, **51**, 185(1978)]. 아래와 같이 탄화수소의 전환에 대해 보고된 데이터로부터 이 촉매의 불활성화 속도를 나타내는 식을 유도하라.

| $t$, hr | 5 | 10 | 15 | 20 | 25 | 30 | 35 | 40 |
|---|---|---|---|---|---|---|---|---|
| $X_{\text{hydrocarbon}}$ | 0.57 | 0.53 | 0.52 | 0.50 | 0.48 | 0.45 | 0.43 | 0.41 |

이 문제는 Dennis Timberlake가 제공하였다.

**21.4** 매우 큰 순환비를 가진 순환 반응기가 특정 비가역 촉매 반응 A → R의 반응속도 연구에 사용되고 있다. 공급물의 일정유량($\tau' = 2$ kg·sec/L)에 대해 아래의 데이터를 얻었다.

| Time after start of operation, hr | 1 | 2 | 4 |
|---|---|---|---|
| $X_A$ | 0.889 | 0.865 | 0.804 |

전환율의 점진적인 감소는 촉매가 사용됨에 따라 불활성화된다는 것을 의미한다. 이 데이터와 잘 부합되는 불활성화와 반응에 대한 속도식을 구하라.

**21.5** 가역 촉매 반응

$$A \rightleftarrows R, \qquad X_{Ae} = 0.5$$

이 회분식 반응(회분식-고체, 회분식-유체)은 시간에 따라 촉매의 활성이 감소한다. 아래의 데이터로부터 반응과 불활성화에 대한 반응속도론에 대해 무엇을 말할 수 있는가?

| $t$, hr | 0 | 0.25 | 0.5 | 1 | 2 | (∞) |
|---|---|---|---|---|---|---|
| $C_A$, mol/liter | 1.000 | 0.901 | 0.830 | 0.766 | 0.711 | 0.684 |

**21.6** 회분식 반응(회분식-고체, 회분식-유체)이 진행되면서 촉매의 활성감소가 일어난다. 진행되는 비가역 반응에 대하여 아래의 데이터가 얻어졌다. 반응속도론에 대하여 어떤 말을 할 수 있는가?

| $C_A$ | 1.000 | 0.802 | 0.675 | 0.532 | 0.422 | 0.363 |
|---|---|---|---|---|---|---|
| $t$, hr | 0 | 0.25 | 0.5 | 1 | 2 | (∞) |

**21.7** 새로운 촉매를 사용한 충전층 반응기가 600 K에서 조업되고 있다. 4주 후에 온도가 800 K에 도달하면 촉매를 재활성화하기 위해 반응기를 일시정지시킨다. 또한, 반응기는 항상 등온이다. 최적의 운전을 가정하고 재활성화할 시간에 촉매의 활성은 얼마인가?
*자료*: 새 촉매를 사용한 반응속도는 다음과 같다.

$$-r_A = kC_A^2, \qquad k = k_0 e^{-7200/T}$$

불활성화 속도는 알려져 있지 않다.

---

반응 A → R이 등온조건에서 커다란 충전층 반응기에서 진행된다. 촉매 입자의 불활성화는 천천히 일어나며 반응은 강한 기공 저항 영역에서 수행되고 있다. 새로운 촉매를 사용할 경우 전

환율은 88%이다. 그러나 250일 후에 전환율은 64%로 떨어진다. 전환율을 아래 문제에 나타난 값까지 떨어뜨리지 않고 얼마나 오랫동안 운전할 수 있을까?

**21.8** 50%?

전반적으로 기공 확산 저항이 없는 영역에서 조업을 수행하고 동일한 전환율을 얻기 위하여 더 작은 양의 촉매를 사용할 수 있도록 지금 사용하고 있는 큰 촉매 입자를 작은 입자로 교체하기로 제안하였다. 이 촉매를 아래 문제의 각 반응기에서 사용할 때 전환율을 88%에서 64%까지 떨어질 때까지 얼마나 오랫동안 운전이 가능하겠는가?

**21.9** 만약 충전층 반응기라면?

**21.10** 만약 유동층 고체 반응기라면(유체를 혼합 흐름으로 가정)?

---

**21.11** 강한 기공 확산 조건에서 반응 A → R이 700°C, 아래와 같이 1차의 반응속도로 진행되며, 서서히 촉매의 불활성화가 일어난다.

$$-r'_A = 0.030\, C_A \mathbf{a}, \qquad [\text{mol/gm} \cdot \text{min}]$$

불활성화는 공급물 내에 존재하는 제거할 수 없는 미세한 불순물의 강한 흡수에 의해 일어나며, 아래의 식과 같이 3차의 불활성화 속도를 가진다.

$$-\frac{d\mathbf{a}}{dt} = 3\mathbf{a}^3, \qquad [1/\text{day}]$$

새로운 A를 8기압, 700°C에서 $v$ = 100 L/min의 속도로 충전층 반응기($W$ = 10 kg)에 공급하고, 촉매활성이 새 촉매의 활성에 비해 10%까지 떨어지면 반응을 중단하고, 촉매를 재생하여 다시 사용하고자 한다.

**(a)** 이 조작의 조업시간은 얼마인가?

**(b)** 이 조업에서 평균전환율은 얼마인가?

**21.12** 탄화수소의 촉매 탈수소화반응(catalytic dehydrogenation)에서 활성표면상에 탄소침적으로 인해 사용 중에 촉매활성이 감소한다. 특정 시스템에서 이 공정을 연구해보자.

기체 공급물(10% $C_4H_{10}$-90% inerts, $\pi$ = 1 atm, $T$ = 550°C)가 알루미나-크로미아 촉매(alumina-chromia catalyst)로 채워진 충전층 반응기를 흘러간다. 부탄은 아래와 같은 1차 반응에 의해 분해된다.

$$C_4H_{10} \rightarrow C_4H_8 \rightarrow \text{탄소}$$
$$\searrow \text{other gases (from } C_4H_{10})$$

시간에 따른 거동은 다음과 같다.

| $t$, hr | 0 | 1 | 2 | 3 | 4 | 5 |
|---|---|---|---|---|---|---|
| $X_A$ | 0.89 | 0.78 | 0.63 | 0.47 | 0.34 | 0.26 |

0.55-mm 촉매 입자를 사용한 실험으로부터 반응기의 입구와 출구에서 탄소의 침적이 동일하다는 것을 알았다. 이로부터 불활성화는 농도와 무관하다는 것을 알 수 있다. 반응과 불활성화에 대한 속도식을 유도하라.

이 문제는 Kunugita et al. [*J. Chem. Eng.* (Japan), **2**, 75 (1969)]에 의해 주어진 정보로부터 착안하였다.

---

효소 캐탈레이즈(catalase)는 다음 반응으로 과산화수소를 효과적으로 분해한다.

$$H_2O_2 \xrightarrow{\text{catalase}} H_2O + \frac{1}{2}O_2$$

이 반응의 속도식은 희박한 과산화수소 용액을 효소가 담지된(고정화된) 규조토 입자의 충전층을 통하여 흘려보내는 실험을 통하여 구할 수 있다.

Krishnaswamy와 Kitterell [*AIChE J.*, **28**, 273 (1982)]에 의해 보고된 아래의 데이터로부터 상용화된 효소촉매를 사용하여, 기공 확산 저항이 없을 때와 강한 기공 확산 저항 영역에 있는 두 경우에 대하여 분해반응을 나타내는 속도식을 유도하라. 촉매가 사용 중에 불활성화된다는 것을 보여주는 모든 시험에서 전환율은 시간에 따라 감소한다는 것을 기억하라.

**21.13** 수정된 실험 E

$$\tau' = 4100 \text{ kg cat}\cdot\text{s/m}^3$$
$$\bar{d}_p = 72 \times 10^{-6} \text{ m}$$
$$\rho_s = 630 \text{ kg/m}^3 \text{ cat}$$
$$\mathscr{D}_e = 5 \times 10^{-10} \text{ m}^3\text{/m cat}\cdot\text{s}$$

| Elapsed Time, hr | $X_A$ |
|---|---|
| 0 | 0.795 |
| 1.25 | 0.635 |
| 2.0 | 0.510 |
| 3.0 | 0.397 |
| 4.25 | 0.255 |
| 5.0 | 0.22 |
| 6.0 | 0.15 |
| 7.0 | 0.104 |

**21.14** 실험 B

$$\tau' = 4560 \text{ kg cat}\cdot\text{s/m}^3$$
$$\bar{d}_p = 1.45 \times 10^{-3} \text{ m}$$
$$\rho_s = 630 \text{ kg/m}^3 \text{ cat}$$
$$\mathscr{D}_e = 5 \times 10^{-10} \text{ m}^3\text{/m cat}\cdot\text{s}$$

| Elapsed Time, hr | $X_A$ |
|---|---|
| 0.25 | 0.57 |
| 1.0 | 0.475 |
| 2.0 | 0.39 |
| 3.0 | 0.30 |
| 4.0 | 0.23 |
| 5.0 | 0.186 |
| 6.0 | 0.14 |
| 7.0 | 0.115 |

---

**21.15** 730 K에서 A에서 R로의 이성질화 반응(분자 내에서 원자의 재배열)이 서서히 불활성화되는 촉매 상에서 2차 반응속도를 가지고 진행되고 있다.

$$-r'_A = k'C_A^2\mathbf{a} = 200\,C_A^2\mathbf{a},\ [\text{mol A/hr} \cdot \text{gm cat}]$$

반응물과 생성물 분자는 구조적으로 유사하기 때문에 불활성화는 A와 R 모두에 의해 유발된다. 확산 효과가 없을 때 불활성화 속도는 아래와 같다고 알려져 있다.

$$-\frac{d\mathbf{a}}{dt} = k_d(C_A + C_R)\mathbf{a} = 10(C_A + C_R)\mathbf{a}, \qquad [\text{day}^{-1}]$$

730 K, 3기압($C_{A0} = 0.05$ mol/L)에서 정상 상태의 순수한 A 공급물, $F_{A0} = 5$ kmol/hr을 사용하여 $W = 1$ metric ton의 촉매로 채워진 충전층 반응기를 사용하여 조업을 수행하고자 한다.

**(a)** 먼저 $-d\mathbf{a}/dt$, $\tau'$를 계산하고 $1 - X_A$에 관한 일반식을 구하라.

**(b)** 조업을 시작할 때 전환율은 얼마인가?

**(c)** 조업을 마칠 때 전환율은 얼마인가?

**(d)** 12일 조업 후에 평균전환율은 얼마인가?

제 22 장

# 고체 촉매상에서 기-액 반응: 살수층 반응기, 슬러리 반응기, 삼상 유동층 반응기

*G/L Reaction on Solid Catalysts: Trickle Beds, Slurry Reactors, and Three-Phase Fluidized Beds*

다음과 같은 다상계 반응(multiphase reaction)은 다양하게 진행될 수 있다(그림 22.1).

$$\mathrm{A}(g \xrightarrow{\text{용해}} l) + \mathrm{B}(l) \xrightarrow[\text{에서 반응}]{\text{고체 촉매상}} \text{products}$$

충전층 접촉기(packed bed contactor)는 큰 고체 입자를 이용하고, 슬러리 반응기는 매우 미세한 분산 고체를 이용하며, 유동층 반응기는 유량에 따라 큰 입자 혹은 미세한 입자 모두 사용이 가능하다.

흐름 양식: 전반적으로 다른 모든 조건이 동일하다면(물론 그렇지 않지만) 추진력의 관점에서 향류 플러그 흐름이 가장 바람직한 흐름 양식이며, 혼합/혼합 흐름이 가장 나쁘다.

## 22.1 일반 속도 방정식

다음 반응과 양론식을 고려하자.

$$\mathrm{A}(g \rightarrow l) + b\mathrm{B}(l) \xrightarrow[\text{에서 반응}]{\text{고체 촉매상}} \text{products} \cdots b = \left(\frac{\text{mol B}}{\text{mol A}}\right) \qquad (1)$$

$$\left.\begin{aligned} -r_{\mathrm{A}}''' &= k_{\mathrm{A}}'''C_{\mathrm{A}}C_{\mathrm{B}} \\ -r_{\mathrm{B}}''' &= k_{\mathrm{B}}'''C_{\mathrm{A}}C_{\mathrm{B}} \end{aligned}\right\} \text{ 여기서 } \left\{\begin{aligned} -r_{\mathrm{A}}''' &= -r_{\mathrm{B}}'''/b \cdots \mathrm{mol\ A/m^3\ cat \cdot s} \\ k_{\mathrm{A}}''' &= k_{\mathrm{B}}'''/b \cdots \mathrm{m}_l^6\mathrm{/mol\ B \cdot m^3\ cat \cdot s} \end{aligned}\right.$$

기체 반응물은 먼저 액체에 용해되고, 그 다음으로 두 반응물은 확산을 통해 반응이 일어날 수 있는 촉매 표면으로 이동한다. 따라서 기체-액체 계면을 통과하여 고체 표면까지 이동할 때 발생하는 모든 저항이 일반적인 속도식 표현에 포함된다.

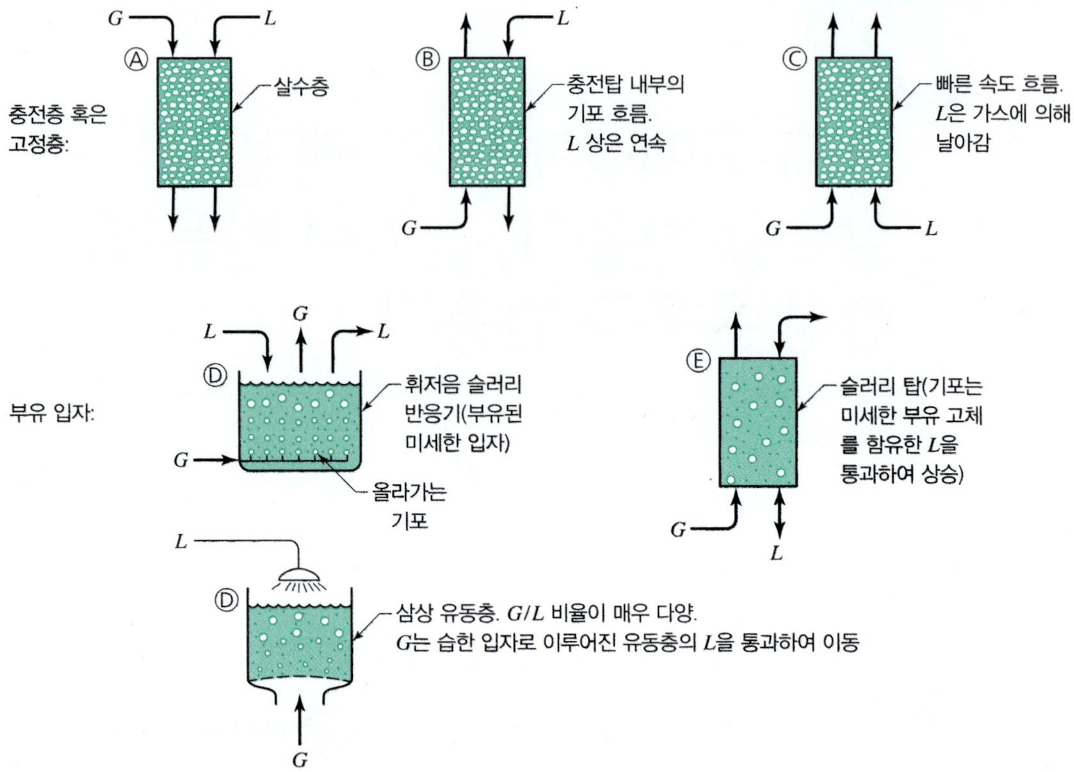


**그림 22.1** **고체 촉매상에서 기-액 반응($G/L$ reaction)을 수행하는 다양한 방법.**

속도방정식(속도식)을 유도하기 위하여, 2중 경막설(two-film theory)을 그림으로 표현하고 아래의 명명법을 사용하자(다음 그림).

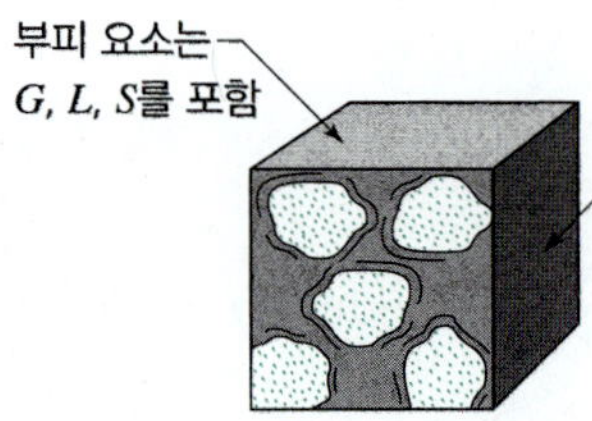


$$H_A = \frac{P_A}{C_A}, \text{ 헨리 법칙 상수[Pa} \cdot \text{m}^3\text{l/mol]}$$

$$a_i = \frac{\text{기-액 접촉면적}}{\text{반응기 부피}}$$

$$a_c = \frac{\text{구형입자의 외부 표면}}{\text{반응기 부피}} \quad \frac{\text{for}}{\text{spheres}} \quad \frac{6f_s}{d_p}$$

$$f_s = \frac{\text{입자 부피}}{\text{반응기 부피}}, \text{ 고체 부하}$$

$$f_l = \frac{\text{액체의 부피}}{\text{반응기 부피}}, \text{ 액체 보유량}$$

그림 22.2에 여러 저항을 나타내었으며, 이를 바탕으로 아래와 같은 일반 속도식을 쓸 수 있다.

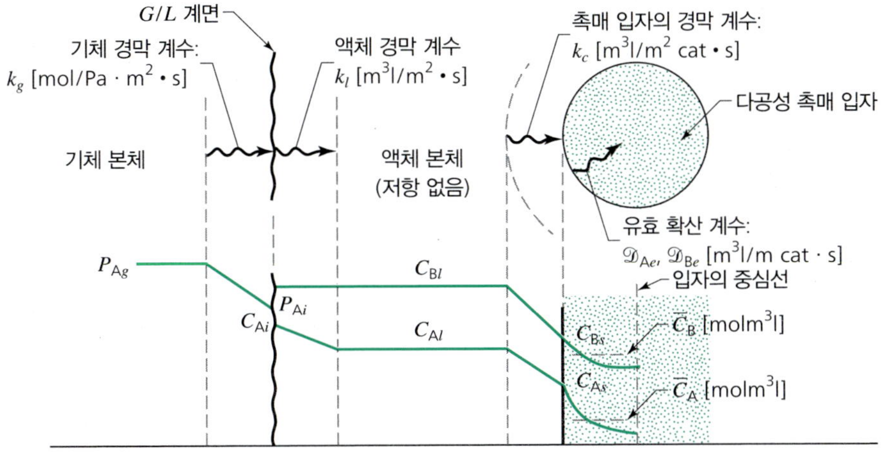


그림 22.2 촉매 표면상에서 일어나는 기-액 반응에 포함된 저항을 나타내는 개략도.

For A:

$$-r_A''' = \frac{1}{\dfrac{1}{k_{Ag}a_i} + \dfrac{H_A}{k_{Al}a_i} + \dfrac{H_A}{k_{Ac}a_c} + \dfrac{H_A}{(k_A'''\overline{C}_B)\mathscr{E}_A f_s}}\, p_{Ag} \tag{2}$$

these rates are related by $-r_A''' = \dfrac{-r_B'''}{b}$

$\mathscr{E}_A$: effectiveness factor for the first-order reaction of A with rate constant $(k_A'''\overline{C}_B)$

$H_A$: Henry's law constant $H_A = p_A / C_A$

For B:

$$-r_B''' = \frac{1}{\dfrac{1}{k_{Bc}a_c} + \dfrac{1}{(k_B'''\overline{C}_A)\mathscr{E}_B f_s}}\, C_{Bl} \tag{3}$$

$-r_B'''$: mol B/m³ reactor·s

$\mathscr{E}_B$: effectiveness factor for the first order reaction of B with rate constant $(k_B'''\overline{C}_A)$

이제 식 (2) 또는 식 (3)으로 반응속도를 표현할 수 있다. 모든 시스템의 매개변수($k$, $a$, $f$ 등)를 알고 있다고 하더라도, 식 (2)에서 $\overline{C}_B$를 알지 못하고 식 (3)에서 $\overline{C}_A$를 알지 못하기 때문에 시행착오를 거치지 않고서는 이 식을 풀 수 없다. 그러나 대체로 유용한 두 가지 극단적인 단순화(두 가지 극한)를 통해 이 식을 다룰 수 있다.

**극한 1: $C_{Bl} \gg C_{Al}$** 순수한 액체 B와 미세하게 녹아 있는 기체 A로 이루어진 시스템에서 아래 식이 성립한다.

$$C_{Bs} = \overline{C}_{B,\text{within pellet}} = C_{Bl} \cdots \text{어디에서나 동일한 값}$$

$C_B$가 일정할 때 반응은 전체적으로 A에 대한 1차 반응으로 간주되고, 시행착오법이 요구되는 위의 속도식은 아래와 같이 직접적으로 풀 수 있는 식으로 전환된다.

$$-r_A''' = \frac{1}{\dfrac{1}{k_{Ag}a_i} + \dfrac{H_A}{k_{Al}a_i} + \dfrac{H_A}{k_{Ac}a_c} + \dfrac{H_A}{(k_A'''\bar{C}_{Bl})\mathscr{E}_A f_s}} p_{Ag} \quad (4)$$

A에 대한 1차 반응 상수

**극한 2: $C_{Bl} \ll C_{Al}$** 묽은 액체 반응물 B, 고농도로 용해된 A, 고압인 시스템하에서 액상에서 물질 A의 농도는 아래와 같다.

$$C_{Al} = \frac{p_{Ag}}{H_A} \cdot\cdot\cdot \text{반응기 전체에 걸쳐}$$

이 경우 속도식은 B에 관한 1차 반응으로 단순화된다.

$$-r_B''' = \frac{1}{\dfrac{1}{k_{Bc}a_c} + \dfrac{1}{\left(\dfrac{k_B'''p_{Ag}}{H_A}\right)\mathscr{E}_B f_s}} C_{Bl} \quad (5)$$

mol B/m³ reactor·s

$\mathscr{E}_B$의 유효인자를 계산하기 위한 1차 반응 상수

### ▶ 이 두 극한을 어떻게 적용할 수 있는지를 판단하는 방법 및 몇 가지 논평

**(a)** 부등호 ≫ 혹은 ≪는 두 배 혹은 세 배가 크다는 것을 의미한다.

**(b)** 일반적으로 식 (4)와 식 (5)를 이용하여 계산된 반응속도를 비교하고 더 작은 것을 사용하라. 따라서

- 만일 $r_{식(4)}'''' \ll r_{식(5)}''''$라면, $C_{Bl}$이 과량이므로 극한 1을 적용한다.
- 만일 $r_{식(4)}'''' \gg r_{식(5)}''''$라면, 식 (5)가 반응속도를 나타낸다.

**(c)** 거의 모든 경우에서 두 가지 극한 가운데 하나(극한 1 또는 극한 2)의 극한을 적용한다.

## 22.2 B가 과량 존재할 경우의 성능식

모든 유형의 접촉기[살수층 반응기(trickle bed reactor), 슬러리 반응기(slurry reactor), 유동층 반응기(fluidized bed)]는 동시에 해석할 수 있다. 중요한 것은 접촉하는 상의 흐름 양식을 파악하고 어느 성분이 과량인지 파악하는 것이다. 우선 B가 과량일 때를 고려하자. 여기서 액체의 흐름 양식은 중요하지 않다. 오직 기상의 흐름 양식만을 고려할 것이다. 따라서 다음의 경우들을 생각해보자.

### ▶ 혼합 흐름 기체/임의의 액체(과량의 B)

여기서 그림 22.3에 나타난 상황을 살펴보자. 전체 반응기에 대한 물질 수지는 아래와 같다.

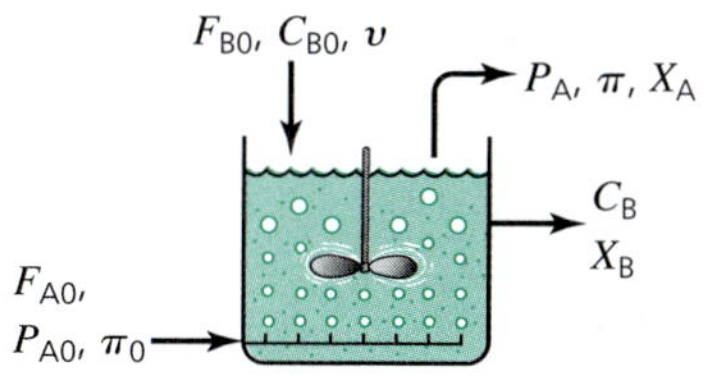


그림 22.3 기포가 충전층 주변을 돌아다닌다. 따라서 기체는 혼합 흐름 내에 존재한다.

$$\underbrace{F_{A0}X_A}_{\substack{\text{I}\\ \text{rate of}\\ \text{loss of A}}} = \underbrace{\frac{1}{b}F_{B0}X_B}_{\substack{\text{II}\\ \text{rate of}\\ \text{loss of B}}} = \underbrace{(-r''''_A)V_r}_{\substack{\text{III}\\ \text{rate of}\\ \text{reaction}}} \tag{6}$$

이 문제의 답은 I과 III 또는 II와 III을 결합하여 쉽게 구할 수 있다.

## ▶ 플러그 흐름 기계/임의의 액체(과량의 B)

B가 매우 과량일 때 $C_B$는 그림 22.4에 나타낸 것과 같이 전체 반응기에 걸쳐 거의 일정하며, 기상에서 A의 농도는 반응기를 통과하는 기체 흐름에 따라 변한다. 그림 22.4의 반응기의 얇은 시편에 대하여 다음 식이 성립한다.

$$F_{A0}\,dX_A = (-r''''_A)dV_r \tag{7}$$

여기서 식을 변형하면

$$1 - X_A = \frac{p_A(\pi_0 - p_{A0})}{p_{A0}(\pi - p_A)} \underset{\text{only}}{\overset{\text{dilute}}{=\!=}} \frac{p_A\pi_0}{p_{A0}\pi} \underset{\pi\,=\,\text{const.}}{\overset{\text{dilute}}{=\!=}} \frac{p_A}{p_{A0}} \tag{8}$$

이고,

$$-dX_A = \frac{\pi(\pi_0 - p_{A0})\,dp_A}{p_{A0}(\pi - p_A)^2} \overset{\text{dilute}}{=\!=} \frac{\pi_0\,dp_A}{p_{A0}\pi} \underset{\pi\,=\,\text{const.}}{\overset{\text{dilute}}{=\!=}} \frac{dp_A}{p_{A0}} \tag{9}$$

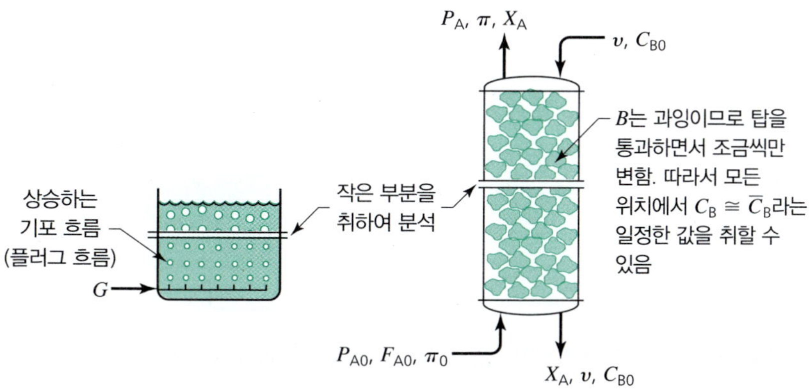


그림 22.4 두 접촉기에서 플러그 흐름 안에서 상승하는 기체.

이 되므로 전체 반응기에 대한 식은 다음과 같다.

$$\frac{V_r}{F_{A0}} = \int_0^{X_A} \frac{dX_A}{(-r_A''')} \quad \cdots \quad F_{A0}X_A = \frac{F_{B0}}{b} X_B \tag{10}$$

(use $\overline{C}_B$ here; $F_{B0}X_B/b \leftarrow \frac{v}{b}C_{B0}-C_B$)

### ▶ 혼합 흐름 기계/회분식 액체(과량의 B)

액체의 통과 흐름이 있으면 B가 과량일 때 그 조성은 대략적으로 일정하다고 할 수 있다. 그러나 회분식 액체 반응에서는 B가 소모되므로 그 성분 조성이 시간에 따라 서서히 변한다. 한편 그림 22.5에서 나타낸 것처럼 B의 농도는 어떤 시간에서도 반응기 내에서 대략적으로 일정하다고 할 수 있다. 여기서 어떤 시간 $t$에 대하여 물질 수지를 적으면 다음과 같다.

$$\underset{\text{I}}{F_{A0}X_{A,\text{exit}}} = \underset{\text{II}}{\frac{V_l}{b}\left(-\frac{dC_B}{dt}\right)} = \underset{\text{III}}{(-r_A'''')V_r} \tag{11}$$

($-r_A''''$: mol A/m³ reactor · s)

조업시간(processing time)을 구하는 일반적인 방법은 아래와 같다.

| 많은 $C_B$ 값을 선택 | III로부터 계산 | I과 II로부터 계산 |
|---|---|---|
| $C_{B0}$ | $(-r_A)_0$ | $X_{A,\text{exit},0}$ |
| — | — | — |
| — | — | — |
| $C_{Bf}$ | $(-r_A)_f$ | $X_{A,\text{exit},f}$ |

따라서 II과 III 또는 I과 II로부터 $t$에 대해 풀면 다음과 같다(그림 22.6).

$$t = \frac{V_l}{bV_r}\int_{C_{Bf}}^{C_{B0}} \frac{dC_B}{(-r_A'''')} = \frac{V_l}{bF_{A0}}\int_{C_{Bf}}^{C_{B0}} \frac{dC_B}{X_{A,\text{exit}}} \tag{12}$$

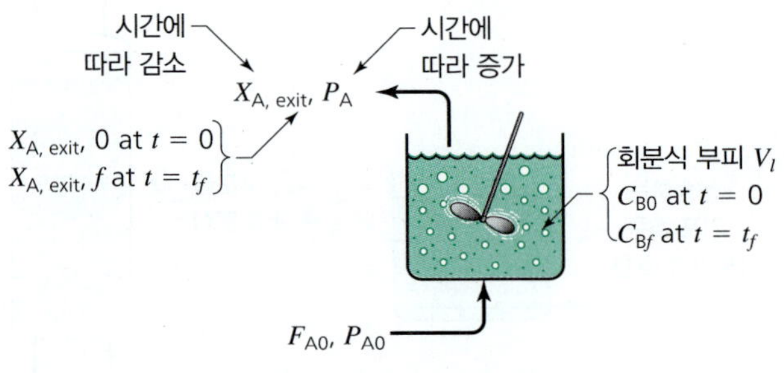


그림 22.5 B가 과량 존재할 경우 회분식 액체층을 통과하는 기포.

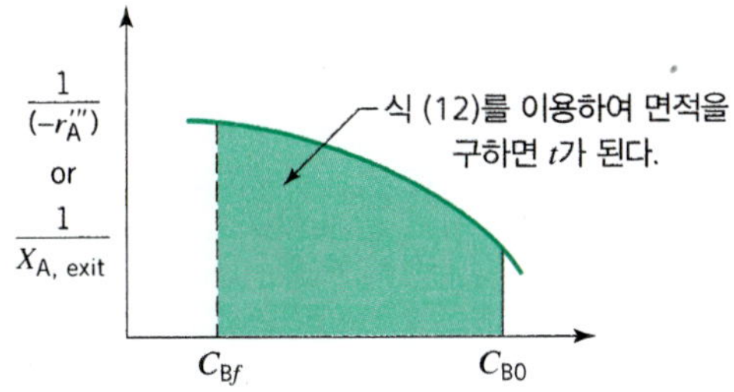


그림 22.6 **회분식 액체반응에 대한 반응시간의 평가.**

## ▶ 플러그 흐름 기체/회분식 액체(과량의 B)

앞의 경우에서와 마찬가지로 $C_B$는 시간에 따라 서서히 변한다. 그러나 반응기를 통과하는 기체 원소는 동일한 농도의 $C_B$를 만나게 된다(그림 22.7).

짧은 시간 간격에서 접촉기의 단면을 생각해보자. 이때 $C_B$는 실질적으로 변하지 않는다. 이 경우 물질 수지는 아래와 같다.

$$F_{A0}\, dX_A = (-r_A'''')dV_r \tag{13}$$

이를 적분하면 A의 유출 전환율을 얻을 수 있다.

$$\boxed{\frac{V_r}{F_{A0}} = \int_0^{X_{A,\,exit}} \frac{dX_A}{(-r_A'''')}} \tag{14}$$

B를 고려하면 미분식은 다음과 같다.

$$F_{A0} X_{A,\,exit} = \frac{V_l}{b}\left(-\frac{dC_B}{dt}\right), \qquad \left[\frac{mol}{s}\right]$$

이를 적분하면 아래의 조업시간을 구할 수 있다.

$$\boxed{t = \frac{V_l}{bF_{A0}} \int_{C_{Bf}}^{C_{B0}} \frac{dC_B}{X_{A,\,exit}}} \tag{15}$$

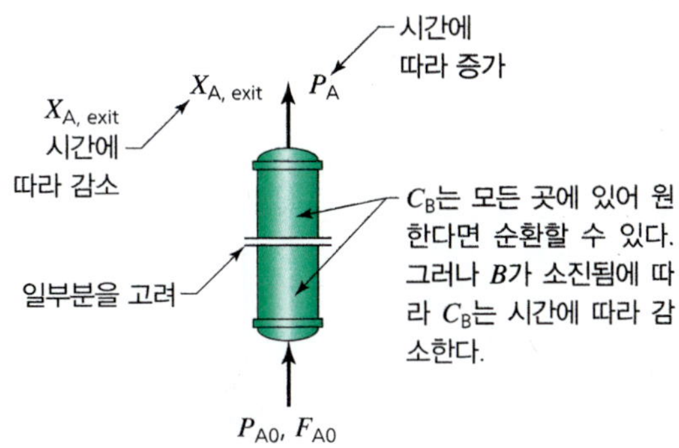


그림 22.7 **회분식 액체를 통과하는 기체의 플러그 흐름.**

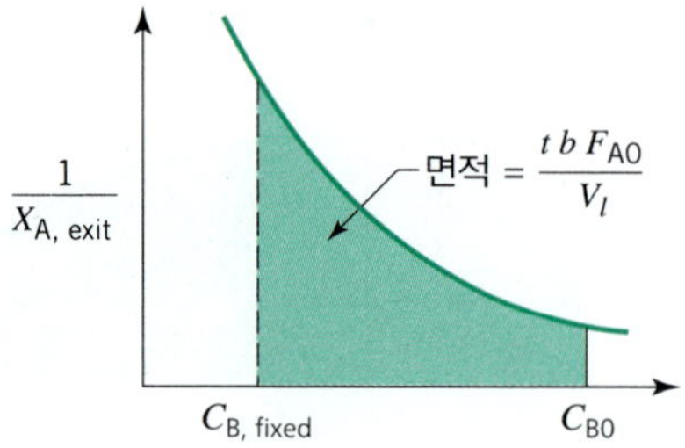


그림 22.8 회분식 액체 반응기에서 반응시간의 평가.

이 순서를 정리하면 아래와 같다.

| $C_B$를 선택 | $X_{A,exit}$를 구함 |
|---|---|
| $C_{B0}$ | $X_{A,\,exit}\ (t=0)$ |
| — | — |
| — | — |
| $C_{Bf}$ | $X_{A,\,exit}$ (at $t$) |

따라서 식 (15)의 해를 도식적으로 구하면 그림 22.8과 같다.

## ▶ 순수한 기체 A의 특별한 경우(과량의 B)

수소화 반응(hydrogenation)과 같은 특별한 경우가 여기에 해당한다. 여기서 $p_A$와 $C_A$가 변하지 않는 경우, 보통 기체를 순환시킨다. 따라서 그림 22.9의 장치에서는 앞서 유도한 회분식과 흐름 시스템의 속도식이 매우 간략화된다. 문제를 다룰 때는 기초적인 물질 수지를 작성한 후에 다른 식들을 어떻게 간략하게 변경하여 적용할 수 있는지 주의 깊게 살펴보아야 한다(예, $p_A$는 상수일까?).

**논평** 지금까지의 속도식은 A에 대한 1차 반응과 B에 대한 1차 반응에 관한 것이었다. 그러나 다음과 같이 보다 일반적인 속도식을 다룰 때는 어떻게 할 것인가?

$$A(g) + bB(l) \xrightarrow[\text{catalyst}]{\text{on solid}} \ldots, \quad -r_A''' = -\frac{r_B'''}{b} = k_A''' C_A^n C_B^m \tag{16}$$

화학반응 단계와 물질전달 단계를 간단히 결합하려면 위의 다루기 힘든 형태의 속도식을 다음과

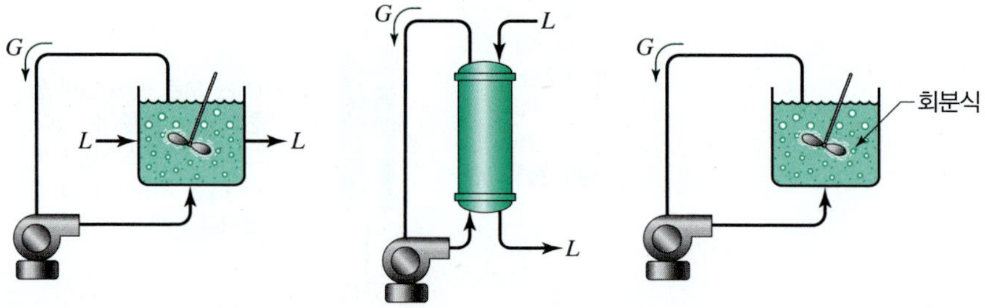


그림 22.9 순수한 기체 A는 재압축되어 순환된다.

같이 1차 근사식으로 표현할 수 있다.

$$-r'''_{A} = k'''_{A} C_{A}^{n} C_{B}^{m} \Rightarrow -r'''_{A} = [(k'''_{A} \overline{C}_{B}^{m}) \overline{C}_{A}^{n-1}] C_{A} \tag{17}$$

(반응이 일어나는 부근에서의 평균값: $\overline{C}_{B}^{m}$, $\overline{C}_{A}^{n-1}$)

이러한 근사적 접근법은 완전하게 만족스럽지는 않지만, 현재 할 수 있는 최선의 방법이다. 따라서 식 (4) 대신 모든 성능식에서 사용할 수 있는 속도식 형태는 다음과 같이 된다.

$$-r''''_{A} = \frac{1}{\dfrac{1}{H_{A} k_{Ag} a_{i}} + \dfrac{1}{k_{Al} a_{i}} + \dfrac{1}{k_{Ac} a_{c}} + \dfrac{1}{(k'''_{A} \overline{C}_{B}^{m} \overline{C}_{A}^{n-1}) \mathscr{E}_{A} f_{s}}} \frac{p_{A}}{H_{A}} \tag{18}$$

## 22.3 과량의 A에 대한 성능식

여기서는 기체의 흐름 형태는 고려하지 않는다. 중요하게 고려해야 할 것은 액체의 흐름 형태이다.

### ▶ 플러그 흐름 액체/임의의 흐름 기체(탑과 충전층 운전)

물질 수지식을 적분형으로 나타내면 다음과 같다.

$$\frac{V_{r}}{F_{B0}} = \int_{0}^{X_{B}} \frac{dX_{B}}{-r''''_{B}} \qquad \text{여기서} \qquad 1 - X_{B} \cong \frac{C_{B}}{C_{B0}} \tag{19}$$

($-r''''_{B}$: given by Eq. 5)

### ▶ 혼합 흐름 액계/임의의 흐름 기체(모든 유형의 탱크형 반응기 운전)

이 경우 성능식은 간단히 다음과 같다.

$$\frac{V_{r}}{F_{B0}} = \frac{X_{B}}{-r'''_{B}} \tag{20}$$

($X_{B} = 1 - \dfrac{C_{B}}{C_{B0}}$; $-r'''_{B}$: given by Eq. 5)

### ▶ 회분식 액체/임의의 흐름 기체

$C_{A}$는 과량이므로 시간에 따라 거의 일정하고($C_{A} \cong$ 상수), B에 대한 성능식은 다음과 같다.

$$-\frac{dC_{B}}{dt} = -r_{B} = \frac{V_{r}}{V_{l}}(-r''''_{B}) \cdots \quad \text{또는} \quad \cdots t = \int_{0}^{t} \frac{dC_{B}}{-r_{B}} \tag{21}$$

## 22.4 사용할 접촉기의 종류

좋은 접촉기(contactor)의 선택은 다음 사항에 의존한다.

- 전체 반응을 지배하는 저항(controlling resistance)이 속도식 내에 어디에 위치하는지
- 한 접촉형식이 다른 접촉형식에 대해 유리한 점
- 요구되는 보조 장치의 차이점

이 세 가지 인자를 모두 고려한 전체적인 경제성이 어떤 장치를 설치하고, 어떤 형태의 반응기가 가장 좋은지를 결정할 것이다. 이 인자들을 차례대로 살펴보자.

**반응속도:** 반응속도에서 가장 약한 단계를 극복할 수 있는 접촉기를 선택하는 것이 좋다. 예를 들면 다음과 같다.

- 주 저항이 기-액 경막에 존재한다면 계면 면적이 큰 접촉기를 사용
- 저항이 액-고 경계에 존재한다면 고체의 큰 외표면적, 즉 큰 $f_s$ 혹은 작은 입자를 사용
- 기공 확산 저항이 존재한다면 미세한 입자를 사용

예측을 통해 속도식에 모든 전달계수($k_g$, $k_l$, ...)와 시스템의 매개변수($a_i$, $a_s$, ...)를 대입하여 가장 약한 단계를 구할 수 있고, 이로부터 어떤 저항 항이 지배적인지를 알 수 있다. 안타깝게도 일반적으로 이 값은 잘 알려져 있지 않다.

또한 실험을 통해서 속도식 내에 하나 혹은 다른 인자를 변화시킬 수 있다. 예를 들어, 다음과 같은 인자들이다.

- 고체 부하(solid loading, 이것은 $f_s$만 변화시키며, 따라서 속도식 내의 마지막 저항 항만을 변화시킴)
- 촉매 입자의 크기($\mathscr{E}$와 $a_s$에 영향)
- 액체의 교반강도(속도식 내의 물질전달 항에 영향)
- $\pi$, $C_B$, $p_A$

이 인자를 변화시키는 실험은 어떤 인자가 속도식에 강한 영향을 주고 어떤 인자가 그렇지 않은지를 알 수 있게 한다.

입자 크기, 고체 부하, 반응기 유형을 잘 선택하면 반응속도에 악영향을 미치는 단계를 극복하고 공정의 전체적인 경제성에 긍정적인 영향을 준다.

**접촉:** 과량으로 존재하지 않는 한정 성분의 플러그 흐름은 혼합 흐름에 비해 확실히 더 유리하다. 그러나 전환율이 매우 높은 경우를 제외하면 접촉 방식 자체는 그다지 중요하지 않다.

**보조장비:** 슬러리 반응기는 매우 미세한 촉매 입자를 사용하고 이것은 액체로부터 촉매를 분리하는 데 문제점을 발생시킨다. 살수층 반응기는 이러한 문제점을 야기하지 않으며, 이것이 살수층 반응기의 큰 장점이다. 그러나 살수층 반응기 내에 큰 입자를 사용하면 반응속도가 매우 낮아진다. 반응속도를 고려할 때 살수층 반응기는 오직 다음 경우에만 사용이 가능하다.

- 다공성 고체상에서의 매우 느린 반응으로 큰 입자에 대해서도 기공 확산 저항이 나타나지 않는 경우
- 매우 빠른 반응으로 비다공성이며 촉매가 코팅된 입자 상을 이용하는 경우

결론적으로 살수층 반응기는 간편하며, 슬러리 반응기는 보통 반응속도가 빠르고, 유동층 반응기는 둘의 중간 정도이다.

## 22.5 응용

이 반응기(살수층, 슬러리, 유도층)의 응용 분야를 간단히 나열하면 다음과 같다.

- 석유 유분으로부터 유황 불순물을 제거하기 위한 수소화 촉매 반응 공정. 수소는 액체에 매우 잘 녹으며, 고압이 사용되고, 불순물이 낮은 농도로 액체에 존재한다. 이 모든 인자는 극한 2에 가깝다(과량의 A).
- 공기 혹은 산소를 이용한 액상 탄화수소의 촉매적 산화. 산소는 액상에 잘 녹지 않으며 액상의 탄화수소는 고농도로 존재한다. 결국 극한 1로 다룰 수 있다(과량의 B).
- 산업폐수로부터 생물학적 산화의 대체로서 촉매산화를 이용한 용존 유기물의 제거. 여기서 산소는 물에 잘 녹지 않으며, 유기화합물도 저농도로 존재한다. 따라서 반응속도론이 어떤 영역에 존재하는지 명확하지 않다. 페놀의 촉매산화가 이 공정의 예이다.
- 흡착 그리고/혹은 반응에 의한 공기 중 오염물질의 제거. 이 공정은 보통 극한 1로 다룰 수 있다(과량의 B).
- 다음에 나오는 예제와 연습 문제는 Ramachandran과 Choudhary (1980)에 의해 마련된 문제를 인용하거나 변형하였다.

### 예제 22.1 ▶ 충전층 기포탑에서 아세톤의 수소화반응

아세톤 수용액($C_{B0}$ = 1000 mol/m$^3$ $l$, $v_l = 10^{-4}$ m$^3$ $l$/s)과 수소(1 atm, $v_g$ = 0.04 m$^3$ $g$/s, $H_A$ = 36845 Pa·m$^3$ $l$/mol)가 다공성 Raney 니켈 촉매($d_p = 5 \times 10^{-3}$ m cat, $\rho_s$ = 4500 kg/m$^3$ cat, $f_s$ = 0.6, $\mathscr{D}_e = 8 \times 10^{-10}$ m$^3$ $l$/m cat·s)로 충전된 길고 가느다란 탑(높이 5 m, 단면적 0.1 m$^2$)의 바닥 부분으로 공급되고 있고, 그림 E22.1에 나타낸 바와 같이 14°C로 유지되고 있다. 이 조건에서 아세톤은 아래의 반응식을 통하여 프로판올로 수소화된다.

$$\underset{\text{(A)}}{\underline{H_2}\,(g \rightarrow l)} + \underset{\text{(B)}}{\underline{CH_3COCH_3(l)}} \xrightarrow[\text{catalyst}]{\text{on}} CH_3CHOHCH_3$$

속도식은 다음과 같다.

$$-r'_A = -r'_B = k' C_A^{1/2} C_B^0 \qquad \text{및}\ldots k' = 2.35 \times 10^{-3} \frac{\text{m}^3 l}{\text{kg} \cdot \text{s}} \left( \frac{\text{mol}}{\text{m}^3 l} \right)^{1/2}$$

이 장치에서 아세톤의 전환율은 얼마가 될 것인가?

***추가 자료***

물질전달계수는 다음과 같이 근사된다.

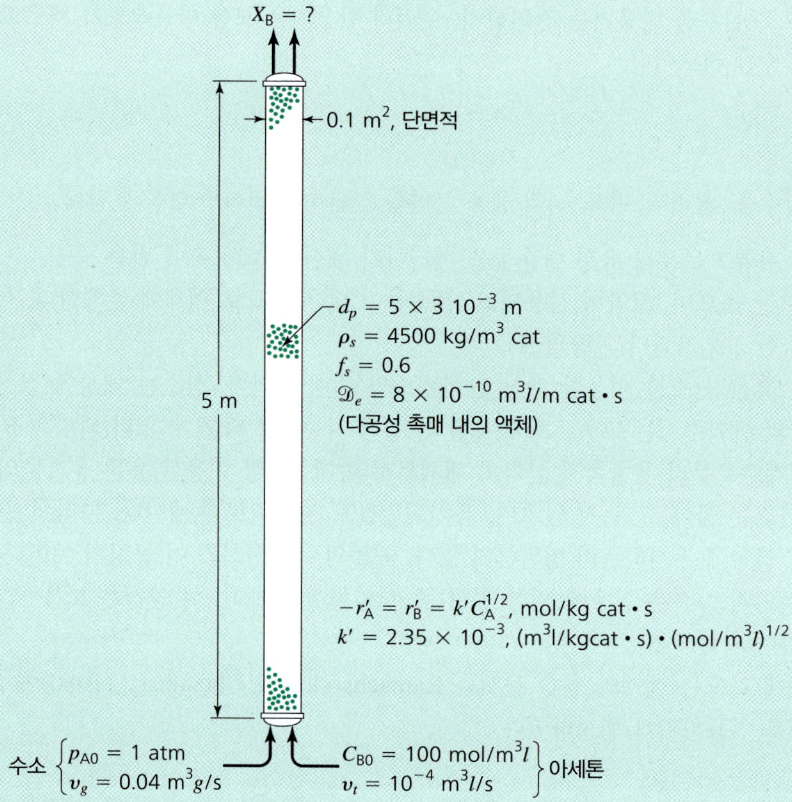


그림 E22.1

$$(k_{Ai}a_i)_{g+l} = 0.02\ \frac{m^3 l}{m^3 r\cdot s} \qquad k_{Ac}a_c = 0.05\ \frac{m^3 l}{m^3 r\cdot s}$$

the sum of the gas + liquid film conductances

### › 풀이

플러그 흐름에 대해 요구되는 적절한 적분을 바로 시작하기 전에 다음의 상황을 고려하자.

- $C_{B0}$ = 1000이고 $C_A$는 Henry의 법칙에 의해 아래와 같이 주어진다.

$$C_A = \frac{p_A}{H_A} = \frac{101\,325}{36\,845} = 2.75\ \text{mol/m}^3\ l$$

  농도를 비교하면 $C_B \gg C_A$이므로 극한 1로 다룰 수 있다(과량의 B).

- 다음으로 순수한 수소를 다루고 있으므로 $p_A$는 충전탑 내에서 일정하다. 그리고 반응속도는 오직 $C_A$에만 의존하고 $C_B$에는 무관하므로, 반응속도는 탑 내에서 일정하다.

다음으로 반응속도를 살펴보자. 식 (18.28)로부터 1/2차 반응에 대해 다음을 구할 수 있다.

$$M_T = L\sqrt{\frac{n+1}{2}\cdot\frac{k'C_A^{n-1}\rho_s}{\mathscr{D}_e}}$$

$$= \frac{5\times10^{-3}}{6}\sqrt{\frac{1.5}{2}\cdot\frac{(2.35\times10^{-3})(2.75)^{-1/2}(4500)}{8\times10^{-10}}} = 64.4$$

$$\therefore \mathscr{E} = \frac{1}{64.4} = 0.0155$$

알고 있는 모든 값을 식 (18)에 대입하여 계산하면 다음의 반응속도가 구해진다.

$$-r_A'''' = \frac{1}{\underbrace{\frac{1}{0.02}}_{58\%} + \underbrace{\frac{1}{0.05}}_{23\%} + \underbrace{\frac{1}{(2.35\times10^{-3})(1)(2.75)^{-1/2}(0.0155)(0.6)(4500)}}_{19\%}}\ \frac{101\,325}{36\,845}$$

$$= 0.0317\ \text{mol/m}^3\ \text{r}\cdot\text{s}$$

다음으로, 식 (11)의 물질 수지로 넘어가자. 일정 반응속도에서 이 식은 다음과 같다.

$$\underbrace{F_{A0}X_A}_{\text{not particularly useful}} = \underbrace{\frac{F_{B0}X_B}{b}}_{\text{use this term in which } F_{B0}=v_lC_{B0}=10^{-4}(1000)=0.1\text{ mol/s}} = (-r_A''')V_r$$

재정리하여 전환율을 구하면 다음과 같이 된다.

$$X_B = \frac{b(-r_A'''')V_r}{F_{B0}} = \frac{(1)(0.0317)(5\times0.1)}{0.1}$$

$$= 0.158, \text{ or } \underline{\underline{16\%\ \text{conversion}}}$$

## 예제 22.2 ▶ 슬러리 반응기에서 부틴디올 배치(butynediol batch)의 수소화반응

액체 부틴디올(butynediol)($C_{B0} = 2500$ mol/m$^3$ $l$)을 포함하고, 팔라듐이 담지된 다공성 촉매 입자($d_p = 5 \times 10^{-5}$ m cat, $\rho_s = 1450$ kg/m$^3$ cat, $\mathscr{D}_e = 5 \times 10^{-10}$ m$^3$ $l$/m cat·s, $f_s = 0.0055$)가 희박하게 분산되어 있는 교반 탱크($V_r = 2$ m$^3 r$)에 수소 기체가 기포 상태로 유입되고 있다. 수소는 액상($H_A = 148\,000$ Pa·m$^3$ $l$/mol)에 녹아 들어가고, 촉매 표면에서 부틴디올과 아래와 같이 반응한다(그림 E22.2$a$ 참고).

$$\underset{(A)}{H_2}\,(g\to l) + \underset{(B)}{\text{butynediol}(l)} \xrightarrow[\text{catalyst}]{\text{on}} \text{butynediol}$$

35°C에서 반응속도는 다음과 같다.

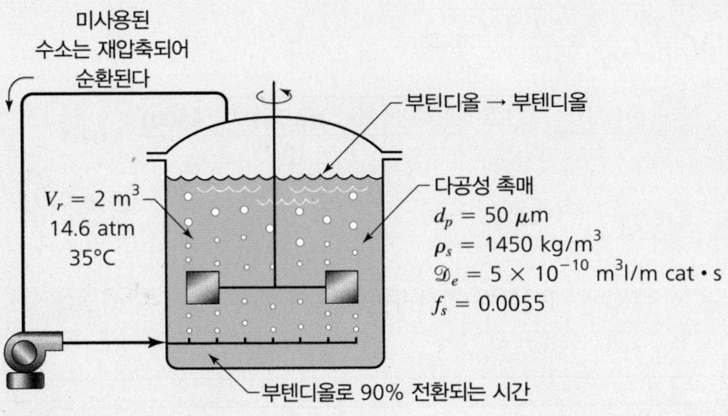


그림 E22.2a

$$-r'_A = k'C_AC_B \quad \text{및} \quad k' = 5 \times 10^{-5}\ \text{m}^6\ l/\text{kg} \cdot \text{mol cat} \cdot \text{s}$$

반응하지 않은 수소는 재압축되어 순환되며, 전 공정은 1.46기압, 35°C에서 일어난다.

반응물이 90%의 전환율을 나타내기 위해서는 얼마의 조업시간이 필요한가?

### 추가 자료

물질전달계수는 다음과 같다.

$$(k_{Ai}a_i)_{g+l} = 0.277\ \frac{\text{m}^3 l}{\text{m}^3 r \cdot \text{s}} \qquad k_{Ac} = 4.4 \times 10^{-4}\ \frac{\text{m}^3 l}{\text{m}^3 r \cdot \text{s}}$$

기체 경막과 액체 경막의 합

### 풀이

먼저 $C_A$와 $C_B$를 비교한다.

$$C_A = = \frac{p_A}{H_A} = \frac{1.46(101\ 325)}{148\ 000} = 10\ \text{mol/m}^3\ l$$

$$C_{B0} = 2500 \text{ 및 } C_{Bf} = 250\ \text{mol/m}^3\ l$$

회분식 조업의 시작과 끝에서 $C_B \gg C_A$이므로 이 시스템은 극한 1에 해당

$C_A$는 회분식 시험에서 일정하게 유지되지만, $C_B$는 일정하게 유지되지 않는다. 따라서 반응속도는 시간과 $C_B$에 따라 변한다. 그러므로 $C_B$의 어떤 특정 값에서 반응속도를 구하면 다음과 같다.

$$a_c = \frac{6f_s}{d_p} = \frac{6(0.0055)}{5 \times 10^{-5}} = 660\ \text{m}^2\ \text{cat/m}^3\ l$$

그러므로

$$k_{Ac}a_c = 4.4 \times 10^{-4}(660) = 0.29\ \frac{\text{m}^3\ l}{\text{m}^3\ r \cdot \text{s}}$$

이고

$$M_T = L\sqrt{\frac{k' C_B \rho_s}{\mathscr{D}_e}} = \frac{5 \times 10^{-5}}{6}\sqrt{\frac{(5 \times 10^{-5})C_B(1450)}{5 \times 10^{-10}}} = 0.1 C_B^{1/2} \quad \text{(i)}$$

가 된다. 이 값을 식 (18)의 속도식에 치환하면 아래와 같이 반응속도를 구할 수 있다.

$$-r''''_A = \frac{1}{\frac{1}{0.277} + \frac{1}{0.29} + \frac{1}{(5 \times 10^{-5})C_B(1450)(\mathscr{E}_A)(0.0055)}} \frac{14.6(101\,325)}{148\,000}$$

$$= \frac{1}{0.705\,84 + \frac{250.8}{C_B(\mathscr{E}_A \text{ at } M_T = 0.1C_B^{1/2})}} \quad \text{(ii)}$$

| Choose a Number of $C_B$ Values | $M_T$ from 식 (i) | $\mathscr{E}_A$ from 식 (18.6) | $-r''''_A$ from 식 (ii) | $1/(-r''''_A)$ |
|---|---|---|---|---|
| 2500 | 5 | 0.19 | 0.8105 | 1.23 |
| 1000 | 3.16 | 0.29 | 0.6367 | 1.57 |
| 250 | 1.58 | 0.5 | 0.3687 | 2.71 |

식 (12)로부터 반응시간을 구하는 식은 아래와 같다.

$$t = \frac{V_l}{bV_r}\int_{C_{Bf}}^{C_{B0}} \frac{dC_B}{(-r''''_A)} \quad \text{(12)}$$

$b = 1$과 $V_l \cong V_r$를 대입하고, 그림 E22.2$b$의 그래프를 만들어, 곡선 아래의 면적을 계산하면 조업시간을 구할 수 있다.

$$\underline{\underline{t = 3460\text{ s}}}, \quad \text{또는} \quad \underline{\underline{58\text{ min}}}$$

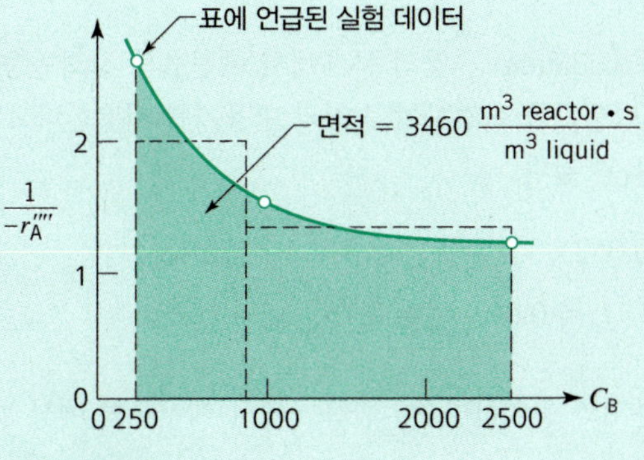


그림 E22.2$b$

## 참고 문헌


Ramachandran, P. A., and Choudry, V. R., *Chem. Eng.*, p. 74 (December 1, 1980).

## 연습 문제

**22.1** ***살수층 산화***(trickle bed oxidation). 묽은 에탄올 수용액(약 2~3%)이 팔라듐-알루미나 촉매 입자가 충전된 살수층 반응기에서 10기압, 30°C에서 순수한 산소의 작용에 의해 아세트산으로 산화된다. Sato et al.(Proc. First Pacific Chem. Eng. Congress, Kyoto, p. 197, 1972)에 의하면 이 반응은 다음과 같이 진행된다.

$$\underbrace{O_2(g \rightarrow l)}_{(A)} + \underbrace{CH_3CH_2OH(l)}_{(B)} \xrightarrow[\text{catalyst}]{\text{on}} CH_3COOH(l) + H_2O$$

반응속도는 다음과 같다.

$$-r'_A = k'C_A, \qquad k' = 1.77 \times 10^{-5}\ m^3/kg \cdot s$$

다음 시스템에서 반응기의 상부로 기체와 액체가 공급될 때, 에탄올에서 아세트산으로의 전환율을 구하라.

기체 흐름: $v_g = 0.01\ m^3/s$, $H_A = 86\,000\ Pa \cdot m^3/mol$

액체 흐름: $v_l = 2 \times 10^{-4}\ m^3/s$, $C_{B0} = 400\ mol/m^3$

반응기: 5 m 높이, 0.1 $m^2$ 단면적, $f_s = 0.58$

촉매: $d_p = 5\ mm$, $\rho_s = 1800\ kg/m^3$

$\mathscr{D}_e = 4.16 \times 10^{-10}\ m^3/m\ cat \cdot s$

반응속도: $k_{Ag}a_i = 3 \times 10^{-4}\ mol/m^3 \cdot Pa \cdot s$, $k_{Al}a_i = 0.02\ s^{-1}$

$k_{Ac} = 3.86 \times 10^{-4}\ m/s$

**22.2** ***슬러리 컬럼 산화***(slurry column oxidation). 앞의 문제에서 에탄올의 산화반응에 살수층 반응기를 사용하였는데, 이 문제는 반응기를 변경하여 슬러리 반응기를 사용한다고 가정하자. 이 형태의 장치에 대해서 자료는 다음과 같다.

$$(k_{Ag}a_i)_{g+l} = 0.052\ s^{-1}, \qquad k_{Ac} = 4 \times 10^{-4}\ m/s$$

$$d_p = 10^{-4}\ m, \quad f_g = 0.05, \quad f_l = 0.75, \quad f_s = 0.2$$

모든 흐름과 다른 값들은 앞의 문제와 동일하다. 이 반응기에서 에탄올의 예상 가능한 전환율을 구하라.

**22.3** ***슬러리 탱크 수소화반응***(slurry tank hydrogenation). 200기압, 150°C의 교반 슬러리 반응기를 이용하여 순수한 수소 기체에서 글루코오스의 소비톨(sorbitol)로의 전환율을 예측하라. 사용된 촉매는 다공성 Raney 니켈이고 이 조건에서 Brahme와 Doraiswamy [*IEC/PDD*, **15**, 130 (1976)]는 다음과 같은 반응을 보고하였다.

$$H_2(g \rightarrow l) + \text{glucose, } C_6H_{12}O_6(l) \xrightarrow[\text{catalyst}]{\text{solid}} \text{sorbitol, } C_6H_{14}O_6(l)$$
$$\quad(A) \qquad\qquad\qquad (B)$$

$$-r'_A = -r'_B = k' C_A^{0.6} C_B, \quad k' = 5.96 \times 10^{-6} \frac{\text{mol}}{\text{kg} \cdot \text{s}} \left(\frac{\text{m}^3}{\text{mol}}\right)^{1.6}$$

*자료:*

기체 흐름: $v_g = 0.2\ \text{m}^3/\text{s}$, $H_A = 277\ 600\ \text{Pa} \cdot \text{m}^3/\text{mol}$

액체 흐름: $v_l = 0.01\ \text{m}^3/\text{s}$, $C_{B0} = 2000\ \text{mol/m}^3$

반응기: $V_r = 2\ \text{m}^3$, $f_s = 0.056$

촉매: $d_p = 10\ \mu\text{m}$, $\rho_s = 8900\ \text{kg/m}^3$, $\mathscr{D}_e = 2 \times 10^{-9}\ \text{m}^3/\text{m cat} \cdot \text{s}$

반응속도: $(k_{Ag}a_i)_{g+l} = 0.05\ \text{s}^{-1}$, $k_{Ac} = 10^{-4}\ \text{m/s}$

**22.4** ***다단 기포탑 수소화 반응***(multistage bubble column hydrogenation). 앞의 문제에서 포도당에서 소비톨로의 전환율이 기대했던 만큼 높지 않아, 이 장치의 대안으로 분산 고체($d_p = 10^{-3}$ m, $f_s = 0.4$)를 포함하는 높이 8 m, 단면적 0.25 $\text{m}^2$인 길고 가는 다단 탑을 통해 기체와 액체의 상향 흐름을 사용하는 것을 생각하였다. 이 장치에서 전환율은 얼마가 되겠는가?

*자료:* $(k_{Ag}a_i)_{g+l} = 0.025\ \text{s}^{-1}$, $k_{Ac} = 10^{-5}\ \text{m/s}$

모든 다른 값들은 앞의 문제와 동일하다.

**22.5** ***삼상 유동층 수소화 반응***(three-phase fluidized bed hydrogenatuon). 니켈 촉매가 담지된 다공성 점토 입자의 삼상 유동층 반응기를 이용하여 아닐린(aniline)을 수소화시킨다. 잘 교반된 액체 배치가 유동층을 통과하는 열교환관에 의해 130°C로 유지되고 있다. 또한 수소가 기포 상태로 격렬히 유입되고 1기압으로 반응기에 빠른 속도로 유입된다. Govindarao와 Murthy [*J. Appl. Chem. Biotechnol.*, **25**, 196 (1975)]에 의하면 이 조건에서 반응은 아래와 같이 진행된다.

$$3H_2(g \rightarrow l) + 2\ C_6H_5NH_2(l) \xrightarrow[\text{catalyst}]{\text{Ni}} C_6H_{11}NHC_6H_5 + NH_3$$
$$\quad(A) \qquad\qquad (B) \qquad\qquad \text{cyclohexyl-aniline}$$

$$-r'_A = k' C_A, \qquad k' = 0.05\ \text{m}^3/\text{kg cat} \cdot \text{s}$$

다음과 같은 조건에서 아닐린 배치의 90%가 전환되는 데 필요한 시간을 구하라.

*자료:*

기체 흐름: pure $H_2$ at 1 atm $H_A = 28\ 500\ \text{Pa} \cdot \text{m}^3/\text{mol}$

액체 흐름: $C_{B0} = 1097\ \text{mol/m}^3$

반응기: $f_g = 0.01$, $f_l = 0.65$, $f_s = 0.25$

촉매: $d_p = 300\ \mu\text{m}$, $\rho_s = 750\ \text{kg/m}^3$

$\mathscr{D}_e = 8.356 \times 10^{-10}\ \text{m}^3/\text{m cat}\cdot\text{s}$

반응속도: $(k_{Ag}a_i)_{g+l} = 0.04\ \text{s}^{-1}$, $k_{Ac} = 10^{-5}\ \text{m/s}$

기체 흐름에서 $NH_3$의 분율은 항상 매우 낮다고 가정한다.

**22.6** ***기포탑 수소화반응***(bubble column hydrogenation). 이전 문제에서 언급된 수소화반응에 영향을 주는 다른 설계 대안으로서, 3 mm의 촉매 입자($f_g = 0.4$, $f_l = 0.5$, $f_s = 0.1$)가 반분산(semi-suspended)되어 있는 길고 가는 기포 반응기를 사용하자. 액상 아닐린은 외부 열교환기를 통해 순환되고(반응기 외부 관의 부피는 반응기의 전체 부피와 같음), 수소는 반응기에 기포 상태로 유입된다. 이러한 장치에서 아닐린의 90%가 전환되는 데 필요한 시간을 구하라.

자료: $(k_{Ag}a_i)_{g+l} = 0.02\ \text{s}^{-1}$, $k_{Ac} = 7 \times 10^{-5}\ \text{m/s}$

여기서 언급하지 않은 모든 다른 값들은 이전 문제와 동일하다.

**22.7** ***살수층 가스 흡수기-반응기***(trickle bed gas absorber-reactor). 25°C로 유지되고 높은 다공성을 가진 활성탄으로 충전된 반응기를 통해 물과 함께 어떤 기체가 통과하면서 기체에 포함된 이산화황이 제거된다. 이 시스템에서 이산화황과 산소는 물에 녹아 들어가고 고체상에서 반응하여 아래와 같이 삼산화황으로 전환된다.

$$SO_2(g \rightarrow l) + \frac{1}{2}O_2(g \rightarrow l) \xrightarrow[\text{solid}]{\text{on}} SO_3(l)$$

여기서 속도식과 상수값은 다음과 같다.

$$-r_{SO_2} = k' C_{\text{oxygen}}, \qquad k' = 0.015\,53\ \text{m}^3/\text{kg}\cdot\text{s}$$

아래 조건에서 기체 흐름으로부터 제거된 이산화황의 분율을 구하라.

기체 흐름: $v_g = 0.01\ \text{m}^3/\text{s}$, $\pi = 101\,325\ \text{Pa}$

유입되는 $SO_2 = 0.2\%$, $H = 380\,000\ \text{Pa}\cdot\text{m}^3/\text{mol}$

유입되는 $O_2 = 21\%$, $H = 87\,000\ \text{Pa}\cdot\text{m}^3/\text{mol}$

액체 흐름: $v_l = 2 \times 10^{-4}\ \text{m}^3/\text{s}$

반응기: 2 m 높이, $0.1\ \text{m}^2$ 단면적, $f_s = 0.6$

촉매: $d_p = 5\ \text{mm}$, $\rho_s = 850\ \text{kg/m}^3$

$\mathscr{D}_e = 5.35 \times 10^{-10}\ \text{m}^3/\text{m}\ s\cdot\text{s}$

반응속도: $(k_{Ag}a_i)_{g+l} = 0.01\ \text{s}^{-1}$, $k_{Ac} = 10^{-5}\ \text{m/s}$

**22.8** ***슬러리 반응기에서 수소화반응***(hydrogenation in a slurry reactor). 예제 22.2의 회분식 수소화 반응을 실행하는 데 약 1시간이 걸린다. 실제 공장에서는 이 장치에서 하루에 8회분을 수행할 수 있다고 가정하면, 각 유체의 회분은 매 3시간 동안 진행된다.

이러한 반응을 수행하는 또 다른 방법은 부탄디올의 90% 전환율을 얻을 수 있는 속도로 교반 반응기에 연속적으로 주입하는 것이다. 장기적으로 이 두 공정의 속도를 비교하면 어떠하겠는가? 답을 $F_{B0,continuous}/F_{B0,batch}$ 형태로 표현하라. 액체 흐름 조성, 기체 조성, 압력, 물질 전달, 화학반응속도는 회분식과 연속식 공정에서 동일하다고 가정한다.

제4부

*Chemical Reaction Engineering*

# 비촉매 시스템

*Non-Catalytic Systems*

제 23 장

# 유체–유체 반응: 속도론

*Fluid–Fluid Reactions: Kinetics*

불균질한 유체 사이의 반응을 이용하는 경우는 다음 3가지 중에 하나이다. 우선, 반응생성물이 최종 목표인 경우이다. 이 목표는 실로 다양한 유기합성을 위한 여러 화학공업 분야에 해당한다. 액체와 액체 사이의 반응의 한 예는 질산과 황산의 혼합물로 유기물을 니트로화하여 니트로글리세린과 같은 물질을 생성하는 경우이다. 기체상의 염소로 벤젠이나 다른 탄화수소 화합물을 염소화하는 것은 기체-액체 간 반응의 한 예라 할 수 있다. 무기공업 분야에서는 기체 암모니아와 액체 나트륨으로부터 고체 나트륨아미드(sodium amide)를 얻을 수 있다.

$$NH_3(g) + Na(l) \xrightarrow{250°C} NaNH_2(s) + \frac{1}{2}H_2$$

두 번째 경우로 유체-유체반응은 유체에서 불필요한 성분을 제거하기 위해서도 쓰인다. 물을 이용하여 기체(용질)를 흡수할 때 물에 적당한 화합물을 첨가하여 기체와 반응을 잘 일으키게 하여 흡수가 더욱 빨리 진행하는 경우를 예로 들 수 있다. 표 23.1에 여러 가지 용질기체로 사용되는 화합물을 나타내었다.

유체-유체 시스템을 사용하는 세 번째 경우는 단일상을 사용한 시스템보다 균질계 복합 반응으로 훨씬 우수한 생성물 분포를 얻기 위함이다. 먼저 두 가지 경우로 다시 돌아가면, 이 두 가지는 처음부터 각각 다른 상으로 존재하는 물질의 반응에 관한 것이다.

아래에 설명할 다양한 인자를 통해 공정을 해석할 수 있다.

***총괄 속도식*** 두 가지 분리된 상에 존재하는 물질은 반응이 일어나기 전에 서로 접촉해야 하므로, 물질전달과 반응속도 두 가지 모두 총괄 속도식에 반영되어야 한다.

***평형용해도*** 반응 성분의 용해도는 한 상에서 다른 상으로의 움직임을 제한한다. 이 인자는 속도식의 형태에 큰 영향을 미치는데, 왜냐하면 이 반응식의 형태가 반응의 발생이 하나의 상 혹은 두 개의 상에서 일어나는지를 결정하기 때문이다.

***접촉 양식*** 기체-액체 시스템에서는 반회분식 또는 향류(혹은 맞흐름) 접촉 양식이 가장 많다. 액체-액체 시스템에서는 향류접촉과 병류접촉법과 함께 혼합 흐름(혼합기-침강기)식과 회분식 접촉법이 사용된다.

반응속도, 평형 및 접촉 방식의 여러 가지 순열 조합을 생각할 수 있으나, 이 중의 몇 가지만이 기술적인 측면에서 널리 사용되므로 여기서는 이 경우만을 다루기로 한다.

**표 23.1** 화학반응이 일어나는 흡수시스템[a]

| 가스 용질 | 시약 |
|---|---|
| $CO_2$ | Carbonates |
| $CO_2$ | Hydroxides |
| $CO_2$ | Ethanolamines |
| CO | Cuprous amine complexes |
| CO | Cuprous ammonius chloride |
| $SO_2$ | $Ca(OH)_2$ |
| $SO_2$ | Ozone-$H_2O$ |
| $SO_2$ | $HCrO_4$ |
| $SO_2$ | KOH |
| $Cl_2$ | $H_2O$ |
| $Cl_2$ | $FeCl_2$ |
| $H_2S$ | Ethanolamines |
| $H_2S$ | $Fe(OH)_3$ |
| $SO_3$ | $H_2SO_4$ |
| $C_2H_4$ | KOH |
| $C_2H_4$ | Trialkyl phosphates |
| Olefins | Cuprous ammonium complexes |
| NO | $FeSO_4$ |
| NO | $Ca(OH)_2$ |
| NO | $H_2SO_4$ |
| $NO_2$ | $H_2O$ |

[a] Based on Teller(1960).

## 23.1 속도식

편의상 액체-액체($L/L$) 반응에서와 같은 기호를 기체-액체($G/L$) 반응에서 사용하자. 더욱이 기체 형태의 물질 A는 액체 중에서 용해할 수 있지만, 물질 B는 기체 속으로 (녹아) 들어갈 수 없다고 가정한다. 따라서 A는 반응하기 전에 액상으로 이동해야 하며 화학반응은 오직 이 액상에서만 일어난다.

총괄 속도식(반응물을 모두 함께 생각함)은 물질전달 저항과 화학반응 단계의 저항을 모두 고려해야 한다. 이 저항들의 상대적 크기는 많이 변할 수 있으므로, 가능한 모든 가능성을 검토해야 한다.

반응의 해석을 위해 다음 2차 반응을 고려하자.

$$A(g \rightarrow l) + bB(l) \rightarrow R(s \text{ 또는 } l \text{ 또는 } g), \qquad -r_A = kC_AC_B$$

A: 가스에 존재하지만 액체에 용해된다. 용해도는 헨리의 법칙으로 계산한다. $p_{Ai} = H_AC_{Ai}$

B: 액체에 존재하고 기상으로는 움직이지 않는다.

반응은 액상(특히 액상의 계면)에서 일어난다.

표기법에 있어서 기체, 액체, 고체를 가진 접촉기의 단위부피를 $V_r$이라고 하자. 그러면 아래와 같은 다양한 변수를 정의할 수 있다.

$$f_l = \frac{V_l}{V_r}, \quad f_g = \frac{V_g}{V_r}, \quad \epsilon = f_l + f_g,$$

$$a_l = \frac{S}{V_l}, \qquad a = \frac{S}{V_r}$$

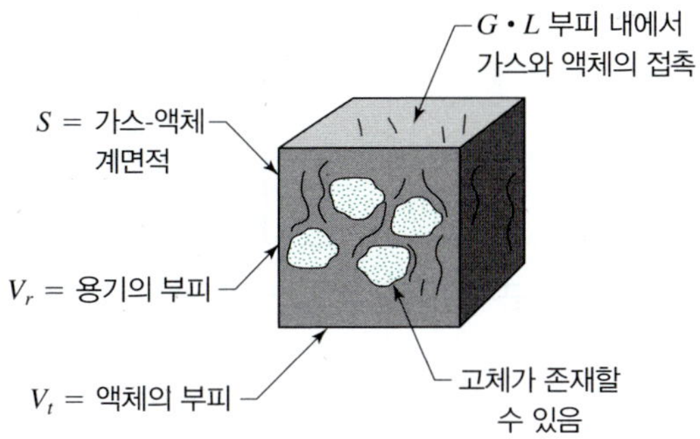


반응속도는 대개 다음과 같은 방법으로 쓸 수 있다.

$$\left.\begin{aligned} -r_A'''' &= -\frac{1}{V_r}\frac{dN_A}{dt} \\ -r_{Al} &= -\frac{1}{V_l}\frac{dN_A}{dt} \\ -r_A'' &= -\frac{1}{S}\frac{dN_A}{dt} \end{aligned}\right\} \tag{1}$$

이 반응속도들은 다음 식에 의해 연관된다.

$$r''''V_r = r_l V_l = r''S$$

또는 다음과 같다.

$$r'''' = f_l r_l = ar''$$

반응물 A가 반응이 일어나기 위해서는 기체에서 액체로 상이동을 해야 하기 때문에, 속도식에 확산 저항의 항이 들어간다. 이 식에는 2중 경막설(two-film theory)에 관한 항이 포함된다. 이 외에 다른 이론이 사용될 수는 있으나 같은 결과를 나타내며 그 수학적 과정은 2중 경막설에 비해 오히려 복잡하다.

## A의 직접적인 물질전달(흡수)에 관한 속도방정식

이제 기체 경막(gas film)과 액체 경막(liquid film)의 두 가지 저항이 직렬로 연결되어 있다고 가정하자. 그림 23.1에 나타낸 바와 같이 기체에 함유된 물질 A가 액체로 전달될 때 그 속도방정식은 아래와 같다. 기체 경막에 대한 식은 다음과 같다.

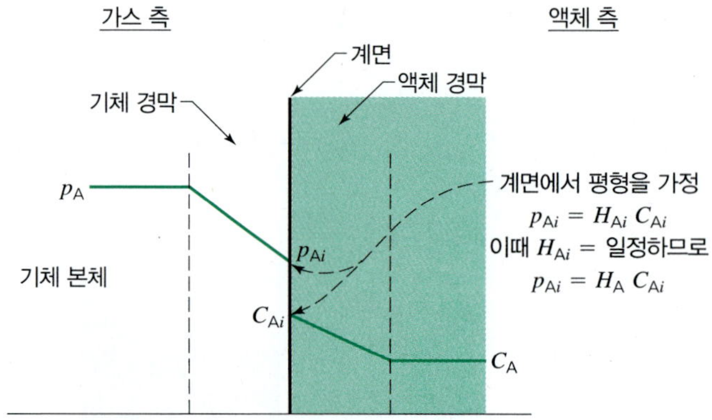


그림 23.1 2중 경막설에 근거한 직접 물질전달에 관한 속도방정식의 설정.

$$r_A'' = \underbrace{k_{Ag}}_{\frac{\text{mol}}{\text{m}^2\cdot\text{Pa}\cdot\text{s}}}(p_A - p_{Ai}) \quad \text{...또는} \quad -r_A'''' = \underbrace{k_{Ag}a}_{\frac{\text{mol}}{\text{m}^3\,\text{contactor}\cdot\text{Pa}\cdot\text{s}}}(p_A - p_{Ai}) \tag{2}$$

한편, 액체 경막에 대한 식은 다음과 같다.

$$r_A'' = \underbrace{k_{Al}}_{\frac{\text{m}^3\,\text{liquid}}{\text{m}^2\,\text{surface}\cdot\text{s}}}(C_{Ai} - C_A) \quad \text{...또는} \quad -r_A'''' = \underbrace{k_{Al}a}_{\frac{\text{m}^3\,\text{liquid}}{\text{m}^3\,\text{contactor}\cdot\text{s}}}(C_{Ai} - C_A) \tag{3}$$

미지의 경계면 조건인 $p_{Ai}$와 $C_{Ai}$를 소거하기 위해 식 (2)와 식 (3)을 헨리법칙인 $p_{Ai} = H_A C_{Ai}$와 결합하면, 흡수장치(absorber) 내의 임의의 점에서의 직접 물질전달에 대한 최종 속도식을 얻을 수 있다.

$$-r_A'''' = \frac{1}{\dfrac{1}{k_{Ag}a} + \dfrac{H_A}{k_{Al}a}}(p_A - \underbrace{H_A}_{\frac{\text{Pa}\cdot\text{m}^3\,\text{liquid}}{\text{mol}}}C_A) \tag{4}$$

## ▶ 물질전달과 화학반응에 대한 속도방정식

여기서 세 가지 사항을 고려해야 한다. 이 세 가지는 그림 23.2에 나타낸 것처럼 기체 경막, 액체 경막, 액체 본체(main body)에서 무엇이 일어나는가에 관한 것이다.

모든 특별한 형태의 속도식은 속도 상수 $k$, $k_g$, $k_l$의 상대적인 값과 반응물의 농도비 $p_A/C_B$와 헨리법칙 상수 $H_A$에 의존한다. 반응속도가 무한히 빠른 극한의 경우(물질전달이 느리므로 반응의 전체 속도를 제어)에서부터 다른 극한의 경우인 매우 느린 반응속도(반응속도가 느려 전체 반응을 제어하므로 물질전달 저항을 고려할 필요가 없음)까지를 포함한 8가지 경우를 고려해 보자.

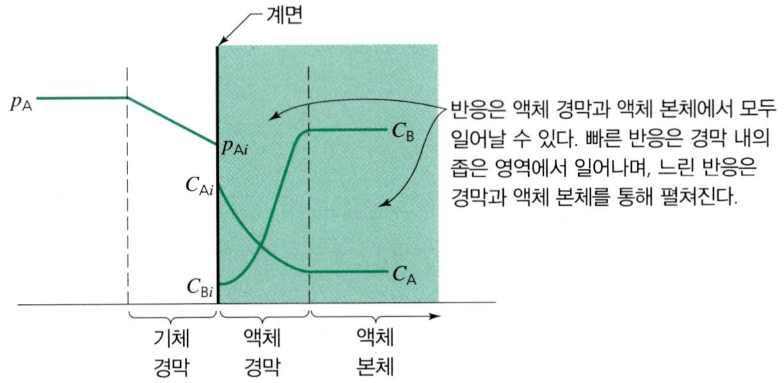


**그림 23.2** **2중 경막설에 근거한 액체 내에서 물질 A의 흡수와 반응에 대한 속도방정식의 설정.**

이 특별한 8가지 경우는 각각 특정한 속도식을 가지며, 무한히 빠른 반응속도부터 무한히 느린 반응속도까지를 포함한다.

경우 ***A***: 낮은 $C_B$를 갖는 순간 반응
경우 ***B***: 높은 $C_B$를 갖는 순간 반응
경우 ***C***: 낮은 $C_B$를 갖는 액체 경막에서의 빠른 반응
경우 ***D***: 높은 $C_B$를 갖는 액체 경막에서의 빠른 반응
경우 ***E***, ***F***: 액체 경막과 액체 본체에서의 중간 반응
경우 ***G***: 본체에서는 느린 반응이며 경막 저항을 가짐
경우 ***H***: 반응이 느리고 물질전달 저항은 없음

이 8가지 경우를 그림 23.3에 나타내었다.

여기서는 우선 일반적인 속도식을 제시한 이후에 특정한 속도식을 나타낼 것이다.

$$-r_A'''' = \frac{1}{\underbrace{\frac{1}{k_{Ag}a}}_{\text{기체 경막 저항}} + \underbrace{\frac{H_A}{k_{Al}aE}}_{\text{액체 경막 저항}} + \underbrace{\frac{H_A}{kC_Bf_l}}_{\text{액체 본체 저항}}} p_A \quad (5)$$

직접적인 물질전달만 일어나는 경우보다 액체 경막 내에서 반응이 일어날 때 기체에 포함된 물질 A의 흡수가 더 잘 일어난다. 그러므로 액체 경막의 두 경계면에서 같은 농도를 가지는 경우에 다음 식이 성립한다.

$$\begin{pmatrix}\text{액체 경막}\\\text{향상인자}\end{pmatrix}, E = \left(\frac{\text{반응이 일어날 때 물질 A의 수급률}}{\text{직접적인 물질전달이 있는 경우 물질 A의 수급률}}\right)_{\text{두 경우 모두 } C_{Ai},\, C_A,\, C_{Bi},\, C_B\text{가 같다}} \quad (6)$$

$E$ 값은 항상 1보다 크거나 같다. 유일한 문제점은 향상인자(enhancement factor) $E$를 계산하는 것이다. 그림 23.4는 $E$가 다음의 두 양(변수)에 의존한다는 것을 보여준다.

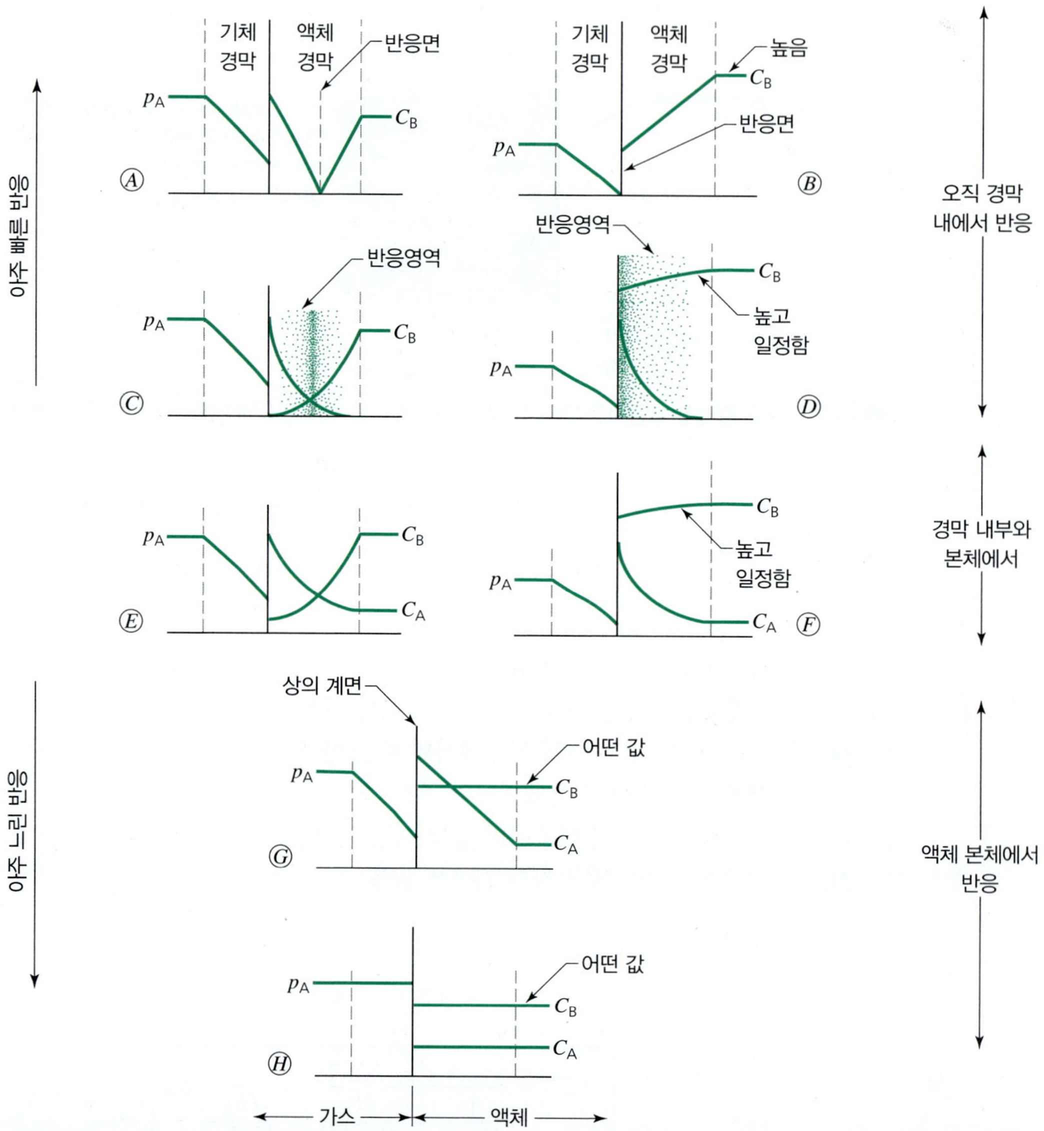


**그림 23.3** **모든 종류의 반응과 물질전달을 포함하는 계면에서의 액상반응 거동.** A (**가스에서**) + *b*B (**액체**) → products (**액체**)

$$E_i = \begin{pmatrix} \text{무한히 빠른 반응의} \\ \text{향상인자} \end{pmatrix} \tag{7}$$

$$M_H^2 = \begin{pmatrix} \text{경막을 통한 최대 이동과} \\ \text{비교한 경막 내에서의} \\ \text{최대 가능한 전환율} \end{pmatrix} \tag{8}$$

$M_H$는 이 문제를 처음으로 다룬 과학자인 하타(Hatta)의 이름을 따서 하타계수(Hatta modulus)라고 한다(1932).

이제 8가지 특별한 경우를 찬찬히 살펴보자.

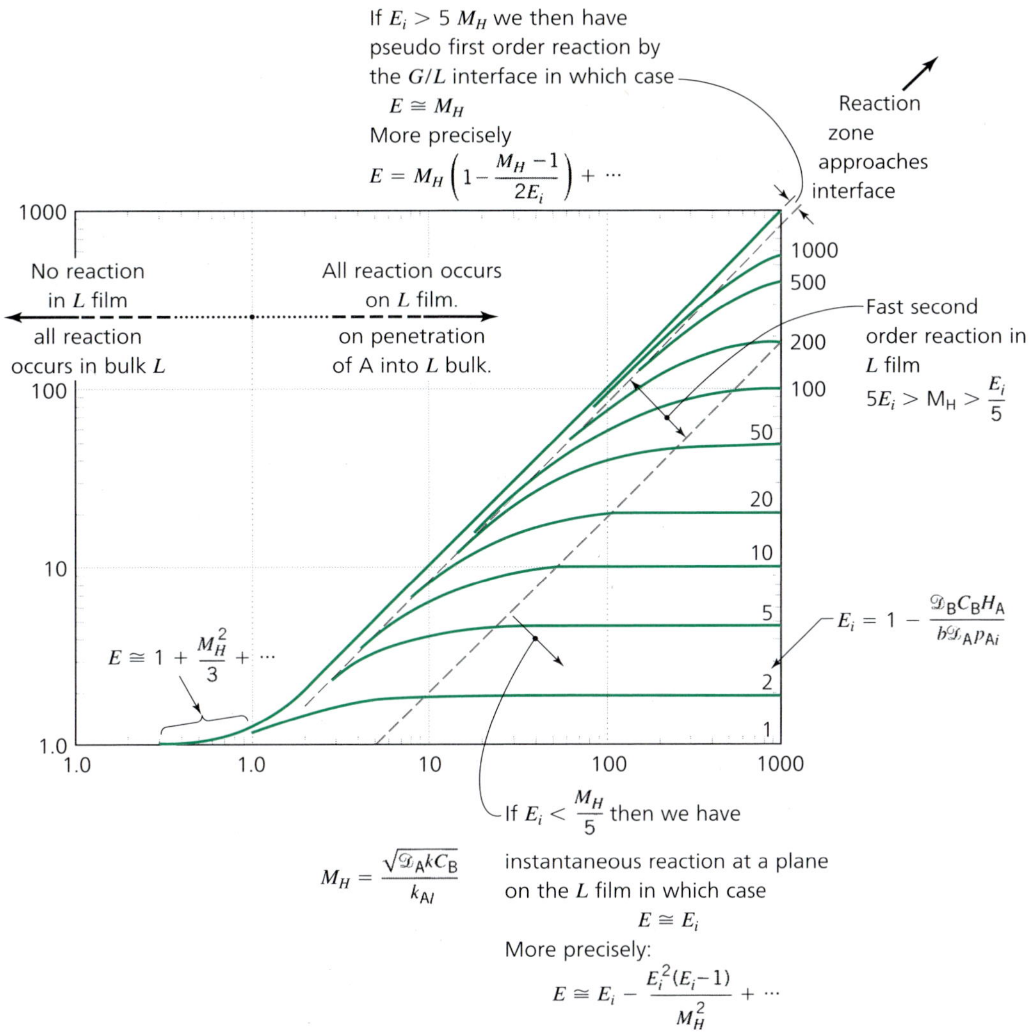


**그림 23.4** $M_H$와 $E_i$의 함수로서 유체-유체 반응에 대한 향상인자(1954)로, van Krevelens와 Hoftijzer (1954)의 수치해를 변형하였다.

**경우 $A$: 물질전달에 비해서 반응이 즉각적으로 빠를 때** 액체의 한 요소는 물질 A 또는 물질 B 가운데 하나를 포함하고 두 물질 모두를 포함하지는 않으므로, 반응은 A를 함유하는 액체와 B를 함유하는 액체 사이의 반응평면에서 발생한다. 또한 반응물은 이 반응평면 방향으로 확산해야 하므로 A와 B의 확산속도는 전체적인 반응속도를 결정한다. 따라서 $p_A$나 $C_B$의 변화는 이 반응평면을 한 방향이나 다른 방향으로 이동시킨다(그림 23.5 참고). 정상 상태에서 B의 반응 영역으로 향하는 흐름속도는 A의 반응영역로의 흐름속도의 $b$배가 된다. 그러므로 다음 식이 성립한다.

$$-r''_A = -\frac{r''_B}{b} = \underbrace{k_{Ag}(p_A - p_{Ai})}_{\text{기체 경막 내 A}} = \underbrace{k_{Al}(C_{Ai} - 0)\frac{x_0}{x}}_{\text{액체 경막 내 A}} = \underbrace{\frac{k_{Bl}}{b}(C_B - 0)\frac{x_0}{x_0 - x}}_{\text{액체 경막 내 B}} \qquad \textbf{(9)}$$

여기서 $k_{Ag}$, $k_{Al}$, $k_{Bl}$은 기상과 액상에 있어서의 물질전달계수이다. 액체 쪽의 계수는 화학반응이

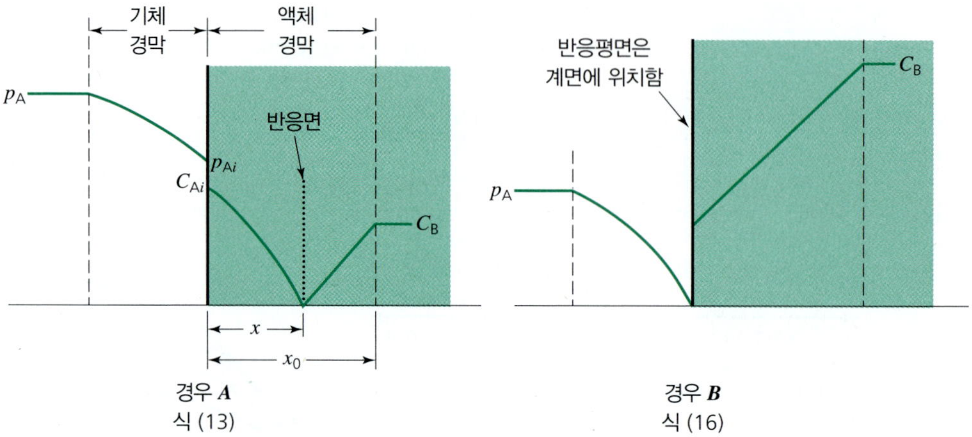


**그림 23.5** **임의 반응 차수를 가지는 무한히 빠른 비가역 반응에 대한 반응물의 농도 분포를 2중 경막설에 의해서 도식화.** A + bB → **생성물. 경우** A: **낮은** $C_B$, **경우** B: **높은** $C_B$[**식** (17) **참고**].

없는 직접적인 물질전달의 경우이고, 따라서 경막 전체 두께 $x_0$를 통한 흐름에 기준을 둔 것이다.

계면에서 $p_A$와 $C_A$ 간의 관계식은 기체-액체 시스템에 대한 헨리법칙(Henry's law) 상수인 분배계수로써 주어진다.

$$p_{Ai} = H_A C_{Ai} \tag{10}$$

또한 경막 내에서의 물질의 이동은 확산에 의한 것이므로 A와 B에 대한 전달계수는 다음과 같은 관계가 있다.[1]

$$\frac{k_{Al}}{k_{Bl}} = \frac{\mathscr{D}_{Al}/x_0}{\mathscr{D}_{Bl}/x_0} = \frac{\mathscr{D}_{Al}}{\mathscr{D}_{Bl}} \tag{12}$$

식 (9), (10), (12)에서 미지수 $x$, $x_0$, $p_{Ai}$, $C_{Ai}$를 소거하면 다음 식을 얻을 수 있다.

$$\text{경우 } \boldsymbol{A}: \quad \left( k_{Ag}p_A > \frac{k_{Bl}C_B}{b} \right) \quad \boxed{-r''_A = -\frac{1}{S}\frac{dN_A}{dt} = \frac{\dfrac{\mathscr{D}_{Bl}}{\mathscr{D}_{Al}}\dfrac{C_B}{b} + \dfrac{p_A}{H_A}}{\dfrac{1}{H_A k_{Ag}} + \dfrac{1}{k_{Al}}}} \tag{13}$$

예를 들어 기체상의 저항을 무시할 수 있는 특별한 경우에 대해, 기체상에서 순수 반응물 A를 사용한다면 $p_A = p_{Ai}$ 또는 $k_g \Rightarrow \infty$이 되고 이 경우 식 (13)은 다음과 같이 바뀐다.

---

1 경막 이론에 대한 대안도 사용되고 있다. 이 모델은 Higbie (1935), Danckwerts (1950, 1955)의 모델로서 계면에서 액체가 지속적으로 씻겨내려가 액체 본체에서 새로운 유체로 대체됨으로써 물질전달이 발생한다고 본 것이다. 이 비정상 상태의 표면재생 이론은 경막이론식 (12)와 반대로

$$\frac{k_{Al}}{k_{Bl}} = \sqrt{\frac{\mathscr{D}_{Al}}{\mathscr{D}_{Bl}}} \tag{11}$$

와 같이 예측하고 있다.

이 한 가지 차이점은 예외로 하고, 이 모델은 물리적인 관점이 완전히 다름에도 동일한 정상 상태 거동을 예측하고 있다. 즉 경막 이론이 다른 이론에 비해 전개하기가 더욱 쉬우므로 이 책에서는 이것을 다루기로 한다.

$$-r''_A = k_{Al}C_{Ai}\left(1 + \frac{\mathscr{D}_{Bl}C_B}{b\mathscr{D}_{Al}C_{Ai}}\right) \tag{14}$$

**경우 *B*: 즉각적인 반응, 높은 $C_B$ 농도** 그림 23.5에서 보여준 일반적인 상황으로 돌아가서 물질 B의 농도가 증가하는 다음과 같은 조건을 고려하자.

$$k_{Ag}p_A \le \frac{k_{Bl}}{b}C_B \tag{15}$$

식 (5)와 함께 식 (15)가 의미하는 조건은 반응영역이 액체 경막에 머무르기보다 계면에 머무른다는 것이다(그림 23.5). 이렇게 되면 기상의 저항이 커서 전체 반응을 지배하며, 물질 B 농도를 증가시켜도 반응속도는 변하지 않는다. 또한 식 (9)는 다음과 같이 간단하게 된다.

$$\text{경우 } \boldsymbol{B}: \quad \left(k_{Ag}p_A \le \frac{k_{Bl}C_B}{b}\right) \quad \boxed{-r''_A = -\frac{1}{S}\frac{dN_A}{dt} = k_{Ag}p_A} \tag{16}$$

식 (17)은 경우 ***A***(Case ***A***)와 경우 ***B***(Case ***B***)가 적용되는 경우를 나타낸다.

$$\boxed{\begin{array}{l} \text{if } k_{Ag}p_A \ge \dfrac{k_{Bl}}{b}C_B, \text{이면, 식 (13)을 사용: 경우 } \boldsymbol{A} \\[2ex] \text{if } k_{Ag}p_A \le \dfrac{k_{Bl}}{b}C_B, \text{이면, 식 (16)을 사용: 경우 } \boldsymbol{B} \end{array}} \tag{17}$$

이제 다른 경우들을 살펴보자.

**경우 *C*: 빠른 반응, 낮은 $C_B$ 농도** 경우 ***A***에서 살펴보았던 반응평면이 이제 A와 B가 모두 존재하는 반응영역으로 퍼져간다. 그러나 반응이 너무 빨라 이 반응영역은 전체적으로 액체 경막 속에 남아 있게 된다. 따라서 A는 액체 본체로 들어가 반응을 일으키지 않는다.

일반적인 속도식인 식 (5)에서 마지막 저항 항을 무시할 수 있으므로($k$가 큼) 다음과 같은 식이 성립한다.

$$-r''''_A = \frac{1}{\dfrac{1}{k_{Ag}a} + \dfrac{H_A}{k_{Al}aE}}p_A \tag{18}$$

**경우 *D*: 빠른 반응 큰 $C_B$를 가지므로 물질 A에 대해 유사 1차 반응** 경막 내에서 물질 B의 농도($C_B$)가 많이 떨어지지 않는 특별한 경우, $C_B$를 경막에서 일정하다고 볼 수 있고 2차 반응식(경우 ***C***)은 좀 더 쉽게 풀 수 있는 1차 반응식으로 수렴한다. 그러므로 일반적인 속도식인 식 (5)는 다음 식으로 축소된다.

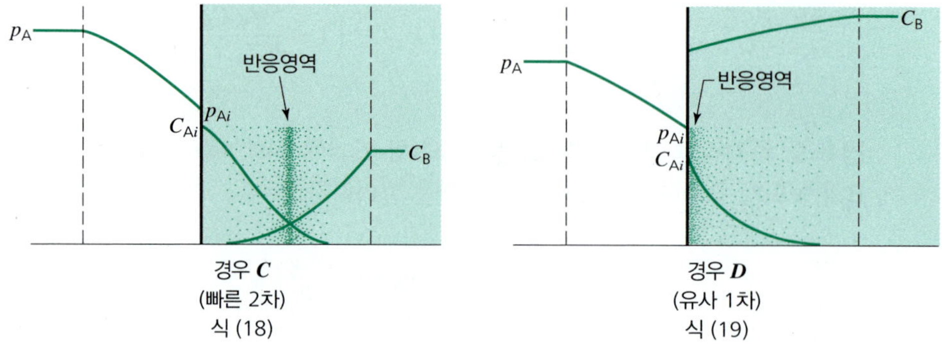


**그림 23.6** 빠른 2차 반응(무한히 빠르지는 않음)에 대한 액체 경막에서의 반응 위치, 경우 *C*: 낮은 $C_B$, 경우 *D*: 높은 $C_B$.

$$-r_A'''' = \frac{1}{\dfrac{1}{k_{Ag}a} + \dfrac{H_A}{a\sqrt{\mathscr{D}_A k C_B}}} p_A \tag{19}$$

그림 23.6의 경우 ***C***와 경우 ***D***를 도식적으로 나타내었다.

**경우 *E*와 경우 *F*: 물질전달에 비해 중간 반응속도** 이 경우는 약간의 A가 경막을 통해 유체의 본체로 확산될 만큼 반응이 매우 느리다. 따라서 A는 경막 내부와 액체의 본체에서 모두 반응한다. 그러므로 세 가지 저항을 모두 가지는 일반적인 속도식인 식 (5)를 사용해야 한다.

**경우 *G*: 물질전달에 비해 느린 반응** 이 경우는 다소 재미있는 경우로 모든 반응이 액체 본체에서 일어나는 경우이다. 그러나 경막은 아직도 A가 액체의 본체로 이동하는 데 저항 역할을 한다. 따라서 세 가지 저항이 속도식에 포함되어 식 (5)는 아래의 형태가 된다.

$$-r_A'''' = \frac{1}{\dfrac{1}{k_{Ag}a} + \dfrac{H_A}{k_{Al}a} + \dfrac{H_A}{kC_B f_l}} p_A \tag{20}$$

**경우 *H*: 무한히 느린 반응** 이 경우는 물질전달 저항이 무시되고 물질 A와 물질 B의 조성이 액체 내에서 모두 균질하여, 결국 반응속도는 화학반응속도에 의해서만 결정된다.

$$-r_A'''' = \frac{kf_l}{H_A} p_A C_B = kf_l C_A C_B \tag{21}$$

그림 23.7에 경우 ***G***와 경우 ***H***를 도식으로 나타내었다.

## ▶ 하타계수 $M_H$의 역할에 대한 고찰

반응이 빠른지 느린지를 판단하기 위해 기체-액체 계면의 단위 표면으로 관심을 돌려 보자. 기(체)상 저항은 무시된다고 가정하고 경막전환 매개변수(film conversion parameter)를 다음과 같이 정의한다.

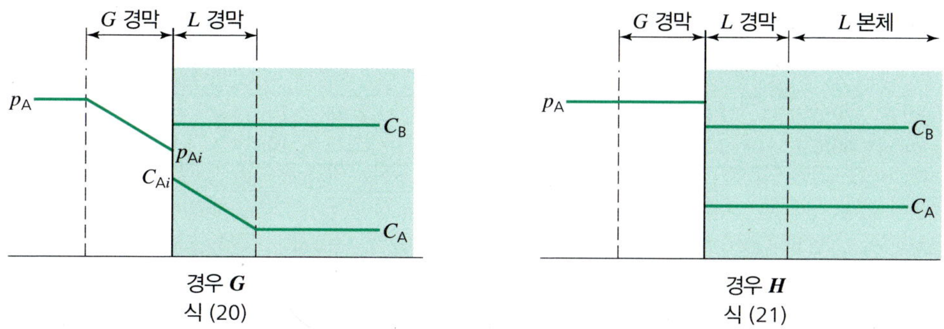


그림 23.7 느린 반응인 경우 G는 경막 저항을 보이나 경우 H는 경막 저항이 없다.

$$M_H^2 = \frac{\text{경막 내에서 최대 가능한 전환율}}{\text{경막을 통한 최대 확산 이동}}$$

$$= \frac{kC_{Ai}C_B x_0}{\dfrac{\mathscr{D}_{Al}}{x_0} \cdot C_{Ai}} = \frac{kC_B \mathscr{D}_{Al}}{k_{Al}^2} \tag{22}$$

만약 $M_H \gg 1$이면 모든 반응은 경막에서 일어나며 표면적이 반응속도를 지배하는 인자가 된다. 반면 $M_H \ll 1$이면 경막에서 어떠한 반응도 일어나지 않으며 총괄(bulk) 부피가 속도를 지배하는 인자가 된다. 좀 더 상세하게 설명하면 다음과 같다.

1. 만일 $M_H > 2$이면 반응은 경막에서 일어나며 경우 ***A***, ***B***, ***C***, ***D***에 해당된다.
2. $0.02 < M_H < 2$이면 반응속도가 중간인 경우 ***E***, ***F***, ***G***에 해당된다.
3. $M_H < 0.02$이면 경우 ***H***의 무한히 느린 반응에 해당된다.

$M_H$가 큰 경우에는 계면의 면적을 훨씬 크게 하는 접촉장치를 선택해야 한다. 이 접촉장치에서 가장 중요하게 고려해야 할 것은 교반 에너지라고 할 수 있다. 반면 $M_H$가 매우 작은 경우에는 액체의 체적이 클 필요가 있다. 이 경우에는 계면의 면적을 크게 하기 위한 교반의 이점이 별로 없다.

다음 24장의 표 24.1에 여러 가지 접촉장치에 대한 전형적인 데이터를 표시하였으며, 이로부터 반응이 빠른 시스템($M_H$가 매우 클 때)에는 분무탑(spray column)이나 평판탑(plate column)이 효과적이며, 반응이 느린 시스템($M_H$가 작을 때)에는 기포탑(bubble contactor)이 효율적임을 알 수 있다.

## ▶ 용해도 데이터로부터 반응속도 영역의 단서를 얻다

경막에서 일어나는 반응에서, 상분배계수(phase distribution coefficient) $H$는 기체상의 저항이 얼마나 중요한 역할을 하는지를 알려준다. 이를 증명하기 위해 기체 경막과 액체 경막을 통한 물질 A의 직접적인 물질전달식은 다음과 같이 된다.

**표 23.2 물에 존재하는 일반 기체의 전형적인 $H_A = p_{Ai}/C_{Ai}$, $Pa \cdot m^3/mol$ 값**

| | $N_2$ | $H_2$ | $O_2$ | CO | $CO_2$ | $NH_3$ |
|---|---|---|---|---|---|---|
| 20°C | $1.45 \times 10^5$ | $1.23 \times 10^5$ | $0.74 \times 10^5$ | $0.96 \times 10^5$ | 2600 | 0.020 |
| 60°C | $2.16 \times 10^5$ | $1.34 \times 10^5$ | $1.13 \times 10^5$ | $1.48 \times 10^5$ | 6300 | 0.096 |

약간 가용성 가스 ←——————→ 높은 가용성 가스

$$-\frac{1}{S}\frac{dN_A}{dt} = \frac{1}{\dfrac{1}{k_{Ag}} + \dfrac{H_A}{k_{Al}}} \Delta p_A \tag{23}$$

($1/k_{Ag}$: 기체 경막, $H_A/k_{Al}$: 액체 경막)

이제 용해도가 작은 기체는 $H_A$의 값이 크므로 모든 다른 인자가 일정할 때 위의 속도식으로부터 액체 경막 저항이 크다는 것을 알 수 있다. 한편 용해도가 높은 기체에 대해서는 그 역이 성립한다. 따라서 아래의 사실을 알 수 있다.

> 기체 경막 저항은 용해도가 높은 기체의 움직임을 지배하며,
> 액체 경막 저항은 용해도가 작은 기체의 움직임을 지배한다.

기체는 낮은 온도에서 더 잘 용해한다는 것에 유의하라. 많은 다른 기체들에 대한 용해도 값은 Perry and Green (1984)과 Danckwerts (1970)에서 찾아볼 수 있다.

용해도가 높은 기체는 흡수되기 쉽고 기체상에서 저항이 높다. 따라서 흡수를 촉진시키기 위해 액상 반응물 B를 첨가할 필요는 없다. 반면에 비용해성 기체는 흡수되기 어렵고 액상에 주된 저항을 갖고 있으므로, 이 시스템에서는 액상의 반응에 의한 영향이 크다. 기체 흡수에 반응의 역할이 클 경우는 기체의 용해도가 매우 작고 액상 저항이 지배적이다.

## 최종 논평

주어진 업무에 필요한 단위 공정의 크기를 알기 위해서는(다음 장에서 다룰 내용) 총괄 반응속도를 알 필요가 있다. 이 장에서는 총괄 반응속도를 어떻게 계산하는지를 설명하였다.

이 장에서 사용된 물리적 및 화학적 상수들은 많은 발표 자료를 통해 알 수 있다. 다음 자료를 추천한다.

- Doraiswamy와 Sharma (1984): 전체 내용을 광범위하게 다룸.
- Shah (1979): 다양한 유형의 장치들에서의 물질전달계수를 계산하고, 이 계수를 찾기 위한 실험장치.
- Danckwerts (1970): 따라가기 쉬운 설명, 헨리 상수에 대한 자료 및 물질전달계수를 찾기 위해 사용하는 식들.

## 예제 23.1 ▶ 어떤 기체/액체 반응의 속도 구하기

기체 A가 포함된 공기가 수용액 B가 들어 있는 탱크에 기포 형태로 공급된다. 반응은 다음과 같다.

$$A(g \to l) + 2B(l) \to R(l), \quad -r_A = kC_A C_B^2, \quad k = 10^6\ m^6/mol^2 \cdot hr$$

이 시스템에 대해 각 상수의 값은 다음과 같다.

$$k_{Ag}a = 0.01\ mol/hr \cdot m^3 \cdot Pa \qquad f_l = 0.98$$

$$k_{Al}a = 20\ hr^{-1} \qquad H_A = 10^5\ Pa \cdot m^3/mol, \text{매우 낮은 용해도}$$

$$\mathscr{D}_{Al} = \mathscr{D}_{Bl} = 10^{-6}\ m^2/hr \qquad a = 20\ m^2/m^3$$

흡수기-반응기의 한 지점에 대해 분압과 농도는 다음과 같다.

$$p_A = 5 \times 10^3\ Pa \quad \text{및} \quad C_B = 100\ mol/m^3$$

**(a)** 이 반응에 대한 저항을 찾아라(기체 경막에 몇 %, 액체 경막에 몇 %, 액체 본체에 몇 %).
**(b)** 반응영역을 찾아라.
**(c)** 액체 경막에서의 거동을 결정하라(유사 1차 반응, 순간적 반응, 물리적 전달 등).
**(d)** 반응속도를 구하라($mol/m^3 \cdot hr$).

### 풀이

이 장에서는 2차 반응의 경우만 해석했지만, 이 문제는 3차 반응이다. 2차 반응 이외에는 어떤 해석도 불가하므로 3차 반응을 2차 반응으로 근사적으로 대체하자.

$$kC_A C_B^2 \Rightarrow (kC_B)C_A C_B$$

일반적인 식 (5)를 이용하여 반응속도를 구하기 위해 먼저 $E_i$와 $M_H$를 계산할 필요가 있다.

$$\left.\begin{aligned} M_H &= \frac{\sqrt{\mathscr{D}_A k C_B^2}}{k_{Al}} = \frac{\sqrt{10^{-6}\, 10^6\, 100^2}}{1} = 100 \\ (E_i)_{\text{first guess}} &= 1 + \frac{\mathscr{D}_B C_B H_A}{b\mathscr{D}_A p_{Ai}} = 1 + \frac{100 \times 10^5}{2(5 \times 10^5)} = 10^3 \\ &\text{guess } p_{Ai} = p_A \end{aligned}\right\}$$

$(E_i)_{1\text{차 추정}} > 5\ M_H$이므로 $p_{Ai}$ 값이 더 적어지더라도 여전히 $E_i > 5\ M_H$일 것이다. 그러므로 그림 23.4로부터 경막에서 유사 1차 반응임을 알 수 있다.

$$E = M_H = 100$$

이제 속도식인 식 (5)로 돌아가면 아래와 같다.

$$-r_A'''' = \cfrac{p_A}{\cfrac{1}{k_{Ag}a} + \cfrac{H_A}{k_{Al}aE} + \cfrac{H_A}{kC_B^2 f_l}}$$

$$= \cfrac{5 \times 10^3}{\underset{\frac{2}{3}}{\cfrac{1}{0.01}} + \underset{\frac{1}{3}}{\cfrac{10^5}{20(100)}} + \underset{\sim 0}{\cfrac{10^5}{(10^6)(100^2)(.098)}}} = 33 \text{ mol/hr} \cdot \text{m}^3 \text{ reactor}$$

따라서

**(a)** 저항의 2/3은 기체 경막에 있고 1/3은 액체 경막에 있다 ←

**(b)** 반응영역은 액체 경막이 있다 ←

**(c)** 반응은 계면에서의 A의 유사 1차 반응으로 진행된다 ←

**(d)** 반응속도는 $-r_A'''' = 33 \text{ mol/hr} \cdot \text{m}^3$이다 ←

## 참고 문헌


Danckwerts, P. V., *Trans. Faraday Soc*., **46**, 300 (1950).

________, *AIChE J*., **1**, 456 (1955).

________, *Gas-Liquid Reactions*, McGraw-Hill, New York, 1970.

Doraiswamy, L. K., and Sharma, M. M., *Heterogeneous Reactions*, Vol. 2, John Wiley and Sons, New York, 1984.

Hatta, S., Technological Reports, Tohoku University, **10**, 119, (1932); from Sherwood, T. K., and Pigford, R. L., *Absorption and Extraction*, McGraw-Hill, New York, 1952.

Higbie, R., *Trans. A.I.Ch.E*., **31**, 365 (1935).

Perry, R. H., and Green, D. W., *Chemical Engineers' Handbook*, 6th ed., Section 3, McGrawHill, New York, 1984.

Shah, Y. T., *Gas-Liquid-Solid Reactor Design*, McGraw-Hill, New York, 1979.

Teller, A. J., *Chem. Eng*., **67**, 111 (July 11, 1960).

van Krevelens, D. W., and Hoftijzer, P. J., *Rec, Trav. Chim*., **67**, 563 (1948); Wiley-VDH GmbH & Co. KGaA의 저작권허락에 의해 사용; *Trans. I. Chem. E*., **32**, 5360 (1954).


## 연습 문제

기체 A가 액체에 흡수되어 다음 반응식에 따라 B와 반응한다.

$$A(g \rightarrow l) + B(l) \rightarrow R(l), \qquad -r_A = kC_A C_B$$

충전층의 조건은 다음과 같다.

$k_{Ag}a = 0.1 \text{ mol/hr} \cdot \text{m}^2 \text{ of reactor} \cdot \text{Pa}$ $\qquad f_l = 0.01 \text{ m}^3 \text{ liquid/m}^3 \text{ reactor}$

$k_{Al}a = 100 \text{ m}^3 \text{ liquid/m}^3 \text{ reactor} \cdot \text{hr}$ $\qquad \mathscr{D}_{Al} = \mathscr{D}_{Bl} = 10^{-6} \text{ m}^2/\text{hr}$

$a = 100 \text{ m}^2/\text{m}^3 \text{ reactor}$

반응기 내 $p_A$ = 100 Pa이고 $C_B$ = 100 mol/m$^3$ liquid인 지점에서

**(a)** 반응속도를 mol/hr·m$^3$ of reactor로 계산하라

**(b)** 반응속도론의 다음의 특징들을 설명하라.

- 주된 저항의 위치(기체 경막, 액체 경막, 액체 본체)
- 액체 경막에서의 거동(유사 1차 반응, 순간 반응, 2차 반응, 물리적 전달) 반응속도와 헨리법칙 상수에 대해 다음의 값을 이용하라.

| | $k$, m$^3$ liquid/mol·hr | $H_A$, Pa·m$^3$ liquid/mol |
|---|---|---|
| **23.1** | 10 | $10^5$ |
| **23.2** | $10^6$ | $10^4$ |
| **23.3** | 10 | $10^3$ |
| **23.4** | $10^{-4}$ | 1 |
| **23.5** | $10^{-2}$ | 1 |
| **23.6** | $10^8$ | 1 |

**23.7** $C_B$가 매우 작거나 $C_B$ = 1이라 두고 예제 23.1을 반복하라.

**23.8** 높은 압력에서 $CO_2$는 충전층의 NaOH 용액에 흡수된다. 반응은 다음과 같다.

$$\underset{(A)}{\underline{CO_2}} + \underset{(B)}{\underline{2NaOH}} \rightarrow Na_2CO_3 + H_2O \text{ with } -r_{Al} = kC_AC_B$$

흡수속도와 지배 저항을 구하고 충전층 내의 $p_A = 10^5$ Pa이고 $C_B$ = 500 mol/m$^3$인 지점의 액체 경막에서 무슨 일이 일어나는지를 구하라.

***자료:*** $k_{Ag}a = 10^{-4}$ mol/m$^2$·s·Pa $\quad H_A$ = 25 000 Pa·m$^3$/mol

$k_{Al} = 1 \times 10^{-4}$ m/s $\quad \mathscr{D}_A = 1.8 \times 10^{-9}$ m$^2$/s

$a = 100$ m$^{-1}$ $\quad \mathscr{D}_B = 3.06 \times 10^{-9}$ m$^2$/s

$k = 10$ m$^3$/mol·s $\quad f_l = 0.1$

이 문제는 Danckwerts (1970)의 논문에 기반해서 출제했다.

**23.9** 황화수소(hydrogen sulfide, $H_2S$)는 충전탑에서 methanolamine (MEA) 용액에 의해 흡수된다. 탑의 꼭대기에서 기체는 20 atm이고 0.1%의 $H_2S$를 포함하는 반면, 흡수제는 250 mol/m$^3$인 MEA를 포함한다. 반응은 일반적으로 비가역적이며 순간적이라고 가정한다.

$$\underset{(A)}{\underline{H_2S}} + \underset{(B)}{\underline{RNH_2}} \rightarrow HS^- + RNH_3^+$$

유속과 충전물은 다음과 같다.

$$k_{Al}a = 0.03\ \text{s}^{-1}$$

$$k_{Ag}a = 60\ \text{mol/m}^3\cdot\text{s}\cdot\text{atm}$$

$H_A = 1 \times 10^{-4}\ \text{m}^3\cdot\text{atm/mol}$, Henry's law constant for $H_2S$ in water.

**(a)** MEA 용액에서 $H_2S$의 흡수속도를 구하라.

**(b)** MEA 흡수제를 사용하는 것이 가치가 있는지 확인하기 위해 MEA로 흡수하는 것이 물로 흡수하는 것에 비해 얼마나 빠른지 구하라.

이 문제는 Danckwerts (1970)의 논문에 기반해서 출제했다.

제 24 장

# 유체–유체 반응기: 설계

*Fluid–Fluid Reactors: Design*

우선 올바른 접촉기(contactor)를 선택하고, 그 후에 크기를 결정한다. 접촉기는 크게 두 가지 종류가 있는데 탑(tower)과 탱크(tank)이다. 그림 24.1에서 몇 가지 예를 나타내었다. 예상할 수 있듯이 이 접촉기들은 아주 다른 기체/액체 부피비($G/L$ volume ratio), 계면 면적(interfacial area), $k_g$, $k_l$과 농도 추진력(혹은 구동력, driving force)을 가진다. 기체 반응물의 용해도나 반응물의 농도 등 시스템의 특정한 성질을 기반으로(이 성질은 속도식에서 주요 저항이 어디에 위치할지 파악함) 어떤 접촉기를 사용할지 알 수 있다.

표 24.1에 접촉기의 특성을 요약하였다.

## ▸ 접촉기를 선택하는 데 고려해야 할 인자

**(a) 접촉 방식.** 그림 24.2에 이상적인 모식도를 나타내었다.

- 탑은 대략 플러그 흐름 기체/플러그 흐름 액체(plug $G$/plug $L$)로 간주한다.
- 기포 탱크는 대략 플러그 흐름 기체/혼합 흐름 액체(plug $G$/mixed $L$)로 간주한다.
- 교반 탱크는 대략 혼합 흐름 기체/혼합 흐름 액체(mixed $G$/mixed $L$)로 간주한다.

앞으로 살펴보겠지만, 탑은 가장 큰 물질전달 구동력을 가지고 있다는 점에서 탱크보다 이점을 가진다. 교반탱크는 가장 작은 구동력을 가진다.

**(b) $k_g$와 $k_l$.** 기체 안의 액적에 대한 $k_g$는 크고 $k_l$은 작다. 액체 안에서 상승하는 기포에 대한 $k_g$는 작고 $k_l$은 크다.

**(c) 유속.** 충전층 행태의 접촉기는 1 bar에서 상대적인 유속비가 $F_l/F_g \cong 10$일 때 가장 잘 작동한다. 다른 접촉기들은 작동범위가 보다 유동적이어서 더 넓은 범위의 $F_l/F_s$ 값에서도 잘 작동한다.

**(d) 기체 경막 그리고/혹은 액체 경막에 저항이 있는 경우.** 큰 계면적 "$a$"를 필요로 하므로 대부분이 교반 접촉기 혹은 컬럼형 접촉기가 필요하다. 액체 경막의 저항이 우세하면 분무 접촉기를 피하고, 기체 경막의 저항이 우세하면 기포 접촉기를 피한다.

**(e) 액체 본체에 저항이 있는 경우.** 큰 $f_l$ $(V_l/V_r)$이 유리함. 이 경우에는 탑을 피하고 탱크 접촉기를 이용하라.

**(f) 용해도.** 작은 헨리 상수를 가진 매우 잘 녹는 기체(예, 암모니아)는 기체 경막이 지배적이

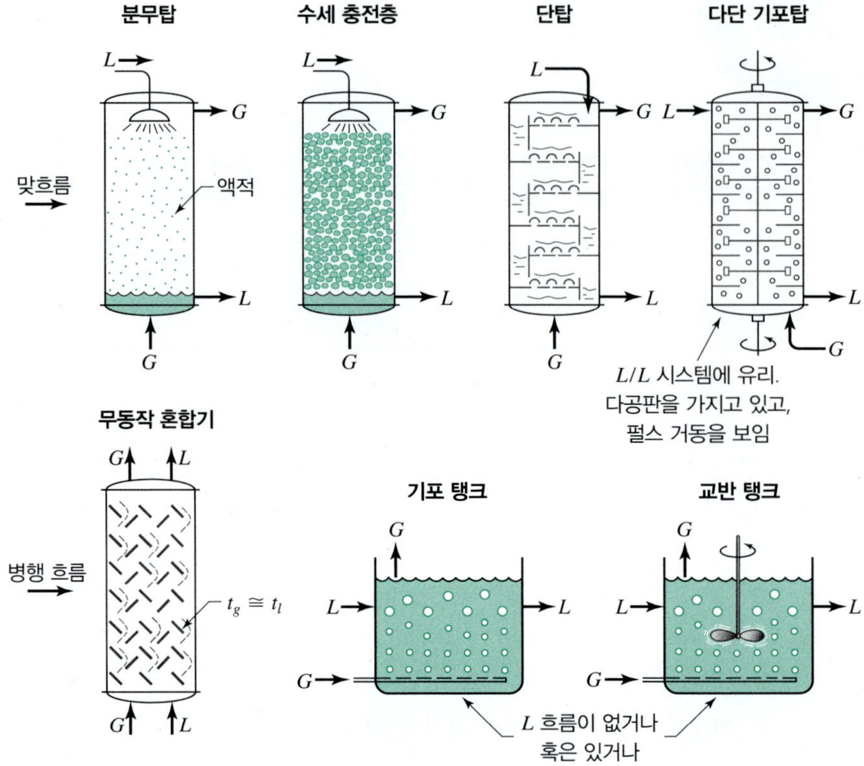


그림 24.1 기체/액체 반응(G/L reaction)에 대한 탑과 탱크 접촉기.

므로 기포 접촉기를 피해야 한다. 한편 큰 헨리 상수를 가지는 액체에 잘 안 녹는 기체(예, 산소, 질소)는 액체 경막이 지배적이므로 분무탑을 피해야 한다.

**(g) 화학 반응이 액체 경막 저항을 줄이는 경우**

- 매우 잘 녹는 기체의 흡수에는 화학반응이 도움이 되지 않는다.
- 약간 녹는 기체의 흡수의 경우에는 화학반응이 도움이 되고 반응속도를 향상시킨다.

**명명법** 앞으로 식을 전개할 때 다음의 표기법을 사용하여 명명한다.

$A_{cs}$ = 탑의 단면적

$a$ = 반응기 단위부피당 계면 접촉 면적($m^2/m^3$)

$f_l$ = 액체의 부피 분율(−)

$i$ = 반응에 참여하는 모든 반응물 또는 생성물

A, B, R, S = 반응에 참여하는 물질

U = 반응물이나 생성물이 아닌 운반 성분 또는 불활성 성분

$T$ = 반응하는 상에서의(또는 액체상의) 총 몰수

$\mathbf{Y}_A = p_A/p_U$, A의 몰수/기체 중 불활성 물질의 몰수(−)

$\mathbf{X}_A = C_A/C_U$, A의 몰수/액체 중 불활성 물질의 몰수(−)

$F'_g, F'_l$ = 모든 기체와 액체의 몰 유속(mol/s)

$F_g = F'_g p_U/\pi$, 기체 중 비활성 물질의 상승 몰유속(mol/s)

$F_l = F'_l C_U/C_T$, 기체 중 비활성 물질의 하강 몰유속(mol/s)

**표 24.1** 기체/액체 접촉기(*G*/*L* contactor)의 특성 요약(Kramers and Westerterp, 1961)

| 흐름 형태 | 접촉기 | $a$ ($m^2/m^3$) | $f_l = \frac{V_l}{V}$ (−) | 용량 | 비고 |
|---|---|---|---|---|---|
| 맞흐름 | 분무탑 | 60 | 0.05 | 낮음 | 아주 가용성이 높은 가스의 경우 높은 값 $k_g/k_l$ |
| | 충전층 | 100 | 0.08 | 높음 | 대부분 만족, 그러나 반드시 $F_l/F_g \cong 10$ |
| | 단탑 | 150 | 0.15 | 중간-높음 | |
| | 다단 기포탑 | 200 | 0.9 | 낮음 | 기계 혼합기 혹은 펄스 장치가 필요. 약간 가용성인 가스에 유리 $L_1/L_2$. 낮은 $k_g/k_l$. |
| 병행 흐름 | 무동작 혼합기 | 200 | 0.2–0.8 | 아주 높음 | 아주 유동적임. 알려진 자료 거의 없음 $\bar{t}_g \cong \bar{t}_l$. |
| *L*의 혼합 흐름 | 기포 탱크 | 20 | 0.98 | 중간 | 제조가 쉬움 |
| | 교반 탱크 | 200 | 0.9 | 중간 | 제조는 쉬우나 기계 교반기가 필요 |

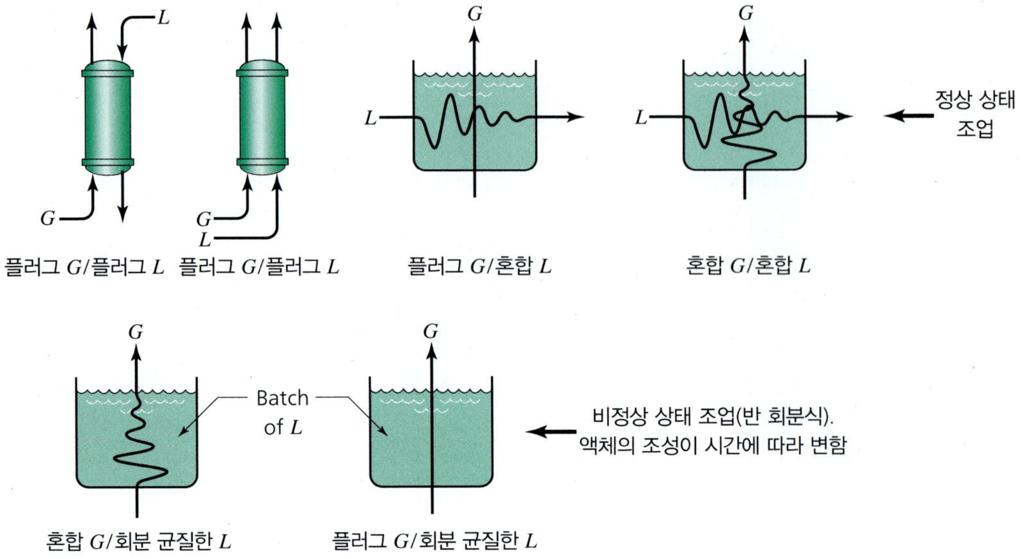


**그림 24.2** 기체/액체 접촉기에 대한 접촉 방식.

위에서 언급한 명명법을 이용하여 다양한 농도 측정값들 사이의 관계식을 얻을 수 있다.

$$\pi = p_\mathrm{A} + p_\mathrm{B} + \cdot\ \cdot\ \cdot + p_\mathrm{U}$$

$$C_T = C_\mathrm{A} + C_B + \cdot\ \cdot\ \cdot + C_\mathrm{U}$$

$$d\mathbf{Y}_\mathrm{A} = d\left(\frac{p_\mathrm{A}}{p_\mathrm{U}}\right) = \frac{p_\mathrm{U}dp_\mathrm{A} - p_\mathrm{A}dp_\mathrm{U}}{p_\mathrm{U}^2} \overset{\text{dilute}}{\cong} \frac{dp_\mathrm{A}}{p_\mathrm{U}}$$

$$d\mathbf{X}_\mathrm{A} = d\left(\frac{C_\mathrm{A}}{C_\mathrm{U}}\right) = \frac{C_\mathrm{U}dC_\mathrm{A} - C_\mathrm{A}dC_\mathrm{U}}{C_\mathrm{U}^2} \overset{\text{dilute}}{\cong} \frac{dC_\mathrm{A}}{C_\mathrm{U}}$$

$F_g$와 $F_l$의 항으로 이루어진 성능식은 유체의 흐름에 불활성 운반물질이 포함될 경우 유용하다. 한편 $F_g'$와 $F_l'$의 항으로 이루어진 성능식은 유체의 흐름에 반응물만 포함되고 불활성 물질이 포함되지 않을 경우에 유용하다.

## 24.1 직접적인 물질전달

반응시스템을 해석하기 위한 접근은 물질전달만 일어나는 시스템을 해석하는 결과를 그대로 확장하면 된다. 따라서 먼저 액체에 의해 가스 물질 A가 흡수되는 식을 개발한 후에 반응시스템으로 확장할 수 있다.

$$\mathrm{A}\ (\text{기체}) \rightarrow \mathrm{A}\ (\text{액체})$$

$$\mathrm{A}\ (g \rightarrow l) + \mathrm{B}(l) \rightarrow \text{생성물}\ (l)$$

위 두 성능식 사이의 유사성에 주목하라.

## ▶ 플러그 흐름 기체/플러그 흐름 액체 – 탑 내부의 맞흐름

성능식을 결정하기 위해서는 물질 수지와 속도식을 결합해야 한다. 따라서 정상 상태 맞흐름 조업에 대해서 부피의 미분요소 식을 적으면 다음과 같다.

$$\text{가스에 의해 소모된 A} = \text{액체에 의해 획득된 A} = (-r''''_{\mathrm{A}})dV_r$$

또는

$$F_g\, d\mathbf{Y}_{\mathrm{A}} = F_l\, d\mathbf{X}_{\mathrm{A}} = (-r''''_{\mathrm{A}})dV_r \tag{1}$$

$$\frac{F_g \pi dp_{\mathrm{A}}}{(\pi - p_{\mathrm{A}})^2} = d\left(\frac{F'_g p_{\mathrm{A}}}{\pi}\right) = \frac{F_g dp_{\mathrm{A}}}{\pi - p_{\mathrm{A}}} \qquad \frac{F_l C_T dC_{\mathrm{A}}}{(C_T - C_{\mathrm{A}})^2} \qquad (-r''_{\mathrm{A}})a = k_{\mathrm{A}g}a(p_{\mathrm{A}} - p_{\mathrm{A}i}) = k_{\mathrm{A}l}a(C_{\mathrm{A}i} - p_{\mathrm{A}})$$

이 미분 형태의 식을 전체 탑에 대해서 적분하면 아래의 식을 얻을 수 있다.

$$\begin{aligned} V_r &= \frac{F_g}{a}\int_{\mathbf{Y}_{\mathrm{A}1}}^{\mathbf{Y}_{\mathrm{A}2}} \frac{d\mathbf{Y}_{\mathrm{A}}}{-r''_{\mathrm{A}}} = \frac{F_l}{a}\int_{\mathbf{X}_{\mathrm{A}1}}^{\mathbf{X}_{\mathrm{A}2}} \frac{d\mathbf{X}_{\mathrm{A}}}{-r''_{\mathrm{A}}} \\ &= F_g \pi \int_{p_{\mathrm{A}1}}^{p_{\mathrm{A}2}} \frac{dp_{\mathrm{A}}}{k_{\mathrm{A}g}a(\pi - p_{\mathrm{A}})^2(p_{\mathrm{A}} - p_{\mathrm{A}i})} = \int_{p_{\mathrm{A}1}}^{p_{\mathrm{A}2}} \frac{F'_g dp_{\mathrm{A}}}{k_{\mathrm{A}g}a(\pi - p_{\mathrm{A}})(p_{\mathrm{A}} - p_{\mathrm{A}i})} \\ &= F_l C_T \int_{C_{\mathrm{A}1}}^{C_{\mathrm{A}2}} \frac{dC_{\mathrm{A}}}{k_{\mathrm{A}l}a(C_T - C_{\mathrm{A}})^2(C_{\mathrm{A}i} - C_{\mathrm{A}})} = \int_{C_{\mathrm{A}1}}^{C_{\mathrm{A}2}} \frac{F'_g dC_{\mathrm{A}}}{k_{\mathrm{A}l}a(C_T - C_{\mathrm{A}})(C_{\mathrm{A}i} - C_{\mathrm{A}})} \end{aligned} \tag{2}$$

간략한 설계 순서는 그림 24.3에 요약하였다. 농도가 희박한 시스템에 대해서 $C_{\mathrm{A}} \ll C_T$이고 $p_{\mathrm{A}} \gg \pi$이므로 $F'_g \cong F_g$이고 $F'_l \cong F_l$이라 할 수 있다. 이 상황에서 미분 물질 수지는 다음 식으로 변형된다.

$$\frac{F_g}{\pi}dp_{\mathrm{A}} = \frac{F_l}{C_T}dC_{\mathrm{A}} = -r''''_{\mathrm{A}}\, dV_r \tag{3}$$

이 식은 흡수장치(absorber)에서 임의의 두 점에 대해 아래 식으로 쓸 수 있다.

$$p_{\mathrm{A}2} - p_{\mathrm{A}1} = \frac{F_l \pi}{F_g C_T}(C_{\mathrm{A}2} - C_{\mathrm{A}1}) \tag{4}$$

그리고 속도식은 다음과 같다.

$$\begin{aligned} -r''''_{\mathrm{A}} = (-r''_{\mathrm{A}})a &= \left(\frac{1}{\dfrac{1}{k_{\mathrm{A}g}a} + \dfrac{H_{\mathrm{A}}}{k_{\mathrm{A}l}a}}\right)(p_{\mathrm{A}} - p^*_{\mathrm{A}}) \\ &= K_{\mathrm{A}g}a(p_{\mathrm{A}} - p^*_{\mathrm{A}}) = K_{\mathrm{A}l}a(C^*_{\mathrm{A}} - C_{\mathrm{A}}) \end{aligned} \tag{5}$$

따라서 식 (2)의 일반적인 적분 속도식을 식 (3)과 결합하면 다음 식을 얻는다.

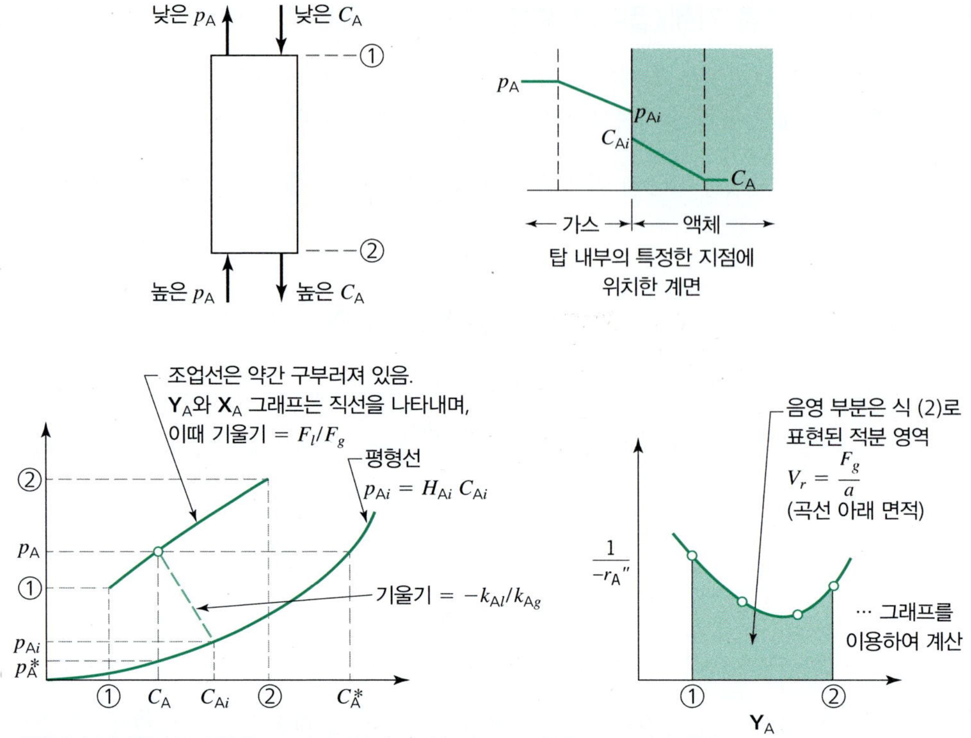


**그림 24.3** 향류탑에서 물질전달만 일어나는 경우의 설계 과정에 대한 도식.

$$V_r = hA_{cs} = \frac{F_g}{\pi}\int_{p_{A1}}^{p_{A2}} \frac{dp_A}{-r_A''''} = \frac{F_l}{C_T}\int_{C_{A1}}^{C_{A2}} \frac{dC_A}{-r_A''''}$$

$$= \frac{F_g}{\pi K_{Ag} a}\int_{p_{A1}}^{p_{A2}} \frac{dp_A}{p_A - p_A^*} = \frac{F_l}{C_T K_{Al} a}\int_{C_{A1}}^{C_{A2}} \frac{dC_A}{C_A^* - C_A} \tag{6}$$

coefficient on gas basis: $\frac{1}{K_{Ag}} = \frac{1}{k_{Ag}} + \frac{H_A}{k_{Al}}$

gas in equilibrium with liquid $C_A$, or $p_A^* = H_A C_A$

coefficient on liquid basis: $\frac{1}{K_{Al}} = \frac{1}{H_A k_{Ag}} + \frac{1}{k_{Al}}$

liquid in equilibrium with gas $p_A$, or $C_A^* = p_A / H_A$

그림 24.2의 다른 접촉 방식, 즉 플러그 기체/플러그 액체 병류, 혼합 흐름 기체/혼합 액체, 플러그 기체/혼합 액체, 혼합 기체/플러그 액체, 혼합 기체/회분식 액체에 대해서는 Levenspiel (1996)의 제42장을 보거나 물질전달이나 단위조작 수업에서 배운 식들과 해석을 참고하라.

## 24.2 물질전달과 너무 느리지 않은 화학반응의 경우

여기서는 반응 $A(g \to l) + bB(l) \to$ 생성물$(l)$만을 고려한다. 반응속도가 충분히 빨라 반응하지 않는 기체 A가 액체로 녹아 들어가지 않는다고 가정한다. 이것은 Hatta 계수가 1보다 너무 작지 않다는 것을 가정한다.

## ▶ 플러그 흐름 기체/플러그 흐름 액체 — 물질전달 + 향류탑 내 반응

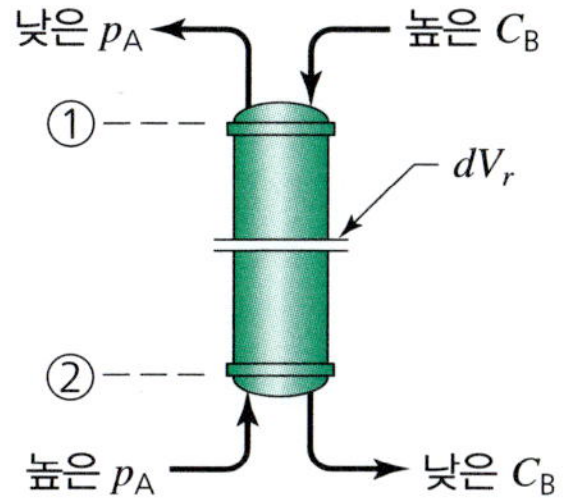


흡수기 반응기의 얇은 (판형)영역에 대해 미분식을 적용하면 다음과 같다.

$$\underbrace{\begin{pmatrix}\text{가스에 의한}\\ \text{잃은 A}\end{pmatrix}}_{\text{I}} = \frac{1}{b}\underbrace{\begin{pmatrix}\text{액체에 의해}\\ \text{잃은 B}\end{pmatrix}}_{\text{II}} = \underbrace{\begin{pmatrix}\text{반응에 의해}\\ \text{사라진 A}\end{pmatrix}}_{\text{III}}$$

또는

$$F_g\, d\mathbf{Y}_A = -\frac{F_l d\mathbf{X}_B}{b} = (-r''''_A)dV_r \tag{7}$$

**농도가 희박한 시스템** $p_U \cong \pi$이고 $C_U \cong C_T$이면 식 (7)은 아래와 같이 간단하게 된다.

$$\frac{F_g}{\pi} dp_A = -\frac{F_l}{bC_T} dC_B = (-r''_A)a\, dV_r \tag{8}$$

미분식에서 언급한 I과 II, II와 III, I과 III을 정리하여 적분하면 다음 식을 얻을 수 있다.

희박한 시스템

$$V_r = F_g \int_{\mathbf{Y}_{A1}}^{\mathbf{Y}_{A2}} \frac{d\mathbf{Y}_A}{(-r''_A)a}$$

$$= \frac{F_l}{b} \int_{\mathbf{X}_{B2}}^{\mathbf{X}_{B1}} \frac{d\mathbf{X}_B}{(-r''_B)a}$$

$$F_g(\mathbf{Y}_{A2} - \mathbf{Y}_{A1}) = \frac{F_l}{b}(\mathbf{X}_{B1} - \mathbf{X}_{B2}) \tag{9}$$

타워 내부의 점 1에서 점 $i$까지 적용 가능

일반적인 시스템

$$V_r = \frac{F_g}{\pi} \int_{p_{A1}}^{p_{A2}} \frac{dp_A}{(-r''_A)a}$$

$$= \frac{F_l}{bC_T} \int_{C_{B2}}^{C_{B1}} \frac{dC_B}{(-r''_A)a}$$

$$\frac{F_g}{\pi}(p_{A2} - p_{A1}) = \frac{F_l}{bC_T}(C_{B1} - C_{B2}) \tag{10}$$

### ▶ $V_r$에 대하여 풀기

- $p_A$ 값을 몇 개 고르고(흔히 $p_{A1}, p_{A2}$ 값과 그 중간값이면 충분함) 선택한 $p_A$ 값에 해당하는 $C_B$를 찾는다.
- 이 값에 해당하는 각 점에서의 반응속도를 다음 식을 이용하여 계산한다.

$$(-r''_A)a = \left[\frac{1}{\dfrac{1}{k_{Ag}a} + \dfrac{H_A}{k_{Al}aE} + \dfrac{H_A}{kC_B f_l}}\right] p_A$$

- 성능식을 도식적으로 적분한다.

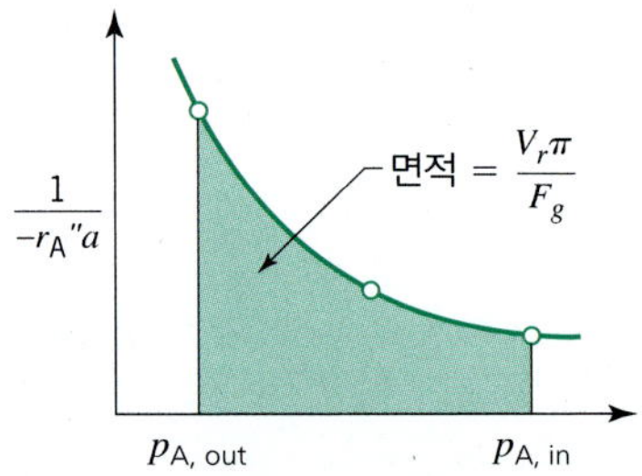


### ▶ 플러그 흐름 기체/플러그 흐름 액체 — 물질전달 + 병류탑 내 반응

여기서는 간단하게 맞흐름에 대한 식에서 $F_l$을 $-F_l$로(두 흐름 모두 상승하는 경우) 바꾸거나 $F_g$를 $-F_g$로(두 흐름 모두 하강하는 경우) 바꾸면 된다. 각각의 $P_A$에 대한 적당한 $C_B$ 값을 찾아야 한다. 나머지 과정은 위와 같다.

### ▶ 혼합 흐름 기체/혼합 흐름 액체 — 물질전달 + 교반형 탱크 접촉기 내 반응

교반형 탱크 접촉기 내의 모든 조성이 동일하기 때문에, 용기 전체에 대하여 다음 식이 성립함을 알 수 있다.

$$\begin{pmatrix}\text{가스에 의한}\\ \text{잃은 A}\end{pmatrix} = \frac{1}{b}\begin{pmatrix}\text{액체에 의해}\\ \text{잃은 B}\end{pmatrix} = \begin{pmatrix}\text{반응에 의해}\\ \text{사라진 A}\end{pmatrix}$$

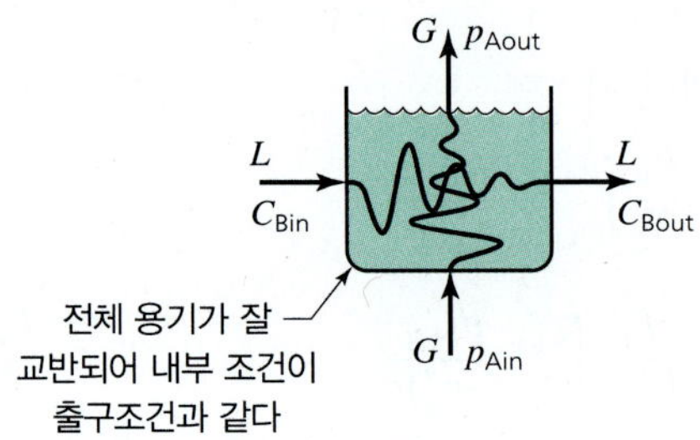

이 식을 기호를 이용하여 표기하면 다음과 같다.

$$F_g(\mathbf{Y}_{\text{Ain}} - \mathbf{Y}_{\text{Aout}}) = \frac{F_l}{b}(\mathbf{X}_{\text{Bin}} - \mathbf{X}_{\text{Bout}}) = (-r_{\text{A}}'''')\Big|_{\substack{\text{at exit conditions} \\ \text{for both } G \text{ and } L}} V_r \qquad \textbf{(11)}$$

희박한 시스템

$$\frac{F_g}{\pi}(p_{\text{Ain}} - p_{\text{Aout}}) = \frac{F_l}{bC_T}(C_{\text{Bin}} - C_{\text{Bout}}) = (-r_{\text{A}}'''')\big|_{\text{at exit}} V_r \qquad \textbf{(12)}$$

***$V_r$을 계산하려면*** 직접적으로 해를 구할 수 있다. 알고 있는 흐름 조성에서부터 $-r_{\text{A}}''''$을 계산하고, 식 (11)과 식 (12)를 풀면 된다.

***주어진 $V_r$에 대하여 $C_{\text{Bout}}$과 $p_{\text{Aout}}$을 찾으려면*** 일단 $p_{\text{Aout}}$을 추정하고 이를 바탕으로 $C_{\text{Bout}}$을 계산한 후 $-r_{\text{A}}''''$와 $V_r$을 계산한다. 계산된 $V_r$ 값과 실제 값을 비교하여 만약 그 값이 다르다면 다시 $p_{\text{Aout}}$을 추정한다. 이렇게 시행착오법을 이용한다.

## ▶ 플러그 흐름 기체/혼합 흐름 액체 — 물질전달 + 기포탱크 접촉기 내 반응

여기서는 두 가지 계산을 해야 한다. 플러그 흐름인 기체에서 잃어버린 A에 대한 미분 수지식과 액체가 혼합 흐름이기 때문에 B에 대한 총괄 수지식이 필요하다.

한 조각의 상승하는 기체에 초점을 맞추어 식을 전개하면 다음과 같다.

$$\begin{pmatrix}\text{가스에 의해} \\ \text{사라진 A}\end{pmatrix} = \begin{pmatrix}\text{반응에 의해} \\ \text{소모된 A}\end{pmatrix} \quad \ldots\text{또는}\ldots \quad F_g d\mathbf{Y}_{\text{A}} = (-r_{\text{A}}'''')\Big|_{\substack{L \text{ at exit} \\ \text{conditions}}} dV_r \qquad \textbf{(13)}$$

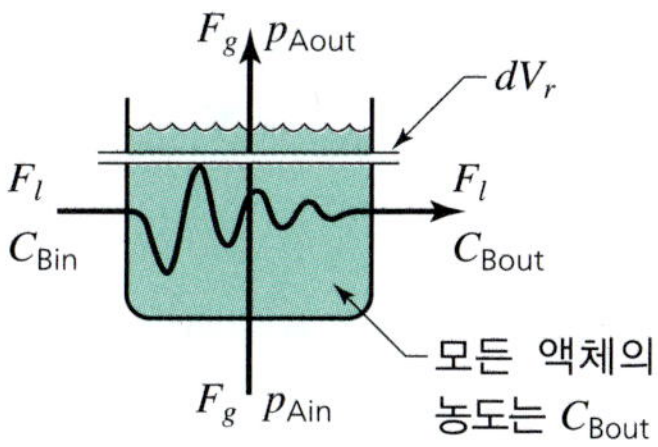


전체가 액체인 경우와 전체가 기체인 경우, 전체 반응기에 대한 수지식은 다음과 같다.

$$\begin{pmatrix}\text{가스에 의해} \\ \text{사라진 모든 A}\end{pmatrix} = \frac{1}{b}\begin{pmatrix}\text{액체에 의해} \\ \text{사라진 모든 B}\end{pmatrix} \quad \ldots\text{또는}\ldots \quad F_g \Delta\mathbf{Y}_{\text{A}} = \frac{F_l}{b}\Delta\mathbf{X}_{\text{B}} \qquad \textbf{(14)}$$

기포가 움직이는 길을 따라서 식 (13)을 적분하고 여기에 식 (14)를 적용하면 아래 식을 얻을 수 있다.

일반적인 시스템

$$V_r = F_g \int_{\mathbf{Y}_{\mathrm{Aout}}}^{\mathbf{Y}_{\mathrm{Ain}}} \frac{d\mathbf{Y}_\mathrm{A}}{(-r''_\mathrm{A})a} \qquad F_g(\mathbf{Y}_{\mathrm{Ain}} - \mathbf{Y}_{\mathrm{Aout}}) = \frac{F_l}{b}(\mathbf{X}_{\mathrm{Bin}} - \mathbf{X}_{\mathrm{Bout}}) \tag{15}$$

모든 액체 농도는 $C_{\mathrm{Bout}}$

희박한 시스템

$$V_r = \frac{F_g}{\pi} \int_{p_{\mathrm{Aout}}}^{p_{\mathrm{Ain}}} \frac{dp_\mathrm{A}}{(-r''_\mathrm{A})a} \qquad \frac{F_g}{\pi}(p_{\mathrm{Ain}} - p_{\mathrm{Aout}}) = \frac{F_l}{bC_T}(C_{\mathrm{Bin}} - C_{\mathrm{Bout}}) \tag{16}$$

만일 출구조건을 알고 있는 경우에 $V_r$을 찾아야 한다면 과정은 간단하다. $p_\mathrm{A}$ 값을 여러 개 선택하고 이를 도식적으로 적분한다.

만일 반응기 부피 $V_r$을 알고 있는 경우 $p_{\mathrm{Aout}}$과 $C_{\mathrm{Bout}}$을 찾아야 한다면 시행착오법으로 해를 구해야 한다. 간단히 먼저 $C_{\mathrm{Bout}}$을 추정하고 $V_{\mathrm{calculated}} = V_{\mathrm{given}}$인지 알아본다.

## ▶ 혼합 흐름 기체/회분식 균질한 액체 — 흡수 + 회분식 교반 접촉기 내 반응

정상 상태 운전이 아니기 때문에 그림 24.4에서 보는 것처럼 조성과 반응속도가 모두 시간에 따라 변한다. 어떤한 경우에도 특정한 순간의 물질 수지는 아래에 언급한 세 가지 항을 포함하고 있고, 일반적으로 다음과 같다.

$$\underbrace{F_g(\mathbf{Y}_{\mathrm{Ain}} - \mathbf{Y}_{\mathrm{Aout}})}_{\mathrm{I}} = \underbrace{-\frac{V_l}{b}\frac{dC_\mathrm{B}}{dt}}_{\mathrm{II}} = \underbrace{(-r''''_\mathrm{A})V_r}_{\mathrm{III}} \tag{17}$$

I: 기체에서 잃어버린 A

II: 액체에서 시간에 따라 감소하는 B

III: 반응에 의해 사라지는 A 혹은 B. 속도식에서는 $p_{\mathrm{Aout}}$이라는 표현을 사용한다(G는 혼합 흐름 속에 있으므로)

희박한 시스템

$$\frac{F_g}{\pi}(p_{\mathrm{Ain}} - p_{\mathrm{Aout}}) = -\frac{V_l}{b}\frac{dC_\mathrm{B}}{dt} = (-r''''_\mathrm{A})V_r \tag{18}$$

## ▶ 주어진 작업에 소요되는 시간 찾기

- 여러 개의 $C_{\mathrm{B0}}$, $C_{\mathrm{B}f}$와 이 둘의 중간값 $C_\mathrm{B}$를 선택한다. 각각의 $C_\mathrm{B}$에 대한 $p_{\mathrm{Aout}}$을 추측한다.
- $M_H$와 $E_i$를 계산한 후 $E$와 $-r''''_\mathrm{A}$를 계산한다. 이 계산은 가끔 시행착오법이 필요하다.
- 위 식에서 I과 III이 서로 같은지 살펴본다.

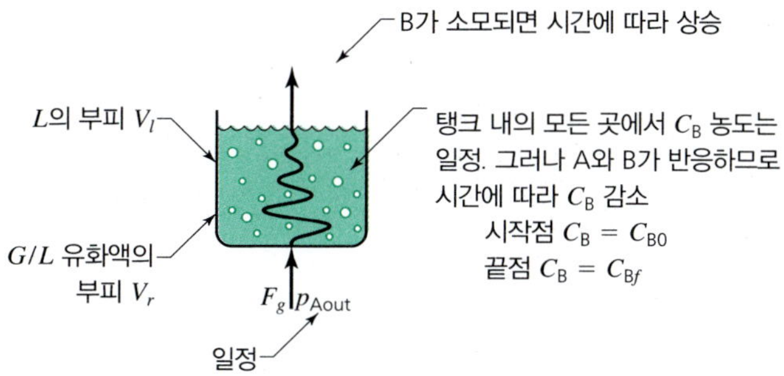


**그림 24.4** **회분식 액체 반응기의 표현.**

$$(-r_A''''')V_r \overset{?}{=} F_g\left(\frac{p_{Ain}}{\pi - p_{Ain}} - \frac{p_{Aout}}{\pi - p_{Aout}}\right)$$

그리고 이 두 값이 같아질 때까지 $p_{Aout}$를 조절한다.

*빠른 계산을 위한 지름길*: $p_A \ll \pi$이고 $E = M_H$이면 $E$는 $p_A$에 무관하고, I과 III을 합쳐 다음 식을 얻을 수 있다.

$$-r_A'''' = p_{Ain} \bigg/ \left(\frac{\pi V_r}{F_g} + \frac{1}{k_{Ag}a} + \frac{H_A}{k_{Al}aE} + \frac{H_A}{kC_B f_l}\right)$$

- 그 다음 소요되는 운전시간을 찾기 위하여 II와 III을 결합한다.

$$t = \frac{f_l}{b}\int_{C_{Bf}}^{C_{B0}} \frac{dC_B}{-r_A''''} \quad \text{. . . 도식적으로 푼다} \tag{19}$$

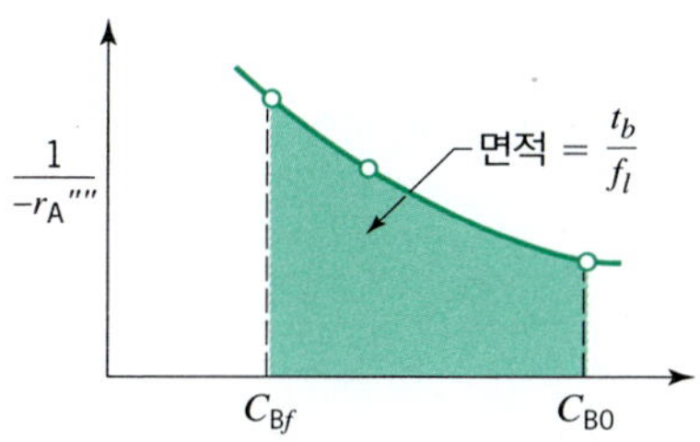


- 이 시간은 모든 A가 반응하기 위한 최소 시간과 비교할 수 있다. 이 상황은 $p_{Aout} = 0$으로 표현할 수 있다. 그러므로 다음 식이 성립한다.

$$t_{min} = \frac{\frac{1}{b}V_l(C_{B0} - C_{Bf})}{F_g\left(\frac{p_{Ain}}{\pi - p_{Ain}}\right)} = \frac{\frac{1}{b}\left(\begin{array}{c}\text{용기 내에서 반응으로}\\ \text{사라지는 B의 양}\end{array}\right)}{\left(\begin{array}{c}\text{단위 시간에 용기로}\\ \text{들어오는 A의 양}\end{array}\right)} \tag{20}$$

- $t$와 $t_{min}$을 결합하면 A의 이용 효율(efficiency of utilization)을 구할 수 있다.

$$\begin{pmatrix}\text{용기로 유입되는 A 가운데} \\ \text{B와 반응하는 퍼센트}\end{pmatrix} = \frac{t_{\min}}{t} \qquad (21)$$

예제 24.6에서 회분식 흡수기-반응기를 기준으로 이 계산 과정을 보여준다.

## 예제 24.1 ▶ 곧바로 흡수하는 탑

공기 중(1 bar = $10^5$ Pa)에 존재하는 불필요한 불순물 A를 순수한 물을 사용한 흡수공정을 이용하여 0.1%(또는 100 Pa)에서 0.02%(또는 20 Pa)로 감소시키고자 한다. 맞흐름조업에 요구되는 탑의 높이를 구하여라.

***자료***

편리상 SI 단위계를 사용한다.

충전에 대하여 다음 자료가 제공되었다.

$$k_{Ag}a = 0.32 \text{ mol/hr}\cdot\text{m}^3\cdot\text{Pa}$$

$$k_{Al}a = 0.1/\text{hr}$$

물에서의 A의 용해도는 헨리법칙 상수에 의하여 주어진다.

$$H_A = p_{Ai}/C_{Ai} = 12.5 \text{ Pa}\cdot\text{m}^3/\text{mol}$$

탑의 단면적 제곱미터당 유속은 다음과 같다.

$$F_g/A_{cs} = 1 \times 10^5 \text{ mol/hr}\cdot\text{m}^2$$

$$F_l/A_{cs} = 7 \times 10^5 \text{ mol/hr}\cdot\text{m}^2$$

모든 조건에서 액체의 몰밀도는 아래와 같다.

$$C_T = 56\,000 \text{ mol/m}^3$$

그림 E24.1은 이 지점에서 알고 있는 값을 나타낸다.

**› 풀이**

전략적으로 먼저 물질 수지를 풀고 탑의 높이를 계산해야 한다. 희박한 농도의 시스템을 다루고 있으므로 물질 수지의 간략화된 형태를 사용할 것이다. 그러므로 탑 내 어느 지점의 $p_A$와 $C_A$는 식 (4)와 연관되어 있다.

$$p_{A3} - p_{A1} = \frac{(F_l/A_{cs})}{(F_g/A_{cs})}\frac{\pi}{C_T}(C_{A3} - C_{A1})$$

또는

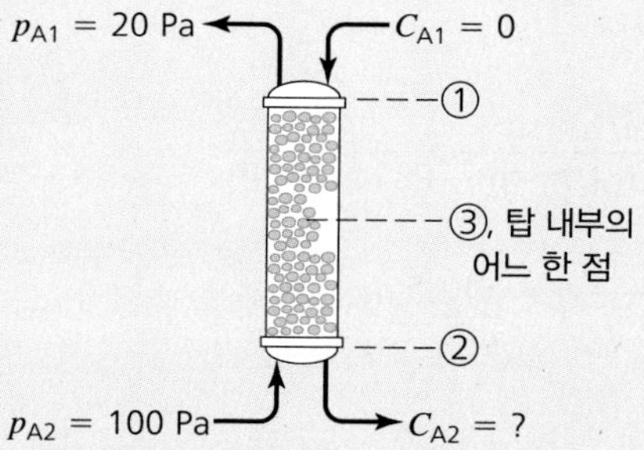


그림 E24.1

$$p_{A3} - 20 = \frac{(7 \times 10^5)(1 \times 10^5)}{(1 \times 10^5)(56\,000)}(C_{A3} - 0)$$

또는

$$C_{A3} = 0.08 p_{A3} - 1.6 \tag{i}$$

이때 탑을 나가는 액체 내 A의 농도는 다음과 같다.

$$C_{A2} = 0.08(100) - 1.6 = 6.4 \text{ mol/m}^3 \tag{ii}$$

탑의 높이는 식 (6)으로부터 다음과 같이 나타낼 수 있다.

$$h = \frac{V_r}{A_{cs}} = \frac{(F_g/A_{cs})}{\pi(K_{Ag}a)} \int_{20}^{100} \frac{dp_A}{p_A - p_A^*} \tag{iii}$$

각 항들을 넣어 계산하면 다음과 같다.

$$\frac{1}{(K_{Ag}a)} = \frac{1}{(k_{Ag}a)} + \frac{H_A}{(k_{Al}a)} = \frac{1}{0.32} + \frac{12.5}{0.1} = 3.125 + 125 = 128.125$$

이 식들이 의미하는 바는 다음과 같다.

기체 경막 저항 = 3.125/128.125 = 0.024, 또는 2.4%

액체 경막 저항 = 125/128.125 = 0.976, 또는 97.6%

그리고 다음 값을 알 수 있다.

$$(K_{Ag}a) = 1/128.125 = 0.0078 \text{ mol/hr} \cdot \text{m}^3 \cdot \text{Pa} \tag{iv}$$

다음으로 $p_A - p_A^*$를 계산한다. 식 (i)로부터 아래 값을 알 수 있다.

$$p_A - p_A^* = p_A - H_A C_A = p_A - 1.25(0.08 p_A - 1.6)$$
$$p_A = 20 \text{ Pa} \tag{v}$$

식 (iv)와 (v)를 (iii)에 넣으면 높이를 구할 수 있다.

$$h = \frac{(1 \times 10^5 \text{ mol/hr}\cdot\text{m}^2)}{(10^5 \text{ Pa})(0.0078 \text{ mol/hr}\cdot\text{m}^3\cdot\text{Pa})} \int_{20}^{100} \frac{dp_A}{20}$$

$$= (128.125)\left(\frac{100-20}{20}\right) = \underline{\underline{512.5 \text{ m}}}$$

***논평.*** 여기서 계산한 탑 높이는 용납할 수 없을 정도로 매우 높다. 또한 거의 모든 저항(97%)이 액체 경막에 치우쳐 있어서 액체 경막이 지배하는 공정이 된다. 그러나 만약 성분 B를 액체에 첨가해서 A와 반응하게 한다면 A를 더욱 빨리 소모시킬 수 있다. 진짜 그런지 확인해 보자.

## 예제 24.2 ▶ 고농도의 액체 반응물로 충전된 탑

고농도의 반응물 B를 $C_{B1}$ = 800 mol/m$^3$ 또는 근사적으로 0.8 N 농도로, 예제 24.1에서 언급된 물에 첨가한다. 물질 B는 A와 굉장히 빠르게 반응한다.

$$A(g \to l) + B(l) \to \text{생성물}(l), \qquad k = \infty$$

물에서 물질 A와 물질 B의 확산계수는 같다고 가정하자.

$$k_{Al} = k_{Bl} = k_l$$

그림 E24.2는 이 지점에서 알 수 있는 값을 나타낸다.

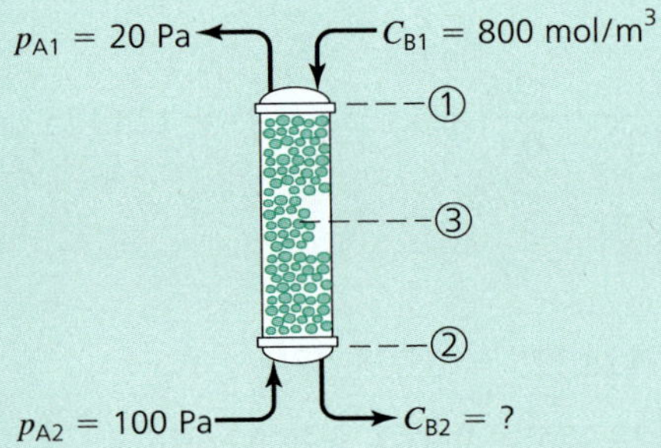


그림 E24.2

> **풀이**

문제를 푸는 전략은 다음과 같다.

***단계 1.*** 물질 수지를 풀어 출구 흐름에서의 $C_{B2}$를 구한다.
***단계 2.*** 속도식의 많은 형태 중 어떤 것을 쓸지 결정한다.
***단계 3.*** 탑의 높이를 구한다.

***단계 1.*** *물질 수지.* 빠른 반응을 하는 묽은 농도의 용액에 대하여 식 (6)을 이용하면 탑 내의 임의의 한 점에 대하여 $p_{A3}$를 $C_{B3}$의 항으로 구할 수 있다.

$$(p_{A3} - p_{A1}) = \frac{(F_l/A_{cs})\pi}{(F_g/A_{cs})bC_T}(C_{B1} - C_{B3})$$

또는

$$(p_{A3} - 20) = \frac{(7 \times 10^5)(1 \times 10^5)}{(1 \times 10^5)(1)(56\,000)}(800 - C_{A3})$$

또는 다음과 같다.

$$p_{A3} = 10\,020 - 12.5C_{B3}$$

탑의 바닥에서 $p_{A3} = p_{A2}$이므로 $C_{B3}$는 아래와 같다.

$$C_{B2} = \frac{1}{12.5}(10\,020 - 100) = 793.6 \text{ mol/m}^3$$

***단계 2.*** *사용할 속도식의 형태.* 탑의 양끝(꼭대기와 바닥)을 확인하면 다음을 알 수 있다.

$$\text{탑의 꼭대기에서} \begin{cases} k_{Ag}ap_A = (0.32)(20) = 6.4 \text{ mol/hr} \cdot \text{m}^3 \\ k_l aC_B = (0.1)(800) = 80 \text{ mol/hr} \cdot \text{m}^3 \end{cases}$$

$$\text{탑의 바닥에서} \begin{cases} k_{Ag}ap_A = (0.32)(100) = 32 \\ k_l aC_B = (0.1)(793.6) = 79.36 \end{cases}$$

탑의 양끝에서 $k_{Ag}P_A < k_lC_B$이다. 따라서 기상 저항이 지배하고 23장의 식 (16)으로 나타낸 것과 같은 유사 1차 반응임을 알 수 있다.

$$-r''''_A = k_{Ag}ap_A = 0.32\, p_A$$

***단계 3.*** *탑의 높이.* 식 (10)으로부터 다음을 알 수 있다.

$$h = \frac{(F_g/A_{cs})}{\pi}\int_{p_{A1}}^{p_{A2}} \frac{dp_A}{(-r''''_A)} = \frac{10^5}{10^5}\int_{20}^{100} \frac{dp_A}{0.32p_A}$$

$$= \frac{1}{0.32} \ln \frac{100}{20} = \underline{\underline{5.03 \text{ m}}}$$

***논평.*** 액상이 물리적 흡수를 지배하더라도(예제 24.1 참고), 화학반응이 일어날 경우는 액상이 반응을 지배하지 않는다. 실제로 예제 24.2를 통해 오직 기상이 전체 공정의 속도에 영향을 주는 것을 알아보았다. 화학반응은 액체 경막의 저항을 거의 무력화시킨다. 또한 탑의 높이 역시 500 m에서 5 m로 감소하여, 성능의 현저한 개선을 나타냈다는 사실에 주목하라.

## 예제 24.3 ▶ 저농도의 액체 반응물이 충전된 반응탑; 사례 A

예제 24.2를 다음의 조건으로 반복하여 풀어라. 공급물의 농도 $C_{B1}$을 800 mol/m$^3$ 대신 32 mol/m$^3$ 값을 사용하고, 그림 E24.3을 참고하라.

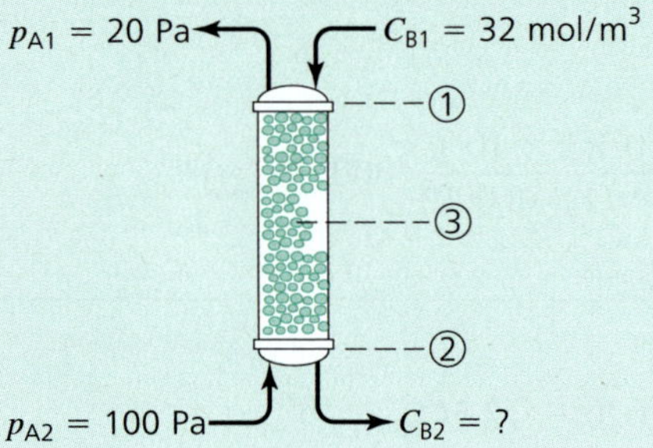


그림 E24.3

### 풀이

앞의 예제처럼 우선 물질 수지를 세우고 사용할 속도식의 형태를 확인한 후 성능식을 적용하여 탑의 높이를 구하라.

***단계 1.*** *물질 수지.* 예제 24.2에서처럼 탑 내 임의의 어떤 한 지점에 대해 다음 식이 성립한다.

$$p_{A3} = 420 - 12.5C_{B3} \quad \text{또는} \quad C_{B3} = \frac{420 - p_{A3}}{12.5}$$

그리고 $p_A = 100$ Pa인 탑의 바닥에서는 아래 식을 얻을 수 있다.

$$C_{B2} = \frac{320}{12.5} = 25.6 \text{ mol/m}^3$$

***단계 2.*** *사용할 속도식의 형태.* 어떤 속도식의 형태를 사용할 것인지 알아내기 위하여 다시 탑의 양끝을 확인한다.

$$\text{탑의 꼭대기에서} \begin{cases} k_{Ag}ap_A = 0.32(20) = 6.4 \\ k_l aC_B = 0.1(32) = 3.2 \end{cases}$$

$$\text{탑의 바닥에서} \begin{cases} k_{Ag}ap_A = 0.32(100) = 32 \\ k_l aC_B = 0.1(35.6) = 2.56 \end{cases}$$

탑의 양끝에서 $k_{Ag}ap_A > k_l aC_B$이므로, 반응은 액체 경막 내에서 일어나고 23장의 식 (13)을 사용해 값을 구할 수 있다.

$$-r_A'''' = \frac{H_A C_B + p_A}{\frac{1}{k_{Ag}a} + \frac{H_A}{k_l a}} = \frac{12.5\left[\frac{420 - p_{A3}}{12.5}\right] + p_A}{\frac{1}{0.32} + \frac{12.5}{0.1}} = 3.278 \text{ mol/m}^3 \text{ reactor} \cdot \text{hr}$$

***단계 3.*** *탑의 높이.* 식 (6)으로부터 다음 값을 얻을 수 있다.

$$h = \frac{V_r}{A_{cs}} = \frac{10^5}{10^5}\int_{20}^{100} \frac{dp_A}{3.278} = \frac{100 - 20}{3.278} = \underline{\underline{24.4 \text{ m}}}$$

## 예제 24.4 ▶ 액체 반응울이 중간 정도의 농도를 가진 반응탑

예제 24.2를 $C_B$ = 128 mol/m$^3$인 공급물 조건을 사용하여 다시 풀어라.

**› *풀이***

그림 E24.4를 참고로 하고 이전의 예제를 바탕으로 문제를 푼다.

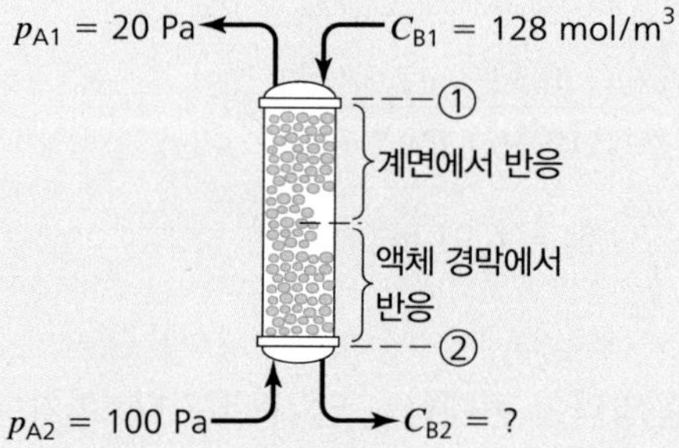


그림 E24.4

***단계 1.*** *물질 수지.* 예제 24.2와 예제 24.3처럼 탑 내의 임의의 한 점을 선택하면 다음 식을 얻을 수 있다.

$$p_{A3} = 1620 - 12.5C_{B3}$$

탑의 바닥에서는 다음 값을 구할 수 있다.

$$C_{B2} = \frac{1520}{12.5} = 121.6 \text{ mol/m}^3$$

***단계 2.*** *사용할 속도식의 형태.* 탑의 양끝을 확인한다:

$$\text{탑의 꼭대기에서} \begin{cases} k_{Ag}ap_A = 6.4 \text{ mol/hr} \cdot \text{m}^3 \\ k_l a C_B = 12.8 \text{ mol} \cdot \text{hr} \cdot \text{m}^3 \end{cases}$$

$$\text{탑의 바닥에서} \begin{cases} k_{Ag}ap_A = 32 \\ k_l a C_B = 12.16 \end{cases}$$

탑의 꼭대기에서 $k_{Ag}p_A < k_l C_B$이므로 23장의 식 (16)을 사용해야 한다. 탑의 바닥에서는 $k_{Ag}p_A > k_l C_B$이므로 23장의 식 (13)을 사용해야 한다.

반응영역이 계면에 도달한 조건을 찾으면, 이 부근에서 속도식 형태가 변한다.

$$k_{Ag}p_A = k_l C_B \quad \text{또는} \quad 0.32p_A = 0.1C_B$$

물질 수지와 함께 풀면 변화는 $p_A = 39.5$ Pa에서 일어난다.

***단계 3.*** *탑의 높이.* 성능식을 이용하여 식 (6)으로부터 다음 값을 구할 수 있다.

$$h = \frac{(F_g/A_{cs})}{\pi}\int_{p_{A1}}^{p_{A2}} \frac{dp_A}{-r''''_A} \tag{iii}$$

두 가지 다른 속도식이 사용되어야 한다는 것에 주목하면 다음 식을 얻을 수 있다.

$$h = \frac{(F_g/A_{cs})}{\pi}\int_{20}^{39.5} \frac{dp_A}{(k_{Ag}a)p_A} + \frac{F_g/A_{es}}{\pi}\int_{39.5}^{100} \frac{(1/k_{Ag}a + H_A/k_l a)}{C_B H_A + p_A} dp_A$$

$$= \frac{10^5}{10^5(0.32)} \ln\frac{39.5}{20} + \frac{10^5}{10^5}\int_{39.5}^{100} \frac{(1/0.32 + 12.5/0.1)}{(1620 - p_A + p_A)} dp_A$$

$$= 2.1268 + \frac{128.125}{1620}(100 - 39.5) = \underline{\underline{6.91 \text{ m}}}$$

***논평.*** 이 예제를 통해 두 개의 구별되는 반응영역이 존재함을 알 수 있었다. 여기에 더해 또 다른 세 번째 반응영역이 존재하는 상황이 발생할 수도 있다. 예를 들어 유입되는 액체에 반응물이 충분히 포함되지 않았을 때 반응탑 내의 어느 한 지점에서 이 반응물이 모두 소진된다. 이 지점 아래에서는 반응물이 없는 액체 속으로 물리적 흡수만이 일어난다. 이 세 가지 영역의 문제를 풀려면 앞선 예제에서 사용한 방법을 모두 함께 사용해서 풀면 된다. van Krevelens와 Hoftijzer (1948)는 이렇게 명확히 구별되는 세 가지 반응영역이 존재하는 실제 경우에 대하여 검토하였다.

이 네 가지 예제의 해답을 비교해 보면 화학반응이 흡수공정의 효율을 얼마나 증가시키는지 잘 알 수 있다.

## 예제 24.5 ▶ 일반적인 방법으로 예제 24.2를 다시 풀기

예제 24.2에서는 8가지의 특별한 경우 중 어떤 경우(그림 23.3 참고)에 해당되는지 확인 후 해당하는 속도식을 사용하였다. 또한 일반적인 속도식도 사용했다[식 (23.5) 참고]. 이 예제에서는 조금은 다른 내용을 보여줄 것이다.

**〉풀이**

예제 24.2의 물질 수지로부터 탑의 양끝단에서의 조건을 알아볼 수 있다(그림 E24.5). 식 (23.5)로부터 탑 내의 임의의 한 지점에서의 반응속도는 다음과 같음을 알 수 있다.

$$-r''''_A = \left(\frac{1}{\frac{1}{0.32}+\frac{12.5}{0.1E}+\frac{12.5}{\infty(C_B)}}\right)p_A = \left(\frac{1}{3.125+\frac{125}{E}}\right)p_A \tag{i}$$

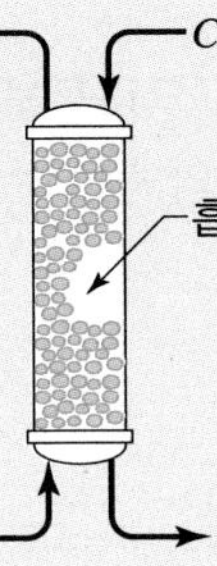


그림 E24.5

***탑의 꼭대기에서.*** 그림 23.4에서부터 아래 식의 값을 얻는다.

$$M_H = \frac{\sqrt{\mathscr{D}_B C_B k}}{k_{Al}} = \infty, \qquad \text{because } k = \infty$$

$$E_i = 1 + \frac{\mathscr{D}_B C_B H_A}{\mathscr{D}_A p_{Ai}} = 1 + \frac{800(12.5)}{p_{Ai}} = \frac{10^4}{p_{Ai}} \tag{ii}$$

여기서 $p_{Ai}$ 값을 추정해야 하는데, 이 값은 어디서나 0 Pa(기체 경막 지배)과 20 Pa(액체 경막 지배) 사이에 있어야 한다. 기상 저항이 없다고 가정하면 $p_{Ai} = p_A$이고, 이 경우에 $E_i$ 값은 다음과 같다.

$$E_i = \frac{10^4}{20} = 500$$

그리고 그림 23.4에서 $M_H = \infty$일 때 $E_i = 500$이므로, $E$는 다음과 같다.

$$E = 500$$

이 값을 식 (i)에 치환하면 다음 식을 얻을 수 있다.

$$-r''''_A = \frac{1}{3.125+\frac{125}{500}}p_A = \frac{1}{3.125+0.25}p_A = 0.296\,p_A$$

93%　　7%...저항

이 결과를 보면 우리의 예상이 틀렸으므로 다시 시도한다. 전체 저항이 기체 경막에 있는 경우 ($p_{Ai}$ = 0)를 고려하자. 그렇다면 식 (ii)로부터 $E_i = \infty$, $E = \infty$이고 속도식은 다음과 같다.

$$-r_A'''' = \underbrace{\frac{1}{3.125 + 0}}_{\text{기체 경막 제어}} p_A = 0.32\, p_A \qquad \text{(iii)}$$

그러므로 우리의 예상이 맞았다고 할 수 있다.

***탑의 바닥에서.*** 같은 과정을 따라가면 같은 결과를 얻는다. 그러므로 탑 내의 모든 지점에서의 반응속도는 식 (iii)에 의하여 주어진다. 식 (10)에서부터 탑의 높이는 다음과 같다(예제 24.2의 단계 3 참고).

$$\underline{\underline{h = 5.03 \text{ m}}}$$

***제안.*** $M_H > E_i$일 때마다 $P_{Ai}$를 추측해야만 하고, 이것은 매우 번거롭다. 그럴 때는 특정한 표현식을 사용하라.

또 다른 경우에(이럴 경우가 대부분이지만)는 일반적인 속도식이 사용하기에 더 쉽다.

## 예제 24.6 ▶ 회분식 액체의 반응

교반조에 존재하는 액체 물질 B($V_l$ = 1.62 m$^3$, $C_U$ = 55555.6 mol/m$^3$)의 농도를 낮추려고 한다. 화학반응으로 농도를 낮추기 위하여 물질 A($p_{Ain}$ = 1000 Pa)를 포함하는 기포($F_g$ = 9000 mol/hr, $\pi$ = 10$^5$ Pa)를 반응기 내에 공급하려고 한다. 물질 A와 물질 B는 다음과 같이 반응한다.

$$A(g \rightarrow l) + B(l) \rightarrow \text{생성물}\,(l),\; -r_A'''' = kC_AC_B$$

**(a)** 농도를 $C_{B0}$ = 555.6에서 $C_{Bf}$ = 55.6 mol/m$^3$까지 줄이려면 용기를 통과하는 기포를 몇 시간 동안 흘려야 하는가?

**(b)** 유입되는 물질 A의 몇 %가 반응하지 않은 채 반응기를 나오는가?

***추가 자료***

$k_{Ag}a$ = 0.72 mol/hr · m$^3$ · Pa  $f_l$ = 0.9 m$^3$ liquid/m$^3$ total

$k_{Al}a$ = 144 hr$^{-1}$  $\mathscr{D}_A = \mathscr{D}_B$ = 3.6 × 10$^{-6}$ m$^2$/hr,  $a$ = 100 m$^2$/m$^3$

$H_A$ = 10$^3$ Pa · m$^3$/mol  $k$ = 2.6 × 10$^5$ m$^3$/mol · hr

***풀이***

알고 있는 내용을 그림 E24.6에 표시하였다.

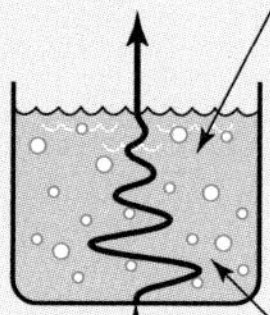


그림 E24.6

***운전을 시작할 때,***

$$M_H = \frac{\sqrt{\mathscr{D}_B k C_B}}{k_{Al}} = \frac{\sqrt{3.6 \times 10^{-6}(2.6 \times 10^5)(555.6)}}{144/100} = 15.84$$

$$E_i = 1 + \frac{C_B H_A}{p_{Ai}} = \frac{555.6(10^3)}{\underset{\uparrow \text{ or lower}}{1000}} \; 555.6, \text{ or higher}$$

$$\therefore E = M_H = 15.84$$

$p_A \ll \pi$이고 $E = M_H$이므로, 이 책에서는 위의 식 (19)와 같은 간단한 방법을 쓸 수 있다.

$$\begin{aligned} -r''''_A &= p_{Ain} \Bigg/ \left( \frac{\pi V_r}{F_g} + \frac{1}{k_{Ag} a} + \frac{H_A}{k_{Al} a E} + \frac{H_A}{k C_B f_l} \right) \\ &= 1000 \Bigg/ \left( \frac{10^5(1.62)}{9000} + \frac{1}{0.72} + \frac{10^3}{144(15.84)} + \frac{10^3}{2.6 \times 10^5(555.6)0.9} \right) \\ &= 50.44 \text{ mol/m}^3 \cdot \text{hr} \end{aligned}$$

***운전을 끝낼 때,*** 유사한 수학적 처리를 통하면 다음을 구할 수 있다.

$$\left.\begin{aligned} M_H &= 5 \\ E_i &= 55.6, \text{또는 그 이상} \end{aligned}\right\} E = M_H = 5.0$$

$$-r''''_A = 1000 \Bigg/ \left( \frac{10^5(1.62)}{9000} + \frac{1}{0.72} + \frac{10^3}{144(5)} + \sim 0 \right) = 48.13 \text{ mol/m}^3 \cdot \text{hr}$$

운전의 시작과 끝에서 반응속도는 거의 같으므로, 다음과 같이 평균을 구한다.

$$-r''''_{A,\text{ave}} = \frac{50.44 + 48.13}{2} = 49.28$$

그러므로 필요한 운전시간은 다음과 같다.

$$t = \frac{f_l}{b} \int_{C_{Bf}}^{C_{B0}} \frac{dC_B}{-r''''_A} = \frac{0.9(555.6 - 55.6)}{49.28} = \underline{\underline{9.13 \text{ hr}}}$$

한편 운전에 필요한 최소 시간은 다음과 같이 된다.

$$t_{\min} = \frac{V_l(C_{B0} - C_{Bf})}{F_g(p_{Ain}/(\pi - p_{Ain}))} = \frac{1.62(555.6 - 55.6)}{9000(1000/(10^5 - 100))} = \underline{\underline{8.91\ \text{hr}}}$$

그러므로 반응하지 않고 탱크를 통과하는 반응물의 분율은 다음과 같다.

$$\text{분율} = \frac{9.13 - 8.91}{8.19} = 0.025 = \underline{\underline{2.5\%}}$$

## 참고 문헌

van Krevelens, D. W., and Hoftijzer, P., *Rec. Trav. Chim.*, **67**, 563 (1948).

Kramers, H., and Westerterp, K.R., *Elements of Chemical Reactor Design and Operation.* Academic Press (1963).

## 연습 문제

**24.1** 그림 24.2에 언급된 $p_A$와 $C_A$의 관계에 대한 네 가지 그림은 액체와 기체의 가능한 이상적인 접촉 양식을 나타낸다. 아래 그림 P24.1에서 보여주는 $p_A$와 $C_A$의 관계에 대한 직선 $XY$는 조작선(operating line)이다. 직접적인 물리적 흡수만 일어나는 경우에 대하여 접촉 양식(contacting scheme)을 간략히 스케치하라.

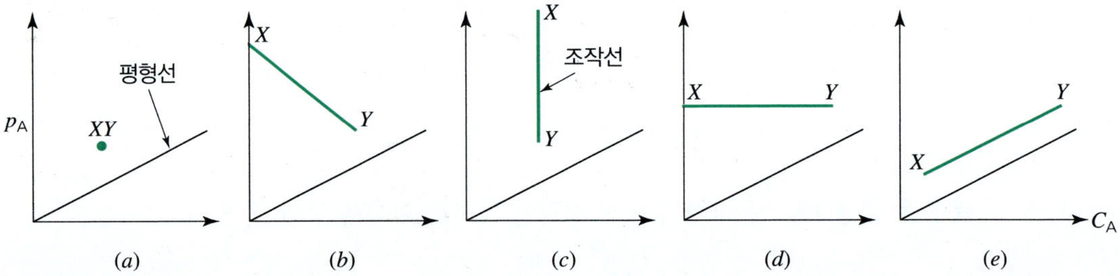


그림 P24.1

---

기체 흐름에 존재하는 A의 약 90%를 반응물 B를 포함하는 물로 흡수시켜 제거할 계획이다. 화합물 A와 B는 액체 내에서 다음과 같이 반응한다.

$$A(g \to l) + B(l) \to R(l), \qquad -r_A = kC_AC_B$$

B는 무시할 만한 증기압을 가지므로 기체상으로 들어가지 않는다. 충전층 탑이나 교반탱크 접촉기에서 흡수를 진행하려고 한다.

**(a)** 필요한 접촉기의 부피는 얼마인가?

**(b)** 흡수반응의 저항은 무엇인가?

***자료***

기체 흐름에 대하여:

$$F_g = 90\,000 \text{ mol/hr at } \pi = 10^5 \text{ Pa}$$
$$p_{\text{Ain}} = 1000 \text{ Pa}$$
$$p_{\text{Aout}} = 100 \text{ Pa}$$

물리적 자료:

$$\mathscr{D} = 3.6 \times 10^{-6} \text{ m}^2/\text{hr}$$
$$C_{\text{U}} = 55\,556 \text{ mol H}_2\text{O/m}^3 \text{ liquid, at all } C_{\text{B}}$$

충전층에 대하여:

$$F_l = 900\,000 \text{ mol/hr} \qquad k_{\text{A}l}a = 72 \text{ hr}^{-1}$$
$$C_{\text{Bin}} = 55.56 \text{ mol/m}^3 \qquad a = 100 \text{ m}^2/\text{m}^3$$
$$k_{\text{A}g}a = 0.36 \text{ mol/hr}\cdot\text{m}^3\cdot\text{Pa} \qquad f_l = V_l/V = 0.08$$

교반탱크에 대하여:

$$F_l = 9000 \text{ mol/hr} \qquad k_{\text{A}l}a = 144 \text{ hr}^{-1}$$
$$C_{\text{Bin}} = 5556 \text{ mol/m}^3 \text{ (about 10\% B)} \qquad a = 200 \text{ m}^2/\text{m}^3$$
$$k_{\text{A}g}a = 0.72 \text{ mol/hr}\cdot\text{m}^3\cdot\text{Pa} \qquad f_l = V_l/V = 0.9$$

$F_l$과 $C_{\text{Bin}}$은 충전층과 탱크 접촉기에서 매우 다르며, 그 이유는 다음과 같다. 충전층은 만족할 만한 운전을 위하여 $F_l/F_g \cong 10$이 필요하다. 이것은 큰 $F_l$을 의미하며 반응물 B를 낭비하지 않기 위해서 낮은 농도로 탱크에 도입되어야 한다. 반면 탱크 접촉기는 이 흐름 저항을 갖지 않는다. 그러므로 A와 반응하기 위한 충분한 B를 도입한다면 작은 $F_l$과 큰 $C_{\text{Bin}}$을 사용할 수 있다.

| | 헨리 법칙 상수: $H_A$, Pa · m$^3$/mol | 반응속도 상수: $k$, m$^3$/mol · hr | | 접촉기 종류: T = 맞흐름 탑, A = 교반 탱크 |
|---|---|---|---|---|
| **24.2** | 0.0 | 0 | 이 문제에서는 직접적인 물질전달을 가정하므로 시스템에 B가 존재하지 않는다 | A |
| **24.3** | 18 | 0 | | T |
| **24.4** | 1.8 | 0 | | T |
| **24.5** | $10^5$ | $\infty$ | | T |
| **24.6** | $10^5$ | $2.6 \times 10^7$ | | A |
| **24.7** | $10^5$ | $2.6 \times 10^5$ | | A |
| **24.8** | $10^3$ | $2.6 \times 10^3$ | | T |
| **24.9** | $10^5$ | $2.6 \times 10^7$ | | T |
| **24.10** | $10^3$ | $2.6 \times 10^5$ | | T |

**24.11** Danckwerts와 Gillham은 논문(*Tran. I. Chem. E.*, **44**, 42, March 1966)에서 $CO_2$를 $K_2CO_3$와 $KHCO_3$의 알칼리 완충용액을 이용하여 흡수하는 반응을 연구했다. 화학반응은 다음과 같이 표현된다.

$$\underset{(A)}{CO_2(g \rightarrow l)} + \underset{(B)}{OH^-(l)} \rightarrow HCO_3^- \qquad -r_A = kC_AC_B$$

실험에서 1기압의 순수한 $CO_2$는 충전층으로 기포화하여 주입된다. 이때 20°C로 유지되는 일정한 농도의 $C_B$가 유지되는 용액을 빠르게 순환한다. 주입된 $CO_2$ 중 흡수된 분율을 구하라.

**자료**

Column: $V_r = 0.6041\ m^3$ $\quad f_l = 0.08 \quad a = 120\ m^2/m^3$
Gas: $\pi = 101\ 325\ Pa$ $\quad H_A = 3500\ Pa \cdot m^3/mol \quad v_0 = 0.0363\ m^3/s$
Liquid: $\overline{C}_B = 300\ mol/m^3$ $\quad \mathscr{D}_{Al} = \mathscr{D}_{Bl} = 1.4 \times 10^{-9}\ m^2/s$
Rates: $k = 0.433\ m^3/mol \cdot s$ $\quad k_{Al}a = 0.025\ s^{-1}$

이 문제는 Barry Kelly가 출제했다.

**24.12** 염소 제거를 위해 5-cm의 폴리프로필렌 쌔들(saddle, $a = 55\ m^2/m^3$)로 충전된 컬럼이 고안되었다. 염소는 기체 흐름($G = 100\ mol/s \cdot m^2$, 2.36% $Cl_2$)에서 들어오고, 약 40~45°, 1기압에서 NaOH 용액($L = 250\ mol/s \cdot m^2$, 10% NaOH, $C_B = 2736\ mol/m^3$)과 맞흐름 접촉시킨다.

염소의 99% 제거를 위하여 탑의 높이는 얼마나 되어야 하는가? 플러그 흐름의 편차를 해소하기 위해 계산된 높이의 두 배로 늘려라.

**자료**

반응 "$Cl_2 + 2NaOH \rightarrow$ 생성물"은 매우 빠르고 비가역적이다. 이 매우 빠른 유속(가능한 한계에 가까움)에 대하여 Perry 6판 section 14에서 상관관계의 외삽을 통해 다음 자료를 얻을 수 있다.

$$k_g a = 133\ mol/hr \cdot m^3 \cdot atm \qquad H_A = 125 \times 10^6\ atm \cdot m^3/mol$$
$$k_l a = 45\ hr^{-1} \qquad \mathscr{D} = 1.5 \times 10^{-9}\ m^2/s$$

---

예제 24.6번 문제를 다음 두 가지 조건이 변경된 경우를 가정하고 풀어라.

| | Henry's Law Constant $H_A$, $Pa \cdot m^3/mol$ | Second-Order Reaction Rate, Constant $k$, $m^3/mol \cdot hr$ |
|---|---|---|
| **24.13** | $10^5$ | $2.6 \times 10^5$ |
| **24.14** | $10^5$ | $2.6 \times 10^9$ |
| **24.15** | $10^5$ | $2.6 \times 10^3$ |
| **24.16** | $10^3$ | $2.6 \times 10^{11}$ |

제 25 장

# 유체–입자 반응: 속도론

## *Fluid–Particle Reactions: Kinetics*

이 장에서는 기체 혹은 액체가 고체와 접촉하여 반응하고 생성물을 만드는[반응물과 생성물이 단일상이 아닌 여러 상(phase)으로 이루어진] 불균질 반응을 다루기로 한다. 이 반응은 다음과 같이 표시된다.

$$\text{A(유체)} + b\text{B(고체)} \rightarrow \text{유체 생성물} \quad \textbf{(1)}$$

$$\rightarrow \text{고체 생성물} \quad \textbf{(2)}$$

$$\rightarrow \text{유체 및 고체 생성물} \quad \textbf{(3)}$$

그림 25.1에 나타낸 것처럼 고체 입자의 크기가 반응 중에 변하지 않는 경우가 있다. 예로는 고체입자에 벗겨지지 않는 조각인 회분이 다량의 불순물로 함유되어 있거나, 식 (2)나 식 (3)의 반응에 의해 단단한 생성물을 형성하는 경우가 있다. 반면 고체 입자에서 조각으로 떨어져 나가는 회분이 있거나 생성물이 형성되든가 혹은 순수한 B가 식 (1)의 반응에서처럼 소모된다면 고체입자는 반응 중에 수축한다.

이렇듯 유체–고체 반응은 상당히 다양하며 실제로 산업적으로도 매우 중요하다. 반응 중에 고체의 크기가 그다지 변하지 않는 경우로는 다음과 같은 것이 있다.

**1.** 황화광석(sulfide ore)을 배소(roasting) 또는 산화시켜 금속산화물을 얻는 경우: 예를 들면 산화아연 제조 시 황화아연광을 채광하여 분쇄한 후 부유선광법으로 맥석(gangue)에서 분리하고 반응기에서 배소시켜 백색의 단단한 산화아연을 만드는 반응이다.

$$2ZnS(s) + 3O_2(g) \rightarrow 2ZnO(s) + 2SO_2(g)$$

이와 마찬가지로 황철광은 아래와 같이 반응한다.

$$4FeS_2(s) + 11O_2(g) \rightarrow 2Fe_2O_3(s) + 8SO_2(g)$$

**2.** 금속산화물을 환원조건에서 반응시켜 금속을 제조하는 경우: 예를 들면 자철광(magnetite)을 분쇄하여 입도를 분류한 후 연속 향류식, 3단 유동층 반응기에서 반응시켜 철을 제조한다.

$$Fe_3O_4(s) + 4H_2(g) \rightarrow 3Fe(s) + 4H_2O(g)$$

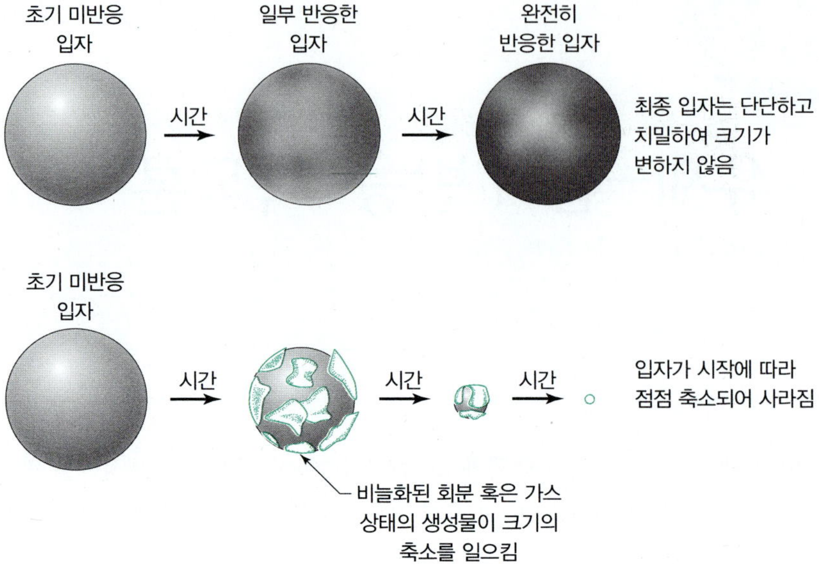


**그림 25.1** **반응하는 고체 입자의 다양한 거동.**

**3.** 탄화칼슘의 질소화로 시안아미드를 제조하는 경우

$$CaC_2(s) + N_2(g) \rightarrow CaCH_2(s) + C(\text{무정형})$$

**4.** 금속을 도금하여 고체 표면을 보호 처리하는 경우

반응 중에 고체의 크기가 변하는 유체-고체 반응의 가장 대표적인 예로는 회분의 함량이 적은 석탄, 나무 등의 탄소질 재료를 이용하여 열을 발생시키거나 연료를 제조하는 경우이다. 예를 들어, 불충분한 양의 공기로 인해 아래 반응에 의해 발생로 가스(producer gas)가 형성된다.

$$C(s) + O_2(g) \rightarrow CO_2(g)$$

$$2C(s) + O_2(g) \rightarrow 2CO(g)$$

$$C(s) + CO_2(g) \rightarrow 2CO(g)$$

수증기를 사용하면 다음 반응에 의해 수성가스(water gas)를 얻을 수 있다.

$$C(s) + H_2O(g) \rightarrow CO(g) + H_2(g)$$

$$C(s) + 2H_2O(g) \rightarrow CO_2(g) + 2H_2(g)$$

반응 중에 고체의 크기가 변하는 다른 예로는 다음과 같은 것이 있다.

**1.** 원소로부터 이황화탄소의 제조

$$C(s) + 2S(g) \xrightarrow{750\text{–}1000°C} CS_2(g)$$

**2.** 나트륨아미드로부터 시안화나트륨의 제조

$$NaNH_2(l) + C(s) \xrightarrow{800°C} NaCN(l) + H_2(g)$$

**3.** 황과 아황산나트륨으로부터 티오황산나트륨의 제조

$$Na_2SO_3(\text{solution}) + S(s) \rightarrow Na_2S_2O_3(\text{solution})$$

이 밖에도 용해반응, 산에 의한 금속 조각의 부식 및 철의 녹(rusting of iron) 등이 있다.

17장에서 불균질계 반응을 설명할 때, 균질계 반응에서 다루는 내용에 두 가지 인자를 추가로 고려해야 한다는 사실을 밝힌 바 있다. 이 두 가지는 상과 상 사이의 물질이동에 따른 속도식의 수정과 반응 상들의 접촉 방식에 관한 것이다.

이 장에서는 유체-고체 반응에 대한 속도식을 전개하고, 다음 26장에서 이 정보를 설계할 활용할 예정이다.

## 25.1 모델의 선정

분명히 이해해야 할 것은, 반응에 관련된 모든 개념과 반응의 진행은 수학적 모델인 속도식으로 나타내야 한다는 것이다. 따라서 어떤 모델을 선정하면 이 모델과 관련된 속도식을 표현해야 하며, 그 반대도 마찬가지이다. 수학적 모델이 실제의 현상과 잘 부합한다면 이 속도식은 실제의 반응속도론을 거의 예측 또는 설명하는 데 사용할 수 있으나, 만일 모델이 실제와 상당히 다르다면 이 속도식은 쓸모가 없다고 할 수 있다. 실제와 부합하지 않는 모델에 대해 고차원적인 수학적 해석을 하는 것은, 설계상의 예측을 해야 하는 공학자에게는 의미가 없다. 여기서 언급하고자 하는 것은 모델이 속도식을 유도할 때뿐만 아니라 공학 분야의 모든 영역에서 유용하게 활용된다는 것이다.

공학적으로 우수한 모델은 실제에 잘 부합하고 수학적으로도 너무 복잡하지 않은 것이어야 한다. 실제에 매우 잘 부합하지만 너무 복잡해서 실제로 사용할 수 없는 모델은 쓸모가 없다. 하지만 불행하게도 이런 경우가 너무 많다.

어떤 입자가 주변의 유체와 비촉매적으로 반응하는 경우에는 *점진적 전환 모델*(progressive conversion model)과 *수축하는 미반응 핵 모델*(수축핵 모델, shrinking unreacted core model)의 두 가지 간단한 이상적인 모델을 고려할 수 있다.

**점진적 전환 모델(PCM)** 이 모델은 반응물인 기체는 항상 입자에 들어가서 반응하고, 입자 전체 가운데 각 부분의 위치에 따라 반응속도가 다르다고 가정한다. 따라서 고체 반응물은 그림 25.2와 같이 입자 전체에서 연속적이고 점차적으로 전환된다.

**수축핵 모델(SCM)** 초기에는 고체 입자의 바깥(표피)에서 반응이 일어나고 다음 단계로 반응영역(reaction zone)이 고체 내부로 점차 이동하면 반응영역의 외부에는 완전히 전환된 물질과 불활성 고체가 남게 된다. 이것을 "회분"이라 한다. 따라서 그림 25.3에서 보는 바와 같이 반응에 따라 크기가 줄어들고 있는 미반응 핵이 존재하게 된다. 이를 수축핵 모델이라 한다.

**실제 상황과 모델과의 비교** 부분적으로 반응된 고체 입자를 가로로 잘라서 그 단면을 분석해 보면 회분이 미반응 고체물질을 둘러싸고 있음을 알 수 있다. 이 미반응한 핵의 경계는 모델에서처

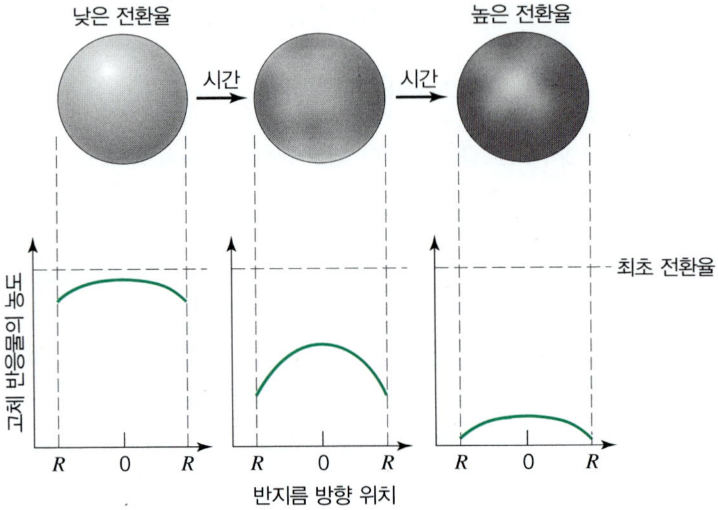


그림 25.2 점진적 전환 모델(PCM)에 따르면, 고체 입자 전체에서 연속적으로 반응이 진행된다.

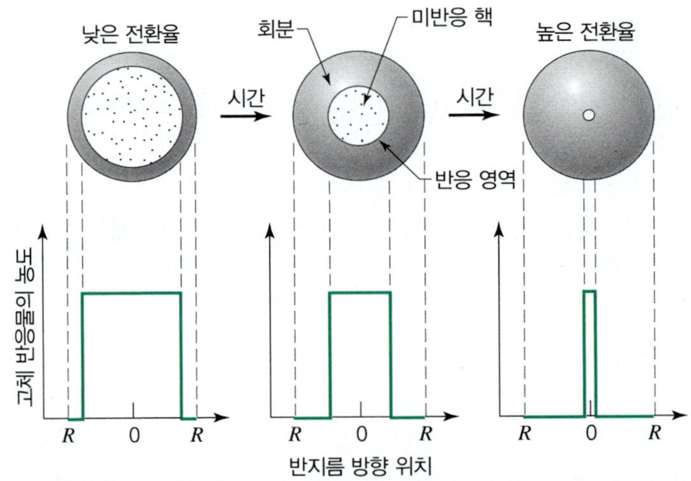


그림 25.3 수축핵 모델에 따르면, 반응 기체는 고체 입자 속으로 움직이는 좁은 전면에서 반응이 진행된다. 반응전면을 지나면 반응물은 완전히 전환된다.

럼 뚜렷하지는 않으나, 여러 가지 경우를 종합해보면 대부분 점진적 전환 모델(PCM)보다는 수축핵 모델(SCM)이 실제의 입자에 더 잘 맞는다는 것을 알 수 있다. 석탄, 나무, 연탄 및 꽁꽁 묶은 신문지의 연소시험에 의하면 수축핵 모델이 좀 더 이상적이다. 사용되는 많은 다른 모델들(적어도 10개)에 대해서는 Levenspiel (1996)의 제55장을 참고하라.

SCM이 여러 경우에 실제와 잘 맞으므로 다음 절에서 이와 관련된 속도식을 개발하기로 하자. 이때 주변에 존재하는 유체는 기체라고 가정하는데 이 해석은 액체에도 잘 적용된다.

## 25.2 크기가 변하지 않는 구형 입자에 대한 수축핵 모델

이 모델은 Yagi와 Kunii (1955, 1961)가 처음 개발했는데, 이 둘은 반응 중에 다음 5단계가 차례로 일어난다고 보았다(그림 25.4 참고).

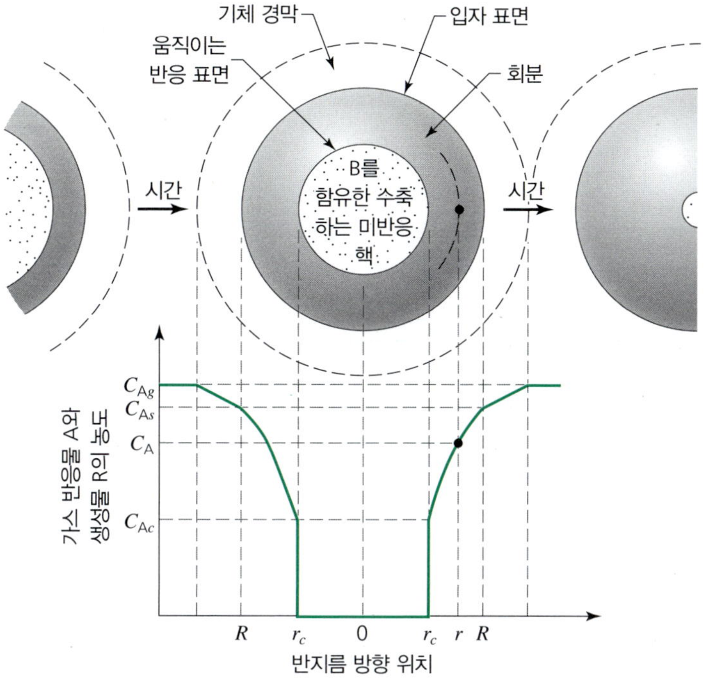


그림 25.4 **크기가 변하지 않는 입자에서 반응 A($g$) + $b$B($s$) → 생성물($s$)에서 반응물과 생성물의 농도 표현.**

*단계 1.* 기체 반응물 A가 입자를 둘러싸고 있는 기체 경막을 통해 고체 표면으로 확산하는 단계

*단계 2.* 반응물 A가 회분층을 통과하여 미반응 핵 표면으로 침투 및 확산하는 단계

*단계 3.* 이 반응 표면에서 기체 A와 고체가 반응하는 단계

*단계 4.* 기체 생성물이 회분층을 통과하여 고체 바깥 표면으로 확산되는 단계

*단계 5.* 기체 생성물이 기체 경막을 통하여 유체 본체로 확산되는 단계

때로는 이 단계 중 일부가 존재하지 않는 경우도 있다. 예를 들어, 기체상의 생성물이 생기지 않는 경우는 단계 4, 5가 반응에 대한 저항에 기여하지 않는다. 또한 각 단계의 저항의 크기는 대체로 상당히 다르므로 이 경우에 가장 저항이 큰 단계가 속도 결정 단계(율속 단계)가 된다.

앞으로 단계 1, 2, 3이 차례로 속도 결정 단계인 구형 입자에 대한 전환율에 대한 식을 다룰 예정이다. 그다음으로 비구형 입자와 위 세 가지 저항을 모두(저항이 합쳐진 경우) 고려해야 하는 상황을 검토한다.

## ▶ 기체 경막을 통한 확산이 속도 결정 단계인 경우

기체 경막의 확산 저항이 속도 결정 단계인 경우는, 기체 반응물 A에 대한 농도가 항상 그림 25.5와 같다. 이 그림으로부터 입자 표면에는 반응물이 존재하지 아니하며, 따라서 농도의 추진력인 $C_{Ag} - C_{As}$는 $C_{Ag}$가 되고 입자의 표면에서 반응하는 동안 이 값은 항상 일정하다. 반응이 일어나는 표면에 대해 속도식을 유도하는 것이 편리하므로 입자의 변하지 않는 외부 표면적 $S_{ex}$을 이용한다. 식 (1)~(3)의 양론식으로부터 $dN_B = bdN_A$이므로, 다음 식을 쓸 수 있다.

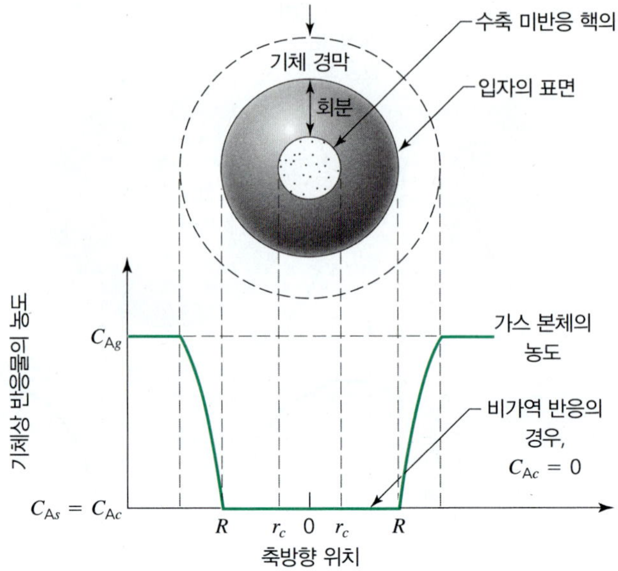


**그림 25.5** 기체 경막을 통과하는 확산이 지배 저항인 경우에 반응 입자의 표현.

$$-\frac{1}{S_{ex}}\frac{dN_B}{dt} = -\frac{1}{4\pi R^2}\frac{dN_B}{dt} = -\frac{b}{4\pi R^2}\frac{dN_A}{dt} = bk_g(C_{Ag} - C_{As}) = bk_g C_{Ag} = \text{일정} \tag{4}$$

그리고 $\rho_B$를 고체 내의 B의 몰밀도(molar density), $V$를 입자의 부피라고 하면 입자 내에 존재하는 B의 양은 다음과 같다.

$$N_B = \rho_B V = \left(\frac{\text{moles B}}{\text{m}^3\,\text{solid}}\right)(\text{m}^3\,\text{solid}) \tag{5}$$

고체 반응물 $dN_B$ 또는 유체 반응물 $bdN_A$ 몰의 소모에 따른 미반응한 핵의 부피 또는 반지름의 감소는 다음 식으로 주어진다.

$$-dN_B = -b\,dN_A = -\rho_B\,dV = -\rho_B\,d\left(\frac{4}{3}\pi r_c^3\right) = -4\pi\rho_B r_c^2\,dr_c \tag{6}$$

식 (6)을 식 (4)에 대입하면, 반응속도는 미반응 핵의 축소되는 반지름으로 표시된다.

$$-\frac{1}{S_{ex}}\frac{dN_B}{dt} = -\frac{\rho_B r_c^2}{R^2}\frac{dr_c}{dt} = bk_g C_{Ag} \tag{7}$$

여기서 $k_g$는 유체와 입자 간의 물질전달계수이다. 식 (24)로 이어지는 논의를 참조하라. 정리하여 적분하면 시간과 미반응 핵의 반지름과의 관계를 구할 수 있다.

$$-\frac{\rho_B}{R^2}\int_R^{r_c} r_c^2\,dr_c = bk_g C_{Ag}\int_0^t dt$$

$$t = \frac{\rho_B R}{3bk_g C_{Ag}}\left[1 - \left(\frac{r_c}{R}\right)^3\right] \tag{8}$$

입자가 완전히 반응할 때까지의 시간을 $\tau$라고 하고 식 (8)에 $r_c = 0$을 대입하면, 다음 식이 성립함을 알 수 있다.

$$\boxed{\tau = \frac{\rho_B R}{3bk_g C_{Ag}}} \tag{9}$$

식 (8)과 식 (9)로부터 미반응 핵의 반지름과 완전한 전환에 대한 시간 분율의 관계를 구할 수 있다. 즉, 다음 식이 성립한다.

$$\frac{t}{\tau} = 1 - \left(\frac{r_c}{R}\right)^3$$

다음 관계식을 이용하여 아래와 같이 전환율로 나타낼 수 있다.

$$1 - X_B = \left(\frac{\text{비반응 핵 부피}}{\text{입자의 총 부피}}\right) = \frac{\frac{4}{3}\pi r_c^3}{\frac{4}{3}\pi R^3} = \left(\frac{r_c}{R}\right)^3 \tag{10}$$

따라서 다음 식이 성립한다.

$$\boxed{\frac{t}{\tau} = 1 - \left(\frac{r_c}{R}\right)^3 = X_B} \tag{11}$$

이처럼 반지름, 전환율과 시간의 관계식을 얻을 수 있으며 그림 25.9와 25.10에서 그래프로 보여주고 있다.

## ▶ 회분층을 통한 확산이 속도 결정 단계인 경우

회분층을 통한 확산이 반응속도의 결정 단계인 경우를 그림 25.6에 나타내었다. 식 (8)과 같이 경막 저항에 대해 시간과 반지름 사이의 관계식을 구하려면 2단계의 해석이 필요하다. 먼저 전형적인 부분적으로 반응한 입자를 분석하여 이 조건하에서의 선속(흘럭스, flux) 관계를 기술한 후 이 관계식을 $r_c$의 모든 값에 적용한다. 즉 $r_c$를 $R$과 0 사이에서 적분한다.

그림 25.6과 같이 부분적으로 반응된 입자를 고려하자. 반응물 A와 미반응 핵의 경계선은 입자 중심부를 향해서 내부로 이동한다. 그러나 기체/고체 시스템에 대한 미반응한 핵의 수축은 미반응 핵으로의 A의 유속보다 1,000배 정도 느리며, 이것은 대략 고체와 기체의 밀도비에 따른다. 따라서 어느 시간에 회분층에서의 A의 농도 기울기를 고려하는 데 있어서 미반응 핵은 정상 상태라고 가정할 수 있다.

액체/고체 시스템(*L/S* system)에서는 속도비가 1,000이 아니라 1에 더 가까우므로 문제가 될 수 있다. Yoshida 등(1975)은 이 가정을 느슨하게 하였다.

기체/고체 시스템(*G/S* system)에 대해 정상 상태 가정을 사용하면, 수학적으로 매우 간단해진다. 그러므로 어느 순간에 물질 A의 반응속도는 반응 표면으로의 확산속도에 의해 주어진다.

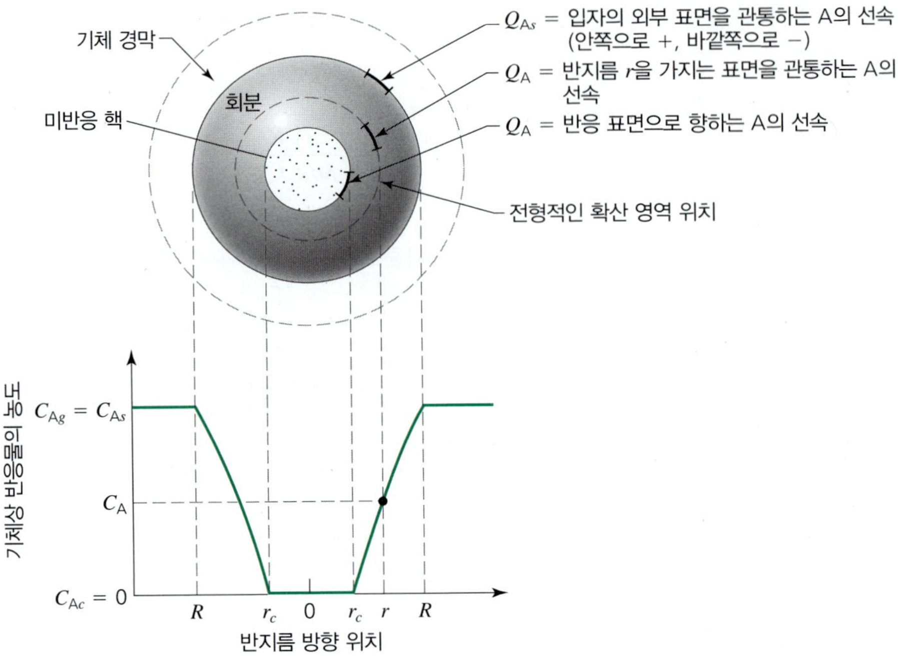


**그림 25.6** **회분층을 통한 확산이 속도 결정 단계인 경우에 반응 입자의 표현.**

$$-\frac{dN_A}{dt} = 4\pi r^2 Q_A = 4\pi R^2 Q_{As} = 4\pi r_c^2 Q_{Ac} = \text{일정} \tag{12}$$

편의상 회분층 내에서의 물질 A의 선속은 같은 몰수 향류 확산에 대한 Fick's 법칙으로 나타내기로 하자. 이 확산식의 다른 형태에서도 결과는 같다. $Q_A$와 $dC_A/dr$을 양으로 두면 아래와 같다.

$$Q_A = \mathscr{D}_e \frac{dC_A}{dr} \tag{13}$$

이고, 여기서 $\mathscr{D}_e$는 회분층 내에서 기체 반응물의 유효확산계수(effective diffusion coefficient)이다. 종종 회분의 특성(예를 들면 소결 특성)은 고체에 소량 존재하는 불순물과 입자의 환경 변화에 매우 민감하므로 이 값을 미리 정하는 것은 매우 어렵다. 식 (12)와 식 (13)을 결합하면 어떤 $r$에 대해 다음과 같다.

$$-\frac{dN_A}{dt} = 4\pi r^2 \mathscr{D}_e \frac{dC_A}{dr} = \text{일정} \tag{14}$$

회분층을 가로질러 $R$부터 $r_c$까지 적분하면, 다음 식을 얻을 수 있다.

$$-\frac{dN_A}{dt} \int_R^{r_c} \frac{dr}{r^2} = 4\pi \mathscr{D}_e \int_{C_{Ag}=C_{As}}^{C_{Ac}=0} dC_A$$

또는

$$-\frac{dN_A}{dt}\left(\frac{1}{r_c} - \frac{1}{R}\right) = 4\pi \mathscr{D}_e C_{Ag} \tag{15}$$

이 식은 어떤 주어진 시간에 반응 입자의 상태를 나타낸다.

분석의 두 번째 부분으로 넘어가, 미반응한 핵의 크기가 시간에 따라 변한다고 가정하자. 미반응 핵의 크기가 주어지면 $dN_A/dt$는 일정하지만, 핵이 수축하면 회분층의 두께가 커지면서 A의 확산속도가 떨어진다. 따라서 식 (15)를 시간과 기타의 변수들에 관해 적분함으로써 구하는 관계식을 얻을 수 있지만, 이 식은 $t$, $N_A$, $r_c$의 세 변수가 있어서 적분하기 전에 그중 하나를 소거시키거나 다른 변수로 표시해야 한다. 경막 확산에서처럼 $N_A$를 $r_c$로 나타내어 소거하기로 하자. 이 관계식은 식 (6)이므로 식 (15)에 대입해서 변수를 분리하고 적분하면 다음 식을 얻을 수 있다.

$$-\rho_B \int_{r_c=R}^{r_c} \left(\frac{1}{r_c} - \frac{1}{R}\right) r_c^2\, dr_c = b\mathscr{D}_e C_{Ag} \int_0^t dt$$

또는

$$t = \frac{\rho_B R^2}{6b\mathscr{D}_e C_{Ag}} \left[1 - 3\left(\frac{r_c}{R}\right)^2 + 2\left(\frac{r_c}{R}\right)^3\right] \tag{16}$$

입자가 완전히 전환되면 $r_c = 0$이고, 이때 필요한 시간은 다음과 같다.

$$\boxed{\tau = \frac{\rho_B R^2}{6b\mathscr{D}_e C_{Ag}}} \tag{17}$$

식 (16)을 식 (17)로 나누면 반응의 진척도와 완전전환에 필요한 시간의 관계가 구해진다.

$$\frac{t}{\tau} = 1 - 3\left(\frac{r_c}{R}\right)^2 + 2\left(\frac{r_c}{R}\right)^3 \tag{18a}$$

이 식을 식 (10)처럼 전환율의 항으로 나타내면 다음과 같이 된다.

$$\frac{t}{\tau} = 1 - 3(1 - X_B)^{2/3} + 2(1 - X_B) \tag{18b}$$

이 결과를 그림 25.9와 25.10에 도시하였다.

## ▶ 화학반응이 속도 결정 단계인 경우

그림 25.7에 화학반응이 속도 결정 단계인 경우 입자 내의 농도 기울기를 나타내었다. 반응을 진행하는 데 회분층의 존재가 영향을 미치지 않기 때문에 반응속도는 미반응 핵의 표면적에 비례한다고 볼 수 있다. 따라서 미반응 핵의 단위 표면적을 기준으로 하면 식 (1)~(3)의 양론식에 대한 반응속도는 다음과 같다.

$$-\frac{1}{4\pi r_c^2}\frac{dN_A}{dt} = -\frac{b}{4\pi r_c^2}\frac{dN_A}{dt} = bk''C_{Ag} \tag{19}$$

여기서 $k''$는 표면반응에 대한 1차 속도 상수이다. $N_B$를 식 (6)에서처럼 수축하는 반지름으로 나

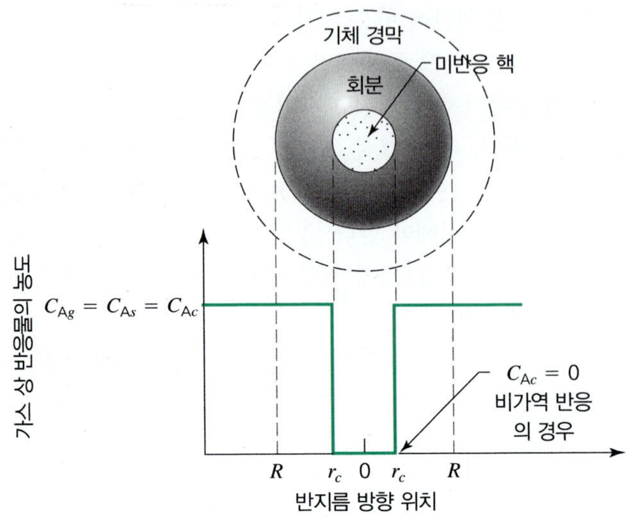


그림 25.7 화학반응이 속도 결정 단계인 경우의 반응 입자의 표현, 반응은 A($g$) + $b$B($s$) → 생성물이다.

타내면 식은 다음과 같이 변경된다.

$$-\frac{1}{4\pi r_c^2}\rho_B 4\pi r_c^2 \frac{dr_c}{dt} = -\rho_B \frac{dr_c}{dt} = bk''C_{Ag} \tag{20}$$

위 식을 적분하면 다음과 같이 된다.

$$-\rho_B \int_R^{r_c} dr_c = bk''C_{Ag}\int_0^t dt$$

또는

$$t = \frac{\rho_B}{bk''C_{Ag}}(R - r_c) \tag{21}$$

완전 전환에 필요한 시간 $\tau$는 $r_c = 0$을 대입함으로써 구할 수 있다.

$$\boxed{\tau = \frac{\rho_B R}{bk''C_{Ag}}} \tag{22}$$

식 (21)과 식 (22)를 이용하여 반지름 감소 또는 입자의 전환율 증가를 $\tau$에 관한 식으로 구할 수 있다.

$$\boxed{\frac{t}{\tau} = 1 - \frac{r_c}{R} = 1 - (1 - X_B)^{1/3}} \tag{23}$$

이 결과를 그림 25.9와 25.10에 도시하였다.

## 25.3 수축하는 구형 입자에 대한 반응속도

순수한 탄소가 공기 중에서 연소하면 회분이 형성되지 않는다. 이처럼 회분이 만들어지지 않는 반응 입자는 반응 후에 수축되어 결국 사라진다. 이 과정을 그림 25.8에 나타내었다. 이 반응에서는 다음과 같은 3단계가 연속적으로 일어난다고 볼 수 있다.

*단계 1.* 기체 본체로부터 기체 경막을 통해 고체 표면으로의 반응물 A의 확산.

*단계 2.* 고체 표면상에서 고체와 반응물 A와의 반응.

*단계 3.* 고체 표면으로부터 기체 경막을 통한 반응 생성물의 기체 본체로의 확산. 회분층은 존재하지만 저항에 관여하지 않음을 주목할 필요가 있다.

입자의 크기가 변하지 않는다고 가정하고 반응을 지배하는 저항이 어떤 것인가에 따라 속도식이 어떻게 변하는지 알아보자.

### ▶ 화학반응이 속도 지배 단계인 경우

화학반응이 속도를 지배할 경우, 반응의 거동은 입자의 크기가 변하지 않는 경우의 거동과 동일하다. 따라서 그림 25.7과 식 (21) 또는 식 (23)은 입자의 수축 여부에 관계 없이 단일 입자의 시간에 따른 전환율 거동을 표시한다.

### ▶ 기체 경막 확산이 속도 지배 단계인 경우

입자 표면에서의 경막 저항은 입자와 유체 간의 상대속도, 입자의 크기 및 유체 특성 등 여러 인자에 좌우된다. 여러 인자는 충전층, 유동층 및 자유낙하하는 고체 등 유체와 고체 간의 여러 접촉 형태에 따라 상관되어 있다. 예를 들면 유체 중의 몰분율이 $y$인 성분이 자유낙하 하는 고체로 물질전달이 일어날 때 Froessling (1938)은 다음 식을 제안하였다.

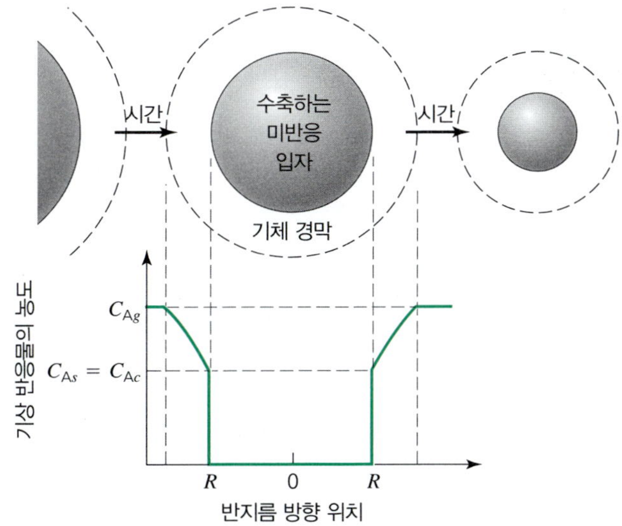


**그림 25.8** 수축하는 고체 입자와 기체 사이에서의 반응 $A(g) + bB(s) \rightarrow rR(g)$에 대한 반응물과 생성물의 농도 표현.

$$\frac{k_g d_p y}{\mathscr{D}} = 2 + 0.6(\mathrm{Sc})^{1/3}(\mathrm{Re})^{1/2} = 2 + 0.6\left(\frac{\mu}{\rho\mathscr{D}}\right)^{1/3}\left(\frac{d_p u\rho}{\mu}\right)^{1/2} \tag{24}$$

반응 중에 입자의 크기가 변하므로 $k_g$도 변한다. 일반적으로 기체의 속도가 증가하거나 입자의 크기가 작으면 $k_g$는 증가한다. 예를 들어 그림 25.12와 식 (24)에서는 아래에 언급한 관계가 있다.

$$k_g \sim \frac{1}{d_p} \qquad \text{작은 } d_p\text{와 } u\text{인 경우} \tag{25}$$

$$k_g \sim \frac{u^{1/2}}{d_p^{1/2}} \qquad \text{큰 } d_p\text{와 } u\text{인 경우} \tag{26}$$

식 (25)는 입자가 Stokes 법칙이 적용되는 구간 내에 있음을 보여준다. 이러한 입자에 대한 전환율-시간의 관계를 구해보자.

**Stokes 법칙이 적용되는 구간(작은 입자)** 원래의 크기가 $R_0$인 입자가 $R$로 수축되었을 때 아래와 같은 식을 쓸 수 있다.

$$dN_\mathrm{B} = \rho_\mathrm{B}\, dV = 4\pi\rho_\mathrm{B} R^2\, dR$$

따라서 식 (7)과 유사하게 다음 식을 얻는다.

$$-\frac{1}{S_{ex}}\frac{dN_\mathrm{B}}{dt} = \frac{\rho_\mathrm{B} 4\pi R^2}{4\pi R^2}\frac{dR}{dt} = -\rho_\mathrm{B}\frac{dR}{dt} = bk_g C_{\mathrm{A}g} \tag{27}$$

Stokes 구간에 있으므로 식 (24)는 다음 식으로 변형된다.

$$k_g = \frac{2\mathscr{D}}{d_p} = \frac{\mathscr{D}}{R} \tag{28}$$

위 두 식을 결합하고 적분하면 다음과 같다.

$$\int_{R_0}^{R} R\, dR = \frac{bC_{\mathrm{A}g}\mathscr{D}}{\rho_\mathrm{B}}\int_0^t dt$$

또는

$$t = \frac{\rho_\mathrm{B} R_0^2}{2bC_{\mathrm{A}g}\mathscr{D}}\left[1 - \left(\frac{R}{R_0}\right)^2\right]$$

따라서 입자가 완전히 소모될 때까지의 소요시간은 아래와 같다.

$$\boxed{\boldsymbol{\tau} = \frac{\rho_\mathrm{B} R_0^2}{2bC_{\mathrm{A}g}\mathscr{D}}} \tag{29}$$

이 식으로부터 다음 식을 구할 수 있다.

$$\frac{t}{\tau} = 1 - \left(\frac{R}{R_0}\right)^2 = 1 - (1 - X_B)^{2/3} \tag{30}$$

그림 25.9와 25.10에 Stokes 구간에서 수축되는 입자에 대한 크기-시간 관계를 나타내었으며, 이것은 연소하는 작은 고체 입자(small burning solid particle)와 액적(small burning liquid droplet)을 잘 표현한다.

## 25.4 이론의 확대

**다른 모양의 입자** 위에서 유도한 식과 유사한 전환율-시간 관계식을 여러 형태의 입자에 대해서 각각 구하여 표 25.1에 요약했다.

**저항력의 조합** 언급한 전환율-시간 관계식에서는 단일 저항이 입자상에서의 반응을 지배하는 것으로 한정했는데, 입자의 전환이 진행됨에 따라 기체 경막, 회분층 및 반응 단계의 상대적인 중요성이 변할 수 있다. 예를 들면 크기가 변하지 않는 입자에서 기체 경막 저항은 불변이지만 미반응한 핵의 면적이 감소됨에 따라 반응에 대한 저항이 커진다. 반면에 초기에는 회분이 없기 때문에 없었던 회분층의 저항이, 반응기 진행됨에 따라 회분층이 두꺼워짐에 따라 그 저항의 중요성이 증대한다. 일반적으로 반응의 전체 구간에서 한 단계만이 지배한다고 생각하는 것은 합리적이지 않다.

저항들이 연속적으로 작용하고 농도에 선형적이라면 이 저항들의 영향을 동시에 고려하는 것은 간단하다. 식 (7), (15), (20)에서 각각의 구동력을 종합하고 중간 농도를 소거하면, 어떤 전환율에 이르는 데 필요한 시간은 각 저항이 따로 작용하는 경우에 걸리는 시간들의 합으로 구할 수 있다.

$$t_{\text{total}} = t_{\text{film alone}} + t_{\text{ash alone}} + t_{\text{reaction alone}} \tag{32a}$$

유사하게, 완전하게 전환된 경우는 아래와 같다.

$$\tau_{\text{total}} = \tau_{\text{film alone}} + \tau_{\text{ash alone}} + \tau_{\text{reaction alone}} \tag{32b}$$

다른 접근 방법으로, 각각의 저항을 어떤 전환율 상태에서 직접 결합하면 다음 식을 얻을 수 있다.

$$-\frac{1}{S_{ex}}\frac{dN_B}{dt} = \frac{bC_A}{\dfrac{1}{k_g} + \dfrac{R(R-r_c)}{r_c\mathscr{D}_e} + \dfrac{R^2}{r_c^2 k''}} \tag{33a}$$

$$-\frac{dr_c}{dt} = \frac{bC_A/\rho_B}{\underbrace{\dfrac{r_c^2}{R^2k_g}}_{\text{경막}} + \underbrace{\dfrac{(R-r_c)r_c}{R\mathscr{D}_e}}_{\text{회분}} + \underbrace{\dfrac{1}{k''}}_{\text{반응}}} \tag{33b}$$

이상에서 알 수 있는 바와 같이 이들 3개의 저항은 반응이 진행됨에 따라 혹은 $r_c$가 감소함에 따

**표 25.1** 수축핵 모델(SCM)에서 다양한 입자의 형태에 대한 전환율-시간 표현식

| | | 경막 확산 지배 | | 회분 확산 지배 | | 반응 지배 | |
|---|---|---|---|---|---|---|---|
| 일정한 크기의 입자 | **평판**<br>$X_B = 1 - \frac{1}{L}$<br>$L$ = half thickness | $\frac{t}{\tau} = X_B$<br>$\tau = \frac{\rho_B L}{b k_g C_{Ag}}$ | | $\frac{t}{\tau} = X_B^2$<br>$\tau = \frac{\rho_B L^2}{2b\mathscr{D}_e C_{Ag}}$ | | $\frac{t}{\tau} = X_B$<br>$\tau = \frac{\rho_B L}{bk'' C_{Ag}}$ | |
| | **실린더**<br>$X_B = 1 - \left(\frac{r_c}{R}\right)^2$ | $\frac{t}{\tau} = X_B$<br>$\tau = \frac{\rho_B R}{2b k_g C_{Ag}}$ | | $\frac{t}{\tau} = X_B + (1 - X_B)\ln(1 - X_B)$<br>$\tau = \frac{\rho_B R^2}{4b\mathscr{D}_e C_{Ag}}$ | | $\frac{t}{\tau} = 1 - (1 - X_B)^{1/2}$<br>$\tau = \frac{\rho_B R}{bk'' C_{Ag}}$ | |
| | **구**<br>$X_B = 1 - \left(\frac{r_c}{R}\right)^3$ | $\frac{t}{\tau} = 1 - (1 - X_B)^{2/3}$<br>$\tau = \frac{\rho_B R}{3b k_g C_{Ag}}$ | **(11)**<br>**(10)** | $\frac{t}{\tau} = 1 - 3(1 - X_B)^{2/3} + 2(1 - X_B)$<br>$\tau = \frac{\rho_B R^2}{6b\mathscr{D}_e C_{Ag}}$ | **(18)**<br>**(17)** | $\frac{t}{\tau} = 1 - (1 - X_B)^{1/3}$<br>$\tau = \frac{\rho_B R}{bk'' C_{Ag}}$ | **(23)**<br>**(22)** |
| 축소하는 구 | **소형 입자**<br>Stokes 영역 | $\frac{t}{\tau} = 1 - (1 - X_B)^{2/3}$<br>$\tau = \frac{\rho_B R_0^2}{2b\mathscr{D} C_{Ag}}$ | **(30)**<br>**(29)** | 해당 없음 | | $\frac{t}{\tau} = 1 - (1 - X_B)^{1/3}$<br>$\tau = \frac{\rho_B R}{bk'' C_{Ag}}$ | |
| | **대형 입자**<br>**($u$ = 일정)** | $\frac{t}{\tau} = 1 - (1 - X_B)^{1/2}$<br>$\tau = (\text{const})\frac{R_0^{3/2}}{C_{Ag}}$ | **(31)** | 해당 없음 | | $\frac{t}{\tau} = 1 - (1 - X_B)^{1/3}$<br>$\tau = \frac{\rho_B R_0}{bk'' C_{Ag}}$ | |

라 그 상대적인 중요성이 변한다.

입자 크기가 불변인 경우 전환의 시작과 끝을 전부 고려하면 평균적으로 이들 세 가지 저항의 역할은 다음의 식으로 나타낼 수 있다.

$$-\frac{1}{S_{ex}}\frac{\overline{dN_A}}{dt} = \overline{k}''C_A = \frac{C_A}{\dfrac{1}{k_g} + \dfrac{R}{2\mathscr{D}_e} + \dfrac{3}{k''}} \tag{34}$$

반응의 진행에 따라 수축되는 회분이 없는 입자인 경우에는 기체 경막 및 표면반응의 두 가지 저항만 고려하면 된다. 이들은 둘 다 변화하는 입자의 외부 표면적에 기준한 것이므로 이들을 조합하여 어느 순간에서 다음 식을 구할 수 있다.

$$-\frac{1}{S_{ex}}\frac{dN_A}{dt} = \frac{1}{\dfrac{1}{k_g} + \dfrac{1}{k''}}C_A \tag{35}$$

Yagi와 Kunii (1955), Shen과 Smith (1965), White와 Carberry (1965)는 여러 가지 형태의 식을 유도하였다.

**수축핵 모델의 한계** 이 모델의 가정은 실제와 다를 수 있다. 예를 들어, 반응이 회분과 원래 고체 사이의 잘 구별되는 계면에서보다 확산 전면을 따라서 일어나는 경우는 수축핵 모델과 연속 반응 모델의 중간 형태를 갖는다고 할 수 있다. 이 문제는 Wen (1968), Ishida와 Wen (1971)이 다루었다.

또한 반응속도가 빠르면 열발산속도가 높아 입자 내부나 입자와 외부에 존재하는 대량의 유체 사이에 심한 온도 기울기가 생길 수 있다. 이 문제는 Wen과 Wang (1970)이 상세히 다루었다.

이러한 복잡함에도 불구하고 Wen (1968)과 Ishida 등(1971)은 여러 시스템에서의 연구를 토대로 수축핵 모델이 대부분의 기체-고체 계의 반응과 잘 맞는다고 결론지었다.

그러나 이 결론에는 두 가지 예외적인 경우가 있다. 첫째는 기체와 매우 다공질인 고체 사이에서 일어나는 느린 속도의 반응이다. 여기서 반응은 고체 전체에서 일어나며 이런 상황에서는 연속 반응 모델이 실제에 더 잘 맞을 것이라고 기대된다. 이러한 예는 촉매 입자에서 천천히 일어나는 피독(poisoning)으로 이것은 21장에서 다루었다.

둘째는 고체가 기체와 접촉할 필요가 없이 열에 의해서 전환되는 경우이다. 이 반응의 예로서는 빵 굽기, 선교사 삶기(boiling missionaries), 강아지 구워 먹기(roasting puppies) 등이 있으며 이 경우에도 연속 반응 모델이 실제와 더 잘 맞는다. Wen (1968), Kunii와 Levenspiel (1991)이 이 문제를 다루었다.

## 25.5 속도 결정 단계의 결정

유체-고체 반응의 속도 결정 단계와 속도론은 입자의 점진적인 전환에 미치는 입자 크기 및 온도의 영향 등을 주목하여 추론한다. 이 정보들은 가용한 시설과 물질에 의해서 다양한 방법으로 얻어진다. 다음의 관찰은 실험을 진행하고 실험 데이터를 해석하는 데 도움이 될 수 있다.

**온도** 화학적 단계는 보통 물리적 단계보다 온도에 더욱 민감하다. 따라서 상이한 온도에서 실

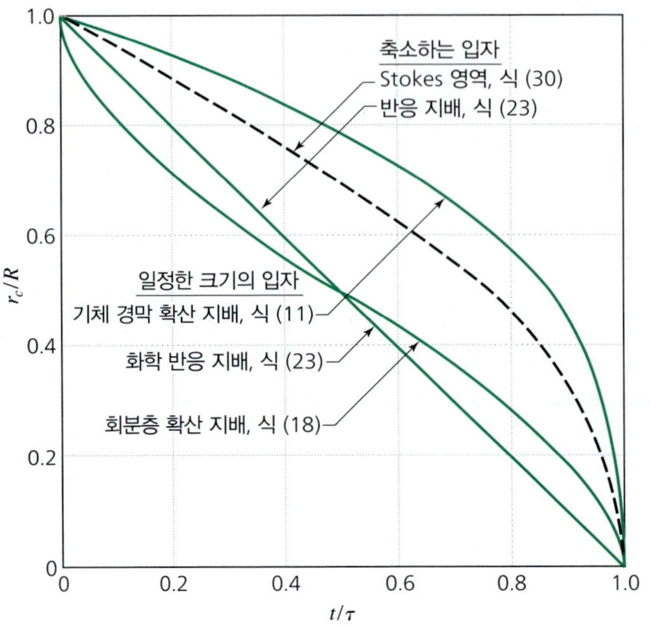


**그림 25.9** 유체로 둘러싸인 단일 구형 입자의 반응 진행(반지름)을 완전전환에 소요되는 시간으로 표현.

험을 하면 속도 결정 단계가 회분 확산인지 경막 확산인지 알 수 있고, 다른 한편으로 화학반응인지를 쉽게 구별할 수 있다.

***시간*** 그림 25.9와 그림 25.10은 화학반응, 경막 확산, 회분 확산이 각각 속도 결정 단계인 경우 구형 고체의 점진적인 전환율을 나타낸다. 실험의 결과와 예측값을 비교함으로써 속도 결정 단계

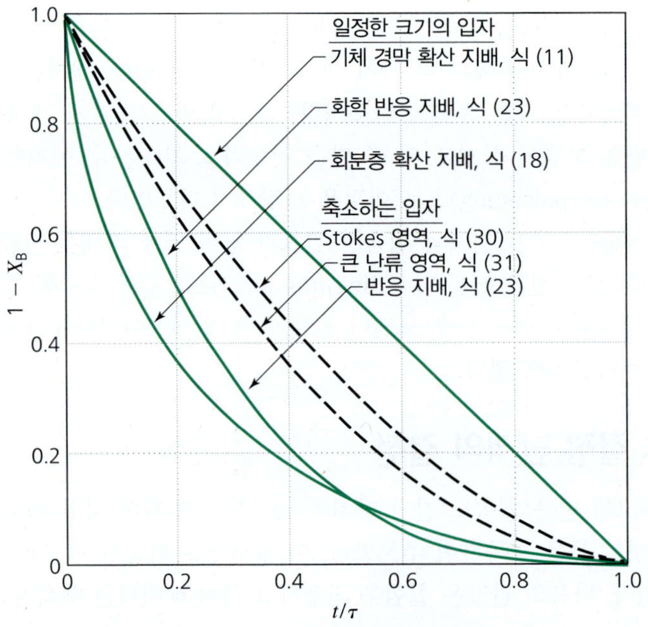


**그림 25.10** 유체에 둘러싸인 단일 구형 입자의 반응 진행(전환율)을 완전전환에 소요되는 시간으로 표현.

가 구해지는데, 불행하게도 속도 결정 단계가 회분 확산과 화학반응의 차이가 크지 않아 실험 데이터가 분산되어 있으면 구별이 안 될 수 있다.

그림 25.9와 25.10과 같은 전환율-시간 곡선과 표 25.1의 식들을 사용하여 다른 고체 입자의 형태에 대해서도 만들 수 있다.

***입자 크기*** 식 (16), (21), (8)과 식 (24) 또는 식 (25)는 크기가 불변인 상이한 크기의 입자가 같은 전환율에 도달하는 데 필요한 시간을 나타낸다.

$t \propto R^{1.5\sim2.0}$ 경막 확산 지배인 경우(Re가 증가하면 멱수가 감소함) **(36)**

$t \propto R^2$ 회분층 확산 지배인 경우 **(37)**

$t \propto R$ 화학반응 지배인 경우 **(38)**

따라서 크기가 다른 입자의 반응속도를 실험으로 확인하여 화학적, 물리적인 단계들이 지배하는 반응들을 구별할 수 있다.

***회분 저항 대 경막 저항*** 반응에 의해 굳는 고상 회분이 발생하는 경우에는 일반적으로 이 회분를 통과하는 기상 반응물에 대한 저항이 입자 주위의 기체 경막 저항보다 훨씬 크다. 따라서 회분층이 떨어져 나가지 않는 경우에는 경막 저항을 무시해도 좋다. 또한 회분 저항은 기체 속도의 변화에 영향을 받지 않는다.

***경막 저항의 예측*** 경막 저항의 크기는 식 (24)와 같은 무차원 상관관계 식들로부터 예측할 수 있다. 따라서 계산에 의한 반응속도와 관찰된 반응속도가 거의 같은 경우 경막 저항이 지배적이라고 할 수 있다.

***전체 저항 대 단독 저항*** 그림 25.11처럼 각각의 반응속도계수를 온도의 함수로 나타내면 식 (34) 또는 식 (35)에 의한 전체 반응속도계수는 각 단독 계수 어느 것보다도 클 수 없다.

이 관측에 의하면 잘 계획된 실험으로 속도 결정 단계를 찾을 수 있다.

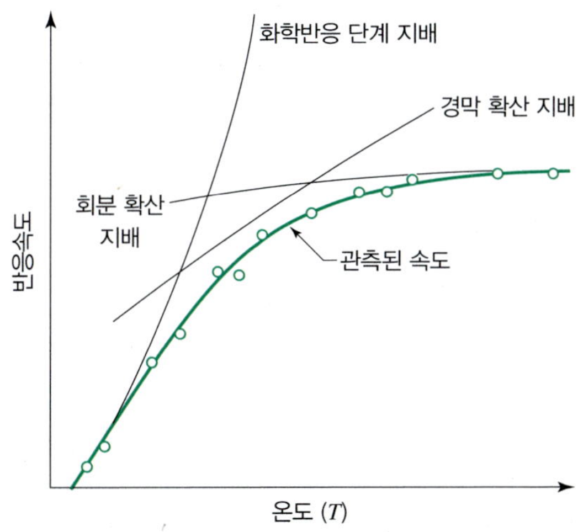


**그림 25.11** 반응에 대한 저항들이 직렬 관계에 있기 때문에, 총괄 반응속도 혹은 관찰된 반응속도는 각 단계의 단독 반응속도보다 높을 수는 없다.

한 예로, 충분히 연구가 된 순수한 탄소 입자와 산소의 기체-고체 반응을 살펴보자.

$$C + O_2 \rightarrow CO_2$$

$$[\mathrm{B}(s) + \mathrm{A}(g) \rightarrow \text{기체 생성물}]$$

속도식은 다음과 같다.

$$-\frac{1}{S_{ex}}\frac{dN_\mathrm{B}}{dt} = -\frac{1}{4\pi R^2}4\pi R^2\rho_\mathrm{B}\frac{dR}{dt} = -\rho_\mathrm{B}\frac{dR}{dt} = \bar{k}''C_\mathrm{A} \tag{27}$$

반응 중에 회분이 생성되지 않으므로 표면반응과 기체 경막의 두 가지 저항이 주요 인자가 되는 수축하는 입자의 반응속도론으로 해석이 가능하다. 식 (35)로부터 어느 순간에서의 전체 속도 상수는 다음과 같다.

$$\frac{1}{\bar{k}''} = \frac{1}{k''} + \frac{1}{k_g}$$

$k_g$는 식 (24)로 주어지며 $k''$는 Parker와 Hottel (1936)이 제시하였다.

$$-\frac{1}{S_{ex}}\frac{dN_\mathrm{B}}{dt} = 4.32 \times 10^{11}C_{\mathrm{A}g}\sqrt{T}e^{-(184\,000)/\mathbf{R}T} = k_s C_{\mathrm{A}g} \tag{39}$$

여기서 $\mathbf{R}$은 J/mol · K이며, $T$는 절대온도(K), $C_{\mathrm{A}g}$는 g-mole/liter이다. 그림 25.12에서 이 모든 정보들을 그래프로 편리하게 나타냈으며, 이 그래프를 이용하여 시스템의 여러 변수에 대한 $\bar{k}''$ 값을 구할 수 있다. 경막 저항이 지배하는 경우, 반응은 온도에서 민감하지 않고 입자 크기 및 고체-기체 간의 상대속도에 좌우됨을 주목하라. 이 경우는 평행에 가까운 실제로는 수평인 선의 집합으로 표시된다.

도면에 나와 있지 않은 조건을 알아내기 위해서 외삽 혹은 바깥짐작을 할 경우에는 지배 단계가 언제까지 불변이고 어느 때 변경되는지를 알아야 한다. 예를 들면 회분이 떨어져 나가지 않는 입자의 경우 온도의 증가와 어느 정도 증가된 입자 크기로 반응속도는 반응 지배에서 회분층 확산 지배로 바뀐다. 회분이 존재하지 않는 반응에서는 온도의 증가로 반응 지배는 경막 저항 지배로 바뀐다.

반면에 회분층 확산이 지배하는 경우에는 온도의 증가로 반응 지배나 경막 확산 지배로 변화하는 일이 벌어지면 않된다.

## 참고 문헌

Froessling, N., *Gerland Beitr. Geophys.*, **52**, 170 (1983).

Ishida, M., and Wen, C. Y., *Chem Eng. Sci.*, **26**, 1031 (1971).

Ishida, M., Wen, C. Y., and Shirai, T., *Chem. Eng. Sci.*, **26**, 1043 (1971).

Kunii, D., and Levenspiel, O., *Fluidization Engineering*, 2nd edition, Butterworth, Boston, MA, 1991.

Levenspiel, O., *Chemical Reactor Omnibook*, OSU Bookstores, Corballis, OR, 1996.

Parker, A. L., and Hottel, H.C., *Ind. Eng. Chem.*, **28**, 1334 (1936).

Shen, J., and Smith, J. M., *Ind. Eng. Chem. Fund.*, **4**, 293 (1965).

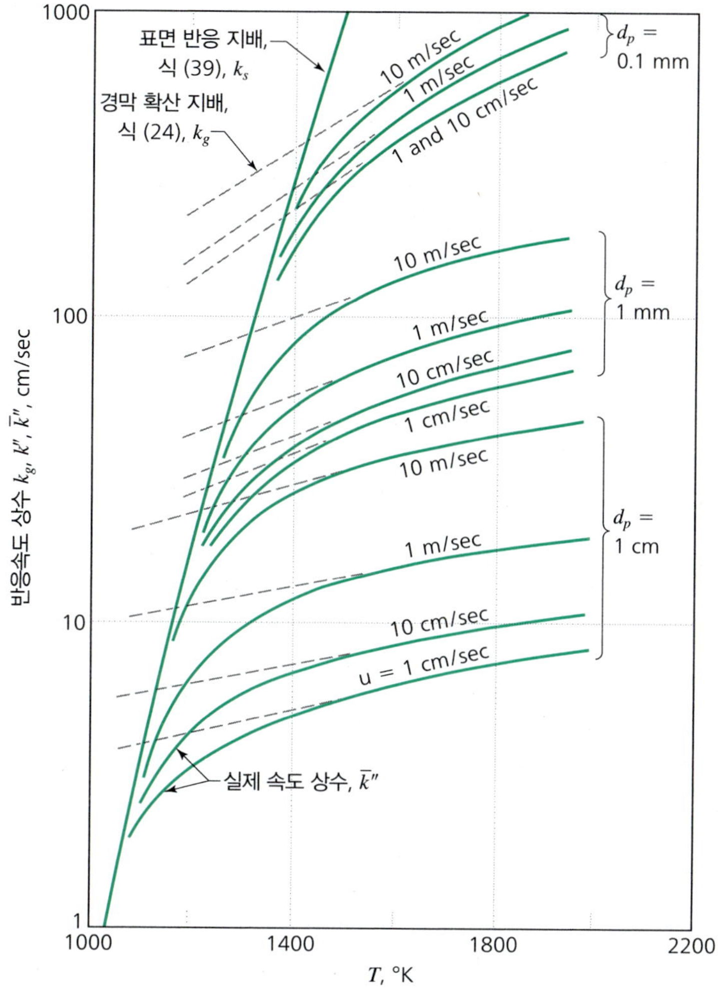


**그림 25.12** **순수한 탄소 입자의 연소속도. 이 그림은** Yagi**와** Kunii (1955)**로부터 인용하였다.**

Wen, C. Y., *Ind. Eng. Chem.*, **60** (9), 34 (1968).

Wen, C.Y., and Wang, S.C., *Ind. Eng. Chem.*, **62** (8), 30 (1970).

Yagi, S., and Kunii, D., *5th Symposium (International) on Combustion, Reinhold*, New York, Copyright Elsevier 1955, p. 231; *Chem, Eng. (Japan)*, **19**, 500 (1955). *Chem. Eng. Sci.*, **16**, 364, 372, 380 (1961).

Yoshida, K., Kunii, D., and Shimizu, F. J., *Chem. Eng. (Japan)*, **8**, 417 (1975).

## 연습 문제

**25.1** 크기가 균질한 고체의 일괄 배취(batch)를 일정한 조건에서 기체로 처리한다. 고체는 수축핵 모델에 따라 떨어져 나가지 않는 반응 생성물로 전환되며, 한 시간 반응 후의 전환율은 7/8 정도이고, 두 시간이 지나면 완전히 전환된다. 어떤 반응 메카니즘이 반응속도를 지배하는가?

**25.2** 펜실바니아주 루이스버그의 브라운가 끝의 어두운 곳에는 황동의 장군상과 황동 대포, 철제

포탄 더미 등의 남북전쟁 기념물이 있다. 이 기념물이 설립되었을 당시인 1968년에는 포탄의 둘레가 30 in였으나, 오늘날에는 기후와 부식 그리고 10년에 한 번씩 dust clean wax (DCW)로 하는 세척으로 인해 29.75 in로 줄어들었다. 이 포탄은 대략 몇 년이 지나면 완전히 소멸될 것인가?

**25.3** 8%의 산소 흐름에서 흑연 입자($R_0$ = 5 mm, $\rho_B$ = 2.2 gm/cm$^3$, $k''$ = 20 cm/sec)를 완전히 태우는 데 필요한 시간을 계산하라. 기체의 속도를 크게 하였을 때, 경막 확산이 물질전달과 반응에 아무런 저항도 미치지 않는다고 가정하라. 반응온도는 900°C이다.

**25.4** 크기 $R$ = 1 mm인 구형 아연합금 입자를 1기압, 900°C에서 8%의 산소 흐름으로 배소(roasting)시킨다. 반응의 양론식은 다음과 같다.

$$2ZnS + 3O_2 \rightarrow 2ZnO + 2SO_2$$

반응은 수축핵 모델로 진행된다고 가정하고 입자의 완전전환에 필요한 시간과 회분층 확산의 상대적 저항을 계산하라.

***자료***

Density of solid, $\rho_B$ = 4.13 gm/cm$^3$ = 0.0425 mol/cm$^3$
Reaction rate constant, $k''$ = 2 cm/sec
For gases in the ZnO layer, $\mathscr{D}_e$ = 0.08 cm$^2$/sec
회분층의 증가가 존재하는 한 경막 저항은 무시할 수 있다는 점에 주의하라.

---

입자 크기를 R에서 2R로 2배로 증가시키면 완전 전환에 필요한 시간은 3배로 늘어난다. 다음과 같은 입자 크기에 대해 전체 저항에 대한 회분층 확산의 기여는 어느 정도인가?

**25.5** $R$?  **25.6** 2R?

---

일정한 조성을 갖는 기체를 가진 오븐 안에서 물질 B를 포함하는 구형 고체 입자가 일정한 온도로 배소된다. 고체는 다음과 같은 SCM을 따라서 딱딱한 박편이 아닌 생성물로 전환된다.

$$A(g) + B(s) \rightarrow R(g) + S(s), \quad C_A = 0.01\ \text{kmol/m}^3, \quad \rho_B = 20\ \text{kmol/m}^3$$

다음의 전환율 데이터(화학 분석에 의함)나 핵크기 데이터(잘라서 측정함)로부터 고체의 전환에 대한 속도 결정 단계를 결정하라.

**25.7**

| $d_p$, mm | $X_B$ | $t$, min |
|---|---|---|
| 1 | 1 | 4 |
| 1.5 | 1 | 6 |

**25.8**

| $d_p$ | $X_B$ | $t$, sec |
|---|---|---|
| 1 | 0.3 | 2 |
| 1 | 0.75 | 5 |

**25.9**

| $d_p$, mm | $X_B$ | $t$, sec |
|---|---|---|
| 1 | 1 | 200 |
| 1.5 | 1 | 450 |

**25.10**

| $d_p$ | $X_B$ | $t$, sec |
|---|---|---|
| 2 | 0.875 | 1 |
| 1 | 1 | 1 |

**25.11** 균질한 크기의 구형 입자 $UO_3$는 균질한 환경에서 $UO_2$로 환원된다. 이때 다음의 결과를 알 수 있다고 하자.

| $t$, hr | 0.180 | 0.347 | 0.453 | 0.567 | 0.733 |
|---|---|---|---|---|---|
| $X_B$ | 0.45 | 0.68 | 0.80 | 0.95 | 0.98 |

반응이 SCM을 따른다고 할 때 이 환원 반응을 나타내는 속도 결정 메카니즘과 속도식을 구하라.

**25.12** 커다란 석탄 더미가 연소되고 있다. 모든 표면은 불꽃 속에 있고 24시간 동안에 석탄 더미의 선형 크기(수평선에 대한 윤곽으로 측정)는 대략 5% 정도 감소된다.

**(a)** 타는 물질은 크기가 어떻게 감소하는가?

**(b)** 완전히 타버리는 시간은?

**(c)** 문제 해결에 사용한 가정을 설명하라.

제 26 장

# 유체–입자 반응기: 설계

## Fluid–Particle Reactors: Design

유체－고체 반응기 설계에서 중요한 세 가지 인자는 (1) 단일 입자의 반응속도, (2) 처리되는 고체의 크기 분포, (3) 반응기 내에서 유체와 고체의 흐름 양식이다. 속도론이 복잡하고 잘 알려져 있지 않는 경우, 반응 생성물이 담요 모양의 블랭킷 유체상(blanketing fluid phase)을 형성하는 경우 그리고 시스템의 온도가 각 지점에서 크게 변화하는 경우는 반응기 분석이 어려워진다. 따라서 현재의 설계는 대부분 다년간에 걸친 조업 경험과 혁신 경험 및 기존 반응기에 대한 변경의 경험 등에 크게 의존한다. 철을 생산하는 용광로가 아마도 이러한 산업 시스템의 가장 대표적인 예라고 할 수 있다.

몇몇 실제 산업적 반응들 중에는 간단히 해석되지 않는 것도 있으나, 이것 때문에 이상적인 시스템에 관한 연구를 그만둘 수는 없다. 이상적인 시스템은 많은 경우 실제 시스템과 잘 맞으며 더 복잡한 해석의 출발점으로 생각할 수 있다. 이 장에서는 반응속도, 흐름 특성 및 고체의 크기 분포를 알고 있는 매우 이상적인 시스템만을 다루도록 한다.

그림 26.1을 참고하여 기체-고체 조업에서의 여러 가지 접촉 유형을 간략하게 다루기로 한다.

***고체와 기체가 모두 플러그 흐름인 경우*** 가스와 고체가 플러그 흐름의 형태로 반응기를 통과하면, 물질의 조성은 통과하는 과정 중에 변한다. 더욱이 이러한 운전은 보통 비등온적으로 이루어진다.

여러 상들이 플러그 흐름에서 접촉하는 경우는 용광로와 시멘트 킬른 혹은 가마(cement kiln)(그림 26.1*a*)에서와 같은 맞흐름, 석탄로에 사용되는 이동식 벨트공급기(그림 26.1*b*)에서와 같은 직교류(십자류, cross flow), 고분자 건조기(그림 26.1*c*)에서와 같은 병류 등 여러 가지가 있다.

***고체가 혼합 흐름인 경우*** 고체의 혼합 흐름이 있는 반응기로 가장 좋은 예는 유동층이다(그림 26.1*d*). 이러한 반응기에서의 가스 흐름은 특성을 해석하기 어려우며 때로는 혼합 흐름보다 좋지 않다. 고체는 열용량이 크므로 이런 조작에서는 대개 등온이라고 가정할 수 있다.

***반회분식 조작*** 그림 26.1*e*의 이온교환 컬럼은 유체의 흐름이 이상적인 플러그 흐름에 매우 가까우며, 고체는 반회분식으로 처리되는 경우이다. 반면에 다른 반회분식 조작인 가정용 벽난로에서는 유체 흐름 특성을 파악하기 어렵다.

***회분식 조작*** 일회분의 유체 내에서 일회분의 고체가 반응하거나 용해되는 경우, 대표적으로는

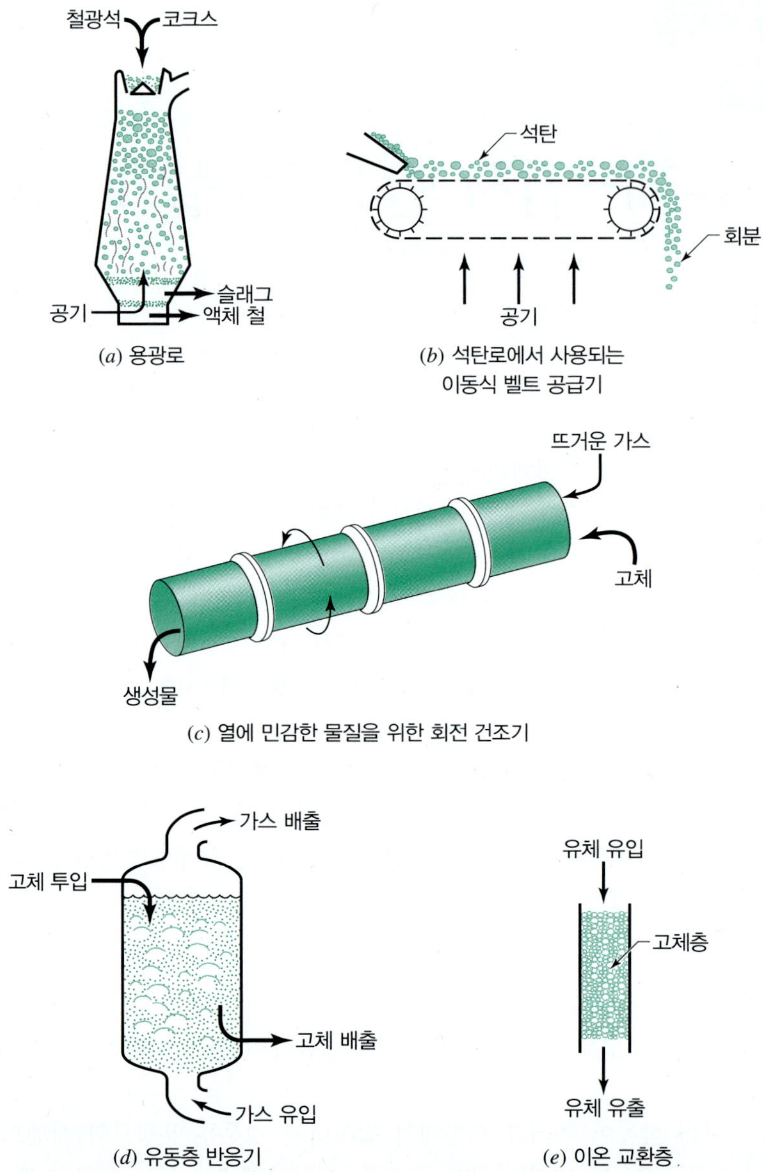


**그림 26.1** **유체-고체 반응기에서 다양한 접촉 방식: (a~d) 맞흐름, 직교류 및 병류 플러그 흐름; (d) 중간 정도의 기체 흐름, 혼합 고체 흐름; (e) 반회분식 운전.**

고체의 산에 의한 침식의 경우와 같은 것이 회분식 조업의 예이다.

유체-고체 시스템의 해석과 설계의 경우, 반응기 내 유체의 조성이 균질하다고 가정하면 매우 간단해진다. 반응기 내 유체의 조성이 균질하다는 이 가정이 합리적인 경우는 다음과 같다. 유체 상 반응물의 전환율이 크지 않거나, 유체의 역혼합이 상당히 큰 경우이거나, 유동층에서처럼 고체가 반응기에서 이리저리 움직여 모든 유체에서 샘플링이 가능할 때 등이다. 위와 같은 경우에는 실제에서 그다지 벗어나지 않는 근사 값을 합리적으로 얻을 수 있다. 이 가정을 이용하여 아래의 해석에 사용한다.

대표적으로 연소처럼 매우 빠른 반응을 간략히 다룸으로써 이 장을 끝낼 예정이다. 반응속도론은 사실을 다루는 것이 아니므로 해석은 매우 간략하게 한다.

자주 발생하는 몇 가지 흐름 양식에 대해 반응기 내 기체 조성은 균질하다고 가정하고 그 성능식을 개발하자.

### ▶ 한 가지 크기의 입자, 플러그 흐름인 고체, 균질한 기체 조성

어떤 특정한 고체의 비 전환율(specific conversion) 계산에 필요한 접촉시간 혹은 반응시간은 표 25.1에서 직접 구할 수 있다.

### ▶ 다르지만 크기가 변하지 않는 입자들의 혼합물, 플러그 흐름 고체, 균질한 기체 조성

서로 다른 크기의 입자 혼합물로 구성된 고체 공급물을 고려하자. 공급물의 크기 분포는 연속적인 분포 혹은 불연속적인 분포로 생각할 수 있다. 크기 분포를 측정하기 위해 체분석(screen analysis)을 사용하면 불연속 측정 가능하므로 이 방법을 이용한다.

$F$를 단위시간에 처리되는 고체의 양이라고 하자. 고체 밀도가 반응 중에 변하므로 일반적으로 $F$는 고체의 부피로 나타낸 공급물 속도로 정의된다. 고체 밀도의 변화를 무시할 수 있는 경우는 $F$가 고체의 질량 공급물 속도가 된다. 또한 물질의 크기가 $R_i$인 공급물의 양을 $F(R_i)$라고 하자. 최대 공급물 입자의 크기를 $R_m$이라면 입자의 크기가 변하지 않는 경우, 다음 식이 성립한다.

$$F = \sum_{R_i=0}^{R_m} F(R_i), \qquad \text{cm}^3/\text{sec 또는 gm/sec}$$

그림 26.2는 불연속적 크기 분포의 일반적인 특성을 나타낸다.

플러그 흐름인 모든 고체 입자는 반응기 내에서 동일한 시간 $t_P$ 동안 체류한다. 이 체류 시간과 어느 저항이 지배하는 속도론으로부터 임의의 크기의 입자 $R_i$의 전환율 $X_B(R_i)$를 구할 수 있다. 따라서 반응기에서 유출되는 고체의 평균전환율 $\overline{X}_B$는 모든 크기를 가진 입자의 전환율을 합하여 구하면 된다.

$$\begin{pmatrix} \text{전환되지 않은} \\ \text{B 성분의 분율에} \\ \text{대한 평균값} \end{pmatrix} = \sum_{\text{all sizes}} \begin{pmatrix} \text{크기가 } R_i\text{인 입자에서} \\ \text{전환되지 않은 반응물} \\ \text{B의 분율} \end{pmatrix} \begin{pmatrix} \text{크기가 } R_i\text{인} \\ \text{입자의 공급물} \\ \text{분율} \end{pmatrix} \qquad (1)$$

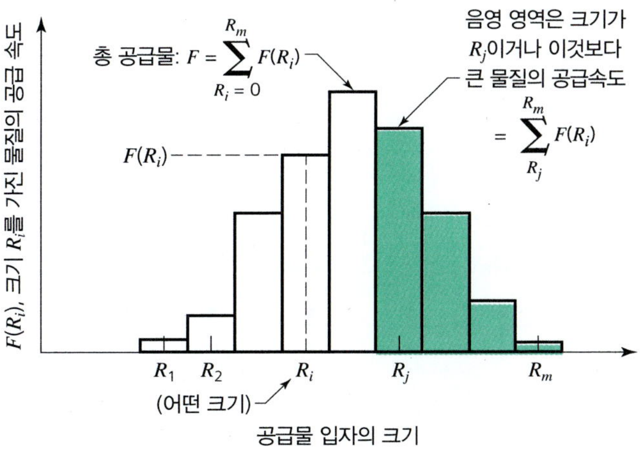


그림 26.2 **입자 혼합물의 공급 속도 표현.**

이를 기호로 표시하면 다음과 같다.

$$1-\overline{X}_B=\sum_{R(t_p=\tau)}^{R_m}[1-X_B(R_i)]\frac{F(R_i)}{F} \tag{2}$$

여기서 $R(t_P=\tau)$는 반응기에서 완전히 전환된 가장 큰 입자의 반지름이다.

식 (2)는 좀 더 자세히 검토할 필요가 있다. 먼저 입자의 크기가 작으면 완전히 전환되는 데 필요한 시간이 짧아서 공급물 입자의 일부, 즉 $R(t_P=\tau)$보다 작은 입자들은 완전히 반응할 것이다. 그러나 이들 입자에 위의 전환율-시간 식을 자동적으로 적용하면 $X_B$는 1보다 크게 되며, 따라서 실제로는 무의미하게 된다. 따라서 합의 하한이 의미하는 바는 $R(t_P=\tau)$보다 작은 입자는 완전히 전환되어 미전환율 $1-\overline{X}_B$에 영향을 미치지 않는다는 것이다.

## 예제 26.1 ▶ 플러그 흐름에서 여러 가지 크기의 혼합물의 전환율

공급물이 다음과 같이 구성되어 있다.

반지름이 50-$\mu$m인 입자 30%
반지름이 100-$\mu$m인 입자 40%
반지름이 200-$\mu$m인 입자 30%

이 공급물이 이동하는 판 위의 얇은 층에 연속적으로 유입되고 기체 반응물은 이에 직교류로 흐른다. 이 조건에서 세 가지 크기의 입자들에 대한 완전전환에 필요한 시간은 각각 5, 10, 20 min이다. 반응기 내에서 체류 시간이 8 min 지났을 때 고체의 전환율을 구하라(그림 E26.1 참고).

**풀이**

문제에서 고체가 $t_P$가 8 min인 플러그 흐름이고 기체의 조성은 균질하다고 간주했다. 혼합 공급물에 대해 식 (2)를 적용하면 다음과 같다.

$$1-\overline{X}_B=[1-X_B(50\ \mu m)]\frac{F(50\ \mu m)}{F}+[1-X_B(100\ \mu m)]\frac{F(100\ \mu m)}{F}+\cdots \tag{i}$$

여기서 $\tau$는 다음과 같다.

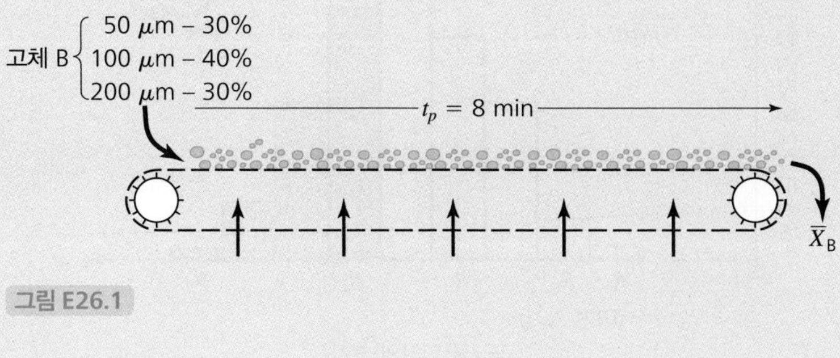


그림 E26.1

$$\frac{F(50\ \mu\text{m})}{F} = 0.30 \quad \text{및} \quad \tau(50\ \mu\text{m}) = 5\ \text{min}$$

$$\frac{F(100\ \mu\text{m})}{F} = 0.40 \quad \text{및} \quad \tau(100\ \mu\text{m}) = 10\ \text{min}$$

$$\frac{F(200\ \mu\text{m})}{F} = 0.30 \quad \text{및} \quad \tau(200\ \mu\text{m}) = 20\ \text{min}$$

세 가지 크기의 입자에 대해 다음의 식이 성립한다.

$$R_1 : R_2 : R_3 = \tau_1 : \tau_2 : \tau_3$$

식 (25.38)로부터 화학반응이 속도 결정 단계임을 알 수 있고, 각 크기의 입자에 대한 전환율-시간 특성은 식 (25.33)으로 주어짐을 알 수 있다.

$$[1 - X_B(R_i)] = \left(1 - \frac{t_p}{\tau(R_i)}\right)^3$$

이것을 식 (i)에 대입하여 미전환 반응물을 다음과 같이 구할 수 있다.

$$1 - \overline{X}_B = 0 + \underbrace{\left(1 - \frac{8\ \text{min}}{10\ \text{min}}\right)^3 (0.4)}_{\text{for } R\,=\,100\ \mu\text{m}} + \underbrace{\left(1 - \frac{8}{20}\right)^3 (0.3)}_{\text{for } R\,=\,200\ \mu\text{m}}$$

$$= 0.0032 + 0.0648 = 0.068$$

따라서 고체의 전환율은 93.2%이다.

입자 중에서 가장 작은 것은 완전히 전환되어 식 (i)에서의 합에 반영되지 않았음을 주목하라.

## ▶ 크기가 단일하고 불변인 입자의 혼합 흐름, 균질한 기체 조성

그림 26.1*d*의 반응기에서 기체와 고체 모두가 일정한 유속으로 반응기에 유입 유출된다고 가정한다. 이때 기체의 농도는 일정하고 고체는 혼합 흐름이라고 한다면, 이 모델은 미세한 입자들이 넘치지 않는 유동층 반응기로 볼 수 있다.

단일 입자 내 반응물의 전환은 반응층에서의 체류하는 기간에 좌우되며, 이때 지배적인 저항은 식 (25.11), (25.18) 혹은 식 (25.23)으로 주어진다. 그러나 반응기 내 모든 입자의 체류 기간이 같지 않으므로 우리는 물질의 평균전환율 $\overline{X}_B$를 계산해야 한다. 고체를 거시유체로 생각할 수 있다면 식 (11.13)으로 대표되는 방법에 의해 평균전환율을 계산할 수 있다. 따라서 반응기에서 유출되는 고체에 대해 다음 식이 성립한다.

$$\begin{pmatrix}\text{전환되지 않은}\\ \text{B 성분의 분율에}\\ \text{대한 평균값}\end{pmatrix} = \sum_{\substack{\text{particles}\\ \text{of all}\\ \text{ages}}} \begin{pmatrix}\text{반응기에 } t\text{와}\\ t+dt \text{ 사이에}\\ \text{체류하고 있는}\\ \text{입자에서 미전환된}\\ \text{반응물의 분율}\end{pmatrix}\begin{pmatrix}\text{반응기 내에 } t\text{와}\\ t+dt \text{ 사이에}\\ \text{체류한 유출물의}\\ \text{분율}\end{pmatrix} \tag{3}$$

이 식을 기호로 표시하면 다음과 같다.

$$1-\overline{X}_B = \int_0^\infty (1-X_B)\mathbf{E}\,dt, \qquad X_B \le 1$$

또는

$$1-\overline{X}_B = \int_0^\tau (1-X_B)\mathbf{E}\,dt \tag{4}$$

여기서 **E**는 반응기 내 고체의 출구 연령분포(exit age distribution)이다(11장 참고).

반응기 내에서 평균 체류 시간 $\bar{t}$를 가지는 고체의 혼합 흐름에 대해(그림 26.3 참고) 그림 11.14 혹은 식 (14.1)로부터 다음 식이 성립함을 알 수 있다.

$$\mathbf{E} = \frac{e^{-t/\bar{t}}}{\bar{t}} \tag{5}$$

따라서 시간 $\tau$에서 완전히 전환되는 단일 크기의 고체의 혼합 흐름에 대해 다음 식을 얻을 수 있다.

$$1-\overline{X}_B = \int_0^\tau (1-X_B)_{\substack{\text{individual}\\ \text{particle}}} \frac{e^{-t/\bar{t}}}{\bar{t}}\,dt \tag{6}$$

이 식은 여러 지배적인 저항에 대해 적분할 수 있다.

*경막 저항이 지배적인*(film resistance controlling) 경우 식 (25.11)과 식 (6)을 접목하면, 다음 식을 얻을 수 있다.

$$1-\overline{X}_B = \int_0^\tau \left(1-\frac{t}{\tau}\right)\frac{e^{-t/\bar{t}}}{\bar{t}}\,dt \tag{7}$$

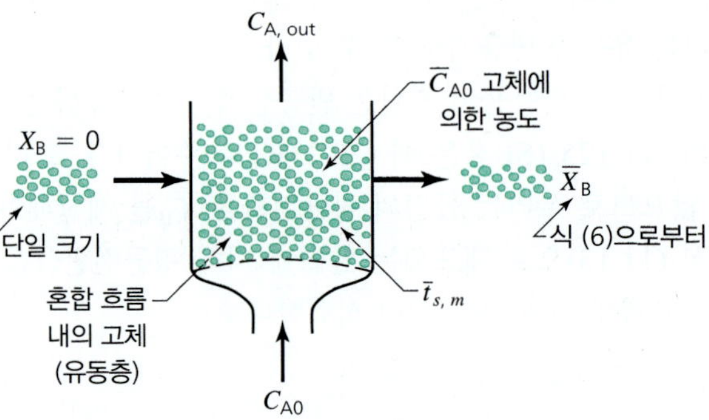


그림 26.3 **혼합 흐름에서 한 가지 크기(단일 크기) 고체의 전환.**

이 식을 부분적분하면 아래와 같다.

$$\overline{X}_B = \frac{\bar{t}}{\tau}(1 - e^{\tau/\bar{t}}) \tag{8a}$$

또는 $\frac{\bar{t}}{\tau}$가 매우 커서(전환율이 매우 큰 경우) 이를 전개하면 아래와 같다.

$$1 - \overline{X}_B = \frac{1}{2}\frac{\tau}{\bar{t}} - \frac{1}{3!}\left(\frac{\tau}{\bar{t}}\right)^2 + \frac{1}{4!}\left(\frac{\tau}{\bar{t}}\right)^3 - \cdots \tag{8b}$$

*화학반응이 지배적인*(chemical reaction controlling) 경우 식 (25.23)을 식 (6)에 대입하면 다음과 같다.

$$1 - \overline{X}_B = \int_0^{\tau}\left(1 - \frac{t}{\tau}\right)^3 \frac{e^{-t/\bar{t}}}{\bar{t}}\,dt \tag{9}$$

적분표에 있는 회귀 공식(recursion formula)을 써서 부분적분을 하면 다음 식을 얻을 수 있다.

$$\overline{X}_B = 3\frac{\bar{t}}{\tau} - 6\left(\frac{\bar{t}}{\tau}\right)^2 + 6\left(\frac{\bar{t}}{\tau}\right)^3(1 - e^{\tau/\bar{t}}) \tag{10a}$$

또는 $\frac{\bar{t}}{\tau}$가 매우 커서(전환율이 매우 큰 경우) 이를 전개하면 아래와 같다.

$$1 - \overline{X}_B = \frac{1}{4}\frac{\tau}{\bar{t}} - \frac{1}{20}\left(\frac{\tau}{\bar{t}}\right)^2 + \frac{1}{120}\left(\frac{\tau}{\bar{t}}\right)^3 - \cdots \tag{10b}$$

*회분층 저항이 지배적인*(ash resistance controlling) 경우 식 (25.18)에 식 (6)을 대입하여 적분하면 식이 다소 복잡하게 되는데, 이를 전개하면[Yagi와 Kunii (1961) 참고] 다음 식을 얻게 된다.

$$1 - \overline{X}_B = \frac{1}{5}\frac{\tau}{\bar{t}} - \frac{19}{420}\left(\frac{\tau}{\bar{t}}\right)^2 + \frac{41}{4620}\left(\frac{\tau}{\bar{t}}\right)^3 - 0.00149\left(\frac{\tau}{\bar{t}}\right)^4 + \cdots \tag{11}$$

그림 26.4와 26.5는 혼합 흐름 내의 고체에 대한 결과를 그래프로 표시한 것이다. 그림 26.5로부터 혼합 흐름 반응기에서의 전환율이 높으려면 플러그 흐름 반응기에서보다는 고체의 유지시간이 상당히 길어야 함을 알 수 있다.

다단조작으로의 확장은 어렵지 않다. Levenspiel (1996)이나 Kunii와 Levenspiel (1991)의 책을 참고하라.

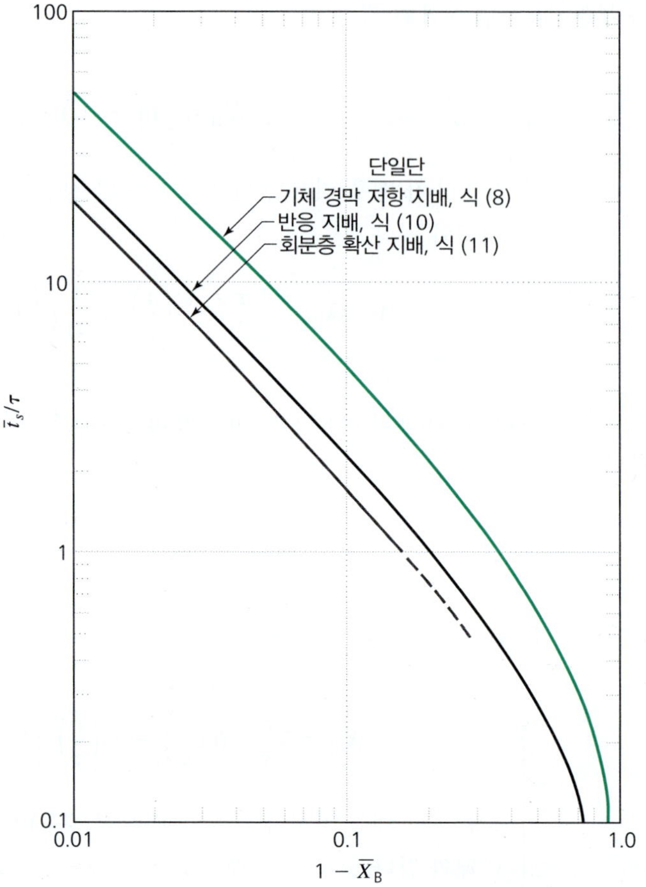


그림 26.4 단일크기 입자로 이루어진 혼합 흐름 반응기에서 평균전환율과 평균 체류 시간의 관계.

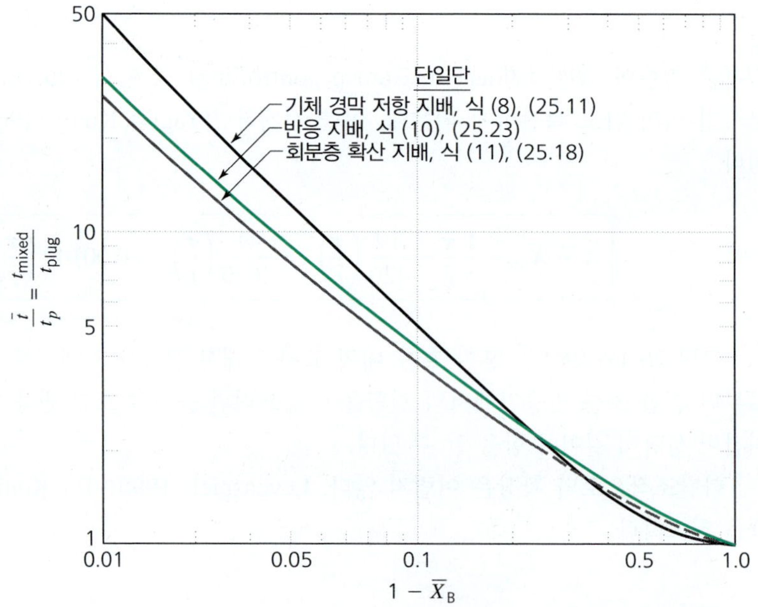


그림 26.5 단일크기 입자로 이루어진 혼합 흐름과 플러그 흐름에 대해 전환율을 달성하는 데 필요한 유지시간의 비교.

### 예제 26.2 ▶ 혼합 흐름 반응기에서 단일 크기 공급물의 전환

Yagi et al. (1951)은 석면섬유에 분산시킨 황화철(pyrrhotite, iron sulfide)을 배소시켜서 완전 전환에 필요한 시간과 입자 크기의 관계가 다음과 같음을 밝혔다.

$$\tau \propto R^{1.5}$$

반응 중에 입자는 크기가 변하지 않는 단단한 고체 상태로 유지되었다.

황화철 광석을 산화물로 전환시키기 위해 유동층 반응기를 설계하였다. 공급물은 균질한 크기이고 $\tau = 20$ min이며 반응기에서 평균 체류 시간 $\bar{t}$는 60 min이다. 원료 광석의 미전환율(unconverted fraction)을 구하라.

**› 풀이**

반응 중에 단단한 생성물이 형성되므로 경막 확산은 지배 저항에서 제외할 수 있다. 화학반응이 속도를 지배하는 속도 결정 단계인 경우, 식 (25.38)에서 다음 식임을 알고 있다.

$$\tau \propto R$$

한편, 회분층 확산이 속도 결정 단계인 경우는 식 (25.37)에 의해서 다음 식이 성립한다.

$$\tau \propto R^2$$

이 문제에서 언급한 실험 결과에 의하면 지름의 의존도가 이 두 값 사이에서 존재하므로, 이 두 저항 모두를 전환에 대한 저항으로 고려하는 것이 합당하다. 회분층과 화학반응을 각각 지배 저항으로 고려하면 예상되는 전환율의 상한선과 하한선이 주어진다.

유동층 내에서 고체는 혼합 흐름이므로 화학반응이 속도 결정 단계인 경우 식 (10)과 $\frac{\tau}{\bar{t}} = 20\text{ min}/60\text{ min} = \frac{1}{3}$으로부터 다음 식을 얻을 수 있다.

$$1 - \overline{X}_B = \frac{1}{4}\left(\frac{1}{3}\right) - \frac{1}{20}\left(\frac{1}{3}\right)^2 + \frac{1}{120}\left(\frac{1}{3}\right)^3 - \cdot\cdot\cdot\cdot = 0.078$$

회분층 확산이 속도 결정 단계인 경우에는 식 (11)로부터 다음 값을 얻을 수 있다.

$$1 - \overline{X}_B = \frac{1}{5}\left(\frac{1}{3}\right) - \frac{19}{420}\left(\frac{1}{3}\right)^2 + \frac{41}{4620}\left(\frac{1}{3}\right)^3 - \cdot\cdot\cdot\cdot = 0.062$$

따라서 잔류하는 황화물(fraction of sulfide)의 비율이 6.2~7.8%이다. 혹은 대략적으로 위의 값을 평균하면 다음 값을 얻을 수 있다.

$$\underline{\underline{1 - \overline{X}_B \cong 0.07}}, \qquad \text{또는} \quad \underline{\underline{7.0\%}}$$

### ▶ 크기가 다르지만 변하지 않는 입자의 혼합물로 이루어진 혼합 흐름, 균질한 기체 조성

종종 여러 크기의 입자(각 입자들의 크기는 일정)들이 혼합 흐름 반응기의 공급물로 활용된다. 이 공급물과 단일 유출 흐름(미립자들의 유출은 없음)에 대해 식 (2)과 (6)으로 이어지는 방법으로 전환율을 구할 수 있다.

그림 26.6의 반응기를 고려하자. 유출 흐름이 층의 상태를 나타내기 때문에, 층의 크기 분포는 유입 흐름의 크기 분포 그리고 유출 흐름의 크기 분포는 유사하다고 볼 수 있다.

$$\frac{F(R_i)}{F} = \frac{W(R_i)}{W} \tag{12}$$

여기서 $W$는 반응기 내의 물질의 양이며 $W(R_i)$는 반응기 내 크기가 $R_i$인 물질의 양이다. 또한 크기가 $R_i$인 물질의 평균 체류 시간 $\bar{t}(R_i)$는 층 내 고체의 평균 체류 시간과 같다.

$$\bar{t} = \bar{t}(R_i) = \frac{W}{F} = \frac{(\text{반응기 내의 모든 고체의 무게})}{(\text{반응기로의 모든 고체의 공급물 속도})} \tag{13}$$

$\overline{X}_B(R_i)$가 층 내에 존재하는 크기 $R_i$인 입자의 평균전환율이라면, 식 (6)으로부터 다음 식을 얻을 수 있다.

$$1 - \overline{X}_B(R_i) = \int_0^{\tau(R_i)} [1 - X_B(R_i)] \frac{e^{-t/\bar{t}}}{\bar{t}} dt \tag{14}$$

그러나 공급물의 입자 크기가 균질하지 아니하므로, 모든 크기의 미전환된 B의 평균값을 계산하면 다음과 같다.

$$\begin{pmatrix}\text{미전환된}\\ \text{B의 분율의}\\ \text{평균값}\end{pmatrix} = \sum_{\text{all sizes}} \begin{pmatrix}\text{크기가 } R_i\text{인}\\ \text{입자의 미전환율}\end{pmatrix}\begin{pmatrix}\text{크기가 } R_i\text{인}\\ \text{입자의 유입 또는}\\ \text{유출 흐름의 비율}\end{pmatrix} \tag{15}$$

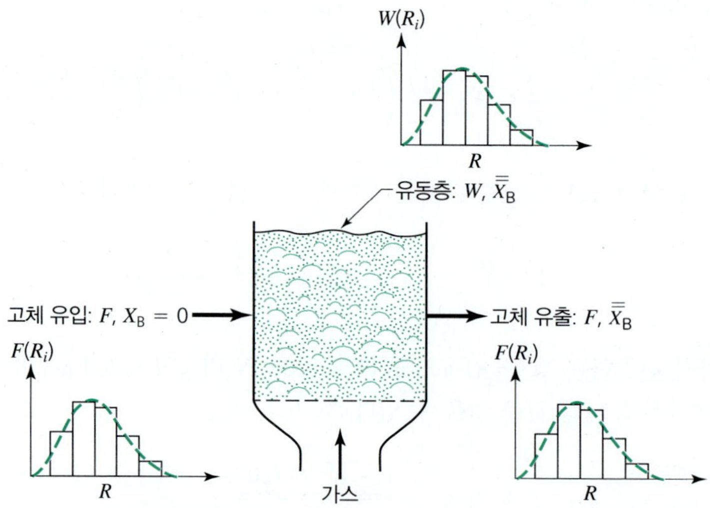


그림 26.6 여러 가지 크기의 고체 혼합물을 처리하는 단일 유출 흐름을 가진 유동층, 흐름과 층에서의 입자 크기 분포는 모두 같다는 것을 주목하라.

이를 기호로 표시하면 아래와 같다.

$$1 - \overline{\overline{X}}_B = \sum_{R=0}^{R_m} [1 - X_B(R_i)] \frac{F(R_i)}{F}$$

식 (14)와 (15)를 결합하고 각 크기의 입자에 대한 식 (8), (10) 또는 식 (11)에 대입하면 *경막 확산이 속도 조절 단계*인 경우에는 다음 식으로 표현된다.

$$1 - \overline{\overline{X}}_B = \sum^{R_m} \left\{ \frac{1}{2!} \frac{\tau(R_i)}{\bar{t}} - \frac{1}{3!} \left[ \frac{\tau(R_i)}{\bar{t}} \right]^2 + \cdots \right\} \frac{F(R_i)}{F} \tag{16}$$

*화학반응이 속도 조절 단계*인 경우에는 아래와 같다.

$$1 - \overline{\overline{X}}_B = \sum^{R_m} \left\{ \frac{1}{4} \frac{\tau(R_i)}{\bar{t}} - \frac{1}{20} \left[ \frac{\tau(R_i)}{\bar{t}} \right]^2 + \cdots \right\} \frac{F(R_i)}{F} \tag{17}$$

*회분 확산이 속도 조절 단계*인 경우에는 다음과 같다.

$$1 - \overline{\overline{X}}_B = \sum^{R_m} \left\{ \frac{1}{5} \frac{\tau(R_i)}{\bar{t}} - \frac{19}{420} \left[ \frac{\tau(R_i)}{\bar{t}} \right]^2 + \cdots \right\} \frac{F(R_i)}{F} \tag{18}$$

여기서 $\tau(R_i)$는 크기 $R_i$인 입자가 완전히 반응하는 시간이다. 다음 예제를 통해 이 식들을 사용해 보자.

## 예제 26.3 ▶ 혼합 흐름 반응기에서 공급혼합물(feed mixture)의 전환

아래 크기로 이루어진 공급물을 길이 2 m, 내경 20 cm인 수직 파이프로 제작한 정상 상태 유동층 반응기 내에서 반응시킨다.

반지름 50-$\mu$m인 입자 30%
반지름 100-$\mu$m인 입자 40%
반지름 200-$\mu$m인 입자 30%

유동화시키는 기체는 기체상으로 이루어진 반응물이며 설계된 운전조건에서 세 가지 크기의 공급물에 대한 완전 전환시간은 각각 5 min, 10 min, 20 min이다. 층에 고체가 10 kg 있으며, 공급물 속도가 1 kg solids/min일 때 반응기 내에서의 고체의 전환율을 구하라.

***추가 자료***:
고체는 단단하며 반응 중에 크기와 중량이 변하지 않는다.
기체에 섞인 고체를 분리하여 층으로 순환시키기 위해 사이클론 분리기가 사용된다.
층 내에서 가스 조성의 변화는 작다.

**› *풀이***

이 문제는 고체가 혼합 흐름 내에 존재한다고 볼 수 있다. 공급혼합물에 대해서는 식 (15)를 적용할 수 있으며 화학반응 지배이므로(예제 26.1 참고) 이 식은 식 (17)이 된다.

$$\begin{aligned} F &= 1000 \text{ gm/min} \\ W &= 10\,000 \text{ gm} \end{aligned} \qquad \bar{t} = \frac{W}{F} = \frac{10\,000 \text{ gm}}{1000 \text{ gm/min}} = 10 \text{ min}$$

$$\begin{aligned} F(50\ \mu\text{m}) &= 300 \text{ gm/min} \quad \text{및} \quad \boldsymbol{\tau}(50\ \mu\text{m}) = 5 \text{ min} \\ F(100\ \mu\text{m}) &= 400 \text{ gm/min} \quad \text{및} \quad \boldsymbol{\tau}(100\ \mu\text{m}) = 10 \text{ min} \\ F(200\ \mu\text{m}) &= 300 \text{ gm/min} \quad \text{및} \quad \boldsymbol{\tau}(200\ \mu\text{m}) = 20 \text{ min} \end{aligned}$$

위의 값을 식 (17)에 대입하면 다음이 구해진다.

$$\begin{aligned} 1 - \overline{\overline{X}}_B = &\underbrace{\left[\frac{1}{4}\frac{5 \text{ min}}{10 \text{ min}} - \frac{1}{20}\left(\frac{5}{10}\right)^2 + \cdots\right]}_{\text{for } R = 50\ \mu\text{m}} \frac{300 \text{ gm/min}}{1000 \text{ gm/min}} \\ &+ \underbrace{\left[\frac{1}{4}\left(\frac{10 \text{ min}}{10 \text{ min}}\right) - \frac{1}{20}\left(\frac{10}{10}\right)^2 + \cdots\right]}_{\text{for } R = 100\ \mu\text{m}} \frac{400}{1000} \\ &+ \underbrace{\left[\frac{1}{4}\left(\frac{20 \text{ min}}{10 \text{ min}}\right) - \frac{1}{20}\left(\frac{20}{10}\right)^2 + \cdots\right]}_{\text{for } R = 200\ \mu\text{m}} \frac{300}{1000} \\ = &\left(\frac{1}{8} - \frac{1}{80} + \cdots\right)\frac{3}{10} + \left(\frac{1}{4} - \frac{1}{20} + \frac{1}{120} - \cdots\right)\frac{4}{10} \\ &+ \left(\frac{1}{2} - \frac{1}{5} + \frac{1}{15} - \frac{2}{10} + \cdots\right)\frac{3}{10} \\ = &\ 0.034 + 0.083 + 0.105 = 0.222 \end{aligned}$$

따라서 고체의 평균전환율은 다음과 같다.

$$\underline{\underline{\overline{\overline{X}}_B = 77.8\%}}$$

## 예제 26.4 ▶ 유동층의 크기 결정

기체상 환경에서 B의 입자는 아래 반응을 통해 고체 생성물로 전환된다.

$$\text{A(기체)} + \text{B(고체)} \rightarrow \text{R(기체)} + \text{S(고체)}$$

반응은 수축핵 모델(SCM)에 의해 진행되고 화학반응이 속도 결정 단계이며, 입자의 완전한 전환에 필요한 시간은 1 hr이다.

유동층으로 농도가 $C_{A0}$인 A를 양론비로 공급하여 고체 1 ton/hr를 90% 전환하기 위해 설계하였다. 기체가 혼합 흐름이라고 가정한다면 반응기 내 고체의 무게를 구하라. 반응기 내의 가스 $C_{A0}$가 아니다. 그림 E26.4에 이 예제의 설명을 나타내었다.

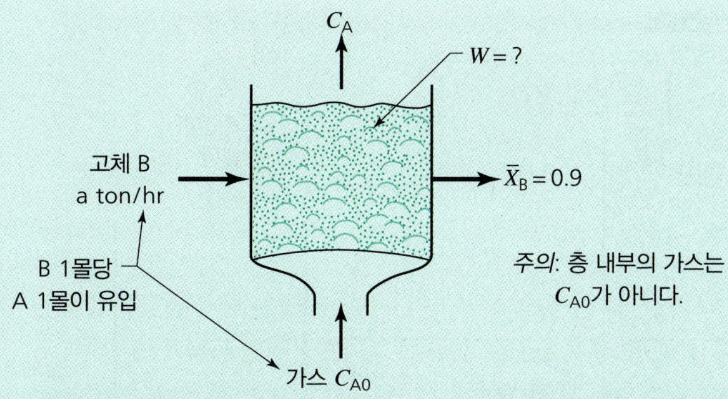


그림 E26.4

### 풀이

화학반응이 속도 조절 단계인 $C_{A0}$ 환경에서는 다음 식이 성립한다.

$$\tau = \frac{\rho_B R}{k_s C_{A0}} = 1 \text{ hr}$$

임의의 다른 환경에서는 $\tau \propto \dfrac{1}{C_{A0}}$이다.

이제 동등한 양론비로 투입되는 공급물에 대해 $X_A = \bar{X}_B$이다. 따라서 유출 기체는 0.1 $C_{A0}$이다. 기체는 혼합 흐름이고 고체는 이 유출 기체와 만나므로 $\tau = 10$ hr이다.

식 (10)으로부터 $\bar{X}_B = 0.9$인 $\frac{\tau}{\bar{t}}$를 찾기 위해서는 다음 식을 풀어야 한다.

$$1 - \bar{X}_B = 0.1 = \frac{1}{4}\left(\frac{\tau}{\bar{t}}\right) - \frac{1}{20}\left(\frac{\tau}{\bar{t}}\right)^2 + \cdots$$

시행착오법을 통해 위의 식을 풀면 결과는 다음과 같다.

$$\tau/\bar{t} = 0.435, \qquad \text{또는} \qquad \bar{t} = \frac{W}{F_{B0}} = 23 \text{ hr}$$

그러므로 필요한 층의 무게는 23톤이다.

$$W = \bar{t} F_{B0} = 23(1) = \underline{\underline{23 \text{ tons}}}$$

## 즉각적인 반응

기체와 고체와의 반응이 매우 빨라 반응기 내의 어떤 부피요소도 두 가지의 반응물을 모두 포함하지 못한다. 두 가지 반응물 중 어느 하나만을 갖고 있을 때 이 반응을 순간적 혹은 즉각적(instantaneous)이라고 한다. 이러한 극단적인 경우는 미세한 분말고체가 고온에서 연소하는 경우를 가리킨다.

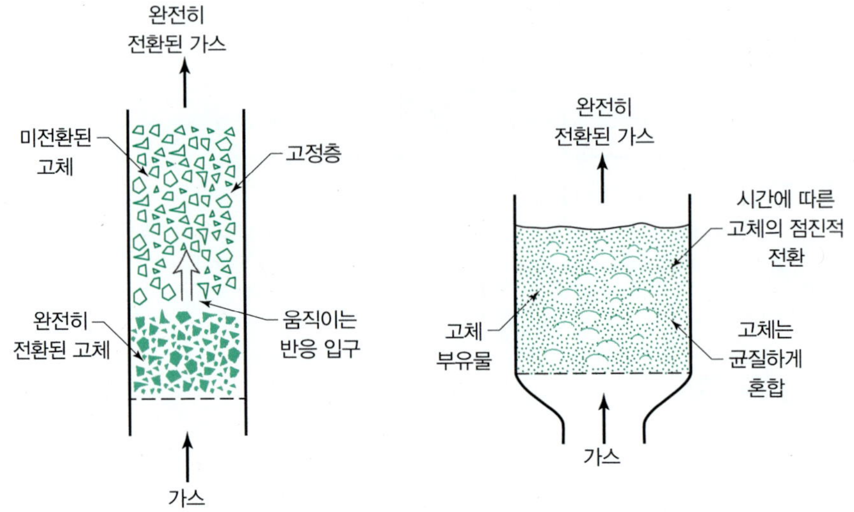


그림 26.7 기체와 접촉하는 회분식 고체의 즉각적인 반응.

이 경우 반응기 성능의 예측은 직접적이고 반응의 화학양론에만 의존한다. 반응속도론은 이 성능 예측에 포함되지 않는다. 이 거동을 아래에 언급한 이상적인 접촉 방식을 이용하여 예시한다.

***회분식 고체*** 그림 26.7은 두 가지 상황을 표현하는데, 하나는 충전층인 경우이고 다른 하나는 큰 기포의 형태를 가진 기체가 우회하지 않는 유동층이다. 두 가지 경우 모두 유출 가스는 완전히 전환되었고, 고체 반응물이 층에 존재하는 경우에 층 내에 남아 있다. 고체가 다 소모되는 순간 기체의 공급량은 양론적 공급량이 되며 기체의 전환율은 0으로 떨어진다.

***기체와 고체의 맞플러그 흐름***(countercurrent plug flow) 층의 어느 높이에서도 어느 한 반응물만이 존재할 수 있으므로 반응물이 만나는 뚜렷한 반응면이 있다. 이 반응면은 화학양론적으로 어느 공급물이 많은가에 따라 반응기의 한쪽 끝에 존재한다. 고체 100몰이 기체 100몰과 반응한다고 가정하면 화학양론적인 양보다 기체가 약간 적거나 많은 경우의 양상을 그림 26.8*a*와 26.8*b*에서 볼 수 있다.

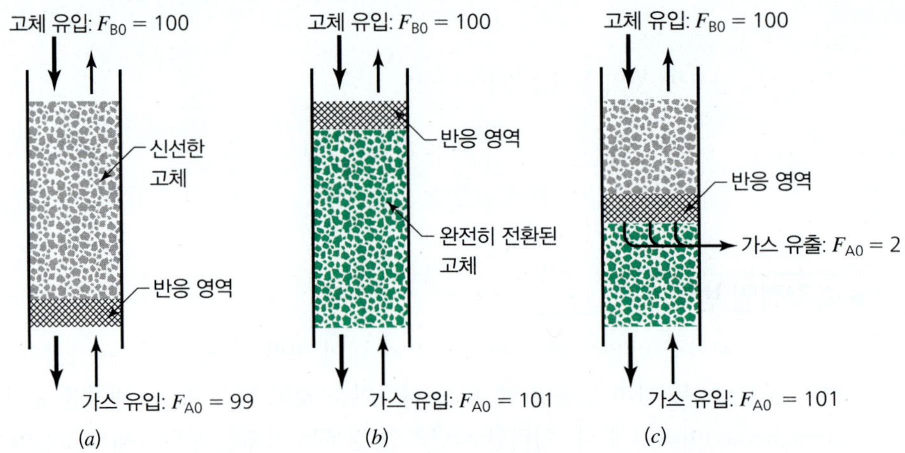


그림 26.8 맞흐름에서 반응영역의 위치는 어떤 성분이 (화학양론적으로) 과량인가에 의존한다.

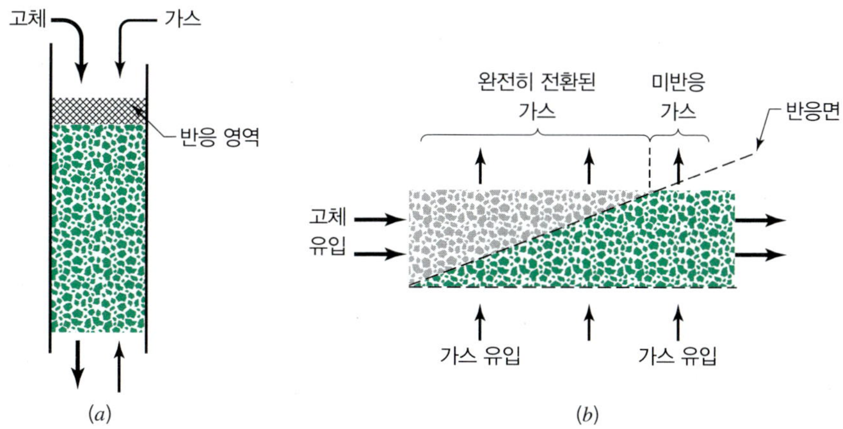


그림 26.9 기체-고체의 병류와 직교류 접촉: 순간 반응.

반응이 층 한가운데서 일어나면 양쪽 끝 쪽은 반응물을 가열시키는 열교환 구간으로 이용된다. 열교환을 잘 이루려면 기체와 고체의 유속을 맞추면 되지만, 이 시스템은 원래 불안정하므로 적절한 제어가 필요하다. 다른 방법으로는 그림 26.8*c*처럼 층 바닥에 약간 과량의 기체를 도입하고 반응이 일어나는 지점에서 이보다 많은 양의 기체를 유출시키면 된다.

이판암(세일, shale)에서 기름을 회수하는 이동층 반응기가 이러한 조업의 한 예이다. 다른 유사한 조업으로 다단 맞흐름 반응기가 있으며 4단 또는 5단 유동층 소성기(calciner)가 좋은 예이다. 이러한 모든 조업에서는 효율적인 열의 이용이 주요 문제점이다.

***기체와 고체의 병류 및 직교류 플러그 흐름*** 그림 26.9*a*의 맞흐름의 경우 모든 반응은 공급물의 입구에서 일어나므로 열이용 효율과 유입되는 물질의 예열이란 관점에서 좋지 않은 접촉 방법임을 알 수 있다.

그림 26.9*b*에서 보듯 직교류에서는 고체에 분명한 반응면이 있으며, 이 반응면의 각도는 화학양론과 반응물의 상대적인 공급 속도에만 좌우된다. 실제로는 열전달 특성으로 반응면의 각도가 약간 바뀐다.

***고체와 기체의 혼합 흐름*** 이상적인 상황이라면 고체와 기체 중 어느 것이 과량으로 존재하는가에 따라 둘 중 하나가 완전히 전환된다.

## ▶ 확장

위에서 제시한 방법들의 개선과 확장의 예를 들면 다음과 같다.

- 더 복잡한 입자의 속도론
- 단일 반응기와 고체 순환계에서 성장하고 수축하는 입자
- 단일 반응기와 다단 운전의 각 단에서 기체 조성의 변화
- 이상적인 플러그 흐름이나 혼합 흐름에서 벗어날 때
- 반응기에서 미립자들의 유출

이러한 예는 Kunii와 Levenspiel (1991), Levenspiel (1996)을 참고하라.

***고체의 임의 흐름*** 입자들이 거시유체처럼 흐르기 때문에, 평균전환율은 식 (11.13)으로 주어진다. 그러므로 임의의 RTD와 알려진 기체 조성에 대해 다음 식이 성립한다.

$$1 - \overline{X}_B = \int_0^{\tau} (1 - X_B)_{\substack{\text{single}\\\text{particle}}} \mathbf{E}_{\substack{\text{solid}\\\text{stream}}} \, dt \tag{19}$$

여기서 SCM(수축핵 모델)/화학반응 지배에 대해 $1 - X_B$는 식 (25.23)으로 주어지고, SCM/회분층 확산 지배에 대해서는 식 (25.18)로 주어진다.

## 참고 문헌

Kunii, D., and Levenspiel, O., *Fluidization Engineering*, Second edition, Butterworth, Boston, MA, 1991.

Levenspiel, O., *Chemical Reactor Omnibook*, OSU Bookstores, Corvallis, OR 97339, 1996.

Yagi, S., and Kunni, D., *Chem. Eng. Sci.*, **16**, 364, 372, 380 (1961).

_______, Takagi, K., and Shimoyama, S., *J. Chem. Soc. (Japan), Ind. Chem. Sec.*, **54**, 1 (1951).

## 연습 문제

단일 크기의 입자 흐름이 반응기를 통과하여 80% 전환된다(SCM/회분층 확산 지배, 일정한 기체 환경). 같은 기체 환경, 같은 공급물 속도, 같은 고체 흐름 양식에서 반응기 크기를 두 배로 만들면 고체의 전환율은 어떻게 될 것인가? 고체는 다음과 같은 흐름이다.

**26.1** 플러그 흐름.

**26.2** 혼합 흐름.

---

다음과 같은 조성을 가지는 공급물이 있다.

20 wt%의 1-mm와 그 이하의 입자

30 wt%의 2-mm 입자

50 wt%의 4-mm 입자

이 공급물은 딱딱하고 잘 부서지지 않는 생성물을 만들기 위해 시멘트 가마와 같은 회전하는 관형 반응기를 지나간다(SCM/화학반응 지배, 4-mm 입자에 대해 $\tau$ = 4 hr).

**26.3** 고체의 100% 전환율에 필요한 체류 시간을 구하라.

**26.4** 체류 시간이 15 min이면 고체의 평균전환율은 얼마인가?

---

**26.5** 단일 유동층을 흐를 때 균질한 크기의 입자는 평균적으로 60%가 전환된다(화학반응 지배의 수축핵 모델). 같은 양의 고체와 같은 기체 환경을 가지고 반응기 크기만 2배로 하면 고체의 전환율은 어떻게 될까?

**26.6** 크기가 변하지 않는 고체, $R$ = 0.3 mm가 다음의 결과를 가진 정상 흐름 회분식 유동층 반응기에서 기체와 반응한다.

$$F_0 = 10 \text{ gm/sec}, \quad W = 1000 \text{ gm}, \quad \overline{X}_B = 0.75$$

또한 전환율은 온도에 매우 민감해서 화학반응 단계가 속도를 지배한다. 크기 $R = 0.3$ mm인 고체 공급물을 4 tons/hr 처리하기 위한 상업용 크기의 유동층 반응기($W$를 찾아라)를 설계하라.

**26.7** 다음의 변경된 조건을 대입하여 예제 26.3을 다시 풀어라. 반응속도론은 $\tau(R = 100\ \mu m) = 10$ min인 회분층 확산 지배이다.

**26.8** 고체에 대한 기체(gas/solid)의 양론비가 2배이고 $C_{A0}$로 반응기에 공급될 때 예제 26.4를 풀어라.

**26.9** 기체가 반응기를 플러그 흐름으로 지나간다고 가정하고 예제 26.4를 풀어라.

**26.10** 버려지는 조각난 섬유를 유용한 생성물로 전환하기 다음의 공정을 검토한다. 섬유와 유체는 반응 지배 수축핵 모델을 따라 반응하는 혼합 흐름 반응기에 연속적으로 공급된다. 유출을 무시할 때, 이 운전에 대한 성능식을 적절한 변수의 함수로 전개하라.

---

황화수소가 석탄가스로부터 제거되는데, 이를 위해 이동층이나 산화철 입자를 통과시킨다. 석탄가스 환경은 균질하다고 생각하라. 고체는 $\tau = 1$ hr인 SCM/반응 지배에 의해서 $Fe_2O_3$에서 FeS로 전환된다. 반응기 내 고체의 RTD가 그림 P26.11~P26.14의 E 곡선으로 표현될 때 산화물이 황화철로 전환되는 전환율을 구하라.

**26.11**

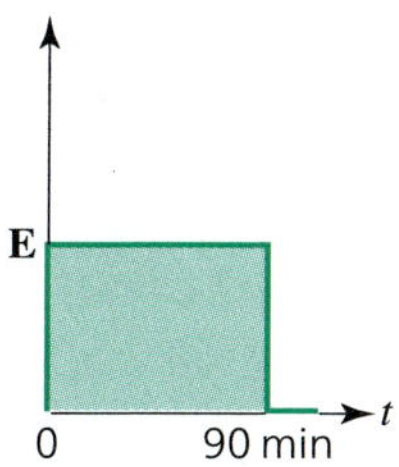


**26.12**

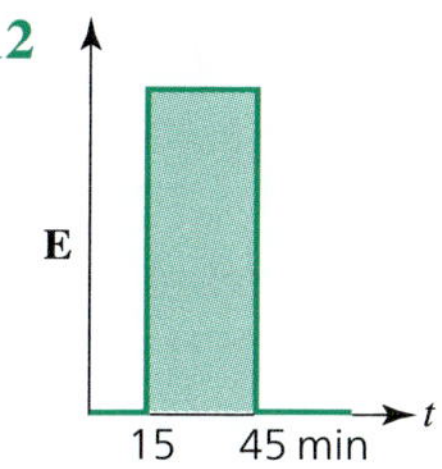


**26.13**

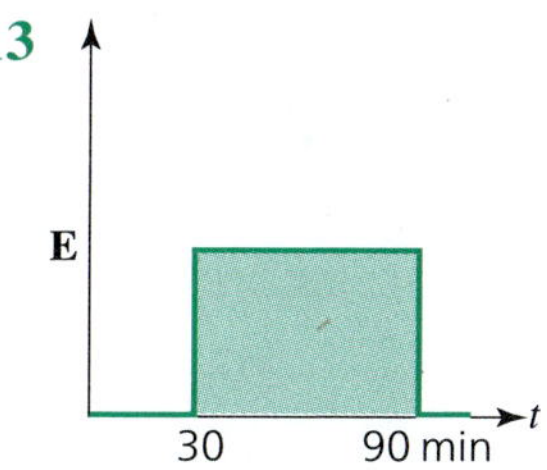


**26.14**

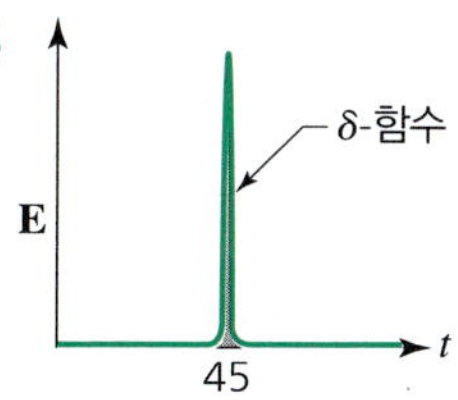


그림 P26.11~P26.14

제 5 부

*Chemical Reaction Engineering*

# 생물화학 반응 시스템

*Biochemical Reaction Systems*

# 제 27 장

# 효소 발효

## *Enzyme Fermentation*

발효(fermentation)라는 말은 엄격한 의미(당에서 알코올을 생산하는 것)로 사용될 수도 있고, 혹은 다소 광범위한 의미로 사용될 수도 있다. 여기서는 현대적인 넓은 정의를 사용한다.

*생물공정은 간단한 발효와 기초적인 생리작용에서부터 복잡한 생물활동까지 다양한 내용을 다룬다. 이 중에서 발효는 다시 크게 두 가지로 나눌 수 있는데, 미생물이나 세균(곰팡이, 박테리아, 조류, 효모, 원생동물)에 의해 촉진되는 것과 효소(미생물에 의해 생성되는 화학물질)에 의해 촉진되는 것이다. 일반적으로 발효는 원료인 유기 공급물을 미생물의 활동이나 효소의 활동에 의해 생성물로 전환하는 반응을 의미한다.*

이러한 전체 분류를 그림 27.1에 나타내었다.

효소 발효(enzyme fermentation)는 다음과 같이 표현할 수 있다.

$$\text{(유기 공급물, A)} \xrightarrow[\text{촉매로 작용}]{\text{효소 E}} \text{(생성 화학물질, B)} \qquad (1)$$

미생물 발효(microbial fermentation)는 다음과 같이 표현할 수 있다.

$$\text{(유기 공급물, A)} \xrightarrow[\text{촉매로 작용}]{\text{미생물 C}} \text{(생성물, R)} + \text{(많은 세포, C)} \qquad (2)$$

이 두 종류의 발효는 촉매의 역할에 따라 구분할 수 있다. 우선 효소 발효에서는 촉매의 역할

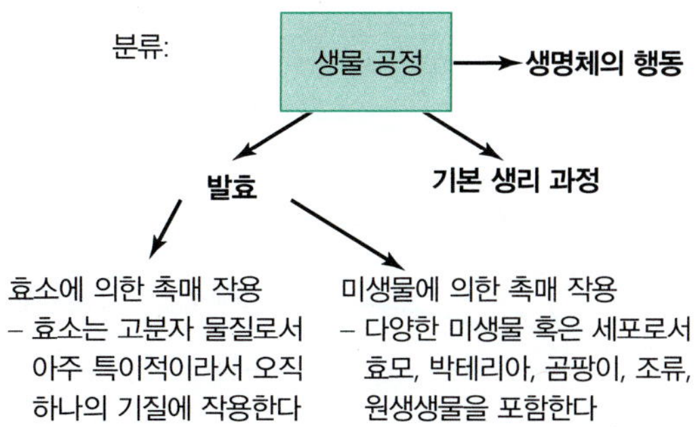


그림 27.1 생물학적 공정의 분류.

을 하는 효소가 자기 자신을 재생하지 않고 일반적인 화학물질처럼 작용하는 반면, 미생물 발효에서는 촉매의 역할을 하는 세포나 미생물이 자신을 스스로 재생한다. 세포 내에 존재하는 효소는 반응을 빠르게 촉매하며, 이 과정은 효소 발효와 같다. 그러나 미생물 발효의 경우 세포를 재생하고, 이때 세포는 내부에서 필요한 효소를 스스로 만든다.

## 27.1 Michaelis–Menten 반응속도론(M–M 반응속도론)

촉매 역할을 하는 효소가 존재하는 호의적인 환경에서는 어떤 유기물 A가 반응하여 R을 생성할 수 있다. 실험 관찰의 결과가 그림 27.2에 나타나 있다.

이 거동을 설명하는 간단한 관계식은 다음과 같다.

총괄 효소 농도

$$-r_A = r_R = k\,\frac{C_{E0}\,C_A}{C_M + C_A} \tag{3}$$

미카엘리스 상수

이런 현상을 설명하기 위한 가장 간단한 반응 메카니즘을 찾기 위해 Michaelis와 Menten (1913)은 아래의 2단계 기초반응 메카니즘으로 이를 설명했다.

자유효소

$$A + E \underset{2}{\overset{1}{\rightleftarrows}} X \overset{3}{\rightarrow} R + E \quad \ldots \text{ 및 } \ldots \quad C_{E0} = C_E + C_X \tag{4}$$

중간체 총괄 효소 반응물에 붙어 있는 효소

예제 2.2는 위의 반응 메카니즘과 속도식 사이의 관계식을 개발하고 설명한다. 이제 Michaelis–Menten 식의 특징을 살펴보자.

- $C_A = C_M$일 때 효소의 반은 자유 형태(free form)이고 나머지 반은 결합 형태(combined form)이다.
- $C_A \gg C_M$일 때 대부분의 효소는 복합체(중간체 intermediate) $X$의 형태로 묶여 있다.
- $C_A \ll C_M$일 때 대부분의 효소는 자유 형태이다.

그림 27.3은 이 M–M 식의 특징을 그래프의 형태로 나타내었다.

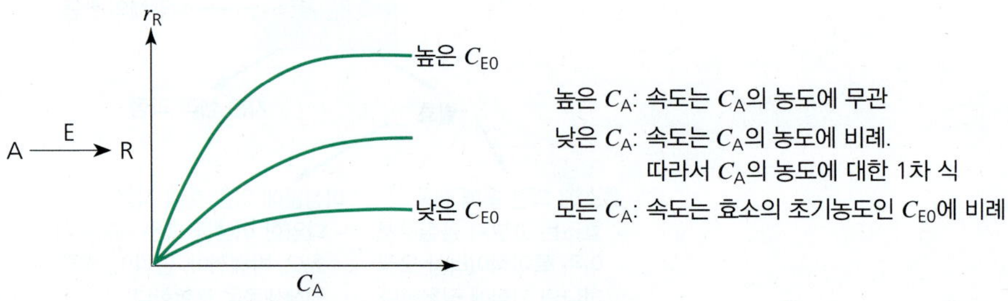


**그림 27.2** 효소반응의 전형적인 반응속도 농도 곡선.

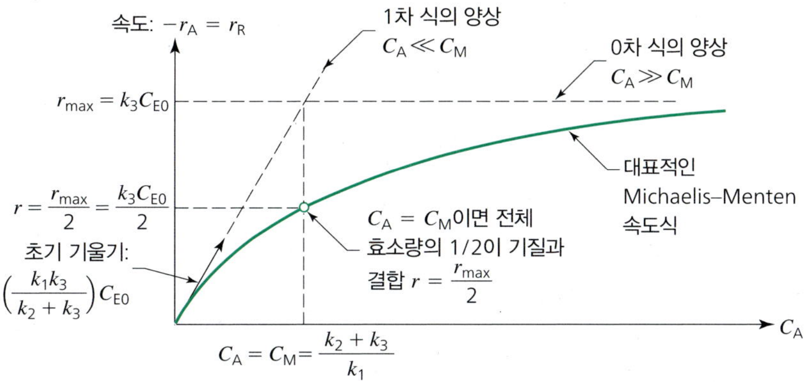


**그림 27.3** 식 (3)으로 표현되는 M–M 식의 특징.

다음으로 중요한 효소 발효식의 두 속도 상수를 어떻게 계산하는지 살펴보자.

## ▶ 회분 또는 플러그 흐름 발효기

이 시스템에 대해 M–M 식을 적분하면 아래와 같다[식 (3.57) 또는 Michaelis와 Menten (1913) 참고].

$$\underbrace{C_M \ln \frac{C_{A0}}{C_A}}_{\text{1차 항}} + \underbrace{(C_{A0} - C_A)}_{\text{0차 항}} = k_3 C_{E0} t \tag{5}$$

이런 농도-시간 관계는 그림 27.4에 나타나 있다.

불행히도 이 식은 직관적인 그래프의 형태로 상수 $k_3$와 $C_M$ 값을 찾을 수 없다. 그러나 이 식을 조금 변형하면 그림 27.5에서 보여주는 것처럼 속도 상수를 얻을 수 있는 형태로 만들 수 있다.

$$\boxed{\frac{C_{A0} - C_A}{\ln \frac{C_{A0}}{C_A}} = -C_M + k_3 C_{E0} \cdot \frac{t}{\ln \frac{C_{A0}}{C_A}}} \tag{6}$$

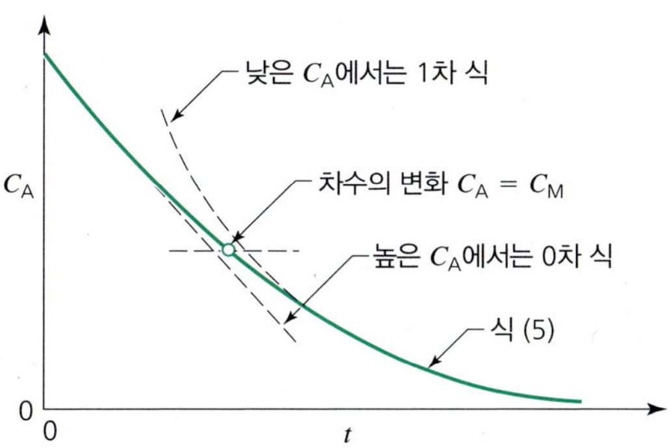


**그림 27.4** M–M 식에서 시간에 따른 농도의 움직임.

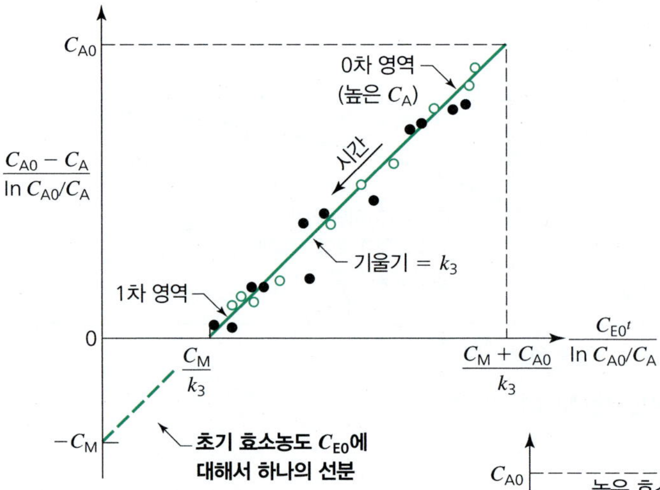


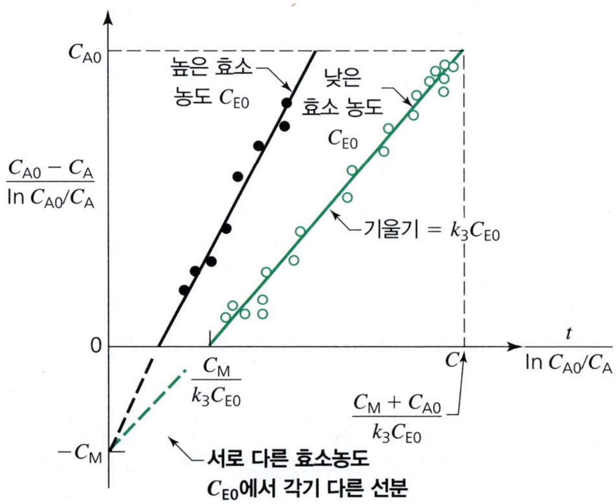


**그림 27.5** 두 가지 그래프가 회분 반응기의 데이터로부터 M–M 식을 시험하고 곡선을 맞추는 데 사용될 수 있다.

## ▶ 혼합 흐름 발효기

M–M 식을 혼합 흐름 성능식에 대입하면 다음 식을 얻을 수 있다.

$$\tau = \frac{C_{A0} - C_A}{-r_A} = \frac{(C_{A0} - C_A)(C_M + C_A)}{k_3 C_{E0} C_A} \quad \ldots \text{또는}$$

$$\boxed{k_3 C_{E0}\tau = \frac{(C_{A0} - C_A)(C_M + C_A)}{C_A}} \tag{7}$$

불행히도 이 식을 그대로 플롯하면 $k_3$와 $C_M$을 얻을 수 없다. 그러나 이 식을 다시 아래와 같은 형태로 정리하면 $k_3$와 $C_M$를 직접 계산할 수 있는 식으로 변형이 가능하다.

$$C_A = -C_M + k_3\left(\frac{C_{E0}C_A\tau}{C_{A0} - C_A}\right) \tag{8}$$

이것은 그래프의 형태로 주어진다(그림 27.6 참고).

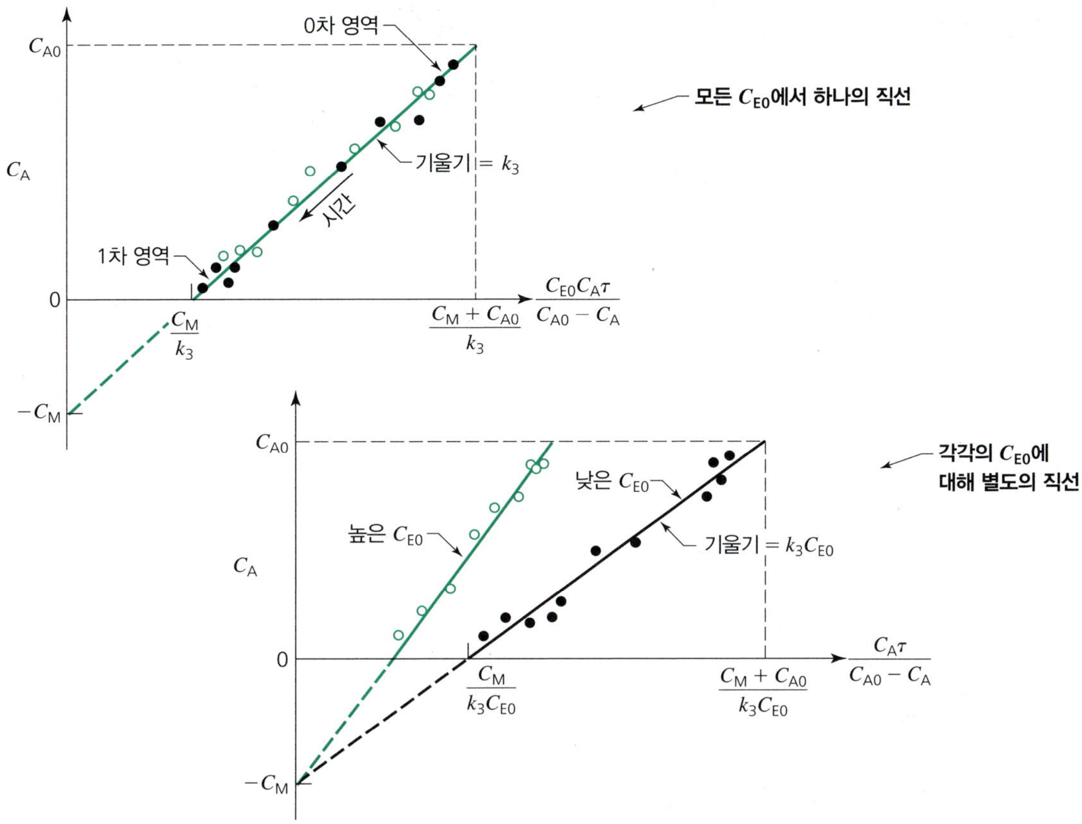


**그림 27.6** 두 가지 플롯이 혼합 흐름 반응기의 데이터로부터 M–M 식을 시험하고 곡선을 맞추는 데 사용될 수 있다.

## ▶ $k$와 $C_M$을 계산하는 다른 방법

생물학자들과 생명과학자들은 아래와 같은 여러 단계를 거쳐 M–M 식의 속도 상수를 알아맞추는 전통적인 방법을 발전시켜왔다.

- 먼저 세 개의 이상적인 반응기(회분, 혼합 흐름 또는 플러그 흐름) 중 어느 하나에서 얻은 데이터에 대한 $C_{Aout}$ 대 $\tau$를 측정한다.
- 다음으로 혼합 흐름 데이터[$-r_A = (C_{A0} - C_{Aout})/\tau$]로부터 직접 구하거나, 플러그 흐름이나 회분식 실험 결과에 대한 기울기를 취하여 여러 가지 $C_A$에서의 $-r_A$를 계산한다.
- 두 가지 중 한 가지 방법으로 $C_A$에 대한 $(-r_A)$의 그래프를 그린다.

| | |
|---|---|
| $(-r_A)$ 대 $(-r_A)/C_A$ | Eadie 플롯 |
| $1/(-r_A)$ 대 $1/C_A$ | Lineweaver 플롯 |

- 위 그래프으로부터 $C_M$과 $k$를 계산한다.

위에서 언급한 세 가지 이상적인 반응기 형태에서부터 측정한 $C_A$에 대한 $\tau$ 데이터를 기반으로 식 (6) 또는 (8)로 표현하는 화학반응공학적 방법(chemical reaction engineering, CRE) 방법은 직접적이면서 손이 덜 가고, 신뢰성도 더 높다.

## 27.2 외부의 물질에 의한 경쟁적 저해 및 비경쟁적 저해

물질 A가 물질 R이 되는 효소-기질 반응의 속도를 감소시키는 물질 B가 있다면, 이 물질 B를 *저해제*(inhibitor)라 부른다. 저해 활동에는 여러 종류가 있는데, 그 중에서 가장 간단한 모델을 *경쟁적*(competitive) 및 *비경쟁적*(noncompetitive) 저해라 부른다. A와 B가 효소의 같은 활성자리를 공격하면 경쟁적 저해이다. 한편, B가 효소의 다른 자리를 공격하지만, 그로 인해 활성자리의 작용을 중지시키면 비경쟁적 저해라 한다. 이 작용을 간단하게 그림 27.7에 나타내었다.

약학적 중요성: 효소와 저해제의 연구는 현존하는 다양한 약물의 작용을 결정하고 새로운 약물을 발견하는 주요한 방법 중 하나이다. 이러한 접근법은 최근 약학 연구의 전반적 방향을 변화시켜 왔다. 오늘날 신규 약물을 발견하는 추진전략은 아래의 두 가지로 요약할 수 있다.

- 생화학적으로 질병을 연구한 후
- 결정적인 효소의 작용을 막는 화학물질을 합성한다.

이 두 가지 형태의 저해에 대한 속도식을 전개해 보자.

### ▶ 경쟁적 저해의 반응속도론

효소의 같은 활성자리에 대해 경쟁하는 물질 A와 B로 이루어진 다음과 같은 반응 메카니즘을 고려하자.

$$\mathrm{A + E} \underset{2}{\overset{1}{\rightleftarrows}} \mathrm{X} \overset{3}{\rightarrow} \mathrm{R + E} \tag{9}$$

$$\mathrm{B + E} \underset{5}{\overset{4}{\rightleftarrows}} \mathrm{Y} \tag{10}$$

물질 B는 오직 자유효소를 공격한다

2장(예제 2.2 참고)에서 보여준 과정으로 아래 속도식을 구할 수 있다.

$$r_\mathrm{R} = \frac{k_3 C_{\mathrm{E0}} C_\mathrm{A}}{C_\mathrm{M} + C_\mathrm{A} + N C_{\mathrm{B0}} C_\mathrm{M}} = \frac{k_3 C_{\mathrm{E0}} C_\mathrm{A}}{C_\mathrm{M}(1 + N C_{\mathrm{B0}}) + C_\mathrm{A}} \tag{11}$$

$$\text{여기서} \begin{cases} C_\mathrm{M} = \dfrac{k_2 + k_3}{k_1}, \dfrac{\mathrm{mol}}{\mathrm{m^3}} \\ N = \dfrac{k_4}{k_5}, \dfrac{\mathrm{m^3}}{\mathrm{mol}} \end{cases}$$

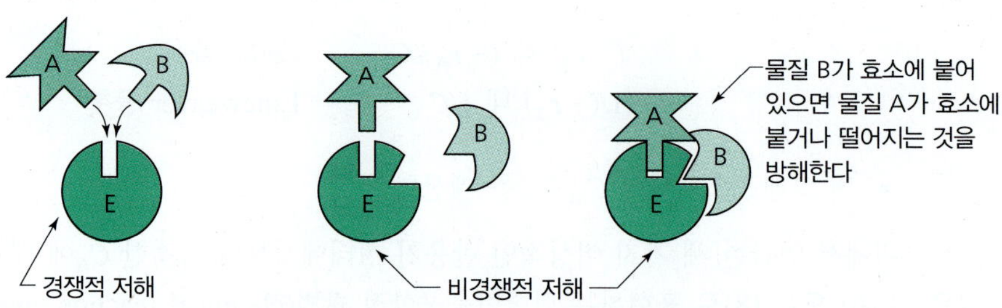


**그림 27.7** 두 가지 유형의 저해제(경쟁적 및 비경쟁적)에 대한 간단한 표현.

저해가 없는 시스템[식 (3)]과 비교하면, 식 (3)의 $C_M$을 $C_M(1 + NC_{B0})$으로 치환했다는 것을 알 수 있다.

## 비경쟁 저해의 반응속도론

이 경우 A는 효소의 활성자리를 공격하고 B는 효소의 다른 자리를 공격하지만, 결과적으로 B의 작용으로 A의 작용도 멈추게 된다. 이 작용의 반응 메카니즘은 아래와 같다.

$$A + E \underset{2}{\overset{1}{\rightleftarrows}} X \overset{3}{\rightarrow} R + E \tag{12}$$

$$B + E \underset{5}{\overset{4}{\rightleftarrows}} Y \tag{13}$$

$$B + X \underset{7}{\overset{6}{\rightleftarrows}} Z \tag{14}$$

B는 A가 효소의 활성자리에 붙어 있거나 없거나 무관하게 효소를 공격한다는 것에 주목하라. 그러면 전체 반응속도는 다음과 같다.

$$r_R = \frac{k_3 C_{E0} C_A}{C_M + C_A + NC_{B0}C_M + LC_A C_{B0}}$$

$$= \frac{\dfrac{k_3}{(1 + LC_{B0})} \cdot C_{E0} C_A}{C_M\left(\dfrac{1 + NC_{B0}}{1 + LC_{B0}}\right) + C_A} \quad \text{... 여기서} \quad \begin{cases} C_M = \dfrac{k_2 + k_3}{k_1} \\ N = \dfrac{k_4}{k_5} \\ L = \dfrac{k_6}{k_7} \end{cases} \tag{15}$$

저해가 없는 효소반응과 비교하면 식 (3)에서 $k_3$와 $C_M$이 모두 변경되었음을 알 수 있다. 즉, 비경쟁적 저해의 경우에

- $k_3$는 $\dfrac{k_3}{1 + LC_{B0}}$로 치환되고,
- $C_M$은 $C_M\left(\dfrac{1 + NC_{B0}}{1 + LC_{B0}}\right)$로 치환되었다.

## 실험을 통해 경쟁적 저해인지 비경쟁적 저해인지 알 수 있는 방법

우선 회분식, 혼합 흐름, 플러그 흐름 운전으로부터 얻은 시간에 대한 농도($t$에 대한 $C$)의 데이터로부터 저해가 없는 시스템에 대한 그래프를 그린다. 저해가 있으면 이 그래프는 그림 27.8과 27.9에서 보는 것처럼 변경된다.

## 논평

M–M 식은 효소 촉매 반응을 나타내는 가장 간단한 표현식이다. 이 식은 여러 가지 방법으로 개

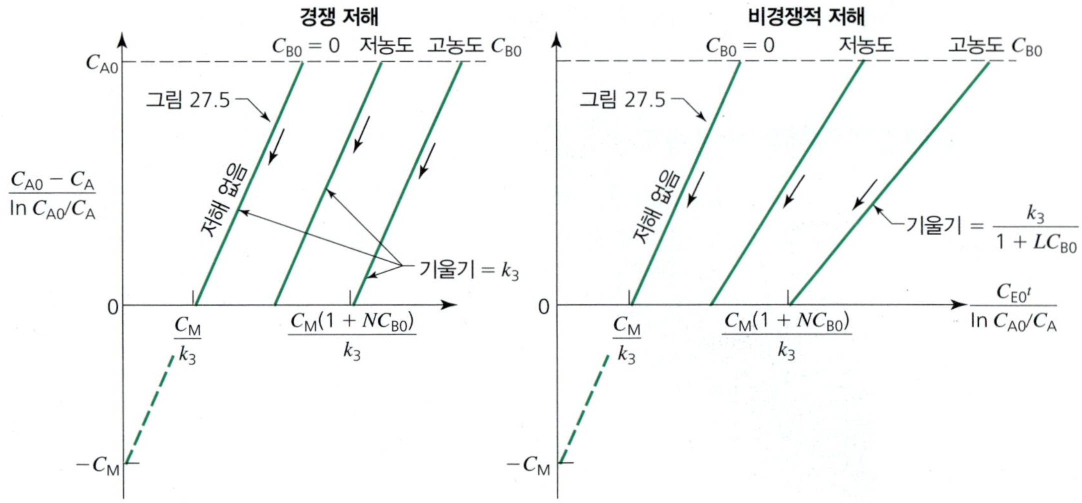


**그림 27.8** 회분 또는 플러그 흐름 데이터에 대한 저해의 영향.

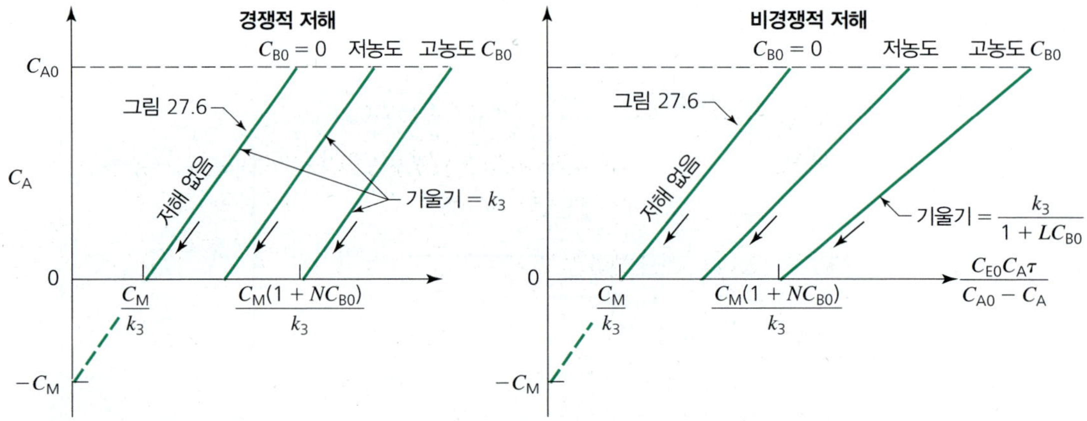


**그림 27.9** 혼합 흐름 반응기 데이터에 대한 저해의 영향.

선되고 확장될 수 있다. 여기서 소개된 두 가지 저해 형태는 가장 간단한 것이다. 다른 식들은 수학적 표현이 더 복잡하기 때문에, 경쟁적 저해와 비경쟁적 저해를 항상 먼저 다룬다.

## 참고 문헌

Michaelis, L., and Menten, M. L., *Biochem. Z.*, **49**, 333 (1913).

## 연습 문제

**27.1** 기질(substrate) A와 효소 E는 혼합 흐름 반응기($V$ = 6 L)를 통과한다. 유입농도, 유출농도, 유량 데이터로부터 효소의 기질에 대한 작용을 대표하는 속도식을 구하라.

| $C_{E0}$, mol/liter | $C_{A0}$, mol/liter | $C_A$, mol/liter | $v$, liter/hr |
|---|---|---|---|
| 0.02 | 0.2 | 0.04 | 3.0 |
| 0.01 | 0.3 | 0.15 | 4.0 |
| 0.001 | 0.69 | 0.60 | 1.2 |

**27.2** 실온에서 설탕(sucrose)은 효소 sucrase에 의해 수화된다.

$$\text{sucrose} \xrightarrow{\text{sucrase}} \text{products}$$

설탕($C_{A0}$ = 1 mol/m$^3$)과 sucrase ($C_{E0}$ = 0.01 mol/m$^3$)로 반응하는 회분 반응기에서 다음의 데이터를 얻었다(농도는 광학회전 측정으로 계산할 수 있음).

| $C_A$, mol/m$^3$ | 0.68 | 0.16 | 0.006 |
|---|---|---|---|
| $t$, hr | 2 | 6 | 10 |

이 반응의 반응속도론을 나타내는 속도식을 구하라.

**27.3** 기질과 효소의 농도를 다르게 하여 많은 회분 반응기 조업을 하였다. 일정한 시간 후에 반응이 중단되고 용기 내용물을 분석하였다. 아래에서 관찰된 결과로부터 기질에 대한 효소의 작용을 나타내는 속도식을 구하라.

| Run | $C_{E0}$, mol/m$^3$ | $C_{A0}$, mol/m$^3$ | $C_A$, mol/m$^3$ | $t$, hr |
|---|---|---|---|---|
| 1 | 3 | 400 | 10 | 1 |
| 2 | 2 | 200 | 5 | 1 |
| 3 | 1 | 20 | 1 | 1 |

**27.4** 탄수화물 A는 효소 E에 의해서 분해된다. 또한 탄수화물 B가 어떤 방식으로든 이 분해 반응에 영향을 준다고 생각한다. 이 현상을 연구하기 위해 다양한 농도의 A, B, E가 혼합 흐름 반응기로 유입된다($V$ = 240 cm$^3$).

**(a)** 다음의 데이터로부터 분해에 대한 속도식을 구하라.

**(b)** 분해에서 B의 역할에 관해 이야기하라.

**(c)** 이 반응에 대한 반응 메카니즘을 제시할 수 있는가?

| $C_{A0}$, mol/m$^3$ | $C_A$, mol/m$^3$ | $C_{B0}$, mol/m$^3$ | $C_{B0}$, mol/m$^3$ | $v$, cm$^3$/min |
|---|---|---|---|---|
| 200 | 50 | 0 | 12.5 | 80 |
| 900 | 300 | 0 | 5 | 24 |
| 1200 | 800 | 0 | 5 | 48 |
| 700 | 33.3 | 33.3 | 33.3 | 24 |
| 200 | 80 | 33.3 | 10 | 80 |
| 900 | 500 | 33.3 | 20 | 120 |

**27.5** 효소 E는 기질 A의 분해를 촉진한다. 기질 B가 저해제로 작용하는지 알아보기 위해, B가 있는 것과 B가 없는 각각의 회분 반응기로 두 가지 시험을 하여 아래 데이터를 얻었다.

**(a)** A의 분해를 나타내는 속도식을 구하라.

**(b)** 이 분해반응에서 B의 역할은 무엇인가?

**(c)** 반응에 대한 반응 메카니즘을 제시하라.

*시험 1.* $C_{A0} = 600\ \text{mol/m}^3$, $C_{E0} = 8\ \text{gm/m}^3$, B 없음

| $C_A$ | 350 | 160 | 40 | 10 |
|---|---|---|---|---|
| $t$, hr | 1 | 2 | 3 | 4 |

*시험 2.* $C_{A0} = 800\ \text{mol/m}^3$, $C_{E0} = 8\ \text{gm/m}^3$, $C_B = C_{B0} = 100\ \text{mol/m}^3$

| $C_A$ | 560 | 340 | 180 | 80 | 30 |
|---|---|---|---|---|---|
| $t$, hr | 1 | 2 | 3 | 4 | 5 |

---

아래 반응처럼 셀룰라제(cellulase) 효소에 의해 cellulose가 sugar로 전환될 수 있다.

$$\text{cellulase} \xrightarrow{\text{cellulase}} \text{sugar}$$

그리고 생성물인 cellubiose (glucose가 2개 결합한)와 포도당(glucose) 둘 다 이 분해반응을 저해한다. 이 반응속도론을 연구하기 위해 50°C로 유지되는 혼합 흐름 반응기에서, 잘게 부수어진 cellulose와 효소와 다양한 저해제를 투입하여 시행되었다. 그 결과는 다음과 같다.

| Run | Exit Stream $C_A$, kg/m³ | *Series 1* *no Inhibitor* $\tau$, min | *Series 2* *with Cellobiose* $C_{B0} = 5$ kg/m³ $\tau$, min | *Series 3* *with Glucose* $C_{G0} = 10$ kg/m³ $\tau$, min |
|---|---|---|---|---|
| 1 | 1.5 | 587 | 940 | 1020 |
| 2 | 4.5 | 279 | 387 | 433 |
| 3 | 9.0 | 171 | 213 | 250 |
| 4 | 21.0 | 36 | 40 | 50 |

**27.6** 저해제가 없을 때 cellulase에 의한 cellulose의 분해를 나타내는 속도식을 구하라.

**27.7** Cellulose의 분해에서 cellubiose의 역할은 무엇인가? 저해 형태와 속도식을 구하라.

**27.8** Cellulose의 분해에서 포도당의 역할은 무엇인가? 저해 형태와 속도식을 구하라.

이 문제에 대한 반응속도 데이터는 Ghose와 Das, *Advances in Biochemical Engineering*, **1**, 66 (1971)를 바탕으로 일부 변형하였다.

---

**27.9** 효소-기질반응(또는 촉매-반응물반응)을 나타내는 Michaelis–Menten 식이 아래와 같이 주어진다면,

$$\text{A} \xrightarrow{\text{enzyme}} \text{R}, \qquad -r_A = \frac{kC_AC_{E0}}{C_A + (\text{constant})}$$

반응기가 $C_{A0}$를 포함하는 것과 $C_{E0}$를 포함하는 두 개의 공급물 흐름으로 유입되고 잘 운전된다는 가정하에 다음의 어떤 접촉 방식의 반응기가 이 식(최소 반응기 크기에 근접할 경우)에 의해 잘 표현되겠는가? 반대로 잘 표현되지 못할 것인가?

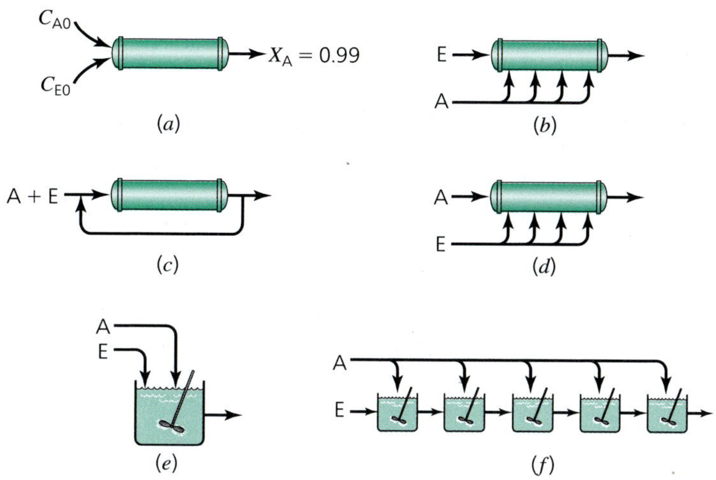

제 28 장

# 미생물 발효의 개요와 전반적인 상황

*Microbial Fermentation–Introduction and Overall Picture*

자연적인 발효는 기질이라 불리는 다양한 음식 재료와 반응기 역할을 하는 세포들이 바쁘게 반응하는 복잡한 상황이다. 이 서론에서는 매우 간단한 것만 고려해 보자.

- 한 종류의 미생물 C만 활동한다. 우리는 이를 종종 세포(cell) 또는 벌레(bug)라 부른다.
- 필요한 먹이는 A의 한 종류만 있다. 생명과학 종사자들은 이를 기질(substrate)이라 부른다.

먹이가 적당하다면 세포가 기질을 먹고 증식하고 세포(C)를 늘리고 그 과정에서 폐기물 R을 생산한다. 기호로 나타내면 다음과 같다.

$$A \xrightarrow{C} C + R$$

어떤 경우에는 아무리 많은 먹이가 있다고 해도 생성물 R이 세포의 활동을 억제하는데, 우리는 이를 생성물에 의한 피독 또는 생성물 중독(product poisoning)이라고 한다. 와인 만들기가 대표적인 예이다.

$$\begin{pmatrix}\text{으깬 포도, 과일,}\\ \text{곡물, 감자 등}\end{pmatrix} \xrightarrow{\text{벌레}} \begin{pmatrix}\text{더 많은}\\ \text{벌레}\end{pmatrix} + \text{알코올}$$

알코올의 농도가 증가하면 세포 증식이 늦어지는데 약 12% 알코올에서 세포성장이 멈춘다. 알코올은 여기서 중독물질이 된다.

폐수의 활성 슬러지(activated sludge) 처리는 발효의 한가지 예로서, 생성물 중독이 없다.

$$\begin{pmatrix}\text{유기}\\ \text{폐기물}\end{pmatrix} \xrightarrow{\text{벌레}} \begin{pmatrix}\text{더 많은}\\ \text{벌레}\end{pmatrix} + \begin{pmatrix}\text{붕괴 생성물}\\ CO_2 H_2O, \ldots\end{pmatrix}$$

때때로 폐수처리에서처럼 물질 A의 분해에 관심이 있을 수 있다. 다른 경우로는 세포 자체가 식품으로 사용되는 경우로서 효모나 단세포 단백질의 성장처럼 세포 C를 생산하는 일이다. 또 다른 예로는 페니실린과 항생제처럼 세포의 폐기물 R을 원할 수도 있다.

한 종류의 세포와 한 가지 먹이에서 전형적으로 일어나는 일을 살펴보자.

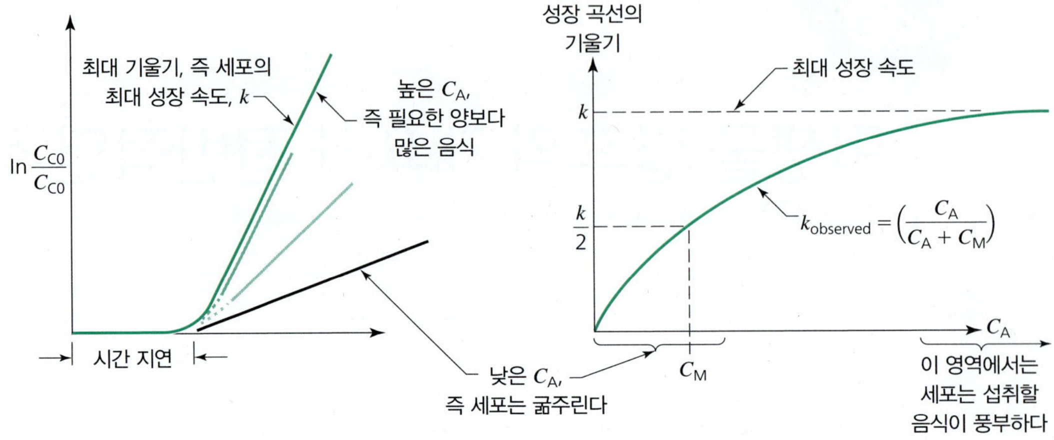


그림 28.1 균질하고 친화적인 환경에서 세포의 성장.

## ▶ 일정한 환경에서 발효의 정성적 해석

일련의 미생물들을 농도 $C_A$의 먹이를 가진 일정한 조성의 친화적 배지에 넣는다면 무슨 일이 일어날까? 먼저 미생물은 새로운 환경에 적응하기 위해 시간이 필요하며 적응한 다음에 지수적으로 급격히 증가한다. 그러므로 세포의 성장은 그림 28.1과 같은 경향을 보인다. 대개 시간지연(time lag)은 이런 새로운 환경에서 자신들이 적응하기 위한 세포충격(shock)의 결과이다.

- 세포의 성장속도는(시간지연 후에) 아래 Monod 식으로 표현할 수 있다.

$$r_C = \frac{kC_AC_C}{C_A + C_M}$$

$C_M$은 세포의 최대 성장속도의 1/2에 도달하는 기질농도이다

## ▶ 회분 발효기의 정성적 해석

여기서 세포들은 재생하고 기질의 조성을 변화시키며 세포에 유독한 생성물을 형성한다. 전형적인 세포 생장 단계는 다음과 같다.

- 도입기(induction period)(시간 지연)
- 성장기(growth period)
- 안정기(stationary period)
- 세포 죽음(cell dying)

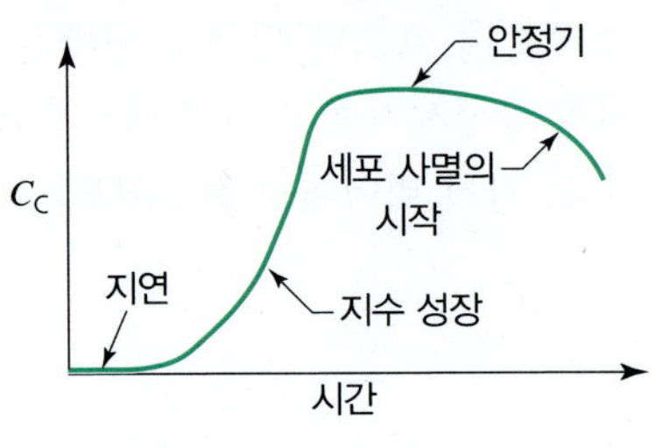

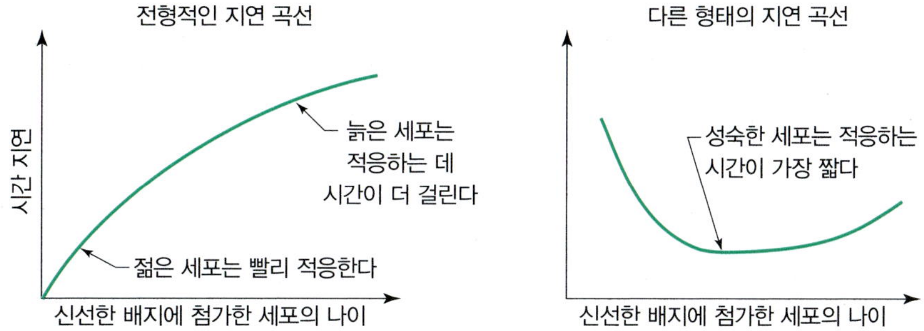


**그림 28.2** **시간지연은 세포의 나이에 의존한다.**

이 성장단계 혹은 영역에 대해 몇 가지를 언급하자.

**(a)** 지연 혹은 유도. 발효기 내에 존재하는 세포가 공급된 먹이를 다 먹으면 증식을 멈추고 효소 활동이 감소하고 저분자량 화학물질이 확산되어 나오며 세포의 성질이 바뀌어 노화한다. 따라서 그들에게 새로운 환경이 도입되면, 세포들은 성장과 증식에 필요한 화학물질을 다시 생산하기 위해 시간지연이 필요하게 된다. 이것을 그림 28.2에 나타내었다.

**(b)** 성장기와 안정기. 세포들은 일정한 환경에서 지수적으로 증가하나 회분식 시스템에서는 배지 혹은 기질의 농도가 변하면 성장속도가 변한다. 세포 증식은 다음의 둘 중 하나에 의해 지배된다.

- 먹이의 소모
- 유독한 물질의 축적(세포에 유독함)

이 내용을 도식적으로 설명하면 그림 28.3과 같다.

## 혼합 흐름 발효기

여기서 세포들은 일정한 환경에 있다. 적응이 필요하지 않으며(지연과 유도가 없고) 세포 증식이 용기 내 유체의 조성에 의해 결정되고, 일정한 속도로 진행된다. 이것은 종종 Monod 형태의 식으로 대표된다.

$$-r_C = \frac{kC_AC_C}{C_A + C_M}$$

여기서 $k$ 값은 모든 종류의 조건, 즉 온도, 미량원소의 존재, 비타민, 유독물질 및 빛의 세기 등에 영향을 받는다.

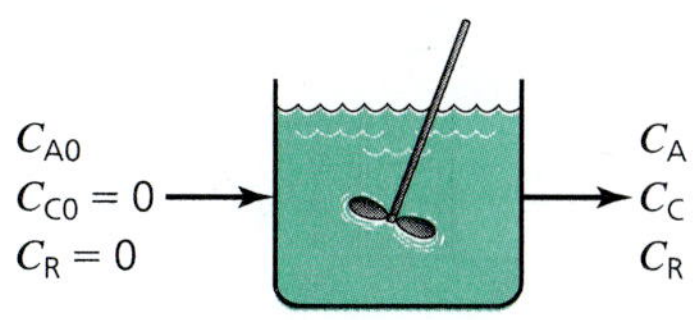

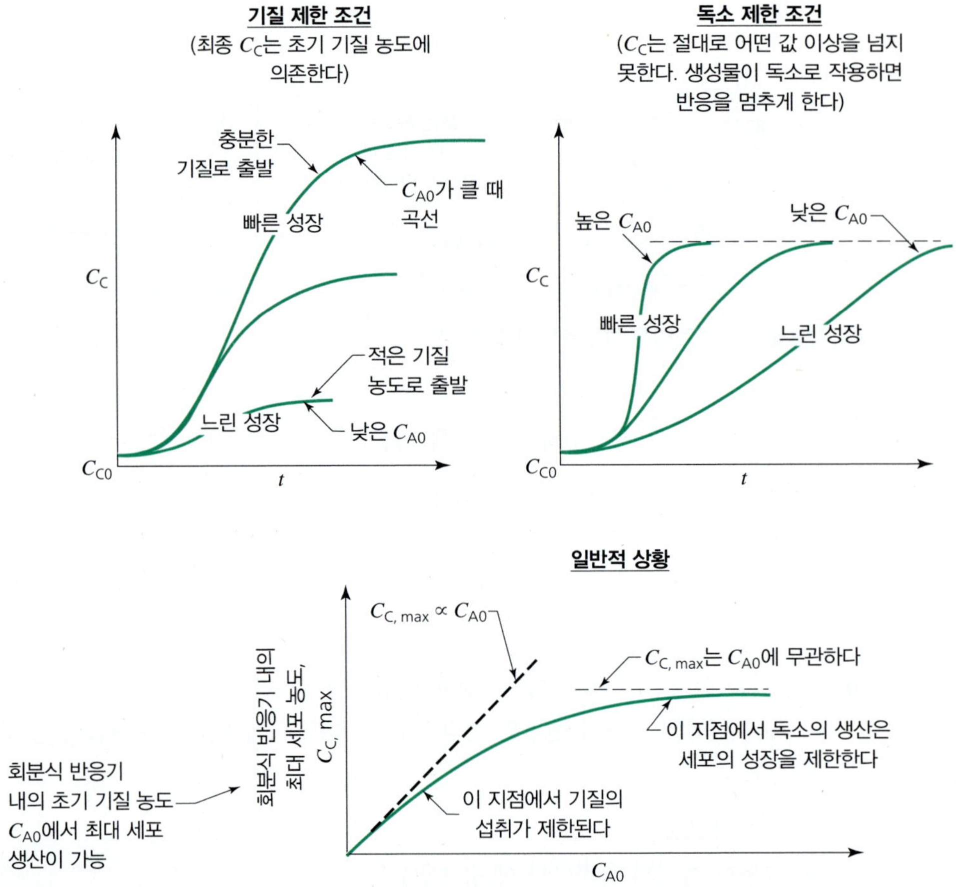


**그림 28.3** 회분 반응기에서 최대의 세포 생성은 성장제한 메카니즘에 의존한다.

## ▶ 생성물 분포와 수율

다음의 화학양론식에 대해

$$A \xrightarrow{C} cC + rR$$

순간 수율을 다음과 같은 간단한 기호를 사용하기로 하자.

$$\left.\begin{aligned} \text{(C/A)} &= \varphi(\text{C/A}) = \frac{d(\text{C formed})}{d(\text{A used})} \\ \text{(R/A)} &= \varphi(\text{R/A}) = \frac{d(\text{R formed})}{d(\text{A used})} \\ \text{(R/C)} &= \varphi(\text{R/C}) = \frac{d(\text{R formed})}{d(\text{C used})} \end{aligned}\right\} \tag{1}$$

따라서 다음의 관계식이 성립한다.

$$\left.\begin{aligned} \enclose{circle}{\mathrm{R/A}} &= \enclose{circle}{\mathrm{R/C}} \cdot \enclose{circle}{\mathrm{C/A}} \\ \enclose{circle}{\mathrm{A/C}} &= 1/\enclose{circle}{\mathrm{C/A}} \end{aligned}\right\} \tag{2}$$

그러므로 아래와 같은 속도식으로 표현할 수 있다.

$$\left.\begin{aligned} r_{\mathrm{C}} &= (-r_{\mathrm{A}})\,\enclose{circle}{\mathrm{C/A}} \\ r_{\mathrm{R}} &= (-r_{\mathrm{A}})\,\enclose{circle}{\mathrm{R/A}} \\ r_{\mathrm{R}} &= (r_{\mathrm{C}})\,\enclose{circle}{\mathrm{R/C}} \end{aligned}\right\} \tag{3}$$

일반적으로 조성에 따라 순간 변하는 수율 때문에 화학양론이 복잡해진다. 그런 경우의 처리가 어려울 수 있으므로 모든 수율($\varphi$) 값이 모든 조성에서 일정하게 유지된다고 단순화한다. 이런 가정은 혼합 흐름이나 회분 반응기의 지수적 성장기에는 적당하나 다른 경우에는 일정하기 않으므로 조심해야 한다.

하여튼 이런 가정(모든 $\varphi$ 값이 일정)을 하는 경우에는 어떤 변화에도 다음과 같이 쓸 수 있다.

$$\left.\begin{aligned} C_{\mathrm{C}} - C_{\mathrm{C0}} &= \enclose{circle}{\mathrm{C/A}}\,(C_{\mathrm{A0}} - C_{\mathrm{A}}) \quad \text{...또는...} \quad C_{\mathrm{C}} = C_{\mathrm{C0}} + \enclose{circle}{\mathrm{C/A}}\,(C_{\mathrm{A0}} - C_{\mathrm{A}}) \\ C_{\mathrm{R}} - C_{\mathrm{R0}} &= \enclose{circle}{\mathrm{R/A}}\,(C_{\mathrm{A0}} - C_{\mathrm{A}}) \quad \text{...또는...} \quad C_{\mathrm{R}} = C_{\mathrm{R0}} + \enclose{circle}{\mathrm{R/A}}\,(C_{\mathrm{A0}} - C_{\mathrm{A}}) \\ C_{\mathrm{R}} - C_{\mathrm{R0}} &= \enclose{circle}{\mathrm{R/C}}\,(C_{\mathrm{C}} - C_{\mathrm{C0}}) \quad \text{...또는...} \quad C_{\mathrm{R}} = C_{\mathrm{R0}} + \enclose{circle}{\mathrm{R/C}}\,(C_{\mathrm{C}} - C_{\mathrm{C0}}) \end{aligned}\right\} \tag{4}$$

## ▸ 속도론 표현

세포증식 속도는 일반적으로 먹이의 유용성과 세포증식을 방해하는 폐기물의 축적에 의존한다. 가장 간단하고 적당한 속도식을 아래에서 전개한다. 이 전개식은 다음 장에서 사용할 것이다.

**먹이의 유용성** 적당한 정성적인 식을 위해 효소 반응속도론과 유사한 것을 만든다.

효소에 대해:

$$\left.\begin{aligned} \mathrm{A + E} &\rightleftarrows \mathrm{X} \\ \mathrm{X} &\rightarrow \mathrm{R + E} \\ \text{and } C_{\mathrm{E0}} &= C_{\mathrm{E}} + C_{\mathrm{X}} \end{aligned}\right\} \quad \left.\begin{aligned} &\text{at high } C_{\mathrm{A}} \quad \dots \quad r_{\mathrm{R}} = kC_{\mathrm{E0}} \\ &\text{at low } C_{\mathrm{A}} \quad \dots \quad r_{\mathrm{R}} = kC_{\mathrm{E0}}\,C_{\mathrm{A}}/C_{\mathrm{M}} \\ &\text{at all } C_{\mathrm{A}} \quad \dots \quad r_{\mathrm{R}} = \frac{kC_{\mathrm{E0}}\,C_{\mathrm{A}}}{C_{\mathrm{A}} + C_{\mathrm{M}}} \end{aligned}\right\} \tag{5}$$

Michaelis-Menten equation ($r_{\mathrm{R}}$을 가리킴) M-M constant ($C_{\mathrm{M}}$을 가리킴)

미생물에 대해:

$$\left.\begin{array}{l} A + C_{\text{resting}} \rightleftarrows C_{\text{pregnant}} \\ C_{\text{pregnant}} \rightarrow 2C_{\text{resting}} + R \\ \text{and } C_{\text{total}} = C_{\text{pregnant}} + C_{\text{resting}} \end{array}\right\} \left.\begin{array}{lll} \text{at high } C_A & \ldots & r_R = kC_C \\ \text{at low } C_A & \ldots & r_R = kC_C C_A / C_M \\ \text{at all } C_A & \ldots & r_R = \dfrac{kC_C C_A}{C_A + C_M} \end{array}\right\} \quad (6)$$

Monod equation ($r_R$), Monod constant ($C_M$)

과거에 많은 다른 반응속도론의 형태들이 제안되어 왔고 사용되어 왔으나, Monod가 그의 식을 내놓은 후로 다른 식들이 사라졌다. 단순성이 큰 장점이므로 세포 성장속도를 기질 농도와 연관시키기 위해 이런 형태의 식을 사용할 것이다.

**유해한 폐기물들의 효과** 해로운 폐기물인 R이 쌓여감에 따라 이들은 세포의 증식을 방해한다. 따라서 $C_R$의 증가에 따라 관찰되는 Monod 반응속도 상수 $k_{obs}$는 감소한다. 이 관계를 간단히 나타내면 다음과 같다.

$$k_{obs} = k\left(1 - \frac{C_R}{C_R^*}\right)^n \quad (7)$$

$k$: 독소가 없을 경우의 속도 상도, $n$: 생성물 독성화 차수

여기서 $C_R^*$은 모든 세포의 활동이 중단되었을 때 R의 농도이며 이런 경우에 $k_{obs}$는 0이 된다. 이 식을 도해적으로 그림 28.4에 나타내었다.

**일반적인 속도론 표현** 미생물 발효에서 A와 R의 두 가지 인자를 모두 설명할 수 있는 Monod 형태 중 가장 간단한 식은 다음과 같다.

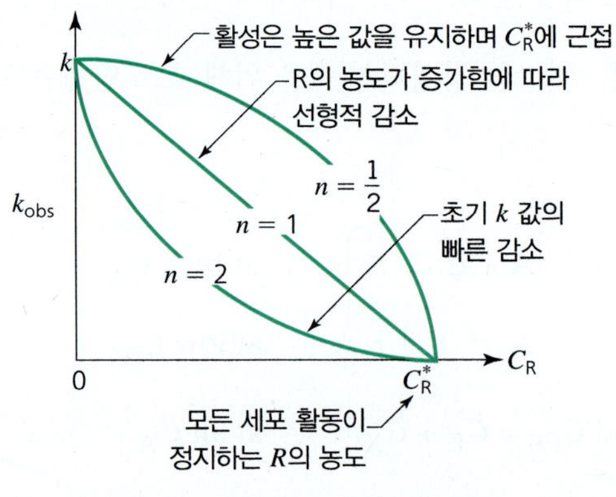


**그림 28.4** 관측된 $k_{obs}$는 중독성 생성물 R의 축적에 따라 감소한다[식 (7) 참고].

$$r_C = -r_A \text{ (C/A)} = r_R \text{ (C/R)} = k_{obs} \frac{C_A C_C}{C_A + C_M} \qquad (8)$$

generalized Monod equation

$k_{obs}$ decreases as $C_R$ rises

...where... $$k_{obs} = k\left(1 - \frac{C_R}{C_R^*}\right)^n$$

$C_R^*$: concentration where all reaction stops

일반적으로 반응과 세포증식은 A의 소모나(세포가 배고픈 기아 상태)나 R의 축적(환경오염 상태)에 의해 느려진다.

## ▶ 주제의 계획된 처리

다음 29장과 30장은 성능식과 설계 순서를 차례로 다룬다.

- 중독 없는 Monod 반응속도론. 여기서는 먹이 제한만이 세포 성장속도에 영향을 미친다.
- 생성물 중독 반응속도론, 여기서는 발효 중에 생성된 일부 생성물이 반응속도를 늦춘다.

또한 이 장들에서 계속해서 일정한 수율을 가정하고 모든 것이 액체이기 때문에 $\varepsilon_A = 0$이다. 농도 단위는 동일하게 사용할 예정이다.

좀 더 일반적으로 배지에 있는 과량의 기질이나 세포 또한 발효속도를 늦출 수 있다. 이런 상황에서 Monod 식은 적당하게 변경되어야만 한다[이런 모든 형태의 억제에 대한 고찰과 일반적인 처리에 대해서는 Han and Levenspiel, *Biotechnol. Bioeng*., **32**, 430 (1988)을 참고하라].

제 29 장

# 기질 제한 미생물 발효

*Substrate-Limiting Microbial Fermentation*

수율이 일정하고 생성물 중독이나 배지 내 미생물 농도의 과도한 증가에 의한 반응속도의 감소가 없다면, 28장의 식 (28.8)은 잘 알려진 모노드식(Monod equation)으로 수렴한다.

$$r_C = \text{(C/A)}(-r_A) = \frac{kC_A C_C}{C_A + C_M} \quad \text{...여기서} \quad C_C - C_{C0} = \text{(C/A)}(C_{A0} - C_A) \tag{1}$$

($C_M$: Monod constant)

여기서 $C_{A0}$와 $C_{C0}$는 각각 공급물 혹은 기질농도 또는 미생물의 초기 농도이다.

이러한 속도론에 의해 움직이는 이상적인 반응기를 살펴보자.

## 29.1 회분식(또는 플러그 흐름) 발효기

다음과 같은 반응의 진행 상황을 생각해보자. 초기에는 기질농도 $C_{A0}$가 높고 미생물 농도 $C_{C0}$는 낮으며, 끝에 가서는 미생물 농도 $C_C$가 높은 반면, 기질은 감소하여 $C_A \to 0$인 경우이다. 그러므로 운전의 시작과 끝에서의 반응속도가 낮으나 어떤 중간 조성에서는 높을 수 있다. $dr_C/dt = 0$인 정상 상태 가정을 이용하면 최대 속도는 다음에서 일어난다.

$$C_{A,\text{ max rate}} = \sqrt{C_M^2 + C_M(C_{A0} + \text{(A/C)}\, C_{C0})} - C_M \tag{2}$$

이것이 의미하는 것은 $C_{A0}$, $C_{C0}$로 공급되는 어떤 시스템에 대한 적당한 설계의 관건은 모두 한 단계에 $C_{A,\text{max rate}}$ 도달할 때까지는 혼합 흐름을 사용하고, 이 지점을 넘어서면 플러그 흐름을 사용하는 것이다. 그러므로 $C_{A,\text{max rate}}$를 아는 것이 항상 중요하다.

이제 회분식(또는 플러그 흐름) 반응기로 돌아가 보자. 성능식을 적용하면 다음과 같다.

$$t_b = \tau_p = \int_{C_{C0}}^{C_C} \frac{dC_C}{r_C} = \frac{1}{k}\int_{C_{C0}}^{C_C} \frac{C_A + C_M}{C_C C_A}\, dC_C$$

$$\leftarrow C_{A0} - (A/C)(C_C - C_{C0})$$

$$= \int_{C_A}^{C_{A0}} \frac{dC_A}{(A/C) r_C} = \frac{1}{k}\int_{C_A}^{C_{A0}} \frac{C_A + C_M}{(A/C) C_C C_A}\, dC_A$$

$$\leftarrow C_{C0} + (C/A)(C_{A0} - C_A)$$

이 식을 적분하면 아래와 같이 된다.

$$kt_b = k\tau_p = \left(\frac{C_M}{C_{A0} + (A/C)\, C_{C0}} + 1\right) \ln \frac{C_C}{C_{C0}} - \left(\frac{C_M}{C_{A0} + (A/C)\, C_{C0}}\right) \ln \frac{C_A}{C_{A0}} \tag{3}$$

$$\ldots \text{ with } \; C_C - C_{C0} = (C/A)\,(C_{A0} - C_A)$$

만일 시간지연이 있다면 $t_{total}$을 구하기 위해 위의 시간에 $t_{lag}$를 더하기만 하면 된다. 원한다면 $C_A$와 $C_C$ 대신에 $C_R$의 항으로 성능식을 쓸 수 있다. 이점을 기억하라.

$$C_R = C_{R0} + (R/C)\,(C_C - C_{C0}) = C_{R0} + (R/A)\,(C_{A0} - C_A) \tag{28.4}$$

그림 29.1의 그래프 모양은 이 성능식의 주된 특징을 보여준다.

## ▶ 회분식 실험에서 모노드 상수 찾는 방법

**방법 (a)** 식 (3)을 다시 정리하면 다음 식을 얻을 수 있다.

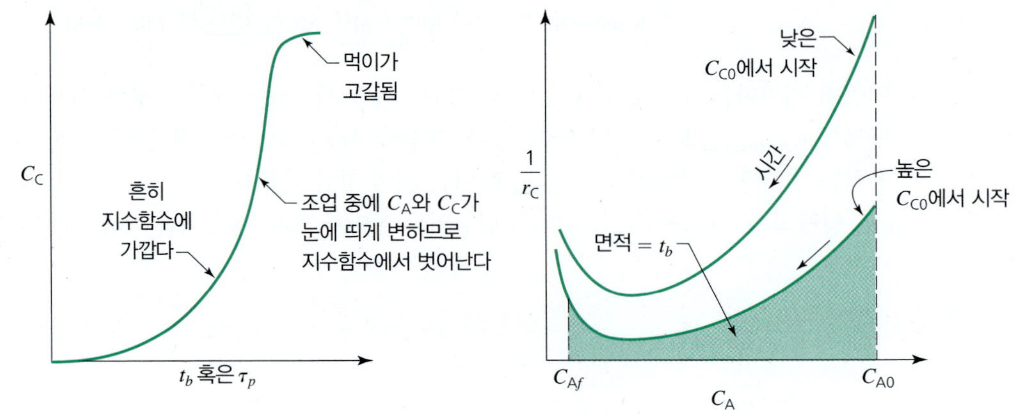


**그림 29.1** Monod형 미생물 발효에 대한 회분 또는 플러그 흐름 반응기의 조업 특성.

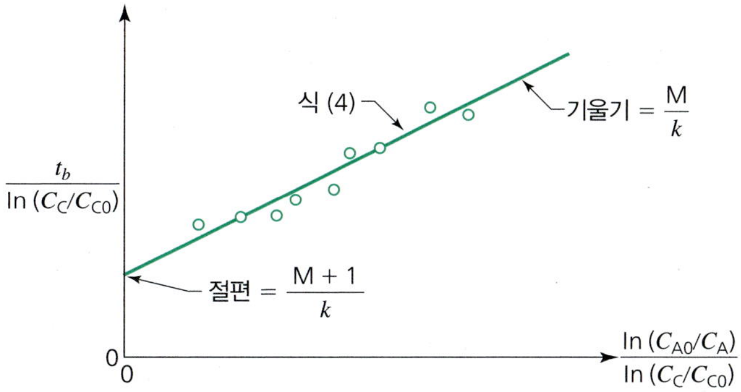


그림 29.2 회분식 데이터로부터 Monod 식 상수의 계산 방법 (a).

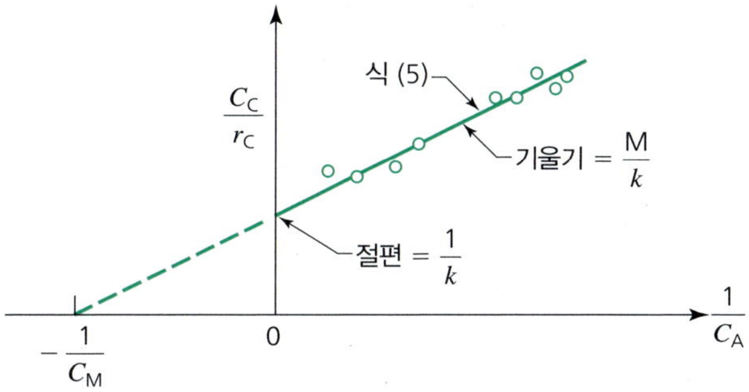


그림 29.3 회분 데이터로부터 Monod 식 상수의 계산, 방법 (b).

$$\frac{t_b}{\ln(C_C/C_{C0})} = \frac{M+1}{k} + \frac{M}{k}\frac{\ln(C_{A0}/C_A)}{\ln(C_C/C_{C0})} \qquad M = \frac{C_M}{C_{A0} + \text{(A/C)}\, C_{C0}} \tag{4}$$

다음에 그림 29.2에서 보는 것처럼 데이터를 플롯한다.

**방법 (b)** 먼저 $dC_C/dt$ 데이터로부터 $r_C$를 구한 후 Monod 식을 재배열하면 다음과 같다.

$$\frac{C_C}{r_C} = \frac{1}{k} + \frac{C_M}{k}\frac{1}{C_A} \tag{5}$$

다음으로 $C_M$과 $k$를 구하기 위해 그림 29.3과 같은 그래프를 이용한다.

## ▶ 회분식 운전에 대한 논평

- 방법 (a)는 모든 데이터를 직접적으로 사용하여 직선을 플롯한다. 이 방법이 모든 면에서 더 좋은 방법이다.
- 방법 (b)는 실험 데이터로부터 미분이나 기울기를 취하므로 더 귀찮고 신뢰성이 다소 떨어진다.
- 높은 $C_A$, 즉 $C_A \gg C_M$에 대해서는 Monod 식에서 $C_M = 0$이라고 둘 수 있다. 그러면 $r_C = kC_C$이 되고 이 경우 성능식인 식 (3)은 다음과 같이 간략화된다.

$$k\tau_p = \ln \frac{C_C}{C_{C0}} \cdots \text{ 지수성장 곡선}$$

- 낮은 $C_A$, 즉 $C_A \ll C_M$에 대해서는 Monod 식이 간단한 자촉매작용이 되고 성능식인 식 (3)은 다음과 같이 된다.

$$k\tau_p = \frac{C_M}{C_{A0} + (A/C)\, C_{C0}} \ln \frac{C_{A0}C_C}{C_A C_{C0}} \cdots \text{ S자형 성장곡선 (3장의 자촉매 참고)}$$

- 매우 높은 세포농도($C_C$)인 경우는, 중독 없는 Monod 식은 적용할 수 없으며 충분히 풍부한 먹이가 있다 하더라도 세포가 서로 혼잡하여 성장이 늦춰져서 결국은 멈추게 된다. 그래서 매우 높은 세포농도에서는 생성물 중독의 반응속도론을 사용한다.
- 회분식이나 플러그 흐름 데이터로부터 Monod 식의 속도 상수를 계산하려고 시도하는 것은 옳지 않다. 앞으로 살펴볼 혼합 흐름 결과를 이용하여 간단히 해석할 수 있다.

## 29.2 혼합 흐름 발효기

### ▶ 공급물 흐름에 세포가 없을 때, $C_{C0} = 0$

Monod 반응속도론(생성물 중독이 없는 경우)에서 수율 $\varphi$이 일정하고 공급물 흐름으로 유입되는 세포가 없다고 가정하면 혼합 흐름 성능식은 다음과 같다.

$$\tau_m = \frac{\Delta C_i}{r_i} \quad \text{여기서 } i = A, C \text{ 혹은 } R \tag{6}$$

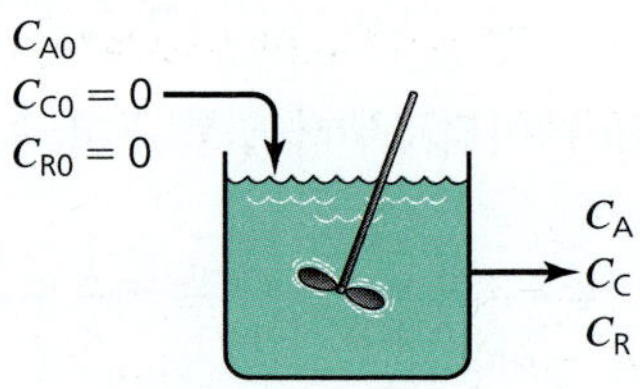


그림 29a

식 (1)의 $r_i$를 식 (6)에 대입하면 다음과 같이 된다.

$C_C$의 항으로

$$k\tau_m = \frac{C_M + C_A}{C_A} \quad \text{... 또는 } C_A = \frac{C_M}{k\tau_m - 1} \quad \text{... } k\tau_m > 1 + \frac{C_M}{C_{A0}}$$

$C_A$의 항으로

$$k\tau_m = \frac{\text{(C/A)}\,(C_{A0} + C_M) - C_C}{\text{(C/A)}\,C_{A0} - C_C}$$

$$\text{... 또는} \quad C_C = \text{(C/A)}\left(C_{A0} - \frac{C_M}{k\tau_m - 1}\right) \quad \text{...} \quad k\tau_m > 1 + \frac{C_M}{C_{A0}}$$

$C_R$의 항으로

$$k\tau_m = \frac{\text{(R/A)}\,(C_{A0} + C_M) - C_R}{\text{(R/A)}\,C_{A0} - C_R}$$

$$\text{... 또는} \quad C_R = \text{(R/A)}\left(C_{A0} - \frac{C_M}{k\tau_m - 1}\right) \quad \text{...} \quad k\tau_m > 1 + \frac{C_M}{C_{A0}} \tag{7}$$

no solution possible if $k\tau_m < 1 + \frac{C_M}{C_{A0}}$

이 흥미로운 표현식은 Monod (1949)에 의해 발표되었고, 독립적으로 거의 비슷한 시기에 Novick과 Szilard (1950)가 개발하였다.

일련의 혼합 흐름 운전으로부터 속도 상수를 계산하기 위해 식 (7)을 정리하면 다음과 같다.

$$\frac{1}{C_A} = \frac{k}{C_M}\tau_m - \frac{1}{C_M} \tag{8}$$

이 결과의 플롯이 그림 29.4에 나타나 있다.

성능식으로부터 모든 결과가 $C_M$과 $C_{A0}$에 의존한다는 것을 다음 식을 통해 알 수 있다. 모든 결과는 모든 세포가 반응기에서 빠져나가는 세출 혹은 워시아웃(washout), 최적 조업시간과 최대 생성속도 등을 의미한다.

$$N = \sqrt{1 + \frac{C_{A0}}{C_M}} \tag{9}$$

그러므로 단일 혼합 흐름 발효기의 최적조업 조건은 다음과 같다.

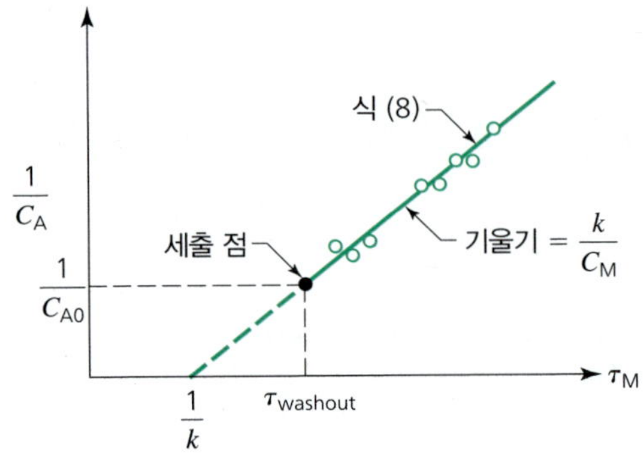


그림 29.4 혼합 흐름 반응기 데이터로부터 Monod 상수의 계산.

$$\boxed{\frac{C_A}{C_{A0}} = \frac{1}{N+1}, \quad \frac{C_C}{C_{C,\,max\ possible}} = \frac{N}{N+1}, \quad k\tau_{opt} = \frac{N}{N-1}} \tag{10}$$

그리고 세출은 다음 조건에서 일어난다.

$$\boxed{k\tau_{washout} = \frac{N^2}{N^2-1}} \tag{11}$$

이 모든 내용은 그림 29.5에 나타나 있다.

### ▶ 공급물 흐름에 세포가 있을 때, $C_{C0} \neq 0$

공급물(기질)과 세포를 같이 넣으면 혼합 흐름 반응기(MFR), 식 (6)의 성능식에 Monod 식 [식 (1) 참고]을 대입하면 다음과 같은 결과를 얻을 수 있다.

$$k\tau_m = \frac{(C_{A0} - C_A)(C_A + C_M)}{\text{(A/C)} \cdot C_{C0}C_A + C_A(C_{A0} - C_A)} \tag{12}$$

예제 29.1*d*, 29.1*e*, 29.1*f*에서 이 식을 이용할 것이다.

## 29.3 발효기의 최적조업

중독 없는 Monod 반응속도론과 주어진 공급물 조건에서, 그림 29.6에서 보는 것처럼 $1/r$ 대 $C$ 곡선은 U자형을 나타낸다.

5장에서 반응속도-농도 곡선이 U자 형태인 경우에는 다음과 같이 운전해야 함을 알았다.

- $A$와 $B$ 사이의 어떤 점에 도달하려면 공급물의 일부는 $A$에서 혼합 흐름으로 운전하고 나서 공급물의 나머지와 혼합하라.
- $A$와 0 사이의 어떤 점에 도달하려면 혼합 흐름에서 $A$ 지점으로 바로 가고 $A$ 이상에서는 플러그 흐름을 사용하라.

이 두 가지 규칙은 최적의 반응기 동작을 위한 핵심적 내용이다.

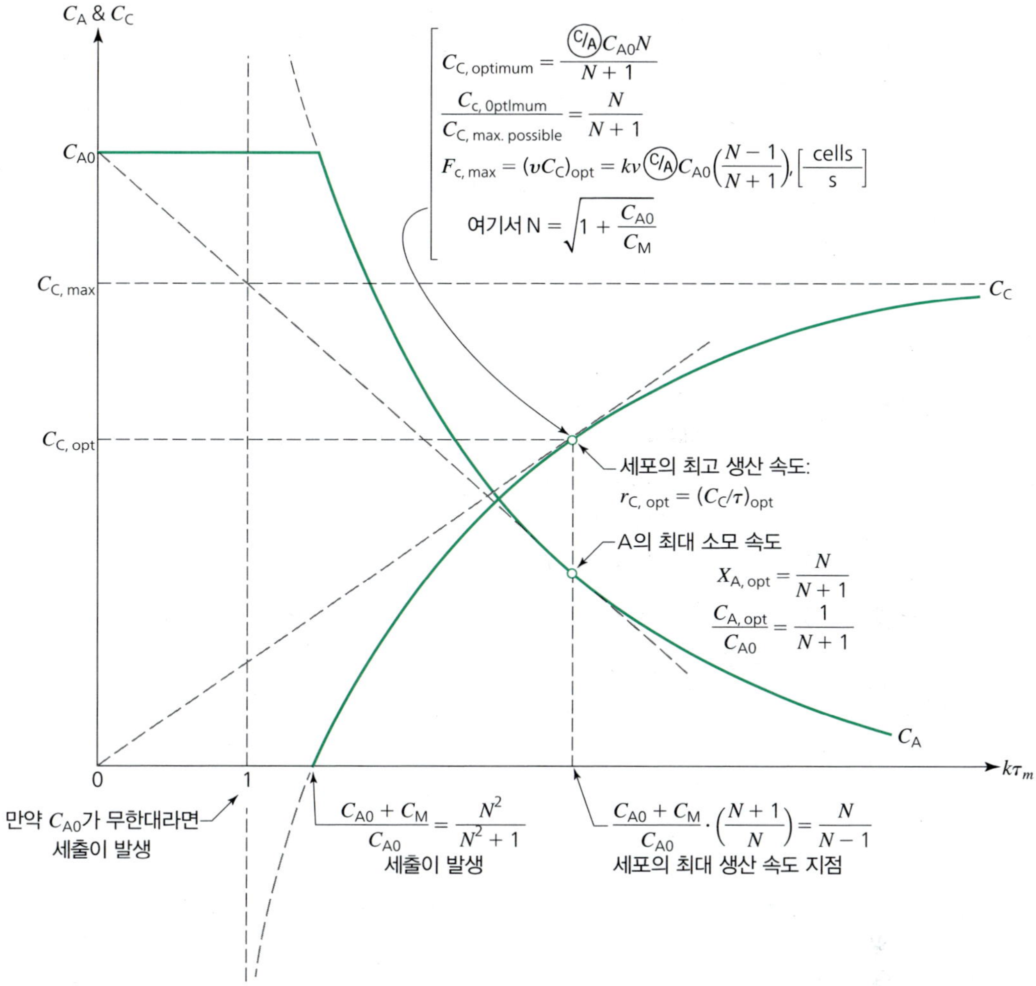


**그림 29.5** Monod 반응속도론을 따르는 반응의 혼합 흐름 동작에 대한 요약.

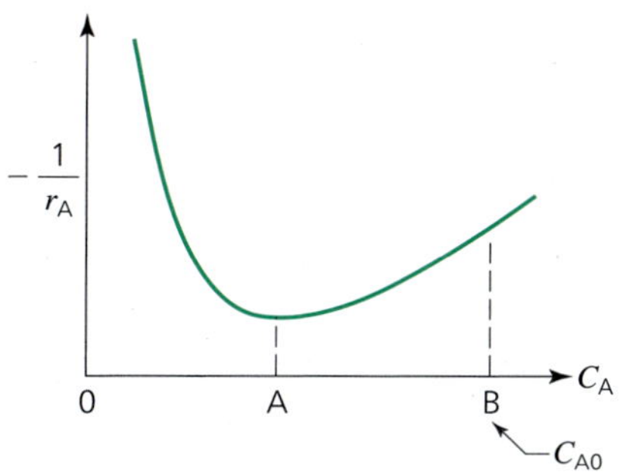


**그림 29.6** Monod 반응속도론의 반응속도와 농도의 동작.

## 예제 29.1 ▶ Monod 반응속도론에 대한 혼합 반응기

다음과 같은 조건을 가지고 Monod 반응속도론을 따르는 발효에 대해 혼합 흐름 반응기(MFR)의 다양한 조합 중 가장 좋은 조업조건을 제시하고, 이때 중요한 최적화 원리를 나타내보자. 각각의 반응기에 대해 모든 양은 동일한 단위계로 표시된다.

$$k = 2,\quad C_{A0} = 3,\quad C_M = 1,\quad \text{(C/A)} = 1,\quad V_m = 1$$

다음과 같은 조건들은 차례로 고려하라.

**(a)** $v$ = 3인 공급물 속도를 가지는 단일 MFR

**(b)** $v$ = 1인 단일 MFR

**(c)** $v$ = 1/3인 단일 MFR

**(d)** $v$ = 3인 두 개의 MFR

**(e)** $v$ = 1.5인 두 개의 MFR

**(f)** $v$ = 0.5인 두 개의 MFR

A나 C의 유출농도는 계산하지 말라.

### 풀이

***예비.*** 혼합 흐름에 대한 최적화 법칙에서부터[식 (9), (10) 참고] 다음을 알 수 있다.

$$N = \sqrt{1 + \frac{3}{1}} = 2$$

$$\tau_{m,\,\text{opt}} = \frac{N}{(N-1)k} = \frac{2}{(2-1)2} = 1$$

$$\tau_{m,\,\text{washout}} = \frac{N^2}{(N^2-1)k}$$

$$= \frac{4}{(4-1)2} = \frac{2}{3}$$

***(a) 높은 공급물 속도, 단일 반응기, $v$ = 3.*** 모든 공급물이 MFR을 통과하면 평균 체류 시간 $\tau = V/v = 1/3$이 너무 짧고 세포가 반응기에 오랫동안 머물지 않아 세출이 일어난다. 그러므로 그림 E29.1*a*에서 보는 것처럼 공급물 중 일부를 우회시키고 최적으로 반응기를 운전하라.

***(b) 중간 공급물 속도, 단일 MFR, $v$ = 1.*** 여기서 모든 공급물이 반응기를 통과하는 최적 조건이라면 $\tau = V/v = 1$이고, 그림 E29.1*b*에서 보는 것처럼 운전하라.

***(c) 낮은 공급물 속도, 단일 반응기, $v$ = 1/3.*** 여기서 $\tau = V/v = 1/(1/3) = 3$이고, 이것은 최적값보다 길다. 그러므로 그림 E29.1*c*에서 보는 것처럼 반응기로 통과시켜라.

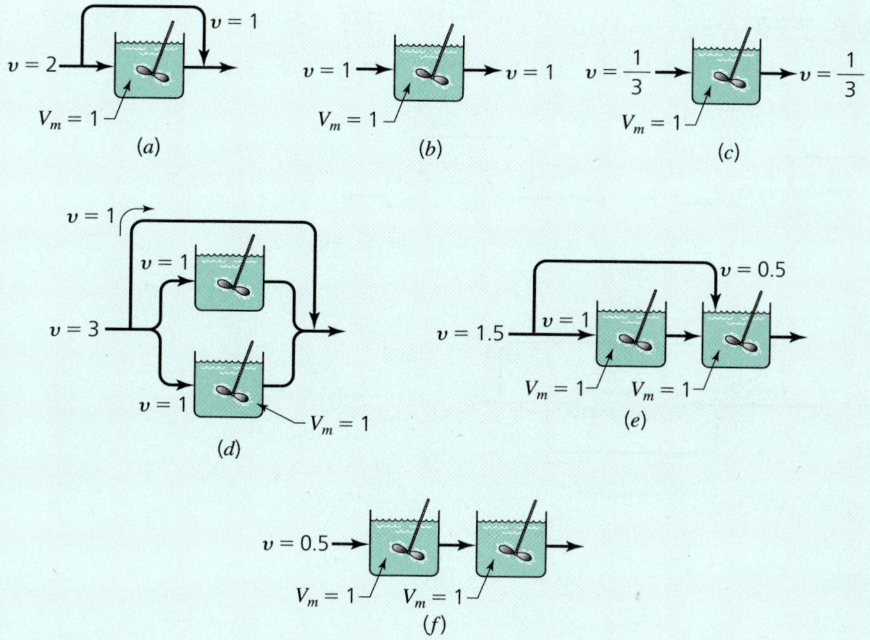


그림 E29.1

**(d)** ***높은 공급물 속도, 2개의 MFR, $v = 3$.*** 각각의 MFR에 대해 최적 조건이 $\tau = 1$이라는 것을 주목하고, 그림 E29.1*d*에서 보여주는 방법으로 조업한다.

**(e)** ***중간 공급물 속도, 2개의 MFR, $v = 1.5$.*** 여기서 할 수 있는 가장 좋은 것은 그림 E29.1*e*에서 보는 것처럼 첫 번째 반응기를 가장 최적의 조건으로 조업하는 것이다.

**(f)** ***낮은 공급물 속도, 2개의 MFR, $v = 0.5$.*** 여기서 공급물 속도가 너무 낮아서 어떤 반응기도 최적으로 유지할 수 없으므로 그림 E29.1*f*에서 보는 것처럼 조업한다.

## 예제 29.2 ▶ Monod 반응속도론을 가지는 플러그 흐름 반응기

예제 29.1을 혼합 흐름 반응기 대신 순환이 있거나 없는 플러그 흐름 반응기(PFR)를 사용하는 상황으로 확장해 보자. 다음의 상황에서 최적조업 조건을 찾아라.

**(a)** PFR의 부피 $V_p = 3$, $v = 2$

**(b)** $V_p = 2$. $v = 3$

**❯ 풀이**

먼저 최적 조건을 찾으면 다음과 같다.

$$N = 2, \quad \tau_{\text{opt}} = 1, \quad \tau_{\text{washout}} = \frac{2}{3}$$

***(a)*** ***낮은 공급물 속도, $\tau = V_p/v = 3/2 = 1.5$*** 여기서는 그림 E29.2*a*에서 보는 것처럼 두 가지 최적 배열이 있다.

**(b) 높은 공급물 속도, $\tau = V_p/v = 2/3$** 모든 공급물 흐름이 반응기를 통해 흐른다면 세출이 발생한다. 따라서 최적조업은 그림 E29.2*b*에서 보는 것과 같다.

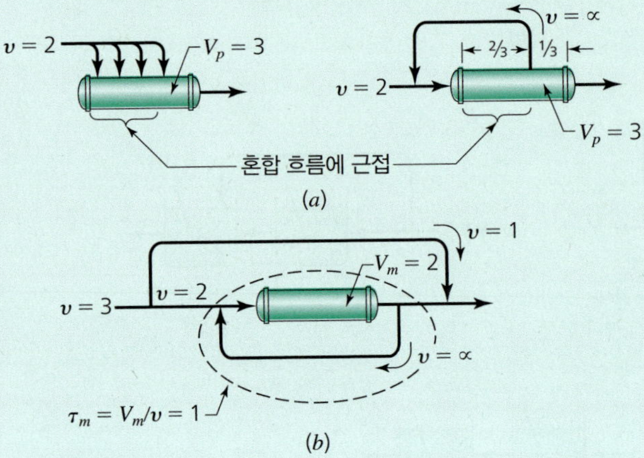


그림 E29.2

## 예제 29.3 ▶ 대장균을 위한 포도당

대표적인 미생물인 대장균(*E. coli*)은 다음과 같이 포도당(glucose)을 먹이로 성장하며, Monod 속도론을 따른다.

$$r_C = \frac{40\, C_A C_C}{C_A + 0.4} \frac{\text{kg cells}}{\text{m}^3 \cdot \text{hr}} \quad \begin{cases} \text{C/A} = 0.1 \\ C_A = \dfrac{\text{kg glucose}}{\text{m}^3} \end{cases}$$

포도당 용액($C_{A0}$ = 6 kg/m$^3$)을 혼합 흐름 반응기($V$ = 1 m$^3$)로 공급한다고 가정할 때, 공급물 속도가 얼마일 때 포도당의 최대 소비 속도와 대장균 세포의 최대 생장 속도를 얻겠는가?

**› 풀이**

포도당의 최대 소비 속도를 찾기 위해 먼저 $N$을 찾고 그림 29.5에서 주어진 정보를 사용한다.

$$N = \sqrt{1 + \frac{C_{A0}}{C_M}} = \sqrt{1 + \frac{6}{0.4}} = 4$$

$$k\tau_{opt} = \frac{N}{N-1} = \frac{4}{3} = 1.33$$

$$\therefore \tau_{opt} = \frac{1.33}{k} = \frac{1.33}{4} = 0.333 \text{ hr}$$

$$v_{opt} = \frac{V_m}{\tau_{opt}} = \frac{1}{0.333} = 3$$

포도당의 공급물 속도는 다음과 같다.

$$F_{A0} = (vC_{A0})_{opt} = (3)(6) = 18\,\frac{kg}{hr}$$

포도당의 최대 소비 속도는 다음과 같다.

$$F_{A0}X_{A,opt} = 18\left(\frac{N}{N+1}\right) = 18\left(\frac{4}{5}\right) = \underline{\underline{14.4\,\frac{kg}{hr}}}$$

따라서 대장균의 최대 생장 속도는 다음과 같다.

$$F_{C\,max} = v_{opt}\,C_{C\,opt} = (3)\left[\textcircled{C/A}\,C_{A0}\left(\frac{N}{N+1}\right)\right]$$

$$= (3)(0.1)(6)\left(\frac{4}{5}\right) = \underline{\underline{1.44\,\frac{kg}{hr}}}$$

## 논평

- 이 장에서 전개한 성능식의 확장은
  - 유출 흐름의 순환이 있는 플러그 흐름
  - $C_{C0} \neq 0$인 공급물을 가진 혼합 흐름
  - 세포 분리, 농축 및 순환

  이고, 이 이상의 논의는 Levenspiel (1996) 제83장에서 찾을 수 있다.
- 앞으로 나올 정량적 연습 문제는 앞의 두 예제의 풀이를 검증할 것이다.
- 연속적 발효에 관한 문헌들에서 다양한 장치에서 일어나는 일을 계산하는 데 많은 노력을 기울였다. 대부분의 방법들은 최적화와 거리가 있어서 고려하지 않는다.
- 수율($\varphi$)이 전체적으로 일정할 때(높거나 낮은 경우 모두), 시간이나 위치에 따른 조성의 변화를 하나의 독립변수로 취급할 수 있다. 그러므로 성능식에서 임의의 한 농도 $C_A$, $C_R$이나 $C_C$를 사용할 수 있다. 다양한 반응기 형태, 플러그 흐름, 혼합 흐름 등의 성능을 어려움 없이 비교할 수 있다. 이것이 이 장에서 다룬 것이다.

  그러나 일반적으로 $\varphi = f(C_A, C_R, C_C)$이다. 그리고 수율은 조성에 따라 변하며, 이렇게 되면 많은 상황이 더욱 해석하기 어려워진다. 즉, 반응기 종류에 따른 성능을 직접 비교하기 힘들다.
- 1939년 Jacques Monod는 자신의 논문 중 일부에서 이 장에서 사용한 식을 제안했다. 논문은 1948년에 책으로 출판되었고, 후에 1949년에 영어로 번역되었다(이 장 끝의 참고문헌 참고).
- 미생물학에서 다음과 같은 용어를 사용한다.
  - 공급물을 *기질*(substrate)이라 부름.
  - $1/\tau$를 *희석속도*(dilution rate)라 부름. 화학공학에서는 이것을 공간 속도(space ve-

locity)라 한다. 이 책에서는 희석 속도, 공간 속도 둘 다 아닌 공간 시간(space time) $\tau$를 사용했음.

- 혼합 흐름 반응기를 *키모스텟*(chemostat), *터비도스텟*(turbidostat)이라 부름.

전공 분야에서 언어의 차이점을 아는 것은 중요하다.

## 참고 문헌

Levenspiel, O., *Chemical Reactor Omnibook*, OSU Bookstores, Corvallis, OR (1996).

Monod, J., *Ann. Rev. Microbiology*, **3**, 371 (1949).

________, *Annales de l' Institut Pasteur*, **79**, 390 (1950). *Recherches sur la Croissance des Cultures Bacteriennes*, Second ed., Herman, Paris, 1958.

Novick, A., and Szilard, L., *Proc. N.A.S.*, Washington, **36**, 708 (1950).

## 연습 문제

**29.1** 대장균을 배양하기 위하여 기질인 유당을 $C_{A0}$ = 160 mg lactose/L 농도와 다양한 공급물 속도로 혼합 흐름 반응기($V$ = 1 L)로 공급하고 있다. 그 배양 결과는 다음과 같다.

| $v$, liter/hr | $C_A$, mg/liter | Cell Concentration, Arbitrary |
|---|---|---|
| 0.2 | 4 | 15.6 |
| 0.4 | 10 | 15 |
| 0.8 | 40 | 12 |
| 1.0 | 100 | 6 |

이 성장을 나타내는 속도식을 구하라.

---

대장균이 만니톨(mannitol)을 기질로 하여 다음의 속도론으로 성장한다.

$$r_C = \frac{1.2\, C_A C_C}{C_A + 2},\quad C_A = \text{gm mannitol/m}^3,\quad (C/A) = 0.1 \text{ gm cells/gm mannitol}$$

당 용액($C_{A0}$ = 6 gm/m$^3$)이 1 m$^3$/hr의 속도로 부피가 다음과 같은 혼합 흐름 반응기로 직접 들어갈 때 세포의 유출속도를 구하라.

**29.2** $V_m$ = 5 m$^3$ **29.3** $V_m$ = 1 m$^3$

다음과 같은 시스템에 적당한 우회나 순환 흐름에 의해 더 많은 세포를 생산할 수 있겠는가? 그렇다면 $C_C$를 구하라.

**29.4** 문제 2? **29.5** 문제 3?

---

**29.6** $C_{A0}$ = 500 mol/m$^3$인 공급물이 두 가지 다른 유량으로 1 m$^3$의 혼합 흐름 반응기로 들어가서 유출 흐름에서 효모 세포를 100 gm/hr의 양으로 생산한다. 즉,

- 0.5 $m^3$/hr의 공급물에서 $C_A = 100\ mol/m^3$
- 1 $m^3$/hr의 공급물에서 $C_A = 300\ mol/m^3$

기질 제한 Monod 속도론이 효모 형성을 잘 표현한다. 이 정보로부터 다음을 구하라.

**(a)** 효모의 수율
**(b)** 효모 형성에 대한 속도식
**(c)** 최대 효모 생산일 때의 유량
**(d)** 효모의 최대 생산속도

---

반응물 A ($C_{A0} = 3$, $C_{R0} = 0$, $C_{C0} = 0$)의 흐름이 다음의 미생물 발효에 의해 분해된다.

$$A \rightarrow R + C, \quad r_C = \frac{kC_AC_C}{C_A + C_M} \quad \begin{cases} k = 2 \\ C_M = 1 \\ \text{(C/A)} = 0.5 \end{cases}$$

다음의 문제들에서 우회, 순환 등의 추천할 만한 반응기를 설계하고 각각의 경우에 적절한 양을 제시하라.

단일 혼합 흐름 반응기의 크기가 $V_m = 1$이고 다양한 기질공급속도를 가질 때 가장 낮은 $C_A$ 값은 얼마인가?

**29.7** $v = 1/3$ **29.8** $v = 3$

두 개의 혼합 흐름 반응기가 적절히 연결되어 있고, 각 반응기의 크기가 $V = 1$이고 다양한 기질공급속도를 가질 때 가장 낮은 $C_A$ 값은 얼마인가?

**29.9** $v = 2$ **29.10** $v = 1$

다음과 같은 공급물 속도에 대해 각각의 부피가 $V_m = 1$인 세 개의 혼합 흐름 반응기가 적절하게 연결되어 있을 때, 얻을 수 있는 가장 낮은 $C_A$는 얼마인가?

**29.11** $v = 6$ **29.12** $v = 2$

공급물속도 $v = 3$에 대해 다음의 결과를 얻는 적당한 배관[반응기에 우회나 순환이나 측면 탭(side tap)]을 설치했을 때 플러그 흐름 반응기의 가장 작은 크기는?

**29.13** $C_C = 0.5$, 측면 탭 가능

**29.14** $C_C = 1.25$, 측면 탭 불가능

**29.15** $C_C = 1.44$, 측면 탭 가능

**29.16** 공급물속도 $v = 6$일 때 부피 $V_p = 4$인 플러그 흐름 반응기(우회, 순환, 측면 탭 모두 가능)에서 얻을 수 있는 가장 작은 $C_A$를 구하라.

**29.17** 어떤 미생물의 발효를 표현하는 Monod 식이 다음과 같이 주어졌다.

$$A \xrightarrow{\text{cells, C}} R + C \qquad -r_A = \frac{kC_AC_C}{C_A + \text{constant}}$$

그림 P29.17의 양식 가운데 어떤 것이 최적이고, 어떤 것은 절대로 불가능한가? 최적이라는 의미는 단지 $C_{A0}$로 이루어진 공급물에 대해 반응기 크기의 최소를 의미한다.

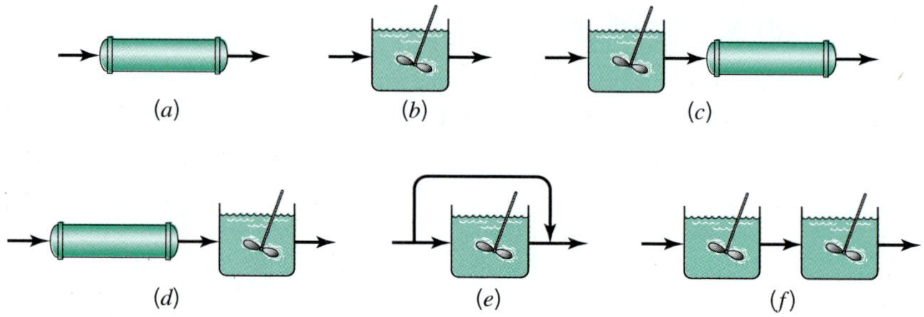

그림 P29.17

**29.18** 1948년에 출판된 논문에서 Monod는 먼저 자신의 이름을 딴 유명한 식을 제안하였다. 이 식에 대한 실험적 보충으로는 순수한 세균의 배양을 위해 유당을 이용한 성장실험 결과를 회분 반응기 운전으로부터 제시했다(Monod, 1958 p.74 참고). 그 운전 중 하나에 대한 데이터를 여기에 나타내었다.

| Time Interval Number | $\Delta t$, hr | $\overline{C}_A$ | $C_C$ |
|---|---|---|---|
| 1 | 0.54 | 137 | 15.5 to 23.0 |
| 2 | 0.36 | 114 | 23.0 to 30.0 |
| 3 | 0.33 | 90 | 30.0 to 38.8 |
| 4 | 0.35 | 43 | 38.8 to 48.5 |
| 5 | 0.37 | 29 | 48.5 to 58.3 |
| 6 | 0.38 | 9 | 58.3 to 61.3 |
| 7 | 0.37 | 2 | 61.3 to 62.5 |

이 Monod 식을 이용하여 이 결과를 그래프로 그려보라.

**29.19** 예제 29.1*e*에서는 아래 그림 P29.19에서 보여주는 세 가지 접촉 양식 중 하나를 사용할 수 있었다. 이때 우회 방식이 가장 좋다는 것을 증명 없이 말했다. 그림 P29.19의 세 가지 접촉 양식에 대해 $C_{Aout}$을 계산하여 그 이유를 증명하라.

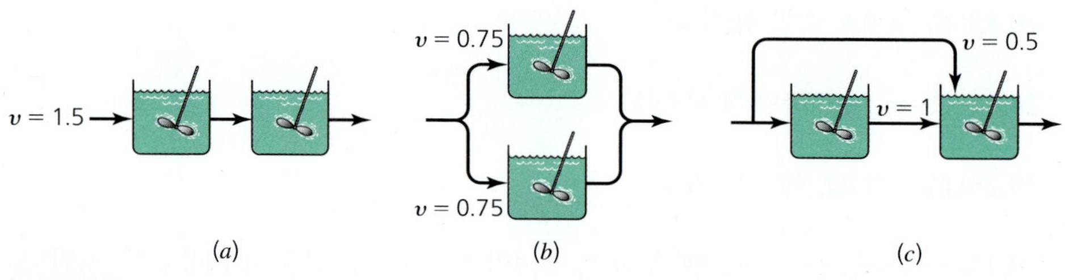


그림 P29.19

제 30 장

# 생성물 제한 미생물 발효

*Product-Limiting Microbial Fermentation*

세포는 충분한 먹이와 조화로운 환경이 주어지면 자유롭게 증식한다. 그러나 아무리 먹이가 많아도 결국 세포들이 서로의 성장을 방해하거나 세포 생성물이 성장을 저해할 수 있다. 이 현상을 *생성물 피독 혹은 생성물 중독*(product poisoning)이라 부른다. Monod 속도론은 생성물 중독을 포함하는 일반적인 속도식의 특별한 경우로 볼 수 있다. 이 상황에 대해 속도식의 일반적인 표현은 아래와 같다.

$$r_C = (C/R)\, r_R = k\left(1 - \frac{C_R}{C_R^*}\right)^n \frac{C_A C_C}{C_A + C_M} \tag{1}$$

- $n$: 생성물 중독의 차수
- $k$: 생성물 중독이 없는 경우의 속도 상수
- $\left(1 - \frac{C_R}{C_R^*}\right)^n$: 생성물이 증가함에 따라 $k_{obs}$는 감소

충분한 먹이가 있는 경우, 즉 $C_A \gg C_M$이고 $n = 1$인 특별한 경우에 위의 식은 생성물 중독 조절에 대해 매우 간단한 식으로 변형된다.

$$r_C = (C/R)\, r_R = k\left(1 - \frac{C_R}{C_R^*}\right) C_C \tag{2}$$

- $C_R$이 $C_R^*$이 되면 반응이 멈춘다

식 (2)의 속도식에서 출발하여 $n \neq 1$인 시스템 혹은 식 (1)로 확장한다. 또한 $C_R$의 항으로 모든 것을 전개하면 식 (2)는 다음과 같이 된다.

$$r_R = (R/C)\, r_C = (R/C)\, k\left(1 - \frac{C_R}{C_R^*}\right) C_C = k\left(1 - \frac{C_R}{C_R^*}\right)\left(C_R - C_{R0} + (R/C)\, C_{C0}\right) \tag{3}$$

최대 속도는 $\frac{dr_R}{dC_R} = 0$일 때이며, 이 식을 풀면 다음과 같다.

$$C_{R,\,\max\,rate} = \frac{1}{2}\left(C_{R0} + C_R^* - (R/C)\, C_{C0}\right) \tag{4}$$

그러므로 항상 최적인 반응속도에서의 농도의 비(조성)가 존재한다.

## 30.1 $n = 1$인 회분 또는 플러그 흐름 발효기

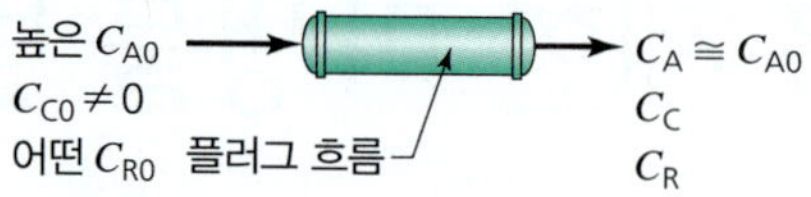


그림 30a

시간과 농도를 연관시키려면 식 (3)의 성능식을 적분한다.

$$t_p = \tau_b = \int_{C_{R0}}^{C_R} \frac{dC_R}{r_R} = \int_{C_{R0}}^{C_R} \frac{dC_R}{k\left(1 - \frac{C_R}{C_R^*}\right)\left(C_R - C_{R0} + \textcircled{R/C}\, C_{C0}\right)}$$

또는 생성물 R의 항으로 나타내면 다음과 같다.

$$k\tau_p = k\tau_b = \frac{C_R^*}{C_R - C_{R0} + \textcircled{R/C}\, C_{C0}} \ln \frac{C_C(C_R^* - C_{R0})}{C_{C0}(C_R^* - C_R)} \quad (5)$$

여기서 $C_C = C_{C0} + \textcircled{C/R}\,(C_R - C_{R0})$

이 성능식을 그림 30.1에 그래프 형식으로 나타내었다.

$1/r_R$ 대 $C_R$ 곡선이 U자형이므로 플러그 흐름 반응기 운전의 최적 방법은 그림 30.2와 같다.

## 30.2 $n = 1$인 혼합 흐름 발효기

반응기 내로 공급된 세포의 시간지연이 무시할 만하고, $C_{A0}$가 높은 혼합 흐름 발효기에 대해 다음 식이 성립한다.

$$\tau_m = \frac{C_R - C_{R0}}{r_R} = \frac{C_R - C_{R0}}{k\left(1 - \frac{C_R}{C_R^*}\right)\left(C_R - C_{R0} + \textcircled{R/C}\, C_{C0}\right)} \quad (9)$$

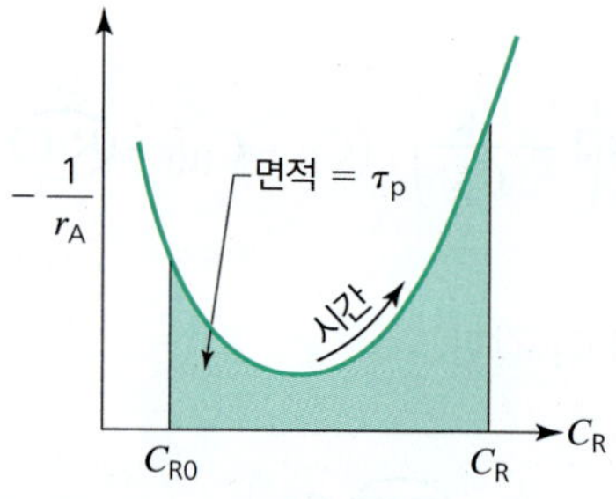


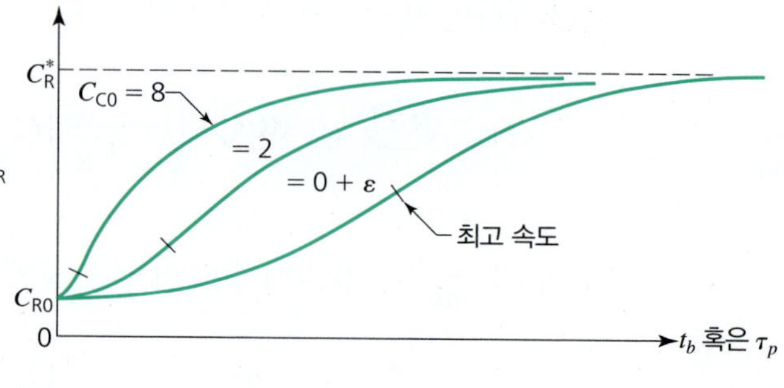


그림 30.1 식 (5)의 도식적 표현.

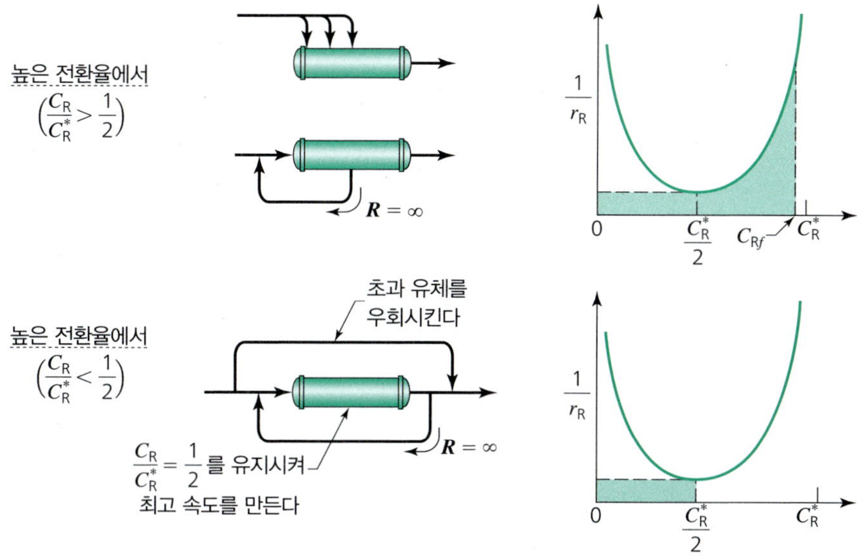


그림 30.2 중독제한 속도식을 가지는 플러그 흐름 발효기의 최적 조업.

특별하게 $C_{C0} = 0$이고 $C_{R0} = 0$인 경우에 대해 위 식은 다음과 같이 단순화된다.

$$k\tau_m = \frac{C_R^*}{C_R^* - C_R} = \frac{1}{1 - \frac{C_R}{C_R^*}} \qquad k\tau_m > 1 \tag{10}$$

혼합 흐름 실험으로부터 속도 상수를 계산하기 위해 식 (10)을 식 (11)처럼 정리하고 그 결과를 그래프로 그린다(그림 30.3).

$$C_R = C_R^* - \frac{C_R}{k} \cdot \frac{1}{\tau_m} \tag{11}$$

식 (10)의 특징을 그림 30.4에 나타내었다.

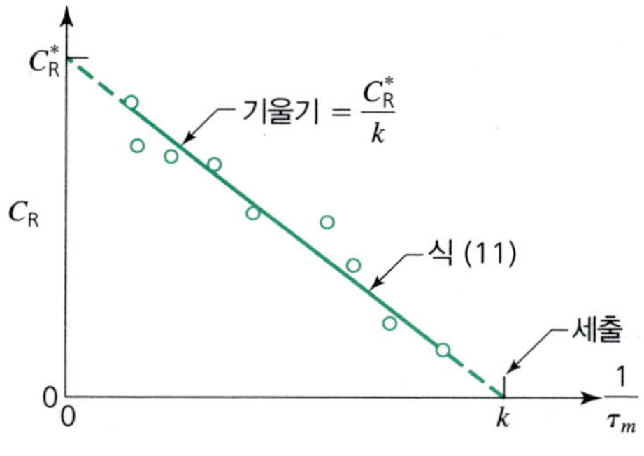


그림 30.3 혼합 흐름 반응기에서 수집한 데이터에서 식 (2)의 속도 상수를 평가.

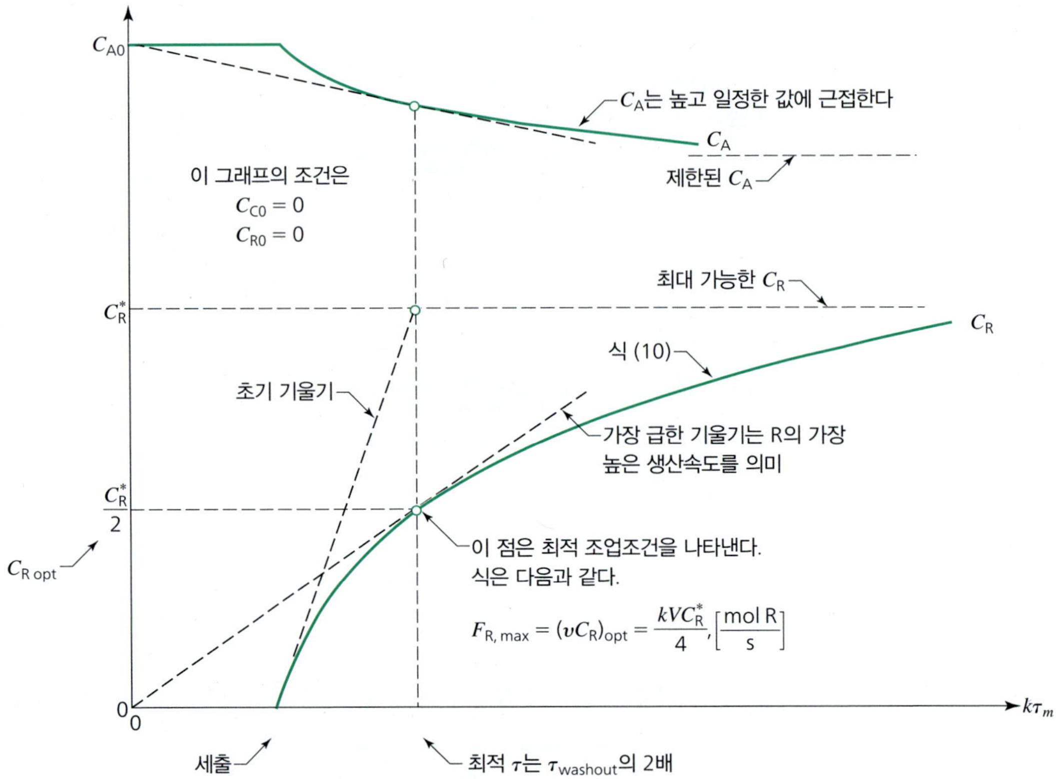


**그림 30.4** **식 (2)의 속도론에 대한 혼합 흐름 방정식의 성질.**

## ▶ 논평

혼합 흐름 반응기의 $C_{C0} = 0$이고 $C_{R0} = 0$이며 임의의 높은 $C_{A0}$를 가지는 경우,

- 임의의 공급물에서 세출(washout)은 $k\tau_m = 1$에서 발생한다.
- 세포와 생성물 R의 최대 생산속도는

$$k\tau_m = 2 \ldots \text{및} \ldots C_R = C_R^*/2$$

  에서 얻어진다.

- 세포와 생성물의 최대 생산속도는 다음과 같다.

$$F_{R,\max} = \textcircled{R/C}\, F_{C,\max} = kVC_R^*/4$$

- $C_C$ 곡선은 $C_R$ 곡선과 형태가 비슷하고 $C_R$에 비례한다. 그러므로 $C_C$는 0에서부터 $\textcircled{C/R}\, C_R^*$까지 증가한다.
- 다단 시스템에서 최적조업은 중독이 없는 시스템과 동일한 방식을 따른다. 일반적인 법칙은 혼합 흐름을 사용하여 앞 단계에서 최대 속도에 도달하게 하는 것이다. 이후에는 플러그 흐름을 진행한다. $C_{C0} = 0$이고, $C_{R0} = 0$일 때 최대 속도는 $C_R^*/2$일 때 발생한다.

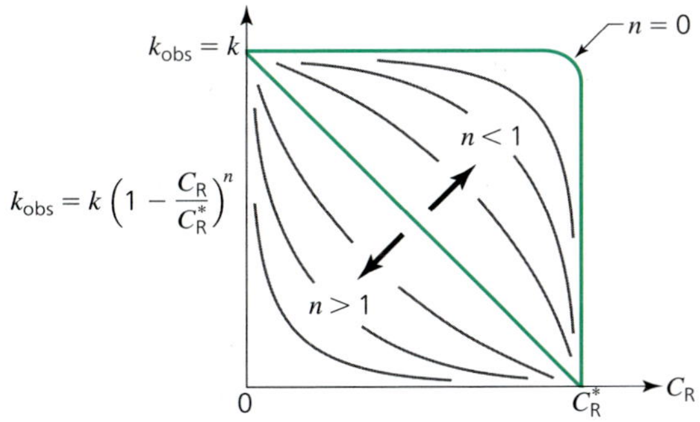


그림 30.5 **반응이 느려지는 현상은 중독차수(order of poisoning), $n$에 의해 크게 달라진다.**

## ▶ $n \neq 1$인 중독 제한 반응속도론의 발효

$n$차 생성물 중독속도론에 대해 속도식은 다음과 같다.

$$-r_R = k\left(1 - \frac{C_R}{C_R^*}\right)^n C_C \tag{12}$$

이 반응속도론을 그림 30.5에 나타내었다. 플러그 흐름에 대한 성능식은 꽤 복잡하나 혼합 흐름에 대한 성능식은 직접적으로 얻을 수 있다. 따라서 일반적으로 $C_{C0} \neq 0$이고 $C_{R0} \neq 0$일 때 다음 식이 성립한다.

$$k\tau_m = \frac{C_R - C_{R0}}{\left(C_R - C_{R0} + (R/C)\, C_{C0}\right)\left(1 - \frac{C_R}{C_R^*}\right)^n} \tag{13}$$

특별히 $C_{C0} = 0$이고 $C_{R0} = 0$인 경우는 다음과 같다.

$$k\tau_m = \frac{1}{\left(1 - \frac{C_R}{C_R^*}\right)^n} \quad \text{여기서} \quad k\tau_m > 1 \tag{14}$$

위 식의 성질, 세출, 최대 생산 등을 그림 30.6에 나타내었다. 실험에서 속도 상수 $C_R^*$와 $k$, $n$을 구하기 위해서 먼저 반응물 A를 과잉으로 사용하고 $t \to \infty$로 둔 회분식 운전을 통해 $C_R^*$를 계산한다. 이때 혼합 흐름 성능식을 다시 정리하면 다음과 같다.

$$\log \tau_m = -\log k + n \log\left(\frac{C_R^*}{C_R^* - C_R}\right) \tag{15}$$

이를 도식화하면 그림 30.7에서 보는 것처럼, 속도 상수 $k$와 $n$을 얻을 수 있다.

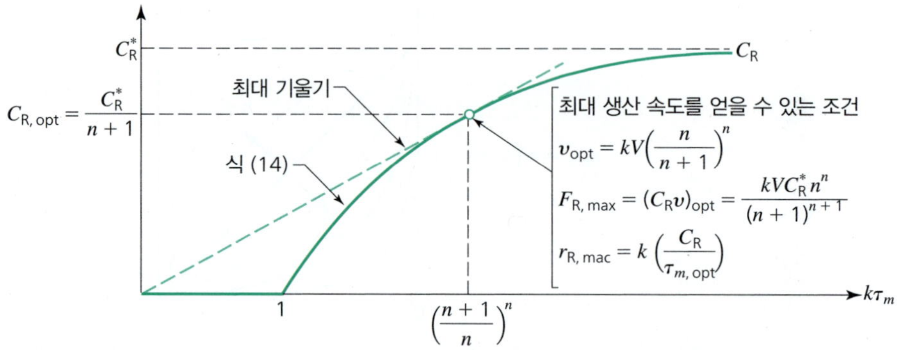


그림 30.6 식 (12)의 속도론에 영향을 미치는 중독에 대한 혼합 흐름 반응기의 거동.

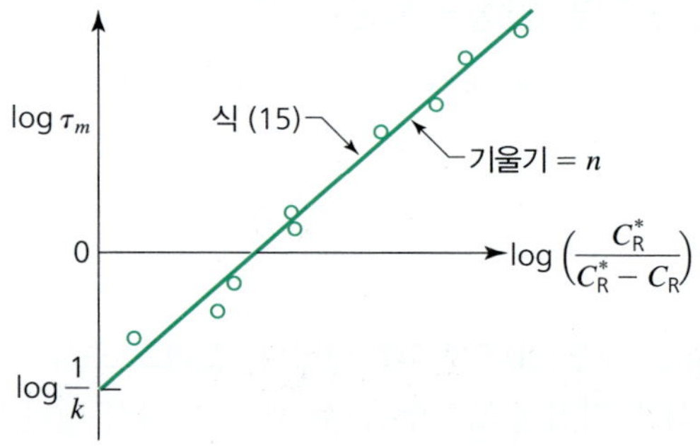


그림 30.7 혼합 흐름 반응기 데이터에서 생성물 중독 차수와 식 (12)의 속도 상수의 발견.

## ▶ 고찰

생성물 제한과 기질 제한(Monod)이 있는 속도론에 대한 혼합 흐름 그래프(그림 29.5, 그림 30.4)의 형태가 유사하여, 많은 연구자들이 간단한 Monod 식을 생성물 중독 시스템에 적용하였다. 이 연구들은 실험결과를 잘 맞출(fitting) 수 있으나, 이 그래프의 방정식은 서로 다른 공급조건에서는 사용하면 안 된다. 확장의 논리가 틀리면 실험 예상이 빗나가게 된다.

먼저 생성물과 기질의 두 인자 중 어느 것이 반응속도를 제한하는 인자인지를 파악해야 한다. 이 확인은 쉬우므로, 어떤 인자가 제한적인지를 우선 정확히 알고 사용해야 한다. 어떤 경우에 최종 반응 진척도는 $C_{A0}$에 의존하고 $C_{R0}$에 의존하지 않는다. 또 다른 경우는 그 반대가 된다. 28장에서 설명한 고찰에서 이 내용을 다루었다.

기질과 생성물 모두가 속도에 영향을 주는 순환이 있는 플러그 흐름과 관련된 상황에 대한 식은 Levenspiel (1996) 제84장에 나타나 있다.

## 예제 30.1 ▶ 과일파리 벌레 즙

분쇄된 과일파리 벌레(A)는 발효를 통해 방향족 알코올 음료(R)를 생성한다. 이 반응은 다음과 같이 추정되는 생성물-제한 반응속도론으로 설명할 수 있다.

$$\left.\begin{array}{c} A \xrightarrow{C} R + C \\ \\ r_R = k\left(1 - \dfrac{C_R}{C_R^*}\right)^n C_C \end{array}\right\} \begin{cases} k = \sqrt{3},\ \text{hr}^{-1} \\ n = 1,\ \text{봄철에 조업했을 경우} \\ C_R^* = 0.12\ \text{kg alc/kg 용액} \\ \rho = 1000\ \text{kg/m}^3 \end{cases}$$

상업용 크기의 혼합 흐름 반응기($V_m$ = 30 m$^3$)에서 생산(kg/hr)할 수 있는 알코올의 양은 얼마인가? 또한 음료 속 알코올의 농도와 이 신선한 음료를 생산하기 위한 공급물의 최적 공급속도를 구하라.

**풀이**

주어진 데이터와 그림 30.4로부터 수율이 최적인 조건을 찾으면 다음과 같다.

$$C_R^* = \left(\frac{0.12\ \text{kg alc}}{\text{kg sol}}\right)\left(\frac{10^3\ \text{kg sol}}{\text{m}^3\ \text{sol}}\right) = 120\ \text{kg/m}^3$$

$$\therefore C_{R,\,opt} = \frac{C_R^*}{2} = \left(\frac{120\ \text{kg alc}}{\text{m}^3}\right)\frac{1}{2} = 60\ \frac{\text{kg alc}}{\text{m}^3} = \underline{\underline{6\%\ \text{alcohol}}}$$

또한 그림 30.4로부터 다음을 알 수 있다.

$$k\tau_{\text{washout}} = 1 \qquad \therefore \tau_{\text{washout}} = \frac{1}{\sqrt{3}}\ \text{hr}$$

그리고

$$\tau_{opt} = 2\tau_{\text{washout}} = \frac{2}{\sqrt{3}}\ \text{hr}$$

그러나 $\tau_{opt} = \dfrac{V}{v_{opt}}$이므로 최적 공급속도는 다음과 같다.

$$v_{opt} = \frac{V}{\tau_{opt}} = \frac{30\sqrt{3}}{2} = \underline{\underline{25.98\ \text{m}^3/\text{hr}}}$$

알코올의 생성속도는 다시 그림 30.4에서 다음임을 알 수 있다.

$$F_R = v_{opt} \cdot C_{R,\,opt} = (25.98)\,(60) = \underline{\underline{1558\ \text{kg alc/hr}}}$$

## 참고 문헌

Levenspiel, O., *Chemical Reactor Omnibook*, Chapter 84, OSU Bookstores, Corvallis, OR 1996.

## 연습 문제

물질 R이 미생물 발효로 생산되는데, 초기조건 $C_{A0} = 10^6$이고 $C_{R0} = 0$, $C_{C0} = 0$인 공급물 흐름을 이용한다. 모든 양은 균질한 SI 단위로 다음과 같이 주어진다.

$$\mathrm{A} \xrightarrow{\mathrm{C}} \mathrm{R} + \mathrm{C} \qquad \begin{cases} k = 2 \\ C_{\mathrm{M}} = 50 \\ C_{\mathrm{R}}^* = 12 \\ \text{(R/A)} = 0.1 \\ \text{(C/A)} = 0.01 \end{cases} \quad (9)$$

$$r_{\mathrm{C}} = k\left(1 - \frac{C_{\mathrm{R}}}{C_{\mathrm{R}}^*}\right)\frac{C_{\mathrm{A}}C_{\mathrm{C}}}{C_{\mathrm{A}} + C_{\mathrm{M}}}$$

다음 각각의 문제에서 추천할 만한 반응기를 설명하고 적절한 값들을 제시하라.

공급물 속도가 다음과 같을 때 $V_m = 1$인 반응기 크기를 가진 단일 혼합 흐름 반응기에서 얻을 수 있는 $C_{\mathrm{R}}$은 얼마인가?

**30.1** ... $v = 1$

**30.2** ... $v = 4$

공급물 속도가 다음과 같을 때 각각의 크기가 $V_m = 1$인 두 개의 혼합 흐름 반응기를 사용해서 얻을 수 있는 $C_{\mathrm{R}}$은 얼마인가?

**30.3** ... $v = 1$

**30.4** ... $v = 3$

공급물 속도 $v = 3$일 때 적당한 배관, 순환, 우회 등 사용할 수 있는 어떤 것이라도 사용하여 다음과 같은 $C_{\mathrm{R}}$을 얻으려면 플러그 흐름 반응기의 크기는 얼마로 해야 하는가?

**30.5** ... $C_{\mathrm{R}} = 6$

**30.6** ... $C_{\mathrm{R}} = 4$

**30.7** ... $C_{\mathrm{R}} = 9$

---

**30.8** A의 미생물 발효로 다음과 같이 R을 생성한다.

$$10\mathrm{A} + \mathrm{Cell} \rightarrow 18\mathrm{R} + 2\ \mathrm{Cells}$$

리고 $C_{\mathrm{A0}} = 250\ \mathrm{mol/m^2}$인 혼합 흐름 반응기 실험에서 다음과 같은 결과를 얻었다.

$$\tau = 1.5\ \mathrm{hr}일\ 때\ C_{\mathrm{R}} = 24\ \mathrm{mol/m^3}$$
$$\tau = 3.0\ \mathrm{hr}일\ 때\ C_{\mathrm{R}} = 30\ \mathrm{mol/m^3}$$

더욱이 임의의 $\tau_{\mathrm{m}}$, $C_{\mathrm{A}}$나 $C_{\mathrm{C}}$에 대해, 그리고 $36\ \mathrm{mol/m^3}$의 $C_{\mathrm{R}}$에 대해 한정되는 상한값이 있는 것처럼 보인다.

이런 정보로부터 $C_{\mathrm{A0}} = 350\ \mathrm{mol/m^3}$인 공급물 흐름을 $10\ \mathrm{m^3/hr}$로 유입될 때 R의 수율 혹은 (R/A)를 어떻게 최대화할 수 있는지 결정하라. 세포나 생성물 분리와 순환은 이 계에서는 비현실적이므로 한 번만 통과하는 시스템을 고려하라. 반응기 형태와 반응기 크기, 유출 흐름에서의 $C_{\mathrm{R}}$과 생성된 R의 몰수/hr을 구하라.

---

봄에는 예제 30.1에서 보는 것처럼 과일 파리의 발효가 $n = 1$인 반응속도론으로 진행된다. 그러나 겨울이나 여름에는 아마도 온도 차이 때문에 중독이 다르게 진행된다. 그러므로 다음과 같이 바꿔서 예제 30.1을 다시 풀어라.

**30.9** 겨울에 $n = \frac{1}{2}$ **30.10** 여름에 $n = 2$

*주의*: $n$ 값이 반응기 성능에 어떻게 영향을 미치는지 알기 위해 예제 30.1에서의 답안과 여기서 푼 답안을 비교하라.

---

**30.11** 파쇄된 화학 반응기 교과서가 교반이 잘 되는 발효 파일롯 공장($V_m$ = 50 L)에서 포도당으로 분해된다. 이 반응은 글자를 마구 먹어 치우는 벌레의 활동으로 일어난다. 파쇄되어 이해할 수 없는 단어가 너무 많아 포도당이 속도 제한 요인이 된다. 요약된 반응의 결과가 다음과 같다고 하자.

$$\begin{array}{ll} \text{when } v = 16 \text{ books/hr} & C_R = 54\ \mu\text{mol/liter} \\ \text{when } v = 4 \text{ books/hr} & C_R = 75\ \mu\text{mol/lit} \\ \text{when } v \to 0 & C_R \to 90\ \mu\text{mol/lit} \end{array}$$

먹어 치운 단어당 포도당 생성을 최대화하는 책의 유입속도를 결정하고, 이때의 생성속도를 구하라.

**30.12** Microbe 교수가 순수한 기질 유입($C_{A0}$ = 150, $C_{R0} = C_{C0}$ = 0)를 사용하여 혼합 흐름 발효기($V_m$ = 46.4)에서 신규 벌레 균주의 성장을 연구한 논문을 제출하였다. 그의 데이터는 다음과 같다.

| $v$ | $C_A$ |
|---|---|
| 4.64 | 5 |
| 20.0 | 125 |
| 22.0 | 150 (washout) |

Ⓡ/Ⓐ = 0.5

그는 자세한 설명 없이 이 데이터가 다음과 같은 속도 상수를 가지는 중독-제한 속도론을 나타낸다고 주장한다.

$$k = 0.50, \quad C_R^* = 90.6, \quad n = 1.0$$

한편 논문의 검열자인 Ferment 박사는 M 교수가 틀렸다고 판단했다. 그리고 위의 데이터는 실제로는 다음과 같은 값을 갖는 기질 제한 Monod 속도론일 것이라고 했다.

$$C_M = 20, \qquad k = 0.50$$

그러나 F 박사는 지루해지지 않도록 계산 과정을 자세히 적지 않았다. 최종 편집자는 누가 맞는지 결정할 수 없어서(그의 분야가 아님) 논문과 논평을 전문가인 duWayne Zuelhsdorff에게 보냈다. duWayne의 대답은 무엇이겠는가? M 교수나 F 박사 중 누가 맞겠는가? 혹은 둘 다 맞는가? 아니면 둘 다 틀린가?

# 부록

*Appendix*

## A. 뉴턴의 법칙

$$F = \frac{ma}{g_c} \qquad \ldots\ 1\text{N} = \frac{(1\ \text{kg})(1\ \text{m/s}^2)}{(1\ \text{kg·m/s}^2\text{·N})}$$

지구 중력가속도 $a = g = 9.806\ \text{m/s}^2$

환산인자: $g_c = \dfrac{1\ \text{kg·m}}{\text{s}^2\text{·N}}$

## B. 길이

| $10^{10}$ | $10^6$ | 39.37 | 3.280 83 | 1 | 0.000 6214 |
|---|---|---|---|---|---|
| angstrom | micron | inch | foot | **meter** | mile |

## C. 부피

| 61 023 | 33 817.6 | 1000 | 264.2 | 220.2 | 35.318 | 6.29 | 4.80 | 1 |
|---|---|---|---|---|---|---|---|---|
| $in^3$ | fluid oz | liter | US gal | Imp. gal | $ft^3$ | bbl (oil) | drum | $m^3$ |
| | | | | | | 42 US gal | 55 US gal | |

## D. 질량

| 35.27 | 2.205 | 1 | 0.001 1025 | 0.001 | 0.000 9842 |
|---|---|---|---|---|---|
| oz | lb | **kg** | short ton | metric ton | long ton |
| 상형(파운드 법에 따른 무게 단위) | | | 2000 lb | or "tonne" | 2240 lb |

## E. 압력

The Pascal: $1\ \text{Pa} = 1\,\dfrac{\text{N}}{\text{m}^2} = 1\,\dfrac{\text{kg}}{\text{m}\cdot\text{s}^2} = 10\,\dfrac{\text{dyne}}{\text{cm}^2}$

$1\ \text{atm} = 760\ \text{mm Hg} = 14.696\,\dfrac{\text{lb}_\text{f}}{\text{in}^2} = 29.92\ \text{in Hg} = 33.93\ \text{ft H}_2\text{O} = 101\,325\ \text{Pa}$

$1\ \text{bar} = 10^5\ \text{Pa}$ . . . 1 atm에 가깝고 흔히 *공학 기압*(technical atmosphere)이라고 부른다.

$1\ \text{inch H}_2\text{O} = 248.86\ \text{Pa} \cong 250\ \text{Pa}$

## F. 일, 에너지, 열

The joule: $1\ \text{J} = 1\ \text{N}\cdot\text{m} = 1\,\dfrac{\text{kg}\cdot\text{m}^2}{\text{s}^2}$

| $10^{13}$ | $10^6$ | 737 562 | 238 846 | 101 972 | 9869 | 947.8 | 238.85 | 0.372 51 | 0.277 778 |
|---|---|---|---|---|---|---|---|---|---|
| erg | **J** | $\text{ft}\cdot\text{lb}_\text{f}$ | cal | $\text{kg}_\text{f}\cdot\text{m}$ | lit · atm | Btu ($778\ \text{ft}\cdot\text{lb}_\text{f}$) | kcal | Hp · hr | kW · hr |

## G. 분자량

SI 단위: $(mw)_{O_2} = 0.032\,\dfrac{\text{kg}}{\text{mol}}$

$(mw)_{\text{air}} = 0.0289\,\dfrac{\text{kg}}{\text{mol}}$ ... etc.

## H. 이상 기체 상태 방정식

$$pV = n\mathbf{R}T \qquad \ldots \text{or } \frac{p}{\rho} = \frac{\mathbf{R}T}{(mw)} \qquad \ldots \text{or } C_A = \frac{n_A}{V} = \frac{p_A}{\mathbf{R}T}$$

($\mathbf{R}$: 기체 상수; $\rho$: kg/m³; $C_A$: m³/mol)

$$\mathbf{R} = \boxed{8.314\,\frac{\text{J}}{\text{mol}\cdot\text{K}}} = 1.987\,\frac{\text{cal}}{\text{mol}\cdot\text{K}} = 0.7302\,\frac{\text{ft}^3\cdot\text{atm}}{\text{lb mol}\cdot{}^\circ\text{R}}$$

$$= 0.082\,06\,\frac{\text{liter}\cdot\text{atm}}{\text{mol}\cdot\text{K}} = 1.987\,\frac{\text{Btu}}{\text{lb mol}\cdot{}^\circ\text{R}} = 82.06\times10^{-6}\,\frac{\text{m}^3\cdot\text{atm}}{\text{mol}\cdot\text{K}}$$

$$= \boxed{8.314\,\frac{\text{Pa}\cdot\text{m}^3}{\text{mol}\cdot\text{K}}} = 8314\,\frac{\text{Pa}\cdot\text{liter}}{\text{mol}\cdot\text{K}}$$

## ▶ I. 점도($\mu$)

포아제(Poiseuille): $1\ \text{Pl} = \dfrac{\text{kg}}{\text{m}\cdot\text{s}}$

$$\boxed{1\ \text{Pl} = 1\frac{\text{kg}}{\text{m}\cdot\text{s}}} = 10\ \text{poise} = 1000\ \text{cp} = 0.672\frac{\text{lb}_\text{m}}{\text{ft}\cdot\text{s}} = 2420\frac{\text{lb}_\text{m}}{\text{ft}\cdot\text{hr}}$$

(poise: 1 gm/cm·s; cp: 센티포아제(centipoise))

물: $\mu_{20°\text{C}} = 10^{-3}\ \text{Pl}$
기체: $\mu \cong 10^{-5}\ \text{Pl}$
공기: $\mu_{20°\text{C}} = 1.8\times10^{-5}\ \text{Pl}$

## ▶ J. 밀도 $\rho = \left[\dfrac{\text{kg}}{\text{m}^3}\right]$

물: $\rho \cong 1000\dfrac{\text{kg}}{\text{m}^3}$

이상기체: $\rho = \dfrac{p(mw)}{\mathbf{R}T} \underset{20°\text{C}}{\overset{\text{air}}{=\!=}} \dfrac{(101\ 325)(0.0289)}{(8.314)(293)} = 1.20\dfrac{\text{kg}}{\text{m}^3}$

## ▶ K. 확산도 $\mathscr{D}$와 유효 확산도 $\mathscr{D}_\text{eff} = \left[\dfrac{\text{m}^2}{\text{s}}\right]$

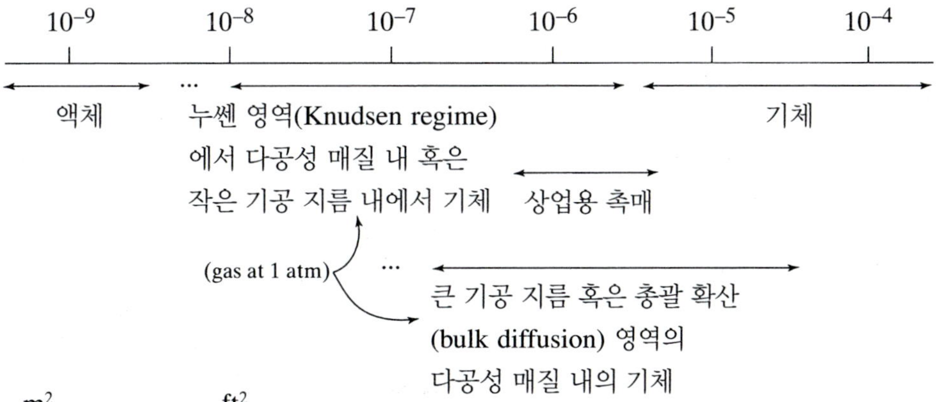


$1\ \dfrac{\text{m}^2}{\text{s}} = 3.875\times10^4\ \dfrac{\text{ft}^2}{\text{hr}}$

$\mathscr{D}$ independent of $\pi$ ... 액체의 경우

$\mathscr{D} \propto T^{3/2}$, $\mathscr{D} \propto \dfrac{1}{\pi}$ ... 기체에서 총괄 확산의 경우

$\mathscr{D} \propto T^{1/2}$, $\mathscr{D}$ independent of $\pi$ ... 기체의 누쎈 확산에서
지름 $d$를 가지는 관에서 누쎈 확산이 일어나는 조건은 $\pi d < 0.01$, Pa·m.
이 경우,

$$\mathscr{D} = 1.534d\sqrt{T/(mw)}$$

**차원:**
- 기체 혹은 일반 액체 내에서: $\mathscr{D} = \left[\dfrac{\text{m}^2\text{ fluid}}{\text{s}}\right]$
- 다공성 구조 내에서: $\mathscr{D} = \left[\dfrac{\text{m}^3\text{ fluid}}{\text{m solid} \cdot \text{s}}\right]$

### ▶ L. 농도 $C_A = \left[\dfrac{\textbf{mol}}{\textbf{m}^3\textbf{ fluid}}\right]$

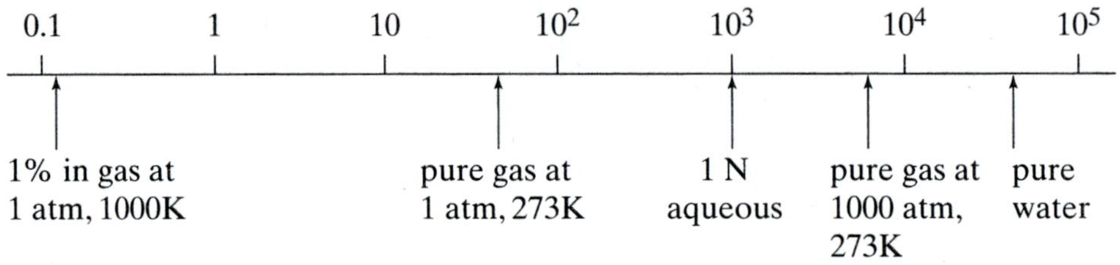


$$1\,\frac{\text{mol}}{\text{m}^3} = 6.24 \times 10^{-5}\,\frac{\text{lb mol}}{\text{ft}^3}$$

### ▶ M. 열전도도 $k$와 유효 열전도도 $k_{\text{eff}} = \left[\dfrac{\textbf{W}}{\textbf{m} \cdot \textbf{k}}\right]$

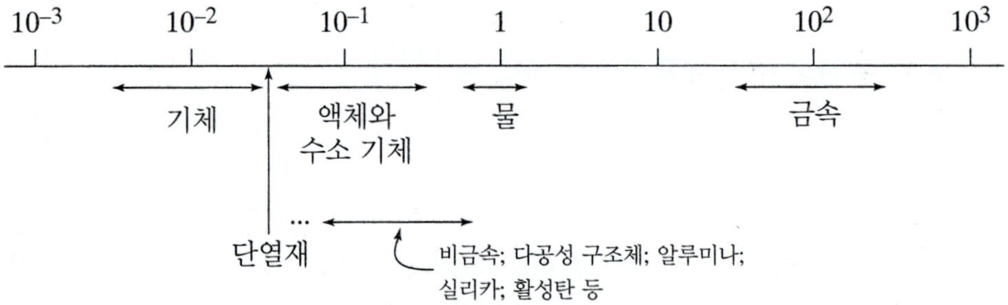


$$1\,\frac{\text{W}}{\text{m} \cdot \text{K}} = 0.239\,\frac{\text{cal}}{\text{m} \cdot \text{K} \cdot \text{s}} = 0.578\,\frac{\text{Btu}}{\text{hr} \cdot \text{ft} \cdot {}^\circ\text{F}}$$

열전도도와 유효 열전도도는 전압과 무관하다

**차원:**
- 기체 혹은 액체: $k = \left[\dfrac{\text{W}}{\text{m fluid} \cdot \text{K}}\right]$
- 다공성 구조체: $k_{\text{eff}} = \left[\dfrac{\text{W}}{\text{m structure} \cdot \text{K}}\right]$

## ▸ N. 열전달 계수 $h = \left[\dfrac{\mathbf{W}}{\mathbf{m^2 \cdot K}}\right]$

$$1\,\frac{\mathrm{W}}{\mathrm{m^2\cdot K}} = 0.239\,\frac{\mathrm{cal}}{\mathrm{m^2\cdot K\cdot s}} = 0.176\,\frac{\mathrm{Btu}}{\mathrm{hr\cdot ft^2\cdot {}^\circ F}}$$

기체에서 입자로: $h = 8\text{~}1200$
기체에서 미세 유입 입자(빠른 유동층, FCC 등): $h \cong 1000\text{~}1200$
액체에서 입자: $h = 8\text{~}1200$

$(\mathrm{Pr})^{1/3}$: { ≅ 기체의 경우 / ≅ 액체의 경우 }

충전층에서: $\mathrm{Nu} = \dfrac{hd_p}{k} = 2 + 1.8(\mathrm{Re}_p)^{1/2}\,(\mathrm{Pr})^{1/3} \qquad \ldots\ \mathrm{Re}_p > 100$

## ▸ O. 물질전달 계수 $k_g = \left[\dfrac{\mathbf{m^3\ gas}}{\mathbf{m^2\ surface \cdot s}}\right]$

기체에서 입자로: $k_g = 0.02\text{~}2$

액체에서 입자로: $k_g = 2\times10^{-7}\text{~}2\times10^{-5}$

$(\mathrm{Sc})^{1/3}$: { ≅ 1 for gases / ≅ 1000 for liquids }

충전층에서: $\mathrm{Sh} = \dfrac{k_g d_p}{\mathscr{D}} = 2 + 1.8(\mathrm{Re}_p)^{1/2}\,(\mathrm{Sc})^{1/3} \qquad \ldots\ \mathrm{Re}_p > 80$

기체의 경우: $k_g \propto 1/\pi$

## ▸ P. 반응속도 $-r'''_\mathrm{A} = \left[\dfrac{\textbf{moles of A disappearing}}{\mathbf{m^3\ of\ thing \cdot s}}\right]$

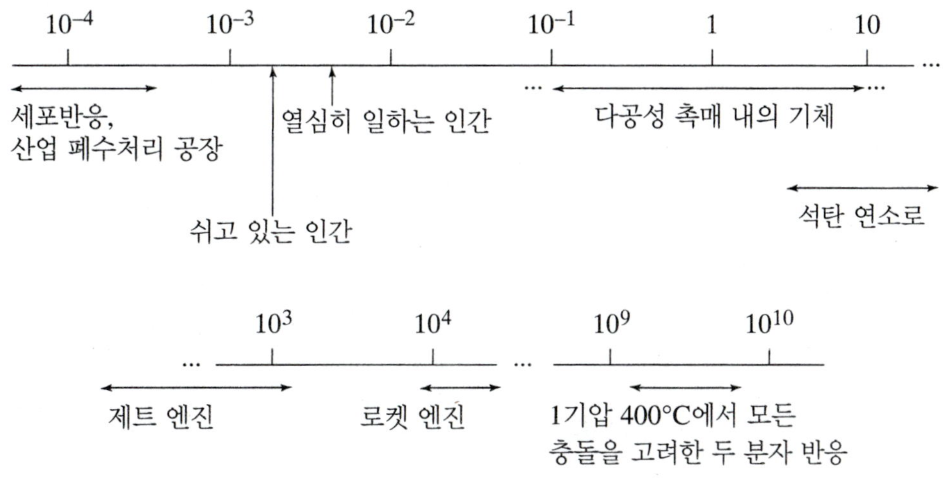

### ▶ Q. 무차원군

점성 효과

$$\boxed{\mathrm{Sc}} = \frac{\mu}{\rho\mathcal{D}} = \frac{\text{다공성 촉매 내의 기체}}{\text{분자 물질 전달}} \quad \ldots \quad \text{슈미트 수(Schmidt number)}$$

확산 효과

$$\cong \frac{10^{-5}}{(1)(10^{-5})} = 1 \quad \ldots \text{기체의 경우}$$

$$\cong \frac{10^{-3}}{(10^{3})(10^{-9})} = 10^{3} \quad \ldots \text{액체의 경우}$$

점성 효과

$$\boxed{\mathrm{Pr}} = \frac{C_p\mu}{k} = \frac{\text{분자 운동량 전달}}{\text{분자 열 전달}} \quad \ldots \quad \text{프란틀 수(Prandtl number)}$$

열 전도도

$\cong$ 0.66~0.75 공기의 경우, A, $CO_2$, $CH_4$, CO, $H_2$, He, $N_2$, 그리고 다른 기체들
$\cong$ 1.06 스팀의 경우
= 10~1000 대부분의 액체의 경우
= 0.006~0.03 대부분의 액체 금속들

관성 효과

$$\boxed{\mathrm{Re}} = \frac{du\rho}{\mu} = \frac{\text{전체 운동량 전달}}{\text{분자 운동량 전달}} \quad \ldots \quad \text{레이놀즈(Reynolds) 수}$$

점성 효과

난류, 층류, 전도, 대류 영향

$$\boxed{\mathrm{Nu}} = \frac{hd}{k} = \frac{\text{전체 열 전달}}{\text{분자 열 전달}} \quad \ldots \quad \text{너셀(Nusselt) 수}$$

오직 열전도

$$\boxed{\mathrm{Sh}} = \frac{k_g d}{\mathcal{D}} = \frac{\text{전체 물질 전달}}{\text{분자 물질 전달}} \quad \ldots \quad \text{셔우드(Sherwood) 수}$$

$$\boxed{\mathrm{Pe}} = \frac{du\rho C_p}{k} = (\mathrm{Re})(\mathrm{Pr}) = \frac{\text{전체 운동량 전달}}{\text{분자 열 전달}} \quad \ldots \quad \text{페클렛(Peclet) 수}$$

$$\boxed{\mathrm{Bo}} = \frac{ud}{\mathcal{D}} = (\mathrm{Re})(\mathrm{Sc}) = \frac{\text{전체 운동량 전달}}{\text{분자 물질 전달}} \quad \ldots \quad \text{보덴스타인(Bodenstein) 수}$$

분자 확산, 속도 차이, 난류 맴돌이 등에 의해 발생하는
유체 추월(fluid overtaking)

$$\boxed{\frac{\mathbf{D}}{ud} \text{ and } \frac{\mathbf{D}}{uL}} = \frac{\text{길이방향 분산에 의한 움직임}}{\text{총괄 흐름에 의한 움직임}} \quad \ldots \quad \text{분산군(dispersion group)}$$

이것은 화학 반응 공학 종사자들이 도입한 새롭고 다른 유형의 무차원 군이다. 불행히도 누군가가 이 그룹의 역수를 페클렛 수라고 부르기 시작했다. 이것은 잘못된 것이다. 이것은 페클렛 수나 유럽에서 널리 보덴슈타인 수라고 불리는 유사한 질량 전달 개념도 아니다. 차이점은 $\mathscr{D}$ 대신 **D**를 사용하는 데 있으며, 따라서 이 그룹은 완전히 다른 의미를 가진다.

이 군을 부르는 새로운 이름이 필요하다. 여기서는 아래와 같이 부르기로 한다.

$\frac{\mathbf{D}}{ud}$ … 축 방향 분산 강도

$\frac{\mathbf{D}}{uL}$ … 용기 분산 수

# 찾아보기

*Index*

ㄱ

ㅅ

## A



## B



## C



## D



## E



## F



## G



## H



## J



## K



## L



## M

## 옮긴이 소개

옮긴이 **신현재**는 인하대학교에서 화학공학을 KAIST에서 생명화학공학을 공부했다. 영국 Westminster University 생명과학과에서 탄수화물화학을 연구하였다. 대전 한국생명공학연구원(KRIBB) 생물공정연구실과 당생물학실에서 연구하던 중 바이오벤처기업㈜엔지뱅크를 창업하여 효소, 건강기능식품, 화장품을 연구·개발하였다. 2006년부터 조선대학교 생명화학공학과에서 생물화학공학 실험실을 운영하며 학생들을 가르치고 있다.

정부와 여러 기업으로부터 연구비를 지원받아 다양한 생물자원을 이용한 실용화 연구를 통해 190편의 국내외 논문을 발간했고 40여편의 특허를 등록했다. 이 중에 6건은 기술이전에 성공하여 기업의 산업화를 도왔다. 읽고 쓰는 것을 좋아하여 효소와 탄수화물에 관한 대중서적을 12권 썼고, 미생물학과 열역학 등 여러 교과서의 번역과 저술에 참여했다. 지금도 여러 가지 과학적 주제에 대한 아이디어를 구상하고, 정리된 아이디어는 논문과 책으로 출간을 준비 중이다.

날씨가 좋으면 등산과 테니스를 즐기고, 시간을 내어 책 읽기, 음악 듣기와 영화 보기를 좋아한다. 인류가 발명한 제품 중 가장 위대한 것은 종이와 펜 그리고 안경이라고 생각한다.


레벤스필의 제3판

**화학반응공학**

Chemical Reaction Engineering Third Edition

| 발 행 일 2024년 6월 20일 3판 1쇄

| 지 은 이 Octave Levenspiel

| 옮 긴 이 신 현 재

| 발 행 인 박 종 성

| 발 행 처 사이플러스 Science plus

| 주 소 (우) 07202 서울특별시 영등포구 양평로 30길 14 세종앤까뮤스퀘어 1106호

| 전 화 02-332-6171

| 팩 스 02-332-6185

| 등 록 2005.10.20. 제2022-000100호

| I S B N 979-11-88731-54-1 93570

값 43,000원